초스피드

한번 쓱 보고 싹 익히기

전기기능장
CBT 대비 단기완성 　필기

전기기능장 김영복 지음

BM (주)도서출판 성안당

■ **도서 A/S 안내**

성안당에서 발행하는 모든 도서는 저자와 출판사, 그리고 독자가 함께 만들어 나갑니다.

좋은 책을 펴내기 위해 많은 노력을 기울이고 있습니다. 혹시라도 내용상의 오류나 오탈자 등이 발견되면 "좋은 책은 나라의 보배"로서 우리 모두가 함께 만들어 간다는 마음으로 연락주시기 바랍니다. 수정 보완하여 더 나은 책이 되도록 최선을 다하겠습니다.

성안당은 늘 독자 여러분들의 소중한 의견을 기다리고 있습니다. 좋은 의견을 보내주시는 분께는 성안당 쇼핑몰의 포인트(3,000포인트)를 적립해 드립니다.

잘못 만들어진 책이나 부록 등이 파손된 경우에는 교환해 드립니다.

본서 기획자 e-mail : coh@cyber.co.kr(최옥현)
홈페이지 : http://www.cyber.co.kr
전화 : 031) 950-6300

세계 경제와 우리 경제의 비약적인 발전과 더불어 현대 사회의 가장 중요한 최고의 화두는 취업이라는 두 글자입니다.

또한 모든 산업의 기초가 되는 전기분야의 기술자 수요가 급증하며 그 중에서도 현장에서의 꽃이라 할 수 있는 전기기능장의 수요가 최근 부쩍 증가하였음을 여러 지표에서도 볼 수가 있습니다.

이에 따라 자격증 취득을 위한 현장 실무자들의 열의에 부응하고 수험생 여러분들의 자격증 취득의 지름길로 가기 위한 수험서가 될 수 있도록 각 단원의 이론 정리와 문제들을 최근의 출제기준과 기출문제들 그리고 응용된 문제들을 더하여 이 책 한 권만으로도 충분한 시험 준비가 될 수 있도록 하였습니다.

또한 전기기능장의 출제기준을 보면 전기와 관련된 것 외에 전자 그리고 공업경영이라는 전혀 새로운 내용이 시험에 출제되기 때문에 이에 대한 철저한 준비가 필요하며 그에 맞는 수험서를 만들어 여러분을 합격의 지름길로 안내하고자 합니다.

이 책의 특징

첫째, 간결한 이론정리
둘째, 기출문제 연도, 출제 Comment 수록
셋째, 단원별 기출문제 철저하게 분석
넷째, 저자 직강 동영상 강의

필자는 20여 년의 강의 경험을 토대로 터득한 노하우를 이 책 한 권에 모두 담으려고 노력하였으나 부족한 점도 많을 것으로 생각되며 그 부분은 앞으로도 계속 수정 보완을 통해 최고의 수험서가 될 수 있도록 노력할 것입니다.

끝으로 이 책의 출간까지 애써주신 도서출판 성안당 관계자 여러분께 감사의 말씀을 드립니다.

저자 김영복

시험 가이드

01. 전기기능장 개요

전기를 효율적으로 사용하기 위해서는 각종 전기시설의 유지·보수업무도 중요하다. 따라서 전기를 합리적으로 사용하고 전기로 인한 재해를 방지하기 위하여 일정한 자격을 갖춘 사람으로 하여금 전기공작물의 공사, 유지 및 운용에 관한 업무를 수행토록 하기 위해 자격제도 제정

02. 수행직무

전기에 관한 최상급 숙련기능을 가지고 산업현장에서 작업관리, 소속기능자의 지도 및 감독, 현장훈련, 경영층과 생산계층을 유기적으로 결합시켜 주는 현장의 중간관리 등의 업무 수행

03. 진로 및 전망

- 발전소, 변전소, 전기공작물시설업체, 건설업체, 한국전력공사 및 일반사업체나 공장의 전기부서, 가정용 및 산업용 전기생산업체, 부품제조업체 등에 취업하여 전기와 관련된 제반시설의 관리 및 검사를 담당한다.
- 일부는 직업능력개발훈련교사로 진출하기도 한다. 각종 전기기기의 구조를 이해하고 전기기기 및 생산설비를 안전하게 관리 및 검사할 수 있는 전문가의 수요는 계속될 것이며 특히 「전기공사사업법」에 의하면 특급기술자로 채용하게 되어 있고 그 외 「항로표지법」에서도 해상교통의 안전을 도모하고 선박운항의 능률을 향상시키기 위해 사설항로표지를 해상에 설치할 경우에는 자격취득자를 고용하게 되어 있다.
또한 「대기환경보전법」과 「수질환경보전법」에 의해서도 오염물질을 처리하는 방지시설업체에는 방지시설기술자를 채용하게 되어 있는 등 활동분야가 다양하다.

04. 관련학과

전문계 고등학교, 전문대학 이상의 전기과, 전기제어과, 전기설비과 등 관련학과

05. 시행처

한국산업인력공단(http://www.q-net.or.kr)

06. 시험과목

- 필기 : 전기이론, 전기기기, 전력전자, 전기설비설계 및 시공, 송·배전, 디지털공학, 공업경영에 관한 사항
- 실기 : 전기에 관한 실무

07. 검정방법

- 필기 : 객관식 60문제(1시간)
- 실기 : 복합형 6시간 30분 정도(필답형 : 1시간 30분, 작업형 : 5시간 정도)

08. 합격기준

- 필기·실기 : 100점을 만점으로 하여 60점 이상

시험 가이드

09. 출제기준

필기과목명	문제수	주요항목	세부항목	세세항목
전기이론, 전기기기, 전력전자, 전기설비 설계 및 시공, 송·배전, 디지털공학, 공업경영에 관한 사항	60	1. 전기이론	(1) 정전기와 자기	① 정전기 및 정전용량 ② 유전체 ③ 전계 및 자계 ④ 자성체와 자기회로 ⑤ 벡터 해석
			(2) 직류회로	① 옴의 법칙 및 키르히호프 법칙 ② 줄열과 전력 ③ 전자유도 및 인덕턴스, 커패시턴스 ④ 직류회로 등
			(3) 교류회로	① 정현파 교류 ② 3상 및 다상 교류 ③ 교류전력 ④ 일반 선형 회로망 ⑤ 4단자망 ⑥ 라플라스 변환 ⑦ 과도현상 ⑧ 전달함수 등
			(4) 왜형파교류	① 비정현파교류 ② 비정현파교류의 임피던스 등
		2. 전기기기	(1) 직류기	① 직류기의 원리, 구조 및 유기기전력 ② 직류발전기의 특성과 운전 ③ 직류전동기의 특성과 운전
			(2) 변압기	① 변압기의 원리, 구조 및 특성 ② 변압기의 임피던스와 등가회로 ③ 변압기의 시험과 변압기 정수 ④ 변압기의 결선 및 병렬운전 ⑤ 변압기의 손실, 효율 및 전압변동률 ⑥ 특수변압기 등

필기과목명	문제수	주요항목	세부항목	세세항목
전기이론, 전기기기, 전력전자, 전기설비 설계 및 시공, 송·배전, 디지털공학, 공업경영에 관한 사항	60	2. 전기기기	(3) 유도전동기	① 3상 유도전동기의 원리 및 구조 ② 3상 유도전동기의 속도특성, 출력특성, 비례추이 및 원선도 ③ 3상 유도전동기의 기동 및 운전 ④ 유도기의 속도제어, 제동 및 역률제어 ⑤ 단상 유도전동기의 원리 및 구조 ⑥ 단상 유도전동기의 종류 및 특성 등
			(4) 동기기	① 동기발전기의 원리 및 구조 ② 동기발전기의 특성 및 단락현상 ③ 동기발전기의 여자장치와 전압조정 ④ 동기전동기의 원리 및 구조 ⑤ 동기전동기의 기동 및 특성 ⑥ 동기기의 병렬운전 및 시험, 보수 ⑦ 동기기의 손실 및 효율 등
			(5) 정류기	① 교류정류자기 ② 제어기기 및 보호기기의 원리 등
		3. 전력전자	(1) 반도체소자의 개요	① 전력용 반도체소자의 구조 ② 전력용 반도체소자의 동작원리 등
			(2) 정류 및 인버터 회로	① 정지스위치 회로 ② 교류위상제어 ③ 전동기 제어회로 ④ 인버터 및 컨버터 회로 ⑤ 직류전력제어 ⑥ 과전류 및 과전압에 대한 보호 등
		4. 전기설비 설계 기초 및 시공	(1) 전기설비설계	① 전기설비용 공구와 측정기구 ② 전기설비설계 이론 ③ 공사비 산출

시험 가이드

필기과목명	문제수	주요항목	세부항목	세세항목
전기이론, 전기기기, 전력전자, 전기설비 설계 및 시공, 송·배전, 디지털공학, 공업경영에 관한 사항	60	4. 전기설비 설계 기초 및 시공	(2) 전기설비시공	① 배관공사 ② 배선공사 ③ 전선접속 ④ 시험·운용·검사
			(3) 신재생에너지	① 태양광 발전 ② 전기저장장치 ③ 풍력발전 ④ 연료전지발전
		5. 송·배전설비	(1) 송·배전방식과 송·배전전압	① 송·배전계통 ② 송·배전방식 ③ 송·배전전압
			(2) 가공송·배전선의 전기적 특성	① 선로정수(저항, 인덕턴스, 정전용량, 누설 컨덕턴스 등) ② 표피작용 및 근접효과 ③ 송·배전특성 ④ 전압조정과 페란티 현상 ⑤ 가공송·배전선로의 구성설비
			(3) 지중송·배전선로	① 지중케이블의 종류 ② 지중선로의 부설방식 ③ 케이블 접속 ④ 케이블 보수
		6. 한국전기설비규정	(1) 총칙	① 기술기준 총칙 및 KEC 총칙에 관한 사항 ② 일반사항 ③ 전선 ④ 전로의 절연 ⑤ 접지시스템 ⑥ 피뢰시스템

필기과목명	문제수	주요항목	세부항목	세세항목
전기이론, 전기기기, 전력전자, 전기설비 설계 및 시공, 송·배전, 디지털공학, 공업경영에 관한 사항	60	6. 한국전기설비규정	(2) 저압전기설비	① 통칙 ② 안전을 위한 보호 ③ 전선로 ④ 배선 및 조명설비 등 ⑤ 특수설비
			(3) 고압, 특고압 전기설비	① 통칙 ② 안전을 위한 보호 ③ 접지설비 ④ 전선로 ⑤ 기계, 기구 시설 및 옥내배선 ⑥ 발전소, 변전소, 개폐소 등의 전기설비
		7. 디지털공학	(1) 수의 집합 및 코드화	① 수의 진법 및 코드화 등
			(2) 불대수 및 논리회로	① 불대수 ② 논리회로 등
			(3) 순서논리회로	① 카운터 ② 레지스터 등
			(4) 조합논리회로	① 가산기 및 감산기 ② 인코더 및 디코더 등
		8. 공업경영	(1) 품질관리	① 통계적 방법의 기초 ② 샘플링 검사 ③ 관리도 등
			(2) 생산관리	① 생산계획 ② 생산통계 등
			(3) 작업관리	① 작업방법연구 ② 작업시간연구 등
			(4) 기타 공업경영에 관한 사항	① 기타 공업경영에 관한 사항 등

이 책의 구성

● 합격으로 가는 출제 Comment

시험과 관련해서 출제이력이나 출제 키포인트 내용을 날개부분에 정리하여 숙지하도록 하였습니다.

● 자주 출제되는 이론 『출제 표시』

시험에 자주 출제되는 내용에 "출제 이력"을 표시하여 집중해서 학습할 수 있도록 했습니다.

● 중요내용 『밑줄』 표시

본문 내용 중 중요한 부분은 밑줄로 처리하여 확실하게 암기할 수 있도록 표시하였습니다.

● 깐깐 Check

본문 내용을 상세하게 이해하는 데 도움을 주고자 참고적인 내용을 실었습니다.

PART 6 전기설비 설계 및 시공

[70회 출제]
병행설치 규정

4 저·고압가공전선의 병행설치
① 저압가공전선과 고압가공전선과 이격거리는 50[cm] 이상
② 고압가공전선에 케이블을 사용할 경우 저압선과 30[cm] 이상

5 가공전선과 가공약전류 전선과의 공용설치
① 저압에 있어서는 75[cm] 이상
② 고압에 있어서는 1.5[m] 이상

[46회, 52회, 61회 출제]
가공인입선의 특징

03 인입선 및 연접인입선

1 저압인입선의 시설
(1) 케이블 이외에는 인장강도 2.30[kN] 이상의 것 또는 지름 2.6[mm]의 경동선
(2) 전선의 높이는 다음에 의할 것
① 도로를 횡단하는 경우에는 노면상 5[m](고압 : 6[m])
② 철도 또는 궤도를 횡단하는 경우에는 궤도면상 6.5[m] 이상(고압 : 6.5[m])
③ 횡단보도교의 위에 시설하는 경우에는 노면상 3[m] 이상(고압 : 3.5[m])
④ 기타의 경우에는 지표상 4[m] 이상(고압 : 5[m])

[42회, 45회, 49회, 53회, 55회, 59회, 62회, 68회, 70회 출제]
연접인입선의 특징

2 저압연접인입선의 시설
(1) 인입선에서 분기하는 점으로부터 100[m]를 초과하는 지역에 미치지 아니할 것
(2) 폭 5[m]를 초과하는 도로를 횡단하지 아니할 것
(3) 옥내를 통과하지 아니할 것

> **깐깐 Check** 특고압 가공전선로의 철주 철근 콘크리트주 또는 철탑의 종류
> 1. 직선형 : 전선로의 직선부분으로 3도 이하의 수평각도를 이루는 곳에 사용하는 것
> 2. 각도형 : 전선로 중 3도를 초과하는 수평각도를 이루는 곳에 사용하는 것
> 3. 인류형 : 전가섭선을 인류하는 곳에 사용하는 것
> 4. 내장형 : 전선로의 지지물 양쪽의 경간의 차가 큰 곳에 사용하는 것
> 5. 보강형 : 전선로의 직선부분에 그 보강을 위하여 사용하는 것

PART 01 자주 출제되는 기출문제

> **자주 출제되는 기출문제**
> 자주 출제되는 기출문제를 내용별로 분류하여 쉽게 익힐 수 있도록 했습니다.

01 다음 중 전류의 열작용과 관계 있는 법칙은? [46회 09.7.]
① 옴의 법칙
② 키르히호프의 법칙
③ 줄의 법칙
④ 플레밍의 법칙

해설 줄의 법칙(Joule's law)
전류에 의하여 단위시간에 발생하는 열량은 도체의 저항과 전류의 제곱에 비례한다.
$H = I^2 Rt[J] = 0.24 I^2 Rt[cal]$

> **출제연도, 별표 표시**
> 반복되어 출제되는 문제에 출제연도와 별표를 표시하여 중요문제임을 알 수 있도록 했습니다.

02 저항 20[Ω]인 전열기로 21.6[kcal]의 열량을 발생시키려면 5[A]의 전류를 약 몇 분간 흘려주면 되는가? [47회 10.3.]
① 3분
② 5.7분
③ 7.2분
④ 18분

> **상세한 해설 정리**
> 각 문제마다 상세한 해설을 덧붙여 그 문제를 완전히 이해할 수 있도록 했을 뿐만 아니라 유사문제에도 대비할 수 있도록 하였습니다.

2024년 제75회 CBT 기출복원문제

01 다음 그림과 같은 회로에서 a, b 간에 100[V]의 직류전압을 가했을 때 10[Ω]의 저항에 4[A]의 전류가 흘렀다. 이때 저항 r_1에 흐르는 전류와 저항 r_2에 흐르는 전류의 비가 1 : 4라고 하면 r_1 및 r_2의 저항값은 각각 얼마인가?

① $r_1 = 12, r_2 = 3$
② $r_1 = 36, r_2 = 9$
③ $r_1 = 60, r_2 = 15$
④ $r_1 = 70, r_2 = 20$

02 히스테리시스 곡선의 횡축과 종축을 나타내는 것은?
① 자속밀도 - 투자율
② 자장의 세기 - 자속밀도
③ 자계의 세기 - 자화
④ 자화 - 자속밀도

해설 히스테리시스 곡선

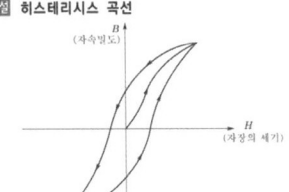

> **기출문제에 「출제빈도」 표시**
> 자주 출제되는 문제에 빈도표시를 하여 집중해서 학습할 수 있도록 하였습니다.

기초 단위

(1) 기본단위

양	명 칭	기 호
길이	미터	m
질량	킬로그램	kg
시간	초	s
전류	암페어	A
절대온도	켈빈	K
광도	칸델라	cd
물질의 양	몰	mol

(2) 보조단위

양	명 칭	기 호
평면각	라디안	rad
입체각	스테라디안	sr

(3) 유도단위

양	명 칭	기 호		다른 단위와의 관계
진동수	헤르츠	Hz	s^{-1}	
힘	뉴턴	N	$m \cdot kg \cdot s^{-2}$	
압력	파스칼	Pa	N/m^2	$m^{-1} \cdot kg \cdot s^{-2}$
에너지, 열량	줄	J	$N \cdot m$	$m^2 \cdot kg \cdot s^{-2}$
전력	와트	W	J/s	$m^2 \cdot kg \cdot s^{-3}$
전기량(전하량)	쿨롬	C	$A \cdot s$	$s \cdot A$
전압, 전위	볼트	V	W/A	$m^2 \cdot kg \cdot s^{-3} \cdot A^{-1}$
전기용량	패럿	F	C/V	$m^{-2} \cdot kg^{-1} \cdot s^4 \cdot A^2$
전기저항	옴	Ω	V/A	$m^2 \cdot kg \cdot s^{-3} \cdot A^{-2}$
자기다발	웨버	Wb	$V \cdot s$	$m^2 \cdot kg \cdot s^{-2} \cdot A^{-1}$
자기장	테슬라	T	Wb/m^2	$kg \cdot s^{-2} \cdot A^{-1}$
인덕턴스	헨리	H	Wb/A	$m^2 \cdot kg \cdot s^{-2} \cdot A^{-2}$
빛다발	루멘	lm		$cd \cdot sr$
조도	럭스	lx	lm/m^2	$m^{-2} \cdot sr \cdot cd$
방사능	베크렐	Bq		s^{-1}
흡수선량	그레이	Gy	J/kg	$m^2 \cdot s^{-2}$
선량당량	시버트	Sy	J/kg	$m^2 \cdot s^{-2}$

(4) 접두사

수	접두사	기호	수	접두사	기호
10^{18}	엑사(exa)	E	10^{-1}	데시(deci)	d
10^{15}	페타(peta)	P	10^{-2}	센티(centi)	c
10^{12}	테라(tera)	T	10^{-3}	밀리(milli)	m
10^{9}	기가(giga)	G	10^{-6}	마이크로(micro)	μ
10^{6}	메가(mega)	M	10^{-9}	나노(nano)	n
10^{3}	킬로(kilo)	k	10^{-12}	피코(pico)	p
10^{2}	헥토(hecto)	h	10^{-15}	펨토(femto)	f
10^{1}	데카(deca)	da	10^{-18}	아토(atto)	a

(5) 단위 환산표

길이와 체적
1 inch = 2.54 cm
1 ft = 0.03048 m
1 m = 39.37 in
1 mi = 1.6093440 km
1 liter = 10^3 cm^3 = 10^{-3} m^3

시간
1 year = 365.25 day = 3.1558×10^7 s
1 d = 86400 s
1 h = 3600 s

질량
1 kg = 1000 g
1 kg 무게 = 2.205 lb
1 amu = 1.6605×10^{-27} kg

압력
1 Pa = 1 N/m^2
1 atm = 1.01325×10^5 Pa
1 lb/in^2 = 6895 Pa

에너지와 힘
1 cal = 4.184 J
1 kWh = 3.60×10^6 J
1 eV = 1.602×10^{-19} J
1 u = 931.5 MeV
1 hp = 746 W

속력
1 m/s = 3.60 km/h = 2.24 mi/h
1 km/h = 0.621 mi/h

힘
1 lb = 4.448 N

차례

PART 01 | 전기이론

Chapter 01. 직류이론 ········· 1-3
   01. 직류회로 ········· 1-3
   02. 전류의 열작용과 화학작용 ········· 1-8

Chapter 02. 교류회로 ········· 1-12
   01. 정현파 교류 ········· 1-12
   02. 교류전력 ········· 1-29
   03. 3상교류 ········· 1-31
   04. 회로망 ········· 1-36

Chapter 03. 정전기와 자기 ········· 1-47
   01. 정전기 ········· 1-47
   02. 자 기 ········· 1-52
   ☑ 자주 출제되는 기출문제 ········· 1-62

PART 02 | 디지털 공학

Chapter 01. 수의 집합 및 코드화 ········· 2-3
   01. 진법 및 수의 표현 ········· 2-3
   02. 수의 코드화 ········· 2-8

Chapter 02. 불대수 및 논리회로 ········· 2-11
   01. 불대수 ········· 2-11
   02. 카르노맵(Karnaugh map) ········· 2-12
   03. 논리회로 ········· 2-14

Chapter 03. 플립플롭회로 ········· 2-20
   01. RS-flip flop ········· 2-20
   02. JK-flip flop ········· 2-21
   03. M/S-flip flop ········· 2-21
   04. D-flip flop ········· 2-22
   05. T-flip flop ········· 2-23

Chapter 04. 조합논리회로 ········· 2-24
   01. 가산기(adder) ········· 2-24
   02. 감산기(subtracter) ········· 2-26
   03. 인코더(encoder) ········· 2-27
   04. 디코더(decoder) ········· 2-28
   05. 계수기(counter) ········· 2-29
   ☑ 자주 출제되는 기출문제 ········· 2-31

PART 03 | 송·배전선로의 전기적 특성

Chapter 01. 송·배전방식과 송·배전전압 ········· 3-3
    01. 송·배전전압 ········· 3-3
    02. 배전선로의 구성 ········· 3-4
    03. 배전선로의 손실 감소 대책 ········· 3-5
    04. 배전선로의 보호장치 ········· 3-7
    05. 송·배전선로의 응용 ········· 3-7
    06. 선로 및 기기의 보호 ········· 3-8
    07. 중성점 접지방식 ········· 3-11

Chapter 02. 선로정수 및 코로나 현상 ········· 3-13
    01. 선로정수 ········· 3-13
    02. 전선 위치 바꿈(연가)(trans position) ········· 3-14
    03. 코로나 현상 ········· 3-15

Chapter 03. 송전선로의 특성 및 전력원선도 ········· 3-17
    01. 송전단선로의 특성 ········· 3-17
    02. 전력원선도 ········· 3-19
    03. 페란티현상 ········· 3-19
    04. 조상설비 ········· 3-20
    05. 안정도 ········· 3-21

Chapter 04. 전선로 ········· 3-23
    01. 가공전선로 ········· 3-23
    02. 지중전선로 ········· 3-28

☑ 자주 출제되는 기출문제 ········· 3-30

PART 04 | 전력전자

Chapter 01. 전자현상 ········· 4-3
    01. 전 자 ········· 4-3
    02. 전자운동 ········· 4-4
    03. 전자 방출 ········· 4-6
    04. 전자파 ········· 4-9

Chapter 02. 반도체 ········· 4-11
    01. 반도체의 성질 ········· 4-11
    02. 다이오드 ········· 4-12
    03. 트랜지스터 ········· 4-18

04. 전장효과 트랜지스터 ··· 4-20
05. 반도체 스위칭 소자 ·· 4-22
Chapter 03. 전원회로 ·· 4-26
01. 정류회로 ··· 4-26
02. 평활회로 ··· 4-32
03. 정전압 전원회로 ·· 4-34
Chapter 04. 증폭회로 ·· 4-37
01. 트랜지스터 증폭기 ·· 4-37
02. 증폭도 ·· 4-40
03. 접지방식에 따른 증폭기의 특성 ························· 4-41
04. 되먹임 증폭회로 ·· 4-42
05. FET 증폭회로 ·· 4-43
06. 전력증폭회로 ··· 4-44
07. 연산증폭기(OP-AMP ; OPerational AMPlifier) ······ 4-46
Chapter 05. 발진회로 ·· 4-49
01. 발진조건 ··· 4-49
02. $L-C$ 발진기 ·· 4-49
03. 수정발진기 ··· 4-50
04. CR발진기 ··· 4-51
Chapter 06. 변·복조회로 ·· 4-53
01. 변조방식 ··· 4-53
02. 진폭변조(AM)와 복조 ·· 4-53
03. 주파수변조(FM)와 복조 ······································· 4-55
04. 펄스변조(PM ; Pulse Modulation) ······················· 4-56
☑ 자주 출제되는 기출문제 ·· 4-58

PART | 05 | 전기기기

Chapter 01. 직류기 ··· 5-3
01. 직류 발전기(direct current generator) ·················· 5-3
02. 직류 전동기(direct current motor) ························ 5-9
Chapter 02. 동기기 ··· 5-13
01. 동기 발전기(synchronous generator) ·················· 5-13
02. 동기 전동기 ··· 5-18

Chapter 03. 변압기 ··· 5-20
    01. 원리와 구조 ·· 5-20
    02. 변압기의 등가회로 ·· 5-21
    03. 1차, 2차 유기기전력과 여자전류 ································· 5-21
    04. 특 성 ··· 5-22
    05. 결선법 ··· 5-24
    06. 변압기 구조 ·· 5-26
    07. 변압기의 병렬운전 ·· 5-27
    08. 상(相, Phase)수 변환 ··· 5-28
    09. 특수 변압기 ·· 5-28
Chapter 04. 유도기 ··· 5-29
    01. 원리와 구조 ·· 5-29
    02. 유도전동기의 특성 ·· 5-30
    03. 손실과 효율 ·· 5-32
    04. 유도전동기의 운전법 ··· 5-33
Chapter 05. 정류기 ··· 5-35
☑ 자주 출제되는 기출문제 ··· 5-39

PART 06 | 전기설비 설계 및 시공

Chapter 01. 총 칙 ··· 6-3
    01. 용어의 정의 ·· 6-3
    02. 전선의 접속법 ··· 6-4
    03. 전로의 절연 및 접지 ··· 6-4
    04. 기계 및 기구 ·· 6-6
Chapter 02. 발전소·변전소·개폐소 ·· 6-8
    01. 발전소 등의 울타리·담 등의 시설 ···························· 6-8
    02. 기기의 보호장치 ·· 6-8
Chapter 03. 전선로 ·· 6-10
    01. 통 칙 ··· 6-10
    02. 저압 및 고압의 가공전선로 ·· 6-12
    03. 인입선 및 이웃연결(연접)인입선 ································· 6-14
    04. 지중전선로 ·· 6-15
Chapter 04. 전기사용 장소의 시설 ··· 6-16
    01. 옥내의 시설 ·· 6-16

차례

Chapter 05. 전선로의 특징 ·· 6-24
    01. 가공전선 ·· 6-24
    02. 가공전선로의 애자 ························· 6-25
    03. 가공전선로의 지지물 ····················· 6-26
    04. 지중전선로 ······································ 6-27
    05. 조상설비 ·· 6-28

Chapter 06. 중성점 접지 ·· 6-30
    01. 중성점 접지 목적 ··························· 6-30
    02. 중성점 접지의 종류 ······················· 6-30

Chapter 07. 피뢰기에 의한 기구보호 ························ 6-32
    01. 피뢰기의 구성 ································ 6-32
    02. 피뢰기의 역할 ································ 6-32
    03. 보호계전기 ······································ 6-33
    04. 개폐장치 ·· 6-34

Chapter 08. 배전선로 ·· 6-35
    01. 특 징 ·· 6-35
    02. 전압의 구분 ···································· 6-35
    03. 전기방식 ·· 6-35
    04. 전기적 특성 ···································· 6-36
    05. 승압기 ·· 6-37

Chapter 09. 수요와 부하 ·· 6-39
    01. 수용률 ·· 6-39
    02. 부등률 ·· 6-39
    03. 부하율 ·· 6-39
    04. 수용률, 부등률 및 부하율의 관계 ······ 6-40

Chapter 10. 조명설비 ·· 6-41
    01. 용 어 ·· 6-41
    02. 조명방식 ·· 6-42
    03. 조명기구의 사용목적 ····················· 6-42

Chapter 11. 분산형 전원설비 ······································ 6-44
    01. 개 요 ·· 6-44
    02. 용어의 정의 ···································· 6-44
    03. 태양광발전설비 ······························· 6-45
    04. 풍력발전설비 ·································· 6-46
    05. 연료전지설비 ·································· 6-47

☑ 자주 출제되는 기출문제 ··· 6-49

PART 07 | 공업경영

Chapter 01. 품질관리 ·· 7-3
    01. 개 요 ··· 7-3
    02. 통계적 품질관리 ··· 7-4
    03. 관리도 ·· 7-5
    04. OC 곡선(Operation Characteristic Curve) ············ 7-9
    05. 샘플링(sampling) 검사 ·· 7-9
Chapter 02. 생산관리 ·· 7-11
    01. 개 요 ·· 7-11
    02. 수요 예측(demand forecasting) ··························· 7-12
    03. 공정설계 ·· 7-13
    04. 설비배치 ·· 7-14
    05. 작업시간 측정 ·· 7-15
    06. 재고관리 ·· 7-15
    07. 프로젝트 관리기법 ··· 7-16
☑ 자주 출제되는 기출문제 ··· 7-18

PART 08 | 한국전기설비규정[KEC 규정]

Chapter 01. 공통사항 ·· 8-3
    01. 총 칙 ·· 8-3
Chapter 02. 저압 전기설비 ·· 8-10
    01. 계통접지의 방식 ·· 8-10
    02. 과전류에 대한 보호 ··· 8-14
Chapter 03. 고압·특고압 전기설비 ·· 8-16
    01. 적용범위 ·· 8-16
☑ 자주 출제되는 기출문제 ··· 8-20

부록 I | 과년도 출제문제

- 2011년 4월 17일 출제문제 ·· 3
- 2011년 7월 31일 출제문제 ·· 15

차례

- 2012년 4월 8일 출제문제 …………………………………… 28
- 2012년 7월 22일 출제문제 ………………………………… 41
- 2013년 4월 14일 출제문제 ………………………………… 53
- 2013년 7월 21일 출제문제 ………………………………… 67
- 2014년 4월 6일 출제문제 …………………………………… 79
- 2014년 7월 20일 출제문제 ………………………………… 90
- 2015년 4월 4일 출제문제 …………………………………… 100
- 2015년 7월 19일 출제문제 ………………………………… 112
- 2016년 4월 2일 출제문제 …………………………………… 124
- 2016년 7월 10일 출제문제 ………………………………… 136
- 2017년 3월 5일 출제문제 …………………………………… 148
- 2017년 7월 8일 출제문제 …………………………………… 159
- 2018년 3월 31일 출제문제 ………………………………… 171

부록Ⅱ | CBT 기출복원문제

- 2018년 CBT 기출복원문제 ………………………………… 3
- 2019년 CBT 기출복원문제(Ⅰ) …………………………… 16
- 2019년 CBT 기출복원문제(Ⅱ) …………………………… 28
- 2020년 CBT 기출복원문제(Ⅰ) …………………………… 41
- 2020년 CBT 기출복원문제(Ⅱ) …………………………… 54
- 2021년 CBT 기출복원문제(Ⅰ) …………………………… 68
- 2021년 CBT 기출복원문제(Ⅱ) …………………………… 80
- 2022년 CBT 기출복원문제(Ⅰ) …………………………… 93
- 2022년 CBT 기출복원문제(Ⅱ) …………………………… 106
- 2023년 제73회 CBT 기출복원문제 ……………………… 119
- 2023년 제74회 CBT 기출복원문제 ……………………… 132
- 2024년 제75회 CBT 기출복원문제 ……………………… 146
- 2024년 제76회 CBT 기출복원문제 ……………………… 158
- 2025년 제77회 CBT 기출복원문제 ……………………… 171
- 2025년 제78회 CBT 기출복원문제 ……………………… 184

전기이론

- **제1장** 직류이론
- **제2장** 교류회로
- **제3장** 정전기와 자기

CHAPTER 01 직류이론

Master Craftsman Electricity

01 직류회로

1 전하와 전기량

(1) 개념
대전된 물체가 가지고 있는 전기를 전하라고 하며, 전하가 가지고 있는 전기의 양을 전기량이라 한다.

(2) 전기량
소립자의 하나로 음의 단위전하를 가지며, 전자 1개의 전기량 $e = 1.602 \times 10^{-19}$[C] 이며 전기량의 최소값이고, 전자의 질량 $m = 9.107 \times 10^{-31}$[kg]이다.

[61회 출제]
1[eV]=1.602×10⁻¹⁹[J]

2 직류회로의 성질

(1) 전류(I)
도체의 매질 내에서 자유전자가 이동하는 현상으로 단위시간 동안 이동하여 생기는 전기량을 말한다.
어떤 도체의 단면을 t[sec] 동안 Q[C]의 전하가 이동할 때 전류는 다음과 같다.

$$I = \frac{Q}{t} [\text{C/sec} = \text{A}]$$

(2) 전압(V)
회로 내의 두 점 사이를 단위 정전하가 이동시 발생하는 일의 양을 전압 또는 전위차라 하며, 전압은 다음과 같다.

$$V = \frac{W}{Q} [\text{J/C} = \text{V}]$$

[직류회로]
가장 기본이 되는 정의와 관련된 개념위주로 이해가 필요
- I : 전류, V : 전압, R : 저항
- $I = \frac{Q}{t}$ [A]
- $Q = I \cdot t$ [C]

[51회 출제]
전력식을 이용한 전구의 밝기를 응용

[57회 출제]
$P = \dfrac{W}{t} = \dfrac{V^2}{R}$

(3) 전력(P)

단위시간 동안의 일의 양으로 $P = \dfrac{W}{t} = \dfrac{VQ}{t} = V \cdot I\,[\text{J/sec} = \text{W}]$라 하며, 기계적인 동력의 단위로는 마력을 사용하는 일이 많고 Watt와의 사이에는 다음과 같은 관계가 있다.

$$1[\text{마력}] = 1[\text{HP}] = 746[\text{W}]$$

(4) 저항(R)

전류의 흐름을 방해하는 성분을 전기저항 또는 저항(resistance)이라 하고 단위는 옴(ohm, [Ω])이다. 저항의 역수는 컨덕턴스라 하고 단위는 모(mho, [℧])이다. 컨덕턴스 $G = \dfrac{1}{R}\,[℧]$로 표시한다.

[옴의 법칙(Ohm's law)]
$R = \dfrac{V}{I}[\Omega]$

3 옴의 법칙(Ohm's law)

전기회로에 흐르는 **전류는 전압(전위차)에 비례**하고, **저항에 반비례**한다.

$$I = \dfrac{V}{R}\,[\text{A}], \quad V = IR\,[\text{V}], \quad R = \dfrac{V}{I}\,[\Omega]$$

4 전기저항(R)

도체의 전기저항을 계산하면 다음과 같다.

[69회 출제]
저항과 단면적의 관계

$$R = \rho \dfrac{l}{A} = \dfrac{l}{\sigma A}\,[\Omega]$$

여기서, ρ : 고유저항
l : 길이
A : 단면적
σ : 도전율

즉, **전기저항**은 고유저항과 **도체의 길이에 비례**하고 **단면적에 반비례**한다.

5 저항의 접속

(1) 직렬접속

$$V_1 = R_1 \cdot I \, [\text{V}], \quad V_2 = R_2 \cdot I \, [\text{V}]$$
$$V = V_1 + V_2 = R_1 I + R_2 I = (R_1 + R_2) \cdot I$$

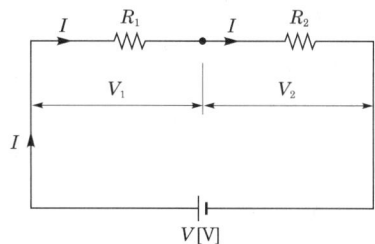

① 합성저항 : $R = R_1 + R_2 \, [\Omega]$

② 전류 : $I = \dfrac{V}{R_1 + R_2} \, [\text{A}]$

③ 분압법칙

㉠ $V_1 = R_1 I = R_1 \dfrac{V}{R_1 + R_2} = \dfrac{R_1}{R_1 + R_2} V \, [\text{V}]$

㉡ $V_2 = R_2 I = R_2 \dfrac{V}{R_1 + R_2} = \dfrac{R_2}{R_1 + R_2} V \, [\text{V}]$

④ $V_1 : V_2 = R_1 : R_2$

⑤ 배율기(R_m) : 전압계의 측정범위를 확대하기 위해서 전압계와 직렬로 접속한 저항을 말한다.

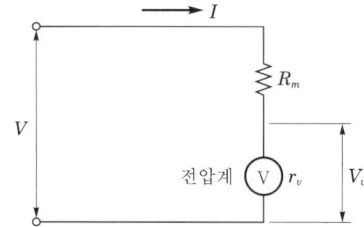

여기서, V : 측정 전압
V_v : 전압계 전압
r_v : 전압계 내부저항
R_m : 배율기 저항

전압계 전압 $V_v = \dfrac{r_v}{R_m + r_v} V$ 에서 $\dfrac{V}{V_v} = \dfrac{R_m + r_v}{r_v} = 1 + \dfrac{R_m}{r_v}$ 이므로

배율 $m = \dfrac{V}{V_v} = 1 + \dfrac{R_m}{r_v}$ 이 된다.

[49회, 58회, 70회 출제]
분압법칙을 이용한 전압계의 지시값
* 분압법칙을 꼭 외울 것
$V_1 = \dfrac{R_1}{R_1 + R_2} V \, [\text{V}]$
$V_2 = \dfrac{R_2}{R_1 + R_2} V \, [\text{V}]$

[54회 출제]
배율기의 정의부터 이해할 것

 PART 1 전기이론

[41회, 44회, 45회, 50회, 51회, 53회 출제]
저항의 직·병렬접속의 응용

[56회 출제]
직·병렬을 이용한 전류

[70회 출제]
직렬과 병렬 저항의 크기 비교

[62회 출제]
분류법칙

[47회, 50회, 52회, 53회, 57회, 61회 출제]
• 분류기 정의 및 배율
• 분류기 식을 이용한 계산식

(2) 병렬접속

$I_1 = \dfrac{V}{R_1}$, $I_2 = \dfrac{V}{R_2}$

$I = I_1 + I_2 = \dfrac{V}{R_1} + \dfrac{V}{R_2} = \left(\dfrac{1}{R_1} + \dfrac{1}{R_2}\right) \cdot V$

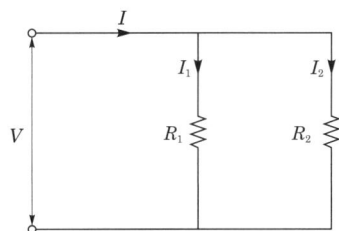

① 합성저항 : $\dfrac{1}{R} = \dfrac{1}{R_1} + \dfrac{1}{R_2}$, $R = \dfrac{1}{\dfrac{1}{R_1} + \dfrac{1}{R_2}} = \dfrac{R_1 R_2}{R_1 + R_2}[\Omega]$

② 전압 : $V = RI = \dfrac{R_1 R_2}{R_1 + R_2} I [\text{V}]$

③ 분류법칙

㉠ $I_1 = \dfrac{V}{R_1} = \dfrac{1}{R_1} \dfrac{R_1 R_2}{R_1 + R_2} I = \dfrac{R_2}{R_1 + R_2} I [\text{A}]$

㉡ $I_2 = \dfrac{V}{R_2} = \dfrac{1}{R_2} \dfrac{R_1 R_2}{R_1 + R_2} I = \dfrac{R_1}{R_1 + R_2} I [\text{A}]$

④ $I_1 : I_2 = \dfrac{1}{R_1} : \dfrac{1}{R_2}$

⑤ 분류기(R_s) : 전류의 측정범위를 확대하기 위해서 전류계와 병렬로 접속한 저항을 말한다.

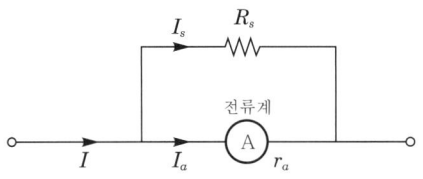

여기서, I : 측정 전류
I_a : 전류계 전류
r_a : 전류계 내부저항
R_s : 분류기 저항

전류 $I_a = \dfrac{R_s}{R_s + r_a}I$ 이므로

분류기의 배율 $m = \dfrac{I}{I_a} = \dfrac{R_s + r_a}{R_s} = 1 + \dfrac{r_a}{R_s}$ 이 된다.

6 키르히호프의 법칙(Kirchhoff's law)

(1) 제1법칙(전류에 관한 법칙)
임의의 접속점에 유입하는 전류의 총합과 유출하는 전류의 총합은 같다.

$$\Sigma(유입전류) = \Sigma(유출전류)$$

[키르히호프 법칙]
- 제1법칙(전류법칙)
  Σ유입전류 = Σ유출전류
- 제2법칙(전압법칙)
  Σ기전력 = Σ전압강하

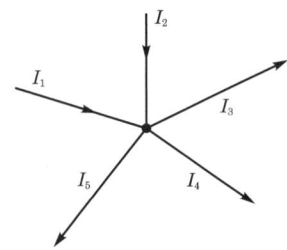

그림에서 $I_1 + I_2 = I_3 + I_4 + I_5$가 성립한다.

(2) 제2법칙(전압에 관한 법칙)
임의의 폐회로 내를 시계방향으로 일주했을 때, 주어진 기전력의 대수합은 각 지로에 생긴 전압(또는 전압강하)의 대수합과 같으며, 전류방향과 일치하는 기전력과 전압강하는 (+), 반대방향이면 (−)로 나타낸다.

[키르히호프 제2법칙]
$\Sigma E = \Sigma Z \cdot I$

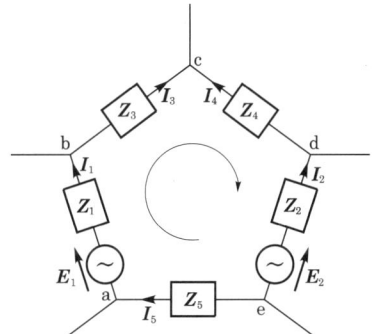

$E_1 - E_2 = Z_1 I_1 + Z_3 I_3 + (-Z_4 I_4) + (-Z_2 I_2) + Z_5 I_5$이며, 식으로 표현하면 다음과 같다.

$$\Sigma E = \Sigma ZI$$

PART 1 전기이론

02 전류의 열작용과 화학작용

[46회, 47회, 58회 출제]
줄의 법칙을 확실하게 이해할 것

1 줄의 법칙(Joule's law)

① 전류에 의하여 단위시간에 발생하는 열량은 도체의 저항과 전류의 제곱에 비례한다.

② 발생열량 : 저항 $R[\Omega]$의 도체에 $I[A]$의 전류를 $t[\sec]$ 동안 흘렸을 때 저항에서 발생하는 열량은 $H=I^2Rt[J]$이다. 단, $1[\text{cal}]=4.2[J]$, $1[J]=0.24[\text{cal}]$이므로 $\underline{H=I^2Rt[J]=0.24I^2Rt[\text{cal}]}$이다.

[41회 출제]
전력량의 식을 이용한 계산

2 전력량(W)

① 전기에너지의 일을 나타내며, 어느 일정시간 동안의 전체 전기에너지를 뜻한다.
② 전력량(W) = $I^2Rt[J]$이며, 단위는 [Wh] 또는 [kWh]가 주로 쓰인다.

[43회, 47회 출제]
제벡효과의 정의

3 열전기현상

(1) 제벡효과(Seebeck effect)

서로 다른 두 금속 안티몬(Sb), 비스무트(Bi)를 접속하여 서로 다른 온도를 유지하면 두 접합면의 **온도차**에 의하여 생긴 열기전력에 의해 **전류가 흐르는 현상**을 말한다.

[69회 출제]
펠티에효과의 정의

(2) 펠티에효과(Peltier effect)

서로 다른 두 금속 안티몬(Sb), 비스무트(Bi)를 접속하여 전류를 흘리면 그 **접합면에서 열의 발생, 또는 열을 흡수하는 현상**이 생기며 전자 냉동고에 이용된다.

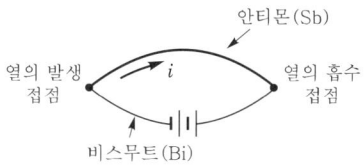

4 전류의 화학작용

(1) 전해액

전류가 흐르면 화학적 변화가 생기는 수용액을 말하며, 양이온과 음이온으로 전리된다.

(2) 전기분해
전해액에 전류를 흘려 전해액을 화학적으로 분해하는 현상을 뜻한다.

(3) 전기도금
전기분해로 석출되는 금속에 의해 다른 종류의 금속표면을 피복하여 산화를 방지하고 내구력을 증가시키며 외관을 아름답게 하는 것이다.

5 패러데이의 법칙(Faraday's law)

① 전기분해에 의해서 음과 양의 두 전극으로부터 석출되는 물질의 양은 전해액 속에 통한 전기량에 비례한다.

$$W = keQ = KIt [g]$$

여기서, k : 상수, e : 화학당량, I : 전류

② 전기량이 같을 때는 물질의 전기 화학당량에 비례한다.

$$화학당량 = \frac{원자량}{원자가}$$

[49회, 53회 출제]
패러데이 법칙의 정의 및 계산문제

6 전 지

일반적으로 화학에너지를 전기에너지로 변환하는 장치를 뜻한다.

(1) 1차 전지
한 번 전기에너지를 모두 방전하였을 때 재충전하여 사용할 수 없다.(건전지)

(2) 2차 전지
몇 번이라도 재충전을 하여 사용할 수 있는 전지이다.

① 납축전지 : 기전력은 2[V], 비중 1.2~1.3

$$PbO_2 + 2H_2SO_4 + Pb \underset{충전}{\overset{방전}{\rightleftarrows}} PbSO_4 + 2H_2O + H_2SO_4$$

② 축전지의 용량 : 충전상태에서 방전 종기전압(1.8[V])에 이를 때까지의 방전할 수 있는 전기량

(3) 분극(성극)작용
전지에 전류가 흐르면 양극에 수소가스가 생겨서 이온의 이동을 방해하여 기전력이 감소하는 현상으로 감극제를 사용하여 수소가스를 제거한다.

[납축전지]
• 기전력은 2[V]
• 비중은 1.2~1.3

PART 1 전기이론

[58회 출제]
직렬접속
$I = \dfrac{E}{r + \dfrac{R}{n}}$ [A]

(4) 전지의 접속

① 직렬접속

$$I = \dfrac{nE}{nr + R} = \dfrac{E}{r + \dfrac{R}{n}} \text{[A]}$$

여기서, n : 전지의 직렬개수
$E_1 = E_2 = E_n = E$, $r_1 = r_2 = r_n = r$

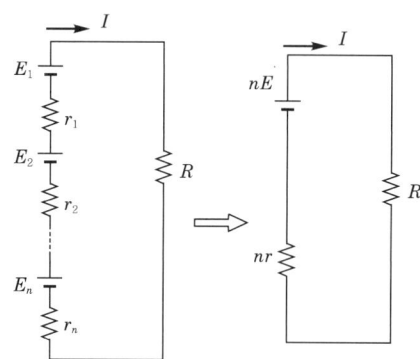

[병렬접속]
$I = \dfrac{E}{\dfrac{r}{m} + R}$ [A]

② 병렬접속

$$I = \dfrac{E}{\dfrac{r}{m} + R} \text{[A]}$$

여기서, m : 전지의 병렬개수
$E_1 = E_2 = E_m = E$, $r_1 = r_2 = r_m = r$

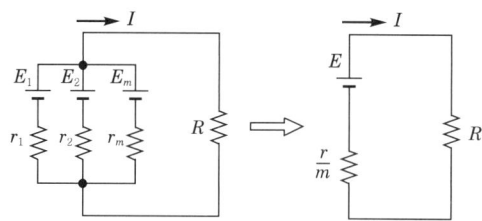

[42회, 46회, 58회 출제]
전지의 직·병렬접속

③ 직·병렬접속

㉠ $I = \dfrac{nE}{\dfrac{nr}{m} + R} = \dfrac{E}{\dfrac{r}{m} + \dfrac{R}{n}}$ [A]

여기서, n : 전지의 직렬개수
m : 전지의 병렬개수

CHAPTER 1 직류이론

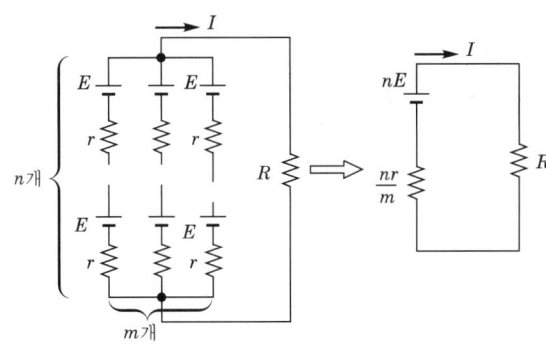

ⓒ 최대 전류조건

$\dfrac{r}{m} = \dfrac{R}{n}$ 또는 $\dfrac{n}{m} = \dfrac{R}{r}$이면 된다.

[최대 전류조건]
$\dfrac{r}{m} = \dfrac{R}{n}$

CHAPTER 02 교류회로

01 정현파 교류

1 교류회로의 기초

자기장 중에 코일을 넣고 회전시키면 다음과 같은 전압이 발생한다.
$e = Blv\sin\theta [\text{V}]$이며 이때 Blv를 V_m으로 표시하면 $e = V_m\sin\theta [\text{V}]$가 된다.

(1) 주기(T)

1사이클에 대한 시간을 주기라 하며, 문자로서 $T[\text{sec}]$라 한다.

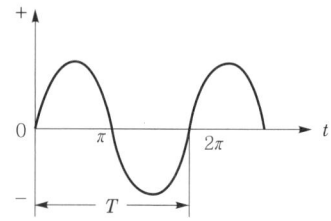

(2) 주파수(f)

1[sec] 동안에 반복되는 사이클의 수를 나타내며, 단위로는 [Hz]를 사용한다.

(3) 주기와 주파수와의 관계

$$f = \frac{1}{T}[\text{Hz}], \quad T = \frac{1}{f}[\text{sec}]$$

(4) 주파수와 회전수

$$f = \frac{PN}{120}[\text{Hz}], \quad N = \frac{120f}{P}[\text{rpm}]$$

(5) 각주파수(ω)

회전체가 1초 동안에 회전하는 각도를 말한다.

[주기(T)와 주파수(f)의 관계]

$f = \dfrac{1}{T}$, $T = \dfrac{1}{f}$

[교류회로]
주파수와 회전수, 주기 등은 전기기기 등과 관련하여 자주 출제되는 내용으로 꼭 숙지하였으면 함

$$\omega = \frac{\theta}{t} = \frac{2\pi}{T} = 2\pi f \,[\text{rad/sec}]$$

(6) 위상과 위상차

$$v_1 = V_m \sin \omega t \,[\text{V}], \quad v_2 = V_m \sin(\omega t - \theta_1) \,[\text{V}]$$

위의 식에서 v_2는 v_1보다 위상이 θ_1만큼 뒤진다.

2 교류의 표시

(1) 순시값
전압 또는 전류의 파형이 어떤 임의의 순간에서 전압 또는 전류의 크기를 나타내는 것이다.

[순시값]
임의의 한 순간에서 전압, 전류의 크기를 뜻한다.

(2) 최대값
순시값 중에서 가장 큰 값(V_m)을 의미한다.

(3) 평균값
교류 순시값의 1주기 동안의 평균에 의한 교류의 크기를 나타내며, 이것을 교류의 평균값이라 한다.

$$V_{av} = \frac{1}{T}\int_0^T v\,dt \,[\text{V}], \quad I_{av} = \frac{1}{T}\int_0^T i\,dt \,[\text{A}]$$

[55회 출제]
평균값과 실효값 관계

[62회, 69회 출제]
평균값과 최대값

(4) 실효값
일정 시간 동안 교류에 의해 발생하는 열량과 직류에 의해 발생하는 열량을 비교한 교류의 크기를 말한다.

① 저항 R에 직류전류 $I\,[\text{A}]$가 흐를 때

$$\text{소비전력}\ P_{dc} = I^2 R \,[\text{W}]$$

② 동일한 저항 R에 교류전류 $i\,[\text{A}]$가 흐를 때

$$\text{소비전력}\ P_{ac} = \frac{1}{T}\int_0^T i^2 R\,dt \,[\text{W}]$$

그러므로 실효값 $I = \sqrt{\dfrac{1}{T}\displaystyle\int_0^T i^2 dt}$ 가 된다.

[41회, 43회, 46회, 47회, 50회, 57회 출제]
실효값의 정의 및 계산

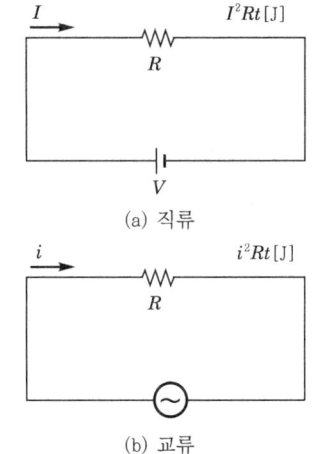

(a) 직류

(b) 교류

3 여러 가지 파형

(1) 정현파

① 평균값

$$V_{av} = \frac{2V_m}{\pi} = 0.637 V_m$$

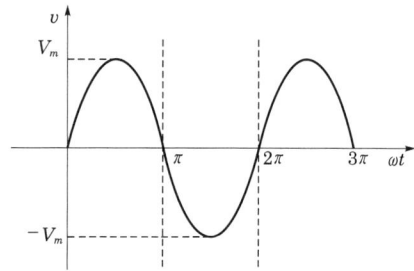

② 실효값

$$V = \frac{V_m}{\sqrt{2}} = 0.707 V_m$$

(2) 반파

① 평균값

$$V_{av} = \frac{V_m}{\pi}$$

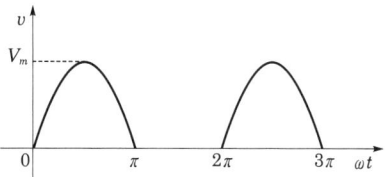

② 실효값

$$V = \frac{V_m}{2}$$

[43회, 44회, 45회, 56회 출제]
평균값과 최대값의 관계식

[평균값]
$V_{av} = \dfrac{V_m}{\pi}$

(3) 구형파
  ① 평균값

  $$V_{av} = V_m$$

  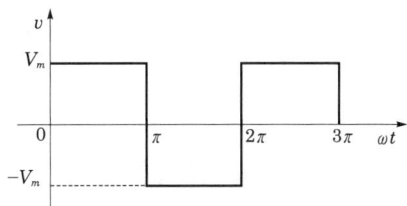

  ② 실효값

  $$V = V_m$$

(4) 삼각파 또는 톱니파
  ① 평균값

  $$V_{av} = \frac{V_m}{2}$$

  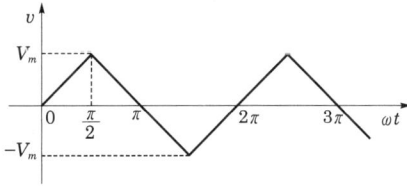

  ② 실효값

  $$V = \frac{V_m}{\sqrt{3}}$$

4 파고율과 파형률

$$파고율 = \frac{최댓값}{실효값}, \quad 파형률 = \frac{실효값}{평균값}$$

[평균값 및 실효값]
- $V_{av} = \dfrac{V_m}{2}$
- $V = \dfrac{V_m}{\sqrt{3}}$

[49회, 51회, 61회 출제]
- 파고율의 정의
- 파고율=파형률=1인 파형의 명칭

PART 1 전기이론

(1) 정현파의 파고율과 파형률

$$파고율 = 1.414$$
$$파형률 = 1.111$$

[구형파]
구형파의 파형률과 파고율은 "1"이다.

(2) 구형파의 파고율과 파형률
파고율과 파형률 모두가 1이다.

5 정현파 교류의 벡터에 의한 합과 차

$v_1 = \sqrt{2}\,V_1\sin(\omega t + \theta_1)$, $v_2 = \sqrt{2}\,V_2\sin(\omega t + \theta_2)$일 때 다음과 같다.

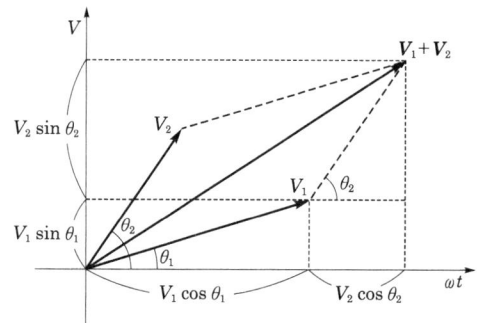

$$V = V_1 + V_2 = \sqrt{V_1^2 + V_2^2 \pm 2V_1V_2\cos(\theta_1 - \theta_2)}$$

6 단상회로

[49회 출제]
저항(R)만의 회로의 I와 V의 위상관계

(1) 단일소자회로

① 저항(R)만의 회로

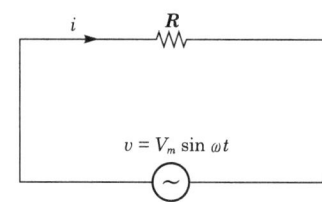
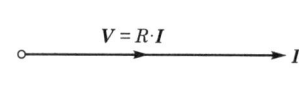

㉠ 저항(R)만의 회로에 흐르는 전류는 $i = \dfrac{v}{R} = \dfrac{V_m}{R}\sin\omega t = I_m\sin\omega t [\text{A}]$
이다.

㉡ 전류의 최대치는 $I_m = \dfrac{V_m}{R}[\text{A}]$이다.

㉢ 전압, 전류의 **위상차는 동위상**이다.

② 인덕턴스(L)만의 회로

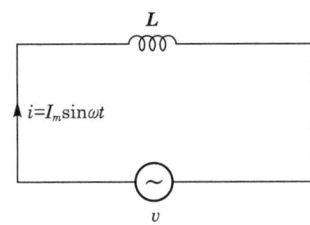
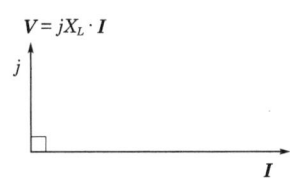

㉠ 인덕턴스(L)를 갖는 회로에 정현파 전류가 흐를 때 생기는 전압강하 v는 다음과 같다.

$$v = L\frac{d}{dt}(I_m \sin\omega t) = \omega L I_m \cos\omega t = \omega L I_m \sin(\omega t + 90°)$$

㉡ 전압의 최대치 $V_m = \omega L I_m$ [V]이다.

㉢ **전압은 전류보다 위상이 90° 앞선다.**

㉣ ωL은 유도성 리액턴스(inductive reactance)라 하며 X_L로 표시하고, 단위는 [Ω]을 쓴다.

$$X_L = \omega L = 2\pi f L\,[\Omega]$$

[43회, 46회, 47회, 49회, 51회, 53회, 54회 출제]
- 유도성 리액턴스 ($X_L = \omega L = 2\pi f_L$)에서 주파수($f$) 구하는 문제
- L과 X_L의 관계
- L 양단전압(V_L)의 정의

[55회 출제]
$V-I$의 위상차

③ 커패시턴스(C)만의 회로

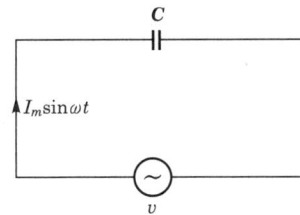
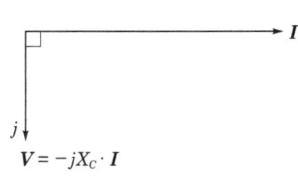

㉠ 정전용량(C)만을 갖는 회로에 정현파 전류가 흐를 때 전압강하 v는 다음과 같다.

$$v = \frac{1}{C}\int i\,dt = \frac{1}{C}\int I_m \sin\omega t\,dt$$
$$= \frac{1}{\omega C} I_m \sin(\omega t - 90°)\,[V]$$

㉡ 전압의 최대치 $V_m = \frac{1}{\omega C} I_m$ 이다.

㉢ **전압은 전류보다 위상이 90° 뒤진다.**

㉣ $\frac{1}{\omega C}$은 용량성 리액턴스(capacitive reactance)라 하며 X_C로 표시하고, 단위는 [Ω]을 쓴다.

[43회, 54회, 69회 출제]
- 커패시턴스(C)만의 회로의 I와 V의 위상관계
- I와 V의 변화에 대한 설명

PART 1 전기이론

$$X_C = \frac{1}{\omega C} = \frac{1}{2\pi f C}[\Omega]$$

(2) 직렬회로

① $R-L$ 직렬회로

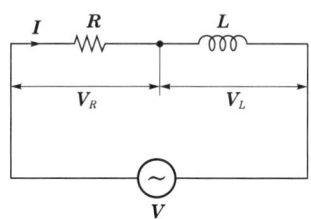

㉠ 임피던스 $Z = R + jX_L = R + j\omega L[\Omega]$이다.

$$\text{임피던스의 크기 } Z = \frac{V_m}{I_m} = \frac{V}{I} = \sqrt{R^2 + X_L^2}\,[\Omega]$$

㉡ 전류는 전압보다 위상이 $\theta[\text{rad}]$만큼 뒤진다.

$$\text{위상차 } \theta = \tan^{-1}\frac{V_L}{V_R} = \tan^{-1}\frac{X_L}{R}[\text{rad}]$$

[53회, 61회 출제]
$V-I$의 위상차

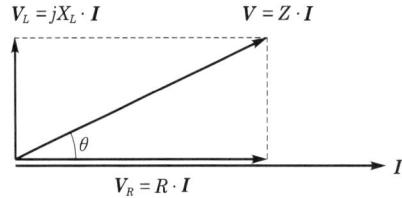 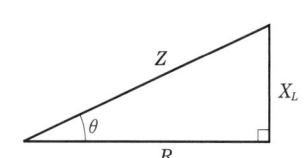

㉢ 역률은 다음과 같다.

$$\text{역률 } \cos\theta = \frac{R}{Z} = \frac{R}{\sqrt{R^2 + X_L^2}} = \frac{R}{\sqrt{R^2 + (\omega L)^2}}$$

[역률($\cos\theta$)]
$\cos\theta = \dfrac{R}{Z}$

② $R-C$ 직렬회로

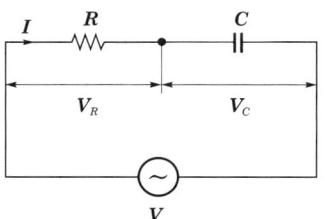

㉠ 임피던스 $Z = R - jX_C$ [Ω]이다.

$$\text{임피던스의 크기 } Z = \frac{V}{I} = \sqrt{R^2 + X_C^2} = \sqrt{R^2 + \left(\frac{1}{\omega C}\right)^2} \text{ [Ω]}$$

㉡ 전류는 전압보다 위상이 θ만큼 앞선다.

$$\text{위상차 } \theta = \tan^{-1}\frac{V_C}{V_R} = \tan^{-1}\frac{X_C}{R} \text{ [rad]}$$

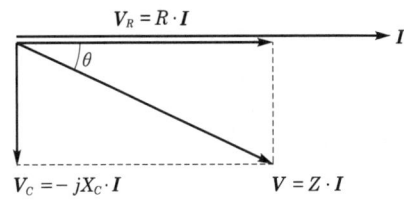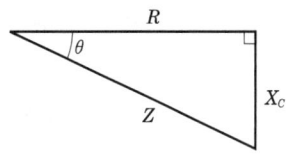

[$R-L$ 직렬회로]
$R-L$회로의 $V-I$ 위상차는 I가 V보다 θ만큼 빠르다.

㉢ 역률은 다음과 같다.

$$\text{역률 } \cos\theta = \frac{R}{Z} = \frac{R}{\sqrt{R^2 + X_C^2}} = \frac{R}{\sqrt{R^2 + \left(\frac{1}{\omega C}\right)^2}}$$

③ $R-L-C$ 직렬회로

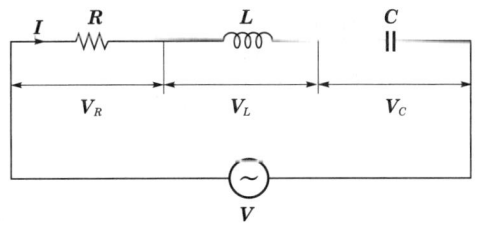

㉠ 임피던스 $Z = R + j(X_L - X_C)$ [Ω]이다.

$$\text{임피던스의 크기 } Z = \frac{V}{I} = \sqrt{R^2 + (X_L - X_C)^2}$$
$$= \sqrt{R^2 + \left(\omega L - \frac{1}{\omega C}\right)^2} \text{ [Ω]}$$

[52회, 68회 출제]
$R-L-C$ 직·병렬회로의 합성 임피던스

㉡ 전압과 전류의 관계는 다음과 같다.

- $X_L > X_C$, $\omega L > \frac{1}{\omega C}$인 경우 : 유도성 회로

- $X_L < X_C$, $\omega L < \frac{1}{\omega C}$인 경우 : 용량성 회로

PART 1 전기이론

[R-L-C 직렬회로]
역률 $\cos\theta = \dfrac{R}{Z}$

[68회, 69회 출제]
역률 계산

- $X_L = X_C$, $\omega L = \dfrac{1}{\omega C}$인 경우 : 무유도성 회로

ⓒ 역률은 다음과 같다.

$$\text{역률 } \cos\theta = \dfrac{R}{Z} = \dfrac{R}{\sqrt{R^2 + (X_L - X_C)^2}}$$

(3) 병렬회로

① $R-L$ 병렬회로

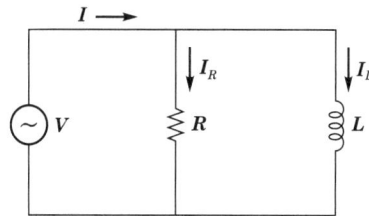

㉠ 어드미턴스 $\dot{Y} = \dfrac{\dot{I}}{\dot{V}} = \dfrac{1}{R} - j\dfrac{1}{X_L}$ [℧]이다.

$$\text{어드미턴스의 크기 } Y = \sqrt{\left(\dfrac{1}{R}\right)^2 + \left(\dfrac{1}{X_L}\right)^2} \; [℧]$$

ⓒ 전류는 전압보다 위상이 θ만큼 뒤진다.

$$\text{위상차 } \theta = \tan^{-1}\dfrac{I_L}{I_R} = \tan^{-1}\dfrac{R}{X_L}$$

[70회 출제]
$R-L$ 병렬회로 역률 계산

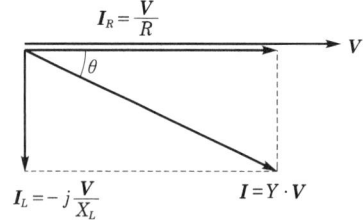
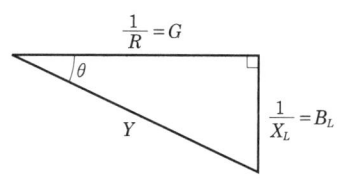

[$R-L$ 병렬회로]
역률 $\cos\theta = \dfrac{G}{Y}$

ⓒ 역률은 다음과 같다.

$$\text{역률 } \cos\theta = \dfrac{G}{Y} = \dfrac{X_L}{\sqrt{R^2 + X_L^2}}$$

② $R-C$ 병렬회로

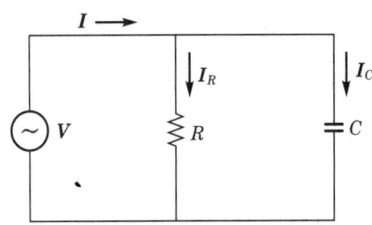

㉠ 어드미턴스 $\dot{Y} = \dfrac{\dot{I}}{\dot{V}} = \dfrac{1}{R} + j\dfrac{1}{X_C}$ [℧]이다.

> 어드미턴스의 크기 $Y = \sqrt{\left(\dfrac{1}{R}\right)^2 + \left(\dfrac{1}{X_C}\right)^2}$ [℧]

㉡ **전류는 전압보다 위상이 θ만큼 앞선다.**

> 위상차 $\theta = \tan^{-1}\dfrac{I_C}{I_R} = \tan^{-1}\dfrac{R}{X_C}$

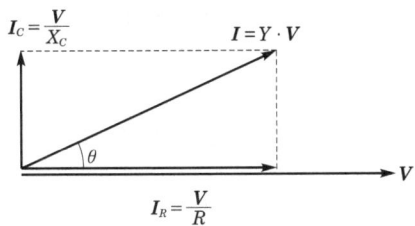
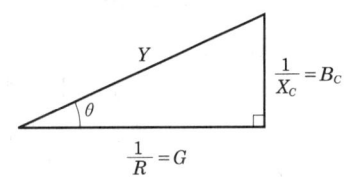

㉢ 역률은 다음과 같다.

> 역률 $\cos\theta = \dfrac{G}{Y} = \dfrac{X_C}{\sqrt{R^2+X_C^2}}$

[어드미턴스의 크기 Y]
$Y = \sqrt{\left(\dfrac{1}{R}\right)^2 + \left(\dfrac{1}{X_C}\right)^2}$

③ $R-L-C$ 병렬회로

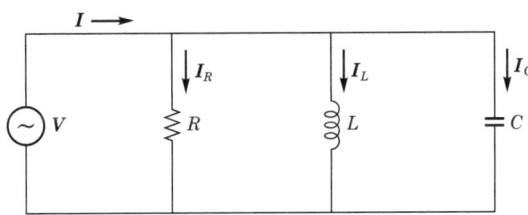

㉠ 어드미턴스 $\dot{Y} = \dfrac{\dot{I}}{\dot{V}} = \dfrac{1}{R} + j\left(\dfrac{1}{X_C} - \dfrac{1}{X_L}\right)$ [℧]이다.

> 어드미턴스의 크기 $Y = \sqrt{\left(\dfrac{1}{R}\right)^2 + \left(\dfrac{1}{X_C} - \dfrac{1}{X_L}\right)^2}$ [℧]

[51회, 58회, 68회 출제]
$R-L-C$ 병렬회로의 전원에 흐르는 전류를 구하는 문제가 출제

PART 1 전기이론

ⓒ 전류와 전압의 관계는 다음과 같다.
- $I_L > I_C$, $X_L < X_C$인 경우 : 유도성 회로
- $I_L < I_C$, $X_L > X_C$인 경우 : 용량성 회로
- $I_L = I_C$, $X_L = X_C$인 경우 : 무유도성 회로

7 인덕턴스

(1) 자기 인덕턴스

코일에 전류 $I[A]$가 흐르면 $\phi = LI$가 되고, L를 자기 인덕턴스라 한다.

권수가 N회이면 총자속이 $N\phi$가 되고 $N\phi = LI$가 되며, $L = \dfrac{N\phi}{I}[H]$가 된다.

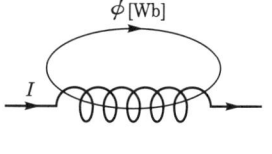

$$L = \frac{N\phi}{I} = \frac{\mu S N^2}{l}[H]$$

(2) 인덕턴스 직렬접속

① 가동결합

그림과 같이 전류의 방향이 동일하며 자속이 합하여 지는 경우

[42회, 49회, 61회, 68회 출제]
합성 인덕턴스(L)
$L = L_1 + L_2 + 2M$

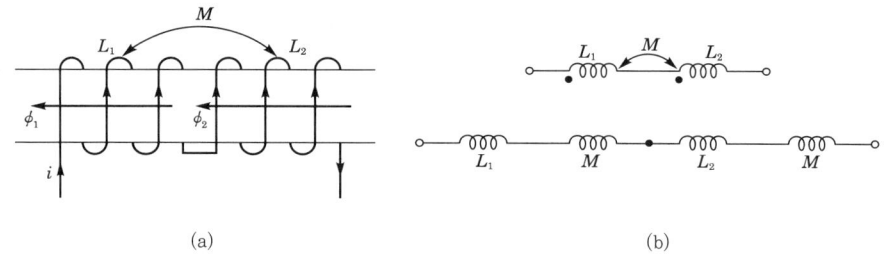

(a)   (b)

합성 인덕턴스는 다음과 같다.

$$L = L_1 + L_2 + 2M[H]$$

[51회, 62회, 70회 출제]
합성 인덕턴스(L)
$L = L_1 + L_2 - 2M$

② 차동결합

그림과 같이 전류의 방향이 반대이며 자속의 방향이 반대인 경우

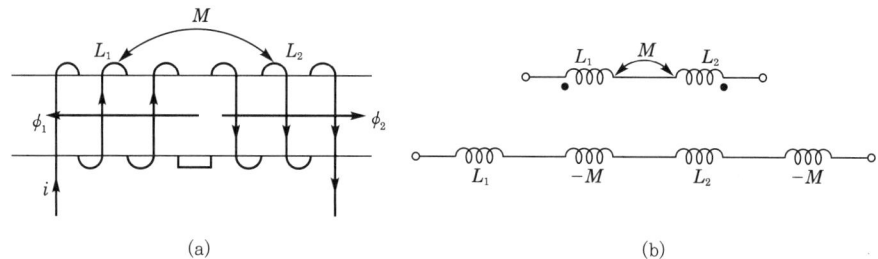

(a)   (b)

합성 인덕턴스는 다음과 같다.

$$L = L_1 + L_2 - 2M [\text{H}]$$

(3) 인덕턴스 병렬접속

① 가동결합

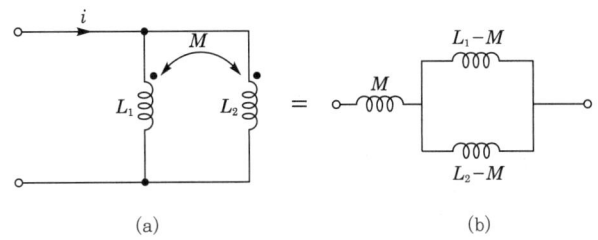

합성 인덕턴스는 다음과 같다.

$$L = \frac{L_1 L_2 - M^2}{L_1 + L_2 - 2M} [\text{H}]$$

② 차동결합

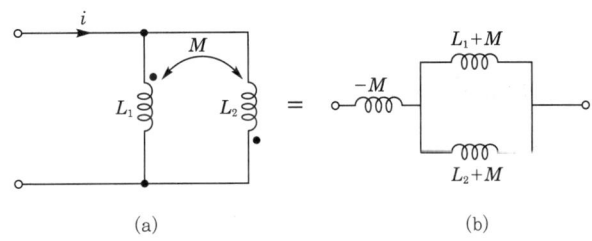

합성 인덕턴스는 다음과 같다.

$$L = \frac{L_1 L_2 - M^2}{L_1 + L_2 + 2M} [\text{H}]$$

(4) 결합계수(K)

$$K = \frac{M}{\sqrt{L_1 L_2}}$$

$K = 1$은 완전결합의 경우가 된다.

[인덕턴스 병렬접속]
• 가동일 때
$$L = \frac{L_1 L_2 - M^2}{L_1 + L_2 - 2M}$$
• 차동일 때
$$L = \frac{L_1 L_2 - M^2}{L_1 + L_2 + 2M}$$

[44회, 50회 출제]
L_1, L_2, K, M의 관계식
$$K = \frac{M}{\sqrt{L_1 L_2}}$$

8 변압기

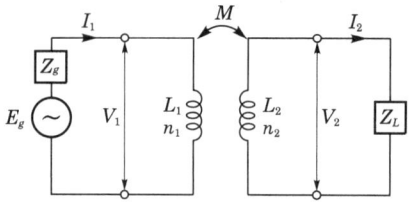

[57회, 68회 출제]
변압기 권선비
$a = \dfrac{N_1}{N_2} = \dfrac{V_1}{V_2}$
$= \dfrac{I_2}{I_1} = \sqrt{\dfrac{Z_1}{Z_2}}$

(1) 권선비 : $n = \dfrac{n_1}{n_2} = \sqrt{\dfrac{L_1}{L_2}} = \sqrt{\dfrac{Z_g}{Z_L}}$

(2) 전압비 : $n = \dfrac{n_1}{n_2} = \dfrac{V_1}{V_2}$

(3) 전류비 : $n = \dfrac{n_1}{n_2} = \dfrac{I_2}{I_1}$

(4) 입력측 임피던스 : $Z_g = n^2 Z_L = \left(\dfrac{n_1}{n_2}\right)^2 Z_L$

그러므로 $n = \dfrac{n_1}{n_2} = \dfrac{V_1}{V_2} = \dfrac{I_2}{I_1} = \sqrt{\dfrac{Z_g}{Z_L}}$

9 교류회로의 복소수 표시

(1) 복소수 표시법

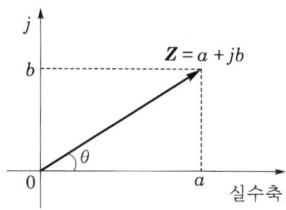

[56회 출제]
극좌표 표시
$Z = |Z|\underline{/\theta}$

① 직각좌표 표시

$$Z = a + jb$$

② 극좌표 표시

$$Z = |Z|\underline{/\theta}$$

③ 지수함수 표시

$$Z = |Z|e^{j\theta}$$

④ 삼각함수 표시

$$Z = |Z|(\cos\theta + j\sin\theta)$$

(2) 복소수 연산

① 복소수의 합과 차

$Z_1 = a_1 + jb_1$, $Z_2 = a_2 + jb_2$ 일 때 덧셈과 뺄셈을 구하는 방법은 다음과 같다.

$$Z_1 \pm Z_2 = (a_1 \pm a_2) + j(b_1 \pm b_2)$$

② 복소수의 곱과 나눗셈

$$Z_1 \times Z_2 = |Z_1|\underline{/\theta_1} \times |Z_2|\underline{/\theta_2} = |Z_1||Z_2|\underline{/\theta_1 + \theta_2}$$

$$\frac{Z_1}{Z_2} = \frac{|Z_1|\underline{/\theta_1}}{|Z_2|\underline{/\theta_2}} = \frac{|Z_1|}{|Z_2|}\underline{/\theta_1 - \theta_2}$$

[69회 출제]
복소수의 곱셈 계산

10 공진회로

(1) 직렬 공진회로

$Z = R + j\left(\omega L - \dfrac{1}{\omega C}\right)$이며 임피던스의 허수부의 값이 0인 상태이다.
임피던스가 최소가 되고, 전류는 최대가 된다.

① 공진조건

㉠ $\omega L - \dfrac{1}{\omega C} = 0$, $\omega^2 LC = 1$

㉡ 공진주파수 : $f_o = \dfrac{1}{2\pi\sqrt{LC}}[\text{Hz}]$

② 전압확대율(Q) = 선택도(S)

$$Q = \frac{f_o}{f_2 - f_1} = \frac{f_o}{\Delta f} = \frac{V_L}{V} = \frac{V_C}{V} = \frac{\omega_o L}{R} = \frac{1}{\omega_o CR} = \frac{1}{R}\sqrt{\frac{L}{C}}$$

[43회, 44회, 57회, 58회, 61회, 68회 출제]
• 직렬회로의 공진조건에서 첨예도=선택도(Q)
• 선택도(Q)
$Q = \dfrac{f_o}{B} = \dfrac{f_o}{f_2 - f_1}$
$= \dfrac{\omega L}{R} = \dfrac{1}{\omega CR}$
$= \dfrac{1}{R}\sqrt{\dfrac{L}{C}}$

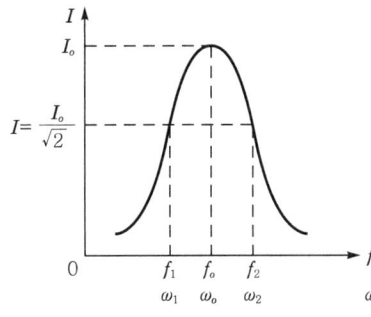

‖ 공진곡선 ‖

PART 1 전기이론

[42회, 45회, 51회, 54회 출제]
- 병렬 공진회로의 정의
- 선택도=첨예도의 정의

(2) 병렬 공진회로

① 이상적인 병렬 공진회로(전류확대율(Q)=선택도(S))

$$Q = \frac{f_o}{\Delta f} = \frac{I_L}{I} = \frac{I_C}{I} = \frac{R}{\omega_0 L} = \omega_0 CR = R\sqrt{\frac{C}{L}}$$

② 일반적 병렬 공진회로

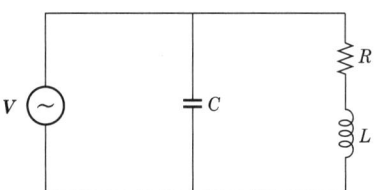

병렬 공진회로의 합성 어드미턴스는 다음과 같다.

$$Y = \frac{1}{R + j\omega L} + j\omega C = \frac{R}{R^2 + \omega^2 L^2} + j\left(\omega C - \frac{\omega L}{R^2 + \omega^2 L^2}\right)$$

㉠ 공진조건

$$\omega C - \frac{\omega L}{R^2 + \omega^2 L^2} = 0$$

[67회 출제]
공진시 어드미턴스
$Y_0 = \dfrac{CR}{L}$

㉡ 공진시 공진 어드미턴스

$$Y_0 = \frac{R}{R^2 + \omega^2 L^2} = \frac{CR}{L}\ [\mho]$$

㉢ 공진시 공진주파수

$$f_o = \frac{1}{2\pi\sqrt{LC}}\sqrt{1 - \frac{CR^2}{L}}\ [\text{Hz}]$$

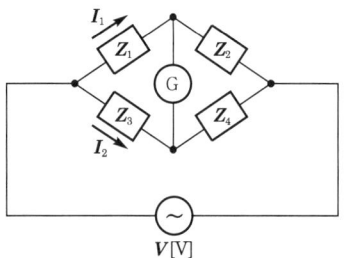

브리지 회로

평형상태를 만족하면 $Z_1 I_1 = Z_3 I_2$, $Z_2 I_1 = Z_4 I_2$가 되어 $\dfrac{I_1}{I_2} = \dfrac{Z_3}{Z_1} = \dfrac{Z_4}{Z_2}$가 된다. 평형조건은 $Z_1 Z_4 = Z_2 Z_3$이다.

[55회, 61회 출제]
평형상태
$R_1 \cdot R_2 = R_3 \cdot R_4$

11 비정현파 교류

(1) 푸리에 급수(Fourier series)

비정현파의 주기함수를 푸리에 급수에 의해 몇 개의 주파수가 다른 정현파 교류의 합으로 나눌 수 있다. 비정현파를 $y(t)$의 시간의 함수로 나타내면 다음과 같다.

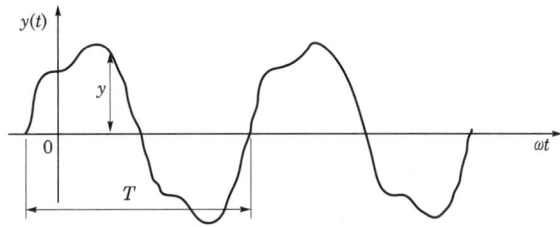

비정현파 = 직류성분 + 기본파 + 고조파성분으로 분해되며, 식으로 표현하면 다음과 같다.

$$y(t) = A_o + \sum_{n=1}^{\infty} a_n \cos n\omega t + \sum_{n=1}^{\infty} b_n \sin n\omega t$$

[69회, 70회 출제]
비정현파 성분
직류분 + 기본파 + 고조파

(2) 비정현파의 실효값

① 실효값

전류 $i(t) = I_{m1}\sin\omega t + I_{m2}\sin 2\omega t + I_{m3}\sin 3\omega t + \cdots$ 이라면 실효값은 다음과 같다.

$$I = \sqrt{I_1^2 + I_2^2 + I_3^2 + \cdots} = \sqrt{\left(\dfrac{I_{m1}}{\sqrt{2}}\right)^2 + \left(\dfrac{I_{m2}}{\sqrt{2}}\right)^2 + \left(\dfrac{I_{m3}}{\sqrt{2}}\right)^2 + \cdots}$$

전압 $v(t) = V_{m1}\sin\omega t + V_{m2}\sin 2\omega t + V_{m3}\sin 3\omega t + \cdots$ 이라면 실효값은 다음과 같다.

$$V = \sqrt{V_1^2 + V_2^2 + V_3^2 + \cdots} = \sqrt{\left(\dfrac{V_{m1}}{\sqrt{2}}\right)^2 + \left(\dfrac{V_{m2}}{\sqrt{2}}\right)^2 + \left(\dfrac{V_{m3}}{\sqrt{2}}\right)^2 + \cdots}$$

[비정현파 실효값]
$I = \sqrt{I_1^2 + I_2^2 + I_3^2 + \cdots}$

② 일그러짐률(왜형률)

정현파에 대한 비정현파의 일그러지는 정도를 나타내는 값으로 기본파에 대한 고조파분의 포함 정도를 말한다.

$$왜형률 = \frac{전\ 고조파의\ 실효값}{기본파의\ 실효값}$$

비정현파의 전압과 왜형률 D는 각각 다음과 같다.

$$v = \sqrt{2}\,V_1\sin(\omega t + \theta_1) + \sqrt{2}\,V_2\sin(2\omega t + \theta_2) + \sqrt{2}\,V_3\sin(3\omega t + \theta_3) + \cdots$$

$$왜형률\ D = \frac{\sqrt{V_2^2 + V_3^2 + V_4^2 + \cdots}}{V_1}$$

[62회 출제]
비정현파 전력
$P = V_1 I_1 \cos\theta_1 + V_2 I_2 \cos\theta_2 + V_3 I_3 \cos\theta_3$
$\quad + \cdots + V_n I_n \cos\theta_n$

(3) 비정현파의 전력

① 유효전력

주파수가 다른 전류와 전압 사이의 전력은 0으로 같은 주파수의 전류와 전압 사이의 전력만 존재한다.

② 역률 $\cos\theta = \dfrac{P}{VI}$

(4) 비정현 n차 직렬 임피던스

[$R-L$ 직렬]
$Z_n = \sqrt{R^2 + (n\omega L)^2}$

① $R-L$ 직렬

$$Z_1 = R + j\omega L = \sqrt{R^2 + (\omega L)^2}$$
$$Z_2 = R + j2\omega L = \sqrt{R^2 + (2\omega L)^2}$$
$$\vdots \qquad\qquad \vdots$$
$$Z_n = R + jn\omega L = \sqrt{R^2 + (n\omega L)^2}$$

[$R-C$ 직렬]
$Z_n = \sqrt{R^2 + \left(\dfrac{1}{n\omega C}\right)^2}$

② $R-C$ 직렬

$$Z_1 = R - j\frac{1}{\omega C} = \sqrt{R^2 + \left(\frac{1}{\omega C}\right)^2}$$
$$Z_2 = R - j\frac{1}{2\omega C} = \sqrt{R^2 + \left(\frac{1}{2\omega C}\right)^2}$$
$$\vdots \qquad\qquad \vdots$$
$$Z_n = R - j\frac{1}{n\omega C} = \sqrt{R^2 + \left(\frac{1}{n\omega C}\right)^2}$$

CHAPTER 2 교류회로

(5) $R-L-C$ 직렬회로와 공진

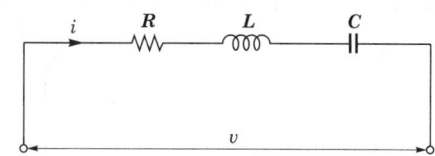

임피던스 $Z_n = R + j\left(n\omega L - \dfrac{1}{n\omega C}\right)$ 이므로

임피던스의 크기는 $Z_n = \sqrt{R^2 + \left(n\omega L - \dfrac{1}{n\omega C}\right)^2}$ 이 된다.

$n\omega L - \dfrac{1}{n\omega C} = 0$ 이면, 공진주파수 $f_o = \dfrac{1}{2\pi n \sqrt{LC}}\,[\text{Hz}]$ 가 된다.

02 교류전력

1 유효전력, 무효전력, 피상전력

(1) 유효전력(active power)

$$P = VI\cos\theta = I^2 R = \dfrac{V^2}{R}\,[\text{W}]$$

[48회, 50회, 53회, 54회, 57회, 62회 출제]
유효전력
$P = VI\cos\theta$ 계산식

(2) 무효전력(reactive power)

$$P_r = VI\sin\theta = I^2 X = \dfrac{V^2}{X}\,[\text{Var}]$$

[68회 출제]
무효전력에서의 X 계산

(3) 피상전력(apparent power)

$$P_a = VI = I^2 Z = \dfrac{V^2}{Z}\,[\text{VA}]$$

(4) 복소전력(P_a)

$$P_a = \overline{V} I = P - jP_r\,[\text{VA}]$$

[52회 출제]
복소전력
$P_a = \overline{V} \cdot I = P - jP_r$

PART 1 전기이론

[68회, 70회 출제]
P, P_a, P_r의 관계식
$P^2 + P_r^2 = P_a^2$
$\therefore P_a = \sqrt{P^2 + P_r^2}$

2 유효전력, 무효전력, 피상전력과의 관계

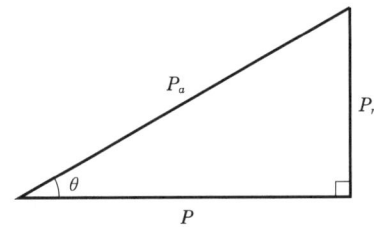

$$P^2 + P_r^2 = (VI\cos\theta)^2 + (VI\sin\theta)^2 = (VI)^2 = P_a^2$$

그러므로 $P_a = \sqrt{P^2 + P_r^2}$ 이다.

(1) 역률(power factor)

$$pf(=\cos\theta) = \frac{\text{유효전력}}{\text{피상전력}} = \frac{P}{P_a} = \frac{P}{\sqrt{P^2 + P_r^2}}$$

[42회 출제]
$\cos\theta = \dfrac{P}{P_a}$ 계산식

(2) 무효율(reactive factor)

$$rf(=\sin\theta) = \frac{\text{무효전력}}{\text{피상전력}} = \frac{P_r}{P_a} = \frac{P_r}{\sqrt{P^2 + P_r^2}}$$

3 3개의 전압계와 전류계로 전력측정

(1) 3전류계법

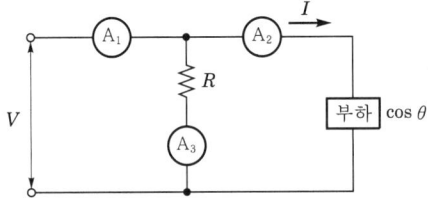 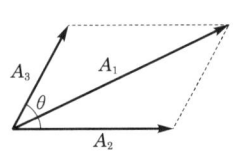

부하전력은 다음과 같다.

$$P = \frac{R}{2}(A_1^2 - A_2^2 - A_3^2)[\text{W}]$$

(2) 3전압계법

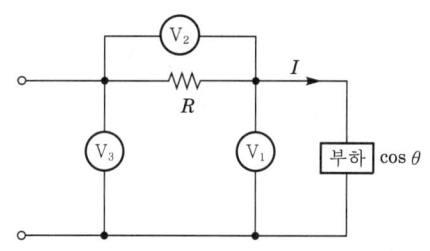 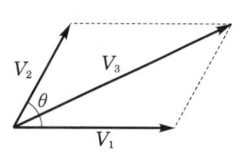

부하전력은 다음과 같다.

$$P = \frac{1}{2R}(V_3^2 - V_1^2 - V_2^2)\,[\text{W}]$$

[68회 출제]
3전압계법의 전력 계산

4 최대 전력전달 – 최대 전력전달 조건 및 최대 공급전력

(1) $Z_g = R_g$, $Z_L = R_L$인 경우
  ① **최대 전력전달 조건** : $R_L = R_g$
  ② 최대 공급전력 : $P_m = \dfrac{E_g^2}{4R_g}\,[\text{W}]$

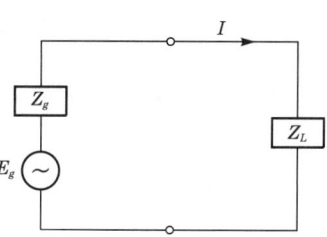

(2) $Z_g = R_g + jX_g$, $Z_L = R_L + jX_L$인 경우
  ① **최대 전력전달 조건** : $Z_L = \overline{Z_g} = R_g - jX_g$
  ② 최대 공급전력 : $P_m = \dfrac{E_g^2}{4R_g}\,[\text{W}]$

[69회, 70회 출제]
최대 전력전달 조건
시험 출제가 언제든지 가능하므로 완벽히 숙지할 것
$Z_g = R_g + jX_g$,
$Z_r = R_L + jX_L$일 때
최대 전력전달 조건
$Z_L = R_g - jX_g$

03 3상교류

1 3상교류의 의미

3상교류란 실효값이 같으며, 서로 $\dfrac{2}{3}\pi[\text{rad}]$의 위상차를 갖는 3개의 단상교류가 동시에 존재하는 것을 말한다.

(1) 3상기전력
3상기전력의 순시값을 v_a, v_b, v_c라 하고 상순이 a, b, c일 때 다음과 같다.

PART 1 전기이론

$$v_a = \sqrt{2}E\sin\omega t[\mathrm{V}]$$
$$v_b = \sqrt{2}E\sin\left(\omega t - \frac{2\pi}{3}\right)[\mathrm{V}]$$
$$v_c = \sqrt{2}E\sin\left(\omega t - \frac{4\pi}{3}\right)[\mathrm{V}]$$

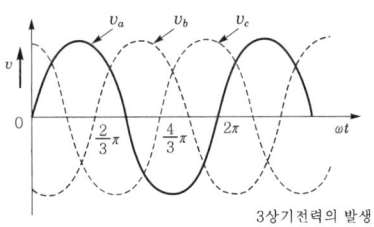

3상기전력의 발생

[3상기전력]
- 3상기전력의 총합은 "0"이다.
  $v_a + v_b + v_c = 0$
- 연산자(a)
  $a^2 + a + 1 = 0$

(2) 3상기전력의 기호법 표시

$$v_a = E\angle 0 = E$$
$$v_b = E\angle -\frac{2}{3}\pi = E\left(\cos\frac{2\pi}{3} - j\sin\frac{2\pi}{3}\right) = E\left(-\frac{1}{2} - j\frac{\sqrt{3}}{2}\right) = a^2 E$$
$$v_c = E\angle -\frac{4}{3}\pi = E\left(\cos\frac{4\pi}{3} - j\sin\frac{4\pi}{3}\right) = E\left(-\frac{1}{2} + j\frac{\sqrt{3}}{2}\right) = aE$$

대칭 3상기전력의 총합은 0이므로

즉, $v_a + v_b + v_c = 0$이며, $\underline{1 + a^2 + a = 0}$이다.

2 3상교류의 결선과 전압, 전류, 임피던스

(1) 성형결선(Y결선)

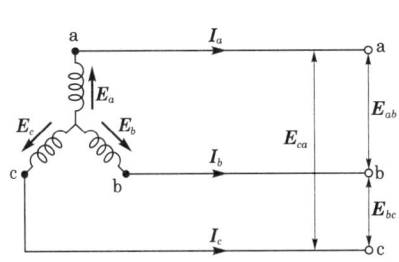
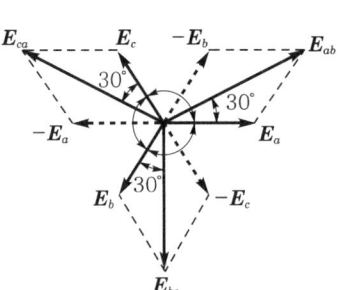

① 선간전압

$$\dot{E}_{ab} = \dot{E}_a - \dot{E}_b, \quad \dot{E}_{bc} = \dot{E}_b - \dot{E}_c, \quad \dot{E}_{ca} = \dot{E}_c - \dot{E}_a$$

② 선간전압, 상전압의 크기 및 위상

$$E_{ab} = \sqrt{3}\, E_a \underline{/\dfrac{\pi}{6}}$$

$$E_{bc} = \sqrt{3}\, E_b \underline{/\dfrac{\pi}{6}}$$

$$E_{ca} = \sqrt{3}\, E_c \underline{/\dfrac{\pi}{6}}$$

선간전압(V_l), 선전류(I_l), 상전압(V_p), 상전류(I_p)라 하면

$$V_l = \sqrt{3}\, V_p \underline{/\dfrac{\pi}{6}}\,[\mathrm{V}],\quad I_l = I_p\,[\mathrm{A}]$$

[45회, 52회, 68회 출제]
Y결선의 선전류(I_l)
$$I_l(=I_p) = \dfrac{V_p}{Z}$$

(2) 환상결선(△결선)

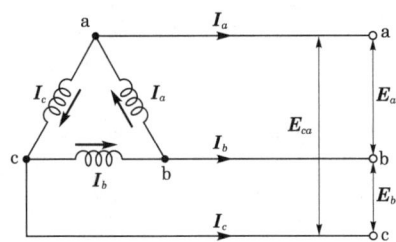
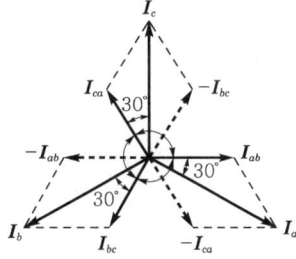

① 선전류

$$\dot{I}_a = \dot{I}_{ab} - \dot{I}_{ca},\ \dot{I}_b = \dot{I}_{bc} - \dot{I}_{ab},\ \dot{I}_c = \dot{I}_{ca} - \dot{I}_{bc}$$

② 선전류, 상전류의 크기 및 위상

$$I_a = \sqrt{3}\, I_{ab} \underline{/-\dfrac{\pi}{6}}$$

$$I_b = \sqrt{3}\, I_{bc} \underline{/-\dfrac{\pi}{6}}$$

$$I_c = \sqrt{3}\, I_{ca} \underline{/-\dfrac{\pi}{6}}$$

선간전압(V_l), 선전류(I_l), 상전압(V_p), 상전류(I_p)라 하면

$$I_l = \sqrt{3}\, I_p \underline{/-\dfrac{\pi}{6}}\,[\mathrm{A}],\quad V_l = V_p\,[\mathrm{V}]$$

[58회, 61회, 69회 출제]
△결선의 선(간)전압, 선전류
$$V_l = V_p$$
$$I_l = \sqrt{3}\, I_p$$

(3) V결선

△결선으로 운전 중 1대가 고장이 나서 2대만 가지고 운전하는 것을 말한다.

PART 1   전기이론

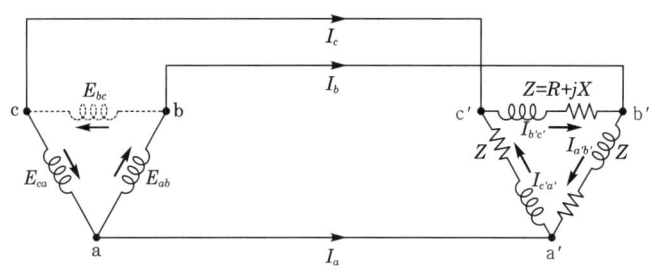

① 출력

$$P = \sqrt{3}\, EI\cos\theta\,[\text{W}]$$

② 이용률

$$U = \frac{\sqrt{3}\, EI\cos\theta}{2EI\cos\theta} = \frac{\sqrt{3}}{2} = 0.866 = 86.7\,[\%]$$

[43회, 55회 출제]
V결선시 전력 P_V
$P_V = \sqrt{3}\, VI\cos\theta$

③ 출력비

$$\frac{P_V}{P_\triangle} = \frac{\sqrt{3}\, EI\cos\theta}{3EI\cos\theta} = \frac{1}{\sqrt{3}} = 0.577 = 57.7\,[\%]$$

(4) 임피던스의 △결선과 Y결선변환

① △ → Y 등가변환

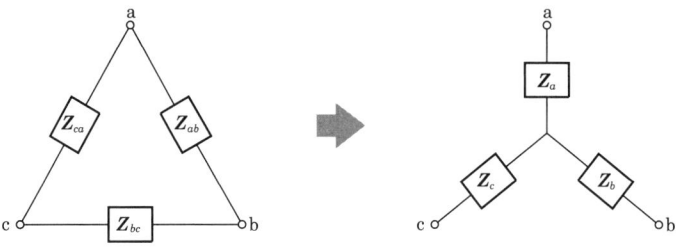

$Z_\triangle = Z_{ab} + Z_{bc} + Z_{ca}$ 라 하면

[54회 출제]
△ → Y결선의 관계식
$Z_Y = \frac{1}{3} Z_\triangle$
$I_Y = \frac{1}{3} I_\triangle$
$P_Y = \frac{1}{3} P_\triangle$

$$Z_a = \frac{Z_{ca} \cdot Z_{ab}}{Z_\triangle},\quad Z_b = \frac{Z_{ab} \cdot Z_{bc}}{Z_\triangle},\quad Z_c = \frac{Z_{bc} \cdot Z_{ca}}{Z_\triangle}$$

△결선의 임피던스가 서로 같은 경우($Z_{ab} = Z_{bc} = Z_{ca}$)

$$Z_Y = \frac{1}{3} Z_\triangle$$

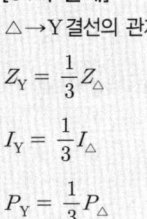

② Y → △ 등가변환

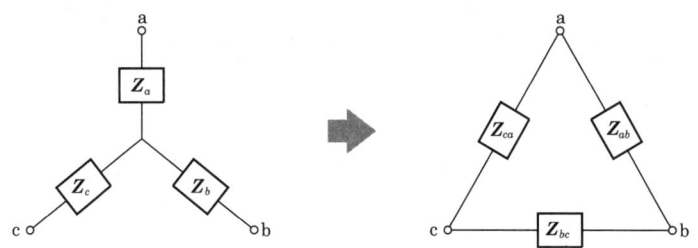

$Z_Y = Z_a Z_b + Z_b Z_c + Z_c Z_a$ 라 하면

$$Z_{ab} = \frac{Z_Y}{Z_c},\ Z_{bc} = \frac{Z_Y}{Z_a},\ Z_{ca} = \frac{Z_Y}{Z_b}$$

△결선의 임피던스가 서로 같은 경우($Z_a = Z_b = Z_c$)

$$Z_\triangle = 3Z_Y$$

[Y-△ 변환시]
$Z_\triangle = 3Z_Y$

(5) 대칭 3상의 전력

① 유효전력(P)

$$P = 3V_p I_p \cos\theta = \sqrt{3}\,V_l I_l \cos\theta = 3I_p^2 R\,[\text{W}]$$

[유효전력(P)]
$3I_p^2 R\,[\text{W}]$

② 무효전력(P_r)

$$P_r = 3V_p I_p \sin\theta = \sqrt{3}\,V_l I_l \sin\theta = 3I_p^2 X\,[\text{Var}]$$

[무효전력(P_r)]
$3I_p^2 X\,[\text{Var}]$

③ 피상전력(P_a)

$$P_a = 3V_p I_p = \sqrt{3}\,V_l I_l = 3I_p^2 Z = \sqrt{P^2 + P_r^2}\,[\text{VA}]$$

[피상전력(P_a)]
$\sqrt{P^2 + P_r^2}\,[\text{VA}]$

(6) 2전력계법

전력계 2개의 지시값으로 3상전력을 측정한다.

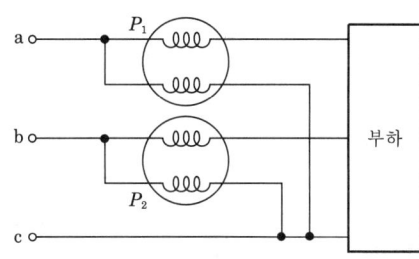

PART 1 전기이론

① 유효전력

$$P = P_1 + P_2 \text{[W]}$$

② 무효전력

$$P_r = \sqrt{3}(P_1 - P_2)\text{[Var]}$$

③ 피상전력

$$P_a = \sqrt{P^2 + P_r^2} = 2\sqrt{P_1^2 + P_2^2 - P_1 P_2}\text{[VA]}$$

[43회, 53회, 58회, 62회 출제]
2전력계법의 역률계산
$\cos\theta = \dfrac{P_1 + P_2}{2\sqrt{P_1^2 + P_2^2 - P_1 P_2}}$

④ 역률

$$\cos\theta = \frac{P}{P_a} = \frac{P_1 + P_2}{2\sqrt{P_1^2 + P_2^2 - P_1 P_2}}$$

04 회로망

1 회로망 정리

(1) 정전압원과 정전류원의 등가변환

① 이상 전압원과 실제 전압원

이상적 전압원은 그림 (b)와 같으며(**내부저항** $R_g = 0$), 실제 전압원은 내부저항이 존재하므로 그림 (c)와 같다.

[49회 출제]
이상적인 전압원의 내부저항
$R_g = 0$

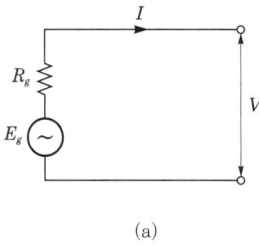
(a)
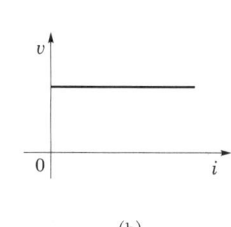
(b)
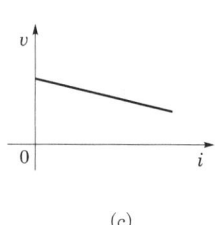
(c)

| 전압원 |

② 이상 전류원과 실제 전류원

이상 전류원은 그림 (b)와 같으며(**내부저항** $R_g = \infty$), 실제 전류원은 내부저항이 존재하므로 그림 (c)와 같다.

[56회 출제]
이상적인 전압·전류원의 내부저항

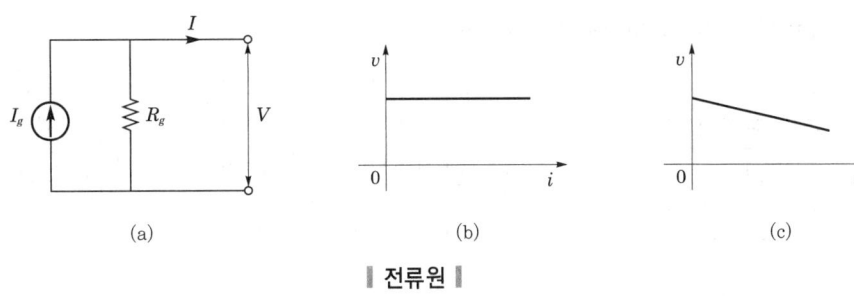

| 전류원 |

(2) 테브난의 정리(Thevenin's theorem)

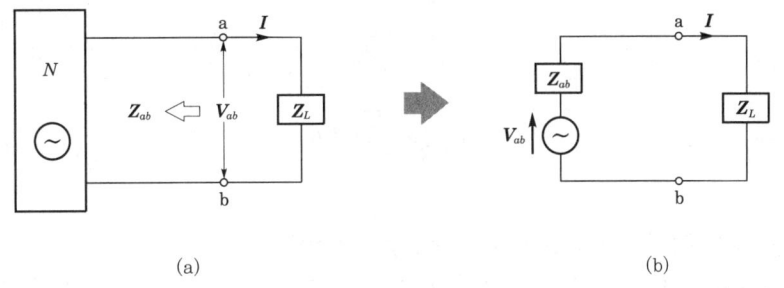

회로망의 a, b단자에 부하 임피던스를 연결하면 임피던스(Z_L)에 흐르는 전류 I는 다음과 같다.

$$I = \frac{V_{ab}}{Z_{ab} + Z_L}[\text{A}]$$

여기서, Z_{ab} : a, b단자에서 모든 전원을 단락하고 회로망을 바라본 임피던스
V_{ab} : a, b단자의 단자전압

(3) 노튼의 정리(Norton's theorem)

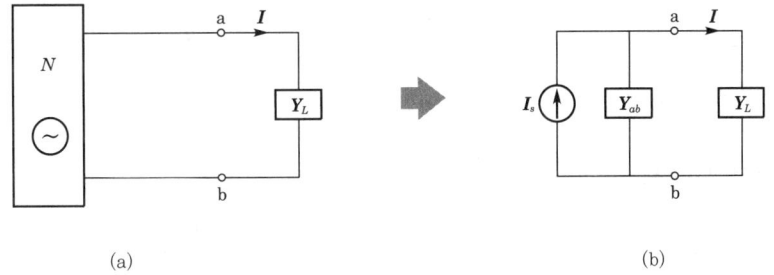

회로망의 a, b단자에 부하 어드미턴스(Y_L)를 연결하면 어드미턴스(Y_L)에 흐르는 전류 I는 다음과 같다.

$$I = \frac{Y_L}{Y_{ab} + Y_L}I_s[\text{A}]$$

[70회 출제]
테브난 등가회로의 부하 전류
$I = \dfrac{V_{ab}}{Z_{ab} + Z_L}[\text{A}]$

[노튼 등가회로의 부하 전류]
$I = \dfrac{Y_L}{Y_{ab} + Y_L}I_s[\text{A}]$

PART 1 전기이론

[60회 출제]
밀만의 정리
$V_{ab} = \dfrac{\sum I}{\sum Y}$

(4) 밀만의 정리(Millman's theorem)

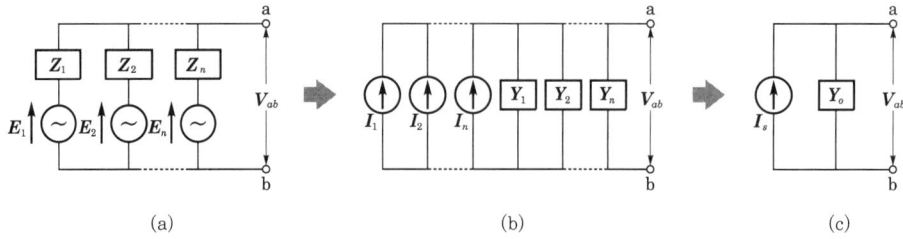

(a)　　　　　(b)　　　　　(c)

a, b단자의 단자전압은 다음과 같다.

$$V_{ab} = \dfrac{\sum_{K=1}^{n} I_K}{\sum_{K=1}^{n} Y_K} \ [\text{V}]$$

[48회, 61회 출제]
중첩의 정리를 이용한 회로 해석

(5) 중첩의 정리(principle of superposition)

회로망 내에 여러 개의 기전력이 있을 때 흐르는 전류는 각 기전력이 각각 단독으로 흐르는 전류의 합과 같다.

2 2단자망 회로망

[구동점 임피던스 표시]
$R = R$
$X_L = sL$
$X_C = \dfrac{1}{sC}$

(1) 구동점 임피던스($Z(s)$)

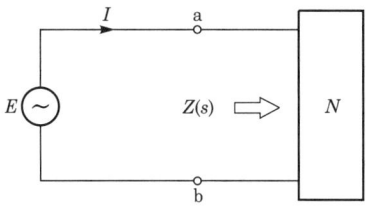

$R = R$, $X_L = j\omega L = sL$, $X_C = \dfrac{1}{j\omega C} = \dfrac{1}{sC}$ 로 표시한다.

(2) 영점과 극점

구동점 임피던스 $Z(s) = \dfrac{a_0 + a_1 s + a_2 s^2 + \cdots + a_{2n} s^{2n}}{b_1 s + b_2 s^2 + b_3 s^3 + \cdots + b_{2n-1} s^{2n-1}}$

① 영점 : **구동점 임피던스 $Z(s)$가 0**이 되는 s 값으로 $Z(s)$의 분자가 0이 되는 점이다.(회로 단락상태)

② 극점 : **구동점 임피던스 $Z(s)$가 ∞** 되는 s 값으로 $Z(s)$의 분모가 0이 되는 점이다.(회로 개방상태)

(3) 역회로

주파수와 무관하고, 구동점 임피던스가 $Z_1 \cdot Z_2$이며, $Z_1 \cdot Z_2 = K^2$이 되는 관계에 있을 때 $Z_1 \cdot Z_2$는 K에 대하여 역회로라고 한다.

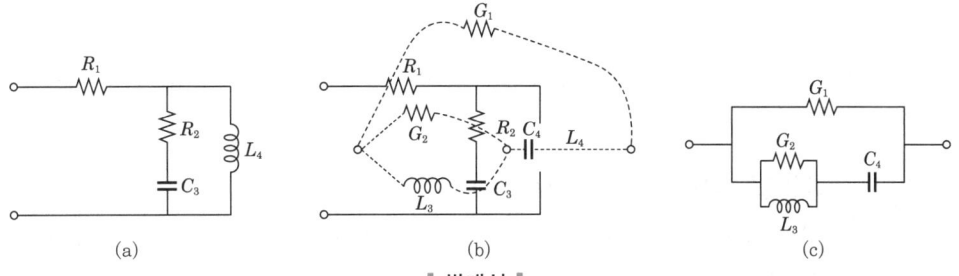

[역회로 관계식]

$Z_1 Z_2 = \dfrac{L}{C} = K^2$

(단, Z_1과 Z_2는 L, C일 때)

쌍대성

전 압	전 류	개 방	단 락
직 렬	병 렬	인덕턴스	커패시턴스
저 항	컨덕턴스	테브난 정리	노튼 정리
리액턴스	서셉턴스	임피던스	어드미턴스

(4) 정저항회로

주파수와 무관하고, 구동점 임피던스가 $Z_1 \cdot Z_2$이며, $Z_1 \cdot Z_2 = R^2$이 되는 관계에 있을 때 $Z_1 \cdot Z_2$는 정저항회로라고 한다.

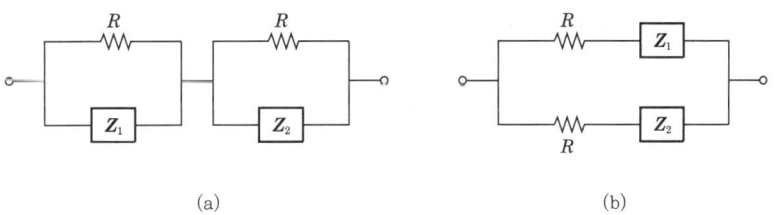

[정저항회로의 관계식]

$Z_1 Z_2 = \dfrac{L}{C} = R^2$

(단, Z_1과 Z_2는 L, C일 때)

3 4단자 회로망

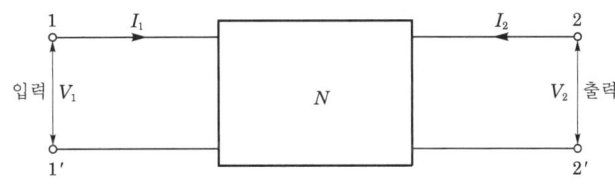

(1) 임피던스 파라미터(parameter)

$V_1 = Z_{11} I_1 + Z_{12} I_2$, $V_2 = Z_{21} I_1 + Z_{22} I_2$에서

$Z_{11} = \left. \dfrac{V_1}{I_1} \right|_{I_2 = 0}$: 출력단자 개방, 입력측에서 본 개방 구동점 임피던스

PART 1 전기이론

[70회 출제]
Z-parameter
$Z_{11} = \dfrac{V_1}{I_1}$
$Z_{12} = \dfrac{V_1}{I_2}$
$Z_{21} = \dfrac{V_2}{I_1}$
$Z_{22} = \dfrac{V_2}{I_2}$

$Z_{12} = \dfrac{V_1}{I_2}\bigg|_{I_1 = 0}$: 입력단자 개방, 개방 전달 임피던스

$Z_{21} = \dfrac{V_2}{I_1}\bigg|_{I_2 = 0}$: 출력단자 개방, 개방 전달 임피던스

$Z_{22} = \dfrac{V_2}{I_2}\bigg|_{I_1 = 0}$: 입력단자 개방, 출력측에서 본 개방 구동점 임피던스

(2) 어드미턴스 파라미터(parameter)

$I_1 = Y_{11}V_1 + Y_{12}V_2$, $I_2 = Y_{21}V_1 + Y_{22}V_2$ 에서

$Y_{11} = \dfrac{I_1}{V_1}\bigg|_{V_2 = 0}$: 출력단자를 단락, 입력측에서 본 단락 구동점 어드미턴스

$Y_{12} = \dfrac{I_1}{V_2}\bigg|_{V_1 = 0}$: 입력단자를 단락했을 때의 단락 전달 어드미턴스

$Y_{21} = \dfrac{I_2}{V_1}\bigg|_{V_2 = 0}$: 출력단자를 단락했을 때의 단락 전달 어드미턴스

$Y_{22} = \dfrac{I_2}{V_2}\bigg|_{V_1 = 0}$: 입력단자를 단락, 출력측에서 본 단락 구동점 어드미턴스

[h-parameter]
$H_{11} = \dfrac{V_1}{I_1}$
$H_{12} = \dfrac{V_1}{V_2}$
$H_{21} = \dfrac{I_2}{I_1}$
$H_{22} = \dfrac{I_2}{V_2}$

(3) 하이브리드 파라미터(hybrid parameter)

$V_1 = H_{11}I_1 + H_{12}V_2$, $I_2 = H_{21}I_1 + H_{22}V_2$ 에서

$H_{11} = \dfrac{V_1}{I_1}\bigg|_{V_2 = 0}$: 출력단자를 단락, 입력측에서 본 단락 구동점 임피던스

$H_{12} = \dfrac{V_1}{V_2}\bigg|_{I_1 = 0}$: 입력단자를 개방하고 개방 역방향 전압비

$H_{21} = \dfrac{I_2}{I_1}\bigg|_{V_2 = 0}$: 출력단자를 단락하고 단락 순방향 전류비

$H_{22} = \dfrac{I_2}{V_2}\bigg|_{I_1 = 0}$: 입력단자를 개방, 출력측에서 본 개방 구동점 어드미턴스

[42회, 46회 출제]
4단자 정수
(A, B, C, D)

(4) $ABCD$ 파라미터(4단자 정수, F 파라미터)

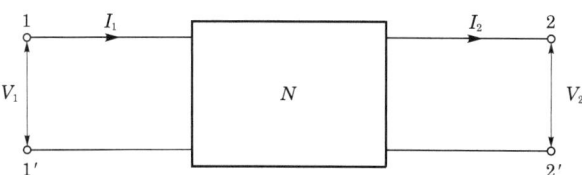

$V_1 = AV_2 + BI_2$, $I_1 = CV_2 + DI_2$에서

$A = \dfrac{V_1}{V_2}\bigg|_{I_2=0}$: 출력단자를 개방했을 때의 전압이득

$B = \dfrac{V_1}{I_2}\bigg|_{V_2=0}$: 출력단자를 단락했을 때의 전달 임피던스

$C = \dfrac{I_1}{V_2}\bigg|_{I_2=0}$: 출력단자를 개방했을 때의 전달 어드미턴스

$D = \dfrac{I_1}{I_2}\bigg|_{V_2=0}$: 출력단자를 단락했을 때의 전류이득

[4단자 정수]
$A = \dfrac{V_1}{V_2}$
$B = \dfrac{V_1}{I_2}$
$C = \dfrac{I_1}{V_2}$
$D = \dfrac{I_1}{I_2}$

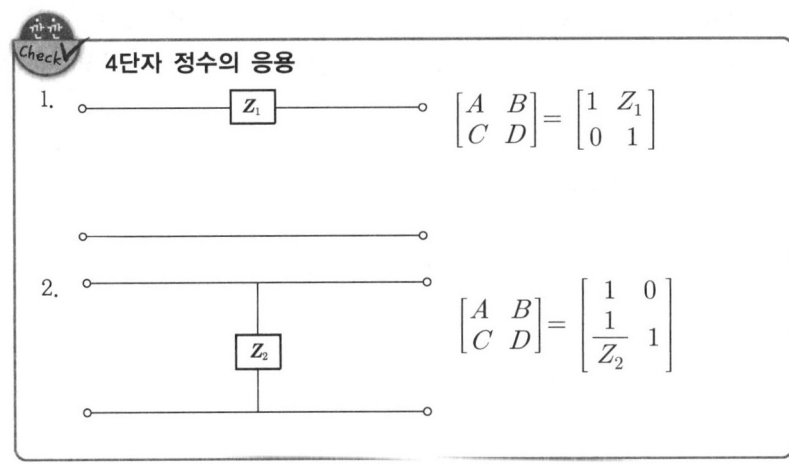

4단자 정수의 응용

1. $\begin{bmatrix} A & B \\ C & D \end{bmatrix} = \begin{bmatrix} 1 & Z_1 \\ 0 & 1 \end{bmatrix}$

2. $\begin{bmatrix} A & B \\ C & D \end{bmatrix} = \begin{bmatrix} 1 & 0 \\ \dfrac{1}{Z_2} & 1 \end{bmatrix}$

(5) 영상 파라미터

① 영상 임피던스

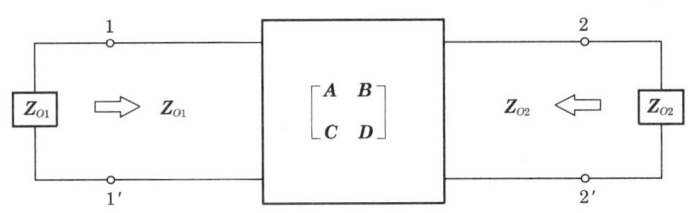

[영상 parameter]
$Z_{o1} = \sqrt{\dfrac{AB}{CD}}$
$Z_{o2} = \sqrt{\dfrac{BD}{AC}}$

$$Z_{o1}Z_{o2} = \dfrac{B}{C}, \quad \dfrac{Z_{o1}}{Z_{o2}} = \dfrac{A}{D}$$

Z_{o1}, Z_{o2}를 구하면 $Z_{o1} = \sqrt{\dfrac{AB}{CD}}$, $Z_{o2} = \sqrt{\dfrac{BD}{AC}}$가 된다.

대칭회로일 때 $A = D$이므로 $Z_{o1} = Z_{o2} = \sqrt{\dfrac{B}{C}}$이다.

PART 1 전기이론

② 영상 전달 정수 θ

$$\theta = \log_e(\sqrt{AD} + \sqrt{BC}) = \cosh^{-1}\sqrt{AD} = \sinh^{-1}\sqrt{BC}$$

③ 영상 파라미터와 4단자 정수와의 관계

$$A = \sqrt{\frac{Z_{o1}}{Z_{o2}}}\cosh\theta, \quad B = \sqrt{Z_{o1}Z_{o2}}\sinh\theta$$

$$C = \frac{1}{\sqrt{Z_{o1}Z_{o2}}}\sinh\theta, \quad D = \sqrt{\frac{Z_{o2}}{Z_{o1}}}\cosh\theta$$

4 과도현상

전압과 전류 등이 일정한 값에 도달한 상태를 정상상태라 하며, 정상상태에 이르는 사이를 과도상태라 하고, 그 사이에 나타나는 여러 가지 현상을 과도현상이라 한다.

[67회 출제]
$R-L$ 회로의 전류

(1) $R-L$ 직렬 직류회로

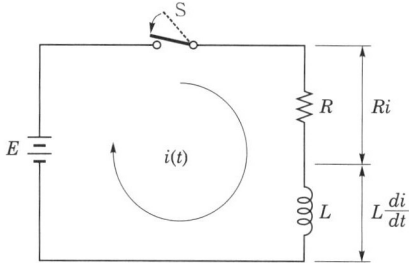

전압방정식은 $Ri(t) + L\dfrac{di(t)}{dt} = E$가 된다.

① 전류

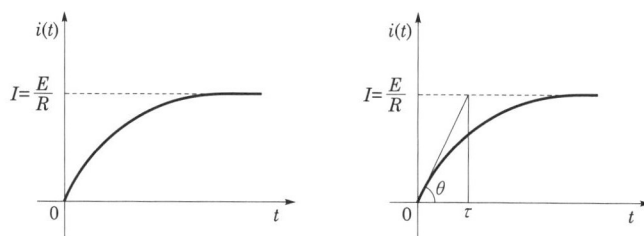

$$i(t) = \frac{E}{R}(1 - e^{-\frac{R}{L}t})\,[\mathrm{A}]$$

초기조건은 $t = 0 \to i = 0$이 된다.

② 시정수(τ) : $t=0$에서 과도전류에 접선을 그어 접선이 정상전류와 만날 때까지의 시간으로 클수록 과도상태는 오랫동안 지속된다.

$$시정수\ \tau = \frac{L}{R}[\text{sec}]$$

③ 시정수에서의 전류값

$$i(\tau) = 0.632\frac{E}{R}[\text{A}]$$

④ R, L 소자의 단자전압

$$V_R = Ri(t) = E(1-e^{-\frac{R}{L}t})[\text{V}]$$
$$V_L = L\frac{d}{dt}i(t) = Ee^{-\frac{R}{L}t}[\text{V}]$$

⑤ 특성근

$$특성근 = -\frac{1}{시정수}$$

[$R-L$ 회로의 시정수(τ)]
$\tau = \frac{L}{R}[\text{sec}]$

(2) $R-C$ 직렬 직류회로

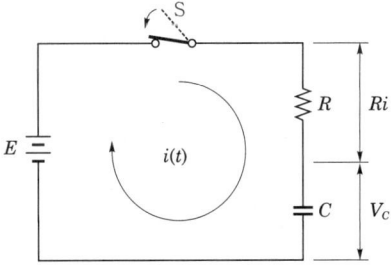

전압방정식은 $Ri(t) + \frac{1}{C}\int i(t)dt = E$가 된다.

① 전류

$$i(t) = \frac{E}{R}e^{-\frac{1}{RC}t}[\text{A}]$$

초기조건은 $t=0 \rightarrow q=0$, $i=0$이 된다.

② 시정수(τ) : $t=0$에서 과도전류에 접선을 그어 접선이 정상전류와 만날 때까지의 시간으로 클수록 과도상태는 오랫동안 지속된다.

[62회, 68회 출제]
$R-C$ 회로의 전류 $i(t)$
$i(t) = \frac{E}{R}e^{-\frac{1}{CR}t}$

$$\text{시정수 } \tau = RC[\sec]$$

③ R, C 소자의 단자전압

$$V_R = Ri(t) = Ee^{-\frac{1}{RC}t}[V]$$

$$V_C = \frac{q(t)}{C} = E(1 - e^{-\frac{1}{RC}t})[V]$$

(3) $R-L-C$ 직렬회로에 직류전압을 인가하는 경우

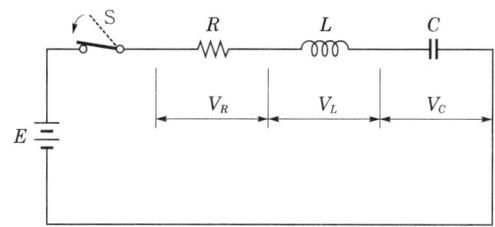

[$R-L-C$ 직렬회로에 직류전압을 인가하는 경우]
- $R^2 - 4\frac{L}{C} > 0$: 비진동상태
- $R^2 - 4\frac{L}{C} = 0$: 임계상태
- $R^2 - 4\frac{L}{C} < 0$: 진동상태

전압방정식은 $Ri(t) + L\frac{d}{dt}i(t) + \frac{1}{C}\int i(t)\,dt = E$ 이고,

① $R^2 - 4\frac{L}{C} = \left(\frac{R}{2L}\right)^2 - \frac{1}{LC} = 0$인 경우 : 전류는 임계상태가 된다.

② $R^2 - 4\frac{L}{C} = \left(\frac{R}{2L}\right)^2 - \frac{1}{LC} > 0$인 경우 : 전류는 비진동상태가 된다.

③ $R^2 - 4\frac{L}{C} = \left(\frac{R}{2L}\right)^2 - \frac{1}{LC} < 0$인 경우 : 전류는 진동상태가 된다.

5 분포정수회로

[분포정수회로의 특성 임피던스(Z_o)]

$Z_o = \sqrt{\dfrac{Z}{Y}}$

$= \sqrt{\dfrac{R+j\omega L}{G+j\omega C}}$

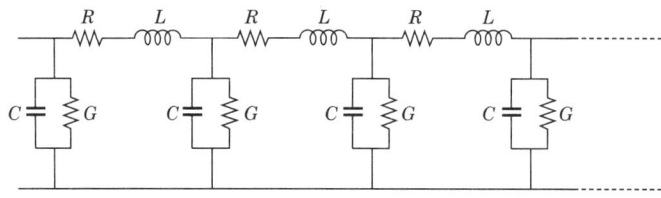

미소저항 R과 인덕턴스 L이 직렬로 선간에 미소한 정전용량 C와 누설 컨덕턴스 G가 병렬로 형성되고 이들이 반복하여 분포되어 있는 회로를 분포정수회로라 한다.

(1) 특성 임피던스(파동 임피던스)

$$Z_o = \sqrt{\frac{Z}{Y}} = \sqrt{\frac{R+j\omega L}{G+j\omega C}}\,[\Omega]$$

단위길이에 대한 선로의 직렬 임피던스 $Z = R + j\omega L[\Omega/\text{m}]$, 병렬 어드미턴스 $Y = G + j\omega C[\mho/\text{m}]$이다.

(2) 전파정수

$$\gamma = \sqrt{ZY} = \sqrt{(R+j\omega L)(G+j\omega C)} = \alpha + j\beta$$

여기서, α : 감쇠정수, β : 위상정수

① 위상정수 : 선로를 전파하는 전압, 전류는 길이 방향으로 그 위상이 늦어지는데 단위길이당 위상이 늦어지는 정도를 위상정수라 한다.
② 감쇠정수 : 선로의 전압강하, 누설전류 및 충전전류에 대하여 전송로를 전파하는 전압, 전류가 길이 방향으로 감쇠하는 정도를 감쇠정수라 한다.

[전파정수(γ)]
$\gamma = \sqrt{ZY}$
$= \sqrt{(R+j\omega L)(G+j\omega C)}$

(3) 무손실선로

① 조건 : $R = 0$, $G = 0$
② 특성 임피던스 : $Z_o = \sqrt{\dfrac{Z}{Y}} = \sqrt{\dfrac{R+j\omega L}{G+j\omega C}} = \sqrt{\dfrac{L}{C}}$
③ 전파정수 : $\gamma = \sqrt{ZY} = \sqrt{(R+j\omega L)(G+j\omega C)} = j\omega\sqrt{LC}$
전파정수는 $\alpha + j\beta$ 이므로 $\alpha = 0$, $\beta = \omega\sqrt{LC}$이 된다.
여기서, α : 감쇠정수, β : 위상정수
④ 파장 : $\lambda = \dfrac{2\pi}{\beta} = \dfrac{2\pi}{\omega\sqrt{LC}} = \dfrac{1}{f\sqrt{LC}}[\text{m}]$
⑤ 속도 : $v = \lambda f = \dfrac{2\pi f}{\beta} = \dfrac{\omega}{\beta} = \dfrac{1}{\sqrt{LC}}[\text{m/sec}]$

무손실회로에서 감쇠는 없고 전파속도 v는 주파수에 관계없이 일정한 값으로 된다.

[68회, 70회 출제]
무손실선로 조건
$R = 0$, $G = 0$

(4) 무왜형선로

파형의 일그러짐이 없는 선로이며, 일반 선로는 $\dfrac{R}{L} > \dfrac{G}{C}$ 이다.

① 조건 : $\dfrac{R}{L} = \dfrac{G}{C}$ 또는 $LG = RC$
② 특성 임피던스 : $Z_o = \sqrt{\dfrac{Z}{Y}} = \sqrt{\dfrac{R+j\omega L}{G+j\omega C}} = \sqrt{\dfrac{L}{C}\left(\dfrac{R+j\omega L}{R+j\omega L}\right)} = \sqrt{\dfrac{L}{C}}[\Omega]$
③ 전파정수 : $\gamma = \sqrt{ZY} = \sqrt{(R+j\omega L)(G+j\omega C)}$
$= \sqrt{(R+j\omega L)\left(\dfrac{RC}{L} + j\omega C\right)} = \sqrt{RG} + j\omega\sqrt{LC}$

여기서, 감쇠정수 : $\alpha = \sqrt{RG}$, 위상정수 : $\beta = \omega\sqrt{LC}$

[무왜형선로 조건]
• $\dfrac{R}{L} = \dfrac{G}{C}$
• $LG = RC$

④ 속도 : $v = \lambda f = \dfrac{2\pi f}{\beta} = \dfrac{\omega}{\beta} = \dfrac{1}{\sqrt{LC}}$ [m/sec]

무왜형회로에서는 특성 임피던스, 감쇠정수, 전파속도는 주파수에 관계없이 일정하다.

(5) 일반의 유한장선로

① 특성 임피던스 : $Z_o = \sqrt{Z_1 Z_2}$ [Ω]

여기서, Z_1 : 수전단을 단락, 송전단에서 측정한 임피던스
Z_2 : 수전단을 개방, 송전단에서 측정한 임피던스

② 반사계수(ρ) 및 정재파비(δ)

$$\rho = \dfrac{Z_R - Z_o}{Z_R + Z_o}$$

여기서, Z_R : 부하 임피던스, Z_o : 특성 임피던스

$$\delta = \dfrac{1 + |\rho|}{1 - |\rho|} \ (\delta \geq 1)$$

[반사계수(ρ) 및 정재파비(δ)]

$\rho = \dfrac{Z_R - Z_o}{Z_R + Z_o}$

$\delta = \dfrac{1 + |\rho|}{1 - |\rho|}$

CHAPTER 03 정전기와 자기

01 정전기

1 콘덴서와 정전용량

(1) 정전기

① 정전기 발생

㉠ 대전현상 : 마찰에 의해서 양(+) 전기와 음(-) 전기를 일으키는 현상을 대전현상이라 하며, 대전된 물체가 가지는 전기를 전기량 또는 전하라고 한다.

㉡ 정전현상 : 대전체에서 발생하는 전기가 절연체의 표면층에 고립되어 있으면서 정지된 상태에서 전기의 작용을 일으키는 현상을 말한다.

㉢ 종류가 다른 물체의 마찰현상
- 한쪽은 양(+), 한쪽은 음(-)으로 대전한다.
- 대전되는 물체의 전기량은 같다.
- 같은 부호의 전기량은 반발하고, 다른 부호의 전하는 흡인한다.

② 정전력

전하 사이에서 작용하는 흡인력 또는 반발력이 작용하는 것을 말한다.

㉠ 쿨롱의 법칙(Coulomb's law) : 두 정전하 사이에 작용하는 정전력의 크기는 두 전하의 곱에 비례하고 거리의 제곱에 반비례한다.

㉡ 정전하 Q_1, Q_2[C]로 대전된 두 전하 사이의 거리를 r[m]라 할 때 작용하는 힘 F는 다음과 같다.

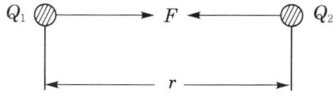

- $F = \dfrac{1}{4\pi\varepsilon} \dfrac{Q_1 Q_2}{r^2}$ [N] (여기서, 유전율 : $\varepsilon = \varepsilon_s \varepsilon_0$)

- $F = \dfrac{1}{4\pi\varepsilon_0} \dfrac{Q_1 Q_2}{\varepsilon_s r^2} = 9 \times 10^9 \dfrac{Q_1 Q_2}{\varepsilon_s r^2}$ [N]

[정전력(F)]

$F = 9 \times 10^9 \dfrac{Q_1 Q_2}{\varepsilon_s r^2}$

[44회, 51회, 57회, 58회, 67회 출제]
쿨롱의 법칙을 이용한 비유전율(ε_s) 계산

PART 1 전기이론

[진공 중의 유전율(ε_0)]
8.855×10^{-12}[F/m]

진공 또는 공기 중에서 $\varepsilon_s = 1$, $\dfrac{1}{4\pi\varepsilon_0} = 9 \times 10^9$ 이다.

- 진공 중의 유전율(ε_0)

$$\varepsilon_0 = \frac{10^7}{4\pi C^2} = 8.855 \times 10^{-12} [\text{F/m}]$$

(2) 정전용량

① 콘덴서의 정전용량

㉠ 콘덴서에 축적되는 전하 Q[C]는 인가전압 V[V]에 비례한다. $Q = CV$[C] 이며, $C = \dfrac{Q}{V}$[F]이 된다.

㉡ 정전용량(C)은 콘덴서의 모양과 절연물의 종류에 따라 정해지는 값으로 콘덴서에 같은 크기의 전압을 인가시 어느 정도 전하량 축적이 가능한지를 나타내는 물리량을 말한다.

㉢ 단위 : 패럿(farad, [F])

② 정전에너지

콘덴서에 축적되는 에너지를 뜻한다.

$$W = \frac{1}{2}CV^2 = \frac{1}{2}QV = \frac{1}{2}\frac{Q^2}{C} [\text{J}]$$

[43회, 62회 출제]
정전에너지(W_C)
$W_C = \dfrac{1}{2}CV^2 = \dfrac{1}{2}QV$
$= \dfrac{1}{2}\dfrac{Q^2}{C}$
을 이용한 계산

(3) 콘덴서의 접속

① 직렬접속

직렬로 접속하면 정전용량에 관계없이 각 콘덴서에 같은 양의 전하가 축적된다.

```
        C₁        C₂        C₃
    ──┤├──────┤├──────┤├──
      +Q  -Q  +Q  -Q  +Q  -Q
      ←─V₁─→  ←─V₂─→  ←─V₃─→
      ←─────────V─────────→
```

㉠ 콘덴서 양단의 전위

$$V_1 = \frac{Q}{C_1}[\text{V}], \quad V_2 = \frac{Q}{C_2}[\text{V}], \quad V_3 = \frac{Q}{C_3}[\text{V}]$$

$$V = V_1 + V_2 + V_3 = \left(\frac{1}{C_1} + \frac{1}{C_2} + \frac{1}{C_3}\right)Q[\text{V}]$$

ⓒ 합성 정전용량

$$C = \frac{Q}{V} = \frac{Q}{\left(\dfrac{1}{C_1}+\dfrac{1}{C_2}+\dfrac{1}{C_3}\right)Q} = \frac{1}{\left(\dfrac{1}{C_1}+\dfrac{1}{C_2}+\dfrac{1}{C_3}\right)}\,[\text{F}]$$

ⓒ 각 콘덴서의 전압비

$$V_1 : V_2 : V_3 = \frac{1}{C_1} : \frac{1}{C_2} : \frac{1}{C_3}$$

② 병렬접속

각 콘덴서의 양도체 사이에는 $V[\text{V}]$의 일정한 전압이 가해진다.

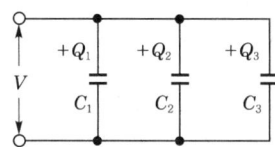

[47회, 58회 출제]
• 병렬연결시 정전용량
$C = C_1 + C_2$
• $Q_1 : Q_2 = C_1 : C_2$

㉠ 각 콘덴서에 축적되는 전하

$Q_1 = C_1 V\,[\text{C}]$
$Q_2 = C_2 V\,[\text{C}]$
$Q_3 = C_3 V\,[\text{C}]$
$Q = Q_1 + Q_2 + Q_3 = (C_1 + C_2 + C_3)V\,[\text{C}]$

ⓒ 합성 정전용량

$C = C_1 + C_2 + C_3\,[\text{F}]$

ⓒ 각 콘덴서에 축적되는 전하의 양

$Q_1 : Q_2 : Q_3 = C_1 : C_2 : C_3$

[콘덴서의 정전용량]
$Q = C \cdot V$
$C = \dfrac{Q}{V}$

2 전 장

어떤 물체 가까이에 대전체를 놓으면 그 대전체에 정전력이 작용한다. 이와 같이 어떤 대전체를 놓았을 때 그 정전력이 작용하는 장소를 전장(electric field)이라 한다.

(1) 전장의 세기

① 전장의 세기의 개념

㉠ 전하에서 작용하는 힘으로서 전장 내의 점에 양전하 $Q[\text{C}]$을 놓았을 때 이 전하에 작용하는 힘의 크기로 나타낸다.

PART 1 전기이론

[49회, 58회 출제]
전장의 세기(E)
$E = 9 \times 10^9 \dfrac{Q}{\varepsilon_s r^2}$

ⓒ 전장의 세기(E)

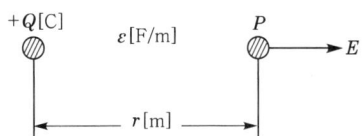

$$E = \frac{1}{4\pi\varepsilon}\frac{Q}{r^2} = 9 \times 10^9 \frac{Q}{\varepsilon_s r^2}\,[\text{V/m}]$$

[68회 출제]
전기력선의 성질

② 전기력선의 성질
  ㉠ 서로 교차하지 않는다.
  ㉡ 도체의 표면에 수직으로 출입한다.
  ㉢ 양전하에서 나와서 음전하로 끝난다.
  ㉣ 전기력선의 밀도는 전장의 세기를 나타낸다.
  ㉤ 단위전하에서는 $\dfrac{1}{\varepsilon_0}$개의 전기력선이 출입한다.
  ㉥ 접선은 그 점에 있어서의 전장의 방향을 나타낸다.

③ 전속(유전속)
  ㉠ 매질의 종류에 관계없이 1[C]의 전하에서 1개의 선이 나온다고 정한 가상적인 작용선을 말한다.
  ㉡ 전속의 성질
    • 양전하에서 나와 음전하로 끝난다.
    • 전속이 나오는 곳 또는 끝나는 곳에는 전속과 같은 전하가 있다.
    • 금속판에 출입하는 경우 전속은 그 표면에 수직이다.

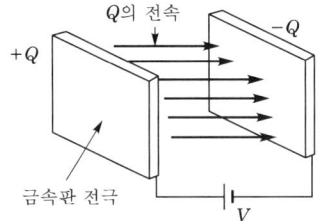

[전속밀도(D)]
$D = \varepsilon E$

④ 전속밀도
  ㉠ Q[C]의 전속이 1[m²]에 대해서 몇 [C]의 전속이 나오는가를 나타내는 양이다.
  ㉡ 구의 전속밀도 $D = \dfrac{Q}{4\pi r^2}\,[\text{C/m}^2]$이며, $E = \dfrac{1}{4\pi\varepsilon}\dfrac{Q}{r^2}$이므로 다음과 같다.

$$D = \varepsilon E [\text{C/m}^2]$$

그러므로 전속의 방향은 전장의 방향과 일치한다.

⑤ 구도체의 전장

㉠ 진공 중의 양전하에서 나오는 전기력선 수 N(가우스 법칙)은 다음과 같다.

$$N = \frac{Q}{\varepsilon_0} \text{개}$$

[45회 출제]
$N = \dfrac{Q}{\varepsilon_0}$ 개

㉡ 진공 중의 1[C]에서 나오는 전기력선 수 N은 다음과 같다.

$$N = \frac{1}{\varepsilon_0} \text{개}$$

㉢ 구면상 어느 점에서나 전기력선 밀도는 같다.

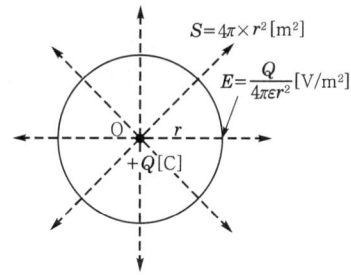

(2) 평행한 도체의 정전용량

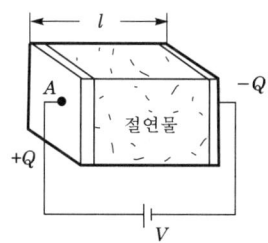

$$C = \frac{Q}{V} = \varepsilon \frac{A}{l} = \varepsilon_0 \varepsilon_s \frac{A}{l} [\text{F}]$$

여기서, A : 평행판 면적[m²], l : 간격[m]

[46회, 47회, 50회, 56회, 57회, 69회 출제]

정전용량 $C = \varepsilon_0 \varepsilon_s \dfrac{A}{l}$

3 유전체 내의 에너지

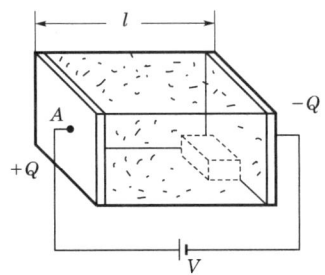

(1) 유전체 내의 에너지(W)

$$W = \frac{1}{2}QV = \frac{1}{2}CV^2 \text{[J]}$$

[45회 출제]
$W = \frac{1}{2}CV^2 = \frac{1}{2}QV$
$= \frac{1}{2}\frac{Q^2}{C}$

(2) 유전체의 1[m³]에 축적되는 에너지 밀도(w)

$$w = \frac{1}{2}ED = \frac{1}{2}\varepsilon E^2 = \frac{1}{2}\frac{D^2}{\varepsilon} \text{[J/m}^3\text{]}$$

02 자기

1 자기회로

(1) 자석에 의한 자기현상
  ① 자석의 성질
    ㉠ 언제나 한쪽은 남극(S극), 북극(N극)을 나타낸다.
    ㉡ 같은 극끼리는 서로 반발, 다른 극끼리는 흡인력이 작용한다.
  ② 자성체의 성질
    ㉠ 상자성체 : 자장의 방향으로 자화되나 극히 약하게 자화되는 물질
       (산소, 공기, 백금, 알루미늄, 주석 등)
    ㉡ 강자성체 : 자장의 방향으로 자화되나 매우 강하게 자화되는 물질
       (철, 니켈, 코발트 등)
    ㉢ 반자성체 : 가해진 방향과 반대 방향으로 자화되는 물질
       (구리, 수소, 질소, 안티몬, 비스무트, 아연, 납 등)
  ③ 자극에 작용하는 힘
    ㉠ 쿨롱의 법칙(Coulomb's law) : 두 자극 사이에 작용하는 힘은 두 자극의

[58회 출제]
• 상자성체 : 산소, 공기, 백금, 알루미늄, 주석 등
• 강자성체 : 철, 니켈, 코발트 등
• 반자성체 : 구리, 수소, 질소, 안티몬, 비스무트, 아연, 납 등

세기의 곱에 비례하며 거리의 제곱에 반비례한다.

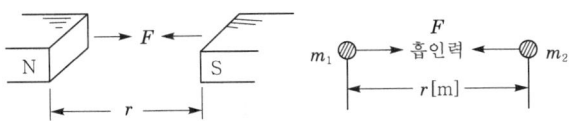

ⓛ 진공 중의 작용하는 힘(F)

$$F = \frac{1}{4\pi\mu_0} \cdot \frac{m_1 m_2}{r^2} [\text{N}] = 6.33 \times 10^4 \frac{m_1 m_2}{r^2} [\text{N}]$$

ⓒ 진공 외의 작용하는 힘(F)

$$F = \frac{1}{4\pi\mu_0} \cdot \frac{m_1 m_2}{\mu_s r^2} [\text{N}] = 6.33 \times 10^4 \frac{m_1 m_2}{\mu_s r^2} [\text{N}]$$

ⓔ 투자율

$$\mu = \mu_0 \times \mu_s [\text{H/m}]$$
$$\mu_0 = \frac{4\pi}{10^7} = 4\pi \times 10^{-7} [\text{H/m}]$$

여기서, 비투자율 μ_s : 진공, 공기 중에서 1

(2) 자장의 성질

① 자장 : 자석의 자력이 미치는 공간을 자장이라 한다.
② 자장의 세기
ⓛ 자장 안에 +1[Wb]의 자극을 놓았을 때 작용하는 힘이 1[N]일 경우 자장의 세기의 단위 [AT/m]로 한다.

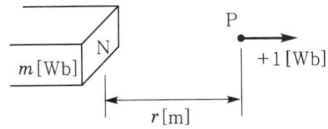

ⓒ 진공 중에 작용하는 자장의 세기(H)

$$H = \frac{1}{4\pi\mu_0} \cdot \frac{m}{r^2} [\text{AT/m}]$$

ⓒ 진공 중의 작용하는 힘(F)

$$F = mH [\text{N}]$$

[진공 중의 작용하는 힘 (F)]
$F = 6.33 \times 10^4 \frac{m_1 m_2}{r^2} [\text{N}]$

[진공 중의 투자율(μ_0)]
$\mu_0 = 4\pi \times 10^{-7} [\text{H/m}]$

[진공 중의 자장의 세기 (H)]
$H = \frac{1}{4\pi\mu_0} \cdot \frac{m}{r^2}$

PART 1 전기이론

[53회 출제]
자기력선의 총수 N
$N = \dfrac{m}{\mu} = \dfrac{m}{\mu_0 \mu_s}$
$= \dfrac{m}{\mu_0}$
(진공, 공기 중에서 $\mu_s = 1$)

③ 자력선의 성질
  ㉠ 서로 교차하지 않는다.
  ㉡ N극에서 나와서 S극으로 들어간다.
  ㉢ 임의의 1점을 지나는 자력선의 접선은 그 점의 자장방향을 나타낸다.
  ㉣ 자력선 밀도는 그 점의 자장의 세기를 나타낸다.

구면 전체를 지나는 자력선의 총수 $N = H \times 4\pi r^2 = \dfrac{m}{\mu_0}$ 개(공기 중에서)

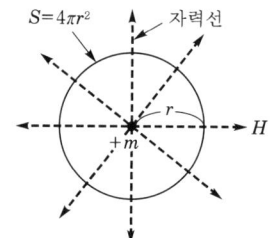

④ 자기 모멘트
  ㉠ 자장의 세기가 H[AT/m]인 평등 자장 안에 자극의 세기 m[Wb]인 자침을 자장의 방향과 θ의 각도로 놓으면 N, S극에는 자침을 회전시키려는 회전력이 작용한다.

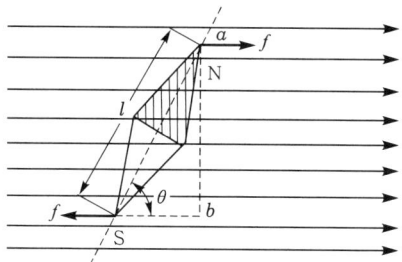

[회전력(T)]
$T = mlH\sin\theta$

  ㉡ 회전력(T)

$$T = mlH\sin\theta [\text{N} \cdot \text{m}]$$

  ㉢ 자극의 세기가 m[Wb], 자침의 길이가 l[m]의 자기 모멘트는 다음과 같다.

$$M = ml [\text{Wb} \cdot \text{m}]$$

그러므로 $T = MH\sin\theta [\text{N} \cdot \text{m}]$이다.

CHAPTER 3 정전기와 자기

(3) 전류에 의한 자기작용

① **앙페르의 오른나사 법칙**(Ampere's right-handed screw rule)

오른나사가 진행하는 방향으로 전류가 흐르면 나사가 회전하는 방향으로 자장이 생기고, 반대로 나사가 회전하는 방향으로 전류가 흐르면 진행되는 방향으로 자장이 발생한다.

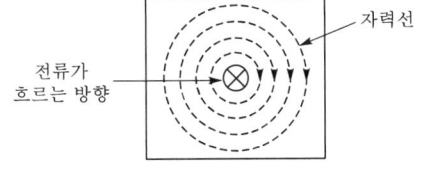

② **비오-사바르 법칙**(Biot-Savart's law)

도선의 미소길이 Δl에 의해 점 P에 생기는 자장의 세기 ΔH[AT/m]는 전류에 비례하고, 거리 r[m]의 제곱에 반비례 한다.

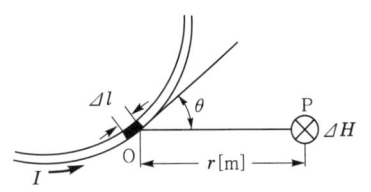

$$\Delta H = \frac{I \cdot \Delta l}{4\pi r^2} \sin\theta \, [\text{AT/m}]$$

③ 원형 코일 중심 자장

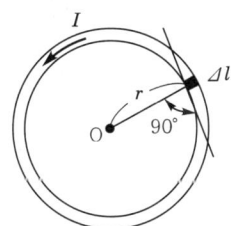

$$H = \frac{NI}{2r} [\text{AT/m}]$$

여기서, N : 코일의 감은 횟수

④ 무한장 긴 직선도체의 전류에 의한 자장

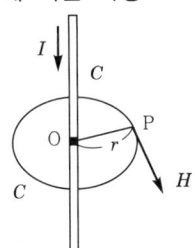

$$H = \frac{I}{2\pi r} [\text{AT/m}]$$

여기서, r : 직선도체에서 P점까지의 거리

[45회, 62회 출제]
전류에 의한 자기작용(앙페르의 오른나사 법칙, 비오-사바르 법칙)

[55회 출제]
앙페르의 오른나사 법칙의 정의

[70회 출제]
원형 코일 중심 자장의 세기 계산

[52회, 53회 출제]
$H = \frac{I}{2\pi r}$

PART 1 전기이론

⑤ 솔레노이드에 의한 자장
 ㉠ 어느 곳에서나 평등 자장이다.
 ㉡ 오른나사 법칙에 따른다.
 ㉢ 외부 자장의 세기는 '0'이다.
 ㉣ 자장의 세기

$$H = \frac{NI}{l} [\text{AT/m}]$$

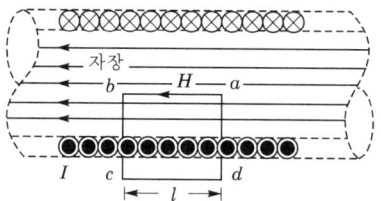

[환상솔레노이드 자장의 세기(H)]

$H = \dfrac{NI}{2\pi r}$ [AT/m]

⑥ 환상 솔레노이드에 의한 자장

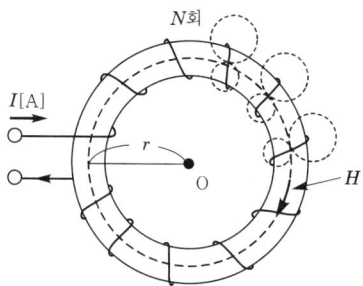

[54회 출제]

$H = \dfrac{NI}{2\pi r}$

$$H = \frac{NI}{2\pi r} [\text{AT/m}]$$

여기서, r : 평균 반지름, N : 코일의 감은 횟수

(4) 자기회로

① 자속과 자속밀도

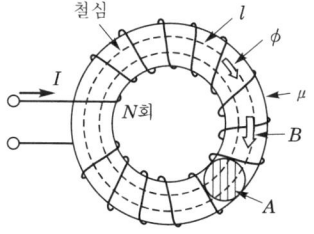

CHAPTER 3 정전기와 자기

㉠ 자속 : 철심에 코일을 감고 전류를 흘리면 철심 내에 자속이 발생한다. 자속의 양은 Φ[Wb]로 나타낸다.

㉡ 자속밀도 : 철심의 단면적(A) 1[m²]에 생기는 자속의 양을 말하며 B[Wb/m²]로 표시한다.

$$B = \frac{\Phi}{A}[\text{Wb/m}^2]$$

[자속밀도(B)]
$B = \dfrac{\Phi}{A}$[Wb/m²]

② 기자력(F)과 자기저항

㉠ 기자력(F) : 자속 Φ를 만드는 원동력이다.

$$F = NI = R\Phi[\text{AT}], \quad \Phi = \frac{NI}{R}[\text{Wb}]$$

[55회, 61회 출제]
기자력(F)과 권선비, 전류와의 관계식

㉡ 자기저항(R) : 기자력과 자속의 비를 말한다.

$$R = \frac{l}{\mu A}[\text{AT/Wb}]$$

㉢ 옴의 법칙

$$F = NI = R\Phi = \frac{l}{\mu A}\Phi[\text{AT}]$$

$$\Phi = \frac{F}{R} = \frac{NI}{\dfrac{l}{\mu A}} = \frac{\mu ANI}{l}[\text{Wb}]$$

③ 자속밀도와 자장의 세기

㉠ 자속밀도 $B = \dfrac{\Phi}{A} = \dfrac{\mu NI}{l}[\text{Wb/m}^2]$

㉡ 자장의 세기 $H = \dfrac{NI}{l}[\text{AT/m}]$

자속밀도 $B = \mu H$[Wb/m²]이며, 진공 중의 $B = \mu_0 H$[Wb/m²]이다.

[41회, 42회, 46회, 56회, 68회 출제]
자속밀도와 자장의 세기
$B = \dfrac{\mu NI}{l}$, $H = \dfrac{NI}{l}$

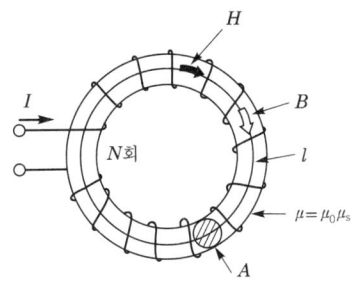

2 전자력과 전자유도

(1) 전자력의 방향과 크기(Fleming's left-handed rule)

① **플레밍의 왼손 법칙**

자장 내 도체에 전류가 흐르면 그 전류의 방향에 따라 힘(전자력)의 방향을 알 수 있는 법칙이다.

왼손의 세 손가락 중 힘(F)의 방향은 엄지, 전류(I)는 가운데, 자속밀도(B)는 집게 손가락을 나타낸다.

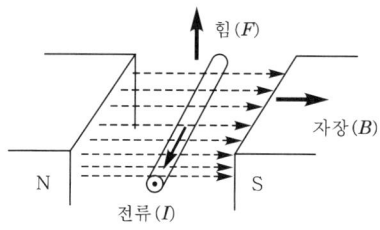

[41회, 45회, 67회 출제]
유기기전력(e)
$e = Blv\sin\theta$ [V]

② **직선도체에 작용하는 힘**

자장의 방향과 θ의 각도에 있는 도체에 작용하는 힘(F)은 $F = BIl\sin\theta$ [N]이다. (유기기전력 $e = Blv\sin\theta$ [V])

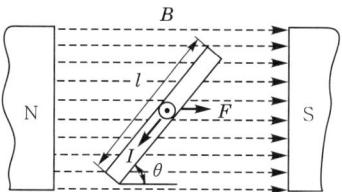

[58회, 61회 출제]
평행한 두 도체 사이에 작용하는 힘
$F = 2 \times 10^{-7} \dfrac{I_1 I_2}{r}$ [N/m]
• 같은 방향의 전류 : 흡인력
• 반대 방향의 전류 : 반발력

③ **평행한 두 도체 사이에 작용하는 힘**

두 도선에 흐르는 **전류의 방향이 같으면 흡인력, 반대방향의 전류가 흐르면 반발력이 작용**한다. 그러므로 힘(F)는 다음과 같다.

$$F = 2 \times 10^{-7} \dfrac{I_1 I_2}{r} \text{ [N/m]}$$

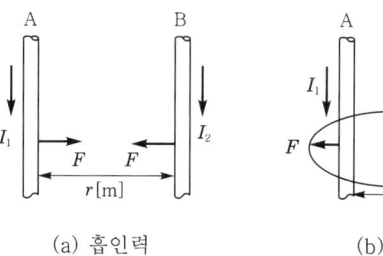

(a) 흡인력   (b) 반발력

(2) 전자유도

① 렌츠의 법칙

전자유도에 의해 생긴 **전압은** 그 유도전류가 만드는 자속이 **원래 자속의 증가 또는 감소를 방해하는 방향**으로 생긴다.

② 플레밍의 오른손 법칙(Fleming's right-handed rule)

자장 내를 운동하는 도체에 유도되는 전압의 크기는 그 도체가 단위시간에 끊는 자속 수에 비례하며, 이에 흐르는 전류에 의해 자속이 쇄교자속을 상쇄하는 방향으로 유도된다.

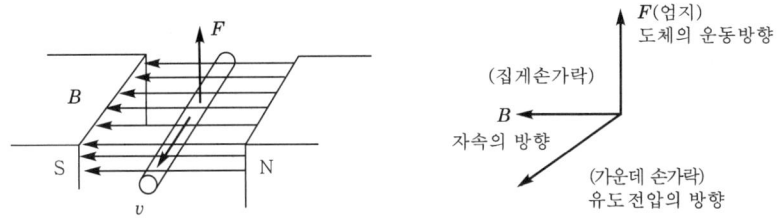

③ 패러데이의 전자유도 법칙(Faraday's law of electromagnetic induction)

전자유도에 의해 생기는 전압의 크기는 코일을 쇄교하는 자속의 변화율과 권수에 비례하며, 발생전압 $v = -N\dfrac{\Delta \Phi}{\Delta t}$ [V]이다.

[44회, 54회, 57회 출제]
페러데이 법칙의 유도기전력
$e = N\dfrac{\Delta \Phi}{\Delta t}$ 를 이용한 계산

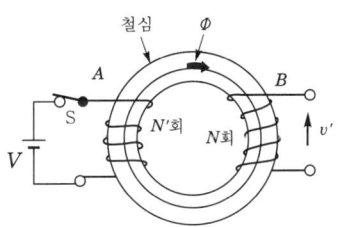

3 전자에너지

(1) 코일에 축적되는 에너지

자기 인덕턴스 L[H]의 코일에 I[A]의 전류가 흐를 때 코일이 만드는 자장 내에 축적되어 있는 전자에너지 W는 다음과 같다.

$$W = \dfrac{1}{2}LI^2 \text{[J]}$$

[41회, 42회, 45회, 46회 출제]
축적되는 에너지 W
$W = \dfrac{1}{2}LI^2$

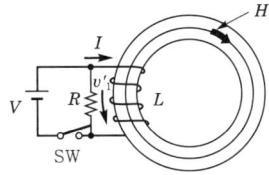

PART 1 전기이론

(2) 단위 부피에 축적되는 에너지

$$W = \frac{1}{2}\mu H^2 = \frac{1}{2}BH = \frac{1}{2}\frac{B^2}{\mu} [\text{J/m}^3]$$

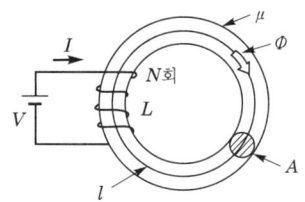

(3) 자기 흡인력

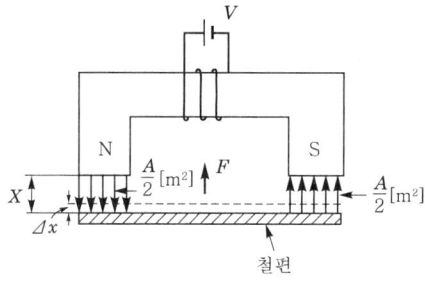

[53회 출제]

흡인력 $F = \frac{1}{2} \cdot \frac{B^2 A}{\mu_0}$

$= KB^2$

자극의 근처에 철편을 가까이 하면 철편을 잡아당기는 힘이 작용하며 흡인력(F)은 다음과 같다.

$$흡인력 \ F = \frac{1}{2} \cdot \frac{B^2 A}{\mu_0} [\text{N}]$$

여기서, $A[\text{m}^2]$: 자속이 있는 부분의 넓이
$B[\text{Wb/m}^2]$: 자속밀도

4 히스테리시스 곡선

(1) 히스테리시스 현상

[41회, 42회, 62회 출제]
히스테리시스 곡선의 의미

자화력(H)을 $+H_m$과 $-H_m$의 범위에서 1회 순환하면 자속밀도(B)도 $+B_m$에서 $-B_m$까지 변화하며 하나의 폐곡선을 이루는 현상이다.

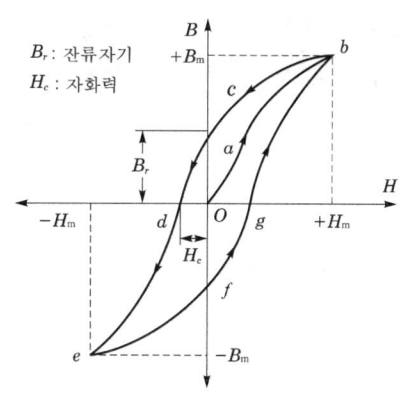

(2) 히스테리시스 손실(P_l)

히스테리시스 곡선의 면적 만큼의 손실을 뜻하며, 주파수가 높을수록 커진다.

$$P_l = \eta f B_m^{1.6}$$

여기서, η : 히스테리시스 상수, f : 주파수
B_m : 최대 자속밀도, 1.6 : 스타인메츠 상수

[히스테리시스 손실(P_l)]
$P_l = \eta f B_m^{1.6}$

5 맴돌이전류(와전류)

(1) 개념

철, 알루미늄 등을 관통하는 자속이 시간적으로 변화하거나 도체와 자속이 상대적으로 운동하면, 도체 내부에 유도전류가 발생하여 분자의 결합상태에 의해 소용돌이와 같은 맴돌이전류가 발생하는 것을 의미한다.

(2) 맴돌이전류 손실(P_e)

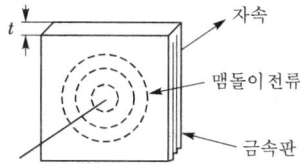

$$P_e = \theta(fB_m t)^2 \text{[W]}$$

여기서, θ : 비례상수, f : 주파수, B_m : 최대 자속밀도, t : 도체의 두께

[맴돌이 전류 손실(P_e)]
$P_e = \theta(fB_m t)^2$

PART 01 자주 출제되는 기출문제

01 다음 중 전류의 열작용과 관계 있는 법칙은? [46회 09.7.]

① 옴의 법칙
② 키르히호프의 법칙
③ 줄의 법칙
④ 플레밍의 법칙

해설 줄의 법칙(Joule's law)
전류에 의하여 단위시간에 발생하는 열량은 도체의 저항과 전류의 제곱에 비례한다.
$H = I^2Rt[\text{J}] = 0.24I^2Rt[\text{cal}]$

02 저항 20[Ω]인 전열기로 21.6[kcal]의 열량을 발생시키려면 5[A]의 전류를 약 몇 분간 흘려주면 되는가? [47회 10.3.]

① 3분
② 5.7분
③ 7.2분
④ 18분

해설 줄의 법칙(Joule's law)을 이용하면
$H = 0.24I^2Rt[\text{cal}]$ 에서
$21.6 \times 10^3[\text{cal}] = 0.24 \times 5^2 \times 20 \times t$ (여기서, $t[\sec]$ 의미)
$t = \dfrac{21.6 \times 10^3}{0.24 \times 5^2 \times 20} = 180$초 $= 3$분

03 100[Ω]의 저항을 병렬로 무한히 연결하였을 때 합성저항은 몇 [Ω]인가? [43회 08.3.], [69회 21.2.]

① 1
② 0
③ ∞
④ 100

해설
- 같은 크기 저항(R)을 m개 직렬로 연결했을 때 전체 저항(R') $= mR$ (전체 저항은 점점 커진다.)
- 같은 크기 저항(R)을 n개 병렬로 연결했을 때 전체 저항(R') $= \dfrac{R}{n}$ (전체 저항은 점점 작아진다.)
∴ 100[Ω] 저항을 병렬로 무한히 연결하면 $R' = \dfrac{100}{n} = \dfrac{100}{\infty} = 0[\Omega]$

정답 01 ③ 02 ① 03 ②

04

5[Ω]의 저항 10개를 직렬접속하면 병렬접속시의 몇 배가 되는가?

[42회 07.7.], [46회 09.7.]

① 20
② 50
③ 100
④ 250

해설
- 5[Ω] 저항 10개 직렬접속
  $R_1 = 10 \times 5 = 50[\Omega]$
- 5[Ω] 저항 10개 병렬접속
  $R_2 = \dfrac{5}{10} = 0.5[\Omega]$

$\therefore \dfrac{R_1}{R_2} = \dfrac{50}{0.5} = 100$배가 된다.

05

회로에서 단자 A, B 간의 합성저항은 몇 [Ω]인가?

[45회 09.3.]

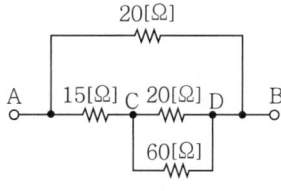

① 10
② 12
③ 15
④ 30

해설 합성저항을 구하기 위해 회로 내의 병렬저항을 먼저 구한다.

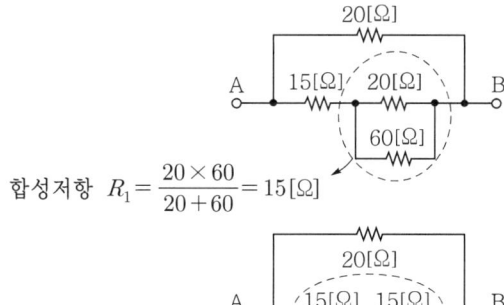

합성저항 $R_1 = \dfrac{20 \times 60}{20 + 60} = 15[\Omega]$

$\therefore$ 전체 저항 $R_{AB} = \dfrac{20 \times 30}{20 + 30} = 12[\Omega]$

정답 04 ③ 05 ②

06 ★★

그림과 같은 회로에 전압 200[V]를 가할 때 20[Ω]의 저항에 흐르는 전류는 몇 [A]인가?

[44회 08.7.], [50회 11.7.]

① 2
② 3
③ 5
④ 8

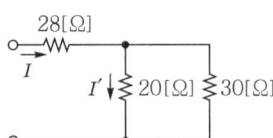

해설 전체 저항을 먼저 구하면

$$R = 28 + \frac{20 \times 30}{20 + 30} = 40[\Omega]$$

전체 전류(I)

$$I = \frac{200}{40} = 5[A]$$

∴ 분류법칙을 이용하여 20[Ω]에 흐르는 전류(I')를 구하면

$$I' = \frac{30}{20 + 30} \times 5 = 3[A]$$

07 ★

그림과 같은 회로에서 a, b 간에 100[V]의 직류전압을 가했을 때 10[Ω]의 저항에 4[A]의 전류가 흘렀다. 이때 저항 r_1에 흐르는 전류와 저항 r_2에 흐르는 전류의 비가 1 : 4라고 하면 r_1 및 r_2의 저항값은 각각 얼마인가?

[41회 07.4.], [70회 21.7.]

① $r_1 = 12$, $r_2 = 3$
② $r_1 = 36$, $r_2 = 9$
③ $r_1 = 60$, $r_2 = 15$
④ $r_1 = 40$, $r_2 = 10$

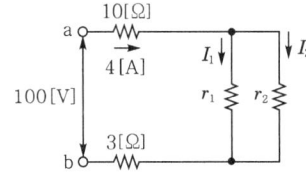

해설 전류와 저항은 반비례하므로

$I_1 : I_2 = r_2 : r_1$
$1 : 4 = r_2 : r_1$
∴ $r_1 = 4r_2$ … ㉠

회로에서 전체 저항은 12[Ω]이 된다.

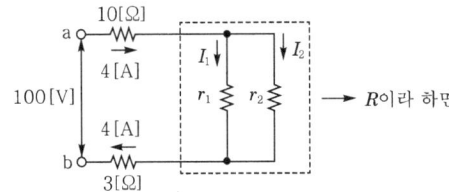

정답 06 ② 07 ③

$100 = 4(10+3+R)$

$\therefore R = \dfrac{r_1 \times r_2}{r_1 + r_2} = 12 \cdots \text{ⓒ}$

그러므로 ㉠을 ㉡식에 대입하면

$12 = \dfrac{4r_2 \times r_2}{4r_2 + r_2}$ 에서 $r_2 = 15[\Omega] \cdots$ ㉢

∴ ㉢식을 ㉠식에 대입하면 $r_1 = 60[\Omega]$이 된다.

08

최대 눈금 150[V], 내부저항 20[kΩ]인 직류 전압계가 있다. 이 전압계의 측정범위를 600[V]로 확대하기 위하여 외부에 접속하는 직렬저항은 얼마로 하면 되는가?   [54회 13.7.]

① 20[kΩ] ② 40[kΩ]
③ 50[kΩ] ④ 60[kΩ]

해설 배율기(R_m)

$R_m = (m-1)r_v$ (여기서, m : 배율, r_v : 전압계 내부저항)

$\therefore R_m = \left(\dfrac{600}{150} - 1\right)20 \times 10^3 = 60[\text{k}\Omega]$

09

직류 전류계의 측정범위를 확대하는 데 사용되는 것은?   [47회 10.3.]

① 계기용 변류기 ② 영상 변류기
③ 분류기 ④ 배율기

해설
- 배율기 : 전압계의 측정범위를 확대하기 위해 전압계에 직렬로 연결하는 저항(R_m)
- 분류기 : 전류계의 측정범위를 확대하기 위해 전류계에 병렬로 연결하는 저항(R_s)

10

분류기를 사용하여 전류를 측정하는 경우 전류계의 내부저항 0.12[Ω] 분류기의 저항이 0.04[Ω]이면 그 배율은?   [52회 12.7.]

① 2배 ② 3배
③ 4배 ④ 5배

해설 분류기$(R_s) = \dfrac{r_a}{m-1}$ (여기서, m : 배율, r_a : 전류계 내부저항)에서 $0.04 = \dfrac{0.12}{m-1}$

$\therefore 0.04 = \dfrac{0.12}{m-1}$ 그러므로 배율 m은 4배가 된다.

정답 08 ④ 09 ③ 10 ③

11

분류기를 사용하여 전류를 측정하는 경우 전류계의 내부저항이 0.12[Ω], 분류기의 저항이 0.03[Ω]이면 그 배율은? [47회 10.3.], [69회 21.2.]

① 4
② 5
③ 15
④ 36

해설 분류기 저항(R_s)

$R_s = \dfrac{r_a}{m-1}$ 에서 $0.03 = \dfrac{0.12}{m-1}$ 그러므로 배율 m은 5배가 된다.

12

분류기의 배율을 나타낸 식으로 옳은 것은? (단, R_s는 분류기 저항, r은 전류계의 내부저항이다.) [53회 13.4.]

① $\dfrac{R_s + 1}{r}$
② $\dfrac{R_s}{r} + 1$
③ $\dfrac{r}{R_s} + 1$
④ $\dfrac{r}{r + R_s} + 1$

해설

$I_a = \dfrac{R_s}{r + R_s} I$ (배율 $m = \dfrac{I}{I_a}$ 이다.)

$m = \dfrac{I}{I_a} = \dfrac{r + R_s}{R_s} = 1 + \dfrac{r}{R_s}$

그러므로 배율(m) $= 1 + \dfrac{r}{R_s}$ 이 된다.

13

그림과 같은 회로에서 a, b 간에 전압을 가하니 전류계는 2.5[A]를 지시했다. 다음에 스위치 S를 닫으니 전류계 및 전압계는 각각 2.55[A] 및 100[V]를 지시했다. 저항 R의 값은 약 몇 [Ω]인가? (단, 전류계 내부저항 $r_a = 0.2[Ω]$이고, a, b 사이에 가한 전압은 S에 관계없이 일정하다고 한다.) [50회 11.7.]

① 30
② 40
③ 50
④ 60

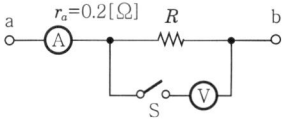

해설 • S=off일 때

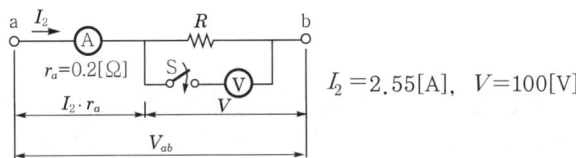

$$\therefore V_{ab} = I_1(0.2+R) = 2.5(0.2+R) \cdots \bigcirc$$

• S=on일 때

$$\therefore V_{ab} = I_2 \cdot r_a + V = 2.55 \times 0.2 + 100$$
$$= 100.51 \cdots \bigcirc$$

㉠, ㉡에서 R을 구하면
$100.51 = 2.5(0.2+R)$에서 $R = 40.004 ≒ 40$

14. 두 종류의 금속을 접속하여 두 접합부분을 다른 온도로 유지하면 열기전력을 일으켜 열전류가 흐른다. 이 현상을 지칭하는 것은? [43회 08.3.], [47회 10.3.]

① 제벡효과
② 제3금속의 법칙
③ 펠티에효과
④ 패러데이의 법칙

해설 • 제벡효과(Seebeck effect) : 2개의 다른 금속 A, B를 한 쌍으로 접속하고, 두 금속을 서로 다른 온도로 유지하면 두 접촉면의 온도차에 의해서 생긴 열기전력에 의해 일정 방향으로 전류가 흐르는 현상을 말한다.
• 펠티에효과(Peltier effect) : 서로 다른 두 종류의 금속을 접속하여 전류를 흘리면 그 접합면에서 열이 발생 또는 흡수하는 현상을 말한다.

15. 전기분해에 관한 패러데이의 법칙에서 전기분해시 전기량이 일정하면 전극에서 석출되는 물질의 양은? [49회 11.4.]

① 원자가에 비례한다.
② 전류에 반비례한다.
③ 시간에 반비례한다.
④ 화학당량에 비례한다.

정답 14 ① 15 ④

PART 1 전기이론

> **해설** 패러데이의 법칙(Faraday's law)
> - 전기분해에 의해서 음과 양의 두 전극으로부터 석출되는 물질의 양은 전해액 속에 통한 전기량에 비례한다.
> $W = KQ = KIt$ [g] (여기서, K : 전기 화학당량)
> - 같은 전기량에 의해 여러 가지 화합물이 전해될 때 석출되는 물질의 양은 그 물질의 화학당량에 비례한다.
>   화학당량 $= \dfrac{\text{원자량}}{\text{원자가}}$

★16 은전량계에 1시간 동안 전류를 통과시켜 8.054[g]의 은이 석출되었다면, 이때 흐른 전류의 세기는 약 얼마인가? (단, 은의 전기적 화학당량은 0.001118[g/C]이다.) [53회 13.4.]

① 2[A]   ② 9[A]
③ 32[A] ④ 120[A]

> **해설** 패러데이(Faraday's law)의 법칙에서
> $W = KQ = KIt$ [g]에서
> $8.054 = 0.001118 \times I \times 3,600$ 이므로
> $I = \dfrac{8.054}{0.001118 \times 3,600} = 2.001 \fallingdotseq 2$

★17 1전자볼트[eV]는 약 몇 [J]인가? [46회 09.7.]

① 1.60×10^{-19} ② 1.67×10^{-21}
③ 1.72×10^{-24} ④ 1.76×10^{9}

> **해설** 전자볼트(eV : Electron-Volt)
> - 전장 속의 전자는 전장에 의해 가속되며 이때 갖는 에너지를 전자볼트라 한다.
> - 1[eV]는 전자 1개에 1[V]의 전위차를 가했을 때 전자 1개가 갖는 에너지로
>   1[eV] $= 1.602 \times 10^{-19}$[J]이다.

★18 1[C]의 전기량은 약 몇 개의 전자의 이동으로 발생하는가? (단, 전자 1개의 전기량은 1.602×10^{-19}[C]이다.) [49회 11.4.]

① 8.855×10^{-12} ② 6.33×10^{4}
③ 9×10^{9} ④ 6.24×10^{18}

정답 16 ① 17 ① 18 ④

해설 1개의 전자는 1.602×10^{-19}[C]의 전기량을 가지므로, 반대로 $\dfrac{1}{1.602 \times 10^{-19}} = 6.24 \times 10^{18}$개의 전자가 부족하다.

19

정격전압에서 소비전력이 600[W]인 저항에 정격전압의 90[%]의 전압을 가할 때 소비되는 전력은? [48회 10.7.]

① 480[W]
② 486[W]
③ 540[W]
④ 545[W]

해설 소비전력$(P) = 600[W] = \dfrac{V^2}{R}$ 이므로

정격전압의 90[%]시의 전력$(P') = \dfrac{(0.9V)^2}{R} = 0.81 \times \dfrac{V^2}{R} = 0.81 \times 600 = 486[W]$이다.

20

어떤 가정에서 220[V], 100[W]의 전구 2개를 매일 8시간, 220[V], 1[kW]의 전열기 1대를 매일 2시간씩 사용한다고 한다. 이 집의 한 달 동안의 소비전력량은 몇 [kWh]인가? (단, 한 달은 30일로 한다.) [41회 07.4.]

① 432
② 324
③ 216
④ 108

해설
- 전력$(P) = VI = I^2 \cdot R = \dfrac{V^2}{R}$[W]
- 전력량(W) : 전기에너지의 일을 나타내는 것으로 어느 일정시간 동안의 전기에너지 총량을 말하며
  $W = I^2 \cdot Rt = P \cdot t[W \cdot s] = P \cdot t[J]$
  실용 단위로 [Wh], [kWh]가 주로 쓰인다.
- 전구 2개의 전력량(W_1)
  $W_1 = 100[W] \times 2개 \times 8시간 \times 30일[Wh] = 48[kWh]$
- 전열기 1개의 전력량(W_2)
  $W_2 = 1[kW] \times 1개 \times 2시간 \times 30일[kWh] = 60[kWh]$
- ∴ 1달 동안 총 소비전력량$(W) = W_1 + W_2 = 108[kWh]$

정답 19 ② 20 ④

21

100[V]용 30[W]의 전구와 60[W]의 전구가 있다. 이것을 직렬로 접속하여 100[V]의 전압을 인가하였을 때 두 전구의 상태는 어떠한가? [51회 12.4.], [69회 21.2.]

① 30[W]의 전구가 더 밝다.
② 60[W]의 전구가 더 밝다.
③ 두 전구의 밝기가 모두 같다.
④ 두 전구 모두 켜지지 않는다.

해설 I는 일정, $P = \dfrac{V^2}{R}$ 에서

- 30[W] 전구의 저항 $(R_1) = \dfrac{100^2}{30} \fallingdotseq 333[\Omega]$ 에서 $P_1 = I^2 \cdot R_1 = I^2 \cdot 333[W]$
- 60[W] 전구의 저항 $(R_2) = \dfrac{100^2}{60} \fallingdotseq 167[\Omega]$ 에서 $P_2 = I^2 \cdot R_2 = I^2 \cdot 167[W]$

A, B 전구에 흐르는 전류 I는 일정하므로
∴ $P_1 > P_2$가 되어 30[W]의 전구가 더 밝다.

22

도전율이 큰 것부터 작은 것의 순으로 나열된 것은? [49회 11.4.]

① 금>은>구리>수은
② 은>구리>금>수은
③ 금>구리>은>수은
④ 은>구리>수은>금

해설 도전율(σ)은 고유저항(ρ)의 역수로 표시되며 물질 내 전류가 흐르기 쉬운 정도를 나타낸다.

$$\sigma = \dfrac{1}{\rho} = \dfrac{1}{\dfrac{RA}{l}} = \dfrac{l}{RA}[\mho/m]$$

금속의 고유저항$(\Omega \cdot m \times 10^{-8})$은 다음과 같다.
은 : 1.62, 구리 : 1.69, 금 : 2.4, 니켈 : 6.9, 철 : 10, 백금 : 10.5, 수은 : 95, 니크롬 : 110

23

전지의 기전력이나 열전대의 기전력을 정밀하게 측정하기 위하여 사용하는 것은? [52회 12.7.]

① 켈빈 더블 브리지
② 캠벨 브리지
③ 직류 전위차계
④ 메거

해설
- 전위차계 : 표준으로 사용할 전지의 기전력을 측정할 때 전류를 흘리면 성극작용으로 단자전압이 변하여 정밀측정이 되지 않으므로 전위차계를 사용하여 영위법으로 전압을 측정한다.
- 캠벨 브리지 : 상호 인덕턴스(M), 가청주파수 측정에 이용된다.
- 켈빈 더블 브리지 : 저저항 측정에 이용된다.

24 그림과 같은 회로에서 단자 a, b에서 본 합성저항[Ω]은? [51회 12.4.]

① $\dfrac{1}{2}R$

② $\dfrac{1}{3}R$

③ $\dfrac{3}{2}R$

④ $2R$

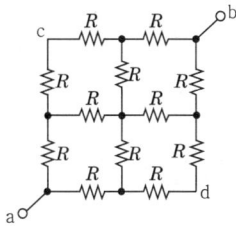

해설 회로가 복잡해 보이나 각각 병렬로 연결된 회로이며,

$$V_{ab} = \dfrac{1}{2}IR + \dfrac{1}{4}IR + \dfrac{1}{4}IR + \dfrac{1}{2}IR$$
$$= R\left(\dfrac{1}{2} + \dfrac{1}{4} + \dfrac{1}{4} + \dfrac{1}{2}\right)I$$

∴ 전체저항(R_{ab}) = $\dfrac{V_{ab}}{I} = \dfrac{3}{2}R$ [Ω]

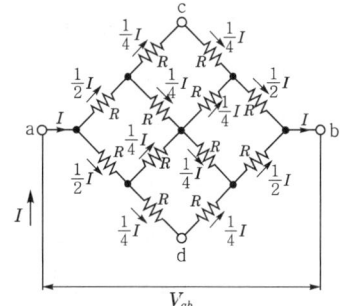

25 그림과 같은 회로에서 단자 a, b에서 본 합성저항[Ω]은? (단, $R=3$[Ω]이다.) [53회 13.4.], [62회 17.7.]

① 1.0[Ω]

② 1.5[Ω]

③ 3.0[Ω]

④ 4.5[Ω]

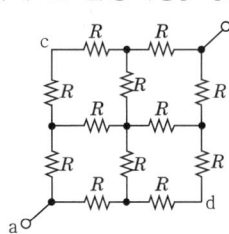

해설 전체저항(R_{ab}) = $\dfrac{3}{2}R$을 이용하면

$R_{ab} = \dfrac{3}{2} \times 3 = 4.5$ [Ω]

정답 24 ③ 25 ④

26
DC 12[V]의 전압을 측정하려고 10[V]용 전압계 Ⓐ와 Ⓑ 두 개를 직렬로 연결하였다. 이때 전압계 Ⓐ의 지시값은? (단, 전압계 Ⓐ의 내부저항은 8[kΩ]이고, Ⓑ의 내부저항은 4[kΩ]이다.) [49회 11.4.]

① 4[V]
② 6[V]
③ 8[V]
④ 10[V]

해설

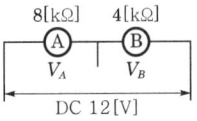

$V_A = \dfrac{8}{8+4} \times 12 = 8[\text{V}]$, $V_B = \dfrac{4}{8+4} \times 12 = 4[\text{V}]$ 지시값을 나타낸다.

∴ 전압계 Ⓐ의 지시값은 8이다.

27
전기회로에 100[V]라는 표시가 있다. 여기서 100[V]는 무엇을 나타내는가? [46회 09.7, 70회 21.7.]

① 최대값
② 실효값
③ 평균값
④ 파고율

해설
- 실효값 = $\dfrac{최대값}{\sqrt{2}}$
- 평균값 = $\dfrac{2}{\pi}$ 최대값
- 파고율 = $\dfrac{최대값}{실효값}$
- 파형률 = $\dfrac{실효값}{평균값}$

28
어떤 정현파 전압의 평균값이 191[V]이면 최대값은 약 몇 [V]인가? [45회 09.3.]

① 240
② 270
③ 300
④ 330

해설 평균값 = $\dfrac{2}{\pi} \times$ 최대값에서

최대값 = $\dfrac{\pi}{2} \times$ 평균값 = $\dfrac{3.14}{2} \times 191 ≒ 300[\text{V}]$

29
어떤 교류전압의 실효값이 314[V]일 때 평균값은 약 몇 [V]인가? [43회 08.3.]

① 122
② 141
③ 253
④ 283

정답 26 ③ 27 ② 28 ③ 29 ④

해설 실효값 $=\dfrac{최대값}{\sqrt{2}}$

평균값 $=\dfrac{2}{\pi}$ 최대값 $=\dfrac{2}{\pi}(\sqrt{2}\times$실효값$)$

$\quad\quad =\dfrac{2}{3.14}\times\sqrt{2}\times 314 \doteqdot 283[\text{V}]$

30. 어떤 정현파 전압의 평균값이 200[V]이면 최대값은 약 몇 [V]인가?
[44회 08.7.], [62회 17.7.]

① 282
② 314
③ 346
④ 487

해설 평균값 $=\dfrac{2}{\pi}$ 최대값에서

최대값 $=\dfrac{\pi}{2}\times$평균값

$\quad\quad =\dfrac{3.14}{2}\times 200 \doteqdot 314[\text{V}]$

31. 정현파에서 파고율이란?
[51회 12.4.]

① $\dfrac{최대값}{실효값}$

② $\dfrac{평균값}{실효값}$

③ $\dfrac{실효값}{평균값}$

④ $\dfrac{최대값}{평균값}$

해설
- 파형률 $=\dfrac{실효값}{평균값}$
- 파고율 $=\dfrac{최대값}{실효값}$
- 정현파의 파고율 $=\dfrac{최대값}{실효값}=\dfrac{V_m}{\dfrac{V_m}{\sqrt{2}}}=\sqrt{2}$ (여기서, V_m : 최대값을 의미)

정답 30 ② 31 ①

32. 정현파 교류의 실효값을 계산하는 식은? (단, T는 주기이다.) [41회 07.4.], [50회 11.7.]

① $I = \dfrac{1}{T}\int_0^T i^2 dt$
② $I = \sqrt{\dfrac{2}{T}\int_0^T i\, dt}$
③ $I = \sqrt{\dfrac{1}{T}\int_0^T i^2 dt}$
④ $I = \sqrt{\dfrac{2}{T}\int_0^T i^2 dt}$

해설 교류(정현파)의 실효값은 순시값 제곱의 1주기 평균의 평방근으로 표시한다.

$$\therefore I = \sqrt{i^2 \text{의 1주기 간의 평균}} = \sqrt{\dfrac{1}{T}\int_0^T i^2 dt}$$

33. 파형률과 파고율이 같고 그 값이 1인 파형은? [49회 11.4.], [70회 21.7.]

① 사인파
② 구형파
③ 삼각파
④ 고조파

해설 파형률과 파고율이 모두 '1'인 파형은 구형파이다.

종 류	평균값	실효값(여기서, V_m: 최대값 의미)
정현파, 전파	$\dfrac{2}{\pi}V_m$	$\dfrac{V_m}{\sqrt{2}}$
반파	$\dfrac{1}{\pi}V_m$	$\dfrac{V_m}{2}$
맥류파	$\dfrac{1}{2}V_m$	$\dfrac{V_m}{\sqrt{2}}$
구형파	V_m	V_m
삼각파, 톱니파	$\dfrac{1}{2}V_m$	$\dfrac{V_m}{\sqrt{3}}$

34. 전류 순시값 $i = 30\sin\omega t + 40\sin(3\omega t + 60°)$[A]의 실효값은? [47회 10.3.]

① 약 35.4[A]
② 약 42.4[A]
③ 약 56.6[A]
④ 약 70.7[A]

해설 비정현파 실효값

$$I = \sqrt{I_1^2 + I_2^2 + I_3^2 + \cdots} = \sqrt{\left(\dfrac{I_{m1}}{\sqrt{2}}\right)^2 + \left(\dfrac{I_{m2}}{\sqrt{2}}\right)^2 + \left(\dfrac{I_{m3}}{\sqrt{2}}\right)^2 + \cdots}$$

$$= \sqrt{\left(\dfrac{30}{\sqrt{2}}\right)^2 + \left(\dfrac{40}{\sqrt{2}}\right)^2} = 35.35 ≒ 35.4\text{[A]}$$

정답 32 ③ 33 ② 34 ①

35

전류 순시값 $i = 30\sin\omega t + 40\sin(3\omega t + 60°)$[A]의 실효값은 약 몇 [A]인가? [43회 08.3.]

① $25\sqrt{2}$ ② $30\sqrt{2}$
③ $40\sqrt{2}$ ④ $50\sqrt{2}$

해설 비정현파 실효값

$$I = \sqrt{\left(\frac{30}{\sqrt{2}}\right)^2 + \left(\frac{40}{\sqrt{2}}\right)^2} = \sqrt{\frac{2,500}{2}}$$
$$= \frac{50}{\sqrt{2}} = 25\sqrt{2}$$

36

어떤 회로소자에 $e = 250\sin 377t$[V]의 전압을 인가하였더니 전류 $i = 50\sin 377t$[A]가 흘렀다. 이 회로의 소자는? [49회 11.4.], [69회 21.2.]

① 용량 리액턴스   ② 유도 리액턴스
③ 순저항   ④ 다이오드

해설 R만의 회로

전류 $i = \dfrac{V_m}{R}\sin\omega t = I_m\sin\omega t$[A]

저항(R)만의 회로에서는 서로 동위상이 된다.

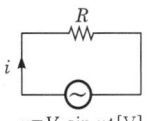

37

어떤 교류회로에 전압을 가하니 90°만큼 위상이 앞선 전류가 흘렀다. 이 회로는? [54회 13.7.]

① 유도성   ② 무유도성
③ 용량성   ④ 저항성분

해설 커패시턴스(C)만의 회로

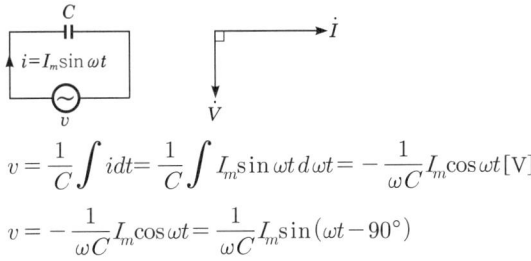

$v = \dfrac{1}{C}\int i\,dt = \dfrac{1}{C}\int I_m\sin\omega t\,d\omega t = -\dfrac{1}{\omega C}I_m\cos\omega t$[V]

$v = -\dfrac{1}{\omega C}I_m\cos\omega t = \dfrac{1}{\omega C}I_m\sin(\omega t - 90°)$

∴ 전류는 전압보다 90° 빠르다. (여기서, L만의 회로에서는 전류는 전압보다 90° 느리다.)

정답 35 ① 36 ③ 37 ③

38 커패시턴스에서 전압과 전류의 변화에 대한 설명으로 옳은 것은? [43회 08.3.]
① 전압은 급격히 변화하지 않는다.
② 전류는 급격히 변화하지 않는다.
③ 전압과 전류 모두가 급격히 변화한다.
④ 전압과 전류 모두가 급격히 변화하지 않는다.

해설 • 커패시턴스(C)에서의 전류 i_C

$i_C = C\dfrac{dv}{dt}$ 이므로 v는 급격히 변할 수 없다.

• 인덕턴스(L)에서의 전압 v_L

$v_L = L\dfrac{di}{dt}$ 이므로 i는 급격히 변할 수 없다.

39 0.1[H]인 코일의 리액턴스가 377[Ω]일 때 주파수는 약 몇 [Hz]인가? [43회 08.3.]
① 60   ② 120
③ 360   ④ 600

해설 $R-L-C$를 임피던스로 표시하면

$Z = R + j\omega L + \dfrac{1}{j\omega C} = R + j\omega L - j\dfrac{1}{\omega C} = R + jX_L - jX_C$

X_L(유도성 리액턴스) $= \omega L = 2\pi f L\,[\Omega]$

X_C(용량성 리액턴스) $= \dfrac{1}{\omega C} = \dfrac{1}{2\pi f C}\,[\Omega]$

$\therefore\ 377 = 2\pi f \times 0.1$ 이 되며 $f = \dfrac{377}{2\pi \times 0.1} \fallingdotseq 600\,[\text{Hz}]$

40 1[H]인 코일의 리액턴스가 377[Ω]일 때 주파수는? [47회 10.3.]
① 약 60[Hz]   ② 약 120[Hz]
③ 약 360[Hz]   ④ 약 600[Hz]

해설 $X_L = \omega L = 2\pi f L$

$\therefore\ f = \dfrac{X_L}{2\pi L} = \dfrac{377}{2\pi \times 1} \fallingdotseq 60\,[\text{Hz}]$

정답 38 ①   39 ④   40 ①

41. 다음 설명 중 옳은 것은? [46회 09.7.], [53회 13.4.]

① 인덕턴스를 직렬 연결하면 리액턴스가 커진다.
② 저항을 병렬 연결하면 합성저항은 커진다.
③ 콘덴서를 직렬 연결하면 용량이 커진다.
④ 유도 리액턴스는 주파수에 반비례한다.

해설
- 저항은 직렬로 연결할수록 합성저항값은 커진다.
- 저항은 병렬로 연결할수록 합성저항값은 작아진다.
- 인덕턴스(L)는 직렬로 연결할수록 합성 L값이 커지므로 유도 리액턴스(X_L)값도 커진다.
- 커패시턴스(C)는 직렬로 연결할수록 합성 C값은 작아진다.
- 유도 리액턴스(X_L)는 ($X_L = \omega L = 2\pi f L$) 주파수($f$)에 비례한다.

42. 인덕터의 특징을 요약한 것 중 잘못된 것은? [51회 12.4.]

① 인덕터는 에너지를 축적하지만 소모하지는 않는다.
② 인덕터의 전류가 불연속적으로 급격히 변화하면 전압이 무한대가 되어야 하므로 인덕터 전류가 불연속적으로는 변할 수 없다.
③ 일정한 전류가 흐를 때 전압은 무한대이지만 일정량의 에너지가 축적된다.
④ 인덕터는 직류에 대해서 단락회로로 작용한다.

해설 L양단 전압(V_L)은 $V_L = L\dfrac{di}{dt}$에서 전류가 일정하면 $di = 0$이므로 $V_L = 0$이 된다
따라서 직류에 대해 L은 단락이 된다.

43. 53[mH]의 코일에 $10\sqrt{2}\sin 377t$[A]의 전류를 흘리려면 인가해야 할 전압은? [49회 11.4.]

① 약 60[V]
② 약 200[V]
③ 약 530[V]
④ 약 $530\sqrt{2}$[V]

해설 $i = I_m \sin \omega t = 10\sqrt{2}\sin 377t$[A]에서

$\omega = 377$, $I(실효값) = \dfrac{10\sqrt{2}}{\sqrt{2}} = 10$

$\therefore V = I \cdot X_L = I \cdot \omega L = 10 \times 377 \times 53 \times 10^{-3} = 199.81 ≒ 200$[V]

정답 41 ① 42 ③ 43 ②

44

314[H]의 자기 인덕턴스에 220[V], 60[Hz]의 교류전압을 가하였을 때 흐르는 전류는 몇 [A]인가?

[47회 10.3.], [54회 13.7.]

① 약 1.9×10^{-3}[A]
② 약 1.9[A]
③ 약 11.7×10^{-3}[A]
④ 약 11.7[A]

해설 $I = \dfrac{V}{X_L} = \dfrac{V}{\omega L} = \dfrac{V}{2\pi f L} = \dfrac{220}{2\pi \times 60 \times 314} = 1.858 \times 10^{-3} \fallingdotseq 1.9 \times 10^{-3}$[A]

45

저항 10[Ω], 유도 리액턴스 10[Ω]인 직렬회로에 교류전압을 인가할 때 전압과 이 회로에 흐르는 전류와의 위상차는 몇 도인가?

[53회 13.4.]

① 60°
② 45°
③ 30°
④ 0°

해설 $R-L$ 직렬회로에서

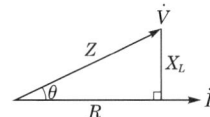

전압 $\dot{V}$는 전류 $\dot{I}$보다 θ만큼 앞서며,

위상차 $\theta = \tan^{-1}\dfrac{V_L}{V_R} = \tan^{-1}\dfrac{\omega L}{R} = \tan^{-1}\dfrac{10}{10} = 45°$

46

그림과 같은 회로의 합성 임피던스는 몇 [Ω]인가?

[52회 12.7.]

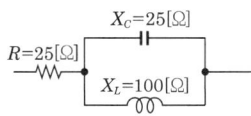

① $25 + j20$
② $25 - j20$
③ $25 + j\dfrac{100}{3}$
④ $25 - j\dfrac{100}{3}$

해설 전체 임피던스$(Z) = R + \dfrac{jX_L(-jX_C)}{jX_L - jX_C}$

$= 25 + \dfrac{j100(-j25)}{j100 - j25} = 25 + \dfrac{2,500}{j75}$ (∵ $j^2 = -1$이므로)

∴ $Z = 25 - j\dfrac{100}{3}$

정답 44 ① 45 ② 46 ④

47 $R=10[\Omega]$, $X_L=8[\Omega]$, $X_C=20[\Omega]$이 병렬로 접속된 회로에서 80[V]의 교류전압을 가하면 전원에 흐르는 전류는 몇 [A]인가? [51회 12.4.], [70회 21.7.]

① 5[A] ② 10[A]
③ 15[A] ④ 20[A]

해설 • $R-L-C$ 직렬회로의 전류(I)는 $I = \dfrac{V}{Z} = \dfrac{V}{\sqrt{R^2+(X_L-X_C)^2}}$

• $R-L-C$ 병렬회로의 전류(I)는 $\dot{I} = \dot{I}_R + \dot{I}_L + \dot{I}_C = \dfrac{V}{R} + \dfrac{V}{jX_L} - \dfrac{V}{jX_C}$
$= I_R - jI_L + jI_C = I_R + j(I_C - I_L)$

$\therefore I = \sqrt{I_R^2 + (I_C - I_L)^2} = \sqrt{\left(\dfrac{80}{10}\right)^2 + \left(\dfrac{80}{20} - \dfrac{80}{8}\right)^2} = \sqrt{8^2 + 6^2} = 10[A]$

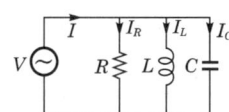

48 자기 인덕턴스가 L_1, L_2, 상호 인덕턴스가 M인 두 회로의 결합계수가 1인 경우 L_1, L_2, M의 관계는? [44회 08.7.], [50회 11.7.]

① $L_1 L_2 = M$ ② $L_1 L_2 < M^2$
③ $L_1 L_2 > M^2$ ④ $L_1 L_2 = M^2$

해설 $K = \dfrac{M}{\sqrt{L_1 L_2}} \left(= \sqrt{\dfrac{\phi_{12}}{\phi_1} \cdot \dfrac{\phi_{21}}{\phi_2}}\right)$

그러므로 결합계수 1이면, $M = \sqrt{L_1 L_2}$ 이므로 $M^2 = L_1 L_2$ 이다.

49 같은 철심 위에 동일한 권수로 자체 인덕턴스 $L[H]$의 코일 두 개를 접근해서 감고 이것을 같은 방향으로 직렬연결할 때 합성 인덕턴스[H]는? (단, 두 코일의 결합계수는 0.5이다.) [49회 11.4.]

① L ② $2L$
③ $3L$ ④ $4L$

정답 47 ② 48 ④ 49 ③

PART 1 전기이론

해설
- 코일을 같은 방향으로 연결하였으므로 이것을 가동접속이라 한다.
- 합성 인덕턴스$(L') = L_1 + L_2 + 2M$이며,

$K = \dfrac{M}{\sqrt{L_1 L_2}} = \dfrac{M}{\sqrt{L^2}}$ ∴ $M = KL = \dfrac{1}{2}L$이므로

$L' = 2L + 2\dfrac{1}{2}L = 3L[\text{H}]$

50 동일한 보빈 위에 동일한 인덕턴스 $L[\text{H}]$인 두 코일을 반대방향으로 직렬로 연결할 때 합성 인덕턴스는 몇 [H]인가? [42회 07.7.]

① 0
② L
③ $2L$
④ $4L$

해설 반대방향으로 두 코일을 연결하였다는 의미는 차동접속을 나타낸다.

$K = \dfrac{M}{\sqrt{L_1 L_2}} = \dfrac{M}{\sqrt{L^2}} = \dfrac{M}{L}$이므로 $M = KL = L$ (∵ $L_1 = L_2 = L$, $K = 1$ 의미한다.)

∴ 합성 인덕턴스$(L') = L_1 + L_2 - 2M = 2L - 2L = 0$

51 그림에서 1차 코일의 자기 인덕턴스 L_1, 2차 코일의 자기 인덕턴스 L_2, 상호 인덕턴스를 M이라 할 때 L_A의 값으로 옳은 것은? [51회 12.4.]

① $L_1 + L_2 + 2M$
② $L_1 - L_2 + 2M$
③ $L_1 + L_2 - 2M$
④ $L_1 - L_2 - 2M$

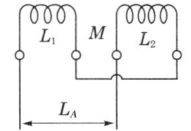

해설 차동접속을 의미하므로 $L = L_1 + L_2 - 2M$이 된다.

52 $R = 10[\Omega]$, $L = 10[\text{mH}]$, $C = 1[\mu\text{F}]$인 직렬회로에 100[V] 전압을 가했을 때 공진의 첨예도 Q는 얼마인가? [43회 08.3.]

① 1
② 10
③ 100
④ 1,000

정답 50 ① 51 ③ 52 ②

해설 • 직렬공진회로의 선택도(첨예도)

$$Q = \frac{\omega L}{R} = \frac{1}{\omega CR} = \frac{1}{R}\sqrt{\frac{L}{C}}$$

• 병렬공진회로의 선택도(첨예도)

$$Q = \frac{R}{\omega L} = \omega CR = R\sqrt{\frac{C}{L}}$$

$$\therefore Q = \frac{1}{R}\sqrt{\frac{L}{C}} = \frac{1}{10}\sqrt{\frac{10\times10^{-3}}{1\times10^{-6}}} = 10$$

53 $R=5[\Omega]$, $L=20[mH]$ 및 가변 콘덴서 C로 구성된 $R-L-C$ 직렬회로에 주파수 1,000[Hz]인 교류를 가한 다음 C를 가변시켜 직렬공진시킬 때 C의 값은 약 몇 $[\mu F]$인가?　　　　　　　　　　　　　　　　　　　　　　　　　　　　　　　　　　[44회 08.7.]

① 1.27　　　　　　　　② 2.54
③ 3.52　　　　　　　　④ 4.99

해설 $R-L-C$ 회로의 직렬공진 조건은

$\omega L - \dfrac{1}{\omega C} = 0$에서 $\omega^2 LC = 1$이므로

$$C = \frac{1}{\omega^2 L} = \frac{1}{(2\pi f)^2 L} = \frac{1}{4\pi^2 \times 1,000^2 \times 20 \times 10^{-3}} \fallingdotseq 1.27[\mu F]$$

54 어떤 $R-L-C$ 병렬회로가 병렬공진되었을 때 합성전류에 대한 설명으로 옳은 것은?
　　　　　　　　　　　　　　　　　　　　　　　　　　　　　　　　　　[42회 07.7.], [51회 12.4.]

① 전류는 무한대가 된다.　　　　② 전류는 최대가 된다.
③ 전류는 흐르지 않는다.　　　　④ 전류는 최소가 된다.

해설 공진의 의미는 전압과 전류는 동위상이며 다음과 같다.

• 직렬공진 : $I=$최대, $Z=$최소

$$Q = \frac{f_o}{B} = \frac{\omega L}{R} = \frac{1}{\omega CR} = \frac{1}{R}\sqrt{\frac{L}{C}}\left(=\frac{V_L}{V}=\frac{V_C}{V}\right), \text{ 전압 확대비}$$

• 병렬공진 : $I=$최소, $Z=$최대

$$Q = \frac{f_o}{B} = \frac{R}{\omega L} = \omega CR = R\sqrt{\frac{C}{L}}\left(=\frac{I_L}{I}=\frac{I_C}{I}\right), \text{ 전류 확대비}$$

정답 53 ①　54 ④

55

그림과 같은 $R-L-C$ 병렬공진회로에 관한 설명 중 옳지 않은 것은? [54회 13.7.]

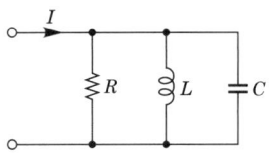

① 공진시 입력 어드미턴스는 매우 작아진다.
② 공진시 L 또는 C에 흐르는 전류는 입력전류 크기의 Q배가 된다.
③ 공진주파수 이하에서의 입력전류는 전압보다 위상이 뒤진다.
④ L이 작을수록 전류 확대비가 작아진다.

해설 병렬공진

- I=최소, 임피던스 Z=최대($Y=\dfrac{1}{Z}$이므로 어드미턴스 Y는 최소가 된다.)
- 선택도=첨예도=전류 확대비=$\dfrac{R}{\omega L}=\omega CR$에서 L이 작을수록 확대비는 커진다.

56

그림과 같은 $R-L-C$ 병렬공진회로에 관한 설명 중 옳지 않은 것은? [45회 09.3.]

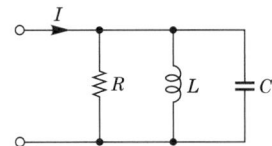

① R이 작을수록 Q가 높다.
② 공진시 L 또는 C에 흐르는 전류는 입력전류 크기의 Q배가 된다.
③ 공진주파수 이하에서의 입력전류는 전압보다 위상이 뒤진다.
④ 공진시 입력 어드미턴스는 매우 작아진다.

해설
- $Q=\dfrac{R}{\omega L}=\omega CR=R\sqrt{\dfrac{C}{L}}$ 이므로 R이 작을수록 Q는 작아진다.
- 병렬공진시 어드미턴스 $Y=\dfrac{CR}{L}$ [℧]이 된다.

57

100[V]의 단상 전동기를 입력 200[W], 역률 95[%]로 운전하고 있을 때의 전류는 몇 [A]인가? [50회 11.7.]

① 1
② 2.1
③ 3.5
④ 4

정답 55 ④ 56 ① 57 ②

해설 유효전력$(P) = VI\cos\theta$[W]이므로

$$I = \frac{P}{V \cdot \cos\theta} = \frac{200}{100 \times 0.95} = 2.105 ≒ 2.1$$

58 ★★

그림과 같은 회로에서 소비되는 전력은? [48회 10.7.], [53회 13.4.], [70회 21.7.]

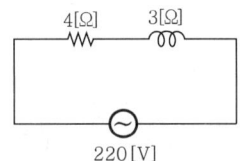

① 5,808[W] ② 7,744[W]
③ 9,680[W] ④ 12,100[W]

해설
- 유효전력$(P) = I^2 \cdot R = \left(\frac{V}{Z}\right)^2 \cdot R = \left(\frac{220}{\sqrt{4^2+3^2}}\right)^2 \cdot 4$

  $= 7,744$[W]

- 무효전력$(P_r) = I^2 \cdot X = \left(\frac{V}{Z}\right)^2 \cdot X = \left(\frac{220}{\sqrt{4^2+3^2}}\right)^2 \cdot 3$

  $= 5,808$[Var]

- 피상전력$(P_a) = I^2 \cdot Z = \left(\frac{V}{Z}\right)^2 \cdot Z = \left(\frac{220}{\sqrt{4^2+3^2}}\right)^2 \cdot 5$

  $= 9,680$[VA]

또한, 소비전력, 평균전력은 유효전력과 같다.

59 ★

$R = 40$[Ω], $L = 80$[mH]의 코일이 있다. 이 코일에 100[V], 60[Hz]의 전압을 가할 때에 소비되는 전력은 몇 [W]인가? [50회 11.7.]

① 100 ② 120
③ 160 ④ 200

해설 $R - L$ 회로
- $Z = \sqrt{R^2 + X_L^2} = \sqrt{R^2 + (2\pi fL)^2} = \sqrt{40^2 + (2 \times 3.14 \times 60 \times 80 \times 10^{-3})^2} ≒ 50$[Ω]
- $I = \frac{V}{Z} = \frac{100}{50} = 2$[A]

∴ 소비전력$(P) = I^2 \cdot R = 2^2 \times 40 = 160$[W]

정답 58 ② 59 ③

60

어떤 회로에 $V = 100 \underline{/\frac{\pi}{3}}$ [V]의 전압을 가하니 $I = 10\sqrt{3} + j10$ [A]의 전류가 흘렀다. 이 회로의 무효전력[Var]은?

[52회 12.7.]

① 0
② 1,000
③ 1,732
④ 2,000

해설 복소전력(S)을 표시하면

$S = \overline{V} \cdot I = P - jP_r$ (여기서, P : 유효전력, P_r : 무효전력)

$$\begin{cases} V = 100\underline{/\frac{\pi}{3}} = 100\left(\cos\frac{\pi}{3} + j\sin\frac{\pi}{3}\right) = 100\left(\frac{1}{2} + j\frac{\sqrt{3}}{2}\right) \\ I = 10\sqrt{3} + j10 \end{cases}$$

∴ $S(=P_a) = 100\left(\frac{1}{2} - j\frac{\sqrt{3}}{2}\right)(10\sqrt{3} + j10) = 1,731 - j1,000 = P - jP_r$ 이므로

유효전력(P) = 1,731[W]
무효전력(P_r) = 1,000[Var]

61

$R - L$ 병렬회로의 양단에 $e = E_m \sin(\omega t + \theta)$[V]의 전압이 가해졌을 때 소비되는 유효전력은?

[54회 13.7.]

① $\dfrac{E_m^{\ 2}}{2R}$
② $\dfrac{E^2}{2R}$
③ $\dfrac{E_m^{\ 2}}{\sqrt{2}\,R}$
④ $\dfrac{E^2}{\sqrt{2}\,R}$

해설 병렬회로에서

- 유효전력(P) = $\dfrac{V^2}{R}$[W]
- 무효전력(P_r) = $\dfrac{V^2}{X}$[W]
- 피상전력(P_a) = $\dfrac{V^2}{Z}$[W]

∴ $P = \dfrac{V^2}{R} = \dfrac{\left(\dfrac{E_m}{\sqrt{2}}\right)^2}{R} = \dfrac{E_m^{\ 2}}{2R}$[W]

정답 60 ② 61 ①

62

자기 인덕턴스 50[mH]인 코일에 흐르는 전류가 0.01초 사이에 5[A]에서 3[A]로 감소하였다. 이 코일에 유기되는 기전력[V]은?

[54회 13.7.]

① 10[V] ② 15[V]
③ 20[V] ④ 25[V]

해설 패러데이 법칙(Faraday's law)에 의해서

$$V_L = L\frac{di}{dt} = 50 \times 10^{-3} \cdot \frac{5-3}{0.01} = 10[\text{V}]$$

63

2개의 전력계를 사용하여 평형부하의 3상회로의 역률을 측정하고자 한다. 전력계의 지시가 각각 1[kW] 및 3[kW]라 할 때 이 회로의 역률은 약 몇 [%]인가?

[53회 13.4.], [62회 17.7.]

① 58.8 ② 63.3
③ 75.6 ④ 86.6

해설 **2전력계법**
- 유효전력$(P) = P_1 + P_2$[W]$(P_1, P_2$: 전력계 지시값)
- 무효전력$(P_r) = \sqrt{3}(P_1 - P_2)$[Var]
- 피상전력$(P_a) = 2\sqrt{P_1^2 + P_2^2 - P_1 P_2}$[VA]
- 역률$(\cos\theta) = \dfrac{P}{P_a} = \dfrac{P_1 + P_2}{2\sqrt{P_1^2 + P_2^2 - P_1 P_2}} = \dfrac{1+3}{2\sqrt{1^2 + 3^2 - 1 \times 3}}$
  $\fallingdotseq 0.7559$

∴ $\cos\theta \fallingdotseq 75.6[\%]$

64

2개의 전력계를 사용하여 평형부하의 3상회로의 역률을 측정하고자 한다. 전력계의 지시가 각각 1[kW] 및 2[kW]라 할 때 이 회로의 역률은 약 몇 [%]인가?

[43회 08.3.]

① 58.8 ② 63.3
③ 74.4 ④ 86.6

해설 역률$(\cos\theta)$을 구하면

$$\cos\theta = \frac{P_1 + P_2}{2\sqrt{P_1^2 + P_2^2 - P_1 P_2}} = \frac{1+2}{2\sqrt{1^2 + 2^2 - 1 \times 2}} \fallingdotseq 0.866$$

∴ $\cos\theta \fallingdotseq 86.6[\%]$

정답 62 ① 63 ③ 64 ④

65

100[V] 전원에 30[W]의 선풍기를 접속하였더니 0.5[A]의 전류가 흘렀다. 이 선풍기의 역률은 얼마인가? [42회 07.7.]

① 0.6
② 0.7
③ 0.8
④ 0.9

해설 역률은 $P = VI\cos\theta$ 에서

$$\cos\theta = \frac{P}{VI}\left(=\frac{P}{P_a}\right) = \frac{30}{100 \times 0.5} = 0.6$$

66

각 상의 임피던스가 $Z = 6 + j8[\Omega]$인 평형 Y결선부하에 선간전압 220[V]의 대칭 3상전압을 인가하였을 때 흐르는 선전류는 약 몇 [A]인가? [45회 09.3.]

① 8.7
② 10.5
③ 12.7
④ 17.5

해설 Y결선부하에서

- $I_l = I_P$, $Z = \dfrac{V_P}{I_P}$

  (V_l : 선간전압, I_l : 선간전류, V_P : 상전압, I_P : 상전류)

- $V_l = \sqrt{3}\, V_P$

$\therefore\; I_l(= I_P) = \dfrac{V_P}{Z} = \dfrac{\frac{220}{\sqrt{3}}}{\sqrt{6^2 + 8^2}} = 12.716 \fallingdotseq 12.7$

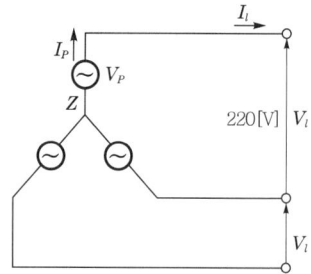

67

그림과 같은 회로에서 대칭 3상전압(선간전압) 173[V]를 $Z = 12 + j16[\Omega]$인 성형결선 부하에 인가하였다. 이 경우의 선전류는 몇 [A]인가? [52회 12.7.]

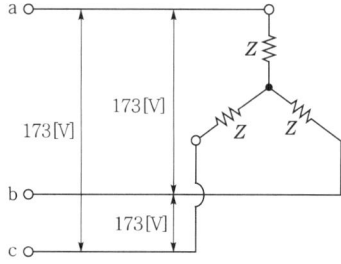

① 5.0[A]
② 8.3[A]
③ 10.0[A]
④ 15.0[A]

정답 65 ① 66 ③ 67 ①

해설

$$I_l(=I_P) = \frac{V_P}{Z} = \frac{\frac{V_l}{\sqrt{3}}}{Z} = \frac{\frac{173}{\sqrt{3}}}{\sqrt{12^2+16^2}} \fallingdotseq 5[A]$$

68 $R[\Omega]$인 3개의 저항을 같은 전원에 △결선으로 접속시킬 때와 Y결선으로 접속시킬 때 선전류의 크기비 $\left(\dfrac{I_\triangle}{I_Y}\right)$는? [54회 13.7.], [69회 21.2.]

① $\dfrac{1}{3}$ ② $\sqrt{6}$

③ $\sqrt{3}$ ④ 3

해설 △→Y 등가변환(△결선의 임피던스가 서로 같을 때)

$Z_Y = \dfrac{1}{3} Z_\triangle$

$I_Y = \dfrac{1}{3} I_\triangle$

$P_Y = \dfrac{1}{3} P_\triangle$ 이므로 $\dfrac{I_\triangle}{I_Y} = 3$

69 20[kVA] 변압기 3대를 △결선하여 3상전력을 보내던 중 한 대가 고장나서 V결선으로 하였다. 이 경우 3상 최대출력은 약 몇 [kVA]인가? [43회 08.3.]

① 25   ② 35

③ 40   ④ 60

해설 △결선으로 운전 중 1대가 고장이 나서 2대만 가지고 운전하는 것을 V결선이라 한다.

$P_V = \sqrt{3}\, VI\cos\theta = \sqrt{3} \times 20 \times 10^3$
$= 35[kVA]\,(\cos\theta = 1$일 때 최대출력$)$

(이용률은 86.7[%], 출력비는 57.7[%]이다.)

70 정전압 전원장치로 가장 이상적인 조건은? [49회 11.4.]

① 내부저항이 무한대이다.   ② 내부저항이 0이다.

③ 외부저항이 무한대이다.   ④ 외부저항이 0이다.

해설 이상적인 전압원의 내부저항은 '0', 전류원의 내부저항은 '∞'이다.

정답 68 ④   69 ②   70 ②

71

그림과 같은 회로에서 10[Ω]에 흐르는 전류는? [48회 10.7.]

① 0.2[A]
② 0.5[A]
③ 1[A]
④ 1.5[A]

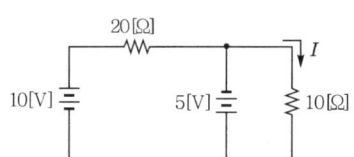

해설 중첩의 정리를 이용해서 해석

• 전압원 10[V] 기준

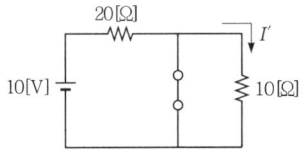

전압원 5[V]가 단락되어 $I'=0$이 된다. (단락된 쪽으로 전류가 모두 흐르므로)

• 전압원 5[V] 기준

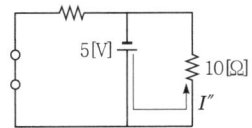

전압원 10[V]가 단락되며, 10[Ω] 양단 전압이 5[V]가 되므로 $I''=\dfrac{5}{10}=0.5[\text{A}]$

∴ $I = I' + I'' = 0.5[\text{A}]$

72

자기 인덕턴스 L[H]의 코일에 I[A]의 전류가 흐를 때 자로에 저축되는 에너지 W는 몇 [J]인가? [41회 07.4.]

① $W = \dfrac{1}{2}LI^2$
② $W = 2LI^2$
③ $W = \dfrac{I}{2L}$
④ $W = \dfrac{2L}{I^2}$

해설
• 코일에 축적되는 에너지(W_L)

$W_L = \dfrac{1}{2}LI^2[\text{J}]$

• 커패시턴스에 축적되는 에너지(W_C)

$W_C = \dfrac{1}{2}CV^2 = \dfrac{1}{2}QV = \dfrac{1}{2}\dfrac{Q^2}{C}[\text{J}]$

정답 71 ② 72 ①

73

인덕턴스 $L=20$[mH]인 코일에 실효값 $V=50$[V], 주파수 $f=60$[Hz]인 정현파 전압을 인가했을 때 코일에 축적되는 평균 자기에너지 W[J]는 약 얼마인가? [45회 09.3.]

① 6.3
② 4.4
③ 0.63
④ 0.44

해설 $W_L = \dfrac{1}{2}LI^2$[J]에서

$$I = \dfrac{V}{X_L} = \dfrac{V}{WL} = \dfrac{V}{2\pi fL} = \dfrac{50}{2\pi \times 60 \times 20 \times 10^{-3}} \fallingdotseq 6.7[A]$$

$$\therefore W_L = \dfrac{1}{2} \times 20 \times 10^{-3} \times 6.7^2 \fallingdotseq 0.44[J]$$

74

10[μF]의 콘덴서를 1[kV]로 충전하면 에너지는 몇 [J]인가? [43회 08.3.]

① 5
② 10
③ 15
④ 20

해설 충전에너지(W_C)

$$W_C = \dfrac{1}{2}CV^2 = \dfrac{1}{2}Q \cdot V = \dfrac{1}{2}\dfrac{Q^2}{C}$$

$$= \dfrac{1}{2} \times 10 \times 10^{-6} \times (1 \times 10^3)^2 = 5[J]$$

75

공기 중에서 어느 일정한 거리를 두고 있는 두 점전하 사이에 작용하는 힘이 16[N]이었는데, 두 전하 사이에 유리를 채웠더니 작용하는 힘이 4[N]으로 감소하였다. 이 유리의 비유전율은? [51회 12.4.]

① 2
② 4
③ 8
④ 12

해설 쿨롱의 법칙(Coulomb's law)

$$F = 9 \times 10^9 \dfrac{Q_1 Q_2}{r^2} = 16[N] \text{ (여기서, 진공, 공기 중일 때)}$$

$$F' = 9 \times 10^9 \dfrac{Q_1 Q_2}{\varepsilon_s r^2} = 4[N] \text{ (여기서, 유전체 중일 때)}$$

$$F' = \dfrac{1}{\varepsilon_s} \cdot F$$

$$\therefore 4 = \dfrac{1}{\varepsilon_s} \cdot 16 \text{이므로 } \varepsilon_s = 4 \text{ (비유전율)}$$

정답 73 ④ 74 ① 75 ②

PART 1 전기이론

76. 공기 중에서 어느 일정한 거리를 두고 있는 두 점전하 사이에 작용하는 힘이 0.5[N]이었고 두 전하 사이에 종이를 채웠더니 작용하는 힘이 0.2[N]으로 감소하였다. 이 종이의 비유전율은 얼마인가? [44회 08.7.]

① 0.1
② 0.4
③ 2.5
④ 5

해설 $0.2 = \dfrac{1}{\varepsilon_s} 0.5$

비유전율 $(\varepsilon_s) = \dfrac{0.5}{0.2} = 2.5$

77. 자속밀도 1[Wb/m²]인 평등자계의 방향과 수직으로 놓인 50[cm]인 도선을 자계와 30°의 방향으로 40[m/s]의 속도로 움직일 때 도선에 유기되는 기전력은 몇 [V]인가? [41회 07.4.]

① 5
② 10
③ 20
④ 40

해설 유도전압 (e)은
$e = Blv\sin\theta = 1 \times 0.5 \times 40 \times \sin 30°$
$= 10[V]$

78. 길이 50[cm]인 직선상의 도체봉을 자속밀도 0.1[Wb/m²]의 평등자계 중에 자계와 수직으로 놓고 이것을 50[m/s]의 속도로 자계와 60°의 각으로 움직였을 때 유도기전력은 몇 [V]가 되는가? [45회 09.3.]

① 1.08
② 1.25
③ 2.17
④ 2.51

해설 유도전압 (e)은
$e = Blv\sin\theta = 0.1 \times 0.5 \times 50 \times \sin 60° ≒ 2.17$

79. 권회수 2회의 코일에 5[Wb]의 자속이 쇄교하고 있을 때, 0.1초 사이에 자속이 0으로 변화하였다면 이때 코일에 유도되는 기전력은 몇 [V]인가? [44회 08.7.]

① 10
② 50
③ 100
④ 500

정답 76 ③ 77 ② 78 ③ 79 ③

해설 패러데이의 전자유도법칙에서 전자유도에 의해 생기는 전압의 크기는 코일을 쇄교하는 자속의 변화율과 권수에 비례한다.

유도기전력$(e) = N\dfrac{\Delta \phi}{\Delta t}$ 이므로

$e = 2 \times \dfrac{5}{0.1} = 100 \text{[V]}$

80 다음 중 전계의 세기를 구하는 법칙은? [45회 09.3.]
① 비오-사바르의 법칙
② 가우스의 법칙
③ 플레밍의 왼손법칙
④ 암페어의 법칙

해설
- 가우스의 법칙(Gauss's law)
  - 내부전하 $Q[C]$에서 임의의 폐곡면을 통하여 밖으로 나가는 전기력선 수
    $N = \dfrac{Q}{\varepsilon_o}$ (진공, 공기 중일 때)
  - 양의 점전하 $+Q[C]$에서 반경 $r[m]$의 전장의 세기(E)
    $E = \dfrac{1}{4\pi\varepsilon} \cdot \dfrac{Q}{r^2} = \dfrac{1}{4\pi\varepsilon_o} \cdot \dfrac{Q}{\varepsilon_s r^2}$
    $= \dfrac{1}{4\pi\varepsilon_o} \cdot \dfrac{Q}{r^2}$ (여기서, 진공 : 공기 중일 때 $\varepsilon_s = 1$이다.)
- 플레밍의 왼손법칙(Fleming's left-handed rule)
  자장 내 도체에 전류가 흐르면 그 전류의 방향에 의해서 자장과 전류 사이에 작용하는 힘(전자력)의 방향을 알 수 있다.

81 콘덴서에 비유전율 ε_r인 유전체가 채워져 있을 때의 정전용량 C와 공기로 채워져 있을 때의 정전용량 C_0와의 비 $\left(\dfrac{C}{C_0}\right)$는? [46회 09.7.]

① ε_r
② $\dfrac{1}{\varepsilon_r}$
③ $\sqrt{\varepsilon_r}$
④ $\dfrac{1}{\sqrt{\varepsilon_r}}$

정답 80 ② 81 ①

해설 $C = \dfrac{\varepsilon \cdot S}{d} = \dfrac{\varepsilon_o \cdot \varepsilon_r S}{d}$ (여기서, S : 단면적, d : 거리, 간격)

$C_o = \dfrac{\varepsilon_o \cdot S}{d}$

$\therefore \dfrac{C}{C_o} = \dfrac{\dfrac{\varepsilon_o \cdot \varepsilon_r S}{d}}{\dfrac{\varepsilon_o \cdot S}{d}} = \varepsilon_r$ (비유전율)

82
동일 규격 콘덴서의 극판 간에 유전체를 넣으면 어떻게 되는가? [50회 11.7.]
① 용량이 증가하고, 극판 간 전계는 감소한다.
② 용량이 증가하고, 극판 간 전계는 증가한다.
③ 용량이 감소하고, 극판 간 전계는 불변이다.
④ 용량이 불변하고, 극판 간 전계는 감소한다.

해설 • $C = \dfrac{\varepsilon \cdot S}{d}$ (C는 ε에 비례)
• 유전체와 전계는 반비례한다.

83
C[F]의 콘덴서에 V[V]의 전압을 가한 결과 Q[C]의 전기량이 충전되었다. 이 콘덴서에 저장된 에너지[J]는 어떻게 표현되는가? [45회 09.3.]
① $2CV$
② $2CV^2$
③ $\dfrac{1}{2}CV$
④ $\dfrac{1}{2}CV^2$

해설 $W = \dfrac{1}{2} Q \cdot V = \dfrac{1}{2} CV^2 = \dfrac{1}{2} \cdot \dfrac{Q^2}{C}$ [J]

84
평행판 콘덴서에 100[V]의 전압이 걸려 있다. 이 전원을 가한 상태로 평행판 간격을 처음의 2배로 증가시키면? [47회 10.3.]
① 용량은 반으로 줄고, 저장되는 에너지는 2배가 된다.
② 용량은 2배가 되고, 저장되는 에너지는 반으로 줄어든다.
③ 용량과 저장되는 에너지는 각각 반으로 줄어든다.
④ 용량과 저장되는 에너지는 각각 2배가 된다.

정답 82 ① 83 ④ 84 ③

해설 평행판 콘덴서

- 정전용량$(C) = \dfrac{\varepsilon \cdot S}{d}$ 이므로 간격(d)을 2배로 하면 $C' = \dfrac{\varepsilon \cdot S}{2d}$ 는 원래 C의 $\dfrac{1}{2}$로 감소한다.
- 정전에너지$(W) = \dfrac{1}{2} C' V^2$ 하면 에너지도 $\dfrac{1}{2}$로 감소한다.

85 그림과 같이 대전된 에보나이트 막대를 박검전기의 금속판에 닿지 않도록 가깝게 가져갔을 때 금박이 열렸다면 다음 중 옳은 것은? (단, A는 원판, B는 박, C는 에보나이트 막대이다.) [52회 12.7.]

① A : 양전기, B : 양전기, C : 음전기
② A : 음전기, B : 음전기, C : 음전기
③ A : 양전기, B : 음전기, C : 음전기
④ A : 양전기, B : 양전기, C : 양전기

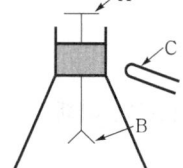

해설 정전유도

　도체　　대전체

도체 내에 있는 전자가 대전체에 접근할 경우 대전체에 가까운 곳에는 대전체와 반대 부호를 가진 전하가, 먼 곳에는 같은 부호를 가진 전하가 발생하는 현상이다.
C와 A는 반대 극성, C와 B는 같은 극성이며, B의 끝부분은 같은 극성이 되어 양쪽으로 벌어진다.

86 전계 중에 단위 점전하를 놓았을 때, 그 단위 점전하에 작용하는 힘을 그 점에 대한 무엇이라고 하는가? [49회 11.4.]

① 전위
② 전위차
③ 전계의 세기
④ 변위전류

해설 전계의 세기는 전하에서 작용하는 힘으로 전계 내의 점에 단위 점전하를 놓았을 때 이 전하에 작용하는 힘의 크기를 나타내며, 전계의 세기 $(E) = 9 \times 10^9 \dfrac{Q}{\varepsilon_s r^2}$ 이다.

87 같은 규격의 축전지 2개를 병렬로 연결하면? [47회 10.3.]

① 전압과 용량이 모두 2배가 된다.
② 전압과 용량이 모두 $\dfrac{1}{2}$배가 된다.
③ 전압은 그대로, 용량은 2배가 된다.
④ 전압은 2배, 용량은 그대로이다.

정답 85 ③　86 ③　87 ③

해설 • 직렬접속
- 합성 정전용량$(C) = \dfrac{1}{\dfrac{1}{C_1}+\dfrac{1}{C_2}} = \dfrac{C_1 \cdot C_2}{C_1 + C_2}$
- 각 콘덴서의 전압비 $V_1 : V_2 = \dfrac{1}{C_1} : \dfrac{1}{C_2}$

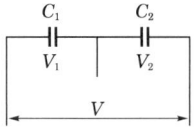

• 병렬접속
- 합성 정전용량$(C) = C_1 + C_2$
- 각 콘덴서의 축적되는 전하량의 비
  $Q_1 : Q_2 = C_1 : C_2$

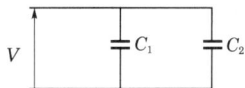

88. 다음 중 전류에 의해 만들어지는 자기장의 자기력선 방향을 간단하게 알아내는 법칙은? [45회 09.3.]

① 앙페르의 오른나사법칙　　② 렌츠의 법칙
③ 플레밍의 왼손법칙　　　　④ 가우스의 법칙

해설 앙페르의 오른나사법칙(Ampere's right-handed screw rule)
도선에 전류가 흐르면 그 주위에 자장이 생기는데 그 방향은 오른나사가 진행하는 방향으로 전류가 흐르면 나사가 회전하는 방향으로 자장이 생기고, 반대로 나사가 회전하는 방향으로 전류가 흐르면 진행방향으로 자장이 생긴다.

89. 공기 중 10[Wb]의 자극에서 나오는 자기력선의 총수는? [53회 13.4.]

① 약 6.885×10^6개　　② 약 7.958×10^6개
③ 약 8.855×10^6개　　④ 약 9.092×10^6개

해설 자기력선 수(N)

$N = \dfrac{m}{\mu} = \dfrac{m}{\mu_0 \mu_s}$ (공기 중에서 $\mu_s = 1$)

$= \dfrac{m}{\mu_0} = \dfrac{10}{4\pi \times 10^{-7}} \fallingdotseq 7.958 \times 10^6$ [개]

90. 히스테리시스 곡선의 횡축과 종축을 나타내는 것은? [42회 07.7.]

① 자속밀도 - 투자율　　② 자장의 세기 - 자속밀도
③ 자계의 세기 - 자화　　④ 자화 - 자속밀도

정답 88 ①　89 ②　90 ②

해설 히스테리시스 곡선

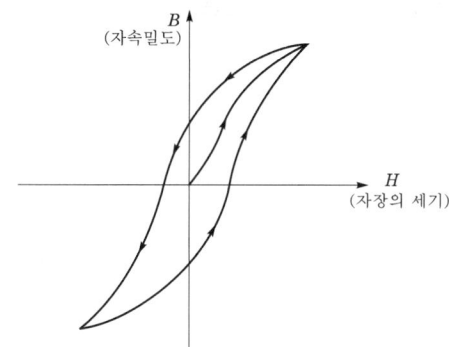

91
강자성체의 히스테리시스 루프의 면적은?   [41회 07.4.], [69회 21.2.]

① 강자성체의 단위체적당 필요한 에너지이다.
② 강자성체의 단위면적당 필요한 에너지이다.
③ 강자성체의 단위길이당 필요한 에너지이다.
④ 강자성체의 전체 체적에 필요한 에너지이다.

해설 히스테리시스 곡선을 일주할 때 그려지는 폐곡선 내의 넓이는 에너지가 자석 속에 저장되지 않고, 열로 소비되는 에너지로 즉, 강자성체의 단위체적당 필요한 에너지를 뜻한다.

92
비투자율 1,500인 자로의 평균 길이 50[cm], 단면적 30[cm²]인 철심에 감긴 권수 425회의 코일에 0.5[A]의 전류가 흐를 때 저축된 전자(電磁)에너지는 몇 [J]인가?

[42회 07.7.], [46회 09.7.]

① 0.25   ② 2.73
③ 4.96   ④ 15.3

해설 전자에너지 $(W) = \dfrac{1}{2}LI^2$ 이므로

- $\mu = \mu_0 \cdot \mu_s = 4\pi \times 10^{-7} \times 1,500 = 1.884 \times 10^{-3}$
- $L = \dfrac{\mu A N^2}{l} = 1.884 \times 10^{-3} \cdot \dfrac{0.3 \times 10^{-4} \times 425^2}{0.5} \doteqdot 2\,[\mathrm{H}]$
- $W = \dfrac{1}{2}LI^2 = \dfrac{1}{2} \times 2 \times 0.5^2 = 0.25\,[\mathrm{J}]$

정답 91 ①   92 ①

PART 1 전기이론

93 평균 자로의 길이가 80[cm]인 환상철심에 500회의 코일을 감고 여기에 4[A]의 전류를 흘렸을 때 자기장의 세기는 몇 [AT/m]인가? [41회 07.4.]

① 2,500
② 3,500
③ 4,000
④ 4,500

해설 • 자속밀도

$$B = \frac{\phi}{A} = \frac{\mu NI}{l}[\text{Wb/m}^2]$$

• 자장의 세기

$$H = \frac{NI}{l} = \frac{500 \times 4}{0.8} = 2,500[\text{AT/m}]$$

94 반지름 25[cm]의 원주형 도선에 π[A]의 전류가 흐를 때 도선의 중심축에서 50[cm] 되는 점의 자계의 세기는? (단, 도선의 길이 l은 매우 길다.) [52회 12.7.], [70회 21.7.]

① 1[AT/m]
② π[AT/m]
③ $\frac{1}{2}\pi$[AT/m]
④ $\frac{1}{4\pi}$[AT/m]

해설 무한장 긴 직선도체에 의한 자장의 세기(H)

$$H = \frac{I}{2\pi r} = \frac{\pi}{2\pi \times 0.5} = 1[\text{AT/m}]$$

(단, r : 거리[m]를 의미)

95 평균 반지름이 1[cm]이고, 권수가 500회인 환상 솔레노이드 내부의 자계가 200[AT/m]가 되도록 하기 위해서는 코일에 흐르는 전류를 약 몇 [A]로 하여야 하는가? [54회 13.7.]

① 0.015
② 0.025
③ 0.035
④ 0.045

해설 환상 솔레노이드에 의한 자장의 세기(H)

$$H = \frac{NI}{2\pi r}[\text{AT/m}]에서 전류 I를 구하면$$

$$I = \frac{2\pi r H}{N} = \frac{2\pi \times 0.01 \times 200}{500} = 0.025[\text{A}]$$

(단, r : 반지름[m]을 의미)

정답 93 ① 94 ① 95 ②

96
무한히 긴 직선도체에 전류 $I[A]$를 흘릴 때 이 전류로부터 $r[m]$ 떨어진 점의 자속밀도는 몇 $[Wb/m^2]$인가? [53회 13.4.]

① $\dfrac{\mu_0 I}{4\pi r}$
② $\dfrac{I}{2\pi \mu_0 r}$
③ $\dfrac{I}{2\pi r}$
④ $\dfrac{\mu_0 I}{2\pi r}$

해설
- 무한히 긴 직선도체의 자장의 세기 $H = \dfrac{I}{2\pi r}$
- 자속밀도 $B = \dfrac{\phi}{A} = \dfrac{\mu NI}{l} = \mu H [Wb/m^2]$

$\therefore B = \mu H = \dfrac{\mu I}{2\pi r}$ 이며, $B = \dfrac{\mu_0 I}{2\pi r}$

(단, $\mu = \mu_0 \cdot \mu_s$이며, 진공 중에서 $\mu_s = 1$, 공기 중에서 $\mu_s \doteqdot 1$)

97
비투자율 $\mu_s = 800$, 단면적 $S = 10[cm^2]$, 평균 자로 길이 $l = 30[cm]$의 환상철심에 $N = 600$회의 권선을 감은 무단 솔레노이드가 있다. 이것에 $I = 1[A]$의 전류를 흘릴 때 솔레노이드 내부의 자속은 약 몇 $[Wb]$인가? [42회 07.7.]

① 1.10×10^{-3}
② 1.10×10^{-4}
③ 2.01×10^{-3}
④ 2.01×10^{-4}

해설 자속밀도 $B = \dfrac{\phi}{S}[Wb/m^2]$에서

(단, ϕ : 자속, S : 단면적$[m^2]$을 의미)

자속 $\phi = B \cdot S = \mu \cdot H \cdot S[Wb]$ $(B = \mu H = \mu_0 \mu_s H)$

$= \mu_0 \mu_s HS \left(H = \dfrac{NI}{l} [AT/m]이며\right)$

$= \mu_0 \cdot \mu_s \dfrac{NI}{l} \cdot S$

$= 4\pi \times 10^{-7} \times 800 \times \dfrac{600 \times 1}{0.3} \times 10 \times 10^{-4}$

$\doteqdot 2.01 \times 10^{-3}[Wb]$

정답 96 ④ 97 ③

98 단면적 $S[m^2]$, 길이 $l[m]$, 투자율 $\mu[H/m]$의 자기회로에 N회 코일을 감고 $I[A]$의 전류를 흘릴 때 발생하는 자속[Wb]을 구하는 식은? [46회 09.7.]

① $\mu l N I S$
② $\dfrac{\mu l S}{NI}$
③ $\dfrac{\mu SNI}{l}$
④ $\dfrac{\mu l SN}{I}$

해설 자속 $\phi = B \cdot S = \mu HS \left(H = \dfrac{NI}{l} \right)$
$= \mu \dfrac{NI}{l} S$

99 단면적이 50[cm²]인 환상철심에 500[AT/m]의 자장을 가할 때 전자속은 몇 [Wb]인가? (단, 진공 중의 투자율은 $4\pi \times 10^{-7}$[H/m]이고, 철심의 비투자율은 800이다.) [41회 07.4.]

① $16\pi \times 10^{-2}$
② $8\pi \times 10^{-4}$
③ $4\pi \times 10^{-4}$
④ $2\pi \times 10^{-2}$

해설 $\phi = \mu HS = \mu_s \mu_0 HS$
$= 4\pi \times 10^{-7} \times 800 \times 500 \times 50 \times 10^{-4}$
$= 8\pi \times 10^{-4}$

100 철심을 자화할 때 발생하는 자기점성의 원인은? [42회 07.7.]
① 자화에 따른 발열
② 지구의 변화에 대한 관성
③ 맴돌이 전류에 의한 자화 방해
④ 전자의 전자운동의 감속

해설 자성체란 자기유도현상에 의해서 자화되는 물질로 강자성체에 약한 자장을 접촉했을 때, 자화가 평균값에 도달 시간이 지연되며, 이것을 자기점성이라 한다. 지구의 변화에 대한 관성이 원인이 된다.

정답 98 ③ 99 ② 100 ②

101. 자기회로에 대한 키르히호프의 법칙을 설명한 것으로 옳은 것은? [47회 10.3.]

① 수개의 자기회로가 1점에서 만날 때는 각 회로의 기자력의 대수합은 '0'이다.
② 자기회로의 결합점에서 각 자로의 자속의 대수합은 '0'이다.
③ 수개의 자기회로가 1점에서 만날 때는 각 회로의 자속과 자기저항을 곱한 것의 대수합은 '0'이다.
④ 하나의 폐자기회로에 대하여 각 분로의 자속과 자기저항을 곱한 것의 대수합은 폐자기회로에 작용하는 기자력의 대수합과는 다르다.

해설
- 선형회로망의 키르히호프 법칙(Kirchhoff's law) : 임의 회로의 접속점의 전류의 대수합은 '0'이다.
- 자기회로에서의 키르히호프 법칙(Kirchhoff's law) : 자기회로의 결합점에서의 자속의 대수합은 '0'이다. ($\sum \phi = 0$ 이다.)

102. 자극의 흡인력 F[N]과 자속밀도 B[Wb/m^2]의 관계로 옳은 것은? (단, $K = \dfrac{S}{2\mu_0}$ 이다.) [53회 13.4.]

① $F = K\dfrac{1}{B^2}$
② $F = K\dfrac{1}{B}$
③ $F = KB^2$
④ $F = KB$

해설 자극 근처에 철판을 가까이 하면 철판을 잡아당기는 흡인력이 작용하며, 자속이 있는 부분의 넓이 S[m^2], 자속밀도 B[Wb/m^2], 자극과 철편 사이의 간격을 X[m]라 할 때 축적되는 에너지(W)는 다음과 같다.

$$W = \frac{1}{2}\frac{B^2}{\mu_0}SX[\text{J}]$$

흡인력 $F = \dfrac{1}{2}\dfrac{B^2}{\mu_0}S = \dfrac{S}{2\mu_0} \cdot B^2 = KB^2$이 된다.

103. 유전체에서 전자분극이 어떤 이유에서 일어나는가? [54회 13.7.]

① 단결정 매질에서 전자운과 핵 간의 상대적인 변위에 의함
② 화합물에서 (+)이온과 (-)이온 간의 상대적인 변위에 의함
③ 화합물에서 전자운과 (+)이온 간의 상대적인 변위에 의함
④ 영구 전기 쌍극자의 전계방향 배열에 의함

해설 **분극현상**
유전체에 외부전계를 가했을 때 (+), (-)의 전기 쌍극자가 형성되는 현상

정답 101 ② 102 ③ 103 ①

《논어(論語)》에서 말하기를, "배움은 미치지 못하는 것같이 하고, 오직 배운 것을 잃을까 두려워하라."고 하였다.

- 명심보감, 제9편 근학(勤學) 중에서 -

디지털 공학

- 제1장 수의 집합 및 코드화
- 제2장 불대수 및 논리회로
- 제3장 플립플롭회로
- 제4장 조합논리회로

CHAPTER 01 수의 집합 및 코드화

Master Craftsman Electricity

01 진법 및 수의 표현

우리가 사용하는 진수는 10진수이지만 여기서는 Computer에서 주로 사용하는 2진수, 8진수, 16진수에 대해서 알아보기로 한다.

1 진 법

(1) 10진수와 2진수

① 10진수(decimal number)

<u>0~9까지의 숫자를 사용하여 모든 수</u>를 표시한다. $10^0, 10^1, 10^2 \cdots$의 무게(weight)를 가지며 10을 10진수의 기수라 한다.

예 10진수 $625 = 6 \times 10^2 + 2 \times 10^1 + 5 \times 10^0$이 된다. 여기서, $10^2, 10^1, 10^0$을 10진수의 무게라 한다.

② 2진수(binary number)

0~1까지의 숫자를 사용하여 모든 숫자를 표시한다. $2^0, 2^1, 2^2 \cdots$의 무게를 가지며, 2를 2진수의 기수라 한다.

(2) 10진수를 2진수로 변환

① 10진수 13을 2진수로 변환

```
2 ) 13
2 )  6 … 1 ↑
2 )  3 … 0
     1 … 1
```

∴ $(13)_{10} = (1101)_2$

② 10진수 0.625를 2진수로 변환

```
  0.625  → 0.25   → 0.5
  ×  2     ×  2      ×  2
 ①.250    ⓪.50    ①.0
   1        0        1
```

∴ $(0.625)_{10} = (0.101)_2$

[10진수]
10진수는 0~9까지의 10개의 숫자를 사용한다.

[50회, 56회, 58회 출제]
10진수 → 2진수로 변환

[66회 출제]
진수 변환

PART 2 디지털 공학

(3) 2진수를 10진수로 변환

① 2진수 10110을 10진수로 변환

$1\ 0\ 1\ 1\ 0_2$
$2^4\ 2^3\ 2^2\ 2^1\ 2^0$

$1 \times 2^4 + 0 \times 2^3 + 1 \times 2^2 + 1 \times 2^1 + 0 \times 2^0 = 22$

∴ $(10110)_2 = (22)_{10}$

② 2진수 0.011를 10진수로 변환

$0.0\ 1\ 1_2$
$2^{-1}\ 2^{-2}\ 2^{-3}$

$0 \times 2^{-1} + 1 \times 2^{-2} + 1 \times 2^{-3} = 0.375$

∴ $(0.011)_2 = (0.375)_{10}$

(4) 10진수와 8진수

8진수는 0~7까지의 숫자를 이용하여 모든 수를 표시한다.

① 10진수를 8진수로 변환

10진수 127를 8진수로 표현하면 다음과 같다.

```
8 ) 127
8 )  15 … 7
      1 … 7
```

∴ $(127)_{10} = (177)_8$

[55회 출제]
10진수 → 8진수 변환

② 8진수를 10진수로 변환

8진수 31을 10진수로 표현하면 다음과 같다.

$3\ 1_8$
$8^1\ 8^0$

$3 \times 8^1 + 1 \times 8^0 = 25$

∴ $(31)_8 = (25)_{10}$

[43회 출제]
10진수 → 16진수로 변환

(5) 10진수와 16진수

16진수는 0~9, A, B, C, D, E, F의 16개의 숫자와 문자를 이용하여 모든 수를 표시한다.

① 10진수를 16진수로 변환

10진수 511을 16진수로 표현하면 다음과 같다.

```
16 ) 511
16 )  31  … F
       1  … F
```

∴ $(511)_{10} = (1FF)_{16}$

② 16진수를 10진수로 변환

16진수 23을 10진수로 표현하면 다음과 같다.

$$2 \quad 3_{16}$$
$$\uparrow \quad \uparrow$$
$$16^1 \; 16^0$$

$2 \times 16^1 + 3 \times 16^0 = 35$

∴ $(23)_{16} = (35)_{10}$

[61회 출제]
16진수 → 10진수로 변환

(6) 8진수를 2진수로 변환

8진수의 1자리 숫자는 3bit의 2진수로 표현하며, 반대로 2진수의 3bit를 묶어서 8진수의 1자리 숫자를 나타낸다.

① 8진수 237을 2진수로 변환

$$2 \quad 3 \quad 7_8$$
$$\downarrow \quad \downarrow \quad \downarrow$$
010 011 111

∴ $(237)_8 = (010011111)_2$

② 2진수 101011111001을 8진수로 변환

/101/011/111/001/$_2$
  5   3   7   1

∴ $(101011111001)_2 = (5371)_8$

[42회, 54회 출제]
2진수 → 8진수로 변환

(7) 16진수를 2진수로 변환

16진수의 1자리 숫자는 4bit의 2진수로 표현하며, 반대로 2진수의 4bit를 묶어서 16진수의 1자리 숫자를 나타낸다.

① 16진수를 2진수로 변환

$$3 \quad B \quad 7_{16}$$
$$\downarrow \quad \downarrow \quad \downarrow$$
0011 1011 0111

∴ $(3B7)_{16} = (001110110111)_2$

[51회, 68회 출제]
16진수 → 2진수로 변환

[57회, 60회 출제]
2진수를 16진수로 변환

② 2진수 100111010011을 16진수로 변환

/1001/1101/0011/₂
　9　　D　　3

∴ $(100111010011)_2 = (9D3)_{16}$

(8) 16진수를 8진수로 변환

16진수를 8진수로 변환하기 위해서는 16진수를 2진수로 변환하고, 2진수를 다시 8진수로 변환해야 한다. 또한 8진수를 16진수로 변환하기 위해서는 8진수를 2진수로 변환하고, 2진수를 다시 16진수로 변환하면 좀 더 쉽게 변환이 가능하다.

[16진수 → 8진수로 변환시]
먼저 16진수를 2진수로 변환한 다음 2진수를 다시 8진수로 변환한다.

① 16진수 C34를 8진수로 변환

　C　　3　　4₁₆
　↓　　↓　　↓
(1100　0011　0100)₂
/110/000/110/100/₂
　6　　0　　6　　4

∴ $(C34)_{16} = (6064)_8$

② 8진수 456을 16진수로 변환

　4　　5　　6₈
　↓　　↓　　↓
(100　101　110)₂
/0001/0010/1110/₂
　1　　2　　E

∴ $(456)_8 = (12E)_{16}$

(9) 10진수와 각 진수의 비교

10진수	0	1	2	3	4	5	6	7	8	9	10	11	12	13	14	15	16
2진수	0	1	10	11	100	101	110	111	1000	1001	1010	1011	1100	1101	1110	1111	10000
16진수	0	1	2	3	4	5	6	7	8	9	A	B	C	D	E	F	10

2 2진수의 연산

(1) 사칙연산

① 덧셈

$$\begin{cases} 0+0=0 \\ 0+1=1 \\ 1+0=1 \\ 1+1=10(\text{carry 발생}) \end{cases}$$

② 뺄셈
$$\begin{cases} 0-0=0 \\ 1-0=1 \\ 1-1=0 \\ 10-1=1(\text{borrow 발생}) \end{cases}$$

③ 곱셈
$$\begin{cases} 0\times 0=0 \\ 0\times 1=0 \\ 1\times 0=0 \\ 1\times 1=1 \end{cases}$$

④ 나눗셈
$$\begin{cases} 0\div 1=0 \\ 1\div 0=\text{불능} \\ 1\div 1=1 \end{cases}$$

(2) 보수연산

음수를 표현하는 방법 중의 하나로 보수를 사용하며, 2진수에는 1의 보수와 2의 보수, 10진수에는 9의 보수와 10의 보수가 있다. 여기서는 1의 보수와 2의 보수에 대해서만 알아보기로 한다.

① 1의 보수

2진수 10100을 1의 보수로 표현하면 다음과 같다.

```
  11111
- 10100
-------
  01011  ← 1의 보수
```

위와 같은 방법으로 1의 보수를 구하는 방법이 옳지만 $0 \rightarrow 1$, $1 \rightarrow 0$으로 변환하면 더 간단하게 구할 수 있다.

예 $(1011011)_2$을 1의 보수로 구하면?

$(1011011)_2$
↓
0100100 ← 1의 보수

② 2의 보수

2의 보수는 1의 보수에 1을 더하여 구할 수 있다.

[51회 출제]
사칙연산 중 뺄셈

[66회 출제]
보수
- 1의 보수 : 0→1, 1→0으로 변환
- 2의 보수 : 1의 보수+1

[46회, 48회, 53회, 55회 출제]
2의 보수변환

PART 2 디지털 공학

예 $(10111)_2$을 2의 보수로 구하면?

$(10111)_2$

↓

01000 ← 1의 보수

+   1

─────

01001 ← 2의 보수

③ 보수에 의한 감산

㉠ 1의 보수에 의한 9-7 감산방법

  1001 ← 9의 2진수

+1000 ← 7의 1의 보수(0111_2의 1의 보수)

─────

①0001

 +0001

─────

$0010_2 (= 2_{10})$

㉡ 2의 보수에 의한 9-7 감산방법

  1001

+1001

─────

①0010

↓

버린다.

㉢ 1의 보수에 의한 7-9 감산방법

  0111 ← 7의 2진수

+0110 ← 9의 1의 보수(1001_2의 1의 보수)

─────

  1101

이와 같이 자리올림수가 발생하지 않으면 음수를 뜻한다. 이때 결과에 1의 보수를 취하여 (-)를 붙이면 된다.

즉, 위의 결과 $(1101)_2$에 1의 보수에 (-)를 붙이면 $(-0010)_2$이 된다.

[55회, 58회 출제]
보수
보수는 주로 음수 표현시 이용한다.

[분수에 의한 감산]
자리올림수가 발생하지 않으면 음수를 뜻한다.

02 수의 코드화

1 개념

수를 코드화했을 때 각 bit가 일정값을 갖고 있으면 Weighted-code라 하고, 각 bit가 일정한 값을 갖고 있지 않으면 Unweighted-code라 한다. 3초과 code가 대표적이다.

CHAPTER 1 수의 집합 및 코드화

2 종류

(1) BCD-code(Binary-Coded Decimal code)

10진수의 1자리 숫자를 4bit의 2진수로 나타내며, 2진화 10진수 또는 8421 code라고도 한다.

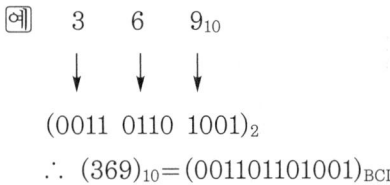

∴ $(369)_{10} = (001101101001)_{BCD}$

(2) 3초과 코드(excess-three code)

8421 code로 연산을 하기 어려울 때 이용하기 위한 Code로서 8421 code에 $0011_2(3_{10})$을 더하여 만든 Code이며, 자(기)보수 성질을 가지고 있다.

10진수	8421 code	3초과 code
0	0000	0011
1	0001	0100
2	0010	0101
3	0011	0110
4	0100	0111
5	0101	1000
6	0110	1001
7	0111	1010
8	1000	1011
9	1001	1100

1의 보수관계 → 자보수 성질

[69회 출제]
3초과 code
3초과 code = 8421 code + 0011_2

(3) 패리티 체크비트(parity check-bit)

1bit를 추가하여 1의 개수가 우수(짝수)개, 또는 기수(홀수)개가 되도록 하여 에러를 검출한다.

(4) 해밍 코드(Hamming-code)

정보를 8421 code화하여 3, 5, 6, 7행에 배열하고, Parity check-bit는 1, 2, 4행에 나열하여 Data의 에러 검출 및 수정이 가능한 코드이다.

① C_1 : 1, 3, 5, 7행의 1bit수를 우수 또는 기수개로 체크
② C_2 : 2, 3, 6, 7행의 1bit수를 우수 또는 기수개로 체크
③ C_3 : 4, 5, 6, 7행의 1bit수를 우수 또는 기수개로 체크
④ 체크한 1의 비트 수가 우수개이면 0, 기수개이면 1이 된다.
⑤ $C_3C_2C_1$의 순으로 배열하며, 에러가 발생한 행을 뜻한다.
　예 $C_3C_2C_1 = 000$이면 에러가 발생하지 않았음을 뜻하며, $C_3C_2C_1 = 101_2$이면 에러가 5행에서 발생했음을 뜻한다.

[70회 출제]
해밍 코드
• 에러검출 및 수정이 가능한 코드이다.
• 1, 2, 4행에 Parity 비트를 나열하며, 3, 5, 6, 7행에 정보비트를 나열한다.

[46회, 53회, 60회, 68회, 70회 출제]
2진수→Gray code로 변환

(5) 그레이 코드(gray code)

연산 Code로는 부적당하며, 1의 비트가 1개씩 변하여 Code를 만들며 A/D변환기 등에 쓰이고 Unweighted code이다.

① 2진수를 Gray code로 변환(E-OR 연산)

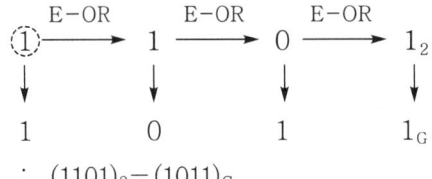

∴ $(1101)_2 = (1011)_G$

② Gray code를 2진수로 변환(E-OR 연산)

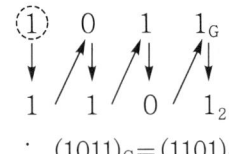

∴ $(1011)_G = (1101)_2$

[EBCDIC code]
BCD-code의 일종이며, 8bit로 구성되고, $2^8 = 256$가지의 표현이 가능하다.

(6) EBCDIC 코드(확장 2진화 10진 코드)

Zone bit(4bit)와 Digit bit(4bit)로 구성된 8bit로 정보를 표현하며, $2^8 = 256$개의 표현이 가능하고 영문자, 한글, 특수문자 등 넓은 범위까지 표현이 가능하다.

(7) ASCII 코드(American Standard Code for Information Interchange code)

미국표준협회에서 제정한 것으로 보통 7bit를 사용하여 문자를 표시하며, Data 통신에 널리 이용되고 통신의 시작과 종료표시가 가능하다.

표현가지수는 $2^7 = 128$가지이다.

(8) 부동 소수점(floating point) 방식

① 수의 소수점 위치 변경이 가능하여 높은 정밀도로 표현할 수 있어 극히 큰 수나 작은 수를 나타낼 때 사용되는 방식이다.

② 소수부와 지수부로 표현

예 2200의 부동 소수점 표현

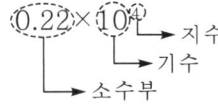
→ 지수
→ 기수
→ 소수부

③ 정규화 : 소수부의 표현시 첫 유효숫자의 왼쪽에 소수점이 오도록 조정하는 것이다.

CHAPTER 02 불대수 및 논리회로

01 불대수

1 개 념

불대수 정리는 불변수 사이의 기본적인 관계에 대한 법칙이다.

(1) 교환법칙

$$\begin{cases} A+B=B+A \\ A \cdot B=B \cdot A \end{cases}$$

(2) 결합법칙

$$\begin{cases} (A+B)+C=A+(B+C) \\ (A \cdot B) \cdot C=A \cdot (B \cdot C) \end{cases}$$

(3) 분배법칙

$$\begin{cases} A \cdot (B+C)=(A \cdot B)+(A \cdot C) \\ A+(B \cdot C)=(A+B) \cdot (A+C) \end{cases}$$

(4) 동일법칙

$$\begin{cases} A+A=A \\ A \times A=A \end{cases}$$

(5) 부정법칙

$$\overline{\overline{A}} = A$$

(6) 드 모르간의 법칙(De Morgan's law)

$$\overline{A+B} = \overline{A} \cdot \overline{B} \qquad A \cdot B = \overline{\overline{A}+\overline{B}}$$

$$\overline{A \cdot B} = \overline{A} + \overline{B} \qquad A + B = \overline{\overline{A} \cdot \overline{B}}$$

(7) 멱등법칙

$$\begin{cases} A \cdot 1=A \\ 1+A=1 \end{cases}$$

(8) 상보법칙

$$\begin{cases} \overline{A}+A = 1 \\ \overline{A} \cdot A = 0 \end{cases}$$

[53회, 70회 출제]
진리표를 이용한 논리식의 간소화(불대수를 이용)

[41회, 47회, 54회, 58회, 60회, 69회 출제]
드 모르간의 법칙

PART 2 디지털 공학

[45회, 46회, 50회, 62회 출제]
논리식의 간소화

[56회 출제]
$A \cdot (A+B) = A$

[58회 출제]
$A(\overline{A}+B) = A \cdot B$

2 응용의 예

(1) $A + A \cdot B = A$
$A + A \cdot B = A(1+B) = A \cdot 1 = A$

(2) $A \cdot (A+B) = A$
$A(A+B) = A \cdot A + AB = A + AB = A(1+B) = A$

(3) $A(\overline{A}+B) = A \cdot B$
$A(\overline{A}+B) = A\overline{A} + AB = AB$

02 카르노맵(Karnaugh map)

논리식의 간소화에는 불대수를 이용하는 방법과 3변수 이상에서 카르노맵을 이용하는 방법이 있다.

[44회, 47회, 51회, 66회, 68회 출제]
카르노맵을 이용한 논리식의 간소화

[58회, 60회 출제]
카르노맵 운용방법

1 운용방법

(1) 묶는 개수는 2개, 4개, 8개, 16개씩…이며, **반드시 이웃한 항끼리 묶는다.**

A\BC	$\overline{B}\overline{C}$	$\overline{B}C$	BC	$B\overline{C}$
$\overline{A}$		1	1	
A	1	1	1	

(2) 공통으로 묶이는 변수는 몇 번이고 겹치는 것이 가능하다.

AB\CD	$\overline{C}\overline{D}$	$\overline{C}D$	CD	$C\overline{D}$
$\overline{A}\overline{B}$	1	1		
$\overline{A}B$			1	
AB		1	1	1
$A\overline{B}$			1	1

(3) 맨 위와 아래, 좌측과 우측 칸은 이웃한 항으로 본다.

AB\CD	$\overline{C}\overline{D}$	$\overline{C}D$	CD	$C\overline{D}$
$\overline{A}\overline{B}$		1	1	
$\overline{A}B$				
AB				
$A\overline{B}$		1	1	

(4) **변하는 문자는 생략**되며, **묶은 개수와 항의 개수는 일치**한다.

AB\CD	$\overline{C}\overline{D}$	$\overline{C}D$	CD	$C\overline{D}$
$\overline{A}\overline{B}$				
$\overline{A}B$		1	1	→ BD
AB		1	1	1 → ABC
$A\overline{B}$		1	1	

↓ $A\overline{C}D$

[카르노맵]
• 반드시 이웃한 항을 묶는다.
• 묶은 개수와 항의 개수는 일치
• 변하는 문자는 생략

2 논리식의 간소화

(1) $Y = \overline{A}\,\overline{B}C + AB\overline{C} + A\overline{B}C + \overline{A}BC + ABC$

C\AB	$\overline{A}\overline{B}$	$\overline{A}B$	AB	$A\overline{B}$
$\overline{C}$			1		→ AB
C	1	1	1	1

↓ C

(2) $Y = AB\overline{C}\overline{D} + \overline{A}B\overline{C}D + \overline{A}\overline{B}\overline{C}D + AB\overline{C}D + ABCD + A\overline{B}\overline{C}D$

CD\AB	$\overline{A}\overline{B}$	$\overline{A}B$	AB	$A\overline{B}$
$\overline{C}\overline{D}$		1	1		→ $B\overline{C}$
$\overline{C}D$	1	1	1		→ $A\overline{C}D$
CD			1		
$C\overline{D}$					

↓ ABD

(3) 진리값을 카르노맵을 이용하여 간략화하면 다음과 같다.

PART 2 디지털 공학

① 진리값

입 력			출 력
A	B	C	Y
0	0	0	0
0	0	1	0
0	1	0	1 → $\overline{A}B\overline{C}$
0	1	1	1 → $\overline{A}BC$
1	0	0	0
1	0	1	1 → $A\overline{B}C$
1	1	0	1 → $AB\overline{C}$
1	1	1	1 → ABC

② 카르노맵

C \ AB	$\overline{A}\overline{B}$	$\overline{A}B$	AB	$A\overline{B}$
$\overline{C}$		1	1	
C		1	1	1 → AC

↓
B

∴ $Y = B + AC$

03 논리회로

1 AND회로

[48회 출제]
유접점회로의 논리식

(1) 심벌

$Y = A \cdot B$ (논리곱)

[AND회로의 접점표시]

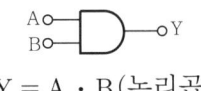

$Y = A \cdot B$

$Y = A \cdot \overline{B}$

(2) 진리표

입 력		출 력
A	B	Y
0	0	0
0	1	0
1	0	0
1	1	1

CHAPTER 2 불대수 및 논리회로

(3) 스위칭회로

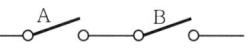

(4) Diode에 의한 회로

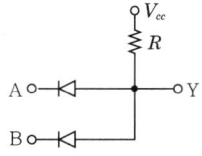

(5) TR에 의한 회로

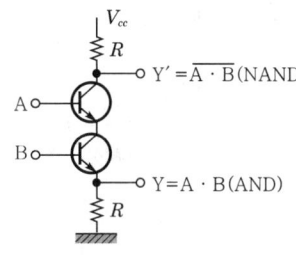

2 OR회로

(1) 심벌

$Y = A + B$(논리합)

(2) 진리표

입력		출력
A	B	Y
0	0	0
0	1	1
1	0	1
1	1	1

(3) 스위칭회로

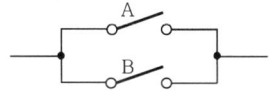

[44회 출제]
Diode에 대한 AND회로

[62회, 68회 출제]
Diode에 의한 AND-OR 결합회로의 출력식

[41회, 48회, 49회, 50회, 55회, 62회, 69회 출제]
• 스위칭회로의 논리식
• 타임차트를 이용한 출력이 나타내는 AND, OR

PART 2 디지털 공학

(4) Diode에 의한 회로

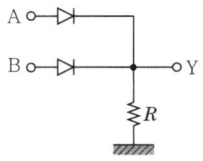

(5) TR에 의한 회로

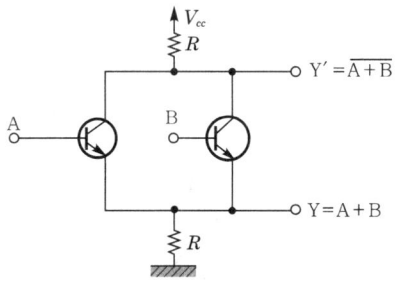

[41회, 42회, 43회, 48회, 58회 출제]
- AND, OR, NOT을 이용한 논리회로의 간소화
- 주어진 회로와 같은 출력이 되는 논리함수

3 NOT회로

(1) 심벌

A o─▷o─o Y = $\overline{A}$

(2) 진리표

입력	출력
A	Y
0	1
1	0

(3) 스위칭회로

─o╱o─
　　A

(4) TR에 의한 회로

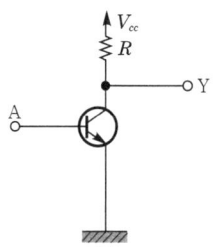

4 E-OR(exclusive-OR)회로

(1) 심벌

$$Y = A\overline{B} + \overline{A}B = A \oplus B$$

(2) 진리표

입 력		출 력
A	B	Y
0	0	0
0	1	1
1	0	1
1	1	0

[45회, 48회, 70회 출제]
• 스위칭회로를 이용한 E-OR 회로
• 논리회로의 결과식과 같은 논리식을 구하는 문제

[56회, 57회, 61회 출제]
E-OR 회로 진리표

5 NAND와 NOR회로

(1) NAND회로

① 심벌

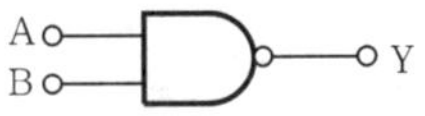

$$Y = \overline{A \cdot B}$$

② 진리표

입 력		출 력
A	B	Y
0	0	1
0	1	1
1	0	1
1	1	0

[50회, 55회 출제]
NAND회로를 이용한 OR회로 표시

(2) NOR회로

① 심벌

$$Y = \overline{A + B}$$

[41회, 47회, 55회, 61회 출제]
논리회로의 출력식에 대한 문제

② 진리표

입력		출력
A	B	Y
0	0	1
0	1	0
1	0	0
1	1	0

6 IC논리회로

[66회 출제]
RTL회로
NOR회로로 동작

(1) RTL회로

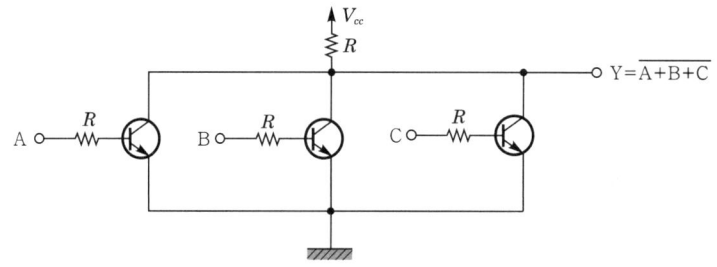

① NOR회로로 동작하며, 출력 Y는 다음과 같다.
   $Y = \overline{A + B + C}$
② 출력은 모든 TR을 포화시킬 수 있을 만큼 커야 한다.

[56회, 70회 출제]
DTL회로
NAND회로로 동작

(2) DTL회로

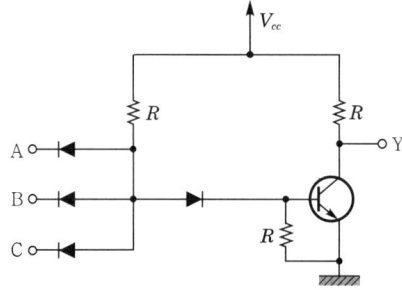

① NAND회로로 동작하며, 출력 Y는 다음과 같다.
   $Y = \overline{A \cdot B \cdot C}$
② 소비전력은 적고, TTL과의 접속이 가능하다.
③ 온도의 영향을 받으며, 동작속도는 느리다.

(3) TTL회로

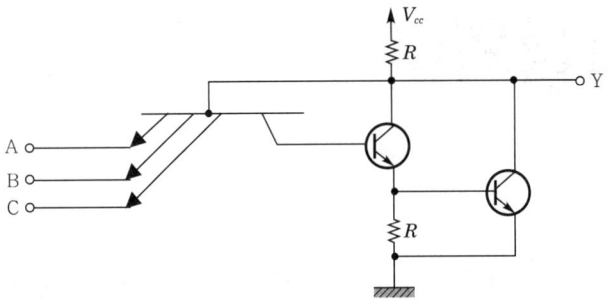

① NAND회로로 동작하며, 출력 Y는 다음과 같다.
   $Y = \overline{A \cdot B \cdot C}$
② 동작속도는 빠른 편이며, 소비전력은 적은 편이다.
③ 온도변화에 매우 민감하다.

(4) C-MOS FET회로

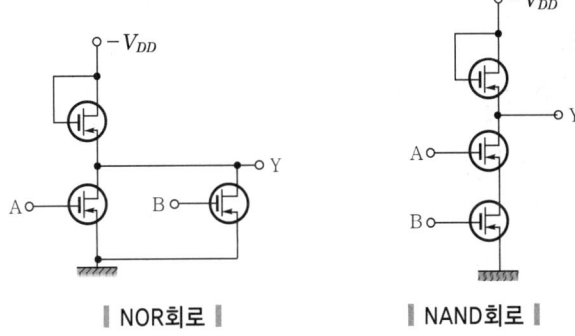

| NOR회로 | | NAND회로 |

① 잡음여유도, 입력 임피던스는 매우 크다.
② 소비전력이 매우 적다.
③ NAND/NOR회로로 동작하며, Fan-out 수가 매우 크다.

각 회로의 주요 특성 비교

특성\회로	RTL	DTL	TTL	ECL	C-MOS
기본회로	NOR	NAND	NAND	OR-NOR	NOR-NAND
소비전력	12	12	22	55	0.01
지연시간	12	30	12	4	70

여기서, 소비전력 : MW, 지연시간 : ms

[TTL회로]
NAND회로로 동작

[44회, 58회 출제]
C-MOS FET회로를 이용한 NAND, NOR회로

CHAPTER 03 플립플롭회로

[45회, 51회 출제]
플립플롭의 정의

어느 한 순간의 출력은 입력상태뿐만 아니라 궤환되어 되돌아오는 출력과 전 상태의 입력에 의해서 정해지는데 이 회로를 순서논리회로라고 한다. 대표적인 회로는 플립플롭이며 정보를 기억하는 레지스터 및 카운터 등의 구성소자로 쓰인다.

01 RS-flip flop

[54회, 57회, 69회 출제]
RS-flip flop의 출력

① 회로도

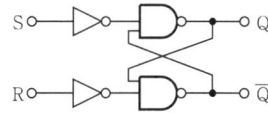

② $Q=0$이라 가정하고, $S=0$, $R=0$이면 출력 $Q=0$이 되므로 전상태와 같아진다.
③ $S=1$, $R=0$이면 $Q=1$, $\overline{Q}=0$이다.
④ $S=0$, $R=1$이면 $Q=0$, $\overline{Q}=1$이다.
⑤ $S=1$, $R=1$이면 $Q=1$, $\overline{Q}=1$이 되어서 불능상태가 된다.
⑥ 진리표

입력		출력
R	S	Q_{n+1}(현재 상태)
0	0	Q_n, 전상태
0	1	1
1	0	0
1	1	?, 불확실

⑦ RST-flip flop

T(clock-pulse)가 H(high)일 때 RS-flip flop과 동일한 동작을 한다.

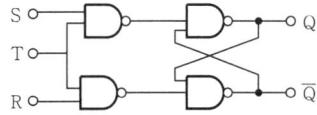

입력			출력
R	S	T	Q_{n+1}
0	0	1	Q_n
0	1	1	1
1	0	1	0
1	1	1	?

02 JK-flip flop

① 회로도

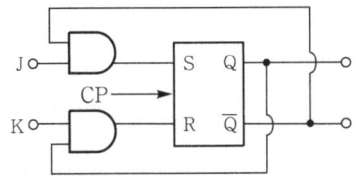

[43회, 44회, 47회, 50회, 58회, 59회, 68회 출제]
• JK-flip flop의 진리표
• JK-flip flop 타임차트
• JK-flip flop don't-care 조건

② RS-flip flop의 R=1, S=1일 때 출력이 불능상태가 되는 것을 방지하기 위한 방법이다.

③ 진리표

입력		출력
J	K	Q_{n+1}
0	0	Q_n (전상태)
0	1	0
1	0	1
1	1	$\overline{Q}_n$ (반전)

03 M/S-flip flop

① 주종플립플롭이라고 하며, JK-flip flop에서 발생하는 오동작(race)현상을 방지하기 위한 플립플롭이다.

[42회, 66회 출제]
RS-flip flop을 이용한 M/S-flip flop

② 회로도

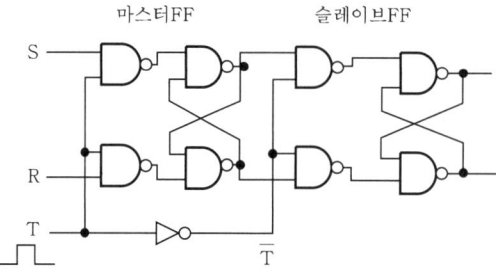

[진리표]

입력		출력
J_n	K_n	Q_{n+1}
0	0	Q_n (전상태)
0	1	0
1	0	1
1	1	$\overline{Q_n}$ (반전)

③ 진리표

입력		출력
J_n	K_n	Q_{n+1}
0	0	Q_n (전상태)
0	1	0
1	0	1
1	1	$\overline{Q}_n$ (반전)

04 D-flip flop

[43회, 46회, 53회, 57회, 66회 출제]
D-flip flop의 회로도 및 진리표

① 지연(delay)플립플롭이다.
② CP(clock pulse)=1이고 D=0이면 출력 Q=0이고, D=1이면 출력 Q=1이 된다.
③ 진리표

입력	출력
D	Q_{n+1}
0	0
1	1

④ JK-flip flop을 이용하여 D-flip flop을 만들면 다음과 같다.

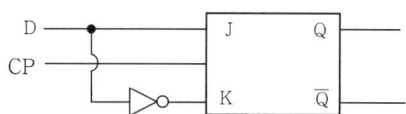

05 T-flip flop

① 입력에 <u>신호가 없으면</u> 출력은 <u>전상태와 같아진다.</u>
② 입력에 <u>신호가 가해지면</u> 출력은 <u>전상태의 반전</u>($\overline{Q}_n$, toggle)상태가 된다.
③ 진리표

입 력	출 력
T	Q_{n+1}
0	Q_n
1	$\overline{Q}_n$

④ Negative형 : 1 → 0, 높음 → 낮음 상태로 바뀔 때 출력파형이 변한다.
⑤ positive형 : 0 → 1, 낮음 → 높음 상태로 바뀔 때 출력파형이 변한다.

[52회 출제]
T-flip flop이 3단 연결된 출력주파수

CHAPTER 04 조합논리회로

[41회, 42회, 46회, 48회, 50회, 51회, 59회, 69회 출제]
- 반가산기의 명칭
- 반가산기의 진리값
- 반가산기의 동작설명

01 가산기(adder)

1 반가산기(HA ; Half-Adder)

(1) 한 자리의 <u>2진수 2개를 덧셈하는 회로</u>로서 자리올림수(C ; Carry)와 합(S ; Sum)이 발생하는 회로이다.

(2) 진리표

입 력		출 력	
A	B	S	C
0	0	0	0
0	1	1	0
1	0	1	0
1	1	0	1

$C = A \cdot B$

$S = A\overline{B} + \overline{A}B = A \oplus B$

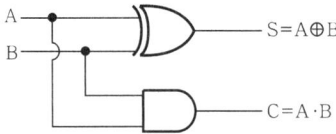

(3) Block diagram

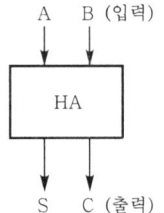

2 전가산기(FA ; Full-Adder)

(1) 두 입력 A_n, B_n에 전단의 자리올림수(C_{n-1})까지 가산하여 출력으로 합(S_n)과 자리올림수(C_n)로 표시한다.

(2) 전가산기는 <u>2개의 반가산기와 1개의 OR-gate</u>로 표시할 수 있다.

(3) 진리표

입력			출력	
A_n	B_n	C_{n-1}	S_n	C_n
0	0	0	0	0
0	0	1	1	0
0	1	0	1	0
0	1	1	0	1
1	0	0	1	0
1	0	1	0	1
1	1	0	0	1
1	1	1	1	1

$S_n = \overline{A}_n\overline{B}_nC_{n-1} + \overline{A}_nB_n\overline{C}_{n-1} + A_n\overline{B}_n\overline{C}_{n-1} + A_nB_nC_{n-1}$

$C_n = \overline{A}_nB_nC_{n-1} + A_n\overline{B}_nC_{n-1} + A_nB_n\overline{C}_{n-1} + A_nB_nC_{n-1}$

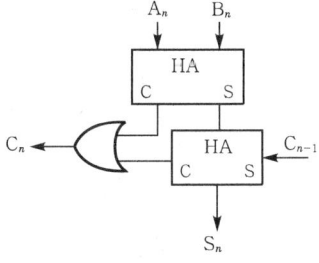

∥ 전가산기회로 ∥

[43회, 54회, 57회 출제]
• 전가산기의 구성도
• 전가산기의 논리식

[66회 출제]
전가산기(Full-adder) 구성
전가산기는 반가산기(HA) 2개와 OR-회로 1개로 구성된다.

(4) Block diagram

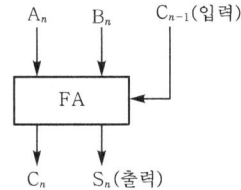

PART 2 디지털 공학

02 감산기(subtracter)

1 반감산기(half-subtracter)

[46회, 49회 출제]
• 반감산기의 회로도
• 반감산기의 논리식

(1) 한 자리의 2진수 두 개를 감산하는 회로

(2) 진리표

입 력		출 력	
X	Y	B	D
0	0	0	0
0	1	1	1
1	0	0	1
1	1	0	0

[반감산기의 논리식]
$B = \overline{X}Y$
$D = X \oplus Y$

(3) 논리식

$B = \overline{X}Y$

$D = \overline{X}Y + X\overline{Y} = X \oplus Y$

(4) 회로도

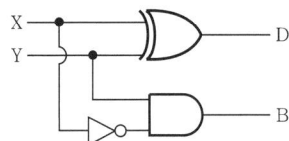

2 전감산기(full-subtracter)

(1) 진리표

입 력			출 력	
X_n	Y_n	B_{n-1}	B_n	D_n
0	0	0	0	0
0	0	1	1	1
0	1	0	1	1
0	1	1	1	0
1	0	0	0	1
1	0	1	0	0
1	1	0	0	0
1	1	1	1	1

(2) 논리식

$$B_n = \overline{X}_n\overline{Y}_nB_{n-1} + \overline{X}_nY_n\overline{B}_{n-1} + \overline{X}_nY_nB_{n-1} + X_nY_nB_{n-1}$$

$$D_n = \overline{X}_n\overline{Y}_nB_{n-1} + \overline{X}_nY_n\overline{B}_{n-1} + X_n\overline{Y}_n\overline{B}_{n-1} + X_nY_nB_{n-1}$$

03 인코더(encoder)

(1) Decoder와 반대동작을 하며, 10진수의 입력을 Computer의 내부코드(2진수)로 변환 즉, <u>10진수를 2진수로 변환</u>하는 장치이다.

(2) 다수의 입력 중 하나만 '1'이 되는 회로이다.

(3) 회로도

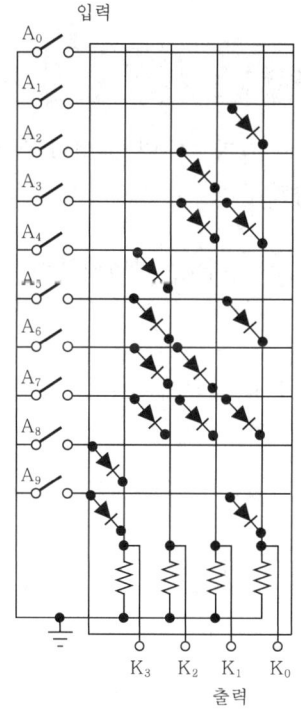

[50회, 54회 출제]
• 인코더의 정의
• 인코더의 진리값

[인코더 정의]
• 10진수를 2진수로 변환
• 디코더와 반대동작

PART 2 디지털 공학

(4) 진리표

입력	출력			
A_a	K_3	K_2	K_1	K_0
A_0	0	0	0	0
A_1	0	0	0	1
A_2	0	0	1	0
A_3	0	0	1	1
A_4	0	1	0	0
A_5	0	1	0	1
A_6	0	1	1	0
A_7	0	1	1	1
A_8	1	0	0	0
A_9	1	0	0	1

04 디코더(decoder)

[42회, 43회, 46회, 47회, 54회, 57회, 61회 출제]
• 디코더(해독기)의 진리값
• 디코더의 정의
• 매트릭스회로를 이용한 출력식

(1) 2진수의 입력 조합에 따라 1개의 출력만 동작하는 회로로서, 2진수를 10진수로 변환시키는 장치이다.

(2) S=1일 때만 동작이 가능하며, 디멀티플렉서(demultiplexer)로 사용이 가능하다.

(3) NAND회로 집합으로 구성되어 있다.

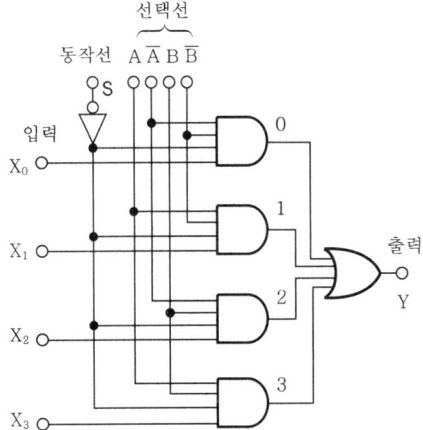

05 계수기(counter)

카운터(counter)는 동기식 카운터와 비동기식 카운터로 구분되며, 비동기식은 상향 카운터와 하향 카운터로 나뉜다.

[68회 출제]

1 동기식 카운터

(1) 회로도

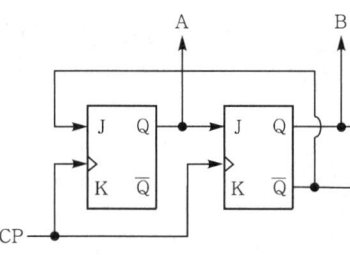

[동기식 카운터]
- 동작속도가 빠르다.
- 대표적 카운터로 병렬형 카운터가 있다.

(2) 각 단마다 Clock pluse가 인가되어 동작속도가 빠르다.

(3) 지연시간이 매우 적고, 회로는 복잡하며 대표적으로 병렬 카운터가 있다.

2 비동기식 카운터

(1) 회로도

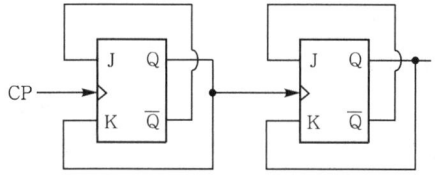

[비동기식 카운터]
- 전 단의 출력이 다음 단의 트리거 입력으로 이루어진다.
- 상향, 하향 카운터가 있다.

(2) 회로는 간단하며, 동작속도는 매우 느리다.

(3) 전 단의 출력이 다음 단의 Trigger 입력이 되며, 대표적으로 리플 카운터가 있다.

(4) 상향 카운터(가산, up)
  ① 전 단의 Flip-flop의 Q 출력이 다음 단의 Flip-flop의 Trigger 입력이 된다.

② 회로도

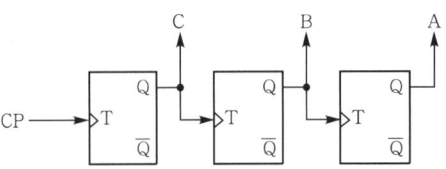

③ 플립플롭이 3단이면 $2^3=8$이며 8진 카운터가 되고, 플립플롭이 4단이면 $2^4=16$이며 16진 카운터가 된다.

(5) 하향 카운터(감산, down)

① 전 단의 Flip-flop의 $\overline{Q}$출력이 다음 단 플립플롭의 Trigger 입력이 되며, 감산 카운터, Down-counter라고도 한다.

② 회로도

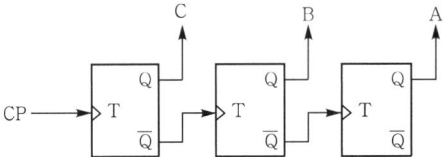

[하향 카운터]
- 감산 또는 down 카운터라고도 한다.
- 전 단의 $\overline{Q}$출력이 다음 단의 입력이 된다.

PART 02 자주 출제되는 기출문제

01 10진수 249를 16진수 값으로 변환한 것은? [43회 08.3.]

① 189
② 9F
③ FC
④ F9

해설 10진수를 16진수로 변환

16) 249₁₀
    15 … 9 ↑

∴ $(249)_{10} = (F9)_{16}$

10진수	0	1	2	3	4	5	6	7	8	9	10	11	12	13	14	15
16진수	0	1	2	3	4	5	6	7	8	9	A	B	C	D	E	F

02 10진수 $(14.625)_{10}$를 2진수로 변환한 값은? [50회 11.7.], [66회 19.7.]

① $(1101.110)_2$
② $(1101.101)_2$
③ $(1110.101)_2$
④ $(1110.110)_2$

해설 10진수를 2진수로 변환

• 정수부분

2) 14
2) 7 … 0
2) 3 … 1
     1 … 1

∴ $(14)_{10} = (1110)_2$

• 소수부분

```
 0.625      0.25       0.5
×  2       ×  2       ×  2
─────     ─────     ─────
①.250      ⓪.5       ①.0
  ↓          ↓         ↓
  1          0         1
```

∴ $(0.625)_{10} = (0.101)_2$

그러므로 $(14.625)_{10} = (1110.101)_2$

정답 01 ④ 02 ③

PART 2 디지털 공학

03 2진수 $(110010.111)_2$를 8진수로 변환한 값은? [42회 07.7.], [54회 13.7.]

① $(62.7)_8$
② $(32.7)_8$
③ $(62.6)_8$
④ $(32.6)_8$

해설 2진수를 8진수로 변환하기 위해서는 소수점을 기준으로 3bit씩 묶어서 읽으면 된다.
$(/110/010./111/)_2$
  6 2 7
∴ $(110010.111)_2 = (62.7)_8$

04 16진수 D28A를 2진수로 옳게 나타낸 것은? [51회 12.4.]

① 1101001010001010
② 0101000101001011
③ 1101011010011010
④ 1111011000000110

해설 16진수를 2진수 변환할 때는 16진수의 1자리 숫자를 4bit 2진수로 표현한다.
 D   2   8   A
 ↓   ↓   ↓   ↓
1101 0010 1000 1010
∴ $(D28A)_{16} = (1101001010001010)_2$

16진수	0	1	2	3	4	5	6	7	8	9	A	B	C	D	E	F
10진수	0	1	2	3	4	5	6	7	8	9	10	11	12	13	14	15
2진수	0	1	10	11	100	101	110	111	1000	1001	1010	1011	1100	1101	1110	1111

05 2진수 $(1011)_2$를 그레이 코드(gray code)로 변환한 값은? [53회 13.4.], [68회 20.7.]

① $(1111)_G$
② $(1101)_G$
③ $(1110)_G$
④ $(1100)_G$

해설 2진수에서 그레이 코드 변환은 다음과 같다.
   ⊕ ⊕ ⊕ ← E-OR의 의미
 ① 0 1 1₂
 ↓ ↓ ↓ ↓
 1 1 1 0_G
∴ $(1011)_2 = (1110)_G$

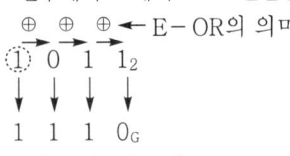
정답 03 ① 04 ① 05 ③

06. 2진수 $(1001)_2$를 그레이 코드(gray code)로 변환한 값은? [46회 09.7.]

① $(1110)_G$
② $(1101)_G$
③ $(1111)_G$
④ $(1100)_G$

해설 2진수에서 그레이 코드 변환은 다음과 같다.

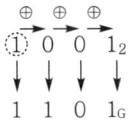

∴ $(1001)_2 = (1101)_G$

예 그레이 코드를 2진수로 변환

```
 1   1   0   1_G
↓ ⊕↗⊕↙⊕↗⊕↙
 1   0   0   1_2
```

∴ $(1101)_G = (1001)_2$

07. 101101에 대한 2의 보수(補數)는? [48회 10.7.], [69회 21.2.]

① 101110
② 010010
③ 010001
④ 010011

해설 2의 보수는 1의 보수를 구해서 맨 하위 비트에 1을 더하면 된다. 1의 보수는 0→1, 1→0으로 변환하면 쉽게 구할 수 있다.

```
 101101_2
    ↓  ← 1의 보수
 010010
+     1
 ─────
 010011 ← 2의 보수
```

08. 2진수 10011의 2의 보수 표현으로 옳은 것은? [46회 09.7.]

① 01101
② 10010
③ 01100
④ 01010

해설 2의 보수를 구하면 다음과 같다.

```
 10011_2
    ↓  ← 1의 보수
 01100
+    1
 ─────
 01101 ← 2의 보수
```

정답 06 ② 07 ④ 08 ①

PART 2 디지털 공학

09 2진수 $(01100110)_2$의 2의 보수는? [53회 13.4.]

① 01100110
② 01100111
③ 10011001
④ 10011010

해설 2의 보수는 다음과 같이 구할 수 있다.

$$01100110_2$$
$$\downarrow \leftarrow 1의 보수$$
$$10011001$$
$$+\quad\quad 1$$
$$\overline{10011010} \leftarrow 2의 보수$$

10 A=01100, B=00111인 두 2진수의 연산결과가 주어진 식과 같다면 연산의 종류는?
[51회 12.4.], [67회 20.4.]

$$01100$$
$$+11001$$
$$\overline{00101}$$

① 덧셈
② 뺄셈
③ 곱셈
④ 나눗셈

해설 문제에서
$$01100$$
$$+11001$$
$$\overline{①\;00101}$$

자리올림 5의 의미이다.

$A=(01100)_2=12_{10}$
$B=(00111)_2=7_{10}$

그러므로 5가 되기 위해서는 A−B 하면 된다.

11 다음 논리식 중 옳은 표현은? [41회 07.4.], [47회 10.3.], [54회 13.7.], [70회 21.7.]

① $\overline{A+B} = \overline{A} \cdot \overline{B}$
② $\overline{A+B} = \overline{A} + \overline{B}$
③ $\overline{A \cdot B} = \overline{A} \cdot \overline{B}$
④ $\overline{A+B} = \overline{A} \cdot \overline{B}$

해설 드 모르간의 법칙(De Morgan's law)

• $\overline{A+B} = \overline{A} \cdot \overline{B}$
• $\overline{A \cdot B} = \overline{A} + \overline{B}$
• $A \cdot B = \overline{\overline{A}+\overline{B}}$
• $A + B = \overline{\overline{A} \cdot \overline{B}}$

정답 09 ④ 10 ② 11 ①

12. 논리식 'A + AB'를 간단히 계산한 결과는? [45회 09.3.], [50회 11.7.]

① A
② $\overline{A} + B$
③ $A + \overline{B}$
④ $A + B$

해설 불대수

$\begin{cases} A+A=A, \ A\times A=A, \ A+\overline{A}=1 \\ A\times\overline{A}=0, \ 1+A=1, \ 1\times A=A \\ \overline{\overline{A}}=A \end{cases}$

∴ $A + AB = A(1+B) = A$

13. 논리식 'A · (A + B)'를 간단히 하면? [46회 09.7.]

① A
② B
③ A · B
④ A + B

해설 $A \cdot (A+B) = A \cdot A + AB$
$= A + A \cdot B$
$= A(1+B)$
$= A (\because 1+B=1)$

14. 카르노도의 상태가 그림과 같을 때 간략화된 논리식은? [53회 13.4.], [67회 20.4.]

C\BA	00	01	11	10
0	1	0	0	1
1	1	0	0	1

① $\overline{A}\,\overline{B}\,\overline{C} + \overline{A}\,BC + \overline{A}\,B\,\overline{C} + \overline{A}\,BC$
② $A\overline{B} + \overline{A}B$
③ A
④ $\overline{A}$

해설

C\BA	00	01	11	10
0	1			1
1	1			1

→ 4개가 1개로 묶인다.

위와 같이 불대수보다는 카르노도를 이용하여 2, 4, 8, 16개씩 묶고 변한 문자는 생략되어 논리식을 간략화하면 $Y = \overline{A}$이다.

∴ 간략화된 논리식 $Y = \overline{A}$

정답 12 ① 13 ① 14 ④

PART 2 디지털 공학

15. 다음 논리함수를 간략화하면 어떻게 되는가? [51회 12.4.]

$$Y = \overline{A}\overline{B}\overline{C}\overline{D} + \overline{A}B\overline{C}D + A\overline{B}\overline{C}D + AB\overline{C}\overline{D}$$

훗; 원문 수정: $Y = \overline{ABCD} + \overline{A}BCD + A\overline{B}CD + A\overline{B}\overline{C}\overline{D}$

	$\overline{A}\overline{B}$	$\overline{A}B$	AB	$A\overline{B}$
$\overline{C}\overline{D}$	1			1
$\overline{C}D$				
CD				
$C\overline{D}$	1			1

① $\overline{B}\overline{D}$
② $B\overline{D}$
③ $\overline{B}D$
④ BD

해설 카르노맵을 이용하여 논리식을 간략화하면

	$\overline{A}\overline{B}$	$\overline{A}B$	AB	$A\overline{B}$
$\overline{C}\overline{D}$	1			1
$\overline{C}D$				
CD				
$C\overline{D}$	1			1

1의 4개 항을 하나로 묶을 수 있으므로 변환되는 문자를 생략하면
∴ $Y = \overline{B}\overline{D}$ 가 된다.

16. 논리식 $F = \overline{A}\overline{B}C + \overline{A}B\overline{C} + A\overline{B}C + AB\overline{C}$ 를 간소화한 것은? [44회 08.7.]

① $F = \overline{A}C + A\overline{C}$
② $F = \overline{B}C + B\overline{C}$
③ $F = \overline{A}B + A\overline{B}$
④ $F = \overline{A}B + B\overline{C}$

해설 카르노맵을 이용하면 다음과 같다.

	$\overline{A}\overline{B}$	$\overline{A}B$	AB	$A\overline{B}$
$\overline{C}$		1	1	
C	1			1

∴ $F = \overline{B}C + B\overline{C}$

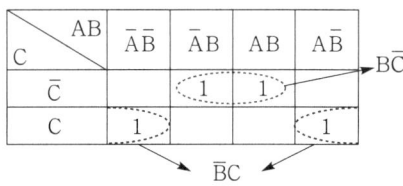 15 ① 16 ②

17. 그림과 같은 스위치회로의 논리식은? [50회 11.7.]

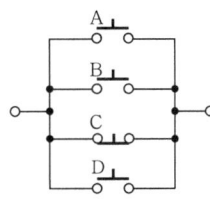

① $A \cdot B \cdot \overline{C} \cdot D$
② $A + B + \overline{C} + D$
③ $\overline{A} \cdot \overline{B} \cdot C \cdot \overline{D}$
④ $\overline{A} + \overline{B} + C + \overline{D}$

해설 AND, OR회로를 접점회로로 표시하면 다음과 같다.
- AND회로

- OR회로

∴ 출력 $Y = A + B + \overline{C} + D$가 된다.

18. 그림과 같은 유접점회로가 의미하는 논리식은? [51회 12.4.]

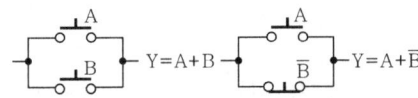

① $A + \overline{B}D + C(E + F)$
② $A + \overline{B}C + D(E + F)$
③ $A + B\overline{C} + D(E + F)$
④ $A + \overline{BC} + D(E + F)$

해설 접점회로의 응용

출력 $Y = A + \overline{B}D + C(E + F)$가 된다.

[참고]

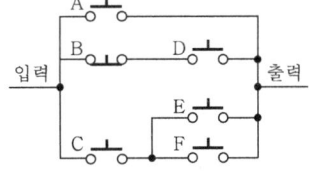

출력 $(Y) = A \cdot B(C + D)$

정답 17 ② 18 ①

19 그림과 같은 접점회로를 논리게이트로 표현하면? [48회 10.7.]

① (NAND)
② (NOR)
③ (OR)
④ (XNOR)

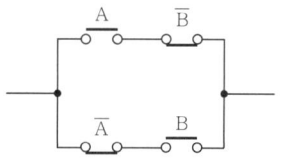

해설 접점회로에서 출력을 구하면 $Y = A\overline{B} + \overline{A}B = A \oplus B$ 가 되며, E-OR(배타논리합회로)를 의미한다.

• 심벌 : 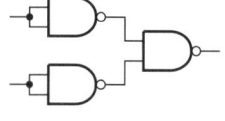 $A = A\overline{B} + \overline{A}B = A \oplus B$

• 진리값 :

입력		출력
A	B	Y
0	0	0
0	1	1
1	0	1
1	1	0

20 그림과 같은 논리회로를 1개의 게이트로 표현하면? [50회 11.7.], [69회 21.2.]

① AND
② NOR
③ NOT
④ OR

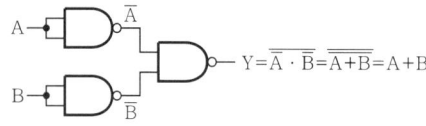

해설

$Y = \overline{\overline{A} \cdot \overline{B}} = \overline{\overline{A}} + \overline{\overline{B}} = A + B$

∴ OR회로의 결과식과 같다.

21 그림과 같은 논리회로의 간략화된 논리함수는? [48회 10.7.]

① 0
② 1
③ A
④ B

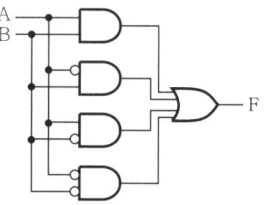

정답 19 ③ 20 ④ 21 ②

해설 논리회로의 출력식은

$$\therefore Y = AB + \overline{A}B + A\overline{B} + \overline{A}\overline{B}$$
$$= B(A+\overline{A}) + \overline{B}(A+\overline{A})$$
$$= B + \overline{B}$$
$$= 1$$

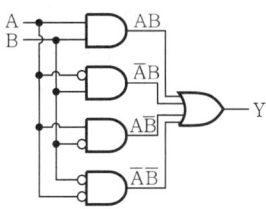

22 다음 그림의 스위칭회로에서 논리식은? [41회 07.4.]

① $(A+B)C$
② $AB+C$
③ $AC+B$
④ $A+BC$

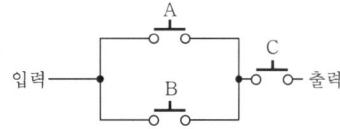

해설 출력 $Y = (A+B)C$ 이다.

23 그림과 같은 논리회로의 논리함수는? [41회 07.4.]

① $A\overline{B}+AC+BC$
② $\overline{A}B+\overline{A}C+BC$
③ $\overline{A}B+AC+BC$
④ $\overline{A}B+A\overline{C}+BC$

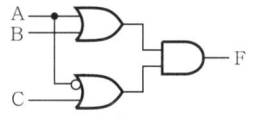

해설 출력 F는 다음과 같다.

$$F = (A+B)(\overline{A}+C) = A \cdot \overline{A} + AC + BC + \overline{A}B$$
$$= AC + BC + \overline{A}B \, (\because A \cdot \overline{A} = 0)$$

24 그림의 논리회로와 그 기능이 같은 것은? [43회 08.3.]

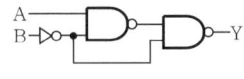

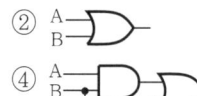

정답 22 ① 23 ③ 24 ②

해설 드 모르간 법칙과 불대수를 이용하면 다음과 같다.
$$Y = \overline{\overline{AB} \cdot \overline{B}} = \overline{\overline{AB}} + \overline{\overline{B}} = A\overline{B} + B$$
$$= A\overline{B} + B(1+A) = A\overline{B} + B + AB$$
$$= A(\overline{B}+B) + B = A + B \text{이므로}$$
OR회로의 출력을 나타낸다.

25 다음 논리회로와 등가인 논리함수는? [42회 07.7.]

① $(\overline{A}+\overline{B})(A+B)$
② $(A+\overline{B})(\overline{A}+B)$
③ $(\overline{A}+\overline{B})(\overline{A}+\overline{B})$
④ $(\overline{A}+\overline{B})(\overline{A}+B)$

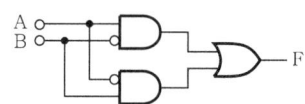

해설 논리회로의 출력 F는
$F = A\overline{B} + \overline{A}B$이며, E-OR회로의 출력과 같다.
① $(\overline{A}+\overline{B})(A+B) = \overline{A}A + \overline{A}B + A\overline{B} + \overline{B}B$
$\qquad = \overline{A}B + A\overline{B}$
② $(A+\overline{B})(\overline{A}+B) = A\overline{A} + AB + \overline{A}\overline{B} + \overline{B}B$
$\qquad = AB + \overline{A}\overline{B}$
③ $(\overline{A}+\overline{B})(\overline{A}+\overline{B}) = \overline{A} + \overline{B}$
④ $(\overline{A}+\overline{B})(\overline{A}+B) = \overline{A}\overline{A} + \overline{A}B + \overline{A}\overline{B} + \overline{B}B$
$\qquad = \overline{A} + \overline{A}B + \overline{A}\overline{B}$
$\qquad = \overline{A}(1+B+\overline{B}) = \overline{A}$

26 다음 그림과 같은 논리회로의 논리식은? [45회 09.3.], [69회 21.2.]

① $Z = \overline{A+B}$
② $Z = A \oplus B$
③ $Z = AB + \overline{AB}$
④ $Z = \overline{A} \oplus \overline{B}$

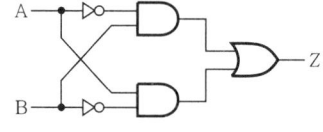

해설 논리회로의 논리식 Z는
$Z = \overline{A}B + A\overline{B} = A \oplus B$
심벌은 $\begin{smallmatrix}A\\B\end{smallmatrix}$⊐⊃— Y=A⊕B

정답 25 ① 26 ②

27

다음 그림은 어떤 논리회로인가? [41회 07.4.], [47회 10.3.], [66회 19.7.]

① NAND
② NOR
③ E-OR
④ E-NOR

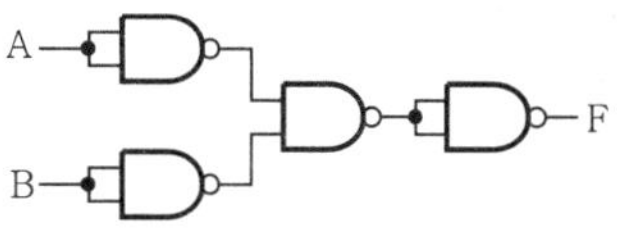

해설 논리회로의 출력 $F = \overline{\overline{\overline{AB}}} = \overline{A} \cdot \overline{B} = \overline{A+B}$이며 NOR회로의 출력과 같다.

28

다음 진리표에 해당하는 논리회로는? [54회 13.7.]

입 력		출 력
A	B	X
0	0	0
0	1	1
1	0	1
1	1	0

① AND회로
② EX-NOR회로
③ NAND회로
④ EX-OR회로

해설 진리표는 $X = A\overline{B} + \overline{A}B$를 의미하므로 E-OR, X-OR, EX-OR이라고도 한다.

29

그림과 같은 타임차트의 기능을 갖는 논리게이트는? [49회 11.4.]

①  A B ─▷─ X (OR)
②  A B ─▷─ X (AND)
③  A B ─▷○─ X (NOR)
④  A B ─▷○─ X (NAND)

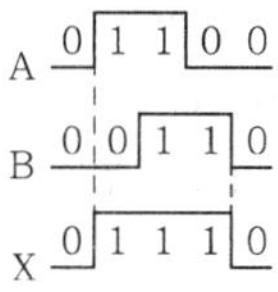

A 0 1 1 0 0
B 0 0 1 1 0
X 0 1 1 1 0

해설

입력 $\begin{cases} A : 0\ 1\ 1\ 0\ 0 \\ B : 0\ 0\ 1\ 1\ 0 \end{cases}$ ← AND회로
출력 $X : 0\ 0\ 1\ 0\ 0$

입력 $\begin{cases} A : 0\ 1\ 1\ 0\ 0 \\ B : 0\ 0\ 1\ 1\ 0 \end{cases}$ ← OR회로
출력 $X : 0\ 1\ 1\ 1\ 0$

정답 27 ② 28 ④ 29 ①

PART 2 디지털 공학

30
그림과 같은 다이오드 논리회로의 출력식은? [44회 08.7.]

① $Z = A + BC$
② $Z = AB + C$
③ $Z = ABC$
④ $Z = A + B + C$

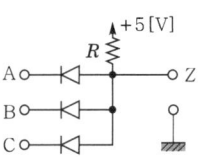

해설 AND회로로 동작하므로 출력 $Z = ABC$이다.

31
진리표와 같은 출력의 논리식을 간략화한 것은? [53회 13.4.]

입 력			출 력
A	B	C	X
0	0	0	0
0	0	1	1
0	1	0	0
0	1	1	1
1	0	0	0
1	0	1	0
1	1	0	1
1	1	1	1

① $\overline{A}B + \overline{B}C$
② $\overline{A}\,\overline{B} + B\overline{C}$
③ $AC + \overline{B}\,\overline{C}$
④ $AB + \overline{A}C$

해설 출력 X에서 '1'이 되는 부분만 논리식으로 나타내면 다음과 같다.
$X = \overline{A}\,\overline{B}C + \overline{A}BC + AB\overline{C} + ABC$
$= \overline{A}C(\overline{B}+B) + AB(\overline{C}+C)$
$= \overline{A}C + AB (\because \overline{B}+B=1, \overline{C}+C=1)$

32
그림과 같은 회로는 어떤 논리동작을 하는가? [44회 08.7.], [68회 20.7.]

① NAND
② NOR
③ AND
④ OR

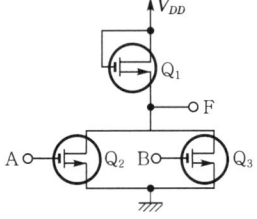

정답 30 ③ 31 ④ 32 ②

해설 출력 $F = \overline{A+B}$는 NOR회로와 같다.

[참고]

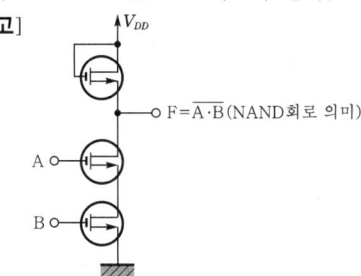

$F = \overline{A \cdot B}$(NAND회로 의미)

33. 반가산기의 진리표에 대한 출력함수는? [52회 12.7.]

입력		출력	
A	B	S	C_0
0	0	0	0
0	1	1	0
1	0	1	0
1	1	0	1

① $S = \overline{A}\,\overline{B} + AB$, $C_0 = \overline{A}\,\overline{B}$
② $S = \overline{A}B + A\overline{B}$, $C_0 = AB$
③ $S = \overline{A}\,\overline{B} + AB$, $C_0 = AB$
④ $S = \overline{A}B + A\overline{B}$, $C_0 = \overline{A}\,\overline{B}$

해설 진리표에서 S, C_0값을 구하면

$\begin{cases} S = A \oplus B = \overline{A}B + A\overline{B} \\ C_0 = AB \end{cases}$

즉, 반가산기의 합(S), 자리올림수(C_0)를 나타내며, 2진수의 1자 숫자 2개를 덧셈하는 회로이다.

34. 반가산기회로에서 입력을 A, B라 하고 합을 S로 표시할 때 S는 어떻게 되는가? [41회 07.4.]

① $A \cdot B$
② $A + B$
③ $\overline{A}B + A\overline{B}$
④ $\overline{A+B}$

해설 반가산기의 합(S), 자리올림수(C)

$\begin{cases} S = A \oplus B = \overline{A}B + A\overline{B} \\ C_0 = A \cdot B \end{cases}$

정답 33 ② 34 ③

PART 2 디지털 공학

35 반가산기의 동작을 옳게 나타낸 것은? [48회 10.7.]
① 2의 자리의 2진수 가산을 하는 동작을 한다.
② 1의 자리의 2진수 가산을 하는 동작을 한다.
③ 3의 자리의 2진수 가산을 하는 동작을 한다.
④ 1의 자리 Carry를 덧셈과 같이 가산하는 동작을 한다.

해설 반가산기는 1의 자리의 2진수 2개를 덧셈하는 회로이며, 합(S)과 자리올림수(C)로 표시할 수 있다.

36 다음 그림과 같은 회로의 명칭은? [45회 09.3.], [50회 11.7.], [70회 21.7.]
① 플립플롭(flip-flop)회로
② 반가산기(half adder)회로
③ 전가산기(full adder)회로
④ 배타적 논리합(exclusive OR)회로

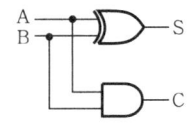

해설 반가산회로를 나타내며 $S = A\overline{B} + \overline{A}B$, $C = AB$로 표시된다.

37 그림과 같은 회로의 기능은? [42회 07.7.], [51회 12.4.]
① 반가산기
② 감산기
③ 반일치회로
④ 부호기

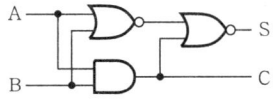

해설 • 반가산기회로이며 S, C를 표시하면 다음과 같다.
$C = A \cdot B$
$S = \overline{\overline{A+B} + A \cdot B} = \overline{\overline{A+B}} \cdot \overline{A \cdot B}$
$= (A+B)(\overline{A \cdot B}) = (A+B)(\overline{A} + \overline{B})$
$= A\overline{B} + \overline{A}B = A \oplus B$

• 반가산기는 입력 2단자, 출력 2단자로 이루어져 있다.
• 진리표

입력		출력	
A	B	S	C
0	0	0	0
0	1	1	0
1	0	1	0
1	1	0	1

정답 35 ② 36 ② 37 ①

38 다음의 진리표를 만족하는 논리회로는? (단, A, B는 입력이고, 출력 S : Sum, C_0 : Carry임) [46회 09.7.]

입 력		출 력	
A	B	S	C_0
0	0	0	0
0	1	1	0
1	0	1	0
1	1	0	1

① EX-OR회로
② 비교회로
③ 반가산기회로
④ Latch회로

해설 반가산기를 나타내는 진리값을 의미하며, 합(S)과 자리올림수(C_0)로 구성되어 있다.

39 전가산기(full adder)회로의 기본적인 구성은? [54회 13.7.], [67회 20.4.]

① 입력 2개, 출력 2개로 구성
② 입력 2개, 출력 3개로 구성
③ 입력 3개, 출력 2개로 구성
④ 입력 3개, 출력 3개로 구성

해설 전가산기는 반가산기 2개와 OR회로 1개로 구성되며, 입력 3단자와 출력 2단자로 이루어진 회로이다.

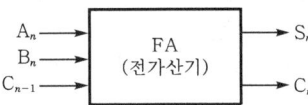

40 전가산기의 입력변수가 x, y, z이고 출력함수가 S, C일 때 출력의 논리식으로 옳은 것은? [43회 08.3.]

① S= $x \oplus y \oplus z$, C= xyz
② S= $x \oplus y \oplus z$, C= $xy + xz + yz$
③ S= $x \oplus y \oplus z$, C= $(x \oplus y)z$
④ S= $x \oplus y \oplus z$, C= $xy + (x \oplus y)z$

정답 38 ③ 39 ③ 40 ④

해설 전가산기(full adder)의 특징
- 회로도

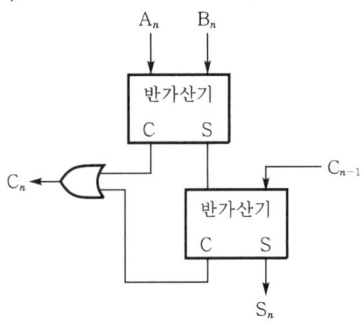

- 진리표

입력			출력	
A_n	B_n	C_{n-1}	S_n	C_n
0	0	0	0	0
0	0	1	1	0
0	1	0	1	0
0	1	1	0	1
1	0	0	1	0
1	0	1	0	1
1	1	0	0	1
1	1	1	1	1

- $\begin{cases} S = A_n \oplus B_n \oplus C_{n-1} \\ C = A_n B_n + (A_n \oplus B_n) C_{n-1} \end{cases}$

41 표와 같은 반감산기의 진리표에 대한 출력함수는? [49회 11.4.]

입력		출력	
A	B	D	B_0
0	0	0	0
0	1	1	1
1	0	1	0
1	1	0	0

① $D = \overline{A} \cdot \overline{B} + A \cdot B,\ B_0 = \overline{A} \cdot B$
② $D = \overline{A} \cdot B + A \cdot \overline{B},\ B_0 = \overline{A} \cdot B$
③ $D = \overline{A} \cdot B + A \cdot \overline{B},\ B_0 = A \cdot \overline{B}$
④ $D = \overline{A \cdot B} + A \cdot B,\ B_0 = A \cdot \overline{B}$

정답 41 ②

해설 • 반감산기 : E-OR회로에서 두 입력의 반감산기회로를 실현할 수 있으며, 두 입력 A와 B가 같으면 차는 '0', 다르면 '1'이 된다.
• 회로도

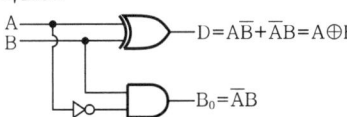

$D = A\overline{B} + \overline{A}B = A \oplus B$
$B_0 = \overline{A}B$

(여기서, 차(D ; Difference), 빌림(B_0 ; Borrow))

42 다음 논리회로를 무엇이라 하는가? [46회 09.7.]

① 반가산기
② 반감산기
③ 전가산기
④ 전감산기

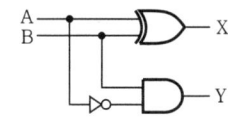

해설 $\begin{cases} X = A\overline{B} + \overline{A}B = A \oplus B \\ Y = \overline{A}B \end{cases}$

위 회로는 반감산기를 뜻한다.

43 그림과 같은 회로는? [52회 12.7.]

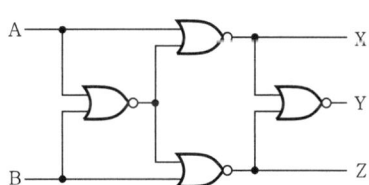

① 비교회로
② 반일치회로
③ 가산회로
④ 감산회로

해설 2진 비교기는 2진수 A, B를 비교하여 A=B, A>B, A<B인 경우를 판단한다.

$X = \overline{A + \overline{A+B}} = \overline{A} \cdot (\overline{\overline{A+B}}) = \overline{A}(A+B)$
$\quad = \overline{A}B \quad (A < B)$

$Z = \overline{B + \overline{A+B}} = \overline{B} \cdot (\overline{\overline{A+B}}) = \overline{B}(A+B)$
$\quad = A\overline{B} \quad (A > B)$

$Y = \overline{A\overline{B} + \overline{A}B} = \overline{A \oplus B} \quad (A = B)$

정답 42 ② 43 ①

PART 2 디지털 공학

44 다음 중 플립플롭회로에 대한 설명으로 잘못된 것은? [45회 09.3.], [51회 12.4.]

① 두 가지 안정상태를 갖는다.
② 쌍안정 멀티바이브레이터이다.
③ 반도체 메모리소자로 이용된다.
④ 트리거펄스 1개마다 1개의 출력펄스를 얻는다.

해설 순서논리회로
- 조합논리와는 달리 입력의 변수뿐만 아니라, 회로의 내부상태에 따라 출력이 달라진다.
- 대표적 회로에는 플립플롭, 쌍안정 멀티바이브레이터, 레지스터, 카운터 등이 있다.
- 반도체 기억소자로도 쓰인다.
- 2개의 안정상태를 갖고, 트리거펄스 1개마다 2개의 출력펄스를 얻는다.

45 교차결합 NAND 게이트회로는 RS 플립플롭을 구성하며, 비동기 FF 또는 RS NAND래치 라고도 하는데, 허용되지 않는 입력 조건은? [54회 13.7.], [69회 21.2.]

① S=0, R=0
② S=1, R=0
③ S=0, R=1
④ S=1, R=1

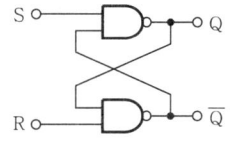

해설 • 위의 플립플롭은 NAND형-FF(부논리)

입력		출력
S	R	Q_{n+1}
0	0	부정
0	1	1
1	0	0
1	1	불변

• NOR형-FF(정논리)

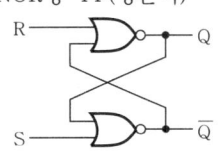

입력		출력
S	R	Q_{n+1}
0	0	불변
0	1	0
1	0	1
1	1	부정

• NAND형-FF(정논리)

입력		출력
S	R	Q_{n+1}
0	0	불변
0	1	0
1	0	1
1	1	부정

정답 44 ④ 45 ①

46

T형 플립플롭을 3단으로 직렬접속하고 초단에 1[kHz]의 구형파를 가하면 출력주파수는 몇 [kHz]인가? [52회 12.7.], [70회 21.7.]

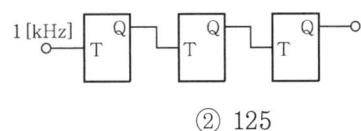

① 1
② 125
③ 250
④ 500

해설 • T에 입력신호가 가해지면 전 상태의 반전(toggle)상태를 유지한다.
• 입력신호 주파수의 $\frac{1}{2}$의 주파수가 출력으로 나온다.

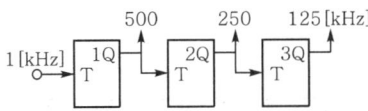

47

다음 그림의 회로 명칭은? [46회 09.7.], [66회 19.7.]

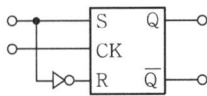

① D 플립플롭
② T 플립플롭
③ J-K 플립플롭
④ R-S 플립플롭

해설 **D(Delay) FF**
• 자연형의 플립플롭을 의미
• 진리표

입력	출력
D	Q_{n+1}
0	0
1	1

• R-S FF를 이용한 D FF 변환회로

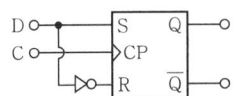

정답 46 ② 47 ①

48
D형 플립플롭의 현재 상태(Q)가 0일 때 다음 상태 $Q_{(t+1)}$를 1로 하기 위한 D의 입력 조건은?

[53회 13.4.]

① 1
② 0
③ 1과 0 모두 가능
④ Q

해설 D-FF의 진리표

입력	출력
D	Q_{t+1}
0	0
1	1

49
D형 플립플롭의 현재 상태가 0일 때 다음 상태를 1로 하기 위한 D의 입력 조건은?

[43회 08.3.]

① 1
② 0
③ 1과 0 모두 가능
④ 1에서 0으로 바뀌는 펄스

해설 출력상태 $Q_{n+1}(t)$가 '1'이 되기 위해서는 D의 입력으로 '1'이면 된다.

50
JK 플립플롭에서 J입력과 K입력에 모두 1을 가하면 출력은 어떻게 되는가?

[43회 08.3.]

① 반전된다.
② 불확정상태가 된다.
③ 이전 상태가 유지된다.
④ 이전 상태에 상관없이 1이 된다.

해설 J-K FF의 진리표

입력		출력
J	K	$Q_{n+1}(t)$
0	0	Q_n (불변)
0	1	0
1	0	1
1	1	$\overline{Q_n}$ (반전)

정답 48 ① 49 ① 50 ①

51

그림은 어떤 플립플롭의 타임차트이다. (A), (B)에 해당되는 것은? [47회 10.3.]

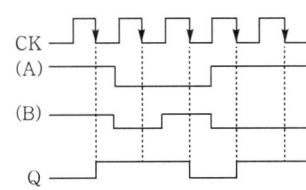

① (A) : S, (B) : R
② (A) : R, (B) : S
③ (A) : J, (B) : K
④ (A) : K, (B) : J

해설 Clock pulse가 하강상태에서 동작을 하며 J=K=0일 때 Q는 전상태(불변), J=K=1일 때 Q는 반전(toggle)상태가 된다.

52

J-K FF에서 현재 상태의 출력 Q_n을 1로 하고, J입력에 0, K입력에 0을 클록펄스 C.P에 Rising edge의 신호를 가하게 되면 다음 상태의 출력 Q_{n+1}은?

[44회 08.7.], [69회 21.2.]

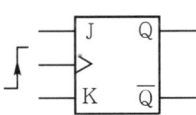

① 1
② 0
③ X
④ $\overline{Q}_n$

해설 J-K FF에서 진리표를 이용해서 구해보면 다음과 같다.

입력		출력
J	K	$Q_{n+1}(t)$
0	0	Q_n (불변)
0	1	0
1	0	1
1	1	$\overline{Q}_n$ (반전)

J=K=0일 때 불변상태이므로 $Q_{n+1}=Q_n$이 된다.
∴ $Q_n = Q_{n+1} =$ '1'상태이다.

정답 51 ③ 52 ①

53

순서회로 설계의 기본인 J-K FF 여기표에서 현재 상태의 출력 Q_n이 0이고, 다음 상태의 출력 Q_{n+1}이 1일 때 필요 입력 J 및 K의 값은? (단, x는 0 또는 1임) [50회 11.7.]

① J=1, K=0
② J=0, K=1
③ J=x, K=1
④ J=1, K=x

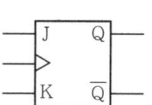

해설 Don't-care 조건 : $x=0$ or $x=1$에 어떤 입력이 들어오더라도 출력에는 변함이 없다.
㉠ $Q_n=0$, $Q_{n+1}=1$의 의미는 반전상태를 의미한다. 즉, 반전이 되기 위해서는 J=1, K=1이면 된다.
㉡ $Q_{n+1}=1$이 되기 위해서는 J=1, K=0이면 된다.
그러므로 ㉠, ㉡ 조건에서 J=1, K=x일 때 $Q_{n+1}=1$이 될 수 있다.

54

다음과 같은 S-R 플립플롭회로는 어떤 회로 동작을 하는가? [42회 07.7.]

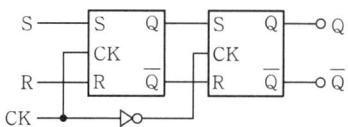

① 4진 카운터
② 시프트 레지스터
③ 분주회로
④ M/S 플립플롭

해설 M/S 플립플롭
마스터 슬레이브(주종)-FF은 입력신호를 기억하는 동작과 이것을 출력에 전송하는 동작을 어긋나게(180° 위상차) 한 것으로 레이싱현상을 방지하기 위한 플립플롭이다.

55

진리표와 같은 입력조합으로 출력이 결정되는 회로는? [42회 07.7.], [46회 09.7.], [47회 10.3.]

입력		출력			
A	B	X_0	X_1	X_2	X_3
0	0	1	0	0	0
0	1	0	1	0	0
1	0	0	0	1	0
1	1	0	0	0	1

① 인코더
② 디코더
③ 멀티플렉서
④ 디멀티플렉서

정답 53 ④ 54 ④ 55 ②

해설 Decoder(해독기, 복호기)
- 2진수 입력을 10진수로 해독이 가능하다.
- 다수입력과 다수출력으로 구성되어 있다.

  예) 2×4 디코더의 진리표

입력		출력			
A	B	X_0	X_1	X_2	X_3
0	0	1	0	0	0
0	1	0	1	0	0
1	0	0	0	1	0
1	1	0	0	0	1

- $n$bit의 2진 코드 입력일 때 2^n개의 출력이 나온다.

56 어떤 시스템 프로그램에 있어서 특정한 부호와 신호에 대해서만 응답하는 일종의 장치 해독기로서 다른 신호에 대해서는 응답하지 않는 것을 무엇이라 하는가? [43회 08.3.]

① 디코더(decoder)
② 산술연산기(ALU)
③ 인코더(encoder)
④ 멀티플렉서(multiplexer)

해설
- 인코더 : 10진수의 입력을 2진수로 변환하는 회로이다.
- 멀티플렉서 : 여러 개의 입력 중에 1개를 선택하는 회로이며, $2^n \times 1$로 표시한다.

57 2^n의 입력선과 n개의 출력선을 가지고 있으며, 출력은 입력값에 대한 2진 코드 혹은 BCD 코드를 발생하는 장치는? [54회 13.7.]

① 디코더
② 인코더
③ 멀티플렉서
④ 매트릭스

해설 Encoder(부호기, 암호기)
- 다수입력과 다수출력($2^n \times n$)으로 구성
- 10진수 입력을 2진수로 변환
- 부호기(암호기) 기능을 갖고 있으며, 보통 OR회로로 구성

정답 56 ① 57 ②

PART 2 디지털 공학

58 주어진 진리표가 나타내는 것은? [50회 11.7.]

입력				출력	
D_0	D_1	D_2	D_3	B	A
1	0	0	0	0	0
0	1	0	0	0	1
0	0	1	0	1	0
0	0	0	1	1	1

① 디코더 ② 인코더
③ 멀티플렉서 ④ 디멀티플렉서

해설 Encoder
10진수의 입력을 2진수로 변환
예 8×3 Encoder 진리표

입력								출력		
D_0	D_1	D_2	D_3	D_4	D_5	D_6	D_7	C	B	A
1	0	0	0	0	0	0	0	0	0	0
0	1	0	0	0	0	0	0	0	0	1
0	0	1	0	0	0	0	0	0	1	0
0	0	0	1	0	0	0	0	0	1	1
0	0	0	0	1	0	0	0	1	0	0
0	0	0	0	0	1	0	0	1	0	1
0	0	0	0	0	0	1	0	1	1	0
0	0	0	0	0	0	0	1	1	1	1

59 그림과 같은 다이오드 매트릭스회로에서 A_1, A_0에 가해진 Data가 1, 0이면, B_3, B_2, B_1, B_0에 출력되는 Data는? [54회 13.7.]

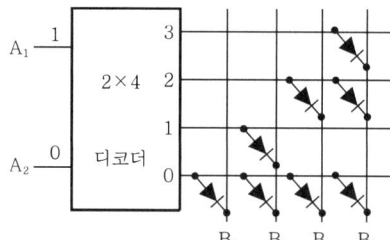

① 1111 ② 1010
③ 1011 ④ 0100

정답 58 ② 59 ④

해설 2×4 디코더(decoder)

입력		출력			
A	B	B_0	B_1	B_2	B_3
0	0	1	0	0	0
0	1	0	1	0	0
1	0	0	0	1	0
1	1	0	0	0	1

60. 멀티플렉서(multiplexer, MUX)란? [49회 11.4.]

① n비트의 2진수를 입력하여 최대 2^n비트로 구성된 정보를 출력하는 조합논리회로이다.

② 2^n비트로 구성된 정보를 입력하여 n비트의 2진수를 출력하는 조합논리회로이다.

③ 여러 개의 입력선 중에서 하나를 선택하여 단일출력선으로 연결하는 조합회로이다.

④ 하나의 입력선으로부터 정보를 받아 여러 개의 출력단자의 출력선으로 정보를 출력하는 회로이다.

해설 멀티플렉서(MUX ; Multi plexer)

n개의 입력 data에서 1개의 입력만을 선택해서 단일통로로 전송하는 회로를 말한다.

• 4×1 MUX회로

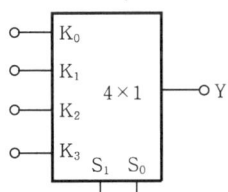

• 진리표

입력		출력
S_1	S_0	Y
0	0	K_0
0	1	K_1
1	0	K_2
1	1	K_3

정답 60 ③

공자(孔子)가 말하기를, "널리 배우고 뜻을 돈독히 하며, 간절히 묻고 가까운 것부터 생각하면 인(仁)은 그 가운데 있는 것이다."고 하였다.

《예기(禮記)》에 이르기를, "옥은 다듬지 않으면 그릇이 되지 못하고, 사람은 배우지 않으면 바른 도리를 알지 못한다."고 하였다.

- 명심보감, 제9편 근학(勤學) 중에서 -

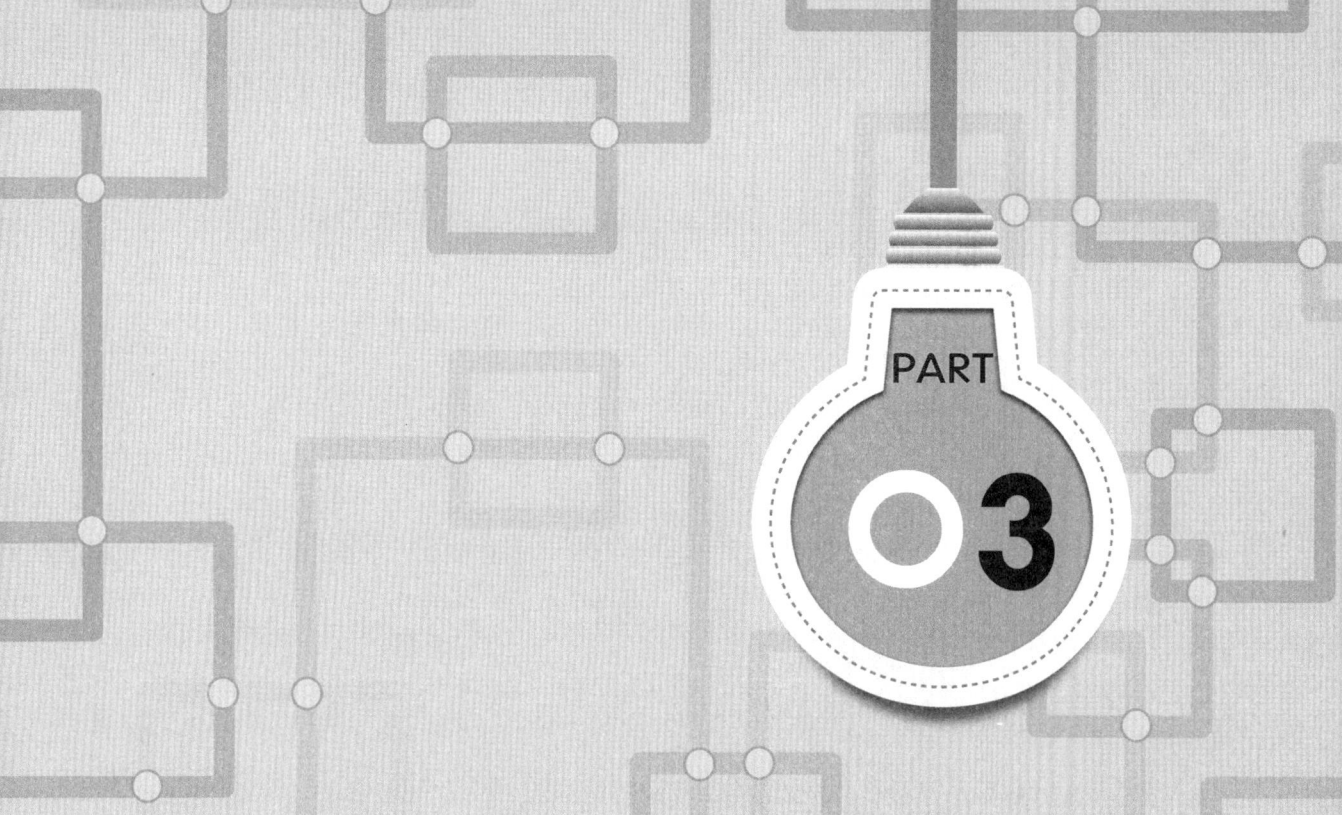

송·배전선로의 전기적 특성

- **제1장** 송·배전방식과 송·배전전압
- **제2장** 선로정수 및 코로나 현상
- **제3장** 송전선로의 특성 및 전력원선도
- **제4장** 전선로

CHAPTER 01 송·배전방식과 송·배전전압

01 송·배전전압

1 전압의 공급형태

(1) 단상 2선식
  ① 가닥수 : 1가닥
  ② 1선당 전력 $P = 0.5VI$
  ③ 소요 전선비 W_1

(2) 단상 3선식
  ① 가닥수 : 3가닥
  ② 1선당 전력 $P = 0.67VI$
  ③ 소요 전선비 $\dfrac{W_2}{W_1} = \dfrac{3}{8}$

(3) 3상 3선식(송전)
  ① 가닥수 : 3가닥
  ② 1선당 전력 $P = 0.57VI$
  ③ 소요 전선비 $\dfrac{W_3}{W_1} = \dfrac{3}{4}$

(4) 3상 4선식(배전)
  ① 가닥수 : 4가닥
  ② 1선당 전력 $P = 0.75VI$
  ③ 소요 전선비 $\dfrac{W_4}{W_1} = \dfrac{1}{3}$

[69회 출제]
전압에 따른 중량비

[전선의 중량]
W=가닥수×비중×단면적
　×길이

[승압시 특징]
- 전압 강하 감소 $e \propto \dfrac{1}{V}$
- 전압 강하율 감소 $\delta \propto \dfrac{1}{V^2}$
- 공급 전력 증가 $P \propto V^2$
- 전력 손실 감소 $P_l \propto \dfrac{1}{V^2}$

[69회 출제]
설비 불평형률 특징

2 단상 3선식의 특징

(1) 2가지의 전원을 사용이 가능하다(110[V], 220[V])

 110[V] → 220[V]의 전압 사용이라 할 때의 특징(즉 전압이 2배일 때)
1. 전압강하 : $\dfrac{1}{2}$로 감소
2. 전력 손실 : $\dfrac{1}{4}$로 감소
3. 전력 : 4배로 증가
4. 전선의 단면적 : $\dfrac{1}{4}$로 감소

(2) 2차측 중성선은 퓨즈를 연결하지 말아야 한다.
(3) 중성선이 단선 시에 불평형 상태가 된다.
  ① 설비 불평형률
  $$= \dfrac{\text{최대 부하설비 용량}[KVA] - \text{최소 부하설비 용량}[KVA]}{\text{총 부하설비 용량}[KVA] \times \dfrac{1}{2}} \times 100[\%]$$
  ② 불평형률은 40[%] 이하여야 한다.

02 배전선로의 구성

(1) 수지식(가지식, 방사상식)
  ① 배전설비가 간단하여 경제적이다.
  ② 주로 농어촌 등의 부하가 적은 곳에 설치한다.
  ③ 부하증설이 용이하다.
  ④ 전압강하가 커서 전력 손실이 크다.
  ⑤ 사고에 의한 신뢰도가 많이 떨어진다.
  ⑥ 플리커 현상이 있다.

(2) 루프식(환상식)
  ① 주로 중소도시에서 이용된다.
  ② 수지식에 비해 플리커 현상이나 전압강하가 감소한다.
  ③ 전력 손실은 작은 편이다.
  ④ 구분개폐기를 설치하여 선로의 고장 시 고장구간의 신속 분리가 가능하다.

(3) 저압 네트워크 방식
① 부하 증가에 대한 공급 탄력성이 매우 좋다.
② 전압강하와 전력 손실이 감소한다.
③ 무정전 공급이 가능해 공급의 신뢰성이 가장 뛰어나다.
④ 중소도시와 대도시에서 주로 사용된다.
⑤ 사고 시 전류의 역류 가능성이 있어 네트워크 프로텍터를 사용하여 고장 전류를 차단한다.

(4) 저압 뱅킹 방식
① 전압변동 및 플리커 현상이 적다.
② 전압강하 및 전력 손실이 적다.
③ 부하가 밀집된 시가지에 주로 이용된다.
④ 캐스케이딩 현상이 발생되며 이를 방지하기 위해 뱅킹퓨즈를 사용한다.

[배전방식]
- 가지식(수지상식)
- 환상식(루프식)
- 저압 뱅킹 방식
- 저압 네트워크 방식

[68회, 70회 출제]
배전 방식의 장·단점

03 배전선로의 손실 감소 대책

(1) 전압의 승압
① 손실 $P_l = \dfrac{P^2 R}{V^2 \cos^2\theta}$ 이므로 전압의 제곱에 반비례한다. 즉 전압을 2배로 승압을 하면 손실은 $\dfrac{1}{4}$ 배로 감소한다.

② 단권변압기 사용
  ㉠ 승압용과 강압용이 있으나 여기서는 승압용을 사용하게 된다.
  ㉡ 철량과 동량이 감소한다.
  ㉢ 1, 2차 사이의 절연이 어렵다.
  ㉣ 전압비 $\dfrac{V_h}{V_l} = \left(1 + \dfrac{n_2}{n_1}\right)$
  ㉤ 승압전압 $V_h = \left(1 + \dfrac{n_2}{n_1}\right) V_l$
  ㉥ $\dfrac{자기용량}{부하용량} = \dfrac{V_h - V_l}{V_h}$ (V_l : 입력(1차측)전압, V_h : 출력(2차측)전압)

(2) 역률의 개선
① 손실 $P_l = \dfrac{P^2 R}{V^2 \cos^2\theta}$ 이므로 역률의 제곱에 반비례한다. 즉 역률을 2배로 하면 손실은 $\dfrac{1}{4}$ 배로 감소한다. (단, 역률은 "1"일 때 가장 이상적이다.)

PART 3 송·배전선로의 전기적 특성

[콘덴서 용량 Q_c]
$Q_c = P(\tan\theta_1 - \tan\theta_2)$
여기서, P[kW]이며 만약 P[kVA]이면 ×역률을 한다.

② 역률개선용 콘덴서의 용량 Q_c

$$Q_c = P\left(\frac{\sin\theta_1}{\cos\theta_1} - \frac{\sin\theta_2}{\cos\theta_2}\right)[\text{KVA}]$$

여기서, $\cos\theta_1$: 개선 전 역률, $\cos\theta_2$: 개선 후 역률

③ 역률이 개선되면 전압강하도 감소한다.
④ 수용가의 전기요금이 감소한다.
⑤ 부하설비용량의 여유가 증대된다.

(3) 네트워크 방식을 채택한다.

(4) 변압기 손실 등을 감소시켜 선로의 손실을 줄인다.

① 변압기 효율 η

$$\eta = \frac{\text{출력}}{\text{입력}} \times 100[\%] = \frac{\text{출력}}{\text{출력}+\text{손실}} \times 100[\%]$$
$$= \frac{VI\cos\theta}{VI\cos\theta + P_i + P_c} \times 100[\%]$$

여기서, P_i : 철손, P_c : 동손

② 손실(철손, 동손)이 감소하면 효율이 높아진다.

③ Y결선, △결선, V결선 방식의 변압기가 쓰인다.

[66회, 68회, 70회 출제]
Y결선, △결선, V결선

  ㉠ Y결선
  • 출력 $P = 3P_1$ (단, P_1은 변압기 1대 용량)
  • 선전류=상전류
  • 선전압= $\sqrt{3}$ 상전압

  ㉡ △결선
  • 출력 $P = 3P_1$ (단, P_1은 변압기 1대 용량)
  • 선전류= $\sqrt{3}$ 상전류
  • 선전압=상전압

  ㉢ V결선
  • △결선 시에 1개의 변압기가 고장 시에 사용되는 결선방식이다.
  • 출력 $P = \sqrt{3}P_1$ (단, P_1은 변압기 1대 용량)
  • 이용률 : 86.6[%]
  • 출력비 : 57.7[%]

CHAPTER 1 송·배전방식과 송·배전전압

 배전설비의 용량

1. 수용률 = $\dfrac{\text{최대 수용전력[KW]}}{\text{설비용량[KW]}} \times 100[\%]$

2. 부하율 = $\dfrac{\text{평균 수용전력[KW]}}{\text{최대 수용전력[KW]}} \times 100[\%]$

  $= \dfrac{\text{사용전력량/시간[KW]}}{\text{최대 수용전력[KW]}} \times 100[\%]$

3. 부등률 = $\dfrac{\text{개별 수용가 최대 전력의 합[KW]}}{\text{합성 최대 전력[KW]}} \geq 1$

04 배전선로의 보호장치

(1) 리클로저
고장전류 차단기능이 있는 개폐장치이다.

(2) 섹셔널라이저
고장전류 차단기능이 없는 개폐장치이므로 리클로저와 같이 사용한다.

(3) 라인 퓨즈

05 송·배전선로의 응용

(1) 전압강하 e

$$e = \sqrt{3}\,I(R\cos\theta + X\sin\theta)(3상) = \dfrac{P}{V}(R + X\tan\theta)$$

$$\therefore\ e \propto P \propto \dfrac{1}{V}$$

[단상 시의 전압강하 e]
$e = V_s - V_r$
$= I(R\cos\theta + X\sin\theta)$

(2) 전압변동률 ε

$$\varepsilon = \dfrac{V_{r0} - V_r}{V_r} \times 100[\%]$$

여기서, V_{r0} : 무부하시 수전단전압, V_r : 부하시 수전단전압

[68회, 70회 출제]
전압변동률에 관한 특징 및 계산

(3) 전압강하율 α

$$\alpha = \frac{\text{전압강하}}{\text{수전단 전압}} \times 100[\%] = \frac{\text{송전단 전압} - \text{수전단 전압}}{\text{수전단 전압}} \times 100[\%]$$

$$= \frac{V_s - V_r}{V_r} \times 100 = \frac{e}{V_r} \times 100[\%]$$

$$= \frac{\frac{P_r}{V_r}(R + X\tan\theta)}{V_r} \times 100[\%]$$

$$= \frac{P_r}{V_r^2}(R + X\tan\theta) \times 100[\%]$$

$$\therefore \alpha \propto P \propto \frac{1}{V^2}$$

[전력 손실률 K]

$$K = \frac{P_l}{P_r} \times 100[\%]$$

$$= \frac{P\rho l}{V^2 \cos^2\theta A} \times 100[\%]$$

(4) 전력 손실 P_l

$$P_l = 3I^2 R = \frac{P^2 R}{V^2 \cos^2\theta}$$

$$\therefore P_l \propto P^2 \propto \frac{1}{V^2} \propto R \propto \frac{1}{\cos^2\theta}$$

06 선로 및 기기의 보호

1 계전기

(1) 구비조건
  ① 감도가 예민할 것
  ② 보호 동작이 정확하고 신속할 것
  ③ 기계적으로 튼튼할 것
  ④ 특성의 변화가 거의 없어야 할 것(반영구적일 것)

(2) 보호계전기의 종류
  ① 과전압계전기(OVR) : 일정 전압 이상이 되면 동작을 하는 계전기이다.
  ② 부족전압계전기(UVR) : 일정 전압 이하가 되면 동작을 하는 계전기이다.
  ③ 과전류계전기(OCR) : 일정 전류 이상이 되면 동작을 하는 계전기이다.

④ 지락과전류계전기(OCGR) : 지락 사고 시 일정 전류 이상이 되면 동작을 하는 계전기이다.
⑤ 차동계전기(RDF) : 1차와 2차측의 전류가 어떤 값 이상의 차이를 가지면 동작을 하는 계전기이다.

> **부흐홀츠 계전기**
> 변압기 보호를 위해 주탱크와 콘서베이터 사이에 설치하며 유증기 속에 포함된 수소가스 검출을 위해 사용된다.

(3) 시한 동작에 의한 분류
① 순한시 : 고장이 발생하면 바로 동작을 한다.
② 정한시 : 일정 전류 이상이고 일정 시간이 지나면 바로 동작을 한다.
③ 반한시 : 전류가 작을 때는 동작시간이 길고, 전류가 클 때는 동작시간이 짧아지는 계전기이다.
④ 반한시성 정한시 : 전류가 작을 때는 반한시성을, 전류가 클 때는 정한시 특성을 가진다.

[69회 출제]
분류

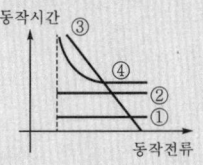

2 차단기(CB)

고장전류를 차단하거나 부하전류 개폐에 이용된다

(1) 차단기 용량 P_s
① $P_s = \sqrt{3} \times 정격전압 \times 정격차단전류 \times 10^{-6} [\text{MVA}]$
② 차단시간 : 개극시간에서 소호까지 시간을 말한다.

[69회 출제]
차단기의 용량 계산

(2) 차단기의 종류
① 진공차단기(VCB)
  ㉠ 소호 매질은 진공이다.
  ㉡ 소형, 경량이다.
  ㉢ 주파수의 영향을 거의 받지 않는다.
② 기중차단기(ACB)
  ㉠ 소호 매질은 대기상태의 공기이다.
  ㉡ 저압용 차단기이다.
  ㉢ 저압용에는 ACB, MCCB, NFB 등이 있다.

[공기차단기와 기중차단기의 소호 매질 비교]
- 공기차단기(ABB) : 압축 공기
- 기중차단기(ACB) : 대기 공기

③ 공기차단기(ABB)
  ㉠ 소호 매질은 압축 공기이다.
  ㉡ 차단 시 소음이 커서 요즘은 잘 사용하지 않는다.
④ 유입차단기(OCB)
  ㉠ 소호 매질로 절연유가 이용된다.
  ㉡ 절연유를 사용하기 때문에 화재의 우려가 있어 실내에서는 잘 사용하지 않는다.
⑤ 자기차단기(MBB)
  ㉠ 소호 매질로 자계의 전자력. 즉, 플레밍의 왼손법칙의 힘(F)을 이용한다.
  ㉡ 자계를 이용하기 때문에 주파수의 영향을 전혀 받지 않는다.
⑥ 가스차단기(GCB)
  ㉠ 소호 매질로 육불화유황(SF_6)가스를 이용한다.
  ㉡ 밀폐 구조여서 소음이 매우 적다.
  ㉢ 신뢰성이 매우 높다.

육불화유황(SF_6)의 특징
1. 무색, 무취, 무해이다.
2. 난연성 가스이다.
3. 소호 능력이 공기의 약 100~200배 정도이다.
4. 절연내력도 공기보다 높다. (약 2~3배 정도이다.)

[68회, 69회 출제]
PT와 CT의 비교

3 계기용 변성기

(1) 계기용 변압기(PT)
  ① 2차 전압은 항상 110[V]로 고정되어 있다.
  ② 고전압을 저전압으로 변성하는 데 이용된다.
  ③ 점검 시에는 반드시 2차측을 개방하여야 한다.

(2) 변류기(CT)
  ① 2차 전류는 항상 5[A]로 고정되어 있다.
  ② 대전류를 소전류로 변성하는 데 이용된다.
  ③ 점검 시에는 반드시 2차측을 단락하여야 한다.

> **변류기의 결선 방식**
> 1. 가동 결선-1차측 전류 I_1=전류계전류$\times CT$비
> 2. 차동 결선-1차측 전류 I_1=전류계전류$\times CT$비$\times \dfrac{1}{\sqrt{3}}$

(3) 전력수급용 변성기(MOF)
1대의 탱크에 PT와 CT를 넣은 것을 말한다.

07 중성점 접지방식

(1) 목적
① 이상전압을 방지하기 위해
② 계전기의 동작을 신속하고 확실하게 하기 위해
③ 건전상의 전위 상승을 억제하기 위해

[69회 출제]
중성점 접지방식의 목적

(2) 접지방식의 종류
① 직접접지방식
  ㉠ 유효접지방식이라고도 한다.
  ㉡ 1선 지락 시 건전상의 전위 상승이 1.3배 정도가 되어 다른 접지방식에 비해 가장 낮다.
  ㉢ 고속도의 차단이 가능하다.
  ㉣ 통신유도장해가 가장 크다.
  ㉤ 지락 전류가 매우 크다.
  ㉥ 사고 시의 안정도는 가장 낮다.
② 비접지방식
  ㉠ 지락 전류가 적어서 계전기의 동작이 불확실하다.
  ㉡ 통신유도장해가 적다.
  ㉢ 1선 지락 시 건전상의 전위 상승은 $\sqrt{3}$배이다.
  ㉣ 변압기 1대 고장 시 △-△ 결선으로 사용이 가능하다.

[접지방식별 비교]

방식	접지 임피던스	유도 장해
비접지	∞	작다
직접접지	0	최대
소호 리액터 접지	ω_L	최소
저항접지	R	작다

③ 저항접지방식
  ㉠ 계전기 동작이 불확실하다.
  ㉡ 통신유도장해는 작은 편이다.
  ㉢ 1선 지락 시 건전상의 전위 상승은 $\sqrt{3}$ 배이다.
  ㉣ 지락 전류는 작다.

④ 소호 리액터 접지
  ㉠ 1선 지락 시 건전상의 전위 상승은 $\sqrt{3}$ 배 이상이다.
  ㉡ 계전기 동작은 불확실하다.
  ㉢ $L-C$ 병렬공진을 이용한다.
  ㉣ 통신유도장해는 매우 작다.

[소호 리액터 리액턴스]
$$L = \frac{1}{3(2\pi f)^2 C_s}$$

 유도장해
전력선에 의해 통신선에 장해가 발생하는 현상을 말한다.

  ㉤ 과도안정도는 가장 우수하다.

CHAPTER 02 선로정수 및 코로나 현상

01 선로정수

송배전선로는 저항 R, 인덕턴스 L, 정전용량(커패시턴스) C, 누설컨덕턴스 G로 이루어진 연속적인 전기회로이다.

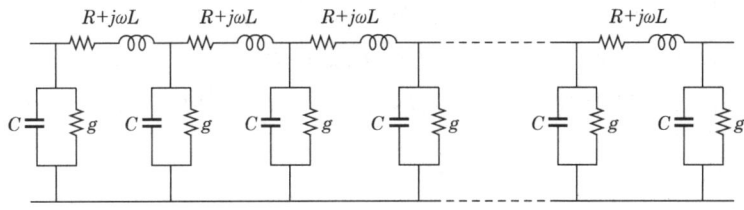

1 저항(R)

전선의 길이가 $l\,[\text{m}]$, 단면적 $A\,[\text{mm}^2]$일 때의 전선의 저항

$$R = \rho\frac{l}{A} = \frac{1}{58} \times \frac{100}{C} \times \frac{l}{A}\,[\Omega]$$

여기서, ρ : 고유저항 $\left(\dfrac{1}{58} \times \dfrac{100}{C}\right)[\Omega \cdot \text{mm}^2/\text{m}]$
C : 도전율[%]

[저항(R)]
$R = \rho\dfrac{l}{A}$
$= \dfrac{1}{58} \times \dfrac{100}{C} \times \dfrac{l}{A}[\Omega]$

2 인덕턴스(L)

(1) 단도체

$$L = 0.05 + 0.4605\log_{10}\frac{D}{r}\,[\text{mH/km}]$$

여기서, r : 반지름
D : 등가 선간거리

[59회, 69회 출제]
인덕턴스(L)
$L = 0.05 + 0.4605\log_{10}\dfrac{D}{r}$
[mH/km]

PART 3 송·배전선로의 전기적 특성

[66회 출제]
다도체의 인덕턴스 L

(2) 다도체

$$L = \frac{0.05}{n} + 0.4605 \log_{10} \frac{D}{r'} \, [\text{mH/km}]$$

여기서, n : 소도체의 수

r' : 등가반지름 → $r' = r^{\frac{1}{n}} \cdot s^{\frac{n-1}{n}} = \sqrt[n]{r \cdot s^{n-1}}$

(s : 소도체 간의 등가 선간거리)

[등가 선간거리(D')]
$\sqrt[n]{D_1 \times D_2 \times D_3 \times \cdots D_n}$

> **등가 선간거리(기하학적 평균거리)**
>
> $$D' = \sqrt[n]{D_1 \times D_2 \times D_3 \times \cdots\cdots D_n}$$
>
> 1. 직선 배열 : $D' = \sqrt[3]{D \times D \times 2D} = \sqrt[3]{2}\, D$
> 2. 정삼각 배열 : $D' = \sqrt[3]{D \times D \times D} = D$
> 3. 정사각 배열 : $D' = \sqrt[6]{D \times D \times D \times D \times \sqrt{2}D \times \sqrt{2}D} = \sqrt[6]{2}\, D$

[60회, 66회, 68회 출제]
대지정전용량(C)

• 단도체
$C = \dfrac{0.02413}{\log_{10} \dfrac{D}{r}} [\mu\text{F/km}]$

• 다도체
$C = \dfrac{0.02413}{\log_{10} \dfrac{D}{r'}} [\mu\text{F/km}]$

(3) 정전용량(C)

① 단도체 $C = \dfrac{0.02413}{\log_{10} \dfrac{D}{r}} [\mu\text{F/km}]$

② 다도체 $C = \dfrac{0.02413}{\log_{10} \dfrac{D}{r'}} = \dfrac{0.02413}{\log_{10} \dfrac{D}{\sqrt[n]{r\, s^{n-1}}}} [\mu\text{F/km}]$

③ 충전전류(앞선전류=진상전류) $I_c = \dfrac{E}{X_c} = \dfrac{E}{\dfrac{1}{\omega C}} = \omega CE = \dfrac{\omega CV}{\sqrt{3}} \times 10^{-3} [\text{A}]$

④ 충전용량 $Q_c = 3EI_c = 3\omega CE^2 \times 10^{-3} = \omega CV^2 \times 10^{-3}$
$\qquad\qquad\qquad = 2\pi f CV^2 \times 10^{-3} [\text{kVA}]$

02 전선 위치 바꿈(연가)(trans position)

(1) 개념

전선로 각 상의 선로정수를 평형이 되도록 선로 전체의 길이를 3등분을 하여 각 상에 속하는 전선이 전 구간을 통하여 각 위치를 일순

(2) 전선 위치 바꿈(연가)의 효과
선로정수를 평형시켜 통신선에 대한 유도장해 방지 및 전선로의 직렬 공진을 방지

03 코로나 현상

[코로나 현상]
전선 주위의 공기 절연이 파괴되면서 발생하는 현상

(1) 개념
초고압 송전계통에서 전위경도가 너무 높은 경우 **전선 주위의 공기 절연이 파괴되면서 발생하는 현상**을 말한다.

(2) 임계전압(E_0)

[62회, 66회, 68회 출제]
임계전압 $E_0 = 24.3 m_0 m_1 \delta d \log_{10} \dfrac{D}{r}$ [kV]

$$E_0 = 24.3\, m_0 m_1 \delta\, d \log_{10}\dfrac{D}{r}\,[\text{kV}]$$

① m_0 (표면계수)
  ㉠ 단선 : 1
  ㉡ 중공연선 : 0.9~0.94
② m_1 (날씨계수)
  ㉠ 청천 : 1
  ㉡ 흐리거나 비 : 0.8
③ δ (공기 상대밀도)
④ d (전선의 직경[cm])
⑤ D (선간거리[cm])

(3) 영향
코로나 손실(peek 식)

$$P_1 = \dfrac{241}{\delta}(f+25)\sqrt{\dfrac{r}{D}}\,(E-E_0)^2 \times 10^{-5}\,[\text{kW/km/선}]$$

여기서, E : 대지전압[kV], E_0 : 임계전압 [kV], f : 주파수[Hz]
δ : 공기 상대밀도, D : 선간거리[cm]

(4) 통신선에서의 유도장해
코로나에 의한 고조파 전류 중 제3고조파 성분은 중성점 전류로서 나타나고 통신선에 유도장해를 일으킬 우려가 있다.

PART 3 송·배전선로의 전기적 특성

[59회 출제]
코로나 방지책

[60회 출제]
복도체 사용목적

[61회 출제]
절연파괴 전위경도

(5) 방지책

① 전선표면의 금구를 손상하지 않게 한다.
② 전선의 직경을 크게 하여 **임계전압을 크게** 한다. (단도체(경동선) → ACSR, 중공연선, **복도체** 방식 채용)
③ **가선금구**를 개량한다.

절연파괴 전위경도의 실효값은 약 21[kV/cm]이다.

송전선로의 특성 및 전력원선도

Master Craftsman Electricity

01 송전단선로의 특성

1 단거리 송전선로(50[km] 이하)

저항과 인덕턴스와의 직렬회로로 나타내며 집중정수회로로 해석

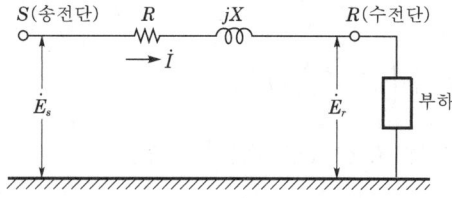

① 송전단(sending end) 전압(E_S)

$$E_S = \sqrt{(E_R + IR\cos\theta_r + IX\sin\theta_r)^2 + (IX\cos\theta_r - IR\sin\theta_r)^2}$$
$$\fallingdotseq E_R + I(R\cos\theta_r + X\sin\theta_r)$$

② 전압강하(voltage drop, e)
  ㉠ 단상 $e = E_S - E_R = I(R\cos\theta_r + X\sin\theta_r)$
  ㉡ 3상 $e = E_S - E_R = \sqrt{3}\,I(R\cos\theta_r + X\sin\theta_r)$

③ **전압강하율**(percentage voltage drop, ε) 및 **전압변동률**(δ)

  ㉠ $\varepsilon = \dfrac{e}{E_R} \times 100 = \dfrac{E_S - E_R}{E_R} \times 100 = \dfrac{I(R\cos\theta_r + X\sin\theta_r)}{E_R} \times 100\,[\%]$

  ㉡ $\delta = \dfrac{V_0 - V_n}{V_{rn}} \times [\Omega]$

  여기서, V_0 : 무부하 시 수전단 선간전압, V_n : 전부하 시 수전단 선간전압
  E_S, E_R : 송전단, 수전단 상전압

④ 수전단(receiving end) 전력 $P_r = \sqrt{3}\,V_r I\cos\theta_r$ [kW]

  전력손 $P_l = 3I^2R = 3 \cdot \left(\dfrac{P}{\sqrt{3}\,V\cos\theta}\right)^2 \cdot R = \dfrac{\rho l P^2}{AV^2\cos^2\theta}$ [W]

  송전단(sending end) 전력 $P_s = P_r + P_l = \sqrt{3}\,V_r I\cos\theta_r + 3I^2R$

[59회 출제]
송전단 전압(E_S)
$E_R + I(R\cos\theta_r + X\sin\theta_r)$

[59회, 60회, 66회 출제]
전압변동률(δ)
$\delta = \dfrac{V_0 - V_n}{V_m} \times 100\,[\%]$

[62회 출제]
$\delta = p\cos\theta + q\sin\theta$

[60회 출제]
송전단 전압

PART 3 송·배전선로의 전기적 특성

[중거리 송전선로의 구성]
- 직렬 임피던스
- 병렬 어드미턴스

2 중거리 송전선로

중거리 송전선로에서는 직렬 임피던스와 병렬 어드미턴스로 구성되고 있는 T형 회로와 π형 회로의 두 종류의 등가회로로 해석

(1) T형 회로

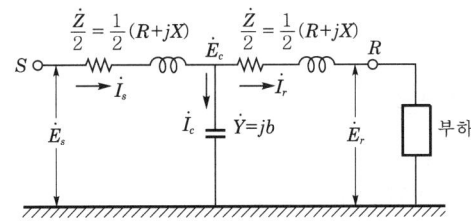

$$E_s = E_c + \frac{Z}{2}I_s = \left(1 + \frac{ZY}{2}\right)E_r + Z\left(1 + \frac{ZY}{4}\right)I_r \implies \dot{E}_s = \dot{A}\dot{E}_r + \dot{B}\dot{I}_r$$

$$I_s = I_r + I_c = YE_r + \left(1 + \frac{ZY}{2}\right)I_r \qquad \dot{I}_s = \dot{C}\dot{E}_r + \dot{D}\dot{I}_r$$

$*\ AD - BC = 1$ [A, B, C, D : 4단자 정수]

[T형 회로]
$AD - BC = 1$
$C = \dfrac{AD - 1}{B}$

$$\begin{bmatrix} A & B \\ C & D \end{bmatrix} = \begin{bmatrix} 1 & Z \\ 0 & 1 \end{bmatrix} \qquad \begin{bmatrix} A & B \\ C & D \end{bmatrix} = \begin{bmatrix} 1 & 0 \\ Y & 1 \end{bmatrix}$$

(2) π형 회로

$$\begin{bmatrix} 1 & 0 \\ \frac{Y}{2} & 1 \end{bmatrix} \cdot \begin{bmatrix} 1 & Z \\ 0 & 1 \end{bmatrix} \cdot \begin{bmatrix} 1 & 0 \\ \frac{Y}{2} & 1 \end{bmatrix} = \begin{bmatrix} 1 + \frac{ZY}{2} & Z \\ Y\left(1 + \frac{ZY}{4}\right) & 1 + \frac{ZY}{2} \end{bmatrix}$$

$$E_s = E_r + ZI = \left(1 + \frac{ZY}{2}\right)E_r + ZI_r$$

$$I_s = I_{cs} + I = Y\left(1 + \frac{ZY}{4}\right)E_r + \left(1 + \frac{ZY}{2}\right)I_r$$

3 장거리 송전선로

$$\dot{E_s} = \dot{E_r}\cosh\dot{\gamma}l + \dot{I_r}\dot{Z_0}\sinh\dot{\gamma}l\,[\text{V}]$$
$$\dot{I_s} = \dot{E_r}\dot{Y_0}\sinh\dot{\gamma}l + \dot{I_r}\cosh\dot{\gamma}l\,[\text{A}]$$

여기서, $\dot{Z_0}$: 특성 임피던스(characteristic impedance)
$\dot{\gamma}$: 전파정수(propagation constant)

① 특성 임피던스 $\dot{Z_0} = \sqrt{\dfrac{\dot{Z}}{\dot{Y}}} = \sqrt{\dfrac{R+j\omega L}{G+j\omega C}}\,[\Omega]$

② 전파정수 $\dot{\gamma} = \sqrt{\dot{Z}\dot{Y}} = \sqrt{(R+j\omega L)(G+j\omega C)}\,[\text{rad}]$

③ 전파속도 $v = \dfrac{1}{\sqrt{LC}}\,[\text{m/sec}]$ (단, $v = 3\times 10^5\,[\text{km/sec}]$이다.)

[66회, 68회 출제]
• 특성 임피던스 Z_0
$Z_0 = \sqrt{\dfrac{Z}{Y}}$
• 전파정수 γ
$\gamma = \sqrt{YZ}$

02 전력원선도

(1) 전선로의 4단자정수와 복소전력법을 이용한 송·수전단의 전력방정식

(2) **중심점 좌표** : mE_s^2, jnE_s^2

(3) **반지름** : $\dfrac{E_s E_r}{B}$

[61회 출제]
반지름

(4) <u>전력원선도로부터 구할 수 있는 것</u>
① 송·수전단 위상각
② 유효전력, 무효전력, 피상전력(가로축 : 유효전력, 세로축 : 무효전력)
③ 선로의 손실과 송전효율
④ 수전단의 역률
⑤ 조상설비의 용량
⑥ 전력손실

[59회, 60회, 62회 출제]
전력원선도

03 페란티현상

부하가 아주 적은 경우, 특히 무부하인 경우에는 충전전류의 영향이 크게 작용해서 전류는 진상전류로 되고, 이때에는 **수전단 전압이 오히려 송전단 전압보다 높게 된다.** 이 현상을 페란티현상이라 한다.

PART 3 송·배전선로의 전기적 특성

04 조상설비

무효전력을 조정하여 전송효율을 높이고, 전압을 조정하여 계통의 안정도를 증진시키는 설비를 말하며, **동기조상기, 전력용 콘덴서, 분로 리액터** 등이 있다.

1 동기 무표전력보상장치(조상기)

무부하 동기전동기의 여자를 변화시켜 전동기에서 공급되는 진상 또는 지상전류를 공급받아 역률을 개선한다.

[59회, 64회, 65회 출제]
동기조상기 특징
• 송전계통에 주로 사용
• 조정이 연속적
• 회전기로 손실이 크다.
• 시충전 가능
• 진상·지상부하 모두 사용

전력용 콘덴서	동기조상기
배전계통에 주로 사용	송전계통에 주로 사용
조정이 불연속	조정이 연속적
정지기로 손실이 적다.	회전기로 손실이 크다.
시충전 불가	시충전 가능
지상부하에 사용	진상·지상부하 모두 사용

2 분로 리액터

변전소에 설치하여 선로의 페란티효과를 방지한다.

[61회 출제]
리액터 설치 목적

3 전력용 콘덴서

배전선로의 역률개선용으로 사용할 때에는 **콘덴서를 전선로와 병렬로 접속**한다.

[60회, 64회, 66회 출제]
콘덴서 용량(Q_C)
$Q_C = P(\tan\theta_1 - \tan\theta_2)$

[61회 출제]
Q_C 설치방법

역률개선

1. 역률개선용 콘덴서 용량 Q[kVA]

$$Q = P(\tan\theta_1 - \tan\theta_2) = P\left(\frac{\sin\theta_1}{\cos\theta_1} - \frac{\sin\theta_2}{\cos\theta_2}\right)[\text{kVA}]$$

2. 콘덴서에 의한 제5고조파 제거를 위해서 직렬 리액터가 필요하다.
   • 직렬 리액터 : 선로의 파형이 찌그러지고 통신선에 유도장해를 일으키므로 이를 제거하기 위해 축전지와 직렬로 리액터를 삽입하여야 한다.
   • 직렬 리액터 용량 $2\pi(5f)L = \dfrac{1}{2\pi(5f)C}$

$$\therefore \omega L = \frac{1}{25} \times \frac{1}{\omega C} = 0.04 \times \frac{1}{\omega C}$$

일반적으로 5~6[%] 정도의 직렬 리액터를 설치한다.

05 안정도

안정하게 운전을 계속할 수 있는지 여부의 능력을 말한다.

(1) 안정도의 종류
① 정태안정도(steady state stability) : 일반적으로 정상적인 운전상태에서 서서히 부하를 조금씩 증가했을 경우 안정운전을 지속할 수 있는가 하는 능력을 말한다.
② 동태안정도(dynamic stability) : 고성능의 AVR(자동전압조정기 : Automatic Voltage Regulator)에 의한 안정운전 향상 능력을 말한다.
③ 과도안정도(transient stability) : 부하가 급변하거나 고장 시 안정운전 지속 능력을 말한다.

(2) 안정도의 향상대책
① 발전기나 변압기의 리액턴스를 감소
② 전선로의 병행회선을 증가하거나 복도체를 사용
③ 직렬 콘덴서를 삽입해서 선로의 리액턴스를 보상

(3) 전압변동의 억제대책
① 중간조상방식을 채용
② 계통을 연계
③ 속응여자방식을 채용

(4) 계통에 주는 충격 경감대책
① 재폐로방식의 채용
② 고속차단방식을 채용
③ 적당한 중성점 접지방식을 채용

(5) 고장 시 전력변동의 억제대책
① 제동 저항기의 설치
② 속도조절기(조속기) 동작을 신속하게 처리

(6) 송전전압계산(Still 식)
송전전압[kV] $V_S = 5.5\sqrt{0.6l + \dfrac{P}{100}}$ [kV]

PART 3 송·배전선로의 전기적 특성

[송전용량계산]
- 고유부하용량계산법

$$P = \frac{V_r^2}{\sqrt{\frac{L}{C}}}$$

$$\fallingdotseq 2.5\,V_r^2\,[\text{kW}]$$

- 송전용량계수법

$$P_r = K\frac{V_r^2}{L}\,[\text{MW}]$$

(7) 송전용량계산

① 고유부하용량계산법

$$송전용량[\text{kW}] = \frac{(수전단\ 선간전압)^2}{특성\ 임피던스} \times 10^{-3}$$

$$P = \frac{V_r^2}{\sqrt{\frac{L}{C}}} \fallingdotseq 2.5\,V_r^2\,[\text{kW}]$$

여기서, 특성 임피던스 : 400[Ω]

② 송전용량계수법

$$송전전력[\text{MW}] = K\frac{(수전전압[\text{kV}])^2}{총길이[\text{km}]}$$

$$P_r = K\frac{V_r^2}{L}\,[\text{MW}]$$

여기서, K : 송전용량계수

[61회 출제]
작용정전용량 용도

송배전선로의 작용정전용량은 정상운전 시 전로의 충전전류를 계산하는 데 이용된다.

CHAPTER 04 전선로

01 가공전선로

1 전 선

(1) 전선의 구성
① 단선 : 공칭직경[mm]으로 나타낸다.
② 연선
　㉠ 연선을 구성하는 소선의 총수 N과 소선의 층수 n

$$N = 3n(1+n) + 1$$

　㉡ 연선의 바깥지름 D와 소선의 지름 d

$$D = (2n+1)d \text{[mm]}$$

(2) 전선의 구비조건
① 도전율이 클 것
② 기계적 강도가 클 것
③ 가요성이 클 것
④ 내구성이 있을 것
⑤ 비중이 작을 것
⑥ 가격이 저렴할 것

2 전선의 종류

(1) 중공연선
　동일한 동량(銅量)으로 바깥지름을 크게 한 연선으로 초고압 송전선에서 코로나를 방지하기 위해 사용한다.

[69회 출제]
소선의 층수 N
$N = 3n(1+n) + 1$

[연선의 바깥지름 D]
$D = (2n+1)d \text{[mm]}$

[65회, 67회, 68회 출제]
전선의 구비조건

(2) 합성연선

우리나라에서 사용하는 합성연선은 대표적으로 강심알루미늄연선(ACSR)으로 도전율이 약 61[%]이다.

3 굵기의 선정

[65회, 68회 출제]
전선의 굵기 선정 시 고려사항

굵기 선정 시 다음 사항을 고려할 것
① 코로나
② 전압강하
③ 기계적 강도
④ 허용전류
⑤ 경제성

4 처짐정도[이도(dip)]

(1) 개념

전선 자체의 무게로 인해 전선이 아래로 쳐지는 정도
① 이도의 대소는 지지물의 높이를 좌우
② 이도가 너무 크면 그만큼 좌우로 크게 진동해서 다른 상의 전선에 접촉
③ 이도가 너무 작으면 그와 반비례해서 전선의 장력이 증가

(2) 처짐정도(이도)의 계산

[67회, 69회 출제]
이도(D)
$$D = \frac{WS^2}{8T}$$

$$D = \frac{WS^2}{8T}[m]$$

$$L = S + \frac{8D^2}{3S}[m]$$

여기서, D : 이도, L : 전선의 실제길이

(3) 지표상의 평균 높이

[지표상의 평균 높이]
$$h = H - \frac{2}{3}D[m]$$

$$h = H - \frac{2}{3}D[m]$$

5 전선의 하중

(1) 수직하중(W_0) : 전선 자체의 무게

(2) 빙설의 하중

$$W_i = 0.9 \times \frac{\pi}{4}\{(d+12)^2 - d^2\} \times 10^{-3} \times 10^{-6}$$

6 전선의 진동과 도약

(1) 진동발생

경간, 장력 및 하중 등에 의해 정해지는 고유진동수와 같게 되면 공진을 일으켜서 진동이 지속되어 단선 등 사고가 발생한다. 방지대책으로 **댐퍼(damper), 아머로드(armor rod)** 등을 시설한다.

(2) 도약

전선 주위의 빙설이나 물이 떨어지면서 반동 등으로 전선이 도약하여 상하 전선 간 혼촉에 의한 단락사고 우려가 있다. 방지책으로 **오프셋(off set)을 한다.**

7 가공전선로의 애자

(1) 구비조건
① 경제적일 것
② 기계적 강도가 클 것
③ 절연내력이 클 것
④ 절연저항이 클 것
⑤ 정전용량이 작을 것

(2) 애자의 종류
① 핀애자(pin type insulator) : 압축용은 자기편(porcelain shell)이 1개이며, 특고압용은 2~4개의 자기편을 써서 각기 시멘트로 접착시킨다. 핀은 아연도금을 한 강재이다.
② 현수애자(disk-type suspension insulator) : 클레비스형(clevis type), 볼·소켓형(ball and soket type)이 있고, 일반적으로 250[mm]의 것이 표준이다. 현수애자는 사용전압에 따라 여러 개를 직렬로 연결해서 하나의 애자련으로 사용하므로 66[kV] 이상의 전선로에 많이 사용한다.

[69회 출제]
진동발생의 방지책
댐퍼, 아머로드

[62회, 66회 출제]
애자의 구비조건

[애자의 종류]
• 핀애자
• 현수애자
• 장간애자
• 내무애자

PART 3 송·배전선로의 전기적 특성

전압[kV]	22.9	66	154	345
수 량	2~3	4~6	9~11	19~23

③ 장간애자(long-rod insulator) : 봉형의 현수애자의 일종으로, 많은 갓을 가지고 있다.

④ 내무애자(for or smong type insulator) : 염분이나 먼지, 공장지대의 매연, 분진이 많은 곳에 사용한다.

(3) 배전용 애자
핀애자, 인류애자, 가지애자, 옥애자 등이 있다.

[배전용 애자]
핀애자, 인류애자, 가지애자, 옥애자

(4) 애자의 전기적 특성
① 애자의 섬락전압 : 250[mm] 현수애자 1개 기준

$$공기 중 \begin{cases} 상용주파전압 \begin{cases} 주수섬락전압 : 50[kV] \\ 건조섬락전압 : 80[kV] \end{cases} \\ 충격파전압 : 125[kV] \end{cases}$$

[61회 출제]
현수애자 1련과 관련된 계산

② 애자련의 효율(연능률)
  ㉠ 철탑에서 1/3 지점이 가장 적고, 전선에서 제일 가까운 것이 가장 크다.
  ㉡ 애자의 연능률 $\eta = \dfrac{V_n}{nV_1} \times 100[\%]$

   여기서, V_n : 애자련의 섬락전압[kV]
   V_1 : 현수애자 1개의 섬락전압[kV]
   n : 1련의 애자개수

③ 애자련의 보호 : 아킹혼(링), 소호각(환)을 사용한다.

8 가공전선로의 지지물

(1) 지지물(supporting structure)의 종류

[64회, 67회 출제]
지지물의 종류
• 목주
• 철근콘크리트주
• 철주
• 철탑

① 목주(wooden pole) : 말구지름 12[cm], 지름증가율은 9/1,000이다.

② 철근콘크리트주(rejnforced concrete pole) : 길이 16[m] 이하, 하중 700[kg] (6.8[kN]) 이하를 A종이라 하고, A종 이외의 것을 B종이라 한다. 지름증가율은 1/75이다.

③ 철주(steel pole) : 철근콘크리트주 또는 목주로는 필요한 강도와 길이를 얻기 어려운 장소에 사용하며, 4각주, 3각주, 강관주 등이 있다.

④ 철탑(steel tower) : 철탑은 강도, 내구성, 안정성 등이 다른 지지물에 비해 가장 신뢰성이 높지만 건설비용이 많이 든다.

(2) 형상에 의한 분류
① 4각 철탑(square tower)
② 방형 철탑(rectangular tower)
③ 문형 철탑(gantry tower)
④ 회전형 철탑(rotated type tower)
⑤ 지선 철탑(guyed tower)

(3) 사용목적에 의한 분류
① 직선형 : 수평각도가 적은 곳에 사용
② 각도형 : 수평각도가 큰 곳에 사용
③ 잡아당김형(인류형) : 가섭선을 인류하는 개소에 사용
④ 내장형 : 경간 차가 큰 곳에 사용

9 전주의 근입

① 전장 15[m] 이하 : 전체 길이의 1/6 이상
② 전장 15[m] 초과 : 2.5[m] 이상
③ 전장 16[m] 초과 20[m] 이하 : 30[cm] 가산

[61회 출제]
전주의 근입 계산

10 지지선(지선)

(1) 지지선(지선)의 설치 목적
① 지지물의 강도 보강
② 전선로의 안정성 증대

[64회, 66회, 67회 출제]
지선의 설치 목적
• 지지물의 강도 보강
• 전선로의 안정성 증대

(2) 지지선(지선)의 구비조건
① <u>지름 2.6[mm]</u> 아연도금철선 <u>3가닥 이상</u>
② <u>안전율 2.5 이상</u>
③ 최소 인장하중 440[kg](4.31[kN]) 이상

[지선의 구비조건]
• 지름 2.6[mm]
• 소선수 3가닥 이상
• 안전율 2.5 이상

(3) 지지선(지선)의 종류
① 보통(인류)지선 : 일반적으로 사용
② 수평지선 : 도로나 하천을 지나는 경우
③ 공동지선 : 지지물의 상호거리가 비교적 접근해 있을 경우
④ Y 지선 : 다수의 완금이 있는 지지물 또는 장력이 큰 경우
⑤ 궁지선 : 비교적 장력이 적고 설치장소가 협소한 경우(A형, R형)

PART 3 송·배전선로의 전기적 특성

[지선의 장력]
$T_0 = \dfrac{T}{\cos\theta}$ [kg]

(4) 지지선(지선)의 장력

지선의 장력 $T_0 = \dfrac{T}{\cos\theta}$ [kg]

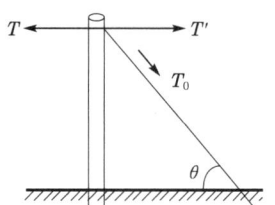

02 지중전선로

(1) 장 점
① 미관이 좋다.
② 화재발생이 적다.
③ 화재 및 폭풍우 등 기상 영향이 적고, 지역환경과 조화를 이룰 수 있다.
④ 통신선에 대한 유도장해가 적다.
⑤ 인축에 대한 안전성이 높다.
⑥ 다회선 설치와 시설 보안이 유리하다.

(2) 단 점
① 건설비, 시설비, 유지보수비 등이 많이 든다.
② 고장 검출이 쉽지 않고, 복구 시 장시간이 소요된다.
③ 송전용량이 제한적이다.
④ 건설작업 시 교통장애, 소음, 분진 등이 있다.

(3) 전력 케이블의 포설

[64회 출제]
전력 케이블의 포설방식의 종류
• 직접매설식
• 관로인입식
• 암거식

① 직접매설식
 ㉠ 관로식에 비해 공사비가 적고 및 공사기간이 짧다.
 ㉡ 열 발산이 좋아 허용전류를 크게 할 수 있다.
 ㉢ 케이블 도중에 접속이 가능하므로 융통성이 있다.
 ㉣ 케이블 외상을 받을 우려가 있다.
 ㉤ 증설 시 재시공이 불리하고, 보수점검이 불편하다.
② 관로인입식
 ㉠ 케이블의 재시공, 증설이 용이하다.
 ㉡ 케이블 외상을 받을 우려가 없다.
 ㉢ 보수점검, 고장복구가 비교적 용이하다.
 ㉣ 초기 시공비가 직접매설식에 비해 많이 든다.
 ㉤ 융통성 면에 불리하다.

③ 암거식
  ㉠ 열 발산이 좋아 허용전류를 크게 할 수 있다.
  ㉡ 다수의 케이블을 시공할 수 있다.
  ㉢ 공사비가 많이 들고, 공사기간이 길다.

(4) 전력 케이블의 전기적 특성
① 도체저항 : 교류저항이 직류저항보다 약간 크다.
② 인덕턴스
  ㉠ 단심 케이블인 경우

  $$L = 0.05 + 0.4605 \log_{10} \frac{D}{d} \text{[mH/km]}$$

  여기서, d : 도체 외경, D : 절연체 외경(연피의 내경)
  ㉡ 다심 케이블인 경우

  $$L = 0.05 + 0.4605 \log_{10} \frac{2S}{d} \text{[mH/km]}$$

  ㉢ 지중전선로의 인덕턴스는 가공전선로에 비하면 1/6 정도이다.
③ 정전용량
  ㉠ 단심 케이블인 경우

  $$C = \frac{0.02413\varepsilon}{\log_{10} \frac{D}{d}} \text{[}\mu\text{F/km]}$$

  여기서, d : 도체 외경, D : 절연체 외경(연피의 내경)
        ε : 솔리드 케이블 0.7, OF 케이블 3.5
  ㉡ 지중전선로의 정전용량은 가공전선로에 비해 100배 정도이다.

[62회, 66회 출제]
인덕턴스
• 단심 케이블(L)
$0.05 + 0.4605 \log_{10} \frac{D}{d}$
[mH/km]
• 다심 케이블(L)
$0.05 + 0.4605 \log_{10} \frac{2S}{d}$
[mH/km]

[정전용량]
단심 케이블
$C = \dfrac{0.02413\varepsilon}{\log_{10} \dfrac{D}{d}}[\mu\text{F/km}]$

PART 03 자주 출제되는 기출문제

01 송전선로의 선로정수가 아닌 것은 다음 중 어느 것인가?
① 누설 컨덕턴스
② 리액턴스
③ 정전용량
④ 저항

해설 선로정수는 저항, 인덕턴스, 정전용량, 누설 컨덕턴스이다.

02 전선에서 전류의 밀도가 도선의 중심으로 들어갈수록 작아지는 현상은?
① 근접효과
② 접지효과
③ 표피효과
④ 페란티효과

해설 교류는 전선 중심부일수록 자력선 쇄교가 많아서 유도 리액턴스가 크게 되기 때문에 중심부에는 전류가 통하기 어렵게 되고, 전선표면에 가까울수록 통하기 쉬워진다.

03 지름이 d[m], 선간거리가 D[m]인 선로 한 가닥의 작용 인덕턴스[mH/km]는? (단, 선로의 비투자율은 1이라 한다.) [59회 16.4.]

① $0.05 + 0.4605\log_{10}\dfrac{D}{d}$

② $0.5 + 0.4605\log_{10}\dfrac{D}{d}$

③ $0.5 + 0.4605\log_{10}\dfrac{2D}{d}$

④ $0.05 + 0.4605\log_{10}\dfrac{2D}{d}$

해설 $L = 0.05 + 0.4605\log_{10}\dfrac{D}{r} = 0.05 + 0.4605\log_{10}\dfrac{2D}{d}$ (여기서, r : 반지름, d : 지름)

정답 01 ② 02 ③ 03 ④

04

송전선로의 저항을 R, 리액턴스를 X라 하면 다음의 어느 식이 성립되는가?

① $R > X$
② $R < X$
③ $R \leq X$
④ $R = X$

해설 송전선로의 도체는 굵기 때문에 저항은 매우 적고 특히 리액턴스와 비교하면 무시할 정도이다.

05

3상 3선식에서 선간거리가 각각 50[cm], 60[cm], 70[cm]인 경우 기하 선간거리는 몇 [cm]인가?

① 60.4
② 64.0
③ 62.0
④ 59.4

해설 $D_0 = \sqrt[3]{50 \times 60 \times 70} = 59.4 \text{[cm]}$

06

복도체 선로가 있다. 소도체의 지름 8[mm], 소도체 사이의 간격 40[cm]일 때, 등가반지름[cm]은?

① 1.8
② 3.4
③ 4.0
④ 5.7

해설 $r' = \sqrt{r \cdot s} = \sqrt{\dfrac{0.8}{2} \cdot 40} = 4 \text{[cm]}$

07

소도체 2개로 된 복도체 방식 3상 3선식 송전선로가 있다. 소도체의 지름 2[cm], 소도체 간격 36[cm], 등가 선간거리 120[cm]인 경우에 복도체 1[km]의 인덕턴스[mH]는? (단, $\log_{10} 2 = 0.3010$이다.)

[66회 19.7.], [68회 20.7]

① 1.236
② 0.757
③ 0.624
④ 0.565

해설
$$L_n = \dfrac{0.05}{n} + 0.4605 \log_{10} \dfrac{D}{\sqrt{r \cdot s}}$$
$$= \dfrac{0.05}{2} + 0.4605 \log_{10} \dfrac{120}{\sqrt{\dfrac{2}{2} \times 36}}$$
$$= 0.624 \text{[mH]}$$

정답 04 ② 05 ④ 06 ③ 07 ③

PART 3 송·배전 선로의 전기적 특성

08 3선식 송전선에서 바깥지름 20[mm]의 경동연선을 그림과 같이 일직선 수평배치로 연가를 했을 때, 1[km]마다의 인덕턴스는 약 몇 [mH/km]인가?

① 1.16
② 1.42
③ 1.48
④ 1.84

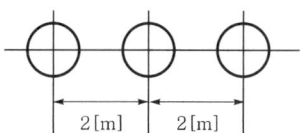

해설 $D = \sqrt[3]{D_1 D_2 D_3} = 2 \cdot \sqrt[3]{2}$ [m]

$L = 0.05 + 0.4605 \log_{10} \dfrac{D}{r} = 0.05 + 0.4605 \log_{10} \dfrac{2 \cdot \sqrt[3]{2}}{10 \times 10^{-3}} = 1.16 [\text{mH/km}]$

09 선간거리 $2D$[m]이고 선로 도선의 지름이 d[m]인 선로의 단위길이당 정전용량[μF/km]은?
[60회 16.7.]

① $C = \dfrac{0.02413}{\log_{10} \dfrac{4D}{d}}$

② $C = \dfrac{0.2413}{\log_{10} \dfrac{4D}{d}}$

③ $C = \dfrac{0.02413}{\log_{10} \dfrac{D}{d}}$

④ $C = \dfrac{0.02413}{\log_{10} \dfrac{2D}{d}}$

해설 $\log_{10} \dfrac{2D}{r} = \log_{10} \dfrac{2D}{\dfrac{d}{2}} = \log_{10} \dfrac{4D}{d}$

$\therefore C = \dfrac{0.02413}{\log_{10} \dfrac{4D}{d}}$

10 송배전선로의 작용 정전용량은 무엇을 계산하는 데 사용되는가? [69회 21.2.]

① 인접 통신선의 정전유도 전압계산
② 정상 운전 시 선로의 충전 전류계산
③ 선간단락 고장 시 고장전류계산
④ 비접지계통의 1선 지락고장 시 지락고장 전류계산

해설
- 대지 정전용량(C_s) : 1선 지락 전류계산
- 상호 정전용량(C_n) : 정전유도 전압계산
- 작용 정전용량(C_0) : 정상 운전 시 충전 전류계산

정답 08 ① 09 ① 10 ②

11
정전용량 0.01[μF/km], 길이 173.2[km], 선간전압 60,000[V], 주파수 60[Hz]인 송전선로의 충전전류[A]는 얼마인가?

[67회 20.4.]

① 6.3 ② 18.5
③ 22.6 ④ 47.2

해설 $I_c = \dfrac{E}{X_c} = \omega CE = 2\pi f CE = 2\pi \times 60 \times 0.01 \times 10^{-6} \times 173.2 \times \dfrac{60,000}{\sqrt{3}} = 22.6[A]$

12
3상 전원에 접속된 △결선의 콘덴서를 Y 결선으로 바꾸면 진상용량은 몇 배로 되는가?

[66회 19.7.], [69회 21.2.]

① $\sqrt{3}$ ② $\dfrac{1}{3}$
③ 3 ④ $\dfrac{1}{\sqrt{3}}$

해설 △결선과 Y결선의 관계에서 저항과 임피던스는 △결선이 Y결선의 3배가 되고, 정전용량은 Y결선이 △결선의 3배가 된다.

13
22,000[V], 60[Hz], 1회선의 3상 지중송전선의 무부하 충전용량[kVar]은? (단, 송전선의 길이는 50[km]라 하고 1선 1[km]당 정전용량은 0.1[μF]라 한다.)

① 780 ② 912
③ 995 ④ 1,025

해설 $Q_c = 2\pi f CV^2$
$= 2\pi \times 60 \times 5 \times 10^{-6} \times 22,000^2 \times 10^{-3}$
$= 912[kVar]$

14
단위길이당 3상 1회선과 대지 간의 충전전류가 0.3[A/km]일 때 길이가 35[km]인 선로의 충전전류[A]는?

① 8.5 ② 10.5
③ 11 ④ 13.5

해설 $I_c = 0.3 \times 35 = 10.5[A]$

정답 11 ③ 12 ② 13 ② 14 ②

PART 3 송·배전 선로의 전기적 특성

15 현수애자 4개를 1련으로 한 66[kV] 송전선로가 있다. 현수애자 1개의 절연저항이 1,500[MΩ]이라면 표준경간을 200[m]로 할 때, 1[km]당 누설 컨덕턴스[℧]는?

① 0.83×10^{-9}
② 0.83×10^{-4}
③ 0.83×10^{-2}
④ 0.83×10

해설 $G = \dfrac{1}{R} = \dfrac{1}{\dfrac{1,500 \times 4}{5} \times 10^6} = \dfrac{1}{\dfrac{6}{5} \times 10^9} = \dfrac{5}{6} \times 10^{-9} = 0.83 \times 10^{-9}$ [℧]

16 3상 3선식 송전선로를 연가하는 목적은?   [66회 19.7.], [68회 20.7.], [70회 21.7.]

① 미관상
② 송전선을 절약하기 위하여
③ 전압강하를 방지하기 위하여
④ 선로정수를 평형시키기 위하여

해설 연가

선로정수를 평형시키기 위해 송전단에서 수전단까지 전체 선로 구간을 3의 배수로 등분하여 전선의 위치를 바꾸어 주는 것

17 3상 3선식 송전선로에서 코로나의 임계전압 E_0[kV]의 계산식은? (단, $d = 2r$ = 전선의 지름[cm], D = 전선(3선)의 평균 선간거리[cm]이다.)

① $E_0 = 24.3\, m_0 m_1 d\, \delta \log_{10} \dfrac{D}{r}$

② $E_0 = 24.3\, d \log_{10} \dfrac{r}{D}$

③ $E_0 = \dfrac{24.3}{d \log_{10} \dfrac{D}{r}}$

④ $E_0 = \dfrac{24.3}{d \log_{10} \dfrac{r}{D}}$

해설 $E_0 = 24.3\, m_0 m_1\, \delta\, d \log_{10} \dfrac{D}{r}$ [kV/cm]

정답 15 ① 16 ④ 17 ①

18. 복도체나 다도체를 사용하는 주된 목적은 다음 중 어느 것인가? [59회 16.4.], [60회 16.7.]

① 진동방지
② 건설비의 절감
③ 뇌해의 방지
④ 코로나(corona) 방지

해설 복도체를 사용하면 작용 인덕턴스 감소, 작용 정전용량이 증가하지만 가장 주된 이유는 코로나의 임계전압을 높게 하여 송전용량을 증가시키기 위함이다.

19. 코로나의 임계전압에 직접 관계가 없는 것은? [67회 20.4.]

① 선간거리
② 기상조건
③ 애자의 강도
④ 전선의 굵기

해설 $E_0 = 24.3\, m_0 m_1\, \delta\, d \log_{10} \dfrac{D}{r}\,[\text{kV/cm}]$

20. 1선의 저항이 10[Ω], 리액턴스 15[Ω]인 3상 송전선이 있다. 수전단전압 60[kV], 부하역률 0.8, 전류 100[A]라고 한다. 이때의 송전단전압[V]은?

① 62,940
② 63,800
③ 64,500
④ 65,950

해설 $E_s = 60 \times 10^3 + \sqrt{3} \times 100 \times (10 \times 0.8 + 15 \times 0.6)$
$= 62,944\,[\text{V}]$

21. 송전단전압이 6,600[V], 수전단전압이 6,100[V]였다. 수전단의 부하를 끊은 경우 수전단전압이 6,300[V]라면 이 회로의 전압강하율과 전압변동률은 각각 몇 [%]인가? [60회 16.7.]

① 6.8, 4.1
② 8.2, 3.28
③ 4.14, 6.8
④ 43.28, 8.2

해설
- 전압강하율 $\varepsilon = \dfrac{6,600 - 6,100}{6,100} \times 100\,[\%]$
$= 8.19\,[\%]$
- 전압변동률 $\delta = \dfrac{6,300 - 6,100}{6,100} \times 100\,[\%]$
$= 3.278\,[\%]$

정답 18 ④ 19 ③ 20 ① 21 ②

22 그림과 같은 회로에서 송전단의 전압 및 역률 E_1, $\cos\theta_1$, 수전단의 전압 및 역률 E_2, $\cos\theta_2$일 때 전류 I는?

① $(E_1\cos\theta_1 + E_2\sin\theta_2)/r$
② $(E_1\cos\theta_1 - E_2\cos\theta_2)/r$
③ $(E_1\cos\theta_1 - E_2\cos\theta_2)/\sqrt{r^2+x^2}$
④ $(E_1\sin\theta_1 + E_2\cos\theta_2)/\sqrt{r^2+x^2}$

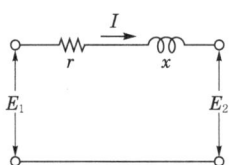

해설 $P_s = E_1 I\cos\theta_1$, $P_r = E_2 I\cos\theta_2$이므로 $I(E_1\cos\theta_1 - E_2\cos\theta_2) = I^2 r$
∴ $I = (E_1\cos\theta_1 - E_2\cos\theta_2)/r$이다.

23 3상 3선식 송전선에서 한 선의 저항이 10[Ω], 리액턴스가 20[Ω]이고, 수전단의 선간전압은 60[kV], 부하역률이 0.8인 경우, 전압강하율을 10[%]라 하면 이 송전선로는 몇 [kW]까지 수전할 수 있는가? [68회 20.7.]

① 16,000
② 14,400
③ 12,400
④ 10,500

해설 전압강하 $e = V_r \cdot \varepsilon = 60 \times 10^3 \times 0.1 = 6,000$[V]

전류 $I = \dfrac{e}{\sqrt{3}(R\cos\theta + X\sin\theta)} = \dfrac{6,000}{\sqrt{3}(10 \times 0.8 + 20 \times 0.6)} = 173.2$[A]

∴ $P = \sqrt{3} \times 60 \times 173.2 \times 0.8 = 14,400$[kW]

24 3상 3선식 송전선로에서 송전전력 P[kW], 송전전압 V[kV], 전선의 단면적 A[mm²], 송전거리 l[km], 전선의 고유저항 ρ[Ω-mm²/m], 역률 $\cos\theta$일 때 선로손실 P_l[kW]은? [67회 20.4.], [69회 21.2.]

① $\dfrac{\rho l P^2}{A V^2 \cos^2\theta}$
② $\dfrac{\rho l P^2}{A V^2 \cos\theta}$
③ $\dfrac{\rho l P^2 \times 10^3}{A V^2 \cos^2\theta}$
④ $\dfrac{\rho l P^2}{A^2 V \cos^2\theta}$

해설 손실 $P_l = 3I^2 R = 3 \times \left(\dfrac{P}{\sqrt{3}\,V\cos\theta}\right)^2 \times \rho \times 10^{-6} \times \dfrac{l \times 10^3}{A \times 10^{-6}} \times 10^{-3}$

$= \dfrac{\rho l P^2}{A V^2 \cos^2\theta}$ [kW]

정답 22 ② 23 ② 24 ①

25
부하역률 $\cos\theta$, 부하전류 I인 선로의 저항을 r, 리액턴스를 X라 할 때, 최대 전압강하가 발생하는 조건은?

① $\sin\theta = \dfrac{X}{r}$
② $\cos\theta = rX$
③ $\tan\theta = \dfrac{X}{r}$
④ $\cos\theta = \dfrac{X}{r}$

해설 전압강하 $e = I(r\cos\theta + X\sin\theta)$, 최대 전압강하 조건 $\dfrac{de}{d\theta} = 0$

$\therefore \dfrac{de}{d\theta} = \dfrac{d}{d\theta} \cdot I(r\cos\theta + X\sin\theta) = I(-r\sin\theta + X\cos\theta) = 0$

$\therefore r\sin\theta = X\cos\theta$이므로 $\dfrac{\sin\theta}{\cos\theta} = \dfrac{X}{r}$, 즉 $\tan\theta = \dfrac{X}{r}$이다.

26
송전전력, 송전거리, 전선의 비중 및 전선손실률이 일정하다고 하면 전선의 단면적 A는 다음 중 어느 것에 비례하는가? (단, V는 송전전압이다.) [65회 19.3.]

① V^2
② V
③ $\dfrac{1}{V^2}$
④ $\dfrac{1}{V}$

해설 단면적 $A = \dfrac{\rho l P^2}{P_l \cdot V^2 \cdot \cos^2\theta}$

27
부하전력 및 역률이 같을 때 전압을 n배 승압하면 전압강하와 전력 손실은 어떻게 되는가? [67회 20.4.], [69회 21.2.]

	전압강하	전력 손실		전압강하	전력 손실
①	$\dfrac{1}{n}$	$\dfrac{1}{n^2}$	②	$\dfrac{1}{n^2}$	$\dfrac{1}{n^2}$
③	$\dfrac{1}{n}$	$\dfrac{1}{n}$	④	$\dfrac{1}{n^2}$	$\dfrac{1}{n}$

해설
- $e = I(R\cos\theta + \sin\theta) = \dfrac{P}{V}(R + X\tan\theta)$에서

  $e \propto \dfrac{1}{V}$ $\therefore e \propto \dfrac{1}{n}$

- $P_l = 3I^2 R = \dfrac{P^2 R}{V^2 \cos^2\theta}$에서

  $P_l \propto \dfrac{1}{V^2}$ $\therefore P_l \propto \dfrac{1}{n^2}$

정답 25 ③ 26 ③ 27 ①

28. 전압과 역률이 일정할 때 전력 손실을 2배로 하면 전력은 몇 [%] 증가시킬 수 있는가? [70회 21.7.]

① 약 41
② 약 60
③ 약 75
④ 약 82

해설 전압 손실 $P_c = 3I^2 R = 3\left(\dfrac{P}{\sqrt{3}\,V\cos\theta}\right)^2 \cdot R = \dfrac{P^2 R}{V^2 \cos^2\theta}$ 에서

전력 $P^2 \propto P_c$ 즉 $P \propto \sqrt{P_c}$ 이므로 전력 손실 P_c를 2배로 하면 $P' = \sqrt{2P_c}$ 이다.

∴ $P' = 1.41\sqrt{P_c}$

29. 늦은 역률의 부하를 갖는 단거리 송전선로의 전압강하의 근사식은? (단, P는 3상 부하전력[kW], E는 선간전압[kV], R은 선로저항[Ω], X는 리액턴스[Ω], θ는 부하의 늦은 역률각이다.)

① $\dfrac{P}{\sqrt{3}\,E}(R\cdot\cos\theta + X\cdot\sin\theta)$
② $\dfrac{P}{\sqrt{3}\,E}(R + X\cdot\tan\theta)$
③ $\dfrac{P}{E}(R + X\cdot\tan\theta)$
④ $\dfrac{\sqrt{3}\,P}{E}(R + X\cdot\tan\theta)$

해설 $e = \sqrt{3}\,I(R\cos\theta + X\sin\theta) = \sqrt{3}\cdot\left(\dfrac{P}{\sqrt{3}\,E\cos\theta}\right)\cdot(R\cos\theta + X\sin\theta)$

$= \dfrac{P}{E\cos\theta}\cdot(R\cos\theta + X\sin\theta) = \dfrac{P}{E}\left(R + \dfrac{X\sin\theta}{\cos\theta}\right) = \dfrac{P}{E}(R + X\tan\theta)$

30. 다음 그림에서 송전선로의 건설비와 전압과의 관계를 옳게 나타낸 것은? [66회 19.7.]

①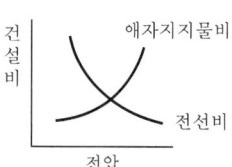
②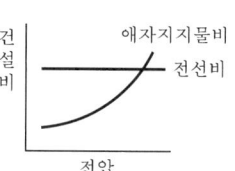
③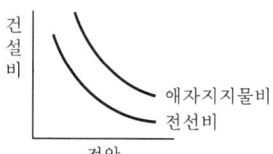
④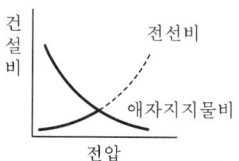

정답 28 ① 29 ③ 30 ①

해설 전압이 높아질수록 전선비는 절감되고, 지지물비는 증가된다.

31 송전단전압, 전류를 각각 E_s, I_s, 수전단의 전압, 전류를 각각 E_R, I_R 이라 하고 4단자 정수를 A, B, C, D라 할 때 다음 중 옳은 식은? [66회 19.7.], [70회 21.7.]

① $\begin{cases} E_s = AE_R + BI_R \\ I_s = CE_R + DI_R \end{cases}$
② $\begin{cases} E_s = CE_R + DI_R \\ I_s = AE_R + BI_R \end{cases}$
③ $\begin{cases} E_s = BE_R + AI_R \\ I_s = DE_R + CI_R \end{cases}$
④ $\begin{cases} E_s = DE_R + CI_R \\ I_s = BE_R + AI_R \end{cases}$

32 그림 중 4단자 정수 A, B, C, D는? (단, E_s, I_s는 송전단전압 및 전류 그리고 E_R, I_R는 수전단전압 및 전류이고, Y는 병렬 어드미턴스이다.) [69회 21.2.]

① 1, 0, Y, 1
② 1, Y, 0, 1
③ 1, Y, 1, 0
④ 1, 0, 0, 1

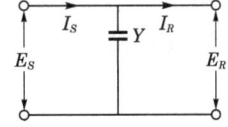

해설 $\begin{bmatrix} A & B \\ C & D \end{bmatrix} = \begin{bmatrix} 1 & 0 \\ \frac{1}{Z} & 1 \end{bmatrix}$ 또는 $\begin{bmatrix} 1 & 0 \\ Y & 1 \end{bmatrix}$

33 중거리 송전선로의 T형 회로에서 송전단전류 I_s는? (단, Z, Y는 선로의 직렬 임피던스와 병렬 어드미턴스이고 E_r는 수전단전압, I_r는 수전단전류이다.)

① $I_r\left(1 + \frac{ZY}{2}\right) + E_r Y$
② $I_r\left(1 + \frac{ZY}{2}\right) + E_r Y\left(1 + \frac{ZY}{4}\right)$
③ $E_r\left(1 + \frac{ZY}{2}\right) + ZI_r$
④ $E_r\left(1 + \frac{ZY}{2}\right) + ZI_r\left(1 + \frac{ZY}{4}\right)$

해설 $\begin{bmatrix} A & B \\ C & D \end{bmatrix} = \begin{bmatrix} 1 + \frac{ZY}{2} & Z\left(1 + \frac{ZY}{4}\right) \\ Y & 1 + \frac{ZY}{2} \end{bmatrix}$

정답 31 ① 32 ① 33 ①

34

그림과 같이 회로정수 A, B, C, D 인 송전선로에 변압기 임피던스 Z_r를 수전단에 접속했을 때 변압기 임피던스 Z_r를 포함한 새로운 회로정수 D_0는? (단, 그림에서 E_s, I_s는 송전단전압, 전류이고, E_r, I_r는 수전단전압, 전류이다.)

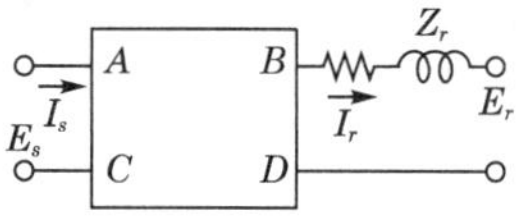

① $B + CZ_r$
② $B + AZ_r$
③ $D + AZ_r$
④ $D + CZ_r$

해설
$$\begin{bmatrix} A_0 & B_0 \\ C_0 & D_0 \end{bmatrix} = \begin{bmatrix} A & B \\ C & D \end{bmatrix} \begin{bmatrix} 1 & Z_r \\ 0 & 1 \end{bmatrix} = \begin{bmatrix} A & AZ_r + B \\ C & CZ_r + D \end{bmatrix}$$
$\therefore D_0 = D + CZ_r$

35

송전선로의 일반회로정수가 $A = 0.7$, $B = j190$, $D = 0.9$라 하면 C의 값은?

① $j1.95 \times 10^{-4}$
② $j1.95 \times 10^{-3}$
③ $-j1.95 \times 10^{-4}$
④ $-j1.95 \times 10^{-3}$

해설 $AD - BC = 1$에서 $C = \dfrac{AD - 1}{B} = \dfrac{0.7 \times 0.9 - 1}{j190} = j0.00195 = j1.95 \times 10^{-3}$

36

일반회로정수가 같은 평행 2회선에서 $\dot{A}, \dot{B}, \dot{C}, \dot{D}$는 각각 1회선의 경우의 몇 배로 되는가?   [69회 21.2.]

① $1, \dfrac{1}{2}, 2, 2$
② $1, 2, \dfrac{1}{2}, 1$
③ $1, \dfrac{1}{2}, 2, 1$
④ $2, 2, \dfrac{2}{1}, 1$

해설
- A와 D는 변동이 없음
- B(직렬요소, 임피던스)는 병렬회로이므로 1/2배로 감소
- C(병렬요소, 어드미턴스)는 병렬회로이므로 2배

정답 34 ④ 35 ② 36 ③

37
송전선의 특성 임피던스는 저항과 누설 컨덕턴스를 무시하면 어떻게 표시되는가? (단, L은 선로의 인덕턴스, C는 선로의 정전용량이다.) [65회 19.3.]

① $\sqrt{\dfrac{L}{C}}$
② $\sqrt{\dfrac{C}{L}}$
③ $\dfrac{L}{C}$
④ $\dfrac{C}{L}$

해설 $Z_0 = \sqrt{\dfrac{Z}{Y}} = \sqrt{\dfrac{R+j\omega L}{G+j\omega C}} = \sqrt{\dfrac{L}{C}}$

38
선로의 특성 임피던스에 대한 설명으로 옳은 것은? [66회 19.7.], [70회 21.7.]

① 선로의 길이보다는 부하전력에 따라 값이 변한다.
② 선로의 길이가 길어질수록 값이 작아진다.
③ 선로의 길이가 길어질수록 값이 커진다.
④ 선로의 길이에 관계없이 일정하다.

해설 $Z_0 = \sqrt{\dfrac{Z}{Y}} = \sqrt{\dfrac{R+j\omega L}{G+j\omega C}}$ 특성 임피던스는 선로의 길이에 무관하다.

39
수전단을 단락한 경우 송전단에서 본 임피던스가 300[Ω]이고, 수전단을 개방한 경우 송전단에서 본 어드미턴스가 1.875×10^{-3}[℧]일 때 송전선의 특성 임피던스[Ω]는?

① 500
② 300
③ 400
④ 200

해설 $Z_0 = \sqrt{\dfrac{Z}{Y}}$ [Ω]이므로 $Z = \sqrt{\dfrac{300}{1.875 \times 10^{-3}}} = 400[\Omega]$

40
파동 임피던스가 500[Ω]인 가공송전선 1[km]당 인덕턴스 L과 정전용량 C는 얼마인가?

① $L = 1.67[\text{mH/km}]$, $C = 0.0067[\mu\text{F/km}]$
② $L = 2.12[\text{mH/km}]$, $C = 0.167[\mu\text{F/km}]$
③ $L = 1.67[\text{mH/km}]$, $C = 0.0167[\mu\text{F/km}]$
④ $L = 0.0067[\text{mH/km}]$, $C = 1.67[\mu\text{F/km}]$

정답 37 ① 38 ④ 39 ③ 40 ①

해설 특성 임피던스 $Z_0 = \sqrt{\dfrac{L}{C}} \fallingdotseq 138\log_{10}\dfrac{D}{r}$ [Ω]이므로

$Z_0 = 138\log_{10}\dfrac{D}{r} = 500$ [Ω]에서 $\log_{10}\dfrac{D}{r} = \dfrac{500}{138}$ 이다.

$\therefore L = 0.4605\log_{10}\dfrac{D}{r} = 0.4605 \times \dfrac{500}{138} = 1.67$ [mH/km]

$C = \dfrac{0.02413}{\log_{10}\dfrac{D}{r}} = \dfrac{0.02413}{\dfrac{500}{138}} = 6.67 \times 10^{-3}$ [μF/km]

41. 장거리 송전선로의 특성은 무슨 회로로 다루어야 하는가? [67회 20.4.]

① 분산부하회로
② 집중정수회로
③ 분포정수회로
④ 특성 임피던스회로

해설
- 단거리 선로 : 집중정수회로
- 중거리 선로 : 4단자 정수
- 장거리 선로 : 분포정수회로

42. 154[kV], 300[km]의 3상 송전선에서 일반회로정수는 다음과 같다. $A = 0.900$, $B = 150$, $C = j0.901 \times 10^{-3}$, $D = 0.930$이 송전선에서 무부하 시 송전단에 154[kV]를 가했을 때 수전단 전압은 몇 [kV]인가?

① 148
② 157
③ 166
④ 171

해설 $E_S = AE_R + BI_R$, $I_S = CE_R + DI_R$

무부하일 때는 수전단전류 $I_R = 0$

그러므로 $E_R = \dfrac{E_S}{A} = \dfrac{154}{0.9} = 171$ [kV]

43. 전력원선도의 가로축과 세로축은 각각 다음 중 어느 것을 나타내는가? [60회 16.7.]

① 전압과 전력
② 전압과 전류
③ 전류와 전력
④ 유효전력과 무효전력

해설 전력원선도 가로축에는 유효전력, 세로축에는 무효전력을 나타낸다.

정답 41 ③ 42 ④ 43 ④

44. 전력원선도에서 알 수 없는 것은? [59회 16.4.]
① 전력
② 전력 손실
③ 역률
④ 코로나 손실

해설 전력원선도에서 구할 수 있는 것
- 피상, 유효, 무효 전력
- 역률
- 전력 손실
- 조상설비용량

45. 송전선로의 송전용량 결정에 관계가 먼 것은?
① 송·수전단 전압의 파일럿
② 조상기 용량
③ 송전효율
④ 송전선의 충전전류

해설 송전용량은 송전거리, 송·수전단 전압, 송·수전단 전압의 위상차, 선로의 리액턴스, 송전효율, 조상기 용량 등에 따라 결정된다.

46. 송전단 전압 161[kV], 수전단 전압 154[kV], 상차각 60°, 리액턴스 65[Ω]일 때 선로손실을 무시하면 전력은 약 몇 [MW]인가? [66회 19.7.]
① 330
② 322
③ 279
④ 161

해설 $P = \dfrac{V_S \cdot V_R}{X} \cdot \sin\delta = \dfrac{161 \times 154}{65} \times \sin 60° = 330 [\text{MW}]$

47. 동기 무효전력보상장치(조상기)에 대한 설명 중 맞는 것은? [65회 19.3.], [69회 21.2.]
① 무부하로 운전되는 동기발전기로 역률을 개선한다.
② 무부하로 운전되는 동기전동기로 역률을 개선한다.
③ 전부하로 운전되는 동기발전기로 위상을 조정한다.
④ 전부하로 운전되는 동기전동기로 위상을 조정한다.

해설 권선형 유도전동기를 무부하로 운전하여 계자여자전류로 역률을 조정 개선하고, 송전선로의 전압조정에 이용된다.

정답 44 ④ 45 ④ 46 ① 47 ②

PART 3 송·배전 선로의 전기적 특성

48 전력용 콘덴서에 직렬로 콘덴서 용량의 5[%] 정도의 유도 리액턴스를 삽입하는 목적은?
[67회 20.4.]

① 제3고조파 전류의 억제
② 제5고조파 전류의 억제
③ 이상전압 발생 방지
④ 정전용량의 억제

해설 직렬 리액터는 제5고조파를 제거하여 파형을 개선하며 이론상 4[%], 실제는 5~6[%]이다.

49 전력용 콘덴서 회로에 직렬 리액터를 접속시키는 목적은 무엇인가?

① 콘덴서 개방 시의 방전 촉진
② 콘덴서에 걸리는 전압의 저하
③ 제3고조파의 침입 방지
④ 제5고조파 이상 고조파의 침입 방지

해설 문제 48번 해설 참조

50 전력용 콘덴서의 방전 코일의 역할은?

① 잔류전하의 방전
② 고조파의 억제
③ 역률의 개선
④ 콘덴서의 수명연장

해설 방전 코일
 잔류전하를 방전하여 인체 감전사고 방지

51 초고압 장거리 송전선로에 접속되는 1차 변전소에 병렬 리액터를 설치하는 목적은?
[65회 19.3.], [68회 20.7.], [70회 21.7.]

① 송전용량의 증가
② 페란티효과의 방지
③ 과도 안정도의 증대
④ 전력손실의 경감

해설 병렬 리액터(분로 리액터)는 수전단 전압이 송전단 전압보다 높아지는 현상(페란티현상)을 방지한다.

52 동기 무효전력보상장치(조상기)가 정전 축전지보다 유리한 점은?

① 필요에 따라 용량을 수시 변경할 수 있다.
② 진상전류 이외에 지상전류를 얻을 수 있다.
③ 전력손실이 적다.
④ 선로의 유도 리액턴스를 보상하여 전압강하를 줄인다.

해설 동기조상기는 진상전류(콘덴서 작용), 지상전류(리액터 작용) 모두 공급이 가능하다.

정답 48 ② 49 ④ 50 ① 51 ② 52 ②

53. 송전계통의 안정도 향상 대책이 될 수 없는 것은? [67회 20.4.]

① 계통의 직렬 리액턴스를 증가시키기 위하여 직렬 콘덴서를 설비한다.
② 속응여자방식을 채용하거나 고속도 재폐로방식을 채용한다.
③ 송전전압을 높이거나 송전선로에 복도체방식을 사용한다.
④ 발전기의 단락비를 크게 하거나 중간조상방식을 설비한다.

해설 안정도 대책
- 직렬 리액턴스를 작게 한다.
- 속응여자방식을 채용한다.
- 중간조상방식을 채용한다.
- 다도체 방식을 채용한다.
- 직렬 콘덴서를 삽입한다.

54. 다음 중 전력계통의 안정도 향상 대책이라 볼 수 없는 것은 어느 것인가?

① 직렬 콘덴서 설치
② 병렬 콘덴서 설치
③ 중간 개폐소 설치
④ 고속차단, 재폐로방식 채용

해설 문제 53번 해설 참조

55. 송전선로의 안정도 향상 대책과 관계가 없는 것은?

① 속응여자방식 채용
② 재폐로방식 채용
③ 역률의 신속한 조정
④ 리액턴스 조정

해설 문제 53번 해설 참조

56. 다음 표는 리액터의 종류와 그 목적을 나타낸 것이다. 바르게 짝지어진 것은? [68회 20.7.]

① ㉠ - ⓑ
② ㉡ - ⓐ
③ ㉢ - ⓓ
④ ㉣ - ⓒ

종류	목적
㉠ 병렬 리액터	ⓐ 지락 아크의 소멸
㉡ 한류 리액터	ⓑ 송전손실 경감
㉢ 직렬 리액터	ⓒ 차단기의 용량 경감
㉣ 소호 리액터	ⓓ 제5고조파 제거

정답 53 ① 54 ② 55 ③ 56 ③

해설
- 분로 리액터 : 페란티현상 방지
- 한류 리액터 : 단락전류 제한
- 소호 리액터 : 지락전류 제한
- 직렬 리액터 : 제5고조파 제거

57 62,000[kW]의 전력을 60[km] 떨어진 지점에 송전하려면 전압은 몇 [kV]로 하면 좋은가? [64회 18.7.], [68회 20.7.]

① 66
② 110
③ 140
④ 154

해설
$$V_s = 5.5\sqrt{0.6l + \frac{P}{100}}$$
$$= 5.5\sqrt{0.6 \times 60 + \frac{62,000}{100}} = 140[\text{kV}]$$

58 154[kV], 송전선로에서 송전거리가 154[km]라 할 때, 송전용량 계수법에 의한 송전용량 [MW]은? (단, 송전용량 계수는 1,200으로 한다.)

① 61,600
② 92,400
③ 123,200
④ 184,800

해설 $P = k\dfrac{V^2}{L} = 1,200 \times \dfrac{154^2}{154} = 184,800[\text{MW}]$

59 다음 식은 무엇을 결정할 때 쓰이는 식인가? (단, l은 송전거리[km], P는 송전전력 [kW]이다.) [69회 21.2.]

$$5.5\sqrt{0.6l + \frac{P}{100}}$$

① 송전전압을 결정할 때
② 송전선의 굵기를 결정할 때
③ 역률개선 시 콘덴서의 용량을 결정할 때
④ 발전소의 발전전압을 결정할 때

해설 스틸(Still)식이라 하며 경제적인 송전전압 결정 시에 이용된다.

정답 57 ③ 58 ④ 59 ①

60. 가공전선로에 사용하는 전선의 구비조건으로 바람직하지 못한 것은? [70회 21.7.]

① 비중(밀도)이 클 것
② 도전율이 높을 것
③ 기계적인 강도가 클 것
④ 내구성이 있을 것

해설 전선의 구비조건
- 가요성이 클 것
- 내구성이 있을 것
- 도전율이 클 것
- 기계적 강도가 클 것
- 비중이 작을 것
- 가격이 저렴할 것

61. 해안지방의 송전용 나선에 가장 적당한 것은?

① 동선
② 알루미늄 합금선
③ 강심 알루미늄선
④ 강선

해설 구리는 유황성분에 약하고, 알루미늄은 염분에 약하므로 해안지역에는 나동선이 적합하고, 온천지역에는 알루미늄선이 적합하다.

62. 풍압이 $P[\text{kg/m}^2]$이고 빙설이 많지 않은 지방에서 직경이 $d[\text{mm}]$인 전선 1[m]가 받는 풍압[kg/m]은 표면계수를 k라고 할 때 얼마가 되겠는가? [66회 19.7.]

① $P(d+12)/1{,}000$
② $Pk(d+6)/1{,}000$
③ $Pkd/1{,}000$
④ $Pkd^2/1{,}000$

해설 수평하중(W_w, 풍압하중)
- 빙설이 많은 지역 $W_w = Pk(d+12) \times 10^{-3} [\text{kg/m}]$
- 빙설이 적은 지역 $W_w = Pkd \times 10^{-3} [\text{kg/m}]$

정답 60 ① 61 ① 62 ③

PART 3 송·배전 선로의 전기적 특성

63 다음 중 켈빈(Kelvin)의 법칙이 적용되는 것은? [64회 18.7.], [68회 20.7.]

① 경제적인 송전전압을 결정하고자 할 때
② 일정한 부하에 대한 계통손실을 최소화하고자 할 때
③ 경제적 송전선의 전선의 굵기를 결정하고자 할 때
④ 화력발전소군의 총연료비가 최소가 되도록 각 발전기의 경제부하배분을 하고자 할 때

해설 켈빈의 법칙

경제적인 전선의 굵기 선정

$$\sigma = \sqrt{\frac{WMP}{\rho N}} = \sqrt{\frac{8.89 \times 55 MP}{N}} \ [A/mm^2]$$

여기서, σ : 경제적인 전류밀도[A/mm^2]
  W : 전선중량 8.89×10^{-3} [kg/mm^2·m]
  M : 전선가격[원/kg]
  P : 전선비에 대한 연경비 비율
  ρ : 저항률 $1/55$ [Ω/mm^2·m]
  N : 전력량의 가격[원/kW/년]

64 가해지는 하중으로 전선의 자중을 W_c, 풍압을 W_w, 빙설하중을 W_i라 할 때 고온계 하중 시 전선의 부하계수는?

① $\dfrac{\sqrt{W_c^2 + W_w^2}}{W_c}$ ② $\dfrac{W_c}{\sqrt{W_c^2 + W_w^2}}$

③ $\dfrac{\sqrt{W_c^2 + W_w^2}}{W_i}$ ④ $\dfrac{W_i}{\sqrt{W_c^2 + W_w^2}}$

해설 부하계수 = $\dfrac{\text{합성하중}}{\text{전선의 자중}} = \dfrac{\sqrt{(W_c + W_i)^2 + W_w^2}}{W_c}$

고온계에서는 빙설하중이 없으므로 $W_i = 0$이다. 그러므로 부하계수 = $\dfrac{\sqrt{W_c^2 + W_w^2}}{W_c}$ 이다.

65 처짐정도(이도)가 D이고, 경간이 S인 가공선로에서 지지물의 고저차가 없을 때 처짐정도(이도)는 경간의 몇 [%] 정도인가?

① 0.1 ② 0.5
③ 1.0 ④ 1.5

해설 전선의 이도는 경간의 약 0.1[%] 정도이다.

정답 63 ③ 64 ① 65 ①

66 가공전선로에서 전선의 단위길이당 중량과 지지물 간 거리(경간)이 일정할 때 처짐정도(이도)는 어떻게 되는가? [67회 20.4.], [69회 21.2.]

① 전선의 장력에 비례한다.
② 전선의 장력에 반비례한다.
③ 전선의 장력의 제곱에 비례한다.
④ 전선의 장력의 제곱에 반비례한다.

해설 이도 $D = \dfrac{WS^2}{8T}$[m]

하중과 경간의 제곱에 비례하고, 전선의 장력에는 반비례한다.

67 전주 사이의 지지물 간 거리(경간)이 80[m]인 가공전선로에서 전선 1[m]의 하중이 0.37[kg], 전선의 이도가 0.8[m]라면 전선의 수평장력[kg]은? [70회 21.7.]

① 330
② 350
③ 370
④ 390

해설 $T = \dfrac{WS^2}{8D} = \dfrac{0.37 \times 80^2}{8 \times 0.8} = 370[\text{kg}]$

68 지지물 간 거리(경간) 200[m]의 가공전선로가 있다. 전선 1[m]당 하중은 2.0[kg], 풍압하중은 없는 것으로 하면 인장하중 4,000[kg]의 전선을 사용할 때 처짐정도(이도) 및 전선의 실제 길이는 각각 몇 [m]인가? (단, 안전율은 2.0으로 한다.) [69회 21.2.]

① 이도 : 5, 길이 : 200.33
② 이도 : 5.5, 길이 : 200.3
③ 이도 : 7.5, 길이 : 222.3
④ 이도 : 10, 길이 : 201.33

해설 $D = \dfrac{WS^2}{8T} = \dfrac{2 \times 200^2}{8 \times \dfrac{4,000}{2}} = 5[\text{m}]$

$L = S + \dfrac{8D^2}{3S} = 200 + \dfrac{8 \times 5^2}{3 \times 200} = 200.33[\text{m}]$

69 그림과 같이 지지점 A, B, C에는 고저차가 없으며, 지지물 간 거리(경간) AB와 BC 사이에 전선이 가설되어 그 처짐정도(이도)가 12[cm]이었다고 한다. 지금 지지점 B에서 전선이 떨어져 전선의 처짐정도(이도)가 D로 되었다면 D는 몇 [cm]가 되겠는가?

① 18
② 24
③ 30
④ 36

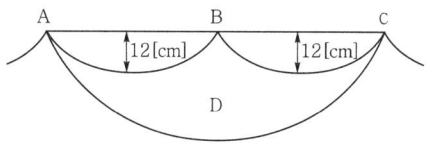

해설 $D_2 = 2D_1 = 2 \times 12 = 24[\text{cm}]$

정답 66 ② 67 ③ 68 ① 69 ②

PART 3 송·배전 선로의 전기적 특성

70 송전선에 댐퍼(damper)를 다는 이유는? [68회 20.7.], [70회 21.7.]
① 전선의 진동방지
② 현수애자의 경사방지
③ 코로나의 방지
④ 전선의 이탈방지

해설
- 아머로드(armor rod) : 전선과 같은 재질로 전선 지지부분을 감는다.
- 댐퍼(damper) : 진동 루프길이의 1/2~1/3인 곳에 설치하며 진동 에너지를 흡수하여 전선 진동을 방지한다.

71 3상 수직 배치인 선로에서 오프셋(off-set)을 주는 이유는? [69회 21.2.]
① 전선의 풍압 감소
② 단락 방지
③ 철탑 중량 감소
④ 전선의 진동 억제

해설 전선 주위의 빙설이나 물이 떨어지면서 반동으로 상하 전선의 혼촉으로 인한 단락사고 발생 방지책으로 오프셋(off-set)을 한다.

72 애자가 갖추어야 할 구비조건으로 옳은 것은?
① 선로전압에는 충분한 절연내력을 가지며 이상전압에는 절연내력이 매우 작아야 한다.
② 지지물에 전선을 지지할 수 있는 충분한 기계적 강도를 갖추어야 한다.
③ 비, 눈, 안개 등에 대해서도 충분한 절연저항을 가지며 누설전류가 많아야 한다.
④ 온도의 급변에 잘 견디고 습기도 잘 흡수하여야 한다.

해설 애자의 구비조건
- 오래 사용하여도 코로나에 의한 표면변화나 전선의 지속진동 등에 전기적·기계적으로 열화가 적어 내구력을 크게 한 것
- 자연현상, 특히 온도나 습도의 급변에 대한 전기적·기계적 변화가 적게 한 것
- 상시 규정하는 전압에 견디는 것은 물론, 이상전압에 대한 충분한 절연강도를 갖고 전력주파 및 충격파 시험전압에 합격한 것일 것
- 기상조건에 대하여 충분한 전기적 표면저항을 가져서 누설전류를 거의 흐르지 못하게 하고, 또한 섬락방전을 일으키지 않도록 한 것
- 전선의 장력, 풍압, 빙설 등의 외력에 의한 하중에 견딜 수 있는 기계적 강도를 갖고 진동, 타격 등의 충격에도 충분히 견디게 한 것
- 생산방법 등이 간이하며 가격이 저렴한 것

정답 70 ① 71 ② 72 ②

73
4개를 한 줄로 이어 단 표준 현수애자를 사용하는 송전선 전압[kV]은?
① 22
② 66
③ 154
④ 345

해설 현수애자 1련의 수량

22.9[kV]	66[kV]	154[kV]	345[kV]
2~3개	4~6개	9~11개	19~23개

74
가공전선로에 사용하는 현수 애자련이 10개라고 할 때 전압 분담이 최소인 것은?
[65회 19.3.], [69회 21.2.], [70회 21.7.]
① 전선에서 여덟 번째 애자
② 전선에서 여섯 번째 애자
③ 전선에서 세 번째 애자
④ 전선에서 첫 번째 애자

해설 현수애자의 전압 분담은 철탑 쪽에서 1/3 지점의 애자의 전압 분담이 가장 적고, 전선 쪽에서 제일 가까운 애자가 가장 크다.

75
250[mm] 현수애자 10개를 직렬로 접속된 애자련의 건조섬락전압이 590[kV]이고 연효율(string efficiency)이 0.74이다. 현수애자 한 개의 건조섬락전압은 약 몇 [kV]인가?
① 80
② 100
③ 110
④ 120

해설 애자의 연능률 $\eta = \dfrac{V_n}{nV_1} \times 100[\%]$

$0.74 = \dfrac{590}{10 \times V_1}$ 에서 $V_1 ≒ 80[\mathrm{kV}]$

76
송전선 현수애자련의 연면섬락과 가장 관계가 없는 것은?
① 현수애자련의 개수
② 철탑 접지저항
③ 현수애자련의 오손
④ 가공지선

해설 연면섬락이란 애자의 표면을 따라서 생기는 코로나를 말하고 철탑 접지저항이 크거나, 애자련의 오손 또는 애자련의 수의 부족 등에 의해 발생된다.

정답 73 ② 74 ① 75 ① 76 ④

77

그림과 같이 지지선(지선)을 가설하여 전주에 가해진 수평장력 800[kg]을 지지하고자 한다. 지선으로써 4[mm] 철선을 사용한다고 하면 몇 가닥을 사용해야 하는가? (단, 4[mm] 철선 1가닥의 인장하중은 440[kg]으로 하고 안전율은 2.5이다.)

① 6
② 8
③ 10
④ 12

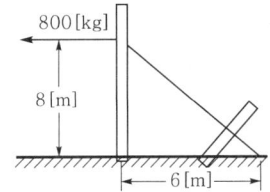

해설 $T_0 = \dfrac{T}{\cos\theta} = \dfrac{800}{\dfrac{6}{\sqrt{8^2+6^2}}} = \dfrac{440 \times n}{2.5}$

$\therefore n = \dfrac{2.5 \times 1,333}{440} = 7.57 = 8$가닥

78

케이블의 연피손의 원인은?

① 유전체손
② 히스테리시스 현상
③ 전자유도작용
④ 표피작용

해설 케이블의 연피에 전압이 유기되어 연피에 전류가 흐르고, 이에 따라서 연피손실이 발생한다.

79

지중 케이블에 있어서 고장점을 찾는 방법이 아닌 것은? [68회 20.7.]

① 펄스에 의한 측정법
② 메거(megger)
③ 수색 코일에 의한 방법
④ 머레이 루프(murray loop) 시험기에 의한 방법

해설 메거는 절연저항을 측정하는 계기이다.

80

지중선 계통은 가공선 계통에 비하여 인덕턴스와 정전용량은 어떠한가? [69회 21.2.]

① 인덕턴스는 크고, 정전용량은 작다.
② 인덕턴스, 정전용량이 모두 작다.
③ 인덕턴스, 정전용량이 모두 크다.
④ 인덕턴스는 작고, 정전용량이 크다.

해설 지중전선로는 가공전선로의 정전용량보다 100배 정도이고, 인덕턴스는 약 1/6 정도이다.

정답 77 ② 78 ③ 79 ② 80 ④

81
지중전선로인 전력 케이블의 고장검출방법으로 머레이(Murray) 루프법이 있다. 이 방법을 사용하되 교류전원 수화기를 접속시켜 찾을 수 있는 고장은? [65회 19.3.]

① 1선 지락
② 2선 지락
③ 3선 단락
④ 1선 단선

해설 머레이 루프법(Murray loop method)
1선 지락고장, 선간 단락고장 등을 찾을 수 있다.

82
송·배전선로의 이상전압은 내부적 요인과 외부적 요인으로 나뉜다. 다음 중 내부적 요인과 무관한 것은?

① 직격뢰
② 개폐서지
③ 선로의 이상 상태
④ 1선 지락 사고에 따른 건전상의 전위 상승

해설 이상전압
- 외부적 요인
  - 직격뢰
  - 유도뢰
- 내부적 요인
  - 개폐서지
  - 1선 지락 사고에 따른 건전상의 전위 상승
  - 잔류전압에 의한 전위 상승

83
가공송전선에서 직격뢰를 방지하기 위해 설치하는 것은? [67회 20.4.], [70회 21.7.]

① 매설지선
② 가공지선
③ 피뢰기
④ 아킹혼

해설
- 매설지선 : 역섬락을 방지하기 위해 지중에 설치한다.
- 가공지선 : 유도뢰, 직격뢰를 방지하기 위해 설치한다
- 피뢰기 : 변압기를 보호하기 위해 설치하며 직렬갭과 특성요소로 구성되어 있다.
- 아킹혼 : 애자련을 보호하기 위해 설치한다.

정답 81 ① 82 ① 83 ②

PART 3 송·배전 선로의 전기적 특성

★ 84. 차단기와 소호 매질의 관계를 설명한 내용 중 틀린 것은?
[66회 19.7.], [69회 21.2.], [70회 21.7.]

① 진공차단기 – 진공
② 가스차단기 – 육불화유황가스
③ 자기차단기 – 전자력
④ 기중차단기 – 압축공기

해설
- 진공차단기 – 진공
- 가스차단기 – 육불화유황가스
- 자기차단기 – 전자력
- 기중차단기 – 대기상태 공기
- 공기차단기 – 압축공기

★ 85. 저압 뱅킹 배전방식에 대한 설명으로 옳은 것은?

① 농어촌 지역
② 중소도시 지역
③ 산업단지 지역
④ 부하가 밀집된 시가지 지역

해설 저압 뱅킹 방식
- 전압 변동 및 플리커 현상이 적다.
- 전압강하 및 전력 손실이 적다.
- 부하가 밀집된 시가지에 주로 이용된다.
- 캐스케이딩 현상이 발생되며 이를 방지하기 위해 뱅킹 퓨즈를 사용한다.

★ 86. 저압 네트워크 방식에 대한 설명으로 옳지 않은 것은?
[67회 20.4.]

① 부하 증가에 대한 공급 탄력성이 매우 좋다.
② 전압강하와 전력 손실이 감소한다.
③ 무정전 공급이 불가능해 공급의 신뢰성이 떨어진다.
④ 중소도시와 대도시에서 주로 사용된다.

해설 저압 네트워크 방식
- 사고 시 전류의 역류 가능성이 있어 네트워크 프로텍터를 사용하여 고장전류를 차단한다.
- 부하 증가에 대한 공급 탄력성이 매우 좋다.
- 전압강하와 전력 손실이 감소한다.
- 무정전 공급이 가능해 공급의 신뢰성이 가장 뛰어나다.
- 중소도시와 대도시에서 주로 사용된다.

정답 84 ④ 85 ④ 86 ③

87. 다음의 보호계전기 중 일정 전압 이하가 되면 동작을 하는 계전기를 나타내는 것은?

① OVR
② OCR
③ RDF
④ UVR

해설
- 과전압계전기(OVR) : 일정 전압 이상이 되면 동작을 하는 계전기이다.
- 부족전압계전기(UVR) : 일정 전압 이하가 되면 동작을 하는 계전기이다.
- 과전류계전기(OCR) : 일정 전류 이상이 되면 동작을 하는 계전기이다.
- 지락과전류계전기(OCGR) : 지락 사고 시 일정 전류 이상이 되면 동작을 하는 계전기이다.
- 차동계전기(RDF) : 1차와 2차측의 전류가 어떤 값 이상의 차이를 가지면 동작을 하는 계전기이다.

88. V결선방식에서 이용률은 몇 [%]인가? [68회 20.7.]

① 57.7
② 86.6
③ 92.3
④ 100

해설 V결선방식
- △결선 시에 1개의 변압기가 고장 시 사용되는 결선방식이다.
- 출력 $P = \sqrt{3}\,P_1$ (단, P_1은 변압기 1대 용량)
- 이용률 : 86.6[%]
- 출력비 : 57.7[%]

89. 배전선로에서의 손실 경감 대책으로 틀린 것은?

① 역률을 개선한다.
② 전압을 강압한다.
③ 단면적을 증가시킨다.
④ 부하의 불평형을 개선한다.

해설 배전선로 손실 경감 대책

- 역률개선 : 손실 $P_l = \dfrac{P^2 R}{V^2 \cos^2\theta}$ 이므로 역률의 제곱에 반비례한다. 즉 역률을 2배로 하면 손실은 $\dfrac{1}{4}$ 배로 감소한다. (단, 역률은 1일 때 가장 이상적이다.)
- 전압 승압 : 전압이 2배가 되면 손실은 $\dfrac{1}{4}$ 배로 감소한다.
- 배전선로를 단축하고, 단면적을 증가시킨다.
- 부하의 불평형을 개선한다.

정답 87 ④ 88 ② 89 ②

PART 3 송·배전 선로의 전기적 특성

90 3상 4선식 배전선로의 총 전선의 소요량을 3상 3선식과 비교했을 때 가장 옳은 것은?

① $\dfrac{3}{2}$ ② $\dfrac{4}{9}$

③ $\dfrac{9}{4}$ ④ $\dfrac{8}{3}$

해설 전선의 소요량의 비교

$$\dfrac{3상\ 4선식\ 전선\ 소요량}{3상\ 3선식\ 전선\ 소요량} = \dfrac{\dfrac{1}{3}}{\dfrac{3}{4}} = \dfrac{4}{9}$$

91 단상 3선식에 대한 설명 중 틀린 것은? (단, 전압을 2배 승압 시의 경우이다.)

[67회 20.4.], [69회 21.2.]

① 전압강하가 $\dfrac{1}{2}$로 감소 ② 전력 손실은 $\dfrac{1}{4}$로 감소

③ 전력은 2배로 증가 ④ 전선의 단면적은 $\dfrac{1}{4}$로 감소

해설 단상 3선식의 특징

- 전압강하가 $\dfrac{1}{2}$로 감소
- 전력 손실은 $\dfrac{1}{4}$로 감소
- 전력은 4배로 증가
- 전선의 단면적은 $\dfrac{1}{4}$로 감소

92 변압기 보호를 위해 주탱크와 콘서베이터 사이에 설치하며 유증기 속에 포함된 수소가스 검출을 위해 사용되는 계전기는?

① 부흐홀츠 계전기 ② 거리계전기
③ 과전류계전기 ④ 과전압계전기

해설 부흐홀츠 계전기

변압기 보호를 위해 주탱크와 콘서베이터 사이에 설치하며 유증기 속에 포함된 수소(H_2)가스 검출을 위해 사용된다.

정답 90 ② 91 ③ 92 ①

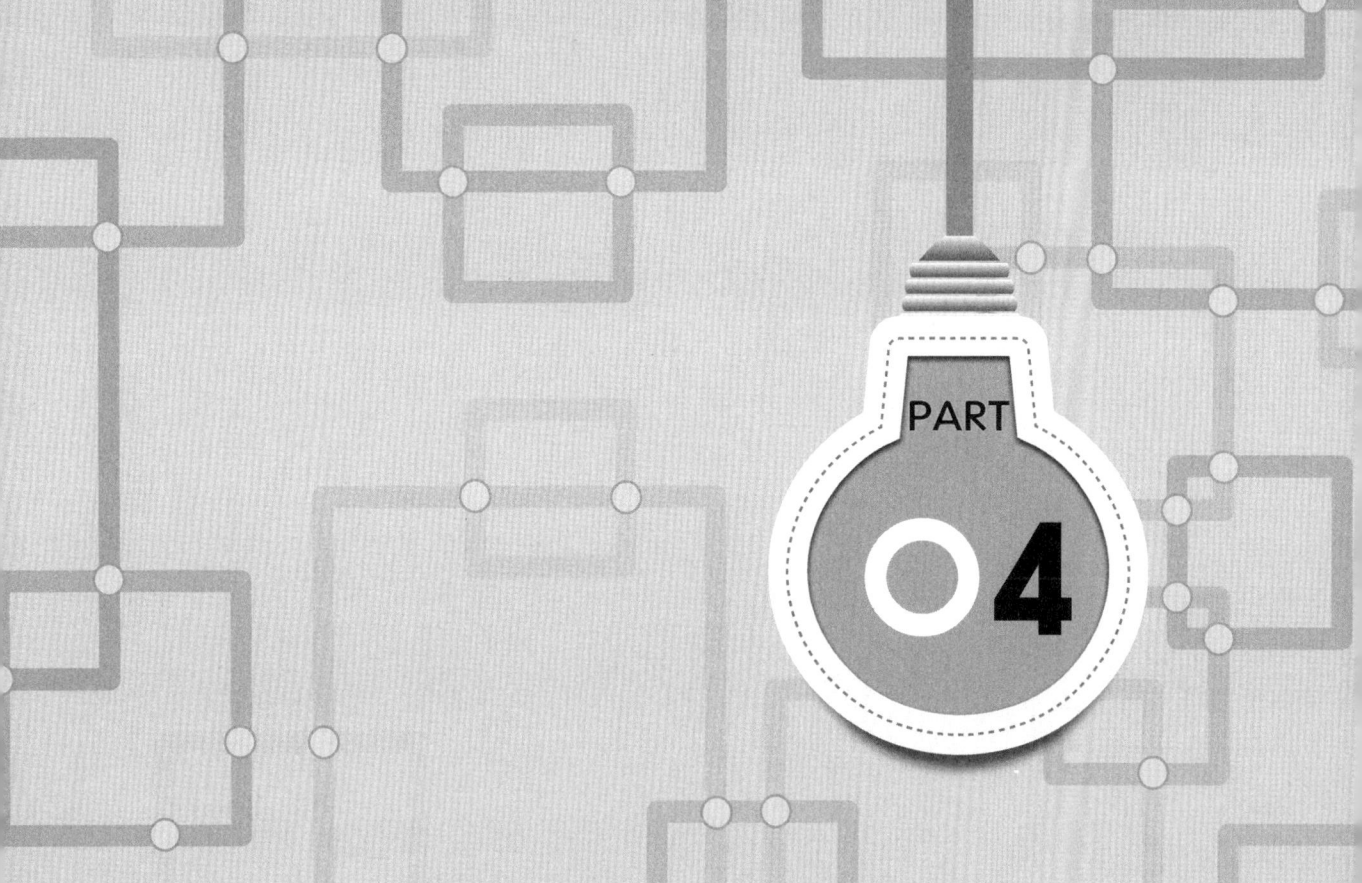

전력전자

- **제1장** 전자현상
- **제2장** 반도체
- **제3장** 전원회로
- **제4장** 증폭회로
- **제5장** 발진회로
- **제6장** 변·복조회로

CHAPTER 01 전자현상

01 전 자

1 전하와 질량

(1) 전자의 전하

전자가 가지고 있는 음(−)전하의 절대값으로 전기량의 최소값

$$e = 1.602 \times 10^{-19} [\text{C}]$$

[전기량의 최소값(e)]
$e = 1.602 \times 10^{-19} [\text{C}]$

(2) 전자의 질량

① 정지질량 : $m_0 \fallingdotseq 9.109 \times 10^{-31} [\text{kg}]$

② 운동 중의 질량

$$m = \frac{m_0}{\sqrt{1-(v/c)^2}} [\text{kg}]$$

여기서, $v[\text{m/sec}]$: 전자의 속도, c : 빛의 속도 $\fallingdotseq 3 \times 10^8 [\text{m/sec}]$

[전자의 정지질량(m_0)]
$m_0 = 9.109 \times 10^{-31} [\text{kg}]$

2 비전하와 전류

(1) 비전하

$$\frac{e}{m_0} \fallingdotseq 1.759 \times 10^{11} [\text{C/kg}]$$

(2) 전류

단위시간에 대한 전하의 변화량

$$I = \frac{dQ}{dt} [\text{A}]$$

 **PART 4** 전력전자

[66회 출제]
전자의 개수
$N = nvS$

3 도체의 단면을 통과하는 전자의 개수 N과 전류 I의 관계

(1) 전자의 개수

$$N = nvS [개/sec]$$

여기서, S : 단면적, v : 평균이동속도, n : 전하의 밀도[개/m³]

(2) 전류

$$I = eN = 1.602 \times 10^{-19} nvS [A]$$

02 전자운동

1 전장 중의 전자운동

전장 속의 정지된 전자는 전장의 방향과는 반대방향으로 힘을 받아 가속된다. 이때 전자는 운동에너지를 가지게 된다.(쿨롱의 법칙)

[전자볼트(eV)]
전자 1개가 갖는 에너지로
$1[eV] = 1.602 \times 10^{-19} [J]$

(1) 전자볼트(electron volt)

1[eV]는 전자 1개에 1[V]의 전위차를 가하였을 때 전자에 주어진 에너지로서 1[eV]는 $1.602 \times 10^{-19} [J]$에 해당한다.

(2) 전자의 운동에너지

전자가 거리 $l[m]$만큼 운동하면서 얻은 운동에너지는 전장(E)이 전자를 힘(F)으로써 거리 l만큼 이동시킨 에너지(W)이다.

$$W = Fl = \frac{eV}{l} l = eV [J]$$

(3) 전자의 속도, 운동시간, 도달시간

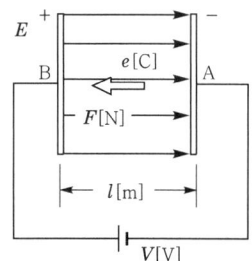

처음 A점에 있는 전자의 속도(초속도)는 0이고 B점에 도달하였을 때의 속도가 v[m/sec]라면 B점에 도착하기까지 주어진 전자에너지는 $Fl = eV$[J]이며, 전자가 얻는 운동에너지는 $\frac{1}{2}mv^2$이다.

① 전자의 속도

$\frac{1}{2}mv^2 = eV$에서 $v = \sqrt{\frac{2eV}{m}}$ [m/sec] (여기서, $e : 1.602 \times 10^{-19}$[C], $m : 9.109 \times 10^{-31}$[kg])

∴ $v \fallingdotseq 5.93\sqrt{V} \times 10^5$ [m/sec]

[68회 출제]
전자의 운동속도(v)
$v = 5.93 \times 10^5 \sqrt{V}$

② 전자의 운동시간

$F = eE = m\alpha$ (여기서, 전자의 가속도 $\alpha : \frac{v}{t}$ [m/sec^2])

∴ $\alpha = \frac{e}{m}$ [m/sec^2]

③ 전자가 거리 l[m]까지 도달하는 시간 t

$v = \alpha t$에서 $l = \frac{1}{2}\alpha t^2 = \frac{1}{2}\frac{e}{m}Et^2$

∴ $t = \sqrt{\frac{2ml}{eE}}$ [sec]

2 자장 중의 전자운동

(1) 회전운동

① 원운동 : 전자가 균일자장의 자속밀도 B[Wb/m^2]에 운동속도 v[m/sec]가 수직으로 운동하게 될 때 원운동을 한다.

② 등속원운동 : 자장에 의한 자기력이 원심력으로 작용하여 원운동에서 발생하는 원심력과 일치하여 운동하는 것이다.

여기서 전자는 (−)의 전하량을 가지고 있으므로 속도 v에 반대방향으로 전류의 방향, 즉 eV의 방향이 결정된다.

㉠ 원운동의 반지름

$Bev = \frac{mv^2}{r}$ ∴ $r = \frac{mv}{Be}$ [m]

㉡ 원운동의 주기 T[sec]와 매초의 회전수 n[rps]의 관계

$T = \frac{원주}{속도} = \frac{2\pi r}{v} = \frac{2\pi}{v}\left(\frac{mv}{Be}\right) = \frac{2\pi m}{Be}$ [sec]

$n = \frac{1}{진동수} = \frac{1}{T} = \frac{Be}{2\pi m}$ [rps]

[69회 출제]
자장 중의 전자의 운동
• 수직방향 : 원운동
• 같은 방향 : 아무런 영향을 받지 않는다.
• 그 외의 방향 : 타원형 운동

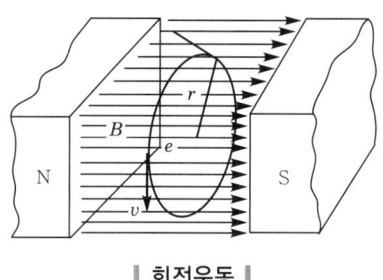

∥ 회전운동 ∥

[나선(형) 운동시의 반지름]
$r = \dfrac{mv}{Be}\sin\theta\,[\text{m}]$

(2) 나선운동

전자가 자장의 방향에 대해 $\theta[\text{rad}]$만큼 각도를 가지고 입사되었을 때, 속도 v는 자장에 수직성분과 수평성분으로 분해된다.

① 수직성분 : 자기력을 받아 원운동을 한다.

$v_x = v\sin\theta\,[\text{m/sec}]$

② 수평성분 : 자기력의 힘을 받지 않는 평행성분으로 직선운동을 한다.

$v_y = v\cos\theta\,[\text{m/sec}]$

③ 원운동의 반지름

$r = \dfrac{mv}{Be}\sin\theta\,[\text{m}]$

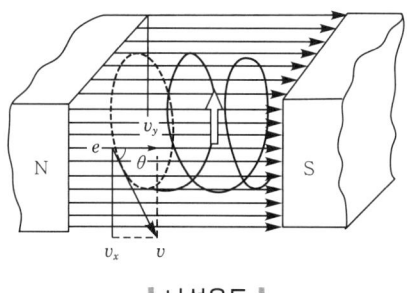

∥ 나선운동 ∥

03 전자 방출

1 일함수

[일함수]
일함수의 단위는 [eV]이다.

(1) 개념

금속 내부의 자유전자를 공간으로 방출시키는 데 필요한 에너지 $W[\text{J}]$는 전자의 전기량을 $e[\text{V}]$라 할 때 $W = e\phi$이다. 이때 ϕ는 전자가 금속에서 방출될 때 뛰어넘어야 할 전위차로 물질의 일함수(work function)라 한다. 단위는 [eV]이다.

CHAPTER 1 전자현상

$$\frac{W[J]}{e[C]} = \frac{W[C \cdot V]}{e[C]} = \phi[V]$$

여기서, $1[eV] : 1.602 \times 10^{-19}$, $1[C \cdot V] : 1.602 \times 10^{-19}[J]$

일함수의 값은 물질의 종류, 온도, 표면상태 등에 따라 달라진다.

(2) 페르미 준위(Fermi level)
물질의 결정을 구성하고 있는 원자의 에너지상태를 표시하는 것이다.
- ① 기저 준위 : 물질이 0[K]일 때 전자가 가장 낮은 준위(가장 안쪽 궤도)에 있는 상태이다.
- ② **페르미 준위** : 기저상태에서 원자 자체가 가지는 **에너지는 제일 낮은 상태**이다. 이때의 최고 준위는 $W_F[eV]$를 말한다.

2 열전자 방출

금속이 가열되어 어느 정도 고온이 되면 그 열에너지가 표면장력의 에너지보다 크게 되어 고체 안의 전자가 전위장벽을 넘어 자유공간으로 탈출하는 현상으로 이 전자를 열전자라 한다.

[전자 방출의 종류]
- 열전자 방출
- 광전자 방출
- 2차 전자 방출
- 고전장 방출

(1) 열전자의 양
열전자 방출에서 방출 가능한 전자의 수는 온도의 함수이며, 온도가 높을수록 방출되는 전자의 수는 증가한다. 즉, 가열된 금속에서 방출되는 전자의 양은 그 금속의 일함수와 온도 $T[K]$에 따라 다르다. 열전자 방출에 의하여 금속 표면의 단위면적에 흐르는 전류밀도는 다음과 같다.

$$I_s = AT^2 e^{-b_0/T} [A/m^2]$$

여기서, b_0 : 일함수의 온도 $\left(b_0 = \dfrac{\phi}{K}\right)$

e : 자연대수의 밑 = 2.71828

ϕ : 금속의 일함수

K : 볼츠만 상수 = $1.380 \times 10^{-23} [J/K]$

A : 방출재료에 의해 결정된 정수(열전자 방출정수)

(2) 열전자 방출재료
- ① 음극의 온도가 높아질수록 열전자 방출량은 매우 커지며, 그 재료의 일함수 ϕ가 작은 것일수록 낮은 온도에서도 많은 열전자를 방출시킬 수 있다.
- ② 리처드슨-더시만의 식

$$I_s = AT^2 \varepsilon^{-b_0/T} = AT^2 \varepsilon^{-\phi/KT}$$

PART 4 전력전자

3 광전자 방출

도체에 빛을 비추면 그 표면에서 전자를 방출하는 현상으로 광전효과라고도 하며, 이때 방출된 전자를 광전자라 한다. 방출된 광전자의 양은 빛의 세기에 비례하고, 광전자의 초속도는 빛의 세기에는 관계없으나 빛의 파장과는 관계가 있다.

(1) 광양자(광자)와 한계파장

① 광양자 : 빛이 일정한 크기의 에너지를 가진 입자들의 모임으로 에너지의 크기 E는 그 주파수 f에 비례한다.

[광양자]
$E = hf$ [J]

$$E = hf \text{[J]}$$

여기서, h : 플랑크 상수 = 6.624×10^{-34} [J · sec]

② 광양자의 에너지를 가진 전자가 0[K]의 금속 표면에서 전위장벽을 넘어서 탈출한 전자의 속도를 v라 하면, 그 광전자가 가진 에너지는 $\frac{1}{2}mv^2$이며, hf가 이 금속의 일함수 ϕ에 상당하는 전위장벽 ϕ보다도 $\frac{1}{2}mv^2$만큼 큰 경우에 광전자가 방출된다.

$$\frac{1}{2}mv^2 = hf - W \text{[J]}$$

여기서, W : $e\phi$[J]로서 도체의 일함수
$hf > W$: 광전자가 방출된다.
$hf < W$: 광전자가 방출되지 않는다.
$hf = W$: 광전자 방출한계

(2) 한계파장

① 한계진동수(한계주파수)

[한계진동수]
$f_c = \dfrac{W}{h}$

$$f_c = \frac{W}{h} = \frac{e\phi}{h}$$

② 한계파장

$$\lambda_c = \frac{C}{f_c} = \frac{Ch}{W} \fallingdotseq \frac{1.24 \times 10^{-6}}{\phi} \text{[m]} \quad (\text{여기서, } C : \text{약 } 3 \times 10^8 \text{[m/sec]})$$

4 2차전자 방출

외부에서 금속에 전자를 입사시킬 때 금속 내에 있는 자유전자가 입사전자로부터 에너지를 받아 외부로 탈출하는 현상으로, 이때 방출된 전자를 2차전자, 처음에 충돌한 전자를 1차전자라 한다.

(1) 2차전자 방출비(δ)는 1차전자 1개당 방출되는 2차전자수이다.

$$\delta = \frac{n_s(2차전자수)}{n_p(1차전자수)}$$

[2차전자 방출비(δ)]
$\delta = \frac{2차전자수}{1차전자수}$

(2) δ의 값은 1차전자의 가속에너지와 금속의 종류에 따라 달라진다.

5 고전장 방출

(1) 쇼트키효과(Schottky effect)
금속 표면 가까이에 (+)의 전극을 놓아 전장을 가하면 일함수(W)가 작게 되는데, 금속 내 전자에 전장을 가하면 전자가 금속 표면으로 방출되는 효과를 말한다.

(2) 고전장 방출(냉음극 방출)
① 쇼트키효과에 의해서 금속 표면에 전장의 세기가 10^8[V/m] 정도의 강한 전장을 가하면서 상온에서도 금속 표면에서 전자가 방출하는 현상이다.
② 전자의 방출량은 전장의 강도에 따라 변하며 온도와는 관계없다.

(3) 터널효과(tunnel effect)
전위장벽에 외부로부터 강한 전장을 가하면 합성된 에너지분포의 기울기가 급강하하여 전위장벽의 두께 d가 얇아져서 장벽을 뛰어넘는 데 필요한 에너지를 갖지 않는 전자도 전위장벽을 뚫고 나갈 수 있는 효과이다

04 전자파

(1) 전장에 의한 파동과 자장에 의한 파동은 각각 단독으로 존재할 수 없으며, 동시에 존재하고 진동면은 서로 수직이다.

(2) 전자파는 회절, 굴절, 반사, 간섭을 한다.

(3) 전파의 속도(v)
$v = \frac{3 \times 10^8}{\sqrt{\varepsilon_s \mu_s}}$[m/s], $\lambda = \frac{c}{f}$[m]

[전파의 속도]
$v = \frac{3 \times 10^8}{\sqrt{\varepsilon_s \mu_s}}$[m/s]

PART 4 전력전자

[전자파]
전장의 방향과 자장의 방향은 서로 직각방향이다.

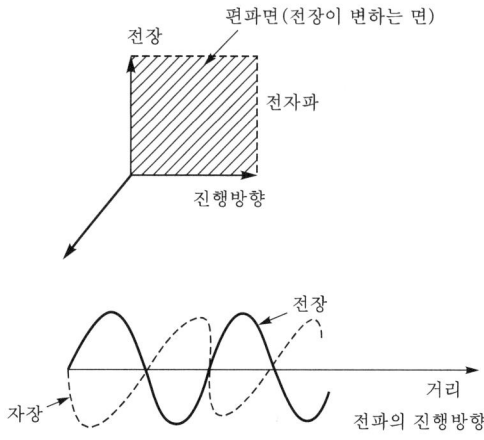

CHAPTER 02 반도체

01 반도체의 성질

도체와 절연체의 중간성질을 가지고 있으며 부(-)의 온도계수를 가지고 있다. 대표적인 반도체에는 Si(실리콘), Ge(게르마늄)이 있다.

1 물질에 의한 저항률 구분

(1) 절연체
$10^8 [\Omega \cdot m]$ 이상의 물질

(2) 도체
$10^{-4} [\Omega \cdot m]$ 이하의 물질

(3) 부도체
$10^{-5} \sim 10^8 [\Omega \cdot m]$ 사이의 물질(상온에서)

2 진성 반도체와 불순물 반도체

(1) 진성 반도체
Ge와 Si과 같은 4개의 가전자를 포함하는 4족 원소를 가지고 있으며 불순물이 전혀 포함되지 않은 반도체로서 0[K](-237[℃])에서 절연체가 된다.

(2) 불순물 반도체
① N형 반도체 : 진성 반도체에 5가의 불순물을 첨가시킨 반도체로서, 5가의 불순물을 도너(doner)라 한다.
㉠ 5가의 불순물 : 비소(As), 안티몬(Sb), 인(P), 비스무트(Bi)
㉡ 다수 캐리어는 전자, 소수 캐리어는 정공이다.
② P형 반도체 : 진도 반도체 3가의 불순물을 첨가시킨 반도체로서 3가의 불순물을 억셉터(acceptor)라 한다.

[불순물 반도체]
불순물 반도체 중 P형, N형 반도체에 대해서 꼭 구분해서 공부요망

[67회, 69회 출제]
P형과 N형 반도체의 구분

PART 4 전력전자

[P형 반도체의 불순물]
- B, Al, In, Ga
- 다수캐리어(정공), 소수 캐리어(전자)

㉠ 3가의 불순물 : 붕소(B), 알루미늄(Al), 갈륨(Ga), 인듐(In)
㉡ 다수 캐리어는 정공, 소수 캐리어는 전자이다.

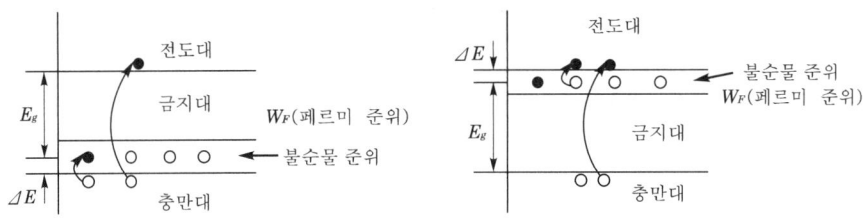

| P형 반도체 | | N형 반도체 |

여기서, ΔE : 불순물 준위에서 전도대로 전자가 오르는 데 필요한 에너지
E_g : 충만대의 전자가 전도대로 오르는 데 필요한 에너지

02 다이오드

1 PN접합 다이오드

(1) 개요
① 두 반도체를 접합시키면 **P형의 다수 반송자인 정공은 N형 쪽으로, N형의 다수 반송자인 전자는 P형 쪽으로 이동**한다.
② P형의 접합면 부근에서는 정공이 전자와 결합하고 3가인 불순물 원자는 (−)로 대전되며 N형 불순물 부근에서는 5가인 불순물이 (+)로 대전된다. 따라서 접합면 부근에서는 N측에서 P측으로 향하는 전장이 생긴다.
③ **공핍층(공핍영역)** : 전장이 생긴 영역을 천이영역 또는 공간전하영역이라 하며, 공간전하영역 내에는 전장 때문에 반송자가 머무를 수 없다.

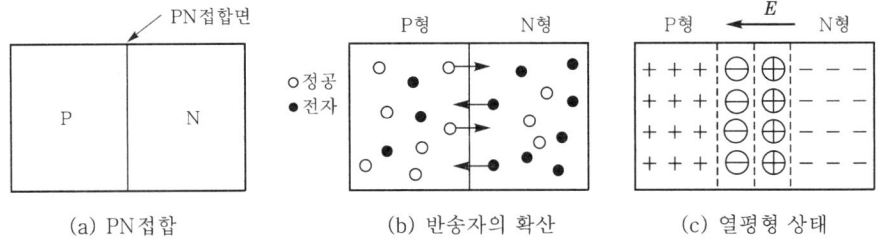

(a) PN접합   (b) 반송자의 확산   (c) 열평형 상태

[68회 출제]
정류작용의 정의

[순방향 바이어스]
P형 반도체에는 (+), N형 반도체에는 (−) 극성을 연결한다.

(2) PN접합의 정류작용
① **순방향 바이어스** : PN접합에 가해주는 외부전압은 P형 쪽이 (+), N형 쪽이 (−)가 되게 전압을 가하는 것으로, 외부로부터 전자와 전공이 공급되어 전류는 계속 흐른다.

㉠ 페르미 준위는 P형보다 N형 쪽이 높고, 전자와 정공은 전장의 방향으로 이동한다.
㉡ 공핍층의 폭이 좁아지며 전위장벽이 낮아진다.
㉢ 전장이 약해진다.
② **역방향 바이어스** : PN접합에 가해 주는 외부전압은 **P형 쪽이 (−), N형 쪽이 (+)가 되게 전압을 가하는 것**으로, 정상적인 경우에는 전류가 흐르지 못한다.(실제의 경우는 반도체 주위의 열에너지에 의해서 소수의 전자−전공쌍이 만들어져 역포화전류가 흐른다.)
㉠ 페르미 준위는 P형보다 N형 쪽이 낮아진다.(전자의 총개수가 N형 쪽이 적기 때문이다.)
㉡ 공핍층의 폭이 넓어지며 전위장벽이 높아진다.
㉢ 전장이 강해진다.

[역방향 바이어스]
P형 반도체에는 (−), N형 반도체에는 (+) 전압을 가한다.

[56회, 66회 출제]
공핍층

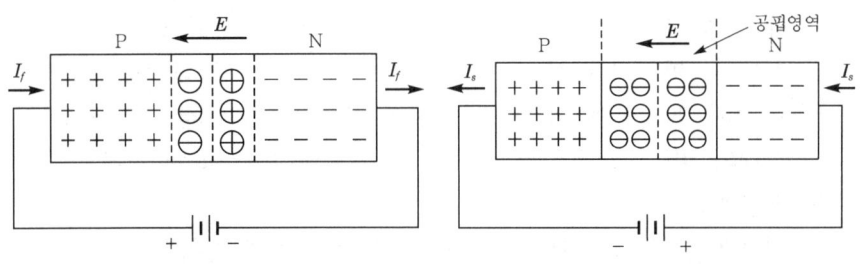

(a) 순방향 바이어스 PN접합   (b) 역방향 바이어스 PN접합

(3) PN접합 다이오드의 특성

PN접합면에 가한 전압이 게르마늄(Ge)인 경우 0.3[V], 실리콘(Si)인 경우 0.6[V] 정도에서 특성이 급격히 상승하여 매우 큰 전류가 흐른다. 이때의 전압을 커틴(cutin), 오프셋(offset), 브레이크 포인트(break point), 스레시홀드(threshold) 전압이라 한다.

[53회, 66회 출제]
PN접합 다이오드의 브레이크-포인트

① 제너항복전압(break down voltage)
  PN접합에 역방향전압을 가하여 점점 증가시키면 어떤 임계전압에서 전류가 급격히 증가하여 전압포화상태를 나타내는 현상을 제너현상이라 하며, 이때의 역방향전압을 제너전압(항복전압)이라 한다.

제너항복현상
이것은 전자사태나 터널효과에 의한 것이며 전압이 감소하면 전류는 특성곡선에 따라 감소하는 것으로 파괴현상은 아니다.

PART 4 전력전자

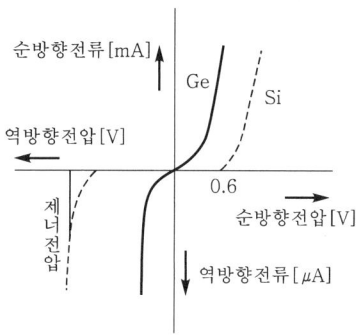

∥ PN접합의 전압·전류의 특성 ∥

전자사태=애벌란시
(avalanche)

② 전자사태
높은 역전압 때문에 생긴 전장에 의해서 반송자가 가속되고, 이것이 도중에 결정 내의 전자와 충돌하여 이온화에 의해서 새로운 전자-정공쌍이 생성된다. 이것이 다시 반송자로 되어 전장의 방향으로 운동함으로써 전류는 이온화 작용에 의하여 증대하여 전장전도가 급격히 커지게 되는데, 눈사태와 비슷하므로 전자사태 또는 애벌란시(avalanche)라 한다.

[67회 출제]
불순물 농도와 터널효과의 관계

③ 터널효과
외부의 강한 전장이나 불순물의 농도를 높이면 전위장벽의 폭이 좁아져서 작은 역전압일 때나 장벽을 뛰어넘는 데 필요한 에너지를 갖지 않은 전자도 쉽게 전위장벽을 뚫고 나갈 수 있는 효과를 말한다.

[터널효과]
외부의 강한 전장이나 불순물의 농도가 높을 때 나타난다.

 터널효과
이것은 전위 장벽의 두께가 얇을수록, 높이가 낮을수록 확률이 증대한다.

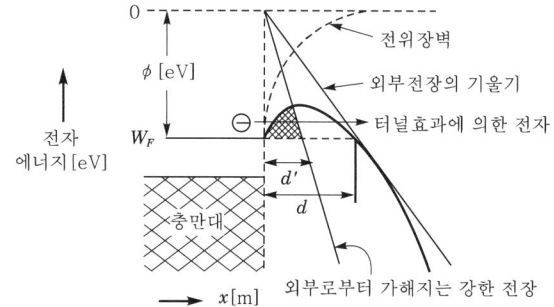

2 제너 다이오드

Si PN접합 다이오드의 항복현상은 비파괴적 항복으로, 전류가 변화하여도 전압이 불변하는 정전압의 성질을 가지고 있으므로 정전압회로에 사용되며 정전압 다이오드라고 부른다.

(1) 특성곡선에서 제너 다이오드의 역방향전압을 증가시키면 어떤 점에서 급격히 전류가 흐르기 시작하며 제너전류(I_Z)를 변화시키면 제너전압(V_Z)이 약간 변한다.

(2) 애벌란시(avalanche)
8[V] 이상에서 항복을 일으키는 Si 전압제어용 다이오드에 이용한다.

[42회, 53회, 64회, 66회 출제]
애벌란시 현상에 관한 문제

(3) 제너효과
5[V] 이하에서 항복현상을 일으키는 데 이용한다.

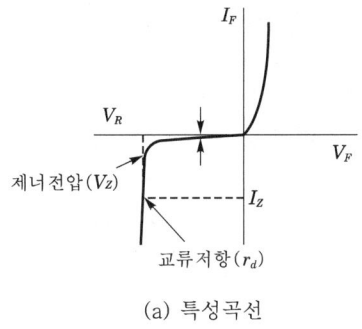

(a) 특성곡선

(b) 기호

3 터널 다이오드

(1) 개요
터널효과를 이용한 다이오드로서 <u>부성저항 특성</u>을 나타낸다.

(2) 특징
① <u>동작속도가 빠르다.</u>(스위칭 시간이 [nano-sec, 10^{-9}] 정도이다.)
② 사용온도가 비교적 낮다.(-40~80[℃])
③ <u>저잡음이며 큰 전력</u>을 얻을 수 있다.
④ 접합면적이 적으므로 기계적으로 약하다.

[67회 출제]
터널 다이오드
• 부성저항 특성
• 동작속도가 빠르다.
• 저잡음
• 대전력

PART 4 전력전자

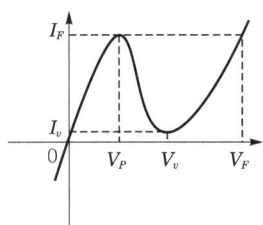

(a) 특성곡선   (b) 기호

4 서미스터

[46회, 68회 출제]
서미스터의 용도

서미스터(thermistor)는 온도증가에 따라 반도체의 전도도가 크게 증가하는 것으로, 어떤 회로에서도 소자로 이용될 수 없으나 전도도가 온도에 따라 증가하는 현상이 장점인 장치이다. 저항의 온도계수는 음(−)의 값이고 매우 크다.

(1) 재료
산화니켈(NiO), 삼산화이망간(Mn_2O_3), 삼산화이코발트(CO_2O_3)

(2) 용도
트랜지스터의 온도보상, 마이크로파의 전력측정, 저항온도 변화의 보상, 차동제어 온도계 등

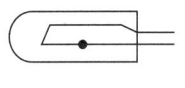   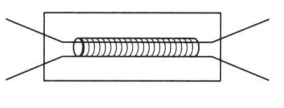

(a) 직렬형   (b) 방열형

5 배리스터

[41회, 43회, 45회, 46회, 47회, 56회 출제]
• 배리스터의 정의
• 배리스터의 주된 용도

배리스터(varistor)는 배리어블(variable)과 레지스터(resistor)가 합쳐진 의미로서 전압에 의하여 저항이 크게 변하는 소자이다. 온도에 의한 저항변화는 서미스터보다 적지만 과부하에 강하다.

(1) 전압과 전류의 관계식

$$I = KV^n$$

여기서, K : 상수
n : 5~7 사이의 값

CHAPTER 2 반도체

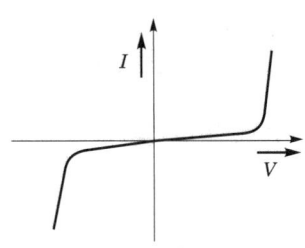

(2) 용도
송전선, 통신선로의 피뢰침, 전자기기, 통신기기의 보호회로 등에 이용한다.

6 가변용량 다이오드

(1) 가변용량 다이오드(variable capacitance diode)
PN접합 다이오드에 역방향전압을 가하면 그 공간전하용량이 공급전하에 따라 광범위하게 변화하는 것을 이용한 것으로 버랙터 다이오드(varactor diode)라고도 한다.

 버랙터 다이오드
접합용량 $C_T \propto \dfrac{K}{\sqrt{V}}$ 에서 C_T 는 역바이어스 전압(V)의 제곱근에 반비례한다.

[가변용량 다이오드]
버랙터 다이오드(varactor diode)라고도 하며, 접합용량은 $C_T \propto \dfrac{K}{\sqrt{V}}$ 이다.

(2) 응용
동조회로, 주파수변조회로 등

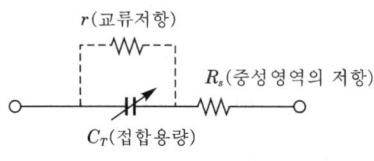

(a) 소신호 모델

(b) 기호

[TR의 종류]
PNP형과 NPN형이 있다.
- 이미터(Emitter, E)
- 베이스(Base, B)
- 컬렉터(Collector, C)

03 트랜지스터

1 트랜지스터의 구조와 기호

이미터의 화살표시는 이미터와 베이스 접합이 순방향으로 바이어스되었을 때 전류가 흐르는 방향을 표시한 것이다.

① 이미터(Emitter, E) : 소수 캐리어를 베이스로 주입하는 전극
② 베이스(Base, B) : 주입된 캐리어를 제어하여 전류공급
③ 컬렉터(Collector, C) : 확산 캐리어를 모으는 전극

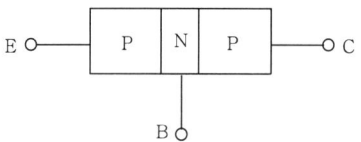 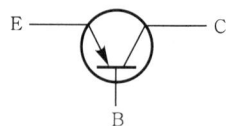

(a) PNP형

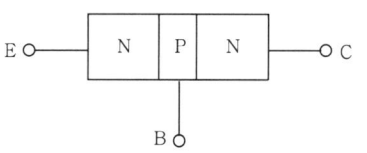 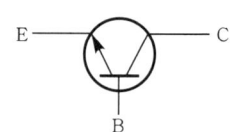

(b) NPN형

2 트랜지스터의 작용

(1) NPN트랜지스터의 동작

다음 그림 (a)에서 E-B 간은 순방향 바이어스로서 이미터(E)는 전자를 움직일 수 있는 전하의 캐리어원 역할을 하며, 전압 V_{EB}는 베이스로 확산하는 전류를 제어하고 C-B 간은 역바이어스 상태에서 동작한다.

① 순방향 바이어스가 E-B접합에 걸리는 순간에는 베이스로 전자가 들어가지 않고, V_{EB}가 전위장벽(Si : 0.7[V])보다 커지면 그림 (b)와 같이 이미터 내의 전자들이 베이스 쪽으로 들어간다. 그리고 베이스 내에 주입된 전자 중 하나는 베이스 도선으로, 또 하나는 컬렉터 접합면을 통과하여 컬렉터 영역으로 들어간다.

② C-B 간의 접합에서 전자들은 강한 전장에 의해서 C 영역으로 밀려 들어가서 외부단자로 흘러나가 컬렉터 전류가 된다. E-B 간 확산전자의 95[%] 이상이 C-B접합에서 도달하며, 공립층의 전장에 의해서 전자들은 연속적으로 컬렉터 영역으로 흐른다.

③ E-B로 향해 흐르는 전자에 의한 전류는 V_{EB}에 의하여 변하므로 컬렉터 전류도 변하게 된다. 그러므로 트랜지스터는 V_{EB}에 의해서 컬렉터 출력전류를 제어하는 전류제어소자이다. 전원의 (−)단자는 E에 전자를 계속 공급하고, (+)단자는 C로 전자를 흡수하여 정공을 계속 만들어 베이스를 지나 이미터로 흐르게 함으로써 정공전도에 기여한다. 따라서 전도가 정공과 전자에 의해서 이루어지는 접합 트랜지스터를 쌍극성 트랜지스터라 한다.

④ 입력의 순방향 바이어스 저항은 수백 옴[Ω] 정도로 매우 낮고, 출력의 역방향 바이어스는 수천 옴[Ω] 정도로 매우 크다. 그리고 입력과 출력의 전류가 같으므로 출력전력($P = I^2R$)의 크기는 입력전력의 크기보다 훨씬 더 커진다. 따라서 전력증폭이 트랜지스터에서 이루어진다.

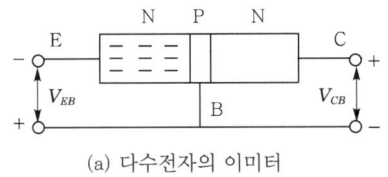
(a) 다수전자의 이미터

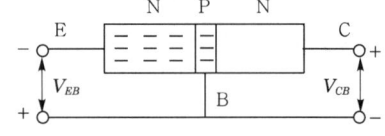
(b) 베이스 내의 전자들의 주입

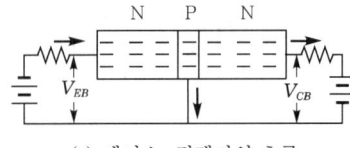
(c) 베이스-컬렉터의 흐름

(2) 동작영역과 공급전압

① 활성영역[그림 (a)] : 통전상태로 TR의 증폭작용시 사용된다.
  ㉠ 이미터와 베이스(V_{BE}) : 순방향 바이어스
  ㉡ 컬렉터와 베이스(V_{BC}) : 역방향 바이어스

② 포화영역[그림 (b)] : 포화상태로 TR의 스위칭작용시 사용된다.
  ㉠ 이미터와 베이스(V_{BE}) : 순방향 바이어스
  ㉡ 컬렉터와 베이스(V_{BC}) : 순방향 바이어스

③ 차단영역[그림 (c)] : 차단상태로서 실제 사용하지 않는다.
  ㉠ 이미터와 베이스(V_{BE}) : 역방향 바이어스
  ㉡ 컬렉터와 베이스(V_{BC}) : 역방향 바이어스

[64회, 66회, 69회 출제]
TR의 동작영역과 공급전압

구 분	E-B	B-C
활성영역	순방향	역방향
포화영역	순방향	순방향
차단영역	역방향	역방향

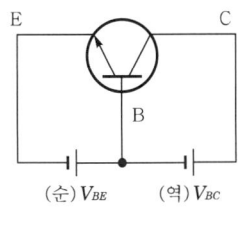
(a) 통전상태

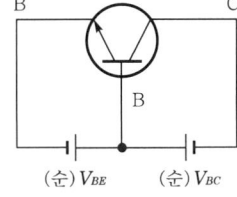
(b) 포화상태

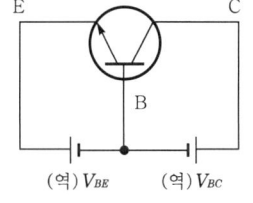
(c) 차단상태

04 전장효과 트랜지스터

전장효과 트랜지스터(FET ; Field Effect Transistor)의 전류는 다수 반송자에 의해서 흐르고 전류의 제어는 전장(전압)에 의해서 이루어지는 전압제어소자로서, 유니폴러(unipolar) 트랜지스터라고 한다. 특성은 5극관 진공관과 비슷하며 진공관과 트랜지스터의 장점만 가지고 있다.

① 접합형 FET(Junction Type Field Effect Transistor)
② MOS형 FET(Metal Oxide Semiconductor Field Effect Transistor) : 절연게이트형 FET

1 접합형 FET

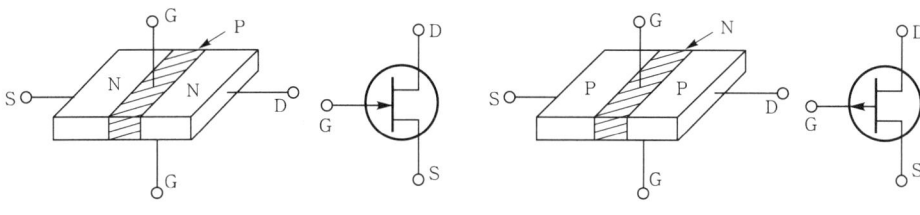

(a) N-채널 FET (b) P-채널 FET

(1) FET의 전극

① 소스(source) : 다수 캐리어가 반도체로 흘러들어가는 쪽의 전극
② 드레인(drain) : 다수 캐리어가 반도체에서 흘러나가는 쪽의 전극
③ 게이트(gate) : 불순물이 도핑되어 있는 제어전극

(2) N형 접합 FET

N형 Si막대의 상하에 P형 불순물을 강하게 도핑(doping)하여 2개의 PN접합을 만든 것으로, N형 Si막대 양 끝에 전극 옴(Ohm)이 접촉되어 있어 이들 사이에 전압을 걸면 전류가 흐른다. 이때 흐르는 전류는 다수 캐리어(전자)에 의해서 흐른다.

(3) P형 접합 FET

P형 Si막대의 상하에 N형 불순물을 강하게 도핑하여 2개의 PN접합을 만든 것이다.

(4) 특징

① 안정하여 파괴에 강하고, 저주파에서의 잡음이 적다.
② 게이트가 접합되어 있어 순방향으로 바이어스 할 수 없다.
③ 입력 임피던스가 MOS형보다 낮다.($10^8 \sim 10^{12}[\Omega]$)

[FET의 종류]
J-FET와 MOS-FET

[64회, 68회 출제]
FET의 특징
• 고입력 임피던스
• 저잡음
• 다수캐리어에 의해 전류가 흐름
• Pinch-off 현상
• G-S 사이에 역방향 전압 인가

④ 직류증폭, VHF증폭, 초퍼(chopper) 및 가변저항 등으로 널리 이용된다.

2 MOS형 FET

금속전극의 게이트와 채널 사이를 얇은 절연층으로 분리한 것으로, 게이트 부분의 구조가 금속, 산화막, 반도체로 되어 있어 절연게이트형 FET라 한다.

[MOS-FET 종류]
인한스먼트 MOS-FET와 디플리션 MOS-FET가 있다.

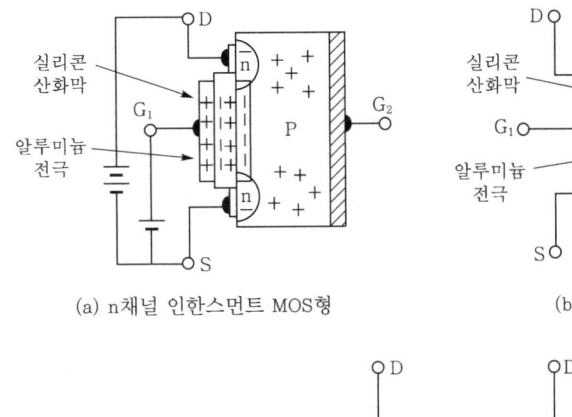

(a) n채널 인한스먼트 MOS형   (b) n채널 디플리션형

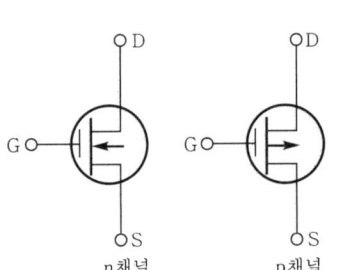

(c) n채널, p채널

(1) 인한스먼트(enhancement)형 FET
게이트(G)에 순방향 바이어스를 걸면 드레인(D)전류가 증가하는 것으로, G-S 간에 정(+)의 전압을 가하면 게이트 바로 아래 P형 반도체 부분에 부(-)의 유도전하가 발생하여 n통로를 형성하므로 드레인전류가 흐른다.

(2) 디플리션(depletion)형 FET
게이트(G)에 역방향 바이어스를 걸면 전류가 감소하는 것으로, 인한스먼트형과 다른 점은 D-S 간에 처음부터 n채널이 형성되어 있고 G-S 간의 전압이 0[V]인 경우에도 드레인전류가 흐르며, 부(-)의 전압을 가하면 전류가 감소하고 정(+)의 전압을 가하면 전류가 증가하는 디플리션+인한스먼트의 특성을 가지고 있다.

(3) 특징
① 드레인전류가 부(-)의 온도계수이므로 열폭주의 염려가 없다.

PART 4 전력전자

② 입력 임피던스가 접합형 FET에 비하여 매우 높다.

③ 상호 컨덕턴스(g_m)가 크다. $\left(g_m = \left|\dfrac{\Delta I_D}{\Delta V_{GS}}\right| V_{DS} = 일정\right)$

④ 접합형 FET에 비하여 혼변조 및 스퓨리어스 특성이 우수하다.

⑤ 오프셋(offset)전압이 0이다.

05 반도체 스위칭 소자

[41회, 42회, 43회, 46회, 47회, 49회, 51회, 55회, 66회, 69회 출제]
• SCR의 용도
• SCR의 동작설명
• SCR의 구조설명
• SCR의 Turn-on시 전류관계

1 실리콘제어 정류소자(SCR ; Silicon Controlled Rectifier)

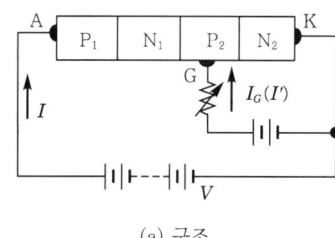
(a) 구조

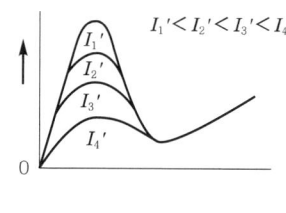
(b) 특성곡선

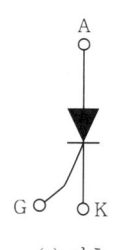
(c) 기호

(1) 실리콘 PNPN 4층 구조로 P층 또는 N층에 제어전극(gate)이 있다.

(2) 순방향으로 부성저항 특성을 가지며 On상태에서는 PN집합의 순방향과 같이 저항이 매우 작고, Off상태의 저항은 매우 크다.

(3) 허용전류는 수 100[A], 내압은 2~3[kV]이다.

(4) 전력제어용 및 고압의 대전류정류에 사용된다.

(5) 부성저항 특성이 있다.

[41회, 45회, 49회 출제]
• 다이액의 구조
• 다이액의 용도

2 다이액 소자(DIAC ; Diode-AC switch, trigger diode)

DIAC은 2극 다이오드의 교류스위치란 뜻으로 교류전원으로부터 직접 트리거 펄스를 얻는 회로에 사용되며, 양방향 대칭인 브레이크오버전압(20~40[V])을 가지고 있는 특성상의 장점이 TRIAC 제어소자로 적합하여 트리거 다이오드(trigger diode)의 역할을 한다.

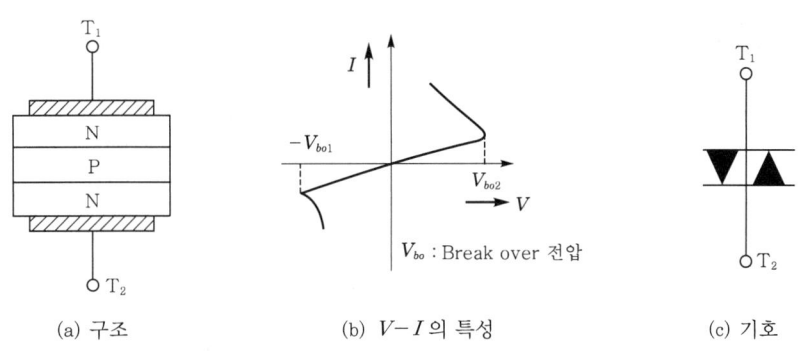

(a) 구조　　　　(b) $V-I$의 특성　　　　(c) 기호

(1) 기본구조는 NPN(또는 PNP)의 3층 대칭구조를 가지고 있다.

(2) PN접합의 애벌란시(avalanche)효과와 부성저항 특성을 가져 그림 (b)와 같은 대칭인 브레이크오버전압을 나타낸다.

(3) 순방향으로는 전도상태와 차단상태가 있으나 역방향으로는 차단상태뿐이다.

3 트라이액(TRIAC ; bidirectional triode thyrister)

[43회, 44회, 45회, 48회, 50회, 51회, 52회, 57회, 65회, 67회 출제]
• 트라이액의 구조
• 트라이액의 정의
• 트라이액의 심벌

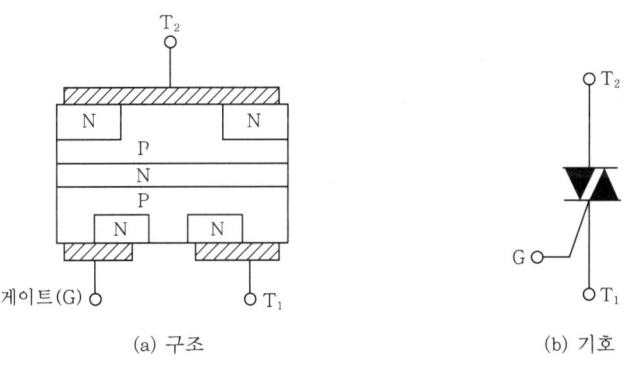

(a) 구조　　　　(b) 기호

TRIAC은 SCR을 역병렬로 접속하고 있는 게이트를 1개 한 것과 같은 기능을 가지고 있으며, 5층의 PN접합에 의하여 3단자 교류스위치로 교류전력을 제어하는 쌍방향성 전력용 소자이다.

(1) 게이트가 있어 정(+), 부(−) 어느 극성의 게이트 신호라도 트리거시킬 수 있다.

(2) 제어회로가 간단하고 교류전력제어에 적합한 소자이다.

(3) 비교적 약한 전력으로 동작시킬 수 있다.

4 단일접합 트랜지스터(UJT ; Uni-Junction Transistor)

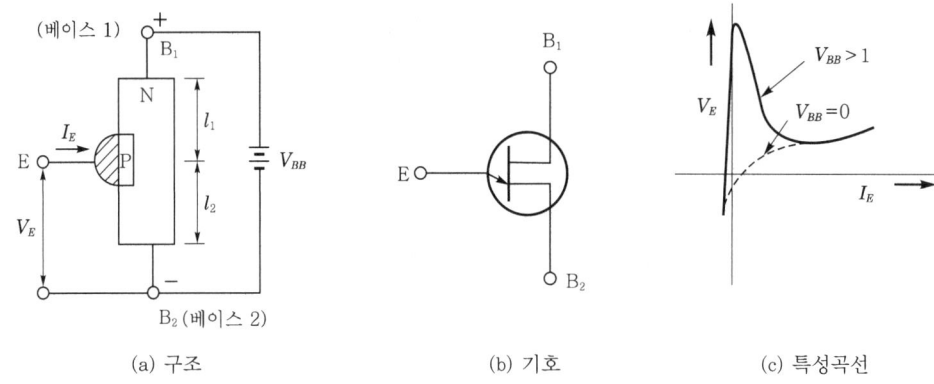

(a) 구조 　　　　　 (b) 기호 　　　　　 (c) 특성곡선

(1) 개념

UJT는 Double base diode라고도 하며, 대표적인 트리거 소자로서 N형 Si 양단에 베이스 전극 B_1과 B_2를 붙이고 중간에 PN접합의 이미터(emitter)를 설치한 것이다.

그림 (c)의 특성곡선에서 $V_{BB}=0$일 때는 보통 다이오드의 특성과 같으나 $V_{BB}>1$일 때는 부성저항 특성을 나타낸다. 즉, 2개의 베이스 전극 B_1과 B_2 사이에 V_{BB}의 직류전원을 가하면 제어전류(I_C)가 흐른다. 이때 N형 반도체에 정공(hole)이 주입되어 PN접합 부분은 순바이어스 되어 도전율이 높아진다.

제어전류 $I_C=0$일 때 이미터의 전위 $V_E = \dfrac{l_2}{l_1 + l_2} V_{BB}$가 되며, V_E는 I_C의 증가에 따라 작아진다. 따라서 순바이어스된 PN접합에 이미터전류(I_E)가 흐르면 $E-B_2$ 사이의 저항이 작아져서 V_E가 작아지므로 V_{BB}에 의한 I_C 전류가 증가하여 부성저항 특성이 생긴다.

(2) UJT의 특징

① 부성저항 특성을 나타내며 저주파 및 중간 주파범위에서 스위칭 소자로 이용된다.
② 구조가 간단하여 큰 전력을 취득할 수 있다.
③ 펄스발생회로에 응용되며 톱니파나 펄스파의 발생에 사용된다.

(3) PUT(programable-UJT)의 특징

① N-gate 사이리스터이다.
② 누설전류가 적다.
③ 외부에 저항을 연결하여 베이스 간 저항을 조절할 수 있다.

CHAPTER 2 반도체

(4) SSS(Sillicon Symmetrical Switch)의 특징
① DIAC과 같이 2단자 사이리스터이며, 게이트 전극은 없고 Break-over 전압 이상의 전압이 인가되어야 도통된다.
② 정류회로, 과전압보호용, 조광장치 등에 이용된다.
③ 쌍방향성 소자

[42회, 44회, 46회, 55회, 56회 출제]
SSS의 용도

(5) GTO(Gate Turn Off)의 특징
① 자기회복능력이 있다.
② Gate에 (+)전류를 인가(turn-on), (-)전류를 인가(turn-off)한다.

[54회, 56회, 61회 출제]
• GTO의 용도
• GTO의 동작원리

(6) 사이리스터(thyristor)의 특징
① On상태와 Off상태를 갖는 2개 또는 3개 이상의 PN접합으로 이뤄진 반도체이다.
② 순방향 전압강하 측정은 온도가 정상상태에 도달 후 측정한다.

[45회, 47회, 50회, 51회, 54회, 55회, 69회 출제]
• 사이리스터의 종류
• 사이리스터 순전압강하 측정

> 1. 래칭전류(latching-current) : 사이리스터를 턴-온시키는 데 필요한 최소의 양극전류
> 2. 방향성, 단자별
>   ① SCR : 단방향 사이리스터(3단자)
>   ② SSS : 쌍방향 사이리스터(2단자)
>   ③ UJT : 단방향 사이리스터(3단자)
>   ④ GTO : 단방향 사이리스터(3단자)
>   ⑤ SCS : 양방향 사이리스터(4단자)
>   ⑥ DIAC : 양방향 사이리스터(2단자)
> 3. 평균출력전압
>   ① 단상 반파일 때 $E_d = \dfrac{\sqrt{2}}{2\pi} E(1+\cos\alpha)$ (단, α는 점호각, 지연각)
>   ② 단상 전파일 때 $E_d = \dfrac{\sqrt{2}}{\pi} E(1+\cos\alpha)$

[56회 출제]
래칭전류의 정의

[55회 출제]
방향성, 단자별

[57회, 58회, 70회 출제]
평균출력전압

CHAPTER 03 전원회로

합격으로 가는 출제 Comment

01 정류회로

정류회로는 2극 진공관이나 다이오드 등으로 교류를 한 방향의 전류로 변화시키고 평활회로에서는 이 전류 속에 포함되어 있는 교류분(맥류)을 제거하여 직류로 만든다.
① 정류전원 : 교류에서 직류를 얻는 전원회로
② 직류정전압 전원(직류안정화 전원) : 전원이나 부하의 변동에 의하여 출력전압이 변동하기 때문에 정전압회로에 연결하여 일정한 직류전압을 얻는 전원

[41회, 43회, 51회, 70회 출제]
• 맥동률이 가장 적은 정류회로
• 맥동 전원주파수

1 정류회로의 특성

(1) 맥동률(ripple 함유율)

정류된 직류전류(전압) 속에 **교류성분이 얼마나 포함되어 있는가**를 나타내는 것이다.

$$\gamma = \frac{\text{출력전류(전압)의 교류성분(맥동분)의 실효값}}{\text{출력전류(전압)의 직류성분(평균값)}} \times 100 [\%]$$

$$\therefore \gamma = \frac{\Delta V}{V_d} \times 100 [\%]$$

(2) 전압변동률

출력전압이 **부하의 변동에 대하여 어느 정도 변화하는지**를 나타내는 것이다.

$$\varepsilon = \frac{\text{무부하시의 출력전압}(V_0) - \text{부하시의 출력전압}(V_L)}{\text{부하시의 출력전압}(V_L)} \times 100 [\%]$$

(3) 정류효율

입력교류전력이 출력직류전력으로 바뀔 수 있는 비율을 나타내는 것이다.

$$\eta = \frac{\text{직류출력전력(평균값)}}{\text{교류입력전력(실효값)}} \times 100[\%]$$

2 반파정류회로

정류기의 동작은 (+) 반주기 동안 다이오드가 전도상태가 되며(순방향에서는 다이오드의 저항이 매우 적다.), (−) 반주기 동안은 다이오드가 전도되지 못한다.(역방향 전류는 무시)

다이오드 및 부하 R_L에 흐르는 전류는 다음과 같다.

$i = I_m \sin\omega t \, (0 \leq \omega t \leq \pi)$

$i = 0 \, (\pi \leq \omega t \leq 2\pi)$

[반파정류회로]
- 평균값 $= \dfrac{I_m}{\pi}$
- 실효값 $= \dfrac{I_m}{2}$

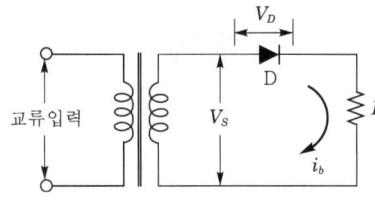
(a) 정류회로

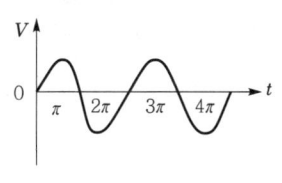
(b) 교류입력 전압파형

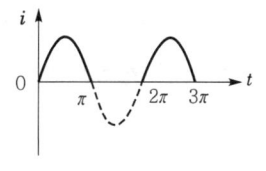
(c) 정류출력 전류파형

(1) 출력전류의 직류분(평균값)

$$I_{dc} = \frac{1}{2\pi}\int_0^{2\pi} i\, d(\omega t) = \frac{1}{2\pi}\int_0^{\pi} I_m \sin\omega t\, d(\omega t)$$

$$= \frac{I_m}{2\pi}[-\cos\omega t]_0^{\pi} = \frac{I_m}{\pi}$$

[sin과 cos의 관계]
- $\int (\cos\omega t) = \sin\omega t$
- $\int (\sin\omega t) = -\cos\omega t$
- $\sin^2\omega t = \dfrac{1-\cos 2\omega t}{2}$

(2) 실효값(i^2 평균의 제곱근)

$$I_{rms} = \sqrt{\frac{1}{2\pi}\int_0^{2\pi} i^2\, d(\omega t)} = \sqrt{\frac{1}{2\pi}\int_0^{\pi} I_m^2 \sin^2\omega t\, d(\omega t)}$$

$$= \sqrt{\frac{I_m^2}{2\pi}\int_0^{\pi} \frac{1}{2}(1-\cos 2\omega t)d(\omega t)}$$

$$= \sqrt{\frac{I_m^2}{4\pi}[\omega t - 0]_0^{\pi}} = \frac{I_m}{2}$$

[62회, 69회 출제]

$I_{dc} = \dfrac{V_d}{R} = \dfrac{\dfrac{V_m}{\pi}}{R}$

$= \dfrac{0.45\,V}{R}$

PART 4 전력전자

[반파정류회로의 특징]
- 맥동률 : 1.21
- 효율 $= \dfrac{0.406}{1+\left(\dfrac{r_p}{R_L}\right)}$
- $PIV = V_m$

(3) 맥동률(ripple factor)

$$r = \dfrac{I_{rms}}{I_{dc}}$$

$$\therefore r = \sqrt{F^2-1} = \sqrt{(1.57)^2-1} = 1.21$$

(4) 정류효율

반파정류회로의 이론적 최대 효율은 40.6[%]이며 $R_L = r_p$ 일 때 출력은 최대이고, 효율은 20.3[%]이다.

$$\eta = \dfrac{P_{dc}}{P_i} = \dfrac{0.406}{1+\left(\dfrac{r_p}{R_L}\right)}$$

(5) 첨두역전압(peak inverse voltage)

정류 다이오드에 걸리는 역방향 전압의 최대값으로서 다이오드가 차단상태에 있을 때 캐소드와 애노드 사이의 전압차를 말한다.
반파정류회로의 $PIV = V_m$(정현파 전원전압의 최대값)이다.

[41회, 46회, 48회, 70회 출제]
전파정류회로의 평균값, 실효값

3 전파정류회로

2개의 반파정류회로를 같은 부하에 동작시키면 다이오드는 각각 반주기마다 교대로 통전된다. 회로의 동작은 양(+)의 반주기 동안은 다이오드 D_1은 통전되고 D_2는 통전되지 않으며, 음(-)의 반주기 동안은 D_2의 전류의 방향은 부하저항 R_L을 통하는 전류방향이 같으므로 2개의 다이오드가 교번된다.

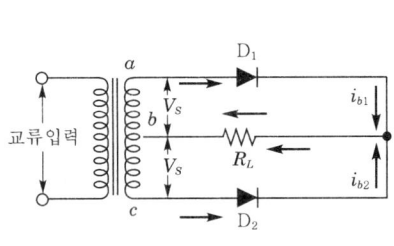

(a) 정류회로

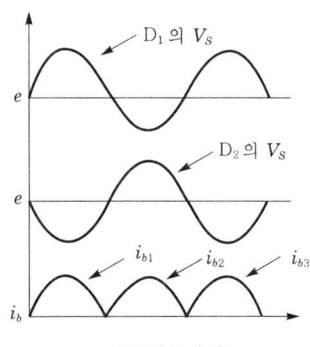

(b) 정류파형

CHAPTER 3 전원회로

(1) 출력전류의 직류분(평균값)

$$I_{dc} = \frac{1}{2\pi}\int_0^{2\pi} i\,d(\omega t) = \frac{2}{2\pi}\int_0^{\pi} I_m \sin\omega t\,d(\omega t)$$
$$= \frac{2I_m}{2\pi}[-\cos\omega t]_0^{\pi} = \frac{2I_m}{\pi}$$

(2) 실효값(i^2 평균의 제곱근)

$$I_{rms} = \sqrt{\frac{1}{2\pi}\int_0^{2\pi} i^2\,d(\omega t)} = \sqrt{\frac{2}{2\pi}\int_0^{\pi} I_m^2 \sin^2\omega t\,d(\omega t)}$$
$$= \sqrt{\frac{2I_m^2}{2\pi}\int_0^{\pi} \frac{1}{2}(1-\cos 2\omega t)d(\omega t)}$$
$$= \sqrt{\frac{2I_m^2}{4\pi}[\omega t - 0]_0^{\pi}} = \frac{I_m}{\sqrt{2}}$$

[61회, 66회, 68회 출제]
전파정류회로의 특징

• 평균값 $= \dfrac{2I_m}{\pi}$

• 실효값 $= \dfrac{I_m}{\sqrt{2}}$

• 맥동률 $= 0.482$

• $PIV = V_m$

(3) 맥동률(ripple factor)

$$r = \frac{I_{rms}}{I_{dc}} = \frac{I_m/\sqrt{2}}{2I_m/\pi} = 1.11$$
$$\therefore\ r = \sqrt{F^2 - 1}$$
$$= \sqrt{(1.11)^2 - 1} = 0.482$$

(4) 정류효율

$$\eta = \frac{\left(\dfrac{2I_m}{\pi}\right)^2 R_L}{\left(\dfrac{2I_m}{2}\right)^2 (r_p + R_L)} \times 100[\%] = \frac{81.2}{1 + \left(\dfrac{r_p}{R_L}\right)}[\%]$$

정류효율은 반파정류회로의 2배이고 이론적으로 최대 81.2[%]이며, 맥동률은 반파정류때보다 작아진다.

(5) 첨두역전압(PIV ; Peak Inverse Voltage)

다이오드 D_2가 차단상태(off)이고, D_1이 통전상태(on)일 때 반주기($\omega t = 0 \sim \pi$)에서 $V_m \sin\omega t$일 때 D_2에 걸리는 전압은 $-V_m \sin\omega t$이다. 따라서 D_2에 걸리는 역전압은 $(V_m \sin\omega t) - (-V_m \sin\omega t) = 2V_m \sin\omega t$이며, $\omega t = \dfrac{\pi}{2}$일 때 최대값 $2V_m$에 이른다. 전파정류회로의 $\underline{PIV = 2V_m}$이다.

[첨두역전압(PIV)]
$PIV = 2V_m$

PART 4 전력전자

[61회 출제]
브리지 정류회로
- $PIV = V_m$
- 브리지회로 동작원리

4 브리지 정류회로

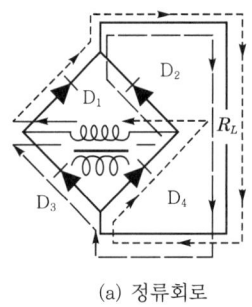
(a) 정류회로

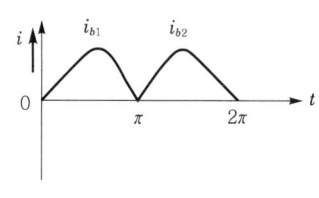
(b) 출력파형

[55회, 69회 출제]
(+)반주기, (-)반주기일 때
다이오드의 동작원리

전파정류회로와 거의 같으며, 차이점은 각 다이오드의 최대 역전압이 전파정류회로의 다이오드 전압값의 $\frac{1}{2}$이다.

(1) 회로의 동작은 처음 반주기 동안에는 $D_1 \to R_L \to D_4$를 통하여 전류가 흐르고, 나머지 반주기 동안의 입력신호는 $D_2 \to R_L \to D_3$으로 전류가 흐른다.

(2) 특징
 ① 같은 출력을 얻을 경우 소형 변압기가 사용된다.
 ② 각 다이오드의 최대 역전압비는 작으므로 $\left(\text{전파정류회로의 } \frac{1}{2}\right)$ 고압정류에 적합하다.
 ③ 많은 다이오드가 필요하므로 값이 비싸다.
 ④ 정류효율이 낮다.

(3) 브리지 정류회로의 첨두역전압 $PIV = V_m$이다.

5 배전압 정류회로

[47회, 50회 출제]
배전압의 출력 V_0
$V_0 = 2V_m$

배전압 정류회로란 입력교류전압에 대하여 2배 또는 3배 이상의 출력직류전압을 얻는 회로이다.

(1) 반파배전압 정류회로

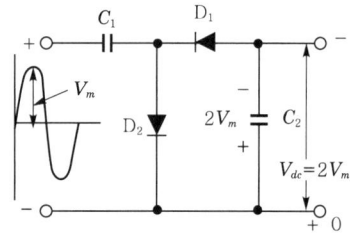

(a) 반파배전압 정류회로

CHAPTER 3 전원회로

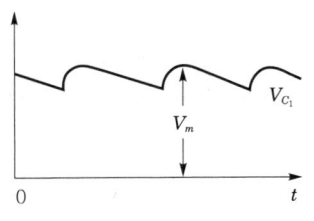
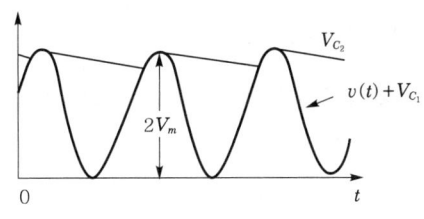

(b) C_1 및 C_2 양단전압의 파형

회로의 동작은 처음 반주기 동안 D_2에는 전류가 흐르고 신호입력전압의 최대값이 C_1에 충전된다.

다음 반주기 동안 C_1은 D_1을 통하여 방전하며, C_2는 입력신호의 최대 전압과 C_1의 최대 충전전압을 합한 것으로 충전된다.

(2) 전파배전압 정류회로(회로동작)

① 부하저항 R_L이 무한대로 가까울 때 처음 반주기 동안 D_1이 통전되어 C_1은 V_m 가까이 충전된다. R_L이 무한대에 가까우므로 충전된 전하는 방전할 방법이 없어 C_1의 단자전압은 계속 V_m으로 유지된다.

② 다음 반주기에는 D_2가 통전되어 C_2에 V_m까지 충전되고 이 부하 역시 계속 유지된다. 따라서 출력전압은 $2V_m$이 된다.

③ 부하저항 R_L이 무한대가 아니면 콘덴서의 전하는 부하저항을 통하여 방전되므로 출력전압은 감소한다. 그러므로 1주기 동안 콘덴서 단자전압의 변화를 작게 하려면 부하저항이 매우 크고 콘덴서의 용량이 충분히 커야 한다.

> **배전압 정류회로**
> 배전압 정류회로는 큰 용량의 콘덴서를 사용하지 않으면 전압변동률이 좋지 않다. 즉, 부하저항의 변화에 따라 출력전압이 변한다.

[배전압 정류회로]
• 반파배전압 정류회로
• 전파배전압 정류회로

[배전압 정류회로의 출력전압(V_o)]
$V_o = 2V_m$

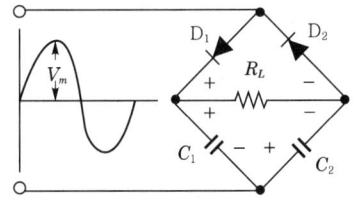
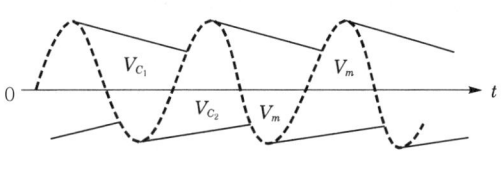

(a) 전파배전압 정류회로   (b) C_1 및 C_2의 파형

PART 4 전력전자

[69회, 70회 출제]
각 정류회로의 비교

구 분	맥동 주파수
단상 반파	60[Hz]
단상 전파	120[Hz]
3상 반파	180[Hz]
3상 전파	360[Hz]

6 3상 정류회로

3상 정류회로는 단상 정류회로보다 맥동률이 적기 때문에 대전력용 직류전원을 얻기 위한 정류회로로 사용된다.

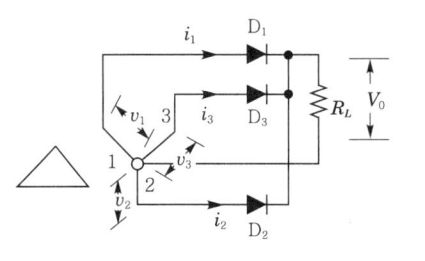

(a) 3상 반파정류회로

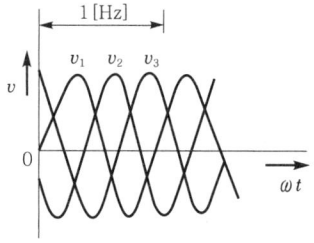

(b) 3상 반파정류파형

(1) 이 회로에서 다이오드 D_1, D_2, D_3에 가해지는 전압 v_1, v_2, v_3는 $\dfrac{2}{3}\pi[\text{rad}]$씩 위상차를 가지고 있다.

(2) 정류전류는 i_1, i_2, i_3의 순으로 전원의 1주기 동안에 정류전원으로 기여하는 시간이 1주기보다 짧다. 이 비율을 이용률이라 하며, 다상교류일수록 작아진다.

[평활회로]
리플전압을 줄이기 위하여 사용되는 회로

02 평활회로

정류된 직류전압 속에 완전한 직류가 아닌 약간의 교류성분을 포함하게 되는데, 이것을 리플(ripple)전압이라 한다. 이 리플전압을 줄이기 위하여 사용되는 회로가 평활회로이다.

1 유도성(초크) 평활회로

부하 R_L에 직렬초크필터(choke filter)를 넣은 반파정류회로이다.

(1) 초크(choke)는 전류의 변화를 억제하는 성격을 가지고 있으므로 이것을 부하 R_L과 직렬로 넣으면 부하전류의 리플이 작아져 부하전류가 평탄하게 된다. 따라서 L을 크게 할수록 리플이 작아진다.

CHAPTER 3 전원회로

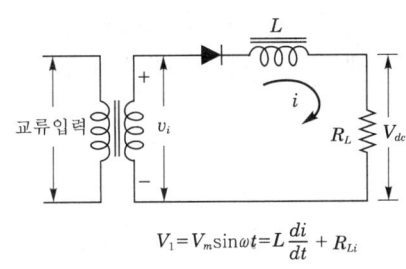

$$V_1 = V_m \sin \omega t = L \frac{di}{dt} + R_L i$$

(2) 특징
① **리플함유량이 크다.**
② **직류출력전압이 낮다.**
③ 전압변동률이 작다.
④ 정류기에 가해지는 역전압이 작다.
⑤ **대전력용에 적합**하다.

[유도성 평활회로]
• 리플함유량이 크다.
• 직류출력전압이 낮다.
• 전압변동률이 작다.
• 정류기에 가해지는 역전압이 작다.
• 대전력용에 적합하다.

2 용량성(콘덴서) 평활회로

(1) 콘덴서 여파기
실질적으로 많이 사용되는 여파기로서 커패시턴스(capacitance)와 부하저항을 병렬로 연결한 것으로 콘덴서 여파기(condenser filter)라 한다.

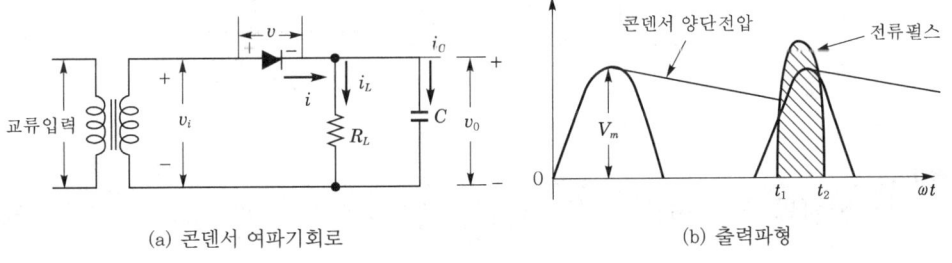

(a) 콘덴서 여파기회로   (b) 출력파형

(2) 회로동작
① 콘덴서 여파기가 동작할 때는 콘덴서에 에너지를 축적하며, 동작하지 않을 때는 R_L을 통하여 에너지를 방출한다.
② 부하저항 R_L의 값이 콘덴서 C의 리액턴스값보다 크다고 가정하면 v_0는 v_i의 최대 전압까지 충전된다.
③ v_i가 교류로서 (−)전압으로 변하게 되면 다이오드에 역방향 전압이 걸리게 되어 회로는 동작하지 않게 된다. 이때 콘덴서에 저장된 에너지는 R_L을 통하여 방출되며, 방출속도는 시상수 $R_L C$에 의하여 결정된다.

 PART 4 전력전자

④ 이 회로에서 다이오드는 스위치와 같은 역할을 하게 되는데, v가 (+) 반주기전압을 가질 때만 동작하고 v가 (−) 반주기전압을 가질 경우에는 동작하지 않는다.
⑤ 특징
　㉠ 리플함유량이 적다.
　㉡ 직류출력전압이 높다.
　㉢ 전압변동률이 크다.
　㉣ 정류기에 가해지는 역전압이 크다.
　㉤ 소전력용에 적합하다.

[용량성 평활회로]
• 리플함유량이 적다.
• 직류출력전압이 높다.
• 전압변동률이 크다.
• 정류기에 가해지는 역전압이 크다.
• 소전력용에 적합하다.

3 LC 여파기

유도성 평활회로와 용량성 평활회로의 두 가지 필터작용을 합하여 출력전압의 맥동을 작게 하는 것으로서 L입력형 여파기(L-section filter)라고도 한다.
이 회로에서 부하와 직렬로 들어간 L은 교류성분에 대하여 큰 임피던스를 나타내며, 부하와 병렬로 들어간 C는 교류성분을 바이패스(bypass)하므로 출력전압의 맥동은 작아진다.

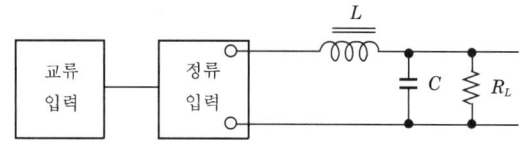

03 정전압 전원회로

1 안정화회로

전압안정화회로에는 그 제어 방식에 따라 여러 종류가 있으나, 제너 다이오드 및 트랜지스터를 사용한 안정화회로에는 직렬제어형과 병렬제어형의 두 종류가 있다.

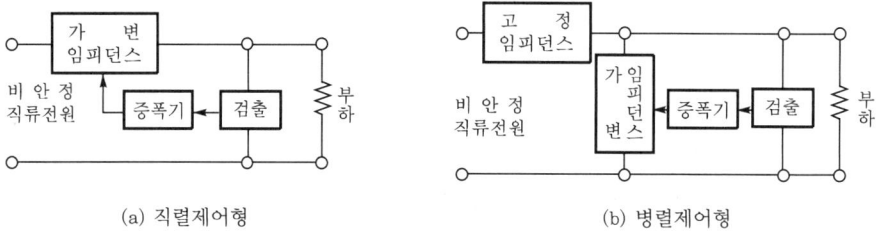

(a) 직렬제어형　　　　　　　　(b) 병렬제어형

┃ 직류전압 안정화회로의 구성 ┃

① 직렬제어형 : 제어용 소자(가변 임피던스)가 부하와 직렬로 접속된 회로
② 병렬제어형 : 제어용 소자(가변 임피던스)가 부하와 병렬로 접속된 회로

2 직렬제어형 정전압회로

(1) 개 념
직렬제어형 정전압회로는 가장 널리 사용되는 회로로서 제어형 트랜지스터가 부하와 직렬로 접속되어 있다.

(2) 직렬제어용 정전압 기본회로의 동작
① 입력전압 V_i가 변동하거나 부하 R_L이 변동하여 V_0가 상승하면 트랜지스터의 이미터-베이스의 전위차(역바이어스)가 크게 되고, 이미터-컬렉터 사이의 내부저항이 증대되어 V_0의 증가분을 억제시킨다.
② 더 높은 안정화전원을 얻기 위해서는 출력에서의 변동분을 한 번 증폭한 다음 제어용 트랜지스터에 가하면 된다.

[정전압 전원회로]
• 직렬제어형 : 제어형 트랜지스터가 부하와 직렬로 접속
• 병렬제어형 : 제어용 트랜지스터(가변 임피던스)와 부하 R_L이 병렬로 접속

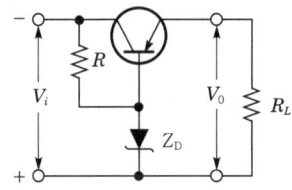

3 병렬제어형 정전압회로

(1) 병렬제어형 정전압회로
가장 간단한 병렬제어용 정전압회로로서 **제어용 트랜지스터(가변 임피던스)와 부하 R_L이 병렬로 접속**되어 있다.
① R_1 : 직렬안정저항으로 출력전압의 변동분을 분담하여 보상한다.
② R_2 : 제너 다이오드 Z_D를 적당한 동작점에 바이어스하기 위한 것이다.

[R_2 용도]
제너 다이오드를 적당한 동작점에 바이어스하기 위해 사용

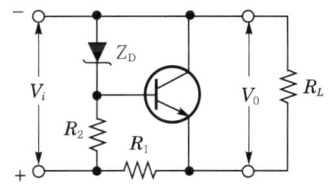

PART 4 전력전자

(2) 회로동작

① V_i 또는 R_L의 변화에 의해서 출력전압 V_0가 감소하면 베이스-컬렉터 전압은 Z_D에 의하여 일정하게 유지된다. 결국 베이스-이미터 사이의 전압(순방향 바이어스)이 감소되어 베이스 전류가 감소한다.

② 이 때문에 이미터 전류가 감소하며 R_1의 전압도 감소하여 V_0의 감소를 보상한다. 그러므로 V_0는 일정하게 유지된다.

③ 저항 R_1과 R_L은 직렬로 연결되어 있어 전력의 소비가 커져 직렬제어형보다 효율이 나쁘다. 그러므로 병렬제어형은 부하전류의 변동이 작은 경우에 R_1의 값을 작게 할 수 있어 유효하다.

[42회, 43회, 47회, 48회, 50회, 52회, 57회 출제]
인버터의 정의

[44회 출제]
초퍼의 정의

 정류회로의 응용
1. 인버터(inverter) : 직류신호를 교류신호로 변환하는 장치
2. 컨버터(converter) : 교류신호를 직류신호로 변환하는 장치
3. 직류초퍼(chopper) : 직류신호를 크기가 다른 직류신호로 변환하는 장치

CHAPTER 04 증폭회로

01 트랜지스터 증폭기

1 전류증폭률

(1) 베이스 접지회로

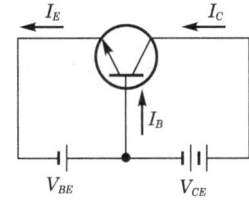

① 전류증폭률(α)

$$\alpha = \frac{\Delta I_C}{\Delta I_E}$$

② $I_E = I_B + I_C$가 성립한다.
③ α는 약 0.95~0.98[%] 정도이다.

(2) 이미터 접지회로

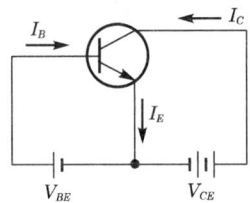

① 전류증폭률(β)

$$\beta = \frac{\Delta I_C}{\Delta I_B}$$

② β는 약 20~100[%] 정도이다.

[69회 출제]
베이스 접지회로의 전류증폭률(α)

$\alpha = \dfrac{\Delta I_C}{\Delta I_E}$

$\alpha = \dfrac{\beta}{1+\beta}$

[68회 출제]
이미터 접지회로의 전류증폭률(β)

$\beta = \dfrac{\Delta I_C}{\Delta I_B}$

$\beta = \dfrac{\alpha}{1-\alpha}$

[α와 β의 관계]
$\alpha = \dfrac{\beta}{1+\beta}$
$\beta = \dfrac{\alpha}{1-\alpha}$

(3) α와 β의 관계

$$\alpha = \frac{\beta}{1+\beta}, \quad \beta = \frac{\alpha}{1-\alpha}$$

(4) 컬렉터 차단전류(I_{CO})

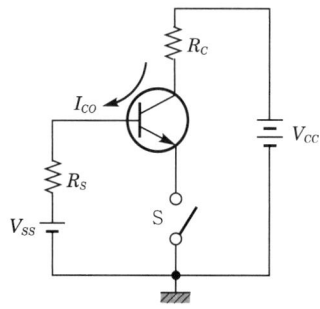

$$I_C = \beta I_B + (1+\beta) I_{CO}$$

2 바이어스 회로

(1) 고정바이어스 회로

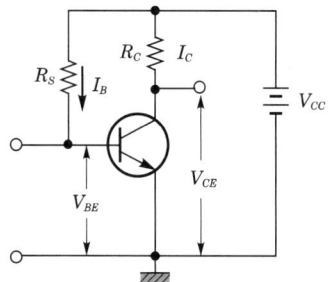

[70회 출제]
고정바이어스 회로
$I_B = \dfrac{V_{CC} - V_{BE}}{R_B}$
$\fallingdotseq \dfrac{V_{CC}}{R_B}$
$S = 1 + \beta$

저항 R_B를 통하여 V_{CC}로부터 베이스 전류 I_B를 공급하여 바이어스하는 회로이다.

① $I_B = \dfrac{V_{CC} - V_{BE}}{R_B}$ [A]이다.

② 안정계수(S)

$$S = \frac{\Delta I_C}{\Delta I_{CO}} = 1 + \beta$$

(2) 전류되먹임 바이어스 회로

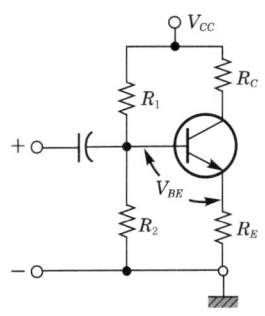
(a) 이미터 바이어스 회로

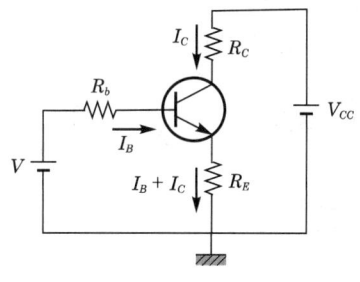
(b) 테브난 정리를 이용한 등가회로

① 고정바이어스 회로에 이미터 저항을 삽입한 회로이며, I_C가 증가하면 V_{BE}가 감소하는 회로이다.

② 안정계수(S)

$$S = \frac{\Delta I_C}{\Delta I_{CO}} = (1+\beta)\frac{1+\dfrac{R_b}{R_E}}{1+\beta+\dfrac{R_b}{R_E}} \quad (단, \ R_b = R_1 /\!/ R_2)$$

그러므로 $\dfrac{R_b}{R_E} = 0$일 때 $S = 1$로 최소값, $\dfrac{R_b}{R_E} = \infty$일 때 $S = 1+\beta$로 최대값이 된다.

[전류되먹임 바이어스 회로]
고정바이어스 회로에 이미터 저항을 삽입한 회로

(3) 전압되먹임 바이어스 회로

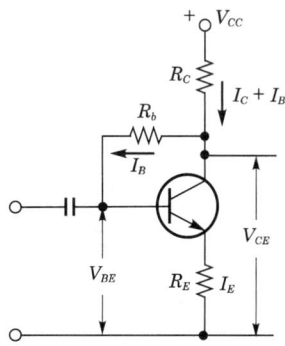

① 안정계수(S)

$$S = \frac{\Delta I_C}{\Delta I_{CO}} = \frac{1+\beta}{1+\beta\dfrac{R_C}{R_b+R_C}}$$

[전압되먹임 바이어스 회로]
고정바이어스 회로보다는 안정

② S가 $1+\beta$보다 작으므로 고정바이어스 회로보다는 안정하다.

02 증폭도

1 이 득

[65회 출제]
이득(G : gain)
$G = 20\log\dfrac{V_2}{V_1}$ [dB]

$G = 20\log\dfrac{I_2}{I_1}$ [dB]

$G = 10\log\dfrac{P_2}{P_1}$ [dB]

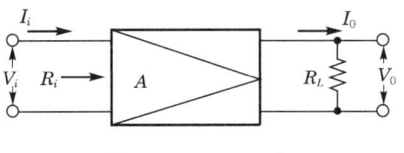

┃증폭기의 모델┃

(1) 전압이득(G)

$$G = 20\log\dfrac{V_2}{V_1} \text{ [dB]}$$

(2) 전류이득(G)

$$G = 20\log\dfrac{I_2}{I_1} \text{ [dB]}$$

(3) 전력이득(G)

$$G = 10\log\dfrac{P_2}{P_1} \text{ [dB]}$$

[68회 출제]
종합 잡음지수(NF)
$NF = F_1 + \dfrac{F_2 - 1}{G_1}$
$+ \dfrac{F_3 - 1}{G_1 G_2} + \cdots$

2 다단증폭기

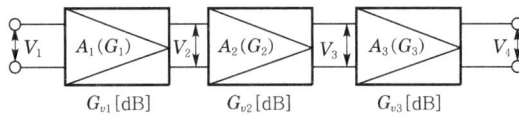

① 종합이득 $G = G_1 + G_2 + \cdots G_n$
② 종합증폭도 $A = A_1 \cdot A_2 \cdots A_n$

CHAPTER 4 증폭회로

03 접지방식에 따른 증폭기의 특성

1 베이스 접지회로

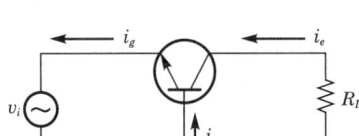
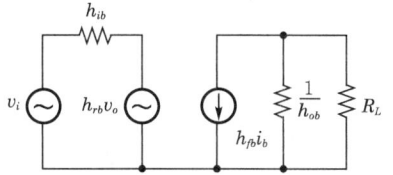

(1) 전류증폭도는 약 1이다.

(2) 전압증폭도는 크다.

(3) 입력저항은 가장 작다.

(4) 출력저항은 가장 크다.

(5) 입출력신호의 위상은 동위상이다.

2 이미터 접지회로

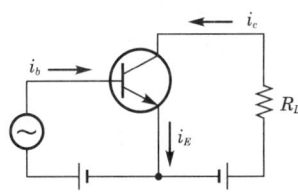
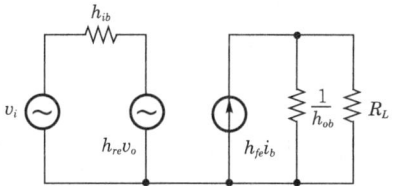

(1) 전류증폭도는 크다.

(2) 전압증폭도는 크다.

(3) 입력저항과 출력저항은 중간 정도이다.

(4) 입출력신호의 위상은 역위상이다.

[65회 출제]
베이스 접지회로
• 전류증폭도는 약 1이다.
• 전압증폭도는 크다.
• 입력저항은 가장 작다.
• 출력저항은 가장 크다.
• 입출력신호의 위상은 동위상이다.

[66회 출제]
이미터 접지회로
• 전류증폭도는 크다.
• 전압증폭도는 크다.
• 입력저항과 출력저항은 중간 정도이다.
• 입출력신호의 위상은 역위상이다.

PART 4 전력전자

[69회 출제]
컬렉터 접지회로
- 전류증폭도는 가장 크다.
- 전압증폭도는 약 1이다.
- 입력저항은 매우 크다.
- 출력저항은 매우 작다.
- 입출력신호의 위상은 동위상이다.

3 컬렉터 접지회로

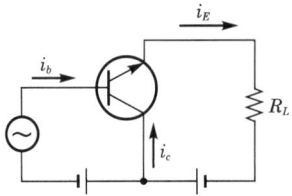 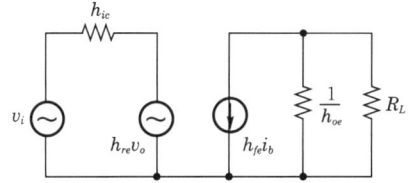

(1) <u>전류증폭도는 가장 크다.</u>

(2) <u>전압증폭도는 약 1</u>이다.

(3) 입력저항은 매우 크다.

(4) 출력저항은 매우 작다.

(5) <u>입출력신호의 위상은 동위상</u>이다.

04 되먹임 증폭회로

되먹임(feed-back)은 출력신호의 일부를 입력으로 되돌려 보내는 것을 말하며, 저주파 증폭기의 경우 음되먹임을 이용하여 특성을 개선시킨다.

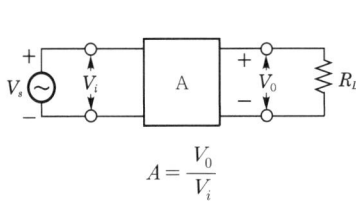 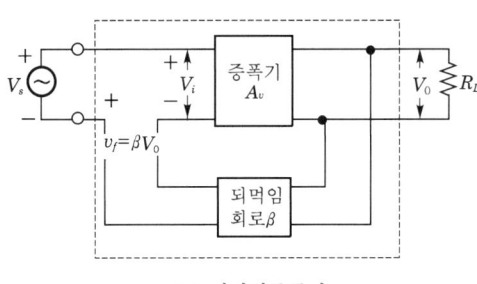

(a) 기본증폭기   (b) 되먹임증폭기

1 전압증폭도

$$A_f = \frac{V_0}{V_s} = \frac{A}{1 - \beta A}$$

2 특 징

(1) 음되먹임 : $|1-\beta A| > 1$

(2) 양되먹임 : $|1-\beta A| < 1$

(3) 발진기 동작 : $|1-\beta A| = 0$

(4) 일그러짐 감소

(5) 이득의 감소

(6) 잡음의 감소

(7) S/N비 개선

05 FET 증폭회로

1 특 징

(1) 고입력 임피던스이다.

(2) 저잡음이다.

(3) 다수 캐리어에 의해서 전류가 흐른다.

(4) 5극 진공관의 특성과 비슷하다.

(5) 기억소자로도 이용된다.

(6) 게이트전압은 역방향 전압이 걸린다.

(7) 게이트전압이 증가하면 공간전하층이 확산되어 채널이 꽉 막히는 현상(pinch-off)이 발생한다.

[70회 출제]
되먹임 증폭기 특징
• 일그러짐 감소
• 이득 감소
• 잡음 감소
• S/N비 개선

[44회, 51회, 54회, 66회 출력]
FET의 드레인전류제어

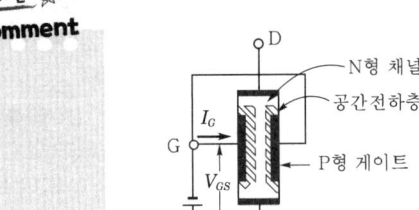
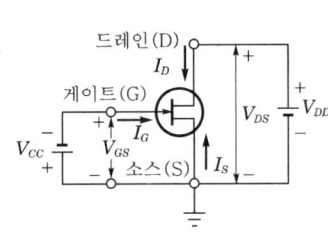
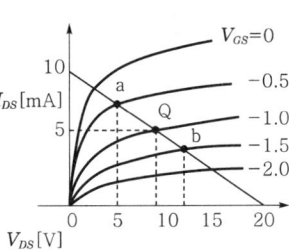

(a) n채널 J-FET의 구조　　　(b) FET의 기본회로　　　(c) 특성곡선

[FET의 3정수]

$g_m = \dfrac{\Delta I_D}{\Delta V_{GS}}$

$r_d = \dfrac{\Delta V_{DS}}{\Delta I_D}$

$\mu = g_m \cdot r_d$

2 FET의 3정수

(1) 전달 컨덕턴스(g_m)

$$g_m = \left.\dfrac{\Delta I_D}{\Delta V_{GS}}\right| V_{DS} = 일정$$

(2) 드레인저항(r_d)

$$r_d = \left.\dfrac{\Delta V_{DS}}{\Delta I_D}\right| V_{GS} = 일정$$

(3) 증폭정수(μ)

$$\mu = g_m \cdot r_d$$

3 접지방식

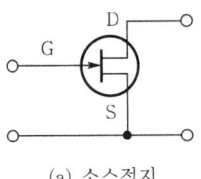
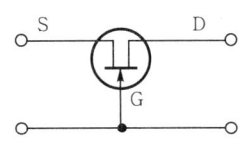
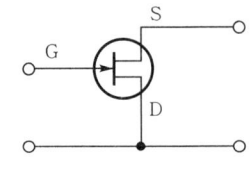

(a) 소스접지　　　(b) 게이트접지　　　(c) 드레인접지

06 전력증폭회로

1 A급 전력증폭기

(1) 유통각 : 360°이다.

(2) 효율 : 50[%] 이하이다.

(3) 왜곡은 거의 없다.

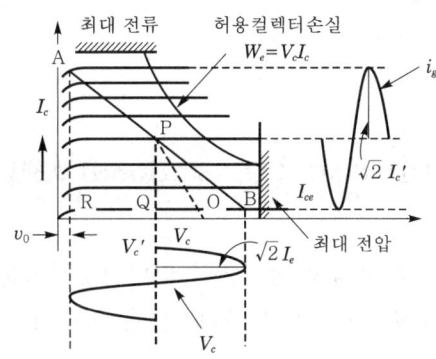

2 B급 푸시풀 전력증폭기

(1) **유통각** : 180°이다.

(2) **효율** : 78.5[%] 이하이다.

(3) 약간의 왜곡이 있다.

(4) <u>우수고조파가 상쇄</u>되어 일그러짐이 감소한다.

(5) <u>크로스오버(cross-over) 일그러짐</u>이 발생한다.

[68회 출제]
B급 전력증폭기
• 효율 78.5[%]
• Cross-over 일그러짐
• 우수고조파가 상쇄되어 일그러짐이 감소

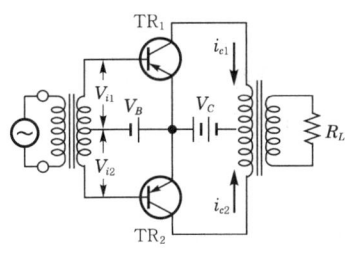

(a) 증폭회로

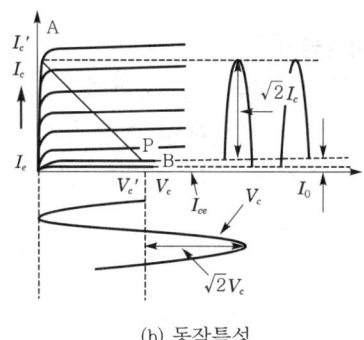

(b) 동작특성

3 C급 전력증폭기

(1) **유통각** : 180°이다.

(2) 효율 : 78.5[%] 이상이다.

(3) 왜곡이 매우 크다.

07 연산증폭기(OP-AMP ; OPerational AMPlifier)

직류로부터 특정 주파수까지의 범위에서 되먹임증폭기를 이용하여 일정한 연산을 할 수 있도록 한 직류증폭기이며, 매우 높은 고주파까지 증폭이 가능하다.

1 이상적인 연산증폭기의 특징

(1) 출력저항은 '0'

(2) 전압이득 무한대

(3) 대역폭 무한대

(4) 대역폭 및 동위상 신호제거비는 무한대

(5) 입력저항은 무한대

2 응 용

(1) 차동증폭기

① 두 신호의 차를 증폭하는 것으로 2개의 TR_1, TR_2의 베이스에 입력신호를 가해 컬렉터에서 얻어지는 두 신호의 차를 이용한다.

② 출력신호 v_0는 다음과 같다.

$$v_0 = A_d(v_1 - v_2)$$

③ 동위상 신호제거비(CMRR)는 다음과 같다.

$$CMRR = \frac{차동이득}{동상이득}$$

④ CMRR은 클수록 우수한 평형특성을 가진다.

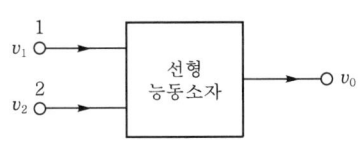

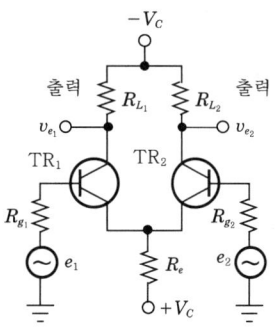

* 이상 차동증폭기의 출력은 v_1 및 v_2의 선형함수이다. [$v_0 = A_2(v_1 - v_2)$]

▮ 차동증폭기 ▮

(2) 반전 연산증폭기

① 출력전압 $V_0 = -\dfrac{Z_f}{Z} V_S$

② 전압증폭도 $A_{vf} = \dfrac{V_0}{V_S} = -\dfrac{Z_f}{Z}$

[65회 출제]
반전 OP-AMP
$V_0 = -\dfrac{Z_f}{Z} V_S$

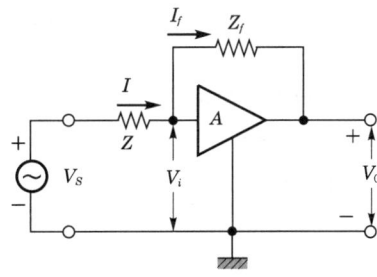

(3) 덧셈회로

출력전압 $V_0 = -\left(\dfrac{R_f}{R_1} V_1 + \dfrac{R_f}{R_2} V_2 + \cdots + \dfrac{R_f}{R_n} V_n\right)$ 이며,

(만약 $R_1 = R_2 = R_3 \cdots = R_f$)

$V_0 = -(V_1 + V_2 + V_3 + \cdots + V_n)$

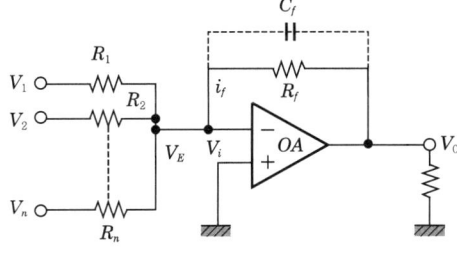

(4) 미분회로

출력전압 $V_0 = -RC\dfrac{dv_i}{dt}$

[미분연산증폭기]
$V_0 = -RC\dfrac{dv_i}{dt}$

(5) 적분회로

출력전압 $V_0 = -\dfrac{1}{RC}\displaystyle\int_0^t v_i dt$

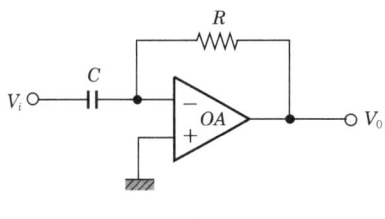

(a) 미분회로   (b) 적분회로

(6) 달링턴 접속회로
① NPN-TR 2개가 접속
② 전류증폭도가 매우 크다. (100~1,000배 정도)
③ 전류이득(A_i) = $(1+hf_{e1})(1+hf_{e2}) \fallingdotseq hf_{e1} \cdot hf_{e2}$ ($hf_{e1}, hf_{e2} \gg 1$)
④ TR구동에 필요한 구동전류를 감소시키는 효과를 얻을 수 있다.

(7) 사이클로 컨버터(cyclo-converter)
① 교류전력의 주파수 변환장치
② 교류전동기의 속도제어용
③ 부하전류가 (+)이면 P-converter, (-)이면 N-converter가 동작

CHAPTER 05 발진회로

01 발진조건

발진이란 지속적으로 일정한 진폭 및 주파수의 전기진동이 발생하는 현상을 말하며, 바크하우젠의 발진조건은 $\beta A = 1$이다.

[64회 출제]
발진조건
$\beta A = 1$

02 $L-C$ 발진기

1 하틀레이 발진기(Hartley oscillator)

(1) 전류증폭률

$$h_{fc} = \frac{1}{\omega^2 (L_2 + M)C} - 1$$

(2) 발진주파수

$$f_0 = \frac{1}{2\pi \sqrt{(L_1 + L_2 + 2M)C}} \text{[Hz]}$$

(3) C급 발진기이다.

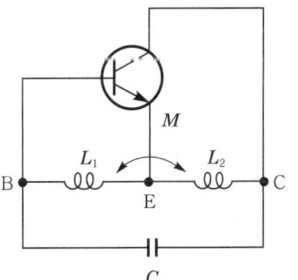

2 콜피츠 발진기(Colpitts oscillator)

(1) 전류증폭률

$$h_{fe} = \omega^2 L C_2$$

(2) 발진주파수

$$f_0 = \frac{1}{2\pi \sqrt{L\left(\dfrac{C_1 C_2}{C_1 + C_2}\right)}} \text{[Hz]}$$

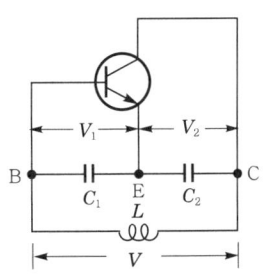

[$L-C$ 발진기 특징]
• 발진주파수(f_0)
$$f_0 = \frac{1}{2\pi \sqrt{(L_1 + L_2 + 2M)C}}$$
• C급 발진기

PART 4 전력전자

(3) C급 발진기이다.

03 수정발진기

[68회 출제]
수정발진기
• 압전기현상
• 선택도(Q)가 매우 크다.
• 유도성 주파수만 이용
  ($f_s < f < f_p$)
• pierce-BE형, BC형

수정편의 기계적인 고유진동을 이용하여 안정한 발진기로 사용하는 B급 발진기이다.

1 수정진동자

(1) 압전기현상(piezo-effect)

수정편에 압력이나 장력을 가하면 표면에 $+q$, $-q$의 전하가 나타나는 현상이다.

(2) 등가회로

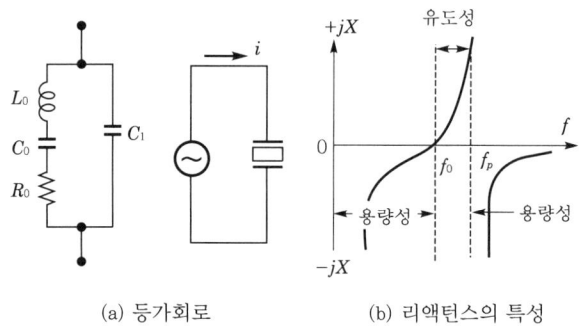

(a) 등가회로   (b) 리액턴스의 특성

(3) 유도성의 주파수만 이용하므로 발진주파수는 매우 안정하다.

(4) 선택도(Q)가 매우 크다.

2 수정발진회로

[64회 출제]
피어스 B-E형 발진회로
피어스 BE형은 하틀레이 발진기와 같은 동작을 한다.

(1) 피어스 B-E형 발진회로

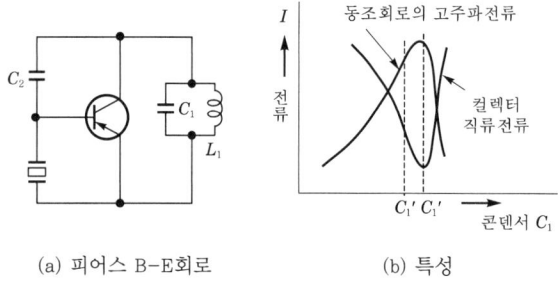

(a) 피어스 B-E회로   (b) 특성

① 수정진동자가 L로 동작하며 하틀레이 발진기와 같은 발진동작을 한다.
② 동조회로는 유도성으로 동작한다.

(2) 피어스 B-C형 발진회로

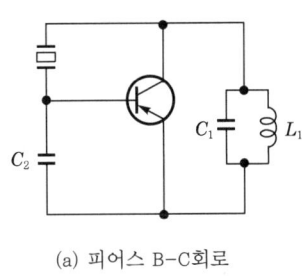
(a) 피어스 B-C회로

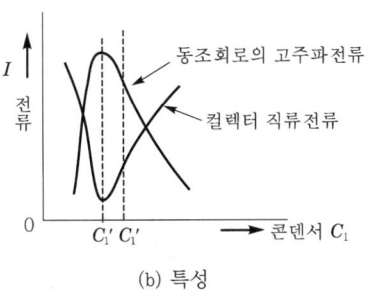
(b) 특성

① 수정진동자가 L로 동작하며 콜피츠 발진기와 같은 발진동작을 한다.
② 동조회로는 용량성으로 동작한다.

[피어스 B-E형 발진회로]
유도성으로 동작

[피어스 B-C형 발진회로]
용량성으로 동작

04 CR발진기

1 이상형

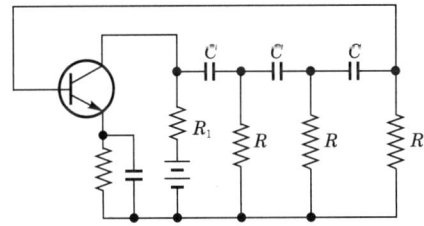

(1) <u>A급 동작</u>을 한다.

(2) <u>저주파발진기</u>이다.

(3) 발진주파수는 다음과 같다.

$$f_0 = \frac{1}{2\pi\sqrt{6}\,RC}\,[\text{Hz}]$$

[69회 출제]
이상형 CR발진기
• A급 동작
• 저주파발진기

PART 4 전력전자

2 브리지형 발진기

(1) A급 발진기이다.

(2) 발진주파수는 다음과 같다.

$$f_0 = \frac{1}{2\pi\sqrt{R_1 R_2 C_1 C_2}}[\text{Hz}] \quad (단, \ R_1 = R_2 = R, \ C_1 = C_2 = C라면)$$

$$= \frac{1}{2\pi RC}[\text{Hz}]$$

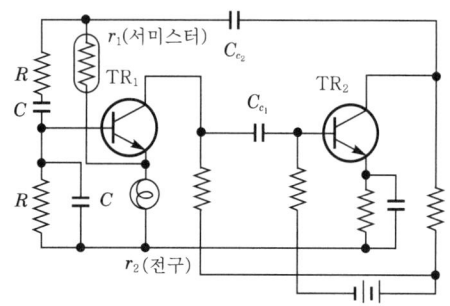

[브리지형 발진기]
- A급 발진기
- 발진주파수

$$f = \frac{1}{2\pi\sqrt{R_1 R_2 C_1 C_2}}$$

발진주파수 변동의 원인과 대책

1. 부하의 변동 : 완충증폭기를 사용한다.
2. 주위온도의 변화 : 발진회로 전체를 항온조회로에 넣는다.
3. 전원전압의 변화 : 정전압회로를 사용한다.

CHAPTER 06 변·복조회로

01 변조방식

고주파에 저주파 신호를 포함시키는 과정을 말하며, 저주파 신호를 음성파라 하고 변조된 반송파를 피변조파라 한다.

(1) 진폭변조
진폭 V_c를 신호파에 따라 변화시키는 것

(2) 주파수변조
주파수 f_c를 신호파에 따라 변화시키는 것

(3) 위상변조
위상 θ를 신호파에 따라 변화시키는 것

[64회 출제]
변조파
고주파인 반송파에 저주파인 신호파를 포함하는 과정

02 진폭변조(AM)와 복조

1 진폭변조

(1) 원리
반송파의 진폭을 신호파에 따라 변화시키는 것이다.
① 반송파 : $i_c = I_c \sin\omega_c t$
② 신호파 : $i_s = I_s \sin\omega_s t$
③ 피변조파 : $i_m = (I_c + I_s \sin\omega_s t)\sin\omega_c t$

[반송파]
$i_c = I_c \sin\omega_c t$
[신호파]
$i_s = I_s \sin\omega_s t$
[피변조파]
$i_m = (I_c + I_s \sin\omega_s t)\sin\omega_c t$

PART 4 전력전자

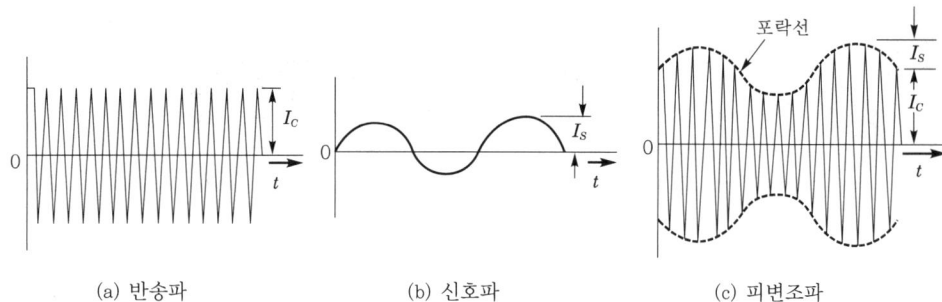

(a) 반송파 (b) 신호파 (c) 피변조파

[변조도(m)]

$$m = \frac{I_s}{I_c}$$

④ 변조도

$$m = \frac{I_s}{I_c} \text{ (여기서, } m=1\text{일 때 } 100[\%] \text{ 변조, } m>1\text{일 때 과변조)}$$

[68회 출제]
피변조파전력(P_m)

$$P_m = P_c\left(1 + \frac{m^2}{2}\right)$$

(2) 피변조파전력(P_m)

① 반송파전력 $P_c = \frac{1}{2}I_c^2 R$

② 상측파전력(P_u), 하측파전력(P_l)

$$P_u = P_l = \frac{1}{8}m^2 I_c^2 R$$

[각 전력의 비교]

$P_c : P_u : P_l$
$= 1 : \frac{m^2}{4}P_c : \frac{m^2}{4}P_c$

③ $P_m = P_c + P_u + P_l = P_c\left(1 + \frac{m^2}{2}\right)$

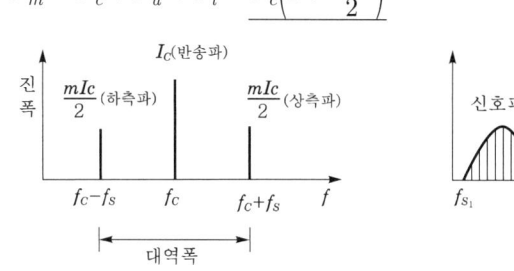
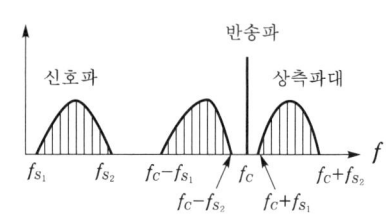

‖ 주파수 스펙트럼 ‖

2 진폭변조의 응용

(1) 직선변조회로(이미터변조, 베이스변조, 컬렉터 변조회로)

(2) 제곱변조회로

(3) 링변조회로
  ① <u>평형변조의 일종</u>
  ② 출력주파수

$$f_0 = f_c \pm f_s$$

③ <u>단측파대 통신방식(SSB)에 이용</u>되며, SSB방식이란 반송파와 한쪽 측대를 제거하고 나머지 측파대만 이용하는 방식이다.

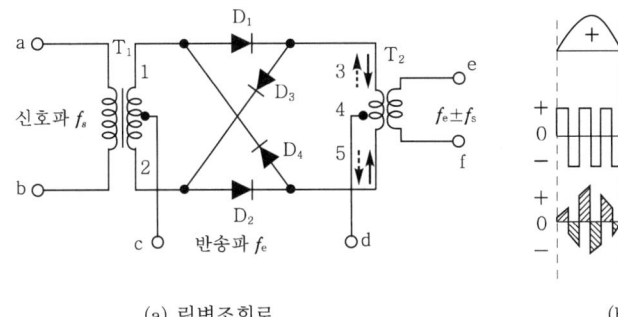 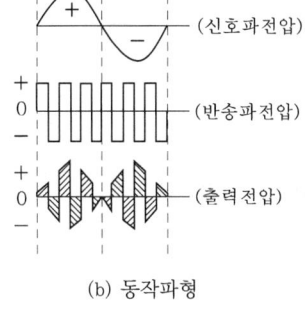

(a) 링변조회로   (b) 동작파형

3 진폭복조

변조된 전파를 수신하여 그 중에서 본래의 신호파를 검출하는 것으로 이 목적으로 사용되는 장치를 복조기 또는 검파기라 하며, 제곱복조회로와 직선복조회로가 있다.

[진폭복조]
• 제곱복조회로
• 직선복조회로

03 주파수변조(FM)와 복조

1 주파수변조(FM)

(1) 반송파의 주파수를 신호파의 진폭에 따라 변화시키는 방식이다.

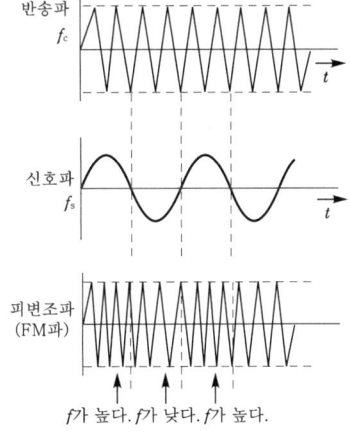

f가 높다. f가 낮다. f가 높다.

(2) 원리

① 피변조파 : $i_{FM} = I_C \sin\left(\omega_c t + \dfrac{\Delta\omega_c}{\omega_s}\right)\sin\omega_s t$

② 최대 주파수편이(Δf_c) : 변조에 의한 최대 주파수변화분

③ 주파수 변조지수 : $m_f = \dfrac{\Delta f_c}{f_s}$

④ 대역폭 : $B = 2f_s(m_f + 1) = 2(\Delta f_c + \Delta f_s)$

2 주파수복조

(1) 포스트실리형 검파기이다.

(2) 비검파기(ratio-detector)

① 효율이 포스트실리형의 $\dfrac{1}{2}$이다.

② <u>진폭제한작용</u>(limiter)을 한다.

③ 회로가 간단하여 일반 방송수신기에 많이 쓰인다.

[비검파기의 특징]
- 진폭제한작용(limitter 작용)
- 효율 및 감도는 포스트실리형의 $\dfrac{1}{2}$이다.

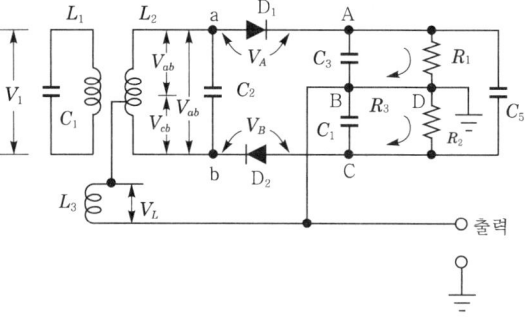

04 펄스변조(PM ; Pulse Modulation)

[펄스변조의 종류]
PAM, PCM, PNM, PPM, PWM

(1) 개요
아날로그 정보를 전송하는 데 사용하며, 연속적인 파형을 일정한 간격으로 표본화하는 전송시스템을 말한다.

(2) 펄스진폭변조(PAM)
신호의 표본값에 따라 펄스의 주기와 폭 등은 일정하고 펄스의 진폭만을 변화시키는 변조방식이다.

CHAPTER 6 변·복조회로

(3) 펄스폭변조(PWM)
신호의 표본값에 따라 펄스의 주기 등은 일정하고 펄스 폭만 변화시키는 변조방식이다.

(4) 펄스위상변조(PPM)
신호의 표본값에 따라 펄스의 주기와 폭 등은 일정하고, 펄스의 위상을 변화시키는 변조방식이다.

(5) 펄스수변조(PNM)
신호파의 크기에 따라서 펄스의 진폭과 폭이 일정한 단위펄스를 일정시간 내에 그 수를 변화시켜서 변조하는 방식이다.

(6) 펄스부호변조(PCM)
신호의 표본값에 따라 펄스의 높이를 일정한 진폭을 갖는 펄스열로 부호화하는 과정을 PCM이라 하며, **표본화 → 양자화 → 부호화**에 의하여 디지털 신호로 변환시킨다.

[69회 출제]
PCM 변조
표본화→양자화→부호화
→재생중계기→복호화

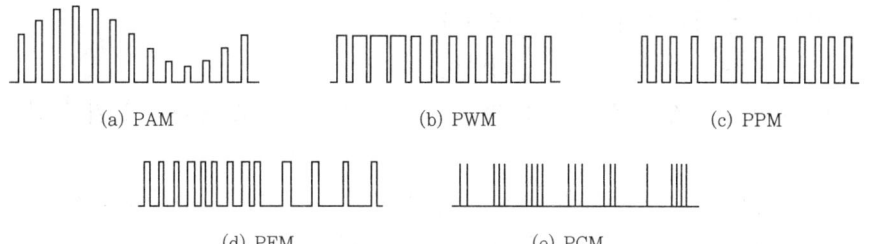

(a) PAM (b) PWM (c) PPM
(d) PFM (e) PCM

PART 04 자주 출제되는 기출문제

01 직류를 교류로 변환하는 장치를 무엇이라 하는가? [43회 08.3.], [66회 19.7.]
① 버퍼
② 정류기
③ 인버터
④ 정전압장치

해설 • 정류기 : 교류신호를 직류신호로 변환하는 소자이다.
• 정전압장치 : 제너 다이오드(Z_D)를 이용하여 일정전압을 유지하는 장치를 말한다.
• 인버터 : 직류를 교류로 변환하는 장치를 말한다.

02 인버터(inverter)의 전력변환관계에 대한 설명으로 옳은 것은? [48회 10.7.]
① 직류를 교류로 변환시키기 위한 전력변환기이다.
② 교류를 직류로 변환시키기 위한 전력변환기이다.
③ 하나의 다른 크기를 갖는 직류를 또 다른 크기의 직류값으로 변환하기 위한 전력변환기이다.
④ 다른 크기(amplitude)나 주파수(frequency)를 갖는 교류를 또 하나의 다른 크기나 주파수를 갖는 교류값으로 변환하기 위한 전력변환기이다.

해설 인버터(inverter)는 반도체를 사용해서 직류를 교류로 변환하는 장치이며, 컨버터(converter)는 이와 반대로 교류를 직류전력으로 변환하는 장치이다.

03 DC를 AC로 변환시키는 변환장치는? [45회 09.3.], [68회 20.7.]
① 초퍼
② 인버터
③ 정류기
④ 사이클로 컨버터

해설 직류초퍼는 DC(직류)를 크기가 다른 DC로 변환하는 장치이다.

정답 01 ③ 02 ① 03 ②

04. 반도체 전력변환기기에서 인버터의 역할은? [42회 07.7.], [47회 10.3.], [70회 21.7.]

① 직류 → 직류변환 ② 직류 → 교류변환
③ 교류 → 교류변환 ④ 교류 → 직류변환

해설
- 인버터 : DC → AC로 변환
- 컨버터 : AC → DC로 변환

05. 직류를 교류로 변환하는 장치이며, 다시 정의하면 상용전원으로부터 공급된 전력을 입력받아 자체 내에서 전압과 주파수를 가변시켜 전동기에 공급함으로써 전동기 속도를 고효율로 용이하게 제어하는 일련의 장치를 무엇이라 하는가? [50회 11.7.]

① 전자접촉기 ② EOCR
③ 인버터 ④ SCR

해설 문제 4번 해설 참조

06. 다음 전력변환방식 중 직류를 크기가 다른 직류로 변환하는 것은? [44회 08.7.]

① 인버터 ② 컨버터
③ 반파정류 ④ 직류초퍼

해설
- 반파정류 : 교류를 직류로 변환하는 회로
- 직류초퍼(DC chopper) : 크기가 다른 직류로 변환하는 장치

07. 다음은 인버터에 관한 설명이다. 옳지 않은 것은? [52회 12.7.]

① 전압원 인버터에는 직류 리액터가 필요하다.
② 전압원 인버터의 전압파형은 구형파이다.
③ 전류원 인버터는 부하의 변동에 따라 전압이 변동된다.
④ 전류원 인버터는 비교적 큰 부하에 사용된다.

해설
- 전압원 인버터(inverter)는 직류전원을 교류전원으로 변환하는 장치이며, 출력전압은 구형파이다.
- 전류원 인버터는 부하변동에 따라 전압이 변동되며, 비교적 큰 부하에 이용된다.

정답 04 ② 05 ③ 06 ④ 07 ①

08

상전압 300[V]의 3상 반파정류회로의 직류전압은 몇 [V]인가? [42회 07.7.], [51회 12.4.]

① 117
② 200
③ 283
④ 351

해설
- 단상 반파정류회로 평균값 $E_d = 0.45 E_a$
- 단상 전파정류회로 평균값 $E_d = 0.9 E_a$
- 3상 반파정류회로 평균값 $E_d = 1.17 E_a = 1.17 \times 300 ≒ 351[V]$
- 3상 전파정류회로 평균값 $E_d = 1.35 E_a$

09

220[V]의 교류전압을 배전압정류할 때 최대 정류전압은?

[47회 10.3.], [50회 11.7.], [64회 18.7.]

① 약 440[V]
② 약 566[V]
③ 약 622[V]
④ 약 880[V]

해설 반파배전압회로 : 입력전압 최대치 2배의 전압이 출력에 나오는 회로
(단, $V_i : V_m \sin\omega t [V]$)

즉, $V_o = 2 V_m = 2\sqrt{2}\, V$ 가 되며
$V_o = 2\sqrt{2} \cdot 220 = 622[V]$
회로에서 V_m은 최대값이며, 최대값 $= \sqrt{2}$ 는 실효값이다.

[참고] 브리지 배전압 정류회로

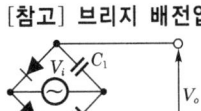

$V_i = V_m \sin\omega t$
$\therefore V_o = 2 V_m$

10

그림과 같은 회로에서 AB 간의 전압의 실효값을 200[V]라고 할 때 R_L 양단에서 전압의 평균값은 약 몇 [V]인가? (단, 다이오드는 이상적인 다이오드이다.)

[41회 07.4.], [69회 21.2.]

① 64
② 90
③ 141
④ 282

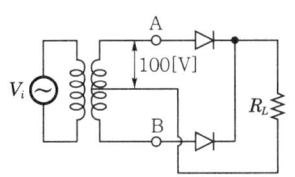

정답 08 ④   09 ③   10 ②

해설 전파정류회로

- 실효값 $= \dfrac{\text{최대값}}{\sqrt{2}}$

- 평균값 $= \dfrac{2}{\pi} \text{최대값} = \dfrac{2}{\pi}(\sqrt{2}\,\text{실효값}) = \dfrac{2\sqrt{2}}{\pi} \times 100 ≒ 90.07[\text{V}]$

[참고] 문제에서의 200[V]와 그림에서의 100[V]를 잘 확인해야 함

11 단상 센터탭형 전파정류회로에서 전원전압이 100[V]라면 직류전압은 약 몇 [V]인가? [46회 09.7.]

① 90   ② 100
③ 110   ④ 140

해설 센터탭형은 중간탭형을 의미하며 중간탭형 전파정류회로는 다음과 같다.

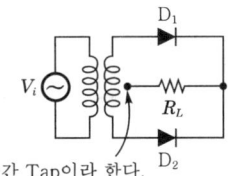

전파정류회로의 직류전압(=평균전압) $= \dfrac{2}{\pi} V_m = \dfrac{2}{\pi}\sqrt{2}\,V$ (단, V_m : 최대값, V : 실효값)

$= \dfrac{2}{\pi}(\sqrt{2} \cdot 100) ≒ 90[\text{V}]$

12 입력전원전압이 $v_s = V_m \sin\theta$ 인 경우, 아래 그림의 전파 다이오드 정류기의 출력전압 ($v_0(t)$)에 대한 평균치와 실효치를 각각 옳게 나타낸 것은? [48회 10.7.], [66회 19.7.]

① 평균치 : $\dfrac{V_m}{\pi}$, 실효치 : $\dfrac{V_m}{2}$

② 평균치 : $\dfrac{V_m}{2}$, 실효치 : $\dfrac{V_m}{\pi}$

③ 평균치 : $\dfrac{V_m}{2\pi}$, 실효치 : $\dfrac{V_m}{\sqrt{2}}$

④ 평균치 : $\dfrac{2V_m}{\pi}$, 실효치 : $\dfrac{V_m}{\sqrt{2}}$

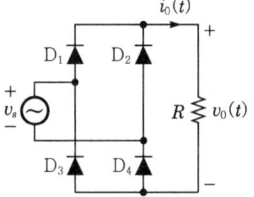

정답 11 ① 12 ④

해설 브리지 전파정류회로

- 평균치 $= \dfrac{2}{\pi} V_m$
- 실효치 $= \dfrac{V_m}{\sqrt{2}}$

[참고] 변형된 브리지 정류회로

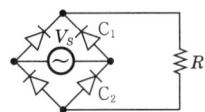

13

단상 220[V], 60[Hz]의 정현파 교류전압을 점호각 60°로 반파 위상제어정류하여 직류로 변환하고자 한다. 순저항부하시 평균 출력전압은 약 몇 [V]인가?

[54회 13.7.], [68회 20.7.]

① 74[V]
② 84[V]
③ 92[V]
④ 110[V]

해설 반파 위상제어회로
(단, 저항부하인 경우)

$$출력전압 = \dfrac{\sqrt{2}}{2\pi} E(1+\cos\alpha)$$

$$= \dfrac{\sqrt{2}}{2\pi} \times 220(1+\cos 60°) ≒ 74.31$$

[참고] 전파 위상제어회로(저항부하인 경우)

$$출력전압 = \dfrac{\sqrt{2}}{\pi} E(1+\cos\alpha)$$

14

단상 브리지 제어정류회로에서 저항부하인 경우 출력전압은? (단, α는 트리거 위상각이다.)

[50회 11.7.]

① $E_d = 0.225 E(1+\cos\alpha)$
② $E_d = \dfrac{2\sqrt{2}}{\pi} E \left(\dfrac{1+\cos\alpha}{2} \right)$
③ $E_d = 2\dfrac{\sqrt{2}}{\pi} E \cos\alpha$
④ $E_d = 1.17 E \cos\alpha$

해설 브리지 제어정류회로는 전파이므로

$$출력전압(E_d) = \dfrac{\sqrt{2}}{\pi} E(1+\cos\alpha) = \dfrac{2\sqrt{2}}{\pi} E \left(\dfrac{1+\cos\alpha}{2} \right)$$

정답 13 ① 14 ②

15

아래 그림 3상 교류 위상제어회로에서 사이리스터 T_1, T_4는 a상에 T_3, T_6은 b상에, T_5, T_2는 연결되어 있다. 이때 그림의 3상 교류 위상제어회로에 대한 설명으로 옳지 않은 것은?

[52회 12.7.]

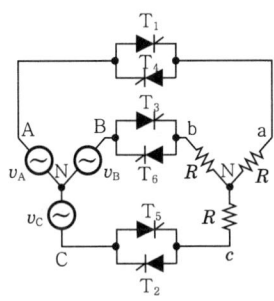

① 사이리스터 T_1, T_6, T_2만 Turn on되어 있는 경우 각 상 부하저항에 걸리는 전압은 전원전압의 각 상전압과 동일하다.
② 사이리스터 T_1, T_6만 Turn on되어 있고 나머지 사이리스터들이 모두 Turn off되어 있는 경우에는 a상 부하저항에 걸리는 전압은 ab 선간전압의 반이 걸리게 된다.
③ 6개의 사이리스터가 모두 Turn off되어 있는 경우에는 부하저항에 나타나는 모든 출력전압은 0이다.
④ 사이리스터 T_2, T_3만 Turn on되어 있고 나머지 사이리스터들이 모두 Turn off 되어 있는 경우에는 a상 부하저항에 걸리는 전압은 전원의 a상 전압이 그대로 걸리게 된다.

해설 T_2와 T_3가 Turn on되면, T_1이나 T_4가 Turn off되므로 a상 전압은 '0'이 된다.

16

그림과 같은 환류 다이오드 회로의 부하전류 평균값은 몇 [A]인가? (단, 교류전압 V = 220[V], 60[Hz], 부하저항 $R = 10[\Omega]$이며, 인덕턴스 L은 매우 크다.)

[52회 12.7.], [64회 18.7.]

① 6.7
② 8.5
③ 9.9
④ 11.7

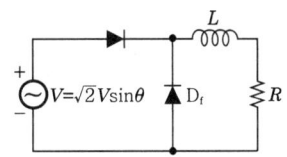

해설 환류 다이오드(D_f)와 결합된 단상 반파정류회로이며, R 양단전압은 V_{dc}이므로

부하전류 $I_{dc} = \dfrac{\dfrac{\sqrt{2}}{\pi}V}{R} = \dfrac{0.45V}{R} = \dfrac{0.45 \times 220}{10} \fallingdotseq 9.9[\text{A}]$

정답 15 ④ 16 ③

PART 4 전력전자

17 그림과 같은 회로에서 위상각 θ=60°의 유도부하에 대하여 점호각 α를 0°에서 180°까지 가감하는 경우 전류가 연속되는 α의 각도는 몇 °까지인가? [49회 11.4.]

① 30°
② 45°
③ 60°
④ 90°

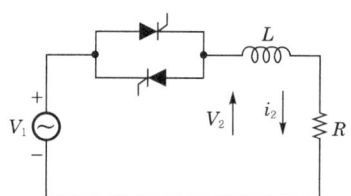

해설 점호각(α) 60°까지는 연속이고, 60°보다 크게 되면 부하전류는 불연속적이다.

18 다음 중 저항부하 시 맥동률이 가장 작은 정류방식은?
[43회 08.3.], [51회 12.4.], [69회 21.2.]

① 단상 반파식
② 단상 전파식
③ 3상 반파식
④ 3상 전파식

해설
- 맥동률(ripple rate) : 직류성분 속에 포함되어 있는 교류성분의 실효값과의 비를 나타낸다.
- 맥동률$(\gamma) = \dfrac{\Delta I}{I_{dc}} = \dfrac{\sqrt{I_{rms}^2 - I_{dc}^2}}{I_{dc}} = \sqrt{\left(\dfrac{I_{rms}}{I_{dc}}\right)^2 - 1}$

구 분	맥동률	맥동주파수[Hz]
단상 반파	1.21	60
단상 전파	0.482	120
3상 반파	0.183	180
3상 전파	0.042	360

19 사이리스터를 이용한 정류회로에서 직류전압의 맥동률이 가장 작은 정류회로는?
[45회 09.3.], [69회 21.2.]

① 단상 반파정류회로
② 단상 전파정류회로
③ 3상 전파정류회로
④ 3상 반파정류회로

해설 문제 18번 해설 참조

20 맥동전압주파수가 전원주파수의 6배가 되는 정류방식은? [41회 07.4.], [70회 21.7.]

① 단상 전파정류
② 단상 브리지정류
③ 3상 반파정류
④ 3상 전파정류

정답 17 ③ 18 ④ 19 ③ 20 ④

해설

분 류	단상 반파회로	단상 전파회로	3상 반파회로	3상 전파회로
맥동주파수	60[Hz]	120[Hz]	180[Hz]	360[Hz]

21. 특정전압 이상이 되면 On되는 반도체인 배리스터의 주된 용도는? [43회 08.3.]
① 온도보상
② 전압의 증폭
③ 출력전류의 조절
④ 서지전압에 대한 회로보호

해설 배리스터의 특징
- 낮은 전압에서는 큰 저항, 높은 전압에서는 낮은 저항을 갖는다.
- 비직선 용량특성을 이용한다.
- 이상전압(surge-voltage)에 대한 회로보호용으로 이용한다.
- 통신선로의 피뢰침으로 이용된다.
- 자동전압 조정회로 소자이다.
- Variable capacitor이다.

22. 낮은 전압에서 큰 저항을 나타내며, 높은 전압에서는 작은 저항을 갖는 소자는? [46회 09.7.], [66회 19.7.]
① 서미스터
② 버랙터
③ 배리스터
④ 사이리스터

해설 문제 21번 해설 참조

23. 다음 중 배리스터(varistor)의 주된 용도는? [41회 07.4.], [45회 09.3.]
① 전압증폭용
② 서지전압에 대한 회로보호용
③ 출력전류의 조정용
④ 과전류 방지 보호용

해설 서지전압에 대한 회로보호용이며, 일반적인 $V-I$ 특성은 $I=KV^n$ (단, $n:2\sim5$)

24. 배리스터(varistor)의 주된 용도는? [47회 10.3.]
① 서지전압에 대한 회로보호
② 온도보상
③ 출력전류조정
④ 전압증폭

해설 문제 21번 해설 참조

정답 21 ④ 22 ③ 23 ② 24 ①

25. 다음 중 2방향성 3단자 사이리스터는 어느 것인가?

[45회 09.3.], [50회 11.7.], [66회 19.7.], [68회 20.7.], [70회 21.7.]

① SCS
② TRIAC
③ SSS
④ SCR

해설 • 트라이액(TRIAC)
- 게이트를 갖는 대칭형 스위치이다.
- 2개의 SCR을 병렬로 연결하면 된다.
- 3단자 소자이며, 쌍방향성이다.
- 정(+), 부(−)의 게이트 Pulse를 이용한다.

기호

- SSS와 같이 5층의 PN접합을 구성한다.

• SSS(Silicon Symmetrical Switch)
- 2단자 소자이며, 쌍방향성이다.
- 다이액(DIAC)과 같이 게이트 전극이 없다.
- SCR을 역병렬로 2개 접속한 것과 같다.

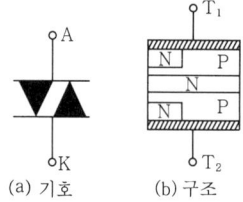
(a) 기호   (b) 구조

26. 트라이액에 대한 설명 중 틀린 것은?

[51회 12.4.]

① 3단자 소자이다.
② 항상 정(+)의 게이트 펄스를 이용한다.
③ 두 개의 SCR을 역병렬로 연결한 것이다.
④ 게이트를 갖는 대칭형 스위치이다.

해설 • TRIAC은 정(+), 부(−)의 게이트 펄스를 이용한다.
• 양방향성, 3단자 소자이다.

정답 25 ② 26 ②

27
반도체 트리거 소자로서 자기회복 능력이 있는 것은? [54회 13.7.], [66회 19.7.]
① GTO
② SSS
③ SCS
④ SCR

해설 GTO(Gate Turn-Off) : 자기회복 능력을 지니고 있다.

28
전력용 반도체 소자 중 양방향으로 전류를 흘릴 수 있는 것은? [43회 08.3.], [69회 21.2]
① GTO
② TRIAC
③ DIODE
④ SCR

해설 SCR(Silicon-Controlled Rectifier)
- 실리콘제어 정류소자
- PNPN구조를 갖고 있다.
- 도통상태에서 애노드 전압극성을 반대로 하면 차단된다.
- 부성저항 특성을 갖는다.
- 2개의 SCR을 병렬로 연결하면 TRIAC이 된다.

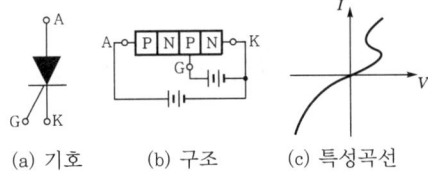

(a) 기호   (b) 구조   (c) 특성곡선

29
다음 그림기호와 같은 반도체 소자의 명칭은? [44회 08.7.], [48회 10.7.], [68회 20.7.]
① SCR
② UJT
③ TRIAC
④ FET

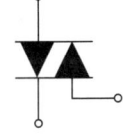

해설

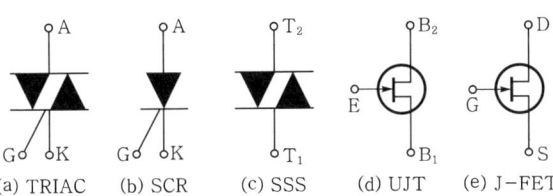

(a) TRIAC   (b) SCR   (c) SSS   (d) UJT   (e) J-FET

정답 27 ① 28 ② 29 ③

PART 4 전력전자

30 반파위상제어에 의한 트리거 회로에서 발진용 저항이 필요한 경우의 트리거 소자가 아닌 것은? [52회 12.7.]

① SUS
② PUT
③ UJT
④ TRIAC

해설 트라이액은 발진용 저항과 무관하다.

31 다음 중 온도에 따라 저항값이 부(-)의 방향으로 변화하는 특수 반도체는? [46회 09.7.], [68회 20.7.]

① 서미스터
② 배리스터
③ SCR
④ PUT

해설
- 서미스터(thermistor)는 온도에 따라 저항이 변하는 소자로 부(-)의 온도계수를 갖는다.
- 서미스터 저항은 $R = R_o e^{B\left(\frac{1}{T} - \frac{1}{T_o}\right)}$ (단, B : 물질의 재료에 따라 결정되는 상수이다.)

32 TRIAC을 사용하여 소용량 저항부하의 AC 전력제어를 하려고 한다. 게이트용 소자로 가장 간단히 사용할 수 있는 것은? [41회 07.4.], [45회 09.3.]

① UJT
② PUT
③ DIAC
④ SUS

해설
- 트라이액의 트리거용 소자로 다이액(DIAC)이 이용된다.
- PUT(Programable UJT)는 외부에 저항을 부가하여 피크전류, 베이스간 저항을 원하는 대로 가변이 가능한 소자이다.

33 다이액(DIAC ; Diode AC switch)에 대한 설명으로 잘못된 것은? [49회 11.4.], [66회 19.7.]

① 트리거 펄스 전압은 약 6~10[V] 정도가 된다.
② 트라이액 등의 트리거 용도로 사용된다.
③ 역저지 4극 사이리스터이다.
④ 양방향으로 대칭적인 부성저항을 나타낸다.

정답 30 ④ 31 ① 32 ③ 33 ③

해설 다이액(DIAC ; Diode AC switch)은 CSR이나 TRIAC 의 트리거용으로 쓰이며, 양방향성 소자이다.
- 2단자의 교류 스위칭 소자이다.
- 기본구조는 NPN(PNP)의 3층 대칭구조를 가지고 있다.

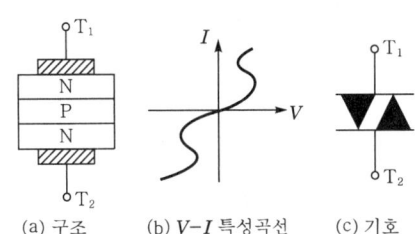

(a) 구조   (b) $V-I$ 특성곡선   (c) 기호

34

다음 중 SCR에 대한 설명으로 가장 옳은 것은?

[44회 08.7.], [65회 19.3.], [67회 20.4.], [70회 21.7.]

① 게이트 전류로 애노드 전류를 연속적으로 제어할 수 있다.
② 쌍방향성 사이리스터이다.
③ 게이트 전류를 차단하면 애노드 전류가 차단된다.
④ 단락상태에서 애노드 전압을 0 또는 부(-)로 하면 차단상태로 뜬다.

해설 SCR(Silicon Controlled Rectifier)
- 실리콘제어 정류소자
- PNPN의 4층 구조로 이루어져 있다.
- 순방향일 때 부성저항 특성을 갖는다.
- 일단 도통된 후의 전류를 제어하기 위해서는 애노드 전압을 '0' 또는 (-)상태로 극성을 바꾸어 주면 된다.

35

도통상태에 있는 SCR을 차단상태로 만들기 위해서는 어떻게 하여야 하는가?

[52회 12.7.]

① 게이트 전압을 (-)로 가한다.   ② 게이트 전류를 증가한다.
③ 게이트 펄스 전압을 가한다.   ④ 전원전압이 (-)가 되도록 한다.

해설 문제 34번 해설 참조

36

SCR의 전압공급방법(turn-on) 중 가장 타당한 것은?

[41회 07.4.], [48회 10.7.], [68회 20.7.]

① 애노드에 (-)전압, 캐소드에 (+)전압, 게이트에 (+)전압을 공급한다.
② 애노드에 (-)전압, 캐소드에 (+)전압, 게이트에 (-)전압을 공급한다.
③ 애노드에 (+)전압, 캐소드에 (-)전압, 게이트에 (+)전압을 공급한다.
④ 애노드에 (+)전압, 캐소드에 (-)전압, 게이트에 (-)전압을 공급한다.

정답 34 ④   35 ④   36 ③

해설 SCR 동작원리는

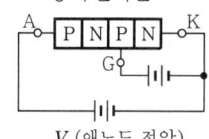

그러므로 애노드 단자에 (+), 캐소드 단자에 (-), 게이트 단자에 (+) 전압을 인가한다.

37. SCR의 단자명칭과 거리가 먼 것은? [47회 10.3.]

① Gate
② Base
③ Anode
④ Cathode

해설 SCR을 Transistor 등가회로로 변환

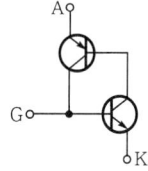

NPN형 TR과 PNP형 TR로 구성된다.

38. SCR의 턴온시 10[A]의 전류가 흐를 때 게이트 전류를 $\frac{1}{2}$로 줄이면 SCR의 전류는? [49회 11.4.], [66회 19.7.]

① 5[A]
② 10[A]
③ 20[A]
④ 40[A]

해설 SCR은 일단 도통이 된 후에는 게이트 전압, 전류와는 무관하다. 즉, 게이트 전압이 상승, 감소 또는 게이트 전류가 상승, 감소하여도 변동이 없다.

39. SCR에 대한 설명으로 옳지 않은 것은? [51회 12.4.]

① 대전류 제어정류용으로 이용된다.
② 게이트 전류로 통전전압을 가변시킨다.
③ 주전류를 차단하려면 게이트 전압을 영 또는 부(-)로 해야 한다.
④ 게이트 전류의 위상각으로 통전전류의 평균값을 제어시킬 수 있다.

정답 37 ② 38 ② 39 ③

해설 SCR은 애노드(+), 게이트(+), 캐소드(−)가 가해지면 일단 도통상태가 되며, 도통된 후에 주전류를 차단하기 위해서는 애노드 전압을 "0" 또는 (−)로 하면 가능하며, 게이트 전압 (+) or (−)와는 상관이 없다.

40 SCR에 대한 설명으로 옳지 않은 것은? [42회 07.7.], [46회 09.07.]

① 게이트 전류로 턴온할 수 있다.
② 애노드, 게이트, 캐소드 구간의 3단자이다.
③ 역전압이 걸리면 턴오프할 수 있다.
④ 턴온시 게이트 전류를 차단하여 소호된다.

해설 일단 Turn-on이 되면 그 이후에는 Gate 전류, 전압과는 무관하게 애노드 전압을 이용해서 Turn-off시킬 수 있다.

41 실리콘 정류기의 동작시 최고 허용온도를 제한하는 가장 주된 이유는? [41회 07.4.], [49회 11.4.]

① 브레이크 오버(break-over)전압의 저하 방지
② 브레이크 오버(break-over)전압의 상승 방지
③ 역방향 누설전류의 감소 방지
④ 정격 순전류의 저하 방지

해설 I(전류)의 증가는 α(증폭도)의 증가를 가져와 $\alpha_1 + \alpha_2 \fallingdotseq 1$이 되면서 브레이크 오버(break-over) 현상이 일어나며, 최고 허용온도를 제한하는 이유는 브레이크 오버전압의 저하 방지이다.

42 일반적으로 공진형 컨버터에 사용되지 않는 소자는? [43회 08.3.], [47회 10.3.]

① MOSFET
② SCR
③ 트랜지스터
④ IGBT

해설 반도체 스위치에 공진회로를 결합한 전원장치의 한 종류이며, 이것을 공진형 컨버터라 한다. MOSFET, GTO, 전력용 TR, IGBT 등이 있다.

정답 40 ④ 41 ① 42 ②

PART 4 전력전자

43 전파제어 정류회로에 사용하는 쌍방향성 반도체 소자는?

[44회 08.7.], [66회 19.7.], [68회 20.7.]

① SCR   ② SSS
③ UJT   ④ PUT

해설 SSS(Silicon Symmetrical Switch)
- DIAC과 같이 2단자 사이리스터이며, 게이트 전극은 없다.
- Break-over전압 이상의 전압이 인가되어야 도통한다.
- 정류회로, 과전압 보호용, 조광장치 등에 이용된다.

44 GTO의 동작원리를 올바르게 설명한 것은?   [41회 07.4.]

① 게이트에 정(+)의 전류인가로 턴온, 부(-)의 전류로 턴오프
② 한 번 턴온되면 게이트 입력에 관계없이 계속 유지
③ 게이트 입력은 오직 삼각파이어야 한다.
④ 빛에 의해서만 턴온, 턴오프된다.

해설 게이트에 정(+)의 전류를 인가하면 Turn-on, 부(-)의 전류를 가하면 Turn-off가 되며 3단자 사이리스터의 일종이다.

45 PUT가 UJT에 비하여 좋은 점을 설명한 것이다. 잘못 설명된 것은?   [42회 07.7.]

① 외부저항에 의해 효율값을 조정할 수 있다.
② 베이스간 저항을 조절할 수 있다.
③ 누설전류가 적다.
④ 발진주파수의 변화폭이 크다.

해설
- UJT(Uni-Junction TR)
  - 부성저항 특성을 갖는다.
  - 구조가 간단하며, 큰 전력취급이 용이하다.
  - Pulse 발생회로에 응용되며, 톱니파나 펄스파 발생에 이용된다.
  - Double-base 특징이 있다.
- PUT(Programable UJT)
  - N-gate 사이리스터이다.
  - 외부에 저항을 연결하여 베이스간 저항을 조절할 수 있다.(효율조정도 가능)
  - 누설전류가 적다.

정답 43 ② 44 ① 45 ④

46. 사이리스터가 아닌 것은? [47회 10.3.]

① SCR
② Diode
③ TRIAC
④ SUS

해설 사이리스터(thyristor)
- On상태와 Off상태를 갖는 2개 또는 3개 이상의 PN접합으로 이루어진 반도체를 의미한다.
- 순방향 전압강하 측정은 온도가 정상상태에 도달한 후에 측정한다.

47. 사이리스터의 순전압강하의 측정방법이 아닌 것은? [50회 11.7.]

① 오실로스코프에 의해 순시값을 측정
② 정현반파전류를 흘렸을 때의 평균 순전압강하를 측정
③ 직류를 흘려서 측정
④ 온도가 정상상태로 되기 전에 측정

48. 사이리스터 턴오프(turn off) 조건은? [54회 13.7.], [69회 21.2.]

① 게이트에 역방향 전류를 흘린다.
② 게이트에 역방향 전압을 가한다.
③ 게이트에 순방향 전류를 0으로 한다.
④ 애노드 전류를 유지전류 이하로 한다.

해설 Gate를 개방한 상태에서 도통상태를 유지하기 위한 최소 전류를 유지전류라 하며, 애노드 전류를 유지전류 이하로 하면 Turn-off 할 수 있다.

49. 사이리스터의 유지전류(holding current)에 관한 설명으로 옳은 것은?
[45회 09.3.], [51회 12.4.]

① 사이리스터가 턴온(turn on)하기 시작하는 순전류
② 게이트를 개방한 상태에서 사이리스터가 도통상태를 유지하기 위한 최소의 순전류
③ 사이리스터의 게이트를 개방한 상태에서 전압이 상승하면 급히 증가하게 되는 순전류
④ 게이트 전압을 인가한 후에 급히 제거한 상태에서 도통상태가 유지되는 최소의 순전류

정답 46 ② 47 ④ 48 ④ 49 ②

PART 4 전력전자

50. SSS의 트리거에 대한 설명 중 옳은 것은? [42회 07.7.], [68회 20.7.]
① 게이트에 (+)펄스를 가한다.
② 게이트에 (-)펄스를 가한다.
③ 게이트에 빛을 비춘다.
④ 브레이크 오버전압을 넘는 전압의 펄스를 양단자 간에 가한다.

해설
- SSS는 2단자 쌍방향성 소자이다.
- 게이트 단자가 없다.
- 조광장치, 정류회로, 온도제어 등에 이용된다.

51. 과전압이 걸리기 쉬운 옥외용 네온사인의 조광회로에 사용되는 소자는? [46회 09.7.]
① SCR
② TRIAC
③ SSS
④ TR

해설 문제 50번 해설 참조

52. 빛의 에너지를 전기에너지로 변화시키는 것은? [44회 08.7.]
① 광전 다이오드
② 광전도 소자
③ 광전 트랜지스터
④ 태양전지

해설 태양전지는 PN접합에 빛을 비추면 광기전력, 광전류가 발생하여 전기적 에너지로 변환되며, 무인중계국, 인공위성 등의 전원으로 사용된다.

53. CdS(황화카드뮴)은 어떠한 소자인가? [44회 08.7.]
① 빛에 의한 전도성을 이용하는 소자이다.
② 빛에 의한 기전력이 발생하는 소자이다.
③ 태양전지에서 0.55[V]의 기전력을 발산하는 소자이다.
④ 광전 트랜지스터를 만드는 소자이다.

정답 50 ④ 51 ③ 52 ④ 53 ①

해설
- 광도전체(photoconductor)
  반도체에 빛을 쏘이면 정공, 전자가 발생하여 도전율이 증가하며 광감도 S는
  $$S = \frac{I_l}{I_d} = \frac{g(\mu_n Z_n + \mu_p Z_p)}{\mu_n n_o + \mu_p P_p}$$
  (단, I_d(암전류) : 빛을 쏘이지 않았을 때의 전류, I_l(광전류) : 빛을 쏘였을 때의 전류)
- ZnS : 자외선에서 사용, PbS, InSb는 적외선에서 주로 사용

54

발광소자와 수광소자를 하나의 용기에 넣어 외부의 빛을 차단한 구조로 출력측의 전기적인 조건이 입력측에 전혀 영향을 끼치지 않는 소자는? [41회 07.4.], [45회 09.3.], [50회 11.7.]

① 포토 다이오드
② 포토 트랜지스터
③ 서미스터
④ 포토 커플러

해설
- 포토 커플러(광결합기) : 발광소자와 수광소자를 하나의 케이스에 넣어서 외부의 빛을 차단하는 구조이다.
- 포토 다이오드 : 역bias된 PN접합 다이오드가 큰 저항을 나타내는 성질(암전류가 적은)을 이용하여 광감도를 증가시킨다. 또한 주위온도에 변화가 크다.
- 발광 다이오드(LED) : 순bias된 PN접합 다이오드에서 전자와 정공이 재결합시 빛과 열을 방출하는 발광현상을 이용한다.(단, GaP : 초록색, GaAs : 적외선, GaAsP : 황색)
- 태양전지(solar battery)
  - 현재 사용하고 있는 태양전지는 실리콘(si)으로 되어 있는 PN접합을 이용
  - 연속적으로 사용하기 위해 축전장치가 필요
  - 태양전지의 재료 : Si, GaAs, InP, CdS 등
  - 인공위성의 전원, 초단파무인중계국, 조도계 등에 이용

55

MOSFET의 드레인 전류는 무엇으로 제어하는가?
[44회 08.7.], [51회 12.4.], [66회 19.7.], [69회 21.2.]

① 게이트 전압
② 게이트 전류
③ 소스전류
④ 소스전압

해설 문제 56번 해설 참조

정답 54 ④ 55 ①

56. MOSFET의 드레인(drain) 전류제어는? [54회 13.7.], [68회 20.7.]

① 소스(source)단자의 전류로 제어
② 드레인(drain)과 소스(source)간 전압으로 제어
③ 게이트(gate)와 소스(source)간 전류로 제어
④ 게이트(gate)와 소스(source)간 전압으로 제어

해설 FET(Field-Effect TR)

- 특징
  - 다수 캐리어에 의해 전류가 흐른다.
  - 입력저항이 매우 크다.
  - 저잡음이다.
  - 5극 진공관 특성과 비슷하다.
  - 이득(G)×대역폭(B)이 작다.
  - J-FET와 MOS-FET가 있다.
  - V_{GS}(Gate-Source 사이의 전압)로 드레인 전류를 제어한다.

- 종류
  - J-FET(접합 FET)

  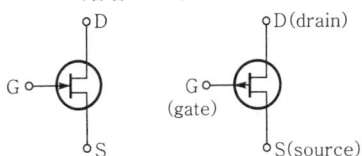

  (a) N-channel FET   (b) P-channel FET

  - MOS-FET(절연게이트형 FET)

  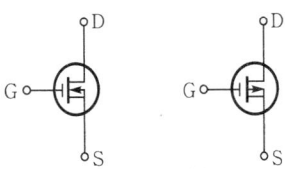

  (a) N-channel FET   (b) P-channel FET

- FET의 3정수
  - $g_m = \dfrac{\Delta I_D}{\Delta V_{GS}}$ (순방향 상호전달 컨덕턴스)
  - $r_d = \dfrac{\Delta V_{DS}}{\Delta I_D}$ (드레인-소스저항)
  - $\mu = \dfrac{\Delta V_{DS}}{\Delta V_{GS}}$ (전압증폭률)
  - $\mu = g_m \cdot r_d$

정답 56 ④

57. PN접합 다이오드의 순방향 특성에서 실리콘 다이오드의 브레이크 포인터는 약 몇 [V]인가?
[53회 13.4.], [64회 18.7.]

① 0.2
② 0.5
③ 0.7
④ 0.9

해설 **PN접합 다이오드**
- P형 반도체와 N형 반도체를 접합시키면 P형의 다수반송자인 정공은 N형 쪽으로, N형의 다수반송자인 전자는 P형 쪽으로 이동한다.
- 정류작용을 한다.
- 순방향 bias

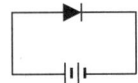

　- 전장이 약해진다.
　- 공핍층의 폭이 좁아지며, 전위장벽이 낮아진다.
- 역방향 bias

　- 전장이 가해진다.
　- 공핍층이 넓어지며, 전위장벽이 높아진다.
- 특성곡선

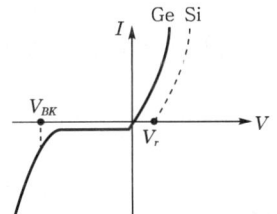

여기서, V_{BK} : 항복전압(Break Down)
V_r : Cut-in전압, Break-point전압, Threshold 전압(Si : 0.6~0.7[V], Ge : 0.2~0.3[V])

58. 다이오드의 애벌란시(avalanche) 현상이 발생되는 것을 옳게 설명한 것은?
[42회 07.7.], [53회 13.4.]

① 역방향 전압이 클 때 발생한다.
② 순방향 전압이 클 때 발생한다.
③ 역방향 전압이 작을 때 발생한다.
④ 순방향 전압이 작을 때 발생한다.

정답 57 ③ 58 ①

PART 4 전력전자

해설 Break down(항복)현상
- 애벌란시 항복현상(전자눈사태 현상)
  - 높은 역방향 전압에서 발생
  - 역방향 전압을 가하여 점점 증가하다가 어떤 임계점에서 전류가 갑자기 흐르는 현상
- 제너 항복전압, 낮은 역방향 전압에서 발생

59 트랜지스터에 있어서 아래 그림과 같이 달링턴(Darlington) 구조를 사용하는 경우 맞는 설명은? [52회 12.7.]

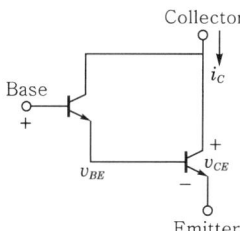

① 같은 크기의 컬렉터 전류에 대해 트랜지스터가 2개 사용되므로 구동회로 손실이 증가한다.
② 달링턴 구조를 사용하면 트랜지스터의 전체적인 전류이득은 감소한다.
③ 같은 크기의 컬렉터 전류에 대해 트랜지스터 컬렉터-이미터 전압(V_{CE})을 2배로 하는 데 사용한다.
④ 같은 크기의 컬렉터 전류에 대해 트랜지스터 구동에 필요한 구동회로 전류를 감소시키는 효과를 얻을 수 있다.

60 달링턴(Darlington)형 바이폴러 트랜지스터의 전류증폭률은? [54회 13.7.]

① 1~3
② 10~30
③ 30~100
④ 100~1,000

해설 달링턴 접속회로(Darlington connection circuit)
- NPN-TR 2개가 접속되어 있다.
- 전류증폭도가 매우 크다.(100~1,000배 정도)

정답 59 ④ 60 ④

- 회로도

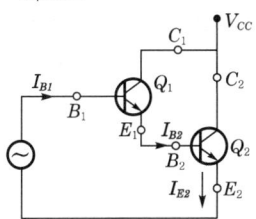

전류이득$(A_i) = \dfrac{I_{E2}}{I_{B1}}$

$= (1+hfe_1)(1+hfe_2)$

$≒ hfe_1 \cdot hfe_2 (\because hfe_1 : hfe_2 \gg 1)$

∴ 2개의 TR을 연결함으로써 TR의 구동에 필요한 구동전류를 감소시키는 효과를 얻을 수 있다.

61 사이클로 컨버터에 대한 설명으로 옳은 것은? [49회 11.4.], [69회 21.2.]

① 교류전력의 주파수를 변환하는 장치이다.
② 직류전력을 교류전력으로 변환하는 장치이다.
③ 교류전력을 직류전력으로 변환하는 장치이다.
④ 직류전력 및 교류전력을 변성하는 장치이다.

해설 사이클로 컨버터(cyclo converter)

교류전력의 주파수 변환장치이며, 교류전동기의 속도제어용으로 이용된다.

62 사이클로 컨버터(cyclo converter)란? [41회 07.4.]

① 실리콘 양방향성 소자이다.
② 제어정류기를 사용한 주파수 변환기이다.
③ 직류제어 소자이다.
④ 전류제어 소자이다.

해설 문제 61번 해설 참조

정답 61 ① 62 ②

PART 4 전력전자

63 그림은 사이클로 컨버터의 출력전압과 전류의 파형이다. $\theta_2 - \theta_3$ 구간에서 동작되는 컨버터와 동작모드는? [53회 13.4.]

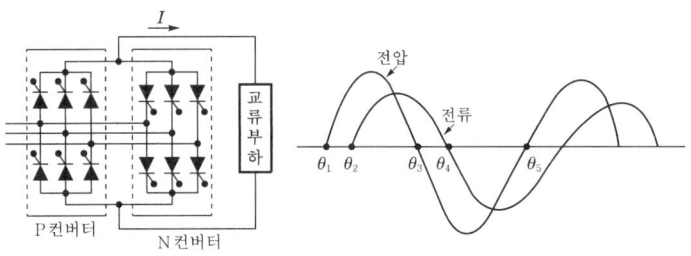

① P 컨버터, 순변환
② P 컨버터, 역변환
③ N 컨버터, 순변환
④ N 컨버터, 역변환

해설 사이클로 컨버터는 주파수 변환장치이며, 부하전류가 (+)이면 P 컨버터가, (-)이면 N 컨버터가 동작한다.

64 다음 회로는 3상 전파정류기(컨버터)의 회로도를 나타내고 있다. 점선 부분의 역할로 가장 적당한 것은? [54회 13.7.]

① 전압파형 개선회로
② 전류증폭회로
③ 돌입전류 억제회로
④ 전류차단회로

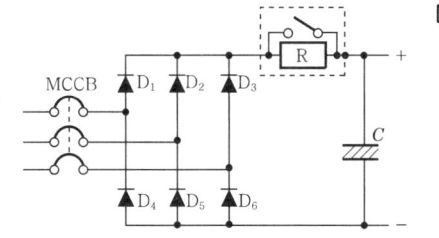

해설 **돌입전류(inrush current)**
순간적으로 증가한 과도전류가 바로 정상상태로 복귀하는 과도전류를 의미한다.

65 다음과 같은 회로에서 저항 R이 0[Ω]인 것을 사용하면 무슨 문제가 발생하는가? [41회 07.4.]

① 낮은 전압이 인가되어 문제가 없다.
② 저항양단의 전압이 커진다.
③ 저항양단의 전압이 작아진다.
④ 스위치를 On했을 때 회로가 단락된다.

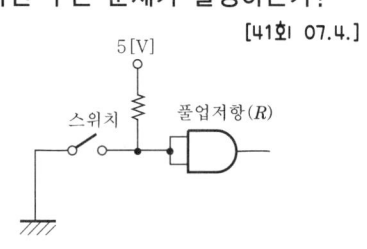

정답 63 ① 64 ③ 65 ④

해설 회로에서 $R=0$이고 SW가 On상태가 되면 접지상태가 되어 회로가 단락상태가 되므로 매우 큰 전류가 흐르게 된다.

66 ★
파워트랜지스터의 파워스위칭전원의 용도로 사용되지 않는 것은? [41회 07.4.]
① 용접기전원
② 고주파전원
③ UPS전원
④ 직류안정화전원

해설 **파워스위칭 전원장치**
교류를 전력반도체를 이용해 고주파수로 단속·제어하는 전원장치로서, 전기용접기전원, 고주파전원, UPS전원장치 등에 이용된다.

67 ★★
다음 중 UPS의 기능으로서 옳은 것은 어느 것인가?
[42회 07.7.], [46회 09.7.], [65회 19.3.], [68회 20.7.], [70회 21.7.]
① 3상 전파정류방식
② 가변주파수 공급가능
③ 무정전 전원공급장치
④ 고조파방지 및 정류평활

해설 **UPS(Uninterrupt Power Supply)**
- 정전상태에 대비해서 안정적 전원을 공급하기 위한 장치이다.
- 무정전 전원공급장치이다.

68 ★
과도한 전류변화$\left(\dfrac{di}{dt}\right)$나 전압변화$\left(\dfrac{dv}{dt}\right)$에 의한 전력용 반도체스위치의 소손을 막기 위해 사용하는 회로는? [52회 12.7.]
① 스너버회로
② 게이트회로
③ 필터회로
④ 스위치 제어회로

해설 과도한 전압이나 전류에 의해 사이리스터(전력용 반도체)의 소손을 방지하기 위해 사용하는 회로를 스너버회로라고 한다.

정답 66 ④ 67 ③ 68 ①

69 120°씩 위상차를 갖는 3상 평형전원이 아래 3상 전파정류회로에 인가되어 있는 경우 다음 설명 중 적절하지 않은 것은? [53회 13.4.]

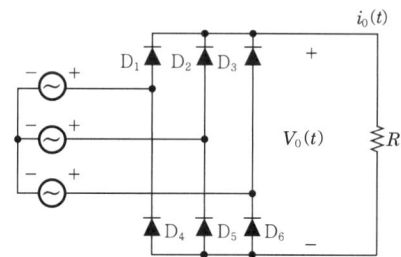

① 3상 전파정류회로의 출력전압($v_0(t)$)은 3상 반파정류회로의 경우보다 리플(ripple) 성분의 크기가 작다.
② 상단부 다이오드(D_1, D_3, D_5)는 임의의 시간에 3상 전원 중 전압의 크기가 양의 방향으로 가장 큰 상에 연결되어 있는 다이오드가 온(on)된다.
③ 3상 전파정류회로의 출력전압($v_0(t)$)은 120°의 간격을 가지고 전원의 한 주기당 각 상전압의 크기를 따라가는 3개의 펄스로 나타난다.
④ 출력전압($v_0(t)$)의 평균치는 전원 선간전압 실효치의 약 1.35배이다.

해설 • ③항은 3상 반파정류회로의 설명이다.
• 3상 전파정류회로에서는 $E_{dc} = \dfrac{3\sqrt{2} \cdot E_a}{\pi} \times \sqrt{3} = 2.34 E_a = 2.34 \dfrac{V}{\sqrt{3}} = 1.35[V]$

70 IGBT는 파워트랜지스터에 비하여 고속 스위칭이 가능하고 게이트회로가 간단하여 많이 사용되는데 그림에서 IGBT가 On되는 조건은? [42회 07.7.]

① Tr_1이 On
② Tr_1이 Off
③ Tr_2가 On
④ Tr_2가 Off

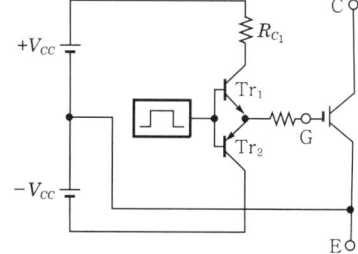

해설 절연게이트 양극성 트랜지스터(IGBT ; Insulated Gate Bipolar TR)
위 회로에서 V_{GE} 전압으로 I_C 전류를 제어하기 위해서는 Gate에 전압이 가해져야 하므로 Tr_1이 On 상태가 되어 V_{CC} 전원이 가해지면 된다.

정답 69 ③ 70 ①

71 그림과 같은 초퍼회로에서 $V = 600[\text{V}]$, $V_e = 350[\text{V}]$, $R = 0.1[\Omega]$, 스위칭주기 $T = 1,800[\mu s]$, L은 매우 크기 때문에 출력전류는 맥동이 없고 $I_0 = 100[\text{A}]$로 일정하다. 이때 요구되는 T_{on} 시간은 몇 $[\mu s]$인가?

[52회 12.7.]

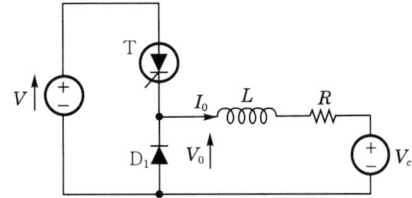

① 950[μs]　　　② 1,050[μs]
③ 1,080[μs]　　　④ 1,110[μs]

해설 그림의 초퍼회로에서

$$V_0 = I_0 R + V_c, \quad V_0 = \frac{T_{on}}{T} V (단, \ T : 펄스주기, \ T_{on} : 펄스폭)이므로$$

$$V_0 = 100 \times 0.1 + 350 = 360[\text{V}]$$

$$\therefore T_{on} = \frac{V_0}{V} \times T = \frac{360}{600} \times 1,800[\mu s] = 1,080[\mu s]$$

정답　71 ③

장자(莊子)가 말하기를, "사람이 배우지 않으면 하늘에 오르려 하는데 아무 재주가 없는 것과 같고, 배워서 지혜가 깊어지면 상서로운 구름을 헤치고 푸른 하늘을 보는 것과 같고, 높은 산에 올라온 세상을 바라보는 것과 같다."고 하였다.

- 명심보감, 제9편 근학(勤學) 중에서 -

전기기기

제1장 직류기
제2장 동기기
제3장 변압기
제4장 유도기
제5장 정류기

Master Craftsman Electricity

직류기

01 직류 발전기(direct current generator)

1 원리와 구조

(1) 원리 – 플레밍(Fleming)의 오른손 법칙

① 도체가 운동하여 <u>자계를 절단하면 기전력이 발생</u>하는 현상이다.

$$\text{유기기전력 } e = vBl\sin\theta\,[\text{V}]$$

여기서, v : 도체의 운동속도[m/sec], B : 자속밀도[Wb/m²]
l : 도체의 길이[m], θ : v와 B가 이루는 각

② 방향
  ㉠ 오른손의 엄지 : 도체의 운동 v [m/sec]의 방향
  ㉡ 검지 : 자속밀도 B [Wb/m²]이 방향
  ㉢ 중지 : 기전력 e [V]를 의미

[57회, 61회, 66회, 69회 출제]
직류기의 유기기전력(e)
$e = vBl\sin\theta\,[\text{V}]$

[플레밍의 오른손 법칙]
• 엄지 : 도체의 운동 방향
• 검지 : 자속밀도의 방향
• 중지 : 유기기전력의 방향

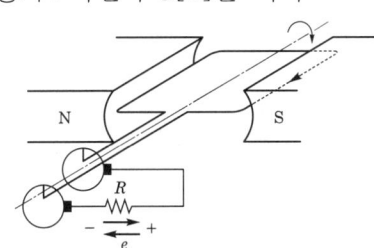
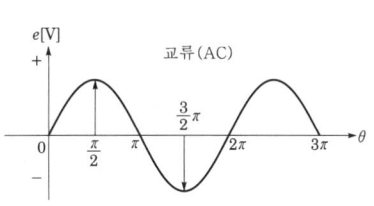 교류(AC)

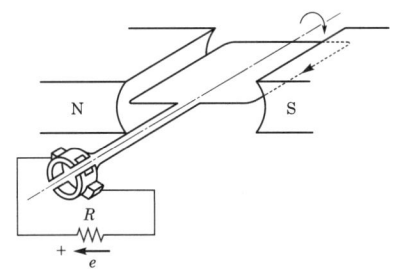
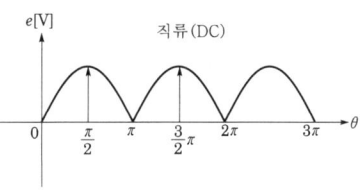 직류(DC)

| 직류 발전기의 원리 |

PART 5 전기기기

[41회, 69회 출제]
철심을 규소강판으로 성층하는 이유

[직류 발전기 구조]
- 전기자
- 계자
- 정류자
- 브러시
- 계철

(2) 구조
① 전기자 : 원동기에 의해 회전하여 **기전력을 유도**한다.
  ㉠ 철심 : 얇은 규소강판을 성층하여 사용한다.(히스테리시스손실을 감소)
    • 규소함유량 : 1~1.4[%]
    • 강판두께 : 0.35~0.5[mm]
  ㉡ 권선 : 연동선을 절연하여 전기자철심의 홈(slot)에 배열한다.
② 계자 : 전기자가 쇄교하는 **자속(ϕ)을 만드는** 부분이다.
  ㉠ 계자철심 : 연강판(두께 : 0.8~1.6[mm])을 성층한다.
  ㉡ 계자권선 : 연동선을 절연하여 계자철심에 감는다.
③ 정류자
  ㉠ 브러시와 접촉하여 전기자에서 발생된 **교류기전력을 직류로 변환**하는 부분이다.
  ㉡ 경인동의 정류자편을 운모로 절연하여 원통모양으로 조립하고, 전기자에 부착한다.
④ 브러시 : 회전부(정류자)로부터 **전원을 인출하는 부분**이다.
  ㉠ 탄소질 브러시
  ㉡ 흑연질 브러시(전기흑연질 브러시)
  ㉢ 금속 흑연질 브러시
⑤ 계철(yoke) : 자극 및 기계 전체를 보호지지하며 자속의 통로역할을 하는 부분이다.

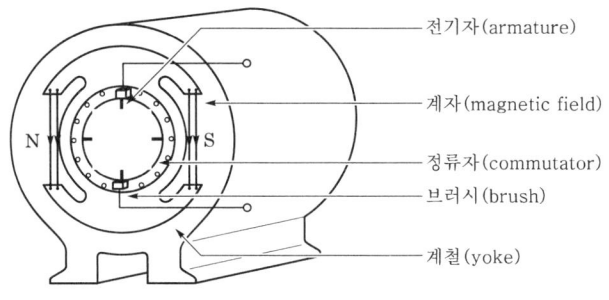

‖ 직류 발전기 단면도 ‖

[53회, 66회, 68회, 70회 출제]
직류기의 권선법

2 전기자 권선법

(1) 권선법은 전기자철심에 권선을 배열하는 방법이다.

(2) 전기자 권선법으로 고상권, 폐로권, 2층권, 중권, 파권을 사용(환상권, 개로권, 1층권은 사용하지 않는다.)

① 중권(lap winding, 병렬권) : 병렬회로수와 브러시수가 자극의 수와 같으며 저전압과 대전류에 유효하고, 병렬회로 사이에 전압의 불균일시 순환전류가 흐를 수 있으므로 균압환이 필요하다.

② 파권(wave winding, 직렬권) : 파권은 병렬회로수가 극수와 관계없이 항상 2개로 되어 있으므로, 고전압 소전류에 유효하고 균압환은 불필요하며 브러시수는 2 또는 극수와 같게 할 수 있다.

[51회 출제]
파권의 이점

3 유기기전력(E[V])

직류발전기에서 전기자권선의 주변속도를 v[m/sec], 평균자속밀도를 B[Wb/m^2], 도체의 길이를 l[m]라 하면, 전기자 도체 1개의 유기기전력 $e = vBl$[V]이다.

여기서, 속도 $v = \pi Dn$[m/sec], 자속밀도 $B = \dfrac{p\phi}{\pi Dl}$[Wb/m^2]이므로

$$e = \pi Dn \cdot \frac{p\phi}{\pi Dl} \cdot l = p\phi n \text{[V]}$$

전기자도체의 총수를 Z, 병렬회로의 수를 a라 하면, 브러시 사이의 전체 유기기전력 E[V]는 다음과 같다.

$$E = \frac{Z}{a} \cdot e = \frac{Z}{a} p\phi n = \frac{Z}{a} p\phi \frac{N}{60} \text{[V]}$$

여기서, Z : 전기자도체의 총수[개], p : 자극의 수[극]
a : 병렬회로수(중권 : $a = p$, 파권 : $a = 2$)
ϕ : 매극당 자속[Wb], N : 분당회전수[rpm]

[61회 출제]
전기자 속도 계산

[41회, 42회, 44회, 50회, 52회, 65회, 69회 출제]
유기기전력 E
$E = \dfrac{Z}{a} \cdot e = \dfrac{Z}{a} p\phi \dfrac{N}{60}$

4 전기자 반작용

전기자전류에 의한 자속이 주(계자)자속의 분포에 영향을 미치는 현상이다.

(1) 반작용의 영향
 ① 전기적 <u>중성축의 이동</u>
 ② <u>계자자속의 감소</u>
 ③ 정류자 편간 전압이 국부적으로 높아져 <u>불꽃발생</u>(정류불량)

[68회, 70회 출제]
반작용의 영향

(2) 반작용의 분류
 ① 감자작용 : 계자자속을 감소하는 작용
 ② 교차(편자)작용 : 계자자속을 편협하는 작용

PART 5 전기기기

[45회, 48회, 55회 출제]
보극의 용도

(3) 전기자 반작용의 방지책
① 보상권선을 설치
② 보극설치(불꽃 방지)
③ 계자기자력 증대

5 정 류

(1) 정류작용
교류를 직류로 변환하는 것을 정류라 한다.

[68회 출제]
정류의 종류

(2) 정류곡선
① 직선정류
② 정현파정류
③ 부족정류
④ 과정류

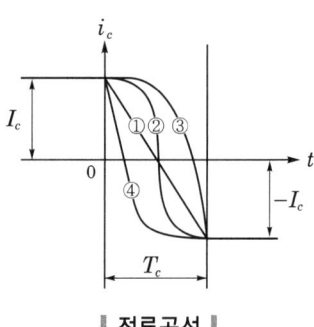

┃정류곡선┃

[56회 출제]
정류의 개선책
• 평균 리액턴스 전압을 작게
• 보극 설치
• 브러시 접촉저항을 크게
• 보상권선 설치

(3) 정류개선책
① 평균 리액턴스 전압을 작게 한다.
② 보극을 설치한다.(전압정류)
③ 브러시의 접촉저항을 크게 한다.(저항정류)
④ 보상권선을 설치한다.

6 직류 발전기의 종류와 특성

(1) 타여자 발전기
독립된 직류전원에 의해 여자하는 발전기이다.

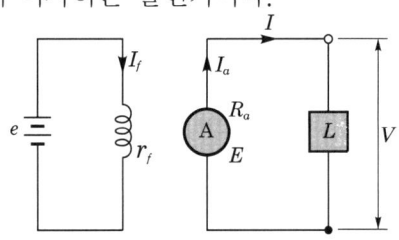

[57회, 69회, 70회 출제]
$E = \dfrac{Z}{a} p\phi \dfrac{N}{60}$

① 유기기전력 $E = \dfrac{Z}{a} p\phi \dfrac{N}{60}$ [V]

② 단자전압 $V = E - I_a R_a$ [V]

③ 전기자전류 $I_a = I$ [A] (여기서, I : 부하전류)

④ 출력 $P = VI$ [W]

CHAPTER 1 직류기

(2) 자여자 발전기
자신이 만든 직류기전력에 의해 여자(excite)하는 발전기이다.

① 분권 발전기

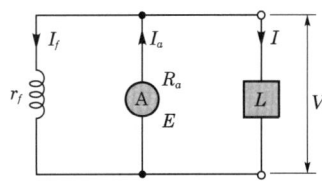

　㉠ 유기기전력 $E = \dfrac{Z}{a}p\phi\dfrac{N}{60}$ [V]

　㉡ 전기자전류 $I_a = I + I_f \fallingdotseq I\ (I \gg I_f)$

　㉢ 단자전압 $V = E - I_a R_a = I_f r_f$ [V]

② 직권 발전기(승압기에 이용)

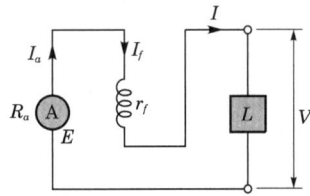

　㉠ 전류 $I = I_a = I_f$

　㉡ 단자전압 $V = E - I_a R_a - I_a r_f = E - I_a(R_a + r_f)$ [V]

③ 복권 발전기

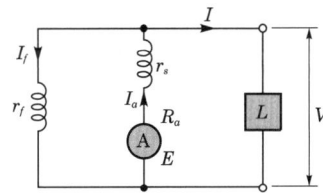

$$E = \dfrac{Z}{a}p(\phi_1 \pm \phi_2)\dfrac{N}{60}$$

(3) 직류 발전기의 특성곡선
① 무부하특성곡선 : 정격속도, 무부하($I=0$) 상태에서 계자전류(I_f)와 유기 기전력(E)의 관계곡선을 말한다.

$$E = \dfrac{Z}{a}p\phi\dfrac{N}{60} = K\phi N \propto \phi\,[\text{V}]$$

　$\phi \propto I_f$ 이므로 $E \propto I_f$

② **외부특성곡선** : 회전속도, 계자저항 일정 상태에서 <u>부하전류(I)와 단자전압(V)의 관계 곡선</u>을 말한다.

[44회, 56회, 58회, 66회, 70회 출제]
유기기전력 E
$E = \dfrac{Z}{a}p\phi\dfrac{N}{60}$
$E = V + I_a \cdot R_a$

[61회 출제]
전기자전류(I_a)

[44회, 47회 출제]
직권 발전기는 주로 승압기에 이용

[64회, 69회, 70회 출제]
외부특성곡선
$I - V$의 관계곡선

PART 5 전기기기

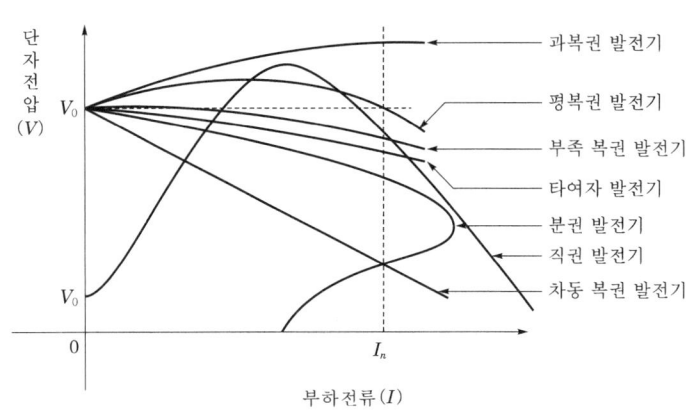

[43회, 65회, 67회 출제]
전압변동률 ε
$= \dfrac{V_0 - V_n}{V_n} \times 100 [\%]$

7 전압변동률 : ε[%]

전(정격)부하에서 무부하로 전환하였을 때, 전압의 차를 백분율로 나타낸 것

$$\varepsilon = \frac{V_0 - V_n}{V_n} \times 100 = \frac{E - V}{V} \times 100 [\%]$$

여기서, V_0 : 무부하시 단자전압
V_n : 전부하시 단자전압

 전압변동률
1. ε값이 : $+(V_0 > V_n)$일 경우 : 타여자, 분권, 부족복권, 차동복권
2. ε값이 : $0(V_0 = V_n)$일 경우 : 평복권
3. ε값이 : $-(V_0 < V_n)$일 경우 : 과복권, 직권

[70회 출제]
직류 발전기의 병렬운전 조건
• 극성이 일치
• 정격전압이 일치
• 외부 특성곡선이 일치

8 직류 발전기의 병렬운전

(1) 2대 이상의 발전기를 병렬로 연결하여 부하에 전원을 공급하고, 능률(효율) 증대 및 예비기 설치시 경제적이다.

(2) 조건
① 극성이 일치할 것
② 정격전압이 일치할 것
③ 외부 특성곡선이 일치할 것

02 직류 전동기(direct current motor)

1 원리와 구조

(1) 원리-플레밍(Fleming)의 왼손 법칙

자계 내에서 도체에 전류를 흘려주면 힘이 작용하는 현상이다.

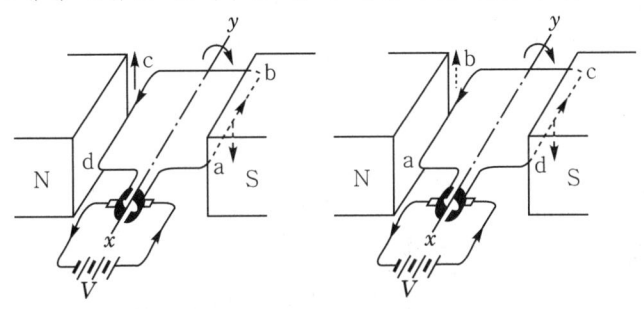

$$F = IBl\sin\theta [\text{N}]$$

여기서, I : 도체의 전류[A], B : 자속밀도[Wb/m²]
l : 도체의 길이[m], θ : 전류와 자속밀도의 각도

[66회, 68회 출제]
플레밍의 왼손 법칙
$F = IBl\sin\theta [\text{N}]$

(2) 구조

직류 발전기와 동일하다.

2 회전속도와 토크

(1) 회전속도(N [rpm])

① 역기전력 $E = \dfrac{Z}{a}p\phi\dfrac{N}{60} = K'\phi N = V - I_a R_a [\text{V}]$

② 회전속도 $N = \dfrac{E}{K'\phi}$

(2) 토크(torque, 회전력, T [N·m])

$T = \dfrac{P(\text{출력})}{\omega(\text{각속도})} = \dfrac{P}{2\pi\dfrac{N}{60}} [\text{N·m}]$

$\tau = 0.975\dfrac{P}{N} [\text{kg·m}] (1[\text{kg}] = 9.8[\text{N}])$

$P(\text{출력}) = E \cdot I_a [\text{W}]$

[43회, 46회, 60회, 61회, 69회 출제]
토크
$T = 0.975\dfrac{P}{N} [\text{kg·m}]$

PART 5 전기기기

3 직류 전동기의 종류와 특성

(1) 분권 전동기
① 속도특성곡선 : 공급전압(V), 계자저항(r_f), 일정 상태에서 부하전류(I)와 회전속도(N)의 관계곡선이다.
② 속도변동률이 작다.
③ <u>토크는 전기자전류에 비례</u>한다.($T \propto I_a$)
④ 경부하 운전 중 계자권선이 단선시 위험속도에 도달한다.

[41회, 49회, 51회, 70회 출제]
- 토크 – 회전수의 관계
$T \propto \dfrac{1}{N^2}$
- 속도변동이 가장 크다.

(2) 직권 전동기
① <u>속도변동이 매우 크다.</u> $\left(N \propto \dfrac{1}{I_a}\right)$
② <u>기동 토크가 매우 크다.</u>($T \propto I_a{}^2$)
③ 운전 중 무부하 상태가 되면 무구속(위험속도) 속도에 도달한다.

(3) 복권 전동기(가동복권)
① 속도변동률이 직권보다 작다.
② 기동 토크가 분권보다 크다.
③ 운전 중 계자권선 단선, 무부하 상태로 되어도 위험속도에 도달하지 않는다.

4 직류 전동기의 운전법

(1) 시동(기동)법
기동하는 순간에 $E=0$이므로 매우 큰 전류가 흐른다. 그러므로 전기자에 직렬로 저항을 연결하여 전류는 제한하고 토크는 증대하는 방법을 기동법이라 한다.

[44회, 52회, 66회 출제]
- 속도제어의 종류
- 워드 레오나드 방식

(2) 속도제어

$$\text{회전속도 } N = K\dfrac{V - I_a R_a}{\phi}[\text{rpm}]$$

① 계자제어
② 저항제어
③ 전압제어
  ㉠ 일그너(Ilgner) 방식
  ㉡ 워드 레오나드(Ward Leonard) 방식
④ 직·병렬제어(전기철도)

(3) 제동법

전기자권선의 전류방향을 바꾸어 제동한다.

① 발전제동
② 회생(回生)제동
③ 역상제동(plugging)

5 손실 및 효율

(1) 손실(loss)

$$P_l[\text{W}] = 무부하손(고정손) + 부하손(가변손)$$

① 무부하손(고정손)

㉠ 철손 : $P_i = P_h + P_e[\text{W}]$

$$히스테리시스손\ P_h = \sigma_h f B_m^{1.6}[\text{W/m}^3]$$

- 히스테리시스손을 감소시키기 위해 철에 규소를 함유

$$와류손\ P_e = \sigma_e (t k_f f B_m)^2 [\text{W/m}^3]$$

여기서, σ_h, σ_e : 상수, f : 주파수(회전수), B_m : 최대자속밀도
t : 강판두께, k_f : 파형률

- 와류손을 감소시키기 위해 강판을 성층

㉡ 기계손
- 마찰손
- 풍손

② 부하손(가변손)

㉠ 동손 : $P_c = I^2 R[\text{W}]$

㉡ 표유부하손

(2) 효율(efficiency, η[%])

① 실측효율

$$\eta = \frac{출력}{입력} \times 100[\%]$$

② 규약효율

$$\eta = \frac{출력}{출력 + 손실} \times 100 = \frac{입력 - 손실}{입력} \times 100[\%]$$

[42회, 48회, 54회, 69회 출제]
- 제동법의 종류
- 회생제동

[히스테리시스 손실(P_h)]
$P_h = \sigma_h f B_m^{1.6}$

[66회 출제]
와류손의 의미

[42회, 57회, 70회 출제]
규약효율(η) 계산문제
$\eta = \dfrac{출력}{출력 + 손실} \times 100[\%]$

PART 5 전기기기

[45회, 55회 출제]
최대효율조건
(무부하손=고정손)

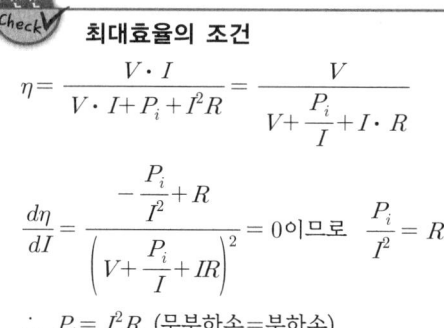

최대효율의 조건

$$\eta = \frac{V \cdot I}{V \cdot I + P_i + I^2 R} = \frac{V}{V + \frac{P_i}{I} + I \cdot R}$$

$$\frac{d\eta}{dI} = \frac{-\frac{P_i}{I^2} + R}{\left(V + \frac{P_i}{I} + IR\right)^2} = 0 \text{이므로} \quad \frac{P_i}{I^2} = R$$

∴ $P_i = I^2 R$ (무부하손=부하손)

6 시 험

(1) 절연저항측정

(2) 온도측정
도체의 온도에 의한 저항변화측정

[부하법]
• 실부하법
• 반환부하법

(3) 부하법
온도시험을 위한 부하법
① 실부하법
② 반환부하법
  ㉠ 카프법(Kapp's method)
  ㉡ 홉킨손법(Hopkinson's method)
  ㉢ 블론델법(Blondel's method)

(4) 토크 및 출력측정법
① 프로니(plony) 브레이크법(소형)
② 전기동력계법(대형)

CHAPTER 02 동기기

01 동기 발전기(synchronous generator)

1 원리와 구조

(1) 원리 – 플레밍(Fleming)의 오른손 법칙

$$동기속도 \ N_s = \frac{120f}{P}[\text{rpm}]$$

[동기속도(N_s)]

$N_s = \dfrac{120f}{P}$ (P : 극수)

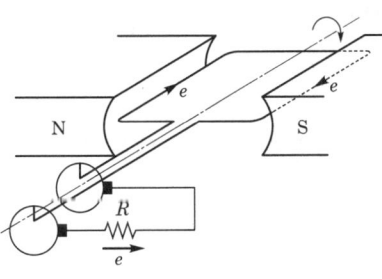
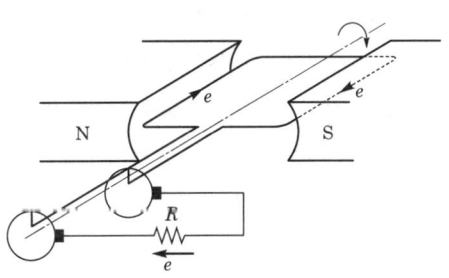

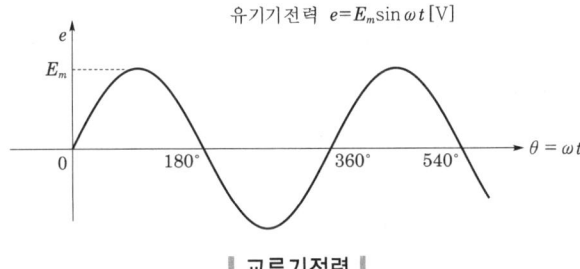

유기기전력 $e = E_m \sin\omega t [\text{V}]$

‖ 교류기전력 ‖

(2) 구조
① 고정자(전기자) : 기전력을 발생하는 부분
② 회전자(계자) : 자속(ϕ)을 만드는 부분
③ 여자기 : 계자권선에 직류전원을 공급하는 장치

[69회 출제]
동기 발전기 구조
고정자, 회전자, 여자기로 구성

PART 5 전기기기

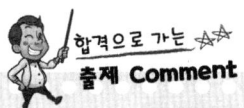

[여자 방식]
- 타여자 방식
- 자여자 방식
- 속응여자 방식

㉠ 타여자 방식 : 독립된 직류전원으로 여자한다.
㉡ 자여자 방식 : 자신이 만든 교류전원을 정류하여 여자한다.
㉢ 속응여자 방식 : 부하급변 시 신속하게 여자를 강화하여 안정도를 향상시킨다.

2 동기 발전기의 분류와 냉각 방식

(1) 회전자에 따른 분류
① 회전계자형 : 일반 동기기
② 회전전기자형 : 극히 소형의 동기기
③ 회전유도자형 : 고주파전압 발생

(2) 수소(水素)냉각 방식
① 비중이 공기의 약 7[%], 풍손은 $\frac{1}{10}$로 감소한다.
② 비열은 약 14배, 열전도율은 약 7배이다.
③ 동일치수에서 출력은 약 25[%] 증가한다.
④ 코로나 임계전압이 높다.(코로나손은 없다.)
⑤ 수명이 길고, 소음이 적다.
⑥ 단점은 수소의 농도가 75[%] 이하에서 폭발성으로 되기 때문에 방폭구조로 하여야 한다.

[42회, 46회, 52회, 68회, 69회 출제]
동기기의 권선법

3 전기자권선법

(1) 중권(○) → 파권(×), 쇄권(×)

(2) 2층권(○) → 단층권(×)

[57회, 62회 출제]
분포권

(3) 분포권(○)
① 매극매상의 홈수가 2 이상인 경우(여기서, 집중권(×) : 매극매상의 홈수가 1인 경우)
② 분포권의 장·단점
㉠ 기전력의 파형을 개선
㉡ 과열 방지
㉢ 누설 리액턴스 감소
㉣ 기전력 감소(단점)

(4) 단절권(O)
   ① 코일 간격이 극 간격보다 짧은 경우(전절권은 코일 간격과 극 간격이 같은 경우)
   ② 단절권의 장·단점
      ㉠ <u>고조파를 제거하여 기전력의 파형을 개선</u>
      ㉡ <u>동량의 감소, 기계적 치수 경감</u>
      ㉢ 기전력 감소(단점)

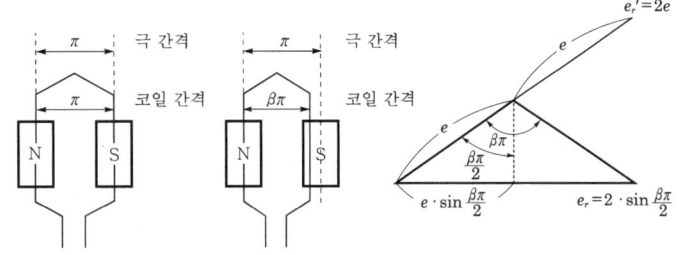

> **단절계수**
> $$K_{Pn} = \sin\frac{n\beta\pi}{2} \left(\beta = \frac{코일\ 간격}{극\ 간격} < 1\right)$$

(5) 상(phase)
다상, 3상 동기 발전기(단상 아님)

(6) 전기자권선의 결선

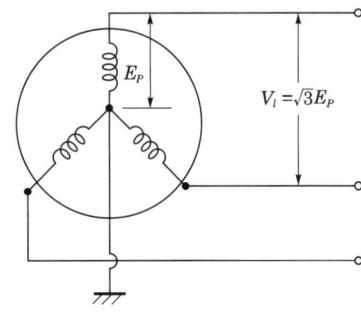

① Y결선(델타결선 아님)
② 장점
   ㉠ <u>선간전압이 상전압보다 $\sqrt{3}$ 배</u>
   ㉡ 이상전압 발생이 적고, 절연이 용이
   ㉢ 각 상의 제3고조파전압이 선간에는 나타나지 않음

[42회, 53회, 62회, 70회 출제]
단절권의 용도

[45회, 55회 출제]
단절계수를 이용한
$\beta = \dfrac{코일\ 간격}{극\ 간격}$을
구하는 문제

[43회, 49회, 57회, 69회 출제]
Y결선 채택 이유

4 동기 발전기의 유기기전력

(1) 전자유도현상
패러데이(Faraday)의 법칙에서의 실효값

$$실효값\ E = \frac{E_m}{\sqrt{2}} = \frac{2\pi}{\sqrt{2}} fN\Phi = 4.44fN\Phi\,[V]$$

[45회, 51회 출제]
- $E = 4.44fN\Phi k_w$ 이용한 계산
- $E-f$의 비례관계

(2) 1상 유기기전력

$$E = 4.44fN\Phi k_w$$

여기서, f : 주파수[Hz], N : 1상의 권수
Φ : 극당 평균자속[Wb], k_w : 권선계수(0.9~1)

[68회, 70회 출제]
반작용의 의미

5 전기자 반작용

전기자전류에 의한 자속이 계자자속에 영향을 미치는 현상이다.

(1) 횡축반작용
① 계자자속 왜형파로 되며, 약간 감소한다.
② 전기자전류(I_a)와 유기기전력(E)이 동상일 때 $\cos\theta = 1$이다.

[50회, 54회 출제]
감자, 증자작용의 특징

(2) 직축반작용
① 감자작용
  ㉠ 계자자속 감소
  ㉡ I_a가 E보다 <u>위상이 90° 뒤질 때</u>
② 증자작용
  ㉠ 계자자속 증가
  ㉡ I_a가 E보다 <u>위상이 90° 앞설 때</u>

6 퍼센트 동기 임피던스(%Z_s[%])

전부하시 동기 임피던스에 의한 전압강하를 백분율로 나타낸 것

$$\%Z_s = \frac{I_n}{I_s} \times 100 = \frac{P_n[\text{kVA}]\,Z_s}{10\,V^2[\text{kV}]}\,[\%]$$

$$Z_s' = \frac{\%Z_s}{100} = \frac{I_n}{I_s}\,[\text{p.u}]$$

7 단락비(K_s)

(1) 공식

$$K_s = \frac{I_{fo}}{I_{fs}} = \frac{\text{무부하 정격전압을 유기하는 데 필요한 계자전류}}{\text{3상 단락 정격전류를 흘리는 데 필요한 계자전류}}$$

$$= \frac{I_s}{I_n} = \frac{1}{Z_s'} \propto \frac{1}{Z_s}$$

[43회, 55회, 58회, 61회, 69회 출제]
단락비 $= \dfrac{1}{\text{\%동기 임피던스}}$

(2) 단락비 산출시 필요한 시험
① 무부하시험
② 3상 단락시험

8 동기 발전기의 병렬운전

① 기전력의 크기가 같을 것
② 기전력의 위상이 같을 것
③ 기전력의 주파수가 같을 것
④ 기전력의 파형이 같을 것
⑤ 기전력의 상회전방향이 같을 것

[45회, 48회, 53회, 62회, 69회 출제]
동기 발전기의 병렬운전 조건

9 난조와 안정도

(1) 난조(hunting)
① 개념 : 부하급변 시 부하각과 동기속도가 진동하는 현상
② 원인
  ㉠ **속도조절기(조속기)감도가 너무 예민**한 경우
  ㉡ 원동기토크에 고조파가 포함된 경우
  ㉢ 전기자회로의 **저항이 너무 큰 경우**
③ 방지책 : **제동권선을 설치**한다.

[41회, 44회, 49회, 53회, 56회 출제]
• 난조의 원인
• 제동권선의 설치 목적

(2) 안정도(stability)
① 개념 : 부하 변동시 탈조하지 않고 정상운전을 지속할 수 있는 능력
② 안정도 향상책
  ㉠ 단락비가 클 것
  ㉡ 동기 임피던스가 작을 것(정상 리액턴스는 작고, 역상 및 영상 리액턴스는 클 것)
  ㉢ 속도조절기(조속기)동작을 신속하게 할 것

[48회 출제]
동기기의 안정도 증진 방법

ㄹ 관성모멘트가 클 것(fly wheel 설치)
ㅁ 속응여자방식 채택

02 동기 전동기

1 원리와 구조

원리는 유도전동기와 유사하며, 역률이 가장 좋고 구조는 동기 발전기와 동일

2 회전속도와 토크

(1) 회전속도 $N_s = \dfrac{120 \cdot f}{P}$ [rpm]

(2) 토크(torque) $T = \dfrac{P}{\omega} = \dfrac{P}{2\pi \dfrac{N_s}{60}}$ [N · m]

3 위상특성곡선(V곡선)

공급전압(V)과 출력(P)이 일정한 상태에서 계자전류(I_f)의 조정에 따른 전기자전류(I)의 크기와 위상(역률각 : θ)의 관계곡선

$$P_3 = \sqrt{3}\,VI\cos\theta\,[\text{W}]$$

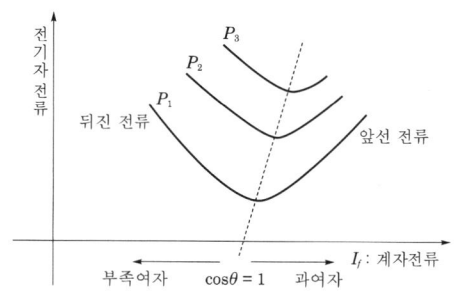

∥ 위상특성곡선(V곡선) ∥

(1) 부족여자
전기자전류가 공급전압보다 위상이 뒤지므로 리액터 작용을 한다.

(2) 과여자
전기자전류가 공급전압보다 위상이 앞서므로 콘덴서 작용을 한다.

4 동기 무효전력보상장치(조상기)

동기 전동기를 무부하로 운전하여 계자전류를 조정함에 따라, 진상 또는 지상전류를 공급하여 송전계통의 전압조정과 역률을 개선한다.

또한 유도부하와 병렬로 접속한다.

 동기 전동기의 특징
1. 기동이 어렵다.
2. 역률을 '1'로 조정이 가능하다.
3. 정속도 전동기이다.
4. 난조 발생이 쉽다.

[52회, 58회 출제]
동기 조상기의 사용 목적과 특징

[61회 출제]
동기 전동기의 특징

CHAPTER 03 변압기

01 원리와 구조

1 원리-전자유도(렌츠의 법칙)

권수가 N[회] 감긴 코일(coil)에서 쇄교자속(ϕ)이 변화할 때 자속의 변화를 방해하는 방향으로 기전력이 유도되는 현상

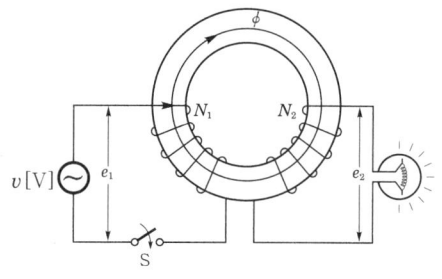

┃ 변압기 원리 ┃

[68회 출제]
렌츠의 법칙
유기기전력 $e = -N\dfrac{d\phi}{dt}$[V]

$$\text{유기기전력 } e = -N\dfrac{d\phi}{dt}[\text{V}]$$

여기서, N : 코일권수, ϕ : 쇄교자속[Wb], t : 시간[sec]

2 구 조

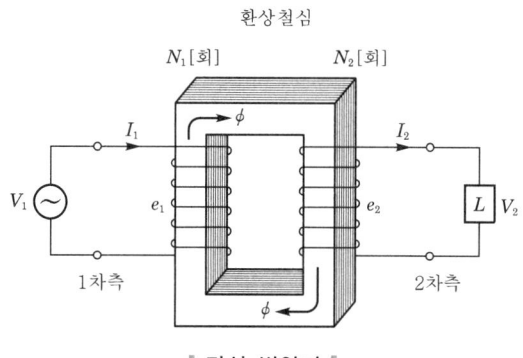

┃ 단상 변압기 ┃

CHAPTER 3 변압기

(1) **환상철심(자기회로)** : 자속(ϕ)의 통로

(2) **1차, 2차 권선(전기회로)**
  ① 1차 권선 : 전원을 공급받는 측의 권선
  ② 2차 권선 : 부하에 전원 공급하는 측의 권선
    ㉠ 체승변압기 : $V_1 < V_2$
    ㉡ 체강변압기 : $V_1 > V_2$

(3) **이상변압기**
  ① 철손(P_i), 권선의 저항(r_1, r_2), 동손(P_c), 누설자속(ϕ_l) 없는 변압기
  ② **권수비(전압비)** : $n = \dfrac{e_1}{e_2} = \dfrac{N_1}{N_2} = \dfrac{v_1}{v_2} = \dfrac{i_2}{i_1} = \sqrt{\dfrac{z_1}{z_2}}$

[55회, 69회 출제]
권수비
$n = \dfrac{N_1}{N_2} = \dfrac{v_1}{v_2} = \dfrac{i_2}{i_1}$
$= \sqrt{\dfrac{z_1}{z_2}}$

02 변압기의 등가회로

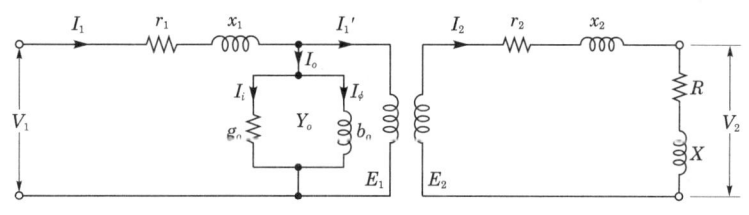

┃등가회로┃

<u>등가회로 작성시 필요한 시험</u>은 다음과 같다.
① 무부하시험 : I_0, Y_0, P_i
② 단락시험 : I_s, V_s, $P_c(W_s)$
③ 권선저항측정 : r_1, r_2 [Ω]

[45회, 57회 출제]
등가회로 작성에 필요없는 시험이 출제

03 1차, 2차 유기기전력과 여자전류

1 유기기전력(E_1, E_2)

1차 공급전압 $v_1 = \sin\omega t$ [V]

PART 5 전기기기

[57회 출제]
$E_1 = 4.44fN_1\phi_m$

(1) $E_1 = \dfrac{E_{1m}}{\sqrt{2}} = 4.44fN_1\phi_m \,[\text{V}]$

(2) $E_2 = \dfrac{E_{2m}}{\sqrt{2}} = 4.44fN_2\phi_m \,[\text{V}]$

2 여자전류와 여자어드미턴스 : 철심 내의 전기적 현상

[55회 출제]
변압기의 철손은 저항(r_0)에 영향을 받는다.

(1) 철손을 발생시키는 저항 : $r_0[\Omega]$

(2) 철심 내 인덕턴스(L)에 의한 리액턴스 : $x_0[\Omega]$

(3) 여자 어드미턴스

$$Y_0 = \dot{g}_0 - j\dot{b}_0 = \sqrt{g_0^2 + b_0^2}\,[\mho]$$

① 여자 컨덕턴스(저항의 역수) $g_0 = \dfrac{1}{r_0}[\mho]$

② 여자 서셉턴스(리액턴스의 역수) $b_0 = \dfrac{1}{x_0}[\mho]$

04 특 성

1 전압변동률(ε [%])

[49회, 58회, 59회 출제]
전압변동률을 이용한 1차측 단자전압

$$\varepsilon = \dfrac{V_{2o} - V_{2n}}{V_{2n}} \times 100 = \dfrac{V_1 - V_2{'}}{V_2{'}} \times 100\,[\%]$$

여기서, V_{2o} : 2차 무부하전압, V_1 : 1차 정격전압
V_{2n} : 2차 전부하전압, $V_2{'}$: 2차의 1차 환산전압

(1) 백분율 강하의 전압변동률

[41회, 62회, 70회 출제]
백분율 강하의 전압변동률
$\varepsilon = p\cos\theta \pm q\sin\theta$

$\varepsilon = p\cos\theta \pm q\sin\theta\,[\%]\,(+ : \text{지역률}, - : \text{진역률})$

[48회, 55회, 58회 출제]
%리액턴스 강하 계산
$q = \dfrac{I \cdot x}{V} \times 100[\%]$

① 퍼센트저항 강하 : $p = \dfrac{I \cdot r}{V} \times 100[\%]$

② 퍼센트리액턴스 강하 : $q = \dfrac{I \cdot x}{V} \times 100[\%]$

③ 퍼센트임피던스 강하 : $\%Z = \dfrac{I \cdot Z}{V} \times 100$

$$= \dfrac{I_n}{I_s} \times 100 = \dfrac{V_s}{V_n} \times 100 = \sqrt{p^2 + q^2}\ [\%]$$

(2) 최대전압변동률과 조건

$\varepsilon = p\cos\theta + q\sin\theta = \sqrt{p^2 + q^2}\cos(\alpha - \theta)$

∴ $\alpha = \theta$일 때 전압변동률이 최대가 된다.

$\varepsilon_{\max} = \sqrt{p^2 + q^2}\ [\%]$

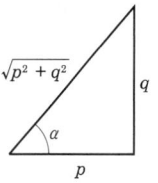

[전압변동률]
$\varepsilon = p\cos\theta + q\sin\theta$

(3) 임피던스전압과 임피던스와트

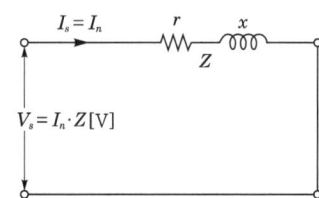

① 임피던스전압 $V_s[\text{V}]$: 2차 단락전류가 정격전류와 같은 값을 가질 때 1차 인가전압

$$V_s = I_n \cdot Z\ [\text{V}]$$

② 임피던스와트 $W_s[\text{W}]$. 임피던스전압 인가시 입력

$$W_s = I_n^{\ 2} \cdot r = P_c \quad \text{(여기서, 임피던스와트=동손)}$$

2 손실과 효율

손실(loss) : $P_l[\text{W}] =$ 철손 + 동손

(1) 무부하손(고정손) : 철손 $P_i = P_h + P_e$

① 히스테리시스손 $P_h = \sigma_h \cdot f \cdot B_m^{1.6}\ [\text{W}]$

② 와류손 $P_e = \sigma_e(t \cdot K_f \cdot f \cdot B_m)^2\ [\text{W}]$

(2) 부하손(가변손) : 동손 $P_c = I^2 \cdot r\ [\text{W}]$

$$\text{효율(efficiency)}\ \eta = \dfrac{출력}{입력} \times 100 = \dfrac{출력}{출력 + 손실} \times 100\ [\%]$$

[45회, 51회, 52회, 69회 출제]
• 변압기의 효율 η
• 변압기의 최대효율조건
  - 무부하손(철손)
  = 부하손(동손)

PART 5 전기기기

[48회, 54회, 58회, 60회 출제]

$\frac{1}{m}$ 부하시 효율 $\eta_{\frac{1}{m}}$

[66회 출제]
최대효율조건

$P_i = \left(\frac{1}{m}\right)^2 \cdot P_c$

① 전부하효율 $\eta = \dfrac{VI \cdot \cos\theta}{VI\cos\theta + P_i + P_c(I^2 r)} \times 100\,[\%]$

$\left(\text{최대효율조건} : P_i = P_c(I^2 r)\right)$

② $\dfrac{1}{m}$ 부하시 효율 $\eta_{\frac{1}{m}} = \dfrac{\dfrac{1}{m} \cdot VI \cdot \cos\theta}{\dfrac{1}{m} \cdot VI \cdot \cos\theta + P_i + \left(\dfrac{1}{m}\right)^2 \cdot P_c} \times 100\,[\%]$

$\left(\text{최대효율조건} \ P_i = \left(\dfrac{1}{m}\right)^2 \cdot P_c\right)$

③ 전일효율 : η_d (1일 동안 효율)

$\eta_d = \dfrac{\sum h \cdot VI \cdot \cos\theta}{\sum h \cdot VI \cdot \cos\theta + 24 \cdot P_i + \sum h \cdot I^2 \cdot r} \times 100\,[\%]$

(최대효율조건 : $24P_i = \sum h I^2 \cdot r$)

05 결선법

1 △-△결선(delta-delta connection)

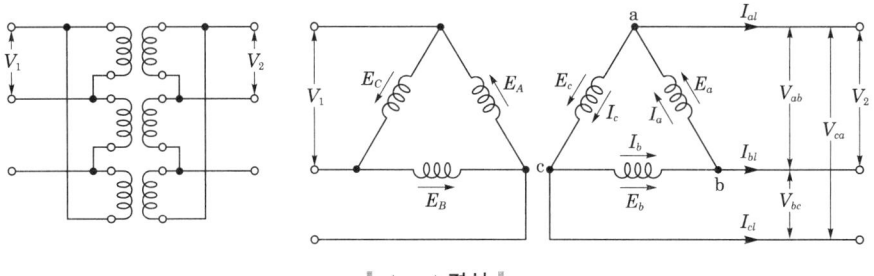

∥ △-△결선 ∥

(1) 선간전압(V_l) = 상전압(V_p)

(2) 선전류(I_l) = $\sqrt{3}\, I_p\ \angle{-30°}$

(3) 3상출력 : P_3 [W]

$P_1 = E_p I_p \cos\theta$

$P_3 = 3P_1 = 3E_p I_p \cos\theta = \sqrt{3}\, V_l I_l \cos\theta$ [W]

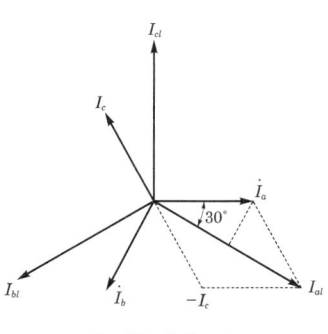

∥ 전류벡터도 ∥

$$I_{al} = \dot{I_a} - \dot{I_c} = I_a + (-I_c)$$
$$= 2I_a \cos 30° = 2I_a \frac{\sqrt{3}}{2}$$
$$= \sqrt{3}\, I_a \underline{/-30°}$$

 △-△결선의 특성
1. 운전 중 1대 고장시 V-V 결선으로 송전을 계속할 수 있다.
2. 상에는 제3고조파 전류를 순환하여 정현파 기전력을 유도하고, 외부에는 나타나지 않아 통신장해가 없다.
3. 중성점 비접지, 30[kV] 이하의 배전선로에 유효하다.

2 Y-Y결선(star-star connection)

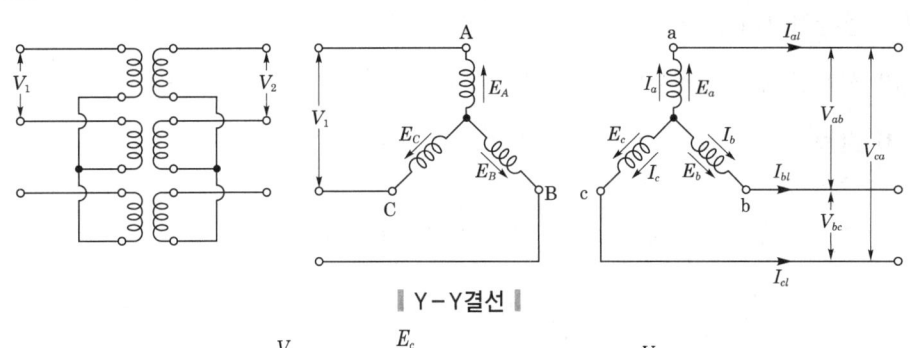

┃ Y-Y결선 ┃

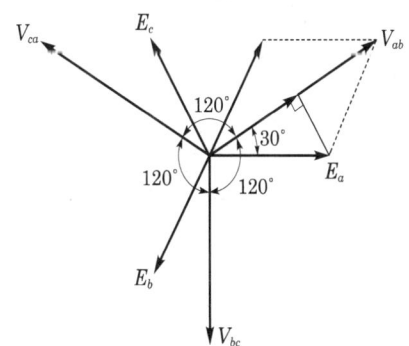

┃ 전압벡터도 ┃

$$V_{ab} = \dot{E_a} - \dot{E_b} = \dot{E_a} + (-\dot{E_b})$$
$$= 2E_a \cdot \cos 30° = 2E_a \frac{\sqrt{3}}{2}$$
$$= \sqrt{3}\, E_a \underline{/30°}$$

(1) 선간전압(V_l) = $\sqrt{3}$ × 상전압(E_p)
$$V_l = \sqrt{3}\, E_p \underline{/30°}$$

[결선법]
• △-△ 결선
• Y-Y 결선
• V-V 결선
특성 파악

PART 5 전기기기

(2) 선전류(I_l) = 상전류(I_p)

(3) 출력

$$P_1 = E_p I_p \cos\theta$$
$$P_Y = 3P_1 = 3E_p I_p \cos\theta = \sqrt{3}\,V_l I_l \cos\theta\,[\text{W}]$$

Y-Y결선의 특성
1. 고전압 계통의 송전선로에 유효하다.
2. 중성점을 접지할 수 있어 계전기동작이 확실하고, 이상전압 발생이 없다.
3. 상전류에 고조파(제3고조파)가 순환할 수 없어 기전력이 왜형파로 된다.

3 V-V결선(open delta-open delta connection)

(1) 선간전압(V_l) = 상전압(V_p)

(2) 선전류(I_l) = 상전류(I_p)

(3) 출력

$$P_1 = E_p I_p \cos\theta \text{ 에서}$$
$$P_V = \sqrt{3}\,V_l I_l \cos\theta = \sqrt{3}\,E_p I_p \cos\theta = \sqrt{3}\,P_1\,[\text{W}]$$

V-V결선의 특성

1. 이용률 : $\dfrac{\sqrt{3}\,P_1}{2P_1} = \dfrac{\sqrt{3}}{2} = 0.866 \rightarrow \underline{86.6}\,[\%]$

2. 출력비 : $\dfrac{P_V}{P_\triangle} = \dfrac{\sqrt{3}\,P_1}{3P_1} = \dfrac{1}{\sqrt{3}} = 0.577 \rightarrow \underline{57.7}\,[\%]$

[46회, 65회 출제]
V결선의 출력비 0.577

06 변압기 구조

(1) 철심(core)

변압기의 철심은 투자율과 저항률이 크고, 히스테리시스손이 작은 규소강판을 성층한다.

① 규소함유량 : 4~4.5[%]
② 강판의 두께 : 0.35[mm]

[41회, 46회 출제]
변압기 철심의 강판두께
: 0.35[mm]

(2) 권선

연동선을 절연(면사, 종이테이프, 유리섬유 등)하여 사용한다.

(3) 외함과 부싱(bushing, 투관)
① 외함 : 주철제 또는 강판을 용접하여 사용
② 부싱(bushing) : 변압기권선의 단자를 외함 밖으로 인출하기 위한 절연재료

(4) 변압기유(oil)
냉각효과와 절연내력이 증대한다.
① 구비조건
  ㉠ 절연내력이 클 것
  ㉡ 점도가 낮을 것
  ㉢ 인화점이 높고, 응고점이 낮을 것
  ㉣ 화학작용과 침전물이 없을 것
② **열화방지책** : 콘서베이터(conservator)를 설치

[41회, 49회, 58회, 64회, 66회 출제]
• 절연유의 구비조건
• 콘서베이터 설치 목적

07 변압기의 병렬운전

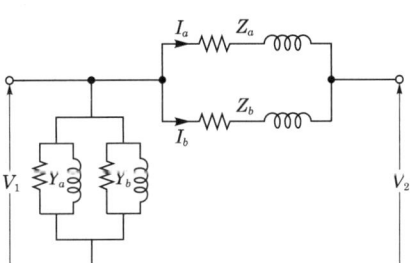

┃병렬운전┃

(1) 병렬운전조건
① 극성, 1차, 2차 정격전압 및 권수비가 같을 것
② 퍼센트저항, 리액턴스강하가 같을 것
③ 상회전방향 및 각 변위가 같을 것

[41회, 42회, 44회, 49회, 50회, 55회, 61회 출제]
• 변압기의 병렬운전조건
• 부하분담비의 특징

(2) 부하분담비
$$V = I_a Z_a = I_b Z_b$$
$$\frac{I_a}{I_b} = \frac{Z_b}{Z_a} = \frac{\%Z_b}{\%Z_a} \cdot \frac{P_A}{P_B}$$

부하 분담비는 **누설 임피던스에 역비례하고, 출력에 비례**한다.

08 상(相, Phase)수 변환

[43회 출제]
3상에서 2상으로 변환 가능한 변압기 결선 방식

(1) 3상 → 2상 변환 : 대용량 단상부하전원 공급시
  ① 스코트(Scott)결선(T 결선)
  ② 메이어(Meyer)결선
  ③ 우드 브리지(Wood bridge)결선

(2) 3상 → 6상 변환 : 정류기 전원 공급시
  ① 대각결선
  ② 포크(fork)결선

09 특수 변압기

[53회 출제]
$a = \dfrac{E_1}{E_2} = \dfrac{V_1}{V_2} = \dfrac{I_2}{I_1}$

[52회, 53회, 62회, 68회 출제]
부하용량(W)
$\dfrac{P}{W} = \dfrac{V_h - V_l}{V_h}$
$\therefore W = P\left(\dfrac{V_h}{V_h - V_l}\right)$

(1) 단권 변압기

권수비 $a = \dfrac{E_1}{E_2} = \dfrac{V_1}{V_2} = \dfrac{I_2}{I_1} = \dfrac{N_1}{N_2}$

$\dfrac{P(\text{자기용량})}{W(\text{부하용량})} = \dfrac{V_h - V_l}{V_h}$

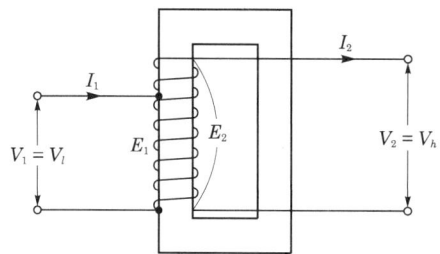

‖ 승압용 단권 변압기 ‖

(2) 계기용 변성기
  ① 계기용 변압기(PT)
  ② 계기용 변류기(CT)

CHAPTER 04 유도기

01 원리와 구조

1 원 리

전자유도와 플레밍(Fleming)의 왼손 법칙

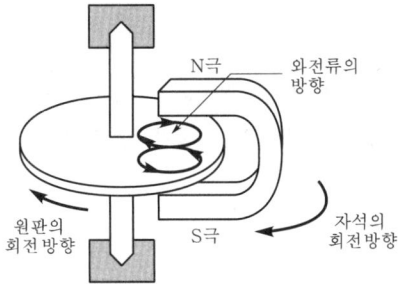
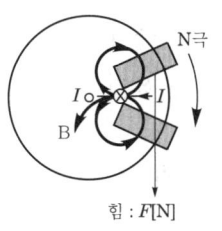

∥ 아라고(arago)원판의 회전원리 ∥

(1) 전자유도
자석을 회전하면 외각에서 중심을 향하여 전류가 흐른다.

(2) 플레밍의 왼손 법칙
자석이 회전하는 방향으로 힘이 발생하여 원판이 따라서 회전한다.

(3) 회전자계의 회전속도(N_s)

$$N_s = \frac{120 \cdot f}{P} \text{[rpm]}$$

여기서, N_s : 회전속도, f : 주파수, P : 극수

[68회 출제]
유도기의 원리
유도기의 원리는 플레밍의 왼손 법칙을 이용한다.

[61회 출제]
회전속도(N_s)
$N_s = \dfrac{120 \cdot f}{P}$[rpm]

2 구 조

(1) 고정자(1차)
회전자계가 발생하는 부분이다.

 PART 5 전기기기

① 철심 : 규소 강판 성층
② 권선

(2) 회전자(2차)
회전하는 부분(부하에 동력공급)이다.
① 철심 : 연강판 성층
② 권선

02 유도전동기의 특성

1 1, 2차 유기기전력 및 권수비

(1) 유기기전력
① 1차 유기기전력 $E_1 = 4.44 f_1 N_1 \phi_m k_{w_1}$ [V]
② 2차 유기기전력 $E_2 = 4.44 f_2 N_2 \phi_m k_{w_2}$ [V] (여기서, 정지시 : $f_1 = f_2$)

(2) 권수비
$$a = \frac{E_1}{E_2} = \frac{N_1 k_{w_1}}{N_2 k_{w_2}} \fallingdotseq \frac{I_2}{I_1}$$

[56회, 61회, 65회, 67회 출제]
동기속도(N_s), 슬립(s)
$N_s = \frac{120 \cdot f}{P}$ [rpm]
$s = \frac{N_s - N}{N_s} \times 100$ [%]
($s = 3\sim5$[%])

2 동기속도와 슬립

(1) 동기속도 N_s [rpm] : 회전자계의 회전속도
$$N_s = \frac{120 \cdot f}{P} [\text{rpm}]$$

(2) 슬립(slip) s : 동기속도와 상대속도의 비
$$s = \frac{N_s - N}{N_s} = \frac{N_s - N}{N_s} \times 100 \, (s = 3\sim5[\%])$$

3 2차 주파수

회전시 2차 주파수, 기전력 및 리액턴스

$$f_2' = \frac{P}{120}(N_s - N) = \frac{P}{120} \cdot s \cdot N_s = sf_1 [\text{Hz}]$$

$$\left(N_s = \frac{120 \cdot f_1}{P} \to f_1 = \frac{P}{120}N_s\right)$$

4 2차 입력, 출력, 동손의 관계

(1) 2차 입력

$$P_2 = I_2^2(R + r_2) = I_2^2 \frac{r_2}{s} [\text{W}] \ (1상당)$$

(2) 기계적 출력

$$P_o = I_2^2 \cdot R = I_2^2 \cdot \frac{1-s}{s} \cdot r_2 [\text{W}]$$

(3) 2차 동손

$$P_{2c} = I_2^2 \cdot r_2 [\text{W}]$$

$$P_2 : P_o : P_{2c} = 1 : 1-s : s$$

5 회전속도와 토크

(1) 회전속도 : $N[\text{rpm}]$(유도전동기의 회전속도)

$$N = N_s(1-s) = \frac{120f}{P}(1-s) [\text{rpm}]$$

$$\left(s = \frac{N_s - N}{N_s}\right)$$

(2) 토크(torque : 회전력)

$$T = F \cdot r \ [\text{N} \cdot \text{m}]$$

$$T = \frac{P}{\omega} = \frac{P_o}{2\pi \frac{N}{60}} = \frac{P_2}{2\pi \frac{N_s}{60}} [\text{N} \cdot \text{m}]$$

$(P_o = P_2(1-s), \ N = N_s(1-s))$

$$\tau = \frac{T}{9.8} = \frac{60}{9.8 \times 2\pi} \cdot \frac{P_2}{N_s} = 0.975 \frac{P_2}{N_s} [\text{kg} \cdot \text{m}]$$

[44회, 45회, 51회, 53회, 59회, 61회 출제]
2차 입력, 출력, 동손, 슬립의 관계식

[48회, 54회, 57회, 68회 출제]
회전속도(N)
$N = N_s(1-s)$
$= \frac{120f}{P}(1-s)$

[41회, 59회 출제]
$T = \frac{P}{\omega} = \frac{P_o}{2\pi \frac{N}{60}}$

PART 5 전기기기

> **동기와트로 표시한 토크 :** T_s
> 1. $T = \dfrac{0.975}{N_s} P_2 = KP_2$ (N_s : 일정)
> 2. $T_s = P_2$(2차 입력으로 표시한 토크)

03 손실과 효율

1 손실(loss, P_l [W])

(1) 무부하손(고정손)

① 철손(P_i)
  ㉠ 히스테리시스손 : $P_h = \sigma_h f B_m^{1.6}$ [W]
  ㉡ 와류손 : $P_e = K f^2 B_m^2$ [W]

② 기계손 : 풍손 + 마찰손

(2) 부하손(가변손)

① 동손 : P_c [W]

$P_c = P_{1c}$(1차 동손) $+ P_{2c}$(2차 동손) $= I^2 r$ [W]

② 표유부하손 : 표피효과, 누설자속, 유전체손 등

2 효율(efficiency, η [%])

(1) 1차 효율

$$\eta_1 = \dfrac{P}{P_1} \times 100 = \dfrac{P}{\sqrt{3} \cdot V \cdot I \cdot \cos\theta} \times 100$$

(2) 2차 효율

$$\eta_2 = \dfrac{P}{P_2} \times 100 = (1 - s) \times 100$$

여기서, 출력 : $P = P_0$(기계적 출력) $-$ 기계손 $\fallingdotseq P_0$

[70회 출제]
손실
• 무부하손 = 철손 + 기계손
• 기계손 = 풍손 + 마찰손

[46회 출제]
2차 효율(η_2)
$\eta_2 = \dfrac{P}{P_2} = \dfrac{W}{W_2}$

04 유도전동기의 운전법

1 기동법(시동법)

(1) 권선형 유도전동기(2차 저항기동법, 게르게스 기동법)

(2) 농형 유도전동기
   ① 직입기동법(전전압기동) : 소형(5[kW] 이하)
   ② Y-△ 기동법 : 중형(5~15[kW])
   ③ 리액터기동법
   ④ 기동보상기법 : 대형(15[kW] 이상)

2 속도제어

$$N = N_s(1-s) = \frac{120 \cdot f}{P}(1-s)[\text{rpm}]$$

(1) 1차 전압제어 : $T \propto V_1^2$

(2) 2차 저항제어 : $T \propto \dfrac{r_2}{s}$ (비례추이원리)

(3) 주파수제어 : 인견공장의 포트 모터(pot motor), 선박 추진용 모터에 이용

(4) 극수변환 : 고정자권선의 결선변환 → 엘리베이터, 환풍기 등의 속도제어

3 제동법(전기적 제동)

(1) 단상제동 : 단상전원 공급하고, 2차 저항증가 → 부(負)토크에 의한 제동

(2) 직류제동 : 직류전원 공급 → 발전제동

(3) 회생제동 : 전기에너지 전원측에 환원하여 제동(과속억제)

(4) 역상제동 : 3선 중 2선의 결선을 바꾸어 역 회전력에 의해 급제동(plugging)

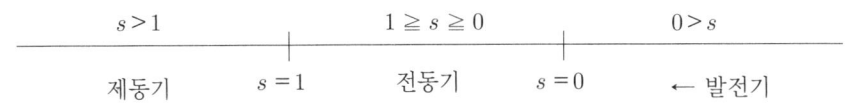

[42회, 50회, 54회, 61회, 70회 출제]
- 권선형 유도 전동기의 종류
- 농형 유도 전동기의 종류

[42회, 43회, 44회, 52회 출제]
- 전압, 저항, 주파수 제어 방식의 특징
- 극수변환의 특징

[62회 출제]
$T \propto V^2$

[50회, 60회 출제]
역상제동의 정의

PART 5 전기기기

[42회, 46회 출제]
크롤링 현상의 특징

[56회 출제]
게르게스 현상

 이상현상

1. 크롤링(crawling) 현상 : 기동시 회전자의 홈수 및 권선법이 적당하지 않은 경우 정격보다 매우 낮은 약 25[%] 속도에서 안정운전이 되어버리는 현상
   → 방지책 : 스큐이드 경사슬롯(skewed slot) 채용
2. 게르게스(Görges) 현상 : 운전 중 1상 단선시 정격의 50[%] 정도에서 안정운전이 되는 현상

CHAPTER 05 정류기

1 정류기의 개념 및 종류

(1) 개 념
교류(AC)를 직류(DC)로 변환하는 장치

(2) 종 류
① 회전 변류기 : 교류를 직류로 바꾸기 위해 사용되는 회전기
② 수은 정류기 : 진공도가 높은 용기 속의 수은증기 안에서 아크방전을 일으켜 정류를 하는 기기
③ 반도체 정류기 : 반도체 재료를 사용하여 교류를 직류로 변환하는 목적으로 사용하는 정류기

2 회전 변류기

(1) 전압비

$$\frac{E_a}{E_d} = \frac{1}{\sqrt{2}} \sin\frac{\pi}{m}$$

(2) 전류비

$$\frac{I_a}{I_d} = \frac{2\sqrt{2}}{m \cdot \cos\theta \cdot \eta}$$

여기서, I_a : 교류전류
I_d : 직류전류
m : 상(phase)수
$\cos\theta$ = 역률
η : 효율

[회전 변류기의 전압비, 전류비]
• 전압비
$= \dfrac{1}{\sqrt{2}} \sin\dfrac{\pi}{m}$
• 전류비
$= \dfrac{2\sqrt{2}}{m \cdot \cos\theta \cdot \eta}$

PART 5 전기기기

[수은정류기]
• 전압비

$$\frac{E_d}{E_a} = \frac{\sqrt{2}\sin\frac{\pi}{m}}{\frac{\pi}{m}}$$

• 전류비

$$\frac{I_d}{I_a} = \sqrt{m}$$

3 수은(水銀)정류기

(1) 전압비

$$\frac{E_d}{E_a} = \frac{\sqrt{2}\sin\frac{\pi}{m}}{\frac{\pi}{m}}$$

(2) 전류비

$$\frac{I_d}{I_a} = \sqrt{m}$$

(3) 점호(点狐)

아크를 발생하여 정류를 개시하는 것

(4) 이상현상

① 역호
② 실호
③ 통호
④ 이상전압 발생

4 반도체(半導體) 정류기

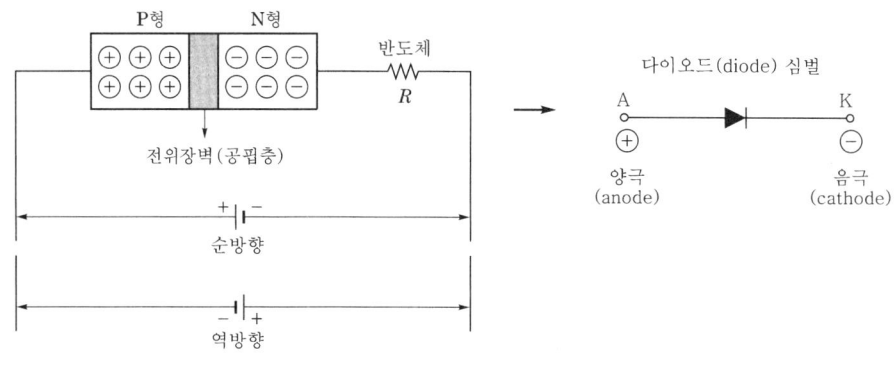

| 다이오드 |

CHAPTER 5 정류기

(1) 단상반파정류

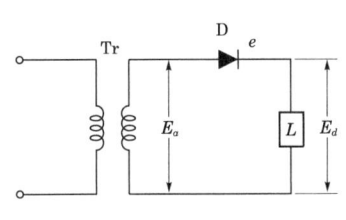
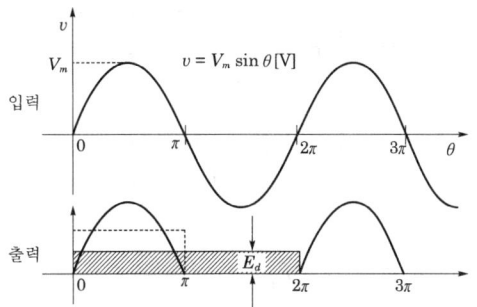

직류전압(평균전압) $E_d = \dfrac{1}{2\pi}\displaystyle\int_0^\pi V_m \sin\theta\, d\theta = \dfrac{V_m}{2\pi}[-\cos\theta]_0^\pi$

$\qquad\qquad = \dfrac{\sqrt{2}}{\pi}E_a = 0.45 E_a\,[\text{V}]$

$E_d = \dfrac{\sqrt{2}}{\pi}E_a - e\,[\text{V}]$ (여기서, $e\,[\text{V}]$: 정류기의 전압강하)

$I_d = \dfrac{E_d}{R} = \dfrac{\left(\dfrac{\sqrt{2}}{\pi}E_a - e\right)}{R}\,[\text{A}]$

[44회, 60회, 65회, 69회 출제]
직류전압(E_d)
$E_d = \dfrac{\sqrt{2}}{\pi}E_a - e$
$\quad \fallingdotseq 0.045 E_a$

(2) 단상전파정류

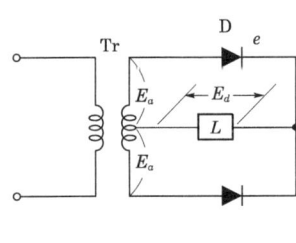
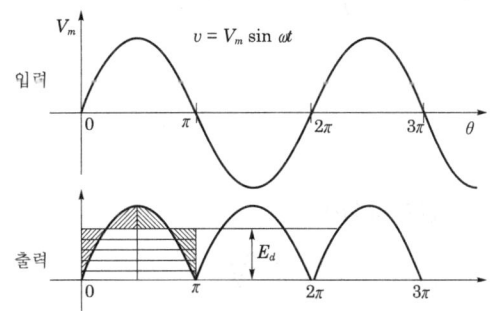

직류전압 $E_d\,[\text{V}]$는

$E_d = \dfrac{1}{\pi}\displaystyle\int_0^\pi V_m \sin\theta\, d\theta = \dfrac{V_m}{\pi}[-\cos\theta]_0^\pi$

$\quad = \dfrac{V_m}{\pi}\times 2 = \dfrac{2\sqrt{2}}{\pi}E_a = 0.9 E_a\,[\text{V}]$

$E_d = \dfrac{2\sqrt{2}}{\pi}E_a - e$ 이다. (여기서, e : 정류기의 전압강하)

[단상전파정류]
$E_d = \dfrac{2\sqrt{2}}{\pi}E_a = 0.9 E_a$

PART 5 전기기기

[60회, 67회 출제]
단상브리지정류(전파)

(3) 단상브리지정류(전파)

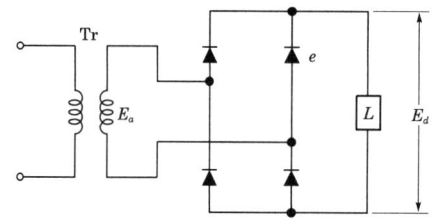

$$E_d = \frac{2\sqrt{2}}{\pi} E_a - e$$

$$V_{in} = \sqrt{2} E_a$$

(4) 3상반파정류

[42회 출제]
3상반파정류회로의 평균 전압(E_d)
$E_d = 1.17 E_a$

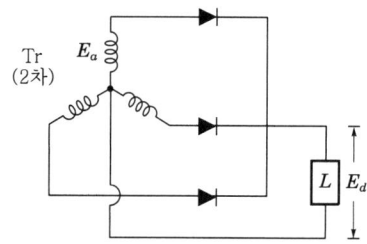
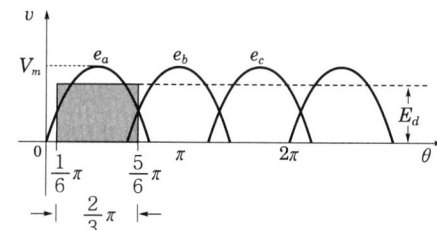

$$E_d = \frac{1}{\frac{2\pi}{3}} \int_{\frac{\pi}{6}}^{\frac{5\pi}{6}} V_m \sin\theta \, d\theta = \frac{3 V_m}{2\pi} [\cos\theta]_{\frac{\pi}{6}}^{\frac{5\pi}{6}}$$

$$= \frac{3\sqrt{2} E_a}{2\pi} \times \sqrt{3} = 1.169 E_a \fallingdotseq 1.17 E_a [\text{V}]$$

[59회 출제]
3상전파정류
$E_d = 1.35 V$

(5) 3상전파정류

$$E_d = \frac{3\sqrt{2} E_a}{\pi} \times \sqrt{3} = 2.34 E_a = 2.34 \frac{V}{\sqrt{3}} = 1.35 V [\text{V}]$$

여기서, E_a : 상전압, V : 선간 전압

(6) SCR(Silicon Controlled Rectifier)

$$E_{d\alpha} = E_d \cdot \frac{1+\cos\alpha}{2} [\text{V}]$$

여기서, α : 제어각

PART 05 자주 출제되는 기출문제

01 동기기의 전기자 권선법이 아닌 것은? [46회 09.7.], [68회 20.7.]

① 분포권 ② 2층권
③ 중권 ④ 전절권

해설 • 동기 발전기의 전기자 권선법
- 중권(○), 파권(×), 쇄권(×)
- 2층권(○), 단층권(×)
- 분포권(○), 집중권(×)
- 단절권(○), 전절권(×)
• 분포권의 장점
- 누설 리액턴스 감소
- 기전력의 파형개선
- 과열방지

02 직류기에 주로 사용하는 권선법으로 다음 중 옳은 것은? [53회 13.4.], [64회 21.2.]

① 개로권, 환상권, 2층권 ② 개로권, 고상권, 2층권
③ 폐로권, 고상권, 2층권 ④ 폐로권, 환상권, 2층권

해설 직류기의 전기자 권선법
• 전기자 권선
  - 환상권(×)
  - 고상권(○) — 개로권(×)
    - 폐로권(○) — 단층권(×)
      - 2층권(○) — 중권(○)
        - 파권(○)

• 중권과 파권의 특성 비교

구 분	전류, 전압	병렬회로수(a)	브러시수(b)
파권	소전류, 고전압	$a=2$	$b=2$ 또는 P
중권	대전류, 저전압	$a=P$	$b=P$

(여기서, P : 자극의 극수)

정답 01 ④ 02 ③

03. 직류기에서 파권권선의 이점은? [51회 12.4.]
① 효율이 좋다.
② 출력이 크다.
③ 전압이 높게 된다.
④ 역률이 안정된다.

해설 파권
병렬회로수는 극수와 관계없이 항상 2이며, 소전류, 고전압에 이용된다.

04. 전기자 도체의 총수 500, 10극, 단중파권으로 매극의 자속수가 0.2[Wb]인 직류발전기가 600[rpm]으로 회전할 때의 유기기전력은 몇 [V]인가? [42회 07.7.], [70회 21.7.]
① 25,000
② 5,000
③ 10,000
④ 15,000

해설 유기기전력(E)

$$E = \frac{z}{a} \cdot e = \frac{z}{a} P\phi n = \frac{z}{a} P\phi \frac{N}{60}[V]$$

여기서, z : 전기자 도체의 총수[개]
 a : 병렬회로수(중권 : $a=P$, 파권 : $a=2$)
 P : 자극의 수[극]
 ϕ : 매극당 자속[Wb]
 N : 분당 회전수

$$\therefore E = \frac{z}{a} P\phi \frac{N}{60} = \frac{500}{2} \times 10 \times 0.2 \times \frac{600}{60} = 5{,}000[V]$$

05. 자극수 6, 전기자 총 도체수 400, 단중파권을 한 직류 발전기가 있다. 각 자극의 자속이 0.01[Wb]이고, 회전 속도가 600[rpm]이면 무부하로 운전하고 있을 때의 기전력은 몇 [V]인가? [41회 07.4.]
① 110
② 115
③ 120
④ 150

해설 $E = \frac{z}{a} P\phi \frac{N}{60}[V]$
$= \frac{400}{2} \times 6 \times 0.01 \times \frac{600}{60} = 120[V]$

정답 03 ③ 04 ② 05 ③

06
4극 직류 발전기가 전기자도체수 600, 매극당 유효자속 0.035[Wb], 회전수가 1,200[rpm]일 때 유기되는 기전력은 몇 [V]인가? (단, 권선은 단중중권이다.) [50회 11.7.]

① 120
② 220
③ 320
④ 420

해설 $E = \dfrac{z}{a} P\phi \dfrac{N}{60}$ [V]
$= \dfrac{600}{4} \times 4 \times 0.035 \times \dfrac{1,200}{60} = 420$ [V]

07
직류 발전기의 기전력을 E, 자속을 ϕ, 회전 속도를 N이라 할 때 이들 사이의 관계로 옳은 것은? [44회 08.7.], [50회 11.7.], [52회 12.7.]

① $E \propto \phi N$
② $E \propto \dfrac{\phi}{N}$
③ $E \propto \phi N^2$
④ $E \propto \phi^2 N$

해설 유기기전력(E)
$E = \dfrac{z}{a} \cdot e = \dfrac{z}{a} P\phi n = \dfrac{z}{a} P\phi \dfrac{N}{60} = \dfrac{zp}{60a} \phi N$ [V] $= K' \phi N$ (여기서, $K' = \dfrac{zP}{60a}$ 이다.)
∴ $E \propto \phi N$
유기기전력 E는 ϕN에 비례함을 알 수 있다.

08
어느 분권 발전기의 전압변동률이 6[%]이다. 이 발전기의 무부하전압이 120[V]이면 정격 전부하전압은 약 몇 [V]인가? [43회 08.3.], [67회 20.4.]

① 96
② 100
③ 113
④ 125

해설 전압변동률(ε[%])
전부하에서 무부하로 전환시 전압의 차를 백분율[%]로 나타낸 것
$\varepsilon = \dfrac{V_0 - V_n}{V_n} \times 100$ [%] (여기서, V_0 : 무부하전압, V_n : 전부하(정격)전압)
$\varepsilon = \dfrac{120 - V_n}{V_n} \times 100$
∴ $V_n \fallingdotseq 113$ [V]

정답 06 ④ 07 ① 08 ③

PART 5 전기기기

09 직류기의 전기자철심을 규소강판으로 성층하는 가장 큰 이유는? [41회 07.4.], [68회 20.7.]
① 기계손을 줄이기 위해서   ② 철손을 줄이기 위해서
③ 제작이 간편하기 때문에   ④ 가격이 싸기 때문에

해설 철심
얇은 규소강판을 성층철심하면 히스테리시스손을 감소시킬 수 있다.
- 규소함유량 : 1~1.4[%]
- 강판두께 : 0.35~0.5[mm]

10 정격속도로 회전하고 있는 분권 발전기가 있다. 단자 전압 100[V], 권선의 저항은 50[Ω], 계자전류 2[A], 부하 전류 50[A], 전기자 저항 0.1[Ω]이다. 이때 발전기의 유기기전력은 약 몇 [V]인가? (단, 전기자 반작용은 무시한다.) [44회 08.7.]
① 100   ② 105
③ 128   ④ 141

해설 분권 발전기
- 유기 기전력 $E = \frac{Z}{a} P\phi \frac{N}{60}$ [V]
- 단자전압 $V = E - I_a R_a$ 에서(여기서, $I_a = I_f + I$)
  $E = V + I_a R_a = 100 + (2+50) \times 0.1$
  $\fallingdotseq 105$ [V]

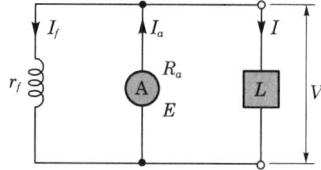

11 직류 발전기의 종류 중 부하의 변동에 따라 단자전압이 심하게 변화하는 어려움이 있지만 선로의 전압강하를 보상하는 목적으로 장거리 급전선에 직렬로 연결해서 승압기로 사용되는 것은? [44회 08.7.]
① 직권 발전기   ② 타여자 발전기
③ 분권 발전기   ④ 복권 발전기

해설 • 직권 발전기

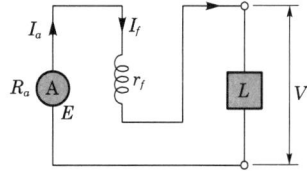

정답 09 ② 10 ② 11 ①

• 직류발전기의 무부하 특성곡선 : 무부하 상태($I=0$)에서 계자전류(I_f)와 유기기전력(E) 관계곡선

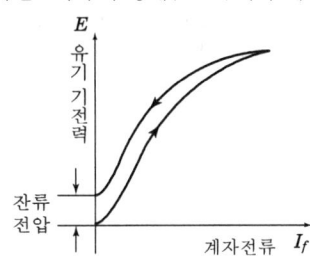

12
무부하에서 자기여자로 전압을 확립하지 못하는 직류 발전기는? [47회 10.3.], [70회 21.7.]
① 직권 발전기
② 분권 발전기
③ 복권 발전기
④ 타여자 발전기

해설 **직권 발전기**
무부하시에는 자기여자로 전압을 확립하지 못하며, 선로의 전압강하를 보상하는 목적으로 장거리 급전선에 직렬로 연결하여 승압기로 사용된다.

13
직류 복권 전동기 중에서 무부하 속도와 전부하 속도가 같도록 만들어진 것은? [53회 13.4.]
① 과복권
② 부족복권
③ 평복권
④ 차동복권

해설 **복권 전동기**
• 속도변동률이 직권보다 작다.
• 기동토크가 분권보다 크다.
• 무부하 상태로 되어도 위험속도에 도달하지 않는다.
∴ 무부하속도와 전부하속도가 같도록 만들어진 것을 평복권이라 한다.

14
직류 분권 전동기의 부하로 가장 적당한 것은? [44회 08.7.]
① 크레인
② 권상기
③ 전동차
④ 공작기계

해설 • 전동차용 전동기는 저속도에서 큰 토크가 발생하고, 속도가 상승하면 토크가 작아지는 직류 직권 전동기를 사용한다.
• 분권 전동기는 공급전압 증가시 계자전류가 전압에 비례하여 증가하고, 또한 자속이 비례하여 증가하므로 회전속도는 거의 일정하며 선박의 펌프, 공작기계 등에 이용된다.

정답 12 ① 13 ③ 14 ④

PART 5 전기기기

15 직류 직권 전동기에서 토크 T와 회전수 N과의 관계는 어떻게 되는가?
[41회 07.4.], [51회 12.4.], [67회 20.4.], [69회 21.2.]

① $T \propto N$
② $T \propto N^2$
③ $T \propto \dfrac{1}{N}$
④ $T \propto \dfrac{1}{N^2}$

해설 직권 전동기

- 속도변동이 매우 크다. $N \propto \dfrac{1}{I_a}$
- 기동토크가 매우 크다. $T \propto I_a^2$

∴ $T \propto \dfrac{1}{N^2}$ 이 된다.

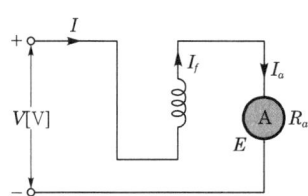
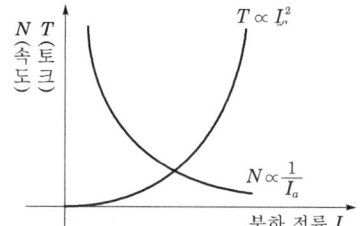

16 직류 직권 전동기의 토크를 τ라 할 때 회전수를 $\dfrac{1}{2}$로 줄이면 토크는? [49회 11.4.]

① $\dfrac{1}{2}\tau$
② $\dfrac{1}{4}\tau$
③ 2τ
④ 4τ

해설 직류 직권 전동기의 토크(T, τ)와 회전수(N)의 관계

$\tau = \dfrac{1}{N^2}$ 에서 $\tau' = \dfrac{1}{\left(\dfrac{1}{2}N\right)^2} = 4\dfrac{1}{N^2} = 4\tau$

17 전동기가 매분 1,200회 회전하여 9.42[kW]의 출력이 나올 때 토크는 약 몇 [kg·m]인가?
[43회 08.3.], [46회 09.7.]

① 6.65
② 6.90
③ 7.65
④ 7.90

정답 15 ④ 16 ④ 17 ③

해설 전동기의 토크(τ)

$$\tau = 0.975 \frac{E \cdot I_a}{N} = 0.975 \frac{P}{N} = 0.975 \frac{9.42 \times 10^3}{1,200}$$
$$\fallingdotseq 7.653$$

18 부하전류에 따라 속도변동이 가장 심한 전동기는? [41회 07.4.], [65회 19.3.]

① 타여자 전동기 ② 분권 전동기
③ 직권 전동기 ④ 차동 복권 전동기

해설 속도 특성 곡선

공급전압(V), 계자저항(r_f), 일정 상태에서 부하전류(I)와 회전속도(N)의 관계곡선이며, 직권 전동기 > 가동 복권 전동기 > 분권 전동기 > 차동 복권 전동기 순이다.

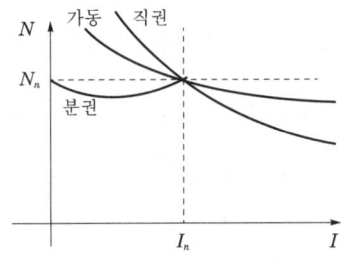

┃속도 특성 곡선┃

19 직류 전동기에서 전기자에 가해 주는 전원전압을 낮추어서 전동기의 유도기전력을 전원전압보다 높게 하여 제동하는 방법은? [42회 07.7.], [57회 13.7.]

① 맴돌이전류제동 ② 발전제동
③ 역전제동 ④ 회생제동

해설 직류 전동기의 운전법
- 시동(기동)법
- 속도제어
- 제동법
  - 발전제동 : 전기적 에너지를 저항에서 열로 소비하여 제동하는 방법
  - 회생제동 : 전동기의 역기전력을 공급전압보다 높게 하여 전기적 에너지를 전원측에 환원하여 제동하는 방법
  - 역상제동(plugging) : 전기자의 결선을 바꾸어 역회전력에 의해 급제동하는 방법

정답 18 ③ 19 ④

20
직류 전동기의 제동법이 아닌 것은? [48회 10.7.]

① 발전제동 ② 저항제동
③ 회생제동 ④ 역전제동

해설 전기적 제동법에는 발전제동, 회생제동, 역전(역상)제동법이 있다.

21
직류 전동기의 속도제어 중 계자권선에 직렬 또는 병렬로 저항을 접속하여 속도를 제어하는 방법은? [52회 12.7.]

① 저항제어 ② 전류제어
③ 계자제어 ④ 전압제어

해설 속도제어
- 계자제어 : 계자권선에 저항(R_f)을 연결하여 자속(ϕ)의 변화에 의해 속도를 제어하는 방법이다.(출력이 일정하므로 정출력제어라 한다.)
- 저항제어 : 전기자에 직렬로 저항을 연결하여 속도를 제어하는 방법으로 손실이 크고, 효율이 낮다.
- 전압제어 : 공급전압의 변환에 의해 속도를 제어하는 방법으로 설치비는 고가이나 효율이 좋고, 광범위로 원활한 제어가 가능하다.(워드 레오나드 방식, 일그너 방식)
- 직병렬제어(전기철도) : 2대 이상의 전동기를 직·병렬 접속을 통해 속도제어(전압제어의 일종)하는 것을 말한다.

22
워드 레오나드(Ward Leonard) 방식은 직류기의 무엇을 목적으로 하는 것인가? [44회 08.7.], [69회 21.2.]

① 정류개선 ② 속도제어
③ 계자자속조정 ④ 병렬운전

해설 속도를 제어하기 위한 방식으로 계자제어, 저항제어, 전압제어(워드 레오나드, 일그너), 직·병렬제어방식이 있다.

23
200[kVA] 단상 변압기가 있다. 철손은 1.6[kW], 전부하 동손은 2.4[kW]이다. 역률이 0.8일 때 전부하에서의 효율은 약 몇 [%]인가? [42회 07.7.], [70회 21.7.]

① 91.9 ② 94.7
③ 97.6 ④ 99.1

정답 20 ② 21 ③ 22 ② 23 ③

해설 효율(η)

- 실측효율(η) = $\dfrac{출력}{입력} \times 100[\%]$

- 규약효율(η) = $\dfrac{출력}{출력+손실} \times 100[\%] = \dfrac{입력-손실}{입력} \times 100[\%]$

  - 출력 $P = VI\cos\theta = P_a\cos\theta = 200 \times 10^3 \times 0.8 = 160 \times 10^3[W]$
  - 손실 $P_l = P_i(철손) + P_c(동손) = 1.6 \times 10^3 + 2.4 \times 10^3 = 4 \times 10^3[W]$

  $\therefore \eta = \dfrac{160 \times 10^3}{160 \times 10^3 + 4 \times 10^3} \times 100 ≒ 97.56[\%]$

24 여자기(exciter)에 대한 설명으로 옳은 것은? [51회 12.4.]
① 발전기의 속도를 일정하게 하는 것이다.
② 부하변동을 방지하는 것이다.
③ 직류전류를 공급하는 것이다.
④ 주파수를 조정하는 것이다.

해설 여자(excite)
계자권선에 전류를 흘려서 자화하는 것을 말한다.

25 동기 발전기에서 여자기(exciter)란? [49회 11.4.]
① 계자권선에 여자전류를 공급하는 직류전원 공급장치
② 정류개선을 위하여 사용되는 브러시이동장치
③ 속도조정을 위하여 사용되는 속도조정장치
④ 부하조정을 위하여 사용되는 부하분담장치

26 일정전압으로 운전하는 직류 발전기의 손실이 $x+yI^2$으로 된다고 한다. 어떤 전류에서 효율이 최대로 되는가? (단, x, y는 정수이다.) [45회 09.3.], [68회 20.7.]
① $\dfrac{y}{x}$
② $\dfrac{x}{y}$
③ $\sqrt{\dfrac{y}{x}}$
④ $\sqrt{\dfrac{x}{y}}$

정답 24 ③ 25 ① 26 ④

PART 5 전기기기

해설 • 규약효율(η)

$$\eta = \frac{출력}{출력+손실} \times 100[\%] = \frac{입력-손실}{입력} \times 100[\%]$$

[참고] 최대 효율조건

$$\eta = \frac{VI}{VI+P_i+I^2R} = \frac{V}{V+\frac{P_i}{I}+IR}$$

$$\frac{d\eta}{dI} = \frac{-\frac{P_i}{I^2}+R}{\left(V+\frac{P_i}{I}+IR\right)^2} = 0 \text{에서 } \frac{P_i}{I^2} = R \text{이므로}$$

최대 효율조건은 $P_i = I^2R \Rightarrow$ 무부하손(고정손)=부하손(가변손)

• 직류 발전기손실(P_l)

$P_l =$ 무부하손+부하손$= x + yI^2$에서 $x = yI^2$이므로

$$\therefore I = \sqrt{\frac{x}{y}}$$

★ 27

직류 전동기의 출력을 나타내는 것은? (단, V는 단자전압, E는 역기전력, I는 전기자 전류이다.) [50회 11.7.]

① VI
② EI
③ V^2I
④ E^2I

해설 직류 전동기

• 역기전력 $E = \frac{Z}{a}P\phi\frac{N}{60} = K'\phi N = V - I_a R_a$
• 회전속도 $N = \frac{E}{K'\phi}$
• 회전력(토크) $\tau = 0.975\frac{P}{N}[\text{kg} \cdot \text{m}]$
• 출력 $P = E \cdot I_a (I_a = I :$ 전기자 전류)

★ 28

직류 분권 전동기의 공급전압의 극성을 반대로 하였을 때 다음 중 옳은 것은? [46회 09.7.]

① 회전방향은 변하지 않는다.
② 회전방향이 반대로 된다.
③ 회전하지 않는다.
④ 발전기로 된다.

정답 27 ② 28 ①

해설 직류 분권 전동기, 직류 직권 전동기의 공급전압 극성을 반대로 하면 전기자전류와 계자전류의 방향이 함께 바뀌어서 회전방향은 변하지 않는다.

29 ★★ 단상 직권 정류자 전동기의 속도를 고속으로 하는 이유는? [45회 09.3.], [52회 12.7.]
① 전기자에 유도되는 역기전력을 적게 한다.
② 전기자 리액턴스강하를 크게 한다.
③ 토크를 증가시킨다.
④ 역률을 개선시킨다.

해설 회전속도와 역률은 서로 비례관계에 있어 회전속도를 크게 할수록 역률이 커지므로 개선된다.

30 ★ 직류기에 보극을 설치하는 목적이 아닌 것은? [48회 10.7.], [69회 21.2.]
① 정류자의 불꽃방지   ② 브러시의 이동방지
③ 정류기전력의 발생   ④ 난조의 방지

해설 각 주자극의 중간에 보극을 설치하고 보극권선을 전기자권선과 직렬로 접속하면 보극에 의한 자속은 전기자전류에 비례하여 변화하기 때문에 정류로 발생되는 리액턴스전압을 효과적으로 상쇄시킬 수 있으므로 불꽃이 없는 정류를 할 수 있고 보극 부근의 전기자반작용도 상쇄되어 전기적 중성축의 이동을 방지할 수 있다.

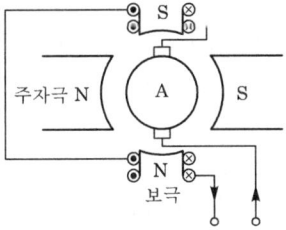

31 ★ 전기자권선에 의해 생기는 전기자 기자력을 없애기 위하여 주자극의 중간에 작은 자극으로 전기자 반작용을 상쇄하고 또한 정류에 의한 리액턴스 전압을 상쇄하여 불꽃을 없애는 역할을 하는 것은? [45회 09.3.]
① 보상권선   ② 공극
③ 전기자권선   ④ 보극

정답 29 ④ 30 ④ 31 ④

해설 • 전기자 반작용 : 전기자전류에 의한 자속이 주(계자)자속의 분포에 영향을 미치는 현상
- 중성축 이동
- 계자자속의 감소
- 불꽃발생
• 반작용의 방지책
- 계자기자력 증대
- 보상권선을 설치

32 ★★

동기 발전기에서 전기자전류가 무부하 유도기전력보다 $\frac{\pi}{2}$ 만큼 뒤진 경우의 전기자 반작용은?

[50회 11.7.], [54회 13.7.]

① 교차자화작용
② 자화작용
③ 감자작용
④ 편자작용

해설 전기자 반작용

전기자전류에 의한 자속이 계자자속에 영향을 미치는 현상
• 횡축 반작용
- 계자자속 왜형파로 약간 감소
- 전기자전류(I_a)와 유기기전력(E)이 동상일 때($\cos\theta = 1$)
• 직축 반작용
- 감자작용 : 계자자속 감소, I_a가 E보다 위상이 90° 뒤질 때
- 증자작용 : 계자자속 증가, I_a가 E보다 위상이 90° 앞설 때

33 ★★

동기기의 전기자 권선법이 아닌 것은?

[42회 07.7.], [52회 12.7.]

① 분포권
② 2층권
③ 중권
④ 전절권

해설 전기자 권선법
• 중권(○), 파권(×), 쇄권(×)
• 2층권(○), 단층권(×)
• 분포권(○), 집중권(×)
• 단절권(○), 전절권(×)

정답 32 ③ 33 ④

34

동기 발전기에서 전기자권선을 단절권으로 하는 이유는? [42회 07.7.], [53회 13.4.]

① 절연을 좋게 하기 위해
② 기전력을 높게 한다.
③ 역률을 좋게 한다.
④ 고조파를 제거한다.

해설 단절권의 특징
- 고조파가 제거되어 기전력의 파형개선
- 동량의 감소, 기계적 치수 경감
- 코일 간격이 극간격보다 짧은 경우 사용
- 기전력 감소

35

3상 동기 발전기의 각 상의 유기기전력 중에서 제5고조파를 제거하려면 코일 간격/극 간격을 어떻게 하면 되는가? [45회 09.3.]

① 0.5
② 0.6
③ 0.7
④ 0.8

해설 단절계수(K_d)

$$K_{d_n} = \sin\frac{n\beta\pi}{2} \left(\beta = \frac{코일간격}{극간격} < 1\right)$$

제5고조파를 제거하려면 $K_{d_5} = \sin\frac{5\beta\pi}{2} = 0$이면 된다.

$\frac{5\beta\pi}{2} = 0,\ \pi,\ 2\pi$이므로

∴ $\beta = 0,\ 0.4,\ 0.8$

36

동기 주파수 변환기를 사용하여 4극의 동기 전동기에 60[Hz]를 공급하면, 8극의 동기 발전기에는 몇 [Hz]의 주파수를 얻을 수 있는가? [49회 11.4.], [66회 19.7.], [70회 21.7.]

① 15[Hz]
② 120[Hz]
③ 180[Hz]
④ 240[Hz]

해설 회전속도(N_s)

$$N_s = \frac{120 \cdot f}{P} = \frac{120 \times 60}{4} = 1,800[\text{rpm}]$$

∴ 8극 전동기주파수 f'

$$f' = \frac{PN_s}{120} = \frac{8 \times 1,800}{120} = 120[\text{Hz}]$$

정답 34 ④ 35 ④ 36 ②

37 1,200[rpm]의 회전수를 만족하는 동기기의 극수 p와 주파수 f[Hz]에 해당하는 것은?

[43회 08.3.]

① $p=6$, $f=50$
② $p=8$, $f=50$
③ $p=6$, $f=60$
④ $p=8$, $f=60$

해설 $P=\dfrac{120 \cdot f}{N_s}$ 이므로 $P=\dfrac{120}{1,200}f=\dfrac{1}{10}f$가 되며 극수($P$)와 회전수($N$)관계식에서 6극이면 60[Hz]가 된다.

38 4극 1,500[rpm]의 동기발전기와 병렬운전하는 24극 동기발전기의 회전수[rpm]는?

[49회 11.4.], [69회 21.2.]

① 50[rpm]
② 250[rpm]
③ 1,500[rpm]
④ 3,600[rpm]

해설
• 4극 발전기의 주파수(f_4) : $f_4=\dfrac{P \cdot N_s}{120}=\dfrac{4 \times 1,500}{120}=50$[Hz]
• 24극 발전기의 회전수(N_s) : $N_s=\dfrac{120f}{P}=\dfrac{120 \times 50}{24}=250$[rpm]

39 회전수 1,800[rpm]를 만족하는 동기기의 극수 (㉠)와 주파수 (㉡)는? [51회 12.4.]

① ㉠ 4극, ㉡ 50[Hz]
② ㉠ 6극, ㉡ 50[Hz]
③ ㉠ 4극, ㉡ 60[Hz]
④ ㉠ 6극, ㉡ 60[Hz]

해설 동기속도(N_s)

$N_s=\dfrac{120f}{P}$ 에서 $1,800=\dfrac{1,200f}{P}$ 이 된다.

∴ $P=\dfrac{1}{15}f$의 관계식이므로

┌ 4극에서 $f=60$[Hz]
└ 6극에서 $f=90$[Hz]

40 8극 동기 전동기의 기동방법에서 유도 전동기로 기동하는 기동법을 사용하려면 유도 전동기의 필요한 극수는 몇 극인가?

[42회 07.7.]

① 6
② 8
③ 10
④ 12

해설 기동 전동기는 동기 전동기보다 속도가 빨라야 하므로 6극 전동기가 된다.

정답 37 ③ 38 ② 39 ③ 40 ①

41
동기기의 전기자도체에 유기되는 기전력의 크기는 그 주파수를 2배로 했을 경우 어떻게 되는가?　[45회 09.3.]

① 2배로 증가　　② 2배로 감소
③ 4배로 증가　　④ 4배로 감소

해설 동기 발전기의 유기기전력(E)

$$E = 4.44 k_w f n \phi [V] = K' f$$

(여기서, n : 1상의 권수, ϕ : 극당평균자속, k_w : 권선계수)

그러므로 유기기전력과 주파수는 비례한다.

42
극수 16, 회전수 450[rpm], 1상의 코일수 83, 1극의 유효자속 0.3[Wb]의 3상 동기발전기가 있다. 권선계수가 0.96이고, 전기자권선을 성형결선으로 하면 무부하 단자전압은 약 몇 [V]인가?　[51회 12.4.]

① 8,000[V]　　② 9,000[V]
③ 10,000[V]　　④ 11,000[V]

해설 무부하 단자전압(E)

- $f = \dfrac{PN}{120} = \dfrac{16 \times 450}{120} = 60 [\text{Hz}]$
- $E = 4.44 k_w f n \phi = 4.44 \times 0.96 \times 60 \times 83 \times 0.3 ≒ 6,368.02$

성형결선(Y결선)으로 전압(선전압)을 구하면 $E_l = \sqrt{3}\, E = \sqrt{3} \times 6,368 ≒ 11,030 [V]$

43
3상 발전기의 전기자권선에서 Y결선을 채택하는 이유로 볼 수 없는 것은?　[43회 08.3.], [66회 19.7.]

① 중성점을 이용할 수 있다.
② 같은 상전압이면 △결선보다 높은 선간전압을 얻을 수 있다.
③ 같은 상전압이면 △결선보다 상절연이 쉽다.
④ 발전기단자에서 높은 출력을 얻을 수 있다.

해설 Y결선의 장점
- 선간전압이 상전압보다 $\sqrt{3}$ 배 증가한다.
- 각 상의 제3고조파 전압이 선간에는 나타나지 않는다.
- 이상전압 발생이 적다.
- 절연이 용이하다.
- 중성점을 이용할 수 있다.
- 코로나, 열화 등이 적다.

정답 41 ①　42 ④　43 ④

44 3상 발전기의 전기자권선에 Y결선을 채택하는 이유로 볼 수 없는 것은? [49회 11.4.]
① 중성점접지에 의한 이상전압방지의 대책이 쉽다.
② 발전기출력을 더욱 증대할 수 있다.
③ 상전압이 낮기 때문에 코로나, 열화 등이 적다.
④ 권선의 불균형 및 제3고조파 등에 의한 순환전류가 흐르지 않는다.

45 동기 전동기에서 제동권선의 사용 목적으로 가장 옳은 것은? [41회 07.4.], [53회 13.4.]
① 난조방지 ② 정지시간의 단축
③ 운전토크의 증가 ④ 과부하내량의 증가

해설 난조(hunting)
부하급변 시 부하각과 동기속도가 진동하는 현상
- 원인
  - 조속기감도가 너무 예민한 경우
  - 토크에 고조파가 포함된 경우
  - 회로저항이 너무 큰 경우
- 방지책 : 제동권선을 설치

46 동기기에서 제동권선의 가장 중요한 역할은? [44회 08.7.], [65회 19.3.], [69회 21.2.]
① 정류작용 ② 난조방지
③ 전압불평형 방지 ④ 섬락방지

해설 문제 45번 해설 참조

47 병렬운전하고 있는 동기 발전기에서 부하가 급변하면 발전기는 동기화력에 의하여 새로운 부하에 대응하는 속도에 이르지 않고 새로운 속도를 중심을 전후로 진동을 반복하는데 이러한 현상은? [49회 11.4.]
① 난조 ② 플러깅
③ 비례추이 ④ 탈조

해설
- 난조 : 부하변동시 부하각과 동기속도가 진동하는 현상
- 탈조 : 난조가 심화되어 동기속도를 이탈하는 현상

정답 44 ② 45 ① 46 ② 47 ①

48. 동기기의 안정도를 증진시키기 위한 방법으로 잘못된 것은? [48회 10.7.]

① 속응여자방식을 채용한다.
② 단락비를 크게 한다.
③ 회전부의 관성을 크게 한다.
④ 역상 및 영상임피던스를 작게 한다.

해설 안정도
- 부하 변동시 탈조하지 않고 정상운전을 지속할 수 있는 능력
- 향상책
  - 속응여자방식을 채용
  - 관성모멘트가 클 것
  - 단락비가 클 것
  - 동기 임피던스가 작을 것(정상 리액턴스는 작고, 영상 및 역상 리액턴스는 클 것)

49. 동기 발전기를 병렬운전하고자 하는 경우 같지 않아도 되는 것은? [47회 10.3.], [66회 19.7.], [69회 21.2.], [70회 21.7.]

① 기전력의 임피던스
② 기전력의 위상
③ 기전력의 파형
④ 기전력의 주파수

해설 동기 발전기의 병렬운전조건
- 기전력의 크기가 같을 것
- 기전력의 위상이 같을 것
- 기전력의 주파수가 같을 것
- 기전력의 파형이 같을 것
- 기전력의 상회전방향이 같을 것

50. 3상 동기 발전기를 병렬운전시키는 경우 고려하지 않아도 되는 조건은? [45회 09.3.], [50회 11.7.]

① 기전력의 위상이 같을 것
② 회전수가 같을 것
③ 기전력의 크기가 같을 것
④ 상회전방향이 같을 것

해설 문제 49번 해설 참조

정답 48 ④ 49 ① 50 ②

51. 다음 중 동기발전기의 병렬운전조건으로 옳지 않은 것은? [44회 08.7.]

① 유기기전력의 역률이 같을 것
② 유기기전력의 위상이 같을 것
③ 유기기전력의 파형이 같을 것
④ 유기기전력의 주파수가 같을 것

해설 문제 49번 해설 참조

52. 동기발전기를 병렬운전할 때 동기검정기(synchro scope)를 사용하여 측정이 가능한 것은? [42회 07.7.]

① 기전력의 크기
② 기전력의 파형
③ 기전력의 진폭
④ 기전력의 위상

해설 기전력의 주파수, 위상은 동기검정기(synchroscope)를 사용하여 측정한다.

53. 3상 동기 발전기의 단락비를 산출하는 데 필요한 시험은? [48회 10.7.], [69회 21.2.]

① 외부특성시험과 3상 단락시험
② 돌발단락시험과 부하시험
③ 무부하포화시험과 3상 단락시험
④ 대칭분의 리액턴스측정시험

해설 단락비(K_s)

- $K_s = \dfrac{\text{무부하 정격전압을 유기하는 데 필요한 계자전류}}{\text{3상 단락 정격전류를 흘리는 데 필요한 계자전류}} = \dfrac{I_s}{I_n} = \dfrac{1}{Z_s'}$ (여기서, Z_s' : % 동기임피던스)
- 단락비 산출시 필요한 시험
  - 무부하시험
  - 3상 단락시험

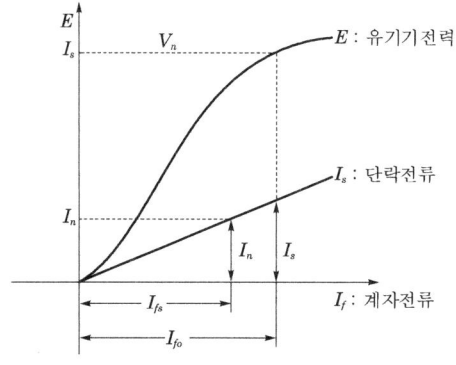

▮무부하 특성곡선과 3상 단락곡선▮

정답 51 ① 52 ④ 53 ③

54. 3상 동기 발전기의 단락비를 산출하는 데 필요한 시험은? [53회 13.4.]

① 돌발단락시험과 부하시험
② 동기화시험과 부하포화시험
③ 외부특성시험과 3상 단락시험
④ 무부하포화시험과 3상 단락시험

해설 문제 53번 해설 참조

55. 동기 발전기의 동기 임피던스나 단락비를 계산하는 데 필요한 시험은? [45회 09.3.]

① 무부하포화시험과 3상 단락시험
② 정상, 영상 리액턴스의 측정
③ 돌발단락시험과 부하시험
④ 단상 단락시험과 3상 단락시험

해설 문제 53번 해설 참조

56. 동기 전동기의 여자전류를 증가하면 어떤 현상이 생기는가?
[45회 09.3.], [52회 12.7.], [65회 19.3.], [69회 21.2.]

① 앞선 무효전류가 흐르고 유도기전력은 높아진다.
② 토크가 증가한다.
③ 난조가 생긴다.
④ 전기자 전류의 위상이 앞선다.

해설 **동기 전동기의 위상특성곡선(V곡선)**

공급전압과 출력이 일정한 상태에서 계자전류(I_f)의 조정에 따른 전기자전류(I)의 크기와 위상(역률각 : θ)의 관계곡선
- 부족 여자 : 전기자 전류가 공급 전압보다 위상이 뒤지므로 리액터 작용
- 과여자 : 전기자 전류가 공급 전압보다 위상이 앞서므로 콘덴서 작용

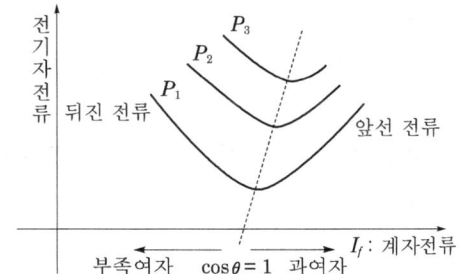

정답 54 ④　55 ①　56 ④

PART 5 전기기기

57 부하를 일정하게 유지하고 역률 1로 운전 중인 동기 전동기의 계자전류를 증가시키면?
[51회 12.4.]

① 아무 변동이 없다.
② 리액터로 작용한다.
③ 뒤진 역률의 전기자전류가 증가한다.
④ 앞선 역률의 전기자전류가 증가한다.

해설 동기 전동기의 여자전류를 조정하여 부족여자로 하면 뒤진 전류가 흘러 리액터 작용, 과여자로 하면 앞선 전류가 흘러 콘덴서 작용을 한다.

58 동기 무효전력보상장치(조상기)를 과여자로 해서 운전하였을 때 나타나는 현상이 아닌 것은?
[42회 07.7.], [46회 09.7.], [50회 11.7.]

① 리액터로 작용한다.
② 전압강하를 감소시킨다.
③ 진상전류를 취한다.
④ 콘덴서로 작용한다.

해설 동기 무효전력보상장치(조상기)
동기 전동기를 무부하로 하여 계자전류를 조정함에 따라 진상 또는 지상전류를 공급하여 송전계통의 전압 조정과 역률을 개선하는 동기 전동기이다.
• 부족 여자 : 지상전류, 리액터 동작
• 과여자 : 진상전류, 콘덴서 동작

59 동기 무효전력보상장치(조상기)에 대한 설명으로 옳은 것은?
[52회 12.7.]

① 유도부하와 병렬로 접속한다.
② 부하전류의 가감으로 위상을 변화시켜 준다.
③ 동기전동기에 부하를 걸고 운전하는 것이다.
④ 부족여자로 운전하여 진상 전류를 흐르게 한다.

해설 • 유도부하와 병렬로 접속한다.
• 부족여자로 운전하면 지상전류가 흐르며 리액터로 동작한다.

60 정전압계통에 접속된 동기 발전기는 그 여자를 약하게 하면?
[47회 10.3.]

① 출력이 감소한다.
② 전압강하가 생긴다.
③ 진상무효전류가 증가한다.
④ 지상무효전류가 증가한다.

해설 동기 발전기의 여자전류를 약하게 하면 진상무효전류가 증가하며 역률이 변화한다.

정답 57 ④ 58 ① 59 ① 60 ③

61
동기 전동기를 무부하로 하였을 때, 계자전류를 조정하면 동기기는 L, C 소자로 작동하고, 계자전류를 어떤 일정값 이하의 범위에서 가감하면 가변 리액턴스가 되고 어떤 일정값 이상에서 가감하면 가변 커패시턴스로 작동한다. 이와 같은 목적으로 사용되는 것은?

[48회 10.7.]

① 변압기　　　　　② 동기 조상기
③ 균압환　　　　　④ 제동권선

해설 동기 조상기
- 지상전류일 때 리액터로 동작
- 진상전류일 때 콘덴서로 동작

62
동기 전동기의 특성에 대한 설명으로 잘못된 것은?　[49회 11.4.], [67회 20.4.]

① 기동토크가 작다.　　　　② 여자기가 필요하다.
③ 난조가 일어나기 쉽다.　　④ 역률을 조정할 수 없다.

해설 동기 전동기

장 점	단 점
• 속도가 일정하다. • 항상 역률 1로 운전할 수 있다.(역률조정이 가능) • 일반적으로 유도 전동기에 비해 효율이 좋다. • 지상, 진상전류를 흘릴 수 있다.	• 기동토크가 작다. • 난조를 일으킬 염려가 있다. • 구조가 복잡하다. • 직류전원을 필요로 한다. • 속도제어가 곤란하다.

63
다음 중 동기 전동기의 특징을 설명하고 있는 것으로 옳은 것은?

[44회 08.7.], [54회 13.7.]

① 저속도에서 유도 전동기에 비해 효율이 나쁘다.
② 기동토크가 크다.
③ 필요에 따라 진상전류를 흘릴 수 있다.
④ 직류전원이 필요 없다.

해설 문제 62번 해설 참조

정답 61 ② 62 ④ 63 ③

64. 역률을 항상 1로 운전할 수 있는 전동기는? [47회 10.3.]
① 단상 유도 전동기
② 3상 유도 전동기
③ 동기 전동기
④ 3상 권선형 유도 전동기

해설 문제 62번 해설 참조

65. 운전 중 역률이 가장 좋은 전동기는? [50회 11.7.]
① 농형 유도 전동기
② 동기 전동기
③ 반발 전동기
④ 권성형 유도 전동기

66. 동기 발전기의 돌발단락전류를 주로 제한하는 것은? [44회 08.7.]
① 동기 리액턴스
② 권선저항
③ 누설 리액턴스
④ 역상 리액턴스

해설 돌발단락전류 $I_s = \dfrac{E}{X_l}$ [A]

$X_s = X_a + X_l$ (여기서, X_a : 반작용 리액턴스, X_l : 누설 리액턴스)

동기기에서 저항은 누설 리액턴스에 비하여 적으며, 전기자 반작용은 단락전류가 흐른 후에 작용하므로 돌발단락전류를 제한하는 것은 누설 리액턴스이다.

67. 영구자석을 회전자로 하고, 회전자의 자극 근처에 반대극성의 자극을 가까이 놓고 회전시킬 때, 회전자가 이동하는 자석에 흡인되어 회전하는 전동기는? [53회 13.4.]
① 유도 전동기
② 직권 전동기
③ 동기 전동기
④ 분권 전동기

해설 동기 전동기는 유도 전동기와 원리는 거의 유사하며, 구조는 동기 발전기와 동일하다.

정답 64 ③ 65 ② 66 ③ 67 ③

68. 동기 임피던스가 작은 동기 발전기는? [46회 09.7.]

① 단락비가 작다.
② 전기자 반작용이 작다.
③ 전압변동률이 크다.
④ 과부하 내량이 작다.

해설
- % 동기 임피던스(I_s') : % 동기 임피던스와 단락비는 반비례관계가 있다.

$$Z_s' = \frac{1}{K_s} \;(K_s : 단락비)$$

- 단락비가 큰 동기 발전기의 특성
  - 동기 임피던스가 작다.
  - 전압변동률이 작다.
  - 출력이 크다.
  - 전기자 반작용이 작다.
  - 과부하 내량이 크고, 안정도가 높다.
  - 자기여자현상이 작다.
  - 철손이 증가하여 효율이 약간 감소한다.

69. % 동기 임피던스가 130[%]인 3상 동기 발전기의 단락비는 약 얼마인가?
[43회 08.3.], [64회 18.7.], [66회 19.7.], [69회 21.2.]

① 0.7
② 0.77
③ 0.8
④ 0.88

해설 % 동기 임피던스 = $\frac{1}{단락비}$ 에서

단락비 = $\frac{1}{130} \times 100 ≒ 0.769$

70. 병렬운전 중 A, B 두 동기 발전기에서 A 발전기의 여자를 B보다 강하게 하면 A 발전기는 어떻게 변화되는가? [43회 08.3.]

① 90° 진상전류가 흐른다.
② 90° 지상전류가 흐른다.
③ 동기화 전류가 흐른다.
④ 부하전류가 증가한다.

해설 무효순환전류(무효횡류)

병렬운전시 기전력의 크기가 다를 때 발전기 사이를 흐르는 전류를 말하며, 90° 늦은 지상전류이다.

$$I_c = \frac{E_a - E_b}{2Z_s}\,[A]$$

정답 68 ② 69 ② 70 ②

PART 5 전기기기

71 회전 전기자형 동기 발전기에서 3상 교류기전력은 어느 부분을 통하여 출력하는가? [41회 07.4.], [47회 10.3.]

① 모선
② 전기자권선
③ 회전자권선
④ 슬립링

해설 기전력은 슬립링을 통하여 출력한다.

72 교류 서보 전동기(servo motor)로 많이 사용되는 것은? [50회 11.7.]

① 콘덴서형 전동기
② 권선형 유도 전동기
③ 타여자 전동기
④ 영구자석형 동기 전동기

해설 서보 전동기(servomotor)는 변화무쌍한 위치, 속도 등에 신속히 대응하고 추종할 수 있는 전동기를 말하며, 영구자석형 동기 전동기가 주로 이용된다.

73 주상변압기 철심용 규소강판의 두께는 보통 몇 [mm] 정도를 사용하는가? [41회 07.4.], [46회 09.7.]

① 0.01
② 0.05
③ 0.35
④ 0.85

해설 **변압기철심(core)**
투자율과 저항률이 크고, 히스테리시스손이 작은 규소강판을 성층하여 사용
- 규소 함유량 : 4~4.5[%]
- 강판의 두께 : 0.35[mm](회전자철심 : 0.35~0.5[mm], 1~1.4[%])

74 다음 중 변압기의 효율(η)을 나타낸 것으로 가장 알맞은 것은? [45회 09.3.], [66회 19.7.]

① $\eta = \dfrac{출력}{입력+손실} \times 100[\%]$
② $\eta = \dfrac{입력}{출력+손실} \times 100[\%]$
③ $\eta = \dfrac{입력}{입력+손실} \times 100[\%]$
④ $\eta = \dfrac{출력}{출력+손실} \times 100[\%]$

정답 71 ④ 72 ④ 73 ③ 74 ④

해설 효율(η)

$$\eta = \frac{출력}{입력} \times 100[\%] = \frac{출력}{출력+손실} \times 100[\%]$$

- 전부하효율 $\eta = \dfrac{VI\cos\theta}{VI\cos\theta + P_i + P_c(I^2r)} \times 100[\%]$

- $\dfrac{1}{m}$ 부하시 효율 $\eta = \dfrac{\dfrac{1}{m}VI\cos\theta}{\dfrac{1}{m}VI\cos\theta + P_i + \left(\dfrac{1}{m}\right)^2 P_c} \times 100[\%]$

- 전일효율(1일 동안의 효율) $\eta_d = \dfrac{\sum h\, VI\cos\theta}{\sum h \cdot VI\cos\theta + 24P_i + \sum h I^2 \cdot r} \times 100[\%]$

  (여기서, $\sum h$: 1일 동안 총 부하시간)

75. 변압기의 효율이 최고일 조건은? [52회 12.7.], [65회 19.3.], [69회 21.2.]

① 철손 = $\dfrac{1}{2}$동손
② 동손 = $\dfrac{1}{2}$철손
③ 철손 = 동손
④ 철손 = (동손)^2

해설 최대 효율은 무부하손(여기서, 고정손, 철손) = 부하손(여기서, 가변동, 동손)일 때이다.
여기서, P_i : 철손, P_c : 동손이며 부하가 m배이면 η_m는 $P_i = m^2 P_c$이다.

76. 정격 150[kVA], 철손 1[kW], 전부하 동손이 4[kW]인 단상 변압기의 최대 효율은? [54회 13.7.]

① 약 96.8[%]
② 약 97.4[%]
③ 약 98.0[%]
④ 약 98.6[%]

해설 $\eta_{\frac{1}{m}} = \dfrac{\dfrac{1}{m}VI\cos\theta}{\dfrac{1}{m}VI\cos\theta + P_i + \left(\dfrac{1}{m}\right)^2 P_c} \times 100[\%]$에서

$P_i = m^2 P_c \rightarrow m = \sqrt{\dfrac{P_i}{P_c}} = \sqrt{\dfrac{1}{4}} = \dfrac{1}{2}$ 이므로

$\therefore \eta_{\frac{1}{m}} = \dfrac{\dfrac{1}{2} \times 150 \times 10^3}{\dfrac{1}{2} \times 150 \times 10^3 + 1 \times 10^3 + \left(\dfrac{1}{2}\right)^2 \times 4 \times 10^3} \times 100[\%] = 97.4[\%]$

정답 75 ③ 76 ②

77. 변압기의 전일효율을 최대로 하기 위한 조건은? [51회 12.4.], [64회 18.7.]

① 전부하시간이 길수록 철손을 작게 한다.
② 전부하시간이 짧을수록 무부하손을 작게 한다.
③ 전부하시간이 짧을수록 철손을 크게 한다.
④ 부하시간에 관계없이 전부하동손과 철손을 같게 한다.

해설 전일효율(η_d)

하루 중의 출력전력량과 입력전력량의 비를 의미하며

$$\eta_d = \frac{\sum h\, VI\cos\theta}{\sum h\, VI\cos\theta + 24P_i + \sum h P_c} \times 100 [\%]$$

전일효율을 최대로 하기 위해서는 $24P_i = hP_c$에서 부하시간 h는 $h < 24$이므로 $P_i < P_c$가 된다.
∴ 전부하시간이 짧을수록 무부하손(P_i)을 작게 한다.

78. 3상 변압기의 병렬운전이 불가능한 결선은?
[47회 10.3.], [51회 12.4.], [66회 19.7.], [69회 21.2.]

① △-Y와 Y-Y
② Y-△와 Y-△
③ △-Y와 Y-△
④ △-△와 Y-Y

해설 3상 변압기의 병렬운전시에는 각 변위가 같아야 하며 홀수(△, Y)는 각 변위가 다르므로 병렬운전이 불가능하다.

[참고] 변압기군의 병렬운전조합

병렬운전이 가능한 경우	병렬운전이 불가능한 경우
Y-Y와 Y-Y	△-Y와 Y-Y
△-△와 △-△	△-△와 △-Y
△-Y와 △-Y	
Y-△와 Y-△	
△-△와 Y-Y	
△-Y와 Y-△	

79. 변압기의 철손이 P_i[kW], 전부하동손이 P_c[kW]일 때 정격출력의 $\frac{1}{2}$인 부하를 걸었다면 전손실은? [48회 10.7.]

① $\frac{1}{4}(P_i + P_c)$
② $\frac{1}{4}P_i + P_c$
③ $P_i + \frac{1}{4}P_c$
④ $4(P_i + P_c)$

정답 77 ② 78 ① 79 ③

해설 $\frac{1}{m}$ 부하에서의 효율$\left(\eta_{\frac{1}{m}}\right)$

$$\eta_{\frac{1}{m}} = \frac{\frac{1}{m}VI\cos\theta}{\frac{1}{m}VI\cos\theta + P_i + \left(\frac{1}{m}\right)^2 P_c} \times 100[\%] \text{에서}$$

전손실$(P_l) = P_i + \left(\frac{1}{m}\right)^2 P_c = P_i + \left(\frac{1}{2}\right)^2 P_c = P_i + \frac{1}{4}P_c$

80. 변압기에 콘서베이터(conservator)를 설치하는 목적은? [49회 11.4.], [66회 19.7.]
① 절연유의 열화 방지
② 누설 리액턴스 감소
③ 코로나 현상 방지
④ 냉각효과 증진을 위한 강제통풍

해설 콘서베이터의 목적

변압기 부하의 변화에 따르는 호흡작용에 의한 변압기 기름의 팽창, 수축이 콘서베이터의 상부에서 행하여지게 되므로 높은 온도의 기름이 직접 공기와 접촉하는 것을 방지하여 기름의 열화를 방지하는 것이다.

81. 변압기 절연유의 구비조건이 아닌 것은? [41회 07.4.]
① 응고점이 낮을 것
② 절연내력이 높을 것
③ 점도가 클 것
④ 인화점이 높을 것

해설 변압기 유(Oil)
- 냉각효과와 절연내력 증대
- 구비조건
  - 절연내력이 클 것
  - 점도가 낮을 것
  - 인화점이 높고 응고점은 낮을 것
  - 화학작용과 침전물이 없을 것

82. 3상에서 2상으로 변환할 수 없는 변압기 결선 방식은? [43회 08.3.]
① 포크결선
② 스코트결선
③ 메이어결선
④ 우드브리지결선

정답 80 ① 81 ③ 82 ①

PART 5 전기기기

해설
- 3상에서 2상으로 변환 : 대용량 단상 부하 전원공급 시
  - 스코트(Scott)결선(T결선)
  - 메이어(Meger)결선
  - 우드브리지(Wood Bridge)결선
- 3상에서 6상으로 변환 : 정류기 전원공급 시
  - 2중 Y결선, △결선
  - 환상결선
  - 대각결선
  - 포크(fork)결선

83. △결선 변압기의 1대가 고장으로 제거되어 V결선으로 할 때 공급가능한 전력은 고장 전의 약 몇 [%]인가? [46회 09.7.]

① 57.7
② 66.6
③ 75
④ 86.6

해설 V결선의 특징
- 2대의 단상 변압기로 3상 부하에 전원공급
- 이용률 $= \dfrac{\sqrt{3}\,P_1}{2P_1} = \dfrac{\sqrt{3}}{2} = 86.6[\%]$
- 출력비 $= \dfrac{P_V}{P_\triangle} = \dfrac{\sqrt{3}\,P_1}{3P_1} = \dfrac{1}{\sqrt{3}} = 57.7[\%]$

84. % 저항강하가 1.3[%], % 리액턴스강하가 2[%]인 변압기가 있다. 전부하역률 80[%](뒤짐)에서의 전압변동률은 약 몇 [%]인가? [41회 07.4.]

① 1.35
② 1.86
③ 2.18
④ 2.24

해설
- 전압변동률(ε)
  $$\varepsilon = \dfrac{V_{20} - V_{2n}}{V_{2n}} \times 100[\%]$$
  (여기서, V_{20} : 2차 무부하전압, V_{2n} : 2차 전부하전압)
- 백분율 강하의 전압변동률(ε)
  $\varepsilon = p\cos\theta \pm q\sin\theta[\%]$ (여기서, + : 지역률, − : 진역률, P : % 저항강하, q : % 리액턴스강하)
  $\therefore \varepsilon = 1.3 \times 0.8 + 2 \times 0.6 = 2.24[\%]$

정답 83 ① 84 ④

85
20[kVA] 3,300/210[V] 변압기의 1차 환산 등가 임피던스가 $6.2+j7[\Omega]$일 때 백분율 리액턴스 강하는? [48회 10.7.]

① 약 1.29[%]　　② 약 1.75[%]
③ 약 8.29[%]　　④ 약 9.35[%]

해설 % 리액턴스 강하(q)

$$q = \frac{I_1 x}{V_1} \times 100[\%] \left(I_1 = \frac{P_a}{V_1} = \frac{20 \times 10^3}{3,300} \fallingdotseq 6.06[A] \right)$$
$$= \frac{7 \times 6.06}{3,300} \times 100[\%] \fallingdotseq 1.285[\%]$$

86
권수비 30인 단상 변압기가 전부하에서 2차 전압이 115[V], 전압변동률이 2[%]라 한다. 1차 단자전압은? [49회 11.4.]

① 3,381[V]　　② 3,450[V]
③ 3,519[V]　　④ 3,588[V]

해설 1차측 단자전압 V_{10}

$$V_{10} = V_{1n}\left(1 + \frac{\varepsilon}{100}\right) = a V_{2n}\left(1 + \frac{\varepsilon}{100}\right)$$
$$= 30 \times 115\left(1 + \frac{2}{100}\right)$$
$$= 3,519[V]$$

87
변압기의 전압변동률을 작게 하려면 어떻게 해야 하는가? [41회 07.4.], [44회 08.7.], [46회 09.7.]

① 권선의 리액턴스를 작게 한다.
② 권선의 임피던스를 크게 한다.
③ 권수비를 작게 한다.
④ 권수비를 크게 한다.

해설 변압기의 전압변동률은 권선의 리액턴스와 비례하며, 임피던스전압이 크면 전압변동률도 따라서 커진다.

정답 85 ①　86 ③　87 ①

88. 변압기에 대한 설명으로 잘못된 것은? [42회 07.7.]

① 변압기의 호흡작용은 기름의 열화의 원인이 된다.
② 변압기의 임피던스전압이 크면 전압변동률은 작다.
③ 변압기의 온도상승에 영향이 가장 큰 것은 동손이다.
④ 무부하시험에서는 고압 쪽을 개방하고 저압 쪽에 기계를 단다.

해설 임피던스 전압(V_s)이란 2차측을 단락하였을 때 전류가 정격전류와 같은 값을 가질 때의 1차 인가전압으로 전압변동률과는 반비례한다.

89. 변압기에서 임피던스의 전압을 걸 때 입력은? [52회 12.7.]

① 정격용량
② 철손
③ 전부하시의 전손실
④ 임피던스와트

해설
- 임피던스전압(V_s) : 2차측을 단락하였을 때 전류가 정격전류와 같은 값을 가질 때 1차 인가전압(정격전류에 의한 변압기 내 전압 강하)
- 임피던스와트(W_s) : 임피던스 전압 인가시 입력($W_s = I_n^2 \cdot \gamma = P_c$, 즉, 임피던스 와트=동손)

90. 다음 중 자기 누설 변압기의 가장 큰 특징은 어느 것인가? [50회 11.7.]

① 전압변동률이 크다.
② 단락전류가 크다.
③ 역률이 좋다.
④ 무부하손이 적다.

해설 보통 전력용 변압기는 누설자속을 적게 하여 전압변동률을 작게 하지만 누설 변압기는 누설 리액턴스가 크므로 전압변동률이 매우 크고, 역률도 나쁘다.

91. 변압기를 병렬운전하고자 할 때 갖추어져야 할 조건이 아닌 것은? [50회 11.7.]

① 극성이 같을 것
② 변압비가 같을 것
③ % 임피던스 강하가 같을 것
④ 출력이 같을 것

정답 88 ② 89 ④ 90 ① 91 ④

해설 변압기의 병렬운전조건
- 각 변압기의 극성이 같을 것(단상)
- 각 변압기의 권수비가 같을 것(단상)
- 각 변압기의 1차, 2차 정격전압이 같을 것(단상)
- 각 변압기의 % 임피던스 강하가 같을 것(단상)
- 상회전방향과 각 변위가 같을 것(3상)

→ 순환전류가 흐르지 않는다.

92. 단상 변압기 2대를 병렬운전하기 위한 조건으로 잘못된 것은? [42회 07.7.]
① 2차 유도기전력의 크기가 같아야 한다.
② 각 변압기의 저항과 리액턴스비가 같아야 한다.
③ 2차 권선의 폐회로에 순환전류가 흐르지 않아야 한다.
④ 각 변압기에 흐르는 부하전류가 임피던스에 비례해야 한다.

해설
- 병렬운전조건
  - 극성, 1차, 2차 정격전압 및 권수비가 같을 것
  - % 저항강하, % 리액턴스 강하가 같을 것
- 부하분담비
  - $\dfrac{I_a}{I_b} = \dfrac{\%Z_b}{\%Z_a} \cdot \dfrac{P_A}{P_B}$
  - 부하분담비는 누설 임피던스에 반비례하고, 용량에는 비례한다.

93. 다음 중 변압기의 병렬운전조건에 해당하지 않는 것은?
[44회 08.7.], [49회 11.4.], [69회 21.2.]
① 극성이 같아야 한다.
② 권수비, 1차 및 2차의 정격전압이 같아야 한다.
③ 각 변압기의 저항과 누설 리액턴스의 비가 같아야 한다.
④ 각 변압기의 임피던스가 정격용량에 비례해야 한다.

해설 병렬운전조건
- 극성, 1차, 2차 정격전압 및 권수비가 같을 것
- % 저항강하, % 리액턴스 강하가 같을 것

94. 단상 변압기를 병렬운전하는 경우 부하전류의 분담이 어떻게 되는가?
[41회 07.4.], [69회 21.2.]
① 임피던스에 비례
② 리액턴스에 비례
③ 임피던스에 반비례
④ 리액턴스에 반비례

정답 92 ④ 93 ④ 94 ③

해설 부하분담비

- $\dfrac{I_a}{I_b} = \dfrac{\%Z_b}{\%Z_a} \cdot \dfrac{P_A}{P_B}$
- 부하분담비는 누설 임피던스에 반비례하고, 용량에는 비례한다.

95. 변압기의 시험 중에서 철손을 구하는 시험은? [51회 12.4.], [66회 19.7.], [68회 20.7.]

① 극성시험 ② 단락시험
③ 무부하시험 ④ 부하시험

해설
- 변압기 등가회로

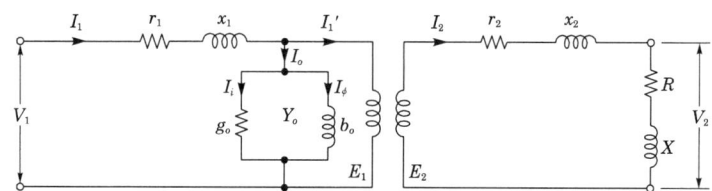

- 변압기의 등가회로 작성시 필요한 시험
  - 무부하시험 : I_0(여자전류), Y_0(여자 어드미턴스), P_i(철손)
  - 단락시험 : I_s, V_s, P_c(동손)
  - 권선저항 측정 : r_1, r_2

96. 변압기의 철손은 부하전류가 증가하면 어떻게 되는가? [44회 08.7.], [50회 11.7.]

① 변동이 없다. ② 감소한다.
③ 증가한다. ④ 변압기에 따라 다르다.

해설 무부하시 시험으로 철손을 구하므로 부하전류와는 무관하다.

97. 변압기의 철손과 동손을 측정할 수 있는 시험은? [44회 08.7.]

① 철손 : 무부하시험, 동손 : 단락시험
② 철손 : 무부하시험, 동손 : 절연내력시험
③ 철손 : 부하시험, 동손 : 유도시험
④ 철손 : 단락시험, 동손 : 극성시험

해설 무부하시험에서 철손(P_i), 단락시험에서 동손(P_c)을 구한다.

정답 95 ③ 96 ① 97 ①

98 변압기의 등가회로 작성에 필요 없는 시험은? [45회 09.3.]

① 단락시험　　② 반환부하법
③ 무부하시험　　④ 저항측정시험

해설 변압기의 등가회로 작성시 필요한 시험
- 무부하시험 : I_0(여자전류), Y_0(여자 어드미턴스), P_i(철손)
- 단락시험 : I_s, V_s, P_c(동손)
- 권선저항측정 : r_1, r_2

99 변압기에서 부하전류 및 전압은 일정하고, 주파수만 낮아지면 변압기는 어떻게 되는가?
[45회 09.3.], [64회 18.7.], [67회 20.4.]

① 철손이 증가한다.　　② 철손이 감소한다.
③ 동손이 증가한다.　　④ 동손이 감소한다.

해설 히스테리시스손(P_h)

$P_h = \sigma_h f B_m^{1.6}$에서 전압이 일정하면

$P_h = \sigma h f \left(\dfrac{K_h}{f}\right)^{1.6} = \sigma_h f^{-0.6} \cdot K_h^{1.6} = K f^{-0.6}$

즉, 공급전압이 일정하면 철손(P_i)은 주파수에 반비례한다.

100 변압기의 온도상승시험을 하는 데 가장 좋은 방법은? [42회 07.7.]

① 실부하시험법　　② 단락시험법
③ 충격전압시험법　　④ 전전압시험법

해설 한쪽 권선을 단락하여 손실(부하손+무부하손)을 공급하여 온도상승을 측정하는 방법으로 단락시험법이 있다.

101 다음 중 변압기의 누설 리액턴스를 줄이는 데 가장 효과적인 방법은?
[51회 12.4.], [54회 13.7.]

① 권선을 분할하여 조립한다.　　② 코일의 단면적을 크게 한다.
③ 권선을 동심 배치시킨다.　　④ 철심의 단면적을 크게 한다.

정답 98 ② 99 ① 100 ② 101 ①

해설 변압기의 누설 리액턴스(X_L)

자속 $\phi = \dfrac{F}{R_m} = \dfrac{NI}{\dfrac{l}{\mu s}} = \dfrac{\mu s NI}{l}$ [Wb]

$N\phi = LI$에서 $L = \dfrac{N\phi}{I} = \dfrac{\mu N^2 S}{l}$ [H]

$X_L = \omega L = 2\pi f \dfrac{\mu N^2 S}{l}$

∴ $X_L \propto N^2$ (누설리액턴스는 권수의 제곱에 비례하고, 누설리액턴스를 줄이는 방법으로 권선을 분할하여 조립한다.)

102
정격 30[kVA], 1차측 전압 6,600[V], 권수비 30인 단상 변압기의 2차측 정격전류는 약 몇 [A]인가? [53회 13.4.]

① 93.2[A]　　② 136.4[A]
③ 220.7[A]　　④ 455.5[A]

해설 권선비 $\alpha = \dfrac{N_1}{N_2} = \dfrac{I_2}{I_1} = \dfrac{V_1}{V_2} = \sqrt{\dfrac{Z_1}{Z_2}}$ 에서 $30 = \dfrac{6,600}{V_2}$ 이므로 $V_2 = 220$[V]

$I_2 = \dfrac{P_2}{V_2} = \dfrac{30 \times 10^3}{220} ≒ 136.36$[A]

103
용량 10[kVA]의 단권 변압기에서 전압 3,000[V]를 3,300[V]로 승압시켜 부하에 공급할 때 부하용량[kVA]은? [53회 13.4.]

① 1.1[kVA]　　② 11[kVA]
③ 110[kVA]　　④ 990[kVA]

해설 $\dfrac{\text{자기용량}}{\text{부하용량}} = \dfrac{V_2 - V_1}{V_2}$ 에서

부하용량 $=$ 자기용량$\left(\dfrac{V_2}{V_2 - V_1}\right) = 10 \times 10^3 \left(\dfrac{3,300}{3,300 - 3,000}\right) = 110 \times 10^3 = 110$[kVA]

104
1차 전압 200[V], 2차 전압 220[V], 50[kVA]인 단상 단권변압기의 부하용량[kVA]은? [52회 12.7.]

① 25[kVA]　　② 50[kVA]
③ 250[kVA]　　④ 550[kVA]

정답　102 ②　103 ③　104 ④

해설 부하용량 = 자기용량 $\left(\dfrac{V_2}{V_2-V_1}\right) = 50 \times 10^3 \left(\dfrac{220}{220-200}\right)$
$= 550 \times 10^3 = 550[\text{kVA}]$

105
1차 전압 2,200[V], 무부하 전류 0.088[A], 철손 110[W]인 단상 변압기의 자화전류는?
[47회 10.3.]

① 50[mA]
② 72[mA]
③ 88[mA]
④ 94[mA]

해설 자화전류(I_μ)
$I_0 = \sqrt{I_\mu^2 + I_w^2}$ (여기서, I_0 : 여자전류, I_μ : 자화전류, I_w : 철손전류)
∴ $I_\mu = \sqrt{I_0^2 - I_w^2} \left(I_w = \dfrac{P_i}{V_1} = \dfrac{110}{2,200} = \dfrac{1}{20} = 0.05[\text{A}]\right)$
$= \sqrt{0.088^2 - 0.05^2} ≒ 0.0724 ≒ 72[\text{mA}]$

106
500[kVA]의 단상 변압기 4대를 사용하여 과부하가 되지 않게 사용할 수 있는 3상 전력의 최대값은?
[47회 10.3.]

① 약 866[kVA]
② 약 1,500[kVA]
③ 약 1,732[kVA]
④ 약 3,000[kVA]

해설 V결선 2뱅크를 연결하고 V결선 시 출력 P_V에서 2배의 출력이 나오게 하면 된다.
∴ 최대출력 = $2\sqrt{3}P = 2\sqrt{3} \times 500[\text{kVA}] ≒ 1,732[\text{kVA}]$

107
단권 변압기에 대한 설명으로 옳지 않은 것은?
[54회 13.7.]

① 1차 권선과 2차 권선의 일부가 공통으로 되어 있다.
② 3상에는 사용할 수 없는 단점이 있다.
③ 동일 출력에 대하여 사용재료 및 손실이 적고 효율이 높다.
④ 단권 변압기는 권선비가 1에 가까울수록 보통 변압기에 비하여 유리하다.

해설 단상 변압기를 3상 변압하기 위한 방법으로 △-△결선, Y-Y결선, △-Y결선, Y-△결선, V-V 결선방식 등이 있다.

정답 105 ② 106 ③ 107 ②

PART 5 전기기기

108 변압기의 여자전류의 파형은? [43회 08.3.], [44회 08.7.], [52회 12.7.]
① 파형이 나타나지 않는다.
② 왜형파
③ 사인파
④ 구형파

해설 여자전류의 파형에서 전압을 유지하는 자속은 정현파이나, 자속을 만드는 여자전류는 철심의 포화와 히스테리시스 현상 때문에 일그러져 첨두파(왜형파)가 된다.

109 변압기에 있어서 부하와는 관계없이 자속만을 발생시키는 전류는? [44회 08.7.]
① 철손전류
② 자화전류
③ 여자전류
④ 1차전류

해설 여자전류
변압기의 철심에는 히스테리시스 현상이 있으므로 정현파 자속을 발생하기 위해서는 여자전류의 파형은 고조파를 포함한 왜형파가 된다. 고조파 중에서 제일 큰 것이 제3고조파이며, 부하와는 관계없이 자속만 발생시키는 전류이다.

110 일정 전압으로 사용하는 용접용 변압기에서 1차 전류가 증가하게 될 때 이 2차 전류를 주로 억제하는 것은? [43회 08.3.], [69회 21.2.]
① 1차 권선의 저항
② 2차 권선의 저항
③ 누설 리액턴스
④ 누설 커패시턴스

해설 누설 리액턴스를 이용하여 2차측 전류를 제어한다.

111 60[Hz]의 전원에 접속된 4극, 3상 유도전동기의 슬립이 0.05일 때의 회전속도는? [48회 10.7.], [69회 21.2.]
① 90[rpm]
② 1,710[rpm]
③ 1,890[rpm]
④ 36,000[rpm]

해설 회전속도(N)

$$N = N_s(1-s) = \frac{120f}{P}(1-s)[\text{rpm}]$$
$$= \frac{120 \times 60}{4}(1-0.05) = 1,710[\text{rpm}]$$

정답 108 ② 109 ③ 110 ③ 111 ②

112

6극 60[Hz]인 3상 유도 전동기의 슬립이 4[%]일 때, 이 전동기의 회전수는 몇 [rpm]인가?

[54회 13.7.], [66회 19.7.]

① 952
② 1,152
③ 1,352
④ 1,552

해설 회전속도(N)

$$N = N_s(1-s) = \frac{120f}{P}(1-s)[\text{rpm}]$$

$$= \frac{120 \times 60}{6}(1-0.04) = 1,152[\text{rpm}]$$

113

동기각속도 ω_s, 회전각속도 ω인 유도 전동기의 2차 효율은?

[46회 09.7.]

① $\dfrac{\omega_s - \omega}{\omega}$
② $\dfrac{\omega_s - \omega}{\omega_s}$
③ $\dfrac{\omega_s}{\omega}$
④ $\dfrac{\omega}{\omega_s}$

해설
- 1차 효율 : $\eta_1 = \dfrac{P}{P_1} \times 100 = \dfrac{P}{\sqrt{3}\,VI\cos\theta} \times 100[\%]$
- 2차 효율 : $\eta_2 = \dfrac{P_0}{P_2} = \dfrac{P_2(1-s)}{P_2} = (1-s) = \dfrac{N}{N_s} = \dfrac{2\pi\omega}{2\pi\omega_s} = \dfrac{\omega}{\omega_s}$

114

2극과 8극 2대의 3상 유도 전동기를 차동접속법으로 속도제어를 할 때 전원주파수가 60[Hz]인 경우 무부하속도 N_0는 몇 [rpm]인가?

[52회 12.7.]

① 1,800[rpm]
② 1,200[rpm]
③ 900[rpm]
④ 720[rpm]

해설 속도제어
- 1차 전압제어
- 2차 저항제어
- 주파수제어
- 극수변환
- 2차 여자제어법

정답 112 ② 113 ④ 114 ②

PART 5 전기기기

- 종속법
  - 무부하속도 $(N_0) = \dfrac{120f}{P_0}$ [rpm]
  - 직렬종속 : $P_0 = P_1 + P_2$
  - 차동종속 : $P_0 = P_1 - P_2$
  - 병렬종속 : $P_0 = \dfrac{P_1 + P_2}{2}$

  $\therefore N_0 = \dfrac{120f}{P_1 - P_2} = \dfrac{120 \times 60}{8-2} = 1,200$ [rpm]

115
정격출력 5[kW], 회전수 1,800[rpm]인 3상 유도 전동기의 토크는 약 몇 [N·m]인가?

[41회 07.4.], [64회 18.7.]

① 2.7
② 26.5
③ 79.5
④ 259.7

해설 유도 전동기의 토크(torque : 회전력)

$$T = \dfrac{P}{\omega} = \dfrac{P}{2\pi\dfrac{N}{60}} = \dfrac{60P}{2\pi N} = \dfrac{60 \times 5 \times 10^3}{2 \times 3.14 \times 1,800} \fallingdotseq 26.539 \,[\text{N} \cdot \text{m}]$$

116
3상 유도 전동기의 회전력은 단자전압과 어떤 관계인가?

[52회 12.7.]

① 단자전압에 무관하다.
② 단자전압에 비례한다.
③ 단자전압 2승에 비례한다.
④ 단자전압의 $\dfrac{1}{2}$ 승에 비례한다.

해설 공급 전압(V_1) 일정 상태에서 슬립과 토크의 관계곡선의 동기와트로 표시한 토크(T)

$$T_s = P_2 = I_2^2 \dfrac{r_2}{s} = I_1^2 \dfrac{r_2'}{s} \text{에서}$$

$$T_s = \dfrac{V_1^2 \dfrac{r_2'}{s}}{\left(r_1 + \dfrac{r_2'}{s}\right)^2 + (x_1 + x_2)^2} = KV_1^2 [\text{N} \cdot \text{m}]$$

정답 115 ② 116 ③

117

3상 유도 전동기의 전전압 기동토크는 전부하시의 4.8배이다. 전전압의 $\frac{2}{3}$로 기동할 때 기동토크는 전부하시의 약 몇 배인가? [47회 10.3.]

① 1.6배
② 2.1배
③ 3.2배
④ 7.2배

해설 기동토크 $T = KV^2$에서
$T_1 = KV_1^2 = 4.8T$
$T_2 = K\left(\frac{2}{3}V_1\right)^2 = \left(\frac{2}{3}\right)^2 4.8T \fallingdotseq 2.13T$

118

3상 유도 전동기의 2차 동손, 2차 입력, 슬립을 각각 P_c, P_2, s라 하면 관계식은? [53회 13.4.], [68회 20.7.]

① $P_c = sP_2$
② $P_c = \dfrac{P_2}{s}$
③ $P_c = \dfrac{s}{P_2}$
④ $P_c = \dfrac{1}{sP_2}$

해설 2차 입력, 2차 동손, 슬립의 관계식

- 2차 입력$(P_2) = I_2^2 \dfrac{r_2}{s}$
- 2차 동손$(P_c) = I_2^2 \cdot r_2$

∴ $P_c : P_2 = I_2^2 \cdot r_2 : I_2^2 \cdot \dfrac{r_2}{s} = 1 : \dfrac{1}{s}$

$P_2 = \dfrac{1}{s}P_c$이므로 $P_c = sP_2$

119

유도 전동기의 2차 입력, 2차 동손 및 슬립을 각각 P_2, P_{C_2}, s라 하면 이들 관계식은? [43회 08.3.], [51회 12.4.]

① $s = P_2 \cdot P_{C_2}$
② $s = P_{C_2} + P_2$
③ $s = \dfrac{P_2}{P_{C_2}}$
④ $s = \dfrac{P_{C_2}}{P_2}$

정답 117 ② 118 ① 119 ④

해설 P_{C_2}(2차 동손), P_2(2차 입력)

$$P_{C_2} : P_2 = 1 : \frac{1}{s} \text{이므로 } P_2 = \frac{1}{s}P_{C_2}$$

$$\therefore s = \frac{P_{C_2}}{P_2}$$

120 3상 유도 전동기의 2차 입력이 P_2, 슬립이 s라면 2차 저항손은 어떻게 표현되는가?

[44회 08.7.]

① sP_2
② $\dfrac{P_2}{s}$
③ $\dfrac{1-s}{P_2}$
④ $\dfrac{P_2}{1-s}$

해설 $P_{C_2} = sP_2$

121 3상 유도 전동기의 2차 입력 P_2, 슬립 s이면 2차 동손은 어떻게 표현되는가?

[45회 09.3.]

① sP_2
② $(2s-1)P_2$
③ $(s+1)P_2$
④ $(1-s)P_2$

해설 $P_2 : P_0 : P_{c2} = 1 : 1-s : s$ 이므로 $P_2 : P_{c2} = 1 : s$
2차 동손 $P_{c2} = sP_2$가 된다.

122 220[V]인 3상 유도 전동기의 전부하슬립이 3[%]이다. 공급전압이 200[V]가 되면 전부하 슬립은 약 몇 [%]가 되는가?

[43회 08.3.]

① 3.6
② 4.2
③ 4.8
④ 5.4

해설 슬립과 공급전압의 관계식

$$\frac{s'}{s} = \left(\frac{V_1}{V_1'}\right)^2 \text{이므로}$$

$$s' = s\left(\frac{V_1}{V_1'}\right)^2 = 0.03\left(\frac{220}{200}\right)^2 \fallingdotseq 3.6[\%]$$

정답 120 ① 121 ① 122 ①

123
3상 유도 전동기가 입력 60[kW], 고정자 철손 1[kW]일 때 슬립 5[%]로 회전하고 있다면 기계적 출력은? [49회 11.4.], [70회 21.7.]

① 약 56[kW] ② 약 59[kW]
③ 약 64[kW] ④ 약 69[kW]

해설 P_2(2차 입력)$= P_1$(1차 입력)$- P_l$(손실)$= 60 - 1 = 59$[kW]

$P_2 = \dfrac{P_0}{1-s}$ (여기서, P_0 : 기계적 출력)

∴ $P_0 = P_2(1-s) = 59 \times 10^3 \times (1-0.05) = 56.05 \times 10^3$[W] ≒ 56[kW]

124
유도 전동기의 제동방법 중 슬립의 범위를 1~2 사이로 하여 3선 중 2선의 접속을 바꾸어 제동하는 방법은? [50회 11.7.], [69회 21.2.]

① 직류제동 ② 회생제동
③ 발전제동 ④ 역상제동

해설 전기적 제동법
- 단상제동 : 단상전원을 공급하고 2차 저항증가, 부토크에 의해 제동
- 직류제동 : 직류전원공급, 발전제동
- 회생제동 : 전기에너지전원측에 환원하여 제동(과속억제)
- 역상제동 : 3선 중 2선의 결선을 바꾸어 역회전력에 의해 급제동

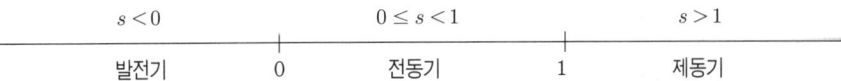

| $s<0$ | | $0 \leq s < 1$ | | $s>1$ |
| 발전기 | 0 | 전동기 | 1 | 제동기 |

125
권선형 유도 전동기 기동법으로 알맞은 것은? [54회 13.7.]

① 직입기동법 ② 2차 저항 기동법
③ 콘돌퍼 방식 ④ Y-△ 기동법

해설 유도 전동기의 기동법(시동법)
- 권선형
  - 2차 저항 기동법 : 기동전류는 감소하고, 기동토크는 증가
  - 게르게스 기동법
- 농형
  - 직입기동법(전전압 기동) : 출력 $P=5$[HP] 이하(소형)

정답 123 ① 124 ④ 125 ②

PART 5 전기기기

- Y-△기동법 : 출력 $P=5\sim15[\text{kW}]$(중형), 기동전류 $\frac{1}{3}$로 감소, 기동토크 $\frac{1}{3}$로 감소
- 리액터 기동법 : 리액터에 의해 전압강하를 일으켜 기동전류를 제한하여 기동하는 방법
- 기동보상기법 : 출력 $P=20[\text{kW}]$ 이상(대형), 강압용 단권 변압기에 의해 인가전압을 감소시켜 공급하므로 기동전류를 제한하여 기동하는 방법

★126 농형 유도 전동기 기동법이 아닌 것은? [42회 07.7.]

① 직입기동 ② 2차 저항 기동법
③ 콘돌퍼 방식 ④ Y-△ 기동법

해설 • 권선형 : 2차 저항 기동법
• 농형 : 직입기동법, Y-△ 기동법, 리액터 기동법, 기동보상기법 등이 있다.

★127 10[kW]의 농형 유도 전동기의 기동방법으로 가장 적당한 것은? [50회 11.7.], [67회 20.4.]

① 전전압 기동법 ② Y-△ 기동법
③ 기동보상기법 ④ 2차 저항 기동법

해설 Y-△ 기동법
• 출력 $P=5\sim15[\text{kW}]$(중형)
• 기동전류 $\frac{1}{3}$로 감소
• 기동토크 $\frac{1}{3}$로 감소

★128 단상 유도 전동기의 기동방법 중 기동토크가 가장 큰 것은? [52회 12.7.], [65회 19.3.], [69회 21.2.]

① 분상 기동형 ② 콘덴서 기동형
③ 반발 기동형 ④ 셰이딩 코일형

해설 단상 유도 전동기의 기동 토크가 큰 순서로 배열
• 반발 기동형(반발 유도형)
• 콘덴서 기동형(콘덴서형)
• 분상 기동형
• 셰이딩 코일형

정답 126 ② 127 ② 128 ③

129
다음 중 3상 권선형 유도 전동기를 사용하는 주된 이유는? [46회 09.7.]

① 효율향상
② 역률개선
③ 기동특성의 향상
④ 소용량기기에 적용

해설 권선형 유도 전동기의 기동특징
- 슬립링을 거쳐서 회전자에 기동저항을 접속해서 행한다.
- 비례추이의 원리에 의해 기동전류는 감소한다.
- 기동토크는 증가하는 이상적인 기동을 행할 수 있다.

130
3상 유도 전동기를 불평형 전압으로 운전하는 경우 ㉠ 토크와 ㉡ 입력은? [49회 11.4.]

① ㉠ 증가, ㉡ 감소
② ㉠ 감소, ㉡ 증가
③ ㉠ 증가, ㉡ 증가
④ ㉠ 감소, ㉡ 감소

해설 3상 유도 전동기의 특징
- 회전자의 속도가 증가할수록 회전자측에 유기되는 기전력 감소
- 회전자의 속도가 증가할수록 회전자권선의 임피던스 감소
- 전동기의 부하가 증가하면 슬립은 증가
- 불평형전압으로 운전하면 토크는 감소하고, 입력은 증가

131
권선형 유도 전동기에서 2차측 저항을 2배로 하면 그 최대 토크는 몇 배로 되는가?
[45회 09.3.], [54회 13.7.], [66회 19.7.], [69회 21.2.]

① $\frac{1}{2}$
② $\sqrt{2}$
③ 2
④ 불변

해설 권선형 유도 전동기의 2차 회로에 저항을 삽입하는 목적(비례추이의 원리)
- 기동토크 증대
- 기동전류 감소
- 속도제어 가능
- ※ 최대 토크는 일정하다.

정답 129 ③ 130 ② 131 ④

132
3상 유도 전동기에서 2차측 저항을 2배로 하면 그 최대 토크는 몇 배로 되는가?

[43회 08.3.]

① 2배가 된다.
② $\frac{1}{2}$로 줄어든다.
③ $\sqrt{2}$배가 된다.
④ 변하지 않는다.

해설 문제 131번 해설 참조

133
주파수 60[Hz]로 제작된 3상 유도 전동기를 동일한 전압의 50[Hz] 전원으로 사용할 때 나타나는 현상은?

[47회 10.3.], [53회 13.4.]

① 자속 감소
② 속도 증가
③ 철손 감소
④ 무부하전류 증가

해설 동일전압에서 낮은 주파수로 사용시 발생하는 현상
- $N = \frac{120f}{P}(1-s)$: f가 감소하면 속도가 감소하고, 냉각속도가 떨어져서 온도가 상승한다.
- $\phi_m = \frac{V_1}{4.44fNk_w} \propto \frac{1}{f}$: f가 감소하면 자속이 증가하여 여자전류가 증가하고, 역률이 낮아진다.
- 최대 토크는 증가한다.
- 누설 리액턴스는 감소하고, 철손이 증가하여 여자전류(무부하전류)가 증가한다.

134
60[Hz]로 설계된 유도기를 동일전압에서 50[Hz]로 사용할 때 낮아지거나 감소되는 것을 나열한 것으로 옳은 것은?

[48회 10.7.]

① 역률, 냉각속도, 누설 리액턴스
② 온도, 최대 토크, 자속
③ 역률, 철손, 기동전류
④ 자속, 냉각속도, 기동전류

해설 $\phi_m = \frac{V_1}{4.44fNk_w} \propto \frac{1}{f}$: f가 감소하면 자속이 증가하여 여자전류가 증가하고, 역률이 낮아진다.

135
유도 전동기의 속도 제어법 중에서 인버터를 사용하면 가장 효과적인 것은?

[43회 08.3.]

① 극수변환법
② 슬립변환법
③ 주파수변환법
④ 인가전환변환법

정답 132 ④ 133 ④ 134 ① 135 ③

해설 속도제어법
- 1차 전압제어 : $T \propto V_1^2$
- 2차 저항제어 : $T \propto \dfrac{r_2}{s}$
- 주파수제어 : 반도체 사이리스터에 의한 인버터는 직류를 교류로 변환하므로 주파수제어 가능
- 극수변환 : 고정자권선의 결선변환

136 유도 전동기의 속도제어 방법에서 특별한 보조장치가 필요 없고 효율이 좋으며, 속도 제어가 간단한 장점이 있으나, 결점으로는 속도의 변화가 단계적인 제어 방식은? [52회 12.7.]

① 극수변환법
② 주파수변환제어법
③ 전원전압제어법
④ 2차 저항제어법

해설 극수변환법
고정자권선의 결선변환에 의해서 보조장치가 필요없이 속도제어가 간단한 장점이 있고, 효율은 좋으나 속도변화가 단계적인 단점이 있다.(엘리베이터, 환풍기 등의 속도제어)

137 농형 유도 전동기의 속도제어를 위한 1차 주파수제어 방식이 아닌 것은?
[42회 07.7.], [46회 09.7.]

① 전압주파수제어
② 벡터제어
③ 슬립주파수제어
④ 일정전압제어

해설 1차 주파수제어 방식으로는 벡터제어 방식, 전압주파수제어 방식, 슬립주파수제어 방식이 있다.

138 유도 전동기의 토크가 전압의 제곱에 비례하여 변화하는 성질을 이용하여 유도 전동기의 속도를 제어하는 것은? [44회 08.7.]

① 극수변환 방식
② 전원전압제어법
③ 크래머 방식
④ 전원주파수변환법

해설 전원전압제어 방식은 토크가 전압의 제곱에 비례($T \propto V_1^2$)하는 성질을 이용하여 속도를 제어하는 방식이다.

정답 136 ① 137 ④ 138 ②

139. 인버터제어라고도 하며 유도 전동기에 인가되는 전압과 주파수를 변환시켜 제어하는 방식은?
[42회 07.7.], [49회 09.7.]

① VVVF제어 방식
② 궤환제어 방식
③ 워드레오나드 제어 방식
④ 1단 속도제어 방식

해설 VVVF(Variable Voltage Variable Frequency)는 전압과 주파수를 변환시켜서 제어하는 방식이다.

140. 유도 전동기의 1차 접속을 △에서 Y결선으로 바꾸면 기동시의 1차 전류는?
[51회 12.4.], [70회 21.7.]

① $\frac{1}{3}$로 감소한다.
② $\frac{1}{\sqrt{3}}$로 감소한다.
③ 3배로 증가한다.
④ $\sqrt{3}$배로 증가한다.

해설 △→Y 기동시 선간전압 V, 기동시의 1상 임피던스 Z, 선전류 I라 하면

- △결선의 경우 : $I_\triangle = \dfrac{\sqrt{3}\,V}{Z}$
- Y결선의 경우 : $I_Y = \dfrac{V}{\sqrt{3}\,Z}$

$$\therefore \frac{I_Y}{I_\triangle} = \frac{\dfrac{V}{\sqrt{3}\,Z}}{\dfrac{3\sqrt{V}}{Z}} = \frac{1}{3}$$

그러므로 △→Y로 변환하면 권선 내의 전류는 $\frac{1}{3}$배가 되며 Y→△로 변환하면 권선 내의 전류는 3배가 된다.

141. 크롤링 현상은 다음의 어느 것에서 일어나는가?
[42회 07.7.], [46회 09.7.]

① 농형 유도 전동기
② 직류 직권 전동기
③ 회전 변류기
④ 3상 직권 전동기

해설 크롤링(crawling) 현상
농형 유도 전동기를 기동할 때 낮은 속도의 어느 점에서 회전자가 걸려, 그 이상 가속되지 않고 전류가 매우 커져서 전동기를 태우는 경우가 있다. 이 현상을 차동기운전 또는 크롤링이라고 한다.

정답 139 ① 140 ① 141 ①

142
3상 유도 전동기의 전압이 200[V]이고, 전류가 8[A], 역률이 80[%]라 하면, 이 전동기를 10시간 사용했을 때의 전력량은 약 몇 [kWh]인가? [43회 08.3.]

① 12.8 ② 16.3
③ 22.2 ④ 27.8

해설 전력량(W)

$$W = \sqrt{3}\, VI\cos\theta t\,[\text{Wh}]$$
$$= \sqrt{3} \times 200 \times 8 \times 0.8 \times 10\,[\text{Wh}] \fallingdotseq 22.17\,[\text{kWh}]$$

143
소형 유도 전동기의 슬롯을 사구(skew slot)로 하는 이유는? [53회 13.4.]

① 기동토크를 증가시키기 위하여
② 게르게스 현상을 방지하기 위하여
③ 제동토크를 증가시키기 위하여
④ 크롤링을 방지하기 위하여

해설 사구(skew slot)

농형 회전자에서는 고정자와 회전자 슬롯수가 적당하지 않을 경우 기동에 지장이 생기거나(크롤링) 심한 소음을 내는 경우가 있다. 크롤링 현상을 경감시키기 위해서 회전자의 슬롯을 고정자 또는 회전자의 1슬롯 피치 정도 축방향에 대해서 경사지게 한다. 이와 같은 슬롯을 사구라고 한다.

144
220/380[V] 겸용 3상 유도 전동기의 리드선은 몇 가닥을 인출하는가? [54회 13.7.]

① 3 ② 4
③ 6 ④ 8

해설 220[V]와 380[V] 겸용으로 사용하기 위해서는 각각 3회선이 필요하므로 총 6회선이 필요하다.

145
분상기동형 단상 유도 전동기의 회전방향을 바꾸려면? [48회 10.7.]

① 주권선 및 기동권선 단자의 접속을 모두 바꾼다.
② 기동권선이나 주권선 중 어느 한 권선의 접속을 바꾼다.
③ 전원의 두 선을 바꾸어 접속한다.
④ 정지 후 손으로 회전방향을 바꾼 다음에 기동시킨다.

정답 142 ③ 143 ④ 144 ③ 145 ②

해설 분상기동형 단상 유도 전동기의 기동권선이나 주권선 중 어느 한 권선의 접속을 바꾸면 회전방향을 바꿀 수 있다.

146
다음은 콘덴서형 전동기회로로서 보조권선에 콘덴서를 접속하여 보조권선에 흐르는 전류와 주권선에 흐르는 전류의 위상차를 더욱 크게 한 것으로 회로에 사용한 콘덴서의 목적으로 옳지 않은 것은? [53회 13.4.]

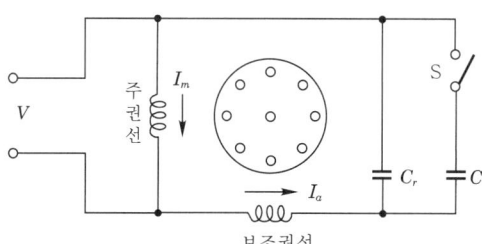

① 정·역운전에 도움을 준다.
② 운전시에 효율을 개선한다.
③ 운전시에 역률을 개선한다.
④ 기동회전력을 크게 한다.

해설 일반적으로 보조권선의 접점을 변환하여 정회전·역회전운전을 할 수 있다.

147
60[Hz], 12극의 동기 전동기 회전자계의 주변속도는 몇 [m/s]인가? (단, 회전자계의 극 간격은 1[m]이다.) [43회 08.3.]

① 60
② 90
③ 120
④ 180

해설 동기 전동기의 회전속도 $N_s = \dfrac{120f}{P}$, 회전자계속도 $v = \dfrac{\pi D N_s}{60}$ 이므로,

$$N_s = \dfrac{60 \times 120}{12} = 600 [\text{rpm}]$$

$$\therefore v = \dfrac{12 \times 600}{60} = 120 [\text{m/s}]$$

148
반파정류회로에서 직류전압 200[V]를 얻는 데 필요한 변압기 2차 상전압은 약 몇 [V]인가? (단, 부하는 순저항, 변압기 내 전압 강하를 무시하면 정류기 내의 전압 강하는 50[V]로 한다.) [44회 08.7.]

① 68
② 113
③ 333
④ 555

정답 146 ① 147 ③ 148 ④

해설 단상 반파정류회로

직류전압 $E_d = \dfrac{\sqrt{2}}{\pi}E_a - e$ [V] (여기서, e : 전압강하)

$\therefore 200 = \dfrac{\sqrt{2}}{\pi}E_a - 50$에서 상전압 $E_a \fallingdotseq 555.16$

149 상전압 300[V]의 3상 반파정류회로의 직류전압은 몇 [V]인가? [42회 07.7.], [69회 21.2.]

① 117　　　　　　　　　　② 200
③ 283　　　　　　　　　　④ 351

해설 3상 반파정류회로

직류전압 $E_d = \dfrac{1}{\frac{2}{3}\pi}\displaystyle\int_{\frac{\pi}{6}}^{\frac{5\pi}{6}} V_m \sin\theta\, d\theta = \dfrac{3V_m}{2\pi}\left[\cos\theta\right]_{\frac{\pi}{6}}^{\frac{5}{6}\pi}$

$\fallingdotseq 1.17 E_a \fallingdotseq 1.17 \times 300 \fallingdotseq 351$ [V]

150 교류브리지용 전원의 주파수, 파형에 대한 구비조건이 아닌 것은? [41회 07.4.]

① 주파수가 되도록 높을 것
② 파형이 정현파에 가까울 것
③ 주파수가 되도록 일정할 것
④ 취급이 간단할 것

해설 교류브리지용 전원
- 파형이 정현파에 가까울 것
- 취급이 간단할 것
- 주파수가 되도록 일정할 것
- 주파수가 되도록 낮을 것

정답 149 ④　150 ①

강태공(姜太公)이 말하기를, "사람이 태어나 배우지 않으면 마치 어두운 밤길을 가는 것과 같다."고 하였다.

한문공(韓文公)이 말하기를, "사람이 옛날과 지금의 일을 알지 못하면 소나 말에 옷을 입힌 것과 같다."고 하였다.

- 명심보감, 제9편 근학(勤學) 중에서 -

전기설비 설계 및 시공

- 제1장 총칙
- 제2장 발전소·변전소·개폐소
- 제3장 전선로
- 제4장 전기사용 장소의 시설
- 제5장 전선로의 특징
- 제6장 중성점 접지
- 제7장 피뢰기에 의한 기구보호
- 제8장 배전선로
- 제9장 수요와 부하
- 제10장 조명설비
- 제11장 분산형 전원설비

CHAPTER 01 총칙

01 용어의 정의

(1) 급전소
전력계통의 운용에 관한 지시 및 급전조작을 하는 곳

(2) 가공인입선
가공전선로의 지지물로부터 다른 지지물을 거치지 아니하고 수용장소의 붙임점에 이르는 가공전선

(3) 이웃연결(연접)인입선
한 수용장소의 인입선에서 분기하여 지지물을 거치지 아니하고 다른 수용장소의 인입구에 이르는 부분의 전선

[68회 출제]
연접인입선의 정의

(4) 접근상태

① **제1차 접근상태**
가공전선이 다른 시설물과 접근하는 경우에 가공전선이 다른 시설물의 위쪽 또는 옆쪽에서 수평거리로 **3[m] 이상**인 곳에 시설되는 상태

② **제2차 접근상태**
가공전선이 다른 시설물과 접근하는 경우에 그 가공전선이 다른 시설물의 위쪽 또는 옆쪽에 수평거리로 **3[m] 미만**인 곳에 시설되는 상태

[69회 출제]
1차 접근상태
가공전선이 다른 시설물의 위쪽 또는 옆쪽에서 수평거리로 3[m] 이상인 곳에 시설되는 상태

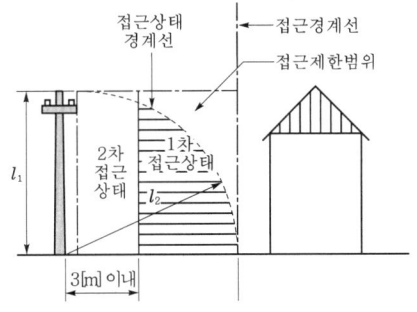

[48회 출제]
조상설비의 정의

[46회, 69회 출제]
특고압 : 7,000[V] 초과

(5) 조상설비
무효전력을 조정하여 전송효율을 증가시키고, 계통의 안정도를 증진시키기 위한 전기기계·기구

(6) 전압의 종별
① 저압 : 직류는 1,500[V] 이하, 교류는 1,000[V] 이하
② 고압 : 직류는 1,500[V]를, 교류는 1,000[V]를 초과하고 7,000[V] 이하
③ 특고압 : 7,000[V]를 초과한 것

02 전선의 접속법

[42회, 49회, 54회, 55회, 58회 출제]
전선의 접속법

① 전기저항을 증가시키지 말 것
② 전선의 세기(인장하중으로 표시할 것)를 20[%] 이상 감소시키지 않을 것
③ 접속부분에는 접속관 그 밖의 다른 기구를 사용하여 접속하든지 또는 납땜할 것
④ 접속부분에 전기적 부식이 생기지 아니하도록 할 것

03 전로의 절연 및 접지

1 전로의 절연

[48회, 56회 출제]
$I_g = I_m \times \dfrac{1}{2,000}$

(1) 누설전류
최대 공급전류의 $\dfrac{1}{2,000}$ 을 넘지 아니하도록 할 것

$$I_g \leq \text{최대 공급전류}(I_m) \text{의 } \dfrac{1}{2,000} [A]$$

[69회 출제]
절연저항의 구분

(2) 저압전로의 절연저항

전로의 사용전압[V]	DC 시험전압[V]	절연저항[MΩ]
SELV 및 PELV	250	0.5
FELV, 500[V] 이하	500	1.0
500[V] 초과	1,000	1.0

* 특별저압(extra low voltage : 2차 전압이 AC 50[V], DC 120[V] 이하)으로 SELV(비접지회로 구성) 및 PELV(접지회로 구성)은 1차와 2차가 전기적으로 절연된 회로, FELV는 1차와 2차가 전기적으로 절연되지 않은 회로

2 절연내력시험

[45회, 51회, 53회, 55회, 69회 출제]
- 절연내력시험 (10분 동안)
- 7[kV] 이하일 때
  $3,300 \times 1.5 = 4,950[kV]$

고압 및 특고압전로는 시험전압을 전로와 대지 사이에 연속하여 10분간을 가하여 절연내력을 시험하는 경우 이에 견디어야 한다.

전로의 종류(최대사용전압)	시험전압
7[kV] 이하	최대사용전압의 1.5배의 전압
7[kV] 초과 25[kV] 이하인 중성점 접지식 전로	최대사용전압의 0.92배의 전압
7[kV] 초과 60[kV] 이하인 전로	최대사용전압의 1.25배의 전압 (최저시험전압 10,500[V])
60[kV] 초과 중성점 비접지식 전로	최대사용전압의 1.25배의 전압
60[kV] 초과 중성점 접지식 전로	최대사용전압의 1.1배의 전압 (최저시험전압 75[kV])
60[kV] 초과 중성점 직접접지식 전로	최대사용전압의 0.72배의 전압

3 접지공사

(1) 접지선 시설

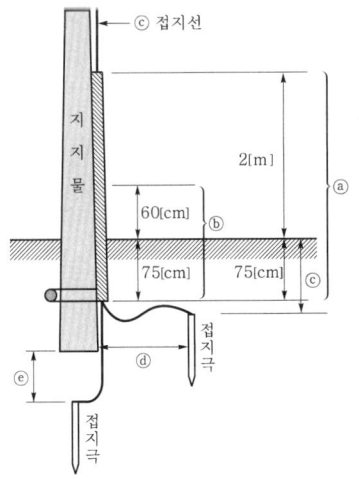

ⓐ 두께 2[mm] 이상의 합성수지관 또는 몰드
ⓑ 접지선은 절연전선, 케이블 사용 (단, ⓑ는 금속체 이외의 경우)
ⓒ 접지극은 지하 75[cm] 이상
ⓓ 접지극은 지중에서 수평으로 1[m] 이상
ⓔ 접지극은 지지물의 밑면으로부터 수직으로 30[cm] 이상

[47회, 57회, 70회 출제]
접지극은 지하 75[cm] 이상 매설

① 접지극은 지하 75[cm] 이상으로 하되 동결깊이를 감안하여 매설할 것

PART 6 전기설비 설계 및 시공

② 접지극을 철주의 밑면으로부터 30[cm] 이상의 깊이에 매설하는 경우 이외에는 접지극을 지중에서 금속체로부터 1[m] 이상 떼어 매설할 것
③ 접지선의 지하 75[cm]로부터 지표상 2[m]까지의 부분은 합성수지관 또는 이것과 동등 이상의 절연효력 및 강도를 가지는 몰드로 덮을 것

[48회 출제]
수도관 접지극의 접지저항은 3[Ω] 이하(5[m] 이하)

(2) 수도관 접지극
① 지중에 매설되어 있고 **대지와의 전기저항값이 3[Ω] 이하의 값**을 유지하고 있는 금속제 수도관로는 접지공사의 접지극으로 사용할 수 있다.
② 접지선과 금속제 수도관로와의 접속은 안지름 75[mm] 이상인 금속제 수도관의 부분 또는 이로부터 분기한 안지름 75[mm] 미만인 금속제 수도관의 분기점으로부터 5[m] 이내의 부분에서 할 것
다만, 관로의 접지저항값이 2[Ω] 이하인 경우는 5[m]를 넘을 수 있다.

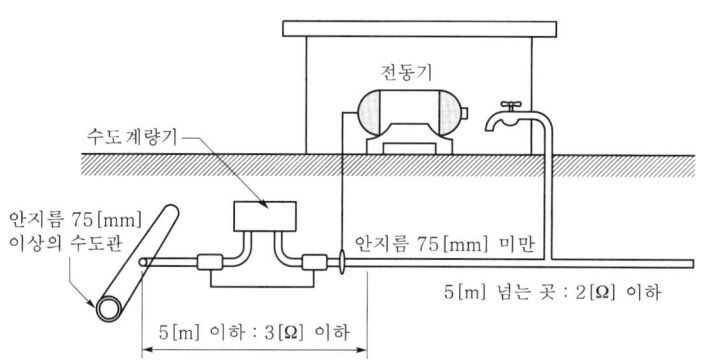

‖ 수도관 접지의 예 ‖

(3) 특고압과 고압의 혼촉 등에 의한 위험방지시설
① 변압기에 의해 특고압전로에 결합되는 고압전로에는 고압측 단자 가까운 1극에 전로의 사용전압의 3배 이하의 전압으로 방전하는 방전장치를 시설하여야 한다.
② 정전방전장치는 접지공사를 하여야 한다.

04 기계 및 기구

(1) 기계·기구의 시설(고압용)
① 울타리의 높이와 충전부분까지의 거리합계를 5[m] 이상으로 하고 위험표시를 하여야 한다.
② 지표상 4.5[m] 이상(시가지 외 4[m])의 높이에 시설할 것

CHAPTER 1 총칙

③ 기계·기구를 콘크리트제 함 또는 접지공사를 한 금속제 함에 넣고 충전부분이 노출되지 아니하도록 시설할 것

(2) 기계·기구의 철대 및 외함의 접지시설을 하지 아니하여도 되는 장소
① 사용전압이 직류 300[V] 또는 교류 대지전압 150[V] 이하의 기계·기구
② 저압전로에 지기가 생길 때 자동차단장치를 설치하고, 건조한 장소에 시설하는 경우
③ 저압용의 기계·기구를 건조한 목재마루 기타 이와 유사한 절연성의 물질 위에 설치하도록 시설하는 경우
④ 저압 또는 고압용의 기계·기구를 사람이 접촉할 위험이 없도록 목주 기타 이와 유사한 것 위에 시설하는 경우
⑤ 철탑 또는 외상의 주위에 적당한 절연대를 설치할 경우
⑥ 2중 절연구조의 기계·기구를 시설하는 경우
⑦ 물기있는 장소 이외의 장소에 시설하는 저압용의 기계·기구에 전기를 공급하는 전로에는 인체감전보호용 누전차단기(정격감도전류 30[mA] 이하, 동작시간이 0.03초 이하의 전류동작형의 것)를 시설하는 경우

(3) 고압 및 특고압전로 중의 과전류차단기 시설
① **포장퓨즈**는 정격전류의 1.3배에 견디고, 또한 2배의 전로로 120분 안에 용단되어야 한다.
② **비포장퓨즈**는 정격전류의 1.25배에 견디고, 또한 2배의 전류로 2분 안에 용단되어야 한다.

[47회, 68회, 69회 출제]
• 포장퓨즈 : 1.3배
• 비포장퓨즈 : 1.25배

(4) 피뢰기의 시설
① **피뢰기의 시설장소**
  ㉠ 발전소·변전소 또는 이에 준하는 장소의 가공전선의 인입구 및 인출구
  ㉡ 가공전선로에 접속하는 배전용 변압기의 고압측 및 특고압측
  ㉢ 고압 및 특고압 가공전선로로부터 공급을 받는 수용장소의 인입구
  ㉣ 가공전선로와 지중전선로가 접속되는 곳
② **피뢰기의 시설을 생략할 수 있는 곳**
  ㉠ 직접 접속하는 전선이 짧은 경우
  ㉡ 적은 지역으로서 방출보호통 등 피뢰기에 갈음하는 장치를 한 경우

$$여유도(M) = \frac{절연강도 - 제한전압}{제한전압} \times 100[\%]$$

[43회, 44회, 48회, 50회, 54회, 61회, 65회 출제]
• 피뢰기 설치장소
• 피뢰기 설치생략

[48회 출제]
피뢰기의 여유도(M)
$= \frac{절연강도 - 제한전압}{제한전압}$
$\times 100[\%]$

CHAPTER 02 발전소·변전소·개폐소

01 발전소 등의 울타리·담 등의 시설

(1) 출입금지
① 울타리·담 등을 시설할 것
② 출입구에는 출입금지 표시를 할 것
③ 출입구에는 자물쇠장치 등 기타 적당한 장치를 할 것

(2) 울타리·담 등의 시설
① 울타리·담 등의 높이는 2[m] 이상
② 지표면과 울타리·담 등의 하단 사이의 간격은 15[cm] 이하
③ 울타리·담 등의 높이와 울타리·담 등으로부터 충전부분까지 거리의 합계는 다음 표에서 정한 값 이상으로 할 것

[67회, 69회 출제]
울타리·담 등의 시설
• 높이는 2[m] 이상
• 지표면과 울타리·담 등의 하단 사이의 간격은 15[cm] 이하

사용전압의 구분	울타리 높이와 울타리로부터 충전부분까지의 거리의 합계 또는 지표상의 높이
35,000[V] 이하	5[m]
35,000[V]를 넘고, 160,000[V] 이하	6[m]
160,000[V]를 넘는 것	6[m]에 160,000[V]를 초과하는 10,000[V] 또는 그 단수마다 12[cm]를 더한 값

02 기기의 보호장치

(1) 발전기 등의 보호장치
① 과전류가 생긴 경우
② 500[kVA] 이상 : 수차의 압유장치의 유압 또는 전동식 제어장치의 전원 전압이 현저하게 저하한 경우

③ 100[kVA] 이상 : 발전기를 구동하는 풍차의 압유장치의 유압, 압축공기장치의 공기압 또는 전동식 블레이드 제어장치의 전원전압이 현저히 저하한 경우
④ 2,000[kVA] 이상 : 수차발전기의 스러스트 베어링의 온도가 현저하게 상승하는 경우
⑤ 10,000[kVA] 이상 : 발전기에 내부고장이 생긴 경우

(2) 수소냉각식 발전기 등의 시설
① 발전기 또는 무효전력보상장치(조상기)는 기밀구조(氣密構造)의 것
② 발전기 안 또는 조상기 안의 수소의 순도가 85[%] 이하로 저하한 경우에 이를 경보하는 장치를 시설

[수소냉각식 발전기 시설]
• 기밀구조
• 수소의 순도가 85[%] 이상

[70회 출제]
수소냉각식 발전기

(3) 가스절연기기 등의 압력용기의 시설
① 공기압축기는 최고 사용압력의 1.5배의 수압(수압을 연속하여 10분간 가하여 시험을 하기 어려울 때에는 최고 사용압력의 1.25배의 기압)을 연속하여 10분간 가하여 시험을 하였을 때에 이에 견디고 또한 새지 아니할 것
② 주공기탱크 또는 이에 근접한 곳에는 사용압력의 1.5배 이상 3배 이하의 최고 눈금이 있는 압력계를 시설할 것

> **조상기**
> 15,000[kVA] 이상에서의 자동차단장치

[56회 출제]
조상기

CHAPTER 03 전선로

01 통칙

[특고압 가공전선로의 유도장해방지]
• 사용전압이 60[kV] 이하 : 선로의 길이 12[km]마다 유도전류가 2[μA] 이하
• 사용전압이 60[kV] 초과 : 선로의 길이 40[km]마다 유도전류가 3[μA] 이하

[68회, 70회 출제]
발판못 높이 규정

1 특고압 가공전선로의 유도장해방지

(1) 사용전압이 60[kV] 이하
전화선로의 길이 12[km]마다 유도전류가 2[μA] 이하

(2) 사용전압이 60[kV] 초과
전화선로의 길이 40[km]마다 유도전류가 3[μA] 이하

2 지지물의 승탑 및 승주방지

가공전선로의 지지물에 취급자가 오르고 내리는 데 사용하는 **발판못 등을 지표상 1.8[m] 미만에 시설하여서는 아니** 된다.

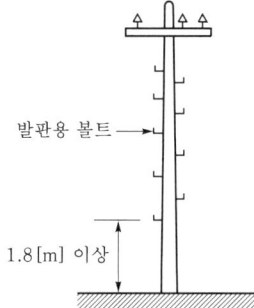

3 풍압하중의 종별과 적용

(1) 갑종 풍압하중
구성재의 수직투영면적 1[m²]에 대한 풍압을 기초로 하여 계산한다.

풍압을 받는 구분				구성재의 수직투영면적 1[m²]에 대한 풍압
목주				**588[Pa]**
지지물	철주	원형의 것		**588[Pa]**
		삼각형 또는 마름모형의 것		1,412[Pa]
		강관에 의하여 구성되는 4각형의 것		1,117[Pa]
		기타의 것		목제가 전·후면에 겹치는 경우에는 1,627[Pa], 기타의 경우에는 1,784[Pa]
	철근 콘크리트주	원형의 것		**588[Pa]**
		기타의 것		882[Pa]
	철탑	단주(완철류는 제외함)	원형의 것	**588[Pa]**
			기타의 것	1,117[Pa]
		강관으로 구성되는 것(단주는 제외함)		1,255[Pa]
		기타의 것		2,157[Pa]
애자장치(특고압 전선용의 것)				1,039[Pa]

> [53회, 55회, 69회 출제]
> 원형 철근 콘크리트주의 갑종풍압하중 : 588[Pa]

(2) 을종 풍압하중

전선 기타의 가섭선 주위에 두께 6[mm], 비중 0.9의 빙설이 부착한 상태로 갑종 풍압의 $\frac{1}{2}$을 기초로 계산한 것

(3) 병종 풍압하중

갑종 풍압의 $\frac{1}{2}$을 기초로 하여 계산한 것

4 가공전선로 지지물 기초의 안전율

(1) 지지물 기초의 안전율

지지물의 하중에 대한 기초의 안전율은 2 이상(이상시 상정하중에 대한 철탑의 기초에 대하여서는 1.33 이상)

(2) 기초안전율 2 이상을 고려하지 않는 경우

① 강관을 주체로 하는 철주(강관주) 및 철근 콘크리트주로 그 전체의 길이가 16[m] 이하이며 또한 설계하중이 6.8[kN]인 것 또는 목주인 것

㉠ 전체의 길이가 15[m] 이하인 것의 매설깊이는 전체길이의 $\frac{1}{6}$ 이상으로 할 것

㉡ 전체의 길이가 15[m]를 초과하는 경우 매설깊이는 2.5[m] 이상으로 할 것

> [47회, 58회, 70회 출제]
> 지지물의 매설깊이

PART 6 전기설비 설계 및 시공

② 철근 콘크리트주로서 전장이 16[m] 넘고 20[m] 이하이며 또한 설계하중이 6.8[kN] 이하인 것을 논이나 기타의 지반이 연약한 곳 이외의 곳에 묻히는 깊이를 2.8[m] 이상으로 시설하는 경우

③ 철근 콘크리트주로서 전체의 길이가 14[m] 이상 20[m] 이하이고 또한 설계하중이 6.8[kN]을 초과 9.8[kN] 이하인 것을 논이나 그 밖의 지반이 연약한 곳 이외에 시설한 경우 앞의 ㉠ 및 ㉡의 기준보다 30[cm]를 더한 값 이상으로 시설하는 경우

5 지지선(지선)의 사용

(1) 지지선(지선)의 사용
철탑은 지선을 이용하여 강도를 분담시켜서는 안 된다.

(2) 지지선(지선)의 시설
① 지선의 안전율
　㉠ 2.5 이상
　㉡ 목주·A종 철주 또는 A종 철근 콘크리트주 등 : 1.5
② 허용인장하중 : 4.31[kN] 이상
③ 소선(素線) 3가닥 이상의 연선일 것
④ 소선은 지름 2.6[mm] 이상의 금속선을 사용한 것일 것

[56회, 70회 출제]
지선의 시설
• 안전율 : 2.5 이상
• 허용인장하중 : 4.31[kN] 이상
• 소선 3가닥 이상의 연선
• 소선의 지름 2.6[mm] 이상

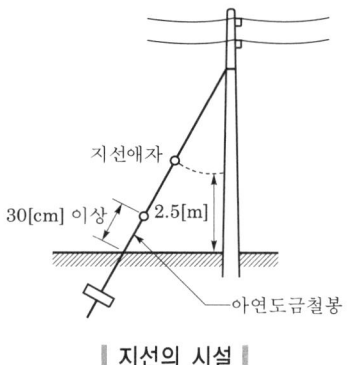

∥ 지선의 시설 ∥

02 저압 및 고압의 가공전선로

1 가공케이블의 시설

(1) 조가선(조가용선)
조가용선은 인장강도 5.93[kN] 이상의 것이어야 한다.

[조가용선]
인장강도 5.93[kN] 이상

(2) 케이블은 조가선(조가용선)에 행거로 시설할 것
고압인 때에는 행거간격을 50[cm] 이하로 시설한다.

(3) 조가용선을 케이블에 접촉시켜 **금속테이프를 감을 때에는 20[cm]** 이하의 나선상으로 감는다.

[69회 출제]
행거의 시설 규정

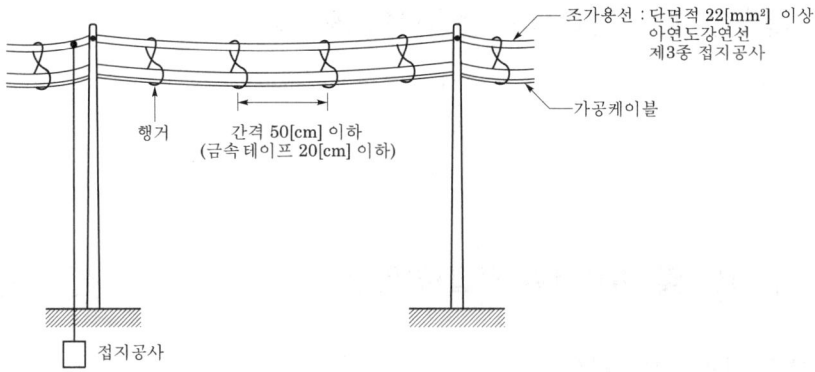

┃ 가공케이블에 의한 시설 ┃

2 전선의 굵기

(1) 400[V] 이하의 저압가공전선

인장강도 3.43[kN] 이상의 것 또는 지름 3.2[mm](절연전선인 경우는 인장강도 2.3[kN] 이상의 것 또는 지름 2.6[mm] 이상의 경동선) 이상

(2) 400[V] 초과인 저압 또는 고압가공전선
  ① 시가지에 시설하는 것은 인장강도 8.01[kN] 이상의 것 또는 지름 5[mm] 이상의 경동선
  ② 시가지 외에 시설하는 것은 인장강도 5.26[kN] 이상의 것 또는 지름 4[mm] 이상의 경동선

3 가공전선의 높이

① 저·고압가공전선 : 5[m] 이상(교통에 지장이 없는 경우 4[m] 이상)
② 도로를 횡단하는 경우에는 지표상 6[m] 이상
③ 철도 또는 궤도를 횡단하는 경우에는 레일면상 6.5[m] 이상

[가공전선의 높이]
• 저·고압가공전선 : 5[m] 이상
• 도로횡단 : 지표상 6[m] 이상
• 철도, 궤도 횡단 : 레일면상 6.5[m] 이상

 PART 6 전기설비 설계 및 시공

[70회 출제]
병행설치 규정

4 저·고압가공전선의 병행설치

① 저압가공전선과 고압가공전선과 이격거리는 50[cm] 이상
② 고압가공전선에 케이블을 사용할 경우 저압선과 30[cm] 이상

5 가공전선과 가공약전류 전선과의 공용설치

① 저압에 있어서는 75[cm] 이상
② 고압에 있어서는 1.5[m] 이상

[46회, 52회, 61회 출제]
가공인입선의 특징

03 인입선 및 이웃연결(연접)인입선

1 저압인입선의 시설

(1) 케이블 이외에는 인장강도 2.30[kN] 이상의 것 또는 지름 2.6[mm]의 경동선

(2) 전선의 높이는 다음에 의할 것
① 도로를 횡단하는 경우에는 노면상 5[m](고압 : 6[m])
② 철도 또는 궤도를 횡단하는 경우에는 궤도면상 6.5[m] 이상(고압 : 6.5[m])
③ 횡단보도교의 위에 시설하는 경우에는 노면상 3[m] 이상(고압 : 3.5[m])
④ 기타의 경우에는 지표상 4[m] 이상(고압 : 5[m])

[42회, 45회, 49회, 53회,
55회, 59회, 62회, 68회,
70회 출제]
연접인입선의 특징

2 저압이웃연결(연접)인입선의 시설

(1) 인입선에서 분기하는 점으로부터 100[m]를 초과하는 지역에 미치지 아니할 것
(2) 폭 5[m]를 초과하는 도로를 횡단하지 아니할 것
(3) 옥내를 통과하지 아니할 것

> **특고압 가공전선로의 철주 철근 콘크리트주 또는 철탑의 종류**
> 1. 직선형 : 전선로의 직선부분으로 3도 이하의 수평각도를 이루는 곳에 사용하는 것
> 2. 각도형 : 전선로 중 3도를 초과하는 수평각도를 이루는 곳에 사용하는 것
> 3. 잡아당김형(인류형) : 전가섭선을 인류하는 곳에 사용하는 것
> 4. 내장형 : 전선로의 지지물 양쪽의 지지물 간 거리(경간)의 차가 큰 곳에 사용하는 것
> 5. 보강형 : 전선로의 직선부분에 그 보강을 위하여 사용하는 것

CHAPTER 3 전선로

04 지중전선로

(1) 지중전선로의 시설
① 지중전선로는 전선에 케이블을 사용
② 관로식·암거식·직접 매설식에 의하여 시설
③ 관로식 또는 암거식에 의하여 시설하는 경우에는 견고하고 차량 기타 중량물의 압력에 견디는 것
④ 전선을 냉각하기 위하여 케이블을 넣은 관 내에 물을 순환시키는 경우에는 순환수 압력에 견디고 또한 물이 새지 아니하도록 시설
⑤ 직접 매설식인 경우 매설깊이
  ㉠ 차량 기타 중량물의 압력을 받을 우려가 있는 장소에는 1.0[m] 이상
  ㉡ 기타 장소에는 60[cm] 이상

[56회 출제]
지중전선로의 특징

[51회, 53회, 55회, 66회, 69회 출제]
차량 기타 중량물의 압력을 받을 우려가 있는 장소에는 1.0[m]

(2) 지중함의 시설
① 지중함은 견고하고 차량 기타 중량물의 압력에 견디는 구조일 것
② 지중함은 그 안의 고인 물을 제거할 수 있는 구조로 되어 있을 것
③ 폭발성 또는 연소성의 가스가 침입할 우려가 있는 곳에 시설하는 지중함으로서 그 크기가 1[m³] 이상인 것에는 통풍장치 기타 가스를 방산시키기 위한 적당한 장치를 시설할 것

[41회, 48회 출제]
지중함 시설방식의 특징

(3) 지중전선의 피복금속체의 접지
시중선선을 넣은 금속성의 암거, 관, 관로, 전선접속상자 및 지중전선의 피복에 사용하는 금속체에는 접지공사를 시설해야 한다.

(4) 지중전선과 지중약전류전선 등 또는 관과의 접근 또는 교차
① 저압 또는 고압의 지중전선은 30[m] 이상
② 특고압지중전선은 60[cm] 이상

[55회 출제]
지중전선과의 이격거리

전력보안통신용 전화설비의 시설
1. 원격감시가 되지 아니하는 발전소·변전소·발전제어소·변전제어소·개폐소 및 전선로의 기술원 주재소와 급전소 간
2. 2 이상의 급전소 상호간과 이들을 총합 운용하는 급전소 간
3. 수력설비 중의 필요한 곳으로 수력설비의 보안상 필요한 양수소 및 강수량 관측소와 수력발전소 간
4. 동일 수계에 속하고 보안상 긴급연락의 필요가 있는 수력발전소 상호간
5. 동일 전력계통에 속하고 또한 보안상 긴급연락의 필요가 있는 발전소·변전소·발전제어소·변전제어소 및 개폐소 상호간
6. 발전소·변전소·발전제어소·변전제어소 및 개폐소와 기술원 주재소 간

CHAPTER 04 전기사용 장소의 시설

01 옥내의 시설

1 옥내전로의 대지전압의 제한

(1) 주택의 옥내전로(대지전압은 300[V] 이하)
  ① 사용전압은 400[V] 이하일 것
  ② 주택의 전로인입구에는 인체보호용 누전차단기를 시설할 것
  ③ 백열전등의 전구소켓은 키나 그 밖의 점멸기구가 없는 것일 것

(2) 주택 이외의 곳의 옥내
여관, 호텔, 다방, 사무소, 공장 등에 시설하는 가정용 전기기계·기구(백열전등과 방전등을 제외)에 전기를 공급하는 옥내전로의 대지전압은 300[V] 이하

[저압옥내배선의 사용전선]
전선의 단면적이 2.5[mm^2]
이상의 연동선

2 저압옥내배선의 사용전선

전선의 단면적이 2.5[mm^2] 이상의 연동선 또는 이와 동등 이상의 강도 및 굵기의 것

3 저압옥내전로의 인입구에서의 개폐기의 시설

(1) 저압옥내전로에는 인입구에 가까운 곳으로서 쉽게 개폐할 수 있는 곳에 개폐기를 시설하여야 한다.

(2) 사용전압이 400[V] 이하인 옥내전로로서 다른 옥내전로(정격전류가 16[A] 이하인 과전류차단기 또는 정격전류가 16[A]를 초과하고 20[A] 이하인 배선용 차단기로 보호되고 있는 것에 한함)에 접속하는 길이 15[m] 이하의 전로는 개폐기를 시설하지 아니하여도 된다.

4 전기기계·기구의 시설

(1) 옥내에 시설하는 저압용 배선기구의 시설
① 배선기구는 그 충전부분이 노출하지 아니하도록 시설하여야 한다.
② 저압용의 비포장퓨즈는 불연성의 것으로 제작한 함 내부에 시설한다.
③ 옥내의 습기가 많은 곳 또는 물기가 있는 곳에는 방습장치를 한다.
④ 저압용의 배선기구에 전선을 접속하는 경우에는 나사로 고정시킨다.
⑤ 저압콘센트는 외함 접지공사를 생략할 수 있는 경우를 제외하고 접지극이 있는 것을 사용하여 접지하여야 한다.

(2) 고주파전류에 의한 장해의 방지
전기기계·기구가 무선설비의 기능에 장해를 주는 고주파전류를 발생시킬 우려가 있는 경우에는 이를 방지하기 위하여 다음과 같이 시설하여야 한다.
형광등에는 적당한 장소에 정전용량이 $0.006[\mu F]$ 이상 $0.5[\mu F]$ 이하(예열시동식인 것으로 글로우램프에 병렬로 접속하는 경우는 $0.006[\mu F]$ 이상 $0.01[\mu F]$ 이하)의 콘덴서를 시설한다.

[고주파 발생 방지장치]
고주파 발생을 방지하는 장치의 접지측 단자에는 접지공사를 한다.

(3) 전동기의 과부하보호장치의 시설
정격출력이 $0.2[kW]$를 초과하는 전동기에는 전동기가 소손할 위험이 있는 과전류를 일으킨 때에 이것을 자동적으로 저지하고 또 이를 경보하는 장치를 시설하여야 한다. 단, 다음의 경우는 과부하보호장치 시설을 생략한다.
① 전동기 운전 중 상시 취급자가 감시할 수 있는 위치에 시설할 경우
② 전동기의 구조상 또는 전동기의 부하성질상 전동기의 권선에 전동기를 소손할 위험이 있는 과전류가 일어날 위험이 없는 경우
③ 전동기가 단상인 것에 있어서 그 전원측 전로에 시설하는 과전류차단기의 정격전류가 $16[A]$(배선용 차단기는 $20[A]$) 이하인 경우

[66회, 69회 출제]
과부하보호장치의 시설

5 점멸장치와 타임스위치 등의 시설

(1) 조명용 전등의 점멸장치 시설
① 가정용 전등은 등기구마다 점멸장치를 시설한다.
② 공장, 사무실, 학교, 병원, 상점 등에 시설하는 전체 조명용 전등은 부분조명이 가능하도록 등기구 6개 이내의 전등군으로 구분하여 전등군마다 점멸이 가능하도록 하되, 창과 가장 가까운 전등은 따로 점멸이 가능하도록 할 것

PART 6 전기설비 설계 및 시공

③ 가로등, 경기장, 공장, 아파트단지 등의 일반조명을 위하여 시설하는 고압 방전등은 그 **효율이 70[lm/W] 이상의 것**이어야 한다.

(2) 조명용 백열전등의 타임스위치 시설

① 관광진흥법과 공중위생법에 의한 관광숙박업 또는 숙박업에 이용되는 객실 입구등은 1분 이내에 소등되는 것

② 일반주택 및 아파트 각 호실의 현관등은 3분 이내에 소등되는 것

[70회 출제]
타임스위치 시설기준

6 옥내배선 공사

(1) 애자사용 공사

① 전선은 절연전선(옥외용 및 인입용 비닐절연전선을 제외)을 사용할 것
② 전선 상호 간격은 6[cm] 이상일 것
③ 전선과 조영재와의 간격(이격거리)
 ㉠ 400[V] 이하인 경우 2.5[cm] 이상
 ㉡ 400[V] 초과인 경우 4.5[cm](건조한 장소 2.5[cm]) 이상
④ 전선은 사람이 쉽게 접촉할 위험이 없도록 시설할 것
⑤ 애자는 절연성·난연성 및 내수성이 있는 것일 것
⑥ 전선의 지지점 간 거리
 ㉠ 조영재의 윗면 또는 옆면에 따라 붙일 경우 2[m] 이하
 ㉡ 400[V] 초과인 것은 조영재의 윗면 또는 옆면에 따라 붙이지 않을 경우 6[m] 이하

[53회 출제]
• 애자 공사의 전선과 조영재의 이격
 − 400[V] 이하 : 2.5[cm] 이상
 − 400[V] 초과 : 4.5[cm] 이상
• 애자사용 공사의 특징

(2) 합성수지몰드 공사

① 전선은 절연전선(옥외용 비닐절연전선을 제외)일 것
② 합성수지몰드 내에서의 전선에 접속점을 설치하지 말 것
③ 합성수지몰드는 홈의 폭 및 깊이가 3.5[cm] 이하. 단, 사람이 쉽게 접촉할 위험이 없도록 시설할 경우는 폭이 5[cm] 이하
④ 합성수지몰드 상호 및 합성수지몰드와 박스 등의 전선이 노출하지 않도록 접속할 것

[55회, 64회 출제]
합성수지몰드 공사의 특징

(3) 합성수지관 공사

① 전선은 절연전선(옥외용 비닐절연전선을 제외)이며 또한 연선일 것. 다만, 짧고 가는 합성수지관에 넣은 것 또는 단면적 10[mm²] 이하의 연동선 또는 단면적 16[mm²] 이하의 알루미늄선은 단선으로 사용하여도 된다.
② 합성수지관 내에서는 전선에 접속점이 없도록 할 것

③ 합성수지관을 금속제 풀박스에 접속하는 경우는 접지공사를 시설할 것
④ 관 상호 및 관과 박스는 관을 삽입하는 길이를 관의 바깥지름의 1.2배(접착제를 사용하는 경우는 0.8배) 이상으로 하고, 꽂음접속으로 견고하게 접속할 것
⑤ 관의 지지점 간의 거리는 1.5[m] 이하
⑥ 습기가 많은 장소 또는 물기가 있는 장소에 시설하는 경우는 방습장치를 설치할 것

[55회 출제]
합성수지관 공사의 특징

(4) 금속관 공사
① 전선은 절연전선(옥외용 비닐절연전선은 제외)이며 또한 연선일 것
② **금속관 내에서는 전선에 접속점을 설치하지 말 것**
③ **관의 두께는 콘크리트에 매설하는 것은 1.2[mm]** 이상, 기타 1[mm] 이상으로 한다.
④ 금속관에는 접지공사를 할 것
⑤ 굴곡개소가 많은 경우에는 풀박스를 설치한다.

[44회, 47회, 49회, 51회, 56회, 62회, 68회 출제]
• 금속관 공사시 관의 두께
• 행거의 간격

(5) 금속몰드 공사
① 전선은 절연전선(옥외용 비닐절연전선을 제외)일 것
② 금속몰드 내에서는 전선에 접속점을 만들지 말 것. 단, 2종 금속제 몰드를 사용하고 다음과 같이 시설하는 경우에는 그러하지 아니하다.
　㉠ 전선을 분기하는 경우
　㉡ 접속점을 쉽게 점검할 수 있도록 시설할 때
　㉢ 몰드에 **접지공사**를 할 때
　㉣ 몰드 내의 전선을 외부에 인출하는 부분을 금속관 공사, 가요전선관 공사, 합성수지관 공사 또는 케이블 공사에 의한 것으로 하고 몰드의 관통 부분에 전선이 손상할 위험이 없도록 시설할 때
③ 몰드의 폭은 5[cm] 이하, 두께는 0.5[mm] 이상일 것
④ 금속관 몰드에는 접지공사를 할 것

(6) 가요전선관 공사
① 전선은 절연전선(옥외용 비닐절연전선 제외)이며 또한 연선일 것. 다만, 단면적 10[mm²] 이하인 동선 또는 단면적 16[mm²] 이하인 알루미늄선을 단선으로 사용할 수 있다.
② **가요전선관 내에서는 전선에 접속점이 없도록** 하고 제2종 금속제 가요전선관일 것
③ 제1종 금속제 가요전선관은 두께 0.8[mm] 이상일 것
④ 가요전선관에는 **접지공사를 할 것**

[41회, 48회, 52회 출제]
가요전선관 공사의 특징

PART 6 전기설비 설계 및 시공

⑤ 제2종 금속제가 가요전선관을 사용하는 경우는 습기가 많은 장소 또는 물기가 있는 장소에 시설할 때는 방습장치를 할 것

(7) 금속덕트 공사

금속덕트 공사는 금속제의 덕트에 전선을 넣어서 천장 아래 등에 노출하여 매달아 시설하는 공사이다.

① **전선은 절연전선(옥외용 비닐절연전선은 제외)**일 것
② 금속덕트에 넣은 **전선은 단면적**(절연피복의 단면적을 포함)의 총합은 덕트의 내부 **단면적의 20[%] 이하**일 것
③ 금속덕트 내에서는 전선에 접속점을 만들지 말 것
④ 접지공사를 할 것
⑤ 덕트의 끝부분은 막을 것
⑥ 금속덕트는 폭 5[cm]를 넘고 또한 두께가 1.2[mm] 이상인 철판으로 견고하게 제작한 것일 것
⑦ 금속덕트를 조영물에 설치한 경우는 덕트의 지지점 간의 거리를 3[m] 이하로 하고 견고하게 붙일 것

[49회 출제]
금속덕트 공사의 덕트지점 간의 거리 : 5[m]

(8) 버스덕트 공사

① 덕트 상호 및 전선 상호는 견고하게 또한 전기적으로 안전하게 접속할 것
② 덕트를 조영재에 설치한 경우는 덕트의 지지점 간의 거리를 3[m](취급자 이외의 자가 출입할 수 없도록 설비한 곳에서 수직으로 붙이는 경우에는 6[m]) 이하로 하고 또한 견고하게 붙일 것
③ 접지공사를 할 것

[43회, 49회, 50회, 51회 출제]
버스덕트 공사의 특징

(9) 라이팅덕트 공사

① 덕트는 조영재에 견고하게 붙일 것
② 덕트에는 접지공사를 할 것. 단, 대지전압이 150[V] 이하이며 또한 덕트의 길이(2본 이상의 덕트를 접속하여 사용할 경우에는 그 전체 길이를 말함)가 4[m] 이하인 경우는 그 제한이 없다.
③ 덕트의 지지점 간의 거리는 2[m] 이하로 할 것
④ 덕트의 끝부분은 막을 것

[58회 출제]
라이팅덕트의 특징

(10) 플로어덕트 공사

① 전선은 절연전선(옥외용 비닐절연전선은 제외)이며 또한 연선일 것
② 플로어덕트 내에는 전선에 접속점을 만들지 말 것
③ 덕트의 끝부분은 막을 것
④ 덕트에는 접지공사를 할 것

(11) 셀룰러덕트 공사
① 전선은 절연전선(옥외용 비닐절연전선을 제외)일 것
② 전선은 연선일 것
③ 셀룰러덕트 안에는 전선에 접속점을 만들지 아니할 것
④ 덕트의 끝부분은 막을 것
⑤ 덕트는 접지공사를 할 것

7 먼지가 많은 장소에서의 저압시설

(1) 폭연성 분진
① 마그네슘·알루미늄·티탄·지르코늄 등의 분진 또는 화약류의 분말이 존재하고 전기설비가 발화원이 되어 폭발할 위험이 있는 장소에 시설하는 것은 분진방폭 특수방진구조인 것을 사용하고 외부 전선과의 접속은 진동에 의해 느슨해지지 않도록 견고하게 혹은 전기적으로 안전하게 접속해야 한다.
② 저압옥내배선은 금속관 공사 또는 케이블 공사(캡타이어 케이블 제외)에 의한다.

[41회, 55회, 58회, 66회, 69회 출제]
폭연성 분진의 공사 : 금속관 공사, 케이블 공사

(2) 가연성 분진
① 저압옥내배선은 합성수지관 공사(두께 2[mm] 미만 또는 콤바인덕트관 제외)·금속관 공사 또는 케이블 공사에 의한다.
② 이동선선은 접속점이 없는 0.6/1[kV] EP 고무절연 클로로프렌 캡타이어 케이블 또는 0.6/1[kV] 비닐절연 비닐 캡타이어 케이블을 사용하고 또한 손상을 받을 우려가 없도록 시설할 것

[48회, 52회, 54회, 59회 68회, 70회 출제]
가연성 분진의 공사 : 금속관 공사, 케이블 공사, 합성수지관 공사

8 위험한 장소에서의 저압배선

(1) 가연성 가스 등이 있는 곳의 저압의 시설
① 금속관 공사
㉠ 관 상호간 및 관과 박스 기타의 부속품·풀박스 또는 전기기계·기구와는 5턱 이상 나사 조임으로 접속한다.
㉡ 전동기에 접속하는 부분으로 가요성을 필요로 하는 부분의 배선에는 방폭형 부속품 중 내압(耐壓)의 방폭형 또는 안전증가 방폭형의 플렉시블 피팅을 사용할 것
② 케이블 공사
③ 이동전선은 접속점이 없는 0.6/1[kV] EP 고무절연 클로로프렌 캡타이어 케이블을 사용할 것

(2) 위험물 등이 있는 곳에서의 저압의 시설
① 셀룰로이드·성냥·석유류 등 타기 쉬운 위험한 물질을 제조하거나 저장하는 경우에 시설하는 것은 외부 전선과의 통상의 사용상태로 불꽃 혹은 아크를 일으키며 또는 온도가 격렬하게 상승하는 위험이 있는 전기기계·기구는 위험물에 착화할 위험이 없도록 시설해야 한다.
② 저압옥내배선은 금속관 공사, 케이블 공사, 합성수지관 공사에 의한다.

[53회, 54회 출제]
화약류 저장소에서의 전기설비 시설기준

(3) 화약류 저장소에서의 전기설비 시설
화약류 저장소 안에는 전기설비를 시설해서는 안 된다. 다만, 백열전등이나 형광등 또는 이들에 전기를 공급하기 위한 전기설비는 다음 규정에 준하여 시설할 수 있다.
① 전로의 대지전압은 300[V] 이하일 것
② 전기기계·기구는 전폐형의 것일 것
③ 케이블을 전기기계·기구에 인입할 때에는 인입구에서 케이블이 손상될 우려가 없도록 시설할 것

9 특수시설

(1) 전기울타리의 시설
① 전기울타리는 사람이 쉽게 출입하지 아니하는 곳에 시설할 것
② 사람이 보기 쉽도록 규정에 따라 위험표시를 할 것
③ 사용전압은 250[V] 이하이며, 전선은 인장강도 1.38[kN] 이상의 것 또는 지름 2[mm] 이상 경동선을 사용하고, 지지하는 기둥과의 간격(이격거리)는 2.5[cm] 이상, 수목과의 거리는 30[cm] 이상일 것

[68회 출제]
전기울타리 시설기준

(2) 유희용 전차시설
① 사용전압은 직류 60[V] 이하, 교류 40[V] 이하
② 변압기의 **1차 전압은 400[V] 이하**인 절연변압기일 것
③ 전로와 대지 사이의 절연저항은 1/5,000 이하

[47회 출제]
교통신호등의 시설기준

(3) 교통신호등의 시설
① 교통신호등 회로의 사용전압은 300[V] 이하이어야 한다.
② 교통신호등 제어장치의 금속제 외함에는 접지공사를 하여야 한다.
③ 교통신호등 회로의 배선이 건조물, 횡단보도교, 철도, 가공약전류전선, 안테나 또는 다른 교통신호등 회로배선과 접근 교차하는 경우 간격(이격거리)는 60[cm](케이블 30[cm]) 이상 유지하여야 한다.

(4) 전기온상의 시설
① 식물의 재배, 양잠, 부화 등의 전열장치는 전기온도용 발열선을 사용하고 대지전압은 300[V] 이하로 한다.
② 발열선은 그 온도가 80[℃]를 넘지 아니하도록 시설할 것

(5) 전극식 온천용 승온기의 시설
① 승온기의 **사용전압은 400[V] 이하로 하고 절연변압기**를 사용한다.
② 승온기의 온천수 유입구 및 유출구에는 차폐장치를 설치한다. 이 경우에 차폐장치와 승온기 및 차폐장치와 욕탕 사이의 거리는 각각 수관에 따라 50[cm] 이상 및 1.5[m] 이상으로 하며 이 부분의 수관은 절연성 및 내수성의 것으로 한다.
③ 차폐장치의 전극에는 접지공사를 할 것
④ 절연변압기 철심 및 금속제 외함은 접지공사를 할 것

[44회, 50회, 58회 출제]
온천용 승온기의 차폐장치의 전극 : 접지공사

(6) 전기욕기의 시설
① 사용전압은 1차 대지전압 300[V] 이하이며 2차는 10[V] 이하이다.
② 전기욕기에 넣는 전극에는 공칭단면적 2.5[mm^2] 이상의 연동선, 케이블 단면적 1.5[mm^2] 이상 사용한다.
③ 전선 상호간 및 전선과 대지 사이의 절연저항값은 0.1[MΩ] 이상일 것
④ 욕탕 안의 전극 간 거리는 1[m] 이상일 것
⑤ 절연변압기는 권선비 1 : 1인 변압기일 것

[전기욕기]
사용전압의 1차 대지전압은 300[V] 이하, 2차는 10[V] 이하이다.

(7) 수중조명등의 시설
① 대지전압 1차 전압 400[V] 이하, 2차 전압 150[V] 이하인 절연변압기를 사용한다.
② 2차 전압 30[V] 이하는 접지공사를 한 혼촉방지판을 사용하고, 30[V]를 초과하는 것은 그 전로에 지락이 생겼을 때에 자동차단하는 장치를 한다. 이 차단장치는 금속제 외함에 넣고 접지공사를 한다.
③ **조명등에 전기를 공급하기 위한 이동전선** : 전선은 단면적 2.5[mm^2] 이상의 0.6/1[kV] EP 고무절연 클로로프렌 캡타이어 케이블을 사용할 것
④ 조명등의 용기의 금속제부분에는 접지공사를 할 것

(8) 소세력회로의 시설
전자개폐기의 조작회로 또는 초인벨, 경보벨 등에 접속하는 전로로서 최대 사용전압이 60[V] 이하인 것. 또한 대지전압이 300[V] 이하인 강전류 전기의 전송에 사용하는 전로와 절연변압기로 결합되는 것을 말한다.

CHAPTER 05 전선로의 특징

01 가공전선

[50회, 68회, 70회 출제]
전선의 구비조건

(1) 전선의 구비조건
① 기계적 강도가 클 것
② 가요성이 클 것
③ 내구성이 있을 것
④ 비중이 작을 것
⑤ 가격이 저렴할 것

(2) 전선의 처짐정도(이도)
① 처짐정도[이도(dip)]의 영향
  ㉠ 이도의 대소는 지지물의 높이를 좌우한다.
  ㉡ 이도가 너무 크면 그만큼 좌우로 크게 진동해서 다른 상의 전선에 접촉하거나 수목에 접촉해서 위험을 준다.

[44회, 51회, 57회, 64회 출제]
$T = \dfrac{WS^2}{8D}$

② 처짐정도[이도(dip)]의 계산
  ㉠ 전선의 지지점에 고저차가 없을 경우

$$D = \dfrac{WS^2}{8T} [\text{m}]$$

$$L = S + \dfrac{8D^2}{3S} [\text{m}]$$

여기서, D : 이도, L : 전선의 실제길이

  ㉡ 지표상의 평균높이

$$h = H - \dfrac{2}{3} D [\text{m}]$$

CHAPTER 5 전선로의 특징

(3) 전선의 하중
① 수직하중(W_o) : 전선의 자중 W_c[kg]
② 수평하중(W_w, 풍압하중)
　㉠ 빙설이 많은 지역
$$W_w = Pk(d+12) \times 10^{-3} [\text{kg/m}]$$
　㉡ 빙설이 적은 지역
$$W_w = Pkd \times 10^{-3} [\text{kg/m}]$$
여기서, P : 전선이 받는 압력[kg/m²], d : 전선의 직경[mm], k : 전선표면계수

③ 합성하중
$$W = \sqrt{W_o^2 + W_w^2} = \sqrt{(W_c + W_i)^2 + W_w^2}$$

(4) 전선의 진동과 도약
① 전선의 진동발생
　㉠ 바람에 일어나는 진동이 경간, 장력 및 하중 등에 의해 정해지는 고유진동수와 같게 되면 공진을 일으켜서 진동이 지속하여 단선 등 사고가 발생한다.
　㉡ 진동방지대책
　　• **댐퍼(damper)** : 진동 루프길이의 1/2~1/3인 곳에 설치하며 진동에너지를 흡수하여 전선진동을 방지한다.
　　• 아머로드(armor rod) : 전선과 같은 재질로 전선 지지부분을 감는다.
② 전선의 도약
　　전선 주위의 빙설이나 물이 떨어지면서 반동으로 상하전선 혼촉단락사고 발생 방지책으로는 <u>오프셋(off set)</u>을 한다.

[66회 출제]
진동방지책
댐퍼, 아머로드

[도약의 방지책]
off-set

02 가공전선로의 애자

(1) 구비조건
① 절연내력 및 절연저항이 충분할 것
② 누설전류가 적을 것
③ 기계적 강도가 클 것
④ 내구력이 크고 경제적일 것

[69회 출제]
애자의 구비조건
• 절연내력 및 절연저항이 충분할 것
• 누설전류가 적을 것
• 기계적 강도가 클 것
• 내구력이 크고 경제적일 것

(2) 애자의 종류

① 핀애자 : 33[kV] 이하의 전선로에 사용
② 현수애자(클레비스형, 볼·소켓형) : 66[kV] 이상의 모든 전선로에 사용

전압[kV]	22.9	66	154	345
수 량	2~3	4~6	9~11	19~23

③ 긴애자 : 공단지역, 해안가, 안개가 많은 지역에 사용
④ 배전용 애자 : 핀애자, 인류애자, 가지애자, 옥애자

(3) 섬락전압(250[mm] 현수애자 1개 기준)

[섬락전압]
- 주수섬락전압 : 50[kV]
- 건조섬락전압 : 80[kV]

공기 중 $\begin{cases} 상용주파전압 \begin{cases} 주수섬락전압 : 50[kV] \\ 건조섬락전압 : 80[kV] \end{cases} \\ 충격파전압 : 125[kV] \end{cases}$

(4) 애자련의 효율(연능률)

① 각 애자의 전압분담이 다르므로 애자의 수를 늘렸다고 해서 그 개수에 비례하여 애자련의 절연내력이 증가하지 않는다.
② 철탑에서 1/3 지점이 가장 적고, 전선에서 제일 가까운 것이 가장 크다.

$$애자의\ 연능률\ \eta = \frac{V_n}{nV_1} \times 100\ [\%]$$

여기서, V_n : 애자련의 섬락전압[kV]
V_1 : 현수애자 1개의 섬락전압[kV]
n : 1연의 애자개수

03 가공전선로의 지지물

(1) 종류

[목주의 지름증가율]
$\dfrac{9}{1,000}$

① 목주 : 지름증가율은 9/1,000이다.
② 철근 콘크리트주 : 지름증가율은 1/75, 길이 16[m] 이하, 하중 700[kg] 이하를 A종이라 하고, A종 이외의 것을 B종이라 한다.
③ 철주 : 철근 콘크리트주 또는 목주로는 필요한 강도와 길이를 얻기 어려운 장소에 사용하고, 4각주·3각주·강관주·팬저마스트·채널주·베이츠주가 있다.

CHAPTER 5 전선로의 특징

(2) 지지선(지선)시설 조건
① <u>지름 2.6[mm]</u> 이상 아연도금철선 **3가닥** 이상(소선의 장력이 0.68[kN] 이상이면 2.0[mm] 이상)
② <u>안전율 2.5</u> 이상
③ 최소 <u>인장하중 4.31[kN]</u> 이상

[지선의 시설]
• 지름 2.6[mm] 이상의 아연도금철선 3가닥 이상
• 안전율 2.5 이상
• 최소 인장하중 4.31[kN] 이상

04 지중전선로

(1) 지중전선로의 장·단점
① 장점
㉠ 미관이 좋다.
㉡ 화재 및 폭풍우 등 기상영향이 적고, 지역환경과 조화를 이룰 수 있다.
㉢ 통신선에 대한 유도장해가 적다.
㉣ 인축에 대한 안전성이 높다.
㉤ 다회선 설치와 시설보안이 유리하다.
② 단점
㉠ 건설비, 시설비, 유지보수비 등이 많이 든다.
㉡ 고장검출이 쉽지 않고, 복구시 장시간이 소요된다.
㉢ 송전용량이 제한적이다.
㉣ 건설작업시 교통장애, 소음, 분진 등이 있다.

(2) 전력 케이블의 포설
① 직접 매설식
㉠ 관로식에 비해 공사비가 적고 공사기간이 짧다.
㉡ 열발산이 좋아 허용전류를 크게 할 수 있다.
㉢ 케이블 도중에 접속이 가능하므로 융통성이 있다.
㉣ 케이블 외상을 받을 우려가 있다.
㉤ 증설시 재시공이 불리하고, 보수점검이 불편하다.
② 관로 인입식
㉠ 케이블의 재시공, 증설이 용이하다.
㉡ 케이블 외상을 받을 우려가 없다.
㉢ 보수 점검, 고장복구가 비교적 용이하다.
㉣ 초기 시공비가 직매식에 비해 많이 든다.

[66회, 69회, 70회 출제]
직접 매설식의 특징
• 관로식에 비해 공사기간이 짧다.
• 관로식에 비해 공사비가 저렴하다.
• 허용전류를 크게 할 수 있다.
• 케이블 도중에 접속이 가능하다.
• 보수점검이 어렵다.

PART 6 전기설비 설계 및 시공

　　　ⓜ 열방산이 제한되므로 허용전류가 적을 수 있다.
　　　ⓗ 융통성이 불리하다.
　　　ⓢ 신축, 진동에 의한 외장의 피로가 크다.
　③ 암거식(터널식, 공동구식)
　　　㉠ 열발산이 좋아 허용전류를 크게 할 수 있다.
　　　㉡ 다수의 케이블을 시공할 수 있다.
　　　㉢ 공사비가 많이 들고, 공사기간이 길다.

05 조상설비

(1) 전력용 콘덴서(정전형 콘덴서, 병렬콘덴서)

　배전선로의 역률개선용으로 사용할 때에는 콘덴서를 전선로와 병렬로 접속하고, 1차 변전소에 설치하는 경우에는 송전계통의 전압조정을 목적으로 한다.
　① 역률개선
　　　㉠ 콘덴서에 의한 제5고조파 제거를 위해서 직렬리액터가 필요하다.
　　　㉡ 전원개로 후 잔류전압을 방전시키기 위해 방전장치가 필요하다.
　② 직렬리액터
　　　㉠ 정전형 축전지를 송전선에 연결하면 제3고조파는 △결선으로 제거되지만, 제5고조파는 커지므로 선로의 파형이 찌그러지고 통신선에 유도장해를 일으키므로 이를 제거하기 위해 축전지와 직렬로 리액터를 삽입하여야 한다.
　　　㉡ 직렬리액터 용량

$$2\pi(5f)L = \frac{1}{2\pi(5f)C}$$

$$\therefore \omega L = \frac{1}{25} \times \frac{1}{\omega C} = 0.04 \times \frac{1}{\omega C}$$

　그러므로 용량 리액턴스는 4[%]이지만 대지 정전용량 때문에 일반적으로 5~6[%] 정도의 직렬리액터를 설치한다.

(2) 역률개선

　① 역률개선의 효과
　　　㉠ 변압기, 배전선의 손실저감
　　　㉡ 설비용량의 여유증가
　　　㉢ 전압강하의 저감
　　　㉣ 전기요금의 저감

[역률개선]
- 직렬리액터 : 콘덴서에 의한 제5고조파 제거
- 방전장치 : 전원개로 후 잔류전압을 방전

[57회 출제]
방전장치의 목적

[70회 출제]
역률개선의 장점

② 역률개선용 콘덴서의 용량계산

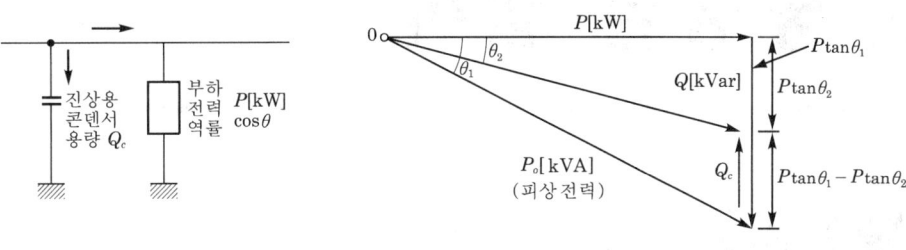

| 역률개선 |

$$Q = P(\tan\theta_1 - \tan\theta_2)\,[\text{kVA}]$$

위의 그림은 역률 $\cos\theta_1$, 피상전력 $P_0\,[\text{kVA}]$, 유효전력 $P\,[\text{kW}]$이다. 역률을 $\cos\theta_2$로 개선하기 위해서 필요한 진상용량 Q_c는 다음 식에 의해 구해진다.

$$P_0 = P - jQ = P(1 - j\tan\theta_1)$$

$$Q_c = P(\tan\theta_1 - \tan\theta_2) = P\left(\frac{\sqrt{1-\cos^2\theta_1}}{\cos\theta_1} - \frac{\sqrt{1-\cos^2\theta_2}}{\cos\theta_2}\right)[\text{kVA}]$$

[43회, 44회, 47회, 49회, 51회, 52회, 53회, 55회, 57회 출제]
• 역률개선용 콘덴서 용량(Q_c)

$$Q_c = P(\tan\theta_1 - \tan\theta_2)$$
$$= P\left(\frac{\sqrt{1-\cos^2\theta_1}}{\cos\theta_1}\right.$$
$$\left. - \frac{\sqrt{1-\cos^2\theta_2}}{\cos\theta_2}\right)$$

• Q_c 연결 후 피상전력(P_a)

$$P_a = \sqrt{P^2 + {P_r'}^2}$$

(단, $P_r' = P_r - Q_c$)

(3) 동기 무효전력보상장치(조상기)

무부하 동기전동기의 여자를 변화시켜 전동기에서 공급되는 진상 또는 지상전류를 공급받아 역률을 개선한다.

전력용 콘덴서	동기조상기
지상부하에 사용	진상·지상 부하 모두 사용
조정이 불연속	조정이 연속적
정지기로 손실이 적다.	회전기로 손실이 크다.
시충전 불가	시충전 가능
배전계통 주로 사용	송전계통에 주로 사용

[70회 출제]
동기조상기 특징
• 진상, 지상부하에 모두 사용
• 연속적
• 시충전이 가능
• 송전계통에 주로 사용

CHAPTER 06 중성점 접지

01 중성점 접지 목적

[57회 출제]
중성점 접지의 목적

① 1선 지락고장 등의 사고에 기인하는 이상전압의 발생을 억제하여 전선로 및 기기의 절연 수준 경감
② 지락고장 발생시 보호계전기의 신속하고 정확한 동작을 확보
③ 통신선에 대한 유도장해 억제
④ 과도 안정도 증진

02 중성점 접지의 종류

(1) 비접지방식

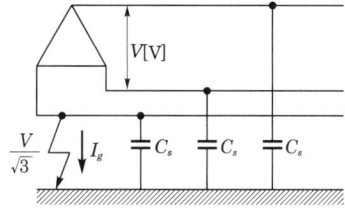

∥ 비접지방식 ∥

① 지락시 고장전류(I_g)

[58회 출제]
지락시 고장전류
$I_g = \omega CE = \omega 3 C_s \dfrac{V}{\sqrt{3}}$
$= \sqrt{3}\,\omega C_s V$

$$I_g = \omega CE = \omega \times 3C_s \times \dfrac{V}{\sqrt{3}} = \sqrt{3}\,\omega C_s V$$

② I_g는 대지 충전전류이므로 선로의 길이가 짧으면 값이 적어 계통에 주는 영향도 적고 과도 안정도가 좋으며 유도장해도 작다.
③ V 결선으로 급전할 수 있고, 제3고조파가 선로에 나타나지 않는다.
④ 이 방식은 저전압 단거리 계통에만 사용된다.

(2) 직접접지방식

[직접접지방식 조건]
$R_0 \leq X_1$, $X_0 \leq 3X_1$

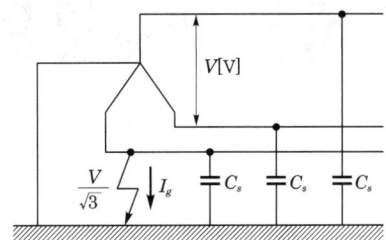

┃ 직접접지방식 ┃

① 조건 : $R_0 \leq X_1$, $X_0 \leq 3X_1$가 되어야 하며, 여기서, R_0는 영상 저항, X_0는 영상 리액턴스, X_1는 정상 리액턴스를 말한다. 이 계통의 충전전류는 대단히 작아져 건전상의 전위를 거의 상승시키지 않고 중성점을 통해서 큰 전류가 흐른다.

② 장점
㉠ 1선 지락, 단선사고시 전압상승이 거의 없어 기기의 절연레벨이 저하된다.
㉡ 피뢰기 책무가 경감되고, 피뢰기 효과가 증가한다.
㉢ 중성점은 거의 영전위 유지로 단절연변압기 사용이 가능하다.
㉣ 보호계전기의 신속 확실한 동작이 이루어진다.

③ 단점
㉠ 지락고장전류가 저역률, 대전류이므로 과도 안정도가 나쁘다.
㉡ 통신선에 대한 유도장해가 크다.
㉢ 지락전류가 커서 기기의 기계적 충격에 의한 손상, 고장점에서 애자파손, 전선용단 등의 고장이 우려된다.
㉣ 직접접지식에서는 차단기가 큰 고장전류를 자주 차단하게 되어 대용량의 차단기가 필요하다.

CHAPTER 07 피뢰기에 의한 기구보호

01 피뢰기의 구성

(1) 직렬갭(series gap)
방습애관 내에 밀봉된 평면·구면전극을 계통전압에 따라 다수 직렬로 접속한 다극 구조이고, 속류를 차단하고 소호의 역할을 함과 동시에 충격파에 대하여는 방전시키도록 한다.

(2) 특성요소
탄화규소를 주성분으로 한 소송물의 저항판을 여러 개로 합친 구조이며, 직렬갭과 더불어 자기애관에 밀봉시킨다.

02 피뢰기의 역할

이상전압이 내습해서 피뢰기의 단자전압이 어느 일정 값 이상으로 올라가면 즉시 방전해서 전압상승을 억제한다. 이상전압이 없어져서 단자전압이 일정 값 이하가 되면 즉시 방전을 정지해서 원래의 송전상태로 되돌아가게 된다.

(1) 피뢰기의 제한전압
방전으로 저하되어서 피뢰기의 단자 간에 남게 되는 충격전압

(2) 피뢰기의 설치장소
① 발전소, 변전소에서 가공전선 인입구, 인출구
② 특고압 옥외 변전용 변압기 고압 및 특고압측
③ 고압 및 특고압 가공전선로로부터 공급받는 수용가 인입구
④ 가공전선로와 지중전선로가 접속되는 곳

(3) 피뢰기의 구비조건
① 충격방전 개시전압이 낮을 것
② 상용주파방전 개시전압이 높을 것
③ 방전내량이 크면서 제한전압은 낮을 것
④ 속류차단 능력이 충분할 것

03 보호계전기

(1) 보호계전기의 구비조건
① 고장상태를 식별하여 정도를 파악할 수 있을 것
② 고장개소를 정확히 선택할 수 있을 것
③ 동작이 예민하고 오동작이 없을 것
④ 적절한 후비보호 능력이 있을 것
⑤ 경제적일 것

(2) 발전기의 보호
내부고장에 대한 보호 → 비율차동계전방식(비율차동계전기)

(3) 보호계전기의 분류
① 동작시간에 의한 분류
㉠ 순한시계전기 : 고장이 발생시 즉시동작
㉡ 정한시계전기 : 일정 전류 이상이 되면 크기와 무관하게 일정 시간 후 동작
㉢ 반한시계전기 : 동작전류가 커질수록 동작시간이 짧아진다.
㉣ 반한시정한시계전기 : 동작전류가 적을 때는 반한시성, 커지면 정한시 특성을 갖는다.
② 지락보호 계전기의 종류
㉠ 과전류지락계전기
㉡ 방향지락계전기
㉢ 선택지락계전기

[66회, 68회 출제]
피뢰기의 구비조건
• 충격방전 개시전압이 낮을 것
• 상용주파방전 개시전압이 높을 것
• 방전내량이 크면서 제한전압은 낮을 것
• 속류차단 능력이 충분할 것

[보호계전기의 구비조건]
• 고장상태를 식별하여 정도를 파악할 수 있을 것
• 고장개소를 정확히 선택할 수 있을 것
• 동작이 예민하고 오동작이 없을 것
• 적절한 후비보호 능력이 있을 것
• 경제적일 것

[57회 출제]
반한시성 특성

04 개폐장치

(1) 개폐장치의 종류
① 차단기(CB) : 통전 중의 정상적인 부하전류 개폐는 물론이고, 고장발생으로 인한 전류도 개폐할 수 있는 개폐기이다.
② 단로기(DS) : 전류가 흐르지 않은 상태에서 회로를 개폐할 수 있는 장치로, 기기의 점검수리를 위해서 이를 전원으로부터 분리할 경우라든지 회로의 접속을 변경할 때 사용된다.

(2) 차단기의 정격과 동작책무

[정격전압]
정격전압=공칭전압의 $\frac{1.2}{1.1}$ 배

① 정격전압 : 규정의 조건하에서 그 차단기에 부과할 수 있는 사용 회로전압의 상한값(선간전압)으로, 공칭전압의 $\frac{1.2}{1.1}$ 배 정도이다.

공칭전압	3.3[kV]	6.6[kV]	22.9[kV]	66[kV]	154[kV]	345[kV]
정격전압	3.6[kV]	7.2[kV]	25.8[kV]	72.5[kV]	170[kV]	362[kV]

② 정격차단전류 : 모든 정격 및 규정의 회로조건하에서 규정된 표준동작책무와 동작상태에 따라서 차단할 수 있는 최대의 차단전류한도
③ 표준동작책무
  ㉠ **갑호(A)** : O-1분-CO-3분-CO
  ㉡ 을호(B) : O-15초-CO

[57회 출제]
절연레벨의 순서

> **절연협조**
> 1. 사고발생시 계통 전체의 신뢰도를 높이기 위해서 합리적인 절연강도가 될 수 있도록 기기 상호간에 절연협조를 할 필요가 있다.
> 2. 절연협조의 기본은 피뢰기의 제한전압이다.
> 3. 154[kV]의 절연협조 예
>   애자 > 결합콘덴서 > 기기 > 변압기 > 피뢰기

Master Craftsman Electricity

CHAPTER 08 배전선로

01 특 징

① 전선로의 길이가 짧다.
② 저전압 소전력이다.
③ 회선수가 많다.
④ 각 선로의 전류가 불평형이다.

02 전압의 구분

① 저압 : 직류 1,500[V] 이하, 교류 1,000[V] 이하의 전압
② 고압 : 직류 1,500[V] 초과, 교류 1,000[V] 초과하고 7,000[V] 이하의 전압
③ 특고압 : 7,000[V]를 초과한 전압

[69회 출제]
전압의 구분
• 저압
• 고압
• 특고압

03 전기방식

(1) 단상 2선식

단상 교류전력을 전선 2가닥으로 배전하는 것으로서 전등용 전압배전에 가장 많이 쓰이며, 전선수가 적고 가선공사가 간단하며 공사비가 저렴하다.

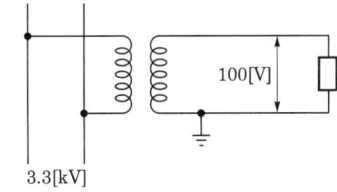

∥ 단상 2선식 ∥

PART 6 전기설비 설계 및 시공

[전기방식]
• 단상 2선식
• 단상 3선식
• 3상 3선식

(2) 단상 3선식

주상변압기 저압측의 2개의 권선을 직렬로 하고 그 접속의 중간점으로부터 중성선을 끌어내어서 전선 3가닥으로 배전하는 방식이다.

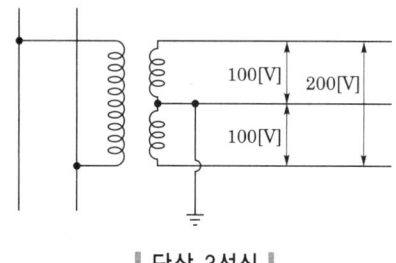

┃ 단상 3선식 ┃

(3) 3상 3선식

널리 사용되고 있는 배전방식으로 3상 교류를 3가닥의 전선을 사용해서 배전하는 것으로 배전변압기의 2차측 결선에는 △결선, V결선 등으로 사용한다.

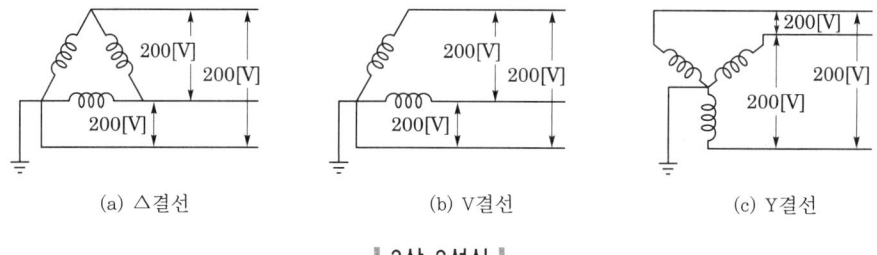

(a) △결선　　　　　(b) V결선　　　　　(c) Y결선

┃ 3상 3선식 ┃

04 전기적 특성

(1) 선로정수

① 저항

$$R = \rho \frac{l}{A} = \frac{1}{\sigma} \times \frac{l}{A} \, [\Omega]$$

[인덕턴스]
$L = 0.05 + 0.4605$
$\log \dfrac{D}{r}$

② 인덕턴스

$$L = 0.05 + 0.4605 \log_{10} \frac{D}{r} \, [\text{mH/km}]$$

등가선간 거리 $D = \sqrt[3]{D_1 D_2 D_3}$

(2) 전기방식에 따른 전압강하

① 전원 1개의 직류 2선식

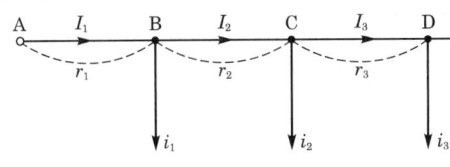

|급전점 1개소|

$$전압강하\ e = (i_1 + i_2 + i_3)r_1 + (i_2 + i_3)r_2 + (i_3)r_3$$
$$= i_1 r_1 + i_2(r_1 + r_2) + i_3(r_1 + r_2 + r_3)$$

여기서, 각 구간의 저항 : r_1, r_2, r_3
전선에 흐르는 전류 : I_1, I_2, I_3

[전압강하]
$e = i_1 r_1 + i_2(r_1 + r_2)$
$\quad + i_3(r_1 + r_2 + r_3)$

② 급전점이 2개 있는 직류 2선식

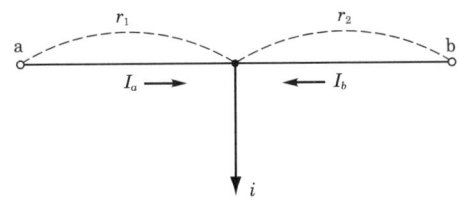

|단일 부하|

㉠ a점 단자의 전류

$$I_a = \frac{E_a - E_b}{r_1 + r_2} + \frac{ir_2}{r_1 + r_2}$$

㉡ b점 단자의 전류

$$I_b = \frac{E_b - E_a}{r_1 + r_2} + \frac{ir_1}{r_1 + r_2}$$

05 승압기

(1) 승압효과
① 공급용량의 증대
② 전력손실의 감소

PART 6 전기설비 설계 및 시공

③ 전압강하율의 개선
④ 지중배전방식의 채택용이
⑤ 고압배전선 연장의 감소
⑥ 대용량의 전기기기 사용용이

(2) 승압의 필요성

[승압의 필요성]
• 전력사업자측 : 투자비 절감, 양질의 전기공급
• 수용가측 : 대용량 기기를 옥내배선의 증설없이 사용

전력사업자측과 수용가측으로 구분할 수 있다. 전력사업자측으로서는 저압설비의 투자비를 절감하고, 전력손실을 감소시켜 전력판매원가를 절감시키며 전압강하 및 전압변동률을 감소시켜 수용가에게 전압강하가 작은 양질의 전기를 공급하는 데 있다. 수용가측에서는 대용량 기기를 옥내배선의 증설없이 사용하고 양질의 전기를 풍족하게 사용하고자 하는 데 그 필요성이 있다.

CHAPTER 09 수요와 부하

Master Craftsman Electricity

01 수용률

수용가의 최대 수요전력[kW]은 부하설비의 정격용량의 합계[kW]보다 작은 것이 보통이다.

$$수용률 = \frac{최대 \ 수요전력[kW]}{부하설비용량[kW]} \times 100 \ [\%]$$

[69회 출제]
수용률
$\dfrac{최대 \ 수요전력[kW]}{부하설비용량[kW]}$
$\times 100[\%]$

02 부등률

수용가 상호간, 배전변압기 상호간, 급전선 상호간 또는 변전소 상호간에서 각 개의 최대 부하는 같은 시각에 일어나는 것이 아니고, 그 발생시각에 약간씩 시각차가 있기 마련이다. 최대 전력 발생시각 또는 발생시기의 분산을 나타내는 지표가 부등률이다.

$$부등률 = \frac{각 \ 부하의 \ 최대 \ 수요전력의 \ 합[kW]}{각 \ 부하를 \ 종합하였을 \ 때의 \ 최대 \ 수요(합성 \ 최대 \ 전력)[kW]}$$

[66회, 68회 출제]
부등률
$\dfrac{각 \ 부하의 \ 최대 \ 수요전력의 \ 합[kW]}{각 \ 부하를 \ 종합하였을 \ 때의 \ 최대 \ 수요[kW]}$

03 부하율

전력의 사용은 시각 및 계절에 따라 다른데 어느 기간 중의 평균 전력과 그 기간 중에서의 최대 전력과의 비를 백분율로 나타낸 것을 부하율이라 한다.

$$부하율 = \frac{평균 \ 부하전력[kW]}{최대 \ 부하전력[kW]} \times 100 \ [\%] = \frac{사용전력량/사용시간}{최대 \ 부하} \times 100 \ [\%]$$

[67회 출제]
부하율
$\dfrac{평균 \ 부하전력[kW]}{최대 \ 부하전력[kW]}$
$\times 100[\%]$

PART 6 전기설비 설계 및 시공

[45회, 51회 출제]
수전설비용량

04 수용률, 부등률 및 부하율의 관계

① 합성 최대 전력 $= \dfrac{\text{최대 전력의 합계}}{\text{부등률}} = \dfrac{\text{설비용량의 합계} \times \text{수용률}}{\text{부등률}}$

② 부하율 $= \dfrac{\text{평균 전력}}{\text{설비용량의 합계}} \times \dfrac{\text{부등률}}{\text{수용률}}$

[57회, 67회, 69회 출제]
수용률

 수용률
1. 주택, 기숙사, 여관, 호텔 : 50[%]
2. 사무실, 은행 등 : 70[%]

CHAPTER 10 조명설비

01 용어

(1) 광속발산도(luminous radiance)
① 어느 물체의 표면에서 발산되는 광속밀도를 뜻한다.
② 단위 : [rlx], [asb] (1[rlx]=1[asb]=1[lm/m²])

[46회, 65회 출제]
광속발산도의 정의

(2) 광속(luminous flux)
① 단위시간에 어떤 면을 통과하는 복사에너지의 양을 복사속(radiant flux)이라 하며, 이것을 빛으로 느낄 수 있는 크기로 나타낸 것을 광속이라 한다.
② 단위 : [lm]

(3) 휘도(brightness) : B
① 광원의 빛나는 정도
② $B = \dfrac{M}{\pi} = \dfrac{\rho E}{\pi}$ [nt] (여기서, ρ : 반사율, E : 조도)
③ 단위 : [cd/m²]=[nt], [cd/cm²]=[sb]

[41회, 68회 출제]
휘도(B)
$B = \dfrac{M}{\pi} = \dfrac{\rho E}{\pi}$

> **반사율**
> 1. 천장 : 80~85[%]
> 2. 책상면 : 35~50[%]

(4) 조도(illumination) : E
① 단위면적당 광속밀도 또는 입사광속을 말한다.
② 단위 : [lx]
③ $E = \dfrac{F}{A}$ (여기서, F : 광속, A : 면적)

PART 6 전기설비 설계 및 시공

[49회, 53회, 55회, 56회,
59회, 60회, 66회, 69회
출제]
평균조도(E')
$$E' = \frac{FUN}{AD}$$

④ 평균조도(E')

$$E' = \frac{FUN}{AD}$$

여기서, A : 면적[m²], D : 감광보상률
U : 조명률, N : 등의 개수
F : 광속

02 조명방식

(1) 조명기구 배치에 의한 분류
① 전반조명 : 광원이 일정한 간격과 높이를 유지하며 배치된다.
② 국부조명 : 광원이 필요부분과 부분적으로 높은 조도를 유지하기 위한 방식이다.
③ 전반국부조명 : 전반조명과 국부조명을 병행해서 사용하는 방식이다.

[48회, 70회 출제]
국부조명방식의 특징

(2) 배광에 의한 분류
① 직접조명 : 밝고 어두운 차이가 심하여 눈부심이 생긴다.

[51회 출제]
직접조명의 특징

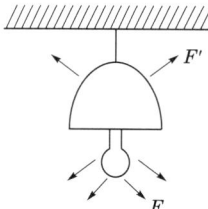

• 조명률(F') : 0~10[%]
• 조명률(F) : 90~100[%]

② 간접조명 : 그늘이 없고 차분한 분위기를 조성할 수 있는 이점도 있으나, 조명률은 비효율적이다.
③ 반간접조명 : 직접조명과 간접조명의 장점만을 결합한 조명방식이다.

03 조명기구의 사용목적

① 장식용의 목적
② 광원보호의 목적
③ 눈부심 방지의 목적
④ 배광 변경의 목적

방지수(실지수) : K

1. 조명률은 반사율, 방의 크기, 모양, 기구의 위치, 종류에 따라서 변화하며, 그 척도로서 방지수(실지수)를 사용하여 나타낸다.
2. $K = \dfrac{XY}{H(X+Y)}$

   여기서, H : 작업면과 광원까지의 높이
   X : 방의 넓이
   Y : 방의 길이
3. 공사비=일반 관리비 + 공사원가(경비, 재료비, 노무비)
4. 손익분기점 매출액(P)

   $P = \dfrac{\text{고정비용}}{1 - \dfrac{\text{변동비용}}{\text{매출액}}}$

[48회, 49회, 65회, 68회, 70회 출제]
실지수(K)
$K = \dfrac{XY}{H(X+Y)}$

[46회, 47회 출제]
공사비 및 손익분기점 매출액

CHAPTER 11 분산형 전원설비

[전원]
- 분산형 전원
- 독립형 전원
- 계통연계형 전원

01 개요

최종적으로 소비되는 전력소비지역 근방에 분산하여 배치 가능한 전원설비를 말한다.

02 용어의 정의

(1) 풍력터빈
바람의 운동에너지를 기계적 에너지로 변환하는 장치(가동부 베어링, 나셀, 블레이드 등의 부속물을 포함)를 말한다.

(2) 풍력터빈을 지지하는 구조물
타워와 기초로 구성된 풍력터빈의 일부분을 말한다.

(3) 풍력발전소
단일 또는 복수의 풍력터빈(풍력터빈을 지지하는 구조물을 포함)을 원동기로 하는 발전기와 그 밖의 기계 기구를 시설하여 전기를 발생시키는 곳을 말한다.

(4) 자동정지
풍력터빈의 설비보호를 위한 보호장치의 작동으로 인하여 자동적으로 풍력터빈을 정지시키는 것을 말한다.

[69회 출제]
MPPT(최대 출력 추종)

(5) MPPT
태양광발전이나 풍력발전 등이 현재 조건에서 가능한 최대의 전력을 생산할 수 있도록 인버터 제어를 이용하여 해당 발전원의 전압이나 회전속도를 조정하는 최대 출력 추종(MPPT, Maximum Power Point Tracking) 기능을 말한다.

03 태양광발전설비

(1) 설치장소의 요구사항
① 인버터, 제어반, 배전반 등의 시설은 기기 등을 조작 또는 보수 점검할 수 있는 충분한 공간을 확보하고 필요한 조명설비를 시설하여야 한다.
② 인버터 등을 수납하는 공간에는 실내온도의 과열 상승을 방지하기 위한 환기시설을 갖추어야하며 적정한 온도와 습도를 유지하도록 시설하여야 한다.
③ 배전반, 인버터, 접속장치 등을 옥외에 시설하는 경우 침수의 우려가 없도록 시설하여야 한다.
④ 태양전지 모듈을 지붕에 시설하는 경우 취급자에게 추락의 위험이 없도록 점검통로를 안전하게 시설하여야 한다.
⑤ 태양전지 모듈의 직렬군 최대개방전압이 직류 750[V] 초과 1,500[V] 이하인 시설장소는 다음에 따라 울타리 등의 안전조치를 하여야 한다.

[옥내전로의 대지전압 제한]
직류 600[V]까지 적용

　㉠ 태양전지 모듈을 지상에 설치하는 경우는 울타리·담 등을 시설하여야 한다.
　㉡ 태양전지 모듈을 일반인이 쉽게 출입할 수 있는 옥상 등에 시설하는 경우는 식별이 가능하도록 위험 표시를 하여야 한다.
　㉢ 태양전지 모듈을 일반인이 쉽게 출입할 수 없는 옥상·지붕에 설치하는 경우는 모듈 프레임 등 쉽게 식별할 수 있는 위치에 위험 표시를 하여야 한다.

(2) 태양광설비의 시설
① 전기배선
　㉠ 모듈 및 기타 기구에 전선을 접속하는 경우는 나사로 조이고, 기타 이와 동등 이상의 효력이 있는 방법으로 기계적·전기적으로 안전하게 접속하고, 접속점에 장력이 가해지지 않도록 할 것
　㉡ 배선시스템은 바람, 결빙, 온도, 태양방사와 같이 예상되는 외부 영향을 견디도록 시설할 것
　㉢ 모듈의 출력배선은 극성별로 확인할 수 있도록 표시할 것
　㉣ 직렬 연결된 태양전지 모듈의 배선은 과도 과전압의 유도에 의한 영향을 줄이기 위하여 스트링 양극간의 배선간격이 최소가 되도록 배치할 것
② 모듈을 지지하는 구조물
　㉠ 자중, 적재하중, 적설 또는 풍압, 지진 및 기타의 진동과 충격에 대하여 안전한 구조일 것

ⓒ 부식환경에 의하여 부식되지 아니하도록 다음의 재질로 제작할 것
- 용융아연 또는 용융아연-알루미늄-마그네슘합금 도금된 형강
- 스테인리스스틸(STS)
- 알루미늄합금
- 상기와 동등 이상의 성능(인장강도, 항복강도, 압축강도, 내구성 등)을 가지는 재질로서 KS제품 또는 동등 이상의 성능의 제품일 것

ⓒ 모듈 지지대와 그 연결부재의 경우 용융아연도금처리 또는 녹방지처리를 하여야 하며, 절단가공 및 용접부위는 방식처리를 할 것

ⓔ 설치 시에는 건축물의 방수 등에 문제가 없도록 설치하여야 하며 볼트조립은 헐거움이 없이 단단히 조립하여야 하며, 모듈-지지대의 고정 볼트에는 스프링와셔 또는 풀림방지너트 등으로 체결할 것

04 풍력발전설비

[나셀]
회전력을 전기에너지로 변환하기 위한 장치이다.

(1) 나셀 등의 접근시설
나셀 등 풍력발전기 상부시설에 접근하기 위한 안전한 시설물을 강구하여야 한다.

(2) 항공장애 표시등 시설
발전용 풍력설비의 항공장애등 및 주간장애표지는 「항공법」 제83조(항공장애 표시등의 설치 등)의 규정에 따라 시설하여야 한다.

(3) 화재방호설비 시설
500[kW] 이상의 풍력터빈은 나셀 내부의 화재 발생 시, 이를 자동으로 소화할 수 있는 화재방호설비를 시설하여야 한다.

(4) 풍력터빈의 강도계산은 다음 사항을 따라야 한다.
① 최대풍압하중 및 운전 중의 회전력 등에 의한 풍력터빈의 강도계산에는 다음의 조건을 고려하여야 한다.
  ㉠ 사용조건
    - 최대풍속
    - 최대회전수
  ㉡ 강도조건
    - 하중조건
    - 강도계산의 기준
    - 피로하중

CHAPTER 11 분산형 전원설비

② ①의 강도계산은 다음 순서에 따라 계산하여야 한다.
　㉠ 풍력터빈의 제원(블레이드 직경, 회전수, 정격출력 등)을 결정
　㉡ 자중, 공기력, 원심력 및 이들에서 발생하는 모멘트를 산출
　㉢ 풍력터빈의 사용조건(최대풍속, 풍력터빈의 제어)에 의해 각부에 작용하는 하중을 계산
　㉣ 각부에 사용하는 재료에 의해 풍력터빈의 강도조건 산정
　㉤ 하중, 강도조건에 의해 각부의 강도계산을 실시하여 안전함을 확인
③ ②의 강도계산 개소에 가해진 하중의 합계는 다음 순서에 의하여 계산하여야 한다.
　㉠ 바람 에너지를 흡수하는 블레이드의 강도계산
　㉡ 블레이드를 지지하는 날개축, 날개축을 유지하는 회전축의 강도계산
　㉢ 블레이드, 회전축을 지지하는 나셀과 타워를 연결하는 베어링의 강도계산

(5) 계측장치의 시설

풍력터빈에는 설비의 손상을 방지하기 위하여 운전 상태를 계측하는 다음의 계측장치를 시설하여야 한다.
① 회전속도계
② 나셀(nacelle) 내의 진동을 감시하기 위한 진동계
③ 풍속계
④ 압력계
⑤ 온도계

05 연료전지설비

[연료전지설비]
화학에너지를 전기에너지로 변화시키는 설비이다.

(1) 설치장소의 안전 요구사항
① 연료전지를 설치할 주위의 벽 등은 화재에 안전하게 시설하여야 한다.
② 가연성 물질과 안전거리를 충분히 확보하여야 한다.
③ 침수 등의 우려가 없는 곳에 시설하여야 한다.

(2) 연료전지 발전실의 가스 누설 대책

"연료가스 누설 시 위험을 방지하기 위한 적절한 조치"란 다음에 열거하는 것을 말한다.

① 연료가스를 통하는 부분은 최고 사용압력에 대하여 기밀성을 가지는 것이어야 한다.
② 연료전지설비를 설치하는 장소는 연료가스가 누설되었을 때 체류하지 않는 구조의 것이어야 한다.
③ 연료전지설비로부터 누설되는 가스가 체류할 우려가 있는 장소에 해당 가스의 누설을 감지하고 경보하기 위한 설비를 설치하여야 한다.

(3) 내압시험은 연료전지설비의 내압부분 중 최고 사용압력이 0.1[MPa] 이상의 부분은 최고 사용압력의 1.5배의 수압(수압으로 시험을 실시하는 것이 곤란한 경우는 최고 사용압력의 1.25배의 기압)까지 가압하여 압력이 안정된 후 최소 10분간 유지하는 시험을 실시하였을 때 이것에 견디고 누설이 없어야 한다.

(4) 기밀시험은 연료전지설비의 내압부분 중 최고 사용압력이 0.1[MPa] 이상의 부분(액체 연료 또는 연료가스 혹은 이것을 포함한 가스를 통하는 부분에 한정한다.)의 기밀시험은 최고 사용압력의 1.1배의 기압으로 시험을 실시하였을 때 누설이 없어야 한다.

(5) 연료전지설비의 보호장치

연료전지는 다음의 경우에 자동적으로 이를 전로에서 차단하고 연료전지에 연료가스 공급을 자동적으로 차단하며 연료전지 내의 연료가스를 자동적으로 배기하는 장치를 시설하여야 한다.
① 연료전지에 과전류가 생긴 경우
② 발전요소(發電要素)의 발전전압에 이상이 생겼을 경우 또는 연료가스 출구에서의 산소농도 또는 공기 출구에서의 연료가스 농도가 현저히 상승한 경우
③ 연료전지의 온도가 현저하게 상승한 경우

(6) 연료전지설비의 비상정지장치

① 연료계통설비 내의 연료가스의 압력 또는 온도가 현저하게 상승하는 경우
② 증기계통설비 내의 증기의 압력 또는 온도가 현저하게 상승하는 경우
③ 실내에 설치되는 것에서는 연료가스가 누설하는 경우

PART 06 자주 출제되는 기출문제

01 특고압은 몇 [V]를 초과하는 전압을 말하는가?   [46회 09.7.], [69회 21.2.]

① 3,300
② 6,600
③ 7,000
④ 9,000

해설 전압의 종별
- 저압 : 직류 1,500[V] 이하, 교류 1,000[V] 이하인 것
- 고압 : 직류 1,500[V], 교류 1,000[V]를 초과하고 7[kV] 이하인 것
- 특고압 : 7[kV] 초과한 것

02 전선의 접속법에 대한 설명으로 잘못된 것은?   [49회 11.4.]

① 접속부분은 접속슬리브, 전선접속기를 사용하여 접속한다.
② 접속부는 전선의 강도(인장하중)를 20[%] 이상 유지한다.
③ 접속부분은 절연전선의 절연물과 동등 이상의 절연효력이 있는 것으로 충분히 피복한다.
④ 전기화학적 성질이 다른 도체를 접속하는 경우에는 접속부분에 전기적 부식이 생기지 않도록 하여야 한다.

해설 전선의 접속법
- 전기저항 증가금지
- 접속부위 반드시 절연
- 접속부위 접속기구 사용
- 전선의 세기(인장하중) 20[%] 이상 감소금지
- 전기적 부식방지
- 충분히 절연피복을 할 것

정답 01 ③   02 ②

PART 6 전기설비 설계 및 시공

03 전선의 접속원칙이 아닌 것은?   [42회 07.7.], [45회 09.3.]

① 전선의 허용전류에 의하여 접속부분의 온도상승값이 접속부 이외의 온도상승값을 넘지 않도록 한다.
② 접속부분은 접속관, 기타의 기구를 사용한다.
③ 전선의 강도를 30[%] 이상 감소시키지 않는다.
④ 구리와 알루미늄 등 다른 종류의 금속 상호간을 접속할 때에는 접속부에 전기적 부식이 생기지 않도록 한다.

해설 문제 02번 해설 참조

04 나전선 상호 또는 나전선 절연전선, 캡타이어 케이블 또는 케이블과 접속하는 경우의 설명으로 옳은 것은?   [53회 13.4.]

① 접속슬리브(스프리트 슬리브 제외), 전선접속기를 사용하여 접속하여야 한다.
② 접속부분의 절연은 전선 절연물의 80[%] 이상 절연효력이 있는 것으로 피복하여야 한다.
③ 접속부분의 전기저항을 증가시켜야 한다.
④ 전선의 강도는 30[%] 이상 감소하지 않아야 한다.

해설 문제 02번 해설 참조

05 다음은 전선접속에 관한 설명이다. 옳지 않은 것은?   [43회 08.3.], [46회 09.7.], [50회 11.7.]

① 접속슬리브나 전선접속기구를 사용하여 접속하거나 또는 납땜을 한다.
② 접속부분의 전기저항을 증가시켜서는 안 된다.
③ 전선의 세기를 60[%] 이상 유지해야 한다.
④ 절연을 원래의 절연효력이 있는 테이프로 충분히 한다.

해설 전선의 접속
전선의 세기는 20[%] 이상 감소를 금지하므로 세기는 80[%] 이상 유지하여야 한다.

정답 03 ③   04 ①   05 ③

06 다음 중 전선접속에 관한 설명으로 옳지 않은 것은?

[46회 09.7.], [50회 11.7.], [70회 21.7.]

① 전선의 강도는 60[%] 이상 유지해야 한다.
② 접속부분의 전기저항을 증가시켜서는 안 된다.
③ 접속부분의 절연은 전선의 절연물과 동등 이상의 절연효력이 있는 테이프로 충분히 피복한다.
④ 접속슬리브, 전선접속기를 사용하여 접속한다.

해설 문제 02번 해설 참조

07 전선의 접속법에 대한 설명 중 옳지 않은 것은?

[54회 13.7.]

① 접속부분은 절연전선의 절연물과 동등 이상의 절연효력이 있도록 충분히 피복한다.
② 전선의 전기저항이 증가되도록 접속하여야 한다.
③ 전선의 세기를 20[%] 이상 감소시키지 않는다.
④ 접속부분은 접속관, 기타의 기구를 사용한다.

해설 접속부분의 전기저항을 증가시켜서는 안 된다.

08 66[kV]의 가공송전선에 있어 전선의 인장하중이 220[kgf]로 되어 있다. 지지물과 지지물 사이에 이 전선을 접속할 경우 이 전선 접속부분의 전선의 세기는 최소 몇 [kgf] 이상이어야 하는가?

[47회 10.3.]

① 85[kgf] ② 176[kgf]
③ 185[kgf] ④ 192[kgf]

해설 전선의 세기(인장하중)는 20[%] 이상 감소를 금지한다. 즉, 80[%] 이상 유지하여야 하므로
∴ 인장하중=220×0.8=176[kgf]

09 과전류차단기로 시설하는 퓨즈 중 고압전로에 사용하는 포장퓨즈는 정격전류의 몇 배의 전류에 견디어야 하는가?

[47회 10.3.]

① 1.3배 ② 1.5배
③ 2.0배 ④ 2.5배

정답 06 ① 07 ② 08 ② 09 ①

해설 **고압 및 특고압전로 중의 과전류차단기의 시설**
- 포장퓨즈는 정격전류의 1.3배에 견디고, 또한 2배의 전류로 120분 안에 용단되어야 한다.
- 비포장퓨즈는 정격전류의 1.25배에 견디고, 또한 2배의 전류로 2분 안에 용단되어야 한다.

10 접지극은 지하 몇 [cm] 이상의 깊이에 매설하는가? [47회 10.3.], [69회 21.2.]

① 55[cm] ② 65[cm]
③ 75[cm] ④ 85[cm]

해설 **접지선 시설**

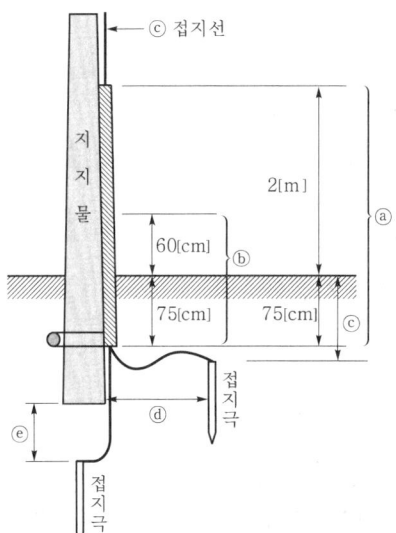

ⓐ 두께 2[mm] 이상의 합성수지관 또는 몰드
ⓑ 접지선은 절연전선, 케이블 사용 (단, ⓑ는 금속체 이외의 경우)
ⓒ 접지극은 지하 75[cm] 이상
ⓓ 접지극은 지중에서 수평으로 1[m] 이상
ⓔ 접지극은 지지물의 밑면으로부터 수직으로 30[cm] 이상

11 고압 및 특고압의 전로에서 절연내력시험을 할 때 규정에 정한 시험전압을 전로와 대지 사이에 몇 분간 가하여 견디어야 하는가? [53회 13.4.]

① 1분 ② 5분
③ 10분 ④ 20분

해설 **절연내력시험**
- 고압 및 특고압전로는 시험전압을 전로와 대지 사이에 계속하여 10분간을 가하여 절연내력을 시험하는 경우 이에 견디어야 한다.
- 다만, Cable을 사용하는 교류전류는 시험전압이 직류이면 표에 정한 시험전압의 2배의 직류전압으로 한다.

정답 10 ③ 11 ③

전로의 종류(최대사용전압)	시험전압
1. 7[kV] 이하	최대사용전압의 1.5배의 전압
2. 7[kV] 초과 25[kV] 이하인 중성점 접지식 전로(중성선을 가지는 것으로서 그 중성선을 다중접지하는 것에 한함)	최대사용전압의 0.92배의 전압
3. 7[kV] 초과 60[kV] 이하인 전로	최대사용전압의 1.25배의 전압 (최저시험전압 10,500[V])
4. 60[kV] 초과 중성점 비접지식 전로	최대사용전압의 1.25배의 전압
5. 60[kV] 초과 중성점 접지식 전로	최대사용전압의 1.1배의 전압 (최저시험전압 75[kV])
6. 60[kV] 초과 중성점 직접접지식 전로	최대사용전압의 0.72배의 전압
7. 170[kV] 초과 중성점 직접접지되어 있는 발전소 또는 변전소 혹은 이에 준하는 장소에 시설하는 것	최대사용전압의 0.64배의 전압
8. 최대사용전압이 60[kV]를 초과하는 정류기에 접속되고 있는 전로	교류측 및 직류 고전압측에 접속되고 있는 전로는 교류측의 최대사용전압의 1.1배의 직류전압
	직류측 중성선 또는 귀선이 되는 전로(이하 "직류저압측 전로"라 함)는 규정하는 계산식에 의하여 구한 값

12 ★★
최대사용전압 3,300[V]인 고압전동기가 있다. 이 전동기의 절연내력시험전압은 몇 [V]인가? [45회 09.3.], [51회 12.4.]

① 3,630[V]   ② 4,125[V]
③ 4,950[V]   ④ 10,500[V]

해설 절연내력시험전압(문제 11번 해설 참조)
7[kV] 이하일 때는 최대사용전압의 1.5배의 전압이므로
∴ $3,300 \times 1.5 = 4,950[V]$이다.

13 ★
특고압용 변압기의 냉각방식이 타냉식인 경우 냉각장치의 고장으로 인하여 변압기의 온도가 상승하는 것을 대비하기 위하여 시설하는 장치는? [51회 12.4.], [70회 21.7.]

① 방진장치   ② 회로차단장치
③ 경보장치   ④ 공기정화장치

해설 특고압용 변압기의 보호장치

뱅크용량의 구분	동작조건	장치의 종류
5,000[kVA] 이상 10,000[kVA] 미만	변압기 내부고장	자동차단장치 또는 경보장치
10,000[kVA] 이상	변압기 내부고장	자동차단장치
타냉식 변압기(변압기의 권선 및 철심을 직접 냉각시키기 위하여 봉입한 냉매를 강제 순환시키는 냉각방식을 말한다.)	냉각장치에 고장이 생긴 경우 또는 변압기의 온도가 현저히 상승한 경우	경보장치

정답 12 ③ 13 ③

14. 가공전선로에 사용하는 원형 철근 콘크리트주의 수직투영면적 1[m²]에 대한 갑종 풍압하중은?

[53회 13.4.], [65회 19.3.], [69회 21.2.]

① 333[Pa]
② 588[Pa]
③ 745[Pa]
④ 882[Pa]

해설 풍압하중의 종별과 적용

- 갑종 풍압하중 : 구성재의 수직투영면적 1[m²]에 대한 풍압을 기초로 하여 계산

풍압을 받는 구분				구성재의 수직투영면적 1[m²]에 대한 풍압
목주				588[Pa]
지지물	철주	원형의 것		588[Pa]
		삼각형 또는 마름모형의 것		1,412[Pa]
		강관에 의하여 구성되는 4각형의 것		1,117[Pa]
		기타의 것		복제가 전·후면에 겹치는 경우에 1,627[Pa], 기타의 경우에는 1,784[Pa]
	철근 콘크리트주	원형의 것		588[Pa]
		기타의 것		882[Pa]
	철탑	단주 (완철류는 제외함)	원형의 것	588[Pa]
			기타의 것	1,117[Pa]
		강관으로 구성되는 것(단주는 제외함)		1,255[Pa]
		기타의 것		2,157[Pa]
전선 기타 가섭선	다도체(구성하는 전선이 2가닥마다 수평으로 배열되고 또한 그 전선 상호간의 거리가 전선의 바깥지름의 20배 이하인 것)를 구성하는 전선			666[Pa]
	기타의 것			745[Pa]
애자장치(특고압 전선용의 것)				1,039[Pa]
목주·철주(원형의 것) 및 철근 콘크리트주의 완금류(특고압 전선로용의 것)				단일재로서 사용하는 경우에는 1,196[Pa], 기타의 경우에는 1,627[Pa]

- 을종 풍압하중 : 갑종 풍압의 $\frac{1}{2}$을 기초로 계산

- 병종 풍압하중 : 갑종 풍압의 $\frac{1}{2}$을 기초로 계산

15. 전로의 절연저항 및 절연내력 측정에 있어 사용전압이 저압인 전로에서 정전이 어려운 경우 등 절연저항 측정이 곤란한 경우에는 누설전류를 몇 [mA] 이하로 유지해야 하는가?

[48회 10.7.]

① 1[mA]
② 2[mA]
③ 3[mA]
④ 4[mA]

정답 14 ② 15 ①

해설 전로의 절연저항 및 누설전류
- 저압인 전로에서 정전이 어려운 경우 등 절연저항 측정이 곤란한 경우 누설전류를 1[mA] 이하로 유지한다.
- 저압전선로의 절연부분의 전선과 대지 간의 절연저항은 사용전압에 대한 누설전류가 최대 공급전류의 $\frac{1}{2,000}$ 을 넘지 않도록 유지하여야 한다.

16
22,900/220[V]의 15[kVA] 변압기로 공급되는 저압 가공전선로의 절연부분의 전선에서 대지로 누설하는 전류의 최고 한도는? [48회 10.7.], [65회 19.3.]

① 약 34[mA]   ② 약 45[mA]
③ 약 68[mA]   ④ 약 75[mA]

해설 누설전류(I_g)

$I_g \leq I_m \times \frac{1}{2,000}$ (여기서, I_m : 최대 공급전류)

$I_m = \frac{P}{V} = \frac{15 \times 10^3}{220} ≒ 68.18[A]$

∴ $I_g \leq 68.18 \times \frac{1}{2,000} ≒ 0.034[A] = 34[mA]$

17
전기설비가 고장이 나지 않은 상태에서 대지 또는 회로의 노출 도전성 부분에 흐르는 전류는? [48회 10.7.]

① 접촉전류   ② 누설전류
③ 스트레스전류   ④ 계통 외 도전성 전류

해설 누설전류란 절연체의 내부 또는 외부에 흐르는 미소전류로서 회로의 노출 도전성 부분에 흐르는 전류이며, 표면상태에 따라 전류의 크기가 다르다.

18
다음 중 '무효전력을 조정하는 전기기계·기구'로 용어 정의되는 것은? [47회 10.3.], [67회 20.4.]

① 배류코일   ② 변성기
③ 조상설비   ④ 리액터

해설 조상설비
무효전력을 조정하여 전송효율을 증가시키고, 계통의 안정도를 증진시키기 위한 전기기계·기구

정답 16 ① 17 ② 18 ③

PART 6 전기설비 설계 및 시공

19 고압 또는 특고압 가공전선로에서 공급을 받는 수용장소의 인입구 또는 이와 근접한 곳에는 무엇을 시설하여야 하는가? [43회 08.3.], [51회 12.4.], [67회 20.4.]

① 동기조상기
② 직렬 리액터
③ 정류기
④ 피뢰기

해설 피뢰기의 시설
- 피뢰기의 시설장소
  - 가공전선로와 지중전선로가 접속되는 곳
  - 고압 및 특고압 가공전선로에서 공급을 받는 수용장소의 인입구
  - 발전소·변전소 혹은 이것에 준하는 장소의 가공전선의 인입구 및 인출구
  - 가공전선로에 접속하는 배전용 변압기의 고압측 및 특고압측
- 피뢰기 시설을 하지 않을 수 있는 곳
  - 직접 접속하는 전선이 짧을 경우
  - 적은 지역으로서 방출보호통 등 피뢰기에 갈음하는 장치를 한 경우
  - 지중전선로의 말단부분

20 피뢰기를 시설하지 않아도 되는 것은? [48회 10.7.]

① 발전소·변전소의 가공전선 인입구 및 인출구
② 지중전선로의 말단부분
③ 가공전선로에 접속한 1차측 전압이 35[kV] 이하, 2차측 전압이 저압 또는 고압인 배전용 변압기의 고압측 및 특고압측
④ 가공전선로와 지중전선로가 접속되는 곳

해설 문제 19번 해설 참조

21 다음 중 피뢰기를 반드시 시설하여야 하는 곳은? [50회 11.7.]

① 고압 전선로에 접속되는 단권 변압기의 고압측
② 발·변전소의 가공전선 인입구 및 인출구
③ 수전용 변압기의 2차측
④ 가공전선로

해설 문제 19번 해설 참조

정답 19 ④ 20 ② 21 ②

22 다음 중 피뢰기를 반드시 시설하여야 할 곳은? [44회 08.7.]

① 전기수용장소 내의 차단기 2차측
② 수전용 변압기의 2차측
③ 가공전선로와 지중전선로가 접속되는 곳
④ 경간이 긴 가공전선로

해설 문제 19번 해설 참조

23 피뢰기의 보호 제1대상은 전력용 변압기이며, 피뢰기에 흐르는 정격방전전류는 변전소의 차폐유무와 그 지방의 연간 뇌우 발생일수 등을 고려하여야 한다. 다음 표의 ( )에 적당한 설치장소별 피뢰기의 공칭방전전류[A]는? [52회 12.7.]

공칭방전전류[A]	설치장소
(㉠)	154[kV] 이상 계통의 변전소
(㉡)	66[kV] 이하의 계통에서 뱅크용량이 3,000[kVA] 이하인 변전소
(㉢)	배전선로

① ㉠ 15,000 ㉡ 10,000 ㉢ 5,000
② ㉠ 10,000 ㉡ 5,000   ㉢ 2,500
③ ㉠ 10,000 ㉡ 2,500   ㉢ 2,500
④ ㉠ 5,000   ㉡ 5,000   ㉢ 2,500

해설 피뢰기 설치장소와 공칭방전전류
• 공칭방전전류 10,000[A] : 154[kV] 이상 계통의 변전소
• 공칭방전전류 5,000[A] : 66[kV] 이하에서 뱅크용량이 3,000[kV] 이하 변전소
• 공칭방전전류 2,500[A] : 배전선로

24 저압 이웃연결(연접)인입선은 인입선에서 분기하는 점으로부터 100[m]를 넘지 않는 지역에 시설하고 폭 몇 [m]를 초과하는 도로를 횡단하지 않아야 하는가? [51회 12.4.], [70회 21.7.]

① 4   ② 5
③ 6   ④ 6.5

해설 저압 이웃연결(연접)인입선의 시설
저압 인입선의 규정에 준하여 시설하고, 다음에 의해서 설치한다.
• 옥내 통과 금지
• 폭 5[m]를 넘는 도로횡단 금지
• 인입선에서 분기하는 점으로부터 100[m]를 넘는 지역에 미치지 아니할 것

정답 22 ③ 23 ② 24 ②

PART 6 전기설비 설계 및 시공

25. 저압 이웃연결(연접)인입선의 시설에 대한 설명으로 잘못된 것은? [49회 11.4.]

① 인입선에서 분기되는 점에서 100[m]를 넘지 않아야 한다.
② 폭 5[m]를 넘는 도로를 횡단하지 않아야 한다.
③ 옥내를 통과하지 않아야 한다.
④ 도로를 횡단하는 경우 높이는 노면상 5[m]를 넘지 않아야 한다.

해설 저압 이웃연결(연접)인입선의 시설기준
- 도로횡단시 노면상 높이는 5[m] 이상
- 인입선에서 분기되는 점으로부터 100[m]를 초과하지 말 것
- 폭 5[m] 도로를 횡단하지 말 것
- 옥내 통과 금지

26. 저압 이웃연결(연접)인입선의 시설기준으로 옳은 것은? [53회 13.4.]

① 인입선에서 분기되는 점에서 100[m]를 초과하지 말 것
② 폭 2.5[m]를 초과하는 도로를 횡단하지 말 것
③ 옥내를 통과하여 시설할 것
④ 지름은 최소 2.5[mm^2] 이상의 경동선을 사용할 것

해설 문제 25번 해설 참조

27. 다음 중 저압 이웃연결(연접)인입선의 시설기준으로 옳지 않은 것은? [45회 09.3.], [65회 19.3.], [69회 21.2.]

① 인입선에서 분기하는 점으로부터 100[m]를 초과하지 말 것
② 폭 5[m]를 초과하는 도로를 횡단하지 말 것
③ 옥내를 통과하지 말 것
④ 지름은 최소 4.0[mm] 이상의 경동선을 사용할 것

해설 문제 25번 해설 참조

28. 저압 이웃연결(연접)인입선은 인입선에서 분기하는 점으로부터 100[m]를 넘지 않는 지역에 시설하고 폭 몇 [m]를 초과하는 도로를 횡단하지 않아야 하는가? [42회 07.7.]

① 4   ② 5
③ 6   ④ 6.5

해설 문제 25번 해설 참조

정답 25 ④ 26 ① 27 ④ 28 ②

29
가공전선로의 지지물로부터 다른 지지물을 거치지 아니하고 수용장소의 붙임점에 이르는 가공전선을 무엇이라 하는가? [46회 09.7.], [68회 20.7.]

① 이웃연결(연접)인입선
② 가공인입선
③ 전선로
④ 옥측 배선

해설
- 가공인입선 : 가공전선로의 지지물로부터 다른 지지물을 거치지 아니하고 수용장소의 붙임점에 이르는 가공전선
- 연접인입선 : 수용장소의 인입선에서 분기하여 지지물을 거치지 아니하고 다른 수용장소의 인입구에 이르는 부분의 전선

30
저압 가공인입선의 시설기준으로 옳지 않은 것은? [52회 12.7.]

① 전선이 옥외용 비닐절연전선일 경우에는 사람이 접촉할 우려가 없도록 시설할 것
② 전선의 인장강도는 2.3[kN] 이상일 것
③ 전선은 나전선, 절연전선, 케이블일 것
④ 철도 또는 궤도를 횡단하는 경우에는 레일면상 6.5[m] 이상일 것

해설 저압 가공인입선의 시설
- 케이블 이외에는 인장강도 2.30[kN] 이상 또는 지름 2.6[mm] 경동선
- 전선은 절연전선, 다심형 전선 또는 케이블(나전선은 사용하지 않음)
- 옥외용 비닐절연전선인 경우에는 사람이 접촉할 우려가 없도록 시설

31
사용전압이 220[V]인 경우에 애자사용 공사에서 전선과 조영재와의 이격거리는 최소 몇 [cm] 이상이어야 하는가? [53회 13.4.]

① 2.5
② 4.5
③ 6.0
④ 8.0

해설 저압의 애자사용 공사
- 전선 상호 간격은 6[cm] 이상
- 전선과 조영재와의 이격거리
  - 400[V] 미만 : 2.5[cm] 이상
  - 400[V] 이상 : 4.5[cm] 이상
- 애자는 절연성, 난연성, 내수성일 것

정답 29 ② 30 ③ 31 ①

32. 애자사용 공사에 의한 고압 옥내배선의 시설에 있어서 적당하지 않은 것은? [53회 13.4.]

① 전선이 조영재를 관통할 때에는 난연성 및 내수성이 있는 절연관에 넣을 것
② 애자사용 공사에 사용하는 애자는 난연성일 것
③ 전선과 조영재와의 이격거리는 4.5[cm]로 할 것
④ 고압 옥내배선은 저압 옥내배선과 쉽게 식별되도록 시설할 것

해설 고압의 애자사용 공사
- 전선 상호 간격은 8[cm] 이상
- 전선과 조영재 사이는 5[cm] 이상

33. 지중에 매설되어 있고 대지와의 전기저항값이 최대 몇 [Ω] 이하의 값을 유지하고 있는 금속제 수도관로는 이를 각종 접지공사의 접지극으로 사용할 수 있는가? [48회 10.7.], [66회 19.7.]

① 0.3[Ω]
② 3[Ω]
③ 30[Ω]
④ 300[Ω]

해설 수도관 접지극
- 지중에 매설된 금속제 수도관은 그 접지저항값이 3[Ω] 이하의 값을 유지하고 있는 금속제 수도관을 제1종, 제2종, 제3종, 특별 제3종 기타 접지공사의 접지극으로 사용 가능
- 접지선과 금속제 수도관로와의 접속은 내경 75[mm] 이상인 금속제 수도관의 부분 또는 이로부터 분기한 내경 75[mm] 미만인 금속제 수도관의 분기점으로부터 5[m] 이하의 부분에서 할 것

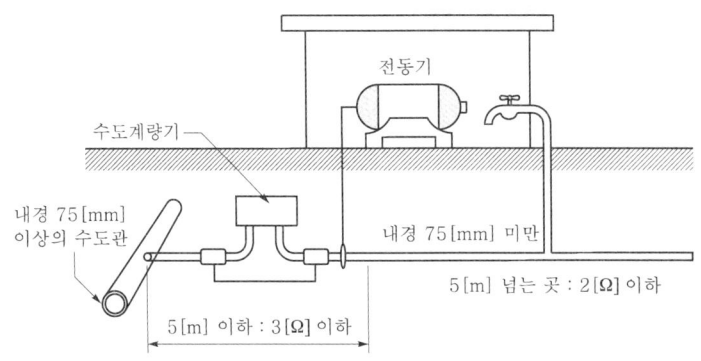

∥ 수도관 접지의 예 ∥

34. 특고압 가공전선로의 지지물로 사용하는 철탑의 종류에 대한 설명으로 잘못된 것은?
[48회 10.7.], [67회 20.4.]

① 직선형은 전선로의 직선부분에 그 보강을 위하여 사용하는 것
② 각도형은 전선로 중 3도를 초과하는 수평각도를 이루는 곳에 사용하는 것
③ 인류형은 전가섭선을 인류하는 곳에 사용하는 것
④ 내장형은 전선로의 지지물 양쪽에 경간의 차가 큰 곳에 사용하는 것

해설 특고압 가공전선로의 철탑의 종류
- 직선형 : 전선로의 직선부분으로 3° 이하의 수평각도를 이루는 곳에 사용
- 각도형 : 전선로 중 3°를 초과하는 수평각도를 이루는 곳에 사용
- 인류형 : 전가섭선을 이루는 곳에 사용
- 내장형 : 전선로의 지지물 양쪽에 경간의 차가 큰 곳에 사용
- 보강형 : 전선로의 직선부분에 그 보강을 위하여 사용

35. 철근 콘크리트주로서 그 전체의 길이가 16[m] 초과 20[m] 이하이고, 설계하중이 6.8[kN] 이하인 것을 지반이 튼튼한 곳에 시설하려고 한다. 지지물의 기초 안전율을 고려하지 않기 위해서 묻히는 깊이는 몇 [m] 이상으로 하여야 하는가?
[47회 10.3.]

① 2.5[m] 이상   ② 2.8[m] 이상
③ 3.0[m] 이상   ④ 3.2[m] 이상

해설 가공전선로 지지물의 기초 안전율
- 강관을 주제로 하는 철주 및 철근 콘크리트주로 전체 길이가 16[m] 이하, 하중 6.8[kN]인 것 또는 목주
  - 전체 길이가 15[m] 이하인 것의 매설깊이는 전체 길이의 $\frac{1}{6}$ 이상
  - 전체 길이가 15[m] 초과하는 경우 2.5[m] 이상
- 철근 콘크리트주로서 전장이 16[m] 넘고 20[m] 이하, 설계하중이 6.8[kN] 이하인 경우 매설 깊이 2.8[m] 이상

36. 지지물 간 거리(경간)가 100[m]인 저압 보안공사에 있어서 지지물의 종류가 아닌 것은?
[51회 12.4.]

① 철탑   ② A종 철근 콘크리트주
③ A종 철주   ④ 목주

해설 저·고압 보안공사
- 전선은 케이블인 경우 이외에는 인장강도 8.01[kN] 이상의 것 또는 지름 5[mm](400[V] 미만인 경우에는 인장강도 5.26[kN] 이상의 것 또는 지름 4[mm])의 경동선일 것

정답 34 ① 35 ② 36 ①

- 목주는 다음에 의할 것
  - 풍압하중에 대한 안전율은 1.5 이상일 것
  - 목주의 굵기는 말구의 지름 12[cm] 이상
- 경간

지지물의 종류	지지물 간 거리(경간)
목주·A종 철주 또는 A종 철근 콘크리트주	100[m]
B종 철주 또는 B종 철근 콘크리트주	150[m]
철탑	400[m]

37

가공전선이 건조물·도로·횡단보도교·철도·가공약전류전선·안테나, 다른 가공전선, 기타의 공작물과 접근 교차하여 시설하는 경우에 일반공사보다 강화하는 것을 보안공사라 한다. 고압 보안공사에서 전선을 경동선으로 사용하는 경우 몇 [mm] 이상의 것을 사용하여야 하는가? [52회 12.7.]

① 3[mm] ② 4[mm]
③ 5[mm] ④ 6[mm]

해설 저압·고압 보안공사

전선은 케이블인 경우 이외에는 인장강도 8.01[kN] 이상의 것 또는 지름 5[mm](400[V] 미만인 경우에는 인장강도 5.26[kN] 이상의 것 또는 지름 4[mm])의 경동선일 것

38

지중전선로를 직접 매설식에 의하여 시설하는 경우 차량 기타 중량물의 압력을 받을 우려가 있는 장소에는 매설깊이를 몇 [m] 이상으로 해야 하는가? [51회 12.4.], [53회 13.4.]

① 0.6[m] ② 1.0[m]
③ 1.8[m] ④ 2.0[m]

해설 지중전선로의 시설
- 지중전선로는 전선에 케이블을 사용하고 또한 관로식, 암거식, 직접 매설식에 의하여 시설하여야 한다.
- 지중전선로를 직접 매설식에 의하여 시설하는 경우에는 매설깊이를 차량 기타 중량물의 압력을 받을 우려가 있는 장소에는 1.0[m] 이상, 기타 장소에는 60[cm] 이상으로 하고 또한 지중전선을 견고한 트라프 기타 방호물에 넣어 시설하여야 한다.

39

지중전선로에 사용하는 지중함을 시설할 때 고려할 사항으로 잘못된 것은? [41회 07.4.]

① 차량 기타 중량물의 압력에 견디는 튼튼한 구조로 할 것
② 물기가 스며들지 않으며, 또 고인 물은 제거할 수 있는 구조일 것
③ 지중함 뚜껑은 보통사람이 열 수 없도록 하여 시설자만 점검하도록 할 것
④ 폭발성 가스가 침입할 우려가 있는 곳에 시설하는 최소 0.5[m³] 이상의 지중함에는 통풍장치를 할 것

정답 37 ③ 38 ② 39 ④

해설 지중함의 시설
- 지중함은 견고하고, 차량 기타 중량물의 압력에 견디는 구조
- 지중함은 그 안의 고인 물을 제거할 수 있는 구조
- 폭발성 또는 연소성의 가스가 침입할 우려가 있는 곳에 시설하는 지중함으로서 그 크기가 1[m³] 이상인 것에는 통풍장치, 기타 가스를 방산시키기 위한 적당한 장치를 시설

40 지중전선로 및 지중함의 시설방식으로 잘못된 것은? [48회 10.7.]
① 지중전선로는 전선에 케이블을 사용할 것
② 지중전선로는 관로식, 암거식 또는 직접 매설식에 의하여 시설할 것
③ 지중함 뚜껑은 시설자 이외의 자가 쉽게 열 수 없도록 시설할 것
④ 연소성 가스가 침입할 우려가 있는 곳에 시설하는 최소 0.5[m³] 이상의 지중함에는 통풍장치를 할 것

해설 문제 39번 해설 참조

41 저압의 지중전선이 지중약전류전선 등과 접근하거나 교차하는 경우 상호간의 이격거리가 몇 [cm] 이하인 때에는 지중전선과 지중약전류전선 등 사이에 견고한 내화성의 격벽을 설치하는가? [47회 10.3.], [53회 13.4.]
① 15[cm]   ② 30[cm]
③ 60[cm]   ④ 100[cm]

해설 지중전선과 지중약전류전선 등 또는 관과의 접근 또는 교차
- 상호간의 이격거리가 저압 또는 고압의 지중전선은 30[cm] 이하, 특고압 지중전선은 60[cm] 이하인 때에는 지중전선과 지중약전류전선 등 사이에 견고한 내화성의 격벽 설치
- 특고압 지중전선이 가연성이나 유독성의 유체를 내포하는 관과 접근하거나 교차하는 경우에는 상호간의 이격거리가 1[m] 이하

42 전원측 전로에 시설한 배선용 차단기의 정격전류가 몇 [A] 이하의 것이면 이 전로에 접속하는 단상전동기에는 과부하 보호장치를 생략할 수 있는가? [43회 08.3.], [47회 10.3.]
① 15[A]   ② 20[A]
③ 30[A]   ④ 50[A]

해설 전동기의 과부하 보호장치 시설 생략
- 전동기 운전 중 상시 취급자가 감시할 수 있는 위치에 시설할 경우
- 전동기의 구조상 전동기의 권선에 전동기를 소손할 위험이 있는 과전류가 일어날 위험이 없는 경우
- 전동기가 단상인 것에 있어서 그 전원측 전로에 시설하는 과전류차단기의 정격전류가 16[A] (배선용 차단기는 20[A]) 이하인 경우

정답 40 ④ 41 ② 42 ②

PART 6 전기설비 설계 및 시공

43 조명용 전등에 일반적으로 타임스위치를 시설하는 곳은? [42회 07.7.]
① 병원
② 은행
③ 아파트 현관
④ 공장

해설 점멸장치와 타임스위치 등의 시설 : 조명용 백열전등의 타임스위치 시설
- 일반주택, 아파트 각 호실의 현관등(3분 이내 소등)
- 관광진흥법과 공중위생법에 의한 관광숙박업 또는 숙박업에 이용되는 객실입구등(1분 이내 소등)

44 화약류 저장장소에 있어서의 전기설비 시설에 대한 기준으로 적합한 것은? [54회 13.7.]
① 전선로의 대지전압은 400[V] 이하일 것
② 전기기계·기구는 개방형일 것
③ 인입구 전선은 비닐절연전선으로 노출배선으로 한다.
④ 지락차단장치 또는 경보장치를 시설한다.

해설 화약류 저장소에서의 전기설비 시설
- 전로에 지기가 생겼을 때 자동적으로 전로를 차단하거나 경보하는 장치를 시설
- 전로의 대지전압은 300[V] 이하
- 전기기계·기구는 전폐형
- 케이블을 전기기계·기구에 인입시 인입구에서 케이블이 손상될 우려가 없도록 시설
- 전열기구는 시스선 등의 충전부가 노출되지 않는 발열체를 사용

45 화약류 등의 제조소 내에 전기설비를 시공할 때 준수할 사항이 아닌 것은? [51회 12.4.]
① 전열기구 이외의 전기기계·기구는 전폐형으로 할 것
② 배선은 두께 1.6[mm] 합성수지관에 넣어 손상 우려가 없도록 시설할 것
③ 전열기구는 시스선 등의 충전부가 노출되지 않는 발열체를 사용할 것
④ 온도가 현저히 상승 또는 위험발생 우려가 있는 경우 전로를 자동차단하는 장치를 갖출 것

해설 문제 44번 해설 참조

46 폭연성 먼지(분진)가 있는 곳의 금속관 공사이다. 박스 기타의 부속품 및 풀박스 등이 쉽게 마모, 부식, 기타 손상을 일으킬 우려가 없도록 하기 위해 쓰이는 재료는? [41회 07.4.]
① 새들
② 커플링
③ 노멀벤드
④ 패킹

정답 43 ③ 44 ④ 45 ② 46 ④

해설 폭연성 먼지(분진)가 있는 금속관 공사
- 박강 전선관 이상의 강도를 가지는 것
- 마모·부식·기타의 손상을 일으킬 우려가 없는 패킹 사용
- 전기기계·기구와의 접속은 5턱 이상의 나사조임 사용

47 ★★★
소맥분·전분·유황 등 가연성 분진에 전기설비가 발화원이 되어 폭발할 우려가 있는 곳에 시설하는 저압 옥내배선의 공사방법으로 옳지 않은 것은?
[48회 10.7.], [52회 12.7.], [54회 13.7.], [69회 21.2.]

① 가요전선관 공사
② 금속관 공사
③ 합성수지관 공사
④ 케이블 공사

해설 폭연성 및 가연성 분진
- 폭연성 분진의 저압 옥내배선 : 금속관 공사, 케이블 공사(캡타이어 케이블 제외)
- 가연성 분진의 저압 옥내배선 : 금속관 공사, 케이블 공사, 합성수지관 공사

48 ★
버스덕트 배선에 의하여 시설하는 도체의 단면적은 알루미늄 띠모양인 경우 얼마 이상의 것을 사용하여야 하는가?
[51회 12.4.]

① $20[mm^2]$
② $25[mm^2]$
③ $30[mm^2]$
④ $40[mm^2]$

해설 버스덕트 공사
- 덕트를 조영재에 설치한 경우에는 덕트의 지지점 간의 거리를 3[m] 이하로 한다.
- 취급자 이외의 자가 출입할 수 없도록 설치한 곳에서 수직으로 붙이는 경우는 6[m] 이하로 한다.
- 공사 중 도중에 부하를 접속 가능하게 꽂음구멍이 있는 Plug-in bus way 덕트가 있다.
- 버스덕트에 시설되는 도체의 단면적
  - 단면적 $20[mm^2]$ 이상의 띠모양
  - 지름 5[mm] 이상의 관모양이나 둥글고 긴 막대모양의 동
  - 단면적 $30[mm^2]$ 이상의 띠모양의 알루미늄
- 버스덕트에는 피더 버스덕트, 플러그인 버스덕트, 탭붙이 버스덕트, 익스펜션 버스덕트 등이 있다.

49 ★
버스덕트 배선에 사용되는 버스덕트의 종류가 아닌 것은?
[49회 11.4.]

① 피더 버스덕트
② 플러그인 버스덕트
③ 탭붙이 버스덕트
④ 플로어 버스덕트

해설 문제 48번 해설 참조

정답 47 ① 48 ③ 49 ④

PART 6 전기설비 설계 및 시공

50
버스덕트 공사에서 지지점의 최대 간격은 몇 [m] 이하인가? (단, 취급자 이외의 자가 출입할 수 없도록 설비한 장소로 수직으로 설치하는 경우이다.) [50회 11.7.]
① 4
② 5
③ 6
④ 7

해설 문제 48번 해설 참조

51
버스덕트 공사 중 도중에서 부하를 접속할 수 있도록 꽂음구멍이 있는 덕트는? [43회 08.3.]
① feeder bus way
② plug-in way
③ trolley bus way
④ floor bus way

해설 문제 48번 해설 참조

52
금속덕트 공사시 덕트를 조영재에 붙이는 경우 덕트의 지지점 간의 거리[m]는 얼마 이하로 하여야 하는가? [49회 11.4.], [69회 21.2.]
① 2[m]
② 3[m]
③ 4[m]
④ 5[m]

해설 금속덕트 공사
- 절연전선 사용(옥외용 비닐절연전선 제외)
- 금속덕트에 넣은 전선의 단면적 총합은 덕트 내부 단면적의 20[%] 이하
- 조영물에 설치시 덕트의 지지점 간의 거리는 3[m] 이하
- 사람이 출입할 수 없도록 설비한 곳에 수직으로 설치 시 6[m] 이하
- 덕트의 끝부분은 막을 것

53
합성수지몰드 공사에 사용하는 몰드 홈의 폭과 깊이는 몇 [cm] 이하가 되어야 하는가? [42회 07.7.]
① 1.5
② 2.5
③ 3.5
④ 4.5

해설 합성수지몰드 공사
- 전선은 절연전선(옥외용 비닐절연전선 제외)
- 몰드 내에서 접속점을 설치하지 말 것
- 홈의 폭 및 깊이는 3.5[cm] 이하(단, 사람이 쉽게 접촉할 위험이 없도록 시설할 경우 폭은 5[cm] 이하)

정답 50 ③ 51 ② 52 ② 53 ③

54
합성수지관 공사에 의한 저압 옥내배선의 시설기준으로 옳지 않은 것은? [54회 13.7.]
① 전선은 옥외용 비닐절연전선을 사용할 것
② 습기가 많은 장소에 시설하는 경우 방습장치를 할 것
③ 전선은 합성수지관 안에서 접속점이 없도록 할 것
④ 관의 지지점 간의 거리는 1.5[m] 이하로 할 것

해설 합성수지관 공사
- 합성수지관 내에서 전선에 접속점이 없도록 할 것
- 관의 지지점 간의 거리는 1.5[m] 이하로 할 것
- 전선은 절연전선(옥외용 비닐절연전선 제외)

55
금속관 공사 시 관의 두께는 콘크리트에 매설하는 경우 몇 [mm] 이상 되어야 하는가?
[47회 10.3.], [51회 12.4.], [70회 21.7.]
① 0.6
② 0.8
③ 1.2
④ 1.4

해설 금속관 공사
- 관의 두께는 콘크리트에 매설하는 경우 1.2[mm] 이상, 기타 1[mm] 이상으로 한다.
- 이음매가 없는 길이 4[m] 이하인 것은 건조하고 전개된 곳에 시설하는 경우에는 0.5[mm]까지 감할 수 있다.
- 조영재에 따라 시설하는 경우 최대 간격은 2[m] 이하이다.

56
금속전선관을 조영재에 따라서 시설하는 경우에는 새들 또는 행거(hanger) 등으로 견고하게 지지하고, 그 간격을 최대 몇 [m] 이하로 하는 것이 바람직한가? [44회 08.7.]
① 1.0
② 1.5
③ 2.0
④ 2.5

해설 문제 55번 해설 참조

57
금속관 배선에서 관의 굴곡에 관한 사항이다. 금속관의 굴곡개소가 많은 경우에는 어떻게 하는 것이 바람직한가? [49회 11.4.]
① 링리듀서를 사용한다.
② 풀박스를 설치한다.
③ 덕트를 설치한다.
④ 행거를 3[m] 간격으로 견고하게 지지한다.

해설 굴곡개소가 많은 경우에는 풀박스를 설치한다.

정답 54 ① 55 ③ 56 ③ 57 ②

PART 6 전기설비 설계 및 시공

58 교통신호등의 시설기준으로 틀린 것은? [47회 10.3.]

① 교통신호등 회로의 사용전압은 300[V] 이하이어야 한다.
② 전선을 매다는 금속선에는 지지점 또는 이에 근접하는 곳에 애자를 삽입한다.
③ 교통신호등 제어장치의 전원측에는 전용 개폐기 및 과전류차단기를 각 극에 시설한다.
④ 신호등 회로 인하선의 전선은 지표상 3.5[m] 이상이 되도록 한다.

해설 교통신호등의 시설
- 사용전압은 300[V] 이하
- 조가용 금속선에는 지지점 또는 이에 근접한 곳에 애자삽입
- 교통신호등 회로의 인하선은 지표상 2.5[m] 이상
- 전원측에는 전용 개폐기 및 과전류차단기 시설

59 욕실 등 인체가 물에 젖어 있는 상태에서 물을 사용하는 장소에 콘센트를 시설하는 경우에는 인체감전보호용 누전차단기가 부착된 콘센트나 절연변압기로 보호된 전로에 접속하여야 한다. 여기서 절연변압기의 정격용량은 얼마 이하인 것에 한하는가? [49회 11.4.]

① 2[kVA] ② 3[kVA]
③ 4[kVA] ④ 5[kVA]

해설 옥내에 시설하는 저압용 배선 시설
- 옥내에 습기가 많은 곳, 물기가 있는 곳에는 방습장치를 한다.
- 절연변압기를 사용하며, 정격용량은 3[kVA] 이하이다.
- 전선접속 시 나사로 고정한다.

60 전기온돌 등에 발열선을 시설할 경우 대지전압은 몇 [V] 이하로 해야 되는가? [50회 11.7.]

① 200 ② 300
③ 400 ④ 500

해설
- 전기온돌 : 대지전압 300[V] 이하일 것
- 전기온상
  - 대지전압 300[V] 이하일 것
  - 발열선 온도 80[℃]를 넘지 않을 것
  - 접지공사를 할 것

정답 58 ④ 59 ② 60 ②

61
220[V] 저압 옥내전로의 인입구 가까운 곳에 반드시 시설하여야 하는 인입구장치는 어느 것인가? [43회 08.3.]

① 계량기 및 배선용 차단기
② 계량기 및 누전차단기
③ 분전반 및 배전용 차단기
④ 개폐기 및 과전류차단기

해설 저압 옥내전로의 인입구에서 개폐기 시설
- 저압 옥내전로의 인입구에 가까운 곳으로서 쉽게 개폐할 수 있는 곳에 개폐기를 시설한다.
- 사용전압이 400[V] 미만인 옥내전로로서 다른 옥내전로에 접속하는 길이 15[m] 이하의 전로는 개폐기를 시설하지 아니하여도 된다.

62
저압 옥내간선의 전원측 전로에 그 저압 옥내간선을 보호할 목적으로 설치하는 것은? [50회 11.7.]

① 조가용선
② 과전류차단기
③ 콘덴서
④ 단로기

해설 옥내저압간선의 시설
- 간선의 전원측 전로에는 간선을 보호하는 과전류차단기를 설치한다.
- 과전류차단기를 생략 가능한 경우
  - 부하측 전선이 허용전류가 전원측 전선을 보호하는 과전류차단기의 정격전류의 55[%] 이상인 경우
  - 부하측 전선의 허용전류가 전원측 전선을 보호하는 과전류차단기의 정격전류의 35[%] 이상이고, 전선의 길이가 8[m] 이하인 경우
  - 부하측 간선의 길이가 3[m] 이하인 경우

63
저압 옥내분기회로의 분기개폐기 및 자동차단기를 시설하는 개소는 분기점에서 원칙적으로 몇 [m] 이내인가? [47회 10.3.], [53회 13.4.]

① 1[m]
② 2[m]
③ 3[m]
④ 4[m]

해설 분기회로의 시설
- 분기회로의 개폐기는 각 극에 시설할 것
- 저압 옥내배선과의 분기점에서 전선의 길이가 3[m] 이하인 곳에 개폐기 및 과전류차단기를 시설할 것

정답 61 ④ 62 ② 63 ③

64
일반변전소 또는 이에 준하는 곳의 주요 변압기에 시설하여야 하는 계측장치로 옳은 것은?

[52회 12.7.]

① 전류, 전력 및 주파수
② 전압, 주파수 및 역률
③ 전력, 주파수 또는 역률
④ 전압, 전류 또는 전력

해설 계측장치
- 발전소 계측장치
  - 발전기, 연료전지, 태양전지 모듈의 전압, 전류, 전력
  - 발전기 베어링
- 변전소 계측장치
  - 주요 변압기의 전압, 전류, 전력
  - 특고압 변압기의 유온
- 동기조상기 계측장치
  - 동기조상기의 베어링 및 고정자 온도

65
기숙사, 여관, 병원의 표준부하는 몇 $[VA/m^2]$로 상정하는가?

[41회 07.4.], [66회 19.7.], [69회 21.2.]

① 10
② 20
③ 30
④ 40

해설 표준부하
- 공장, 사원, 연회장, 극장 : $10[VA/m^2]$
- 기숙사, 여관, 병원, 학교 : $20[VA/m^2]$
- 사무실, 은행 : $30[VA/m^2]$
- 아파트, 주택 : $40[VA/m^2]$

66
사무실, 은행, 상점, 미용원 등의 건축물 종류에서 표준부하$[VA/m^2]$값은 얼마로 규정하고 있는가?

[43회 08.3.]

① 5
② 10
③ 20
④ 30

해설 문제 65번 해설 참조

정답 64 ④ 65 ② 66 ④

67

전주 사이의 지지물 간 거리(경간)가 50[m]인 가공전선로에서 전선 1[m]의 하중이 0.37[kg], 전선의 딥이 0.8[m]라면 전선의 수평장력은 약 몇 [kg]인가? [44회 08.7.], [51회 12.4.], [70회 21.7.]

① 80
② 120
③ 145
④ 165

해설 전선의 처짐정도[이도(dip)]와 실제 길이

- 실제 길이(L) = $S + \dfrac{8D^2}{3S}$ (여기서, S : 경간)
- 지표상 평균높이(h) = $H - \dfrac{2}{3}D$
- 이도(D) = $\dfrac{WS^2}{8T}$ (여기서, T : 장력, W : 전선의 무게)

∴ $T = \dfrac{WS^2}{8D} = \dfrac{0.37 \times 50^2}{8 \times 0.8} \fallingdotseq 145\,[\text{kg}]$

68

전선의 재료로서 구비할 조건이 아닌 것은? [50회 11.7.], [69회 21.2.]

① 비중이 작을 것
② 경제성이 있을 것
③ 인장강도가 작을 것
④ 가요성이 풍부할 것

해설 전선의 구비조건
- 도전율은 클 것
- 기계적 강도가 클 것
- 가요성과 내구성이 클 것
- 저항률은 작을 것
- 비중은 작을 것
- 가격은 저렴할 것

69

ACSR 약호의 명칭은? [43회 08.3.]

① 경동연선
② 중공연선
③ 알루미늄선
④ 강심 알루미늄 연선

해설 강심 알루미늄 연선(ACSR)과 경동선(H)의 비교

비교	직경	비중	기계적 강도	도전율
경동선	1	1	1	97[%]
ACSR	1.4~1.6	0.8	1.5~2.0	61[%]

정답 67 ③ 68 ③ 69 ④

PART 6 전기설비 설계 및 시공

70

송전단전압 66[kV], 수전단전압 61[kV]인 송전선로에서 수전단의 부하를 끊은 경우의 수전단전압이 63[kV]이면 전압변동률은? [48회 10.7.]

① 약 2.8[%] ② 약 3.3[%]
③ 약 4.8[%] ④ 약 8.2[%]

해설

$$전압변동률 = \frac{무부하시\ 수전단전압 - (전)부하시\ 수전단전압}{(전)부하시\ 수전단전압} \times 100[\%]$$

$$= \frac{63 \times 10^3 - 61 \times 10^3}{61 \times 10^3} \times 100 ≒ 3.3[\%]$$

71

지상역률 80[%]인 1,000[kVA]의 부하를 100[%]의 역률로 개선하는 데 필요한 전력용 콘덴서의 용량은 몇 [kVA]인가? [45회 09.3.], [49회 11.4.]

① 200 ② 400
③ 600 ④ 800

해설 역률개선용 콘덴서 용량(Q_c)

$$Q_c = P(\tan\theta_1 - \tan\theta_2) = P\left(\frac{\sqrt{1-\cos^2\theta_1}}{\cos\theta_1} - \frac{\sqrt{1-\cos^2\theta_1}}{\cos\theta_2}\right)[kVA]$$

단, $P = VI\cos\theta = 1,000 \times 0.8 = 800[kW]$, $\cos\theta_2 = 1$이므로

$$\therefore Q_c = 800 \times 10^3 \times \left(\frac{\sqrt{1-0.8^2}}{0.8} - 0\right) = 600[kVA]$$

72

3상 배전선로의 말단에 늦은 역률 80[%], 80[kW]의 평형 3상 부하가 있다. 부하점에 부하와 병렬로 전력용 콘덴서를 접속하여 선로손실을 최소화하려고 할 때에 필요한 콘덴서 용량은 몇 [kVA]인가? [44회 08.7.]

① 20 ② 60
③ 80 ④ 100

해설 역률개선용 콘덴서 용량(Q_c)

$$Q_c = P(\tan\theta_1 - \tan\theta_2) = P\left(\frac{\sin\theta_1}{\cos\theta_1} - \frac{\sin\theta_2}{\cos\theta_2}\right)$$

단, 역률 80[%]는 $\cos\theta = 0.8$을 의미하므로 $\sin\theta = 0.6$이 된다.

$$\therefore Q_c = 80 \times 10^3\left(\frac{0.6}{0.8} - 0\right) = 60[kVA]$$

정답 70 ② 71 ③ 72 ②

73

3상 배전선로의 말단에 늦은 역률 60[%], 120[kW]의 평형 3상 부하가 있다. 부하점에 부하와 병렬로 전력용 콘덴서를 접속하여 선로손실을 최소화하려고 한다. 이 경우 필요한 콘덴서의 용량은? [51회 12.4.]

① 60[kVA]
② 80[kVA]
③ 135[kVA]
④ 160[kVA]

해설

$$Q_c = P\left(\frac{\sin\theta_1}{\cos\theta_1} - \frac{\sin\theta_2}{\cos\theta_2}\right) = 120 \times 10^3 \left(\frac{0.8}{0.6} - 0\right) \fallingdotseq 160[kVA]$$

단, 손실을 최소화하기 위해서는 $\cos\theta_2 = 1$을 의미한다.

74

지상역률 60[%]인 1,000[kVA]의 부하를 100[%]의 역률로 개선하는 데 필요한 전력용 콘덴서의 용량은? [52회 12.7.], [67회 20.4.]

① 200[kVA]
② 400[kVA]
③ 600[kVA]
④ 800[kVA]

해설

$$Q_c = P(\tan\theta_1 - \tan\theta_2) = P\left(\frac{\sqrt{1-\cos^2\theta_1}}{\cos\theta_1} - \frac{\sqrt{1-\cos^2\theta_2}}{\cos\theta_2}\right)$$

$P = VI\cos\theta = 1,000 \times 10^3 \times 0.6 = 600[kW]$

$$\therefore Q_c = 600 \times 10^3 \times \left(\frac{\sqrt{1-0.6^2}}{0.6} - 0\right) \fallingdotseq 800[kVA]$$

75

3상 배전선로의 말단에 늦은 역률 80[%], 150[kW]의 평형 3상 부하가 있다. 부하점에 부하와 병렬로 전력용 콘덴서를 접속하여 선로손실을 최소화하려고 한다. 이 경우 필요한 콘덴서의 용량은? (단, 부하단 전압은 변하지 않는 것으로 한다.) [53회 13.4.]

① 105.5[kVA]
② 112.5[kVA]
③ 135.5[kVA]
④ 150.5[kVA]

해설

$$Q_c = P\left(\frac{\sqrt{1-\cos^2\theta_1}}{\cos\theta_1} - \frac{\sqrt{1-\cos^2\theta_2}}{\cos\theta_2}\right)$$

$$= 150 \times 10^3 \times \left(\frac{\sqrt{1-0.8^2}}{0.8} - 0\right)$$

$$\fallingdotseq 112.5[kVA]$$

정답 73 ④ 74 ④ 75 ②

76

역률 80[%], 300[kW]의 전동기를 95[%]의 역률로 개선하는 데 필요한 콘덴서의 용량은 약 몇 [kVA]가 필요한가? [46회 09.7.]

① 32
② 63
③ 87
④ 126

해설
$$Q_c = P\left(\frac{\sqrt{1-\cos^2\theta_1}}{\cos\theta_1} - \frac{\sqrt{1-\cos^2\theta_2}}{\cos\theta_2}\right) = 300 \times 10^3 \left(\frac{\sqrt{1-0.8^2}}{0.8} - \frac{\sqrt{1-0.95^2}}{0.95}\right)$$
$$\fallingdotseq 126[\text{kVA}]$$

77

유효전력 15[kW], 무효전력 12.5[kVar]를 소비하는 3상 평형부하에 3.5[kVA]의 전력용 콘덴서를 접속하면 접속 후의 피상전력은? [47회 10.3.]

① 약 9.7[kVA]
② 약 12.6[kVA]
③ 약 17.5[kVA]
④ 약 27.1[kVA]

해설 전력용 콘덴서(Q_c)를 접속하여 감소한 무효전력
$P_r' = P_r - Q_c = 12.5 - 3.5 = 9$
∴ Q_c 접속 후 피상전력 $P_a = \sqrt{P^2 + P_r'^2} = \sqrt{15^2 + 9^2} \fallingdotseq 17.5[\text{kVA}]$

78

전력용 콘덴서의 내부소자 사고검출방식이 아닌 것은? [53회 13.4.]

① 콘덴서 외향 팽창변위검출방식
② 중성점 간 전압검출방식
③ 중성점 간 전류검출방식
④ 회전전류 위상비교검출방식

해설 전력용 콘덴서의 내부소자 사고검출방식
- 콘덴서 외향 팽창변위검출방식
- 중성점 간 전압검출방식
- 중성점 간 전류검출방식

79

다음 중 배전 변전소에 전력용 콘덴서를 설치하는 주된 목적은? [46회 09.7.], [54회 13.7.]

① 변압기 보호
② 선로보호
③ 역률개선
④ 코로나손 방지

정답 76 ④ 77 ③ 78 ④ 79 ③

해설 전력용 콘덴서(정전형 콘덴서, 병렬 콘덴서)의 목적
- 역률개선
- 변압기 및 배전선의 손실저감
- 전압강하의 저감
- 손실경감
- 설비용량의 여유증가
- 전기요금의 저감

80. 진상용 고압 콘덴서에 방전 코일이 필요한 이유는? [48회 10.7.], [69회 21.2.]
① 전압강하의 감소
② 낙뢰로부터 기기보호
③ 역률개선
④ 잔류전하의 방전

해설 전력용 콘덴서 설비

직렬리액터	방전 코일
• 제5고조파 제거 • 파형개선(이론상 4[%], 실제는 5~6[%] 정도) • 파형개선	• 잔류전하 방전 • 감전사고 방지 • 재투입시 전압의 과상승 방지

81. 다음 중 지중 송전선로의 구성방식이 아닌 것은? [45회 09.3.], [52회 12.7.]
① 방사상 환상방식
② 루프방식
③ 가지식방식
④ 단일유닛방식

해설 지중 송전선로의 구성방식으로는 방사상 환상방식, 루프방식, 단일유닛방식 등이 있다.

82. 그림은 산업현장에서 많이 응용되고 있는 회로이다. 이 회로에서 점선부분에 가장 타당한 회로로 맞는 것은? [44회 08.7.]

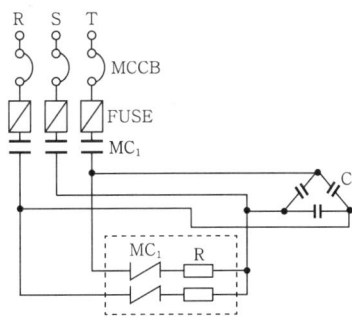

① 정역회로
② Y-△ 기동회로
③ 방전장치회로
④ 역률개선회로

해설 잔류전하를 방전하여 감전사고를 방지하는 방전장치이다.

정답 80 ④ 81 ③ 82 ③

83. 부흐홀츠 계전기로 보호되는 기기는? [45회 09.3.], [70회 21.7.]

① 변압기
② 발전기
③ 동기전동기
④ 회전변류기

해설 부흐홀츠 계전기
- 변압기의 주탱크와 콘서베이터(conservator)를 연결하는 관의 도중에 설치한다.
- 동작은 변압기의 내부고장에 의해 열분해된 절연물의 증기나 가스를 상승시켜 동작한다.

84. 발전기, 변압기, 선로 등의 단락보호용으로 사용되는 것으로 보호할 회로의 전류가 적정치보다 커질 때 동작하는 계전기는? [43회 08.3.]

① O.C.R
② S.G.R
③ O.V.R
④ U.C.R

해설 계전기의 용도에 의한 분류
- 과전류계전기(OCR ; Over Current Relay) : 과부하, 단락보호용
- 과전압계전기(OVR ; Over Voltage Relay) : 접지고장 검출용
- 부족전류계전기(UCR ; Under Current Relay) : 계자보호용
- 부족전압계전기(UVR ; Under Voltage Relay) : 단락고장의 검출용

85. 다음 중 전동기 제어반에 부착하여 과전류에 의한 전동기의 소손을 방지하기 위해 널리 사용되는 보호기구는? [50회 11.7.]

① 차동계전기
② 부흐흘츠계전기
③ 리미트스위치
④ EOCR

해설 과전류에 의한 전동기의 소손을 방지하기 위해서는 전자과부하 릴레이(EOCR)가 이용된다.

86. 계전기별 기구번호의 제어약호 중 87B의 명칭은? [44회 08.7.]

① 전류차동계전기
② 모선보호 차동계전기
③ 발전기용 차동계전기
④ 주변압기 차동계전기

해설 모선보호 차동계전기(87B), 발전기용 차동계전기(87G), 주변압기 차동계전기(87T)

정답 83 ① 84 ① 85 ④ 86 ②

87
전원공급점에서 각각 30[m]의 지점에 60[A], 40[m]의 지점에 50[A], 50[m]의 지점에 30[A]의 부하가 걸려 있는 경우 부하 중심까지의 거리는? [48회 10.7.]

① 20.4[m]　　② 37.9[m]
③ 44.2[m]　　④ 122.3[m]

해설 부하 중심까지의 거리(L)

$$L = \frac{\sum Il}{\sum I} = \frac{60 \times 30 + 50 \times 40 + 30 \times 50}{60 + 50 + 30}$$
$$\fallingdotseq 37.9[m]$$

88
공급점 30[m]인 지점에 70[A], 45[m]인 지점에 50[A], 60[m]인 지점에 30[A]의 부하가 걸려 있을 때, 부하 중심까지의 거리를 산출하여 전압강하를 고려한 전선의 굵기를 결정하고자 한다. 부하 중심까지의 거리는 몇 [m]인가? [53회 13.4.]

① 62[m]　　② 50[m]
③ 41[m]　　④ 36[m]

해설 부하 중심까지의 거리(L)

$$L = \frac{\sum Il}{\sum I} = \frac{70 \times 30 + 50 \times 45 + 30 \times 60}{70 + 50 + 30} = 41[m]$$

89
양수량 30[m³/min]이고 총양정이 15[m]인 양수펌프용 전동기의 용량은 약 몇 [kW]인가? (단, 펌프효율은 85[%], 설계여유계수는 1.2로 계산한다.) [42회 07.7.], [69회 21.2.]

① 103.8　　② 124.4
③ 382.5　　④ 459.1

해설 양수기 출력(P, 펌프용 전동기의 용량)

$$P = \frac{9.8QH}{\eta}K = \frac{9.8 \times \frac{30}{60} \times 15}{0.85} \times 1.2 \fallingdotseq 103.8[kW]$$

90
양수량 35[m³/min]이고 총양정이 20[m]인 양수펌프용 전동기의 용량은 약 몇 [kW]인가? (단, 펌프효율은 90[%], 설계여유계수는 1.2로 계산한다.) [52회 12.7.]

① 103.8[kW]　　② 124.6[kW]
③ 152.4[kW]　　④ 184.2[kW]

정답 87 ②　88 ③　89 ①　90 ③

PART 6 전기설비 설계 및 시공

해설 전동기 용량(P)

$$P = \frac{9.8QH}{\eta}K = \frac{9.8 \times \frac{35}{60} \times 20}{0.9} \times 1.2 ≒ 152.4[\text{kW}]$$

91
양수량이 매분 10[m³]이고, 총 양정이 10[m]인 펌프용 전동기의 용량은? (단, 펌프효율은 70[%]이고, 여유계수는 1.2라고 한다.) [47회 10.3.]

① 5[kW]
② 20[kW]
③ 28[kW]
④ 280[kW]

해설 $P = \dfrac{9.8QH}{\eta}K = \dfrac{9.8 \times \frac{10}{60} \times 10}{0.7} \times 1.2 = 28[\text{kW}]$

92
권상하중 25[t]인 기중기의 권상용 전동기의 출력이 25[kW]인 경우 권상속도는? (단, 권상장치의 효율은 0.7이다.) [48회 10.7.]

① 약 0.7[m/min]
② 약 1[m/min]
③ 약 4.28[m/min]
④ 약 6.12[m/min]

해설 기중기 권상용 전동기의 출력(P)

$P = \dfrac{9.8QH}{\eta}K$에서 $P' = \dfrac{9.8W\frac{1}{60}v}{\eta}K$ (여기서, $K=1$로 놓고 풀이)

$v = \dfrac{\eta \times P' \times 60}{9.8 \times W}$

$\therefore v = \dfrac{0.7 \times 25 \times 60}{9.8 \times 25} ≒ 4.28[\text{m/min}]$

93
에스컬레이터의 적재하중이 1,500[kg], 속도 30[m/min], 경사각 30°, 에스컬레이터의 총효율 0.6, 승객승입률 0.85일 때, 에스컬레이터 전동기의 용량은 약 몇 [kW]인가? [47회 10.3.]

① 2.2[kW]
② 5.2[kW]
③ 32[kW]
④ 64[kW]

해설 에스컬레이터 전동기의 용량(P)

$$P = \frac{9.8QH}{\eta}K \cdot \sin\theta = \frac{9.8 \times 1,500 \times \frac{30}{60}}{0.6} \times 0.85 \times \sin 30° = 5,206[\text{W}] ≒ 5.2[\text{kW}]$$

정답 91 ③ 92 ③ 93 ②

94

양수량 10[m³/min], 총양정 20[m]의 펌프용 전동기의 용량[kW]은? (단, 여유계수 1.1, 펌프효율은 75[%]이다.) [54회 13.7.]

① 36 ② 48
③ 72 ④ 144

해설 전동기의 용량(P)

$$P = \frac{9.8QH}{\eta}K = \frac{9.8 \times \frac{10}{60} \times 20}{0.75} \times 1.1 = 47.91 \fallingdotseq 48[\text{kW}]$$

95

지중 케이블의 고장점을 찾아내는 방법은 머레이루프, 발레이루프 시험법이 있는데 이들 시험방법은 어떤 브리지 원리를 이용하는가? [47회 10.3.], [68회 20.7.]

① 휘트스톤 브리지(Wheatston bridge)   ② 셰링 브리지(Schering's bridge)
③ 오웬 브리지(Owen's bridge)   ④ 임피던스 브리지(impedance bridge)

해설 휘트스톤 브리지법

평형조건을 이용하여 고장지점까지의 거리를 측정하는 방식이다.

96

22.9[kV-Y] 수전설비의 부하전류가 20[A]이며, 30/5[A]의 변류기를 통하여 과전류계전기를 시설하였다. 120[%]의 과부하에서 차단기를 트립시키려고 하면 과전류계전기의 Tap은 몇 [A]에 설정하여야 하는가? [52회 12.7.]

① 2[A] ② 3[A]
③ 4[A] ④ 5[A]

해설 과전류계전기의 Tap

$$\text{Tap} = \alpha \times \frac{1}{\text{권수비}} \times \text{과전류} = 1.2 \times \frac{1}{\frac{30}{5}} \times 20 = 4[\text{A}]$$

97

22.9[kV]의 수전설비에 50[A]의 부하전류가 흐른다. 이 수전계통에 변류기 (CT) 60/5[A], 과전류계전기(OCR)를 시설하여 120[%]의 과부하에서 차단기가 동작되게 하려면, 과전류계전기 전류탭의 설정값은? [54회 13.7.]

① 4[A] ② 5[A]
③ 6[A] ④ 7[A]

해설 문제 96번 해설 참조

정답 94 ② 95 ① 96 ③ 97 ②

98
빌딩의 부하설비용량이 2,000[kW], 부하역률 90[%], 수용률이 75[%]일 때 수전설비용량은 약 몇 [kVA]인가? [45회 09.3.], [51회 12.4.]

① 1,554[kVA]　　② 1,666[kVA]
③ 1,800[kVA]　　④ 2,400[kVA]

해설 변압기용량, 공급설비용량, 수·변전설비용량(P)

$$P = \frac{\sum(\text{설비용량}[kW] \times \text{수용률})}{\text{부등률} \times \text{부하역률}} \text{ (단, 부등률이 주어지지 않을 시에는 1로 계산)}$$

$$= \frac{2,000 \times 0.75}{0.9} \fallingdotseq 1,666.66 \fallingdotseq 1,666[kVA]$$

99
단로기의 사용상 목적으로 가장 적합한 것은? [49회 11.4.]

① 무부하회로의 개폐　　② 부하전류의 개폐
③ 고장전류의 차단　　④ 3상 동시 개폐

해설
- 단로기(DS) : 정격전압하에서 충전된 전로를 개폐하는 것을 말하며, 무부하회로 개폐, 기기의 전원분리, 회로의 접속변경의 기능을 한다.
- 차단기(CB) : 부하전류 개폐, 고장전류의 차단을 한다.

100
일반적으로 큐비클형이라 하여 점유면적이 좁고 운전보수에 안전하므로 공장, 빌딩 등의 전기실에 많이 사용되며 조립형, 장갑형이 있는 배전반은? [42회 07.7.], [54회 13.7.]

① 데드프런트식 배전반　　② 철제 수직형 배전반
③ 라이브프런트식 배전반　　④ 폐쇄식 배전반

해설 큐비클

배전용 변전소는 큐비클이라 불리는 폐쇄식 배전반을 사용하며, 점유면적이 좁고 운전보수에 안전한 공장, 빌딩 등의 전기실에 많이 사용된다.

101
지중에 매설되어 있는 케이블의 전식(전기적인 부식)을 방지하기 위한 대책이 아닌 것은? [42회 07.7.]

① 회생양극법　　② 외부전원법
③ 선택배류법　　④ 배양법

정답 98 ② 99 ① 100 ④ 101 ④

해설 전식(전기적인 부식)
케이블 전식을 방지하기 위한 방법으로 회생양극법, 외부전원법, 배류법(직접배류법, 선택배류법, 강제배류법)이 있다.

102 행거밴드라 함은? [52회 12.7.], [69회 21.2.]
① 전주에 COS 또는 LA를 고정시키기 위한 밴드
② 전주 자체에 변압기를 고정시키기 위한 밴드
③ 완금을 전주에 설치하는 데 필요한 밴드
④ 완금에 암타이를 고정시키기 위한 밴드

해설 행거밴드
전주 자체에 변압기를 고정시키기 위한 band이다.

103 다음 중 엔트런스 캡의 주된 사용장소는? [54회 13.7.]
① 부스덕트의 끝부분의 마감재
② 저압인입선 공사시 전선관 공사로 넘어갈 때 전선관의 끝부분
③ 케이블트레이의 끝부분 마감재
④ 케이블헤드를 시공할 때 케이블헤드의 끝부분

해설 엔트런스 캡
저압인입선 공사시 전선관 공사로 넘어갈 때 전선관의 끝부분에 연결하여 물 등이 들어오지 못하도록 한다.

104 서지보호장치(SPD)의 기능에 따라 분류할 경우 해당되지 않는 것은? [44회 08.7.]
① 전류스위치형 SPD
② 전압스위치형 SPD
③ 전압제한형 SPD
④ 복합형 SPD

해설 서지보호장치(SPD)의 기능에 따른 분류
- 전압스위치형 SPD : 서지가 인가되지 않는 경우는 높은 임피던스 상태에 있으며 전압서지에 응답하여 급격하게 낮은 임피던스값으로 변화하는 기능을 갖는 SPD
- 전압제한형 SPD : 서지가 인가되지 않는 경우는 높은 임피던스 상태에 있으며 전압서지에 응답한 경우는 임피던스가 연속적으로 낮아지는 기능을 갖는 SPD
- 복합형 SPD : 전압스위치형 소자 및 전압제한형 소자의 모든 기능을 갖는 SPD

정답 102 ② 103 ② 104 ①

PART 6 전기설비 설계 및 시공

105 서지보호장치(SPD) 중 서지가 인가되지 않은 경우는 높은 임피던스 상태에 있으며, 전압서지에 응답한 경우는 임피던스가 연속적으로 낮아지는 기능을 갖는 것은?

[48회 10.7.]

① 전압스위치형 SPD
② 전압제한형 SPD
③ 임피던스 스위치형 SPD
④ 임피던스 제한형 SPD

해설 서지보호장치(SPD)에는 전압스위치형 SPD, 전압제한형 SPD, 복합형 SPD가 있으며, 이 중 전압제한형 SPD는 서지가 인가되지 않은 경우 높은 임피던스 상태이고, 서지전류와 전압이 상승하면 임피던스가 연속적으로 감소하는 기능을 갖는 SPD를 말한다.

106 서지흡수기는 보호하고자 하는 기기의 전단 및 개폐서지를 발생하는 차단기 2차에 각상의 전로와 대지 간에 설치하는데, 다음 중 설치가 불필요한 경우의 조합은 어느 것인가?

[52회 12.7.]

① 진공차단기 - 유입식 변압기
② 진공차단기 - 건식 변압기
③ 진공차단기 - 몰드식 변압기
④ 진공차단기 - 유도전동기

해설 서지흡수기
- 목적 : 구내 선로에서 발생할 수 있는 개폐서지, 순간 과도전압 등으로 이상전압이 2차 기기에 악영향을 주는 것을 막기 위해 서지흡수기를 시설하는 것이 바람직하다.
- 적용범위 : 진공차단기(VCB)를 사용시 서지흡수기를 설치하여야 하나 VCB와 유입변압기를 사용시에는 설치하지 않아도 된다.

107 누전화재경보기의 시설방법에서 경보기의 조작 전원은 전용회로를 두고 또한 이에 설치하는 개폐기로 배선용 차단기를 사용할 때 몇 [A] 이하의 것을 사용하는가?

[45회 09.3.]

① 20[A]
② 30[A]
③ 40[A]
④ 50[A]

해설 누전화재경보기 시설방법
- 경보기는 경계전로의 정격전류 이상의 전류값을 가지는 것이어야 한다.
- 변류기는 건축물에 전기를 공급하는 옥외의 전로 또는 점검하기 쉬운 위치에 견고하게 시설하여야 한다.
- 경보기의 조작 전원은 전용회로로 하고 또한 이에 설치하는 개폐기(16[A]의 퓨즈를 장치한 것 또는 20[A] 이하의 배선용 차단기를 사용한 것)는 "누전화재경보기용"이라고 적색으로 표시하여야 한다.

정답 105 ② 106 ① 107 ①

108 고압수전의 3상 3선식에서 불평형부하의 한도는 단상접속부하로 계산하여 설비불평형률을 30[%] 이하로 하는 것을 원칙으로 한다. 다음 중 이 제한에 따르지 않을 수 있는 경우가 아닌 것은?　　　　　　　　　　　　　　　　　　　　　　　　　　　　　　　　　　　　　　[47회 10.3.]

① 저압수전에서 전용변압기 등으로 수전하는 경우
② 고압 및 특고압수전에서 100[kVA] 이하의 단상 부하의 경우
③ 고압 및 특고압수전에서 단상 부하용량의 최대와 최소의 차이가 100[kVA] 이하인 경우
④ 특고압수전에서 100[kVA] 이하의 단상 변압기 3대로 △결선하는 경우

해설 설비부하평형시설

저압, 고압 및 특고압수전의 3상 3선식 또는 3상 4선식에서 불평형부하의 한도는 단상 접속부하로 계산하여 설비불평형률을 30[%] 이하로 하는 것을 원칙으로 하며, 다만 다음 경우는 따르지 않을 수 있다.
- 저압수전에서 전용 변압기 등으로 수전하는 경우
- 고압 및 특고압수전에서 100[kVA](kW) 이하의 단상 부하인 경우
- 고압 및 특고압수전에서 단상 부하용량의 최대와 최소의 차가 100[kVA](kW) 이하인 경우
- 특고압수전에서 100[kVA](kW) 이하의 단상 변압기 2대로 역V결선하는 경우

109 단상 3선식 전원에 한 (A)상과 중성선(N) 간에 각각 1[kVA], 0.8[kVA], 0.5[kVA]의 부하가 병렬접속되고 다른 한 (B)상과 중성선(N)에 0.5[kVA] 및 0.8[kVA]의 부하가 병렬접속된 회로의 양단 (A)상 및 (B)상에 5[kVA]의 부하가 접속되었을 경우 설비불평형률[%]은 약 얼마인가?　　　　　　　　　　　　　　　　　　　　　　[50회 11.7.], [66회 19.7.], [69회 21.2.]

① 11　　　　　　　　　　　　　② 23
③ 42　　　　　　　　　　　　　④ 56

해설 설비불평형률 = $\dfrac{\text{중성선과 각 전압측 선간에 접속되는 부하설비 용량의 차}}{\text{총 부하설비 용량의 } \dfrac{1}{2}} \times 100[\%]$

$= \dfrac{(1+0.8+0.5)-(0.5+0.8)}{(2.3+1.3+5) \times \dfrac{1}{2}} \times 100 = 23.25 ≒ 23[\%]$

정답 108 ④　109 ②

PART 6 전기설비 설계 및 시공

110 단상 3선식 선로에 그림과 같이 부하가 접속되어 있을 경우 설비불평형률은 약 몇 [%]인가?

[42회 07.7.], [45회 09.3.]

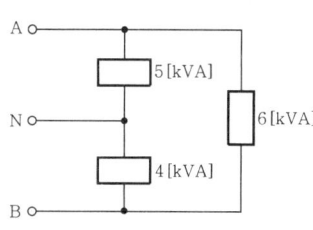

① 13.33
② 14.33
③ 15.33
④ 16.33

해설
$$설비불평형률 = \frac{5-4}{(5+4+6) \times \frac{1}{2}} \times 100 ≒ 13.33$$

111 저압인입선의 시설에서 인입용 비닐절연전선을 사용하는 경우 지름은 몇 [mm] 이상이어야 하는가? [단, 지지물 간 거리(경간)는 15[m]를 넘는 경우이다.] [48회 10.7.]

① 1.6[mm]
② 2.6[mm]
③ 3.2[mm]
④ 3.6[mm]

해설 저압 구내 가공인입선

전선의 종류 및 굵기는 다음 표에 따른다.

전선의 종류	전선의 굵기	
	전선의 길이(15[m] 이하)	전선의 길이(15[m] 초과)
OW전선, DV전선, 고압절연전선 특고압 절연전선	2.0[mm] 이상	2.6[mm] 이상
450/750[V] 일반용 단심 비닐절연전선	4[mm^2] 이상	6[mm^2] 이상
케이블	기계적 강도면의 제한은 없음	

112 전등회로 절연전선을 동일한 셀룰러덕트에 넣을 경우 그 크기는 전선의 피복을 포함한 단면적의 합계가 셀룰러덕트 단면적의 몇 [%] 이하가 되도록 선정하여야 하는가? [50회 11.7.]

① 20
② 32
③ 40
④ 50

정답 110 ① 111 ② 112 ①

해설 셀룰러덕트 배선
- 배선은 절연전선을 사용하며 단면적 10[mm²](Al 전선은 단면적 16[mm²])을 초과하는 것은 연선이어야 한다.
- 사용전압은 400[V] 미만이어야 한다.
- 덕트의 끝부분은 막아야 한다.
- 절연전선을 동일한 셀룰러덕트 내에 넣을 경우 셀룰러덕트의 크기는 전선의 피복절연물을 포함한 단면적의 총합계가 셀룰러덕트 단면적의 20[%](전광표시장치 및 기타 이와 유사한 장치 또는 제어회로 등의 배선만을 넣는 경우는 50[%]) 이하가 되도록 선정하여야 한다.
- 접지공사에 의하여 접지를 하여야 한다.

113 경질비닐전선관 접속에서 관의 삽입깊이는 관의 바깥지름의 최소 몇 배인가? (단, 접착제는 사용하지 않는다.) [50회 11.7.]

① 1배 ② 1.1배
③ 1.2배 ④ 1.25배

해설 합성수지관 배선
- 합성수지관을 새들 등으로 지지하는 경우는 그 지지점 간의 거리를 1.5[m] 이하로 한다.
- 합성수지관 상호 및 관과 박스는 접속시에 삽입하는 깊이를 관 바깥지름의 1.2배(접착제 사용시는 0.8배) 이상으로 하고 삽입접속으로 견고하게 접속하여야 한다.
- 관 상호의 접속은 박스 또는 커플링(coupling) 등을 사용하고 직접접속하지 말아야 한다.

114 합성수지관 상호 및 관과 박스는 접속시에 삽입하는 깊이를 관 바깥지름의 몇 배 이상으로 하여야 하는가? (단, 접착제를 사용하지 않는다.) [45회 09.3.]

① 0.8 ② 1.0
③ 1.2 ④ 1.4

해설 문제 113번 해설 참조

115 바닥통풍형과 바닥밀폐형의 복합채널부품으로 구성된 조립금속구조로 폭이 150[mm] 이하이며, 주 케이블트레이로부터 말단까지 연결되어 단일 케이블을 설치하는 데 사용하는 트레이는? [43회 08.3.], [47회 10.3.], [50회 11.7.]

① 통풍채널형 케이블트레이 ② 사다리형 케이블트레이
③ 바닥밀폐형 케이블트레이 ④ 트로프형 케이블트레이

정답 113 ③ 114 ③ 115 ①

해설 케이블트레이

- 케이블트레이 배선은 케이블을 지지하기 위하여 사용하는 금속제 또는 불연성 재료로 제작된 유닛 또는 유닛의 집합체 및 그에 부속하는 부속재 등으로 구성된 견고한 구조물을 말한다.
- 케이블트레이의 종류
  - 통풍채널형 : 바닥통풍, 바닥밀폐형 또는 2가지 복합채널형 구간으로 구성된 조립금속구조로 폭이 150[mm] 이하인 케이블트레이를 말한다.
  - 사다리형 : 길이방향의 양 옆면 레일을 각각의 가로 방향부재로 연결한 조립금속구조이다.
  - 바닥밀폐형 : 일체식 또는 분리식 직선방향 옆면 레일에서 바닥에 통풍구가 없는 조립금속구조이다.
  - 바닥통풍형 : 일체식 또는 분리식 직선방향 옆면 레일에서 바닥에 통풍구가 있는 것으로 폭이 100[mm]를 초과하는 조립금속구조이다.

116
학교, 사무실, 은행의 옥내배선설계에 있어서 간선의 굵기를 선정할 때 전등 및 소형 전기기계·기구의 용량합계가 10[kVA]를 초과하는 것은 그 초과량에 대하여 수용률을 몇 [%]로 적용할 수 있도록 규정하고 있는가? [44회 08.7.], [49회 11.4.], [69회 21.2.]

① 20[%] ② 30[%]
③ 50[%] ④ 70[%]

해설 간선의 수용률

전등 및 소형 전기기계·기구의 용량합계가 10[kVA]를 초과하는 것은 그 초과용량에 대하여 다음과 같은 수용률을 적용할 수 있다.

간선의 수용률		표준부하	
건축물의 종류	수용률[%]	건축물의 종류	표준부하[VA/m²]
주택, 기숙사, 여관, 호텔, 병원, 창고	50	공장, 공회당, 사원, 교회, 극장, 영화관 등	10
학교, 사무실, 은행	70	기숙사, 여관, 호텔, 병원, 학교, 다방 등	20
-	-	은행, 이발소, 미용원 등	30
-	-	주택, 아파트	40

117
건축물의 종류가 주택, 기숙사, 여관, 호텔, 병원, 창고인 경우의 옥내배선설계에 있어서 간선의 굵기를 산정할 때 전등 및 소형 전기기계·기구의 용량합계가 10[kVA]를 초과하는 것은 그 초과량에 대하여 수용률을 몇 [%]로 적용할 수 있는가? [48회 10.7.]

① 30[%] ② 50[%]
③ 70[%] ④ 80[%]

해설 문제 116번 해설 참조

정답 116 ④ 117 ②

118
셀룰로이드, 성냥, 석유류 등 기타 가연성 위험물질을 제조 또는 저장하는 장소의 배선에서 사용할 수 없는 공사방법은? [45회 09.3.]

① 케이블 공사
② 금속관 공사
③ 애자사용 공사
④ 합성수지관 공사

해설 위험물 등이 있는 곳에서의 저압의 시설
- 셀룰로이드, 성냥, 석유류 등 타기 쉬운 위험한 물질을 제조하고 또한 저장하는 경우에 시설하는 것은 위험물에 착화할 위험이 없도록 시설해야 한다.
- 저압 옥내배선은 금속관 공사, 케이블 공사, 합성수지관 공사에 의한다.

119
다음 중 보호선과 전압선의 기능을 겸한 전선은? [45회 09.3.]

① PEM선
② PEL선
③ PEN선
④ DV선

해설 용어
- 충전부 : 중성선을 포함하여 정상동작시에 활성화되는 전선 또는 도전성 부위로, 규정상 PEN선이나 PEM선 또는 PEL선은 포함하지 않는다.
- PEN선 : 보호선과 중성선의 기능을 겸한 전선을 말한다.
- PEM선 : 보호선과 중간선의 기능을 겸한 전선을 말한다.
- PEL선 : 보호선과 전압선의 기능을 겸한 전선을 말한다.

120
저압 전기설비에서 적용되고 있는 용어 중 "사람이나 동물이 도전성 부위를 접촉하지 않은 경우 동시에 접근 가능한 전선 간 전압"을 무엇이라 하는가? [49회 11.4.]

① 예상접촉전압
② 공칭전압
③ 스트레스전압
④ 예상감전전압

해설 용어
- 공칭전압(nominal-voltage) : 그 전선로를 대표하는 선간전압
- 스트레스전압(stress-voltage) : 저압계통에 전력을 공급하는 변전소의 고압부분에서 1선 지락고장으로 저압계통설비의 노출 도전성 부분과 전로 간에 발생하는 전압
- 예상접촉전압(prospective touch voltage) : 사람이나 동물이 도전성 부위를 접촉하지 않은 경우 동시에 접근 가능한 전선 간 전압

정답 118 ③ 119 ② 120 ①

PART 6 전기설비 설계 및 시공

121 N-EV는 네온관용 전선기호이다. 여기서 V는 무엇을 의미하는가? [44회 08.7.]

① 네온전선 ② 클로로프렌
③ 비닐시스 ④ 폴리에틸렌

해설 NEV(폴리에틸렌 절연비닐시스 네온전선)
- N : 네온전선
- E : 폴리에틸렌
- V : 비닐시스
- R : 고무
- C : 클로로프렌

122 전선약호 중 NRI(70)의 품명은? [48회 10.7.]

① 450/750[V] 일반용 단심 비닐절연전선(70[℃])
② 450/750[V] 일반용 유연성 단심 비닐절연전선(70[℃])
③ 300/500[V] 기기배선용 단심 비닐절연전선(70[℃])
④ 300/500[V] 기기배선용 유연성 단심 비닐절연전선(70[℃])

해설
- NRI(70) : 300/500[V] 배선용 단심 비닐절연전선(70[℃])
- NRI(90) : 300/500[V] 배선용 단심 비닐절연전선(90[℃])
- NFI(70) : 300/500[V] 배선용 유연성 단심 비닐절연전선(70[℃])
- NFI(90) : 300/500[V] 배선용 유연성 단심 비닐절연전선(90[℃])
- NF : 450/750[V] 일반용 유연성 단심 비닐절연전선

123 전선에 대한 약호 중에서 HIV는 무엇을 말하는가? [46회 09.7.], [67회 20.4.]

① 인입용 비닐절연전선
② 내열용 비닐절연전선
③ 옥외용 비닐절연전선
④ 형광방전등용 비닐전선

해설 전선의 약호
- DV : 인입용 비닐절연전선
- FL : 형광방전등용 비닐전선
- OW : 옥외용 비닐절연전선
- HIV : 600[V] 2종 비닐절연전선

정답 121 ③ 122 ③ 123 ②

124. 0.6/1[kV] 비닐절연 비닐캡타이어 케이블의 약호로서 옳은 것은? [54회 13.7.]

① VCT
② CVT
③ VV
④ VTF

해설 전선의 약호
- VCT : 0.6/1[kV] 비닐절연 비닐캡타이어 케이블
- VV : 0.6/1[kV] 비닐절연 비닐시스 케이블

125. 600[V] 2종 비닐절연전선의 약호는? [43회 08.3.]

① DV
② HIV
③ 2CT
④ IE

해설 HIV
600[V] 2종 비닐절연전선

126. 자동화재탐지설비의 감지기회로에 사용되는 비닐절연전선의 최소 규격은? [53회 13.4.]

① 1.0[mm^2]
② 1.5[mm^2]
③ 2.5[mm^2]
④ 4.0[mm^2]

해설 자동화재탐지설비의 감지기회로에 사용되는 비닐절연전선의 최소 규격은 1.5[mm^2]이다.

127. 옥내배선회로에 누전이 발생했을 때 이를 감지하고, 회로를 차단하여 감전사고 및 화재를 방지할 수 있는 것은? [46회 09.7.]

① 커버나이프 스위치
② 세이프티 스위치
③ 배선용 차단기
④ 누전차단기

해설 누전차단기(ELB)
누전발생시 이를 감지하고, 회로를 자동차단하여 감전 및 화재를 방지한다. 정격전류는 15~2,500[A]이며 고감도형은 5~30[mA]이다.

정답 124 ① 125 ② 126 ② 127 ④

PART 6 전기설비 설계 및 시공

128 전선이나 케이블의 절연물에 손상없이 안전하게 흘릴 수 있는 최대 전류는? [47회 10.3.]
① 허용전류
② 상용전류
③ 부하전류
④ 안전전류

해설 허용전류
전선에 전류를 흘리면 발열 때문에 전선의 온도가 상승하며, 온도가 어떤 한도 이상이 되면 인장 강도가 떨어지고 절연물에 손상이 생기므로 이때 손상없이 안전하게 흘릴 수 있는 최대 전류를 의미한다.

129 다음 중 전력용 케이블의 손실과 거리가 가장 먼 것은? [41회 07.4.]
① 철손
② 저항손
③ 유전체손
④ 차폐손

해설 전력용 케이블 손실
저항손, 유전체손, 차폐손이 있다.

130 다음 중 모선의 종류가 아닌 것은? [41회 07.4.]
① 단일모선
② 2중 모선
③ 3중 모선
④ 환상모선

해설 모선
변전소의 인출선은 모선에 접속되고 주변압기를 통해서 수변전선에 연결되며, 모선의 결선방식으로는 단일모선, 복모선(2중 모선), 환상모선방식이 있다.

131 방향계전기의 기능이 적합하게 설명이 된 것은 어느 것인가? [51회 12.4.]
① 예정된 시간지연을 가지고 응동(鷹動)하는 것을 목적으로 한 계전기
② 계전기가 설치된 위치에서 보는 전기적 거리 등을 판별해서 동작하는 계전기
③ 보호구간으로 유입하는 전류와 보호구간에서 유출되는 전류와의 벡터차와 출입하는 전류와의 관계비로 동작하는 계전기
④ 2개 이상의 벡터량 관계 위치에서 동작하며 전류가 어느 방향으로 흐르는가를 판정하는 것을 목적으로 하는 계전기

정답 128 ① 129 ① 130 ③ 131 ④

해설 방향계전기

전력회로의 전송전력에 비례해서 동작하며 2개 이상의 벡터량 관계 위치에서 전류가 어느 방향으로 흐르는 것을 판정하여 사고점의 방향을 알 수 있는 계전기이다.

132. 역률개선용 콘덴서에서 고조파 영향을 억제하기 위하여 사용하는 것은? [48회 10.7.]

① 직렬저항
② 병렬저항
③ 직렬리액터
④ 병렬리액터

해설 전력용 콘덴서
- 배전선로의 역률개선용으로 사용시에는 콘덴서를 전선로와 병렬로 접속하고, 1차 변전소에 설치하는 경우에는 송전계통의 전압조정을 목적으로 한다.
- 역률개선
  - $\cos\theta_1$의 부하역률을 $\cos\theta_2$로 개선하기 위해 설치하는 콘덴서 용량 Q[kVA]일 때, $Q = P(\tan\theta_1 - \tan\theta_2)$[kVA]
  - 콘덴서에 의한 제5고조파를 제거하기 위해 직렬리액터 필요
  - 잔류전압을 방전시키기 위해 방전장치가 필요

133. 랙(rack)을 이용한 배선방법은 어떤 전선로에 사용되는가? [46회 09.7.]

① 저압 가공선로
② 고압 가공선로
③ 저압 지중선로
④ 고압 지중선로

해설 저압 가공선로는 랙(rack)을 이용하여 지지물에 고정한다.

134. 접지공사에 있어서 자갈층 또는 산간부의 암반지대 등 토양의 고유저항이 높은 지역에서는 규정의 저항치를 얻기가 곤란하다. 이와 같은 장소에 있어서의 접지저항 저감방법이 아닌 것은? [50회 11.7.]

① 접지저감제 사용
② 매설지선을 포설
③ mesh 공법에 의한 접지
④ 직렬접지

해설 접지저항 저감방법으로는 mesh 공법, 매설지선 포설, 접지저감제 사용 등의 방법이 있으며 자갈층, 산간부의 암반지대 등에서 규정저항치를 얻기 힘들 때 사용된다.

정답 132 ③ 133 ① 134 ④

135. 변전실의 위치선정시 고려해야 할 사항이 아닌 것은? [49회 11.4.]

① 부하의 중심에 가깝고 배전에 편리한 장소일 것
② 전원의 인입과 기기의 반출이 편리할 것
③ 설치할 기기를 고려하여 천장의 높이가 4[m] 이상으로 충분할 것
④ 빌딩의 경우 지하 최저층의 동력부하가 많은 곳에 선정

해설 변전실 위치선정 시 고려사항
- 전원의 인입이 편리할 것
- 기기의 반출이 편리할 것
- 부하의 중심에 가깝고 배전에 편리한 장소
- 설치기기를 고려하여 천장높이가 4[m] 이상으로 충분할 것

136. 접지저감재의 구비조건과 거리가 먼 것은? [45회 09.3.]

① 전기적으로 양도체일 것
② 지속성이 있을 것
③ 전극을 부식시키지 않을 것
④ 토양에 비해 도전도가 낮을 것

해설 접지저감재의 구비조건
- 전기적으로 양도체일 것
- 지속성이 있을 것
- 전극을 부식시키지 않을 것
- 토양에 비해 전도가 높을 것

137. 케이블 포설 공사가 끝난 후 하여야 할 시험의 항목에 해당되지 않는 것은? [44회 08.7.]

① 절연저항시험　　② 절연내력시험
③ 접지저항시험　　④ 유전체손시험

해설 케이블 포설 공사 후에 해야 할 시험항목
- 절연저항시험
- 접지저항시험
- 절연내력시험

정답 135 ④　136 ④　137 ④

138. 공용접지의 특징으로 적합한 것은? [53회 13.4.]
① 다른 기기계통에 영향이 적다.
② 보호대상물을 제한할 수 있다.
③ 접지전극수가 적어 시공면에서 경제적이다.
④ 접지공사비가 상승한다.

해설 공용접지 특징은 접지전극수가 적어 시공면에서 매우 경제적이다.

139. 변류기 개방시 2차측을 단락하는 이유로 가장 옳은 것은? [48회 10.7.]
① 2차측 절연보호
② 2차측 과전류보호
③ 측정오차방지
④ 1차측 과전류방지

해설 변류기 개방시 2차측 절연보호를 위해서 2차측을 단락한다.

140. 역률을 개선하면 전력요금의 절감과 배전선의 손실경감, 전압강하의 감소, 설비여력의 증가 등을 기할 수 있으나, 너무 과보상하면 역효과가 나타난다. 즉, 경부하시에 콘덴서가 과대삽입되는 경우의 결정에 해당되는 사항이 아닌 것은? [50회 11.7.]
① 모선전압의 과상승
② 송전손실의 증가
③ 고조파 왜곡의 증대
④ 전압변동폭의 감소

해설 경부하시 콘덴서가 과대삽입되는 경우, 다음과 같은 현상이 나타난다.
- 모선전압의 과상승
- 송전손실의 증가
- 고조파 왜곡의 증대
- 전압변동폭의 증가

141. 간선의 배선방식 중 고조파 발생의 저감대책이 아닌 것은? [52회 12.7.]
① 전원의 단락용량 감소
② 교류리액터의 설치
③ 콘덴서의 설치
④ 교류필터의 설치

해설 고조파 발생의 저감대책은 다음과 같다.
- 전원의 단락용량 감소
- 교류리액터의 설치
- 교류필터의 설치

정답 138 ③ 139 ① 140 ④ 141 ③

142. 축전지의 충전방식 중 비교적 단시간에 보통 충전전류의 2~3배로 충전하는 방식은?
[42회 07.7.]

① 세류충전 ② 균등충전
③ 트리클충전 ④ 급속충전

해설 급속충전
단시간에 보통 충전전류의 2~3배로 충전하는 방식이다.

143. 금속전선관의 굵기[mm]를 부르는 것으로 옳은 것은?
[52회 12.7.], [48회 10.7.], [70회 21.7.]

① 후강전선관은 바깥지름에 가까운 홀수로 정한다.
② 후강전선관은 안지름에 가까운 짝수로 정한다.
③ 박강전선관은 바깥지름에 가까운 짝수로 정한다.
④ 박강전선관은 안지름에 가까운 홀수로 정한다.

해설 금속전선관의 굵기표시
- 후강전선관(안지름에 가까운 짝수) : 16, 22, 28, 36, 42, 54, 70, 82, 92, 104[mm]
- 박강전선관(바깥지름에 가까운 홀수) : 19, 25, 31, 39, 51, 63, 75[mm]

144. 어떤 교류 3상 3선식 배전선로에서 전압을 200[V]에서 400[V]로 승압하였을 때 전력손실은? (단, 부하용량은 같다.)
[53회 13.4.], [70회 21.7.]

① 2배로 증가한다. ② 4배로 증가한다.
③ $\frac{1}{2}$로 감소한다. ④ $\frac{1}{4}$로 감소한다.

해설 손실전력

$$P_c = I^2 \cdot R = \left(\frac{P}{V\cos\theta}\right)^2 \cdot R = \frac{P^2 \cdot R}{V^2 \cos^2\theta} = K'\left(\frac{1}{V^2}\right)$$

여기서, 손실률 : $\frac{P_c}{P} = \frac{P \cdot R}{V^2 \cos^2\theta}$

∴ 손실전력은 전압의 제곱에 반비례하므로 $P_c \propto \frac{1}{V^2}$ 에서 $\left(\frac{200}{400}\right)^2 = \frac{1}{4}$ 로 감소한다.

정답 142 ④ 143 ② 144 ④

145. 유니언커플링의 사용목적으로 옳은 것은? [53회 13.4.]

① 금속관 상호의 나사를 연결하는 접속
② 금속관의 박스와 접속
③ 안지름이 다른 금속관 상호의 접속
④ 돌려 끼울 수 없는 금속관 상호의 접속

해설
- 커플링(coupling)에는 TS 커플링, 콤비네이션 커플링, 유니언커플링이 있다.
- 유니언커플링(union-coupling)
  - 돌려 끼울 수 없는 금속관 상호 접속
  - 양쪽의 관 단면을 관 두께의 $\frac{1}{3}$ 정도 남을 때까지 깎아낸다.
  - 커플링의 안지름 및 관 접속부 바깥지름에 접착제를 엷게 고루 바른다.

146. 다음 심벌의 명칭은 어느 것인가? [42회 07.7.], [45회 09.3.], [50회 11.7.]

① 전류제한기　　　　　② 지진감지기
③ 전압제한기　　　　　④ 역률제한기

해설 Symbol의 명칭
- Ⓜ : 전동기
- Ⓗ : 전열기
- Ⓖ : 발전기
- Ⓑ : 경보벨
- Ⓛ : 전류제한기
- B : 배선용 차단기
- E : 누전차단기

147. 하나 이상의 부하를 한 전원에서 다른 전원으로 자동절환할 수 있는 장치는? [54회 13.7.]

① ASS　　　　　② ACB
③ LBS　　　　　④ ATS

해설 자동절환 스위치(ATS ; Automatic Transfer Switch)
하나 이상의 부하를 한 전원에서 다른 전원으로 자동절환하는 스위치이다.

정답 145 ④　146 ①　147 ④

PART 6 전기설비 설계 및 시공

148
배전반 또는 분전반의 배관을 변경하거나 이미 설치된 캐비닛에 구멍을 뚫을 때 사용하며 수동식과 유압식이 있다. 이 공구는 무엇인가? [51회 12.4.]

① 클리퍼 ② 클릭볼
③ 커터 ④ 녹아웃펀치

해설 녹아웃펀치
배전반 또는 분전반의 배관을 변경하거나 이미 설치된 캐비닛에 구멍을 뚫을 때 사용하며 수동식과 유압식이 있다.

149
단선의 브리타니아 접속은 몇 [mm^2] 이상의 전선을 접속할 때 사용되는 방법인가? [41회 07.4.]

① 1.5 ② 2.5
③ 4 ④ 10

해설 브리타니아(Britania) 접속은 10[mm^2] 이상 전선접속 시 사용한다.

150
고체 유전체의 파괴시험을 기름(oil) 중에서 행하는 이유로 가장 적당한 것은? [43회 08.3.], [46회 09.7.]

① 선행 불꽃방전을 방지하기 위하여
② 공기 중에서의 실행에 따른 위험을 방지하기 위하여
③ 연면섬락을 방지하기 위하여
④ 매질효과를 없애기 위하여

해설 연면섬락방지를 위하여 고체 유전체의 파괴전압시험을 Oil 중에서 행한다.

151
리드용 2종 케이블의 약호로 옳은 것은? [41회 07.4.]

① WRNCT ② WNCT
③ WCT ④ WRCT

해설
- WCT : 리드용 제1종
- WNCT : 리드용 제2종
- WRCT : 홀더용 제1종
- WRNCT : 홀더용 제2종

정답 148 ④ 149 ④ 150 ③ 151 ②

152 수소냉각발전기에서 발전기 내 수소순환용 팬(fan)의 전후 압력차로 식별하고자 하는 것은?

[42회 07.7.]

① 발전기 내 수소압력
② 수소가스의 순도
③ 팬의 회전속도
④ 가스의 수분함량

해설 수소순환용 팬의 전후 압력차로 수소가스의 순도를 식별할 수 있다.

153 평형보호층 공사에 의한 저압 옥내배선은 전로의 대지전압 몇 [V] 이하에서 시설해야 하는가?

[41회 07.4.]

① 150   ② 220
③ 300   ④ 400

해설 평형보호층 공사에 의한 저압 옥내배선은 대지전압 150[V] 이하에서 시설해야 한다.

154 시공이 불편하고 포설공사비의 고가, 공기의 지연 등 난점을 해결한 지중전선관으로 사용하는 것은?

[46회 09.7.]

① 흄관   ② 동관
③ PVC관   ④ ELP관

해설 ELP관
지중전선관 케이블로서, 시공이 용이하여 공사비가 절감되고 능률적이다.

155 정부나 공공기관에서 발주하는 전기공사의 물량산출 시 전기재료의 할증률 중 옥내케이블은 일반적으로 몇 [%] 값 이내로 하여야 하는가?

[53회 13.4.]

① 1[%]   ② 3[%]
③ 5[%]   ④ 10[%]

해설 옥외케이블은 3[%]이고, 옥내케이블은 5[%]이다.

정답 152 ② 153 ① 154 ④ 155 ③

PART 6 전기설비 설계 및 시공

156 지중배선에 사용되는 기기는 별도의 설치공간에 적합한 구조로 제작되어 설치되는데, 이에 사용되는 일반기기를 설치형태별로 구분한 종류에 해당하지 않는 것은? [42회 07.7.]
① 지상설치형
② 지중설치형
③ 지하공설치형
④ 반가대설치형

해설 지중배선에 사용되는 기기의 형태별로 구분하면 지상설치형, 지중설치형, 지하공설치형으로 구분된다.

157 어느 물체의 표면으로부터 발산하는 광속을 무엇이라 하는가? [46회 09.7.]
① 광도
② 조도
③ 광속발산도
④ 휘도

해설
- 광속발산도(luminous radiance) : 어느 물체의 표면으로부터 발산되는 광속밀도를 말하며, 단위로는 [rlx], [asb]이다.
  $1[\text{rlx}]=1[\text{asb}]=1[\text{lm/m}^2]$
- 휘도(brightness) : 광원의 빛나는 정도를 말한다.
- 조도(illumination) : 단위면적당 광속밀도 또는 입사광속을 말한다. 단위는 [lx]이다.

158 반사율이 50[%], 면적이 50[cm]×40[cm]인 완전확산면에서 100[lm]의 광속을 투사하면 그 면의 휘도는 약 몇 [nt]인가? [44회 08.7.]
① 60
② 80
③ 100
④ 120

해설 휘도(B)
$B = \dfrac{M}{\pi} = \dfrac{\rho E}{\pi} [\text{nt}]$ (여기서, ρ : 반사율, E(조도) $= \dfrac{F}{S}$) $= \dfrac{0.5}{\pi} \times \dfrac{100}{0.5 \times 0.4} = 79.61 ≒ 80[\text{nt}]$

159 평균 구면광도 100[cd]의 전구 5개를 지름 10[m]인 원형의 방에 점등할 때, 방의 평균 조도[lx]는? (단, 조명률 0.5, 감광보상률 1.5이다.) [53회 13.4.], [69회 21.2.]
① 약 26.7[lx]
② 약 35.5[lx]
③ 약 48.8[lx]
④ 약 59.4[lx]

정답 156 ④ 157 ③ 158 ② 159 ①

해설 설계하고자 하는 방의 평균조도를 E, 총광속을 F라 할 때

$$F = \frac{ESD}{N}[\text{lm}] = 4\pi I = 4 \times 3.14 \times 100 = 1,256[\text{lm}]$$

(여기서, S : 방의 면적[m²], D : 감광보상률, U : 조명률, N : 등의 개수)

∴ 평균조도(E)

$$E = \frac{FUN}{SD} = \frac{1,256 \times 0.5 \times 5}{78.5 \times 1.5} = 26.66 ≒ 26.7[\text{lx}]$$

(∵ 원형의 방이므로 $A = \left(\frac{10}{2}\right)^2 \times 3.14 = 78.5[\text{m}^2]$)

160
폭 20[m] 도로의 양쪽에 간격 10[m]를 두고 대칭배열(맞보기배열)로 가로등이 점등되어 있다. 한 등당 전광속이 4,000[lm], 조명률이 45[%]일 때 도로의 평균조도는?

[49회 11.4.]

① 9[lx]
② 17[lx]
③ 18[lx]
④ 19[lx]

해설 도로의 광속(F)

$$F = \frac{EBSD}{NU} \text{에서 도로의 조도}(E) = \frac{FUN}{BSD}$$

(여기서, B : 도로의 폭, S : 등기구의 간격, D : 감광보상률, F : 총광속 U : 조명률, N : 광원의 열수)

$$E = \frac{4,000 \times 0.45 \times 1}{20 \times 10 \times \frac{1}{2}} = 18[\text{lx}]$$

161
옥내 전반조명에서 바닥면의 조도를 균일하게 하기 위하여 등간격은 등높이의 얼마가 적당한가? (단, 등간격은 S, 등높이는 H이다.)

[54회 13.7.], [70회 21.7.]

① $S \leq 0.5H$
② $S \leq H$
③ $S \leq 1.5H$
④ $S \leq 2H$

해설 광원의 최대 간격(S)과 작업면으로부터 광원까지의 높이(H)의 관계식

- $S \leq 1.5H$: 일반적인 경우 등기구에 따라 다름
- $S_0 \leq \frac{1}{2}H$: 벽측을 사용하지 않을 경우
- $S_0 \leq \frac{1}{3}H$: 벽측을 사용할 경우

(여기서, S_0 : 벽과 등기구 사이의 간격을 의미)

정답 160 ③ 161 ③

PART 6 전기설비 설계 및 시공

162 반사갓을 사용하여 90~100[%] 정도의 빛이 아래로 향하고, 10[%] 정도가 위로 향하는 방식으로 빛의 손실이 적고, 효율은 높지만 천장이 어두워지고 강한 그늘이 생기며 눈부심이 생기기 쉬운 조명방식은? [51회 12.4.]

① 직접조명 ② 반직접조명
③ 전반확산조명 ④ 반간접조명

해설 조명방식

배치에 의한 분류	배광에 의한 분류
전반조명 국부조명 전반국부조명	직접조명 간접조명 반간접조명 반직접조명

163 실지수가 높을수록 조명률이 높아진다. 방의 크기가 가로 9[m], 세로 6[m]이고, 광원의 높이는 작업면에서 3[m]인 경우 이 방의 실지수(방지수)는? [49회 11.4.], [69회 21.2.]

① 0.2 ② 1.2
③ 18 ④ 27

해설 방지수(실지수) K는 방의 형태에 대한 계수이며 다음과 같다.
$$K = \frac{X \cdot Y}{H(X+Y)} = \frac{9 \times 6}{3(9+6)} = 1.2$$
(여기서, X : 방의 폭(m), Y : 방의 길이(m), H : 작업면에서 광원까지의 높이(m))

164 가로 9[m], 세로 6[m], 방바닥에서 천장까지의 높이가 3.85[m]인 방에서 조명기구를 천장에 직접 부착하고자 한다. 이 방의 실지수는? (단, 작업면은 방바닥에서 0.85[m]이다.) [48회 10.7.]

① 1.2 ② 2.49
③ 9.8 ④ 16.5

해설 실지수 $K = \dfrac{X \cdot Y}{H(X+Y)}$

$$K = \frac{9 \times 6}{(3.85 - 0.85)(9+6)} = 1.2$$

정답 162 ① 163 ② 164 ①

165
조명방식 중 원하는 곳에서 원하는 방향으로 조도를 줄 수 있으며, 불필요한 장소는 소등할 수 있어 필요한 만큼의 조도를 가장 경제적으로 얻을 수 있는 특징을 갖는 조명방식은?

[48회 10.7.]

① 국부조명방식 ② 전반조명방식
③ 간접조명방식 ④ 직접전반조명방식

해설 조명방식
- 전반조명 : 작업면 전체의 동일한 조도를 얻기 위한 방식이다.
- 국부조명 : 작업면의 필요부분만 높은 조도로 하기 위한 방식이다.
- 직접조명 : 빛의 손실이 적고 효율은 높지만, 천장이 어두워지고 그늘이 생김으로 인해 눈부심이 생기는 단점이 있다.
- 간접조명 : 차분한 분위기의 조명에 이용되며, 조명률은 좋지 않다.

166
광원은 점등시간이 진행됨에 따라서 특성이 약간 변화한다. 방전램프의 경우 초기 100시간의 떨어짐이 특히 심한데 이와 같은 특성은 무엇인가?

[54회 13.7.]

① 수명특성 ② 동정특성
③ 온도특성 ④ 연색성

해설 동정(life performance)특성
새 전구를 점등하면 초기에는 광속, 전류 등의 변화가 심하다. 시간이 지남에 따라 점점 더 저항이 증가하여 전류가 감소하며, 전수명 중에서 전류나 광속 등이 변화하는 과정을 뜻한다.

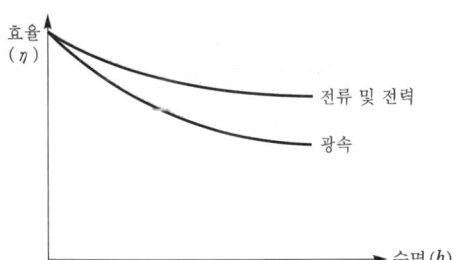

167
공사원가는 공사시공 과정에서 발생한 항목의 합계액을 말하는데 여기에 포함되지 않는 것은?

[46회 09.7.]

① 경비 ② 재료비
③ 노무비 ④ 일반관리비

해설 공사비
공사비=일반관리비+공사원가(경비, 재료비, 노무비)

정답 165 ① 166 ② 167 ④

PART 6 전기설비 설계 및 시공

168 어떤 회사의 매출액이 80,000원, 고정비가 15,000원, 변동비가 40,000원일 때 손익분기점 매출액은 얼마인가? [47회 10.3.]

① 25,000원
② 30,000원
③ 40,000원
④ 55,000원

해설 손익분기점 매출액(P)

$$P = \frac{고정비용}{1-\frac{변동비용}{매출액}} = \frac{15,000원}{1-\frac{40,000원}{80,000원}} = 30,000원$$

169 물체가 그 온도에 상응하여 방출하는 복사를 온도복사라 한다. 이는 어떤 스펙트럼을 이루는가? [41회 07.4.]

① 구형 스펙트럼
② 선 스펙트럼
③ 대상 스펙트럼
④ 연속 스펙트럼

해설 물체가 그 온도에 상응하여 방출하는 복사를 온도복사라 하며, 방사상태의 넓은 연속 스펙트럼을 형성한다.

170 품셈에서 규정된 소운반이라 함은 몇 [m] 이내의 수평거리를 말하는가? [47회 10.3.]

① 10[m]
② 20[m]
③ 30[m]
④ 40[m]

해설 20[m] 이내의 수평거리를 소운반이라 한다.

171 플랜트 프로세스의 자동제어장치, 공업제어장치, 공업계측 및 컴퓨터설비의 시공 및 보수는 어느 기능공인가? [42회 07.7.]

① 내선전공
② 배전전공
③ 플랜트전공
④ 계장공

해설
- 계장공 : 플랜트 프로세스의 자동제어장치, 공업제어장치, 공업계측 및 컴퓨터설비의 시공 및 보수
- 플랜트전공 : 중공업설비 및 발전설비의 시공 및 보수

정답 168 ② 169 ④ 170 ② 171 ④

172
전기재료의 할증에서 옥외전선은 몇 [%]의 할증률을 적용하는가? [41회 07.4.]

① 1.5
② 2.5
③ 5
④ 10

해설 할증률
- 옥외전선 : 5[%] 할증
- 옥내전선 : 10[%] 할증

173
생산공장작업의 자동화에 널리 사용되며, 바이메탈과 조합하여 실내 난방장치의 자동온도 조절에 사용되는 스위치는? [46회 09.7.]

① 압력스위치
② 부동스위치
③ 수은스위치
④ 타임스위치

174
피뢰기의 제한전압이 750[kV]이고, 변압기의 절연강도가 1,050[kV]라고 하면 보호 여유도는? [48회 10.7.]

① 20[%]
② 30[%]
③ 40[%]
④ 60[%]

해설 여유도 (M)

$$M = \frac{절연강도 - 제한전압}{제한전압} \times 100[\%] = \frac{1,050 \times 10^3 - 750 \times 10^3}{750 \times 10^3} \times 100[\%] = 40[\%]$$

175
전류계 및 전압계를 확도에 따라 분류할 때 일반 배전반용으로 사용되는 지시계기의 계급은? [48회 10.7.]

① 0.5급
② 1.0급
③ 1.5급
④ 2.5급

해설 지시계기의 계급
- 0.5급 : 휴대용(정밀측정)
- 1.0급 : 소형(보통측정)
- 1.5급 : 배전반용

정답 172 ③ 173 ③ 174 ③ 175 ③

주문공(朱文公)이 말하기를, "집이 가난하더라도 가난함 때문에 배움을 포기해서는 안 되고, 집이 부유하더라도 부유함을 믿고 배움을 게을리해서는 안 될 것이다. 가난한 사람이 부지런히 배운다면 출세할 수 있으며, 부유한 사람이 부지런히 배운다면 이름이 곧 빛날 것이다. 오직 배운 사람이 입신출세하는 것은 보았지만, 배운 사람치고 성공하지 못하는 것은 보지 못했다. 배움은 곧 몸의 보배요, 배운 사람은 곧 세상의 보배다. 그러므로 배우면 곧 군자(君子)가 되고, 배우지 않으면 소인(小人)이 될 것이니 후일 배우는 사람은 마땅히 각자 배움에 힘써야 한다."고 하였다.

- 명심보감, 제9편 근학(勤學) 중에서 -

공업경영

제1장 품질관리
제2장 생산관리

CHAPTER 01 품질관리

01 개 요

1 품질관리의 목적

제품을 생산하는 과정이나 사용시 일정한 표준이 유지되도록 하는 데 있으며 최근의 품질관리라 함은 통계적 수단을 밑바탕으로 하기 때문에 통계적 품질관리라고도 한다.

2 품질의 종류

(1) 설계품질
(2) 제조품질
(3) 사용품질

3 효 과

(1) 장기적으로 비용절감
(2) 작업시간 및 에너지 단축
(3) 원활한 인간관계 유지
(4) 생산성 향상으로 인한 품질향상
(5) 판매량 증가와 시장확대효과

[68회 출제]
품질관리의 효과
- 장기적으로 비용절감
- 작업시간 및 에너지 단축
- 원활한 인간관계 유지
- 생산성 향상으로 인한 품질향상
- 판매량 증가와 시장확대효과

4 품질의 상호관계

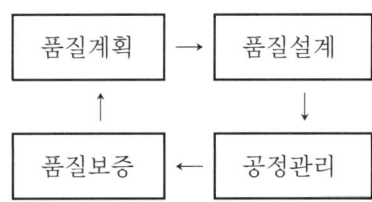

PART 7 공업경영

[45회, 49회, 69회 출제]
품질관리 사이클
품질설계 → 공정관리 →
품질보증 → 품질개선

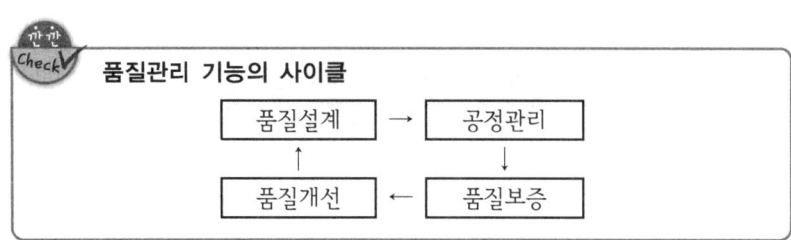

품질관리 기능의 사이클

02 통계적 품질관리

(1) 통계적 품질관리의 기초
① 일정한 생산조건하에서 만들어진 제품의 품질특성치 산포상태를 미리 알고 이 산포상태가 변화하면 생산조건 또는 환경에는 변화가 있다.
② 통계적 품질관리를 위해서는 생산조건과 환경의 표준화가 선행되어야 한다.
③ sampling 검사로 생산조건, 환경이 유지되는지 확인, 이때 편차가 허용범위 밖으로 나가면 원인을 규명하여 제거한다.

(2) DATA의 처리과정

집단화 → 등질화 → 수량화 → 확률화

ZD-program

1. ZD(Zero-Defects)운동은 1962년 미국 마틴 항공사에서 품질개선을 위해 시작된 무결점운동이다.
2. 품질개선을 위한 정확성, 서비스 향상, 신뢰성, 원가절감 등의 에러를 "0(zero)"으로 한다는 목표로 전개된 운동이다.
3. 무결점 운동을 위한 선행요인
   ① 작업자 스스로 작업의 중요성을 인식하게 한다.
   ② 작업자 스스로 목표달성에 노력하게 한다.
   ③ ECR(Error Cause Removal)을 제안하도록 한다.
   ④ 성과에 따라 표창을 한다.

[42회, 50회, 56회, 70회 출제]
무결점 운동(ZD)

CHAPTER 1 품질관리

03 관리도

1 관리도 개요

생산과정에서 생산 및 제조되는 부품, 재료 등의 불량을 사전에 예방하기 위한 통계적인 방법으로 목표가 되는 품질을 정하고 제조공정을 표준화하여도 제조된 제품의 품질에는 반드시 산포가 생기게 마련이다.

(1) 산포의 구분
① 우연원인(피할 수 없는 원인)
② 이상원인(피할 수 있는 원인)

(2) 산포를 발생시키는 원인
① 작업표준대로 작업을 실시하지 않았기 때문
② 표준에서 정한 허용범위 안에서 변동발생시
③ 작업표준을 지켰지만 그 허용 범위 안에서 조건 변동시
④ 측정 또는 시험 등의 오차
⑤ 작업표준의 표준화가 부정확하여 품질변동의 원인을 억제할 수 없었기 때문

[산포의 구분]
• 우연원인에 대해서
• 이상원인에 의해서

2 관리도의 종류

계량형 관리도(데이터의 길이, 무게, 강도 등), **계수형 관리도**(결점수, 불량률 등)로 나뉘어진다.

[57회 출제]
계수형 관리도의 종류

(1) 계량형 관리도($\bar{x} - R$ 관리도)
① 정규분포에 근거를 둔다.
② 절차
  ㉠ 데이터 수집
  ㉡ $\bar{x}$의 계산
  ㉢ R의 계산

$$R = X 최대치 - X 최소치$$

  ㉣ 관리도 용지에 점을 기입한다.
  ㉤ 관리선의 계산

[49회, 51회, 52회, 59회, 60회, 62회, 70회 출제]
계량형 관리도의 종류

[61회 출제]
$\bar{x}$ 관리도

PART 7 공업경영

[45회 출제]
계수형 관리도의 종류

ⓗ 관리선의 기입
ⓢ 관리상태의 판단

(2) 계수형 관리도

① p 관리도(불량률 관리도)

$$p = \frac{pn}{n}$$

여기서, p : 불량률, pn : 불량개수, n : 검사개수

㉠ 보통 $p \leq 0.15$ 이다.
㉡ 이항분포에 근거를 둔다.
㉢ 목적
  • 불량률의 변화를 탐지하기 위해
  • 품질 수준의 변화에 대한 보고서 작성을 위해
  • 샘플링 검사의 기준을 정하기 위해
  • $\bar{x} - R$ 관리도 적용을 하기 위한 예비조사분석을 위해
㉣ 장점
  • 백분율로서 이해가 쉽다.
  • 중심선이 변하지 않고 관리한계선만 변한다.
  • 관리한계선의 계산

$$CL = \bar{p} = \frac{\Sigma pn}{\Sigma n}, \quad UCL = \bar{p} + 3\sqrt{\frac{\bar{p}(1-\bar{p})}{n}},$$
$$LCL = \bar{p} - 3\sqrt{\frac{\bar{p}(1-\bar{p})}{n}}$$

여기서, CL : 중심선, UCL : 관리상한선
LCL : 관리하한선, $\bar{p}$: 샘플의 평균 불량률

[관리한계선의 계산]
• $CL = \bar{p} = \dfrac{\Sigma pn}{\Sigma n}$
• UCL
  $= \bar{p} + 3\sqrt{\dfrac{\bar{p}(1-\bar{p})}{n}}$
• LCL
  $= \bar{p} - 3\sqrt{\dfrac{\bar{p}(1-\bar{p})}{n}}$

② pn 관리도(불량계수 관리도)

㉠ pn 관리도는 공정을 불량개수 pn에 의거하여 관리하고자 할 경우에 사용한다.
㉡ 관리한계선을 구하는 방법만 다르고 나머지는 p 관리도와 같다.
㉢ 이항분포에 근거를 두고 있다.
㉣ 작성절차도
  • 데이터의 수집 : 불량률 p로 예측시 $n = \dfrac{1}{p} \sim \dfrac{5}{p}$
  • 관리도 용지에 기입

[56회, 68회 출제]
관리상한선 UCL 계산

- 관리한계선의 계산

$$CL = \overline{p}n = \frac{\sum pn}{k}, \quad UCL = \overline{p}n + 3\sqrt{\overline{p}n(1-\overline{p})},$$
$$LCL = \overline{p}n - 3\sqrt{\overline{p}n(1-\overline{p})}, \quad \overline{p} = \frac{\sum pn}{\sum n} = \frac{\sum pn}{kn}$$

여기서, CL : 중심선, UCL : 관리상한선, LCL : 관리하한선
$\overline{p}$: 샘플의 평균 불량률

- 관리선의 기입
- 관리상태의 판단

③ c 관리도(결점수 관리도)

㉠ 포아송의 분포에 근거를 두고 있다.
㉡ 검사하는 시료의 면적이나 길이 등이 일정한 경우에 사용한다.
㉢ 평균결점수 ≪ 총결점수
㉣ 결점이 나타날 영역은 일정하다.
㉤ 용도
  - 공정관리
  - 결점수에 대한 샘플링 검사과정
㉥ 관리한계선

$$CL = \overline{c} = \frac{\sum c}{k}, \quad UCL = \overline{c} + 3\sqrt{\overline{c}}, \quad LCL = \overline{c} - 3\sqrt{\overline{c}}$$

여기서, CL : 중심선, UCL : 관리상한선, LCL : 관리하한선

[42회, 43회, 53회, 55회, 58회 출제]
c 관리도의 특징

④ u 관리도(단위당 결점수 관리도)

㉠ 검사하는 시료의 면적이나 길이 등이 일정하지 않은 경우에 사용한다.
㉡ 관리한계선

$$CL = \overline{u} = \frac{\sum c}{\sum n}, \quad UCL = \overline{u} + 3\sqrt{\frac{\overline{u}}{n}}, \quad LCL = \overline{u} - 3\sqrt{\frac{\overline{u}}{n}}$$

여기서, c : 샘플 중의 결점수
n : 샘플의 크기
u : 단위당 결점수
$\overline{u}$: 여러 개 샘플의 단위당 평균 결점수
CL : 중심선
UCL : 관리상한선
LCL : 관리하한선

[41회, 47회, 54회 출제]
- $UCL = \overline{u} + 3\sqrt{\frac{\overline{u}}{n}}$
- $LCL = \overline{u} - 3\sqrt{\frac{\overline{u}}{n}}$

PART 7 공업경영

[68회 출제]
관리도의 안정상태
관리도에 찍은 점이 거의 중심선 근처에 있을 때 안정상태이다.

(3) 관리도의 상태
  ① 안정상태 판정 : 관리도에 찍은 점이 거의 중심선 근처에 있을 때
  ② 안정상태가 아닌 경우
    ㉠ 한 개의 점이라도 관리 한계를 벗어나는 경우
    ㉡ 찍은 점이 중심선 한쪽에 많이 연속될 때

(4) 관리한계선

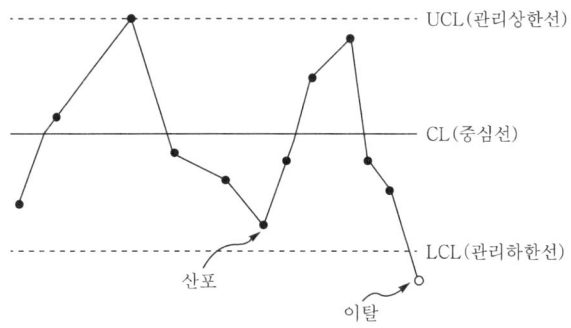

3 관리도 파악

(1) 관리상태의 판정기준
  ① 점이 관리한계선을 벗어나지 않는다.
  ② 점의 배열에 아무런 규칙이 없다.
  ③ 우연의 산포만이 존재한다.

(2) 공정관리 상태에 있다고 판단할 경우
  ① 연속 25점 모두가 관리한계 안이다.
  ② 연속 35점 중 관리 한계를 벗어나는 점이 1점 이내이다.
  ③ 연속 100점 중 관리 한계를 벗어나는 점이 2점 이내이다.

4 점의 배열

[48회, 50회, 57회, 67회 출제]
런과 경향의 특징

(1) 런(run)
  ① 중심선의 한쪽으로 연속해서 나타난 점의 배열을 말한다.
  ② 런의 길이란 중심선의 한쪽에 연속되는 점의 수(일반적으로 런의 길이가 7 이상은 이상이 있는 것으로 판단하고 그 원인을 파악해 볼 것)를 말한다.

(2) 경향(tendency)
경향이란 점이 점점 올라가거나 또는 내려가는 상태를 말한다.

(3) 주기(period)
점이 주기적으로 위, 아래로 변동하는 경우 주기성이 있다고 한다.

(4) 산포(dispersion)
측정값의 크기가 고르지 않을 때이며, 표준편차를 이용하여 표시한다.

> **점이 중심선 한쪽에 치우쳐 나타날 때의 의미**
> 중심선의 한쪽으로 많은 점이 나타날 때에도 공정이 관리상태에 있지 않다고 판단한다.

04 OC 곡선(Operation Characteristic Curve)

(1) 1개의 샘플 방식에 의해서 반드시 하나의 곡선으로 나타나며, 임의 품질을 갖는 로트가 합격, 불합격의 판단이 되는 확률을 OC곡선에 의해서 알 수 있다.

(2) A, B형의 2가지 유형이 있다.

(3) 특성
① 샘플크기(n)의 변화(N, c 일정) : n이 커질수록 소비자 위험은 감소하며, 생산자 위험은 증가한다.
② 로트크기(N)의 변화(n, c 일정) : N이 커질수록 소비자 위험과 생산자 위험은 증가한다.
③ 허용불량개수(c)의 변화(N, n 일정) : c가 커질수록 소비자 위험은 증가하며, 생산자 위험은 감소한다.

05 샘플링(sampling) 검사

샘플링 검사란 생산품의 품질을 측정한 결과와 검사표준을 비교하여 합격, 불합격의 판정을 내리는 것을 말한다.

(1) 검사의 종류
① 방법에 의한 분류 : 전수검사, Sampling 검사
② 장소에 의한 분류 : 현장검사, 순회검사

PART 7 공업경영

[52회, 55회 출제]
전수검사의 이점

[43회, 51회, 54회, 69회 출제]
Sampling 검사의 특징

③ 공정에 의한 분류 : 수입검사, 공정검사, 최종검사, 출하검사
④ 검사성질에 의한 분류 : 파괴검사, 비파괴검사

(2) 전수검사와 Sampling 검사
① 전수검사
  ㉠ **검사항목이 적고 간단히 검사할 수 있을 때**
  ㉡ 전체 검사를 쉽게 할 수 있을 때
  ㉢ 로트의 크기가 작을 때
  ㉣ **불량품이 조금이라도 있으면 안 될 때**
  ㉤ 검사비용이 많이 소요
  ㉥ 치명적인 결함을 포함하고 있을 때
② Sampling 검사
  ㉠ 로트의 크기가 **클 때(다량품)**
  ㉡ **검사항목이 많을 때**
  ㉢ 검사비용이 저렴
  ㉣ 생산자의 품질향상에 자극의 정도가 클 때

(3) 계수 Sampling 검사와 계량 Sampling 검사
① 검사방식에 따른 분류
  ㉠ 규준형
  ㉡ 조정형
  ㉢ 선별형
  ㉣ 연속생산형
② 검사형식에 따른 분류
  ㉠ 1회 검사
  ㉡ 2회 검사
  ㉢ 다회 검사

CHAPTER 02 생산관리

Master Craftsman Electricity

01 개 요

1 개 념

생산목표를 달성할 수 있도록 생산활동이나 생산과정을 관리하는 것을 말한다.

[생산관리의 목표]
- 신속 · 저가 생산
- 양질의 제품 생산

2 목 표

(1) 신속생산
(2) 저가생산
(3) 양질의 제품생산

[생산관리의 원칙]
- 단순화
- 표준화

3 생산관리의 원칙

(1) 단순화(simplification)
  ① 생산기간 단축
  ② 관리활동 용이
  ③ 품질향상 증대
  ④ 생산성 증대
  ⑤ 간접경비 절약
  ⑥ 구매업무 간소화

(2) 표준화(standarardization)
  ① 안정화 : 일정 기간 일정한 수준을 정하여 고정시키는 것
  ② 조정 : 수준을 정하기 위해서는 요구조건을 만족시키기 위해 필요한 여러 원인 사이의 이해득실을 조정하여 최적화
  ③ 사내표준
    ㉠ 내용이 구체적이고 객관적일 것

PART 7 공업경영

ⓒ 당사자에게 의견을 말하는 기회를 부여하는 절차
ⓓ 장기적 방침 및 체계 하에서 추진
ⓔ 수단 및 행동을 직접 제시할 것
ⓕ 제품의 품질은 공정과정에서 결정됨
ⓖ 품질에 크게 영향을 미치는 4M
- 재료(material)
- 설비(machine)
- 가공방법(method)
- 작업자(man)

④ 포드 시스템의 생산표준화
㉠ 제품의 단순화
㉡ 부품의 표준화
㉢ 공장의 전문화
㉣ 기계 및 공구의 전문화
㉤ 작업의 단순화

[41회, 51회, 67회, 69회 출제]
관리 사이클
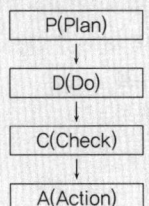

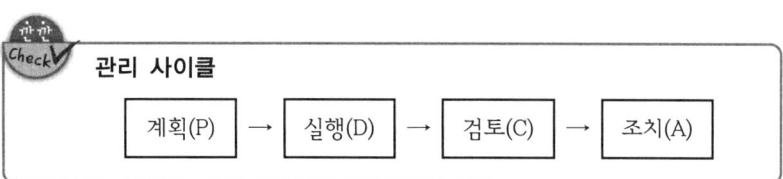

관리 사이클

계획(P) → 실행(D) → 검토(C) → 조치(A)

02 수요 예측(demand forecasting)

제품에 대한 미래의 수요를 미리 추정하는 것을 뜻하며, 경영자로서 가장 중요한 기능 중의 한 가지라 할 수 있다.

1 수요 예측의 기법

(1) 과거의 자료가 없거나 신제품인 경우
① 시장조사법 : 시장조사 또는 소비자 의견조사를 통하여 수요 예측
② 델파이법 : 전문가집단의 의견제시를 통하여 수요 예측
③ 전문가 패널에 의한 방법 : 델파이법과 비슷하나 전문가들 사이에 완전개방하여 의견을 제시하여 수요 예측

(2) 과거의 자료가 있을 때
  ① 이동평균법
    ㉠ 단순이동평균법
    $$F_t = \frac{1}{n}\sum K_t$$
    ㉡ 가중이동평균법
    $$F_t = \sum K_t P_t$$
  ② 지수평활법

2 예측오차

(1) 절대평균오차
$$M_t = \frac{1}{n}\sum(실제치 - 예상치)$$

(2) **추적지표** : 절대평균오차 보완
$$F_t = \frac{1}{M_t}(\sum 실제치 - \sum 예상치)$$

03 공정설계

1 개 념

생산작업 및 흐름이 합리적으로 진행될 수 있도록 효율적인 관계를 가질 수 있게 조직화한 것을 뜻한다.

2 공정설계의 단계

(1) 단계의 결정
(2) 대안설정
(3) 예비선정
(4) 면밀한 분석
(5) 최종확정

PART 7 공업경영

3 공정분석

(1) 공정에 대한 이해를 돕고 개선하기 위해 공정분석도표를 이용한다.

(2) 공정분석도표
   ① 조립도표
   ② 작업공정표
   ③ 흐름공정표
   ④ 공정경로표

[41회, 54회, 58회, 70회 출제]
• 공정분석
• 공정기호

> **공정분석기호**
> ○ : 작업   D : 대기
> □ : 검사   ▽ : 저장
> ⇨ : 이동

04 설비배치

1 목 적

① 생산공정의 단순화
② 가공시간 절약
③ 공간의 활용
④ 유연성 제공
⑤ 쾌적한 환경 제공
⑥ 고객만족의 증대

2 유 형

① 제품별 배치
② 고정위치형 배치
③ 공정별 배치
④ 혼합형 배치

05 작업시간 측정

(1) 표준시간
① 표준시간 = 정상시간 × (1 + 여유율) – 외경법
② 표준시간 = 정상시간 × $\dfrac{1}{1 - 여유율}$ – 내경법

(2) 기정시간표준법(PTS)
① 표준자료법보다 더 세분화 하였으며 아직 수행 전인 작업에도 적용이 가능하다.
② 긴 주기를 갖고, 비반복적인 작업에도 가능하다.
③ 기본동작 요소의 시간(TMU)

1TMU = 0.0006분 또는 0.00001시간

(3) 워크 샘플링 곡선과 학습곡선이 있다.

[62회, 69회 출제]
표준시간
• 외경법
• 내경법

[51회, 52회, 57회, 70회 출제]
표준시간 = 정상시간(1 + 여유율)

[56회 출제]
기본동작 요소의 시간(TMU)
1TMU = 0.0006분

06 재고관리

(1) 유 형
① 순환재고 : 소비하고 남는 재고
② 비축재고 : 성수기에 대비한 재고
③ 파이프 라인 재고 : 작업장과 작업장 사이에서 이동 중인 재고
④ 완충재고 : 대리점에서의 재고
⑤ 안전재고 : 조달이 불확실해 미리 대비하여 보유한 재고

(2) 기본유형
경제적 주문량(EOQ ; Economic Order Quantity)과 경제적 생산량(EPQ ; Economic Production Quantity)이 있다.

$$EOQ = \sqrt{\dfrac{2PC_0}{C_t}}, \quad EPQ = \sqrt{\dfrac{2PC_s}{C_t}}$$

여기서, P : 연간 수요, C_0 : 1회 주문비용
C_t : 연간 재고비용, C_s : 생산준비비용

[42회 출제]
$EOQ = \sqrt{\dfrac{2PC_0}{C_t}}$

07 프로젝트 관리기법

(1) PERT/CPM
① 운영방법이 거의 유사
② 사업의 수립, 평가, 검토하는 방법
③ PERT/time : 시간적인 관리목적
④ CPM/cost : 시간관리+비용까지 고려

[67회 출제]
네트워크 구성요소
단계→활동→가상활동

(2) PERT/CPM의 네트워크 구성요소

단계 → 활동 → 가상활동

(3) PERT/CPM의 네트워크의 주공정
① 시작 단계에서 마지막 단계까지 작업이 종료되는 과정 중 가장 오래 걸리는 경로가 있으며, 이 경로를 주공정이라 한다. 이 공정을 관찰함으로써 모든 경로를 파악하고 기한 내 사업완료가 가능해진다.
② 다음 프로젝트의 계획공정도에서 주공정 시간을 계산하면 다음과 같다.
(여기서, 화살표의 숫자는 활동시간[주]을 표시)

[42회, 49회 출제]
주공정 루트(최장시간 계산)

㉠ ①→②→⑤→⑥→⑦ : 25주
㉡ ①→②→④→⑥→⑦ : 16주
㉢ ①→②→③→⑥→⑦ : 40주
㉣ ①→③→⑥→⑦ : 26주
따라서, 주공정 루트는 ①→②→③→⑥→⑦이 된다.

[43회, 44회, 50회, 56회, 57회, 68회 출제]
비용구배

(4) 비용구배(coast slope)
1일당 작업단축에 필요한 비용의 증가를 뜻한다.

$$비용구배 = \frac{특급작업\ 소요비용 - 정상작업\ 소요비용}{정상작업일 - 특급작업일}$$

(5) 워크팩터(WF ; Work Factor)의 기호
   ① D : 일시정지
   ② P : 주의
   ③ S : 방향조절

[47회, 70회 출제]
워크팩터의 기호(D, P, S)

PART 07 자주 출제되는 기출문제

01 다음 중 계수치 관리도가 아닌 것은? [45회 09.3.]

① c 관리도 ② p 관리도
③ u 관리도 ④ x 관리도

해설 계수형 관리도의 종류
- p 관리도(불량률 관리도)
- pn 관리도(불량개수 관리도)
- c 관리도(결점수 관리도)
- u 관리도(단위당 결점수 관리도)

02 다음 중 계량값 관리도에 해당되는 것은? [49회 11.4.]

① c 관리도 ② np 관리도
③ R 관리도 ④ u 관리도

해설 계량형 관리도의 종류
- x 관리도(개별측정치 관리도)
- Md 관리도(중앙치와 범위의 관리도)
- $\bar{x}-R$ 관리도(평균치와 범위의 관리도)
- $\bar{x}-\sigma$ 관리도(평균치와 표준편차의 관리도)
- R 관리도(범위의 관리도)

03 부적합수 관리도를 작성하기 위해 $\sum c = 559$, $\sum n = 222$를 구하였다. 시료의 크기가 부분군마다 일정하지 않기 때문에 u 관리도를 사용하기로 하였다. $n = 10$일 경우 u 관리도의 UCL값은 약 얼마인가? [54회 13.7.]

① 4.023 ② 2.518
③ 0.502 ④ 0.252

정답 01 ④ 02 ③ 03 ①

해설 u 관리도(단위당 결점수 관리도)

• 관리상한선 $UCL = \bar{u} + 3\sqrt{\dfrac{\bar{u}}{n}}$

• 여러 개 샘플의 단위당 평균결점수 $\bar{u} = \dfrac{\sum c}{\sum n} = \dfrac{559}{222} ≒ 2.518$

$\therefore UCL = 2.518 + 3\sqrt{\dfrac{2.518}{10}} ≒ 4.0233$

04 u 관리도의 관리한계선을 구하는 식으로 옳은 것은?
[41회 07.4.], [47회 10.3.], [70회 21.7.]

① $\bar{u} \pm \sqrt{\bar{u}}$
② $\bar{u} \pm 3\sqrt{\bar{u}}$
③ $\bar{u} \pm 3\sqrt{n\bar{u}}$
④ $\bar{u} \pm 3\sqrt{\dfrac{\bar{u}}{n}}$

해설 u 관리도

• 중심선 $CL = \bar{u} = \dfrac{\sum c}{\sum n}$

• 상한선 $CL = \bar{u} + 3\sqrt{\dfrac{\bar{u}}{n}}$

• 하한선 $CL = \bar{u} - 3\sqrt{\dfrac{\bar{u}}{n}}$

05 M 타입의 자동차 또는 LCD TV를 조립, 완성한 후 부적합수(결점수)를 점검한 데이터에는 어떤 관리도를 사용하는가?
[42회 07.7.], [68회 20.7.]

① p 관리도
② np 관리도
③ c 관리도
④ $(\bar{x} - R)$ 관리도

해설 c 관리도
• 포아송 분포에 근거를 두고 있다.
• 자동차, LCD-TV 조립, 일정 길이의 직물에 나타난 결점수, 일정 면적의 스테인리스 철판에서 발견된 홈집수 등의 공정관리에 이용한다.
• c 관리도의 적합한 용도
 - 결점수에 대한 Sampling 검사과정을 할 때
 - 공정관리시
 - 품질변동에 대한 단기간의 조사연구시

정답 04 ④ 05 ③

06

c 관리도에서 $k=20$인 군의 총부적합(결점)수 합계는 58이었다. 이 관리도의 UCL, LCL을 구하면 약 얼마인가?   [43회 08.3.], [53회 13.4.]

① $UCL=6.92$, $LCL=0$
② $UCL=4.90$, $LCL=$ 고려하지 않음
③ $UCL=6.92$, $LCL=$ 고려하지 않음
④ $UCL=8.01$, $LCL=$ 고려하지 않음

해설 c 관리도

- $UCL=\bar{c}+3\sqrt{\bar{c}}$
- $LCL=\bar{c}-3\sqrt{\bar{c}}$ (여기서, $CL=\bar{c}=\dfrac{\sum c}{k}=\dfrac{58}{20}=2.9$)

∴ $UCL=2.9+3\sqrt{2.9}≒8.008$
  $LCL=2.9-3\sqrt{2.9}≒-2.208$ (단, (-)값은 고려하지 않는다.)

07

다음 중 계량값 관리도만으로 짝지어진 것은?   [51회 12.4.]

① c 관리도, u 관리도
② $x-R_s$ 관리도, p 관리도
③ $\bar{x}-R$ 관리도, np 관리도
④ $Me-R$ 관리도, $\bar{x}-R$ 관리도

해설 계량형 관리도

- x 관리도
- $\bar{x}-R$ 관리도
- $\bar{x}-\sigma$ 관리도
- $Md(Me)$ 관리도
- R 관리도
- $Me-R$ 관리도

08

다음 중 샘플링 검사보다 전수검사를 실시하는 것이 유리한 경우는?   [52회 12.7.], [68회 20.7.]

① 검사항목이 많은 경우
② 파괴검사를 해야 하는 경우
③ 품질특성치가 치명적인 결점을 포함하는 경우
④ 다수다량의 것으로 어느 정도 부적합품이 섞여도 괜찮을 경우

정답 06 ④ 07 ④ 08 ③

해설 전수검사
- 검사항목이 적고 간단히 검사할 수 있을 때
- 전체 검사를 쉽게 할 수 있을 때
- 로트의 크기가 작을 때
- 불량품이 조금이라도 있으면 안 될 때
- 치명적인 결함을 포함하고 있을 때
- 검사비용이 많이 소요될 때

09 로트에서 랜덤하게 시료를 추출하여 검사한 후 그 결과에 따라 로트의 합격, 불합격을 판정하는 검사방법을 무엇이라 하는가? [51회 12.4.]

① 자주검사 ② 간접검사
③ 전수검사 ④ 샘플링검사

해설 Sampling 검사
로트로부터 Sampling하여 조사하고 그 결과를 판정기준과 비교하여 합격, 불합격을 판정하는 검사방식
- 검사항목이 많거나 검사가 복잡할 때
- 검사비용이 적게 소요
- 치명적인 결함이 있는 것은 부적합
- 로트의 크기가 클 때

10 로트로부터 시료를 샘플링해서 조사하고, 그 결과를 로트 외 판정기준과 대조하여 그 로트의 합격, 불합격을 판정하는 검사를 무엇이라 하는가? [43회 08.3.]

① 샘플링 검사 ② 전수검사
③ 공정검사   ④ 품질검사

11 모집단으로부터 공간적, 시간적으로 간격을 일정하게 하여 샘플링하는 방식은? [54회 13.7.]

① 단순 랜덤 샘플링(simple random sampling)
② 2단계 샘플링(two-stage sampling)
③ 취락 샘플링(cluster sampling)
④ 계통 샘플링(systematic sampling)

해설 계통 샘플링(systematic-sampling)
모집단으로부터 공간적, 시간적으로 간격을 일정하게 하여 sampling하는 방식이다.

정답 09 ④ 10 ① 11 ④

12

축의 완성지름, 철사의 인장강도, 아스피린 순도와 같은 데이터를 관리하는 가장 대표적인 관리도는?   [52회 12.7.]

① c 관리도
② np 관리도
③ u 관리도
④ $(\bar{x}-R)$ 관리도

해설 $\bar{x}-R$ 관리도(평균치와 범위의 관리도)
- 다량의 정보를 얻을 수 있다.
- 철사의 인장강도, 아스피린 순도와 같은 데이터 관리에 용이하다.
- 순도, 인장강도, 무게, 길이 등 측정시 용이하다.

13

x 관리도에서 관리 상한이 22.15, 관리 하한이 6.85, $\bar{R}=7.5$일 때 시료군의 크기(n)는 얼마인가? (단, $n=2$일 때 $A_2=1.88$, $n=3$일 때 $A_2=1.02$, $n=4$일 때 $A_2=0.73$, $n=5$일 때 $A_2=0.58$이다.)   [46회 09.7.]

① 2
② 3
③ 4
④ 5

해설 x 관리도

$UCL = \bar{x}+A_2\bar{R}=22.15$

$LCL = \bar{x}-A_2\bar{R}=6.85$ (+

$2\bar{x}=29$에서 $\bar{x}=14.5$이다.

또한, $UCL = 6.85=14.5-A_2 \cdot 7.5$이므로 $A_2=1.02$가 된다.

∴ $n=3$이다.

14

관리도에서 점이 관리 한계 내에 있으나 중심선 한쪽에 연속해서 나타나는 점의 배열현상을 무엇이라 하는가?   [48회 10.7.], [67회 20.4.], [69회 21.2.]

① 런(run)
② 경향
③ 산포
④ 주기

해설 점의 배열
- 런 : 중심선의 한쪽으로 연속해서 나타난 점의 배열이다.
- 경향 : 점이 점점 올라가거나 내려가는 상태이다.
- 주기 : 점이 주기적으로 위, 아래로 변동하는 경우 주기성이 있다고 한다.
- 산포 : 측정값의 크기가 고르지 않을 때이다.

정답 12 ④ 13 ② 14 ①

15. 관리도에서 측정한 값을 차례로 타점했을 때 점이 순차적으로 상승하거나 하강하는 것을 무엇이라 하는가? [50회 11.7.], [68회 20.7.]

① 런(run)
② 주기(cycle)
③ 경향(trend)
④ 산포(dispersion)

해설
- 런 : 중심선의 한쪽으로 연속해서 나타난 점의 배열
- 경향 : 점이 점점 올라가거나 또는 내려가는 상태
- 산포 : 측정값의 크기가 고르지 않을 때이며 표준편차를 이용하여 표시

16. 품질관리기능의 사이클을 표현한 것으로 옳은 것은? [45회 09.3.], [70회 21.7.]

① 품질개선 – 품질설계 – 품질보증 – 공정관리
② 품질설계 – 공정관리 – 품질보증 – 품질개선
③ 품질개선 – 품질보증 – 품질설계 – 공정관리
④ 품질설계 – 품질개선 – 공정관리 – 품질보증

해설 품질관리기능의 사이클

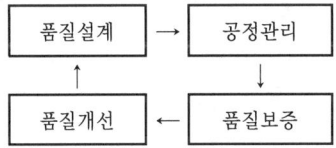

17. 다음 검사의 종류 중 검사공정에 의한 분류에 해당되지 않는 것은? [45회 09.3.], [49회 11.4.]

① 수입검사
② 출하검사
③ 출장검사
④ 공정검사

해설 공정에 의한 분류

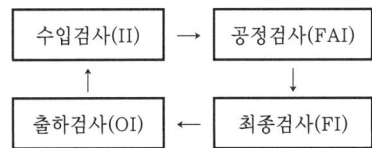

정답 15 ③ 16 ② 17 ③

PART 7 공업경영

18 검사와 분류방법 중 검사가 행해지는 공정에 의한 분류에 속하는 것은? [53회 13.4.]
① 관리 샘플링 검사
② 로트별 샘플링 검사
③ 전수검사
④ 출하검사

해설 문제 17번 해설 참조

19 다음 중 품질관리 시스템에 있어서 4M에 해당하지 않는 것은? [44회 08.7.], [70회 21.7.]
① Man
② Machine
③ Material
④ Money

해설 품질관리 시스템의 4M
- 재료(material)
- 설비(machine)
- 작업자(man)
- 가공방법(method)

20 다음 중 사내표준을 작성할 때 갖추어야 할 요건으로 옳지 않은 것은? [46회 09.7.]
① 내용이 구체적이고 주관적일 것
② 장기적 방침 및 체계 하에서 추진할 것
③ 작업표준에는 수단 및 행동을 직접 제시할 것
④ 당사자에게 의견을 말하는 기회를 부여하는 절차로 정할 것

해설 사내표준의 요건
- 내용이 구체적이고 객관적일 것
- 당사자에게 의견을 말하는 기회를 부여하는 절차로 정할 것
- 장기적 방침 및 체계 하에서 추진할 것
- 수단 및 행동을 직접 제시할 것
- 제품의 품질을 공정과정에서 결정

21 '무결점 운동'으로 불리는 것으로 미국의 항공사인 마틴사에서 시작된 품질개선을 위한 동기부여 프로그램은 무엇인가? [50회 11.7.], [68회 20.7.]
① ZD
② 6 시그마
③ TPM
④ ISO 9001

정답 18 ④ 19 ④ 20 ① 21 ①

해설 무결점 운동(ZD-program)
- 1962년 미국 마틴 항공사에서 품질개선을 위해 시작된 운동이다.
- 품질개선을 위한 정확성, 서비스 향상, 신뢰성, 원가절감 등의 에러를 '0'으로 한다는 목표로 전개된 운동이다.
- ZD-program의 중요관점요인
  - 불량발생률을 '0'으로 한다.   - 동기유발
  - 인적 요인과 중심역할   - 작업의욕과 기능중심

22 '무결점 운동'이라고 불리는 것으로 품질개선을 위한 동기부여 프로그램은 어느 것인가?
[42회 07.7.]
① TQC   ② ZD
③ MIL-STD   ④ ISO

해설 문제 21번 해설 참조

23 200개 들이 상자가 15개 있다. 각 상자로부터 제품을 랜덤하게 10개씩 샘플링 할 경우, 이러한 샘플링 방법을 무엇이라 하는가?
[46회 09.7.]
① 계통 샘플링   ② 취락 샘플링
③ 층별 샘플링   ④ 2단계 샘플링

해설 층별 샘플링은 전체공정을 몇 개의 층으로 구분하고, 다시 구분된 각 층에서 임의로 Sampling 하는 방식을 말한다.

24 모집단을 몇 개의 층으로 나누고 각 층으로부터 각각 랜덤하게 시료를 뽑는 샘플링 방법은?
[41회 07.4.]
① 층별 샘플링   ② 2단계 샘플링
③ 계통 샘플링   ④ 단순 샘플링

해설 문제 23번 해설 참조

25 계수규준형 샘플링 검사의 OC곡선에서 좋은 로트를 합격시키는 확률을 뜻하는 것은?
(단, α는 제1종 과오, β는 제2종 과오이다.)
[47회 10.3.]
① α ② β
③ $1-\alpha$ ④ $1-\beta$

정답 22 ② 23 ③ 24 ① 25 ③

해설 OC곡선에서 로트가 합격되는 확률은 $1-\alpha$ 보통 $\alpha=5[\%]$, $\beta=10[\%]$이다.
(여기서, α : 생산자 위험, β : 소비자 위험)

26. 계수규준형 1회 샘플링 검사(KS A 3102)에 관한 설명 중 가장 거리가 먼 것은?
[44회 08.7.]

① 검사에 제출된 로트의 공정에 관한 사전정보가 없어도 샘플링 검사를 적용할 수 있다.
② 생산자측과 구매자측이 요구하는 품질보호를 동시에 만족시키도록 샘플링 검사 방식을 선정한다.
③ 파괴검사의 경우와 같이 전수검사가 불가능한 때에는 사용할 수 없다.
④ 1회만 거래시에도 사용할 수 있다.

해설 전수검사가 불가능할 때도 사용할 수 있다

27. 로트의 크기 30, 부적합품률이 10[%]인 로트에서 시료의 크기를 5로 하여 랜덤 샘플링할 때, 시료 중 부적합품수가 1개 이상일 확률은 약 얼마인가? (단, 초기하분포를 이용하여 계산한다.)
[48회 10.7.]

① 0.3695
② 0.4335
③ 0.5665
④ 0.6305

해설 부적합품 개수=로트의 수×부적합률$(P)=30\times\dfrac{1}{10}=3$

(단, 시료의 크기는 5, 부적합품수는 1개 이상)

$\therefore$ 부적합률$(P)=\dfrac{{}_3C_1\times{}_{27}C_4+{}_3C_2\times{}_{27}C_3+{}_3C_3\times{}_{27}C_2}{{}_{30}C_5}\fallingdotseq 0.43349$

또한, ${}_nC_x=\dfrac{n!}{x!(n-x)!}$

28. 관리 사이클의 순서를 가장 적절하게 표시한 것은? (단, A는 조치(Act), C는 체크(Check), D는 실시(Do), P는 계획(Plan)이다.)
[51회 12.4.], [67회 20.4.]

① P→D→C→A
② A→D→C→P
③ P→A→C→D
④ P→C→A→D

해설 관리 사이클
Plan → Do → Check → Act

정답 26 ③ 27 ② 28 ①

29 다음 중 관리의 사이클을 가장 올바르게 표시한 것은? (단, A : 조치, C : 검토, D : 실행, P : 계획) [41회 07.4.]

① P→C→A→D ② P→A→C→D
③ A→D→C→P ④ P→D→C→A

해설 관리 사이클
계획 → 실행 → 검토 → 조치

30 다음 검사 중 판정대상에 의한 분류가 아닌 것은? [42회 07.7.]

① 관리 샘플링 검사 ② 로트별 샘플링 검사
③ 전수검사 ④ 출하검사

해설 출하검사는 공정에 의한 분류에 속하며 수입검사, 공정검사, 최종검사 등이 있다.

31 다음 중 신제품에 대한 수요예측방법으로 가장 적절한 것은? [46회 09.7.]

① 시장조사법 ② 이동평균법
③ 지수평활법 ④ 최소자승법

해설 수요예측방법
- 과거의 자료가 없거나 신제품의 경우
  - 시장조사법
  - 델파이법
  - 전문가 패널에 의한 방법
- 과거의 자료가 있을 때
  - 이동평균법
  - 지수평활법

32 다음 표는 A 자동차 영업소의 월별 판매실적을 나타낸 것이다. 5개월 이동평균법으로 6월의 수요를 예측하면 몇 대인가? [45회 09.3.], [69회 21.2.]

월	1	2	3	4	5
판매량	100	110	120	130	140

① 120 ② 130
③ 140 ④ 150

정답 29 ④ 30 ④ 31 ① 32 ①

PART 7 공업경영

> **해설** 단순이동평균법
> $$F_t = \frac{1}{n}\sum K_t = \frac{1}{5}(100+110+120+130+140) = 120$$

33. 다음과 같은 데이터에서 5개월 이동평균법에 의하여 8월의 수요를 예측한 값은 얼마인가? [51회 12.4.]

월	1	2	3	4	5	6	7
판매실적	100	90	110	100	115	110	100

① 103　　　　② 105
③ 107　　　　④ 109

> **해설** 단순이동평균법
> $$F_t = \frac{1}{n}\sum K_t = \frac{1}{5}(110+100+115+110+100) = 107$$

34. 작업개선을 위한 공정분석에 포함되지 않는 것은? [48회 10.7.]

① 제품공정분석　　② 사무공정분석
③ 직장공정분석　　④ 작업자 공정분석

> **해설** 공정설계(process design)
> 생산작업을 효율적으로 진행하기 위한 방법으로 공정선택(process selection)과 공정분석(process analysis)이 있으며, 공정분석에는 제품공정분석, 사무공정분석, 작업자 공정분석이 있다.

35. 작업자가 장소를 이동하면서 작업을 수행하는 경우에 그 과정을 가공, 검사, 운반, 저장 등의 기호를 사용하여 분석하는 것을 무엇이라 하는가? [41회 07.4.], [68회 20.7.]

① 작업자 연합작업분석　　② 작업자 동작분석
③ 작업자 미세분석　　　　④ 작업자 공정분석

> **해설** 작업자 공정분석
> 작업자가 장소를 이동하면서 작업을 수행하는 경우 그 과정을 가공, 검사, 운반 등의 기호를 사용하여 분석하는 것을 말한다.
> - ○ : 작업　　　　　・ □ : 검사
> - ⇨ : 이동　　　　　・ D : 대기
> - ▽ : 저장

정답 33 ③　34 ③　35 ④

36

공정 중에 발생하는 모든 작업, 검사, 운반, 저장, 정체 등이 도식화된 것이며 또한 분석에 필요하다고 생각되는 소요시간, 운반거리 등의 정보가 기재된 것은? [54회 13.4.]

① 작업분석(operation analysis)
② 다중활동분석표(multiple activity chart)
③ 사무공정분석(form process chart)
④ 유통공정도(flow process chart)

해설 사무공정분석(form process chart)
공정 중에 발생하는 모든 작업, 검사, 운반 등이 도식화된 것이며 또한 분석에 필요하다고 생각되는 소요시간, 운반거리 등의 정보가 기재된다.

37

로트의 크기가 시료의 크기에 비해 10배 이상 클 때, 시료의, 크기와 합격판정개수를 일정하게 하고 로트의 크기를 증가시키면 검사특성곡선의 모양 변화에 대한 설명으로 가장 적절한 것은? [54회 13.7.]

① 무한대로 커진다.
② 거의 변화하지 않는다.
③ 검사특성곡선의 기울기가 완만해진다.
④ 검사특성곡선의 기울기 경사가 급해진다.

해설 OC(검사특성)곡선
시료의 크기(n), 합격판정개수(c)는 일정하고 로트의 크기(N)만 변화시킬 때는 소비자 위험과 생산자 위험이 높아지며 곡선의 변화에는 별로 영향을 미치지 않는다.

38

제품공정도를 작성할 때 사용되는 요소(명칭)가 아닌 것은? [54회 13.7.]

① 가공   ② 검사
③ 정체   ④ 여유

해설 공정분석기호
- ○ : 작업(가공)
- ⇒ : 이동
- ▽ : 저장
- □ : 검사
- D : 대기(정체)

정답 36 ③ 37 ② 38 ④

PART 7 공업경영

39 ASME(American Society of Mechanical Engineers)에서 정의하고 있는 제품공정분석표에 사용되는 기호 중 '저장(storage)'을 표현한 것은? [46회 09.7.]

① ○ ② D
③ □ ④ ▽

해설 문제 38번 해설 참조

40 그림과 같은 계획공정도(network)에서 주공정으로 옳은 것은? (단, 화살표 밑의 숫자는 활동시간[주]을 나타낸다.) [42회 07.4.], [49회 11.4.], [65회 19.3.], [67회 20.4.]

① 1-2-5-6
② 1-2-4-5-6
③ 1-3-4-5-6
④ 1-3-6

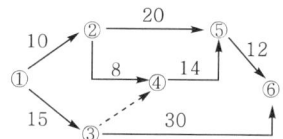

해설 주공정(critical path)
시작단계에서 마지막 단계까지 작업이 종료되는 과정 중 가장 오래 걸리는 경로가 있으며, 이 경로를 주공정이라 한다. 이 공정을 관찰함으로써 모든 경로를 파악하고 기한 내 사업완료가 가능해진다.
∴ 제일 긴 공정을 계산하면 ① → ③ → ⑥ 즉, 45주가 된다.

41 테일러(F. W. Taylor)에 의해 처음 도입된 방법으로 작업시간을 직접 관측하여 표준시간을 설정하는 표준시간 설정기법은? [53회 13.4.]

① PTS법   ② 실적기록법
③ 표준자료법 ④ 스톱워치법

해설 테일러는 차별적 성과급제도를 도입하였으며, 이는 작업자의 작업시간을 직접 관측(스톱워치)하여 표준시간을 설정하는 기법으로 스톱워치법이라 한다.

42 작업시간측정방법 중 직접측정법은? [52회 12.7.]

① PTS법   ② 경험견적법
③ 표준자료법 ④ 스톱워치법

해설 문제 41번 해설 참조

정답 39 ④ 40 ④ 41 ④ 42 ④

43
모든 작업을 기본동작으로 분해하고 각 기본동작에 대하여 성질과 조건에 따라 정해 놓은 시간치를 적용하여 정미시간을 산정하는 방법은? [43회 08.3.], [69회 21.2.]

① PTS법 ② WS법
③ 스톱워치법 ④ 실적기록법

해설 PTS법
모든 작업을 기본동작으로 분해하고 각 기본동작에 대하여 성질과 조건에 따라 정해 놓은 시간치를 적용하며 시간을 산정하는 방법이다.

44
다음 중 브레인스토밍(brainstorming)과 가장 관계가 깊은 것은? [48회 10.7.], [53회 13.4.], [66회 19.7.]

① 파레토도 ② 히스토그램
③ 회귀분석 ④ 특성요인도

해설 브레인스토밍이나 특성요인도법은 다수의 여러 요인과 아이디어 등을 참고하여 발생한 원인을 분석하고자 한다.

45
다음 중 데이터를 그 내용이나 원인 등 분류 항목별로 나누어 크기의 순서대로 나열하여 나타낸 그림을 무엇이라 하는가? [43회 08.3.]

① 히스토그램(histogram)
② 파레토도(pareto diagram)
③ 특성요인도(causes and effects diagram)
④ 체크시트(check sheet)

해설 파레토도(pareto diagram)
데이터를 그 내용이나 원인 등 분류 항목별로 나누어 크기의 순서대로 나열하여 나타낸 그림이다.

46
일반적으로 품질 코스트 가운데 가장 큰 비율을 차지하는 코스트는? [43회 08.3.]

① 평가 코스트 ② 실패 코스트
③ 예방 코스트 ④ 검사 코스트

해설 품질 코스트는 실패 코스트(약 50[%] 정도), 평가 코스트(약 25[%] 정도), 예방 코스트(약 10[%] 정도)로 나뉘어지며, 실패 코스트 비율이 가장 많이 차지한다.

정답 43 ① 44 ④ 45 ② 46 ②

PART 7 공업경영

47 품질 코스트(quality cost)를 예방 코스트, 실패 코스트, 평가 코스트로 분류할 때 다음 중 실패 코스트(failure cost)에 속하는 것이 아닌 것은? [49회 11.4.]
① 시험 코스트
② 불량대책 코스트
③ 재가공 코스트
④ 설계변경 코스트

해설 품질 코스트는 실패, 평가, 예방 코스트로 나누어지며, 실패 코스트는 불량대책, 재가공, 설계변경 코스트로 구분된다.

48 예방보전(preventive maintenance)의 효과가 아닌 것은? [54회 13.7.], [70회 21.7.]
① 기계의 수리비용이 감소한다.
② 생산 시스템의 신뢰도가 향상된다.
③ 고장으로 인한 중단시간이 감소한다.
④ 잦은 정비로 인해 제조원가 단위가 증가한다.

해설 예방보전의 효과
- 기계의 수리비용 감소
- 생산 시스템의 신뢰도 향상
- 고장으로 인한 중단시간 감소
- 제조원가단위가 감소
- 예비기계 보유 필요성 감소

49 예방보전(preventive maintenance)의 효과로 보기에 가장 거리가 먼 것은? [47회 10.3.]
① 기계의 수리비용이 감소한다.
② 생산 시스템의 신뢰도가 향상된다.
③ 고장으로 인한 중단시간이 감소한다.
④ 예비기계를 보유해야 할 필요성이 증가한다.

해설 문제 48번 해설 참조

50 정상 소요기간이 5일이고, 이때의 비용이 20,000원이며 특급 소요기간이 3일이고, 이때의 비용이 30,000원이라면 비용구배는 얼마인가? [50회 11.7.]
① 4,000[원/일]
② 5,000[원/일]
③ 7,000[원/일]
④ 10,000[원/일]

정답 47 ① 48 ④ 49 ④ 50 ②

해설 비용구배(cost slope)

1일당 작업단축에 필요한 비용의 증가를 뜻한다.

$$비용구배 = \frac{특급작업\ 소요비용 - 정상작업\ 소요비용}{정상작업일 - 특급작업일}$$

$$= \frac{30,000 - 20,000}{5 - 3} = 5,000[원/일]$$

51

어떤 공장에서 작업을 하는 데 있어서 소요되는 기간과 비용이 다음 표와 같을 때 비용구배는 얼마인가? (단, 활동시간의 단위는 일(日)로 계산한다.) [44회 08.7.]

정상작업		특급작업	
기간	비용	기간	비용
15일	150만원	10일	200만원

① 50,000원 ② 100,000원
③ 200,000원 ④ 300,000원

해설 $비용구배 = \dfrac{200만 - 150만}{15 - 10} = 100,000[원/일]$

52

일정 통제를 할 때 1일당 그 작업을 단축시키는 데 소요되는 비용의 증가를 의미하는 것은? [43회 08.3.]

① 비용구배(cost slope)
② 정상소요시간(normal duration)
③ 비용견적(cost estimation)
④ 총비용(total cost)

해설 문제 50번 해설 참조

53

다음 중 통계량의 기호에 속하지 않는 것은? [47회 10.3.]

① σ
② R
③ s
④ $\bar{x}$

해설
- 통계량 기호(s, R, $\bar{x}$) : s(표준편차), R(범위), $\bar{x}$(표본평균) 등이 있다.
- 모집단 : 표본조사에서 조사하고자 하는 집단 전체를 모집단이라 하며 모표준편차(σ), 모분산(σ^2), 모평균(μ) 등이 있다.

정답 51 ② 52 ① 53 ①

PART 7 공업경영

54 방법시간측정법(MTM ; Method Time Measurement)에서 사용되는 1TMU(Time Measurement Unit)는 몇 시간인가? [44회 08.7.], [70회 21.7.]

① $\dfrac{1}{100,000}$ 시간
② $\dfrac{1}{10,000}$ 시간
③ $\dfrac{6}{10,000}$ 시간
④ $\dfrac{36}{1,000}$ 시간

해설 1TMU(Time Measurement Unit) = 0.0006분 = $\dfrac{1}{100,000}$ 시간

55 다음 중 반즈(Ralph M. Barnes)가 제시한 동작경제의 원칙에 해당되지 않는 것은? [45회 09.3.]

① 표준작업의 원칙
② 신체의 사용에 관한 원칙
③ 작업장 배치에 관한 원칙
④ 공구 및 설비의 디자인에 관한 원칙

해설 반즈의 동작경제 3원칙
- 작업장의 배치에 관한 원칙
- 신체사용에 관한 원칙
- 공구 및 설비의 디자인에 관한 원칙

56 Ralph M. Barnes 교수가 제시한 동작경제의 원칙 중 작업장 배치에 관한 원칙(arrangement of the workplace)에 해당되지 않는 것은? [49회 11.4.]

① 가급적이면 낙하식 운반방법을 이용한다.
② 모든 공구나 재료는 지정된 위치에 있도록 한다.
③ 충분한 조명을 하여 작업자가 잘 볼 수 있도록 한다.
④ 가급적 용이하고 자연스런 리듬을 타고 일할 수 있도록 작업을 구성하여야 한다.

해설 작업장 배치에 관한 원칙
- 가급적이면 낙하식 운반방법을 이용한다.
- 모든 공구나 재료는 지정된 위치에 있도록 한다.
- 충분한 조명을 하여 작업자가 잘 볼 수 있도록 한다.
여기서, ④번은 신체의 사용에 관한 법칙이다.

정답 54 ① 55 ① 56 ④

57
컨베이어 작업과 같이 단조로운 작업은 작업자에게 무력감과 구속감을 주고 생산량에 대한 책임감을 저하시키는 등의 폐단이 있다. 다음 중 이러한 단조로운 작업의 결함을 제거하기 위해 채택되는 직무설계방법으로서 가장 거리가 먼 것은? [50회 11.7.]

① 자율경영팀 활동을 권장한다.
② 하나의 연속작업시간을 길게 한다.
③ 작업자 스스로가 직무를 설계하도록 한다.
④ 직무확대, 직무충실화 등의 방법을 활용한다.

해설 하나의 연속작업시간을 짧게 하여야 한다.

58
다음 중 인위적 조절이 필요한 상황에 사용될 수 있는 워크팩터(work factor)의 기호가 아닌 것은? [47회 10.3.]

① D
② K
③ P
④ S

해설 워크팩터(WF ; Work-Factor)
PTS법(기정시간표준법)의 대표적인 사례이며, 표시기호로 D(일시정지), P(주의), S(방향조절) 등이 있다.

59
작업방법 개선의 기본 4원칙을 표현한 것은? [54회 13.7.]

① 층별-랜덤-재배열-표준화
② 배제-결합-랜덤-표준화
③ 층별-랜덤-표준화-단순화
④ 배제-결합-재배열-단순화

해설 작업방법 개선의 기본 4원칙
- 배제
- 결합
- 재배열
- 단순화

정답 57 ② 58 ② 59 ④

PART 7 공업경영

60 연간 소요량이 4,000개인 어떤 부품의 발주비용은 매회 200원이며 부품단가는 100원, 연간 재고유지비율이 10[%]일 때, F. W. Harris에 의한 경제적 주문량은 얼마인가?

[42회 07.7.]

① 40[개/회]　　　　　　　② 400[개/회]
③ 1,000[개/회]　　　　　　④ 1,300[개/회]

해설 재고관리의 기본 모델에는 경제적 주문량(EOQ)과 경제적 생산량(EPQ)이 있다.

$$EOQ = \sqrt{\frac{2PC_0}{C_t}} = \sqrt{\frac{2 \times 4{,}000 \times 200}{100 \times 0.1}} = 400$$

여기서, P : 연간 수요, C_0 : 1회 주문비용, C_t : 연간 재고비용

61 여유시간이 5분, 정미시간이 40분일 경우 내경법으로 여유율을 구하면 약 몇 [%]인가?

[51회 12.4.], [67회 20.4.]

① 6.33[%]
② 9.05[%]
③ 11.11[%]
④ 12.50[%]

해설
- 표준시간=정상시간×(1+여유율) : 외경법
- 표준시간=정상시간× $\dfrac{1}{1-여유율}$: 내경법

∴ (40분+5분)=40분× $\dfrac{1}{1-여유율}$ 에서

여유율=$1-\dfrac{40}{45} ≒ 0.11111$ (약 11.11[%])

62 준비작업시간 100분, 개당 정미작업시간 15분, 로트 크기 20일 때 1개당 소요작업시간은 얼마인가? (단, 여유시간은 없다고 가정한다.)

[52회 12.7.]

① 15분
② 20분
③ 35분
④ 45분

해설 표준시간=정상시간×(1+여유율)

$= 15분 \times \left(1 + \dfrac{100}{15 \times 20}\right) ≒ 19.999$

정답 60 ② 61 ③ 62 ②

63 단계여유(slack)의 표시로 옳은 것은? (단, TE는 가장 이른 예정일, TL은 가장 늦은 예정일, TF는 총 여유시간, FF는 자유 여유시간이다.) [53회 13.4.]

① TE - TL
② TL - TE
③ FF - TF
④ TE - TF

해설 단계여유(Slack) = TL(가장 늦은 예정일) - TE(가장 빠른 예정일)

64 제품공정분석표(product process chart) 작성시 가공시간기입법으로 가장 올바른 것은? [42회 07.7.]

① $\dfrac{1개당 가공시간 \times 1로트의 시간}{1로트의 총가공시간}$

② $\dfrac{1로트의 가공시간}{1로트의 총가공시간 \times 1로트의 수량}$

③ $\dfrac{1개당 가공시간 \times 1로트의 총가공시간}{1로트의 수량}$

④ $\dfrac{1개당 총가공시간}{1개당 가공시간 \times 1로트의 수량}$

해설 제품공정분석표(product process chart) = $\dfrac{1개당 가공시간 \times 1로트의 시간}{1로트의 총가공시간}$

65 소비자가 요구하는 품질로서 설계와 판매정책에 반영되는 품질을 의미하는 것은? [52회 12.7.], [70회 21.7.]

① 시장품질
② 설계품질
③ 제조품질
④ 규격품질

해설 소비자가 요구하는 설계와 판매정책에 반영되는 품질은 시장품질을 의미한다.

정답 63 ② 64 ① 65 ①

PART 7 공업경영

66 공정에서 만성적으로 존재하는 것은 아니고 산발적으로 발생하며, 품질의 변동에 크게 영향을 끼치는 요주의 원인으로 우발적 원인인 것을 무엇이라 하는가? [44회 08.7.]
① 우연원인
② 이상원인
③ 불가피원인
④ 억제할 수 없는 원인

해설 이상원인
- 공정에서 만성적으로 존재하는 것은 아니다.
- 산발적으로 발생한다.
- 품질의 변동에 크게 영향을 끼치는 요주의 원인이다.

67 품질특성을 나타내는 데이터 중 계수값 데이터에 속하는 것은? [44회 08.7.]
① 무게
② 길이
③ 인장강도
④ 부적합품의 수

해설 품질특성을 나타내는 데이터
- 계량값 데이터 : 무게, 길이, 인장강도, 순도, 전압 등
- 계수값 데이터 : 부적합품의 수, 불량개수 등

68 다음 중 절차계획에서 다루어지는 주요한 내용으로 가장 관계가 먼 것은? [41회 07.4.]
① 각 작업의 소요시간
② 각 작업의 실시순서
③ 각 작업에 필요한 기계와 공구
④ 각 작업의 부하와 능력의 조정

해설 절차계획
- 각 작업의 소요시간
- 각 작업의 실시순서
- 각 작업에 필요한 기계와 공구
- 각 작업에 필요한 인원수

69 과거의 자료를 수리적으로 분석하여 일정한 경향을 도출한 후 가까운 장래의 매출액, 생산량 등을 예측하는 방법을 무엇이라 하는가? [48회 10.7.]
① 델파이법
② 전문가 패널법
③ 시장조사법
④ 시계열분석법

정답 66 ② 67 ④ 68 ④ 69 ④

해설 **시계열분석법**

과거의 자료를 수리적으로 분석하여 일정한 경향을 도출하여 가까운 장래의 생산량, 매출액 등을 예측하는 방법이다.(최소자승법, 단순평균법, 지수평활법)

70
어떤 측정법으로 동일시료를 무한 회 측정하였을 때 데이터 분포의 평균치와 참값과의 차를 무엇이라 하는가? [50회 11.7.]

① 재현성 ② 안정성
③ 반복성 ④ 정확성

해설 정확성 = 참값 − 평균값

71
어떤 측정법으로 동일시료를 무한 횟수 측정하였을 때 데이터 분포의 평균치와 모집단 참값과의 차를 무엇이라 하는가? [46회 09.7.]

① 편차
② 신뢰성
③ 정확성
④ 정밀도

해설 문제 70번 해설 참조

72
% 오차가 2[%]인 전압계로 측정한 전압이 153[V]라면 그 참값은? [48회 10.7.], [70회 21.7.]

① 122.4[V]
② 133.7[V]
③ 150[V]
④ 156[V]

해설 측정오차
- 측정오차 $\varepsilon = M - T$ (여기서, M : 측정값, T : 참값)
- 보정 $\alpha = T - M = -\varepsilon$
- 백분율 오차 $= \dfrac{\varepsilon}{T} \times 100[\%] = \dfrac{M-T}{T} \times 100[\%]$

$\therefore\ 2 = \dfrac{153 - T}{T} \times 100$ 에서 $T = 150[\text{V}]$

정답 70 ④ 71 ③ 72 ③

PART 7 공업경영

73 도수분포표를 작성하는 목적으로 볼 수 없는 것은? [50회 09.7.]

① 로트의 분포를 알고 싶을 때
② 로트의 평균치와 표준편차를 알고 싶을 때
③ 규격과 비교하여 부적합품률을 알고 싶을 때
④ 주요품질항목 중 개선의 우선순위를 알고 싶을 때

해설 도수분포표의 작성 목적
- 로트의 분포를 알고 싶을 때
- 로트의 평균치와 표준편차를 알고 싶을 때
- 규격과 비교하여 부적합품률을 알고 싶을 때

74 다음 중 모집단의 중심적 경향을 나타낸 측도에 해당하는 것은? [51회 12.4.], [67회 20.4.]

① 범위(range)
② 최빈값(mode)
③ 분산(variance)
④ 변동계수(coefficient of variation)

해설 모집단의 중심적 경향을 나타낸 측도에 해당하는 것으로 최빈값(mode)이 있다.

75 로트 크기 1,000, 부적합품률이 15[%]인 로트에서 5개의 랜덤시료 중에서 발견된 부적합품수가 1개일 확률을 이항분포로 계산하면 약 얼마인가? [49회 11.4.]

① 0.1648
② 0.3915
③ 0.6085
④ 0.8352

해설 이항분포 $P(x)$

$P(x) = {}_nC_x P^x (1-P)^{n-x}$, ${}_nC_x = \dfrac{n!}{x!(n-x)!}$ 이다.

${}_5C_1 = \dfrac{5!}{1!4!} = 5$

$\therefore P(x) = 5 \times 0.15 \times (1-0.15)^{5-1} ≒ 0.391504$

정답 73 ④ 74 ② 75 ②

76

부적합품률이 1[%]인 모집단에서 5개의 시료를 랜덤하게 샘플링할 때, 부적합품수가 1개일 확률은 약 얼마인가? (단, 이항분포를 이용하여 계산한다.) [45회 09.3.]

① 0.048
② 0.058
③ 0.48
④ 0.58

해설 이항분포 $P(x)$

$$P(x) = {}_nC_x P^x (1-P)^{n-x} \left(\text{단}, \ {}_nC_x = {}_5C_1 = \frac{5!}{1!4!} = 5\right)$$
$$= 5 \times 0.01 \times (1-0.01)^4$$
$$\fallingdotseq 0.04802$$

77

이항분포(binomial distribution)의 특징에 대한 설명으로 옳은 것은? [42회 07.7.], [54회 13.7.]

① $P=0.01$일 때는 평균치에 대하여 좌우대칭이다.
② $P \leq 0.1$이고, $np=0.1\sim10$일 때는 포아송 분포에 근사한다.
③ 부적합품의 출현개수에 대한 표준편차는 $D(x)=np$이다.
④ $P \leq 0.5$이고, $np \leq 5$일 때는 정규분포에 근사한다.

해설 이항분포의 특징
- $P \leq 0.1$, $np=0.1\sim10$일 때 포아송 분포에 근사하다.
- $P=\frac{1}{2}$일 때 평균치에 대하여 좌우대칭이다.
- 이항분포는 이산적 특징을 갖는다.
- $P \leq 0.5$, $np \geq 5$일 때는 정규분포에 근사하다.

정답 76 ① 77 ②

휘종황제(徽宗皇帝)가 말하기를, "배운 사람은 곡식이나 벼와 같고, 배우지 않은 사람은 쑥이나 풀과 같다. 곡식과 벼 같은 것은 나라의 좋은 양식이요, 세상의 큰 보배다. 쑥과 풀 같은 것은 밭갈이하는 사람도 싫어하고 김매는 사람도 골칫거리다. 배우지 않으면 뒷날에 담을 마주하듯 답답할 것이니 후회해도 이미 늦었을 것이다."고 하였다.

- 명심보감, 제9편 근학(勤學) 중에서 -

PART 08

한국전기설비규정 [KEC 규정]

- **제1장** 공통사항
- **제2장** 저압 전기설비
- **제3장** 고압·특고압 전기설비

CHAPTER 01 공통사항

01 총 칙

1 목 적

한국전기설비규정(Korea Electro-technical Code, KEC)은 전기설비기술기준 고시(이하 "기술기준"이라 함)에서 정하는 전기설비("발전·송전·변전·배전 또는 전기사용을 위하여 설치하는 기계·기구·댐·수로·저수지·전선로·보안통신선로 및 그 밖의 설비"를 말함)의 안전성능과 기술적 요구사항을 구체적으로 정하는 것을 목적으로 한다.

2 적용범위

(1) 이 규정은 인축의 감전에 대한 보호와 전기설비계통, 시설물, 발전용 수력설비, 발전용 화력설비, 발전설비 용접 등의 안전에 필요한 성능과 기술적인 요구사항에 대하여 적용한다.

(2) 전압의 구분
  ① 저압 : 교류는 1[kV] 이하, 직류는 1.5[kV] 이하인 것
  ② 고압 : 교류는 1[kV]를, 직류는 1.5[kV]를 초과하고 7[kV] 이하인 것
  ③ 특고압 : 7[kV]를 초과하는 것

[70회 출제]
고압·저압·특고압 구분

3 용어의 정의

(1) "<u>가공인입선</u>"이란 가공전선로의 지지물로부터 다른 지지물을 거치지 아니하고 수용장소의 붙임점에 이르는 가공전선을 말한다.

(2) "<u>가섭선(架涉線)</u>"이란 지지물에 가설되는 모든 선류를 말한다.

(3) "<u>관등회로</u>"란 방전등용 안정기 또는 방전등용 변압기로부터 방전관까지의 전로를 말한다.

[관등회로]
• 관 – 방전관
• 등 – 등기구

PART 8 한국전기설비규정[KEC 규정]

(4) "내부 피뢰시스템(Internal Lightning Protection System)"이란 등전위본딩 또는 외부 피뢰시스템의 전기적 절연으로 구성된 피뢰시스템의 일부를 말한다.

(5) "노출도전부(Exposed Conductive Part)"란 충전부는 아니지만 고장 시에 충전될 위험이 있고, 사람이 쉽게 접촉할 수 있는 기기의 도전성 부분을 말한다.

(6) "단독운전"이란 전력계통의 일부가 전력계통의 전원과 전기적으로 분리된 상태에서 분산형 전원에 의해서만 운전되는 상태를 말한다.

(7) "등전위본딩(Equipotential Bonding)"이란 등전위를 형성하기 위해 도전부 상호 간을 전기적으로 연결하는 것을 말한다.

(8) "리플프리(Ripple-free)직류"란 교류를 직류로 변환할 때 리플성분의 실효값이 10% 이하로 포함된 직류를 말한다.

(9) "보호접지(Protective Earthing)"란 고장 시 감전에 대한 보호를 목적으로 기기의 한 점 또는 여러 점을 접지하는 것을 말한다.

[접지]
대지와 변압기 중성점을 연결한 것을 말한다.

(10) "분산형 전원"이란 중앙급전 전원과 구분되는 것으로서 전력소비지역 부근에 분산하여 배치 가능한 전원을 말한다. 상용전원의 정전 시에만 사용하는 비상용 예비전원은 제외하며, 신·재생에너지 발전설비, 전기저장장치 등을 포함한다.

(11) "수뢰부시스템(Air-termination System)"이란 낙뢰를 포착할 목적으로 돌침, 수평도체, 메시도체 등과 같은 금속물체를 이용한 외부 피뢰시스템의 일부를 말한다.

(12) "스트레스 전압(Stress Voltage)"이란 지락고장 중에 접지부분 또는 기기나 장치의 외함과 기기나 장치의 다른 부분 사이에 나타나는 전압을 말한다.

(13) "옥내배선"이란 건축물 내부의 전기사용장소에 고정시켜 시설하는 전선을 말한다.

(14) "옥외배선"이란 건축물 외부의 전기사용장소에서 그 전기사용장소에서의 전기사용을 목적으로 고정시켜 시설하는 전선을 말한다.

(15) "옥측배선"이란 건축물 외부의 전기사용장소에서 그 전기사용장소에서의 전기사용을 목적으로 조영물에 고정시켜 시설하는 전선을 말한다.

(16) "외부 피뢰시스템(External Lightning Protection System)"이란 수뢰부시스템, 인하도선시스템, 접지극시스템으로 구성된 피뢰시스템의 일종을 말한다.

(17) "인하도선시스템(Down-conductor System)"이란 뇌전류를 수뢰부시스템에서 접지극으로 흘리기 위한 외부 피뢰시스템의 일부를 말한다.

(18) "**접근상태**"란 제1차 접근상태 및 제2차 접근상태를 말한다.
  ① "제1차 접근상태"란 가공전선이 다른 시설물과 접근(병행하는 경우를 포함하며 교차하는 경우 및 동일 지지물에 시설하는 경우를 제외함)하는 경우에 가공전선이 다른 시설물의 위쪽 또는 옆쪽에서 수평거리로 가공전선로의 지지물의 지표상의 높이에 상당하는 거리 안에 시설(수평 거리로 3[m] 미만인 곳에 시설되는 것을 제외함)됨으로써 가공전선로의 전선의 절단, 지지물의 도괴 등의 경우에 그 전선이 다른 시설물에 접촉할 우려가 있는 상태를 말한다.
  ② "제2차 접근상태"란 가공전선이 다른 시설물과 접근하는 경우에 그 가공전선이 다른 시설물의 위쪽 또는 옆쪽에서 수평거리로 3[m] 미만인 곳에 시설되는 상태를 말한다.

(19) "**PEN 도체**(protective earthing conductor and neutral conductor)"란 교류회로에서 중성선 겸용 보호도체를 말한다.

(20) "**PEM 도체**(protective earthing conductor and a mid-point conductor)"란 직류회로에서 중간선 겸용 보호도체를 말한다.

(21) "**PEL 도체**(protective earthing conductor and a line conductor)"란 직류회로에서 선도체 겸용 보호도체를 말한다.

4 안전을 위한 보호

(1) 전선의 식별

상(문자)	색 상
L_1	갈색
L_2	흑색
L_3	회색
N	청색
보호도체	녹색-노란색

[70회 출제]
전선의 식별

(2) 전로의 절연
  ① 전로의 종류 및 시험전압

전로의 종류	시험전압
1. 최대사용전압 7[kV] 이하인 전로	최대사용전압의 1.5배의 전압
2. 최대사용전압 7[kV] 초과 25[kV] 이하인 중성점 접지식 전로(중성선을 가지는 것으로서 그 중성선을 다중접지 하는 것에 한함)	최대사용전압의 0.92배의 전압

[전로]
• 선로보다 넓은 의미
• 통상 전기가 흐르는 곳을 말한다.

PART 8 한국전기설비규정[KEC 규정]

[70회 출제]
전로의 시험전압

[절연내력 시험]
선로나 기기의 절연강도를 측정하는 시험을 말한다.

전로의 종류	시험전압
3. 최대사용전압 7[kV] 초과 60[kV] 이하인 전로(2란의 것을 제외함)	최대사용전압의 1.25배의 전압(10.5[kV] 미만으로 되는 경우는 10.5[kV])
4. 최대사용전압 60[kV] 초과 중성점 비접지식 전로(전위 변성기를 사용하여 접지하는 것을 포함)	최대사용전압의 1.25배의 전압
5. 최대사용전압 60[kV] 초과 중성점 접지식 전로(전위 변성기를 사용하여 접지하는 것 및 6란과 7란의 것을 제외함)	최대사용전압의 1.1배의 전압(75[kV] 미만으로 되는 경우에는 75[kV])
6. 최대사용전압이 60[kV] 초과 중성점 직접접지식 전로(7란의 것을 제외함)	최대사용전압의 0.72배의 전압
7. 최대사용전압이 170[kV] 초과 중성점 직접접지식 전로로서 그 중성점이 직접접지되어 있는 발전소 또는 변전소 혹은 이에 준하는 장소에 시설하는 것	최대사용전압의 0.64배의 전압
8. 최대사용전압이 60[kV]를 초과하는 정류기에 접속되고 있는 전로	교류측 및 직류 고전압측에 접속되고 있는 전로는 교류측의 최대사용전압의 1.1배의 직류전압

② 회전기 및 정류기 시험전압

[69회 출제]
회전기 시험전압

종류		시험전압	시험방법
회전기	발전기·전동기·조상기·기타 회전기(회전변류기를 제외함) 최대사용전압 7[kV] 이하	최대사용전압의 1.5배의 전압(500[V] 미만으로 되는 경우에는 500[V])	권선과 대지 사이에 연속하여 10분간 가한다.
	발전기·전동기·조상기·기타 회전기(회전변류기를 제외함) 최대사용전압 7[kV] 초과	최대사용전압의 1.25배의 전압(10.5[kV] 미만으로 되는 경우에는 10.5[kV])	
	회전변류기	직류측의 최대사용전압의 1배의 교류전압(500[V] 미만으로 되는 경우에는 500[V])	
정류기	최대사용전압이 60[kV] 이하	직류측의 최대사용전압의 1배의 교류전압(500[V] 미만으로 되는 경우에는 500[V])	충전부분과 외함 간에 연속하여 10분간 가한다.
	최대사용전압 60[kV] 초과	교류측의 최대사용전압의 1.1배의 교류전압 또는 직류측의 최대사용전압의 1.1배의 직류전압	교류측 및 직류 고전압측 단자와 대지 사이에 연속하여 10분간 가한다.

(3) 접지시스템의 구분 및 종류
① 접지시스템은 계통접지, 보호접지, 피뢰시스템 접지 등으로 구분한다.
② 접지시스템의 시설 종류에는 단독접지, 공통접지, 통합접지가 있다.

(4) 보호도체

① 보호도체의 최소 단면적

선도체의 단면적 S ([mm^2], 구리)	보호도체의 최소 단면적([mm^2], 구리)	
	보호도체의 재질	
	선도체와 같은 경우	선도체와 다른 경우
$S \leq 16$	S	$\left(\dfrac{k_1}{k_2}\right) \times S$
$16 < S \leq 35$	16^a	$\left(\dfrac{k_1}{k_2}\right) \times 16$
$S > 35$	$S^a/2$	$\left(\dfrac{k_1}{k_2}\right) \times \left(\dfrac{S}{2}\right)$

여기서, k_1 : 도체 및 절연의 재질에 따라 KS C IEC 60364-5-54(저압전기설비-제5-54부 : 전기기기의 선정 및 설치-접지설비 및 보호도체)의 "표 A54.1(여러 가지 재료의 변수값)" 또는 KS C IEC 60364-4-43(저압전기설비-제4-43부 : 안전을 위한 보호-과전류에 대한 보호)의 "표 43A(도체에 대한 k값)"에서 선정된 선도체에 대한 k값

k_2 : KS C IEC 60364-5-54(저압전기설비-제5-54부 : 전기기기의 선정 및 설치-접지설비 및 보호도체)의 "표 A.54.2(케이블에 병합되지 않고 다른 케이블과 묶여 있지 않은 절연 보호도체의 k값) ~ 표 A.54.6(제시된 온도에서 모든 인접 물질에 손상 위험성이 없는 경우 나도체의 k값)"에서 선정된 보호도체에 대한 k값

a : PEN 도체의 최소 단면적은 중성선과 동일하게 적용한다[KS C IEC 60364-5-52(저압전기설비-제5-52부 : 전기기기의 선정 및 설치-배선설비) 참조].

② 차단시간이 5초 이하인 경우에만 다음 계산식을 적용한다.

$$S = \frac{\sqrt{I^2 t}}{k}$$

여기서, S : 단면적[mm^2]

I : 보호장치를 통해 흐를 수 있는 예상 고장전류 실효값[A]

t : 자동차단을 위한 보호장치의 동작시간[s]

k : 보호도체, 절연, 기타 부위의 재질 및 초기온도와 최종온도에 따라 정해지는 계수로 KS C IEC 60364-5-54(저압전기설비-제5-54부 : 전기기기의 선정 및 설치-접지설비 및 보호도체)의 "부속서 A(기본보호에 관한 규정)"에 의한다.

[69회 출제]
단락전류지속시간 t
$t = \left(\dfrac{kS}{I}\right)^2$

(5) 변압기 중성점 접지

① 일반적으로 변압기의 고압·특고압측 전로 1선 지락전류로 150을 나눈 값과 같은 저항 값 이하

PART 8 한국전기설비규정[KEC 규정]

[70회 출제]
변압기 중성점 접지저항 R_g
- $R_g = \dfrac{150}{I_g}[\Omega]$
- $R_g = \dfrac{300}{I_g}[\Omega]$
- $R_g = \dfrac{600}{I_g}[\Omega]$

② 변압기의 고압·특고압측 전로 또는 사용전압이 35[kV] 이하의 특고압전로가 저압측 전로와 혼촉하고 저압전로의 대지전압이 150[V]를 초과하는 경우는 저항 값은 다음에 의한다.

㉠ 1초 초과 2초 이내에 고압·특고압 전로를 자동으로 차단하는 장치를 설치할 때는 300을 나눈 값 이하

㉡ 1초 이내에 고압·특고압 전로를 자동으로 차단하는 장치를 설치할 때는 600을 나눈 값 이하

(6) 공통접지 및 통합접지

① 고압 및 특고압과 저압 전기설비의 접지극이 서로 근접하여 시설되어 있는 변전소 또는 이와 유사한 곳에서는 공통접지시스템으로 할 수 있다.

㉠ 저압 전기설비의 접지극이 고압 및 특고압 접지극의 접지저항 형성영역에 완전히 포함되어 있다면 위험전압이 발생하지 않도록 이들 접지극을 상호 접속하여야 한다.

㉡ 접지시스템에서 고압 및 특고압 계통의 지락사고 시 저압계통에 가해지는 상용주파 과전압은 아래에서 정한 값을 초과해서는 안 된다.

② 저압설비 허용 상용주파 과전압

고압계통에서 지락고장시간[초]	저압설비 허용 상용주파 과전압[V]	비고
$t > 5$	$U_0 + 250$	중성선 도체가 없는 계통에서
$t \leq 5$	$U_0 + 1,200$	U_0는 선간전압을 말한다.

1. 순시 상용주파 과전압에 대한 저압기기의 절연 설계기준과 관련된다.
2. 중성선이 변전소 변압기의 접지계통에 접속된 계통에서, 건축물 외부에 설치한 외함이 접지되지 않은 기기의 절연에는 일시적 상용주파 과전압이 나타날 수 있다.

(7) 피뢰시스템

① 적용범위

㉠ 전기전자설비가 설치된 건축물·구조물로서 낙뢰로부터 보호가 필요한 것 또는 지상으로부터 높이가 20[m] 이상인 것

㉡ 전기설비 및 전자설비 중 낙뢰로부터 보호가 필요한 설비

② 피뢰시스템의 구성

㉠ 직격뢰로부터 대상물을 보호하기 위한 외부피뢰시스템

㉡ 간접뢰 및 유도뢰로부터 대상물을 보호하기 위한 내부피뢰시스템

③ 접지극시스템

접지극은 다음에 따라 시설한다.

㉠ 지표면에서 0.75[m] 이상 깊이로 매설하여야 한다. 다만, 필요 시는 해당 지역의 동결심도를 고려한 깊이로 할 수 있다.

㉡ 대지가 암반지역으로 대지저항이 높거나 건축물·구조물이 전자통신시스템을 많이 사용하는 시설의 경우에는 환상도체접지극 또는 기초접지극으로 한다.

㉢ 접지극 재료는 대지에 환경오염 및 부식의 문제가 없어야 한다.

㉣ 철근콘크리트 기초 내부의 상호 접속된 철근 또는 금속제 지하구조물 등 자연적 구성부재는 접지극으로 사용할 수 있다.

CHAPTER 02 저압 전기설비

01 계통접지의 방식

[접지 분류]
- 계통접지
- 보호접지
- 피뢰시스템접지

1 계통접지 구성

(1) 저압전로의 보호도체 및 중성선의 접속방식에 따라 접지계통은 다음과 같이 분류한다.
   ① TN계통
   ② TT계통
   ③ IT계통

(2) 계통접지에서 사용되는 문자의 정의는 다음과 같다.
   ① 제1문자 – 전원계통과 대지의 관계
      ㉠ T : 한 점을 대지에 직접 접속
      ㉡ I : 모든 충전부를 대지와 절연시키거나 높은 임피던스를 통하여 한 점을 대지에 직접 접속
   ② 제2문자 – 전기설비의 노출도전부와 대지의 관계
      ㉠ T : 노출도전부를 대지로 직접 접속. 전원계통의 접지와는 무관
      ㉡ N : 노출도전부를 전원계통의 접지점(교류계통에서는 통상적으로 중성점, 중성점이 없을 경우는 선도체)에 직접 접속
   ③ 그 다음 문자(문자가 있을 경우) – 중성선과 보호도체의 배치
      ㉠ S : 중성선 또는 접지된 선도체 외에 별도의 도체에 의해 제공되는 보호기능
      ㉡ C : 중성선과 보호 기능을 한 개의 도체로 겸용(PEN 도체)

(3) 각 계통에서 나타내는 그림의 기호는 다음과 같다.

기호 설명	
	중성선(N), 중간도체(M)
	보호도체(PE)
	중성선과 보호도체겸용(PEN)

(4) TN 계통

전원측의 한 점을 직접접지하고 설비의 노출도전부를 보호도체로 접속시키는 방식으로 중성선 및 보호도체(PE 도체)의 배치 및 접속방식에 따라 다음과 같이 분류한다.

① TN-S계통은 계통 전체에 대해 별도의 중성선 또는 PE 도체를 사용한다. 배전계통에서 PE 도체를 추가로 접지할 수 있다.

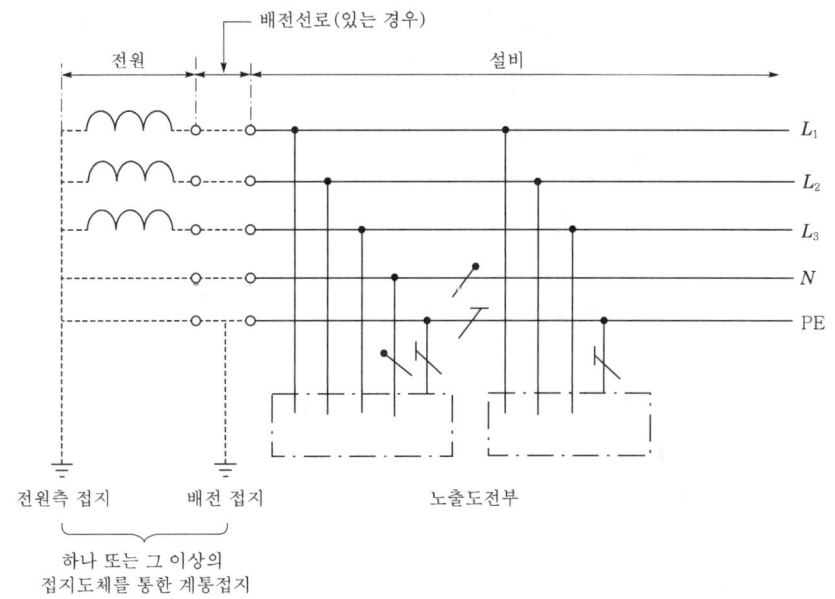

[69회 출제]
TN 계통의 분류
• TN-C
• TN-S
• TN-C-S
* 회로의 구분이 중요

② TN-C계통은 그 계통 전체에 대해 중성선과 보호도체의 기능을 동일도체로 겸용한 PEN 도체를 사용한다. 배전계통에서 PEN 도체를 추가로 접지할 수 있다.

PART 8 한국전기설비규정[KEC 규정]

[69회 출제]
TN 계통
회로도를 보고 TN-S, TN-C, TN-C-S를 구분하는 문제 출제됨

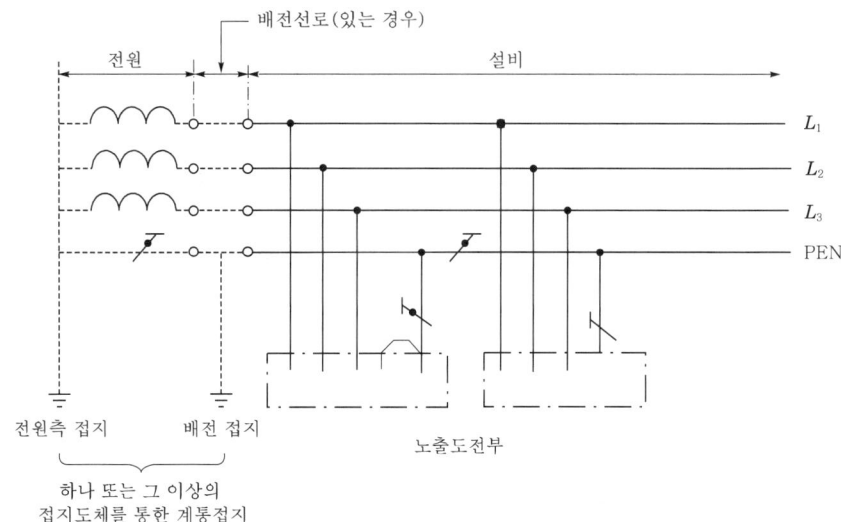

③ TN-C-S계통은 계통의 일부분에서 PEN 도체를 사용하거나, 중성선과 별도의 PE 도체를 사용하는 방식이 있다. 배전계통에서 PEN 도체와 PE 도체를 추가로 접지할 수 있다.

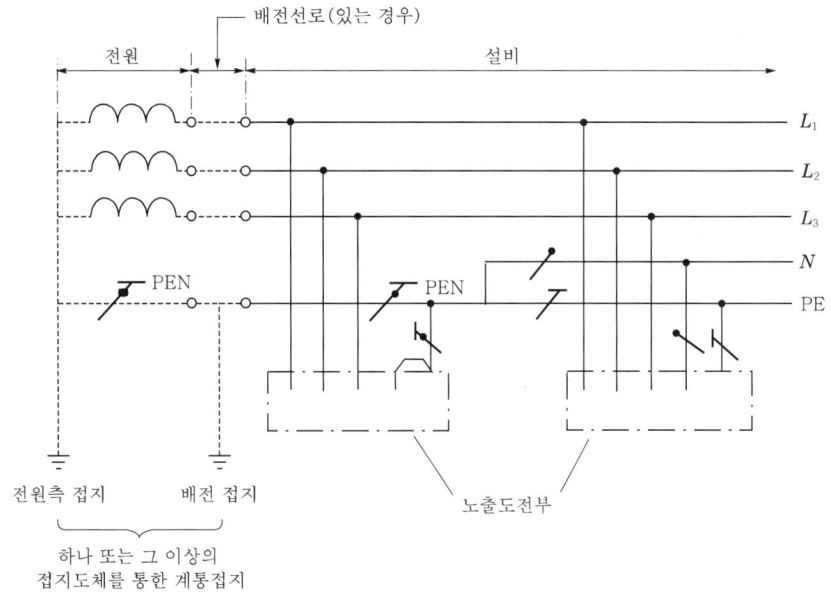

(5) TT 계통

전원의 한 점을 직접 접지하고 설비의 노출도전부는 전원의 접지전극과 전기적으로 독립적인 접지극에 접속시킨다. 배전계통에서 PE 도체를 추가로 접지할 수 있다.

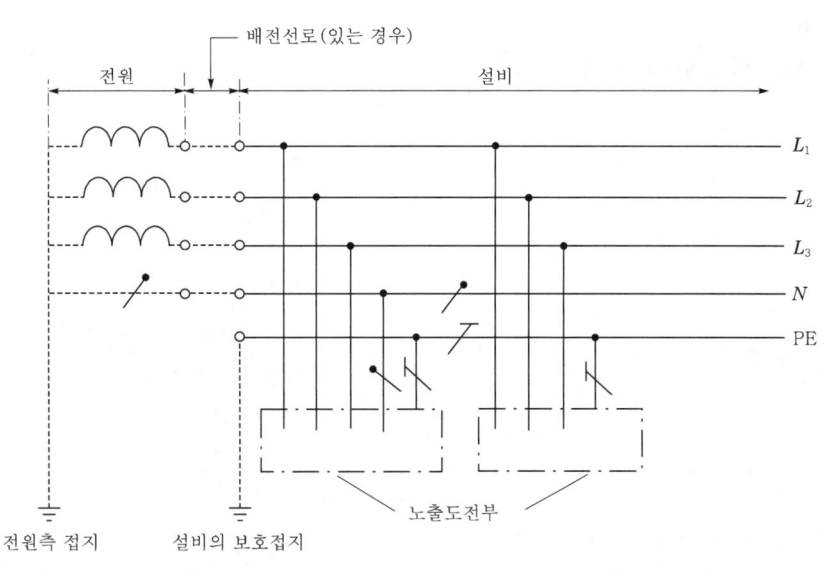

(6) IT 계통

① 충전부 전체를 대지로부터 절연시키거나, 한 점을 임피던스를 통해 대지에 접속시킨다. 전기설비의 노출도전부를 단독 또는 일괄적으로 계통의 PE 도체에 접속시킨다. 배전계통에서 추가접지가 가능하다.

② 계통은 충분히 높은 임피던스를 통하여 접지할 수 있다. 이 접속은 중성점, 인위적 중성점, 선도체 등에서 할 수 있다. 중성선은 배선할 수도 있고, 배선하지 않을 수도 있다.

[IT 계통]
전원측에 접지는 임피던스를 통해서 된다.

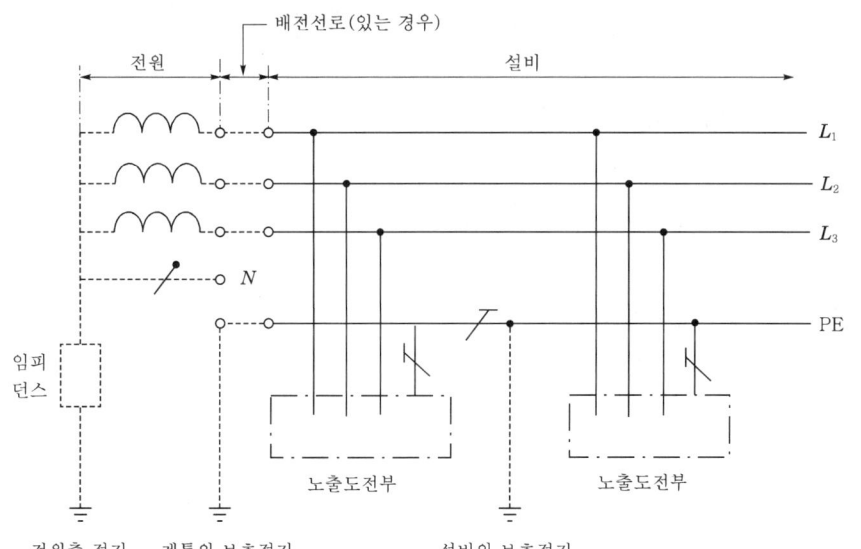

PART 8 한국전기설비규정[KEC 규정]

02 과전류에 대한 보호

(1) 과전류차단기로 저압전로에 사용하는 산업용 배선차단기는 아래 표에 적합한 것이어야 한다. 다만, 일반인이 접촉할 우려가 있는 장소(세대내 분전반 및 이와 유사한 장소)에는 주택용 배선차단기를 시설하여야 한다.

[주택용, 산업용의 배선 차단기]
정확한 구분이 필요

[70회 출제]
배선차단기
산업용, 주택용의 정격전류에 따른 차단기 동작시간이 출제된다.

산업용 배선차단기			
정격전류의 구분	시 간	정격전류의 배수(모든 극에 통전)	
		부동작 전류	동작전류
63[A] 이하	60분	1.05배	1.3배
63[A] 초과	120분	1.05배	1.3배

주택용 배선차단기			
정격전류의 구분	시 간	정격전류의 배수(모든 극에 통전)	
		부동작 전류	동작전류
63[A] 이하	60분	1.13배	1.45배
63[A] 초과	120분	1.13배	1.45배

(2) **도체와 과부하 보호장치 사이의 협조**

과부하에 대해 케이블(전선)을 보호하는 장치의 동작특성은 다음의 조건을 충족해야 한다.

$$I_B \leq I_n \leq I_Z$$
$$I_2 \leq 1.45 \times I_Z$$

여기서, I_B : 회로의 설계전류
I_Z : 케이블의 허용전류
I_n : 보호장치의 정격전류
I_2 : 보호7장치가 규약시간 이내에 유효하게 동작하는 것을 보장하는 전류

(3) **단락보호장치의 특성**

① **차단용량** : 정격차단용량은 단락전류보호장치 설치점에서 예상되는 최대 크기의 단락전류보다 커야 한다. 다만, 전원측 전로에 단락고장전류 이상의 차단능력이 있는 과전류차단기가 설치되는 경우에는 그러하지 아니하다. 이 경우에 두 장치를 통과하는 에너지가 부하측 장치와 이 보호장치로 보호를 받는 도체가 손상을 입지 않고 견뎌낼 수 있는 에너지를 초과하지 않도록 양쪽 보호장치의 특성이 협조되도록 해야 한다.

② 케이블 등의 단락전류 : 회로의 임의의 지점에서 발생한 모든 단락전류는 케이블 및 절연도체의 허용온도를 초과하지 않는 시간 내에 차단되도록 해야 한다. 단락지속시간이 5초 이하인 경우, 통상 사용조건에서의 단락전류에 의해 절연체의 허용온도에 도달하기까지의 시간 t는 다음과 같이 계산할 수 있다.

$$t = \left(\frac{kS}{I}\right)^2$$

[도체의 단면적 S]

$$S = \frac{\sqrt{I^2 t}}{k}$$

여기서, t : 단락전류 지속시간[s]
  S : 도체의 단면적[mm^2]
  I : 유효 단락전류[A, rms]
  k : 도체재료의 저항률, 온도계수, 열용량, 해당 초기온도와 최종온도를 고려한 계수

(4) 저압전로 중의 개폐기 및 과전류차단장치의 시설

① 저압전로 중의 개폐기의 시설
  ㉠ 저압전로 중에 개폐기를 시설하는 경우(이 규정에서 개폐기를 시설하도록 정하는 경우에 한함)에는 그 곳의 각 극에 설치하여야 한다.
  ㉡ 사용전압이 다른 개폐기는 상호 식별이 용이하도록 시설하여야 한다.

② 저압 옥내전로 인입구에서의 개폐기의 시설
  ㉠ 저압 옥내전로에는 인입구에 가까운 곳으로서 쉽게 개폐할 수 있는 곳에 개폐기(개폐기의 용량이 큰 경우에는 적성 회로로 분할하여 각 회로별로 개폐기를 시설할 수 있다. 이 경우에 각 회로별 개폐기는 집합하여 시설하여야 함)를 각 극에 시설하여야 한다.
  ㉡ 사용전압이 400[V] 이하인 옥내전로로서 다른 옥내전로(정격전류가 16[A] 이하인 과전류차단기 또는 정격전류가 16[A]를 초과하고 20[A] 이하인 배선차단기로 보호되고 있는 것에 한함)에 접속하는 길이 15[m] 이하의 전로에서 전기의 공급을 받는 것은 위의 규정에 의하지 아니할 수 있다.

CHAPTER 03 고압·특고압 전기설비

01 적용범위

교류 1[kV] 초과 또는 직류 1.5[kV]를 초과하는 고압 및 특고압 전기를 공급하거나 사용하는 전기설비에 적용한다.

1 가공전선로 지지물의 기초의 안전율

(1) 강관을 주체로 하는 철주(이하 "강관주"라 함) 또는 철근 콘크리트주로서 그 전체 길이가 16[m] 이하, 설계하중이 6.8[kN] 이하인 것 또는 목주를 다음에 의하여 시설하는 경우
  ① 전체의 길이가 15[m] 이하인 경우는 땅에 묻히는 깊이를 전체길이의 6분의 1 이상으로 할 것
  ② 전체의 길이가 15[m]를 초과하는 경우는 땅에 묻히는 깊이를 2.5[m] 이상으로 할 것
  ③ 논이나 그 밖의 지반이 연약한 곳에서는 견고한 근가(根架)를 시설할 것

[6.8[kN] 초과 9.8[kN] 이하일 때의 근입깊이]
계산된 근입깊이 +30[cm]

(2) 철근 콘크리트주로서 그 전체의 길이가 16[m] 초과 20[m] 이하이고, 설계하중이 6.8[kN] 이하의 것을 논이나 그 밖의 지반이 연약한 곳 이외에 그 묻히는 깊이를 2.8[m] 이상으로 시설하는 경우

(3) 철근 콘크리트주로서 전체의 길이가 14[m] 이상 20[m] 이하이고, 설계하중이 6.8[kN] 초과 9.8[kN] 이하의 것을 논이나 그 밖의 지반이 연약한 곳 이외에 시설하는 경우 그 묻히는 깊이는 위 '(1)의 ① 및 ②'에 의한 기준보다 30[cm]를 가산하여 시설하는 경우

(4) 철근 콘크리트주로서 그 전체의 길이가 14[m] 이상 20[m] 이하이고, 설계하중이 9.81[kN] 초과 14.72[kN] 이하의 것을 논이나 그 밖의 지반이 연약한 곳 이외에 다음과 같이 시설하는 경우
  ① 전체의 길이가 15[m] 이하인 경우에는 그 묻히는 깊이를 '(1)의 ①'에 규정한 기준보다 0.5[m]를 더한 값 이상으로 할 것
  ② 전체의 길이가 15[m] 초과 18[m] 이하인 경우에는 그 묻히는 깊이를 3[m] 이상으로 할 것

③ 전체의 길이가 18[m]를 초과하는 경우에는 그 묻히는 깊이를 3.2[m] 이상으로 할 것

2 지지선(지선)의 시설

(1) 가공전선로의 지지물로 사용하는 철탑은 지선을 사용하여 그 강도를 분담시켜서는 안 된다.

(2) 가공전선로의 지지물로 사용하는 철주 또는 철근 콘크리트주는 지선을 사용하지 않는 상태에서 2분의 1 이상의 풍압하중에 견디는 강도를 가지는 경우 이외에는 지선을 사용하여 그 강도를 분담시켜서는 안 된다.

(3) 가공전선로의 지지물에 시설하는 지선은 다음에 따라야 한다.
　① 지선의 안전율은 2.5 이상일 것. 이 경우에 허용인장하중의 최저는 4.31[kN]으로 한다.
　② 지선에 연선을 사용할 경우에는 다음에 의할 것
　　㉠ 소선(素線) 3가닥 이상의 연선일 것
　　㉡ 소선의 지름이 2.6[mm] 이상의 금속선을 사용한 것일 것. 다만, 소선의 지름이 2[mm] 이상인 아연도강연선(亞鉛鍍鋼然線)으로서 소선의 인장강도가 0.68[kN/mm^2] 이상인 것을 사용하는 경우에는 적용하지 않는다.
　③ 지중부분 및 지표상 0.3[m]까지의 부분에는 내식성이 있는 것 또는 아연도금을 한 철봉을 사용하고 쉽게 부식되지 않는 근가에 견고하게 붙일 것. 다만, 목주에 시설하는 지선에 대해서는 적용하지 않는다.
　④ 지선근가는 지선의 인장하중에 충분히 견디도록 시설할 것

(4) 도로를 횡단하여 시설하는 지선의 높이는 지표상 5[m] 이상으로 하여야 한다. 다만, 기술상 부득이한 경우로서 교통에 지장을 초래할 우려가 없는 경우에는 지표상 4.5[m] 이상, 보도의 경우에는 2.5[m] 이상으로 할 수 있다.

[안전율]
인장강도
수평장력

3 고압 가공전선의 높이

(1) 고압 가공전선의 높이는 다음에 따라야 한다.
　① 도로[농로 기타 교통이 번잡하지 않은 도로 및 횡단보도교(도로·철도·궤도 등의 위를 횡단하여 시설하는 다리모양의 시설물로서 보행용으로만 사용되는 것을 말함)를 제외함]를 횡단하는 경우에는 지표상 6[m] 이상
　② 철도 또는 궤도를 횡단하는 경우에는 레일면상 6.5[m] 이상
　③ 횡단보도교의 위에 시설하는 경우에는 그 노면상 3.5[m] 이상
　④ 위 '①'부터 '③'까지 이외의 경우에는 지표상 5[m] 이상

(2) 고압 가공전선을 수면상에 시설하는 경우에는 전선의 수면상의 높이를 선박의 항해 등에 위험을 주지 않도록 유지하여야 한다.

(3) 고압 가공전선로를 빙설이 많은 지방에 시설하는 경우에는 전선의 적설상의 높이를 사람 또는 차량의 통행 등에 위험을 주지 않도록 유지하여야 한다.

4 특고압 가공전선

(1) 특고압 가공전선과 지지물 등의 이격거리

사용전압	이격거리[m]
15[kV] 미만	0.15
15[kV] 이상 25[kV] 미만	0.2
25[kV] 이상 35[kV] 미만	0.25
35[kV] 이상 50[kV] 미만	0.3
50[kV] 이상 60[kV] 미만	0.35
60[kV] 이상 70[kV] 미만	0.4
70[kV] 이상 80[kV] 미만	0.45
80[kV] 이상 130[kV] 미만	0.65
130[kV] 이상 160[kV] 미만	0.9
160[kV] 이상 200[kV] 미만	1.1
200[kV] 이상 230[kV] 미만	1.3
230[kV] 이상	1.6

[160[kV] 초과 시 가공전선 높이 h]
철도횡단 시
$$h = 6.5 + \left(\frac{x-160}{10}\right) \times 0.12$$

(2) 특고압 가공전선의 높이

사용전압의 구분	지표상의 높이
35[kV] 이하	5[m](철도 또는 궤도를 횡단하는 경우에는 6.5[m], 도로를 횡단하는 경우에는 6[m], 횡단보도교의 위에 시설하는 경우로서 전선이 특고압 절연전선 또는 케이블인 경우에는 4[m])
35[kV] 초과 160[kV] 이하	6[m](철도 또는 궤도를 횡단하는 경우에는 6.5[m], 산지(山地) 등에서 사람이 쉽게 들어갈 수 없는 장소에 시설하는 경우에는 5[m], 횡단보도교의 위에 시설하는 경우 전선이 케이블인 때는 5[m])
160[kV] 초과	6[m](철도 또는 궤도를 횡단하는 경우에는 6.5[m], 산지 등에서 사람이 쉽게 들어갈 수 없는 장소를 시설하는 경우에는 5[m])에 160[kV]를 초과하는 10[kV] 또는 그 단수마다 0.12[m]를 더한 값

(3) 발전소 등의 울타리·담 등의 시설

① 고압 또는 특고압의 기계기구·모선 등을 옥외에 시설하는 발전소·변전소·개폐소 또는 이에 준하는 곳에는 다음에 따라 구내에 취급자 이외의 사람이 들어가지 아니하도록 시설하여야 한다. 다만, 토지의 상황에 의하여 사람이 들어갈 우려가 없는 곳은 그러하지 아니하다.

㉠ 울타리·담 등을 시설할 것
㉡ 출입구에는 출입금지의 표시를 할 것
㉢ 출입구에는 자물쇠장치 기타 적당한 장치를 할 것
② 울타리·담 등은 다음에 따라 시설하여야 한다.
㉠ 울타리·담 등의 높이는 2[m] 이상으로 하고 지표면과 울타리·담 등의 하단 사이의 간격은 0.15[m] 이하로 할 것
㉡ 울타리·담 등과 고압 및 특고압의 충전부분이 접근하는 경우에는 울타리·담 등의 높이와 울타리·담 등으로부터 충전부분까지 거리의 합계는 표에서 정한 값 이상으로 할 것

┃ 발전소 등 울타리·담 등의 시설 시 이격거리 ┃

사용전압의 구분	울타리·담 등의 높이와 울타리·담 등으로부터 충전부분까지의 거리의 합계
35[kV] 이하	5[m]
35[kV] 초과 160[kV] 이하	6[m]
160[kV] 초과	6[m]에 160[kV]를 초과하는 10[kV] 또는 그 단수마다 0.12[m]를 더한 값

[160[kV] 초과 시 이격거리]
이격거리
$= 6 + \left(\dfrac{x-160}{10}\right) \times 0.12$

(4) 발전기 등의 보호장치

발전기에는 다음의 경우에 자동적으로 이를 전로로부터 차단하는 장치를 시설하여야 한다.

① 발전기에 과전류나 과전압이 생긴 경우
② 용량이 500[kVA] 이상의 발전기를 구동하는 수차의 압유장치의 유압 또는 전동식 가이드밴 제어장치, 전동식 니들 제어장치 또는 전동식 디플렉터 제어장치의 전원전압이 현저히 저하한 경우
③ 용량이 100[kVA] 이상의 발전기를 구동하는 풍차(風車)의 압유장치의 유압, 압축 공기장치의 공기압 또는 전동식 블레이드 제어장치의 전원전압이 현저히 저하한 경우
④ 용량이 2,000[kVA] 이상인 수차발전기의 스러스트 베어링의 온도가 현저히 상승한 경우
⑤ 용량이 10,000[kVA] 이상인 발전기의 내부에 고장이 생긴 경우
⑥ 정격출력이 10,000[kW]를 초과하는 증기터빈은 그 스러스트 베어링이 현저하게 마모되거나 그의 온도가 현저히 상승한 경우

PART 08 자주 출제되는 기출문제

01 KEC규정에서 정한 직류에서 고압의 범위로 옳은 것은? [69회 21.2.]

① 1[kV]를 초과하고 7,000[V] 이하인 것
② 1.5[kV]를 초과하고 7,000[V] 이하인 것
③ 1[kV]를 초과하고 7,500[V] 이하인 것
④ 1.5[kV]를 초과하고 7,500[V] 이하인 것

해설 전압의 구분
- 저압 : 교류는 1[kV] 이하, 직류는 1.5[kV] 이하인 것
- 고압 : 교류는 1[kV]를, 직류는 1.5[kV]를 초과하고 7[kV] 이하인 것
- 특고압 : 7[kV]를 초과하는 것

02 교류 380[V]를 사용하는 공장의 전선과 대지 사이의 절연저항은 몇 [MΩ] 이상이어야 하는가? [70회 21.7.]

① 0.1　　　　　　　　　　　② 0.5
③ 1.0　　　　　　　　　　　④ 2.0

해설 전로의 절연저항

전로의 사용전압	DC 시험전압[V]	절연저항[MΩ]
SELV, PELV	250	0.5
FELV, 500[V] 이하	500	1.0
500[V] 초과	1,000	

03 PELV를 사용하는 전선과 대지 사이의 절연저항[MΩ]과 시험전압[V]으로 옳은 것은?

① 0.1, 250　　　　　　　　② 0.5, 250
③ 1.0, 500　　　　　　　　④ 2.0, 1,000

정답 01 ②　02 ③　03 ②

해설 전로의 절연저항

전로의 사용전압	DC 시험전압[V]	절연저항[MΩ]
SELV, PELV	250	0.5
FELV, 500[V] 이하	500	1.0
500[V] 초과	1,000	

04 KEC규정에서 정한 교류에서 저압의 범위로 옳은 것은?

① 1.5[kV] 이하인 것
② 1.0[kV] 이하인 것
③ 1[kV]를 초과하고 7,000[V] 이하인 것
④ 1.5[kV]를 초과하고 7,000[V] 이하인 것

해설 전압의 구분
- 저압 : 교류는 1[kV] 이하, 직류는 1.5[kV] 이하인 것
- 고압 : 교류는 1[kV]를, 직류는 1.5[kV]를 초과하고, 7[kV] 이하인 것
- 특고압 : 7[kV]를 초과하는 것

05 최대사용전압이 220[V]인 3상 유도전동기의 절연내력 시험전압은 몇 [V]인가?

① 220
② 330
③ 500
④ 1,000

해설 회전기 시험전압

종 류		시험전압	시험방법
회전기	발전기・전동기・조상기・기타 회전기(회전변류기를 제외함) 최대사용전압 7[kV] 이하	최대사용전압의 1.5배의 전압 (500[V] 미만으로 되는 경우에는 500[V])	권선과 대지 사이에 연속하여 10분간 가한다.
	발전기・전동기・조상기・기타 회전기(회전변류기를 제외함) 최대사용전압 7[kV] 초과	최대사용전압의 1.25배의 전압 (10.5[kV] 미만으로 되는 경우에는 10.5[kV])	
	회전변류기	직류측의 최대사용전압의 1배의 교류전압(500[V] 미만으로 되는 경우에는 500[V])	

절연내력 시험전압 = 220×1.5 = 330이므로 500[V] 미만 시에는 최저전압규정이 500[V]이므로 시험전압은 500[V]가 된다.

정답 04 ② 05 ③

PART 8 한국전기설비규정[KEC 규정]

06 최대사용전압이 154[KV]인 중성점 직접접지식 전로에서 절연내력 시험전압은 최대사용전압의 몇 배인가? [69회 21.2.]

① 1.5
② 0.92
③ 0.72
④ 0.64

해설 전로의 종류 및 시험전압

전로의 종류	시험전압
1. 최대사용전압 7[kV] 이하인 전로	최대사용전압의 1.5배의 전압
2. 최대사용전압 7[kV] 초과 25[kV] 이하인 중성점 접지식 전로(중성선을 가지는 것으로서 그 중성선을 다중접지 하는 것에 한함)	최대사용전압의 0.92배의 전압
3. 최대사용전압 7[kV] 초과 60[kV] 이하인 전로(2란의 것을 제외함)	최대사용전압의 1.25배의 전압(10.5[kV] 미만으로 되는 경우는 10.5[kV])
4. 최대사용전압 60[kV] 초과 중성점 비접지식 전로 (전위 변성기를 사용하여 접지하는 것을 포함)	최대사용전압의 1.25배의 전압
5. 최대사용전압 60[kV] 초과 중성점 접지식 전로(전위 변성기를 사용하여 접지하는 것 및 6란과 7란의 것을 제외함)	최대사용전압의 1.1배의 전압 (75[kV] 미만으로 되는 경우에는 75[kV])
6. 최대사용전압이 60[kV] 초과 중성점 직접접지식 전로(7란의 것을 제외함)	최대사용전압의 0.72배의 전압
7. 최대사용전압이 170[kV] 초과 중성점 직접접지식 전로로서 그 중성점이 직접접지되어 있는 발전소 또는 변전소 혹은 이에 준하는 장소에 시설하는 것	최대사용전압의 0.64배의 전압
8. 최대사용전압이 60[kV]를 초과하는 정류기에 접속되고 있는 전로	교류측 및 직류 고전압측에 접속되고 있는 전로는 교류측의 최대사용전압의 1.1배의 직류전압
	직류측 중성선 또는 귀선이 되는 전로(이하 "직류 저압측 전로"라 함)는 아래에 규정하는 계산식에 의하여 구한 값

07 최대사용전압이 22.9[KV]인 중성점 다중 접지식 전로에서 절연내력 시험전압은 몇 [V]인가?

① 1,5440
② 1,9250
③ 21,068
④ 24,345

해설 전로의 종류 및 시험전압
22,900×0.92=21,068[V]가 된다.

정답 06 ③ 07 ③

전로의 종류	시험전압
1. 최대사용전압 7[kV] 이하인 전로	최대사용전압의 1.5배의 전압
2. 최대사용전압 7[kV] 초과 25[kV] 이하인 중성점 접지식 전로(중성선을 가지는 것으로서 그 중성선을 다중접지 하는 것에 한함)	최대사용전압의 0.92배의 전압
3. 최대사용전압 7[kV] 초과 60[kV] 이하인 전로(2란의 것을 제외함)	최대사용전압의 1.25배의 전압(10.5[kV] 미만으로 되는 경우는 10.5[kV])

08 가공전선이 다른 시설물과 접근하는 경우에 그 가공전선이 다른 시설물의 위쪽 또는 옆쪽에서 수평거리로 3[m] 미만인 곳에 시설되는 상태란 몇 차 접근상태를 나타내는가?

① 1차 접근상태　　② 2차 접근상태
③ 3차 접근상태　　④ 4차 접근상태

해설 접근상태
- 제1차 접근상태 : 가공전선이 다른 시설물과 접근(병행하는 경우를 포함하며 교차하는 경우 및 동일 지지물에 시설하는 경우를 제외함)하는 경우에 가공전선이 다른 시설물의 위쪽 또는 옆쪽에서 수평거리로 가공전선로의 지지물의 지표상의 높이에 상당하는 거리 안에 시설(수평거리로 3[m] 미만인 곳에 시설되는 것을 제외함)됨으로써 가공전선로의 전선의 절단, 지지물의 도괴 등의 경우에 그 전선이 다른 시설물에 접촉할 우려가 있는 상태를 말한다.
- 제2차 접근상태 : 가공전선이 다른 시설물과 접근하는 경우에 그 가공전선이 다른 시설물의 위쪽 또는 옆쪽에서 수평거리로 3[m] 미만인 곳에 시설되는 상태를 말한다.

09 리플프리(ripple-free) 직류란 직류의 맥동 성분이 몇 [%] 이하일 때를 나타내는가? [70회 21.7.]

① 5[%]　　② 10[%]　　③ 15[%]　　④ 20[%]

해설 리플프리(ripple)
교류를 직류로 변환할 때 리플성분의 실효값이 10[%] 이하일 때를 말한다.

10 다음에서 설명하는 전선은 무엇인가?

가공전선로의 지지물로부터 다른 지지물을 거치지 아니하고 수용장소의 붙임점에 이르는 가공전선을 말한다.

① 이웃연결(연접)인입선　　② 가공인입선
③ 가섭선　　　　　　　　　④ 가섭선(架涉線)

정답 08 ② 09 ② 10 ②

PART 8 한국전기설비규정[KEC 규정]

해설 • 가섭선(架涉線) : 지지물에 가설되는 모든 선류를 말한다.
• 가공인입선 : 가공전선로의 지지물로부터 다른 지지물을 거치지 아니하고 수용장소의 붙임점에 이르는 가공전선을 말한다.

11 교류회로에서 중성선 겸용 보호도체를 나타내는 것은? [69회 21.2.]
① PEL 도체
② PEM 도체
③ PEN 도체
④ PENM 도체

해설 보호도체
• PEN 도체(protective earthing conductor and neutral conductor) : 교류회로에서 중성선 겸용 보호도체를 말한다.
• PEM 도체(protective earthing conductor and a mid-point conductor) : 직류회로에서 중간선 겸용 보호도체를 말한다.
• PEL 도체(protective earthing conductor and a line conductor) : 직류회로에서 선도체 겸용 보호도체를 말한다.

12 전선의 색상에 대한 설명으로 옳지 않은 것은?

	상(문자)	색 상
①	L_1	갈색
②	L_2	흑색
③	L_3	회색
④	N	녹색

해설 전선의 색상

상(문자)	색 상
L_1	갈색
L_2	흑색
L_3	회색
N	청색
보호도체	녹색-노란색

정답 11 ③ 12 ④

13. KEC규정에서 구분하는 접지시스템과 무관한 것은?

① 계통접지
② 보호접지
③ 단독접지
④ 피뢰시스템접지

해설 접지시스템의 구분

계통접지, 보호접지, 피뢰시스템접지 등으로 구분한다.

14. KEC규정에서 구분하는 접지시스템의 시설과 무관한 것은? [70회 21.7.]

① 단독접지
② 공통접지
③ 공용접지
④ 통합접지

해설 접지시스템 시설의 구분

단독접지, 공통접지, 통합접지가 있다.

15. 보호도체의 재질이 선도체와 같은 경우 보호도체의 최소 단면적[mm²]은? (단, 선도체의 단면적은 60[mm²]라 한다.)

① 10
② 20
③ 30
④ 40

해설 보호도체의 최소 단면적[mm²]

선도체의 단면적 S ([mm²], 구리)	보호도체의 최소 단면적([mm²], 구리)	
	보호도체의 재질	
	선도체와 같은 경우	선도체와 다른 경우
$S \leq 16$	S	$\left(\dfrac{k_1}{k_2}\right) \times S$
$16 < S \leq 35$	16	$\left(\dfrac{k_1}{k_2}\right) \times 16$
$S > 35$	$\dfrac{S}{2}$	$\left(\dfrac{k_1}{k_2}\right) \times \left(\dfrac{S}{2}\right)$

재질이 선도체와 같은 경우이며, 단면적은 60[mm²]이므로 보호도체의 최소 단면적은 $\dfrac{S}{2} = \dfrac{60}{2} = 30$[mm²]가 된다.

정답 13 ③ 14 ③ 15 ③

PART 8 한국전기설비규정[KEC 규정]

16 KEC규정에서 정한 교류에서 저압의 범위로 옳은 것은?

① 1[kV]를 초과하고 7,000[V] 이하인 것
② 1.5[kV]를 초과하고 7,000[V] 이하인 것
③ 1.5[kV] 이하인 것
④ 1.0[kV] 이하인 것

해설 전압의 구분
- 저압 : 교류는 1[kV] 이하, 직류는 1.5[kV] 이하인 것
- 고압 : 교류는 1[kV]를, 직류는 1.5[kV]를 초과하고, 7[kV] 이하인 것
- 특고압 : 7[kV]를 초과하는 것

17 차단시간이 5초 이하인 경우 보호도체의 최소 단면적[mm²]을 나타낸 식으로 옳은 것은? (단, I : 보호장치를 통해 흐를 수 있는 예상 고장전류 실효값[A], t : 자동차단을 위한 보호장치의 동작시간[s], k : 보호도체, 절연, 기타 부위의 재질 및 초기온도와 최종온도에 따라 정해지는 계수이다.) [70회 21.7.]

① $S = \dfrac{\sqrt{I^2 t}}{k}$
② $S = \dfrac{\sqrt{It}}{k}$
③ $S = \dfrac{\sqrt{It^2}}{k}$
④ $S = \dfrac{\sqrt{It}}{k^2}$

해설 차단시간이 5초 이하인 경우 보호도체의 최소 단면적
보호도체의 최소 단면적은 다음과 같다.
$S = \dfrac{\sqrt{I^2 t}}{k}$

18 변압기의 고압·특고압측 전로 또는 사용전압이 35[kV] 이하의 특고압전로가 저압측 전로와 혼촉하고 저압전로의 대지전압이 150[V]를 초과하는 경우 저항값 $R[\Omega]$의 값으로 옳은 것은? (단, I는 1선지락전류, 1초 이내에 고압·특고압 전로를 자동으로 차단하는 장치를 설치할 때) [69회 21.2.]

① $\dfrac{100}{I}$
② $\dfrac{150}{I}$
③ $\dfrac{300}{I}$
④ $\dfrac{600}{I}$

정답 16 ④ 17 ① 18 ④

해설 변압기 중성점 접지

- 일반적으로 변압기의 고압·특고압측 전로 1선 지락전류로 150을 나눈 값과 같은 저항값 이하
  : $R = \dfrac{150}{I}$

- 변압기의 고압·특고압측 전로 또는 사용전압이 35[kV] 이하의 특고압전로가 저압측 전로와 혼촉하고 저압전로의 대지전압이 150[V]를 초과하는 경우는 저항값은 다음에 의한다.
  - 1초 초과 2초 이내에 고압·특고압 전로를 자동으로 차단하는 장치를 설치할 때는 300을 나눈 값 이하
    : $R = \dfrac{300}{I}$
  - 1초 이내에 고압·특고압 전로를 자동으로 차단하는 장치를 설치할 때는 600을 나눈 값 이하
    : $R = \dfrac{600}{I}$

19 ★★

고압계통에서 지락고장시간(초)이 5초 이하일 때 저압설비 허용 상용주파 과전압[V]을 구하는 수식으로 옳은 것은? (단, U_0는 선간전압을 말한다.)

① $U_0 + 1,200$
② $U_0 + 1,000$
③ $U_0 + 500$
④ $U_0 + 250$

해설 저압설비 허용 상용주파 과전압

고압계통에서 지락고장시간[초]	저압설비 허용 상용주파 과전압[V]	비 고
$t > 5$	$U_0 + 250$	중성선 도체가 없는 계통에서 U_0는 선간전압을 말한다.
$t \leq 5$	$U_0 + 1,200$	

20 ★

저압전로의 보호도체 및 중성선의 접속방식에 따라 접지계통은 다음과 같이 분류한다. 이때의 분류와 거리가 먼 것은?

① TN 계통
② TT 계통
③ IT 계통
④ TNT 계통

해설 접속방식에 따른 접지계통의 분류
- TN 계통
- TT 계통
- IT 계통

정답 19 ① 20 ④

21

계통접지에서 사용되는 정의 중 다음 그림에 대한 설명으로 옳은 것은? [69회 21.2.]

① 중성선(N)
② 중성선과 보호도체겸용(PEN)
③ 보호도체(PE)
④ 중성선과 중간도체겸용(NM)

해설 계통접지에서 사용되는 그림

기호	설명
	중성선(N), 중간도체(M)
	보호도체(PE)
	중성선과 보호도체겸용(PEN)

22

전원측의 한 점을 직접접지하고 설비의 노출도전부를 보호도체로 접속시키는 방식으로 다음 회로도가 나타내는 계통에 대한 설명으로 옳은 것은?

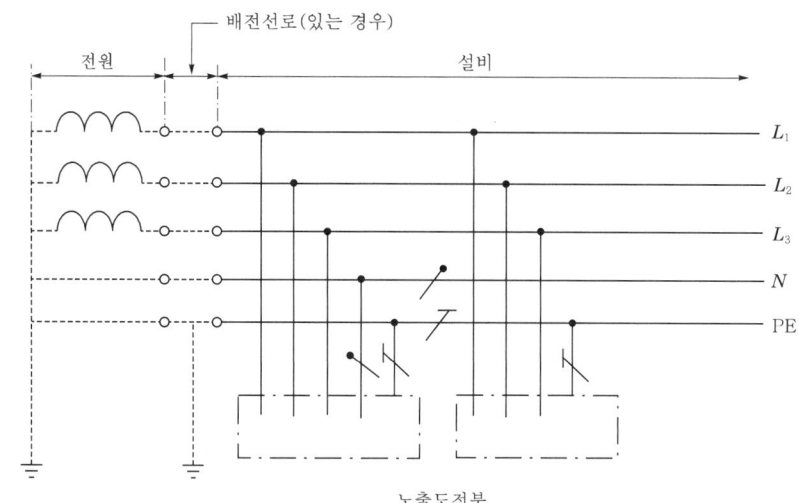

① TT 계통
② TN-S 계통
③ TN-C 계통
④ TN-C-S 계통

해설 계통접지

위의 회로는 TN-S 계통으로 계통 전체에 대해 별도의 중성선 또는 PE 도체를 사용한다. 배전 계통에서 PE 도체를 추가로 접지할 수 있다.

정답 21 ① 22 ②

23

주택용으로 사용하는 정격전류가 50[A]일 때 정격전류의 1.45배의 동작전류가 흐를 때 배선차단기의 동작시간으로 옳은 것은?

① 30분 ② 60분
③ 120분 ④ 180분

해설 주택용 배선차단기

정격전류의 구분	시 간	정격전류의 배수(모든 극에 통전)	
		부동작 전류	동작전류
63[A] 이하	60분	1.13배	1.45배
63[A] 초과	120분	1.13배	1.45배

24

산업용으로 사용하는 정격전류가 100[A]일 때 정격전류의 1.3배의 동작전류가 흐를 때 배선차단기의 동작시간으로 옳은 것은?

① 30분 ② 60분
③ 120분 ④ 180분

해설 산업용 배선차단기

정격전류의 구분	시 간	정격전류의 배수(모든 극에 통전)	
		부동작 전류	동작전류
63[A] 이하	60분	1.05배	1.3배
63[A] 초과	120분	1.05배	1.3배

25

도체와 과부하 보호장치 사이에서는 협조가 이루어져야 하며 과부하에 대해 케이블(전선)을 보호하는 장치의 동작특성에 대한 관계식으로 옳은 것은? (단, I_B : 회로의 설계전류, I_Z : 케이블의 허용전류, I_n: 보호장치의 정격전류이다.) [70회 21.7.]

① $I_B \leq I_n \leq I_Z$
② $I_B < I_n \leq I_Z$
③ $I_B \leq I_n < I_Z$
④ $I_B > I_n > I_Z$

해설 도체와 과부하 보호장치 사이의 협조

$I_B \leq I_n \leq I_Z$, $I_2 \leq 1.45 \times I_Z$

여기서, I_B : 회로의 설계전류
I_Z : 케이블의 허용전류
I_n : 보호장치의 정격전류
I_2 : 보호장치가 규약시간 이내에 유효하게 동작하는 것을 보장하는 전류

정답 23 ② 24 ③ 25 ①

26

회로의 임의의 지점에서 발생한 모든 단락전류는 케이블 및 절연도체의 허용온도를 초과하지 않는 시간 내에 차단되도록 해야 한다. 단락지속시간이 5초 이하인 경우, 통상 사용조건에서의 단락전류에 의해 절연체의 허용온도에 도달하기까지의 시간 t를 옳게 나타낸 것은? (단, t : 단락전류 지속시간[s], S : 도체의 단면적[mm²], I : 유효단락전류[A, rms], k : 도체재료의 저항률, 온도계수, 열용량, 해당 초기온도와 최종온도를 고려한 계수)

① $t = \left(\dfrac{kS}{I}\right)$
② $t = \left(\dfrac{kS}{2I}\right)^2$
③ $t = \left(\dfrac{2kS}{I}\right)^2$
④ $t = \left(\dfrac{kS}{I}\right)^2$

해설 단락전류에 의해 절연체의 허용온도에 도달하기까지의 시간 t

$$t = \left(\dfrac{kS}{I}\right)^2$$

단, t : 단락전류 지속시간[s]
S : 도체의 단면적[mm²]
I : 유효단락전류[A, rms]
k : 도체재료의 저항률, 온도계수, 열용량, 해당 초기온도와 최종온도를 고려한 계수

27

지지선(지선)에 대한 설명이다. 이 중 틀린 것은?

① 철탑은 지선을 사용하여 그 강도를 분담시켜서는 안 된다.
② 지선의 안전율은 2.5 이상이어야 한다.
③ 허용인장하중의 최저는 4.31[kN]으로 한다.
④ 소선의 지름이 2.5[mm] 이상의 금속선을 사용한 것이어야 한다.

해설 지지선(지선)
- 철탑은 지선을 사용하여 그 강도를 분담시켜서는 안 된다.
- 지선의 안전율은 2.5 이상일 것
- 허용인장하중의 최저는 4.31[kN]으로 한다.
- 소선의 지름이 2.6[mm] 이상의 금속선을 사용한 것이어야 한다.
- 소선(素線) 3가닥 이상의 연선이어야 한다.
- 지중부분 및 지표상 0.3[m]까지의 부분에는 내식성이 있는 것 또는 아연도금을 한 철봉을 사용하고 쉽게 부식되지 않는 근가에 견고하게 붙여야 한다.
- 도로를 횡단하여 시설하는 지선의 높이는 지표상 5[m] 이상으로 하여야 한다.

정답 26 ④ 27 ④

28. 33[kV]인 특고압 가공전선과 지지물 등의 간격(이격거리)로 옳은 것은?

① 0.15[m] ② 0.2[m]
③ 0.25[m] ④ 0.3[m]

해설 특고압 가공전선과 지지물 등의 간격(이격거리)

사용전압	간격(이격거리)[m]
15[kV] 미만	0.15
15[kV] 이상 25[kV] 미만	0.2
25[kV] 이상 35[kV] 미만	0.25
35[kV] 이상 50[kV] 미만	0.3
50[kV] 이상 60[kV] 미만	0.35
60[kV] 이상 70[kV] 미만	0.4
70[kV] 이상 80[kV] 미만	0.45
80[kV] 이상 130[kV] 미만	0.65
130[kV] 이상 160[kV] 미만	0.9
160[kV] 이상 200[kV] 미만	1.1
200[kV] 이상 230[kV] 미만	1.3
230[kV] 이상	1.6

29. 특고압인 154[kV]의 가공전선 높이[m]로 옳은 것은?

① 3 ② 4
③ 5 ④ 6

해설 특고압 가공전선의 높이

전압의 구분	지표상의 높이
35[kV] 이하	5[m]
35[kV] 초과 160[kV] 이하	6[m]
160[kV] 초과	6[m]에 160[kV]를 초과하는 10[kV] 또는 그 단수마다 0.12[m]를 더한 값

30. 특고압인 184[kV]의 가공전선 높이[m]로 옳은 것은?

① 3.24 ② 4.46
③ 5.36 ④ 6.36

해설 가공전선 높이

가공전선 높이를 구하기 위해 단수 규정을 적용하면 $\left(\dfrac{184-160}{10}\right)=2.4$이므로 3단이 된다.
그러므로 가공전선의 높이 $h = 6 + 3 \times 0.12 = 6.36$[m]

정답 28 ③ 29 ④ 30 ④

31. 발전소 등 울타리·담 등의 시설에 대한 설명이다. 이 중 틀린 것은?

① 울타리·담 등의 높이는 2[m] 이상으로 한다.
② 지표면과 울타리·담 등의 하단 사이의 간격은 0.3[m] 이하로 한다.
③ 출입구에는 출입금지의 표시를 한다.
④ 사용전압이 33[kV]일 때 울타리·담 등의 높이와 울타리·담 등으로부터 충전부분까지의 거리의 합계는 5[m]이다.

해설 발전소 등 울타리·담 등의 시설
- 울타리·담 등의 높이는 2[m] 이상으로 한다.
- 지표면과 울타리·담 등의 하단 사이의 간격은 0.15[m] 이하로 하여야 한다.
- 출입구에는 출입금지의 표시를 하여야 한다.

∥ 발전소 등의 울타리·담 등의 시설시 이격거리 ∥

사용전압의 구분	울타리·담 등의 높이와 울타리·담 등으로부터 충전부분까지의 거리의 합계
35[kV] 이하	5[m]
35[kV] 초과 160[kV] 이하	6[m]
160[kV] 초과	6[m]에 160[kV]를 초과하는 10[kV] 또는 그 단수마다 0.12[m]를 더한 값

정답 31 ②

부록 I

과년도 출제문제

● 전기기능장 출제문제

제49회 2011년 4월 17일 출제문제

01 53[mH]의 코일에 $10\sqrt{2}\sin 377t$[A]의 전류를 흘리려면 인가해야 할 전압은?

① 약 60[V]   ② 약 200[V]
③ 약 $530\sqrt{2}$[V]   ④ 약 530[V]

해설 $i = I_m \sin\omega t = 10\sqrt{2}\sin 377t$[A]에서
$\omega = 377$, $I(실효값) = \dfrac{10\sqrt{2}}{\sqrt{2}} = 10$
$\therefore V = I \cdot X_L = I \cdot \omega L$
$= 10 \times 377 \times 53 \times 10^{-3}$
$= 199.81 \fallingdotseq 200$[V]

02 전계 중에 단위 점전하를 놓았을 때, 그 단위 점전하에 작용하는 힘을 그 점에 대한 무엇이라고 하는가?

① 전위   ② 변위전류
③ 전계의 세기   ④ 전위차

해설 전계의 세기는 전하에서 작용하는 힘으로 전계 내의 점에 단위 점전하를 놓았을 때 이 전하에 작용하는 힘의 크기를 나타내며,
전계의 세기$(E) = 9 \times 10^9 \dfrac{Q}{\varepsilon_s r^2}$ 이다.

03 같은 철심 위에 동일한 권수로 자체 인덕턴스 L[H]의 코일 두 개를 접근해서 감고 이것을 같은 방향으로 직렬연결할 때 합성 인덕턴스[H]는? (단, 두 코일의 결합계수는 0.5이다.)

① L ② $2L$
③ $3L$ ④ $4L$

해설 • 코일을 같은 방향으로 연결하였으므로 이것을 가동접속이라 한다.

• 합성 인덕턴스$(L') = L_1 + L_2 + 2M$이며,
$K = \dfrac{M}{\sqrt{L_1 L_2}} = \dfrac{M}{\sqrt{L^2}}$
$\therefore M = KL = \dfrac{1}{2}L$이므로
$L' = 2L + 2\dfrac{1}{2}L = 3L$[H]

04 다음 중 도전율이 큰 것부터 작은 것의 순으로 나열된 것은?

① 금>은>구리>수은
② 은>구리>금>수은
③ 은>구리>수은>금
④ 금>구리>은>수은

해설 도전율(σ)은 고유저항(ρ)의 역수로 표시되며 물질 내 전류가 흐르기 쉬운 정도를 나타낸다.
$\sigma = \dfrac{1}{\rho} = \dfrac{1}{\dfrac{RA}{l}} = \dfrac{l}{RA}$ [℧/m]

금속의 고유저항$(\Omega \cdot m \times 10^{-8})$은 다음과 같다.
은 : 1.62, 구리 : 1.69, 금 : 2.4, 니켈 : 6.9,
철 : 10, 백금 : 10.5, 수은 : 95, 니크롬 : 110

05 1[C]의 전기량은 약 몇 개의 전자의 이동으로 발생하는가? (단, 전자 1개의 전기량은 1.602×10^{-19}[C]이다.)

① 9×10^9 ② 6.33×10^4
③ 8.855×10^{-12} ④ 6.24×10^{18}

해설 1개의 전자는 1.602×10^{-19}[C]의 전기량을 가지므로, 반대로 $\dfrac{1}{1.602 \times 10^{-19}} = 6.24 \times 10^{18}$개의 전자가 부족하다.

정답 01 ② 02 ③ 03 ③ 04 ② 05 ④

06 직류 직권 전동기의 토크를 τ라 할 때 회전수를 $\frac{1}{2}$로 줄이면 토크는?

① $\frac{1}{2}\tau$ ② $\frac{1}{4}\tau$
③ 2τ ④ 4τ

해설 직류 직권 전동기의 토크(T, τ)와 회전수(N)의 관계
$\tau = \frac{1}{N^2}$에서 $\tau' = \frac{1}{\left(\frac{1}{2}N\right)^2} = 4\frac{1}{N^2} = 4\tau$

07 파형률과 파고율이 같고 그 값이 1인 파형은?

① 사인파 ② 구형파
③ 고조파 ④ 삼각파

해설 파형률과 파고율이 모두 '1'인 파형은 구형파이다.

종류	평균값	실효값(여기서, V_m : 최댓값 의미)
정현파, 전파	$\frac{2}{\pi}V_m$	$\frac{V_m}{\sqrt{2}}$
반파	$\frac{1}{\pi}V_m$	$\frac{V_m}{2}$
맥류파	$\frac{1}{2}V_m$	$\frac{V_m}{\sqrt{2}}$
구형파	V_m	V_m
삼각파, 톱니파	$\frac{1}{2}V_m$	$\frac{V_m}{\sqrt{3}}$

08 전기분해에 관한 패러데이의 법칙에서 전기분해시 전기량이 일정하면 전극에서 석출되는 물질의 양은?

① 전류에 반비례한다.
② 원자가에 비례한다.
③ 시간에 반비례한다.
④ 화학당량에 비례한다.

해설 패러데이의 법칙(Faraday's law)
• 전기분해에 의해서 음과 양의 두 전극으로부터 석출되는 물질의 양은 전해액 속에 통한 전기량에 비례한다.

$W = KQ = KIt[g]$(여기서, K : 전기 화학당량)
• 같은 전기량에 의해 여러 가지 화합물이 전해될 때 석출되는 물질의 양은 그 물질의 화학당량에 비례한다.

화학당량 = $\frac{원자량}{원자가}$

09 정전압 전원장치로 가장 이상적인 조건은?

① 내부저항이 무한대이다.
② 내부저항이 0이다.
③ 외부저항이 0이다.
④ 외부저항이 무한대이다.

해설 이상적인 전압원의 내부저항은 '0', 전류원의 내부저항은 '∞'이다.

10 어떤 회로소자에 $e = 250\sin 377t$[V]의 전압을 인가하였더니 전류 $i = 50\sin 377t$[A]가 흘렀다. 이 회로의 소자는?

① 유도 리액턴스
② 용량 리액턴스
③ 순저항
④ 다이오드

해설 R만의 회로
전류 $i = \frac{V_m}{R}\sin\omega t = I_m \sin\omega t$[A]
저항(R)만의 회로에서는 서로 동위상이 된다.

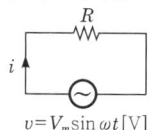

11 권수비 30인 단상 변압기가 전부하에서 2차 전압이 115[V], 전압변동률이 2[%]라 한다. 1차 단자전압은?

① 3,381[V]
② 3,450[V]
③ 3,519[V]
④ 3,588[V]

정답 06 ④ 07 ② 08 ④ 09 ② 10 ③ 11 ③

해설 1차측 단자전압 V_{10}

$$V_{10} = V_{1n}\left(1+\frac{\varepsilon}{100}\right) = aV_{2n}\left(1+\frac{\varepsilon}{100}\right)$$
$$= 30 \times 115\left(1+\frac{2}{100}\right)$$
$$= 3,519[V]$$

12 3상 유도 전동기를 불평형 전압으로 운전하는 경우 ㉠ 토크와 ㉡ 입력은?

① ㉠ 증가, ㉡ 감소
② ㉠ 감소, ㉡ 증가
③ ㉠ 감소, ㉡ 감소
④ ㉠ 증가, ㉡ 증가

해설 3상 유도 전동기의 특징
- 회전자의 속도가 증가할수록 회전자측에 유기되는 기전력 감소
- 회전자의 속도가 증가할수록 회전자권선의 임피던스 감소
- 전동기의 부하가 증가하면 슬립은 증가
- 불평형전압으로 운전하면 토크는 감소하고, 입력은 증가

13 변압기의 병렬운전조건에 해당하지 않는 것은?

① 권수비, 1차 및 2차의 정격전압이 같아야 한다.
② 극성이 같아야 한다.
③ 각 변압기의 저항과 누설 리액턴스의 비가 같아야 한다.
④ 각 변압기의 임피던스가 정격용량에 비례해야 한다.

해설 병렬운전조건
- 극성, 1차, 2차 정격전압 및 권수비가 같을 것
- % 저항강하, % 리액턴스 강하가 같을 것

14 3상 유도 전동기가 입력 60[kW], 고정자 철손 1[kW]일 때 슬립 5[%]로 회전하고 있다면 기계적 출력은?

① 약 56[kW]   ② 약 59[kW]
③ 약 66[kW]   ④ 약 69[kW]

해설 P_2(2차 입력) $= P_1$(1차 입력) $- P_l$(손실)
$$= 60 - 1 = 59[kW]$$
$$P_2 = \frac{P_0}{1-s} \text{ (여기서, } P_0 : \text{기계적 출력)}$$
$$\therefore P_0 = P_2(1-s) = 59 \times 10^3 \times (1-0.05)$$
$$= 56.05 \times 10^3[W] ≒ 56[kW]$$

15 다음 중 변압기에 콘서베이터(conservator)를 설치하는 목적은?

① 절연유의 열화 방지
② 냉각효과 증진을 위한 강제통풍
③ 코로나 현상 방지
④ 누설 리액턴스 감소

해설 콘서베이터의 목적
변압기 부하의 변화에 따르는 호흡작용에 의한 변압기 기름의 팽창, 수축이 콘서베이터의 상부에서 행하여지게 되므로 높은 온도의 기름이 직접 공기와 접촉하는 것을 방지하여 기름의 열화를 방지하는 것이다.

16 3상 발전기의 전기자권선에서 Y결선을 채택하는 이유로 볼 수 없는 것은?

① 중성점을 이용할 수 있다.
② 같은 상전압이면 △ 결선보다 높은 선간전압을 얻을 수 있다.
③ 같은 상전압이면 △ 결선보다 상절연이 쉽다.
④ 발전기단자에서 높은 출력을 얻을 수 있다.

해설 Y결선의 장점
- 선간전압이 상전압보다 $\sqrt{3}$ 배 증가한다.
- 각 상의 제3고조파 전압이 선간에는 나타나지 않는다.
- 이상전압 발생이 적다.
- 절연이 용이하다.
- 중성점을 이용할 수 있다.
- 코로나, 열화 등이 적다.

정답 12 ② 13 ④ 14 ① 15 ① 16 ④

17 동기 전동기의 특성에 대한 설명으로 잘못된 것은?

① 난조가 일어나기 쉽다.
② 여자기가 필요하다.
③ 기동토크가 작다.
④ 역률을 조정할 수 없다.

해설 동기 전동기

장점	• 속도가 일정하다. • 항상 역률 1로 운전할 수 있다.(역률조정이 가능) • 일반적으로 유도 전동기에 비해 효율이 좋다. • 지상, 진상전류를 흘릴 수 있다.
단점	• 기동토크가 작다. • 난조를 일으킬 염려가 있다. • 구조가 복잡하다. • 직류전원을 필요로 한다. • 속도제어가 곤란하다.

18 병렬운전하고 있는 동기 발전기에서 부하가 급변하면 발전기는 동기화력에 의하여 새로운 부하에 대응하는 속도에 이르지 않고 새로운 속도를 중심을 전후로 진동을 반복하는데 이러한 현상은?

① 난조   ② 비례추이
③ 플러깅 ④ 탈조

해설 • 난조 : 부하변동시 부하각과 동기속도가 진동하는 현상
• 탈조 : 난조가 심화되어 동기속도를 이탈하는 현상

19 4극 1,500[rpm]의 동기발전기와 병렬운전하는 24극 동기발전기의 회전수[rpm]는?

① 50[rpm]   ② 250[rpm]
③ 1,500[rpm] ④ 3,000[rpm]

해설 • 4극 발전기의 주파수(f_4)

$$f_4 = \frac{P \cdot N_s}{120} = \frac{4 \times 1,500}{120} = 50[Hz]$$

• 24극 발전기의 회전수(N_s)

$$N_s = \frac{120f}{P} = \frac{120 \times 50}{24} = 250[rpm]$$

20 동기 주파수 변환기를 사용하여 4극의 동기 전동기에 60[Hz]를 공급하면, 8극의 동기 발전기에는 몇 [Hz]의 주파수를 얻을 수 있는가?

① 15[Hz]   ② 120[Hz]
③ 180[Hz] ④ 240[Hz]

해설 회전속도(N_s)

$$N_s = \frac{120 \cdot f}{P} = \frac{120 \times 60}{4} = 1,800[rpm]$$

∴ 8극 전동기주파수(f')

$$f' = \frac{PN_s}{120} = \frac{8 \times 1,800}{120} = 120[Hz]$$

21 동기 발전기에서 여자기(exciter)란?

① 계자권선에 여자전류를 공급하는 직류전원 공급장치
② 부하조정을 위하여 사용되는 부하분담장치
③ 속도조정을 위하여 사용되는 속도조정장치
④ 정류개선을 위하여 사용되는 브러시이동장치

22 저압 전기설비에서 적용되고 있는 용어 중 "사람이나 동물이 도전성 부위를 접촉하지 않은 경우 동시에 접근 가능한 전선 간 전압"을 무엇이라 하는가?

① 예상접촉전압
② 예상감전전압
③ 스트레스전압
④ 공칭전압

해설 용어
• 공칭전압(nominal-voltage) : 그 전선로를 대표하는 선간전압

정답 17 ④ 18 ① 19 ② 20 ② 21 ① 22 ①

- 스트레스전압(stress-voltage) : 저압계통에 전력을 공급하는 변전소의 고압부분에서 1선 지락고장으로 저압계통설비의 노출 도전성 부분과 전로 간에 발생하는 전압
- 예상접촉전압(prospective touch voltage) : 사람이나 동물이 도전성 부위를 접촉하지 않은 경우 동시에 접근 가능한 전선 간 전압

23 다선식 옥내배선인 경우 중성선(절연전선, 케이블 및 코드)의 표시로 옳은 것은?
[KEC 규정에 따른 부적합 문제]

① 청색 또는 적색
② 백색 또는 회색
③ 녹색 또는 흑색
④ 흑색 또는 흰색

해설 극성표시
- 다선식 옥내배선인 경우의 중성선(절연전선, 케이블 및 코드)은 백색 또는 회색의 표시를 하여야 한다.
- 다음에 해당하는 접지측 전선은 위에 따라 표시를 한다.
  - 인입구에서 중성선 또는 1선을 접지한 옥내배선
  - 수전용 변압기의 2차측 중성점 또는 1개의 단자를 접지한 경우의 간선에서 분기되는 2선식 옥내배선

24 금속관 배선에서 관의 굴곡에 관한 사항이다. 금속관의 굴곡개소가 많은 경우에는 어떻게 하는 것이 바람직한가?

① 링리듀서를 사용한다.
② 풀박스를 설치한다.
③ 덕트를 설치한다.
④ 행거를 3[m] 간격으로 견고하게 지지한다.

해설 굴곡개소가 많은 경우에는 풀박스를 설치한다.

25 버스덕트 배선에 사용되는 버스덕트의 종류가 아닌 것은?

① 탭붙이 버스덕트
② 플러그인 버스덕트
③ 피더 버스덕트
④ 플로어 버스덕트

해설 버스덕트 공사
- 덕트를 조영재에 설치한 경우에는 덕트의 지지점 간의 거리를 3[m] 이하로 한다.
- 취급자 이외의 자가 출입할 수 없도록 설치한 곳에서 수직으로 붙이는 경우는 6[m] 이하로 한다.
- 공사 중 도중에 부하를 접속 가능하게 꽂음 구멍이 있는 Plug-in bus way 덕트가 있다.
- 버스덕트에 시설되는 도체의 단면적
  - 단면적 20[mm^2] 이상의 띠모양
  - 지름 5[mm] 이상의 관모양이나 둥글고 긴 막대모양의 동
  - 단면적 30[mm^2] 이상의 띠모양의 알루미늄
- 버스덕트에는 피더 버스덕트, 플러그인 버스덕트, 탭붙이 버스덕트, 익스펜션 버스덕트 등이 있다.

26 금속덕트 공사시 덕트를 조영재에 붙이는 경우 덕트의 지지점 간의 거리[m]는 얼마 이하로 하여야 하는가?

① 2[m] ② 3[m]
③ 4[m] ④ 5[m]

해설 금속덕트 공사
- 절연전선 사용(옥외용 비닐절연전선 제외)
- 금속덕트에 넣은 전선의 단면적 총합은 덕트 내부 단면적의 20[%] 이하
- 조영물에 설치시 덕트의 지지점 간의 거리는 3[m] 이하
- 사람이 출입할 수 없도록 설비한 곳에 수직으로 설치시 6[m] 이하
- 덕트의 끝부분은 막을 것

정답 23 ② 24 ② 25 ④ 26 ②

27 전선의 접속법에 대한 설명으로 잘못된 것은?
① 접속부분은 접속슬리브, 전선접속기를 사용하여 접속한다.
② 접속부는 전선의 강도(인장하중)를 20[%] 이상 유지한다.
③ 전기화학적 성질이 다른 도체를 접속하는 경우에는 접속부분에 전기적 부식이 생기지 않도록 하여야 한다.
④ 접속부분은 절연전선의 절연물과 동등 이상의 절연효력이 있는 것으로 충분히 피복한다.

해설 전선의 접속법
- 전기저항 증가금지
- 접속부위 반드시 절연
- 접속부위 접속기구 사용
- 전선의 세기(인장하중) 20[%] 이상 감소금지
- 전기적 부식방지
- 충분히 절연피복을 할 것

28 저압 이웃연결(연접)인입선의 시설에 대한 설명으로 잘못된 것은?
① 옥내를 통과하지 않아야 한다.
② 폭 5[m]를 넘는 도로를 횡단하지 않아야 한다.
③ 인입선에서 분기되는 점에서 100[m]를 넘지 않아야 한다.
④ 도로를 횡단하는 경우 높이는 노면상 5[m]를 넘지 않아야 한다.

해설 저압 이웃연결(연접)인입선의 시설기준
- 도로횡단시 노면상 높이는 5[m] 이상
- 인입선에서 분기되는 점으로부터 100[m]를 초과하지 말 것
- 폭 5[m] 도로를 횡단하지 말 것
- 옥내 통과 금지

29 욕실 등 인체가 물에 젖어 있는 상태에서 물을 사용하는 장소에 콘센트를 시설하는 경우에는 인체감전보호용 누전차단기가 부착된 콘센트나 절연변압기로 보호된 전로에 접속하여야 한다. 여기서 절연변압기의 정격용량은 얼마 이하인 것에 한하는가?
① 2[kVA] ② 3[kVA]
③ 4[kVA] ④ 5[kVA]

해설 옥내에 시설하는 저압용 배선 시설
- 옥내에 습기가 많은 곳, 물기가 있는 곳에는 방습장치를 한다.
- 절연변압기를 사용하며, 정격용량은 3[kVA] 이하이다.
- 전선접속시 나사로 고정한다.

30 금속제의 전선접속함 및 지중전선의 피복으로 사용하는 금속체에는 몇 종 접지공사를 하여야 하는가? (단, 방식조치(防蝕措置)를 한 부분이 아닌 경우이다.)
[KEC 규정에 따른 부적합 문제]
① 제1종 접지공사
② 제2종 접지공사
③ 제3종 접지공사
④ 특별 제3종 접지공사

해설 지중전선의 피복금속체 접지
지중전선을 넣은 금속성의 암거, 관로, 관 및 지중전선의 피복에 사용하는 금속체에는 제3종 접지공사를 시설

31 고정하여 사용하는 전기기계·기구에 제1종 접지공사의 접지선으로 연동선을 사용할 경우 접지선의 굵기[mm^2]는?
[KEC 규정에 따른 부적합 문제]
① 2.5[mm^2] 이상
② 6.0[mm^2] 이상
③ 8.0[mm^2] 이상
④ 16[mm^2] 이상

해설 접지공사에 따른 접지저항 및 굵기

접지공사의 종류	접지저항치	접지선 굵기
제1종 접지공사	10[Ω] 이하	6[mm^2]

정답 27 ② 28 ④ 29 ② 30 ③ 31 ②

32 하나의 저압 옥내간선에 접속하는 부하 중 전동기의 정격전류의 합계가 40[A], 다른 전기사용기계·기구의 정격전류의 합계가 28[A]라 하면 간선은 몇 [A] 이상의 허용전류가 있는 전선을 사용하여야 하는가

[KEC 규정에 따른 부적합 문제]

① 40[A]   ② 68[A]
③ 72[A]   ④ 78[A]

해설 허용전류 $I_0 \geq \sum I_m \times K + \sum I_h$
$I_0 = 40 \times 1.25 + 28 = 78[A]$

33 다음 중 변전실의 위치선정시 고려해야 할 사항이 아닌 것은?

① 설치할 기기를 고려하여 천장의 높이가 4[m] 이상으로 충분할 것
② 전원의 인입과 기기의 반출이 편리할 것
③ 부하의 중심에 가깝고 배전에 편리한 장소일 것
④ 빌딩의 경우 지하 최저층의 동력부하가 많은 곳에 선정

해설 변전실 위치선정시 고려사항
• 전원의 인입이 편리할 것
• 기기의 반출이 편리할 것
• 부하의 중심에 가깝고 배전에 편리한 장소
• 설치기기를 고려하여 천장높이가 4[m] 이상으로 충분할 것

34 실지수가 높을수록 조명률이 높아진다. 방의 크기가 가로 9[m], 세로 6[m]이고, 광원의 높이는 작업면에서 3[m]인 경우 이 방의 실지수(방지수)는?

① 0.2   ② 1.2
③ 18   ④ 27

해설 방지수(실지수) K는 방의 형태에 대한 계수이며 다음과 같다.
$K = \dfrac{X \cdot Y}{H(X+Y)} = \dfrac{9 \times 6}{3(9+6)} = 1.2$

(여기서, X : 방의 폭(m), Y : 방의 길이(m), H : 작업면에서 광원까지의 높이(m))

35 지상 역률 60[%]인 1,000[kVA]의 부하를 100[%]의 역률로 개선하는 데 필요한 전력용 콘덴서의 용량은?

① 200[kVA]   ② 400[kVA]
③ 600[kVA]   ④ 800[kVA]

해설 $Q_c = P(\tan\theta_1 - \tan\theta_2)$
$= P\left(\dfrac{\sqrt{1-\cos^2\theta_1}}{\cos\theta_1} - \dfrac{\sqrt{1-\cos^2\theta_2}}{\cos\theta_2}\right)$
$P = VI\cos\theta = 1,000 \times 10^3 \times 0.6 = 600[kW]$
$\therefore Q_c = 600 \times 10^3 \times \left(\dfrac{\sqrt{1-0.6^2}}{0.6} - 0\right)$
$\fallingdotseq 800[kVA]$

36 학교, 사무실, 은행의 옥내배선설계에 있어서 간선의 굵기를 선정할 때 전등 및 소형 전기 기계·기구의 용량합계가 10[kVA]를 초과하는 것은 그 초과량에 대하여 수용률을 몇 [%]로 적용할 수 있도록 규정하고 있는가?

① 30[%]   ② 40[%]
③ 50[%]   ④ 70[%]

해설 간선의 수용률
전등 및 소형 전기기계·기구의 용량합계가 10[kVA]를 초과하는 것은 그 초과용량에 대하여 다음과 같은 수용률을 적용할 수 있다.

간선의 수용률		표준부하	
건축물의 종류	수용률 [%]	건축물의 종류	표준 부하 [VA/m²]
주택, 기숙사, 여관, 호텔, 병원, 창고	50	공장, 공회당, 사원, 교회, 극장, 영화관 등	10
학교, 사무실, 은행	70	기숙사, 여관, 호텔, 병원, 학교, 다방 등	20
–	–	은행, 이발소, 미용원 등	30
–	–	주택, 아파트	40

정답 32 ④ 33 ④ 34 ② 35 ④ 36 ④

37 다음 중 단로기의 사용상 목적으로 가장 적합한 것은?

① 무부하회로의 개폐
② 3상 동시 개폐
③ 고장전류의 차단
④ 부하전류의 개폐

해설
- 단로기(DS) : 정격전압하에서 충전된 전로를 개폐하는 것을 말하며, 무부하회로 개폐, 기기의 전원분리, 회로의 접속변경의 기능을 한다.
- 차단기(CB) : 부하전류 개폐, 고장전류의 차단을 한다.

38 폭 20[m] 도로의 양쪽에 간격 10[m]를 두고 대칭배열(맞보기배열)로 가로등이 점등되어 있다. 한 등당 전광속이 4,000[lm], 조명률이 45[%]일 때 도로의 평균조도는?

① 9[lx]
② 17[lx]
③ 18[lx]
④ 19[lx]

해설 도로의 광속 (F)

$F = \dfrac{EBSD}{NU}$ 에서 도로의 조도(E) = $\dfrac{FUN}{BSD}$

(여기서, B : 도로의 폭, S : 등기구의 간격, D : 감광보상률, F : 총광속 U : 조명률, N : 광원의 열수)

∴ $E = \dfrac{4,000 \times 0.45 \times 1}{20 \times 10 \times \dfrac{1}{2}} = 18[lx]$

39 실리콘 정류기의 동작시 최고 허용온도를 제한하는 가장 주된 이유는?

① 브레이크 오버(break-over)전압의 저하 방지
② 브레이크 오버(break-over)전압의 상승 방지
③ 정격 순전류의 저하 방지
④ 역방향 누설전류의 감소 방지

해설 I(전류)의 증가는 α(증폭도)의 증가를 가져와 $\alpha_1 + \alpha_2 \fallingdotseq 1$이 되면서 브레이크 오버(break-over) 현상이 일어나며, 최고 허용온도를 제한하는 이유는 브레이크 오버전압의 저하 방지이다.

40 SCR의 턴온시 10[A]의 전류가 흐를 때 게이트 전류를 $\dfrac{1}{2}$로 줄이면 SCR의 전류는?

① 5[A]
② 10[A]
③ 20[A]
④ 30[A]

해설 SCR은 일단 도통이 된 후에는 게이트 전압, 전류와는 무관하다. 즉, 게이트 전압이 상승, 감소 또는 게이트 전류가 상승, 감소하여도 변동이 없다.

41 다음 중 다이액(DIAC ; Diode AC switch)에 대한 설명으로 잘못된 것은?

① 트리거 펄스 전압은 약 6~10[V] 정도가 된다.
② 트라이액 등의 트리거 용도로 사용된다.
③ 역저지 4극 사이리스터이다.
④ 양방향으로 대칭적인 부성저항을 나타낸다.

해설 다이액(DIAC ; Diode AC switch)
CSR이나 TRIAC의 트리거용으로 쓰이며, 양방향성 소자이다.
- 2단자의 교류 스위칭 소자이다.
- 기본구조는 NPN(PNP)의 3층 대칭구조를 가지고 있다.

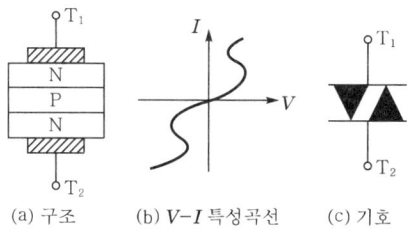

(a) 구조 (b) $V-I$ 특성곡선 (c) 기호

정답 37 ① 38 ③ 39 ① 40 ② 41 ③

42 DC 12[V]의 전압을 측정하려고 10[V]용 전압계 Ⓐ와 Ⓑ 두 개를 직렬로 연결하였다. 이 때 전압계 Ⓐ의 지시값은? (단, 전압계 Ⓐ의 내부저항은 8[kΩ]이고, Ⓑ의 내부저항은 4[kΩ]이다.)

① 4[V]　　② 6[V]
③ 8[V]　　④ 10[V]

해설

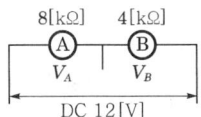

$V_A = \dfrac{8}{8+4} \times 12 = 8[V]$

$V_B = \dfrac{4}{8+4} \times 12 = 4[V]$ 지시값을 나타낸다.

∴ 전압계 Ⓐ의 지시값은 8이다.

43 그림과 같은 회로에서 위상각 $\theta = 60°$의 유도부하에 대하여 점호각 α를 0°에서 180°까지 가감하는 경우 전류가 연속되는 α의 각도는 몇 °까지인가?

① 30°
② 45°
③ 60°
④ 90°

해설 점호각(α) 60°까지는 연속이고, 60°보다 크게 되면 부하전류는 불연속적이다.

44 사이클로 컨버터에 대한 설명으로 옳은 것은?

① 교류전력의 주파수를 변환하는 장치이다.
② 직류전력을 교류전력으로 변환하는 장치이다.
③ 직류전력 및 교류전력을 변성하는 장치이다.
④ 교류전력을 직류전력으로 변환하는 장치이다.

해설 **사이클로 컨버터(cyclo converter)**
교류전력의 주파수 변환장치이며, 교류전동기의 속도제어용으로 이용된다.

45 다음 그림과 같은 타임차트의 기능을 갖는 논리게이트는?

A : 0 1 1 0 0
B : 0 0 1 1 0
X : 0 1 1 1 0

① A,B OR →X　② A,B NAND →X
③ A,B XOR →X　④ A,B NAND →X

해설

입력 $\begin{cases} A : 0\ 1\ 1\ 0\ 0 \\ B : 0\ 0\ 1\ 1\ 0 \end{cases}$ ← AND회로
출력　$X : 0\ 0\ 1\ 0\ 0$

입력 $\begin{cases} A : 0\ 1\ 1\ 0\ 0 \\ B : 0\ 0\ 1\ 1\ 0 \end{cases}$ ← OR회로
출력　$X : 0\ 1\ 1\ 1\ 0$

46 표와 같은 반감산기의 진리표에 대한 출력함수는?

입력		출력	
A	B	D	B_0
0	0	0	0
0	1	1	1
1	0	1	0
1	1	0	0

① $D = \overline{A} \cdot \overline{B} + A \cdot B,\ B_0 = \overline{A} \cdot B$
② $D = \overline{A} \cdot B + A \cdot \overline{B},\ B_0 = \overline{A} \cdot B$
③ $D = \overline{A} \cdot B + A \cdot B,\ B_0 = A \cdot \overline{B}$
④ $D = \overline{A} \cdot B + A \cdot \overline{B},\ B_0 = A \cdot \overline{B}$

해설
- **반감산기** : E-OR회로에서 두 입력의 반감산기회로를 실현할 수 있으며, 두 입력 A와 B가 같으면 차는 '0', 다르면 '1'이 된다.
- 회로도

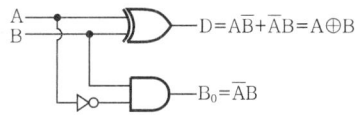

(여기서, 차(D ; Difference), 빌림(B_0 ; Borrow))

정답 42 ③　43 ③　44 ①　45 ①　46 ②

47 다음 중 멀티플렉서(multiplexer, MUX)란?

① 2^n비트로 구성된 정보를 입력하여 n비트의 2진수를 출력하는 조합논리회로이다.
② n비트의 2진수를 입력하여 최대 2^n비트로 구성된 정보를 출력하는 조합논리회로이다.
③ 여러 개의 입력선 중에서 하나를 선택하여 단일출력선으로 연결하는 조합회로이다.
④ 하나의 입력선으로부터 정보를 받아 여러 개의 출력단자의 출력선으로 정보를 출력하는 회로이다.

해설 **멀티플렉서(MUX ; Multi plexer)**
n개의 입력 data에서 1개의 입력만을 선택해서 단일통로로 전송하는 회로를 말한다.
• 4×1 MUX회로

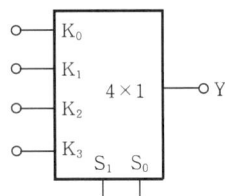

• 진리표

입력		출력
S_1	S_0	Y
0	0	K_0
0	1	K_1
1	0	K_2
1	1	K_3

48 CPU의 마이크로 동작 사이클에 해당하지 않는 것은? [출제기준 변경에 따른 부적합 문제]

① 인출 사이클
② 직접 사이클
③ 인터럽트 사이클
④ 실행 사이클

해설 **동작 사이클**
• 호출, 인출(fetch) 사이클
• 간접(indirect) 사이클
• 실행(execution) 사이클
• 인터럽트(interrupt) 사이클

49 Interrupt 발생시 복귀주소를 기억시키는 데 사용되는 것은?
[출제기준 변경에 따른 부적합 문제]

① 큐   ② 메일메모리
③ 스택   ④ 프로그램 카운터

해설 • 인터럽트(interrupt)가 발생하면 중앙처리장치에서 인터럽트 확인신호를 주변장치에 보내고 현재의 프로그램 카운터를 스택에 저장한다.
• 인터럽트의 종류
  - 기계 착오 인터럽트 : 프로그램의 수행 도중 기계적인 문제로 인하여 생기는 인터럽트
  - 외부 착오 인터럽트 : 컴퓨터를 다루는 사람(오퍼레이터)이 시스템의 요구에 필요한 조치를 할 경우. 즉, 의도적인 조작의 중단으로 외부에서 생기는 신호에 따라 일어나는 인터럽트
  - 프로그램 인터럽트 : 프로그램의 실행 중 프로그램상의 착오나 취급되지 않는 명령문을 사용하여 예외적인 상황 발생시에 생기는 인터럽트
  - 입·출력 인터럽트 : 입·출력 수행시 조작의 종료나 착오가 생겨서 중앙처리장치의 요청이 필요하게 되어 채널이 인터럽트를 발생시키는 것

50 컴퓨터 회로에서 버스선(bus line)을 사용하는 가장 큰 이유는?
[출제기준 변경에 따른 부적합 문제]

① Register수를 줄이기 위함이다.
② 보다 정확한 전송을 위함이다.
③ Speed를 향상시키기 위함이다.
④ 결선수를 줄이기 위함이다.

해설 **CPU의 Bus line**
마이크로컴퓨터의 CPU에서는 데이터선과 주소선이 나온다.(8bit CPU에서는 데이터선 8개, 주소선은 16개) 이들 선이 필요한 기억장치와 입·출력장치에 독립적으로 연결시 시스템이 매우 복잡해지므로 버스선을 사용하여 데이터선과 주소선을 공통으로 사용하면 시스템을 간략화할 수 있다.

정답 47 ③ 48 ② 49 ③ 50 ④

51 비트(bit)에 관한 설명 중 잘못된 것은?
　　　　[출제기준 변경에 따른 부적합 문제]
① Binary digit의 약자이다.
② 정보를 나타내는 최소 단위이다.
③ 0과 1을 함께 나타내는 정보 단위이다.
④ 2진수로 표시된 정보를 나타내기에 알맞다.

해설
- 비트(bit : binary digit)
  - 데이터를 기억하는 최소 단위
  - 2가지 상태(0, 1)만을 표현하는 수. 2진수의 최소 단위
- 바이트(byte)
  - 문자를 표현하는 최소 단위
  - 1byte=8bit이며 표현가지수는 2⁸=256가지이다.
- 워드(word)
  - Half word=2bytes(16bit)
  - Full word=4bytes(32bit)
  - Double word=8bytes(64bit)

52 컴퓨터의 중앙처리장치에서 연산의 결과나 중간값을 일시적으로 저장해두는 레지스터는? [출제기준 변경에 따른 부적합 문제]
① 인덱스 레지스터
② 상태 레지스터
③ 메모리주소 레지스터
④ 누산기

해설 누산기
CPU(중앙처리장치) 내의 연산장치에 있는 레지스터로서 사칙연산, 논리연산 등의 결과를 일시적으로 저장하는 레지스터이다.

53 다음 기억소자 중 CPU가 가장 빠르게 호출할 수 있는 메모리 형태는?
　　　　[출제기준 변경에 따른 부적합 문제]
① 가상메모리　　② 보조메모리
③ 캐시메모리　　④ Associative메모리

해설 캐시메모리(cache memory)
- 중앙처리장치(CPU)와 주기억장치의 처리속도 차이에 의해서 생기는 문제를 해결하기 위한 고속의 buffer기억장치이다.
- 처리속도는 CPU가 주기억장치보다 훨씬 빠르다.

주기억장치 ← 캐시메모리 ← 중앙처리장치

54 인터럽트 동작을 가장 잘 설명한 것은?
　　　　[출제기준 변경에 따른 부적합 문제]
① 프로그램 계수기가 요구하여 수행된다.
② 입·출력장치가 요구하여 수행된다.
③ 명령 레지스터가 요구하여 수행된다.
④ 스택 포인터가 요구하여 수행된다.

해설 인터럽트 처리 방법
인터럽트 발생(입·출력장치 요구) → 인터럽트 확인신호 발생 → 인터럽트 처리루틴 시작 → 인터럽트 처리루틴 수행

55 로트 크기 1,000, 부적합품률이 15[%]인 로트에서 5개의 랜덤시료 중에서 발견된 부적합품수가 1개일 확률을 이항분포로 계산하면 약 얼마인가?
① 0.1648　　② 0.3915
③ 0.6085　　④ 0.8352

해설 이항분포 $P(x)$
$P(x) = {_nC_x} P^x (1-P)^{n-x}$,
${_nC_x} = \dfrac{n!}{x!(n-x)!}$ 이다.
${_5C_1} = \dfrac{5!}{1!4!} = 5$
$\therefore P(x) = 5 \times 0.15 \times (1-0.15)^{5-1}$
$\fallingdotseq 0.391504$

56 계량값 관리도에 해당되는 것은?
① c 관리도　　② np 관리도
③ R 관리도　　④ u 관리도

해설 계량형 관리도의 종류
- x 관리도(개별측정치 관리도)
- Md 관리도(중앙치와 범위의 관리도)
- $\bar{x}-R$ 관리도(평균치와 범위의 관리도)
- $\bar{x}-\sigma$ 관리도(평균치와 표준편차의 관리도)
- R 관리도(범위의 관리도)

정답 51 ③　52 ④　53 ③　54 ②　55 ②　56 ③

57 품질 코스트(quality cost)를 예방 코스트, 실패 코스트, 평가 코스트로 분류할 때 다음 중 실패 코스트(failure cost)에 속하는 것이 아닌 것은?

① 시험 코스트
② 설계변경 코스트
③ 재가공 코스트
④ 불량대책 코스트

해설 품질 코스트는 실패, 평가, 예방 코스트로 나누어지며, 실패 코스트는 불량대책, 재가공, 설계변경 코스트로 구분된다.

58 다음 그림과 같은 계획공정도(network)에서 주공정으로 옳은 것은? (단, 화살표 밑의 숫자는 활동시간[주]을 나타낸다.)

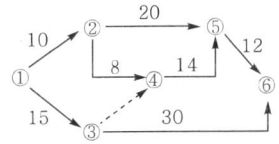

① 1-2-5-6   ② 1-2-4-5-6
③ 1-3-4-5-6 ④ 1-3-6

해설 주공정(critical path)
시작단계에서 마지막 단계까지 작업이 종료되는 과정 중 가장 오래 걸리는 경로가 있으며, 이 경로를 주공정이라 한다. 이 공정을 관찰함으로써 모든 경로를 파악하고 기한 내 사업완료가 가능해진다.
∴ 제일 긴 공정을 계산하면 ① → ③ → ⑥ 즉, 45주가 된다.

59 다음 검사의 종류 중 검사공정에 의한 분류에 해당되지 않는 것은?

① 수입검사
② 공정검사
③ 출장검사
④ 출하검사

해설 공정에 의한 분류

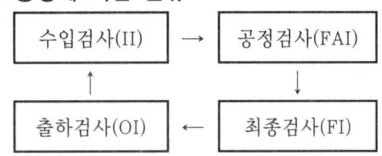

60 다음 Ralph M. Barnes 교수가 제시한 동작경제의 원칙 중 작업장 배치에 관한 원칙(arrangement of the workplace)에 해당되지 않는 것은?

① 충분한 조명을 하여 작업자가 잘 볼 수 있도록 한다.
② 모든 공구나 재료는 지정된 위치에 있도록 한다.
③ 가급적이면 낙하식 운반방법을 이용한다.
④ 가급적 용이하고 자연스런 리듬을 타고 일할 수 있도록 작업을 구성하여야 한다.

해설 작업장 배치에 관한 원칙
- 가급적이면 낙하식 운반방법을 이용한다.
- 모든 공구나 재료는 지정된 위치에 있도록 한다.
- 충분한 조명을 하여 작업자가 잘 볼 수 있도록 한다.
∴ 여기서, ④번은 신체의 사용에 관한 법칙이다.

정답 57 ① 58 ④ 59 ③ 60 ④

제50회 2011년 7월 31일 출제문제

01 그림과 같은 회로에 전압 200[V]를 가할 때 20[Ω]의 저항에 흐르는 전류는 몇 [A]인가?

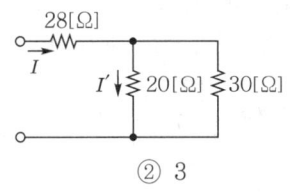

① 2　　　② 3
③ 5　　　④ 8

해설 전체 저항을 먼저 구하면
$R = 28 + \dfrac{20 \times 30}{20 + 30} = 40[\Omega]$

전체 전류$(I) = \dfrac{200}{40} = 5[A]$

∴ 분류법칙을 이용하여 20[Ω]에 흐르는 전류(I')를 구하면
$I' = \dfrac{30}{20 + 30} \times 5 = 3[A]$

02 자기 인덕턴스가 L_1, L_2, 상호 인덕턴스가 M인 두 회로의 결합계수가 1인 경우 L_1, L_2, M의 관계는?

① $L_1 L_2 > M^2$
② $L_1 L_2 < M^2$
③ $L_1 L_2 = M$
④ $L_1 L_2 = M^2$

해설 $K = \dfrac{M}{\sqrt{L_1 L_2}} \left(= \sqrt{\dfrac{\phi_{12}}{\phi_1} \cdot \dfrac{\phi_{21}}{\phi_2}} \right)$

그러므로 결합계수 1이면, $M = \sqrt{L_1 L_2}$이므로 $M^2 = L_1 L_2$이다.

03 동일 규격 콘덴서의 극판 간에 유전체를 넣으면 어떻게 되는가?

① 용량이 증가하고, 극판 간 전계는 감소한다.
② 용량이 증가하고, 극판 간 전계는 증가한다.
③ 용량이 불변하고, 극판 간 전계는 감소한다.
④ 용량이 감소하고, 극판 간 전계는 불변이다.

해설
- $C = \dfrac{\varepsilon \cdot S}{d}$ (C는 ε에 비례)
- 유전체와 전계는 반비례한다.

04 그림과 같은 회로에서 a, b 간에 전압을 가하니 전류계는 2.5[A]를 지시했다. 다음에 스위치 S를 닫으니 전류계 및 전압계는 각각 2.55[A] 및 100[V]를 지시했다. 저항 R의 값은 약 몇 [Ω]인가? (단, 전류계 내부저항 $r_a = 0.2[\Omega]$이고, a, b 사이에 가한 전압은 S에 관계없이 일정하다고 한다.)

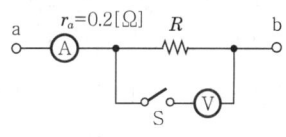

① 30　　　② 40
③ 50　　　④ 60

해설
- S=off일 때

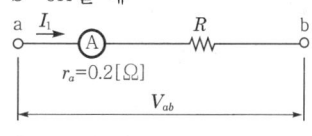

$I_1 = 2.5[A]$
∴ $V_{ab} = I_1(0.2 + R) = 2.5(0.2 + R)$ … ㉠

정답 01 ②　02 ④　03 ①　04 ②

- S=on일 때

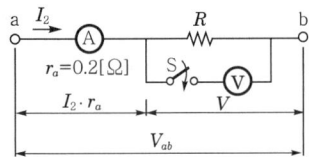

$I_2 = 2.55[\text{A}]$, $V = 100[\text{V}]$

$\therefore V_{ab} = I_2 \cdot r_a + V = 2.55 \times 0.2 + 100$
$= 100.51 \cdots$ ㉡

㉠, ㉡에서 R을 구하면
$100.51 = 2.5(0.2 + R)$에서
$R = 40.004 ≒ 40[\Omega]$

05 4극 직류 발전기가 전기자도체수 600, 매극당 유효자속 0.035[Wb], 회전수가 1,200[rpm]일 때 유기되는 기전력은 몇 [V]인가? (단, 권선은 단중중권이다.)

① 120 ② 220
③ 320 ④ 420

해설 $E = \dfrac{z}{a} P \phi \dfrac{N}{60} [\text{V}]$
$= \dfrac{600}{4} \times 4 \times 0.035 \times \dfrac{1,200}{60} = 420[\text{V}]$

06 100[V]의 단상 전동기를 입력 200[W], 역률 95[%]로 운전하고 있을 때의 전류는 몇 [A]인가?

① 1 ② 2.1
③ 3.5 ④ 4

해설 유효전력$(P) = VI\cos\theta [\text{W}]$이므로
$I = \dfrac{P}{V \cdot \cos\theta} = \dfrac{200}{100 \times 0.95} = 2.105 ≒ 2.1[\text{A}]$

07 $R = 40[\Omega]$, $L = 80[\text{mH}]$의 코일이 있다. 이 코일에 100[V], 60[Hz]의 전압을 가할 때에 소비되는 전력은 몇 [W]인가?

① 100 ② 120
③ 160 ④ 180

해설 $R-L$ 회로
- $Z = \sqrt{R^2 + X_L^2} = \sqrt{R^2 + (2\pi f L)^2}$
$= \sqrt{40^2 + (2 \times 3.14 \times 60 \times 80 \times 10^{-3})^2}$
$≒ 50[\Omega]$
- $I = \dfrac{V}{Z} = \dfrac{100}{50} = 2[\text{A}]$
$\therefore$ 소비전력$(P) = I^2 \cdot R = 2^2 \times 40 = 160[\text{W}]$

08 다음 중 정현파 교류의 실효값을 계산하는 식은? (단, T는 주기이다.)

① $I = \sqrt{\dfrac{2}{T} \int_0^T i\, dt}$

② $I = \dfrac{1}{T} \int_0^T i\, dt$

③ $I = \sqrt{\dfrac{1}{T} \int_0^T i^2\, dt}$

④ $I = \sqrt{\dfrac{2}{T} \int_0^T i^2\, dt}$

해설 교류(정현파)의 실효값은 순시값 제곱의 1주기 평균의 평방근으로 표시한다.
$\therefore I = \sqrt{i^2\text{의 1주기 간의 평균}}$
$= \sqrt{\dfrac{1}{T} \int_0^T i^2\, dt}$

09 직류 발전기의 기전력을 E, 자속을 ϕ, 회전속도를 N이라 할 때 이들 사이의 관계로 옳은 것은?

① $E \propto \phi N$ ② $E \propto \phi^2 N$
③ $E \propto \phi N^2$ ④ $E \propto \dfrac{\phi}{N}$

해설 유기기전력(E)
$E = \dfrac{z}{a} \cdot e = \dfrac{z}{a} P \phi n$
$= \dfrac{z}{a} P \phi \dfrac{N}{60} = \dfrac{zp}{60a} \phi N [\text{V}]$
$= K' \phi N$ (여기서, $K' = \dfrac{zP}{60a}$이다.)
$\therefore E \propto \phi N$
유기기전력 E는 ϕN에 비례함을 알 수 있다.

10 10[kW]의 농형 유도 전동기의 기동방법으로 가장 적당한 것은?

① 전전압 기동법
② Y-△ 기동법
③ 기동보상기법
④ 2차 저항 기동법

해설 Y-△기동법
- 출력 $P=5\sim15[kW]$(중형)
- 기동전류 $\frac{1}{3}$로 감소
- 기동토크 $\frac{1}{3}$로 감소

11 변압기의 철손은 부하전류가 증가하면 어떻게 되는가?

① 변동이 없다.
② 증가한다.
③ 감소한다.
④ 변압기에 따라 다르다.

해설 무부하시 시험으로 철손을 구하므로 부하전류와는 무관하다.

12 자기 누설 변압기의 가장 큰 특징은 어느 것인가?

① 전압변동률이 크다.
② 단락전류가 크다.
③ 역률이 좋다.
④ 무부하손이 적다.

해설 보통 전력용 변압기는 누설자속을 적게하여 전압변동률은 작게하지만 누설변압기는 누설 리액턴스가 크므로 전압변동률이 매우 크고 역률도 나쁘다.

13 변압기를 병렬운전하고자 할 때 갖추어져야 할 조건이 아닌 것은?

① 변압비가 같을 것
② 극성이 같을 것
③ % 임피던스 강하가 같을 것
④ 출력이 같을 것

해설 변압기의 병렬운전조건
- 각 변압기의 극성이 같을 것(단상) ⎫
- 각 변압기의 권수비가 같을 것(단상) ⎬ → 순환전류가 흐르지 않는다.
- 각 변압기의 1차, 2차 정격 전압이 같을 것(단상) ⎭
- 각 변압기의 % 임피던스 강하가 같을 것(단상)
- 상회전방향과 각 변위가 같을 것(3상)

14 직류 전동기의 출력을 나타내는 것은? (단, V는 단자전압, E는 역기전력, I는 전기자 전류이다.)

① V^2I
② EI
③ VI
④ E^2I

해설 직류 전동기
- 역기전력 $E=\frac{Z}{a}P\phi\frac{N}{60}=K'\phi N$
  $=V-I_aR_a$
- 회전속도 $N=\frac{E}{K'\phi}$
- 회전력(토크) $\tau=0.975\frac{P}{N}[kg\cdot m]$
- 출력 $P=E\cdot I_a(I_a=I$: 전기자 전류)

15 유도 전동기의 제동방법 중 슬립의 범위를 1~2 사이로 하여 3선 중 2선의 접속을 바꾸어 제동하는 방법은?

① 발전제동
② 회생제동
③ 직류제동
④ 역상제동

해설 전기적 제동법
- 단상제동 : 단상전원을 공급하고 2차 저항 증가, 부토크에 의해 제동
- 직류제동 : 직류전원공급, 발전제동
- 회생제동 : 전기에너지전원측에 환원하여 제동(과속억제)
- 역상제동 : 3선 중 2선의 결선을 바꾸어 역회전력에 의해 급제동

$s<0$	$0\leq s<1$	$s>1$
발전기 0	전동기 1	제동기

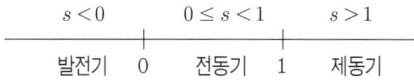

16 다음 운전 중 역률이 가장 좋은 전동기는?
① 농형 유도 전동기
② 동기 전동기
③ 반발 전동기
④ 권선형 유도 전동기

17 동기 무효전력보상장치(조상기)를 과여자로 해서 운전하였을 때 나타나는 현상이 아닌 것은?
① 리액터로 작용한다.
② 전압강하를 감소시킨다.
③ 콘덴서로 작용한다.
④ 진상전류를 취한다.

해설 동기 무효전력보상장치(조상기)
동기 전동기를 무부하로 하여 계자전류를 조정함에 따라 진상 또는 지상전류를 공급하여 송전계통의 전압 조정과 역률을 개선하는 동기 전동기이다.
• 부족 여자 : 지상전류, 리액터 동작
• 과여자 : 진상전류, 콘덴서 동작

18 3상 동기 발전기를 병렬운전시키는 경우 고려하지 않아도 되는 조건은?
① 기전력의 위상이 같을 것
② 회전수가 같을 것
③ 기전력의 크기가 같을 것
④ 상회전방향이 같을 것

해설 동기 발전기의 병렬운전조건
• 기전력의 크기가 같을 것
• 기전력의 위상이 같을 것
• 기전력의 주파수가 같을 것
• 기전력의 파형이 같을 것
• 기전력의 상회전방향이 같을 것

19 교류 서보 전동기(servo motor)로 많이 사용되는 것은?
① 콘덴서형 전동기
② 권선형 유도 전동기
③ 타여자 전동기
④ 영구자석형 동기 전동기

해설 서보 전동기(servomotor)
변화무쌍한 위치, 속도 등에 신속히 대응하고 추종할 수 있는 전동기를 말하며, 영구자석형 동기 전동기가 주로 이용된다.

20 동기 발전기에서 전기자전류가 무부하 유도 기전력보다 $\frac{\pi}{2}$만큼 뒤진 경우의 전기자 반작용은?
① 자화작용
② 교차자화작용
③ 감자작용
④ 편자작용

해설 전기자 반작용
전기자전류에 의한 자속이 계자자속에 영향을 미치는 현상
• 횡축 반작용
 - 계자자속 왜형파로 약간 감소
 - 전기자전류(I_a)와 유기기전력(E)이 동상일 때($\cos\theta = 1$)
• 직축 반작용
 - 감자작용 : 계자자속 감속, I_a가 E보다 위상이 $90°$ 뒤질 때
 - 증자작용 : 계자자속 증가, I_a가 E보다 위상이 $90°$ 앞설 때

21 전선의 재료로서 구비할 조건이 아닌 것은?
① 경제성이 있을 것
② 비중이 작을 것
③ 인장강도가 작을 것
④ 가요성이 풍부할 것

해설 전선의 구비조건
• 도전율은 클 것
• 기계적 강도가 클 것
• 가요성과 내구성이 클 것
• 저항률은 작을 것
• 비중은 작을 것
• 가격은 저렴할 것

정답 16 ② 17 ① 18 ② 19 ④ 20 ③ 21 ③

22 전등회로 절연전선을 동일한 셀룰러덕트에 넣을 경우 그 크기는 전선의 피복을 포함한 단면적의 합계가 셀룰러덕트 단면적의 몇 [%] 이하가 되도록 선정하여야 하는가?

① 20   ② 32
③ 40   ④ 50

해설 셀룰러덕트 배선
- 배선은 절연전선을 사용하며 단면적 $10[mm^2]$ (Al 전선은 단면적 $16[mm^2]$)을 초과하는 것은 연선이어야 한다.
- 사용전압은 400[V] 미만이어야 한다.
- 덕트의 끝부분은 막아야 한다.
- 절연전선을 동일한 셀룰러덕트 내에 넣을 경우 셀룰러덕트의 크기는 전선의 피복절연물을 포함한 단면적의 총합계가 셀룰러덕트 단면적의 20[%](전광표시장치, 출퇴표시등 및 기타 이와 유사한 장치 또는 제어회로 등의 배선만을 넣는 경우는 50[%]) 이하가 되도록 선정하여야 한다.

23 경질비닐전선관 접속에서 관의 삽입깊이는 관의 바깥지름의 최소 몇 배인가? (단, 접착제는 사용하지 않는다.)

① 1배   ② 1.1배
③ 1.2배   ④ 1.3배

해설 합성수지관 배선
- 합성수지관을 새들 등으로 지지하는 경우는 그 지지점 간의 거리를 1.5[m] 이하로 한다.
- 합성수지관 상호 및 관과 박스는 접속시에 삽입하는 깊이를 관 바깥지름의 1.2배(접착제 사용시는 0.8배) 이상으로 하고 삽입접속으로 견고하게 접속하여야 한다.
- 관 상호의 접속은 박스 또는 커플링(coupling) 등을 사용하고 직접접속하지 말아야 한다.

24 버스덕트 공사에서 지지점의 최대 간격은 몇 [m] 이하인가? (단, 취급자 이외의 자가 출입할 수 없도록 설비한 장소로 수직으로 설치하는 경우이다.)

① 4   ② 5
③ 6   ④ 7

해설 버스덕트 공사
- 덕트를 조영재에 설치한 경우에는 덕트의 지지점 간의 거리를 3[m] 이하로 한다.
- 취급자 이외의 자가 출입할 수 없도록 설치한 곳에서 수직으로 붙이는 경우는 6[m] 이하로 한다.
- 공사 중 도중에 부하를 접속 가능하게 꽂음 구멍이 있는 Plug-in bus way 덕트가 있다.
- 버스덕트에 시설되는 도체의 단면적
  - 단면적 $20[mm^2]$ 이상의 띠모양
  - 지름 5[mm] 이상의 관모양이나 둥글고 긴 막대모양의 동
  - 단면적 $30[mm^2]$ 이상의 띠모양의 알루미늄
- 버스덕트에는 피더 버스덕트, 플러그인 버스덕트, 탭붙이 버스덕트, 익스펜션 버스덕트 등이 있다.

25 전선접속에 관한 설명으로 옳지 않은 것은?

① 전선의 강도는 60[%] 이상 유지해야 한다.
② 접속슬리브, 전선접속기를 사용하여 접속한다.
③ 접속부분의 절연은 전선의 절연물과 동등 이상의 절연효력이 있는 테이프로 충분히 피복한다.
④ 접속부분의 전기저항을 증가시켜서는 안 된다.

해설 전선의 접속법
- 전기저항 증가 금지
- 접속 부위 반드시 절연
- 접속 부위 접속기구 사용
- 전선의 세기(인장하중) 20[%] 이상 감소 금지
- 전기적 부식 방지
- 충분히 절연피복을 할 것

정답 22 ① 23 ③ 24 ③ 25 ①

26 바닥통풍형과 바닥밀폐형의 복합채널부품으로 구성된 조립금속구조로 폭이 150[mm] 이하이며, 주 케이블트레이로부터 말단까지 연결되어 단일 케이블을 설치하는 데 사용하는 트레이는?

① 통풍채널형 케이블트레이
② 트로프형 케이블트레이
③ 바닥밀폐형 케이블트레이
④ 사다리형 케이블트레이

해설 케이블트레이

- 케이블트레이 배선은 케이블을 지지하기 위하여 사용하는 금속제 또는 불연성 재료로 제작된 유닛 또는 유닛의 집합체 및 그에 부속하는 부속재 등으로 구성된 견고한 구조물을 말한다.
- 케이블트레이의 종류
  - 통풍채널형 : 바닥통풍형, 바닥밀폐형 또는 2가지 복합채널형 구간으로 구성된 조립금속구조로 폭이 150[mm] 이하인 케이블트레이를 말한다.
  - 사다리형 : 길이방향의 양 옆면 레일을 각각의 가로 방향부재로 연결한 조립금속구조이다.
  - 바닥밀폐형 : 일체식 또는 분리식 직선방향 옆면 레일에서 바닥에 통풍구가 없는 조립금속구조이다.
  - 바닥통풍형 : 일체식 또는 분리식 직선방향 옆면 레일에서 바닥에 통풍구가 있는 것으로 폭이 100[mm]를 초과하는 조립금속구조이다.

27 단상 3선식 전원에 한 (A)상과 중성선(N) 간에 각각 1[kVA], 0.8[kVA], 0.5[kVA]의 부하가 병렬접속되고 다른 한 (B)상과 중성선(N)에 0.5[kVA] 및 0.8[kVA]의 부하가 병렬 접속된 회로의 양단 (A)상 및 (B)상에 5[kVA]의 부하가 접속되었을 경우 설비불평형률[%]은 약 얼마인가?

① 11   ② 23
③ 42   ④ 56

해설 설비불평형률

$$= \frac{\text{중성선과 각 전압측 선간에 접속되는 부하설비 용량의 차}}{\text{총 부하설비 용량의 } \frac{1}{2}} \times 100[\%]$$

$$= \frac{(1+0.8+0.5)-(0.5+0.8)}{(2.3+1.3+5) \times \frac{1}{2}} \times 100$$

$$= 23.25 \fallingdotseq 23[\%]$$

28 정격전류가 40[A]인 3상 220[V] 전동기가 직접 전로에 접속되는 경우 전로의 전선은 몇 [A] 이상의 허용전류를 갖는 것으로 하여야 하는가? [KEC 규정에 따른 부적합 문제]

① 44   ② 50
③ 56   ④ 60

해설 허용전류

허용전류 $I_0 \geq \sum I_m \times K + \sum I_h$

여기서, $\sum I_m$: 전동기 정격전류의 합
$\sum I_h$: 전열기 정격전류의 합

$K \begin{cases} 1.25 : \sum I_m \leq 50[A] \\ 1.1 : \sum I_m > 50[A] \end{cases}$

∴ $I_0 = 40 \times 1.25 = 50[A]$

29 저압 옥내간선의 전원측 전로에 그 저압 옥내간선을 보호할 목적으로 설치하는 것은?

① 조가용선   ② 과전류차단기
③ 단로기   ④ 콘덴서

해설 옥내저압간선의 시설

- 간선의 전원측 전로에는 간선을 보호하는 과전류차단기를 설치한다.
- 과전류차단기를 생략 가능한 경우
  - 부하측 전선의 허용전류가 전원측 전선을 보호하는 과전류차단기의 정격전류의 55[%] 이상인 경우
  - 부하측 전선의 허용전류가 전원측 전선을 보호하는 과전류차단기의 정격전류의 35[%] 이상이고, 전선의 길이가 8[m] 이하인 경우
  - 부하측 간선의 길이가 3[m] 이하인 경우

정답 26 ① 27 ② 28 ② 29 ②

30 전기온돌 등에 발열선을 시설할 경우 대지전압은 몇 [V] 이하로 해야 되는가?

① 200　　② 300
③ 400　　④ 500

해설
- 전기온돌 : 대지전압 300[V] 이하일 것
- 전기온상
  - 대지전압 300[V] 이하일 것
  - 발열선 온도 80[℃]를 넘지 않을 것

31 전동기 제어반에 부착하여 과전류에 의한 전동기의 소손을 방지하기 위해 널리 사용되는 보호기구는?

① 리밋스위치　　② 부흐홀츠계전기
③ 차동계전기　　④ EOCR

해설 과전류에 의한 전동기의 소손을 방지하기 위해서는 전자과부하 릴레이(EOCR)가 이용된다.

32 수관을 통하여 공급되는 온천수의 온도를 올리는 전극식 온천용 승온기 차폐장치의 전극에는 몇 종 접지공사를 하여야 하는가?
[KEC 규정에 따른 부적합 문제]

① 제1종 접지공사
② 제2종 접지공사
③ 제3종 접지공사
④ 특별 제3종 접지공사

해설 전극식 온천용 승온기
- 사용전압은 400[V] 미만으로 한다.
- 절연변압기를 사용한다.
- 차폐장치의 전극에는 제1종 접지공사를 한다.
- 절연변압기 철심 및 금속제 외함은 제3종 접지공사를 한다.
- 절연내력시험은 2[kV]를 1분간 가한다.

33 역률을 개선하면 전력요금의 절감과 배전선의 손실경감, 전압강하의 감소, 설비여력의 증가 등을 기할 수 있으나, 너무 과보상하면 역효과가 나타난다. 즉, 경부하시에 콘덴서가 과대삽입되는 경우의 결점에 해당되는 사항이 아닌 것은?

① 고조파 왜곡의 증대
② 송전손실의 증가
③ 모선전압의 과상승
④ 전압변동폭의 감소

해설 경부하시 콘덴서가 과대삽입되는 경우, 다음과 같은 현상이 나타난다.
- 모선전압의 과상승
- 송전손실의 증가
- 고조파 왜곡의 증대
- 전압변동폭의 증가

34 접지공사에 있어서 자갈층 또는 산간부의 암반지대 등 토양의 고유저항이 높은 지역에서는 규정의 저항치를 얻기가 곤란하다. 이와 같은 장소에 있어서의 접지저항 저감방법이 아닌 것은?

① 매설지선을 포설
② 접지저감제 사용
③ mesh 공법에 의한 접지
④ 직렬접지

해설 접지저항 저감방법으로는 mesh 공법, 매설지선 포설, 접지저감제 사용 등의 방법이 있으며 자갈층, 산간부의 암반지대 등에서 규정 저항치를 얻기 힘들 때 사용된다.

35 다음 그림 기호의 명칭은?

① 전류제한기　　② 전등제한기
③ 전압제한기　　④ 역률제한기

해설 Symbol의 명칭
- Ⓜ : 전동기
- Ⓗ : 전열기
- Ⓖ : 발전기
- Ⓑ : 경보벨
- Ⓛ : 전류제한기
- Ⓑ : 배선용 차단기
- Ⓔ : 누전차단기

정답 30 ②　31 ④　32 ①　33 ④　34 ④　35 ①

36 고압선로의 1선 지락전류가 20[A]인 경우에 이에 결합된 변압기 저압측의 제2종 접지저항값은 몇 [Ω]인가? (단, 이 선로는 고·저압 혼촉시에 저압선로의 대지전압이 150[V]를 넘는 경우로서 1초를 넘고 2초 이내에 고압전로를 자동차단하는 장치가 되어 있다.) **[KEC 규정에 따른 부적합 문제]**

① 7.5 ② 10
③ 15   ④ 30

해설 접지공사 : 제2종 접지공사의 경우
- $\frac{150}{I}$: 변압기의 고압측 또는 특고압측 전로의 1선 지락전류의 암페어수로 150을 나눈 값과 같은 [Ω]
- $\frac{300}{I}$: 1초를 넘고 2초 이내에 차단하는 장치설치시
- $\frac{600}{I}$: 1초 이내에 차단하는 장치설치시
∴ 제2종 접지저항 $R = \frac{300}{20} = 15[\Omega]$
(여기서, I : 1선의 지락전류)

37 직류를 교류로 변환하는 장치이며, 다시 정의하면 상용전원으로부터 공급된 전력을 입력받아 자체 내에서 전압과 주파수를 가변시켜 전동기에 공급함으로써 전동기 속도를 고효율로 용이하게 제어하는 일련의 장치를 무엇이라 하는가?

① 전자접촉기   ② SCR
③ 인버터   ④ EOCR

38 사이리스터의 순전압강하의 측정방법이 아닌 것은?

① 정현반파전류를 흘렸을 때의 평균 순전압강하를 측정
② 오실로스코프에 의해 순시값을 측정
③ 직류를 흘려서 측정
④ 온도가 정상상태로 되기 전에 측정

해설 순전압강하 측정은 순시값, 평균전압, 직류를 흘려서 가능하다.

39 다음 중 쌍방향 3단자 사이리스터는?

① SCR   ② GTO
③ TRIAC ④ DIAC

해설
- 단자별
  - 2단자 : SSS, DIAC
  - 3단자 : SCR, TRIAC, GTO
  - 4단자 : SCS
- 방향별
  - 단방향 : SCR, GTO, SCS
  - 쌍방향 : SSS, TRIAC, DIAC

40 발광소자와 수광소자를 하나의 용기에 넣어 외부의 빛을 차단한 구조로 출력측의 전기적인 조건이 입력측에 전혀 영향을 끼치지 않는 소자는?

① 포토 다이오드
② 포토 트랜지스터
③ 서미스터
④ 포토 커플러

해설
- 포토 커플러(광결합기) : 발광소자와 수광소자를 하나의 케이스에 넣어서 외부의 빛을 차단하는 구조이다.
- 포토 다이오드 : 역bias된 PN접합 다이오드가 큰 저항을 나타내는 성질(암전류가 적은)을 이용하여 광감도를 증가시킨다. 또한 주위온도에 변화가 크다.
- 발광 다이오드(LED) : 순bias된 PN접합 다이오드에서 전자와 정공이 재결합시 빛과 열을 방출하는 발광현상을 이용한다.(단, GaP : 초록색, GaAs : 적외선, GaAsP : 황색)
- 태양전지(solar battery)
  - 현재 사용하고 있는 태양전지는 실리콘(si)으로 되어 있는 PN접합을 이용
  - 연속적으로 사용하기 위해 축전장치가 필요
  - 태양전지의 재료 : Si, GaAs, InP, CdS 등
  - 인공위성의 전원, 초단파무인중계국, 조도계 등에 이용

정답 36 ③ 37 ③ 38 ④ 39 ③ 40 ④

41 피뢰기를 반드시 시설하여야 하는 곳은?

① 고압 전선로에 접속되는 단권 변압기의 고압측
② 발·변전소의 가공전선 인입구 및 인출구
③ 가공전선로
④ 수전용 변압기의 2차측

해설 피뢰기의 시설
- 피뢰기의 시설장소
  - 가공전선로와 지중전선로가 접속되는 곳
  - 고압 및 특고압 가공전선로에서 공급을 받는 수용장소의 인입구
  - 발전소·변전소 혹은 이것에 준하는 장소의 가공전선의 인입구 및 인출구
  - 가공전선로에 접속하는 배전용 변압기의 고압측 및 특고압측
- 피뢰기 시설을 하지 않을 수 있는 곳
  - 직접 접속하는 전선이 짧을 경우
  - 적은 지역으로서 방출보호통 등 피뢰기에 갈음하는 장치를 한 경우
  - 지중전선로의 말단부분

42 220[V]의 교류전압을 배전압정류할 때 최대 정류전압은?

① 약 440[V] ② 약 566[V]
③ 약 622[V] ④ 약 880[V]

해설 반파배전압회로
입력전압 최대치 2배의 전압이 출력에 나오는 회로
(단, $V_i : V_m \sin\omega t$[V])
즉, $V_o = 2V_m = 2\sqrt{2}\,V$가 되며
$V_o = 2\sqrt{2} \cdot 220 = 622$[V]
회로에서 V_m은 최댓값이며, 최댓값 = $\sqrt{2}$ 실효값

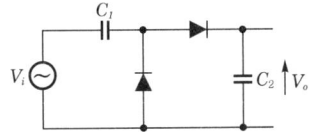

[참고] 브리지 배전압 정류회로

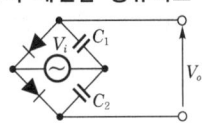

$V_i = V_m \sin\omega t$
∴ $V_o = 2V_m$

43 단상 브리지 제어정류회로에서 저항부하인 경우 출력전압은? (단, α는 트리거 위상각이다.)

① $E_d = 0.225E(1+\cos\alpha)$
② $E_d = \dfrac{2\sqrt{2}}{\pi}E\left(\dfrac{1+\cos\alpha}{2}\right)$
③ $E_d = 1.17E\cos\alpha$
④ $E_d = 2\dfrac{\sqrt{2}}{\pi}E\cos\alpha$

해설 브리지 제어정류회로는 전파이므로

출력전압(E_d) = $\dfrac{\sqrt{2}}{\pi}E(1+\cos\alpha)$

= $\dfrac{2\sqrt{2}}{\pi}E\left(\dfrac{1+\cos\alpha}{2}\right)$

44 10진수 $(14.625)_{10}$를 2진수로 변환한 값은?

① $(1101.110)_2$
② $(1101.101)_2$
③ $(1110.101)_2$
④ $(1110.110)_2$

해설 10진수를 2진수로 변환
- 정수부분

```
2 ) 14
2 )  7  ··· 0
2 )  3  ··· 1
     1  ··· 1
```

∴ $(14)_{10} = (1110)_2$

정답 41 ② 42 ③ 43 ② 44 ③

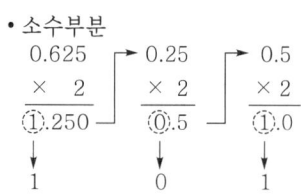

∴ $(0.625)_{10} = (0.101)_2$
그러므로 $(14.625)_{10} = (1110.101)_2$

45 논리식 'A + AB'를 간단히 계산한 결과는?

① A ② $\overline{A} + B$
③ $A + \overline{B}$ ④ $A + B$

해설 불대수

$\begin{cases} A+A=A, \ A \times A=A, \ A+\overline{A}=1 \\ A \times \overline{A}=0, \ 1+A=1, \ 1 \times A=A \\ \overline{\overline{A}}=A \end{cases}$

∴ $A + AB = A(1+B) = A$

46 다음 그림과 같은 스위치회로의 논리식은?

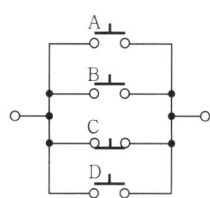

① $A \cdot B \cdot \overline{C} \cdot D$
② $A + B + \overline{C} + D$
③ $\overline{A} + \overline{B} + C + \overline{D}$
④ $\overline{A} \cdot \overline{B} \cdot C \cdot \overline{D}$

해설 AND, OR회로를 접점회로로 표시하면 다음과 같다.
• AND회로

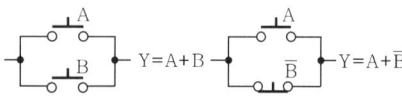

• OR회로

∴ 출력 $Y = A + B + \overline{C} + D$가 된다.

47 다음 그림과 같은 회로의 명칭은?

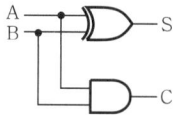

① 플립플롭(flip-flop)회로
② 반가산기(half adder)회로
③ 배타적 논리합(exclusive OR)회로
④ 전가산기(full adder)회로

해설 반가산회로를 나타내며 $S = A\overline{B} + \overline{A}B$, $C = AB$로 표시된다.

48 순서회로 설계의 기본인 J−K FF 여기표에서 현재 상태의 출력 Q_n이 0이고, 다음 상태의 출력 Q_{n+1}이 1일 때 필요 입력 J 및 K의 값은? (단, x는 0 또는 1임)

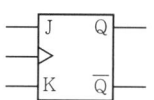

① $J=x$, $K=1$ ② $J=0$, $K=1$
③ $J=1$, $K=0$ ④ $J=1$, $K=x$

해설 Don't-care 조건 : $x=0$ or $x=1$에 어떤 입력이 들어오더라도 출력에는 변함이 없다.
㉠ $Q_n=0$, $Q_{n+1}=1$의 의미는 반전상태를 의미한다. 즉, 반전이 되기 위해서는 $J=1$, $K=1$이면 된다.
㉡ $Q_{n+1}=1$이 되기 위해서는 $J=1$, $K=0$이면 된다.
그러므로 ㉠, ㉡ 조건에서 $J=1$, $K=x$일 때 $Q_{n+1}=1$이 될 수 있다.

49 그림과 같은 논리회로를 1개의 게이트로 표현하면?

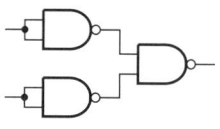

① NOT ② NOR
③ AND ④ OR

정답 45 ① 46 ② 47 ② 48 ④ 49 ④

해설

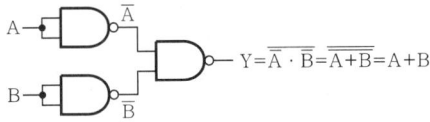

∴ OR회로의 결과식과 같다.

50 다음 중 주어진 진리표가 나타내는 것은?

입력				출력	
D_0	D_1	D_2	D_3	B	A
1	0	0	0	0	0
0	1	0	0	0	1
0	0	1	0	1	0
0	0	0	1	1	1

① 디코더
② 인코더
③ 멀티플렉서
④ 디멀티플렉서

해설 Encoder : 10진수의 입력을 2진수로 변환
예) 8×3 Encoder 진리표

입력								출력		
D_0	D_1	D_2	D_3	D_4	D_5	D_6	D_7	C	B	A
1	0	0	0	0	0	0	0	0	0	0
0	1	0	0	0	0	0	0	0	0	1
0	0	1	0	0	0	0	0	0	1	0
0	0	0	1	0	0	0	0	0	1	1
0	0	0	0	1	0	0	0	1	0	0
0	0	0	0	0	1	0	0	1	0	1
0	0	0	0	0	0	1	0	1	1	0
0	0	0	0	0	0	0	1	1	1	1

51 연산기(ALU)가 공통적으로 갖고 있는 기능이 아닌 것은?

① 2진 가감산
② 제어기능
③ 불대수연산
④ SHIFT 또는 ROTATE

해설 제어기능은 제어장치(CU)에 존재한다.

52 내용으로 접근할 수 있는 메모리는?
[출제기준 변경에 따른 부적합 문제]

① ROM
② RAM
③ 가상메모리(virtual memory)
④ 연관기억장치(associative memory)

해설
• Associative memory
 - 연상(연관)기억장치라고 한다.
 - 기억장치에 저장된 정보의 일부 내용을 이용해서 접근하는 메모리이다.
 - 규칙성이 있어서 검색이 쉽다.
• Virtual memory
 - 소프트웨어로 주소공간을 확대하며, 가상기억장치라고 한다.
 - 보조기억장치를 활용하여 훨씬 큰 가상공간 사용이 가능하다.
 - 활용방법으로는 페이지(page)기법, 세그먼트(segment)기법 등이 있다.

53 직접주소지정방식에 대한 설명 중 틀린 것은?
[출제기준 변경에 따른 부적합 문제]

① 간접지정방식에 비해 실행속도가 빠르다.
② 실제 주소를 사용하므로 프로그래머가 사용하기 쉽다.
③ 명령(instruction)의 Address부에 실제 주소가 들어간다.
④ 명령에서는 자료의 위치를 직접 지정하지는 않는다.

해설
• 직접주소지정방식(direct addressing mode) : 오퍼랜드가 기억장치에 위치해 있고 기억장치의 주소가 명령어의 주소에 직접 주어지는 방식이다.
• 간접주소지정방식(indirect addressing mode) : 오퍼랜드가 존재하는 기억장치주소의 자료로 주기억장치 내의 주소를 지정한 후 그 주소의 내용으로 한 번 더 주기억장치의 주소를 지정하는 방식이다. 기억장치를 2번 읽어서 오퍼랜드를 얻고 짧은 인스트럭션 내에서 상당히 큰 용량을 가진 기억장치의 주소를 나타내는 데 적합하다.

정답 50 ② 51 ② 52 ④ 53 ④

54 다음 그림과 같은 구조를 가지고 있는 스택은?
[출제기준 변경에 따른 부적합 문제]

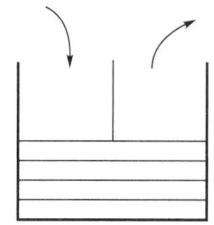

① FIFO   ② LIFO
③ Pointer   ④ Buffer

해설 Stack은 후입선출(LIFO) 구조로 이루어져 있으며, Queue는 선입선출(FIFO ; First In First Out) 구조이다.
[참고] **Queue(큐)의 구조**

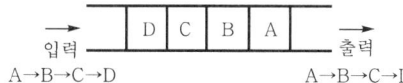

- 프런트 포인터 : 가장 먼저 삽입된 정보의 기억공간을 의미
- 리어 포인터 : 가장 늦게 삽입된 정보의 기억공간을 의미

55 어떤 측정법으로 동일시료를 무한 회 측정하였을 때 데이터 분포의 평균치와 참값과의 차를 무엇이라 하는가?

① 반복성   ② 안정성
③ 재현성   ④ 정확성

해설 정확성=참값-평균값

56 관리도에서 측정한 값을 차례로 타점했을 때 점이 순차적으로 상승하거나 하강하는 것을 무엇이라 하는가?

① 주기(cycle)
② 런(run)
③ 경향(trend)
④ 산포(dispersion)

해설
- 런 : 중심선의 한쪽으로 연속해서 나타난 점의 배열
- 경향 : 점이 점점 올라가거나 또는 내려가는 상태
- 산포 : 측정값의 크기가 고르지 않을 때이며 표준편차를 이용하여 표시

57 컨베이어 작업과 같이 단조로운 작업은 작업자에게 무력감과 구속감을 주고 생산량에 대한 책임감을 저하시키는 등의 폐단이 있다. 다음 중 이러한 단조로운 작업의 결함을 제거하기 위해 채택되는 직무설계방법으로서 가장 거리가 먼 것은?

① 자율경영팀 활동을 권장한다.
② 하나의 연속작업시간을 길게 한다.
③ 직무확대, 직무충실화 등의 방법을 활용한다.
④ 작업자 스스로가 직무를 설계하도록 한다.

해설 하나의 연속작업시간을 짧게 하여야 한다.

58 '무결점 운동'으로 불리는 것으로 미국의 항공사인 마틴사에서 시작된 품질개선을 위한 동기부여 프로그램은 무엇인가?

① ZD
② 6 시그마
③ ISO 9001
④ TPM

해설 무결점 운동(ZD-program)
- 1962년 미국 마틴 항공사에서 품질개선을 위해 시작된 운동이다.
- 품질개선을 위한 정확성, 서비스 향상, 신뢰성, 원가절감 등의 에러를 '0'으로 한다는 목표로 전개된 운동이다.
- ZD-program의 중요관점요인
  - 불량발생률을 '0'으로 한다.
  - 동기유발
  - 인적 요인과 중심역할
  - 작업의욕과 기능중심

정답   54 ②   55 ④   56 ③   57 ②   58 ①

59 정상 소요기간이 5일이고, 이때의 비용이 20,000원이며 특급 소요기간이 3일이고, 이때의 비용이 30,000원이라면 비용구배는 얼마인가?

① 4,000[원/일] ② 5,000[원/일]
③ 6,000[원/일] ④ 7,000[원/일]

해설 비용구배(cost slope)
1일당 작업단축에 필요한 비용의 증가를 뜻한다.

비용구배
$= \dfrac{\text{특급작업 소요비용} - \text{정상작업 소요비용}}{\text{정상작업시간} - \text{특급작업시간}}$
$= \dfrac{30,000 - 20,000}{5 - 3} = 5,000$ [원/일]

60 도수분포표를 작성하는 목적으로 볼 수 없는 것은?

① 규격과 비교하여 부적합품률을 알고 싶을 때
② 로트의 평균치와 표준편차를 알고 싶을 때
③ 로트의 분포를 알고 싶을 때
④ 주요품질항목 중 개선의 우선순위를 알고 싶을 때

해설 도수분포표의 작성 목적
- 로트의 분포를 알고 싶을 때
- 로트의 평균치와 표준편차를 알고 싶을 때
- 규격과 비교하여 부적합품률을 알고 싶을 때

정답 59 ② 60 ④

제51회 2012년 4월 8일 출제문제

01 인덕터의 특징을 요약한 것 중 잘못된 것은?
① 인덕터는 직류에 대해서 단락회로로 작용한다.
② 인덕터의 전류가 불연속적으로 급격히 변화하면 전압이 무한대가 되어야 하므로 인덕터 전류가 불연속적으로는 변할 수 없다.
③ 일정한 전류가 흐를 때 전압은 무한대이지만 일정량의 에너지가 축적된다.
④ 인덕터는 에너지를 축적하지만 소모하지는 않는다.

해설 L양단 전압(V_L)은 $V_L = L\dfrac{di}{dt}$에서 전류가 일정하면 $di=0$이므로 $V_L=0$이 된다. 따라서 직류에 대해 L은 단락이 된다.

02 다음 그림과 같은 회로에서 단자 a, b에서 본 합성저항[Ω]은?

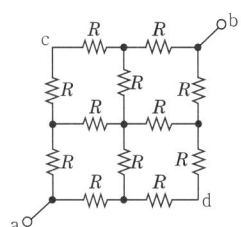

① $\dfrac{1}{2}R$ ② $\dfrac{1}{3}R$
③ $\dfrac{3}{2}R$ ④ $2R$

해설 회로가 복잡해 보이나 각각 병렬로 연결된 회로이며,

$V_{ab} = \dfrac{1}{2}IR + \dfrac{1}{4}IR + \dfrac{1}{4}IR + \dfrac{1}{2}IR$
$= R\left(\dfrac{1}{2} + \dfrac{1}{4} + \dfrac{1}{4} + \dfrac{1}{2}\right)I$

∴ 전체저항(R_{ab}) $= \dfrac{V_{ab}}{I} = \dfrac{3}{2}R$ [Ω]

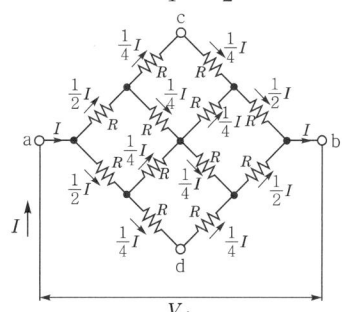

03 공기 중에서 어느 일정한 거리를 두고 있는 두 점전하 사이에 작용하는 힘이 16[N]이었는데, 두 전하 사이에 유리를 채웠더니 작용하는 힘이 4[N]으로 감소하였다. 이 유리의 비유전율은?
① 2   ② 4
③ 8   ④ 12

해설 **쿨롱의 법칙(Coulomb's law)**

$F = 9 \times 10^9 \dfrac{Q_1 Q_2}{r^2} = 16$[N] (여기서, 진공, 공기 중일 때)

$F' = 9 \times 10^9 \dfrac{Q_1 Q_2}{\varepsilon_s r^2} = 4$[N] (여기서, 유전체 중일 때)

$F' = \dfrac{1}{\varepsilon_s} \cdot F$

∴ $4 = \dfrac{1}{\varepsilon_s} \cdot 16$이므로 $\varepsilon_s = 4$(비유전율)

정답 01 ③ 02 ③ 03 ②

04 100[V]용 30[W]의 전구와 60[W]의 전구가 있다. 이것을 직렬로 접속하여 100[V]의 전압을 인가하였을 때 두 전구의 상태는 어떠한가?

① 30[W]의 전구가 더 밝다.
② 60[W]의 전구가 더 밝다.
③ 두 전구 모두 켜지지 않는다.
④ 두 전구의 밝기가 모두 같다.

해설 I는 일정, $P = \dfrac{V^2}{R}$에서

```
   I   전구    전구   I
   →────(A)────(B)────→
       30[W]  60[W]
       └──── 100[V] ────┘
```

- 30[W] 전구의 저항(R_1) = $\dfrac{100^2}{30} \fallingdotseq 333[\Omega]$
  에서 $P_1 = I^2 \cdot R_1 = I^2 \cdot 333[W]$
- 60[W] 전구의 저항(R_2) = $\dfrac{100^2}{60} \fallingdotseq 167[\Omega]$
  에서 $P_2 = I^2 \cdot R_2 = I^2 \cdot 167[W]$

A, B 전구에 흐르는 전류 I는 일정하므로
∴ $P_1 > P_2$가 되어 30[W]의 전구가 더 밝다.

05 $R = 10[\Omega]$, $X_L = 8[\Omega]$, $X_C = 20[\Omega]$이 병렬로 접속된 회로에서 80[V]의 교류전압을 가하면 전원에 흐르는 전류는 몇 [A]인가?

① 5[A]   ② 10[A]
③ 15[A]   ④ 20[A]

해설
- $R-L-C$ 직렬회로의 전류(I)는
$$I = \dfrac{V}{Z} = \dfrac{V}{\sqrt{R^2 + (X_L - X_C)^2}}$$
- $R-L-C$ 병렬회로의 전류(I)는
$$\dot{I} = \dot{I}_R + \dot{I}_L + \dot{I}_C = \dfrac{V}{R} + \dfrac{V}{jX_L} - \dfrac{V}{jX_C}$$
$$= I_R - jI_L + jI_C = I_R + j(I_C - I_L)$$
∴ $I = \sqrt{I_R^2 + (I_C - I_L)^2}$
$= \sqrt{\left(\dfrac{80}{10}\right)^2 + \left(\dfrac{80}{20} - \dfrac{80}{8}\right)^2}$
$= \sqrt{8^2 + 6^2} = 10[A]$

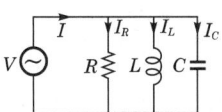

06 어떤 $R-L-C$ 병렬회로가 병렬공진되었을 때 합성전류에 대한 설명으로 옳은 것은?

① 전류는 무한대가 된다.
② 전류는 흐르지 않는다.
③ 전류는 최대가 된다.
④ 전류는 최소가 된다.

해설 공진의 의미는 전압과 전류는 동위상이며 다음과 같다.
- 직렬공진 : I=최대, Z=최소
$$Q = \dfrac{f_o}{B} = \dfrac{\omega L}{R} = \dfrac{1}{\omega CR}$$
$$= \dfrac{1}{R}\sqrt{\dfrac{L}{C}} \left(= \dfrac{V_L}{V} = \dfrac{V_C}{V}\right), \text{전압 확대비}$$
- 병렬공진 : I=최소, Z=최대
$$Q = \dfrac{f_o}{B} = \dfrac{R}{\omega L} = \omega CR$$
$$= R\sqrt{\dfrac{C}{L}} \left(= \dfrac{I_L}{I} = \dfrac{I_C}{I}\right), \text{전류 확대비}$$

07 그림에서 1차 코일의 자기 인덕턴스 L_1, 2차 코일의 자기 인덕턴스 L_2, 상호 인덕턴스를 M이라 할 때 L_A의 값으로 옳은 것은?

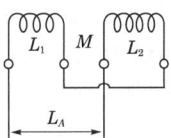

① $L_1 + L_2 + 2M$
② $L_1 - L_2 + 2M$
③ $L_1 + L_2 - 2M$
④ $L_1 - L_2 - 2M$

해설 차동접속을 의미하므로 $L = L_1 + L_2 - 2M$이 된다.

정답 04 ① 05 ② 06 ④ 07 ③

08 직류기에서 파권권선의 이점은?

① 효율이 좋다.
② 출력이 크다.
③ 전압이 높게 된다.
④ 역률이 안정된다.

해설 파권

병렬회로수는 극수와 관계없이 항상 2이며, 소전류, 고전압에 이용된다.

09 상전압 300[V]의 3상 반파정류회로의 직류 전압은 몇 [V]인가?

① 117　　② 200
③ 283　　④ 351

해설
- 단상 반파정류회로 평균값 $E_d = 0.45 E_a$
- 단상 전파정류회로 평균값 $E_d = 0.9 E_a$
- 3상 반파정류회로 평균값 E_d
  $= 1.17 E_a = 1.17 \times 300 ≒ 351[V]$
- 3상 전파정류회로 평균값 $E_d = 1.35 E_a$

10 여자기(exciter)에 대한 설명으로 옳은 것은?

① 부하변동을 방지하는 것이다.
② 발전기의 속도를 일정하게 하는 것이다.
③ 직류전류를 공급하는 것이다.
④ 주파수를 조정하는 것이다.

해설 여자(excite)

계자권선에 전류를 흘려서 자화하는 것을 말한다.

11 정현파에서 파고율이란?

① $\dfrac{최댓값}{실효값}$　　② $\dfrac{최댓값}{평균값}$
③ $\dfrac{실효값}{평균값}$　　④ $\dfrac{평균값}{실효값}$

해설
- 파형률 $= \dfrac{실효값}{평균값}$
- 파고율 $= \dfrac{최댓값}{실효값}$

- 정현파의 파고율 $= \dfrac{최댓값}{실효값} = \dfrac{V_m}{\dfrac{V_m}{\sqrt{2}}} = \sqrt{2}$

(여기서, V_m : 최댓값을 의미)

12 직류 직권 전동기에서 토크 T와 회전수 N과의 관계는 어떻게 되는가?

① $T \propto N$
② $T \propto N^2$
③ $T \propto \dfrac{1}{N}$
④ $T \propto \dfrac{1}{N^2}$

해설 직권 전동기

- 속도변동이 매우 크다. $N \propto \dfrac{1}{I_a}$
- 기동토크가 매우 크다. $T \propto I_a^2$
∴ $T \propto \dfrac{1}{N^2}$ 이 된다.

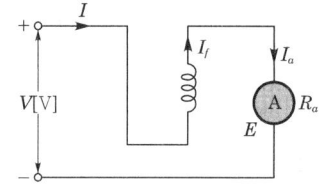

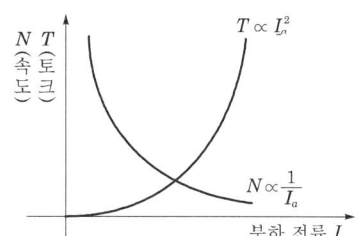

13 변압기의 누설 리액턴스를 줄이는 데 가장 효과적인 방법은?

① 권선을 분할하여 조립한다.
② 철심의 단면적을 크게 한다.
③ 권선을 동심 배치시킨다.
④ 코일의 단면적을 크게 한다.

해설 **변압기의 누설 리액턴스(X_L)**

자속 $\phi = \dfrac{F}{R_m} = \dfrac{NI}{\dfrac{l}{\mu s}} = \dfrac{\mu s NI}{l}$ [Wb]

$N\phi = LI$에서 $L = \dfrac{N\phi}{I} = \dfrac{\mu N^2 S}{l}$ [H]

$X_L = \omega L = 2\pi f \dfrac{\mu N^2 S}{l}$

∴ $X_L \propto N^2$ (누설리액턴스는 권수의 제곱에 비례하고, 누설리액턴스를 줄이는 방법으로 권선을 분할하여 조립한다.

14 변압기의 시험 중에서 철손을 구하는 시험은?

① 극성시험   ② 단락시험
③ 무부하시험 ④ 부하시험

해설 • 변압기 등가회로

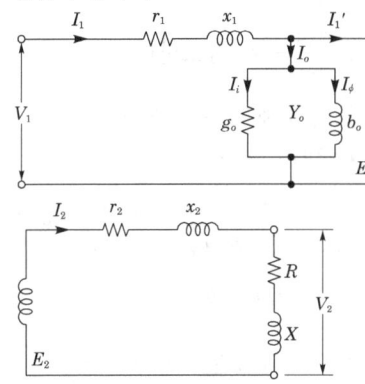

• 변압기의 등가회로 작성시 필요한 시험
 - 무부하시험 : I_0(여자전류), Y_0(여자 어드미턴스), P_i(철손)
 - 단락시험 : I_s, V_s, P_c(동손)
 - 권선저항 측정 : r_1, r_2

15 3상 변압기 결선 조합 중 병렬운전이 불가능한 것은?

① △-△와 △-△
② △-Y와 Y-△
③ Y-Y와 △-Y
④ △-△와 Y-Y

해설 3상 변압기의 병렬운전시에는 각 변위가 같아야 하며 홀수(△, Y)는 각 변위가 다르므로 병렬운전이 불가능하다.

[참고] 변압기군의 병렬운전조합

병렬운전이 가능한 경우	병렬운전이 불가능한 경우
Y-Y와 Y-Y	△-Y와 Y-Y
△-△와 △-△	△-△와 △-Y
△-Y와 △-Y	
Y-△와 Y-△	
△-△와 Y-Y	
△-Y와 Y-△	

16 변압기의 전일효율을 최대로 하기 위한 조건은?

① 전부하 시간이 길수록 철손을 작게 한다.
② 전부하 시간이 짧을수록 무부하손을 작게 한다.
③ 부하 시간에 관계없이 전부하동손과 철손을 같게 한다.
④ 전부하 시간이 짧을수록 철손을 크게 한다.

해설 **전일효율(η_d)**
하루 중의 출력전력량과 입력전력량의 비를 의미하며
$\eta_d = \dfrac{\sum h\, VI\cos\theta}{\sum h\, VI\cos\theta + 24P_i + \sum h P_c} \times 100$ [%]

전일효율을 최대로 하기 위해서는 $24P_i = hP_c$에서 부하시간 h는 $h < 24$이므로 $P_i < P_c$가 된다.

∴ 전부하시간이 짧을수록 무부하손(P_i)을 작게 한다.

17 3상 유도 전동기의 2차 동손, 2차 입력, 슬립을 각각 P_c, P_2, s라 하면 관계식은?

① $P_c = sP_2$ ② $P_c = \dfrac{P_2}{s}$
③ $P_c = \dfrac{s}{P_2}$ ④ $P_c = \dfrac{1}{sP_2}$

정답 14 ③ 15 ③ 16 ② 17 ①

해설 2차 입력, 2차 동손, 슬립의 관계식

- 2차 입력(P_2) = $I_2^2 \dfrac{r_2}{s}$
- 2차 동손(P_c) = $I_2^2 \cdot r_2$

$\therefore P_c : P_2 = I_2^2 \cdot r_2 : I_2^2 \cdot \dfrac{r_2}{s} = 1 : \dfrac{1}{s}$

$P_2 = \dfrac{1}{s} P_c$ 이므로 $P_c = sP_2$

18 부하를 일정하게 유지하고 역률 1로 운전 중인 동기 전동기의 계자전류를 증가시키면?

① 리액터로 작용한다.
② 아무 변동이 없다.
③ 뒤진 역률의 전기자전류가 증가한다.
④ 앞선 역률의 전기자전류가 증가한다.

해설 동기 전동기의 여자전류를 조정하여 부족여자로 하면 뒤진 전류가 흘러 리액터 작용, 과여자로 하면 앞선 전류가 흘러 콘덴서 작용을 한다.

19 다음 회전수 1,800[rpm]를 만족하는 동기기의 극수 (㉠)와 주파수 (㉡)는?

① ㉠ 4극, ㉡ 50[Hz]
② ㉠ 6극, ㉡ 50[Hz]
③ ㉠ 4극, ㉡ 60[Hz]
④ ㉠ 6극, ㉡ 60[Hz]

해설 동기속도(N_s)

$N_s = \dfrac{120f}{P}$ 에서

$1,800 = \dfrac{1,200f}{P}$ 이 된다.

$\therefore P = \dfrac{1}{15}f$ 의 관계식이므로

┌ 4극에서 $f = 60$[Hz]
└ 6극에서 $f = 90$[Hz]

20 극수 16, 회전수 450[rpm], 1상의 코일수 83, 1극의 유효자속 0.3[Wb]의 3상 동기발전기가 있다. 권선계수가 0.96이고, 전기자 권선을 성형결선으로 하면 무부하 단자전압은 약 몇 [V]인가?

① 8,000[V]　　② 9,000[V]
③ 10,000[V]　④ 11,000[V]

해설 무부하 단자전압(E)

- $f = \dfrac{PN}{120} = \dfrac{160 \times 450}{120} = 60$[Hz]
- $E = 4.44 k_w f n \phi$
  $= 4.44 \times 0.96 \times 60 \times 83 \times 0.3$
  $\fallingdotseq 6,368.02$

성형결선(Y결선)으로 전압(선전압)을 구하면
$E_l = \sqrt{3}\,E = \sqrt{3} \times 6,368 \fallingdotseq 11,030$[V]

21 유도 전동기의 1차 접속을 △에서 Y결선으로 바꾸면 기동시의 1차 전류는?

① $\dfrac{1}{3}$ 로 감소한다.
② $\dfrac{1}{\sqrt{3}}$ 로 감소한다.
③ $\sqrt{3}$ 배로 증가한다.
④ 3배로 증가한다.

해설 △→Y 기동시 선간전압 V, 기동시의 1상 임피던스 Z, 선전류 I라 하면

- △결선의 경우 : $I_\triangle = \dfrac{\sqrt{3}\,V}{Z}$
- Y결선의 경우 : $I_Y = \dfrac{V}{\sqrt{3}\,Z}$

$\therefore \dfrac{I_Y}{I_\triangle} = \dfrac{\dfrac{V}{\sqrt{3}\,Z}}{\dfrac{3\sqrt{V}}{Z}} = \dfrac{1}{3}$

그러므로 △→Y로 변환하면 권선 내의 전류는 $\dfrac{1}{3}$배가 되며 Y→△로 변환하면 권선 내의 전류는 3배가 된다.

22 금속관 공사 시 관의 두께는 콘크리트에 매설하는 경우 몇 [mm] 이상 되어야 하는가?

① 0.6　② 0.8
③ 1.2　④ 1.4

정답 18 ④　19 ③　20 ④　21 ①　22 ③

해설 금속관 공사
- 관의 두께는 콘크리트에 매설하는 경우 1.2[mm] 이상, 기타 1[mm] 이상으로 한다.
- 이음매가 없는 길이 4[m] 이하인 것은 건조하고 전개된 곳에 시설하는 경우에는 0.5[mm] 까지 감할 수 있다.
- 조영재에 따라 시설하는 경우 최대 간격은 2[m] 이하이다.

23 특고압용 변압기의 냉각방식이 타냉식인 경우 냉각장치의 고장으로 인하여 변압기의 온도가 상승하는 것을 대비하기 위하여 시설하는 장치는?

① 방진장치
② 공기정화장치
③ 경보장치
④ 회로차단장치

해설 특고압용 변압기의 보호장치

뱅크용량의 구분	동작조건	장치의 종류
5,000[kVA] 이상 10,000[kVA] 미만	변압기 내부고장	자동차단장치 또는 경보장치
10,000[kVA] 이상	변압기 내부고장	자동차단장치
타냉식 변압기(변압기의 권선 및 철심을 직접 냉각시키기 위하여 봉입한 냉매를 강제 순환시키는 냉각방식을 말한다.)	냉각장치에 고장이 생긴 경우 또는 변압기의 온도가 현저히 상승한 경우	경보장치

24 화약류 등의 제조소 내에 전기설비를 시공할 때 준수할 사항이 아닌 것은?

① 전열기구 이외의 전기기계·기구는 전폐형으로 할 것
② 배선은 두께 1.6[mm] 합성수지관에 넣어 손상 우려가 없도록 시설할 것
③ 온도가 현저히 상승 또는 위험발생 우려가 있는 경우 전로를 자동차단하는 장치를 갖출 것
④ 전열기구는 시스선 등의 충전부가 노출되지 않는 발열체를 사용할 것

해설 화약류 저장소에서의 전기설비 시설
- 전로에 지기가 생겼을 때 자동적으로 전로를 차단하거나 경보하는 장치를 시설
- 전로의 대지전압은 300[V] 이하
- 전기 기계·기구는 전폐형
- 케이블을 전기 기계·기구에 인입시 인입구에서 케이블이 손상될 우려가 없도록 시설
- 전열기구는 시스선 등의 충전부가 노출되지 않는 발열체를 사용

25 배전반 또는 분전반의 배관을 변경하거나 이미 설치된 캐비닛에 구멍을 뚫을 때 사용하며 수동식과 유압식이 있다. 이 공구는 무엇인가?

① 커터
② 클릭볼
③ 클리퍼
④ 녹아웃펀치

해설 녹아웃펀치
배전반 또는 분전반의 배관을 변경하거나 이미 설치된 캐비닛에 구멍을 뚫을 때 사용하며 수동식과 유압식이 있다.

26 버스덕트 배선에 의하여 시설하는 도체의 단면적은 알루미늄 띠모양인 경우 얼마 이상의 것을 사용하여야 하는가?

① 20[mm^2]
② 25[mm^2]
③ 30[mm^2]
④ 35[mm^2]

해설 버스덕트 공사
- 덕트를 조영재에 설치한 경우에는 덕트의 지지점 간의 거리를 3[m] 이하로 한다.
- 취급자 이외의 자가 출입할 수 없도록 설치한 곳에서 수직으로 붙이는 경우는 6[m] 이하로 한다.
- 공사 중 도중에 부하를 접속 가능하게 꽂음 구멍이 있는 Plug-in bus way 덕트가 있다.
- 버스덕트에 시설되는 도체의 단면적
  - 단면적 20[mm^2] 이상의 띠모양
  - 지름 5[mm] 이상의 관모양이나 둥글고 긴 막대모양의 동
  - 단면적 30[mm^2] 이상의 띠모양의 알루미늄

정답 23 ③   24 ②   25 ④   26 ③

• 버스덕트에는 피더 버스덕트, 플러그인 버스덕트, 탭붙이 버스덕트, 익스펜션 버스덕트 등이 있다.

27 전주 사이의 지지물 간 거리(경간)가 50[m]인 가공전선로에서 전선 1[m]의 하중이 0.37[kg], 전선의 딥이 0.8[m]라면 전선의 수평장력은 약 몇 [kg]인가?

① 80
② 120
③ 145
④ 165

해설 전선의 처짐정도[이도(dip)]와 실제 길이

- 실제 길이(L) = $S + \dfrac{8D^2}{3S}$ (여기서, S : 경간)
- 지표상 평균높이(h) = $H - \dfrac{2}{3}D$
- 이도(D) = $\dfrac{WS^2}{8T}$ (여기서, T : 장력, W : 전선의 무게)

∴ $T = \dfrac{WS^2}{8D} = \dfrac{0.37 \times 50^2}{8 \times 0.8} ≒ 145[kg]$

28 기계 · 기구의 철대 및 외함 접지에서 옳지 못한 것은? [KEC 규정에 따른 부적합 문제]

① 400[V] 미만인 저압용에서는 제3종 접지공사
② 400[V] 이상의 저압용에서는 제2종 접지공사
③ 특고압용에서는 제1종 접지공사
④ 고압용에서는 제1종 접지공사

해설 기계·기구의 철대 및 외함의 접지

기계·기구의 구분	접지공사
고압 또는 특고압용의 것	제1종 접지공사
400[V] 미만의 저압용의 것	제3종 접지공사
400[V] 이상의 저압용의 것	특별 제3종 접지공사

29 저압 이웃연결(연접)인입선은 인입선에서 분기하는 점으로부터 100[m]를 넘지 않는 지역에 시설하고 폭 몇 [m]를 초과하는 도로를 횡단하지 않아야 하는가?

① 4
② 5
③ 6
④ 6.5

해설 저압 이웃연결(연접)인입선의 시설

저압 인입선의 규정에 준하여 시설하고, 다음에 의해서 설치한다.
• 옥내 통과 금지
• 폭 5[m]를 넘는 도로횡단 금지
• 인입선에서 분기하는 점으로부터 100[m]를 넘는 지역에 미치지 아니할 것

30 최대 사용전압 3,300[V]인 고압전동기가 있다. 이 전동기의 절연내력시험전압은 몇 [V]인가?

① 3,630[V]
② 4,125[V]
③ 4,950[V]
④ 10,500[V]

해설 절연내력시험전압

7[kV] 이하일 때는 최대 사용전압의 1.5배의 전압이므로
∴ 3,300 × 1.5 = 4,950[V]이다.

31 경간이 100[m]인 저압 보안공사에 있어서 지지물의 종류가 아닌 것은?

① 철탑
② A종 철주
③ A종 철근 콘크리트주
④ 목주

해설 저·고압 보안공사

• 전선은 케이블인 경우 이외에는 인장강도 8.01[kN] 이상의 것 또는 지름 5[mm](400[V] 미만인 경우에는 인장강도 5.26[kN] 이상의 것 또는 지름 4[mm])의 경동선일 것
• 목주는 다음에 의할 것
  - 풍압하중에 대한 안전율은 1.5 이상일 것
  - 목주의 굵기는 말구의 지름 12[cm] 이상

- 경간

지지물의 종류	경간
목주·A종 철주 또는 A종 철근 콘크리트주	100[m]
B종 철주 또는 B종 철근 콘크리트주	150[m]
철탑	400[m]

32 3상 배전선로의 말단에 늦은 역률 80[%], 80[kW]의 평형 3상 부하가 있다. 부하점에 부하와 병렬로 전력용 콘덴서를 접속하여 선로손실을 최소화하려고 할 때에 필요한 콘덴서 용량은 몇 [kVA]인가?

① 20 ② 60
③ 80 ④ 100

해설 역률개선용 콘덴서 용량(Q_c)

$Q_c = P(\tan\theta_1 - \tan\theta_2)$
$= P\left(\dfrac{\sin\theta_1}{\cos\theta_1} - \dfrac{\sin\theta_2}{\cos\theta_2}\right)$

단, 역률 80[%]는 $\cos\theta = 0.8$을 의미하므로 $\sin\theta = 0.6$이 된다.

$\therefore\ Q_c = 80 \times 10^3 \left(\dfrac{0.6}{0.8} - 0\right) = 60[\text{kVA}]$

33 빌딩의 부하설비용량이 2,000[kW], 부하역률 90[%], 수용률이 75[%]일 때 수전설비 용량은 약 몇 [kVA]인가?

① 1,554[kVA] ② 1,667[kVA]
③ 1,800[kVA] ④ 2,400[kVA]

해설 변압기용량, 공급설비용량, 수·변전설비용량(P)

$P = \dfrac{\sum (\text{설비용량}[\text{kW}] \times \text{수용률})}{\text{부등률} \times \text{부하역률}}$ (단, 부등률이 주어지지 않을 시에는 1로 계산)

$= \dfrac{2,000 \times 0.75}{0.9} = 1,666.66 ≒ 1,667[\text{kVA}]$

34 고압 또는 특고압 가공전선로에서 공급을 받는 수용장소의 인입구 또는 이와 근접한 곳에는 무엇을 시설하여야 하는가?

① 직렬리액터 ② 동기조상기
③ 정류기 ④ 피뢰기

해설 피뢰기의 시설
- 피뢰기의 시설장소
  - 가공전선로와 지중전선로가 접속되는 곳
  - 고압 및 특고압 가공전선로에서 공급을 받는 수용장소의 인입구
  - 발전소·변전소 혹은 이것에 준하는 장소의 가공전선의 인입구 및 인출구
  - 가공전선로에 접속하는 배전용 변압기의 고압측 및 특고압측
- 피뢰기 시설을 하지 않을 수 있는 곳
  - 직접 접속하는 전선이 짧을 경우
  - 적은 지역으로서 방출보호통 등 피뢰기에 갈음하는 장치를 한 경우
  - 지중전선로의 말단부분

35 지중전선로는 케이블을 사용하고 직접 매설식의 경우 매설 깊이는 차량 및 기타 중량물의 압력을 받는 곳에서는 지하 몇 [m] 이상이어야 하는가?

① 0.8 ② 0.6
③ 1.0 ④ 1.4

해설
- 압력이 있는 경우 : 1.0[m]
- 압력이 없는 경우 : 0.6[m]

36 방향계전기의 기능이 적합하게 설명된 것은?

① 보호구간으로 유입하는 전류와 보호구간에서 유출되는 전류와의 벡터차와 출입하는 전류와의 관계비로 동작하는 계전기
② 계전기가 설치된 위치에서 보는 전기적 거리 등을 판별해서 동작
③ 예정된 시간지연을 가지고 응동(鷹動)하는 것을 목적으로 한 계전기
④ 2개 이상의 벡터량 관계 위치에서 동작하며 전류가 어느 방향으로 흐르는가를 판정하는 것을 목적으로 하는 계전기

정답 32 ② 33 ② 34 ④ 35 ③ 36 ④

해설 방향계전기

전력회로의 전송전력에 비례해서 동작하며 2개 이상의 벡터량 관계 위치에서 전류가 어느 방향으로 흐르는 것을 판정하여 사고점의 방향을 알 수 있는 계전기이다.

37 반사갓을 사용하여 90~100[%] 정도의 빛이 아래로 향하고, 10[%] 정도가 위로 향하는 방식으로 빛의 손실이 적고, 효율은 높지만 천장이 어두워지고 강한 그늘이 생기며 눈부심이 생기기 쉬운 조명방식은?

① 직접조명 ② 반간접조명
③ 전반확산조명 ④ 반직접조명

해설 조명방식

배치에 의한 분류	배광에 의한 분류
전반조명	직접조명
국부조명	간접조명
전반국부조명	반간접조명
	반직접조명

38 다음 트라이액에 대한 설명 중 틀린 것은?

① 3단자 소자이다.
② 항상 정(+)의 게이트 펄스를 이용한다.
③ 게이트를 갖는 대칭형 스위치이다.
④ 두 개의 SCR을 역병렬로 연결한 것이다.

해설
- TRIAC은 정(+), 부(-)의 게이트 펄스를 이용한다.
- 양방향성, 3단자 소자이다.

39 사이리스터의 유지전류(holding current)에 관한 설명으로 옳은 것은?

① 사이리스터가 턴온(turn on)하기 시작하는 순전류
② 게이트를 개방한 상태에서 사이리스터가 도통상태를 유지하기 위한 최소의 순전류

③ 사이리스터의 게이트를 개방한 상태에서 전압이 상승하면 급히 증가하게 되는 순전류
④ 게이트 전압을 인가한 후에 급히 제거한 상태에서 도통상태가 유지되는 최소의 순전류

40 SCR에 대한 설명으로 옳지 않은 것은?

① 대전류 제어정류용으로 이용된다.
② 게이트 전류로 통전전압을 가변시킨다.
③ 주전류를 차단하려면 게이트 전압을 영 또는 부(-)로 해야 한다.
④ 게이트 전류의 위상각으로 통전전류의 평균값을 제어시킬 수 있다.

해설 SCR은 애노드(+), 게이트(+), 캐소드(-)가 가해지면 일단 도통상태가 되며, 도통된 후에 주전류를 차단하기 위해서는 애노드 전압을 "0" 또는 (-)로 하면 가능하며, 게이트 전압 (+) or (-)와는 상관이 없다.

41 MOSFET의 드레인 전류는 무엇으로 제어하는가?

① 게이트 전압
② 게이트 전류
③ 소스전압
④ 소스전류

해설 FET(Field-Effect TR)
- 특징
  - 다수 캐리어에 의해 전류가 흐른다.
  - 입력저항이 매우크다.
  - 저잡음이다.
  - 5극 진공관 특성과 비슷하다.
  - 이득(G)×대역폭(B)이 작다.
  - J-FET와 MOS-FET가 있다.
  - V_{GS}(Gate-Source 사이의 전압)로 드레인 전류를 제어한다.

정답 37 ① 38 ② 39 ② 40 ③ 41 ①

- 종류
  - J-FET(접합 FET)

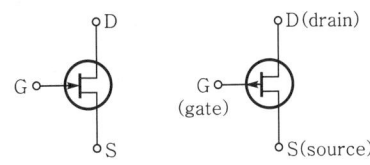

  (a) N-channel FET (b) P-channel FET

  - MOS-FET(절연게이트형 FET)

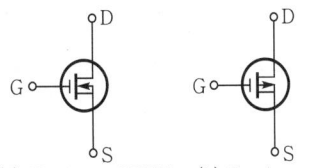

  (a) N-channel FET (b) P-channel FET

- FET의 3정수
  - $g_m = \dfrac{\Delta I_D}{\Delta V_{GS}}$ (순방향 상호전달 컨덕턴스)
  - $r_d = \dfrac{\Delta V_{DS}}{\Delta I_D}$ (드레인-소스저항)
  - $\mu = \dfrac{\Delta V_{DS}}{\Delta V_{GS}}$ (전압증폭률)
  - $\mu = g_m \cdot r_d$

42 16진수 D28A를 2진수로 옳게 나타낸 것은?

① 1101001010001010
② 0101000101001011
③ 1111011000000110
④ 1101011010011010

해설 16진수를 2진수 변환할 때는 16진수의 1자리 숫자를 4bit 2진수로 표현한다.

D   2   8   A
↓   ↓   ↓   ↓
1101 0010 1000 1010

∴ $(D28A)_{16} = (1101001010001010)_2$

2진수	10진수	16진수
0	0	0
1	1	1
10	2	2

2진수	10진수	16진수
11	3	3
100	4	4
101	5	5
110	6	6
111	7	7
1000	8	8
1001	9	9
1010	10	A
1011	11	B
1100	12	C
1101	13	D
1110	14	E
1111	15	F

43 A=01100, B=00111인 두 2진수의 연산결과가 주어진 식과 같다면 연산의 종류는?

```
  01100
+ 11001
───────
  00101
```

① 덧셈 ② 뺄셈
③ 곱셈 ④ 나눗셈

해설 문제에서
```
   01100
 + 11001
 ①00101
```
자리올림 5의 의미이다.

$A = (01100)_2 = 12_{10}$
$B = (00111)_2 = 7_{10}$

그러므로 5가 되기 위해서는 A-B 하면 된다.

44 다음 논리함수를 간략화하면 어떻게 되는가?

$Y = \overline{A}\overline{B}\overline{C}\overline{D} + \overline{A}BC\overline{D} + AB\overline{C}D + A\overline{B}\overline{C}\overline{D}$

	$\overline{A}\overline{B}$	$\overline{A}B$	AB	$A\overline{B}$
$\overline{C}\overline{D}$	1			1
$\overline{C}D$				
CD				
$C\overline{D}$	1			1

① $\overline{B}\overline{D}$ ② BD
③ $\overline{B}D$ ④ $B\overline{D}$

정답 42 ①   43 ②   44 ①

해설 카르노맵을 이용하여 논리식을 간략화하면

CD \ AB	$\overline{A}\overline{B}$	$\overline{A}B$	AB	$A\overline{B}$
$\overline{C}\overline{D}$	1			1
$\overline{C}D$				
CD				
$C\overline{D}$	1			1

1의 4개 항을 하나로 묶을 수 있으므로 변환되는 문자를 생략하면
∴ $Y = \overline{B}\overline{D}$ 가 된다.

45 그림과 같은 유접점회로가 의미하는 논리식은?

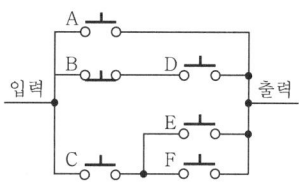

① $A + \overline{B}D + C(E+F)$
② $A + \overline{B}C + D(E+F)$
③ $A + \overline{B}\overline{C} + D(E+F)$
④ $A + B\overline{C} + D(E+F)$

해설 접점회로의 응용
출력 $Y = A + \overline{B}D + C(E+F)$ 가 된다.
[참고]

 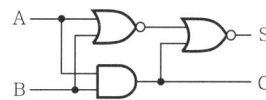
출력(Y)=A·B(C+D)

46 다음 그림과 같은 회로의 기능은?

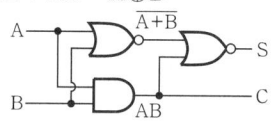

① 반가산기   ② 감산기
③ 반일치회로 ④ 부호기

해설 • 반가산기회로이며 S, C를 표시하면 다음과 같다.
$C = A \cdot B$

$S = \overline{\overline{A+B} + A \cdot B} = \overline{\overline{A+B}} \cdot \overline{A \cdot B}$
$= (A+B)\overline{(A \cdot B)} = (A+B)(\overline{A}+\overline{B})$
$= A\overline{B} + \overline{A}B = A \oplus B$

• 반가산기는 입력 2단자, 출력 2단자로 이루어져 있다.
• 진리표

입력		출력	
A	B	S	C
0	0	0	0
0	1	1	0
1	0	1	0
1	1	0	1

47 저항부하 시 맥동률이 가장 작은 정류방식은?
① 단상 전파식   ② 단상 반파식
③ 3상 반파식   ④ 3상 전파식

해설 • 맥동률(ripple rate) : 직류성분 속에 포함되어 있는 교류성분의 실효값과의 비를 나타낸다.

• 맥동률$(\gamma) = \dfrac{\Delta I}{I_{dc}} = \dfrac{\sqrt{I_{rms}^2 - I_{dc}^2}}{I_{dc}}$
$= \sqrt{\left(\dfrac{I_{rms}}{I_{dc}}\right)^2 - 1}$

구 분	맥동률	맥동주파수[Hz]
단상 반파	1.21	60
단상 전파	0.482	120
3상 반파	0.183	180
3상 전파	0.042	360

48 플립플롭회로에 대한 설명으로 잘못된 것은?
① 두 가지 안정상태를 갖는다.
② 쌍안정 멀티바이브레이터이다.
③ 반도체 메모리소자로 이용된다.
④ 트리거펄스 1개마다 1개의 출력펄스를 얻는다.

정답 45 ① 46 ① 47 ④ 48 ④

해설 순서논리회로
- 조합논리와는 달리 입력의 변수뿐만이 아니라, 회로의 내부상태에 따라 출력이 달라진다.
- 대표적 회로에는 플립플롭, 쌍안정 멀티바이브레이터, 레지스터, 카운터 등이 있다.
- 반도체 기억소자로도 쓰인다.
- 2개의 안정상태를 갖고, 트리거펄스 1개마다 2개의 출력펄스를 얻는다.

49 다음 64가지의 명령어를 나타내려고 하면 최소한 몇 개의 비트(bit)가 필요한가?
[출제기준 변경에 따른 부적합 문제]
① 4　　② 6
③ 8　　④ 12

해설 표현가지수$(N) = 2^n$ (여기서, n : bit수)
∴ $64 = 2^n$에서 $n = 6$

50 마이크로프로세서의 주소버스(address bus)선의 수가 '20'인 경우, 접근할 수 있는 최대 메모리의 크기는 몇 [byte]인가?
[출제기준 변경에 따른 부적합 문제]
① 256　　② 512
③ 1K　　④ 1M

해설 최대 메모리 크기 = $2^n = 2^{20} = 1$[Mbyte]
$(= 1,048,576$[byte]$)$
$(1$[kbyte]$= 2^{10} = 1,024$[byte]$)$

51 다음 우선순위 인터럽트 처리방법 중 소프트웨어에 의한 방법은?
[출제기준 변경에 따른 부적합 문제]
① 폴링방법(polling method)
② 스트로브방법(strobe method)
③ 우선순위 인코더방법(priority encoder method)
④ 데이지-체인방법(daisy-chain method)

해설 소프트웨어적인 방식을 폴링이라 하며, 회로가 간단하고 경제적이다.

52 전기신호를 사용하여 지울 수 있는 ROM은?
[출제기준 변경에 따른 부적합 문제]
① PROM　　② EEPROM
③ EPROM　　④ Mask ROM

53 ROM에 대한 설명으로 옳지 않은 것은?
[출제기준 변경에 따른 부적합 문제]
① 판독(read) 전용의 기억장치이다.
② 사용자(user)의 프로그램 및 데이터가 기억된다.
③ R/W(Read/Write) 제어선이 없다.
④ Monitor program도 기억된다.

해설 ROM은 오직 Read만 가능한 메모리이며, 제작 당시에 미리 프로그래밍을 한다. 사용자의 프로그램 및 데이터가 기억되는 것은 RAM을 의미한다.

[참고] 기억장치들의 특징 비교

분류	자심	RAM, ROM	자기 드럼	자기 디스크	자기 테이프
속도	빠르다.	매우 빠르다.	보통	보통	가장 느리다.
가격	가장 비싸다.	자심보다는 싸다.	보통	보통	가장 싸다.
용량	적다.	보통	크다.	매우 크다.	매우 크다.
용도	주기억장치	주기억장치	보조기억장치	보조기억장치	보조기억장치

54 어셈블리어 문장의 구성요소 중 인스트럭션이 차지하는 기억장소를 나타내며, 필요에 따라 생략할 수 있는 요소는?
[출제기준 변경에 따른 부적합 문제]
① 레이블(label)　　② 동작이론
③ 설명　　④ 주소나 자료이름

해설 어셈블리어 명령어 형식
- Label : 기억장소, 분기할 위치, 기호 등을 서술하는 부분으로 생략이 가능
- OP : 명령어(op-code)를 서술
- Operand : 연산의 대상이 되는 주소, 레지스터 번호 등을 서술

정답 49 ② 50 ④ 51 ① 52 ② 53 ② 54 ①

55 로트에서 랜덤하게 시료를 추출하여 검사한 후 그 결과에 따라 로트의 합격, 불합격을 판정하는 검사방법을 무엇이라 하는가?

① 전수검사
② 간접검사
③ 자주검사
④ 샘플링검사

해설 **Sampling 검사**
로트로부터 Sampling하여 조사하고 그 결과를 판정기준과 비교하여 합격, 불합격을 판정하는 검사방식
- 검사항목이 많거나 검사가 복잡할 때
- 검사비용이 적게 소요
- 치명적인 결함이 있는 것은 부적합
- 로트의 크기가 클 때

56 관리 사이클의 순서를 가장 적절하게 표시한 것은? (단, A는 조치(Act), C는 체크(Check) D는 실시(Do), P는 계획(Plan)이다.)

① P → D → C → A
② A → D → C → P
③ P → C → A → D
④ P → A → C → D

해설 **관리 사이클**
Plan → Do → Check → Act

57 계량값 관리도만으로 짝지어진 것은?

① c 관리도, u 관리도
② $x - R_s$ 관리도, p 관리도
③ $\bar{x} - R$ 관리도, np 관리도
④ $Me - R$ 관리도, $\bar{x} - R$ 관리도

해설 **계량형 관리도**
- x 관리도
- $Md(Me)$ 관리도
- $\bar{x} - R$ 관리도
- R 관리도
- $\bar{x} - \sigma$ 관리도
- $Me - R$ 관리도

58 여유시간이 5분, 정미시간이 40분일 경우 내경법으로 여유율을 구하면 약 몇 [%]인가?

① 6.33[%]
② 9.05[%]
③ 11.11[%]
④ 12.50[%]

해설
- 표준시간 = 정상시간 × (1 + 여유율) : 외경법
- 표준시간 = 정상시간 × $\dfrac{1}{1 - 여유율}$: 내경법

∴ (40분 + 5분) = 40분 × $\dfrac{1}{1 - 여유율}$ 에서

여유율 = $1 - \dfrac{40}{45} ≒ 0.11111$ (약 11.11[%])

59 모집단의 중심적 경향을 나타낸 측도에 해당하는 것은?

① 변동계수(coefficient of variation)
② 최빈값(mode)
③ 분산(variance)
④ 범위(range)

해설 모집단의 중심적 경향을 나타낸 측도에 해당하는 것으로 최빈값(mode)이 있다.

60 다음 데이터에서 5개월 이동평균법에 의하여 8월의 수요를 예측한 값은?

월	1	2	3	4	5	6	7
판매실적	100	90	110	100	115	110	100

① 103
② 105
③ 107
④ 109

해설 **단순이동평균법**

$F_t = \dfrac{1}{n} \sum K_t$

$= \dfrac{1}{5}(110 + 100 + 115 + 110 + 100)$

$= 107$

정답 55 ④ 56 ① 57 ④ 58 ③ 59 ② 60 ③

제52회 2012년 7월 22일 출제문제

01 분류기를 사용하여 전류를 측정하는 경우 전류계의 내부저항 0.12[Ω] 분류기의 저항이 0.04[Ω]이면 그 배율은?

① 2배 ② 3배
③ 4배 ④ 5배

해설 분류기$(R_s) = \dfrac{r_a}{m-1}$ (여기서, m: 배율, r_a: 전류계 내부저항)에서 $0.04 = \dfrac{0.12}{m-1}$

∴ $0.04 = \dfrac{0.12}{m-1}$ 그러므로 배율 m은 4배가 된다.

02 반지름 25[cm]의 원주형 도선에 π[A]의 전류가 흐를 때 도선의 중심축에서 50[cm] 되는 점의 자계의 세기는? (단, 도선의 길이 l은 매우 길다.)

① 1[AT/m]   ② π[AT/m]
③ $\dfrac{1}{4\pi}$[AT/m]   ④ $\dfrac{1}{2}\pi$[AT/m]

해설 무한장 긴 직선도체에 의한 자장의 세기(H)

$H = \dfrac{I}{2\pi r} = \dfrac{\pi}{2\pi \times 0.5} = 1$[AT/m]

(단, r: 거리[m]를 의미)

03 다음 그림과 같은 회로의 합성 임피던스는 몇 [Ω]인가?

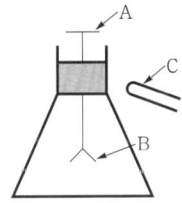

① $25 + j\dfrac{100}{3}$ ② $25 - j20$
③ $25 + j20$ ④ $25 - j\dfrac{100}{3}$

해설 전체 임피던스(Z)

$= R + \dfrac{jX_L(-jX_C)}{jX_L - jX_C} = 25 + \dfrac{j100(-j25)}{j100 - j25}$

$= 25 + \dfrac{2,500}{j75}$ (∵ $j^2 = -1$이므로)

∴ $Z = 25 - j\dfrac{100}{3}$

04 다음 그림과 같이 대전된 에보나이트 막대를 박검전기의 금속판에 닿지 않도록 가깝게 가져갔을 때 금박이 열렸다면 다음 중 옳은 것은? (단, A는 원판, B는 박, C는 에보나이트 막대이다.)

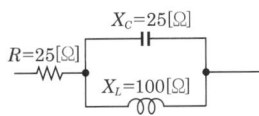

① A : 양전기, B : 양전기, C : 음전기
② A : 음전기, B : 음전기, C : 음전기
③ A : 양전기, B : 음전기, C : 음전기
④ A : 양전기, B : 양전기, C : 양전기

해설 정전유도

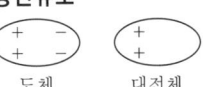

도체   대전체

도체 내에 있는 전자가 대전체에 접근할 경우 대전체에 가까운 곳에는 대전체와 반대 부호를 가진 전하가, 먼 곳에는 같은 부호를 가진 전하가 발생하는 현상이다.
C와 A는 반대 극성, C와 B는 같은 극성이며, B의 끝부분은 같은 극성이 되어 양쪽으로 벌어진다.

정답 01 ③ 02 ① 03 ④ 04 ③

05 다음 직류 발전기의 유기 기전력을 E, 자속을 ϕ, 회전 속도를 N이라 할 때 이들 사이의 관계로 옳은 것은?

① $E \propto \phi N$ ② $E \propto \dfrac{\phi}{N}$
③ $E \propto \phi N^2$ ④ $E \propto \phi^2 N$

해설 유기기전력(E)

$E = \dfrac{z}{a} \cdot e = \dfrac{z}{a} P\phi n$
$\quad = \dfrac{z}{a} P\phi \dfrac{N}{60} = \dfrac{zp}{60a}\phi N [\text{V}]$
$\quad = K'\phi N$ (여기서, $K' = \dfrac{zP}{60a}$ 이다.)
$\therefore E \propto \phi N$
유기기전력 E는 ϕN에 비례함을 알 수 있다.

06 어떤 회로에 $V = 100\underline{/\dfrac{\pi}{3}}$ [V]의 전압을 가하니 $I = 10\sqrt{3} + j10$[A]의 전류가 흘렀다. 이 회로의 무효전력[Var]은?

① 0 ② 1,000
③ 1,732 ④ 2,000

해설 복소전력(S)을 표시하면
$S = \overline{V} \cdot I = P - jP_r$ (여기서, P : 유효전력, P_r : 무효전력)

$\begin{bmatrix} V = 100\underline{/\dfrac{\pi}{3}} = 100\left(\cos\dfrac{\pi}{3} + j\sin\dfrac{\pi}{3}\right) \\ \quad = 100\left(\dfrac{1}{2} + j\dfrac{\sqrt{3}}{2}\right) \\ I = 10\sqrt{3} + j10 \end{bmatrix}$

$\therefore S(=P_a) = 100\left(\dfrac{1}{2} - j\dfrac{\sqrt{3}}{2}\right)$
$\qquad\qquad (10\sqrt{3} + j10)$
$\qquad\quad = 1,731 - j1,000$
$\qquad\quad = P - jP_r$ 이므로
유효전력(P) = 1,731[W]
무효전력(P_r) = 1,000[Var]

07 다음 그림과 같은 회로에서 대칭 3상전압(선간전압) 173[V]를 $Z = 12 + j16[\Omega]$인 성형결선 부하에 인가하였다. 이 경우의 선전류는 몇 [A]인가?

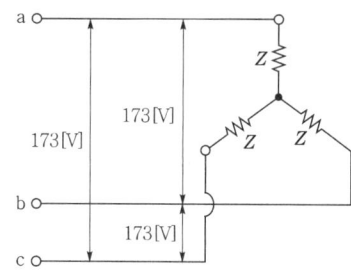

① 5.0[A] ② 8.3[A]
③ 10.0[A] ④ 15.0[A]

해설 $I_l(=I_P) = \dfrac{V_P}{Z} = \dfrac{\dfrac{V_l}{\sqrt{3}}}{Z}$

$\qquad = \dfrac{\dfrac{173}{\sqrt{3}}}{\sqrt{12^2 + 16^2}} \fallingdotseq 5[\text{A}]$

08 전지의 기전력이나 열전대의 기전력을 정밀하게 측정하기 위하여 사용하는 것은?

① 메거
② 캠벨 브리지
③ 직류 전위차계
④ 켈빈 더블 브리지

해설
• 전위차계 : 표준으로 사용할 전지의 기전력을 측정할 때 전류를 흘리면 성극작용으로 단자전압이 변하여 정밀측정이 되지 않으므로 전위차계를 사용하여 영위법으로 전압을 측정한다.
• 캠벨 브리지 : 상호 인덕턴스(M), 가청주파수 측정에 이용된다.
• 켈빈 더블 브리지 : 저저항 측정에 이용된다.

09 직류 전동기의 속도제어 중 계자권선에 직렬 또는 병렬로 저항을 접속하여 속도를 제어하는 방법은?

① 저항제어 ② 전압제어
③ 계자제어 ④ 전류제어

정답 05 ① 06 ② 07 ① 08 ③ 09 ③

해설 **속도제어**
- 계자제어 : 계자권선에 저항(R_f)을 연결하여 자속(ϕ)의 변화에 의해 속도를 제어하는 방법이다.(출력이 일정하므로 정출력제어라 한다.)
- 저항제어 : 전기자에 직렬로 저항을 연결하여 속도를 제어하는 방법으로 손실이 크고, 효율이 낮다.
- 전압제어 : 공급전압의 변환에 의해 속도를 제어하는 방법으로 설치비는 고가이나 효율이 좋고, 광범위로 원활한 제어가 가능하다.(워드 레오나드 방식, 일그너 방식)
- 직병렬제어(전기철도) : 2대 이상의 전동기를 직·병렬 접속을 통해 속도제어(전압제어의 일종)하는 것을 말한다.

10 3상 유도 전동기의 회전력은 단자전압과 어떤 관계인가?

① 단자전압에 비례한다.
② 단자전압에 무관하다.
③ 단자전압 2승에 비례한다.
④ 단자전압의 $\frac{1}{2}$승에 비례한다.

해설 공급 전압(V_1) 일정 상태에서 슬립과 토크의 관계곡선의 동기와트로 표시한 토크(T)

$T_s = P_2 = I_2^2 \dfrac{r_2}{s} = I_1^2 \dfrac{r_2'}{s}$ 에서

$T_s = \dfrac{V_1^2 \dfrac{r_2'}{s}}{\left(r_1 + \dfrac{r_2'}{s}\right)^2 + (x_1+x_2)^2} = KV_1^2 [\text{N}\cdot\text{m}]$

11 변압기에서 임피던스의 전압을 걸 때 입력은?

① 전부하시의 전손실
② 철손
③ 정격용량
④ 임피던스 와트

해설
- 임피던스 전압(V_s) : 2차측을 단락하였을 때 전류가 정격전류와 같은 값을 가질 때 1차 인가전압(정격전류에 의한 변압기 내 전압강하)
- 임피던스 와트(W_s) : 임피던스 전압 인가시 입력($W_s = I_n^2 \cdot \gamma = P_c$, 즉, 임피던스 와트 =동손)

12 변압기의 효율이 최고일 조건은?

① 동손 = $\dfrac{1}{2}$철손
② 철손 = $\dfrac{1}{2}$동손
③ 철손 = 동손
④ 철손 = (동손)^2

해설 최대 효율은 무부하손(여기서, 고정손, 철손) = 부하손(여기서, 가변손, 동손)일 때이다. 여기서, P_i : 철손, P_c : 동손이며 부하가 m배이면 η_m는 $P_i = m^2 P_c$이다.

13 1차 전압 200[V], 2차 전압 220[V], 50[kVA]인 단상 단권변압기의 부하용량[kVA]은?

① 25[kVA] ② 50[kVA]
③ 250[kVA] ④ 550[kVA]

해설 부하용량 = 자기용량$\left(\dfrac{V_2}{V_2 - V_1}\right)$
$= 50 \times 10^3 \left(\dfrac{220}{220-200}\right)$
$= 550 \times 10^3$
$= 550[\text{kVA}]$

14 변압기의 여자전류의 파형은?

① 파형이 나타나지 않는다.
② 왜형파
③ 구형파
④ 사인파

해설 여자전류의 파형에서 전압을 유지하는 자속은 정현파이나, 자속을 만드는 여자전류는 철심의 포화와 히스테리시스 현상 때문에 일그러져 첨두파(왜형파)가 된다.

정답 10 ③ 11 ④ 12 ③ 13 ④ 14 ②

15 동기기의 전기자 권선법이 아닌 것은?

① 분포권　　② 2층권
③ 중권　　　④ 전절권

해설
- 동기 발전기의 전기자 권선법
  - 중권(○), 파권(×), 쇄권(×)
  - 2층권(○), 단층권(×)
  - 분포권(○), 집중권(×)
  - 단절권(○), 전절권(×)
- 분포권의 장점
  - 누설 리액턴스 감소
  - 기전력의 파형개선
  - 과열방지

16 유도 전동기의 속도제어 방법에서 특별한 보조장치가 필요 없고 효율이 좋으며, 속도 제어가 간단한 장점이 있으나, 결점으로는 속도의 변화가 단계적인 제어 방식은?

① 극수변환법
② 2차 저항제어법
③ 전원전압제어법
④ 주파수변환제어법

해설 극수변환법
고정자권선의 결선변환에 의해서 보조장치가 필요없이 속도제어가 간단한 장점이 있고, 효율은 좋으나 속도변화가 단계적인 단점이 있다.(엘리베이터, 환풍기 등의 속도제어)

17 단상 유도 전동기의 기동방법 중 기동토크가 가장 큰 것은?

① 분상 기동형　② 셰이딩 코일형
③ 반발 기동형　④ 콘덴서 기동형

해설 단상 유도 전동기의 기동 토크가 큰 순서로 배열
- 반발 기동형(반발 유도형)
- 콘덴서 기동형(콘덴서형)
- 분상 기동형
- 셰이딩 코일형

18 동기 전동기의 여자전류를 증가하면 어떤 현상이 생기는가?

① 난조가 생긴다.
② 토크가 증가한다.
③ 앞선 무효전류가 흐르고 유도기전력은 높아진다.
④ 전기자전류의 위상이 앞선다.

해설 동기 전동기의 위상특성곡선(V곡선)
공급전압과 출력이 일정한 상태에서 계자전류(I_f)의 조정에 따른 전기자전류(I)의 크기와 위상(역률각 : θ)의 관계곡선
- 부족여자 : 전기자 전류가 공급 전압보다 위상이 뒤지므로 리액터 작용
- 과여자 : 전기자 전류가 공급 전압보다 위상이 앞서므로 콘덴서 작용

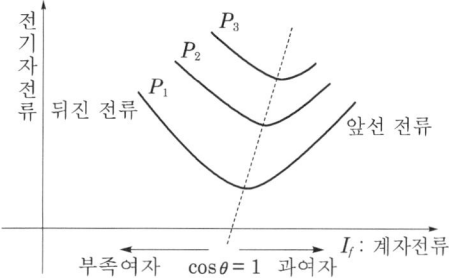

19 2극과 8극 2대의 3상 유도 전동기를 차동접속법으로 속도제어를 할 때 전원주파수가 60[Hz]인 경우 무부하속도 N_0는 몇 [rpm]인가?

① 1,800[rpm]
② 1,200[rpm]
③ 900[rpm]
④ 720[rpm]

해설 속도제어
- 1차 전압제어
- 2차 저항제어
- 주파수제어
- 극수변환
- 2차 여자제어법

정답　15 ④　16 ①　17 ③　18 ④　19 ②

20 소맥분·전분·유황 등 가연성 분진에 전기설비가 발화원이 되어 폭발할 우려가 있는 곳에 시설하는 저압 옥내배선의 공사방법으로 옳지 않은 것은?

① 가요전선관 공사
② 케이블 공사
③ 합성수지관 공사
④ 금속관 공사

해설 폭연성 및 가연성 분진
- 폭연성 분진의 저압 옥내배선 : 금속관 공사, 케이블 공사(캡타이어 케이블 제외)
- 가연성 분진의 저압 옥내배선 : 금속관 공사, 케이블 공사, 합성수지관 공사

21 단상 직권 정류자 전동기의 속도를 고속으로 하는 이유는?

① 전기자에 유도되는 역기전력을 적게 한다.
② 전기자 리액턴스강하를 크게 한다.
③ 토크를 증가시킨다.
④ 역률을 개선시킨다.

해설 회전속도와 역률은 서로 비례관계에 있어 회전속도를 크게 할수록 역률이 커지므로 개선된다.

22 금속전선관의 굵기[mm]를 부르는 것으로 옳은 것은?

① 후강전선관은 바깥지름에 가까운 홀수로 정한다.
② 후강전선관은 안지름에 가까운 짝수로 정한다.
③ 박강전선관은 안지름에 가까운 홀수로 정한다.
④ 박강전선관은 바깥지름에 가까운 짝수로 정한다.

해설 금속전선관의 굵기표시
- 후강전선관(안지름에 가까운 짝수) : 16, 22, 28, 36, 42, 54, 70, 82, 92, 104[mm]
- 박강전선관(바깥지름에 가까운 홀수) : 19, 25, 31, 39, 51, 63, 75[mm]

23 가요전선관 공사에 의한 저압 옥내배선을 다음과 같이 시행하였을 때 옳은 것은?

① 제2종 금속제 가요전선관을 사용하였다.
② 접지공사를 하지 않는다.
③ 단면적 25[mm^2]의 단선을 사용하였다.
④ 옥외용 비닐절연전선을 사용하였다.

해설 가요전선관 공사
- 제2종 가요전선관이 기계적 강도가 우수(제1종은 두께 0.8[mm] 이상)
- 전선은 절연전선(옥외용 비닐절연전선 제외)
- 단면적 10[mm^2] 이하의 동선 또는 16[mm^2] 이하인 알루미늄선을 단선으로 사용
- 가요전선관 상호간에 접속되는 연결구로 스플릿커플링을 사용
- 곡률 반지름을 가요전선관 안지름의 3배 : 관을 제거하고 시설하는 데 자유로운 경우
- 곡률 반지름을 가요전선관 안지름의 6배 : 관을 제거하고 시설하는 데 부자유하거나 점검이 불가능한 경우

24 동기 무효전력보상장치(조상기)에 대한 설명으로 옳은 것은?

① 유도부하와 병렬로 접속한다.
② 부족여자로 운전하여 진상 전류를 흐르게 한다.
③ 동기전동기에 부하를 걸고 운전하는 것이다.
④ 부하전류의 가감으로 위상을 변화시켜 준다.

해설
- 유도부하와 병렬로 접속한다.
- 부족여자로 운전하면 지상전류가 흐르며 리액터로 동작한다.

정답 20 ① 21 ④ 22 ② 23 ① 24 ①

25 간선의 배선방식 중 고조파 발생의 저감대책이 아닌 것은?

① 교류필터의 설치
② 교류리액터의 설치
③ 콘덴서의 설치
④ 전원의 단락용량 감소

해설 고조파 발생의 저감대책은 다음과 같다.
- 전원의 단락용량 감소
- 교류리액터의 설치
- 교류필터의 설치

26 저압 가공인입선의 시설기준으로 옳지 않은 것은?

① 철도 또는 궤도를 횡단하는 경우에는 레일면상 6.5[m] 이상일 것
② 전선의 인장강도는 2.3[kN] 이상일 것
③ 전선은 나전선, 절연전선, 케이블일 것
④ 전선이 옥외용 비닐절연전선일 경우에는 사람이 접촉할 우려가 없도록 시설할 것

해설 저압 가공인입선의 시설
- 케이블 이외에는 인장강도 2.30[kN] 이상 또는 지름 2.6[mm] 경동선
- 전선은 절연전선, 다심형 전선 또는 케이블(나전선은 사용하지 않음)
- 옥외용 비닐절연전선인 경우에는 사람이 접촉할 우려가 없도록 시설

27 가공전선이 건조물·도로·횡단보도교·철도·가공약전류전선·안테나, 다른 가공전선, 기타의 공작물과 접근 교차하여 시설하는 경우에 일반공사보다 강화하는 것을 보안공사라 한다. 고압 보안공사에서 전선을 경동선으로 사용하는 경우 몇 [mm] 이상의 것을 사용하여야 하는가?

① 3[mm]　② 4[mm]
③ 5[mm]　④ 6[mm]

해설 저압·고압 보안공사
전선은 케이블인 경우 이외에는 인장강도 8.01[kN] 이상의 것 또는 지름 5[mm](400[V] 미만인 경우에는 인장강도 5.26[kN] 이상의 것 또는 지름 4[mm])의 경동선일 것)

28 지중 송전선로의 구성방식이 아닌 것은?

① 단일유닛방식　② 루프방식
③ 가지식방식　④ 방사상 환상방식

해설 지중 송전선로의 구성방식으로는 방사상 환상방식, 루프방식, 단일유닛방식 등이 있다.

29 220[V] 가정용 전기설비의 절연저항의 최소값은 몇 [MΩ] 이상인가?

[KEC 규정에 따른 부적합 문제]

① 0.1　② 0.2
③ 0.3　④ 0.4

해설 저압전로의 절연성능

전로의 사용전압 구분		절연저항
400[V] 미만	대지전압 150[V] 이하인 경우	0.1[MΩ] 이상
	대지전압 150[V]를 넘고, 300[V] 이하인 경우	0.2[MΩ] 이상
	사용전압 300[V]를 넘고, 400[V] 미만인 경우	0.3[MΩ] 이상
400[V] 이상		0.4[MΩ] 이상

30 다음 중 행거밴드라 함은?

① 전주에 COS 또는 LA를 고정시키기 위한 밴드
② 전주 자체에 변압기를 고정시키기 위한 밴드
③ 완금에 암타이를 고정시키기 위한 밴드
④ 완금을 전주에 설치하는 데 필요한 밴드

해설 행거밴드
전주 자체에 변압기를 고정시키기 위한 band이다.

정답 25 ③　26 ③　27 ③　28 ③　29 ②　30 ②

31 22.9[kV-Y] 수전설비의 부하전류가 20[A]이며, 30/5[A]의 변류기를 통하여 과전류계전기를 시설하였다. 120[%]의 과부하에서 차단기를 트립시키려고 하면 과전류계전기의 Tap은 몇 [A]에 설정하여야 하는가?

① 2[A] ② 3[A]
③ 4[A] ④ 5[A]

해설 과전류계전기의 Tap

$$\text{Tap} = \alpha \times \frac{1}{\text{권수비}} \times \text{과전류}$$
$$= 1.2 \times \frac{1}{\frac{30}{5}} \times 20 = 4[A]$$

32 서지흡수기는 보호하고자 하는 기기의 전단 및 개폐서지를 발생하는 차단기 2차에 각 상의 전로와 대지 간에 설치하는데, 다음 중 설치가 불필요한 경우의 조합은?

① 진공차단기 - 유입식 변압기
② 진공차단기 - 유도전동기
③ 진공차단기 - 몰드식 변압기
④ 진공차단기 - 건식 변압기

해설 서지흡수기
- 목적 : 구내 선로에서 발생할 수 있는 개폐서지, 순간 과도전압 등으로 이상전압이 2차 기기에 악영향을 주는 것을 막기 위해 서지흡수기를 시설하는 것이 바람직하다.
- 적용범위 : 진공차단기(VCB)를 사용시 서지흡수기를 설치하여야 하나 VCB와 유입변압기를 사용시에는 설치하지 않아도 된다.

33 일반변전소 또는 이에 준하는 곳의 주요 변압기에 시설하여야 하는 계측장치로 옳은 것은?

① 전류, 전력 및 주파수
② 전압, 주파수 및 역률
③ 전력, 주파수 또는 역률
④ 전압, 전류 또는 전력

해설 계측장치
- 발전소 계측장치
  - 발전기, 연료전지, 태양전지 모듈의 전압, 전류, 전력
  - 발전기 베어링
- 변전소 계측장치
  - 주요 변압기의 전압, 전류, 전력
  - 특고압 변압기의 유온
- 동기조상기 계측장치
  - 동기조상기의 베어링 및 고정자 온도

34 지상역률 60[%]인 1,000[kVA]의 부하를 100[%]의 역률로 개선하는 데 필요한 전력용 콘덴서의 용량은?

① 200[kVA] ② 400[kVA]
③ 600[kVA] ④ 800[kVA]

해설
$$Q_c = P(\tan\theta_1 - \tan\theta_2)$$
$$= P\left(\frac{\sqrt{1-\cos^2\theta_1}}{\cos\theta_1} - \frac{\sqrt{1-\cos^2\theta_2}}{\cos\theta_2}\right)$$
$$P = VI\cos\theta = 1,000 \times 10^3 \times 0.6 = 600[kW]$$
$$\therefore Q_c = 600 \times 10^3 \times \left(\frac{\sqrt{1-0.6^2}}{0.6} - 0\right)$$
$$\fallingdotseq 800[kVA]$$

35 피뢰기의 보호 제1대상은 전력용 변압기이며, 피뢰기에 흐르는 정격방전전류는 변전소의 차폐유무와 그 지방의 연간 뇌우 발생일수 등을 고려하여야 한다. 다음 표의 ( )에 적당한 설치장소별 피뢰기의 공칭방전전류[A]는?

공칭방전전류[A]	설치장소
(㉠)	154[kV] 이상 계통의 변전소
(㉡)	66[kV] 이하의 계통에서 뱅크용량이 3,000[kVA] 이하인 변전소
(㉢)	배전선로

① ㉠ 15,000 ㉡ 10,000 ㉢ 5,000
② ㉠ 10,000 ㉡ 5,000 ㉢ 2,500
③ ㉠ 10,000 ㉡ 2,500 ㉢ 2,500
④ ㉠ 5,000 ㉡ 5,000 ㉢ 2,500

정답 31 ③ 32 ① 33 ④ 34 ④ 35 ②

해설 **피뢰기 설치장소와 공칭방전전류**
- 공칭방전전류 10,000[A] : 154[kV] 이상 계통의 변전소
- 공칭방전전류 5,000[A] : 66[kV] 이하에서 뱅크용량이 3,000[kV] 이하 변전소
- 공칭방전전류 2,500[A] : 배전선로

36 과도한 전류변화$\left(\dfrac{di}{dt}\right)$나 전압변화$\left(\dfrac{dv}{dt}\right)$에 의한 전력용 반도체스위치의 소손을 막기 위해 사용하는 회로는?

① 스너버회로 ② 스위치 제어회로
③ 필터회로   ④ 게이트회로

해설 과도한 전압이나 전류에 의해 사이리스터(전력용 반도체)의 소손을 방지하기 위해 사용하는 회로를 스너버회로라고 한다.

37 트랜지스터에 있어서 아래 그림과 같이 달링턴(Darlington) 구조를 사용하는 경우 맞는 것은?

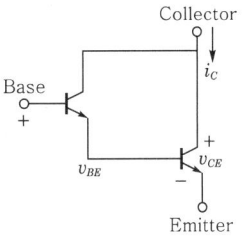

① 같은 크기의 컬렉터 전류에 대해 트랜지스터 컬렉터-이미터 전압(V_{CE})을 2배로 하는 데 사용한다.
② 달링턴 구조를 사용하면 트랜지스터의 전체적인 전류이득은 감소한다.
③ 같은 크기의 컬렉터 전류에 대해 트랜지스터가 2개 사용되므로 구동회로 손실이 증가한다.
④ 같은 크기의 컬렉터 전류에 대해 트랜지스터 구동에 필요한 구동회로 전류를 감소시키는 효과를 얻을 수 있다.

해설 달링턴 접속회로를 이용하면 전체 전류이득 A_i가 매우 커지며($A_i = hfe_1 \times hfe_2$), 즉 각 증폭단의 전류이득의 곱으로 표시된다. 또한 같은 크기의 컬렉터 전류에 의한 TR의 구동회로의 전류를 감소시키는 효과가 있다.

38 도통상태에 있는 SCR을 차단상태로 만들기 위해서는 어떻게 하여야 하는가?

① 게이트 펄스 전압을 가한다.
② 게이트 전류를 증가한다.
③ 게이트 전압을 (−)로 가한다.
④ 전원전압이 (−)가 되도록 한다.

해설 **SCR(Silicon Controlled Rectifier)**
- PNPN의 4층 구조로 이루어져 있다.
- 순방향일 때 부성저항 특성을 갖는다.
- 일단 도통된 후의 전류를 제어하기 위해서는 애노드 전압을 '0' 또는 (−)상태로 극성을 바꾸어주면 된다.

39 반파위상제어에 의한 트리거 회로에서 발진용 저항이 필요한 경우의 트리거 소자가 아닌 것은?

① UJT   ② PUT
③ SUS   ④ TRIAC

해설 트라이액은 발진용 저항과 무관하다.

40 양수량 35[m³/min]이고 총양정이 20[m]인 양수펌프용 전동기의 용량은 약 몇 [kW]인가? (단, 펌프효율은 90[%], 설계여유계수는 1.2로 계산한다.)

① 103.8[kW]   ② 124.6[kW]
③ 152.4[kW]   ④ 184.2[kW]

해설 전동기 용량(P)

$$P = \dfrac{9.8QH}{\eta}K$$

$$= \dfrac{9.8 \times \dfrac{35}{60} \times 20}{0.9} \times 1.2 ≒ 152.4[kW]$$

정답 36 ① 37 ④ 38 ④ 39 ④ 40 ③

41 인버터에 관한 설명으로 옳지 않은 것은?

① 전압원 인버터에는 직류 리액터가 필요하다.
② 전류원 인버터는 비교적 큰 부하에 사용된다.
③ 전류원 인버터는 부하의 변동에 따라 전압이 변동된다.
④ 전압원 인버터의 전압파형은 구형파이다.

해설
- 전압원 인버터(inverter)는 직류전원을 교류전원으로 변환하는 장치이며, 출력전압은 구형파이다.
- 전류원 인버터는 부하변동에 따라 전압이 변동되며, 비교적 큰 부하에 이용된다.

42 다음 그림과 같은 환류 다이오드 회로의 부하전류 평균값은 몇 [A]인가? (단, 교류전압 $V=220[V]$, 60[Hz], 부하저항 $R=10[\Omega]$이며, 인덕턴스 L은 매우 크다.)

① 6.7
② 8.5
③ 9.9
④ 11.7

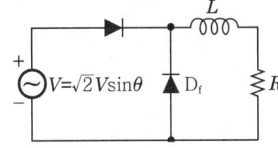

해설 환류 다이오드(D_f)와 결합된 단상 반파정류회로이며, R 양단전압은 V_{dc}이므로

부하전류 $I_{dc} = \dfrac{\dfrac{\sqrt{2}}{\pi}V}{R} = \dfrac{0.45V}{R}$

$= \dfrac{0.45 \times 220}{10} ≒ 9.9[A]$

43 다음 그림과 같은 초퍼회로에서 $V=600[V]$, $V_c = 350[V]$, $R=0.1[\Omega]$, 스위칭주기 $T=1,800[\mu s]$, L은 매우 크기 때문에 출력전류는 맥동이 없고 $I_0 = 100[A]$로 일정하다. 이때 요구되는 T_{on} 시간은 몇 $[\mu s]$인가?

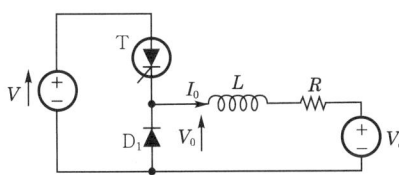

① 950$[\mu s]$ ② 1,050$[\mu s]$
③ 1,080$[\mu s]$ ④ 1,110$[\mu s]$

해설 그림의 초퍼회로에서

$V_0 = I_0 R + V_c$, $V_0 = \dfrac{T_{on}}{T}V$ (단, T : 펄스주기, T_{on} : 펄스폭)이므로

$V_0 = 100 \times 0.1 + 350 = 360[V]$

$\therefore T_{on} = \dfrac{V_0}{V} \times T = \dfrac{360}{600} \times 1,800[\mu s]$

$= 1,080[\mu s]$

44 다음 그림 3상 교류 위상제어회로에서 사이리스터 T_1, T_4는 a상에 T_3, T_6은 b상에, T_5, T_2는 연결되어 있다. 이때 그림의 3상 교류 위상제어회로에 대한 설명으로 옳지 않은 것은?

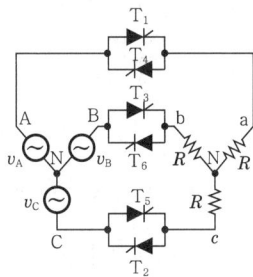

① 사이리스터 T_1, T_6만 Turn on되어 있고 나머지 사이리스터들이 모두 Turn off되어 있는 경우에는 a상 부하저항에 걸리는 전압은 ab 선간전압의 반이 걸리게 된다.
② 사이리스터 T_1, T_6, T_2만 Turn on되어 있는 경우 각 상부하저항에 걸리는 전압은 전원전압의 각 상전압과 동일하다.
③ 6개의 사이리스터가 모두 Turn off되어 있는 경우에는 부하저항에 나타나는 모든 출력전압은 0이다.
④ 사이리스터 T_2, T_3만 Turn on되어 있고 나머지 사이리스터들이 모두 Turn off되어 있는 경우에는 a상 부하저항에 걸리는 전압은 전원의 a상 전압이 그대로 걸리게 된다.

정답 41 ① 42 ③ 43 ③ 44 ④

해설 T_2와 T_3가 Turn on되면, T_1이나 T_4가 Turn off되므로 a상 전압은 '0'이 된다.

45 다음 그림과 같은 회로는?

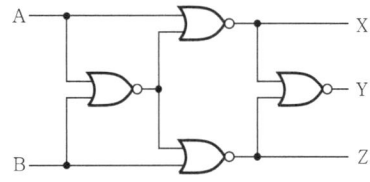

① 비교회로 ② 감산회로
③ 가산회로 ④ 반일치회로

해설 2진 비교기는 2진수 A, B를 비교하여 $A = B$, $A > B$, $A < B$인 경우를 판단한다.

$X = \overline{A + \overline{A+B}} = \overline{A} \cdot (\overline{\overline{A+B}})$
$= \overline{A}(A+B)$
$= \overline{A}B \quad (A < B)$

$Z = \overline{B + \overline{A+B}} = \overline{B} \cdot (\overline{\overline{A+B}})$
$= \overline{B}(A+B)$
$= A\overline{B} \quad (A > B)$

$Y = \overline{A\overline{B} + \overline{A}B} = \overline{A \oplus B} \quad (A = B)$

46 T형 플립플롭을 3단으로 직렬접속하고 초단에 1[kHz]의 구형파를 가하면 출력주파수는 몇 [kHz]인가?

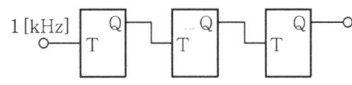

① 12 ② 125
③ 250 ④ 500

해설
- T에 입력신호가 가해지면 전 상태의 반전(toggle)상태를 유지한다.
- 입력신호 주파수의 $\frac{1}{2}$의 주파수가 출력으로 나온다.

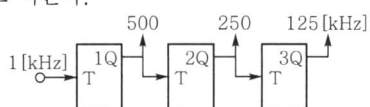

47 다음 중 반가산기의 진리표에 대한 출력함수는?

입력		출력	
A	B	S	C_0
0	0	0	0
0	1	1	0
1	0	1	0
1	1	0	1

① $S = \overline{A}B + AB, \quad C_0 = \overline{A}B$
② $S = \overline{A}B + A\overline{B}, \quad C_0 = AB$
③ $S = \overline{A}B + A\overline{B}, \quad C_0 = \overline{A}\overline{B}$
④ $S = \overline{A}\overline{B} + AB, \quad C_0 = AB$

해설 진리표에서 S, C_0값을 구하면
$\begin{cases} S = A \oplus B = \overline{A}B + A\overline{B} \\ C_0 = AB \end{cases}$

즉, 반가산기의 합(S), 자리올림수(C_0)를 나타내며, 2진수의 1자 숫자 2개를 덧셈하는 회로이다.

48 2진수 음수표시법으로 −9의 8비트 부호화된 절댓값의 표시값은?

① 10001001 ② 11110110
③ 11110111 ④ 10011001

해설 **부호화 절댓값에 의한 표현**
8bit로 표시하며 맨 왼쪽 bit는 부호비트이며 0은 (+), 1은 (−)를 나타낸다.
−9 : 10001001
+9 : 00001001

49 어떤 시스템 프로그램에 있어서 특정한 부호와 신호에 대해서만 응답하는 일종의 해독기로서 다른 신호에 대해서는 응답하지 않는 것은 무엇인가?

① 산술연산기(ALU)
② 디코더(decoder)
③ 인코더(encoder)
④ 멀티플렉서(multiplexer)

정답 45 ① 46 ② 47 ② 48 ① 49 ②

해설 **디코더(decoder)**
2진수를 10진수로 변환하는 장치로서 해독기라고도 한다.

50 연산의 종류를 단항(unary)연산과 이항(binary)연산으로 구분할 때 다음 중 이항연산에 속하지 않는 것은?

① OR
② Complement
③ AND
④ Exclusive OR

해설
• 단항연산(unary operation) : 연산에 사용되는 자료의 수가 1개일 때 Move(이동), Complement(보수), Shift, Rotate 등이 있다.

예
㉠
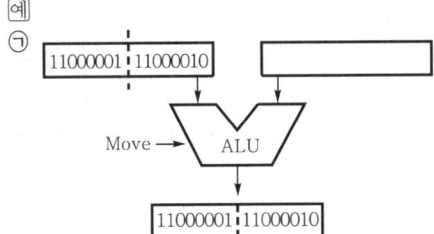

㉡
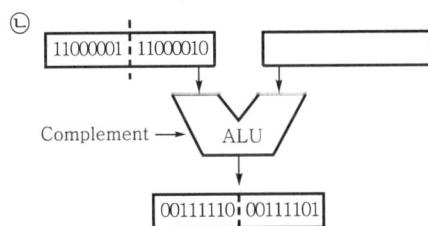

• 이항연산(binary operation) : 두 개의 자료에 대하여 연산을 행한다. AND, OR, E-OR 등이 있다.
예 AND연산 : 레지스터 내의 원하지 않는 bit들 '0'을 제거하고자 할 때 이용하는 연산방식으로 2개의 입력변수 중 하나가 '0'이면 무조건 '0'을 출력한다.

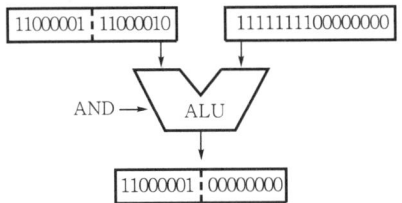

51 절대조건 점프명령 중에서 조건이 서로 상반되는 것끼리 나타낸 것은? (단, Z-80인 경우) [출제기준 변경에 따른 부적합 문제]

① JP M, JP C   ② JP NC, JP C
③ JP Z, JP E   ④ JP NC, JP PE

해설 **점프명령**
• M : sign minus ↔ P : sign plus
• NC : non carry ↔ C : carry
• PE : parity even ↔ PO : parity odd
• NZ : non zero ↔ Z : zero

52 데이터 처리 명령에서 시프트 명령으로 알맞은 것은? [출제기준 변경에 따른 부적합 문제]

① COMP   ② CLRC
③ INC   ④ RORC

해설 **Rotate**
시프트에서 밀려나가는 비트(bit)값을 반대쪽으로 입력하는 연산자이며, 1bit 우측 이동하는 명령어로 RORC가 있다.

53 어느 8비트 컴퓨터의 기억용량이 1[Mbyte]이다. 이때 필요한 번지선(address line)의 수는? [출제기준 변경에 따른 부적합 문제]

① 16   ② 20
③ 24   ④ 28

해설 1[kbyte]=2^{10}=1,024[byte], 2[Mbyte]=2^{20}=1,048,576[byte]

54 입·출력 인터페이스(I/O interface)에 대한 설명 중 옳지 않은 것은?
[출제기준 변경에 따른 부적합 문제]

① 대부분 CPU 내에 존재한다.
② 데이터(data) 형식상의 동작속도를 맞춘다.
③ CPU와 입·출력장치 사이에 존재하여 데이터의 전송을 원활하게 한다.
④ CPU와 입·출력장치 간의 동작속도를 맞춘다.

정답 50 ② 51 ② 52 ④ 53 ② 54 ①

해설 입·출력 인터페이스
- 주변장치와 CPU 사이의 동작방식 차이 해결
- 주변장치와 CPU 사이의 정보 전송속도 차이 해결

55 다음 작업시간측정방법 중 직접측정법은?

① 표준자료법 　② 경험견적법
③ PTS법 　　　④ 스톱워치법

해설 테일러는 차별적 성과급제도를 도입하였으며, 이는 작업자의 작업시간을 직접 관측(스톱워치)하여 표준시간을 설정하는 기법으로 스톱워치법이라 한다.

56 샘플링 검사보다 전수검사를 실시하는 것이 유리한 경우는?

① 다수다량의 것으로 어느 정도 부적합품이 섞여도 괜찮을 경우
② 파괴검사를 해야 하는 경우
③ 품질특성치가 치명적인 결점을 포함하는 경우
④ 검사항목이 많은 경우

해설 전수검사
- 검사항목이 적고 간단히 검사할 수 있을 때
- 전체 검사를 쉽게 할 수 있을 때
- 로트의 크기가 작을 때
- 불량품이 조금이라도 있으면 안 될 때
- 치명적인 결함을 포함하고 있을 때
- 검사비용이 많이 소요될 때

57 소비자가 요구하는 품질로서 설계와 판매정책에 반영되는 품질을 의미하는 것은?

① 시장품질
② 설계품질
③ 제조품질
④ 규격품질

해설 소비자가 요구하는 설계와 판매정책에 반영되는 품질은 시장품질을 의미한다.

58 로트의 크기가 시료의 크기에 비해 10배 이상 클 때, 시료의, 크기와 합격판정개수를 일정하게 하고 로트의 크기를 증가시키면 검사특성곡선의 모양 변화에 대한 설명으로 가장 적절한 것은?

① 무한대로 커진다.
② 거의 변화하지 않는다.
③ 검사특성곡선의 기울기가 완만해진다.
④ 검사특성곡선의 기울기 경사가 급해진다.

해설 OC(검사특성)곡선
시료의 크기(n), 합격판정개수(c)는 일정하고 로트의 크기(N)만 변화시킬 때는 소비자 위험과 생산자 위험이 높아지며 곡선의 변화에는 별로 영향을 미치지 않는다.

59 준비작업시간 100분, 개당 정미작업시간 15분, 로트 크기 20일 때 1개당 소요작업시간은? (단, 여유시간은 없다고 가정한다.)

① 15분 　② 20분
③ 35분 　④ 45분

해설 표준시간=정상시간×(1+여유율)
$$=15분 \times \left(1+\frac{100}{15 \times 20}\right)$$
$$=19.999 ≒ 20$$

60 축의 완성지름, 철사의 인장강도, 아스피린 순도와 같은 데이터를 관리하는 가장 대표적인 관리도는?

① u 관리도 　② np 관리도
③ c 관리도 　④ $(\bar{x}-R)$ 관리도

해설 $\bar{x}-R$ 관리도(평균치와 범위의 관리도)
- 다량의 정보를 얻을 수 있다.
- 철사의 인장강도, 아스피린 순도와 같은 데이터 관리에 용이하다.
- 순도, 인장강도, 무게, 길이 등 측정시 용이하다.

정답 55 ④　56 ③　57 ①　58 ②　59 ②　60 ④

제53회 2013년 4월 14일 출제문제

01 자극의 흡인력 $F[N]$과 자속밀도 $B[Wb/m^2]$의 관계로 옳은 것은? (단, $K = \dfrac{S}{2\mu_0}$ 이다.)

① $F = K\dfrac{1}{B}$ ② $F = K\dfrac{1}{B^2}$

③ $F = KB^2$ ④ $F = KB$

해설 자극 근처에 철판을 가까이 하면 철판을 잡아 당기는 흡인력이 작용하며, 자속이 있는 부분의 넓이 $S[m^2]$, 자속밀도 $B[Wb/m^2]$, 자극과 철편 사이의 간격을 $X[m]$라 할 때 축적되는 에너지(W)는 다음과 같다.

$W = \dfrac{1}{2}\dfrac{B^2}{\mu_0}SX[J]$

흡인력 $F = \dfrac{1}{2}\dfrac{B^2}{\mu_0}S = \dfrac{S}{2\mu_0} \cdot B^2 = KB^2$이 된다.

02 무한히 긴 직선도체에 전류 $I[A]$를 흘릴 때 이 전류로부터 $r[m]$ 떨어진 점의 자속밀도는 몇 $[Wb/m^2]$인가?

① $\dfrac{I}{2\pi r}$ ② $\dfrac{I}{2\pi \mu_0 r}$

③ $\dfrac{\mu_0 I}{4\pi r}$ ④ $\dfrac{\mu_0 I}{2\pi r}$

해설
• 무한히 긴 직선도체의 자장의 세기 $H = \dfrac{I}{2\pi r}$
• 자속밀도 $B = \dfrac{\phi}{A} = \dfrac{\mu NI}{l} = \mu H[Wb/m^2]$

∴ $B = \mu H = \dfrac{\mu I}{2\pi r}$이며, $B = \dfrac{\mu_0 I}{2\pi r}$

(단, $\mu = \mu_0 \cdot \mu_s$이며, 진공 중에서 $\mu_s = 1$, 공기 중에서 $\mu_s \doteqdot 1$)

03 다음 공기 중 $10[Wb]$의 자극에서 나오는 자기력선의 총수는?

① 약 6.885×10^6개
② 약 7.958×10^6개
③ 약 8.855×10^6개
④ 약 9.092×10^6개

해설 자기력선 수(N)

$N = \dfrac{m}{\mu} = \dfrac{m}{\mu_0 \mu_s}$ (공기 중에서 $\mu_s = 1$)

$= \dfrac{m}{\mu_0} = \dfrac{10}{4\pi \times 10^{-7}} \doteqdot 7.958 \times 10^6$[개]

04 다음 그림과 같은 회로에서 단자 a, b에서 본 합성저항$[\Omega]$은?

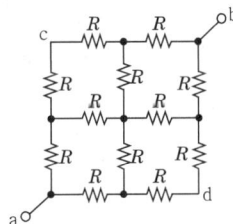

① $\dfrac{1}{2}R$ ② $\dfrac{1}{3}R$

③ $\dfrac{3}{2}R$ ④ $2R$

해설 회로가 복잡해 보이나 각각 병렬로 연결된 회로이며,

$V_{ab} = \dfrac{1}{2}IR + \dfrac{1}{4}IR + \dfrac{1}{4}IR + \dfrac{1}{2}IR$

$= R\left(\dfrac{1}{2} + \dfrac{1}{4} + \dfrac{1}{4} + \dfrac{1}{2}\right)I$

정답 01 ③ 02 ④ 03 ② 04 ③

$$\therefore 전체저항(R_{ab}) = \frac{V_{ab}}{I} = \frac{3}{2}R[\Omega]$$

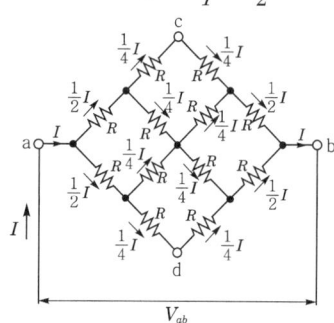

05 저항 10[Ω], 유도 리액턴스 10[Ω]인 직렬회로에 교류전압을 인가할 때 전압과 이 회로에 흐르는 전류와의 위상차는 몇 도인가?

① 60°   ② 45°
③ 30°   ④ 0°

해설 $R-L$ 직렬회로에서

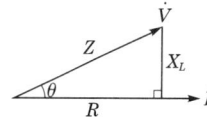

전압 $\dot{V}$는 전류 $\dot{I}$보다 θ만큼 앞서며,

위상차 $\theta = \tan^{-1}\dfrac{V_L}{V_R} = \tan^{-1}\dfrac{\omega L}{R}$

$= \tan^{-1}\dfrac{10}{10} = 45°$

06 다음 설명 중 옳은 것은?

① 인덕턴스를 직렬 연결하면 리액턴스가 커진다.
② 저항을 병렬 연결하면 합성저항은 커진다.
③ 유도 리액턴스는 주파수에 반비례한다.
④ 콘덴서를 직렬 연결하면 용량이 커진다.

해설 • 저항은 직렬로 연결할수록 합성저항값은 커진다.

• 저항은 병렬로 연결할수록 합성저항값은 작아진다.
• 인덕턴스(L)는 직렬로 연결할수록 합성 L값이 커지므로 유도 리액턴스(X_L)값도 커진다.
• 커패시턴스(C)는 직렬로 연결할수록 합성 C값은 작아진다.
• 유도 리액턴스(X_L)는($X_L = \omega L = 2\pi f L$) 주파수($f$)에 비례한다.

07 다음 중 분류기의 배율을 나타낸 식으로 옳은 것은? (단, R_s는 분류기 저항, r은 전류계의 내부 저항이다.)

① $\dfrac{R_s}{r}+1$ ② $\dfrac{R_s+1}{r}$
③ $\dfrac{r}{R_s}+1$ ④ $\dfrac{r}{r+R_s}+1$

해설

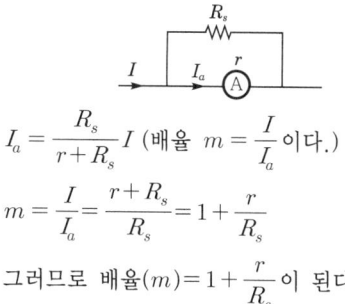

$I_a = \dfrac{R_s}{r+R_s}I$ (배율 $m = \dfrac{I}{I_a}$ 이다.)

$m = \dfrac{I}{I_a} = \dfrac{r+R_s}{R_s} = 1 + \dfrac{r}{R_s}$

그러므로 배율(m) $= 1 + \dfrac{r}{R_s}$ 이 된다.

08 다음 그림과 같은 회로에서 소비되는 전력은?

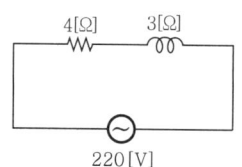

① 5,808[W]   ② 7,744[W]
③ 9,680[W]   ④ 12,100[W]

해설 • 유효전력$(P) = I^2 \cdot R = \left(\dfrac{V}{Z}\right)^2 \cdot R$

$= \left(\dfrac{220}{\sqrt{4^2+3^2}}\right)^2 \cdot 4$

$= 7,744[W]$

정답 05 ② 06 ① 07 ③ 08 ②

- 무효전력$(P_r) = I^2 \cdot X = \left(\dfrac{V}{Z}\right)^2 \cdot X$

  $= \left(\dfrac{220}{\sqrt{4^2+3^2}}\right)^2 \cdot 3$

  $= 5,808 [\text{Var}]$

- 피상전력$(P_a) = I^2 \cdot Z = \left(\dfrac{V}{Z}\right)^2 \cdot Z$

  $= \left(\dfrac{220}{\sqrt{4^2+3^2}}\right)^2 \cdot 5$

  $= 9,680 [\text{VA}]$

또한, 소비전력, 평균전력은 유효전력과 같다.

09 직류 복권 전동기 중에서 무부하 속도와 전부하 속도가 같도록 만들어진 것은?

① 과복권 ② 차동복권
③ 평복권 ④ 부족복권

해설 복권 전동기
- 속도변동률이 직권보다 작다.
- 기동토크가 분권보다 크다.
- 무부하 상태로 되어도 위험속도에 도달하지 않는다.

∴ 무부하속도와 전부하속도가 같도록 만들어진 것을 평복권이라 한다.

10 은전량계에 1시간 동안 전류를 통과시켜 8.054[g]의 은이 석출되었다면, 이때 흐른 전류의 세기는 약 얼마인가? (단, 은의 전기적 화학당량은 0.001118[g/C]이다.)

① 2[A]   ② 9[A]
③ 32[A] ④ 120[A]

해설 패러데이(Faraday's law)의 법칙에서
$W = KQ = KIt [\text{g}]$에서
$8.054 = 0.001118 \times I \times 3,600$이므로
$I = \dfrac{8.054}{0.001118 \times 3,600} = 2.001 ≒ 2 [\text{A}]$

11 직류기에 주로 사용하는 권선법으로 다음 중 옳은 것은?

① 개로권, 고상권, 2층권
② 개로권, 환상권, 2층권
③ 폐로권, 고상권, 2층권
④ 폐로권, 환상권, 2층권

해설 직류기의 전기자 권선법
- 전기자 권선

  ┌ 환상권(×)
  └ 고상권(○) ─┬ 개로권(×)
               └ 폐로권(○) ─┬ 단층권(×)
                            └ 2층권(○) ─┬ 중권(○)
                                         └ 파권(○)

- 중권과 파권의 특성 비교

구 분	전류, 전압	병렬 회로수(a)	브러시 수(b)
파권	소전류, 고전압	$a=2$	$b=2$ 또는 P
중권	대전류, 저전압	$a=P$	$b=P$

(여기서, P : 자극의 극수)

12 2개의 전력계를 사용하여 평형부하의 3상회로의 역률을 측정하고자 한다. 전력계의 지시가 각각 1[kW] 및 3[kW]라 할 때 이 회로의 역률은 약 몇 [%]인가?

① 58.8   ② 63.3
③ 75.6   ④ 86.6

해설 2전력계법
- 유효전력$(P) = P_1 + P_2 [\text{W}]$
  (P_1, P_2 : 전력계 지시값)
- 무효전력$(P_r) = \sqrt{3}(P_1 - P_2)[\text{Var}]$
- 피상전력$(P_a) = 2\sqrt{P_1^2 + P_2^2 - P_1 P_2}[\text{VA}]$
- 역률$(\cos\theta) = \dfrac{P}{P_a} = \dfrac{P_1 + P_2}{2\sqrt{P_1^2 + P_2^2 - P_1 P_2}}$

  $= \dfrac{1+3}{2\sqrt{1^2+3^2-1\times 3}}$

  $≒ 0.7559$

∴ $\cos\theta ≒ 75.6[\%]$

13 정격 30[kVA], 1차측 전압 6,600[V], 권수비 30인 단상 변압기의 2차측 정격전류는 약 몇 [A]인가?

① 93.2[A]   ② 136.4[A]
③ 220.7[A] ④ 455.5[A]

정답 09 ③ 10 ① 11 ③ 12 ③ 13 ②

해설 권선비 $\alpha = \dfrac{N_1}{N_2} = \dfrac{I_2}{I_1} = \dfrac{V_1}{V_2} = \sqrt{\dfrac{Z_1}{Z_2}}$ 에서

$30 = \dfrac{6,600}{V_2}$ 이므로 $V_2 = 220[\text{V}]$

$\therefore I_2 = \dfrac{P_2}{V_2} = \dfrac{30 \times 10^3}{220}[\text{A}] \fallingdotseq 136.36[\text{A}]$

14 주파수 60[Hz]로 제작된 3상 유도 전동기를 동일한 전압의 50[Hz] 전원으로 사용할 때 나타나는 현상은?

① 철손 감소   ② 속도 증가
③ 자속 감소   ④ 무부하전류 증가

해설 동일전압에서 낮은 주파수로 사용시 발생하는 현상

- $N = \dfrac{120f}{P}(1-s)$: f가 감소하면 속도가 감소하고, 냉각속도가 떨어져서 온도가 상승한다.
- $\phi_m = \dfrac{V_1}{4.44fNK_w} \propto \dfrac{1}{f}$: f가 감소하면 자속이 증가하여 여자전류가 증가하고, 역률이 낮아진다.
- 최대 토크는 증가한다.
- 누설 리액턴스는 감소하고, 철손이 증가하여 여자전류(무부하전류)가 증가한다.

15 용량 10[kVA]의 단권 변압기에서 전압 3,000[V]를 3,300[V]로 승압시켜 부하에 공급할 때 부하용량[kVA]은?

① 1.1[kVA]   ② 11[kVA]
③ 110[kVA]   ④ 1,100[kVA]

해설 $\dfrac{\text{자기용량}}{\text{부하용량}} = \dfrac{V_2 - V_1}{V_2}$ 에서

부하용량 $= $ 자기용량 $\left(\dfrac{V_2}{V_2 - V_1}\right)$
$= 10 \times 10^3 \left(\dfrac{3,300}{3,300 - 3,000}\right)$
$= 110 \times 10^3$
$= 110[\text{kVA}]$

16 소형 유도 전동기의 슬롯을 사구(skew slot)로 하는 이유는?

① 제동토크를 증가시키기 위하여
② 게르게스 현상을 방지하기 위하여
③ 기동토크를 증가시키기 위하여
④ 크롤링을 방지하기 위하여

해설 사구(skew slot)

농형 회전자에서는 고정자와 회전자 슬롯수가 적당하지 않을 경우 기동에 지장이 생기거나(크롤링) 심한 소음을 내는 경우가 있다. 크롤링 현상을 경감시키기 위해서 회전자의 슬롯을 고정자 또는 회전자의 1슬롯 피치 정도 축방향에 대해서 경사지게 한다. 이와같은 슬롯을 사구라고 한다.

17 3상 유도 전동기의 2차 동손, 2차 입력, 슬립을 각각 P_c, P_2, s라 하면 관계식은?

① $P_c = sP_2$ ② $P_c = \dfrac{s}{P_2}$
③ $P_c = \dfrac{P_2}{s}$ ④ $P_c = \dfrac{1}{sP_2}$

해설 2차 입력, 2차 동손, 슬립의 관계식

- 2차 입력$(P_2) = I_2^2 \dfrac{r_2}{s}$
- 2차 동손$(P_c) = I_2^2 \cdot r_2$

$\therefore P_c : P_2 = I_2^2 \cdot r_2 : I_2^2 \cdot \dfrac{r_2}{s} = 1 : \dfrac{1}{s}$

$P_2 = \dfrac{1}{s} P_c$이므로 $P_c = sP_2$

18 용량 10[kVA], 임피던스 전압 5[%]인 변압기 A와 용량 30[kVA], 임피던스 전압 3[%]인 변압기 B를 병렬 운전시켜 36[kVA] 부하를 연결할 때 변압기 A의 부하 분담은 몇 [kVA]인가?

① 4.5[kVA]   ② 6[kVA]
③ 13.5[kVA]   ④ 18[kVA]

정답 14 ④ 15 ③ 16 ④ 17 ① 18 ②

해설 $P_a = \dfrac{Z_b}{Z_a+Z_b}P = \dfrac{1}{5+1} \times 36 = 6[\text{kVA}]$

(A를 기준한 B의 % 강하 → 10 : 30 = Z_b : 3에서 $Z_b = 1$)

19 나전선 상호 또는 나전선 절연전선, 캡타이어 케이블 또는 케이블과 접속하는 경우의 설명으로 옳은 것은?

① 접속 슬리브(스프리트 슬리브 제외), 전선 접속기를 사용하여 접속하여야 한다.
② 전선의 강도는 30[%] 이상 감소하지 않아야 한다.
③ 접속부분의 전기저항을 증가시켜야 한다.
④ 접속부분의 절연은 전선 절연물의 80[%] 이상의 절연효력이 있는 것으로 피복하여야 한다.

해설 **전선의 접속법**
- 전기저항 증가 금지
- 접속 부위 반드시 절연
- 접속 부위 접속기구 사용
- 전선의 세기(인장하중) 20[%] 이상 감소 금지
- 전기적 부식 방지
- 충분히 절연피복을 할 것

20 동기 발전기에서 전기자권선을 단절권으로 하는 이유는?

① 역률을 좋게 한다.
② 기전력을 높게 한다.
③ 절연을 좋게 한다.
④ 고조파를 제거한다.

해설 **단절권의 특징**
- 고조파가 제거되어 기전력의 파형개선
- 동량의 감소, 기계적 치수 경감
- 코일 간격이 극간격보다 짧은 경우 사용
- 기전력 감소

21 3상 동기 발전기의 단락비를 산출하는 데 필요한 시험은?

① 외부특성시험과 3상 단락시험
② 동기화시험과 부하포화시험
③ 돌발단락시험과 부하시험
④ 무부하포화시험과 3상 단락시험

해설 **단락비(K_s)**

• $K_s = \dfrac{\text{무부하 정격전압을 유기하는 데 필요한 계자전류}}{\text{3상 단락 정격전류를 흘리는 데 필요한 계자전류}}$

$= \dfrac{I_s}{I_n} = \dfrac{1}{Z_s'}$ (여기서, Z_s' : % 동기임피던스)

• 단락비 산출시 필요한 시험
 - 무부하시험
 - 3상 단락시험

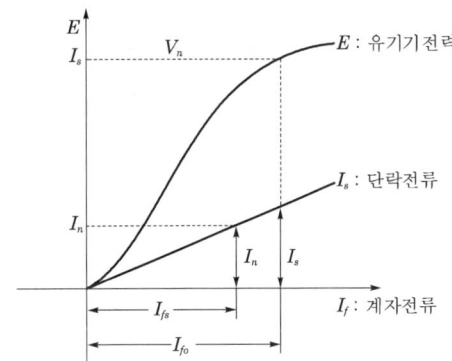

∥ 무부하 특성곡선과 3상 단락곡선 ∥

22 영구자석을 회전자로 하고, 회전자의 자극 근처에 반대극성의 자극을 가까이 놓고 회전시킬 때, 회전자가 이동하는 자석에 흡인되어 회전하는 전동기는?

① 유도 전동기
② 분권 전동기
③ 동기 전동기
④ 직권 전동기

해설 동기 전동기는 유도 전동기와 원리는 거의 유사하며, 구조는 동기 발전기와 동일하다.

23 동기 전동기에서 제동권선의 사용 목적으로 가장 옳은 것은?

① 난조방지   ② 과부하내량의 증가
③ 운전토크의 증가 ④ 정지시간의 단축

해설 난조(hunting)
부하급변 시 부하각과 동기속도가 진동하는 현상
- 원인
  - 조속기감도가 너무 예민한 경우
  - 토크에 고조파가 포함된 경우
  - 희로저항이 너무 큰 경우
- 방지책 : 제동권선을 설치

24 다음은 콘덴서형 전동기회로로서 보조권선에 콘덴서를 접속하여 보조권선에 흐르는 전류와 주권선에 흐르는 전류의 위상차를 더욱 크게 한 것으로 회로에 사용한 콘덴서의 목적으로 옳지 않은 것은?

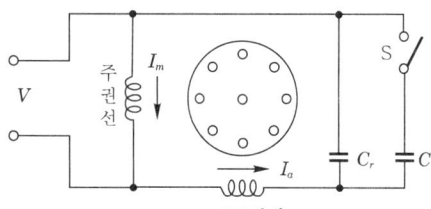

① 정·역운전에 도움을 준다.
② 운전시에 역률을 개선한다.
③ 운전시에 효율을 개선한다.
④ 기동회전력을 크게 한다.

해설 일반적으로 보조권선의 접점을 변환하여 정회전·역회전운전을 할 수 있다.

25 공용 접지의 특징으로 적합한 것은?

① 접지공사비가 상승한다.
② 보호대상물을 제한할 수 있다.
③ 접지전극수가 적어 시공면에서 경제적이다.
④ 다른 기기계통에 영향이 적다.

해설 공용 접지 특징은 접지전극수가 적어 시공면에서 매우 경제적이다.

26 사용전압이 220[V]인 경우에 애자사용 공사에서 전선과 조영재와의 간격(이격거리)은 최소 몇 [cm] 이상이어야 하는가?

① 2.5   ② 4.5
③ 6.0   ④ 8.0

해설 저압의 애자사용 공사
- 전선 상호 간격은 6[cm] 이상
- 전선과 조영재와의 이격거리
  $\begin{cases} 400[V] \text{ 미만} : 2.5[cm] \text{ 이상} \\ 400[V] \text{ 이상} : 4.5[cm] \text{ 이상} \end{cases}$
- 애자는 절연성, 난연성, 내수성일 것

27 유니언 커플링의 사용목적으로 옳은 것은?

① 금속관의 박스와 접속
② 금속관 상호의 나사를 연결하는 접속
③ 안지름이 다른 금속관 상호의 접속
④ 돌려 끼울 수 없는 금속관 상호의 접속

해설 커플링(coupling)에는 TS 커플링, 콤비네이션 커플링, 유니언 커플링이 있다.
유니언 커플링(union-coupling)
- 돌려 끼울 수 없는 금속관 상호 접속
- 양쪽의 관 단내면을 관 두께의 $\frac{1}{3}$ 정도 남을 때까지 깎아낸다.
- 커플링의 안지름 및 관 접속부 바깥지름에 접착제를 엷게 고루 바른다.

28 저압 옥내 간선에서 분기하여 전기 사용 기계기구에 이르는 저압 옥내 전로의 분기 개소에 시설하는 개폐기 및 과전류 차단기는 분기점에서 전선의 길이가 몇 [m] 이내인 곳에 시설하여야 하는가? [KEC 규정에 따른 부적합 문제]

① 1.5m   ② 3.0m
③ 5.5m   ④ 8.0m

해설
- 저압 옥내 간선과의 분기점에서 전선의 길이가 3[m] 이내에 개폐기 및 차단기를 시설한다.
- 분기선의 허용전류가 간선의 허용전류의 35[%] 이상 55[%] 미만인 경우에는 8[m] 이내이다.

정답 23 ① 24 ① 25 ③ 26 ① 27 ④ 28 ②

29 애자사용 공사에 의한 고압 옥내배선의 시설에 있어서 적당하지 않은 것은?

① 고압 옥내배선은 저압 옥내배선과 쉽게 식별되도록 시설할 것
② 애자사용 공사에 사용하는 애자는 난연성일 것
③ 전선과 조영재와의 간격(이격거리)은 4.5[cm]로 할 것
④ 전선이 조영재를 관통할 때에는 난연성 및 내수성이 있는 절연관에 넣을 것

해설 고압의 애자사용 공사
- 전선 상호 간격은 8[cm] 이상
- 전선과 조영재 사이는 5[cm] 이상

30 고압 및 특고압의 전로에서 절연내력시험을 할 때 규정에 정한 시험전압을 전로와 대지 사이에 몇 분간 가하여 견디어야 하는가?

① 1분   ② 5분
③ 10분   ④ 15분

해설 절연내력시험
- 고압 및 특고압전로는 시험전압을 전로와 대지 사이에 계속하여 10분간을 가하여 절연내력을 시험하는 경우 이에 견디어야 한다.
- 다만, Cable을 사용하는 교류전류는 시험전압이 직류이면 표에 정한 시험전압의 2배의 직류전압으로 한다.

전로의 종류 (최대사용전압)	시험전압
1. 7[kV] 이하	최대사용전압의 1.5배의 전압
2. 7[kV] 초과 25[kV] 이하 중성점 접지식 전로(중성선을 가지는 것으로서 그 중성선을 다중 접지하는 것에 한한다.)	최대사용전압의 0.92배의 전압
3. 7[kV] 초과 60[kV] 이하인 전로	최대사용전압의 1.25배의 전압(최저 시험전압 10,500[V])
4. 60[kV] 초과 중성점 비접지식 전로	최대사용전압의 1.25배의 전압
5. 60[kV] 초과 중성점 접지식 전로	최대사용전압의 1.1배의 전압(최저시험전압 75[kV])
6. 60[kV] 초과 중성점 직접 접지식 전로	최대사용전압의 0.72배의 전압
7. 170[kV] 초과 중성점 직접 접지되어 있는 발전소 또는 변전소 혹은 이에 준하는 장소에 시설하는 것	최대사용전압의 0.64배의 전압
8. 최대사용전압이 60[kV]를 초과하는 정류기에 접속되고 있는 전로	교류측 및 직류 고전압측에 접속되고 있는 전로는 교류측의 최대사용전압의 1.1배의 직류전압
	직류측 중성선 또는 귀선이 되는 전로(이하 "직류저압측 전로"라 한다)는 규정하는 계산식에 의하여 구한 값

31 3상 배전선로의 말단에 늦은 역률 80[%], 150[kW]의 평형 3상 부하가 있다. 부하점에 부하와 병렬로 전력용 콘덴서를 접속하여 선로손실을 최소화하려고 한다. 이 경우 필요한 콘덴서의 용량은? (단, 부하단 전압은 변하지 않는 것으로 한다.)

① 105.5[kVA]   ② 112.5[kVA]
③ 135.5[kVA]   ④ 150.5[kVA]

해설
$$Q_c = P\left(\frac{\sqrt{1-\cos^2\theta_1}}{\cos\theta_1} - \frac{\sqrt{1-\cos^2\theta_2}}{\cos\theta_2}\right)$$
$$= 150 \times 10^3 \times \left(\frac{\sqrt{1-0.8^2}}{0.8} - 0\right)$$
$$\fallingdotseq 112.5[kVA]$$

32 저압 이웃연결(연접)인입선의 시설기준으로 옳은 것은?

① 인입선에서 분기되는 점에서 100[m]를 초과하지 말 것
② 지름은 최소 $2.5[mm^2]$ 이상의 경동선을 사용할 것
③ 옥내를 통과하여 시설할 것
④ 폭 2.5[m]를 초과하는 도로를 횡단하지 말 것

정답 29 ③   30 ③   31 ②   32 ①

부록 I

해설 저압 이웃연결(연접)인입선의 시설기준
- 도로횡단시 노면상 높이는 5[m]를 초과하지 말 것
- 인입선에서 분기되는 점으로부터 100[m]를 초과하지 말 것
- 옥내 통과 금지

33 공급점 30[m]인 지점에 70[A], 45[m]인 지점에 50[A], 60[m]인 지점에 30[A]의 부하가 걸려 있을 때, 부하 중심까지의 거리를 산출하여 전압강하를 고려한 전선의 굵기를 결정하고자 한다. 부하 중심까지의 거리는 몇 [m]인가?

① 62[m]   ② 50[m]
③ 41[m]   ④ 36[m]

해설 부하 중심까지의 거리(L)

$$L = \frac{\sum Il}{\sum I} = \frac{70 \times 30 + 50 \times 45 + 30 \times 60}{70 + 50 + 30}$$
$$= 41[m]$$

34 어떤 교류 3상 3선식 배전선로에서 전압을 200[V]에서 400[V]로 승압하였을 때 전력손실은? (단, 부하용량은 같다.)

① 2배로 증가한다.
② 4배로 증가한다.
③ $\frac{1}{2}$로 감소한다.
④ $\frac{1}{4}$로 감소한다.

해설 손실전력 $P_c = I^2 \cdot R = \left(\frac{P}{V\cos\theta}\right)^2 \cdot R$
$$= \frac{P^2 \cdot R}{V^2 \cos^2\theta} = K'\left(\frac{1}{V^2}\right)$$

(여기서, 손실률 : $\frac{P_c}{P} = \frac{P \cdot R}{V^2 \cos^2\theta}$)

∴ 손실전력은 전압의 제곱에 반비례하므로
$P_c \propto \frac{1}{V^2}$에서 $\left(\frac{200}{400}\right)^2 = \frac{1}{4}$로 감소한다.

35 가공전선로에 사용하는 원형 철근 콘크리트주의 수직투영면적 1[m²]에 대한 갑종 풍압하중은?

① 333[Pa]   ② 588[Pa]
③ 745[Pa]   ④ 882[Pa]

해설 풍압하중의 종별과 적용
- 갑종 풍압하중 : 구성재의 수직투영면적 1[m²]에 대한 풍압을 기초로 하여 계산

풍압을 받는 구분			구성재의 수직투영면적 1[m²]에 대한 풍압
목주			588[Pa]
지지물	철주	원형의 것	588[Pa]
		삼각형 또는 마름모형의 것	1,412[Pa]
		강관에 의하여 구성되는 4각형의 것	1,117[Pa]
		기타의 것	복제가 전·후면에 겹치는 경우에 1,627[Pa], 기타의 경우에는 1,784[Pa]
	철근콘크리트주	원형의 것	588[Pa]
		기타의 것	882[Pa]
	철탑	단주 (완철류는 제외함) 원형의 것	588[Pa]
		단주 기타의 것	1,117[Pa]
		강관으로 구성되는 것(단주는 제외함)	1,255[Pa]
		기타의 것	2,157[Pa]
전선 기타 가섭선	다도체(구성하는 전선이 2가닥마다 수평으로 배열되고 또한 그 전선 상호간의 거리가 전선의 바깥지름의 20배 이하인 것)를 구성하는 전선		666[Pa]
	기타의 것		745[Pa]
애자장치(특고압 전선용의 것)			1,039[Pa]
목주·철주(원형의 것) 및 철근 콘크리트주의 완금류(특고압 전선로용의 것)			단일재로서 사용하는 경우는 1,196[Pa], 기타의 경우는 1,627[Pa]

정답 33 ③ 34 ④ 35 ②

- 을종 풍압하중 : 갑종 풍압의 $\frac{1}{2}$을 기초로 계산
- 병종 풍압하중 : 갑종 풍압의 $\frac{1}{2}$을 기초로 계산

36 저압의 지중전선이 지중약전류전선 등과 접근하거나 교차하는 경우 상호 간의 간격(이격거리)이 몇 [cm] 이하인 때에는 지중전선과 지중약전류 전선 등 사이에 견고한 내화성의 격벽을 설치하는가?

① 15[cm] ② 30[cm]
③ 60[cm] ④ 100[cm]

해설 지중전선과 지중약전류전선 등 또는 관과의 접근 또는 교차
- 상호 간의 이격거리가 저압 또는 고압의 지중전선은 30[cm] 이하, 특고압 지중전선은 60[cm] 이하인 때에는 지중전선과 지중약전류전선 등 사이에 견고한 내화성의 격벽 설치
- 특고압 지중전선이 가연성이나 유독성의 유체를 내포하는 관과 접근하거나 교차하는 경우에는 상호간의 이격거리가 1[m] 이하

37 지중전선로를 직접 매설식에 의하여 시설하는 경우 차량 기타 중량물의 압력을 받을 우려가 있는 장소에는 매설깊이를 몇 [m] 이상으로 해야 하는가?

① 0.6[m] ② 1.0[m]
③ 1.8[m] ④ 2.0[m]

해설 지중전선로의 시설
- 지중전선로는 전선에 케이블을 사용하고 또한 관로식, 암거식, 직접 매설식에 의하여 시설하여야 한다.
- 지중전선로를 직접 매설식에 의하여 시설하는 경우에는 매설 깊이를 차량 기타 중량물의 압력을 받을 우려가 있는 장소에는 1.0[m] 이상, 기타 장소에는 60[cm] 이상으로 하고 또한 지중전선을 견고한 트라프 기타 방호물에 넣어 시설하여야 한다.

38 다이오드의 애벌란시(avalanche) 현상이 발생되는 것을 옳게 설명한 것은?

① 역방향 전압이 클 때 발생한다.
② 순방향 전압이 클 때 발생한다.
③ 역방향 전압이 작을 때 발생한다.
④ 순방향 전압이 작을 때 발생한다.

해설 Break down(항복)현상
- 애벌란시 항복현상(전자눈사태 현상)
 - 높은 역방향 전압에서 발생
 - 역방향 전압을 가하여 점점 증가하다가 어떤 임계점에서 전류가 갑자기 흐르는 현상
- 제너 항복전압, 낮은 역방향 전압에서 발생

39 평균 구면광도 100[cd]의 전구 5개를 지름 10[m]인 원형의 방에 점등할 때, 방의 평균 조도[lx]는? (단, 조명률 0.5, 감광보상률 1.5이다)

① 약 26.7[lx] ② 약 35.5[lx]
③ 약 48.8[lx] ④ 약 59.4[lx]

해설 설계하고자 하는 방의 평균 조도를 E, 총광속을 F라 할 때

$F = \dfrac{EAD}{UN}$ [lm] $= 4\pi I = 4 \times 3.14 \times 100$
$= 1256$[lm]

(여기서, A : 방의 면적[m²], D : 감광보상률, U : 조명률, N : 등의 개수)

∴ 평균 조도(E)
$= \dfrac{FUN}{AD} = \dfrac{1{,}256 \times 0.5 \times 5}{78.5 \times 1.5}$
$= 26.66 ≒ 26.7$[lx]

(원형의 방이므로 $A = \left(\dfrac{10}{2}\right)^2 \times 3.14 = 78.5$[m²])

40 자동화재탐지설비의 감지기회로에 사용되는 비닐절연전선의 최소 규격은?

① 1.0[mm²] ② 1.5[mm²]
③ 2.5[mm²] ④ 4.0[mm²]

정답 36 ② 37 ② 38 ① 39 ① 40 ②

해설 자동화재탐지설비의 감지기회로에 사용되는 비닐절연전선의 최소 규격은 1.5[mm²]이다.

41 정부나 공공기관에서 발주하는 전기공사의 물량산출 시 전기재료의 할증률 중 옥내 케이블은 일반적으로 몇 [%]값 이내로 하여야 하는가?

① 1[%] ② 3[%]
③ 5[%] ④ 7[%]

해설 옥외 케이블은 3[%]이고, 옥내 케이블은 5[%]이다.

42 전력용 콘덴서의 내부소자 사고검출방식이 아닌 것은?

① 콘덴서 외향 팽창변위검출방식
② 중성점 간 전류검출방식
③ 중성점 간 전압검출방식
④ 회전전류 위상비교검출방식

해설 **전력용 콘덴서의 내부소자 사고검출방식**
- 콘덴서 외향 팽창변위검출방식
- 중성점 간 전압검출방식
- 중성점 간 전류검출방식

43 PN접합 다이오드의 순방향 특성에서 실리콘 다이오드의 브레이크 포인터는 약 몇 [V]인가?

① 0.2 ② 0.5
③ 0.7 ④ 0.9

해설 **PN접합 다이오드**
- P형 반도체와 N형 반도체를 접합시키면 P형의 다수반송자인 정공은 N형 쪽으로, N형의 다수 반송자인 전자는 P형 쪽으로 이동한다.
- 정류작용을 한다.
- 순방향 bias

- 전장이 약해진다.
- 공핍층의 폭이 좁아지며, 전위장벽이 낮아진다.
- 역방향 bias

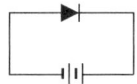

- 전장이 가해진다.
- 공핍층이 넓어지며, 전위장벽이 높아진다.
- 특성곡선

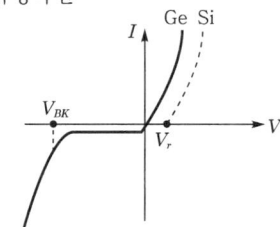

단, V_{BK} : 항복전압(Break Down)
V_r : Cut-in전압, Break-point전압, Threshold전압(Si : 0.6~0.7[V], Ge : 0.2~0.3[V])

44 다음 그림은 사이클로 컨버터의 출력전압과 전류의 파형이다. $\theta_2 - \theta_3$ 구간에서 동작되는 컨버터와 동작모드는?

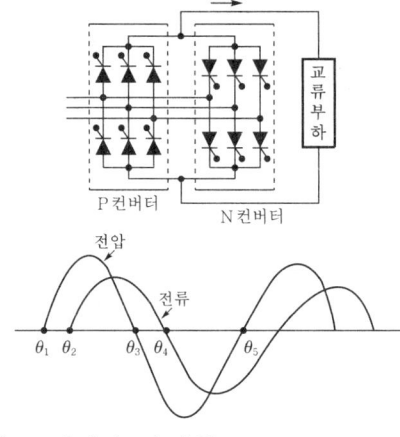

① P 컨버터, 순변환
② P 컨버터, 역변환
③ N 컨버터, 역변환
④ N 컨버터, 순변환

해설 사이클로 컨버터는 주파수 변환장치이며, 부하전류가 (+)이면 P 컨버터가, (−)이면 N 컨버터가 동작한다.

45 120°씩 위상차를 갖는 3상 평형전원이 아래 3상 전파정류회로에 인가되어 있는 경우 다음 설명 중 적절하지 않은 것은?

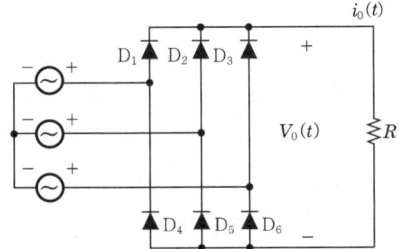

① 상단부 다이오드(D_1, D_3, D_5)는 임의의 시간에 3상 전원 중 전압의 크기가 양의 방향으로 가장 큰 상에 연결되어 있는 다이오드가 온(on)된다.
② 3상 전파정류회로의 출력전압($v_0(t)$)은 3상 반파정류회로의 경우보다 리플(ripple)성분의 크기가 작다.
③ 3상 전파정류회로의 출력전압($v_0(t)$)은 120°의 간격을 가지고 전원의 한 주기당 각 상전압의 크기를 따라가는 3개의 펄스로 나타난다.
④ 출력전압($v_0(t)$)의 평균치는 전원 선간전압 실효치의 약 1.35배이다.

해설
- ③번은 3상 반파정류회로의 설명이다.
- 3상 전파정류회로에서는
$$E_{dc} = \frac{3\sqrt{2} \cdot E_a}{\pi} \times \sqrt{3}$$
$$= 2.34 E_a = 2.34 \frac{V}{\sqrt{3}}$$
$$= 1.35[V]$$

46 2진수 $(1011)_2$를 그레이 코드(gray code)로 변환한 값은?
① $(1111)_G$
② $(1100)_G$
③ $(1110)_G$
④ $(1101)_G$

해설 2진수에서 그레이 코드 변환은 다음과 같다.

$$\begin{array}{cccc} & \oplus & \oplus & \oplus \leftarrow E-OR의\ 의미 \\ ① & 0 & 1 & 1_2 \\ \downarrow & \downarrow & \downarrow & \downarrow \\ 1 & 1 & 1 & 0_G \end{array}$$

∴ $(1011)_2 = (1110)_G$

47 다음 중 2진수 $(01100110)_2$의 2의 보수는?
① 01100110
② 01100111
③ 10011001
④ 10011010

해설 2의 보수는 다음과 같이 구할 수 있다.

01100110_2
↓ ← 1의 보수
10011001
$+\quad\quad\quad 1$
10011010 ← 2의 보수

48 D형 플립플롭의 현재 상태(Q)가 0일 때 다음 상태 $Q_{(t+1)}$를 1로 하기 위한 D의 입력 조건은?
① 1
② 0
③ 1과 0 모두 가능
④ Q

해설 D-FF의 진리표

입력	출력
D	Q_{t+1}
0	0
1	1

49 다음 진리표와 같은 출력의 논리식을 간략화한 것은?

입력			출력
A	B	C	X
0	0	0	0
0	0	1	1
0	1	0	0
0	1	1	1
1	0	0	0
1	0	1	0
1	1	0	1
1	1	1	1

① $\overline{A}B + \overline{B}C$ ② $\overline{AB} + B\overline{C}$
③ $AC + \overline{BC}$ ④ $AB + \overline{A}C$

해설 출력 X에서 '1'이 되는 부분만 논리식으로 나타내면 다음과 같다.
$X = \overline{A}\overline{B}C + \overline{A}BC + AB\overline{C} + ABC$
$= \overline{A}C(\overline{B}+B) + AB(\overline{C}+C)$
$= \overline{A}C + AB (\because \overline{B}+B=1, \overline{C}+C=1)$

50 카르노도의 상태가 그림과 같을 때 간략화된 논리식은?

C\BA	00	01	11	10
0	1	0	0	1
1	1	0	0	1

① $\overline{A}\overline{B}\overline{C} + \overline{A}BC + \overline{A}B\overline{C} + \overline{A}BC$
② $A\overline{B} + \overline{A}B$
③ A
④ $\overline{A}$

해설

C\BA	00	01	11	10
0	1			1
1	1			1

→ 4개가 1개로 묶인다.

위와 같이 불대수 보다는 카르노도를 이용하여 2, 4, 8, 16개씩 묶고 변한 문자는 생략되어 논리식을 간략화하면 $Y = \overline{A}$이다.
∴ 간략화된 논리식 $Y = \overline{A}$

51 명령어의 주소 부분에 있는 내용이 데이터가 되는 주소지정방식은?
[출제기준 변경에 따른 부적합 문제]

① 즉시지정방식 ② 인덱스지정방식
③ 간접지정방식 ④ 직접지원방식

해설 즉시주소지정방식(immediate addressing mode)
사용자가 원하는 임의의 오퍼랜드를 직접 지정하는 방식으로, 데이터를 기억장치에서 읽어야 할 필요가 없으므로 다른 주소방식들보다 신속하다.

52 다음 중 데이터 전송명령이 아닌 것은?
[출제기준 변경에 따른 부적합 문제]

① Load ② Increment
③ Output ④ Store

해설 명령어(instruction)
- 자료의 전달 : CPU와 기억장치 사이에서 정보를 교환하는 기능
  - Load : 기억장치에 기억되어 있는 정보를 CPU로 꺼내오는 명령
  - Store : CPU에 있는 정보를 기억장치에 기억시키는 명령
  - Move : 레지스터 간에 자료를 전달하는 명령
  - Push : 스택에서 자료를 저장하는 명령
  - Pop : 스택에서 자료를 꺼내오는 명령
- 제어명령어
  - GO TO, Jump, IF, SPA, CALL, Return
- 입·출력명령어
  - Onput, Output

53 입·출력주소와 기억장치주소를 구별하는 입·출력방식은?
[출제기준 변경에 따른 부적합 문제]

① Isolated I/O
② Memory mapped I/O
③ Counter mapped I/O
④ Register mapped I/O

해설 입·출력주소와 기억장치주소를 구별하는 입·출력방식으로는 Isolated I/O 장치가 있다.

정답 49 ④ 50 ④ 51 ① 52 ② 53 ①

54 컴퓨터의 중앙처리장치에서 사칙연산 등의 연산결과를 일시적으로 저장해두는 레지스터는? [출제기준 변경에 따른 부적합 문제]

① 누산기 ② 인덱스 레지스터
③ 스택 포인터 ④ 플래그

해설 중앙처리장치는 연산장치(ALU)와 제어장치(CU)로 구성되어 있다.
- 연산장치(ALU) : 외부의 입력자료, 기억자료 및 레지스터에 기억되어 있는 자료들의 산술연산과 논리연산을 수행하는 장치이다.
  - 가산기, 누산기, 보수기, 오버플로 등으로 구성
  - 누산기(accumulator) : 가산기의 연산 data를 일시적으로 기억하며, 연산결과나 중간값을 기억하는 레지스터
- 제어장치(CU)
  - 연산장치 : 입·출력장치 제어
  - 명령레지스터, 해독기, 계수기, 복호기, 부호기 등

55 다음 중 브레인스토밍(brainstorming)과 가장 관계가 깊은 것은?

① 회귀분석 ② 히스토그램
③ 파레토도 ④ 특성요인도

해설 브레인스토밍이나 특성요인도법은 다수의 여러 요인과 아이디어 등을 참고하여 발생한 원인을 분석하고자 한다.

56 c 관리도에서 $k=20$인 군의 총부적합(결점)수 합계는 58이었다. 이 관리도의 UCL, LCL을 구하면 약 얼마인가?

① $UCL=6.92$, $LCL=$ 고려하지 않음
② $UCL=4.90$, $LCL=$ 고려하지 않음
③ $UCL=6.92$, $LCL=$ 고려하지 않음
④ $UCL=8.01$, $LCL=$ 고려하지 않음

해설 c 관리도
- $UCL = \bar{c} + 3\sqrt{\bar{c}}$
- $LCL = \bar{c} - 3\sqrt{\bar{c}}$ (여기서, $CL = \bar{c} = \dfrac{\sum c}{k}$ $= \dfrac{58}{20} = 2.9$)
- $\therefore UCL = 2.9 + 3\sqrt{2.9} ≒ 8.008$
  $LCL = 2.9 - 3\sqrt{2.9} ≒ -2.208$ (단, (-)값은 고려하지 않는다.)

57 단계여유(slack)의 표시로 옳은 것은? (단, TE는 가장 이른 예정일, TL은 가장 늦은 예정일, TF는 총 여유시간, FF는 자유 여유시간이다.)

① FF - TF ② TL - TE
③ TE - TL ④ TE - TF

해설 단계여유(Slack) = TL(가장 늦은 예정일) - TE(가장 빠른 예정일)

58 테일러(F. W. Taylor)에 의해 처음 도입된 방법으로 작업시간을 직접 관측하여 표준시간을 설정하는 표준시간 설정기법은?

① 표준자료법 ② 실적기록법
③ PTS법 ④ 스톱워치법

해설 테일러는 차별적 성과급제도를 도입하였으며, 이는 작업자의 작업시간을 직접 관측(스톱워치)하여 표준시간을 설정하는 기법으로 스톱워치법이라 한다.

59 검사와 분류방법 중 검사가 행해지는 공정에 의한 분류에 속하는 것은?

① 로트별 샘플링 검사
② 관리 샘플링 검사
③ 전수검사
④ 출하검사

해설 공정에 의한 분류

```
┌─────────────┐    ┌─────────────┐
│ 수입검사(II) │ →  │ 공정검사(FAI)│
└─────────────┘    └─────────────┘
                          ↓
┌─────────────┐    ┌─────────────┐
│ 출하검사(OI) │ ←  │ 최종검사(FI) │
└─────────────┘    └─────────────┘
```

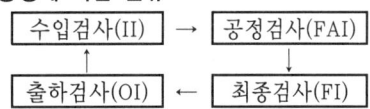

정답 54 ① 55 ④ 56 ④ 57 ② 58 ④ 59 ④

60 공정 중에 발생하는 모든 작업, 검사, 운반, 저장, 정체 등이 도식화된 것이며 또한 분석에 필요하다고 생각되는 소요시간, 운반거리 등의 정보가 기재된 것은?

① 작업분석(operation analysis)
② 다중활동분석표(multiple activity chart)
③ 사무공정분석(form process chart)
④ 유통공정도(flow process chart)

해설 **사무공정분석(form process chart)**
공정 중에 발생하는 모든 작업, 검사, 운반 등이 도식화된 것이며 또한 분석에 필요하다고 생각되는 소요시간, 운반거리 등의 정보가 기재된다.

정답 60 ③

제54회 2013년 7월 21일 출제문제

01 어떤 교류회로에 전압을 가하니 90°만큼 위상이 앞선 전류가 흘렀다. 이 회로는?

① 유도성
② 저항성분
③ 용량성
④ 무유도성

해설 커패시턴스(C)만의 회로

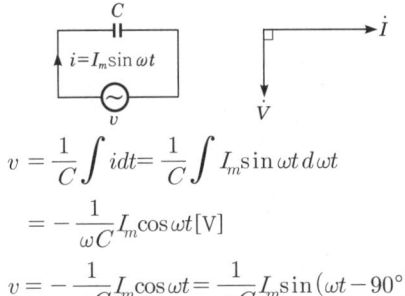

$$v = \frac{1}{C}\int i\,dt = \frac{1}{C}\int I_m \sin\omega t\,d\omega t$$
$$= -\frac{1}{\omega C}I_m \cos\omega t\,[V]$$
$$v = -\frac{1}{\omega C}I_m \cos\omega t = \frac{1}{\omega C}I_m \sin(\omega t - 90°)$$

∴ 전류는 전압보다 90° 빠르다. (여기서, L만의 회로에서는 전류는 전압보다 90° 느리다.)

02 평균 반지름이 1[cm]이고, 권수가 500회인 환상 솔레노이드 내부의 자계가 200[AT/m]가 되도록 하기 위해서는 코일에 흐르는 전류를 약 몇 [A]로 하여야 하는가?

① 0.015
② 0.025
③ 0.035
④ 0.045

해설 환상 솔레노이드에 의한 자장의 세기(H)

$H = \dfrac{NI}{2\pi r}$[AT/m]에서 전류 I를 구하면

$I = \dfrac{2\pi r H}{N} = \dfrac{2\pi \times 0.01 \times 200}{500} = 0.025$[A]

(단, r : 반지름[m]을 의미)

03 자기 인덕턴스 50[mH]인 코일에 흐르는 전류가 0.01초 사이에 5[A]에서 3[A]로 감소하였다. 이 코일에 유기되는 기전력[V]은?

① 10[V]
② 15[V]
③ 20[V]
④ 25[V]

해설 패러데이 법칙(Faraday's law)에 의해서

$V_L = L\dfrac{di}{dt} = 50 \times 10^{-3} \cdot \dfrac{5-3}{0.01} = 10$[V]

04 최대 눈금 150[V], 내부저항 20[kΩ]인 직류 전압계가 있다. 이 전압계의 측정범위를 600[V]로 확대하기 위하여 외부에 접속하는 직렬저항은 얼마인가?

① 30[kΩ]
② 40[kΩ]
③ 50[kΩ]
④ 60[kΩ]

해설 배율기(R_m)

$R_m = (m-1)r_v$ (여기서, m : 배율, r_v : 전압계 내부저항)

∴ $R_m = \left(\dfrac{600}{150} - 1\right)20 \times 10^3 = 60$[kΩ]

05 유전체에서 전자분극이 어떤 이유에서 일어나는가?

① 단결정 매질에서 전자운과 핵 간의 상대적인 변위에 의함
② 화합물에서 전자운과 (+)이온 간의 상대적인 변위에 의함
③ 화합물에서 (+)이온과 (−)이온 간의 상대적인 변위에 의함
④ 영구 전기 쌍극자의 전계방향 배열에 의함

정답 01 ③ 02 ② 03 ① 04 ④ 05 ①

해설 분극현상

유전체에 외부전계를 가했을 때 (+), (−)의 전기 쌍극자가 형성되는 현상

06 314[H]의 자기 인덕턴스에 220[V], 60[Hz]의 교류전압을 가하였을 때 흐르는 전류는 몇 [A]인가?

① 약 $1.86[A]$
② 약 $1.86 \times 10^{-3}[A]$
③ 약 $1.17 \times 10^{-1}[A]$
④ 약 $1.17 \times 10^{-3}[A]$

해설 $I = \dfrac{V}{X_L} = \dfrac{V}{\omega L} = \dfrac{V}{2\pi f L} = \dfrac{220}{2\pi \times 60 \times 314}$
$= 1.858 \times 10^{-3} \fallingdotseq 1.86 \times 10^{-3}[A]$

07 $R[\Omega]$인 3개의 저항을 같은 전원에 △결선으로 접속시킬 때와 Y결선으로 접속시킬 때 선전류의 크기비 $\left(\dfrac{I_\triangle}{I_Y}\right)$는?

① $\dfrac{1}{3}$ ② $\sqrt{3}$
③ $\sqrt{6}$ ④ 3

해설 △→Y 등가변환(△결선의 임피던스가 서로 같을 때)

$Z_Y = \dfrac{1}{3} Z_\triangle$

$I_Y = \dfrac{1}{3} I_\triangle$

$P_Y = \dfrac{1}{3} P_\triangle$이므로 $\dfrac{I_\triangle}{I_Y} = 3$

08 다음 그림과 같은 $R-L-C$ 병렬공진회로에 관한 설명 중 옳지 않은 것은?

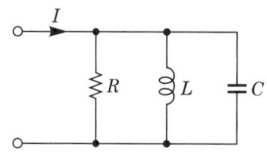

① 공진시 L 또는 C에 흐르는 전류는 입력전류 크기의 Q배가 된다.
② 공진시 입력 어드미턴스는 매우 작아진다.
③ 공진주파수 이하에서의 입력전류는 전압보다 위상이 뒤진다.
④ L이 작을수록 전류 확대비가 작아진다.

해설 병렬공진

• I=최소, 임피던스 Z=최대($Y = \dfrac{1}{Z}$이므로 어드미턴스 Y는 최소가 된다.)
• 선택도=첨예도=전류 확대비=$\dfrac{R}{\omega L} = \omega CR$
  에서 L이 작을수록 확대비는 커진다.

09 $R-L$ 병렬회로의 양단에 $e = E_m \sin(\omega t + \theta)[V]$의 전압이 가해졌을 때 소비되는 유효전력은?

① $\dfrac{E_m^2}{2R}$ ② $\dfrac{E^2}{\sqrt{2} R}$
③ $\dfrac{E_m^2}{\sqrt{2} R}$ ④ $\dfrac{E^2}{2R}$

해설 병렬회로에서

• 유효전력$(P) = \dfrac{V^2}{R}$[W]
• 무효전력$(P_r) = \dfrac{V^2}{X}$[W]
• 피상전력$(P_a) = \dfrac{V^2}{Z}$[W]

∴ $P = \dfrac{V^2}{R} = \dfrac{\left(\dfrac{E_m}{\sqrt{2}}\right)^2}{R} = \dfrac{E_m^{\ 2}}{2R}$[W]

10 직류 전동기에서 전기자에 가해 주는 전원전압을 낮추어서 전동기의 유도기전력을 전원전압보다 높게 하여 제동하는 방법은?

① 맴돌이전류제동   ② 역전제동
③ 발전제동   ④ 회생제동

해설 직류 전동기의 운전법
• 시동(기동)법
• 속도제어

정답 06 ② 07 ④ 08 ④ 09 ① 10 ④

- 제동법
  - 발전제동 : 전기적 에너지를 저항에서 열로 소비하여 제동하는 방법
  - 회생제동 : 전동기의 역기전력을 공급전압보다 높게 하여 전기적 에너지를 전원측에 환원하여 제동하는 방법
  - 역상제동(plugging) : 전기자의 결선을 바꾸어 역회전력에 의해 급제동하는 방법

11 권선형 3상 유도 전동기에서 2차측 저항을 2배로 하면 그 최대 토크는 몇 배로 되는가?

① $\frac{1}{2}$로 줄어든다.
② $\sqrt{2}$배로 된다.
③ 2배로 된다.
④ 불변이다.

해설 권선형 유도전동기의 2차 회로에 저항을 삽입하는 목적(비례추이의 원리)
- 기동토크 증대
- 기동전류 감소
- 속도제어 가능
※ 최대 토크는 일정하다.

12 정격 150[kVA], 철손 1[kW], 전부하 동손이 4[kW]인 단상 변압기의 최대 효율[%]은?

① 약 96.8[%]
② 약 97.4[%]
③ 약 98.0[%]
④ 약 98.6[%]

해설 $\eta_{\frac{1}{m}} = \dfrac{\frac{1}{m}VI\cos\theta}{\frac{1}{m}VI\cos\theta + P_i + \left(\frac{1}{m}\right)^2 P_c} \times 100[\%]$

에서

$P_i = m^2 P_c \rightarrow m = \sqrt{\dfrac{P_i}{P_c}} = \sqrt{\dfrac{1}{4}} = \dfrac{1}{2}$ 이므로

$\therefore \eta_{\frac{1}{m}} = \dfrac{\frac{1}{2} \times 150 \times 10^3}{\frac{1}{2} \times 150 \times 10^3 + 1 \times 10^3 + \left(\frac{1}{2}\right)^2 \times 4 \times 10^3}$
$\times 100[\%]$
$\fallingdotseq 97.4[\%]$

13 변압기의 누설 리액턴스를 줄이는 데 가장 효과적인 방법은?

① 권선을 분할하여 조립한다.
② 철심의 단면적을 크게 한다.
③ 권선을 동심 배치시킨다.
④ 코일의 단면적을 크게 한다.

해설 변압기의 누설 리액턴스(X_L)

자속 $\phi = \dfrac{F}{R_m} = \dfrac{NI}{\frac{l}{\mu s}} = \dfrac{\mu s NI}{l}$[Wb]

$N\phi = LI$에서 $L = \dfrac{N\phi}{I} = \dfrac{\mu N^2 S}{l}$[H]

$X_L = \omega L = 2\pi f \dfrac{\mu N^2 S}{l}$

$\therefore X_L \propto N^2$ (누설리액턴스는 권수의 제곱에 비례하고, 누설리액턴스를 줄이는 방법으로 권선을 분할하여 조립한다.

14 다음 6극 60[Hz]인 3상 유도전동기의 슬립이 4[%]일 때, 이 전동기의 회전수는 몇 [rpm]인가?

① 952
② 1,152
③ 1,352
④ 1,552

해설 회전속도(N)

$N = N_s(1-s) = \dfrac{120f}{P}(1-s)$[rpm]

$= \dfrac{120 \times 60}{6}(1-0.04) = 1,152$[rpm]

15 단권 변압기에 대한 설명으로 옳지 않은 것은?

① 단권 변압기는 권선비가 1에 가까울수록 보통 변압기에 비하여 유리하다.
② 3상에는 사용할 수 없는 단점이 있다.
③ 동일 출력에 대하여 사용재료 및 손실이 적고 효율이 높다.
④ 1차 권선과 2차 권선의 일부가 공통으로 되어 있다.

정답 11 ④ 12 ② 13 ① 14 ② 15 ②

해설 단상 변압기를 3상 변압하기 위한 방법으로 △-△결선, Y-Y결선, △-Y결선, Y-△결선, V-V 결선방식 등이 있다.

16 0.6/1[kV] 비닐절연 비닐캡타이어 케이블의 약호로서 옳은 것은?

① VCT ② VTF
③ VV   ④ CVT

해설 전선의 약호
- VCT : 0.6/1[kV] 비닐절연 비닐캡타이어 케이블
- VV : 0.6/1[kV] 비닐절연 비닐시스 케이블

17 220/380[V] 겸용 3상 유도 전동기의 리드선은 몇 가닥을 인출하는가?

① 2 ② 4
③ 6 ④ 8

해설 220[V]와 380[V] 겸용으로 사용하기 위해서는 각각 3회선이 필요하므로 총 6회선이 필요하다.

18 동기 발전기에서 전기자전류가 무부하 유도 기전력보다 $\dfrac{\pi}{2}$[rad]만큼 뒤진 경우의 전기자 반작용은?

① 편자작용
② 자화작용
③ 감자작용
④ 교차자화작용

해설 전기자 반작용 : 전기자전류에 의한 자속이 계자자속에 영향을 미치는 현상
- 횡축 반작용
  - 계자자속 왜형파로 약간 감소
  - 전기자전류(I_a)와 유기기전력(E)이 동상일 때($\cos\theta = 1$)
- 직축 반작용
  - 감자작용 : 계자자속 감소, I_a가 E보다 위상이 90° 뒤질 때

19 동기 전동기의 특징을 설명하고 있는 것으로 옳은 것은?

① 저속도에서 유도 전동기에 비해 효율이 나쁘다.
② 기동토크가 크다.
③ 필요에 따라 진상전류를 흘릴 수 있다.
④ 직류전원이 필요 없다.

해설 동기 전동기

장 점	단 점
• 속도가 일정하다. • 항상 역률 1로 운전할 수 있다.(역률조정이 가능) • 일반적으로 유도 전동기에 비해 효율이 좋다. • 지상, 진상전류를 흘릴 수 있다.	• 기동토크가 작다. • 난조를 일으킬 염려가 있다. • 구조가 복잡하다. • 직류전원을 필요로 한다. • 속도제어가 곤란하다.

20 권선형 유도전동기 기동법으로 알맞은 것은?

① Y-△ 기동법 ② 2차 저항 기동법
③ 콘돌퍼 방식   ④ 직입기동법

해설 유도 전동기의 기동법(시동법)
- 권선형
  - 2차 저항 기동법 : 기동전류는 감소하고, 기동토크는 증가
  - 게르게스 기동법
- 농형
  - 직입기동법(전전압 기동) : 출력 $P = 5$[HP] 이하(소형)

21 전선의 접속법에 대한 설명으로 잘못된 것은?

① 접속 부분은 절연 전선의 절연물과 동등 이상의 절연 효력이 있도록 충분히 피복한다.
② 전선의 전기 저항이 증가되도록 접속하여야 한다.
③ 전선의 세기를 20[%] 이상 감소시키지 않는다.
④ 접속 부분은 접속관, 기타의 기구를 사용한다.

정답 16 ① 17 ③ 18 ③ 19 ③ 20 ② 21 ②

해설 전선의 접속법
- 전기저항 증가 금지
- 접속 부위 반드시 절연
- 접속 부위 접속기구 사용
- 전선의 세기(인장하중) 20[%] 이상 감소 금지
- 전기적 부식 방지
- 충분히 절연피복을 할 것

22 고압 가공전선로로부터 수전하는 수용가의 인입구에 시설하는 피뢰기의 접지공사에 있어서 접지선이 피뢰기 접지공사의 전용의 것이면 접지저항은 얼마까지 허용되는가?
[KEC 규정에 따른 부적합 문제]

① 5[Ω]　　② 10[Ω]
③ 30[Ω]　　④ 40[Ω]

해설 피뢰기의 접지
고압 및 특고압의 전로에 시설하는 피뢰기에는 제1종 접지공사를 하고, 접지저항은 10[Ω] 이하이어야 하나 피뢰기의 제1종 접지공사의 접지극을 변압기의 제2종 접지공사의 접지극으로부터 1[m] 이상 격리하여 시설하는 경우에는 제1종 접지공사의 접지저항치는 30[Ω] 이하이다.

23 소맥분·전분·유황 등 가연성 먼지(분진)에 전기설비가 발화원이 되어 폭발할 우려가 있는 곳에 시설하는 저압 옥내배선의 공사방법으로 옳지 않은 것은?

① 가요전선관 공사
② 케이블 공사
③ 합성수지관 공사
④ 금속관 공사

해설 폭연성 및 가연성 먼지(분진)
- 폭연성 분진의 저압 옥내 배선 : 금속관 공사, 케이블 공사(캡타이어 케이블 제외)
- 가연성 분진의 저압 옥내 배선 : 금속관 공사, 케이블 공사, 합성수지관 공사

24 화약류 저장장소에 있어서의 전기설비 시설에 대한 기준으로 적합한 것은?

① 인입구 전선은 비닐절연전선으로 노출배선으로 한다.
② 전기 기계·기구는 개방형일 것
③ 전선로의 대지전압은 400[V] 이하일 것
④ 지락차단장치 또는 경보장치를 시설한다.

해설 화약류 저장소에서의 전기설비 시설
- 전로에 지기가 생겼을 때 자동적으로 전로를 차단하거나 경보하는 장치를 시설
- 전로의 대지전압은 300[V] 이하
- 전기 기계·기구는 전폐형
- 케이블을 전기 기계·기구에 인입시 인입구에서 케이블이 손상될 우려가 없도록 시설
- 전열기구는 시스선 등의 충전부가 노출되지 않는 발열체를 사용

25 정격전류 30[A]의 전동기 1대와 정격전류 5[A]의 전열기 2대에 공급하는 저압 옥내 간선을 보호할 과전류차단기의 정격전류는 몇 [A]인가? [KEC 규정에 따른 부적합 문제]

① 40[A]　　② 60[A]
③ 70[A]　　④ 100[A]

해설 옥내 저압 간선의 시설
- 간선보호용 과전류차단기의 전동기 정격전류 합계×3배 + 그 외의 선류=30×3+5×2=100[A]
- 간선보호용 과전류차단기의 전동기 허용전류×2.5배

26 합성수지관 공사에 의한 저압 옥내배선의 시설기준으로 옳지 않은 것은?

① 전선은 옥외용 비닐절연전선을 사용할 것
② 관의 지지점 간의 거리는 1.5[m] 이하로 할 것
③ 전선은 합성수지관 안에서 접속점이 없도록 할 것
④ 습기가 많은 장소에 시설하는 경우 방습장치를 할 것

정답 22 ③　23 ①　24 ④　25 ④　26 ①

해설 합성수지관 공사
- 합성수지관 내에서 전선에 접속점이 없도록 할 것
- 관의 지지점 간의 거리는 1.5[m] 이하로 할 것
- 전선은 절연전선(옥외용 비닐절연전선 제외)

27 다음 중 배전 변전소에 전력용 콘덴서를 설치하는 주된 목적은?

① 변압기 보호   ② 코로나손 방지
③ 역률 개선   ④ 선로 보호

해설 전력용 콘덴서(정전형 콘덴서, 병렬 콘덴서)의 목적
- 역률 개선
- 손실 경감
- 변압기 및 배전선의 손실 저
- 설비용량의 여유 증가
- 전압강하의 저
- 전기요금의 저감

28 수전용 유입 차단기의 정격전류가 500[A]일 때 접지선의 공칭단면적[mm²]은 다음 중 어느 것을 선정하면 적당한가?

[KEC 규정에 따른 부적합 문제]

① 25   ② 35
③ 50   ④ 70

해설 제3종 및 특3종 접지공사의 접지선 굵기

정격전류[A]	접지선의 최소 굵기[mm²]	
	동선	알루미늄선
100	6	10
200	10	16
300	16	25
400	25	35
500	25	50

29 엔트런스 캡의 주된 사용장소는?

① 부스덕트의 끝부분의 마감재
② 저압 인입선 공사시 전선관 공사로 넘어갈 때 전선관의 끝부분
③ 케이블 헤드를 시공할 때 케이블 헤드의 끝부분
④ 케이블 트레이의 끝부분 마감재

해설 엔트런스 캡
저압 인입선 공사시 전선관 공사로 넘어갈 때 전선관의 끝부분에 연결하여 물 등이 들어오지 못하도록 한다.

30 일반적으로 큐비클형이라 하여 점유면적이 좁고 운전보수에 안전하므로 공장, 빌딩 등의 전기실에 많이 사용되며 조립형, 장갑형이 있는 배전반은?

① 라이브 프런트식 배전반
② 철제 수직형 배전반
③ 데드 프런트식 배전반
④ 폐쇄식 배전반

해설 큐비클
배전용 변전소는 큐비클이라 불리는 폐쇄식 배전반을 사용하며, 점유면적이 좁고 운전보수에 안전한 공장, 빌딩 등의 전기실에 많이 사용된다.

31 22.9[kV]의 수전설비에 50[A]의 부하전류가 흐른다. 이 수전계통에 변류기(CT) 60/5[A], 과전류 계전기(OCR)를 시설하여 120[%]의 과부하에서 차단기가 동작되게 하려면, 과전류 계전기 전류탭의 설정값은?

① 4[A]   ② 5[A]
③ 6[A]   ④ 7[A]

해설 전류탭=(부하전류(50[A])/변류비(12))×1.2

32 일반적으로 제2종 접지공사에 있어서의 접지선은 공칭 단면적 몇 [mm²] 이상의 연동선을 사용하여야 하는가?

[KEC 규정에 따른 부적합 문제]

① 4[mm²]   ② 10[mm²]
③ 16[mm²]   ④ 35[mm²]

해설 제2종 접지공사
16[mm²] 이상의 연동선을 사용하며, 6[mm²]를 간혹 사용하기도 한다.

정답 27 ③ 28 ① 29 ② 30 ④ 31 ② 32 ③

33 광원은 점등시간이 진행됨에 따라서 특성이 약간 변화한다. 방전램프의 경우 초기 100시간의 떨어짐이 특히 심한데 이와 같은 특성은 어느 것인가?

① 온도특성 ② 동정특성
③ 수명특성 ④ 연색성

해설 동정(life performance)특성
새 전구를 점등하면 초기에는 광속, 전류 등의 변화가 심하다. 시간이 지남에 따라 점점 더 저항이 증가하여 전류가 감소하며, 전수명 중에서 전류나 광속 등이 변화하는 과정을 뜻한다.

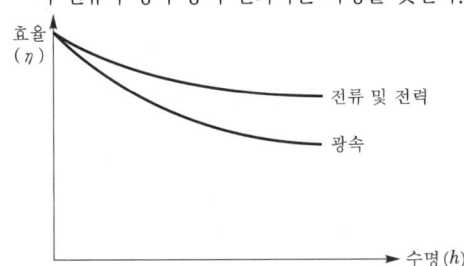

34 달링턴(Darlington)형 바이폴러 트랜지스터의 전류증폭률은 어느 것인가?

① 1~3 ② 10~30
③ 30~100 ④ 100~1,000

해설 달링턴 접속회로(Darlington connection circuit)
- NPN-TR 2개가 접속되어 있다.
- 전류증폭도가 매우크다.(100~1,000배 정도)
- 회로도

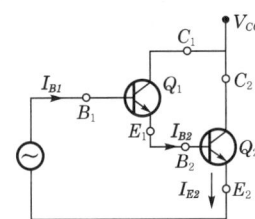

전류이득$(A_i) = \dfrac{I_{E2}}{I_{B1}}$
$= (1+hfe_1)(1+hfe_2)$
$\fallingdotseq hfe_1 \cdot hfe_2$
$(\therefore hfe_1 : hfe_2 \gg 1)$

∴ 2개의 TR을 연결함으로써 TR의 구동에 필요한 구동전류를 감소시키는 효과를 얻을 수 있다.

35 양수량 $10[\text{m}^3/\text{min}]$, 총양정 $20[\text{m}]$의 펌프용 전동기의 용량[kW]은? (단, 여유계수 1.1, 펌프효율은 75[%]이다.)

① 36 ② 48
③ 72 ④ 144

해설 전동기의 용량(P)

$$P = \dfrac{9.8QH}{\eta}K = \dfrac{9.8 \times \dfrac{10}{60} \times 20}{0.75} \times 1.1$$
$= 47.91 \fallingdotseq 48[\text{kW}]$

36 다음 중 하나 이상의 부하를 한 전원에서 다른 전원으로 자동절환할 수 있는 장치는?

① ASS ② ACB
③ LBS ④ ATS

해설 자동절환 스위치(ATS ; Automatic Transfer Switch)
하나 이상의 부하를 한 전원에서 다른 전원으로 자동절환하는 스위치이다.

37 옥내 전반조명에서 바닥면의 조도를 균일하게 하기 위하여 등간격은 등높이의 얼마가 적당한가? (단, 등간격은 S, 등높이는 H이다.)

① $S \leq 0.5H$ ② $S \leq 2H$
③ $S \leq 1.5H$ ④ $S \leq H$

해설 광원의 최대 간격(S)과 작업면으로부터 광원까지의 높이(H)의 관계식
- $S \leq 1.5H$: 일반적인 경우 등기구에 따라 다름
- $S_0 \leq \dfrac{1}{2}H$: 벽측을 사용하지 않을 경우
- $S_0 \leq \dfrac{1}{3}H$: 벽측을 사용할 경우
 (단, S_0 : 벽과 등기구 사이의 간격을 의미)

정답 33 ② 34 ④ 35 ② 36 ④ 37 ③

38 단상 220[V], 60[Hz]의 정현파 교류전압을 점호각 60°로 반파 위상제어정류하여 직류로 변환하고자 한다. 순저항부하시 평균 출력전압은 약 몇 [V]인가?

① 74[V]
② 84[V]
③ 92[V]
④ 110[V]

해설 반파 위상제어회로

출력전압 $= \dfrac{\sqrt{2}}{2\pi}E(1+\cos\alpha)$

$= \dfrac{\sqrt{2}}{2\pi} \times 220(1+\cos 60°)$

$≒ 74.31$

[참고] 전파 위상제어회로(저항부하인 경우)

출력전압 $= \dfrac{\sqrt{2}}{\pi}E(1+\cos\alpha)$

39 반도체 트리거 소자로서 자기회복 능력이 있는 것은?

① GTO
② SCR
③ SCS
④ SSS

해설 GTO(Gate Turn-Off)
자기회복 능력을 지니고 있다.

40 사이리스터 턴오프(turn off) 조건은?

① 게이트에 역방향 전압을 가한다.
② 게이트에 역방향 전류를 흘린다.
③ 게이트에 순방향 전류를 0으로 한다.
④ 애노드 전류를 유지전류 이하로 한다.

해설 Gate를 개방한 상태에서 도통상태를 유지하기 위한 최소 전류를 유지전류라 하며, 애노드 전류를 유지전류 이하로 하면 Turn-off 할 수 있다.

41 MOSFET의 드레인(drain) 전류제어는?

① 소스(source)단자의 전류로 제어
② 게이트(gate)와 소스(source)간 전류로 제어
③ 드레인(drain)과 소스(source)간 전압으로 제어
④ 게이트(gate)와 소스(source)간 전압으로 제어

해설 FET(Field-Effect TR)
- 특징
  - 다수 캐리어에 의해 전류가 흐른다.
  - 입력저항이 매우크다.
  - 저잡음이다.
  - 5극 진공관 특성과 비슷하다.
  - 이득(G)×대역폭(B)이 작다.
  - J-FET와 MOS-FET가 있다.
  - V_{GS}(Gate-Source 사이의 전압)로 드레인 전류를 제어한다.
- 종류
  - J-FET(접합 FET)

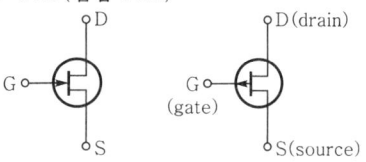

(a) N-channel FET (b) P-channel FET

  - MOS-FET(절연게이트형 FET)

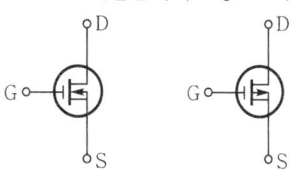

(a) N-channel FET (b) P-channel FET

- FET의 3정수

  - $g_m = \dfrac{\Delta I_D}{\Delta V_{GS}}$ (순방향 상호전달 컨덕턴스)
  - $r_d = \dfrac{\Delta V_{DS}}{\Delta I_D}$ (드레인-소스저항)
  - $\mu = \dfrac{\Delta V_{DS}}{\Delta V_{GS}}$ (전압증폭률)
  - $\mu = g_m \cdot r_d$

정답 38 ① 39 ① 40 ④ 41 ④

42 다음 진리표에 해당하는 논리회로는?

입력		출력
A	B	X
0	0	0
0	1	1
1	0	1
1	1	0

① AND회로 ② EX-NOR회로
③ NAND회로 ④ EX-OR회로

해설 진리표는 $X = A\overline{B} + \overline{A}B$를 의미하므로 E-OR, X-OR, EX-OR이라고도 한다.

43 2진수 $(110010.111)_2$를 8진수로 변환한 값은?

① $(62.7)_8$ ② $(32.7)_8$
③ $(62.6)_8$ ④ $(32.6)_8$

해설 2진수를 8진수로 변환하기 위해서는 소수점을 기준으로 3bit씩 묶어서 읽으면 된다.
$(/110/010./111/)_2$
   6   2   7
∴ $(110010.111)_2 = (62.7)_8$

44 다음 논리식 중 옳은 것은?

① $\overline{A+B} = \overline{A} \cdot \overline{B}$
② $\overline{A+B} = \overline{A} + \overline{B}$
③ $\overline{A \cdot B} = \overline{A} \cdot \overline{B}$
④ $\overline{A+B} = \overline{A} \cdot \overline{B}$

해설 드 모르간의 법칙(De Morgan's law)
• $\overline{A+B} = \overline{A} \cdot \overline{B}$
• $\overline{A \cdot B} = \overline{A} + \overline{B}$
• $A \cdot B = \overline{\overline{A} + \overline{B}}$
• $A + B = \overline{\overline{A} \cdot \overline{B}}$

45 다음 회로는 3상 전파정류기(컨버터)의 회로도를 나타내고 있다. 점선 부분의 역할로 가장 적당한 것은?

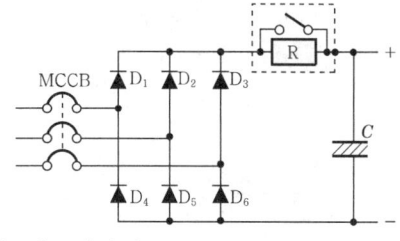

① 전류차단회로
② 전류증폭회로
③ 돌입전류 억제회로
④ 전압파형 개선회로

해설 돌입전류(inrush current)
순간적으로 증가한 과도전류가 바로 정상상태로 복귀하는 과도전류를 의미한다.

46 교차결합 NAND 게이트회로는 RS 플립플롭을 구성하며, 비동기 FF 또는 RS NAND래치라고도 하는데, 허용되지 않는 입력 조건은?

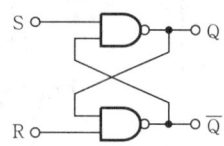

① S=0, R=0 ② S=1, R=1
③ S=0, R=1 ④ S=1, R=0

해설 • 위의 플립플롭은 NAND형-FF(부논리)

입력		출력
S	R	Q_{n+1}
0	0	부정
0	1	1
1	0	0
1	1	불변

• NOR형-FF(정논리)

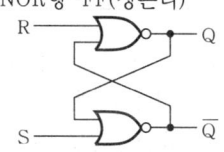

입력		출력
S	R	Q_{n+1}
0	0	불변
0	1	0
1	0	1
1	1	부정

정답 42 ④ 43 ① 44 ① 45 ③ 46 ①

• NAND형-FF(정논리)

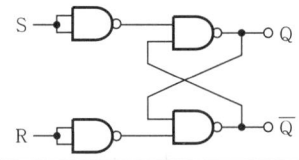

입력		출력
S	R	Q_{n+1}
0	0	불변
0	1	0
1	0	1
1	1	부정

47 그림과 같은 다이오드 매트릭스회로에서 A_1, A_0에 가해진 Data가 1, 0이면, B_3, B_2, B_1, B_0에 출력되는 Data는?

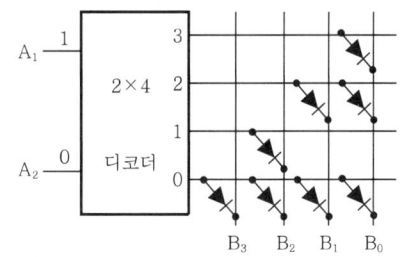

① 1111 ② 1010
③ 1011 ④ 0100

해설 2×4 디코더(decoder)

입력		출력			
A	B	B_0	B_1	B_2	B_3
0	0	1	0	0	0
0	1	0	1	0	0
1	0	0	0	1	0
1	1	0	0	0	1

48 2^n의 입력선과 n개의 출력선을 가지고 있으며, 출력은 입력값에 대한 2진 코드 혹은 BCD 코드를 발생하는 장치는?

① 매트릭스 ② 인코더
③ 멀티플렉서 ④ 디코더

해설 Encoder(부호기, 암호기)
• 다수입력과 다수출력($2^n \times n$)으로 구성
• 10진수 입력을 2진수로 변환
• 부호기(암호기) 기능을 갖고 있으며, 보통 OR회로로 구성

49 전가산기(full adder)회로의 기본적인 구성은?

① 입력 2개, 출력 2개로 구성
② 입력 2개, 출력 3개로 구성
③ 입력 3개, 출력 2개로 구성
④ 입력 3개, 출력 3개로 구성

해설 전가산기는 반가산기 2개와 OR회로 1개로 구성되며, 입력 3단자와 출력 2단자로 이루어진 회로이다.

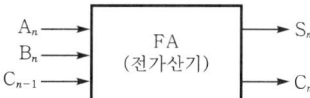

50 Z-80 CPU에서 프로그램 카운터(PC)의 값을 바꿀 수 있는 명령이 아닌 것은?
[출제기준 변경에 따른 부적합 문제]

① CALL 명령 ② JP 명령
③ CP 명령 ④ JR 명령

해설 Program counter의 값을 바꿀 수 있는 명령어는 JP, JR, RST, RET, CALL 등이 있다.

51 8비트 마이크로프로세서의 동작에서 1회의 명령을 인출해낼 때 또는 1명령당 실행기간이나 메모리로부터 명령어 레지스터에 명령을 꺼내는 시간을 무엇이라 하는가?
[출제기준 변경에 따른 부적합 문제]

① 머신 사이클 ② 메모리 사이클
③ 실행 사이클 ④ 접근시간

해설
• 머신 사이클(machine cycle) : 명령어를 수행하기 위해 명령어를 CPU로 읽어온 후 명령 사이클에 의해서 명령이 해독되어 수행될 때 메모리를 호출하는 하나의 과정을 말한다.
• 페치 사이클(fetch cycle) : CPU가 하나의 명령어를 수행하기 위해서 기억장치에 들어있는 명령어를 꺼내는 일을 말하며 인출 사이클이라 한다.

정답 47 ④ 48 ② 49 ③ 50 ③ 51 ①

- 실행 사이클(execution cycle) : 제어장치에서 해독된 명령에 따라서 데이터를 입력 또는 출력하거나 연산하는 등의 실행과정을 의미한다.
- 명령 사이클(instruction cycle) : 명령인출에 의해서 하나의 명령어를 수행하는 과정 즉, 명령이 해독되는 사이클을 말한다.

52 주소공간이 20bit이고 각 주소당 저장되는 데이터의 크기가 8bit일 때 주기억장치의 용량은? [출제기준 변경에 따른 부적합 문제]

① 1[Mbyte]　　② 2[Mbyte]
③ 4[Mbyte]　　④ 8[Mbyte]

해설 $1K = 2^{10}$, $1M = 2^{20}$

53 마이크로컴퓨터에서 Isolated I/O 방식과 비교하여 Memory-mapped I/O 방식의 특징으로 옳은 것은?
[출제기준 변경에 따른 부적합 문제]

① 입·출력장치들의 주소공간이 기억장치 주소공간과 별도로 할당된다.
② 기억장치명령과 입·출력명령을 구별하여 사용한다.
③ 기억장치의 주소공간이 줄어든다.
④ 하드웨어가 복잡하다.

해설 ①, ②, ④는 Isolated I/O 방식의 특징이며, Memory-mapped I/O 방식은 입·출력장치가 주소의 일정 부분을 사용하므로 기억장치의 이용효율은 낮은 편이다.

54 다음 중 보조기억장치의 역할이 아닌 것은?
[출제기준 변경에 따른 부적합 문제]

① 대량 데이터의 기억
② 프로그램 보관
③ 데이터의 고속처리
④ 데이터의 영구보존

해설 보조기억장치
- 정보가 대용량인 경우 주기억장치만으로는 부족하다. Data의 처리속도가 늦고 정보를 영구보존할 때 이용된다.
- Magnetic-drum, Magnetic-tape, Magnetic-disk 등이 있다.

55 다음 중 제품공정도를 작성할 때 사용되는 요소(명칭)가 아닌 것은?

① 정체　　② 검사
③ 가공　　④ 여유

해설 공정분석기호
- ○ : 작업(가공)
- □ : 검사
- ⇨ : 이동
- D : 대기(정체)
- ▽ : 저장

56 부적합수 관리도를 작성하기 위해 $\sum c = 559$, $\sum n = 222$를 구하였다. 시료의 크기가 부분군마다 일정하지 않기 때문에 u 관리도를 사용하기로 하였다. $n = 10$일 경우 u 관리도의 UCL값은 약 얼마인가?

① 4.023　　② 2.518
③ 0.502　　④ 0.252

해설 u 관리도(단위당 결점수 관리도)
- 관리상한선 $UCL = \bar{u} + 3\sqrt{\dfrac{\bar{u}}{n}}$
- 여러 개 샘플의 단위당 평균결점수
$$\bar{u} = \dfrac{\sum c}{\sum n} = \dfrac{559}{222} ≒ 2.518$$
$$∴ UCL = 2.518 + 3\sqrt{\dfrac{2.518}{10}} ≒ 4.0233$$

57 모집단으로부터 공간적·시간적으로 간격을 일정하게 하여 샘플링하는 방식은?

① 취락 샘플링(cluster sampling)
② 2단계 샘플링(two-stage sampling)
③ 단순 랜덤 샘플링(simple random sampling)
④ 계통 샘플링(systematic sampling)

정답 52 ①　53 ③　54 ③　55 ④　56 ①　57 ④

해설 계통 샘플링(systematic-sampling)
모집단으로부터 공간적, 시간적으로 간격을 일정하게 하여 sampling하는 방식이다.

58 예방보전(preventive maintenance)의 효과가 아닌 것은?

① 고장으로 인한 중단시간이 감소한다.
② 생산 시스템의 신뢰도가 향상된다.
③ 기계의 수리비용이 감소한다.
④ 잦은 정비로 인해 제조원단위가 증가한다.

해설 예방보건의 효과
- 기계의 수리비용 감소
- 생산 시스템의 신뢰도 향상
- 고장으로 인한 중단시간 감소
- 제조원가단위가 감소
- 예비기계 보유 필요성 감소

59 다음 중 작업방법 개선의 기본 4원칙을 표현한 것은?

① 층별-랜덤-표준화-단순화
② 배제-결합-랜덤-표준화
③ 층별-랜덤-재배열-표준화
④ 배제-결합-재배열-단순화

해설 작업방법 개선의 기본 4원칙
- 배제
- 결합
- 재배열
- 단순화

60 이항분포(binomial distribution)의 특징에 대한 설명으로 옳은 것은?

① $P \leq 0.5$이고, $np \leq 5$일 때는 정규분포에 근사한다.
② $P \leq 0.1$이고, $np = 0.1 \sim 10$일 때는 포아송 분포에 근사한다.
③ 부적합품의 출현개수에 대한 표준편차는 $D(x) = np$이다.
④ $P = 0.01$일 때는 평균치에 대하여 좌우 대칭이다.

해설 이항분포의 특징
- $P \leq 0.1$, $np = 0.1 \sim 10$일 때 포아송 분포에 근사하다.
- $P = \dfrac{1}{2}$일 때 평균치에 대하여 좌우대칭이다.
- 이항분포는 이산적 특징을 갖는다.
- $P \leq 0.5$, $np \geq 5$일 때는 정규분포에 근사한다.

정답 58 ④ 59 ④ 60 ②

제55회 2014년 4월 6일 출제문제

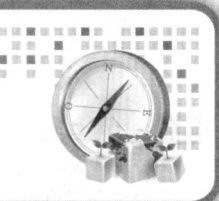

01 폭연성 먼지(분진) 또는 화약류의 가루(분말)가 전기설비의 발화원이 되어 폭발할 우려가 있는 곳의 저압 옥내배선의 공사방법으로 적당한 것은?

① 애자 사용 공사 또는 가요전선관 공사
② 금속몰드 공사
③ 금속관 공사
④ 합성수지관 공사

해설 폭연성 분진 또는 화약류의 분말이 전기설비의 발화원이 되어 폭발할 우려가 있는 곳의 저압 옥내배선 공사로는 케이블 공사, 금속관 공사에 의해 시설한다.

02 그림과 같은 논리회로에서 X가 1이 되기 위한 입력조건으로 옳은 것은?

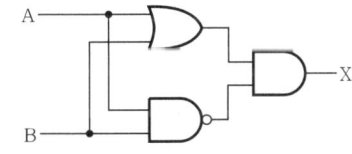

① A=1, B=1
② A=1, B=0
③ A=0, B=0
④ 위의 3가지 경우가 모두 해당

해설

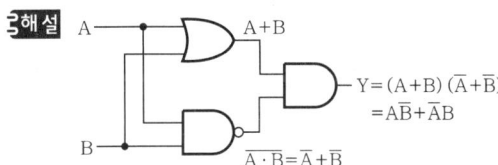

출력 Y는 E-OR를 뜻하므로 서로 다른 입력이 들어올 때만 출력이 1이 된다.
즉, A=1, B=0 또는 A=0, B=1이면 된다.

03 지중전선로에 사용하는 지중함의 시설기준으로 틀린 것은?

① 지중함은 조명 및 세척이 가능한 구조로 할 것
② 지중함은 견고하고 차량 기타 중량물의 압력에 견디는 구조일 것
③ 지중함의 뚜껑은 시설자 이외의 자가 쉽게 열 수 없도록 시설할 것
④ 지중함은 그 안에 고인물을 제거할 수 있는 구조로 할 것

해설 지중함의 시설기준
- 안에 고인물을 제거할 수 있는 구조일 것
- 시설자 이외의 자가 뚜껑을 쉽게 열 수 없도록 시설
- 견고하고 차량 또는 기타 중량물의 압력에 견디는 구조

04 어떤 정현파 전압의 평균값이 220[V]이면 최댓값은 약 몇 [V]인가?

① 282   ② 314
③ 346   ④ 487

해설 정현파의 평균값 = $\frac{2}{\pi} V_m$ (V_m : 최댓값)

∴ $V_m = \frac{\pi}{2} \times 220 ≒ 346[V]$

05 I/O 포트(port)를 이용한 데이터의 입출력 방법으로 관련이 없는 것은?
[출제기준 변경에 따른 부적합 문제]

① 프로그램에 의한 방법
② CTC 제어에 의한 방법
③ 인터럽트에 의한 방법
④ DMA에 의한 방법

정답 01 ③ 02 ② 03 ① 04 ③ 05 ②

해설 I/O포트(port)를 이용한 방법
- DMA에 의한 방법
- 프로그램에 의한 방법
- 인터럽트에 의한 방법

06 500[kVA]의 단상변압기 4대를 사용하여 과부하가 되지 않게 사용할 수 있는 3상 전력의 최댓값은 약 몇 [kVA]인가?

① 300　　② 1,500
③ $1,000\sqrt{3}$　　④ 2,000

해설 단상변압기 그대로 V결선시 나올 수 있는 출력은 $P=\sqrt{3}\,P_1$이므로 4대를 사용하여 구할 수 있는 출력을 P'라 할 때
$P'=2(\sqrt{3}\,P_1)=2(\sqrt{3}\times 500[\text{kVA}])$
$\quad=1,000\sqrt{3}\,[\text{kVA}]$

07 일정 전압으로 운전하는 직류발전기의 손실이 $y+xI^2$로 표시될 때 효율이 최대가 되는 전류는? (단, x, y는 정수이다.)

① $\dfrac{x}{y}$　　② $\dfrac{y}{x}$
③ $\sqrt{\dfrac{y}{x}}$　　④ $\sqrt{\dfrac{x}{y}}$

해설 최대효율은 고정손과 부하손이 같을 때이므로 $y=xI^2$이면 된다.
$\therefore\ I=\sqrt{\dfrac{y}{x}}$

08 15[kVA], 3,000/100[V]인 변압기의 1차 환산 등가임피던스가 $5+j8[\Omega]$일 때, %리액턴스 강하는 약 몇 [%]인가?

① 0.83　　② 1.33
③ 2.31　　④ 3.45

해설 %리액턴스 강하(%X) $=\dfrac{I_n X}{V}\times 100[\%]$
$I_n=\dfrac{P}{V}=\dfrac{15\times 10^3}{3,000}=5[\text{A}]$
$\%X=\dfrac{5\times 8}{3,000}\times 100 ≒ 1.33[\%]$

09 같은 크기의 철심 2개가 있다. A철심에 200회, B철심에 250회의 코일을 감고, A철심의 코일에 15[A]의 전류를 흘렸을 때와 같은 크기의 기자력을 얻기 위해서는 B철심의 코일에는 몇 [A]의 전류를 흘리면 되는가?

① 3　　② 12
③ 15　　④ 75

해설 기자력 $F=NI$에서 같은 기자력을 얻기 위해서는 $I\propto\dfrac{1}{N}$이므로
$200:\dfrac{1}{15}=250:\dfrac{1}{I_2}$
$\therefore\ I_2=\dfrac{200\times 15}{250}=12[\text{A}]$

10 주어진 표의 명령을 수행하려면 몇 [μs]의 실행시간이 필요한가?

[출제기준 변경에 따른 부적합 문제]

명령어	T 스테이트
LD A, 36H	7
LD B, 49H	7
OR B	4
AND 99H	7
RL A	4

※ CPU 클록 : 2.5[MHz]

① 0.4　　② 3.5
③ 7.25　　④ 11.6

해설 실행시간 $=\dfrac{(7+7+4+7+4)}{2.5\times 10^6}$
$=11.6\times 10^{-6}[\text{s}]$
$=11.6[\mu\text{s}]$

11 케이블 포설공사가 끝난 후 하여야 할 시험의 항목에 해당되지 않는 것은?

① 절연저항 시험
② 절연내력 시험
③ 접지저항 시험
④ 유전체손 시험

정답 06 ③　07 ③　08 ②　09 ②　10 ④　11 ④

해설 케이블 포설공사가 끝난 후 하여야 할 항목으로 접지저항 시험, 절연저항 시험, 절연내력 시험이 있다.

12 평균 구면광도 100[cd]의 전구 5개를 10[m]인 원형의 방에 점등할 때 조명률 0.5, 감광보상률 1.5라 하면, 방의 평균조도는 약 몇 [lx]인가?

① 27　② 33
③ 36　④ 42

해설 $FUN = EAD$이므로

$$평균조도(E) = \frac{FUN}{AD} = \frac{400\pi \times 0.5 \times 5}{\pi\left(\frac{10}{2}\right)^2 \times 1.5}$$

$$\fallingdotseq 27[lx]$$

13 저압의 지중전선이 지중약전류전선 등과 접근하거나 교차하는 경우에 상호간의 간격(이격거리)이 몇 [cm] 이하인 때에는 지중전선과 지중약전류전선 등 사이에 견고한 내화성의 격벽을 설치하는가?

① 60　② 50
③ 30　④ 20

해설 지중전선이 지중약전류전선 등과 접근하거나 교차하는 경우, 지중전선이 저압 또는 고압일 때의 이격거리는 30[cm] 이상이다.

14 그림의 회로에서 입력전원(V_s)의 양(+)의 반주기 동안에 도통하는 다이오드는?

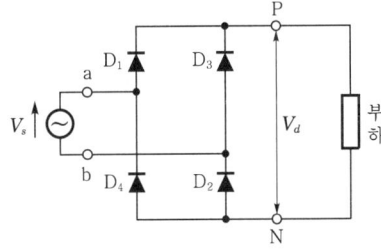

① D_1, D_2　② D_2, D_3
③ D_4, D_1　④ D_1, D_3

해설 브리지(bridge) 전파정류회로
- (+)반주기, D_1, D_2 도통 상태
- (−)반주기, D_3, D_4 도통 상태

15 변압기의 철손은 부하전류가 증가하면 어떻게 되는가?

① 감소한다.
② 비례한다.
③ 제곱에 비례한다.
④ 변동이 없다.

해설 변압기의 철손은 부하전류와 무관하므로 변동이 없다.

16 2진수 10101010의 2의 보수표현으로 옳은 것은?

① 01010101
② 00110011
③ 11001100
④ 01010110

해설 2의 보수는 1의 보수를 구하고 난 후 1을 더하면 된다.

10101010_2
↓
01010101 ←1의 보수
$+\quad\quad 1$
$\overline{01010110}$ ←2의 보수

17 플로어덕트 배선에 수용하는 전선은 피복절연물을 포함하는 단면적의 총합이 플로어덕트 내 단면적의 몇 [%] 이하가 되도록 하는가?
[KEC 규정에 따른 부적합 문제]

① 20　② 32
③ 40　④ 60

해설 피복절연물을 포함한 단면적의 총합계가 플로어덕트 내 단면적의 32[%] 이하이어야 한다.

정답 12 ①　13 ③　14 ①　15 ④　16 ④　17 ②

18 그림은 어떤 소자의 구조와 기호이다. 이 소자의 명칭과 ⓐ~ⓒ의 단자기호를 모두 옳게 나타낸 것은?

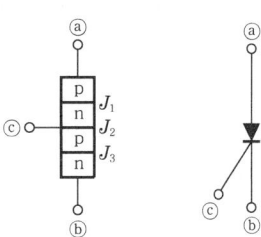

① UJT, ⓐ K(Cathode), ⓑ A(Anode), ⓒ G(Gate)
② UJT, ⓐ A(Anode), ⓑ G(Gate), ⓒ K(Cathode)
③ SCR, ⓐ K(Cathode), ⓑ A(Anode), ⓒ G(Gate)
④ SCR, ⓐ A(Anode), ⓑ K(Cathode), ⓒ G(Gate)

해설 SCR의 구조 및 기호

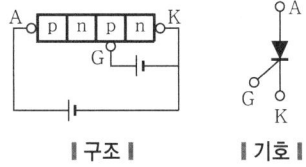

| 구조 |　| 기호 |

19 저압 이웃연결(연접) 인입선의 시설에 대한 기준으로 틀린 것은?

① 옥내를 통과하지 말 것
② 인입선에서 분기되는 점에서 100[m]를 초과하지 말 것
③ 폭 5[m]를 넘는 도로를 횡단하지 말 것
④ 철도 또는 궤도를 횡단하는 경우에는 노면상 5[m]를 초과하지 말 것

해설 저압 이웃연결(연접) 인입선의 시설기준
- 옥내를 관통하지 말 것
- 폭 5[m] 도로 횡단금지
- 분기점에서부터 100[m]를 초과하지 말 것
- 철도 또는 궤도를 횡단시에는 레일면상에서 6.5[m] 이상일 것

20 그림은 3상 동기발전기의 무부하 포화곡선이다. 이 발전기의 포화율은 얼마인가?

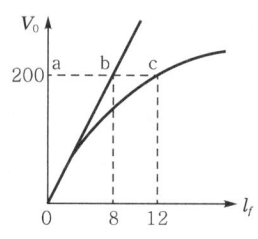

① 0.5 ② 0.67
③ 0.8 ④ 1.5

해설 포화율 $= \dfrac{b-c}{a-b} = \dfrac{4}{8} = 0.5$

21 그림의 논리회로와 그 기능이 같은 회로는?

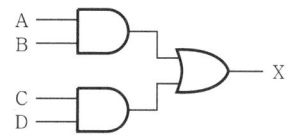

①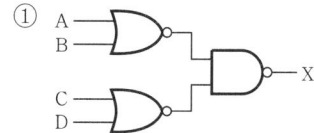

②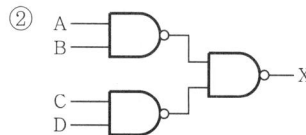

③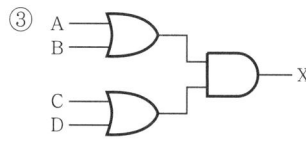

④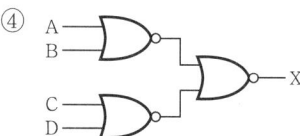

해설 $X = AB + CD$ 이므로

정답 18 ④ 19 ④ 20 ① 21 ②

②번의 경우
$$X = \overline{\overline{AB} \cdot \overline{CD}} = \overline{\overline{AB} + \overline{CD}}$$
$$= AB + CD$$

22 66[kV]의 가공송전선에 있어 전선의 인장하중이 240[kgf]로 되어 있다. 지지물과 지지물 사이에 이 전선을 접속할 경우 이 전선 접속부분의 전선의 세기는 최소 몇 [kgf] 이상이어야 하는가?

① 85　　　② 176
③ 185　　　④ 192

해설 전선 접속부분의 전선의 세기는 최소 80[%] 이어야 하므로 240×0.8=192 이상이어야 한다.

23 단상 반파 위상제어 정류회로에서 지연각을 α로 하면 출력전압의 평균값(V_d)은 몇 [V]인가? (단, $V = 2E\sin\omega t$이고 $\alpha > 90°$이다.)

① $\dfrac{\sqrt{2}}{2\pi}E(1+\cos\alpha)$

② $\dfrac{\sqrt{2}}{\pi}E(1+\sin\alpha)$

③ $\dfrac{\sqrt{2}}{\pi}E(1-\cos\alpha)$

④ $\dfrac{\sqrt{2}}{\pi}E(1-\sin\alpha)$

해설
• 단상 반파 위상제어 정류회로
평균출력전압 $E_d = \dfrac{\sqrt{2}}{2\pi}E(1+\cos\alpha)$
• 단상 전파 위상제어 정류회로
평균출력전압 $E_d = \dfrac{\sqrt{2}}{\pi}E(1+\cos\alpha)$

24 서보(servo)전동기에 대한 설명으로 틀린 것은?

① 회전자의 직경이 크다.
② 교류용과 직류용이 있다.
③ 속응성이 높다.
④ 기동·정지 및 정회전·역회전을 자주 반복할 수 있다.

해설 서보(servo)전동기의 특징
• 속응성이 높다.
• 기동, 정지, 정회전, 역회전을 자주 반복할 수 있도록 설계한다.
• 회전부의 관성모멘트는 작다.
• 교류용과 직류용이 있다.

25 정격전압 6,600[V], 용량 5,000[kVA]의 Y결선 3상 동기발전기가 있다. 여자전류 200[A]에서의 무부하 단자전압 6,000[V], 단락전류 600[A]일 때, 이 발전기의 단락비는?

① 1.15　　　② 1.37
③ 1.55　　　④ 1.75

해설 단락비 $K = \dfrac{I_S}{I_m}$ 이므로
$P = \sqrt{3}\,V_m I_m$ 에서
$I_m = \dfrac{P}{\sqrt{3}\,V_m} = \dfrac{5,000 \times 10^3}{\sqrt{3} \times 6,600}$
$\fallingdotseq 437$
$\therefore K = \dfrac{600}{437} = 1.37$

26 사이리스터에 관한 설명이다. 옳지 않은 것은?

① 사이리스터를 턴온시키기 위해 필요한 최소한의 순방향전류를 래칭전류라 한다.
② 도통 중인 사이리스터에 유지전류 이하가 흐르면 사이리스터는 턴오프된다.
③ 유지전류의 값은 항상 일정하다.
④ 래칭전류는 유지전류보다 크다.

해설
• 유지전류 : 사이리스터의 On 상태를 유지하기 위한 최소전류
• 래칭전류 : Turn-On 시키기 위해 Gate에 흘려야 할 최소전류이며, 래칭전류는 유지전류보다 크다. 또한 도통 중인 사이리스터에 유지전류 이하의 전류가 흐르면 Turn-off된다.

27 합성수지관(PVC관) 공사에 의한 저압 옥내배선에 대한 내용으로 틀린 것은?

① 전선은 절연전선으로 14[mm²]의 연선을 사용하였다.
② 관의 지지점 간의 거리를 2[m]로 하였다.
③ 관 상호간 및 박스와는 관을 삽입하는 깊이를 관의 바깥지름의 1.2배로 하였다.
④ 습기가 많은 장소의 관과 박스의 접속 개소에 방습장치를 하였다.

해설 합성수지관 공사의 지지점 간의 거리는 1.5[m] 이하이다.

28 변압기 병렬운전 조건으로 옳지 않은 것은?

① 극성이 같아야 한다.
② 권수비, 1차 및 2차의 정격전압이 같아야 한다.
③ 각 변압기의 저항과 누설리액턴스의 비가 같아야 한다.
④ 각 변압기의 임피던스가 정격용량에 비례해야 한다.

해설 **변압기 병렬운전 조건**
• 극성이 같을 것
• 권수비, 1차 및 2차의 정격전압이 같을 것
• 각 변압기의 임피던스가 정격용량에 반비례할 것
• 각 변압기의 저항과 누설리액턴스의 비가 같을 것

29 다음 중 마이크로프로세서의 시스템 버스(BUS)가 아닌 것은?

[출제기준 변경에 따른 부적합 문제]

① 데이터버스   ② 어드레스버스
③ 제어버스   ④ 입출력버스

해설 마이크로프로세서의 시스템 버스(bus)의 종류에는 Data bus, Address bus, Control bus가 있다.

30 3상 유도전동기의 2차 입력이 P_2, 슬립이 s라면, 2차 저항손은 어떻게 표현되는가?

① sP_2 ② $\dfrac{P_2}{s}$
③ $\dfrac{1-s}{P_2}$ ④ $\dfrac{P_2}{1-s}$

해설 슬립$(s) = \dfrac{2차\ 전체\ 저항손(P_{C2})}{2차\ 전체\ 입력(P_2)}$

$\therefore P_{C2} = sP_2$

31 회로에서 I_1 및 I_2의 크기는 각각 몇 [A]인가?

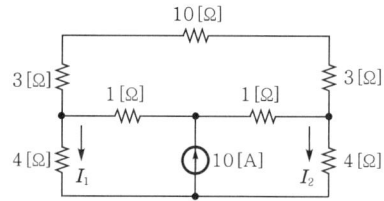

① $I_1 = I_2 = 0$
② $I_1 = I_2 = 2$
③ $I_1 = I_2 = 5$
④ $I_1 = I_2 = 10$

해설 회로가 좌우대칭이므로 $I_1 = I_2$가 되어 $I_1 = I_2 = 5[A]$

32 전파제어 정류회로에 사용하는 쌍방향성 반도체 소자는?

① SCR
② SSS
③ UJT
④ PUT

해설
• SCR : 역저지(단방향) 사이리스터
• SSS : 쌍방향 사이리스터
• UJT : 단방향 사이리스터
• PUT : 단방향 사이리스터

정답 27 ② 28 ④ 29 ④ 30 ① 31 ③ 32 ②

33 3상 동기발전기의 각 상의 유기기전력 중에서 제5고조파를 제거하려면 단절계수(코일간격/극피치)는 얼마가 가장 적당한가?

① 0.4
② 0.8
③ 1.2
④ 1.6

해설 단절계수(K_p) = $\sin\dfrac{m\beta\pi}{2}$
제5고조파를 제거하기 위해서는 K_p가 0이 되기 위해 $K_p = \sin\dfrac{5\beta\pi}{2}$에(여기서, β = 0, 0.4, 0.8, 1.2 …)
β = 0.8이 가장 적당하다.

34 직류발전기의 전기자 반작용은 줄이고 정류를 잘 되게 하기 위해서는?

① 브러시 접촉저항을 적게 할 것
② 보극과 보상권선을 설치할 것
③ 브러시를 이동시키고 주기를 크게 할 것
④ 보상권선을 설치하여 리액턴스 전압을 크게 할 것

해설 전기자 반작용을 줄이기 위해 보상권선을 설치하고, 정류를 개선하기 위해서는 보극을 설치할 것

35 인터럽트 수행시 스택포인터의 기능을 가장 잘 설명한 것은?

[출제기준 변경에 따른 부적합 문제]

① 저장할 데이터의 주소를 보관한다.
② 사용할 명령어의 주소를 보관한다.
③ 사용할 데이터를 보관한다.
④ 사용할 명령어를 보관한다.

해설 인터럽트(interrupt) 수행시 스택포인터의 기능은 저장할 데이터의 주소를 기억하는 것이다.

36 합성수지몰드 공사에 의한 저압 옥내배선의 시설방법으로 옳은 것은?

① 전선으로는 단선만을 사용하고 연선을 사용하여서는 안 된다.
② 전선은 옥외용 비닐절연전선을 사용한다.
③ 합성수지몰드 안에 전선의 접속점을 두기 위하여 합성수지제의 조인트박스를 사용한다.
④ 합성수지몰드 안에는 전선의 접속점을 최소 2개소 두어야 한다.

해설 몰드 공사시 몰드 안에는 접속점을 두어서는 안 되며, 접속점을 두기 위해서는 Joint box를 사용한다.

37 디멀티플렉서(DeMUX)의 설명으로 옳은 것은?

① n비트의 2진수를 입력하여 최대 n비트로 구성된 정보를 출력하는 조합논리회로
② 2^n비트로 구성된 정보를 입력하여 n비트의 2진수를 출력하는 조합논리회로
③ 여러 개의 입력선 중에서 하나를 선택하여 단일 출력선으로 연결하는 조합회로
④ 하나의 입력선으로부터 데이터를 받아 여러 개의 출력선 중의 한 곳으로 데이터를 출력하는 조합회로

해설
• Multi-plexer : 여러 개의 입력선으로부터 한 곳으로 단일 출력선을 연결하는 조합회로
• Demulti-plexer : 하나의 입력선으로부터 데이터를 받아 여러 개의 출력선 중의 한 곳으로 데이터를 출력하는 조합회로

38 역률 80[%], 150[kW]의 전동기를 95[%]의 역률로 개선하는 데 필요한 콘덴서의 용량은 약 몇 [kVA]가 필요한가?

① 32
② 42
③ 63
④ 84

정답 33 ② 34 ② 35 ① 36 ③ 37 ④ 38 ③

해설 콘덴서 용량(Q_c)
$$Q_c = P(\tan\theta_1 - \tan\theta_2)$$
$$= P\left(\frac{\sin\theta_1}{\cos\theta_1} - \frac{\sin\theta_2}{\cos\theta_2}\right)$$
$$= 150 \times 10^3 \left(\frac{0.6}{0.8} - \frac{\sqrt{1-0.95^2}}{0.95}\right)$$
$$= 63[\text{kVA}]$$

39 고압수전의 3상 3선식에서 불평형 부하의 한도는 단상 접속부하로 계산하여 설비불평형률을 30[%] 이하로 하는 것을 원칙으로 한다. 다음 중 이 제한에 따르지 않을 수 있는 경우가 아닌 것은?

① 저압 수전에서 전용변압기 등으로 수전하는 경우
② 고압 및 특고압 수전에서 100[kVA] 이하의 단상부하인 경우
③ 특고압 수전에서 100[kVA] 이하의 단상변압기 3대로 △결선하는 경우
④ 고압 및 특고압 수전에서 단상부하용량의 최대와 최소의 차가 100[kVA] 이하인 경우

해설 특고압 수전에서 100[kVA] 이하의 단상변압기 3대로 △결선하는 경우에는 설비불평형률을 30[%] 이하로 유지하는 원칙에는 따르지 않는다.

40 다음은 SCR의 특징을 설명하고 있다. 옳지 않은 것은?

① SCR 소자 자신은 게이트 전류를 흘리는 On 능력이 있다.
② 유지전류는 보통 20[mA] 정도이다.
③ Turn off시키려면 원하는 시점에서 양극과 음극 사이에 역전압을 가해 준다.
④ 유지전류 이하의 소호회로를 외부에서 부가시키면 Turn on이 된다.

해설 사이리스터에 유지전류 이하의 전류가 흐르면 Turn-off 된다.

41 배전선로에 사용하는 원형 철근콘크리트주의 수직투영면적 1[m²]에 대한 풍압을 기초로 하여 계산한 갑종풍압하중은 얼마인가?

① 372[Pa]   ② 588[Pa]
③ 882[Pa]   ④ 1,255[Pa]

해설 풍압하중
- 목주 588[Pa]
- 원형 철근콘크리트주 588[Pa]
- 원형 철주 588[Pa]

42 마이크로프로세서 시스템은 입력부, 출력부, 기억부, 중앙처리부, 전원부로 분류할 수 있다. 연산, 비교, 판정 등은 어디에서 하는가? [출제기준 변경에 따른 부적합 문제]

① 중앙처리부   ② 기억부
③ 입력부   ④ 출력부

해설 연산, 비교, 판정 등은 중앙처리장치(CPU)에서 행해진다.

43 220[V] 저압 전동기의 절연내력을 시험하고자 한다. ( ) 안의 알맞은 내용은?

권선과 대지 사이에 시험전압 (㉮)[V]를 연속하여 (㉯)분간 가한다.

① ㉮ 330, ㉯ 10
② ㉮ 330, ㉯ 1
③ ㉮ 500, ㉯ 10
④ ㉮ 500, ㉯ 1

해설 최대사용전압이 7[kV] 이하인 경우 1.5배 전압으로 대지와 권선 사이에 10분간 가한다. 500[V] 미만인 경우에는 500[V]로 한다.
∴ 220[V]×1.5=330[V]이므로 500[V]가 된다.

정답 39 ③ 40 ④ 41 ② 42 ① 43 ③

44 그림과 같은 회로에서 $i = I_m \sin\omega t\, A$일 때, 개방된 2차 단자에 나타나는 유기기전력은 얼마인가?

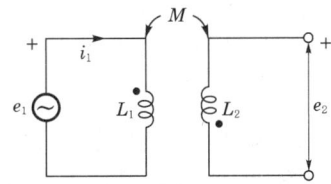

① $\omega M I_m^2 \cos(\omega t + 90°)$
② $\omega M I_m \sin\omega t$
③ $-\omega M I_m \cos\omega t$
④ $\omega M I_m^2 \sin(\omega t - 90°)$

해설 $e_2 = -M\dfrac{di_1}{dt} = -M\dfrac{d}{dt}(I_m \sin\omega t)$
$= -\omega M I_m \cos\omega t$

45 전기자 도체의 총수 500, 10극, 단중 파권으로 매극의 자속수가 0.2[Wb]인 직류발전기가 600[rpm]으로 회전할 때의 유도기전력은 몇 [V]인가?

① 2,500 ② 5,000
③ 10,000 ④ 15,000

해설 $e = p\phi\dfrac{N}{60}\dfrac{Z}{a}$
$= 10 \times 0.2 \times \dfrac{600}{60} \times \dfrac{500}{2}$
$= 5,000[V]$

46 그림의 전압(V), 전류(I) 벡터도를 통해 알 수 있는 교류회로는 어떤 회로인가? (단, R은 저항, L은 인덕턴스, C는 커패시턴스이다.)

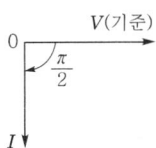

① R만의 회로 ② L만의 회로
③ C만의 회로 ④ RLC 직렬회로

47 전류에 의해 만들어지는 자기장의 자기력선 방향을 간단하게 알아내는 법칙은?

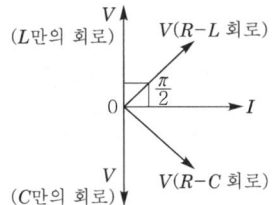

① 앙페르의 오른나사법칙
② 렌츠의 법칙
③ 플레밍의 왼손법칙
④ 가우스의 법칙

해설 앙페르의 오른나사법칙

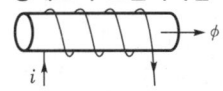

48 다음 중 디지털계전기의 특징으로 부적합한 것은?

① 고도의 보호기능, 보호특성을 실현한다.
② 고도의 자동감시기능을 실현한다.
③ 스위치 조작이 간편하며 동작특성의 선택이 쉽다.
④ 계전기의 정정작업이 복잡하다.

해설 디지털계전기는 정정작업이 매우 간단하다.

49 그림과 같은 회로에서 위상각 $\theta = 60°$의 유도부하에 대하여 점호각 α를 $0°$에서 $180°$까지 가감하는 경우 전류가 연속되는 α의 각도는 몇 °까지인가?

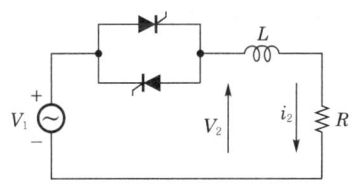

① 90 ② 60
③ 45 ④ 30

정답 44 ③ 45 ② 46 ② 47 ① 48 ④ 49 ②

해설 점호각 α가 위상각 θ보다 크게 되면 불연속이 되며 $0 \leq \alpha \leq 60°$ 범위일 때는 연속이 된다.

50 10진수 753을 8진수로 변환하면?
① 753　　② 357
③ 1250　　④ 1361

해설
```
2 | 753₁₀
2 | 376 … 1
2 | 188 … 0
2 |  94 … 0
2 |  47 … 0
2 |  23 … 1
2 |  11 … 1
2 |   5 … 1
2 |   2 … 1
      1 … 0
```
$753_{10} = 1011110001_2$
∴ 8진수로 변환하면
$1/011/110/001/_2$
　1　3　6　1 ₈
∴ $753_{10} = 1361_8$

51 직류 분권전동기에서 운전 중 계자권선의 저항을 증가하면 회전속도의 값은?
① 감소한다.
② 증가한다.
③ 일정하다.
④ 감소와 증가를 반복한다.

해설 $\phi \propto \dfrac{1}{N} \propto \dfrac{1}{R_f}$
(여기서, N: 회전속도, R_f: 계자저항)
∴ 계자저항이 증가하면 회전속도도 증가한다.

52 사용전압이 400[V] 미만인 저압 가공전선에 다심형 전선을 사용하는 경우의 중성선 또는 접지측 전선용에 절연물로 피복하지 않은 도체는 제 몇 종 접지공사를 하여야 하는가? [KEC 규정에 따른 부적합 문제]
① 제1종 접지공사
② 제2종 접지공사
③ 제3종 접지공사
④ 특별 제3종 접지공사

해설 사용전압이 400[V] 미만인 저압 가공전선에 다심형 전선을 사용하고, 접지측 전선용에 절연물로 피복하지 않은 도체 제2종 접지공사를 하여야 한다.

53 다음 중 전압이 일정한 도선에 접속되어 역률 1로 운전하고 있는 동기전동기의 여자 전류를 증가시키면 이 전동기의 역률과 전기자 전류는?
① 역률은 앞서고 전기자 전류는 증가한다.
② 역률은 앞서고 전기자 전류는 감소한다.
③ 역률은 뒤지고 전기자 전류는 증가한다.
④ 역률은 뒤지고 전기자 전류는 감소한다.

해설 여자전류 증가(과여자)
역률은 앞서고 전류는 증가한다.

54 1차 전압이 380[V], 2차 전압이 220[V]인 단상변압기에서 2차 권회수가 44회일 때, 1차 권회수는 몇 회인가?
① 26　　② 76
③ 86　　④ 146

해설 $\dfrac{N_1}{N_2} = \dfrac{V_1}{V_2} = \dfrac{I_2}{I_1} = \sqrt{\dfrac{Z_1}{Z_2}}$ 에서
$\dfrac{N_1}{44} = \dfrac{380}{220}$ 이 되므로
$N_1 = \dfrac{380}{220} \times 44 ≒ 76$회

55 다음 중 두 관리도가 모두 포아송 분포를 따르는 것은?
① x 관리도, R 관리도
② c 관리도, u 관리도
③ np 관리도, p 관리도
④ c 관리도, p 관리도

해설 c 관리도와 u 관리도는 포아송 분포를 따른다.

정답 50 ④　51 ②　52 ②　53 ①　54 ②　55 ②

56 다음 중 반즈(Ralph M, Barness)가 제시한 동작경제의 원칙에 해당되지 않는 것은?

① 표준작업의 원칙
② 신체의 사용에 관한 원칙
③ 작업장의 배치에 관한 원칙
④ 공구 및 설비의 디자인에 관한 원칙

해설 반즈의 동작경제원칙
- 신체의 사용에 관한 법칙
- 작업장의 배치에 관한 법칙
- 공구 및 설비의 디자인에 관한 법칙

57 다음 [표]를 참조하여 5개월 단순이동평균법으로 7월의 수요를 예측하면 몇 개인가?

[단위 : 개]

월	1	2	3	4	5	6
실적	48	50	53	60	64	68

① 55개 ② 57개
③ 58개 ④ 59개

해설 7월의 수요예측
$$\frac{50+53+60+64+68}{5} = 59개$$

58 근래 인간공학이 여러 분야에서 크게 기여하고 있다. 다음 중 어느 단계에서 인간공학적 지식이 고려됨으로써 기업에 가장 큰 이익을 줄 수 있는가?

① 제품의 개발단계
② 제품의 구매단계
③ 제품의 사용단계
④ 작업자의 채용단계

해설 인간공학적 지식의 고려는 제품의 개발단계에서부터 적용함으로써 기업의 이윤을 극대화할 수 있다.

59 전수검사와 샘플링검사에 관한 설명으로 가장 올바른 것은?

① 파괴검사의 경우에는 전수검사를 적용한다.
② 전수검사가 일반적으로 샘플링검사보다 품질향상에 자극을 더 준다.
③ 검사항목이 많을 경우 전수검사보다 샘플링검사가 유리하다.
④ 샘플링검사는 부적합품이 섞여 들어가서는 안 되는 경우에 적용한다.

해설
- 전수검사는 부적합품이 1개라도 허용되지 않는 경우로서 제품 전체를 검사하는 방식
- 샘플링 검사는 검사항목이 많고, 어느 정도 부적합품이 있어도 괜찮은 경우에 행해지는 검사방식

60 도수분포표에서 도수가 최대한 계급의 대표값을 정확히 표현한 통계량은?

① 중위수
② 시료평균
③ 최빈수
④ 미드-레인지(mid-range)

해설 도수분포표에서 도수가 최대인 계급의 대표값을 최빈수라 한다.

정답 56 ① 57 ④ 58 ① 59 ③ 60 ③

제56회 2014년 7월 20일 출제문제

01 단상 유도전압조정기의 동작원리 중 가장 적당한 것은?

① 교번자계의 전자유도 작용을 이용한다.
② 두 전류 사이에 작용하는 힘을 이용한다.
③ 충전된 두 물체 사이에 작용하는 힘을 이용한다.
④ 회전자계에 의한 유도작용을 이용하여 2차 전압의 위상전압 조정에 따라 변화한다.

해설 단상의 경우에는 교번자계의 전자유도 현상을 이용

02 2중 농형 유도전동기가 보통 농형 전동기에 비하여 다른 점은?

① 기동전류가 크고, 기동토크도 크다.
② 기동전류는 크고, 기동토크는 적다.
③ 기동전류가 적고, 기동토크도 적다.
④ 기동전류는 적고, 기동토크는 크다.

해설 2중 농형 유도전동기의 장점으로 기동전류는 적고, 기동토크는 크다.

03 그림과 같은 DTL 게이트의 출력 논리식은?

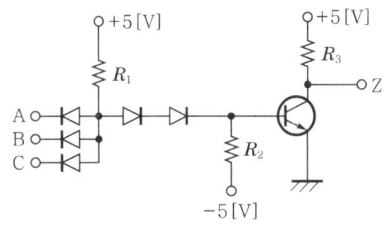

① $Z = \overline{ABC}$
② $Z = ABC$
③ $Z = A+B+C$
④ $Z = \overline{A+B+C}$

해설 DTL회로
AND와 NOT이 결합된 회로로서 출력은 NAND 회로가 되므로 출력 $Z = \overline{ABC}$가 된다.

04 게르게스 현상은 다음 중 어느 기기에서 일어나는가?

① 직류 직권전동기
② 단상 유도전동기
③ 3상 농형 유도전동기
④ 3상 권선형 유도전동기

해설 유도기의 현상
• 크롤리 현상(농형)
• 게르게스 현상(권선형)

05 $v = 100\sqrt{2}\sin\left(\omega t + \dfrac{\pi}{6}\right)$[V]를 복소수로 표시하면?

① $50\sqrt{3} + j50$
② $50 + j50\sqrt{3}$
③ $50\sqrt{3} + j50\sqrt{3}$
④ $50 + j50$

해설 복소수로 표시하면

$\dot{v} = 100\underline{/\dfrac{\pi}{6}}$
$= 100\left(\cos\dfrac{\pi}{6} + j\sin\dfrac{\pi}{6}\right)$
$= 50\sqrt{3} + j50$

정답 01 ① 02 ④ 03 ① 04 ④ 05 ①

06 동기전동기는 유도전동기에 비하여 어떤 장점이 있는가?

① 기동특성이 양호하다.
② 속도를 자유롭게 제어할 수 있다.
③ 구조가 간단하다.
④ 역률을 1로 운전할 수 있다.

해설 동기전동기의 장점으로 역률을 1로 하여 운전이 가능하며, 효율도 매우 좋다.

07 그림과 같은 회로에 입력 전압 220[V]를 가할 때, 30[Ω]의 저항에 흐르는 전류는 몇 [A]인가?

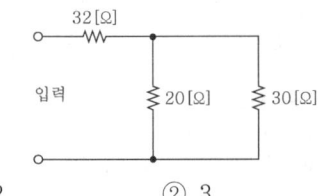

① 2 ② 3
③ 4 ④ 5

해설

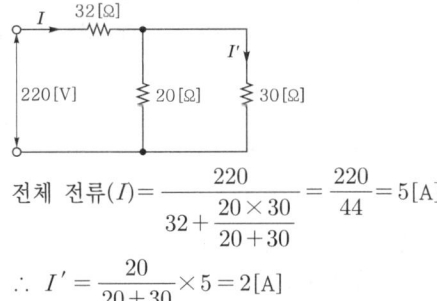

전체 전류(I) = $\dfrac{220}{32 + \dfrac{20 \times 30}{20+30}} = \dfrac{220}{44} = 5$[A]

∴ $I' = \dfrac{20}{20+30} \times 5 = 2$[A]

08 다음 사이리스터 중 순방향 전압에서 양(+)의 전류에 의하여 턴-온시킬 수 있고, 음(-)의 전류로 턴-오프시킬 수 있는 것은?

① GTO ② BJT
③ UJT ④ FET

해설
- UJT(단일접합 트랜지스터) : 부성저항특성과 Double-base 특징이 있다.
- GTO : 단방향 3단자 소자이며, Turn-on/Turn-off 작용이 가능한 사이리스터이다.

09 다음 중 배리스터(varister)의 주된 용도는?

① 서지전압에 대한 회로보호용
② 전압증폭용
③ 출력전류 조정용
④ 과전류방지 보호용

해설 배리스터는 서지전압(이상전압)에 대한 회로보호용으로 이용한다.

10 과전류차단기로 저압전로에 사용하는 퓨즈를 수평으로 붙인 경우, 정격전류의 1.1배의 전류에 견디어야 한다. 퓨즈의 정격전류가 30[A]를 넘고 60[A] 이하일 때, 2배의 전류를 통한 경우 몇 분 이내로 용단되어야 하는가?

[KEC 규정에 따른 부적합 문제]

① 2분 ② 4분
③ 6분 ④ 8분

해설 Fuse의 용단시간

정격전류[A]	용단시간
1~30	2분
31~60	4분
61~100	6분
101~200	8분
201~400	10분

11 저압 옥상전선로를 전개된 장소에 시설하고자 할 때, 다음 중 옳지 않은 것은?

① 전선은 조영재에 견고하게 붙인 지지대에 절연성·난연성 및 내수성이 있는 애자를 사용하여 지지하고 또한 그 지지점 간의 거리는 15[m] 이하로 한다.
② 전선은 인장강도 2.3[kN] 이상의 것 또는 지름 2.6[mm]의 경동선을 사용한다.
③ 전선과 그 저압 옥상전선로를 시설하는 조영재와의 간격(이격거리)은 1.5[m] 이상으로 한다.
④ 전선은 상시 부는 바람 등에 의하여 식물에 접촉하지 아니하도록 시설하여야 한다.

정답 06 ④ 07 ① 08 ① 09 ① 10 ② 11 ③

해설 저압 옥상전선로를 전개된 장소에 시설하고자 할 때는 전선과 조영재와의 이격거리는 2[m] 이상으로 한다.

12 3,300[V], 60[Hz]용 변압기의 와류손이 620[W]이다. 이 변압기를 2,650[V], 50[Hz]의 주파수에 사용할 때 와류손은 약 몇 [W]인가?

① 500　　② 400
③ 312　　④ 210

해설 와류손(P_e)은 주파수와 무관하며, $P_e \propto V^2$이다.
∴ $P_e = \left(\dfrac{2,650}{3,300}\right)^2 \times 620 = 400[W]$

13 10진수 45를 2진수로 나타낸 것은?

① 101101
② 110010
③ 110101
④ 100110

해설
$$\begin{array}{r}2\,\underline{|45_{10}}\\2\,\underline{|22}\cdots 1\\2\,\underline{|11}\cdots 0\\2\,\underline{|5}\cdots 1\\2\,\underline{|2}\cdots 1\\1\cdots 0\end{array}$$
∴ $45_{10} = 101101_2$

14 CISC(Complex Instruction Set Computer)의 특징으로 옳지 않은 것은?
　　　　[출제기준 변경에 따른 부적합 문제]

① 명령어의 개수가 보통 100~250개로 많다.
② 주소지정 방식은 5~20가지로 다양하다.
③ 명령어들은 기억장치 내의 오퍼랜드를 처리한다.
④ 명령어의 길이는 고정적이다.

해설 명령어의 길이가 고정적인 것은 RISC의 특징이다.

15 동기발전기에서 부하가 갑자기 변화할 때 발전기의 회전속도가 동기속도 부근에서 진동하는 현상을 무엇이라 하는가?

① 탈조　　② 공조
③ 난조　　④ 복조

해설 부하가 갑자기 변화할 때 동기속도 부근에서 진동하는 현상을 난조라 하며, 난조를 방지하기 위하여 제동권선을 사용한다.

16 저압 인입선의 인입용으로 수직배관 시 비의 침입을 막는 금속관 공사의 재료는 다음 중 어느 것인가?

① 유니버설 캡　　② 와이어 캡
③ 엔트런스 캡　　④ 유니온 캡

해설 엔트런스 캡
저압 인입선의 인입용으로 수직배관 시 비의 침입을 막는 금속관 공사의 재료이다.

17 금속몰드공사에 의한 저압 옥내배선의 몰드에는 제 몇 종 접지공사를 하여야 하는가?
　　　　[KEC 규정에 따른 부적합 문제]

① 제1종 접지공사
② 제2종 접지공사
③ 제3종 접지공사
④ 특별 제3종 접지공사

해설 몰드공사시 400[V] 미만일 때, 제3종 접지공사를 한다.

18 모든 전기장치에 접지시키는 근본적인 이유는?

① 지구는 전류를 잘 통하기 때문이다.
② 영상전하를 이용하기 때문이다.
③ 편의상 지면을 영전위로 보기 때문이다.
④ 지구의 정전용량이 커서 전위가 거의 일정하기 때문이다.

해설 모든 전기장치에 접지시키는 이유는 지구의 정전용량이 커서 전위가 거의 일정하기 때문이다.

정답 12 ②　13 ①　14 ④　15 ③　16 ③　17 ③　18 ④

19 이상적인 전압·전류원에 관하여 옳은 것은?

① 전압원, 전류원의 내부저항은 흐르는 전류에 따라 변한다.
② 전압원의 내부저항은 0이고 전류원의 내부저항은 ∞이다.
③ 전압원의 내부저항은 ∞이고 전류원의 내부저항은 0이다.
④ 전압원의 내부저항은 일정하고 전류원의 내부저항은 일정하지 않다.

해설 이상적인 전압원의 내부저항은 0(단락)이고, 이상적인 전류원의 내부저항은 ∞(개방)이다.

20 마이크로프로세서에서 번지지정 방법 중 레지스터 간접번지지정에 해당하는 명령의 표현인 것은? [출제기준 변경에 따른 부적합 문제]

① LD A, (HL)
② LD BC, (4455H)
③ LD B, D
④ JR ϕ3H

해설 간접번지지정 방식의 명령어로는 LD A, (HL)이 쓰인다.

21 저항정류의 역할을 하는 것은?

① 보상권선
② 보극
③ 리액턴스 코일
④ 탄소브러시

해설 정류개선책
- 평균 리액턴스 전압을 작게 한다.
  - L이 작을 것
  - 주기가 클 것
- 보극 설치(전압정류)
- 브러시의 접촉저항을 크게 한다(저항정류).

22 유기기전력 110[V], 단자전압 100[V]인 5[kW] 분권발전기의 계자저항이 50[Ω]이라면 전기자 저항은 약 몇 [Ω]인가?

① 0.12
② 0.19
③ 0.96
④ 1.92

해설 $I_a = I + I_f = \dfrac{P}{V} + \dfrac{V}{R_f}$

$E = V + I_a R_a$ 이므로

$R_a = \dfrac{E-V}{I_a}$

$= \dfrac{110-100}{\dfrac{5 \times 10^3}{100} + \dfrac{100}{50}}$

$= 0.19$

23 1,200[lm]의 광속을 갖는 전등 10개를 120[m²]의 사무실에 설치할 때 조명률이 0.5이고 감광보상률이 1.5이면, 이 사무실의 평균조도는 약 몇 [lx]인가?

① 7.5
② 15.2
③ 33.3
④ 66.6

해설 $FUN = EDS$

$E = \dfrac{FUN}{DS}$

$= \dfrac{1,200 \times 0.5 \times 10}{1.5 \times 120}$

$= 33.3[\text{lx}]$

24 저압전선로 중 절연부분의 전선과 대지 사이의 절연저항은 사용 전압에 대한 누설전류가 최대 공급전류의 얼마를 넘지 않도록 하여야 하는가?

① $\dfrac{1}{1,000}$
② $\dfrac{1}{2,000}$
③ $\dfrac{1}{10,000}$
④ $\dfrac{1}{20,000}$

해설 절연저항은 사용 전압에 대한 누설전류가 최대 공급전류의 $\dfrac{1}{2,000}$이 넘지 않도록 한다.

정답 19 ② 20 ① 21 ④ 22 ② 23 ③ 24 ②

25 단면적 $S[\text{m}^2]$, 길이 $l[\text{m}]$, 투자율 $\mu[\text{H/m}]$의 자기회로에 N회의 코일을 감고 $I[\text{A}]$의 전류를 통할 때, 자기회로의 옴의 법칙을 옳게 표현한 것은?

① $B = \dfrac{\mu S N^2 I}{l}[\text{Wb/m}^2]$

② $B = \dfrac{\mu S}{N^2 I l}[\text{Wb/m}^2]$

③ $\phi = \dfrac{\mu S N I}{l}[\text{Wb}]$

④ $\phi = \dfrac{\mu S I}{l N}[\text{Wb}]$

해설 자기회로의 $\phi = \dfrac{F}{R_m} = \dfrac{NI}{\frac{l}{\mu s}} = \dfrac{\mu S N I}{l}[\text{Wb}]$

26 어떤 정현파 전압의 평균값이 153[V]이면 실효값은 약 몇 [V]인가?

① 240　② 191
③ 170　④ 153

해설 정현파일 때 실효값 $= \dfrac{\text{최댓값}}{\sqrt{2}}$

평균값 $= \dfrac{2}{\pi} \times$ 최댓값이므로

$153 = \dfrac{2}{\pi}$ 최댓값에서 최댓값 $= \dfrac{\pi}{2} \times 153$

$\therefore$ 실효값 $= \dfrac{\frac{\pi}{2} \times 153}{\sqrt{2}} \fallingdotseq 170[\text{V}]$

27 PN 접합 다이오드에 공핍층이 생기는 경우는?

① 전압을 가하지 않을 때 생긴다.
② 다수 반송파가 많이 모여 있는 순간에 생긴다.
③ 음(-)전압을 가할 때 생긴다.
④ 전자와 정공의 확산에 의하여 생긴다.

해설 PN 접합 Diode의 공핍층은 전자와 정공의 확산에 의하여 생긴다.

28 네온관용 전선표기가 15[kV] N - EV일 때 E는 무엇을 의미하는가?

① 네온전선
② 클로로프렌
③ 비닐
④ 폴리에틸렌

해설
- E : 폴리에틸렌
- C : 가교폴리에틸렌
- V : 비닐전선
- N : 네온전선

29 전선의 접속법에서 두 개 이상의 전선을 병렬로 시설하여 사용하는 경우에 대한 사항으로 옳지 않은 것은?

① 병렬로 사용하는 각 전선의 굵기는 동선 50[mm²] 이상으로 하고, 전선은 같은 도체, 재료, 길이, 굵기의 것을 사용할 것
② 같은 극의 각 전선은 동일한 터미널러그에 완전히 접속할 것
③ 병렬로 사용하는 전선에는 각각에 퓨즈를 설치할 것
④ 교류회로에서 병렬로 사용하는 전선은 금속관 안에 전자적 불평형이 생기지 않도록 시설할 것

해설 병렬전선의 경우에 각각의 전선에 Fuse를 설치하지 않는다.

30 그림은 어떤 전력용 반도체의 특성곡선인가?

① SSS
② UJT
③ FET
④ GTO

해설 쌍방향성 소자인 SSS를 뜻하며, UJT와 GTO(단방향성 3소자 사이리스터)의 특성곡선은 다음과 같다.

정답 25 ③　26 ③　27 ④　28 ④　29 ③　30 ①

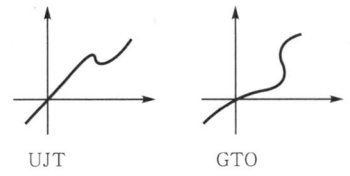
UJT   GTO

31 논리식 $F = \overline{A}\overline{B}C + \overline{A}B\overline{C} + A\overline{B}C + AB\overline{C}$ 를 간소화한 것은?

① $F = \overline{A}B + A\overline{B}$
② $F = \overline{A}B + B\overline{C}$
③ $F = \overline{A}C + A\overline{C}$
④ $F = \overline{B}C + B\overline{C}$

해설 $F = \overline{A}\overline{B}C + \overline{A}B\overline{C} + A\overline{B}C + AB\overline{C}$
$= \overline{B}C(\overline{A}+A) + B\overline{C}(\overline{A}+A)$
$= \overline{B}C + B\overline{C}$

32 3상 전압형 인버터를 이용한 전동기 운전회로의 일부이다. 회로에서 트랜지스터의 기본적인 역할로 가장 적당한 것은?

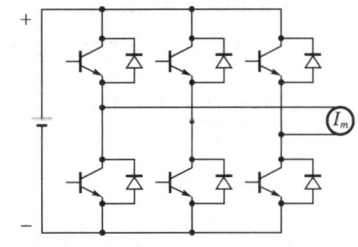

① 전압증폭   ② On-Off
③ 전류증폭   ④ 정류작용

해설 인버터를 이용하여 직류입력을 교류전원으로 바꾸어 TR의 이미터-컬렉터의 전위차를 이용하여 TR을 On-Off하는 데 쓰인다.

33 금속관 배선에서 관의 굴곡에 관한 사항이다. 금속관의 굴곡개소가 많은 경우에는 어떻게 하는 것이 가장 바람직한가?

① 행거를 30[m] 간격으로 견고하게 지지한다.
② 덕트를 설치한다.
③ 풀박스를 설치한다.
④ 링리듀서를 사용한다.

해설 금속관의 굴곡개소가 많은 경우에는 풀박스를 설치하여 금속관과 금속관 사이를 견고하게 지지한다.

34 변압기의 온도상승시험을 하는데 가장 좋은 방법은?

① 내전압법   ② 실부하법
③ 충격전압시험법 ④ 반환부하법

해설
• 변압기의 온도상승 시험방법으로 가장 좋은 것은 반환부하법이 있다.
• 변압기의 등가회로 작성시 필요한 시험으로는 무부하시험, 단락시험, 권선저항측정시험이 있다.

35 콘덴서 기동형 단상 유도전동기의 설명으로 옳은 것은?

① 콘덴서를 주권선에 직렬연결한다.
② 콘덴서를 기동권선에 직렬연결한다.
③ 콘덴서를 기동권선에 병렬연결한다.
④ 콘덴서는 운전권선과 기동권선을 구별하지 않고 연결한다.

해설 콘덴서 기동형 단상 유도전동기는 기동권선에 콘덴서를 직렬로 연결한다.

36 지중전선로 및 지중함의 시설방식 등의 기준에 대한 설명으로 옳지 않은 것은?

① 지중전선로는 전선에 케이블을 사용할 것
② 지중전선로는 관로식, 암거식 또는 직접 매설식에 의하여 시설할 것
③ 지중함 뚜껑은 시설자 이외의 자가 쉽게 열 수 없도록 시설할 것
④ 폭발성 또는 연소성의 가스가 침입할 우려가 있는 곳에 시설하는 지중함으로서 그 크기가 0.5[m²] 이상인 것은 통풍장치를 설치할 것

정답 31 ④ 32 ② 33 ③ 34 ④ 35 ② 36 ④

해설 폭발성 또는 연소성의 가스가 침입할 우려가 있는 곳에 시설하는 지중함으로서 그 크기가 1[m²] 이상일 때는 통풍장치를 설치하여야 한다.

37 동기 무효전력보상장치(조상기)를 부족여자로 해서 운전하였을 때 나타나는 현상이 아닌 것은?

① 역률을 개선시킨다.
② 리액터로 작용한다.
③ 뒤진전류가 흐른다.
④ 자기여자에 의한 전압상승을 방지한다.

해설 위상특성곡선을 이용해 확인해보면

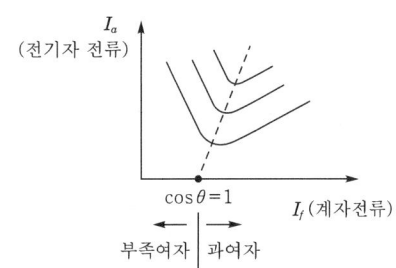

- 부족여자 : 전기자 전류가 공급전압보다 위상이 뒤지므로 리액터 작용
- 과여자 : 전기자 전류가 공급전압보다 위상이 앞서므로 콘덴서 작용

38 누설변압기의 가장 큰 특징은 어느 것인가?

① 역률이 좋다.
② 무부하손이 적다.
③ 단락전류가 크다.
④ 수하특성을 가진다.

해설 수하특성을 가지며 용접기의 전원으로 사용되는 변압기로는 누설변압기가 쓰인다.

39 3상 유도전동기의 동기속도 N_s와 극수 P와의 관계는?

① $N_s \propto \dfrac{1}{P}$ ② $N_s \propto \sqrt{P}$
③ $N_s \propto P$ ④ $N_s \propto P^2$

해설 동기속도$(N_s) = \dfrac{120f}{P}$ (P : 극수)

$N_s \propto \dfrac{1}{P}$

슬립$(s) = \dfrac{N_s - N}{N_s}$

40 평행한 콘덴서에서 전극의 반지름이 30[cm]인 원판이고, 전극간격 0.1[cm]이며 유전체의 비유전율은 4이다. 이 콘덴서의 정전용량은 몇 [μF]인가?

① 0.01   ② 0.1
③ 1   ④ 10

해설 평행판 콘덴서의 정전용량(C)

$C = \dfrac{\varepsilon S}{d} = \dfrac{\varepsilon_0 \cdot \varepsilon_s S}{d}$

$= \dfrac{8.855 \times 10^{-12} \times 4 \times \pi \times 0.3^2}{0.1 \times 10^{-2}}$

$≒ 0.01 \times 10^{-6}[F] = 0.01[\mu F]$

41 인터럽트(interrupt) 발생시 수행되어야 할 일이 아닌 것은?
[출제기준 변경에 따른 부적합 문제]

① 수행 중인 프로그램을 보조기억장치에 보관한다.
② 프로그램 카운터의 내용을 보관한다.
③ 인터럽트 처리루틴을 수행한다.
④ 어느 장치에서 인터럽트가 요청되었는 지를 조사한다.

해설 인터럽트 발생시 수행 중인 프로그램 번지를 기억(PC)하며, 주기억장치에 보관한다.

42 다음 중 8086 마이크로프로세서의 세그먼트 레지스터가 아닌 것은?
[출제기준 변경에 따른 부적합 문제]

① AS   ② CS
③ DS   ④ ES

해설 8086 마이크로프로세서의 세그먼트 레지스터는 CS, DS, ES가 있다.

정답 37 ① 38 ④ 39 ① 40 ① 41 ① 42 ①

43 래칭전류(latching current)를 올바르게 설명한 것은?

① 사이리스터를 온 상태로 스위칭시킨 후의 애노드 순저지전류
② 사이리스터를 턴-온시키는 데 필요한 최소의 양극전류
③ 사이리스터를 온 상태로 유지시키는 데 필요한 게이트전류
④ 유지전류보다 조금 낮은 전류값

해설
- 사이리스터를 Turn-on시키기 위해 Gate에 흘려야 할 최소전류를 래칭전류라 한다.
- 사이리스터를 On 상태로 유지하기 위한 최소 전류를 유지전류라 한다.

44 논리회로의 출력함수가 뜻하는 논리게이트의 명칭은?

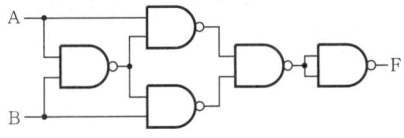

① EX-OR
② EX-NOR
③ NOR
④ NAND

해설
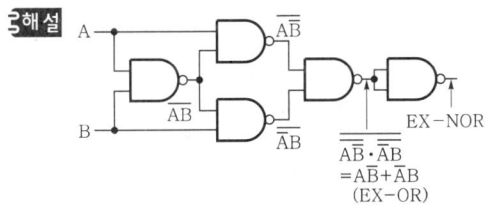

45 다음 중 기록된 자료를 자외선으로 쬐어서 지울 수 있고, 다시 새로운 자료를 써 넣을 수 있는 것은?

[출제기준 변경에 따른 부적합 문제]

① ROM
② P-ROM
③ EP-ROM
④ EEP-ROM

해설
- ROM : 새로운 정보를 다시 써 넣을 수 없다.
- P-ROM : 새로운 정보를 1회에 한해서 입력이 가능하다.
- EP-ROM : 기존의 정보를 자외선을 이용하여 소거하고 새로운 정보입력이 가능하다.
- EEP-ROM : 기존의 정보를 전기적 신호를 이용하여 소거하고 새로운 정보입력이 가능하다.

46 직류용 직권전동기를 교류에 사용할 때 여러 가지 어려움이 발생되는데 다음 중 교류용 단상 직권전동기에서 강구할 대책으로 옳은 것은?

① 원통형 고정자를 사용한다.
② 계자권선의 권수를 크게 한다.
③ 전기자 반작용을 적게 하기 위해 전기자 권수를 증가시킨다.
④ 브러시는 접촉저항이 적은 것을 사용한다.

해설 직류용의 직권전동기를 교류용 단상 직권정동기에 사용시 발생하는 문제점을 해결하기 위해 원통형 고정자를 사용한다.

47 Boost 컨버터에서 입출력 전압비 $\dfrac{V_o}{V_i}$는?
(단, D는 시비율(Duty cycle)이다)

① D
② $1-D$
③ $\dfrac{1}{1-D}$
④ $\dfrac{1}{D}$

해설 전압비 $\left(\dfrac{V_o}{V_i}\right) = \dfrac{1}{1-D}$ (D : Duty cycle)

48 지중전선로 공사에서 케이블 포설시 케이블 끝단에 설치하여 당길 수 있도록 하는 데 사용하는 것은?

① 풀링그립(pulling grip)
② 피시테이프(fish tape)
③ 강철 인도선(steel wire)
④ 와이어 로프(wire rope)

해설 풀링그립
지중전선로 공사시 케이블 포설시 끝단에 설치하여 당길 수 있도록 하는 데 이용된다.

정답 43 ② 44 ② 45 ③ 46 ① 47 ③ 48 ①

49 2.5[mm²] 전선 5본과 4.0[mm²] 전선 3본을 동일한 금속전선관(후강)에 넣어 시공할 경우 관의 굵기의 호칭은? (단, 피복절연물을 포함한 전선의 단면적은 표와 같으며, 절연전선을 금속관 내에 넣을 경우의 보정계수는 2.0으로 한다.)

도체의 단면적 [mm²]	절연체의 두께[mm]	전선의 총 단면적[mm²]
1.5	0.7	9
2.5	0.8	13
4.0	0.8	17

① 16 ② 22
③ 28 ④ 36

해설 $\frac{\pi}{4}D^2 \times 0.32 = (13 \times 5 + 17 \times 3) \times 2.0$

∴ $D = \sqrt{\dfrac{116 \times 2}{0.32 \times \frac{\pi}{4}}} ≒ 31$ 이므로 호칭은 36 선택

50 정격전류가 60[A]인 3상 220[V] 전동기가 직접 전로에 접속되는 경우 전로의 전선은 약 몇 [A] 이상의 허용전류를 갖는 것으로 하여야 하는가? [KEC 규정에 따른 부적합 문제]

① 60 ② 66
③ 75 ④ 90

해설 50[A] 초과시 1.1배, 50[A] 미만일 때는 1.25배이므로 허용전류는 $60 \times 1.1 = 66$[A] 이상이어야 한다.

51 무효전력보상장치(조상기)의 내부고장이 생긴 경우 자동적으로 전로를 차단하는 장치를 설치하여야 하는 용량의 기준은?

① 15,000[kVA] 이상
② 20,000[kVA] 이상
③ 30,000[kVA] 이상
④ 50,000[kVA] 이상

해설 조상기 내부고장 시 차단장치 용량은 15,000[kVA] 이상이어야 한다.

52 다음 ( ) 안의 알맞은 내용으로 옳은 것은?

> 가공전선로의 지지물에 시설하는 지선의 안전율은 (㉠) 이상이어야 하고, 허용인장하중의 최저는 (㉡)[kN]으로 한다.

① ㉠ 2.0, ㉡ 3.81
② ㉠ 2.0, ㉡ 4.05
③ ㉠ 2.5, ㉡ 4.31
④ ㉠ 2.5, ㉡ 4.51

해설 지선의 안전율은 2.5 이상, 허용인장하중은 4.31[kN] 이상이어야 한다.

53 풀용 수중조명등에 전기를 공급하기 위하여 1차측 120[V], 2차측 30[V]의 절연변압기를 사용하였다. 절연변압기의 2차측 전로의 접지공사에 관한 내용으로 옳은 것은? [KEC 규정에 따른 부적합 문제]

① 제1종 접지공사로 접지한다.
② 제2종 접지공사로 접지한다.
③ 제3종 접지공사로 접지한다.
④ 접지를 하지 아니한다.

해설 풀용 수중조명등에 사용되는 절연변압기의 경우 2차측 전로는 접지를 하지 않는다.

54 벅 컨버터(buck converter)에 대한 설명으로 옳지 않은 것은?

① 직류 입력전압 대비 직류 출력전압의 크기를 낮출 때 사용하는 직류-직류 컨버터이다.
② 입력전압(V_s)에 대한 출력전압(V_o)의 비 $\left(\dfrac{V_o}{V_s}\right)$는 스위칭 주기($T$)에 대한 스위치 온(on) 시간($t_{on}$)의 비인 듀티비(시비율)로 나타낸다.
③ 벅 컨버터의 출력단에는 보통 직류성분은 통과시키고 교류성분을 차단하기 위한 LC 저역통과필터를 사용한다.
④ 벅 컨버터는 일반적으로 고주파 트랜스포머(변압기)를 사용하는 절연형 컨버터이다.

정답 49 ④ 50 ② 51 ① 52 ③ 53 ④ 54 ④

해설 컨버터는 AC를 DC로 변환하는 장치로서, 벅 컨버터의 경우 고주파를 사용하지는 않는다.

55 np 관리도에서 시료군마다 시료수(n)는 100이고, 시료군의 수(k)는 20, $\sum np = 77$이다. 이때 np 관리도의 관리상한선(UCL)을 구하면 약 얼마인가?

① 8.94 ② 3.85
③ 5.77 ④ 9.62

해설 $UCL = n\bar{p} + 3\sqrt{n\bar{p}(1-\bar{p})}$
$= 3.85 + 3\sqrt{3.85(1-0.0385)} ≒ 9.62$

$n\bar{p} = \dfrac{77}{20} = 3.85$

$\bar{p} = \dfrac{77}{20 \times 100} = 0.0385$

56 그림의 OC곡선을 보고 가장 올바른 내용을 나타낸 것은?

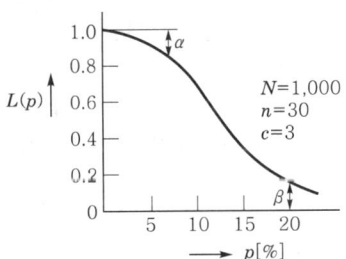

① α : 소비자위험
② $L(p)$: 로트가 합격할 확률
③ β : 생산자위험
④ 부적합품률 : 0.03

해설 OC곡선에서는 소비자위험과 생산자위험을 알 수는 없으며, 로트가 합격할 확률을 구할 수 있다.

57 미국의 마틴 마리에타사(Martin Marietta Corp)에서 시작된 품질개선을 위한 동기부여 프로그램으로, 모든 작업자가 무결점을 목표로 설정하고, 처음부터 작업을 올바르게 수행함으로써 품질비용을 줄이기 위한 프로그램은 무엇인가?

① TPM 활동   ② 6시그마 운동
③ ZD 운동   ④ ISO 9001 인증

해설 ZD 운동
무결점 운동이라고도 하며, 미국의 마틴사에서 품질개선을 위한 동기부여 프로그램으로 시작하였다.

58 다음 중 단속생산시스템과 비교한 연속생산시스템의 특징으로 옳은 것은?

① 단위당 생산원가가 낮다.
② 다품종 소량생산에 적합하다.
③ 생산방식은 주문생산방식이다.
④ 생산설비는 범용설비를 사용한다.

해설 연속생산의 경우에는 단위당 생산원가가 낮아지며, 소품종 대량생산에 적합하다.

59 일정 통제를 할 때, 1일당 그 작업을 단축하는 데 소요되는 비용의 증가를 의미하는 것은?

① 정상소요기간(normal duration time)
② 비용견적(cost estimation)
③ 비용구배(cost slope)
④ 총비용(total cost)

해설 비용구배(cost slope)
1일당 그 작업을 단축하는 데 소요되는 비용의 증가를 의미한다.

60 MTM(Methods Time Measurement)법에서 사용되는 1TMU(Time Measurement Unit)는 몇 시간인가?

① $\dfrac{1}{100,000}$ 시간 ② $\dfrac{1}{10,000}$ 시간
③ $\dfrac{6}{10,000}$ 시간 ④ $\dfrac{36}{1,000}$ 시간

해설 1TMU(Time Measurement Unit)
$\dfrac{1}{100,000}$ 시간

정답 55 ④ 56 ② 57 ③ 58 ① 59 ③ 60 ①

제57회 2015년 4월 4일 출제문제

01 $\phi = \phi_m \sin\omega t$[Wb]인 정현파로 변화하는 자속이 권수 N인 코일과 쇄교할 때의 유기기전력의 위상은 자속에 비해 어떠한가?

① $\frac{\pi}{2}$ 만큼 빠르다.
② $\frac{\pi}{2}$ 만큼 느리다.
③ π 만큼 빠르다.
④ 동위상이다.

해설 유기기전력(e)

$$e = -N\frac{d\phi}{dt} = -N\frac{d}{dt}(\phi_m\sin\omega t)$$
$$= -N\omega\phi_m\cos\omega t$$
$$= -N\omega\phi_m\sin\left(\omega t + \frac{\pi}{2}\right)$$
$$= N\omega\phi_m\sin\left(\omega t - \frac{\pi}{2}\right)$$

∴ 유기기전력의 위상은 자속에 비해 $\frac{\pi}{2}$ 만큼 느리다.

02 단상 반파 위상제어 정류회로에서 220[V], 60[Hz]의 정현파 단상 교류전압을 점호각 60°로 반파 정류하고자 한다. 순저항 부하시 평균전압은 약 몇 [V]인가?

① 74   ② 84
③ 92   ④ 110

해설 위상제어 정류회로의 평균출력전압 : 단상반파

$$E_{dc} = \frac{\sqrt{2}}{2\pi}E(1+\cos\alpha)$$
$$= \frac{220}{2\pi}\sqrt{2}(1+\cos 60°)$$
$$\fallingdotseq 74[V]$$

03 컴퓨터의 중앙처리장치에서 연산의 결과나 중간값을 일시적으로 저장해 두는 레지스터는?

① 메모리주소 레지스터
② 누산기
③ 상태 레지스터
④ 인덱스 레지스터

해설 누산기

연산의 결과나 중간값을 일시적으로 기억하는 레지스터로서 연산장치의 구성요소이다.

04 동기발전기의 권선을 분포권으로 하면?

① 난조를 방지한다.
② 파형이 좋아진다.
③ 권선의 리액턴스가 커진다.
④ 집중권에 비하여 합성 유도기전력이 높아진다.

해설 분포권

- 고조파를 감소시켜 기전력의 파형 개선
- 누설 리액턴스 감소
- 분포권 계수 = $\dfrac{\sin\dfrac{\pi}{2m}}{4\sin\dfrac{\pi}{2mq}}$

(여기서, m : 상수, q : 슬롯수)

05 60[Hz], 4극, 3상 유도전동기의 슬립이 4[%]라면 회전수는 몇 [rpm]인가?

① 1,690
② 1,728
③ 1,764
④ 1,800

정답 01 ② 02 ① 03 ② 04 ② 05 ②

해설 유도전동기의 회전수(N)

슬립(s) = $\dfrac{N_s - N}{N_s}$ 에서

$N = (1-s)N_s$ 이며,

동기속도(N_s) = $\dfrac{120 \cdot f}{P}$

$= \dfrac{120 \times 60}{4} = 1,800$

∴ $N = (1 - 0.04) \times 1,800$
$= 1,728$ [rpm]

06 인버터의 스위칭 소자와 역병렬 접속된 다이오드에 관한 설명으로 옳은 것은?

① 스위칭 소자에 걸리는 전압을 정류하기 위한 것이다.
② 부하에서 전원으로 에너지가 회생될 때 경로가 된다.
③ 스위칭 소자에 걸리는 전압 스트레스를 줄이기 위한 것이다.
④ 스위칭 소자의 역방향 누설전류를 흐르게 하기 위한 경로이다.

해설 인버터 스위칭 소자와 역병렬 접속된 다이오드
부하에서 전원으로 에너지가 회생될 때 경로가 되어 에너지 절약이 된다.

07 셀룰라덕트 및 부속품은 제 몇 종 접지공사를 하여야 하는가?
[KEC 규정에 따른 부적합 문제]

① 제1종 접지공사
② 제2종 접지공사
③ 제3종 접지공사
④ 특별 제3종 접지공사

해설 덕트공사
• 금속덕트공사, 버스덕트공사의 경우
 - 사용전압 400[V] 미만 : 제3종 접지공사
 - 사용전압 400[V] 이상 : 특별 제3종 접지공사
• 플로어덕트공사, 라이팅덕트공사
 사용전압 400[V] 미만이며 제3종 접지공사

• 셀룰라덕트 및 부속품은 제3종 접지공사

08 RLC 직렬회로에서 L 및 C의 값을 고정시켜 놓고 저항 R의 값만 큰 값으로 변화시킬 때 올바르게 설명한 것은?

① 공진주파수는 커진다.
② 공진주파수는 작아진다.
③ 공진주파수는 변화하지 않는다.
④ 이 회로의 양호도 Q는 커진다.

해설 직렬공진회로
공진주파수(f_s)

$f_s = \dfrac{1}{2\pi \sqrt{LC}}$ [Hz]이므로 저항 R의 변화에 공진주파수는 일정하므로 변화하지 않는다.

09 3상 권선형 유도전동기의 2차 회로에 저항을 삽입하는 목적이 아닌 것은?

① 속도제어를 하기 위하여
② 기동토크를 크게 하기 위하여
③ 기동전류를 줄이기 위하여
④ 속도는 줄어지지만 최대 토크를 크게 하기 위하여

해설 유도전동기
2차 회로에 저항을 삽입하는 목적으로
• 속도제어
• 기동토크 증대
• 기동전류 감소

10 2진 데이터를 저장하기 위해 사용되는 일종의 메모리는?
[출제기준 변경에 따른 부적합 문제]

① 데이터버스
② 타이머
③ 카운터
④ 레지스터

해설 레지스터
2진 데이터를 저장하기 위해 사용되는 일시적인 메모리를 뜻한다.

정답 06 ② 07 ③ 08 ③ 09 ④ 10 ④

11 2개의 단상 변압기(200/6,000[V])를 그림과 같이 연결하여 최대 사용전압 6,600[V]의 고압전동기의 권선과 대지 사이의 절연내력 시험을 하는 경우 입력전압(V)과 시험전압(E)은 각각 얼마로 하면 되는가?

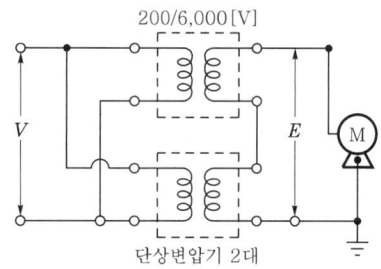
단상변압기 2대

① $V=137.5[V]$, $E=8,250[V]$
② $V=165[V]$, $E=9,900[V]$
③ $V=200[V]$, $E=12,000[V]$
④ $V=220[V]$, $E=13,200[V]$

해설 절연내력시험전압
최대 사용전압이 7,000[V] 이하의 경우 6,600×1.5(배)=9,900[V]가 된다.

12 진상용 고압 콘덴서에 방전 코일이 필요한 이유는?
① 역률 개선
② 전압강하의 감소
③ 잔류전하의 방전
④ 낙뢰로부터 기기 보호

해설 전력용 콘덴서 설비
- 직렬리액터 : 5고조파를 제거하여 파형 개선
- 전력용 콘덴서 : 부하의 역률 개선
- 방전 코일 : 잔류전하 방전으로 인체감전사고 방지

13 일정시간이 지나면 기억된 내용이 지워지기 때문에 소생(refresh)이 필요한 메모리 소자는? [출제기준 변경에 따른 부적합 문제]
① ROM
② SRAM
③ DRAM
④ PROM

해설 ROM과 RAM
- ROM : data를 읽기만 하는 메모리
  - MASK-ROM : 제조회사에서 출하시 data를 입력하여 생산한다.
  - P-ROM : 사용자가 1회에 한하여 program 할 수 있다.
  - EP-ROM : 기억되어 있는 정보를 자외선을 사용하여 정보 수정이 가능하다.
- RAM : data를 읽고, 저장이 가능한 메모리
  - S-RAM : 소용량의 메모리로서, D-RAM에 비해 access 시간이 빠르다.
  - D-RAM : 일정시간마다 재충전(refresh)을 필요로 한다.

14 100[V], 25[W]와 100[V], 50[W]의 전구 2개가 있다. 이것을 직렬로 접속하여 100[V]의 전압을 인가하였을 때 두 전구의 합성저항은 몇 [Ω]인가?
① 150
② 200
③ 400
④ 600

해설 직렬합성저항
$$R_1 = \frac{V^2}{P_1} = \frac{100^2}{25} = 400[\Omega]$$
$$R_2 = \frac{V^2}{P_2} = \frac{100^2}{50} = 200[\Omega]$$
∴ 직렬합성저항 $R = R_1 + R_2 = 600[\Omega]$

15 0.6/1[kV] 비닐절연 비닐시스 제어케이블의 약호로 옳은 것은?
① VCT
② CVV
③ NFI
④ NRI

해설 케이블의 약호
- VV : 비닐절연 비닐시스 케이블
- CV : 가교폴리에틸렌 절연 비닐시스 케이블
- RV : 고무절연 비닐시스 케이블
- CVV : 제어용 비닐절연 비닐시스 케이블

정답 11 ② 12 ③ 13 ③ 14 ④ 15 ②

16 정현파 교류의 실효값을 계산하는 식은? (단, T는 주기이다.)

① $I = \dfrac{1}{T}\displaystyle\int_0^T i\,dt$

② $I = \sqrt{\dfrac{2}{T}\displaystyle\int_0^T i\,dt}$

③ $I = \sqrt{\dfrac{1}{T}\displaystyle\int_0^T i^2\,dt}$

④ $I = \sqrt{\dfrac{2}{T}\displaystyle\int_0^T i^2\,dt}$

해설 실효값

- 실효값 $I = \sqrt{\dfrac{1}{T}\displaystyle\int_0^T i^2\,dt}$
- 평균값 $I_{dc} = \dfrac{1}{T}\displaystyle\int_0^T i\,dt$

17 2개의 전하 $Q_1[C]$과 $Q_2[C]$를 $r[m]$의 거리에 놓았을 때 작용하는 힘의 크기를 옳게 설명한 것은?

① Q_1, Q_2의 곱에 비례하고 r에 반비례한다.
② Q_1, Q_2의 곱에 반비례하고 r에 비례한다.
③ Q_1, Q_2의 곱에 반비례하고 r의 제곱에 비례한다.
④ Q_1, Q_2의 곱에 비례하고 r의 제곱에 반비례한다.

해설 쿨롱의 힘 (F)

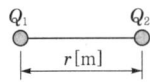

두 전하 사이에 작용하는 힘 (F)
$F = 9 \times 10^9 \dfrac{Q_1 Q_2}{r^2}$

18 2진수 $(1111101011111010)_2$를 16진수로 변환한 값은?

① $(FAFA)_{16}$ ② $(EAEA)_{16}$
③ $(FBFB)_{16}$ ④ $(AFAF)_{16}$

해설 진수

2진수를 16진수로 변환시에는 4bit씩 끊어서 읽으면 되므로

$(\underbrace{1111}_{F}\underbrace{1010}_{A}\underbrace{1111}_{F}\underbrace{1010}_{A})_2$

∴ $(FAFA)_{16}$가 된다.

19 4극 직류 분권전동기의 전기자에 단중 파권 권선으로 된 420개의 도체가 있다. 1극당 0.025[Wb]의 자속을 가지고 1,400[rpm]으로 회전시킬 때 발생되는 역기전력과 단자전압은? (단, 전기자저항 0.2[Ω], 전기자전류는 50[A]이다.)

① 역기전력 : 490[V], 단자전압 : 500[V]
② 역기전력 : 490[V], 단자전압 : 480[V]
③ 역기전력 : 245[V], 단자전압 : 500[V]
④ 역기전력 : 245[V], 단자전압 : 480[V]

해설 역기전력/단자전압

- 역기전력 (e)
$e = \dfrac{PZ\phi N}{60a}$
$= \dfrac{4 \times 420 \times 0.025 \times 1,400}{60 \times 2} = 490[V]$

- 단자전압 (V)
$V = I_a R_a + e = 50 \times 0.2 + 490 = 500[V]$

20 20극, 360[rpm]의 3상 동기발전기가 있다. 전 슬롯수 180, 2층권 각 코일의 권수 4, 전기자권선은 성형이며, 단자전압이 6,600[V]인 경우 1극의 자속(Wb)은 얼마인가? (단, 권선계수는 0.9이다.)

① 0.0375   ② 0.0662
③ 0.3751   ④ 0.6621

해설 동기발전기의 유기기전력 (E)
$E = 4.44 f N K_w \phi [V]$
여기서, N : 1상당 직렬권수, K_w : 권선계수
Y결선이므로 $V = \sqrt{3}\,E$

정답 16 ③ 17 ④ 18 ① 19 ① 20 ②

$$\therefore E = \frac{V}{\sqrt{3}} = \frac{6,600}{\sqrt{3}} = 4.44fNK_w\phi \text{ 에서}$$

$$\phi = \frac{\frac{6,600}{\sqrt{3}}}{4.44 \times 60 \times \frac{4 \times 180}{3} \times 0.9} = 0.0662$$

$$\left(N_s = \frac{120f}{P} \text{에서 } f = \frac{P \cdot N_s}{120} \right.$$
$$\left. = \frac{20 \times 360}{120} = 60[\text{Hz}] \right)$$

21 동기형 RS 플립플롭을 이용한 동기형 JK 플립플롭에서 동작이 어떻게 개선되었는가?

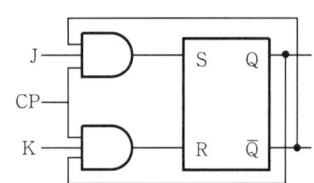

① J=1, K=1, CP=0일 때 Q_n
② J=0, K=0, CP=1일 때 Q_n
③ J=1, K=1, CP=1일 때 $\overline{Q_n}$
④ J=0, K=0, CP=0일 때 Q_n

해설 플립플롭
- RS 플립플롭(CP=1)

S	R	Q_{n+1}(현재상태)
0	0	Q_n (불변)
0	1	0
1	0	1
1	1	?

- JK 플립플롭(CP=1)

J	K	Q_{n+1}
0	0	Q_n
0	1	0
1	0	1
1	1	$\overline{Q_n}$, Toggle(반전)

22 코일에 단상 100[V]의 전압을 가하면 30[A]의 전류가 흐르고 1.8[kW]의 전력을 소비한다고 한다. 이 코일과 병렬로 콘덴서를 접속하여 회로의 합성역률을 100[%]로 하기 위한 용량 리액턴스는 약 몇 [Ω]이면 되는가?

① 2.32
② 3.24
③ 4.17
④ 5.28

해설 개선역률
- 콘덴서용량 $Q_c = P(\tan\theta_1 - \tan\theta_2)$
$$= P\left(\frac{\sin\theta_1}{\cos\theta_1} - \frac{\sin\theta_2}{\cos\theta_2} \right) \text{이며}$$
- $P = VI\cos\theta$ 이므로
$$\cos\theta = \frac{P}{VI} = \frac{1,800}{30 \times 100} = 0.6$$
즉 $\cos\theta = 0.6$, $\sin\theta = 0.8$
$$\therefore \theta_c = 1,800 \left(\frac{0.8}{0.6} - \frac{0}{1} \right) = 2,400$$

또한 용량성 리액턴스(X_c)를 구하는 문제이므로
$$Q_c = V \cdot I_c = V \cdot \frac{V}{X_c}$$
$$\therefore X_c = \frac{V^2}{Q_c} = \frac{100^2}{2,400} \fallingdotseq 4.17[\Omega]$$

23 다음 전력계통의 기기 중 절연 레벨이 가장 낮은 것은?

① 피뢰기
② 애자
③ 변압기 부싱
④ 변압기 권선

해설 절연협조
애자 > 결합 콘덴서 > 기기 > 변압기 > 피뢰기

24 주상변압기를 설치할 때 작업이 간단하고 장주하는 데 재료가 덜 들어서 좋으나 전주 윗부분에는 무게가 가하여지므로 보통 20~30[kVA] 정도의 변압기에 널리 쓰이는 방법은?

① 변압기 거치법
② 행거 밴드법
③ 변압기 탑법
④ 앵글 지지법

정답 21 ③ 22 ③ 23 ① 24 ②

해설 **행거 밴드법**
주상변압기 설치에는 보통 행거 밴드법이 이용되며 보통 20~30[kVA] 변압기에 널리 쓰인다.

25 변압기의 정격을 정의한 것으로 가장 옳은 것은?

① 2차 단자 간에서 얻을 수 있는 유효전력을 kW로 표시한 것이 정격출력이다.
② 정격 2차 전압은 명판에 기재되어 있는 2차 권선의 단자전압이다.
③ 정격 2차 전압을 2차 권선의 저항으로 나눈 것이 2차 전류이다.
④ 전부하의 경우는 1차 단자전압을 정격 1차 전압이라 한다.

해설 **변압기의 정격**
• 정격출력 : 2차 단자 간에서 얻을 수 있는 피상전력[kVA]으로 표시한 것이다.
• 정격 2차 전압 : 명판에 기재되어 있는 2차 권선의 단자전압이다.

26 동일 정격의 다이오드를 병렬로 연결하여 사용하면?

① 역전압을 크게 할 수 있다.
② 순방향 전류를 증가시킬 수 있다.
③ 절연효과를 향상시킬 수 있다.
④ 필터 회로가 불필요하게 된다.

해설 **다이오드 직·병렬 연결**
• 다이오드 직렬연결 : 과전압에 대한 회로 보호용
• 다이오드 병렬연결 : 과전류를 방지하며, 순방향으로 전류를 증가시킬 수 있다.

27 바닥통풍형, 바닥밀폐형 또는 두 가지 복합채널형 구간으로 구성된 조립금속구조로 폭이 150[mm] 이하이며, 주 케이블트레이로부터 말단까지 연결되어 단일 케이블을 설치하는 데 사용하는 케이블트레이는?

① 사다리형   ② 트로프형
③ 일체형   ④ 통풍채널형

해설 **케이블트레이 공사**
통풍채널형, 사다리형, 바닥밀폐형, 바닥통풍형 케이블트레이의 종류가 있으며 폭이 150[mm] 이하인 경우에는 통풍채널형이 이용된다.

28 진리표와 같은 입력조합으로 출력이 결정되는 회로는?

입력		출력			
A	B	X_0	X_1	X_2	X_3
0	0	1	0	0	0
0	1	0	1	0	0
1	0	0	0	1	0
1	1	0	0	0	1

① 멀티플렉서   ② 인코더
③ 디코더   ④ 카운터

해설 **디코더**
디코더는 2진수를 10진수로 변환하는 회로이다.

29 다음 회로의 명칭은?

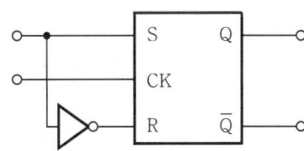

① D 플립플롭
② T 플립플롭
③ JK 플립플롭
④ RS 플립플롭

해설 **D 플립플롭**
RS 플립플롭과 NOT-gate를 이용한 D 플립플롭이며 진리값은 다음과 같다.

D	Q_{n+1}
0	0
1	1

정답 25 ② 26 ② 27 ④ 28 ③ 29 ①

30 논리회로가 뜻하는 논리게이트의 명칭은?

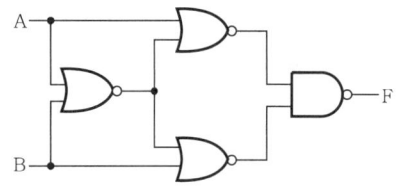

① EX-NOR ② EX-OR
③ INHIBIT ④ OR

해설 EX-NOR, EX-OR

• EX-OR

$Y = A \oplus B = A\overline{B} + \overline{A}B$

• EX-NOR

$Y = A \odot B = \overline{A}\overline{B} + AB$

31 주택, 기숙사, 여관, 호텔, 병원, 창고 등의 옥내배선설계에 있어서 간선의 굵기를 선정할 때 전등 및 소형 전기기계기구의 용량합계가 10[kVA]를 초과하는 것은 그 초과량에 대하여 수용률을 몇 [%]로 적용할 수 있도록 규정하고 있는가?

① 30 ② 50
③ 70 ④ 100

해설 수용률
• 주택, 기숙사, 여관, 호텔, 병원, 창고 등의 수용률 : 50[%]
• 사무실, 은행 등의 수용률 : 70[%]

32 사이리스터의 턴오프에 관한 설명이다. 가장 적합한 것은?

① 사이리스터가 순방향 도전상태에서 역방향 저지상태로 되는 것
② 사이리스터가 순방향 도전상태에서 순방향 저지상태로 되는 것
③ 사이리스터가 순방향 저지상태에서 역방향 도전상태로 되는 것
④ 사이리스터가 순방향 저지상태에서 순방향 도전상태로 되는 것

해설 사이리스터의 턴오프
사이리스터가 순방향 도전상태에서 역방향 저지상태로 되는 것

33 특정 전압 이상이 되면 ON이 되는 반도체인 바리스터의 주된 용도는?

① 온도 보상
② 전압의 증폭
③ 출력전류의 조절
④ 서지 전압에 대한 회로보호

해설 바리스터
서지(serge) 전압에 대한 회로보호용으로 이용(단, 서미스터는 부(-)의 온도계수를 가지며 온도에 의해 저항이 변하는 소자이다.)

34 다음 ( ) 안의 알맞은 내용으로 옳은 것은?

변압기의 등가회로에서 2차 회로를 1차 회로로 환산하는 경우 전류는 (㉮)배, 저항과 리액턴스는 (㉯)배가 된다.

① ㉮ $\frac{1}{a}$, ㉯ a^2
② ㉮ $\frac{1}{a}$, ㉯ a
③ ㉮ a^2, ㉯ $\frac{1}{a}$
④ ㉮ a^2, ㉯ a

해설 변압기

$a = \dfrac{V_1}{V_2} = \dfrac{I_2}{I_1} = \sqrt{\dfrac{Z_1}{Z_2}}$

$\therefore V_1 = aV_2$

$Z_1 = a^2 Z_2$

$I_1 = \dfrac{1}{a} I_2$

정답 30 ① 31 ② 32 ① 33 ④ 34 ①

35 금속(후강)전선관 22[mm]를 90°로 굽히는 데 소요되는 최소길이[mm]는 약 얼마이면 되는가? [단, 곡선(곡률)반지름 $r \geq 6d$로 한다.]

관의 호칭	안지름(d)	바깥지름(D)
22	21.9[mm]	26.5[mm]

① 145 ② 228
③ 245 ④ 268

해설 전선관의 반경

$r = 6d + \dfrac{D}{2}$

$= 6 \times 21.9 + \dfrac{26.5}{2} = 144.65 \text{[mm]}$

또한 90°는 전체의 $\dfrac{1}{4}$이며 원의 원주길이는 $2\pi r$이므로

$2\pi r \times \dfrac{1}{4} = \dfrac{1}{4}(2\pi \times 144.65)$

$\fallingdotseq 228 \text{[mm]}$가 된다.

36 34극, 60[MVA], 역률 0.8, 60[Hz], 22.9[kV] 수차발전기의 전부하손실이 1,600[kW]이면 전부하효율은 약 몇 [%]인가?

① 92.4[%] ② 94.6[%]
③ 96.8[%] ④ 98.2[%]

해설 전부하효율

효율(η) $= \dfrac{출력}{출력 + 손실} \times 100[\%]$

$= \dfrac{VI\cos\theta}{VI\cos\theta + 손실} \times 100[\%]$

$= \dfrac{60 \times 10^6 \times 0.8}{60 \times 10^6 \times 0.8 + 1,600 \times 10^3} \times 100$

$\fallingdotseq 96.8[\%]$

37 변압기의 여자전류와 철손을 구할 수 있는 시험은?

① 부하시험 ② 무부하시험
③ 유도시험 ④ 단락시험

해설 변압기 등가회로 작성에 필요한 시험
- 단락시험 : 임피던스 전압, 동손
- 무부하시험 : 철손, 여자전류

38 3상 유도전동기의 설명으로 틀린 것은?

① 전부하전류에 대한 무부하전류의 비는 용량이 작을수록, 극수가 많을수록 크다.
② 회전자 속도가 증가할수록 회전자측에 유기되는 기전력은 감소한다.
③ 회전자 속도가 증가할수록 회전자 권선의 임피던스는 증가한다.
④ 전동기의 부하가 증가하면 슬립은 증가한다.

해설 3상 유도전동기
- 전부하전류에 대한 여자전류(무부하전류)의 비는 용량이 작을수록, 극수가 많을수록 크다.
- $E_{2s} = sE_2 = \dfrac{N_s - N}{N_s} E_2$이므로 속도 N이 증가할수록 슬립 s가 감소하여 유기기전력도 감소한다.
- $Z_{2s} = r_2 + jsX_2$이므로 속도 N이 증가하면 s가 감소하여 임피던스는 감소한다.
- 부하가 증가하면 N이 감소하여 s는 증가한다.

39 $R = 40[\Omega]$, $L = 80[\text{mH}]$의 코일이 있다. 이 코일에 220[V], 60[Hz]의 전압을 가할 때 소비되는 전력은 약 몇 [W]인가?

① 79   ② 581
③ 771   ④ 1,352

해설 소비전력
- 소비전력, 유효전력(P)
  $P = VI\cos\theta = I^2 R \text{[W]}$
- $I = \dfrac{V}{|Z|} = \dfrac{220}{\sqrt{40^2 + 30^2}} \fallingdotseq 4.39$
  ($Z = R + j2\pi fL = 40 + j2\pi \times 60 \times 0.08$
  $\fallingdotseq 40 + j30$)
∴ $P = I^2 R = 4.39^2 \times 40 \fallingdotseq 771 \text{[W]}$

정답 35 ② 36 ③ 37 ② 38 ③ 39 ③

40 CPU가 어떤 작업을 하던 중에 외부로부터의 요구가 있으면 그 작업을 잠시 중단하고 요구된 일을 처리한 후에 다시 원래의 작업으로 되돌아오는 기능은?

[출제기준 변경에 따른 부적합 문제]

① DMA(Direct Memory Access)
② Subroutine
③ Interrupt
④ Time sharing

해설 인터럽트
- 발생요인 : 정전, 에러 발생, 기억공간의 번지오류, overflow 등에 의해서 발생한다.
- CPU가 어떤 작업을 하던 중 외부로부터의 요구가 있으면 그 작업을 중단하고 요구사항을 처리한 후 원래의 작업으로 되돌아가는 기능을 뜻한다.

41 가공전선로에서 전선의 단위길이당 중량과 경간이 일정할 때 이도는 어떻게 되는가?

① 전선의 장력에 비례한다.
② 전선의 장력에 반비례한다.
③ 전선 장력의 제곱에 비례한다.
④ 전선 장력의 제곱에 반비례한다.

해설 이도

이도$(D) = \dfrac{WS^2}{8T}$

여기서, W : 전선의 무게, S : 경간, T : 수평장력

∴ 이도(D)는 장력에 반비례한다.

42 전로의 중성점을 접지하는 목적에 해당되지 않는 것은?

① 보호장치의 확실한 동작 확보
② 대지전압의 저하
③ 이상전압의 억제
④ 부하 전류의 일부를 대지로 흐르게 함으로써 전선의 절약

해설 중성점 접지의 목적
- 이상전압의 억제
- 과도 안정도 증진
- 보호계전기의 동작 확실
- 1선 지락시 건전상의 전위상승 억제

43 직류를 교류로 변환하는 장치이며, 상용 전원으로부터 공급된 전력을 입력받아 자체 내에서 전압과 주파수를 가변시켜 전동기에 공급함으로써 전동기 속도를 고효율로 용이하게 제어하는 장치를 무엇이라 하는가?

① 컨버터   ② 인버터
③ 초퍼   ④ 변압기

해설 변환장치
- 인버터 : 직류를 교류로 변환
- 컨버터 : 교류를 직류로 변환
- 초퍼 : 직류를 직류로 변환

44 저압 옥내간선과의 분기점에서 전선의 길이가 몇 [m] 이하인 곳에 원칙적으로 개폐기 및 과전류차단기를 시설하여야 하는가?

[KEC 규정에 따른 부적합 문제]

① 3   ② 4
③ 5   ④ 8

해설 분기시설
저압 옥내간선과의 분기점에서 전선의 길이가 3[m] 이하인 곳에 원칙적으로 개폐기 및 과전류차단기를 시설하여야 한다.

45 접지선을 철주 및 기타의 금속체를 따라서 시설하는 경우에는 접지극을 지중에서 그 금속체로부터 몇 [cm] 이상 떼어 매설하여야 하는가? (단, 사람이 접촉할 우려가 있는 곳에 시설하는 경우이다.)

① 150   ② 125
③ 100   ④ 75

해설 접지선 시설
- 접지극은 지하 75[cm] 이상 깊이에 매설
- 접지선은 지하 75[cm]~지상 2[m]까지 합성수지관으로 보호
- 접지극은 지중에서 금속체와 1[m] 이상 이격시킬 것

정답 40 ③ 41 ② 42 ④ 43 ② 44 ① 45 ③

46 마이크로프로세서 중 16비트(bit)의 시스템이 아닌 것은?
  [출제기준 변경에 따른 부적합 문제]

① 인텔 8086
② 모토롤라 68000
③ 자이로그 Z8000
④ 인텔 8085

해설 마이크로프로세서
- 16bit : 인텔 8086, 모토롤라 68000, 자이로그 Z8000
- 8bit : 인텔 8085(1977년 발표)

47 동기전동기의 위상특성곡선에 대하여 옳게 표현한 것은? (단, P : 출력, I_f : 계자전류, E : 유도기전력, I_a : 전기자전류, $\cos\theta$: 역률이다.)

① $P-I_f$ 곡선, I_a 일정
② $P-I_a$ 곡선, I_f 일정
③ I_f-E 곡선, $\cos\theta$ 일정
④ I_f-I_a 곡선, P 일정

해설 위상특성곡선
부하전류를 일정하게 하고, I_f(계자전류)에 대한 I_a(전기자전류)의 변화를 나타낸 곡선

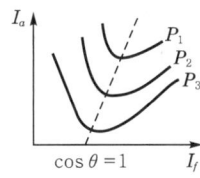

48 전가산기의 입력변수가 x, y, z이고, 출력함수가 S, C일 때 출력의 논리식으로 옳은 것은?

① $S=(x \oplus y) \oplus z$, $C=xyz$
② $S=(x \oplus y) \oplus z$, $C=\overline{x}y+\overline{x}z+yz$
③ $S=(x \oplus y) \oplus z$, $C=(x \oplus y)z$
④ $S=(x \oplus y) \oplus z$, $C=xy+(x \oplus y)z$

해설 전가산기
- 2개의 반가산기와 1개의 OR회로로 구성한다.
- 3개의 입력과 2개의 출력을 갖는다.
- 합(S)=$(x \oplus y) \oplus z$
  자리올림수(C)=$xy+(x \oplus y)z$

49 그림과 같이 내부저항 0.1[Ω], 최대지시 1[A]의 전류계 Ⓐ에 분류기 R을 접속하여 측정범위를 15[A]로 확대하려면 R의 저항값은 몇 [Ω]으로 하면 되는가?

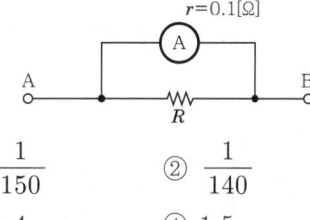

① $\dfrac{1}{150}$ ② $\dfrac{1}{140}$
③ 1.4 ④ 1.5

해설 분류저항(R_S)
$$R_S = \dfrac{r_a}{m-1}$$
여기서, r_a : 전류계 내부저항
  m : 배율
$$\therefore \dfrac{0.1}{\dfrac{15}{1}-1} = \dfrac{1}{140}$$

50 3상 발전기의 전기자권선에 Y결선을 채택하는 이유로 볼 수 없는 것은?

① 상전압이 낮기 때문에 코로나, 열화 등이 적다.
② 권선의 불균형 및 제3고조파 등에 의한 순환전류가 흐르지 않는다.
③ 중성점 접지에 의한 이상전압 방지의 대책이 쉽다.
④ 발전기 출력을 더욱 증대할 수 있다.

해설 전기자권선의 Y결선
- 이상전압 방지대책이 용이하다.
- 코로나, 열화 등이 적다.

정답 46 ④ 47 ④ 48 ④ 49 ② 50 ④

- 권선보호장치의 시설이 용이하다.
- 권선의 불균형 및 제3고조파에 의한 순환전류가 흐르지 않는다.

51 송배전 계통에 사용되는 보호계전기의 반한시 특성이란?

① 동작전류가 커질수록 동작시간이 길어진다.
② 동작전류가 작을수록 동작시간이 짧다.
③ 동작전류에 관계없이 동작시간은 일정하다.
④ 동작전류가 커질수록 동작시간은 짧아진다.

해설 보호계전기
- 순한시계전기 : 고장이 생기면 즉시 동작
- 정한시계전기 : 일정 전류 이상이 되면 크기에 관계 없이 일정시간 후 동작
- 반한시계전기 : 전류가 크면 동작시간이 짧고, 전류가 작으면 동작시간이 길어지는 동작

52 자속밀도 1[Wb/m²]인 평등 자계의 방향과 수직으로 놓인 50[cm]의 도선을 자계와 30° 방향으로 40[m/s]의 속도로 움직일 때 도선에 유기되는 기전력은 몇 [V]인가?

① 5   ② 10
③ 20 ④ 40

해설 유기기전력
$$e = vBl\sin\theta = 40 \times 1 \times 0.5 \times \sin 30°$$
$$= 10[V]$$

53 극판의 면적이 10[cm²], 극판 간의 간격이 1[mm], 극판 간에 채워진 유전체의 비유전율 $\varepsilon_s = 2.5$인 평행판 콘덴서에 100[V]의 전압을 가할 때 극판의 전하량은 몇 [nC]인가?

① 0.6   ② 1.2
③ 2.2   ④ 4.4

해설 전하량
전하량 $Q = C \cdot V$이며
$$C = \frac{\varepsilon S}{d} = \frac{\varepsilon_0 \cdot \varepsilon_s \cdot S}{d}$$
$$= \frac{8.855 \times 10^{-12} \times 2.5 \times 10 \times 10^{-4}}{1 \times 10^{-3}}$$
$$= 0.022 \times 10^{-9}$$
$$\therefore Q = 0.022 \times 10^{-9} \times 100 = 2.2[nC]$$

54 그림의 파형이 나타날 수 있는 소자는? (단, v_S는 입력전압, i_G는 게이트전류, v_0는 출력전압이다.)

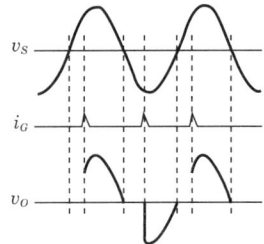

① GTO   ② SCR
③ DIODE ④ TRIAC

해설 TRIAC
- 쌍방향 3단자 소자
- 교류전력 제어
- SCR 역병렬구조로 이루어짐

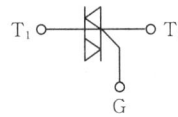

55 생산보전(PM ; Productive Maintenance)의 내용에 속하지 않는 것은?

① 보전예방   ② 안전보전
③ 예방보전   ④ 개량보전

해설 생산보전
예방보전(PM), 보전예방(MP), 개량보전(CM), 사후보전(BM)이 있다.

정답 51 ④ 52 ② 53 ③ 54 ④ 55 ②

56 모든 작업을 기본동작으로 분해하고, 각 기본동작에 대하여 성질과 조건에 따라 미리 정해 놓은 시간치를 적용하여 정미시간을 산정하는 방법은?

① PTS법
② Work sampling법
③ 스톱워치법
④ 실적자료법

해설 시간산정기법
- 스톱워치법, 워크샘플링법, PTS법, 레이팅법 등이 있다.
- 모든 작업을 기본동작으로 분해하고, 각 기본 동작에 대해 성질과 조건에 따라 미리 정해 놓은 시간차를 적용하여 정미시간을 산정하는 방법을 PTS법이라 한다.

57 관리도에서 측정한 값을 차례로 타점했을 때 점이 순차적으로 상승하거나 하강하는 것을 무엇이라 하는가?

① 연(run)
② 주기(cycle)
③ 경향(trend)
④ 산포(dispersion)

해설 관리도 표현
- 연(run), 주기(cycle), 경향(trend), 산포(dispersion) 등이 있다.
- 측정값이 순차적으로 상승하거나 하강하는 것을 경향이라 한다.

58 품질특성을 나타내는 데이터 중 계수치 데이터에 속하는 것은?

① 무게   ② 길이
③ 인장강도   ④ 부적합품률

해설 관리도
- 계량치
  - x관리도
  - $\bar{x}-R$ 관리도
  - $\bar{x}-\sigma$ 관리도
- 계수치
  - P 관리도
  - C 관리도
  - u 관리도
- 무게, 길이, 인장강도는 계량치 관리도에 속한다.

59 어떤 공장에서 작업을 하는 데 있어서 소요되는 기간과 비용이 다음 표와 같을 때 비용구배는? (단, 활동시간의 단위는 일(日)로 계산한다.)

정상작업		특급작업	
기 간	비 용	기 간	비 용
15일	150만원	10일	200만원

① 50,000원   ② 100,000원
③ 200,000원   ④ 500,000원

해설 비용구배

$$비용구배 = \frac{특급비용 - 정상비용}{정상기간 - 특급기간}$$
$$= \frac{200만원 - 150만원}{15일 - 10일}$$
$$= 10만원$$

60 200개 들이 상자가 15개 있을 때 각 상자로부터 제품을 랜덤하게 10개씩 샘플링 할 경우, 이러한 샘플링방법을 무엇이라 하는가?

① 층별샘플링   ② 계통샘플링
③ 취락샘플링   ④ 2단계샘플링

해설 층별샘플링
표본집단을 몇 개의 군으로 나누어서 각 군으로부터 샘플링하는 방법을 뜻한다.

정답 56 ① 57 ③ 58 ④ 59 ② 60 ①

제58회 2015년 7월 19일 출제문제

01 내부저항이 15[kΩ]이고 최대 눈금이 150[V]인 전압계와 내부저항이 10[kΩ]이고 최대 눈금이 150[V]인 전압계가 있다. 두 전압계를 직렬 접속하여 측정하면 최대 몇 [V]까지 측정할 수 있는가?

① 300   ② 250
③ 200   ④ 150

해설 ㉠

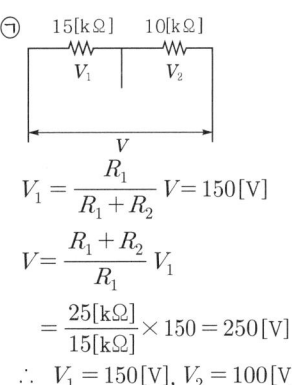

$$V_1 = \frac{R_1}{R_1 + R_2} V = 150[V]$$

$$V = \frac{R_1 + R_2}{R_1} V_1$$

$$= \frac{25[kΩ]}{15[kΩ]} \times 150 = 250[V]$$

∴ $V_1 = 150[V]$, $V_2 = 100[V]$
전체 전압 $V = 250[V]$

㉡ 15[kΩ] 10[kΩ]
    V_1 V_2
         V

$$V_2 = \frac{R_2}{R_1 + R_2} V = 150[V]$$

$$V = \frac{R_1 + R_2}{R_2} V_2$$

$$= \frac{25[kΩ]}{10[kΩ]} \times 150 = 375[V]$$

∴ $V_2 = 150[V]$, $V_1 = 225[V]$가 되므로 부적당하며 또한 전체 전압은 250[V]가 된다.

02 논리식 $Z = \overline{(\overline{A}+C) \cdot (B+\overline{D})}$ 를 간소화하면?

① $A\overline{C}$ ② $\overline{B}D$
③ $A\overline{C}+\overline{B}D$ ④ $\overline{A}\,\overline{C}+\overline{B}\,\overline{D}$

해설 $Z = \overline{(\overline{A}+C) \cdot (B+\overline{D})}$ (드 모르간 정리 이용)
  $= \overline{\overline{A}+C} \cdot \overline{B+\overline{D}}$

 정정: $= \overline{\overline{A}} \cdot \overline{C} + \overline{B} \cdot \overline{\overline{D}}$
  $= A\overline{C} + \overline{B}D$

[참고] 드 모르간 정리

$\overline{A+B} = \overline{A} \cdot \overline{B}$
$\overline{A \cdot B} = \overline{A} + \overline{B}$

03 공기 중에서 일정한 거리를 두고 있는 두 점전하 사이에 작용하는 힘이 20[N]이었는데, 두 전하 사이에 비유전율이 4인 유리를 채웠다. 이때 작용하는 힘은 어떻게 되는가?

① 작용하는 힘은 변하지 않는다.
② 0[N]으로 작용하는 힘이 사라진다.
③ 5[N]으로 힘이 감소되었다.
④ 40[N]으로 힘이 두 배 증가되었다.

해설 쿨롱의 법칙

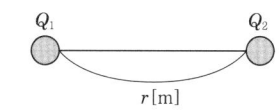

$$F_1 = \frac{Q_1 \cdot Q_2}{4\pi\varepsilon_0 r^2} = 20[N]$$

$$F_2 = \frac{Q_1 \cdot Q_2}{4\pi\varepsilon_0 \varepsilon_s r^2} = \frac{1}{\varepsilon_s} F_1 = \frac{20}{4} = 5[N]$$

정답 01 ② 02 ③ 03 ③

04 그림과 같은 기본회로의 논리동작은?

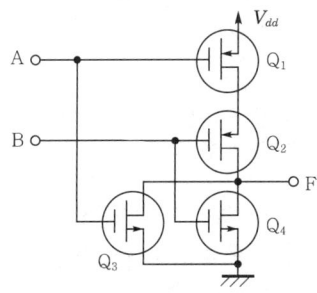

① NAND 게이트 ② NOR 게이트
③ AND 게이트   ④ OR 게이트

해설

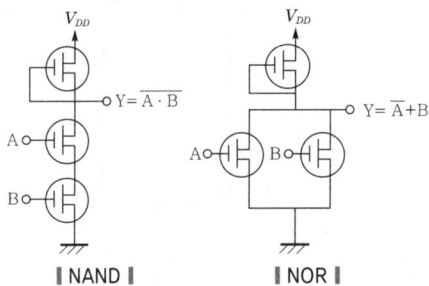

05 그림과 같은 혼합브리지 회로의 부하로 $R=8.4[\Omega]$의 저항이 접속되었다. 평활 리액턴스 L을 ∞로 가정할 때 직류 출력전압의 평균값 V_d는 약 몇 [V]인가? (단, 전원전압의 실효값 $V=100[V]$, 점호각 $\alpha=30°$로 한다.)

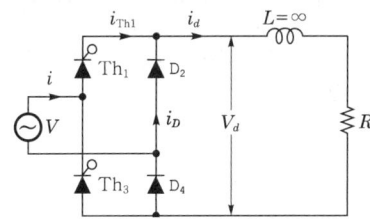

① 22.5   ② 66.0
③ 67.5   ④ 84.0

해설 브리지 정류회로로서 전파회로이므로

$E_d = \dfrac{\sqrt{2}}{\pi}E(1+\cos\alpha)$

$= 0.9E\left(\dfrac{1+\cos\alpha}{2}\right)$

$= 0.9 \times 100\left(\dfrac{1+\cos 30°}{2}\right) ≒ 84[V]$

06 22.9[kV] 배전선로에서 Al 전선을 접속할 때 장력이 가해지는 직선개소에서의 접속방법으로 옳은 것은?

① 조임 클램프 사용접속
② 활성 클램프 사용접속
③ 보수 슬리브 사용접속
④ 압축 슬리브 사용접속

해설 Al(알루미늄) 전선 접속시 장력이 가해지는 곳은 압축 슬리브 접속을 이용한다.

07 10[kVA], 2,000/100[V] 변압기에서 1차로 환산한 등가 임피던스가 $6.2+j7[\Omega]$이다. 이 변압기의 % 리액턴스 강하는?

① 0.18   ② 0.35
③ 1.75   ④ 3.5

해설 $Z=R+jX=6.2+j7[\Omega]$

$\%X = \dfrac{IX}{V} \times 100$

$I = \dfrac{P}{V} = \dfrac{10 \times 10^3}{2,000} = 5[A]$이므로

$\therefore \%X = \dfrac{5 \times 7}{2,000} \times 100 = 1.75[\%]$

08 전부하에서 2차 전압이 120[V]이고 전압변동율이 2[%]인 단상변압기가 있다. 1차 전압은 몇 [V]인가? (단, 1차 권선과 2차 권선의 권수비는 20 : 1이다.)

① 1,224   ② 2,448
③ 2,888   ④ 3,142

해설 전압변동률 $\varepsilon = \dfrac{V_0 - V_n}{V_n} \times 100$

여기서, 무부하전압(V_0), 정격전압(V_n)

$V_{1n} = a\left(1 + \dfrac{\varepsilon}{100}\right)V_{2n}$

$= 20(1+0.02) \times 120$

$= 2,448[V]$

09 동기발전기의 무부하 포화곡선에서 횡축은 무엇을 나타내는가?

① 계자전류　② 전기자전류
③ 전기자전압　④ 자계의 세기

해설 무부하 포화곡선
유기기전력(E), 계자전류(I_f)의 관계 곡선

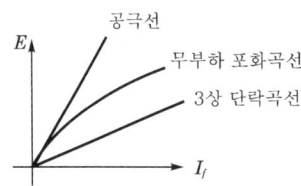

10 $R = 8[\Omega]$, $X_L = 10[\Omega]$, $X_C = 20[\Omega]$이 병렬로 접속된 회로에 240[V]의 교류전압을 가하면 전원에 흐르는 전류는 약 몇 [A]인가?

① 18　② 24
③ 32　④ 46

해설 병렬회로이므로

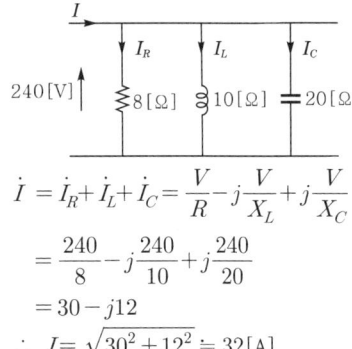

$$\dot{I} = \dot{I}_R + \dot{I}_L + \dot{I}_C = \frac{V}{R} - j\frac{V}{X_L} + j\frac{V}{X_C}$$
$$= \frac{240}{8} - j\frac{240}{10} + j\frac{240}{20}$$
$$= 30 - j12$$
$$\therefore I = \sqrt{30^2 + 12^2} ≒ 32[A]$$

11 다음 중 계통에 연결되어 운전 중인 변류기를 점검할 때 2차측을 단락하는 이유는?

① 측정오차 방지
② 2차측의 절연 보호
③ 1차측의 과전류 방지
④ 2차측의 과전류 방지

해설
- 계기용 변압기(PT)
  - 점검시 2차측 개방 : 2차측 과전류 보호
  - 2차 전압 : 110[V]
- 변류기(CT)
  점검시 2차측 단락 : 2차측 과전압 보호, 2차측 절연 보호

12 J-K FF에서 현재상태의 출력 Q_n을 0으로 하고, J입력에 0, K입력에 1, 클록펄스 C.P 에 ⌐⌐ (rising edge)의 신호를 가하게 되면 다음 상태의 출력 Q_{n+1}은?

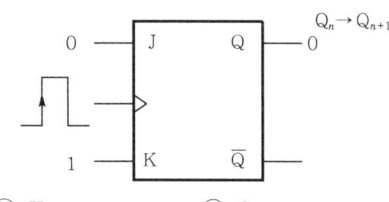

① X　② 0
③ 1　④ $\overline{Q}_n$

해설 J-K 플립플롭의 진리표

J	K	Q_{n+1}
0	0	Q_n
0	1	0
1	0	1
1	1	$\overline{Q}_n$

13 Memory cell이 Flip-Flop으로 되어 있는 것은?

① PROM
② EPROM
③ SRAM
④ DRAM

해설 SRAM
- Access 시간이 DRAM보다 빠르다.
- 소용량의 메모리에 사용한다.
- 플립플롭으로 집적화되어 있다.
- Refresh회로가 필요치 않다.

정답 09 ①　10 ③　11 ②　12 ②　13 ③

14 단상 배전선로에서 그 인출구 전압은 6,600[V]로 일정하고 한 선의 저항은 15[Ω], 한 선의 리액턴스는 12[Ω]이며, 주상변압기 1차측 환산 저항은 20[Ω], 리액턴스는 35[Ω]이다. 만약 주상변압기 2차측에서 단락이 생기면 이때의 전류는 약 몇 [A]인가? (단, 주상변압기의 전압비는 6,600/220[V]이다.)

① 2,575　② 2,560
③ 2,555　④ 2,540

해설 $a = \dfrac{V_1}{V_2} = \dfrac{I_2}{I_1}$, $I_2 = aI_1$ 또한

$a = \dfrac{6,600}{220} = 30$ 이므로 $I_2 = 30I_1$이 되며

$I_2 = \dfrac{6,600}{\sqrt{(15 \times 2 + 20)^2 + (12 \times 2 + 35)^2}} \times 30$

$\fallingdotseq 2,560[A]$

15 직접 콘크리트에 매입하여 시설하거나 전용의 불연성 또는 난연성 덕트에 넣어야만 시공할 수 있는 전선관은?

① CD관
② PF관
③ PF-P관
④ 두께 2[mm] 합성수지관

해설 **CD전선관**
- 직접 콘크리트에 매설시 이용
- 불연성, 난연성 덕트에 넣어야만 시공 가능

16 저항 20[Ω]인 전열기로 21.6[kcal]의 열량을 발생시키려면 5[A]의 전류를 약 몇 분간 흘려주면 되는가?

① 3분　② 5.7분
③ 7.2분　④ 18분

해설 **줄의 법칙**
$H = 0.24 I^2 Rt [\text{cal}]$
$21.6 \times 10^3 = 0.24 \times 5^2 \times 20 \times t$
$\therefore\ t = 180$초 $= 3$분

17 어떤 전지의 외부회로에 5[Ω]의 저항을 접속하였더니 8[A]의 전류가 흘렀다. 외부회로에 5[Ω] 대신에 15[Ω]의 저항을 접속하면 전류는 4[A]로 떨어진다. 전지의 기전력은 몇 [V]인가?

① 40
② 60
③ 80
④ 120

해설 **건전지의 등가회로**

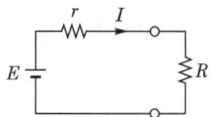

여기서, r : 전지의 내부저항
$E = (r + R)I$ 이므로
$E = (r + 5)8$ ················ ㉠
$E = (r + 15)4$ ················ ㉡
$\therefore\ (r+5)8 = (r+15)4$에서 $r = 5$이므로
기전력$(E) = (5+5) \times 8 = 80[V]$

18 다음 논리회로의 논리식으로 옳은 것은?

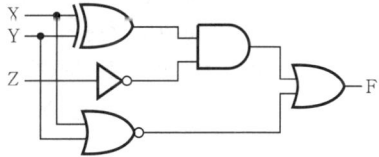

① $F = \overline{(X \oplus Y)} + \overline{(XY)}\overline{Z}$
② $F = \overline{(X + Y)} + (X \oplus Y)\overline{Z}$
③ $F = \overline{(X \oplus Y)} + \overline{(X + Y)}\overline{Z}$
④ $F = \overline{(X + Y)} + (X + Y)\overline{Z}$

해설

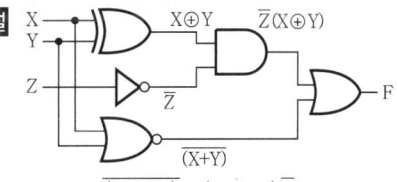

$\therefore\ F = \overline{(X + Y)} + (X \oplus Y)\overline{Z}$

19 저압옥내배선의 라이팅덕트 시설방법으로 틀린 것은?

① 조영재를 관통하는 경우에는 충분한 보호조치를 하여 시공한다.
② 라이팅덕트 상호 및 도체 상호는 견고하고 전기적 및 기계적으로 완전하게 접속한다.
③ 조영재에 부착할 경우 지지점은 매 덕트마다 2개소 이상 및 지지점 간의 거리는 2[m] 이하로 견고히 부착한다.
④ 라이팅덕트에 접속하는 부분의 배선은 전선관이나 몰드 또는 케이블배선에 의하여 전선이 손상을 받지 않게 시설한다.

해설 라이팅덕트공사
- 조영재를 관통할 수 없다.
- 지지점 간의 거리는 2[m] 이하이다.
- 전등의 일렬배선 공사시 이용한다.

20 전류원 인버터(CSI ; Current Source Inverter)와 비교할 때 전압원 인버터(VSI ; Voltage Source Inverter)의 장점이 아닌 것은?

① 대용량에도 적합한 방식이다.
② 용량성 부하에도 사용할 수 있다.
③ 제어회로 및 이론이 비교적 간단하다.
④ 유도전동기 구동시 속도제어 범위가 더 넓다.

해설 전류원 인버터(CSI)
- 대용량에 적합하다.
- 제어회로가 비교적 간단하다.
- 유도전동기 구동시 속도제어 범위가 넓다.

21 계자철심에 잔류자기가 없어도 발전할 수 있는 직류기는?

① 직권기
② 복권기
③ 분권기
④ 타여자기

해설 발전기
- 타여자발전기
  - 잔류자기가 없어도 발전 가능
  - 외부에서 계속 자속 공급
- 자여자발전기
  - 잔류자기가 있어야 발전 가능
  - 직권, 분권, 복권발전기

22 다음과 같은 회로의 기능은?

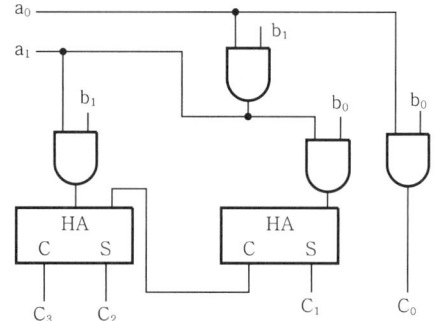

① 2진 승산기 ② 2진 제산기
③ 2진 감산기 ④ 전가산기

해설 반가산기를 이용한 2진 승산기이며 반가산기는 1자리의 2진수를 가산하는 회로이다.

23 실리콘 정류기의 동작시 최고 허용온도를 제한하는 가장 주된 이유는?

① 정격순전류의 저하 방지
② 역방향 누설전류의 감소 방지
③ 브레이크 오버(break over) 전압의 저하 방지
④ 브레이크 오버(break over) 전압의 상승 방지

해설
- 실리콘 정류기 동작시 최고 허용온도를 제한하는 것은 브레이크 오버 전압의 저하를 방지하기 위해서이다.
- 브레이크 오버 전압이란 정류기의 게이트가 도전상태로 되는 전압을 뜻한다.

정답 19 ① 20 ② 21 ④ 22 ① 23 ③

24 회로를 여러 개 병렬로 접속하면 그 연결개수만큼 2진수를 기억할 수 있다. 일반적으로 이와 같은 플립플롭 일정 개수를 모아서 연산이나 누계에 사용하는 플립플롭의 특수한 모임은 무엇인가?
[출제기준 변경에 따른 부적합 문제]
① 게이트(gate)
② 컨버터(converter)
③ 카운터(counter)
④ 레지스터(register)

해설 레지스터(register)
여러 개의 플립플롭으로 이루어져 있고 연산이나 누계에 사용되며, 범용 레지스터(GR), 인덱스 레지스터(IX), 프로그램 카운터(PC), 스택 포인터(SP), 명령 레지스터(IR) 등이 있다.

25 UPS의 기능으로서 가장 옳은 것은?
① 가변주파수 공급
② 고조파방지 및 정류평활
③ 3상 전파정류방식
④ 무정전 전원공급 가능

해설 UPS
무정전 공급방식

26 공사원가는 공사시공 과정에서 발생한 항목의 합계액을 말하는데 여기에 포함되지 않는 것은?
① 경비
② 재료비
③ 노무비
④ 일반관리비

해설 순공사원가=경비+재료비+노무비

27 그림과 같이 3상 유도전동기를 접속하고 3상 대칭전압을 공급할 때 각 계기의 지시가 $W_1 = 2.6[\text{kW}]$, $W_2 = 6.4[\text{kW}]$, $V = 200[\text{V}]$, $A = 32.19[\text{A}]$이었다면 부하의 역률은?

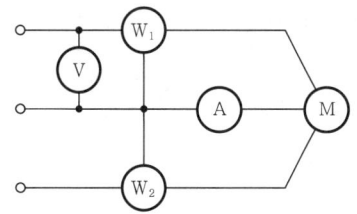

① 0.577
② 0.807
③ 0.867
④ 0.926

해설 2전력계법

역률 $\cos\theta = \dfrac{P}{P_a}$

$= \dfrac{W_1 + W_2}{2\sqrt{W_1^2 + W_2^2 - W_1 \cdot W_2}}$

$= \dfrac{(2.6+6.4)10^3}{2\sqrt{(2.6\times10^3)^2 + (6.4\times10^3)^2 - (2.6\times6.4\times10^6)}}$

$\fallingdotseq 0.807$

28 4극 직류발전기가 전기자 도체수 600, 매극당 유효자속 0.035[Wb], 회전수가 1,800[rpm]일 때 유기되는 기전력은 몇 [V]인가? (단, 권선은 단중 중권이다.)
① 220
② 320
③ 430
④ 630

해설 직류발전기

유기기전력 $E = \dfrac{P}{a} Z\phi \dfrac{N}{60} = K\phi N$(여기서, a : 브러시수)

또한 중권에서는 $a = P$이므로

$E = Z\phi \dfrac{N}{60}$

$= 600 \times 0.035 \times \dfrac{1,800}{60}$

$= 630[\text{V}]$

29 10진수 77을 2진수로 표시한 것은?
① 1011001
② 1110111
③ 1011010
④ 1001101

부록 I

해설 **진수 변환**

```
2 ) 77₁₀
2 ) 38  ··· 1
2 ) 19  ··· 0
2 )  9  ··· 1
2 )  4  ··· 1
2 )  2  ··· 0
     1  ··· 0
```

$\therefore 77_{10} = 1001101_2$

30 다음 논리함수를 간략화하면 어떻게 되는가?

$$Y = \overline{A}\overline{B}\overline{C}D + \overline{A}B\overline{C}D + A\overline{B}\overline{C}D + AB\overline{C}D$$

	$\overline{A}\overline{B}$	$\overline{A}B$	AB	$A\overline{B}$
$\overline{C}\overline{D}$	1			1
$\overline{C}D$				
CD				
$C\overline{D}$	1			1

① $\overline{B}\overline{D}$ ② $B\overline{D}$
③ $\overline{B}D$ ④ BD

해설 **카르노맵**

	$\overline{A}\overline{B}$	$\overline{A}B$	AB	$A\overline{B}$
$\overline{C}\overline{D}$	(1)			(1)
$\overline{C}D$				
CD				
$C\overline{D}$	(1)			(1)

4개를 1묶음으로 묶어서 변하는 문자를 생략하면
∴ 출력 $Y = \overline{B}\overline{D}$

31 어떤 변압기를 운전하던 중에 단락이 되었을 때 그 단락전류가 정격전류의 25배가 되었다면 이 변압기의 임피던스 강하는 몇 [%]인가?

① 2   ② 3
③ 4   ④ 5

해설 **단락전류**

$I_s = \dfrac{100}{\%Z} I_n$ 에서

$I_s = 25 I_n$ 이 되기 위해서는 $\dfrac{100}{\%Z} = 25$ 이므로
$\%Z = 4[\%]$

32 다음 중 스택이 사용되는 경우는 언제인가?
　　　　　　　[출제기준 변경에 따른 부적합 문제]

① 스풀을 실행할 때
② DMA 요구가 받아들여졌을 때
③ 브랜치 명령이나 무조건 분기 명령이 실행될 때
④ 인터럽트가 발생하여 서비스 프로그램의 수행이 필요할 때

해설 **스택(stack)**
- LIFO(Last In First Out) 구조
- 삽입과 삭제가 리스트의 한쪽에서만 가능
- 인터럽트가 발생하여 서비스 프로그램의 수행이 필요할 때 사용

33 유니온 커플링의 사용목적은?
① 금속관과 박스의 접속
② 안지름이 다른 금속관 상호의 접속
③ 금속과 상호를 나사로 연결하는 접속
④ 돌려 끼울 수 없는 금속관 상호의 접속

해설
- 유니온 커플링 : 금속관 상호 접속시 사용되며 금속관이 고정되어 돌려서 끼울 수 없을 때 사용된다.
- 새들 : 금속관을 조영재에 고정시 사용된다.

34 SSS의 트리거에 대한 설명 중 옳은 것은?
① 게이트에 빛을 비춘다.
② 게이트에 (+)펄스를 가한다.
③ 게이트에 (-)펄스를 가한다.
④ 브레이크 오버 전압을 넘는 전압의 펄스를 양단자 간에 가한다.

정답 30 ①　31 ③　32 ④　33 ④　34 ④

해설 SSS
- SSS(Silicon symmetrical SW)는 쌍방향 2단자 소자
- 트리거 소자로 이용되며, 브레이크 오버 전압을 넘는 전압의 펄스를 양단자 간에 가한다.

35 그림과 같은 회로의 합성정전용량은?

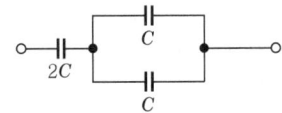

① C ② $2C$
③ $3C$ ④ $4C$

해설 합성정전용량

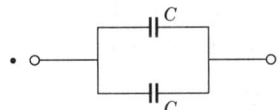

$$C' = \frac{C \cdot C}{C+C} = \frac{1}{2}C$$

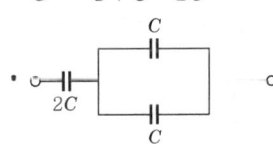

$$C' = C + C = 2C$$

∴ 전체 합성정전용량 $C' = \dfrac{2C \cdot 2C}{2C+2C} = C[F]$

36 기전력 1[V], 내부저항 0.08[Ω]인 전지로, 2[Ω]의 저항에 10[A]의 전류를 흘리려고 한다. 전지 몇 개를 직렬접속시켜야 하는가?

① 88 ② 94
③ 100 ④ 108

해설 전지

$I = \dfrac{nE}{nr+R}$ (여기서, n : 전지의 직렬개수)

$10 = \dfrac{n \times 1}{n \times 0.08 + 2}$ 이므로

$0.8n + 20 = n$
$0.2n = 20$ 이므로 $n = 100$ 개

37 변압기의 전부하 동손이 240[W], 철손이 160[W]일 때 이 변압기를 최고 효율로 운전하는 출력은 정격출력의 몇 [%]가 되는가?

① 60.00 ② 66.67
③ 81.65 ④ 92.25

해설 $\dfrac{1}{m}$ 부하시 최대효율

$\dfrac{1}{m}$ 부하시 : $P_i = \left(\dfrac{1}{m}\right)^2 P_c$

∴ $\dfrac{1}{m} = \sqrt{\dfrac{P_i}{P_c}} = \sqrt{\dfrac{160}{240}} ≒ 0.8165$

약 81.65[%]

38 그림과 같은 연산증폭기에서 입력에 구형파 전압을 가했을 때 출력파형은?

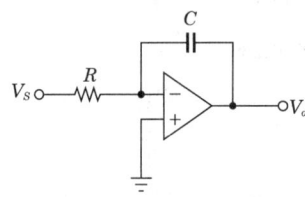

① 구형파 ② 삼각파
③ 정현파 ④ 톱니파

해설 연산기
적분연산기이므로 구형파 입력이면 삼각파의 출력파형이 나온다.

$V_0 = -\dfrac{1}{RC}\int V_1 dt$

39 전산기에서 음수를 처리하는 방법은?

① 보수 표현
② 지수적 표현
③ 부동소수점 표현
④ 고정소수점 표현

해설 전산기에서 보수를 이용하여 음수를 표현한다.

정답 35 ① 36 ③ 37 ③ 38 ② 39 ①

40 금속 전선관을 쇠톱이나 커터로 절단한 다음, 관의 단면을 다듬을 때 사용하는 공구는?
① 리머   ② 홀소
③ 클리퍼   ④ 클릭볼

해설
- 리머 : 절단된 금속관의 단면을 매끄럽게 다듬을 때 사용
- 부싱 : 전선을 넣거나 뺄 때 전선의 피복을 보호하기 위해 사용

41 평행도선에 같은 크기의 왕복 전류가 흐를 때 두 도선 사이에 작용하는 힘과 관계 되는 것으로 옳은 것은?
① 전류의 제곱에 비례한다.
② 간격의 제곱에 반비례한다.
③ 주위 매질의 투자율에 반비례한다.
④ 간격의 제곱에 비례하고 투자율에 반비례한다.

해설 왕복도선

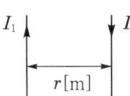

$$F = \frac{2I_1 I_2}{r} \times 10^{-7} = \frac{2I^2}{r} \times 10^{-7}$$

(조건에서 $I_1 = I_2$이므로)
∴ 두 도선 사이에 작용하는 힘 F는 전류(I)의 제곱에 비례한다.

42 2중 농형 전동기가 보통 농형 전동기에 비해서 다른 점은?
① 기동전류가 크고, 기동회전력도 크다.
② 기동전류가 적고, 기동회전력도 적다.
③ 기동전류는 적고, 기동회전력은 크다.
④ 기동전류는 크고, 기동회전력은 적다.

해설 농형 유도전동기
- 전전압기동, Y-△기동, 기동보상기법 전동기가 있다.
- 2중 농형 전동기는 보통의 농형 전동기에 비해 기동전류는 적고, 회전력은 크다.

43 동기 무효전력보상장치(조상기)에 대한 설명으로 옳은 것은?
① 유도부하와 병렬로 접속한다.
② 부하전류의 가감으로 위상을 변화시켜 준다.
③ 동기전동기에 부하를 걸고 운전하는 것이다.
④ 부족여자로 운전하여 진상전류를 흐르게 한다.

해설 동기 무효전력보상장치(조상기)
- 과여자(진상전류), 부족여자(지상전류) 이용
- 유도부하와 병렬로 연결
- 전력손실이 크다.
- 연속적이다.

44 동기발전기에 회전계자형을 사용하는 경우가 많다. 그 이유로 적합하지 않는 것은?
① 기전력의 파형을 개선한다.
② 전기자 권선은 고전압으로 결선이 복잡하다.
③ 계자회로는 직류 저전압으로 소요전력이 적다.
④ 전기자보다 계자극을 회전자로 하는 것이 기계적으로 튼튼하다.

해설 고조파를 제거하여 기전력의 파형을 개선하는 방식은 단절권, 분포권에 해당한다.

45 동기전동기의 기동을 다른 전동기로 할 경우에 대한 설명으로 옳은 것은?
① 유도전동기를 사용할 경우 동기전동기의 극수보다 2극 정도 적은 것을 택한다.
② 유도전동기의 극수를 동기전동기의 극수와 같게 한다.
③ 다른 동기전동기로 기동시킬 경우 2극 정도 많은 전동기를 택한다.
④ 유도전동기로 기동시킬 경우 동기전동기보다 2극 정도 많은 것을 택한다.

정답 40 ① 41 ① 42 ③ 43 ① 44 ① 45 ①

해설
- 동기전동기의 기동을 다른 유도전동기로 사용시 동기전동기의 극수보다 2극 정도 적은 것을 택한다.
- 같은 극수로는 유도기는 동기속도보다 sN_s만큼 늦다.

46 변압기의 누설 리액턴스를 줄이는 가장 효과적인 방법은?

① 권선을 동심 배치한다.
② 권선을 분할하여 조립한다.
③ 코일의 단면적을 크게 한다.
④ 철심의 단면적을 크게 한다.

해설 $L \propto N^2$이므로 누설 리액턴스를 줄이기 위해 권선을 분할하여 조립한다.

47 단상 유도전동기에서 주권선과 보조권선을 전기각 $2\pi[\text{rad}]$로 배치하고 보조권선의 권수를 주권선의 1/2로 하여 인덕턴스를 적게 하여 기동하는 방식은?

① 분상기동형
② 콘덴서기동형
③ 셰이딩코일형
④ 권선기동형

해설 분상기동형
보조권선의 권수를 주권선의 1/2로 하여 인덕턴스를 적게 하여 기동하는 방식

48 다음 중 상자성체는 어느 것인가?

① 알루미늄
② 니켈
③ 코발트
④ 철

해설
- 강자성체($\mu_s \gg 1$) : 철, 니켈, 코발트
- 상자성체($\mu_s \fallingdotseq 1$) : 공기, 알루미늄
- 역자성체($\mu_s < 1$) : 구리, 금, 은

49 가공전선로의 지지물에 하중이 가해지는 경우에 그 하중을 받는 지지물의 기초안전율은 2 이상이어야 한다. 다음과 같은 경우 예외로 하고 있다. ( ) 안의 내용으로 알맞은 것은?

> 철근콘크리트주로서 그 전체의 길이가 16[m] 초과 20[m] 이하이고, 설계하중이 6.8[kN] 이하의 것을 논이나 그 밖의 지반이 연약한 곳 이외에 그 묻히는 깊이를 ( )[m] 이상으로 시설하는 경우

① 2.2   ② 2.5
③ 2.8   ④ 3.0

해설 지지물
- 기초안전율 : 2.0 이상
- 근입깊이
 - 전장 16[m] 이하 하중 6.8[kN] 이하
  - 전장 15[m] 이하 : 전장의 $\frac{1}{6}$ 이상
  - 전장 15[m] 초과 : 2.5[m] 이상
 - 전장 16[m] 초과 20[m] 이하 하중 6.8[kN] 이하 : 2.8[m] 이상

50 수관을 통하여 공급되는 온천수의 온도를 올려서 수관을 통하여 욕탕에 공급하는 전극식 온수기(승온기) 차폐장치의 전극에는 제 몇 종 접지공사를 하여야 하는가?

[KEC 규정에 따른 부적합 문제]

① 제1종 접지공사
② 제2종 접지공사
③ 제3종 접지공사
④ 특별 제3종 접지공사

해설
- 온수기(승온기) : 제1종 접지
- 전기온돌 ─ 400[V] 미만 : 제3종 접지
         └ 400[V] 이상 : 특별 제3종 접지
- 풀용 수중 조명등 외함 : 특별 제3종 접지

정답 46 ② 47 ① 48 ① 49 ③ 50 ①

51 다음 중 동심구의 양 도체 사이에 절연내력이 30[kV/mm]이고, 비유전율 5인 절연액체를 넣으면 공기인 경우 몇 배의 전기량이 축적되는가?

① 5　　② 10
③ 20　④ 40

해설 구도체의 전계의 세기 E

- 공기 중 : $E = \dfrac{Q}{\varepsilon_0 S} = \dfrac{Q}{4\pi\varepsilon_0 r^2}$ 에서
$$Q = 4\pi\varepsilon_0 r^2 E$$
- 유전율
$$Q' = 4\pi\varepsilon_0 \varepsilon_s r^2 E = \varepsilon_s Q = 5Q \ (\varepsilon_s = 5이므로)$$

52 22.9[kV] 가공전선로에서 3상 4선식 선로의 직선주에 사용되는 크로스 완금의 표준길이는?

① 900[mm]　② 1,400[mm]
③ 1,800[mm]　④ 2,400[mm]

해설 완금의 표준길이[mm]

전선의 조수	특고압	고압	저압
2	1,800	1,400	900
3	2,400	1,800	1,400

53 전원과 부하가 다같이 △결선된 3상 평형회로가 있다. 전원 전압이 200[V], 부하 임피던스가 $6 + j8[\Omega]$인 경우 선전류는 몇 [A]인가?

① 10　　② 20
③ $10\sqrt{3}$　④ $20\sqrt{3}$

해설 △결선(환상결선)

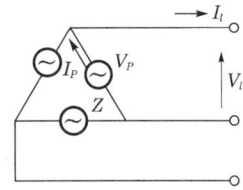

$V_l = V_P$
$I_l = \sqrt{3}\, I_P$
$V_P = Z I_P$
$I_P = \dfrac{V_P}{Z} = \dfrac{200}{\sqrt{6^2 + 8^2}} = 20[A]$

∴ 선전류$(I_l) = \sqrt{3}\, I_P = 20\sqrt{3}\,[A]$

54 권선형 유도전동기의 기동시 회전자 회로에 고정저항과 가포화리액터를 병렬접속 삽입하여 기동초기 슬립이 클 때 저전류 고토크로 기동하고 점차 속도상승으로 슬립이 작아져 양호한 기동이 되는 기동법은?

① 2차 저항 기동법
② 2차 임피던스 기동법
③ 1차 직렬 임피던스 기동법
④ 콘돌퍼(Kondorfer) 기동방식

해설 권선형 유도전동기

주로 2차 저항법, 2차 여자법, 종속접속법 등이 이용되며, 회전자 회로에 고정저항과 리액터를 병렬접속하여 기동이 되는 2차 임피던스 기동법도 있다.

55 도수분포표에서 알 수 있는 정보로 가장 거리가 먼 것은?

① 로트 분포의 모양
② 100단위당 부적합수
③ 로트의 평균 및 표준편차
④ 규격과의 비교를 통한 부적합품률의 추정

해설 도수분포표

- 측정값을 몇 개의 계급으로 나누고 각각의 출현도수를 나타낸 통계자료이다.
- 로트의 분포를 알 수 있다.
- 로트의 평균과 표준편차를 알 수 있다.
- 부적합품률의 추정이 가능하다.

정답 51 ①　52 ④　53 ④　54 ②　55 ②

56 자전거를 셀 방식으로 생산하는 공장에서, 자전거 1대당 소요 공수가 14.5[H]이며, 1일 8[H], 월 25일 작업을 한다면 작업자 1명당 월 생산가능대수는 몇 대인가? (단, 작업자의 생산종합효율은 80[%]이다.)

① 10대 ② 11대
③ 13대 ④ 14대

해설 작업자 1인의 25일 기준 작업 총시간
$= 8 \times 25 = 200[H]$
자전거 1대당 소요 공수가 14.5[H]이므로
1인의 생산가능대수 $= \dfrac{200}{14.5} \times 0.8 = 11$대

57 미리 정해진 일정단위 중에 포함된 부적합수에 의거하여 공정을 관리할 때 사용되는 관리도는?

① c 관리도 ② P 관리도
③ X 관리도 ④ nP 관리도

해설 관리도
- P 관리도 : 부적합품률 관리도
- c 관리도 : 부적합수 관리도
- u 관리도 : 단위당 부적합수 관리도

58 TPM 활동체제구축을 위한 5가지 기둥과 가장 거리가 먼 것은?

① 설비초기 관리체제구축 활동
② 설비효율화의 개별개선 활동
③ 운전과 보전의 스킬업 훈련 활동
④ 설비경제성 검토를 위한 설비투자분석 활동

해설 총체적 설비보전(TPM)
- 5S(정리, 정돈, 청결, 청소, 습관화)를 통한 시스템 효율의 극대화 추구
- 설비초기 관리체제구축 활동
- 설비효율화의 개별개선 활동
- 운전과 보전의 스킬업 훈련 활동 등

59 ASME(American Society of Mechanical Engineers)에서 정의하고 있는 제품공정분석표에 사용되는 기호 중 "저장(storage)"을 표현한 것은?

① ○ ② □
③ ▽ ④ ⇨

해설 공정분석기호
- ○ : 가공
- □ : 수량
- ▽ : 저장
- ⇨ : 운반

60 로트에서 랜덤하게 시료를 추출하여 검사한 후 그 결과에 따라 로트의 합격, 불합격을 판정하는 검사방법을 무엇이라 하는가?

① 자주검사 ② 간접검사
③ 전수검사 ④ 샘플링검사

해설 샘플링검사
랜덤하게 시료를 발췌하여 검사한 후 판정을 하는 방법
- 검사항목이 많은 경우
- 부적합품이 어느 정도 있어도 괜찮은 경우
- 검사비용이 저게 드는 것이 유리한 경우

정답 56 ② 57 ① 58 ④ 59 ③ 60 ④

제59회 2016년 4월 2일 출제문제

01 교류와 직류 양쪽 모두에 사용 가능한 전동기는?

① 단상 분권 정류자 전동기
② 단상 반발전동기
③ 셰이딩 코일형 전동기
④ 단상 직권 정류자 전동기

해설 단상 직권 정류자 전동기는 AC, DC 양쪽 모두 이용이 가능하다.

02 접지공사에 사용하는 접지선을 사람이 접촉할 우려가 있는 곳에 시설하는 경우, 접지극을 지중에서 철주 또는 기타의 금속체로부터 몇 [cm] 이상 떼어서 매설하여야 하는가?

① 80   ② 100
③ 125 ④ 150

해설 사람이 접촉할 우려가 있는 접지선을 시설하는 경우 접지극은 금속체로부터 1[m](100[cm]) 이상의 간격을 두고 매설하여야 한다.

03 그림과 같은 회로에서 전류 I[A]는?

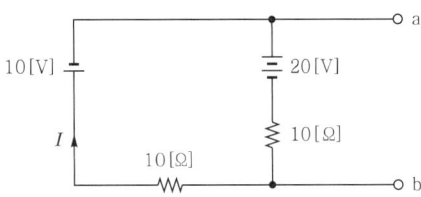

① -0.5 ② -1.0
③ -1.5 ④ -2.0

해설 중첩의 정리
• 10[V] 기준으로 해석하면(단, 20[V] : 단락)

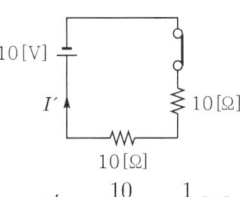

$$I' = -\frac{10}{20} = -\frac{1}{2}[A]$$

• 20[V] 기준으로 해석하면(단, 10[V] : 단락)

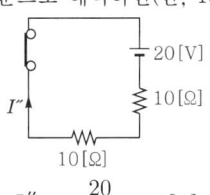

$$I'' = -\frac{20}{20} = -1[A]$$

$$\therefore I = I' + I'' = -1.5[A]$$

04 일반 변전소 또는 이에 준하는 곳의 주요 변압기에 시설하여야 하는 계측장치로 옳은 것은?

① 전류, 전력, 주파수
② 전압, 주파수 또는 역률
③ 전력, 주파수 또는 역률
④ 전압, 전류 또는 전력

해설 변압기에 시설하는 계측장비
전압계, 전류계, 전력계 등이 있다.

05 고압 보안공사에서 전선을 경동선으로 사용하는 경우 지름 몇 [mm] 이상의 것을 사용하여야 하는지 그 기준으로 옳은 것은?

① 8   ② 6
③ 5   ④ 3

해설 고압 보안공사에서 경동선을 사용시에는 지름 5[mm] 이상의 것을 사용한다.

정답 01 ④ 02 ② 03 ③ 04 ④ 05 ③

06 합성수지몰드 공사에 사용하는 몰드홈의 폭과 깊이는 몇 [cm] 이하가 되어야 하는가? (단, 두께는 1.2[mm] 이상이다.)

① 1.5
② 2.5
③ 3.5
④ 4.5

해설 합성수지몰드 공사에 사용하는 몰드홈과 폭의 깊이는 3.5[cm] 이하여야 한다.

07 동기전동기를 무부하로 하였을 때, 계자전류를 조정하면 동기기는 L과 C소자와 같이 작동하고, 계자전류를 어떤 일정 값 이하의 범위에서 가감하면 가변 리액턴스가 되고, 어떤 일정 값 이상에서 가감하면 가변 커패시턴스로 작동한다. 이와 같은 목적으로 사용되는 것은?

① 변압기
② 균압환
③ 제동권선
④ 동기조상기

해설 동기조상기는 부족여자, 과여자 모두 이용이 가능하다.

08 단권 변압기에 대한 설명이다. 틀린 것은?

① 3상에는 사용할 수 없다는 단점이 있다.
② 1차 권선과 2차 권선의 일부가 공통으로 되어 있다.
③ 동일 출력에 대하여 사용 재료 및 손실이 적고 효율이 높다.
④ 단권 변압기는 권선비가 1에 가까울수록 보통 변압기에 비해 유리하다.

해설 단권 변압기는 1차 권선과 2차 권선의 일부가 공통으로 되어 있으며, 3상에서도 사용이 가능하다.

09 JK-FF에서 현재 상태의 출력 Q_n을 1로 하고, J입력에 0, K 입력에 0, 클록펄스 CP에 Rising edge의 신호를 가하게 되면 다음 상태의 출력 Q_{n+1}은 무엇이 되는가?

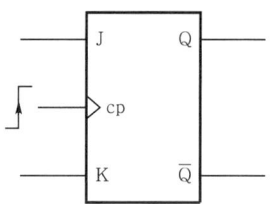

① 1
② 0
③ X
④ $\overline{Q_n}$

해설 JK-FF

• RS-FF의 진리표

R	S	$Q_{n+1}(t)$
0	0	Q_n (전상태)
0	1	0
1	0	1
1	1	?

• JK-FF의 진리표

J	K	$Q_{n+1}(t)$
0	0	Q_n (전상태)
0	1	0
1	0	1
1	1	$\overline{Q_n}$

∴ J=0, K=0이고 $Q_{n+1}(t) = Q_n$ 상태이므로 "1"이 된다.

10 송전단전압 66[kV], 수전단전압 61[kV]인 송전선로에서 수전단의 부하를 끊은 경우의 수전단전압이 63[kV]이면 전압변동률은 약 몇 [%]인가?

① 2.8
② 3.3
③ 4.8
④ 8.2

해설 전압변동률(ε)

$$\varepsilon = \frac{\text{무부하시 수전단전압} - \text{부하시 수전단전압}}{\text{부하시 수전단전압}} \times 100 = \frac{63-61}{61} \times 100 = 3.3[\%]$$

정답 06 ③ 07 ④ 08 ① 09 ① 10 ②

부록 I

11 3상 유도전동기의 2차 입력, 2차 동손 및 슬립을 각각 P_2, P_{2c}, s라 하면 이들의 관계식은?

① $s = P_{2c} + P_2$
② $s = P_{2c} - P_2$
③ $s = P_{2c} \times P_2$
④ $s = \dfrac{P_{2c}}{P_2}$

해설 슬립(s)

$$s = \dfrac{f_{2s}}{f_2} = \dfrac{E_{2s}}{E_2} = \dfrac{N_s - N}{N_s} = \dfrac{P_{2c}}{P_2}$$

12 $f(t) = \sin t \cos t$를 라플라스 변환하면?

① $\dfrac{1}{s^2+2}$
② $\dfrac{1}{s^2+4}$
③ $\dfrac{1}{(s^2+2)^2}$
④ $\dfrac{1}{(s^2+4)^2}$

해설 라플라스 변환

- $L(\sin \omega t) = \dfrac{\omega}{S^2 + \omega^2}$
- $L(\cos \omega t) = \dfrac{S}{S^2 + \omega^2}$
- $f(t) = \sin t \cdot \cos t = \dfrac{1}{2}\sin 2t$이므로

$$L[f(t)] = L\left[\dfrac{1}{2}\sin 2t\right]$$
$$= \dfrac{1}{2} \dfrac{2}{S^2 + 2^2} = \dfrac{1}{S^2 + \omega^2}$$

13 선간거리가 D[m]이고, 반지름이 r[m]인 선로의 인덕턴스 L[mH/km]은?

① $L = 0.4605 \log_{10} \dfrac{D}{r} + 0.5$
② $L = 0.4605 \log_{10} \dfrac{D}{r} + 0.05$
③ $L = 0.4605 \log_{10} \dfrac{r}{D} + 0.5$
④ $L = 0.4605 \log_{10} \dfrac{r}{D} + 0.05$

해설 $L = 0.05 + 0.4605 \log_{10} \dfrac{D}{r}$

(여기서, D : 선간거리, r : 반지름)

$$C = \dfrac{0.02413}{\log_{10} \dfrac{D}{r}} [\mu F/km]$$

14 변압기에서 여자전류를 감소시키려면?

① 접지를 한다.
② 우수한 절연물을 사용한다.
③ 코일의 권회수를 증가시킨다.
④ 코일의 권회수를 감소시킨다.

해설 $E = 4.44 f N \phi$ (단, $\phi = I_f$)

$\phi = \dfrac{E}{4.44 f N}$ (단, $\phi \propto \dfrac{1}{N}$)

∴ ϕ은 권수와 반비례한다.

15 역률을 개선하면 전력요금의 절감과 배전선의 손실경감, 전압강하의 감소, 설비여력의 증가 등을 기할 수 있으나, 너무 과보상하면 역효과가 나타난다. 즉, 경부하시에 콘덴서가 과대 삽입되는 경우의 결점에 해당되는 사항이 아닌 것은?

① 송전손실의 증가
② 전압변동폭의 감소
③ 모선전압의 과상승
④ 고조파 왜곡의 증대

해설 경부하시 콘덴서가 과대삽입되는 경우에 나타나는 현상
- 송전손실의 증가
- 전압변동폭의 증가
- 모선전압의 과상승
- 고조파 왜곡의 증대

정답 11 ④ 12 ② 13 ② 14 ③ 15 ②

16 전기설비 기술기준의 판단기준에 의하여 전력용 커패시터의 뱅크용량이 15,000[kVA] 이상인 경우에는 자동적으로 전로로부터 자동차단하는 장치를 시설하여야 한다. 장치를 시설하여야 하는 기준으로 틀린 것은?

① 과전류가 생긴 경우에 동작하는 장치
② 과전압이 생긴 경우에 동작하는 장치
③ 내부에 고장이 생긴 경우에 동작하는 장치
④ 절연유의 농도변화가 있는 경우에 동작하는 장치

해설 뱅크용량 15,000[kVA] 이상시 자동차단장치 시설기준
- 과전류 발생시 동작하는 장치
- 과전압 발생시 동작하는 장치
- 내부고장 발생시 동작하는 장치

17 그림은 동기발전기의 특성을 나타낸 곡선이다. 단락곡선은 어느 것인가? (단, V_n은 정격전압, I_n은 정격전류, I_f는 계자전류, I_s는 단락전류이다.)

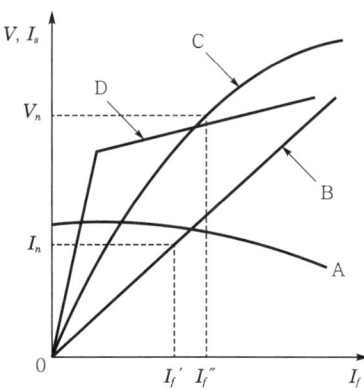

① A ② B
③ C ④ D

해설 단락비(K_s)

$$K_s = \frac{I_{fo}}{I_{fs}} = \frac{I_s}{I_n} = \frac{\text{무부하시 정격전압을 유기하는 데 필요한 계자전류}}{\text{정격전류와 같은 3상 단락전류를 흘리는 데 필요한 계자전류}}$$

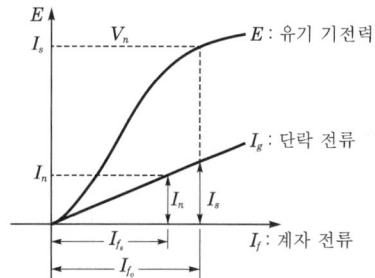

18 전등 및 소형 기계기구의 용량합계가 25[kVA], 대형 기계기구 8[kVA]의 학교에 있어서 간선의 전선굵기 산정에 필요한 최대 부하는 몇 [kVA]인가? (단, 학교의 수용률은 70[%]이다.)

① 18.5 ② 28.5
③ 38.5 ④ 48.5

해설 최대 부하 $= 10 + (25 - 10) \times 0.7 + 8$
$\fallingdotseq 28.5[\text{kVA}]$

19 합성수지관 공사에 의한 저압 옥내배선의 시설기준으로 틀린 것은?

① 전선은 옥외용 비닐절연전선을 사용할 것
② 습기가 많은 장소에 시설하는 경우 방습장치를 할 것
③ 전선은 합성수지관 안에서 접속점이 없도록 할 것
④ 관의 지지점 간의 거리는 1.5[m] 이하로 할 것

해설 합성수지관 공사의 저압 옥내배선의 시설기준
- 전선은 옥외용 비닐절연전선을 사용하지 말 것
- 습기 많은 장소에는 방습장치를 할 것
- 합성수지관 안에서는 접속점이 없어야 한다.
- 관의 지지점 간의 거리는 1.5[m] 이하로 할 것

정답 16 ④ 17 ② 18 ② 19 ①

20 변압기의 철손과 동손을 측정할 수 있는 시험으로 옳은 것은?

① 철손 : 무부하시험, 동손 : 단락시험
② 철손 : 부하시험, 동손 : 유도시험
③ 철손 : 단락시험, 동손 : 극성시험
④ 철손 : 무부하시험, 동손 : 절연내력시험

해설 철손은 무부하시험, 동손은 단락시험을 통해서 구할 수 있다.

21 다음과 같은 회로에서 저항 R이 0[Ω]인 것을 사용하면 무슨 문제가 발생하는가?

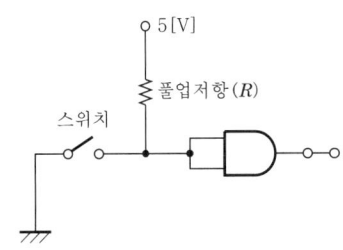

① 저항 양단의 전압이 커진다.
② 저항 양단의 전압이 작아진다.
③ 낮은 전압이 인가되어 문제가 없다.
④ 스위치를 ON했을 때 회로가 단락된다.

해설 회로에서 풀업저항 $R=0$인 상태에서 스위치가 ON 상태가 되면 회로가 단락상태가 되므로 이런 현상을 방지하기 위하여 R을 설치한다.

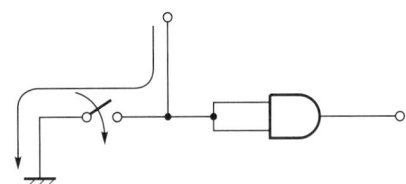

22 그림과 같은 직렬형 인버터에 대해서 $L=1$[mH], $C=8[\mu F]$일 때 출력주파수를 1[kHz]로 할 경우 거의 정현파의 출력전압 파형이 얻어진다. 이때 부하저항 R은 몇 [Ω]인가?

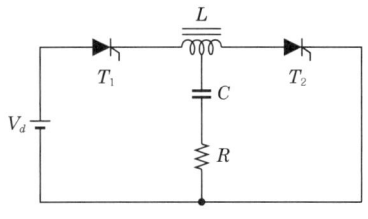

① 13.5   ② 18.5
③ 23.0   ④ 27.5

23 AND 게이트 1개와 배타적 OR 게이트 1개로 구성되는 회로는?

① 전가산기회로
② 반가산기회로
③ 전비교기회로
④ 반비교기회로

해설 반가산기회로

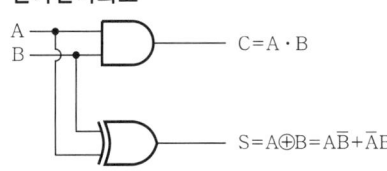

여기서, C : 자리올림수, S : 합

24 영상변류기(ZCT)를 사용하는 계전기는?

① OCR   ② SGR
③ UVR   ④ DFR

해설 영상변류기(ZCT)는 선택지락계전기(SGR)를 사용한다.

25 3상 전류원 인버터(CSI)에 관한 설명이다. 틀린 것은?

① 입력이 3상 교류이다.
② 일종의 병렬인버터이다.
③ 출력전류의 파형이 구형파이다.
④ 입력 임피던스의 값이 클수록 좋다.

해설 인버터는 직류(DC)를 교류(AC)로 바꾸는 회로이므로 입력은 직류이어야 한다.

정답 20 ① 21 ④ 22 ② 23 ② 24 ② 25 ①

26 10진수 742_{10}을 3초과 코드로 표시하면?

① 101001110101　② 011101000010
③ 010000010000　④ 111111111111

해설 3초과 코드로 표시하면

```
   7      4      2₁₀
   ↓      ↓      ↓
 0111   0100   0010   ← BCD 코드
 0011   0011   0011 +
 1010   0111   0101   ← 3초과 코드
```

27 평균 구면광도 100[cd]의 전구 5개를 지름 10[m]인 원형의 방에 점등할 때 이 방의 평균 조도는 약 몇 [lx]인가? (단, 조명률은 0.5, 감광보상률은 1.5이다.)

① 24.5　② 26.7
③ 32.6　④ 48.2

해설 평균조도(E)

$FUN = ESD$에서 $E = \dfrac{FUN}{SD}$ 이고

$F = 4\pi I = 1,256[\text{lm}]$
$N = 5$
$S = \pi r^2 = \pi \left(\dfrac{D}{2}\right)^2 \fallingdotseq 78.5$

$\therefore E = \dfrac{1,256 \times 0.5 \times 5}{1.5 \times 78.5} \fallingdotseq 26.7[\text{lx}]$

28 직류기에서 전기자 반작용을 방지하기 위한 보상권선의 전류방향은?

① 계자전류 방향과 같다.
② 계자전류 방향과 반대이다.
③ 전기자 전류 방향과 같다.
④ 전기자 전류 방향과 반대이다.

해설 보상권선은 전기자 권선과 반대방향으로 하여 전기자 반작용을 방지한다.

29 전등회로 절연전선을 동일한 셀룰라덕트에 넣을 경우 그 크기는 전선의 피복을 포함한 단면적의 합계가 셀룰라덕트 단면적의 몇 [%] 이하가 되도록 선정하여야 하는지 기준으로 옳은 것은?

① 20　② 32
③ 40　④ 48

해설 전등회로의 절연전선은 전력선이므로 셀룰라덕트 단면적의 20[%] 이하가 되도록 선정하여야 한다.

30 30[V/m]인 전계 내의 50[V] 점에서 1[C]의 전하를 전계방향으로 70[cm] 이동한 경우 그 점의 전위는 몇 [V]인가?

① 71　② 29
③ 21　④ 19

해설 $V_B = V_A - V'$
$\quad\quad = V_A - Ed \left(\text{단}, E = \dfrac{V'}{d}\right)$
$\quad\quad = 50 - 30 \times 0.7$
$\quad\quad = 29[\text{V}]$

31 코로나 방지대책으로 적당하지 않은 것은?

① 가선금구를 개량한다.
② 복도체방식을 채용한다.
③ 선간거리를 증가시킨다.
④ 전선의 익경을 증가시킨다.

해설 코로나 방지대책
- 가선금구를 개량한다.
- 복도체(다도체)방식을 채용한다.
- 선간거리를 감소시킨다.
- 전선의 외경을 증가시킨다. (중공연선 등 사용)

32 병렬운전 중의 A, B 두 동기발전기에서 A발전기의 여자를 B보다 강하게 하면 A발전기는 어떻게 변화되는가?

① $\dfrac{\pi}{2}$ 앞선 전류가 흐른다.
② $\dfrac{\pi}{2}$ 뒤진 전류가 흐른다.
③ 동기화 전류가 흐른다.
④ 부하전류가 증가한다.

정답 26 ①　27 ②　28 ④　29 ①　30 ②　31 ③　32 ②

해설 $I_f \uparrow \to \phi \uparrow \to E \uparrow \to \cos\phi \downarrow$
L로 작용하며 뒤진 전류가 흐르게 된다.

33 60[Hz], 20극, 11,400[W]의 3상 유도전동기가 슬립 5[%]로 운전될 때 2차 동손이 600[W]이다. 이 전동기의 전부하시 토크는 약 몇 [kg·m]인가?

① 32.5 ② 28.5
③ 24.5 ④ 20.5

해설 토크(T)
$$T = 0.975\frac{P_2}{N_s}\left(단, P_2 = \frac{P_{2c}}{S}, N_s = \frac{120f}{P}\right)$$
$$= 0.975\frac{\frac{600}{0.05}}{\frac{120 \times 60}{20}} = 32.5[\text{kg} \cdot \text{m}]$$

34 용량이 같은 두 개의 콘덴서를 병렬로 접속하면 직렬로 접속할 때보다 용량은 어떻게 되는가?

① 2배 증가한다.
② 4배 증가한다.
③ $\frac{1}{2}$로 감소한다.
④ $\frac{1}{4}$로 감소한다.

해설
- 직렬연결

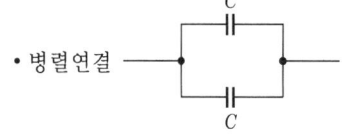

$$C' = \frac{CC}{C+C} = \frac{1}{2}C$$

- 병렬연결

$C'' = 2C$
$\therefore \frac{C''}{C'} = \frac{2C}{\frac{1}{2}C} = 4배$

35 100[mH]의 자기 인덕턴스에 220[V], 60[Hz]의 교류전압을 가하였을 때 흐르는 전류는 약 몇 [A]인가?

① 1.86 ② 3.66
③ 5.84 ④ 7.24

해설 $I = \frac{V}{Z} = \frac{V}{X_L} = \frac{V}{WL} = \frac{V}{2\pi f L}$
$$= \frac{220}{2\pi \times 60 \times 100 \times 10^{-3}}$$
$$= 5.84[\text{A}]$$

36 그림과 같은 회로는?

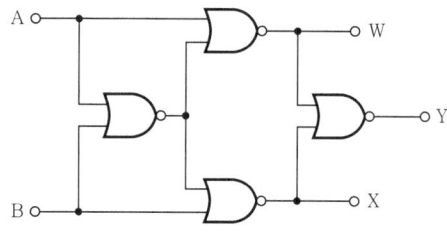

① 비교회로 ② 가산회로
③ 반일치회로 ④ 감산회로

해설 A, B의 크기를 비교하는 회로이다.
$W = \overline{A}B$
$X = A\overline{B}$
$Y = \overline{\overline{A}B + A\overline{B}}$ 가 된다.

37 1,500[kW], 6,000[V], 60[Hz]의 3상 부하의 역률이 75[%](뒤짐)이다. 이때 이 부하의 무효분은 약 몇 [kVar]인가?

① 1,092 ② 1,278
③ 1,323 ④ 1,754

해설 무효전력(P_r)
$$P_r = VI\sin\theta = \frac{P}{\cos\theta}\sqrt{1-\cos^2\theta}$$
$$= \frac{1,500}{0.75}\sqrt{1-0.75^2} \fallingdotseq 1,323[\text{kVar}]$$

정답 33 ① 34 ② 35 ③ 36 ① 37 ③

38 그림과 같은 회로에서 스위치 S를 닫을 때 l초 후의 R에 걸리는 전압은?

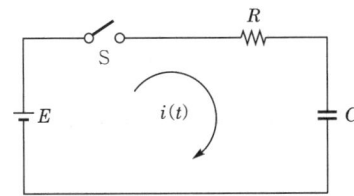

① $Ee^{-\frac{C}{R}t}$
② $E\left(1-e^{-\frac{C}{R}t}\right)$
③ $Ee^{-\frac{1}{CR}t}$
④ $E\left(1-e^{-\frac{1}{RC}t}\right)$

해설 $R-C$ **직렬회로**

$i = \frac{E}{R}e^{-\frac{1}{CR}t}$ [A]

∴ R 양단전압 $V_R = i \cdot R = R \cdot \frac{E}{R}e^{-\frac{1}{CR}t}$
$= Ee^{-\frac{1}{CR}t}$ [V]

39 그림과 같은 회로는 어떤 논리동작을 하는가? (단, A, B는 입력이며, F는 출력이다.)

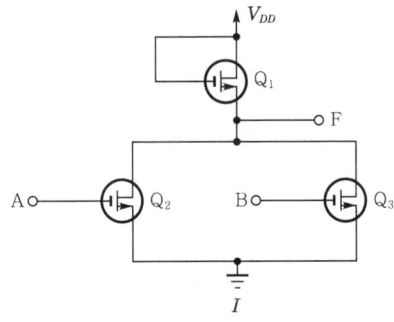

① NAND ② NOR
③ AND   ④ OR

해설 C-MOS FET를 이용한 NOR회로로 출력 $F = \overline{A+B}$가 된다.

40 직류 발전기의 극수가 10극이고, 전기자 도체수가 500, 단중 파권일 때 매극의 자속수가 0.01[Wb]이면 600[rpm]의 속도로 회전할 때의 기전력은 몇 [V]인가?

① 200 ② 250
③ 300 ④ 350

해설 **기전력**(e)

$e = \frac{Z}{a}P\phi\frac{N}{60}$
$= \frac{500}{2} \times 10 \times 0.01 \times \frac{600}{60} = 250$[V]

여기서, Z : 도체수, P : 극수
a : 2(파권인 경우), N : 분당 회전수

41 그림과 같은 논리회로의 논리함수는?

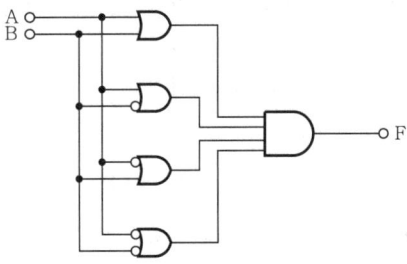

① 0   ② 1
③ A   ④ $\overline{A}$

해설 출력 $F = (A+B)(A+\overline{B})(\overline{A}+B)(\overline{A}+\overline{B})$
$= 0$이 된다.

42 소맥분, 전분, 기타의 가연성 분진이 존재하는 곳의 저압 옥내배선 공사방법으로 적합하지 않은 것은?

① 합성수지관 공사 ② 금속관 공사
③ 가요전선관 공사 ④ 케이블 공사

해설 소맥분, 전분, 기타의 가연성 분진이 존재하는 곳에서의 저압 옥내배선 공사에는 금속관 공사, 케이블 공사, 합성수지관 공사가 이용된다.

정답 38 ③ 39 ② 40 ② 41 ① 42 ③

43 저압 이웃연결(연접인입선)의 시설기준으로 옳은 것은?

① 옥내를 통과하여 시설할 것
② 폭 4[m]를 초과하는 도로를 횡단하지 말 것
③ 지름은 최소 1.5[mm²] 이상의 경동선을 사용할 것
④ 인입선에서 분기하는 점으로부터 100[m]를 초과하지 말 것

해설 저압 이웃연결(연접인입선)의 시설기준
- 옥내는 관통하지 말 것
- 폭 5[m]를 초과하는 도로는 횡단하지 말 것
- 지름은 최소 2.6[mm] 이상의 경동선을 사용할 것
- 분기점으로 100[m]를 초과하지 말 것

44 전격살충기를 시설할 경우 전격격자와 시설물 또는 식물 사이의 이격거리는 몇 [cm] 이상이어야 하는가?

① 10 ② 20
③ 30 ④ 40

해설 전격살충기 시설시 전격격차
- 시설물과의 이격거리 30[cm] 이상
- 식물과의 이격거리 30[cm] 이상

45 3상 3선식 선로에서 수전단전압 6.6[kV], 역률 80[%](지상), 600[kVA]의 3상 평형부하가 연결되어 있다. 선로의 임피던스 $R=3[\Omega]$, $X=4[\Omega]$인 경우 송전단전압은 약 몇 [V]인가?

① 6,852 ② 6,957
③ 7,037 ④ 7,543

해설 $V_s = V_r + e$
여기서, V_s : 송전단전압, V_r : 수전단전압
e : 전압강하
$e = \sqrt{3}\,I(R\cos\theta + X\sin\theta)$
$= \sqrt{3}\,\dfrac{P}{\sqrt{3}\,V_r\cos\theta}(R\cos\theta + X\sin\theta)$

(여기서, $P : 600 \times 10^3 \times 0.8$)
$= \sqrt{3}\,\dfrac{600 \times 10^3 \times 0.8}{\sqrt{3} \times 6,600 \times 0.8}(3 \times 0.8 + 4 \times 0.6)$
$\fallingdotseq 437[V]$
∴ 송전단전압 $= 6,600 + 437 = 7,037[V]$

46 다음 중 SCR에 대한 설명으로 가장 옳은 것은?

① 게이트 전류로 애노드 전류를 연속적으로 제어할 수 있다.
② 쌍방향성 사이리스터이다.
③ 게이트 전류를 차단하면 애노드 전류가 차단된다.
④ 단락상태에서 애노드 전압을 0 또는 부(-)로 하면 차단상태로 된다.

해설 SCR
- PNPN 구조이다.

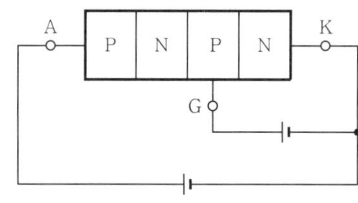

V_A(애노드 전압)

- 일단 도통된 전류를 제어하기 위해서는 애노드 전압을 역(-)방향 또는 "0"상태이면 가능하다.

47 3상 유도전동기의 제동방법 중 슬립의 범위를 1~2 사이로 하여 제동하는 방법은?

① 역상제동 ② 직류제동
③ 단상제동 ④ 희생제동

해설 역상제동의 경우 슬립은 1.9 정도이다.

48 전력원선도에서 구할 수 없는 것은?

① 조상용량
② 과도안정 극한전력
③ 송전손실
④ 정태안정 극한전력

정답 43 ④ 44 ③ 45 ③ 46 ④ 47 ① 48 ②

해설 전력원선도에서 구할 수 있는 것
- 조상기 용량
- 송전손실
- 정태안정 극한전력

49 최대 사용전압이 7[kV] 이하인 발전기의 절연내력을 시험하고자 한다. 최대 사용전압의 몇 배의 전압으로 권선과 대지 사이에 연속하여 몇 분간 가하여야 하는지 그 기준을 옳게 나타낸 것은?

① 1.5배, 10분
② 2배, 10분
③ 1.5배, 1분
④ 2배, 1분

해설 7[kV] 이하의 절연내력시험은 최대 사용전압의 1.5배로 10분간 연속하여 가하여야 한다.

50 방향계전기의 기능에 대한 설명으로 옳은 것은?

① 예정된 시간지연을 가지고 응동(應動)하는 것을 목적으로 한 계전기이다.
② 계전기가 설치된 위치에서 보는 전기적 거리 등을 판별해서 동작한다.
③ 보호구간으로 유입하는 전류와 보호구간에서 유출되는 전류와의 벡터차와 출입하는 전류와의 관계비로 동작하는 계전기이다.
④ 2개 이상의 벡터량 관계위치에서 동작하며 전류가 어느 방향으로 흐르는가를 판정하는 것을 목적으로 하는 계전기이다.

해설 방향계전기는 전류가 어느 방향으로 흐르는가를 판정하는 계전기이다.

51 나전선 상호 또는 나전선과 절연전선, 캡타이어 케이블 또는 케이블과 접속하는 경우의 설명으로 옳은 것은?

① 접속슬리브(스프리트 슬리브 제외), 전선접속기를 사용하여 접속하여야 한다.
② 접속부분의 절연은 전선 절연물의 80[%] 이상의 절연효력이 있는 것으로 피복하여야 한다.
③ 접속부분의 전기저항을 증가시켜야 한다.
④ 전선의 강도는 30[%] 이상 감소하지 않아야 한다.

해설 전선의 접속
- 접속부분의 절연은 전선 절연물의 100[%] 절연효력이 있어야 한다.
- 접속부분의 전기저항은 증가시키지 말 것
- 전선의 강도는 20[%] 이상 감소시키지 말 것
- 전선의 접속시에는 접속기를 이용할 것

52 출력 10[kVA], 정격전압에서의 철손이 85[W], 뒤진 역률이 0.8, $\frac{3}{4}$ 부하에서 효율이 가장 큰 단상변압기가 있다. 역률 1일 때 최대 효율은 약 몇 [%]인가?

① 96.2
② 97.8
③ 98.8
④ 99.1

해설 효율(η)

$$\eta = \frac{출력}{입력} \times 100 = \frac{출력}{출력 + 손실} \times 100[\%]$$

$$= \frac{출력}{출력 + 철손(P_i) + 동손(P_c)} \times 100[\%]$$

(단, 최대 효율은 $P_i = P_c$이므로)

$$= \frac{출력}{출력 + 2P_i} \times 100$$

$$= \frac{10 \times 10^3 \times 0.8 \times \frac{3}{4}}{10 \times 10^3 \times 0.8 \times \frac{3}{4} + 2 \times 85} \times 100$$

$$= 97.8[\%]$$

53 총 설비용량 80[kW], 수용률 60[%], 부하율 75[%]인 부하의 평균전력은 몇 [kW]인가?

① 36
② 64
③ 100
④ 178

정답 49 ① 50 ④ 51 ① 52 ② 53 ①

해설
- 수용률 = 최대 전력 / 설비용량
- 부하율 = 평균전력 / 최대 전력
- ∴ 평균전력 = 부하율 × (수용률 × 설비용량)
  = 0.75 × 0.6 × 80
  = 36[kW]

54 3상 전파정류회로에서 부하는 $100[\Omega]$의 순저항부하이고, 전원전압은 3상 220[V](선간전압), 60[Hz]이다. 평균 출력전압[V] 및 출력전류[A]는 각각 얼마인가?

① 149[V], 1.49[A]
② 297[V], 2.97[A]
③ 381[V], 3.81[A]
④ 419[V], 4.19[A]

해설 3상 전파의 평균전압(E_d), 출력전류(I_d)
- $E_d = 1.35E = 1.35 \times 220 = 297[V]$
- $I_d = \dfrac{E_d}{R} = \dfrac{297}{100} = 2.97[A]$

55 어떤 작업을 수행하는데 작업 소요시간이 빠른 경우 5시간, 보통이면 8시간, 늦으면 12시간 걸린다고 예측되었다면, 3점 견적법에 의한 기대시간치와 분산을 계산하면 약 얼마인가?

① $t_e = 8.0$, $\sigma^2 = 1.17$
② $t_e = 8.2$, $\sigma^2 = 1.36$
③ $t_e = 8.3$, $\sigma^2 = 1.17$
④ $t_e = 8.3$, $\sigma^2 = 1.36$

해설 3점 견적법

기대시간치 $t_e = \dfrac{T_0 + 4T_m + T_p}{6}$
$= \dfrac{5 + 4 \times 8 + 12}{6} = 8.2$

분산 $\sigma^2 = \left(\dfrac{T_P - T_0}{6}\right)^2 = \left(\dfrac{12-5}{6}\right)^2 = 1.36$

56 일반적으로 품질 코스트 가운데 가장 큰 비율을 차지하는 것은?

① 평가 코스트   ② 실패 코스트
③ 예방 코스트   ④ 검사 코스트

해설 품질 코스트 중에서 가장 큰 비율을 차지(비용이 가장 많이 드는 것)하는 코스트는 실패 코스트이다.

57 작업측정의 목적 중 틀린 것은?

① 작업개선   ② 표준시간 설정
③ 과업관리   ④ 요소작업 분할

해설 작업측정의 목적
- 작업개선
- 과업관리
- 표준시간 설정

58 계량값 관리도에 해당되는 것은?

① c 관리도   ② u 관리도
③ R 관리도   ④ np 관리도

해설
- 계수치 관리도 : p, u, c 관리도
- 계량치 관리도 : x, R 관리도

59 계수규준형 샘플링 검사의 OC곡선에서 좋은 로트를 합격시키는 확률을 뜻하는 것은? (단, α는 제1종과오, β는 제2종과오이다.)

① α ② β
③ $1 - \alpha$ ④ $1 - \beta$

해설 샘플링 검사의 OC곡선

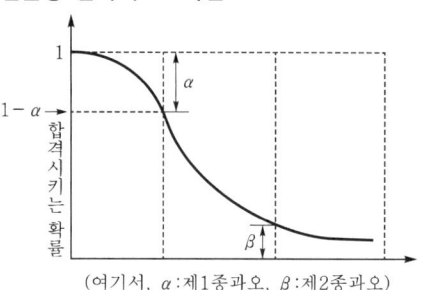

(여기서, α:제1종과오, β:제2종과오)

정답 54 ② 55 ② 56 ② 57 ④ 58 ③ 59 ③

60 정규분포에 관한 설명 중 틀린 것은?
① 일반적으로 평균치가 중앙값보다 크다.
② 평균을 중심으로 좌우대칭의 분포이다.
③ 대체로 표준편차가 클수록 산포가 나쁘다고 본다.
④ 평균치가 0이고 표준편차가 1인 정규분포를 표준정규분포라 한다.

해설 정규분포

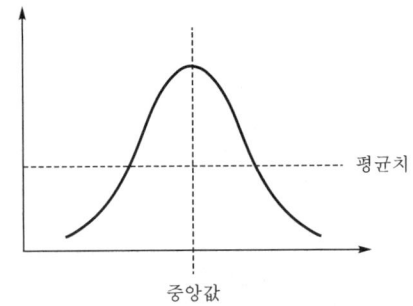

좌우대칭이며, 중앙값은 평균치보다는 크다.

정답 60 ①

제60회 2016년 7월 10일 출제문제

01 35[kV] 이하의 가공전선이 철도 또는 궤도를 횡단하는 경우 지표상(레일면상)의 높이는 몇 [m] 이상이어야 하는가?

① 4　　② 5
③ 6　　④ 6.5

해설 철도 또는 궤도를 횡단시에는 지표상 6.5[m] 이상이어야 한다.

02 사이리스터의 병렬 연결시 발생하는 전류불평형에 관한 설명으로 틀린 것은?

① 자기(磁氣)적으로 결합된 인덕터를 사용하여 전류분담을 일정하게 한다.
② 사이리스터에 저항을 병렬로 연결하여 전류분담을 일정하게 한다.
③ 전류가 많이 흐르는 사이리스터는 내부 저항이 감소한다.
④ 병렬 연결된 사이리스터가 동시에 턴온 되기 위해서는 점호펄스의 상승시간이 빨라야 한다.

해설 사이리스터를 병렬 연결시 전류불평형이 발생하는 것을 방지하기 위하여 레귤레이터를 사용한다.

03 PWM 인버터의 특징이 아닌 것은?

① 전압 제어시 응답성이 좋다.
② 스위칭 손실을 줄일 수 있다.
③ 여러 대의 인버터가 직류전원을 공용할 수 있다.
④ 출력에 포함되어 있는 저차 고조파 성분을 줄일 수 있다.

해설 펄스폭 변조(PWM ; Pulse Width Modulation) 인버터는 L성분에 의한 손실이 발생한다.

04 송전선로에서 복도체를 사용하는 주된 목적은?

① 인덕턴스의 증가
② 정전용량의 감소
③ 코로나 발생의 감소
④ 전선표면의 전위경도의 증가

해설 복도체 사용목적
- 인덕턴스의 감소
- 정전용량의 증가
- 코로나 발생의 감소

05 2진수 $(10101110)_2$을 16진수로 변환하면?

① 174　　② 1014
③ AE　　④ 9F

해설
$$\underset{A}{\underline{1010}}\;\underset{E}{\underline{1110}}_{\,2} \;\;)_{16}$$

06 동기발전기의 자기여자현상의 방지법이 아닌 것은?

① 발전기의 단락비를 적게 한다.
② 수전단에 변압기를 병렬로 접속한다.
③ 수전단에 리액턴스를 병렬로 접속한다.
④ 발전기 여러 대를 모선에 병렬로 접속한다.

해설 자기여자현상 방지법
- 단락비를 크게 한다.
- 수전단에 변압기를 병렬로 연결한다.
- 수전단에 리액턴스를 병렬로 연결한다.
- 발전기 여러 대를 모선에 병렬로 연결한다.

정답 01 ④　02 ②　03 ②　04 ③　05 ③　06 ①

07 3상 배전선로의 말단에 늦은 역률 80[%], 200[kW]의 평형 3상 부하가 있다. 부하점에 부하와 병렬로 전력용 콘덴서를 접속하여 선로손실을 최소화하려고 한다. 이 경우 필요한 콘덴서의 용량[kVar]은? (단, 부하단전압은 변하지 않는 것으로 한다.)

① 105   ② 112
③ 135   ④ 150

해설 콘덴서 용량(Q_c)

$$Q_c = P(\tan\theta_1 - \tan\theta_2)$$
$$= P\left(\frac{\sin\theta_1}{\cos\theta_1} - \frac{\sin\theta_2}{\cos\theta_2}\right)$$
$$= 200 \times 10^3 \left(\frac{0.6}{0.8} - \frac{0}{1}\right)$$
$$= 150 [\text{kVar}]$$

08 선간거리 $2D$[m], 지름 d[m]인 3상 3선식 가공전선로의 단위길이당 대지정전용량 [μF/km]은?

① $\dfrac{0.02413}{\log_{10}\dfrac{D}{d}}$ ② $\dfrac{0.02413}{\log_{10}\dfrac{2D}{d}}$

③ $\dfrac{0.02413}{\log_{10}\dfrac{4D}{d}}$ ④ $\dfrac{0.02413}{\log_{10}\dfrac{4D}{3d}}$

해설 대지정전용량(C)

$$C = \frac{0.02413}{\log_{10}\dfrac{D}{r}} \text{ (여기서, } D : \text{선간거리, } r : \text{반지름)}$$

$$\therefore C = \frac{0.02413}{\log_{10}\dfrac{2D}{\dfrac{d}{2}}} = \frac{0.02413}{\log_{10}\dfrac{4D}{d}} [\mu\text{F/km}]$$

09 극수 4, 회전수 1,800[rpm], 1상의 코일수 83, 1극의 유효자속 0.3[Wb]의 3상 동기발전기가 있다. 권선계수가 0.96이고, 전기자 권선을 Y결선으로 하면 무부하 단자전압은 약 몇 [kV]인가?

① 8   ② 9
③ 11   ④ 12

해설 Y결선시 단자전압(V_l)

$$V_l = \sqrt{3}E = \sqrt{3} \times 4.44KfN\phi$$

$$\left(\text{단, } N_s = \frac{120f}{P} \text{에서 } f = \frac{N_s P}{120}\right)$$

$$= \sqrt{3} \times 4.44 \times 0.96 \frac{1,800 \times 4}{120} \times 83 \times 0.3 \times 10^{-3}$$

$$\fallingdotseq 11[\text{kV}]$$

10 2중 농형 전동기가 보통 농형 전동기에 비해서 다른 점은?

① 기동전류 및 기동토크가 모두 크다.
② 기동전류 및 기동토크가 모두 작다.
③ 기동전류는 작고, 기동토크는 크다.
④ 기동전류는 크고, 기동토크는 작다.

해설 2중 농형 전동기는 일반적인 농형 전동기에 비해서 기동전류는 작고, 기동토크는 크다.

11 다음 그림에서 계기 Ⓧ가 지시하는 것은?

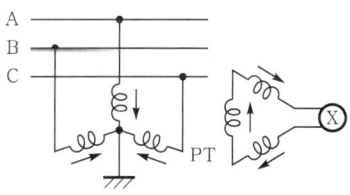

① 영상전압   ② 역상전압
③ 정상전압   ④ 정상전류

해설 Ⓧ는 영상전압계이다.

12 SCR을 완전히 턴온하여 온상태로 된 후, 양극 전류를 감소시키면 양극 전류의 어떤 값에서 SCR은 온상태에서 오프상태로 된다. 이때의 양극 전류는?

① 래칭전류   ② 유지전류
③ 최대 전류   ④ 역저지전류

정답 07 ④ 08 ③ 09 ③ 10 ③ 11 ① 12 ②

해설 유지전류

SCR이 동작된 후 양극 전류를 감소하면 어느 시점에서 SCR이 Off상태가 된다. 이때의 전류를 유지전류라 한다.

13 그림과 같은 회로에서 전압비의 전달함수는?

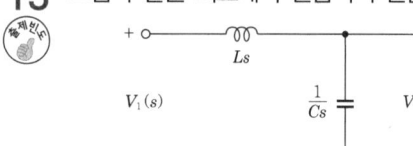

① $\dfrac{1}{LC+Cs}$ ② $\dfrac{sC}{s^2(s+LC)}$

③ $\dfrac{1}{\dfrac{1}{Ls}+Cs}$ ④ $\dfrac{\dfrac{1}{LC}}{s^2+\dfrac{1}{LC}}$

해설 전달함수 [$G(s)$]

$$G(s)=\dfrac{V_2(s)}{V_1(s)}=\dfrac{\dfrac{1}{Cs}I(s)}{\left(Ls+\dfrac{1}{Cs}\right)I(s)}$$

$$=\dfrac{\dfrac{1}{Cs}}{\dfrac{LCs^2+1}{Cs}}=\dfrac{1}{LCs^2+1}$$

$$=\dfrac{\dfrac{1}{LC}}{s^2+\dfrac{1}{LC}}$$

14 자기 인덕턴스가 L_1, L_2 상호 인덕턴스가 M인 두 회로의 결합계수가 1인 경우 L_1, L_2, M의 관계는?

① $L_1 \cdot L_2 = M$ ② $L_1 \cdot L_2 < M^2$
③ $L_1 \cdot L_2 > M^2$ ④ $L_1 \cdot L_2 = M^2$

해설 결합계수(K)

$K=\dfrac{M}{\sqrt{L_1 L_2}}$ 에서 $K=1$이므로 $M^2=L_1 \cdot L_2$

15 비투자율 3,000인 자로의 평균 길이 50[cm], 단면적 30[cm²]인 철심에 감긴 권수 425회의 코일에 0.5[A]의 전류가 흐를 때 저축되는 전자(電磁)에너지는 약 몇 [J]인가?

① 0.25   ② 0.51
③ 1.03   ④ 2.07

해설 축적에너지(W_L)

$W_L=\dfrac{1}{2}LI^2$ 이며

$L=\dfrac{\mu SN^2}{l}$

$=\dfrac{4\pi \times 10^{-7} \times 3,000 \times 30 \times 10^{-4} \times 425^2}{0.5}$

$\fallingdotseq 4$

$\therefore W_L=\dfrac{1}{2}\times 4 \times 0.5^2 \fallingdotseq 0.51[\text{J}]$

16 주택배선에 금속관 또는 합성수지관 공사를 할 때 전선을 2.5[mm²]의 단선으로 배선하려고 한다. 전선관의 접속함(정션박스) 내에서 비닐테이프를 사용하지 않고 직접 전선 상호간을 접속하는 데 가장 편리한 재료는?

① 터미널 단자   ② 서비스 캡
③ 와이어 커넥터   ④ 절연튜브

해설 와이어 커넥터

전선과 전선 직접 접속시 이용된다.

17 권수비 50인 단상변압기가 전부하에서 2차 전압이 115[V], 전압변동률이 2[%]라 한다. 1차 단자전압[V]은?

① 3,381   ② 3,519
③ 4,692   ④ 5,865

해설 변압기의 1차 단자전압(V_{1n})

$V_{1n}=a(1+\varepsilon)V_{2n}$
　　(여기서, a : 권수비, ε : 전압변동률)
$=50(1+0.02)\times 115 = 5,865[\text{V}]$

정답 13 ④   14 ④   15 ②   16 ③   17 ④

18 단상교류 위상제어회로의 입력전원전압이 $v_s = V_m \sin\theta$ 이고, 전원 v_s 양의 반주기 동안 사이리스터 T_1을 점호각 α에서 턴온시키고, 전원의 음의 반주기 동안에는 사이리스터 T_2를 턴온시킴으로써 출력전압(v_o)의 파형을 얻었다면 단상교류 위상제어회로의 출력전압에 대한 실효값은?

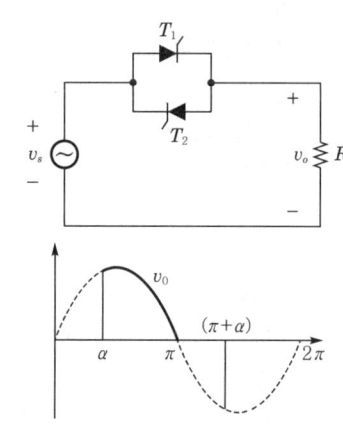

① $\dfrac{V_m}{\sqrt{2}}\sqrt{1 - \dfrac{\alpha}{\pi} + \dfrac{\sin 2\alpha}{2\pi}}$

② $V_m\sqrt{1 - \dfrac{\alpha}{\pi} + \dfrac{\sin 2\alpha}{\pi}}$

③ $V_m\sqrt{1 - \dfrac{2\alpha}{\pi} + \dfrac{\sin\alpha}{2\pi}}$

④ $\dfrac{V_m}{\sqrt{2}}\sqrt{1 - \dfrac{2\alpha}{\pi} + \dfrac{\sin 2\alpha}{\pi}}$

해설 출력의 최대 전류 $I_m = \dfrac{P_{\max}}{R}$

출력의 실효값 $V = \dfrac{V_m}{\sqrt{2}}\sqrt{1 - \dfrac{\alpha}{\pi} + \dfrac{\sin 2\alpha}{2\pi}}$

(여기서, α : 점호각)

19 전동기의 외함과 권선 사이의 절연상태를 점검하고자 한다. 다음 중 필요한 것은 어느 것인가?

① 접지저항계 ② 전압계
③ 전류계 ④ 메거

해설 전동기의 외함과 권선 사이의 절연상태 점검 시 절연메거를 이용한다.

20 MOS-FET의 드레인 전류는 무엇으로 제어하는가?

① 게이트 전압
② 게이트 전류
③ 소스전류
④ 소스전압

해설 FET는 역방향 전압인 게이트 전압으로 드레인 전류를 제어하며, 드레인 전류가 "0"상태일 때의 현상을 Pinch-off라 한다.

21 2대의 직류 분권발전기 G_1, G_2를 병렬운전시킬 때, G_1의 부하분담을 증가시키려면 어떻게 하여야 하는가?

① G_1의 계자를 강하게 한다.
② G_2의 계자를 강하게 한다.
③ G_1, G_2의 계자를 똑같이 강하게 한다.
④ 균압선을 설치한다.

해설 부하분담↑ → E↑, ϕ↑ 가 되므로
∴ G_1의 계자를 증가시키면 된다.

22 반파정류회로에서 직류전압 220[V]를 얻는 데 필요한 변압기 2차 상전압은 약 몇 [V]인가? (단, 부하는 순저항이고, 변압기 내의 전압강하는 무시하며, 정류기 내의 전압강하는 50[V]로 한다.)

① 300   ② 450
③ 600   ④ 750

해설 **단상반파정류회로**

직류전압 $E_d = 0.45V - e$ (여기서, e : 전압강하)

$220 = 0.45V - 50$

∴ $V = \dfrac{220 + 50}{0.45} = 600$[V]

(단, 단상전파정류회로일 때의 $E_d = 0.9V - e$)

정답 18 ① 19 ④ 20 ① 21 ① 22 ③

23 단상전파정류회로를 구성한 것으로 옳은 것은?

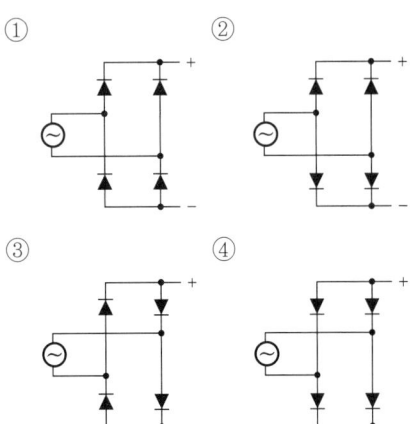

해설 • 단상전파정류회로(일반적인 회로)

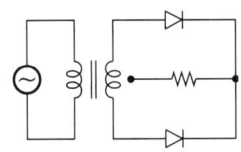

• 단상브리지전파정류회로

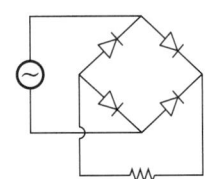

24 가로 25[m], 세로 8[m]가 되는 면적을 갖는 상가에 사용전압 220[V], 15[A] 분기회로로 할 때, 표준부하에 의하여 분기회로수를 구하면 몇 회로로 하면 되는가?

① 1회로
② 2회로
③ 3회로
④ 4회로

해설 부하설비용량＝표준부하×면적

분기회로수＝ $\dfrac{부하설비용량}{V \times I}$

＝ $\dfrac{30 \times 25 \times 8}{220 \times 15} ≒ 2$

(단, 상가의 표준부하는 30)

25 화약류 저장소 안에는 전기설비를 시설하여서는 아니 되나, 백열전등이나 형광등 또는 이들에 전기를 공급하기 위한 전기설비를 금속관 공사에 의한 규정 등을 준수하여 시설하는 경우에는 설치할 수 있다. 설치할 수 있는 시설기준으로 틀린 것은?

① 전기기계기구는 전폐형의 것일 것
② 전로의 대지전압은 300[V] 이하일 것
③ 케이블을 전기기계기구에 인입할 때에는 인입구에서 케이블이 손상될 우려가 없도록 시설할 것
④ 전기설비에 전기를 공급하는 전로에는 과전류차단기를 모든 작업자가 쉽게 조작할 수 있도록 설치할 것

해설 과전류차단기는 관계자만이 조작할 수 있도록 설치하여야 한다.

26 전기자 권선에 의해 생기는 전기자 기자력을 없애기 위하여 주자극의 중간에 작은 자극으로 전기자 반작용을 상쇄하고 또한 정류에 의한 리액턴스 전압을 상쇄하여 불꽃을 없애는 역할을 하는 것은?

① 보상권선   ② 공극
③ 전기자 권선   ④ 보극

해설 전기자 반작용을 상쇄하기 위해서는 보상권선, 보극을 설치하며, 또한 리액턴스 전압을 상쇄하여 불꽃을 없애기 위해서는 보극을 이용한다.

정답 23 ① 24 ② 25 ④ 26 ④

27 그림의 트랜지스터 회로에 5[V] 펄스 1개를 R_B 저항을 통하여 인가하면 출력파형 V_0는?

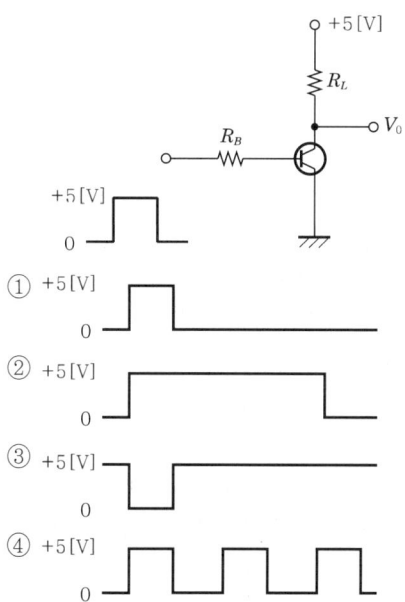

해설 TR은 NOT 게이트로 동작하므로 출력파형은 다음과 같다.

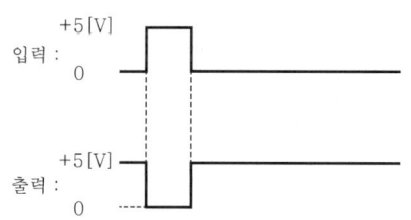

28 전력원선도의 가로축과 세로축은 각각 무엇을 나타내는가?

① 단자전압과 단락전류
② 단락전류와 피상전력
③ 단자전압과 유효전력
④ 유효전력과 무효전력

해설 전력원선도
• 가로축(유효전력), 세로축(무효전력)
• 구할 수 있는 것
 - 최대 전력
 - 조상용량
 - 선로손실과 송전효율

29 그림과 같은 회로에서 저항 R_2에 흐르는 전류는 약 몇 [A]인가?

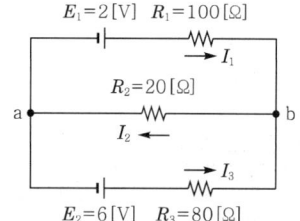

① 0.066
② 0.096
③ 0.483
④ 0.655

해설 밀만의 정리 이용

$$V_{ab} = \frac{\frac{2}{100} + \frac{6}{80}}{\frac{1}{100} + \frac{1}{20} + \frac{1}{80}} \fallingdotseq 1.3[V]$$

$$\therefore I_2 = \frac{V_{ab}}{20} = \frac{1.3}{20} \fallingdotseq 0.066$$

30 부하를 일정하게 유지하고 역률 1로 운전 중인 동기전동기의 계자전류를 감소시키면?

① 아무 변동이 없다.
② 콘덴서로 작용한다.
③ 뒤진 역률의 전기자 전류가 증가한다.
④ 앞선 역률의 전기자 전류가 증가한다.

해설 위상특성곡선

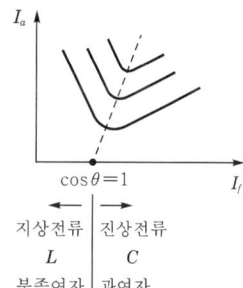

정답 27 ③ 28 ④ 29 ① 30 ③

31 정류회로에서 교류입력상(phase) 수를 크게 했을 경우의 설명으로 옳은 것은?

① 맥동주파수와 맥동률이 모두 증가한다.
② 맥동주파수와 맥동률이 모두 감소한다.
③ 맥동주파수는 증가하고 맥동률은 감소한다.
④ 맥동주파수는 감소하고 맥동률은 증가한다.

해설 정류회로의 비교

구 분	단상반파	단상전파	3상반파	3상전파
맥동주파수	f	$2f$	$3f$	$6f$
직류전압	$0.45E$	$0.9E$	$1.17E$	$1.35E$
정류효율	40.6[%]	81.2[%]	96.5[%]	99.8[%]
맥동률	121[%]	48[%]	17[%]	4[%]

∴ 상수가 클수록 맥동주파수는 증가하고 맥동률은 감소한다.

32 정격출력 20[kVA], 정격전압에서의 철손 150[W], 정격전류에서 동손 200[W]의 단상 변압기에 뒤진 역률 0.8인 어느 부하를 걸었을 경우 효율이 최대라 한다. 이때 부하율은 약 [%]인가?

① 75　　② 87
③ 90　　④ 97

해설 최대 효율이 발생하는 부하 $\frac{1}{m} = \sqrt{\frac{P_i}{P_c}} = \sqrt{\frac{150}{200}}$
$\times 100 ≒ 87[\%]$
(여기서, P_i : 철손, P_c : 동손)

33 엔트런스 캡의 주된 사용 장소는 다음 중 어느 것인가?

① 저압 인입선 공사시 전선관 공사로 넘어갈 때 전선관의 끝부분
② 케이블 헤드를 시공할 때 케이블 헤드의 끝부분
③ 케이블 트레이 끝부분의 마감재
④ 부스덕트 끝부분의 마감재

해설 엔트런스 캡 : 저압 인입선 공사시 전선관 공사로 넘어갈 때 전선관 끝부분에 사용하며 빗물 등을 막는 데 이용된다.

34 수전단전압 66[kV], 전류 100[A], 선로저항 10[Ω], 선로 리액턴스 15[Ω], 수전단 역률 0.8인 단거리 송전선로의 전압강하율은 약 몇 [%]인가?

① 1.34　　② 1.82
③ 2.26　　④ 2.58

해설 전압강하율(δ)
$\delta = \frac{e}{V_r} \times 100 = \frac{I(R\cos\theta + X\sin l)}{V_r} \times 100$
$= \frac{100(10 \times 0.8 + 15 \times 0.6)}{66,000} \times 100$
$≒ 2.58[\%]$

35 3,300/110[V] 계기용 변압기(PT)의 2차측 전압을 측정하였더니 105[V]였다. 1차측 전압은 몇 [V]인가?

① 3,450　　② 3,300
③ 3,150　　④ 3,000

해설 CT비 $= \frac{3,300}{110} = a$에서 $a = \frac{3,300}{110} = \frac{V_1}{105}$이므로 $V_1 = \frac{3,300}{110} \times 105 = 3,150[V]$

36 전기자 전류 20[A]일 때 100[N·m]의 토크를 내는 직류직권전동기가 있다. 전기자 전류가 40[A]가 될 때 토크는 약 몇 [kg·m]인가?

① 20.4　　② 40.8
③ 61.2　　④ 81.6

해설 직류직권전동기
• 부하에 따라 속도가 많이 변한다.
• 극성이 변해도 회전방향은 불변이다.
• $T \propto I^2 \propto \frac{1}{N^2}$
∴ $T' = \left(\frac{40}{20}\right)^2 \times 100[N·m] = 400[N·m]$
(단, 1[N·m] = 9.8[kg·m])
$= \frac{400}{9.8} = 40.8[kg·m]$

정답　31 ③　32 ②　33 ①　34 ④　35 ③　36 ②

37 그림과 같은 회로에서 스위치 S를 $t=0$에서 닫았을 때, $(V_L)_{t=0} = 60[V]$, $\left(\dfrac{di}{dt}\right)_{t=0} = 30[A/s]$이다. L의 값은 몇 [H]인가?

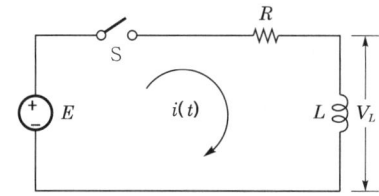

① 0.5　　② 1.0
③ 1.25　　④ 2.0

해설 L 양단전압(V_L)

$V_L = L\dfrac{di}{dt}$ 에서 $L = \dfrac{V_L}{\dfrac{di}{dt}} = \dfrac{60}{30} = 2.0[H]$

38 500[lm]의 광속을 발산하는 전등 20개를 1,000[m²] 방에 점등하였을 경우 평균조도는 약 몇 [lx]인가? (단, 조명률은 0.5, 감광보상률은 1.5이다.)

① 3.33　　② 4.24
③ 5.48　　④ 6.67

해설 $FUN = ESD$ 에서
$E = \dfrac{FUN}{SD} = \dfrac{500 \times 0.5 \times 20}{1,000 \times 1.5} ≒ 3.33[lx]$

39 단상 3선식 220/440[V] 전원에 다음과 같이 부하가 접속되었을 경우 설비불평형률은 약 몇 [%]인가?

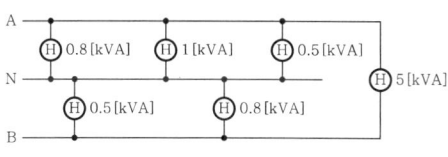

① 23.3　　② 26.2
③ 32.6　　④ 42.5

해설 설비불평형률 = $\dfrac{(0.8+1+0.5)-(0.5+0.8)}{(2.3+1.3+5) \times \dfrac{1}{2}}$
$\times 100 ≒ 23.3[\%]$

40 평행판 콘덴서에서 전압이 일정할 경우 극판 간격을 2배로 하면 내부의 전계의 세기는 어떻게 되는가?

① 4배로 된다.　　② 2배로 된다.
③ $\dfrac{1}{4}$로 된다.　　④ $\dfrac{1}{2}$로 된다.

해설 평행판 콘덴서 전계의 세기(E)
$E = \dfrac{V}{d}$ 에서 $E' = \dfrac{V}{2d} = \dfrac{1}{2}\dfrac{V}{d} = \dfrac{1}{2}E$

41 옥내에 시설하는 전동기에는 전동기가 소손될 우려가 있는 과전류가 생겼을 때에 자동적으로 이를 저지하거나 경보하는 장치를 하여야 한다. 이 장치를 시설하지 않아도 되는 경우는?

① 전류차단기가 없는 경우
② 정격출력이 0.2[kW] 이하인 경우
③ 정격출력이 2[kW] 이상인 경우
④ 전동기 출력이 0.5[kW]이며, 취급자가 감시할 수 없는 경우

해설 정격출력이 0.2[kW] 이하인 경우 경보장치를 설치하지 않아도 된다.

42 다음 논리식을 간략화 하면?

$F = AB\overline{C} + A\overline{B}\overline{C} + \overline{A}\overline{B}C + A\overline{B}C + ABC$

① $AB + \overline{C}$　　② $AB + \overline{B}\,\overline{C}$
③ $A + \overline{B}\,\overline{C}$　　④ $B + A\overline{C}$

해설 카르나맵 이용
$F = AB\overline{C} + A\overline{B}\overline{C} + \overline{A}\overline{B}C + A\overline{B}C + ABC$
인 논리식을 맵에 적용하면

정답　37 ④　38 ①　39 ①　40 ④　41 ②　42 ③

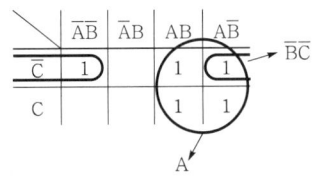

43 변압기 단락시험에서 2차측을 단락하고 1차측에 정격전압을 가하면 큰 단락전류가 흘러 변압기가 소손된다. 이에 따라 정격주파수의 전압을 서서히 증가시켜 1차 정격전류가 될 때의 변압기 1차측 전압을 무엇이라 하는가?

① 부하전압 ② 절연내력 전압
③ 정격주파 전압 ④ 임피던스 전압

해설 임피던스 전압
- 정격전류가 흐를 때 변압기 내부의 전압강하를 뜻한다.
- 변압기 2차측을 단락하고 1차에 정격전압을 가하면 변압기가 소손되며, 이때 저전압을 서서히 증가시키면 1차 단락전류가 1차 정격전류가 되며, 이때 1차측 전압을 임피던스 전압이라 한다.

44 인버터 제어라고도 하며 유도전동기에 인가되는 전압과 주파수를 변환시켜 제어하는 방식은?

① VVVF제어방식
② 궤환제어방식
③ 1단 속도제어방식
④ 워드레오나드 제어방식

해설 VVVF제어방식을 인버터제어방식이라고도 한다.

45 접지재료의 구비조건이 아닌 것은?

① 전류용량 ② 내부식성
③ 시공성 ④ 내전압성

해설 접지재료의 구비조건
- 전류용량
- 내부식성
- 시공성
- 기계적 강도

46 다음 논리식을 간소화 하면?

$$F = \overline{(\overline{A}+B) \cdot \overline{B}}$$

① $F = \overline{A} + B$ ② $F = A + \overline{B}$
③ $F = A + B$ ④ $F = \overline{A} + \overline{B}$

해설 드모르간 정리
$F = \overline{(\overline{A}+B) \cdot \overline{B}}$
$= \overline{(\overline{A}+B)} + \overline{\overline{B}}$
$= (\overline{\overline{A}} \cdot \overline{B}) + B$
$= A\overline{B} + B$
$= (A+B)(\overline{B}+B)$
$= A+B$

47 그림의 부스트 컨버터 회로에서 입력전압(V_s)의 크기가 20[V]이고 스위칭 주기(T)에 대한 스위치(SW)의 온(On) 시간(t_{on})의 비인 듀티비(D)가 0.6이었다면, 부하저항(R)의 크기가 10[Ω]인 경우 부하저항에서 소비되는 전력[W]은?

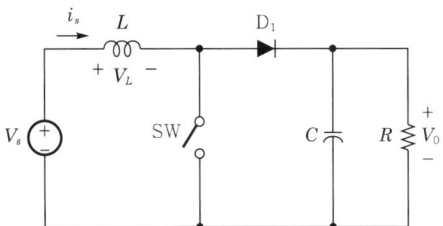

① 100 ② 150
③ 200 ④ 250

해설 소비전력 $P = \dfrac{\left(\dfrac{V}{1-D}\right)^2}{R}$

$= \dfrac{\left(\dfrac{20}{1-0.6}\right)^2}{10}$

$= 250[W]$

(단, D : 듀티비, R : 부하저항)

정답 43 ④ 44 ① 45 ④ 46 ③ 47 ④

48 인버터의 스위칭 소자와 역병렬접속된 다이오드에 관한 설명으로 가장 적합한 것은?

① 스위칭 소자에 내장된 다이오드이다.
② 부하에서 전원으로 에너지가 회생될 때 경로가 된다.
③ 스위칭 소자에 걸리는 전압 스트레스를 줄이기 위한 것이다.
④ 스위칭 소자의 역방향 누설전류를 흐르게 하기 위한 경로이다.

해설 인버터의 스위칭 소자에 역방향으로 병렬연결된 다이오드는 C의 방전시에도 역으로 전류가 흐르는 통로 역할을 한다.

49 저압 옥내배선을 금속관 공사에 의하여 시설하는 경우에 대한 설명으로 옳은 것은?

① 전선은 옥외용 비닐절연전선을 사용하여야 한다.
② 전선은 굵기에 관계없이 연선을 사용하여야 한다.
③ 콘크리트에 매설하는 금속관의 두께는 1.2[mm] 이상이어야 한다.
④ 옥내배선의 사용전압이 교류 600[V] 이하인 경우 관에는 접지공사를 하지 않는다.

해설 금속관 공사
- 옥외용 비닐전선은 제외할 것
- 콘크리트 매설시 금속관 두께는 1.2[mm] 이상(단, 기타일 때 : 1.0[mm])
- 금속관 공사에서는 접지공사를 하여야 한다.

50 유도전동기의 슬립이 커지면 커지는 것은?

① 회전수
② 2차 주파수
③ 2차 효율
④ 기계적 출력

해설 슬립(s)

$$s = \frac{N_s - N}{N_s} = \frac{E_{2s}}{E_2} = \frac{f_{2s}}{f_2} = \frac{P_{c2}}{P_2}$$

∴ $s = \dfrac{f_{2s}}{f_2}$ 에서 s 가 커지면 f_{2s} 가 증가한다.

51 그림과 같은 회로의 기능은?

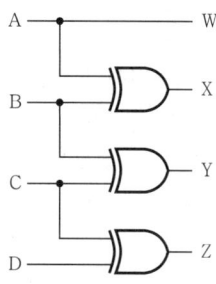

① 크기 비교기
② 디멀티플렉서
③ 홀수 패리티 비트 발생기
④ 2진 코드의 그레이 코드 변환기

해설 그레이 코드 변환기

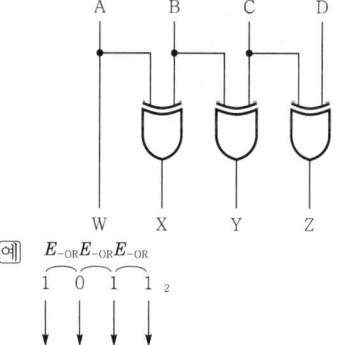

52 지중에 매설되어 있는 케이블의 전식(전기적인 부식)을 방지하기 위한 대책이 아닌 것은?

① 희생양극법   ② 외부전원법
③ 선택배류법   ④ 자립배양법

해설 지중에 매설된 케이블의 전식을 방지하기 위한 방법으로 희생양극법, 외부전원법, 선택배류법 등이 있다.

정답 48 ② 49 ③ 50 ② 51 ④ 52 ④

53 지선과 지선용 근가를 연결하는 금구는?
① U볼트
② 지선로트
③ 볼쇄클
④ 지선밴드

해설 지선과 지선용 근가를 연결하는 금구를 지선로트라 한다.

54 크기가 다른 3개의 저항을 병렬로 연결했을 경우의 설명으로 옳은 것은?
① 각 저항에 흐르는 전류는 모두 같다.
② 각 저항에 걸리는 전압은 모두 같다.
③ 합성저항값은 각 저항의 합과 같다.
④ 병렬연결은 도체저항의 길이를 늘이는 것과 같다.

해설
- 저항을 병렬로 연결시에는 전압은 일정
- 저항을 직렬로 연결시에는 전류는 일정

55 이항분포(binomial distribution)에서 매회 A가 일어나는 확률이 일정한 값 P일 때, n회의 독립시행 중 사상 A가 x회 일어날 확률 $P(x)$를 구하는 식은? (단, N은 로트의 크기, n은 시료의 크기, P는 로트의 모부적합품률이다.)

① $P(x) = \dfrac{n!}{x!(n-x)!}$

② $P(x) = e^{-x} \cdot \dfrac{(nP)^x}{x!}$

③ $P(x) = \dfrac{\binom{NP}{x}\binom{N-NP}{n-x}}{\binom{N}{n}}$

④ $P(x) = \binom{n}{x} P^x (1-P)^{n-x}$

해설 사상 A가 x회 일어날 확률 $[P(x)]$
$P(x) = \binom{n}{x} P^x (1-P)^{n-x}$

56 표준시간 설정시 미리 정해진 표를 활용하여 작업자의 동작에 대해 시간을 산정하는 시간연구법에 해당되는 것은?
① PTS법　　② 스톱워치법
③ 워크 샘플링법　④ 실적자료법

해설 **PTS법**
표준시간 설정시 미리 정해진 표를 활용하여 작업자의 동작을 미리 산정하는 방법이다.

57 샘플링에 관한 설명으로 틀린 것은?
① 취락 샘플링에서는 취락 간의 차는 작게, 취락 내의 차는 크게 한다.
② 제조공정의 품질특성에 주기적인 변동이 있는 경우 계통 샘플링을 적용하는 것이 좋다.
③ 시간적 또는 공간적으로 일정 간격을 두고 샘플링하는 방법을 계통 샘플링이라고 한다.
④ 모집단을 몇 개의 층으로 나누어 각 층마다 랜덤하게 시료를 추출하는 것을 층별 샘플링이라고 한다.

해설 품질특성에 주기적 변동이 있는 경우에는 Sampling 방법을 사용하지 않는다.

58 다음 내용은 설비보전조직에 대한 설명이다. 어떤 조직의 형태에 대한 설명인가?

> 보전작업자는 조직상 각 제조부문의 감독자 밑에 둔다.
> - 단점 : 생산우선에 의한 보전작업 경시, 보전기술 향상의 곤란성
> - 장점 : 운전자와 일체감 및 현장감독의 용이성

① 집중보전　② 지역보전
③ 부문보전　④ 절충보전

해설 보전작업자는 부문보전 조직형태에서 나오는 용어이다.

59 다음 표는 어느 자동차 영업소의 월별 판매실적을 나타낸 것이다. 5개월 단순이동 평균법으로 6월의 수요를 예측하면 몇 대인가?

월	1월	2월	3월	4월	5월
판매량	100대	110대	120대	130대	140대

① 120대
② 130대
③ 140대
④ 150대

해설 1월에서 5월까지의 평균 판매실적을 이용하여 6월 수요를 예측하면
$$\therefore \frac{100+110+120+130+140}{5} = 120 \text{대}$$

60 다음은 관리도의 사용절차를 나타낸 것이다. 관리도의 사용절차를 순서대로 나열한 것은?

㉠ 관리하여야 할 항목의 선정
㉡ 관리도의 선정
㉢ 관리하려는 제품이나 종류선정
㉣ 시료를 채취하고 측정하여 관리도를 작성

① ㉠→㉡→㉢→㉣
② ㉠→㉢→㉣→㉡
③ ㉢→㉠→㉡→㉣
④ ㉢→㉣→㉠→㉡

해설 관리도의 사용절차
• 관리하려는 제품 및 종류 선정
• 항목선정
• 관리도 선정
• 시료채취 및 측정하여 관리도 작성

정답 59 ① 60 ③

제61회 2017년 3월 5일 출제문제

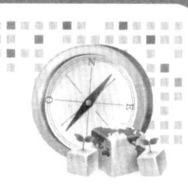

01 전력원선도에서 구할 수 없는 것은?

① 선로손실
② 송전효율
③ 수전단역률
④ 과도안정 극한전력

해설
- 전력원선도에서 구할 수 있는 것은 선로손실, 1차 입력, 2차 입력, 철손, 1차 동손, 2차 동손, 역률, 효율 등이 있다.
- 전력원선도에서 구할 수 없는 것은 과도안정 극한전력, 기계적 출력, 기계손 등이 있다.

02 16진수 $(B85)_{16}$를 10진수로 표시하면?

① 738
② 1475
③ 2213
④ 2949

해설 $(B85)_{16}$

$$B : 11 \times 16^2 = 2816$$
$$8 : 8 \times 16^1 = 128$$
$$+)\ 5 : 5 \times 16^0 = 5$$
$$\overline{\qquad\qquad 2949}$$

$\therefore (B85)_{16} = (2949)_{10}$

03 변압기의 효율이 회전기의 효율보다 좋은 이유는?

① 동손이 적기 때문이다.
② 철손이 적기 때문이다.
③ 기계손이 없기 때문이다.
④ 동손과 철손이 모두 적기 때문이다.

해설 변압기는 회전기보다 동손과 철손이 적어서 효율이 좋다.

04 그림의 회로에서 입력전원(v_s)의 양(+)의 반주기 동안에 도통하는 다이오드는?

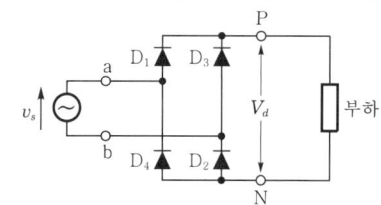

① D_1, D_2
② D_2, D_3
③ D_4, D_1
④ D_1, D_3

해설 전파정류회로

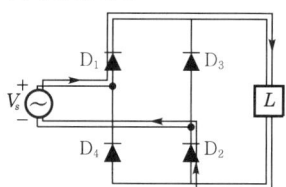

$\begin{cases} (+)\text{반주기} : V_s \to D_1 \to L \to D_2 \to V_s \\ (-)\text{반주기} : V_s \to D_3 \to L \to D_4 \to V_s \end{cases}$

05 다음은 어떤 게이트의 설명인가?

> 게이트의 입력에 서로 다른 입력이 들어올 때 출력이 "1"이 되고(입력이 "0"과 "1" 또는 "1"과 "0"이면 출력이 "1"), 게이트의 입력에 같은 입력이 들어올 때 출력이 "0"이 되는 회로(입력이 "0"과 "0" 또는 "1"과 "1"이면 출력이 "0")이다.

① OR 게이트
② AND 게이트
③ NAND 게이트
④ EX-OR 게이트

정답 01 ④ 02 ④ 03 ④ 04 ① 05 ④

해설 EX-OR gate
서로 다른 입력이 들어올 때 출력은 "1"이 된다.

A	B	Y
0	0	0
0	1	1
1	0	1
1	1	0

06 파형률과 파고율이 같고 그 값이 1인 파형은?
① 고조파   ② 삼각파
③ 구형파   ④ 사인파

해설 파형률과 파고율이 모두 "1"인 파형은 구형파이다.
파형률 = $\dfrac{실효값}{평균값}$, 파고율 = $\dfrac{최댓값}{실효값}$

07 다음과 같은 블록선도의 등가 합성전달함수는?

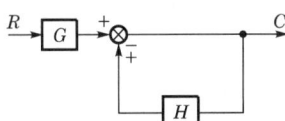

① $\dfrac{1}{1 \pm GH}$ ② $\dfrac{G}{1 \pm CH}$
③ $\dfrac{G}{1 \pm H}$ ④ $\dfrac{1}{1 \pm H}$

해설

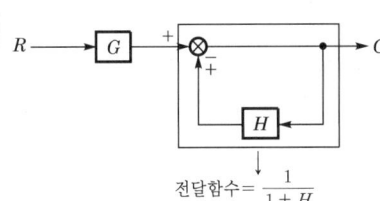

전달함수 = $\dfrac{1}{1 \pm H}$

∴ 전체 전달함수 $T = G \times \dfrac{1}{1 \pm H}$
$= \dfrac{G}{1 \pm H}$

08 하나의 철심에 동일한 권수로 자기 인덕턴스 $L[H]$의 코일 두 개를 접근해서 감고, 이것을 자속방향이 동일하도록 직렬연결할 때 합성 인덕턴스[H]는? (단, 두 코일의 결합계수는 0.5이다.)
① L ② $2L$
③ $3L$ ④ $4L$

해설 동일 방향 연결이므로 가동접속상태이다. 그러므로 합성 인덕턴스 L은
$L = L_1 + L_2 + 2M$
$= L + L + 2K\sqrt{L \cdot L} = 3L[H]$

09 $f(t) = \dfrac{e^{at} + e^{-at}}{2}$의 라플라스 변환은?

① $\dfrac{s}{s^2 - a^2}$ ② $\dfrac{s}{s^2 + a^2}$
③ $\dfrac{a}{s^2 - a^2}$ ④ $\dfrac{a}{s^2 + a^2}$

해설 $\mathcal{L}\left[\dfrac{1}{2}(e^{at} + e^{-at})\right] = \dfrac{1}{2}\left(\dfrac{1}{s-a} + \dfrac{1}{s+a}\right)$
$= \dfrac{1}{2} \dfrac{(s+a)+(s-a)}{(s-a)(s+a)}$
$= \dfrac{s}{s^2 - a^2}$

10 고·저압 진상용 콘덴서(SC)의 설치위치로 가장 효과적인 것은?
① 부하와 중앙에 분산 배치하여 설치하는 방법
② 수전 모선단에 중앙 집중으로 설치하는 방법
③ 수전 모선단에 대용량 1개를 설치하는 방법
④ 부하 말단에 분산하여 설치하는 방법

해설 진상용 콘덴서(SC)는 부하의 말단에 분산하여 설치하여야 효율적이다.

11 %동기 임피던스가 130[%]인 3상 동기발전기의 단락비는 약 얼마인가?
① 0.66   ② 0.77
③ 0.88   ④ 0.99

정답 06 ③ 07 ③ 08 ③ 09 ① 10 ④ 11 ②

해설 단락비(K_s) = $\dfrac{1}{\%동기\ 임피던스[\text{p.u}]}$
= $\dfrac{1}{1.3}$
≒ 0.77

12 코일의 성질을 설명한 것 중 틀린 것은?
① 전자석의 성질이 있다.
② 상호유도작용이 있다.
③ 전원 노이즈 차단기능이 있다.
④ 전압의 변화를 안정시키려는 성질이 있다.

해설 코일의 성질
- 전자석의 성질
- 상호유도작용의 성질
- 전원의 노이즈 차단기능의 성질

13 여자기(exciter)에 대한 설명으로 옳은 것은?
① 주파수를 조정하는 것이다.
② 부하변동을 방지하는 것이다.
③ 직류전류를 공급하는 것이다.
④ 발전기의 속도를 일정하게 하는 것이다.

해설 여자기는 여자전류를 공급하는 것으로 무부하일 때 자속을 공급하는 것을 뜻하며 여자전류는 자화전류와 철손전류의 합이다.

14 정격전압이 200[V], 정격출력이 50[kW]인 직류분권발전기의 계자저항이 20[Ω]일 때 전기자 전류는 몇 [A]인가?
① 10   ② 20
③ 130   ④ 260

해설 직류분권발전기

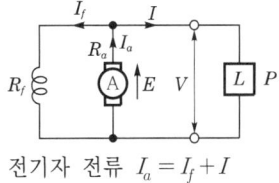

전기자 전류 $I_a = I_f + I$

= $\dfrac{V}{R_f} + \dfrac{P}{V}$
= $\dfrac{200}{20} + \dfrac{50 \times 10^3}{200}$
= 260[A]

15 8극 동기전동기의 기동방법에서 유도전동기로 기동하는 기동법을 사용하려면 유도전동기의 필요한 극수는 몇 극으로 하면 되는가?
① 6   ② 8
③ 10   ④ 12

해설 유도전동기를 동기전동기로 기동하는 경우 동기전동기의 극수보다 2극 적은 것을 사용한다(유도전동기의 속도는 동기전동기의 속도보다 sN_s 만큼 늦음).

16 고압 또는 특고압 가공전선로로부터 공급을 받는 수용장소의 인입구 또는 이와 근접한 곳에 시설하여야 하는 것은?
① 정류기
② 피뢰기
③ 동기조상기
④ 직렬리액터

해설 피뢰기
제1종 접지공사를 하며 고압 또는 특고압으로부터 공급을 받는 수용가의 인입구에 시설한다.

17 지중에 매설되어 있는 케이블의 전식을 방지하기 위하여 누설전류가 흐르도록 길을 만들어 금속표면의 부식을 방지하는 방법은?
① 희생양극법   ② 외부전원법
③ 강제배류법   ④ 배양법

해설 누설전류에 의한 전식을 방지하기 위해 보통은 선택배류법을 주로 사용하나, 누설전류의 길을 만들어서 흐르게 함으로써 금속표면의 부식을 방지하는 강제배류법을 사용하기도 한다.

정답 12 ④ 13 ③ 14 ④ 15 ① 16 ② 17 ③

18 E_s, E_r을 각각 송전단전압, 수전단전압, A, B, C, D를 4단자 정수라 할 때 전력원선도의 반지름은?

① $(E_s \times E_r)/D$ ② $(E_s \times E_r)/C$
③ $(E_s \times E_r)/B$ ④ $(E_s \times E_r)/A$

해설 전력원선도 반지름 $r = \dfrac{E_s \times E_r}{B}$

19 변압기의 병렬운전 조건에 대한 설명으로 틀린 것은?

① 극성이 같아야 한다.
② 권수비, 1차 및 2차의 정격전압이 같아야 한다.
③ 각 변압기의 저항과 누설 리액턴스비가 같아야 한다.
④ 각 변압기의 임피던스가 정격용량에 비례하여야 한다.

해설 **변압기의 병렬운전 조건**
- %임피던스 강하가 같을 것
- 극성이 같을 것
- 권수비가 같을 것
- 1, 2차 정격전압이 같을 것
- 변압기 내부저항과 리액턴스비가 같을 것
- 상회전방향이 같을 것

20 다음 그림은 어떤 논리회로인가?

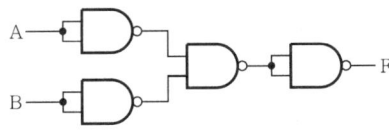

① NOR
② NAND
③ exclusive OR(XOR)
④ exclusive NOR(XNOR)

해설
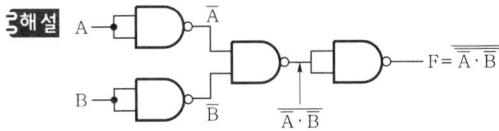

$\therefore F = \overline{\overline{A}\overline{B}} = \overline{\overline{A}} \cdot \overline{\overline{B}} = \overline{A+B}$ (NOR 회로)

21 전압계의 측정범위를 확대하기 위해 콘스탄탄 또는 망가닌선의 저항을 전압계에 직렬로 접속하는데 이때의 저항을 무엇이라고 하는가?

① 분류기 ② 배율기
③ 분압기 ④ 정류기

해설
- 배율기 : 전압계의 측정범위를 넓히기 위해 연결하는 직렬저항
- 분류기 : 전류계의 측정범위를 넓히기 위해 연결하는 병렬저항

22 권수비 1 : 2의 단상 센터탭형 전파정류회로에서 전원전압이 220[V]라면 출력 직류전압은 약 몇 [V]인가?

① 95   ② 124
③ 180 ④ 198

해설 **센터탭형 전파정류회로**

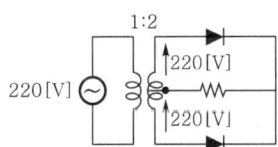

$\therefore$ 출력 직류전압 $V_{dc} = \dfrac{2V_m}{\pi} = \dfrac{2\sqrt{2}\,V}{\pi}$
$= \dfrac{2\sqrt{2} \times 220}{\pi}$
$\fallingdotseq 198[V]$

23 그림과 같은 회로에서 20[Ω]에 흐르는 전류는 몇 [A]인가?

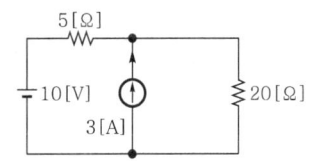

① 0.4   ② 0.6
③ 1.0   ④ 1.2

정답 18 ③ 19 ④ 20 ① 21 ② 22 ④ 23 ③

해설
- 10[V]를 기준으로 해석(3[A] 개방)

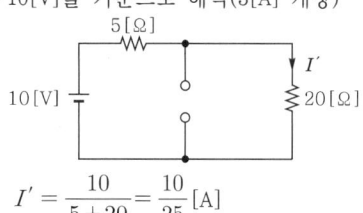

$$I' = \frac{10}{5+20} = \frac{10}{25}[A]$$

- 5[A]를 기준으로 해석(10[V] 단락)

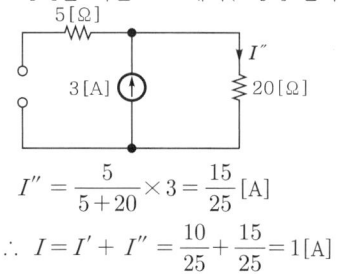

$$I'' = \frac{5}{5+20} \times 3 = \frac{15}{25}[A]$$

$$\therefore I = I' + I'' = \frac{10}{25} + \frac{15}{25} = 1[A]$$

24 전기자의 반지름이 0.15[m]인 직류발전기가 1.5[kW]의 출력에서 회전수가 1,500[rpm]이고, 효율은 80[%]이다. 이때 전기자 주변속도는 몇 [m/s]인가? (단, 손실은 무시한다.)
① 11.78   ② 18.56
③ 23.56   ④ 30.04

해설 전기자 주변속도 v

$$v = \pi D \frac{N}{60} \text{ (여기서, } D : \text{지름)}$$
$$= \pi \times 0.3 \times \frac{1,500}{60} ≒ 23.56[\text{m/s}]$$

25 전기회로에서 전류는 자기회로에서 무엇과 대응되는가?
① 자속   ② 기자력
③ 자속밀도   ④ 자계의 세기

해설

전기회로	자기회로
전류 I	자속 ϕ
전기저항 R	자기저항 R_m
기전력 E	기자력 F_m
도전율 k	투자율 μ
$R = \dfrac{l}{ks}$	$R_m = \dfrac{l}{\mu s}$

26 해독기(decoder)에 대한 설명이다. 틀린 것은?
① 멀티플렉서로 쓸 수 있다.
② 기억회로로 구성되어 있다.
③ 입력을 조합하여 한 조합에 대하여 한 출력선만 동작하게 할 수 있다.
④ 2진수로 표시된 입력의 조합에 따라 1개의 출력만 동작하도록 한다.

해설 해독기는 2진수를 10진수로 변환하는 데 주로 이용되며 기억회로와는 무관하다.

27 길이 5[m]의 도체를 $0.5[\text{Wb/m}^2]$의 자장 중에서 자장과 평행한 방향으로 5[m/s]의 속도로 운동시킬 때, 유기되는 기전력[V]은?
① 0   ② 2.5
③ 6.25   ④ 12.5

해설 유기기전력 e
$$e = vBl\sin\theta = 5 \times 0.5 \times 5 \times \sin 0° = 0[V]$$

28 수전용 변전설비에 1차측에 설치하는 차단기의 용량은 주로 어느 것에 의하여 정해지는가?
① 수전계약 용량
② 부하설비의 용량
③ 정격차단전류의 크기
④ 수전전력의 역률과 부하율

해설 수전용 변전설비의 1차측 차단기의 용량은 정격차단전류의 크기에 따라서 정해진다.

29 GTO의 특성으로 옳은 것은?
① 게이트(gate)에 역방향 전류를 흘려서 주전류를 제어한다.
② 소스(source)에 순방향 전류를 흘려서 주전류를 제어한다.
③ 드레인(drain)에 역방향 전류를 흘려서 주전류를 제어한다.
④ 드레인(drain)에 순방향 전류를 흘려서 주전류를 제어한다.

정답 24 ③   25 ①   26 ②   27 ①   28 ③   29 ①

해설 GTO(Gate Turn-Off thyristor)
- 역저지 3극 사이리스터
- 게이트에 흐르는 전류를 역방향으로 흐르게 함으로써 주전류를 제어한다.

30 평형 3상 △ 부하에 선간전압 300[V]가 공급될 때 선전류가 30[A] 흘렀다. 부하 1상의 임피던스는 몇 [Ω]인가?

① 10 ② $10\sqrt{3}$
③ 20 ④ $30\sqrt{3}$

해설 △결선

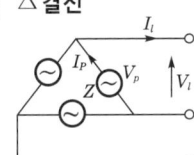

$V_l = V_p$
$I_l = \sqrt{3}\, V_p$
$V_p = I_p \cdot Z$
$\therefore Z = \dfrac{V_p}{I_p} = \dfrac{V_l}{\dfrac{I_l}{\sqrt{3}}} = \dfrac{300}{\dfrac{30}{\sqrt{3}}} = 10\sqrt{3}\,[\Omega]$

31 현수애자 4개를 1련으로 한 66[kV] 송전선로가 있다. 현수애자 1개의 절연저항이 2,000[MΩ]이라면 표준 지지물 간 거리(경간)를 200[m]로 할 때 1[km]당의 누설 컨덕턴스는 약 몇 [℧]인가?

① 0.58×10^{-9} ② 0.63×10^{-9}
③ 0.73×10^{-9} ④ 0.83×10^{-9}

해설 현수애자 1련의 저항 $r = 2,000 \times 10^6 \times 4 = 8 \times 10^9 [\Omega]$

표준경간이 200[m]이므로 1[km]에는 5련의 현수애자 설치

그러므로 전체 저항 $R = \dfrac{8 \times 10^9}{5} = 1.6 \times 10^9 [\Omega]$

따라서, 누설 컨덕턴스 $G = \dfrac{1}{R} = \dfrac{1}{1.6 \times 10^9} = 0.63 \times 10^{-9}[\text{℧}]$

32 3상 유도전동기가 입력 50[kW], 고정자 철손 2[kW]일 때 슬립 5[%]로 회전하고 있다면 기계적 출력은 몇 [kW]인가?

① 45.6 ② 47.8
③ 49.2 ④ 51.4

해설 기계적 출력 P_0
$P_0 = (1-s)P_2 = (1-0.05)(50-2)[\text{kW}]$
$= 45.6[\text{kW}]$

33 공사원가를 구성하고 있는 순공사원가에 포함되지 않는 것은?

① 경비 ② 재료비
③ 노무비 ④ 일반관리비

해설 순공사원가=경비+노무비+재료비

34 그림은 변압기의 단락시험 회로이다. 임피던스 전압과 정격전류를 측정하기 위해 계측기를 연결해야 할 단자와 단락결선을 하여야 하는 단자를 옳게 나타낸 것은?

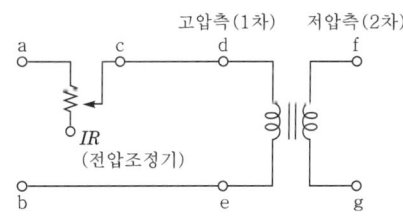

① 임피던스 전압(a-b), 정격전류(c-d), 단락(e-g)
② 임피던스 전압(a-b), 정격전류(d-e), 단락(f-g)
③ 임피던스 전압(d-e), 정격전류(f-g), 단락(d-f)
④ 임피던스 전압(d-e), 정격전류(c-d), 단락(f-g)

해설 변압기의 단락시험 회로도
- 임피던스 전압 측정 : d-e
- 정격전류 측정 : c-d
- 단락결선 단자 : f-g

정답 30 ② 31 ② 32 ① 33 ④ 34 ④

35 진공 중에 2[m] 떨어진 2개의 무한 평행 도선에 단위길이당 10^{-7}[N]의 반발력이 작용할 때, 도선에 흐르는 전류는?

① 각 도선에 1[A]가 반대 방향으로 흐른다.
② 각 도선에 1[A]가 같은 방향으로 흐른다.
③ 각 도선에 2[A]가 반대 방향으로 흐른다.
④ 각 도선에 2[A]가 같은 방향으로 흐른다.

해설 무한 평행도체

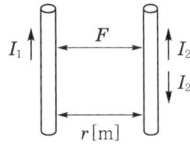

두 도체 사이에 작용하는 힘 F

$F = \dfrac{2I_1 \cdot I_2 \times 10^{-7}}{r}$ 에서

$10^{-7} = \dfrac{2I \cdot I \times 10^{-7}}{2}$ 이므로

∴ $I = 1$[A]가 흐르며 같은 방향의 전류가 흐를 때는 흡인력이 작용하고, 반대 방향의 전류가 흐를 때는 반발력이 작용한다.

36 전압원 인버터에서 암단락(arm short)을 방지하기 위한 방법은?

① 데드타임 설정
② 스위칭 소자 양단에 커패시터 접속
③ 스위칭 소자 양단에 서지흡수기 접속
④ 스위칭 소자 양단에 역병렬로 다이오드 접속

해설 전압원 인버터는 데드타임을 설정하여 암단락을 사전에 방지하여 회로를 보호한다.

37 220[V]인 3상 유도전동기의 전부하 슬립이 3[%]이다. 공급전압이 200[V]가 되면 전부하 슬립은 약 몇 [%]가 되는가?

① 3.6 ② 4.2
③ 4.8 ④ 5.4

해설
- $T \propto V^2$ (여기서, T : 토크)
- $S \propto \dfrac{1}{V^2}$ (슬립은 전압의 제곱에 반비례)

$S_1 : S_2 = \dfrac{1}{220^2} : \dfrac{1}{200^2}$

$\dfrac{1}{200^2} S_1 = \dfrac{1}{220^2} S_2$

∴ $S_2 = \dfrac{220^2}{200^2} \cdot S_1 = \left(\dfrac{220}{200}\right)^2 \times 0.03$

$\fallingdotseq 3.6$[%]

38 송전선에 코로나가 발생하면 무엇에 의해 전선이 부식되는가?

① 수소
② 아르곤
③ 비소
④ 산화질소

해설 코로나
- 전선로 주위 공기의 절연파괴로 발생하며, 이때 산화질소에 의해 전선이 부식된다.
- 코로나 영향
  - 손실발생 $P_c = \dfrac{241}{\delta}(f+25)\sqrt{\dfrac{d}{2D}}(E-E_0)^2 \times 10^{-5}$
  - 유도장해
  - 전선의 부식
  - 코로나 잡음 발생
- 방지대책
  - 굵은 전선 사용
  - 복도체, 다도체 사용
  - 가선금구 개량

39 철근콘크리트주로서 그 전체의 길이가 16[m] 초과 20[m] 이하이고, 설계하중이 6.8[kN] 이하인 것을 지반이 연약한 곳 이외에 시설하려고 한다. 지지물의 기초 안전율을 고려하지 않고 철근콘크리트주를 시설하려면 묻히는 깊이를 몇 [m] 이상으로 시설하여야 하는가?

① 2.5 ② 2.8
③ 3.0 ④ 3.2

정답 35 ① 36 ① 37 ① 38 ④ 39 ②

해설 지지물 묻히는 깊이
- 길이 16[m] 이하, 설계하중 6.8[kN] 이하
  - 길이 15[m] 이하 : 길이의 $\frac{1}{6}$ 이상
  - 길이 15[m] 초과 : 2.5[m] 이상
- 길이 16[m] 초과 20[m] 이하, 설계하중 6.8[kN] 이하 : 2.8[m] 이상

40 $R=5[\Omega]$, $L=20[mH]$ 및 가변 콘덴서 $C[\mu F]$로 구성된 $R-L-C$ 직렬회로에 주파수 1,000[Hz]인 교류를 가한 다음 콘덴서를 가변시켜 직렬공진시킬 때 C의 값은 약 몇 [μF]인가?

① 1.27
② 2.54
③ 3.52
④ 4.99

해설 $R-L-C$ 직렬공진

$Z = R + j\left(\omega L - \dfrac{1}{\omega C}\right)$에서 공진이 되기 위해서는 허수부분이 "0"이 되어야 하므로

$\omega L = \dfrac{1}{\omega C}$에서 $C = \dfrac{1}{\omega^2 L}$

$= \dfrac{1}{(2\pi \times 1,000)^2 \times 20 \times 10^{-3}}$

$\fallingdotseq 1.27[\mu F]$

41 직류분권전동기가 있다. 단자전압이 215[V], 전기자전류가 60[A], 전기자저항이 0.1[Ω], 회전속도 1,500[rpm]일 때 발생하는 토크는 약 몇 [kg·m]인가?

① 6.58
② 7.92
③ 8.15
④ 8.64

해설 발생토크 T

$T = \dfrac{P}{\omega} = \dfrac{E \cdot I_a}{2\pi f} = \dfrac{E \cdot I_a}{2\pi \dfrac{N}{60}}$

$E = V - I_a R_a = 215 - 60 \times 0.1 = 209[V]$

$\therefore T = \dfrac{209 \times 60}{2\pi \times \dfrac{1,500}{60}} \fallingdotseq 79.87[N \cdot m]$

$= \dfrac{1}{9.8} \times 79.87 = 8.15[kg \cdot m]$

42 1 전자볼트[eV]는 약 몇 [J]인가?

① 1.60×10^{-19}
② 1.67×10^{-21}
③ 1.72×10^{-24}
④ 1.76×10^{9}

해설 전자 1개가 가지는 에너지 $1[eV] = 1.602 \times 10^{-19}[J]$

43 송배전선로의 작용정전용량은 무엇을 계산하는 데 사용되는가?

① 선간단락 고장시 고장전류 계산
② 정상운전시 전로의 충전전류 계산
③ 인접 통신선의 정전유도전압 계산
④ 비접지계통의 1선 지락고장시 지락고장전류 계산

해설 작용정전용량 C

$C = \dfrac{Q}{V} = \dfrac{0.02413}{\log \dfrac{D}{r}}[\mu F/km]$

- 정상운전시 충전전류 계산에 이용된다.
- 단상 2선식일 때 $C = C_s + 2C_m$
- 3상 3선식일 때 $C = C_s + 3C_m$

(여기서, C_s : 대지정전용량, C_m : 선간정전용량)

44 다음 ( ) 안에 알맞은 내용으로 옳은 것은?

버스덕트 배선에 의하여 시설하는 도체는 (㉠)[mm²] 이상의 띠모양, 5[mm]의 관 모양이나 둥근 막대모양의 동 또는 단면적 (㉡)[mm²] 이상인 띠 모양의 알루미늄을 사용하여야 한다.

① ㉠ 10, ㉡ 20
② ㉠ 15, ㉡ 25
③ ㉠ 20, ㉡ 30
④ ㉠ 25, ㉡ 35

해설 버스덕트공사
- 지지점 간의 거리 : 3[m]
- 20[mm²] 이상의 띠모양 사용
- 5[mm] 이상의 둥근 막대모양의 동 사용
- 30[mm²] 이상의 띠모양의 Al 사용

정답 40 ① 41 ③ 42 ① 43 ② 44 ③

45 저항 $10\sqrt{3}\,[\Omega]$, 유도리액턴스 $10[\Omega]$인 직렬회로에 교류전압을 인가할 때 전압과 이 회로에 흐르는 전류와의 위상차는 몇 도인가?

① 60° ② 45°
③ 30° ④ 0°

해설 $V-I$의 위상차 θ
$$\theta = \tan^{-1}\frac{X_L}{R} = \tan^{-1}\frac{\sqrt{3}}{10\sqrt{3}} = 30°$$

46 금속관공사시 관을 접지하는 데 사용하는 것은?

① 엘보 ② 터미널 캡
③ 어스 클램프 ④ 노출배관용 박스

해설 금속관공사
- 콘크리트 매설시 관의 두께 : 1.2[mm]
- 기타 : 1.0[mm]
- 금속관 접지시 어스 클램프를 사용한다.
- 옥외용 비닐전선(OW)은 제외한다.
- 금속관 안에서의 접속점은 없어야 한다.

47 그림과 같은 브리지가 평형되기 위한 임피던스 Z_x의 값은 약 몇 $[\Omega]$인가? (단, $Z_1 = 3+j2[\Omega]$, $R_2 = 4[\Omega]$, $R_3 = 5[\Omega]$이다.)

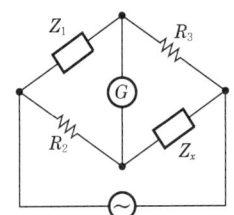

① $4.62-j3.08$ ② $3.08+j4.62$
③ $4.24-j3.66$ ④ $3.66+j4.24$

해설 브리지회로의 평형
평형상태가 되면 $(3+j2)\cdot Z_x = 4\times 5$
$$\therefore Z_x = \frac{20}{3+j2} = \frac{20(3-j2)}{(3+j2)(3-j2)}$$
$$= \frac{60-j40}{13} = \frac{60}{13} - j\frac{40}{13}$$
$$= 4.62 - j3.08$$

48 10[kW]의 농형 유도전동기의 기동방법으로 가장 적당한 것은?

① 전전압기동법
② Y-△ 기동법
③ 기동보상기법
④ 2차 저항기동법

해설 농형 유도전동기의 기동법
- 전전압기동(직입기동) : 5[kW] 이하
- Y-△ 기동 : 5~15[kW] 정도
  - 기동전류 $\frac{1}{3}$
  - 기동전압 $\frac{1}{\sqrt{3}}$
- 기동보상기법 : 감전압기동으로 15[kW] 이상

49 표준상태에서 공기의 절연이 파괴되는 전위경도는 교류(실효값)로 약 몇 [kV/cm]인가?

① 10 ② 21
③ 30 ④ 42

해설 파열극한 전위경도
- 공기절연이 부분적으로 파괴되는 전위경도를 뜻한다.
- 교류 : 21[kV/cm]
- 직류 : 30[kV/cm]

50 보호선과 전압선의 기능을 겸한 전선은?

① DV선
② PEM선
③ PEL선
④ PEN선

해설 PEL선
보호선과 전압선의 기능을 모두 갖춘 전선로이다.

정답 45 ③ 46 ③ 47 ① 48 ② 49 ② 50 ③

51 저압 가공인입선의 시설기준이 아닌 것은?
① 전선은 나전선, 절연전선, 케이블을 사용할 것
② 전선이 케이블인 경우 이외에는 인장강도 2.30[kN] 이상일 것
③ 전선의 높이는 철도 또는 궤도를 횡단하는 경우에는 레일면상 6.5[m] 이상일 것
④ 전선이 옥외용 비닐절연전선일 경우에는 사람이 접촉할 우려가 없도록 시설할 것

해설 저압 가공인입선의 시설기준
- 전선의 굵기
  - 저압 : 2.6[mm]
  - 고압 : 5.0[mm]
  - 특고압 : 22[mm^2]
- 높이

구 분	저 압	고 압
도로횡단	5[m]	6[m]
철도횡단	6.5[m]	6.5[m]

- 절연전선을 주로 사용한다(나전선은 송전선로에 사용).
- 케이블인 경우 이외에는 인장강도 2.30[kN] 이상이어야 한다.

52 전력설비에 대한 설치목적의 연결이 옳지 않은 것은?
① 소호리액터-지락전류 제한
② 한류리액터-단락전류 제한
③ 직렬리액터-충전전류 방전
④ 분로리액터-페란티현상 방지

해설 직렬리액터의 설치목적
- 파형의 일그러짐 개선
- 콘덴서 개방시 이상현상의 억제

53 스너버(snubber)회로에 관한 설명이 아닌 것은?
① R, C 등으로 구성된다.
② 스위칭으로 인한 전압 스파이크를 완화시킨다.
③ 전력용 반도체 소자의 보호회로로 사용된다.
④ 반도체 소자의 전류상승률(di/dt)만을 저감하기 위한 것이다.

해설 스너버회로
- 인덕턴스 부하를 릴레이 또는 반도체 스위칭소자로 ON/OFF시 발생하는 과도전압을 억제 $\left(\dfrac{dv}{dt}\right)$ 시키기 위한 회로이다.
- 회로도

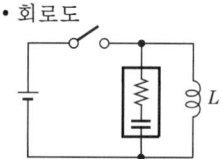

54 동기전동기에 관한 설명 중 옳지 않은 것은?
① 기동토크가 작다.
② 역률을 조정할 수 없다.
③ 난조가 일어나기 쉽다.
④ 여자기가 필요하다.

해설 동시전동기의 특징
- 역률 "1"로 조정
- 기동이 어려움
- 정속도전동기(속도조정을 할 수 없다)
- 압연기, 분쇄기 등에 이용
- 난조 발생

55 워크 샘플링에 관한 설명 중 틀린 것은?
① 워크 샘플링은 일명 스냅리딩(snap reading)이라 불린다.
② 워크 샘플링은 스톱워치를 사용하여 관측대상을 순간적으로 관측하는 것이다.
③ 워크 샘플링은 영국의 통계학자 L.H.C. Tippet가 가동률 조사를 위해 창안한 것이다.
④ 워크 샘플링은 사람의 상태나 기계의 가동상태 및 작업의 종류 등을 순간적으로 관측하는 것이다.

해설 **워크 샘플링**
- 사람의 상태나 기계의 가동상태를 관측한다.
- 작업의 종류 등을 순간적으로 관측한다.
- 스냅리딩이라고도 한다.
- 영국의 통계학자 Tippet가 가동률 조사를 위해 창안하였다.

56 설비배치 및 개선의 목적을 설명한 내용으로 가장 관계가 먼 것은?
① 재공품의 증가
② 설비투자 최소화
③ 이동거리의 감소
④ 작업자 부하 평준화

해설 **설비배치 및 개선의 목적**
- 이동거리의 감소
- 작업자의 부하 평준화
- 설비투자의 최소화

57 검사의 종류 중 검사공정에 의한 분류에 해당되지 않는 것은?
① 수입검사   ② 출하검사
③ 출장검사   ④ 공정검사

해설
- 방법에 의한 분류 : 전수검사, Sampling 검사
- 장소에 의한 분류 : 현장검사, 순회검사
- 공정에 의한 분류 : 수입검사, 공정검사, 최종검사, 출하검사
- 성질에 의한 분류 : 파괴검사, 비파괴검사

58 3σ법의 $\overline{X}$관리도에서 공정이 관리상태에 있는 데도 불구하고 관리상태가 아니라고 판정하는 제1종 과오는 약 몇 [%]인가?
① 0.27   ② 0.54
③ 1.0   ④ 1.2

해설 제1종과오는 일부 공정에서 어쩔 수 없이 발생하는 과오로서 약 0.27[%] 정도이며 제2종 과오는 공정이 관리상태에 있다고 잘못 판단하는 것을 의미한다.

59 설비보전조직 중 지역보전(area maintenance)의 장단점에 해당하지 않는 것은?
① 현장 왕복시간이 증가한다.
② 조업요원과 지역보전요원과의 관계가 밀접해진다.
③ 보전요원이 현장에 있으므로 생산본위가 되며 생산의욕을 가진다.
④ 같은 사람이 같은 설비를 담당하므로 설비를 잘 알며 충분한 서비스를 할 수 있다.

해설 **지역보전의 특징**
- 보전요원이 현장에 있으므로 생산본위가 되며 생산의욕을 가진다.
- 조업요원과 지역보전요원과의 관계가 밀접하다.
- 동일인이 같은 설비를 담당하여 그 설비에 대하여 상세히 알 수 있으며 충분한 서비스가 가능해진다.

60 부적합품률이 20[%]인 공정에서 생산되는 제품을 매시간 10개씩 샘플링 검사하여 공정을 관리하려고 한다. 이때 측정되는 시료의 부적합품수에 대한 기대값과 분산은 약 얼마인가?
① 기대값 : 1.6, 분산 : 1.3
② 기대값 : 1.6, 분산 : 1.6
③ 기대값 : 2.0, 분산 : 1.3
④ 기대값 : 2.0, 분산 : 1.6

해설
- 기대값 $E(x) = 10 \times \dfrac{20}{100} = 2$
- 분산 $V(x) = n \times p \times (1-p)$ (여기서, n : 개수)
  $= 10 \times \dfrac{20}{100}\left(1 - \dfrac{20}{100}\right)$
  $= 1.6$

정답 56 ① 57 ③ 58 ① 59 ① 60 ④

제62회 2017년 7월 8일 출제문제

01 히스테리시스 곡선에서 종축은 무엇을 나타내는가?
① 자계의 세기
② 자속밀도
③ 기자력
④ 자속

해설 히스테리시스 곡선

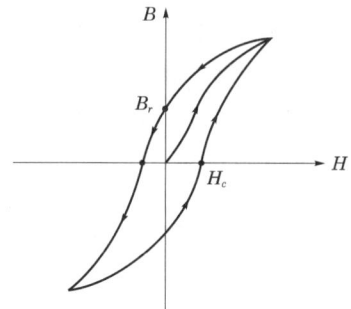

- 횡축(H)
- 종축(B)
- 히스테리시스손 $P_h = \eta f B_m^{1.6 \sim 2}$

02 그림과 같은 논리회로에서의 출력식은?

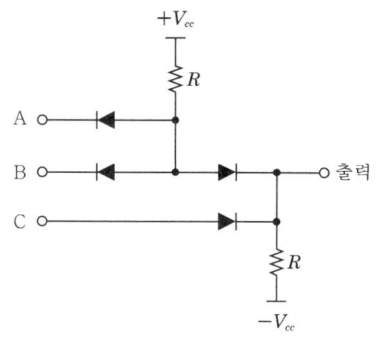

① ABC
② A+B+C
③ AB+C
④ (A+B)C

해설 논리회로 출력

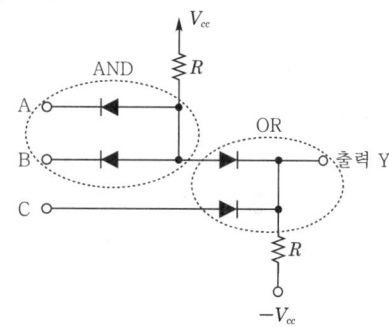

∴ 전체 출력 Y=AB+C가 된다.

03 전력변환장치의 반도체 소자 SCR이 턴온(turn on)되어 20[A]의 전류가 흐를 때 게이트 전류를 1/2로 줄이면 SCR의 애노드와 캐소드에 흐르는 전류는?
① 40[A]   ② 20[A]
③ 10[A]   ④ 5[A]

해설 SCR
- 애노드 전압에 의해서 전류가 제어된다.
- 게이트 전압과 전류와는 무관하므로 흐르는 전류는 20[A]가 된다.
- 구조

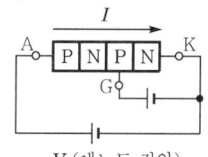

정답 01 ② 02 ③ 03 ②

04 정격전류가 55[A]인 전동기 1대와 정격전류 10[A]인 전동기 5대에 전력을 공급하는 간선의 허용전류의 최솟값은 몇 [A]인가?
[KEC 규정에 따른 부적합 문제]

① 94.5 ② 105.5
③ 115.5 ④ 131.3

해설 허용전류

전동기 정격전류	허용전류
50[A] 이하	정격전류 합계의 1.25배
50[A] 초과	정격전류 합계의 1.1배

정격전류 $I = 55[A] \times 1$대 $+ 10[A] \times 5$대
$\quad = 105[A]$
∴ 허용전류 $I = 105 \times 1.1 = 115.5[A]$

05 변압기의 내부저항과 누설 리액턴스의 %강하율은 2[%], 3[%]이다. 부하의 역률이 80[%]일 때 이 변압기의 전압변동률은 몇 [%]인가?

① 1.6 ② 1.8
③ 3.4 ④ 4.0

해설 전압변동률 ε

$\varepsilon = p\cos\theta + q\sin\theta$
$\quad = 2 \times 0.8 + 3 \times 0.6$
$\quad = 3.4[\%]$

06 동기전동기의 위상특성곡선에서 횡축은 무엇을 나타내는가?

① 역률 ② 효율
③ 계자전류 ④ 전기자전류

해설 위상특성곡선

계자전류(I_f) - 전기자 전류(I_a)의 관계곡선

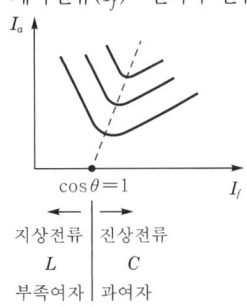

횡축(I_f), 종축(I_a)이므로 횡축은 계자전류를 뜻한다.

07 저압 이웃연결(연접)인입선은 인입선에서 분기하는 점으로부터 100[m]를 넘지 않는 지역에 시설하고 폭 몇 [m]를 초과하는 도로를 횡단하지 않아야 하는가?

① 4 ② 5
③ 6 ④ 7

해설 이웃연결(연접)인입선
- 저압만 이용
- 분기점으로부터 100[m] 초과 금지
- 도로폭 5[m] 횡단금지
- 옥내관통금지

08 정전압 송전방식에서 전력원선도 작성 시 필요한 것으로 모두 옳은 것은?

① 조상기 용량, 수전단전압
② 송전단전압, 수전단전류
③ 송·수전단 전압, 선로의 일반회로정수
④ 송·수전단 전류, 선로의 일반회로정수

해설 전력원선도
- 원선도 작성시 필요한 것
  - 송·수전단 전압
  - 선로의 일반회로정수
- 필요한 시험
  - 무부하시험 : I_i, I_ϕ
  - 구속(단락)시험 : 동손(P_c), 임피던스(V_s) 전압
  - 권선저항 측정 : γ_1, γ_2

09 저압옥내배선 공사에서 금속관 공사로 시공할 경우 특징이 아닌 것은?

① 전선은 연선일 것
② 전선은 절연전선일 것
③ 전선은 금속관 안에서 접속점이 없을 것
④ 콘크리트에 매설하는 것은 관의 두께가 1.2mm 이하일 것

정답 04 ③ 05 ③ 06 ③ 07 ② 08 ③ 09 ④

해설 금속관 공사 시 관의 두께
- 콘크리트 매설시 : 1.2mm 이상
- 기타 : 1.0mm 이상

10 3상 유도전동기의 회전력은 단자전압과 어떤 관계가 있는가?
① 단자전압에 무관하다.
② 단자전압에 비례한다.
③ 단자전압의 2제곱에 비례한다.
④ 단자전압의 $\frac{1}{2}$제곱에 비례한다.

해설 유도전동기
- 토크는 전압의 제곱에 비례 ($T \propto V^2$)
- 슬립(s)은 전압의 제곱에 반비례 $\left(s \propto \dfrac{1}{V^2}\right)$

11 동기발전기의 권선을 분포권으로 할 때 나타나는 현상으로 옳은 것은?
① 집중권에 비하여 합성 유기기전력이 커진다.
② 전기자 반작용이 증가한다.
③ 권선의 리액턴스가 커진다.
④ 기전력의 파형이 좋아진다.

해설 분포권의 특징
- 누설 리액턴스 감소
- 기전력의 파형 개선
- 분포권 계수 (K_d)

$$K_d = \dfrac{\sin\dfrac{\pi}{2m}}{q\sin\dfrac{\pi}{2mq}}$$

(여기서, m : 상수, q : 매극매상의 슬롯수)

12 3상 회로에서 2개의 전력계를 사용하여 평형 부하의 역률을 측정하고자 한다. 전력계의 지시가 각각 2[kW] 및 8[kW]라 할 때, 이 회로의 역률은 약 몇 [%]인가?
① 49 ② 59
③ 69 ④ 79

해설 2전력계법
$$역률 \ \cos\theta = \dfrac{P_1 + P_2}{2\sqrt{P_1^2 + P_2^2 - P_1 P_2}} \times 100[\%]$$
$$= \dfrac{2+8}{2\sqrt{2^2+8^2-2\times 8}} \times 100$$
$$= 69.34[\%]$$

13 그림에서 1차 코일의 자기 인덕턴스 L_1, 2차 코일의 자기 인덕턴스 L_2, 상호 인덕턴스를 M이라 할 때 L_A의 값으로 옳은 것은?
① $L_1 + L_2 + 2M$
② $L_1 - L_2 + 2M$
③ $L_1 + L_2 - 2M$
④ $L_1 - L_2 - 2M$

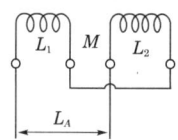

해설 코일의 접속
- 가동접속 $L' = L_1 + L_2 + 2M$
- 차동접속 $L'' = L_1 + L_2 - 2M$
∴ 위에 회로는 차동접속을 뜻하므로 $L_A = L_1 + L_2 - 2M$이 된다.

14 3상 송전선로 1회선의 전압이 22[kV], 주파수가 60[Hz]로 송전시 무부하 충전전류는 약 몇 [A]인가? (단, 송전선의 길이는 20[km]이고, 1선 1[km]당 정전용량은 0.5 [μF]이다.)
① 48 ② 36
③ 24 ④ 12

해설 충전전류 I_C
$$I_C = \dfrac{E}{X_C} = \omega C E l = 2\pi fc \dfrac{V}{\sqrt{3}} l$$
$$= 2\pi \times 60 \times 0.5 \times 10^{-6} \times \dfrac{22 \times 10^3}{\sqrt{3}} \times 20$$
$$= 47.88 ≒ 48[A]$$

정답 10 ③ 11 ④ 12 ③ 13 ③ 14 ①

15 저압 가공인입선의 금속관 공사에서 앤트런스캡의 주된 사용장소는?

① 전선관의 끝부분
② 부스덕트의 마감재
③ 케이블 헤드의 끝부분
④ 케이블 트레이의 마감재

해설 앤트런스 캡
- 전선관의 끝부분에 설치
- 옥외의 빗물의 유입을 막는 데 사용

16 3상 송전선로에서 지름 5[mm]의 경동선을 간격 1[m]로 정삼각형 배치를 한 가공전선의 1선 1[km]당의 작용 인덕턴스는 약 몇 [mH/km]인가?

① 1.0   ② 1.25
③ 1.5   ④ 2.0

해설 작용 인덕턴스 L
- $L = 0.05 + 0.4605 \log \dfrac{D}{r}$ [mH/km]
- 정삼각형 배열시 등가선간거리
  $D = \sqrt[3]{r} = \sqrt[3]{1} = 1$
  $\therefore L = 0.05 + 0.4605 \log \dfrac{\sqrt[3]{1}}{2.5 \times 10^{-3}}$
  $= 1.248 ≒ 1.25$ [mH/km]

17 출퇴표시등 회로에 전기를 공급하기 위한 1차측 전로의 대지전압과 2차측 전로의 사용전압이 몇 [V] 이하인 절연변압기를 사용하여야 하는가?

① 220[V], 40[V]
② 220[V], 60[V]
③ 300[V], 40[V]
④ 300[V], 60[V]

해설 출퇴표시등 변압기
- 1차측 전로의 대지전압 : 300[V] 이하
- 2차측 전로의 대지전압 : 60[V] 이하

18 가공전선로에 사용하는 애자가 갖춰야 하는 구비조건이 아닌 것은?

① 가해지는 외력에 기계적으로 견딜 수 있을 것
② 전기적, 기계적 성능이 저하되지 않을 것
③ 표면저항을 가지고 누설전류가 클 것
④ 코로나 방전을 일으키지 않을 것

해설 애자
표면저항은 크고, 누설전류는 작아야 한다.

19 500[kVA] 단상변압기 4대를 사용하여 과부하가 되지 않게 사용할 수 있는 3상 최대 전력은 몇 [kVA]인가?

① $500\sqrt{3}$
② 1,500
③ $1,000\sqrt{3}$
④ 2,000

해설 변압기가 4대이므로 V결선을 2bank로 연결
$\therefore$ 3상 최대 전력 $= 2P_V = 2\sqrt{3}P_1$
(여기서, P_1 : 변압기 1대 용량)
$= 2\sqrt{3} \times 500$
$= 1,000\sqrt{3}$ [kVA]

20 그림과 같은 전기회로에서 전류 I_1은 몇 [A] 인가?

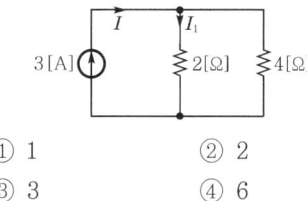

① 1   ② 2
③ 3   ④ 6

해설 병렬회로
$I_1 = \dfrac{R_2}{R_1 + R_2} I = \dfrac{4}{2+4} \times 3 = 2$ [A]

정답 15 ① 16 ② 17 ④ 18 ③ 19 ③ 20 ②

21 그림과 같은 블록선도에서 C/R을 구하면?

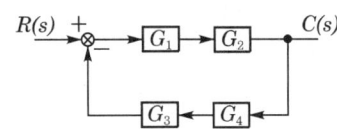

① $\dfrac{G_1 G_2}{1+G_1 G_2+G_3 G_4}$

② $\dfrac{G_3 G_4}{1+G_1 G_2+G_3 G_4}$

③ $\dfrac{G_1 G_2}{1+G_1 G_2 G_3 G_4}$

④ $\dfrac{G_3 G_4}{1+G_1 G_2 G_3 G_4}$

해설 전달함수 G

$$G=\dfrac{C}{R}=\dfrac{\sum 전방향\ 이득}{1-\sum 폐회로\ 이득}$$
$$=\dfrac{G_1 G_2}{1-(-G_1 G_2 G_3 G_4)}$$
$$=\dfrac{G_1 G_2}{1+G_1 G_2 G_3 G_4}$$

22 그림과 같은 논리회로를 1개의 게이트로 표현하면?

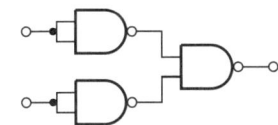

① NOT ② OR
③ AND ④ NOR

해설 논리회로 출력 X

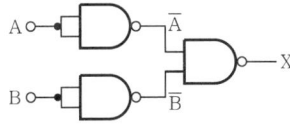

∴ $X=\overline{\overline{A}\overline{B}}=\overline{\overline{A+B}}=A+B$ 이므로 OR 회로가 된다.

23 스위칭 주기(T)에 대한 스위치의 온(on)시간(t_{on})의 비인 듀티비를 D라 하면 정상상태에서 벅-부스트 컨버터(buck-boost converter)의 입력전압(V_s) 대 출력전압(V_o)의 비 $\left(\dfrac{V_o}{V_s}\right)$를 나타낸 것으로 올바른 것은?

① $D-1$ ② $1-D$

③ $\dfrac{D}{1-D}$ ④ $\dfrac{D}{1+D}$

해설 벅-부스트 컨버터

전압비 $=\dfrac{V_s}{V_o}=\dfrac{D}{1-D}$ (여기서, D : 듀티비)

24 3상 권선형 유도전동기에서 2차측 저항을 2배로 할 경우 최대 토크의 변화는?

① 2배로 된다.
② $\dfrac{1}{2}$로 줄어든다.
③ $\sqrt{2}$배가 된다.
④ 변하지 않는다.

해설 권선형 유도전동기
- 최대 토크 : 불변
- 기동토크 : 증대
- 2차측 증가시 슬립(s) 증가

25 단상회로에 교류전압 220[V]를 가한 결과 위상이 45° 뒤진전류가 15[A] 흘렀다. 이 회로의 소비전력은 약 몇 [W]인가?

① 1,335
② 2,333
③ 3,335
④ 4,333

해설 소비전력 P

$P=VI\cos\theta$
$\quad=220\times 15\times \cos 45°$
$\quad=2,333.45[W]$

정답 21 ③ 22 ② 23 ③ 24 ④ 25 ②

26 서지보호장치(SPD)를 기능에 따라 분류할 때 포함되지 않는 것은?

① 복합형 SPD
② 전압제한형 SPD
③ 전압스위치형 SPD
④ 전류스위치형 SPD

해설 서지보호장치 분류(SPD)
- 복합형 SPD
- 전압제한형 SPD
- 전압스위치형 SPD

27 그림과 같이 단상 반파정류회로에서 저항 R에 흐르는 전류는 약 몇 [A]인가? (단, $v=200\sqrt{2}\sin\omega t$[V], $R=10\sqrt{2}$[Ω]이다.)

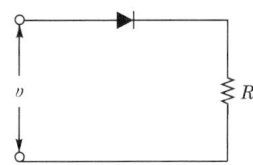

① 3.18
② 6.37
③ 9.26
④ 12.74

해설 부하전류 I_d
R 양단전압 $V_d=0.45E=0.45\times 200=90$[V]
∴ $I_d=\dfrac{V_d}{R}=\dfrac{90}{10\sqrt{2}}=6.37$[A]

28 동기발전기를 병렬운전 하고자 하는 경우의 조건에 해당되지 않는 것은?

① 기전력의 위상이 같을 것
② 기전력의 파형이 같을 것
③ 발전기의 주파수가 같을 것
④ 기전력의 임피던스가 같을 것

해설 동기발전기의 병렬운전 조건
- 기전력의 위상이 같을 것
- 기전력의 크기가 같을 것
- 기전력의 파형이 같을 것
- 기전력의 주파수가 같을 것
- 기전력의 상회전방향이 같을 것

29 직렬회로에서 저항 6[Ω], 유도리액턴스 8[Ω]의 부하에 비정현파 전압 $v=200\sqrt{2}\sin\omega t+100\sqrt{2}\sin3\omega t$[V]를 가했을 때, 이 회로에서 소비되는 전력은 약 몇 [W]인가?

① 2,456
② 2,498
③ 2,534
④ 2,562

해설 비정현파 전력
$$P=I_1^2R+I_3^2R=\left(\dfrac{V_1}{Z_1}\right)^2R+\left(\dfrac{V_3}{Z_3}\right)^2R$$
$$=\left(\dfrac{200}{\sqrt{6^2+8^2}}\right)^2\times 6+\left(\dfrac{100}{\sqrt{6^2+(3\times 8)^2}}\right)^2\times 6$$
$$\fallingdotseq 2,498[W]$$

30 반도체 소자 다이오드를 병렬로 접속하는 주된 목적은?

① 고전압화
② 고주파화
③ 대용량화
④ 저손실화

해설 반도체의 대용량화를 위해서는 다이오드를 병렬연결하면 된다.

31 전력변환 방식 중 직류전압을 높은 전압에서 낮은 전압으로 변환하는 장치는?

① 인버터
② 반파정류
③ 벅 컨버터
④ 부스트 컨버터

해설 벅 컨버터
직류전압을 높은 전압에서 낮은 전압으로 변환하는 전력변환장치이다.

32 220/380[V]겸용 3상 유도전동기의 리드선은 몇 가닥을 인출하는가?

① 3
② 4
③ 6
④ 8

해설 3상의 리드선은 3가닥이며, 220/380[V]겸용이므로 6가닥의 리드선을 인출한다.

정답 26 ④ 27 ② 28 ④ 29 ② 30 ③ 31 ③ 32 ③

33 송전선로에서 코로나 임계전압[kV]의 식은? (단, d 및 r은 전선의 지름 및 반지름, D는 전선의 평균 선간거리, 단위는 [cm]이며 다른 조건은 무시한다.)

① $24.3 d \log_{10} \dfrac{r}{D}$

② $24.3 d \log_{10} \dfrac{D}{r}$

③ $\dfrac{24.3}{d \log_{10} \dfrac{r}{D}}$

④ $\dfrac{24.3}{d \log_{10} \dfrac{D}{r}}$

해설 코로나 임계전압 E

$$E = 24.3 m_0 m_1 \delta d \log \dfrac{D}{r} [\text{kV}]$$

여기서, m_0 : 표면계수
m_1 : 천후계수
δ : 상대공기밀도
d : 전선의 지름
D : 선간거리

34 다음 논리회로의 논리식 Z의 출력을 간략화하면?

$$Z = \overline{A}\overline{B}\overline{C} + \overline{A}BC + A\overline{B}\overline{C} + \overline{A}BC$$
$$+ A\overline{B}C + ABC$$

① $\overline{A} + BC$ ② $\overline{B} + C$
③ $\overline{A}\overline{B} + A\overline{C}$ ④ $\overline{A}(B + C)$

해설 논리식 Z
$Z = \overline{A}\overline{B}\overline{C} + \overline{A}BC + A\overline{B}\overline{C} + \overline{A}BC + A\overline{B}C$
$+ ABC$
$= \overline{A}\overline{B}(\overline{C} + C) + A\overline{B}(\overline{C} + C) + BC(\overline{A} + A)$
$= \overline{A}\overline{B} + A\overline{B} + BC$
$= \overline{B}(\overline{A} + A) + BC$
$= \overline{B} + BC$
$= (\overline{B} + B)(\overline{B} + C)$
$= \overline{B} + C$

35 직류 분권전동기에서 전압의 극성을 반대로 공급하였을 때 다음 중 옳은 것은?

① 회전방향은 변하지 않는다.
② 회전방향이 반대로 된다.
③ 회전하지 않는다.
④ 발전기로 된다.

해설 회전방향

직류 분권전동기는 전압의 극성을 반대로 하여도 회전방향은 변하지 않는다.

36 전기공급설비 및 전기사용설비에서 전선의 접속법에 대한 설명으로 틀린 것은?

① 접속부분은 접속관, 기타의 기구를 사용한다.
② 전선의 세기를 20[%] 이상 감소시키지 않는다.
③ 전선의 전기저항이 증가되도록 접속하여야 한다.
④ 접속부분은 절연전선의 절연물과 동등 이상의 절연효력이 있도록 충분히 피복한다.

해설 전선의 접속법

- 전기저항을 증가시키지 말 것
- 전선의 세기를 20[%] 이상 감소시키지 말 것
- 충분한 절연내력을 가질 것
- 접속기구를 사용할 것

37 22.9[kV] 배전선로 전선설치(가선)공사에서 주상의 경완금(경완철)에 전선을 전선설치(가선)작업할 때 필요 없는 금구류 또는 자재는 다음 중 어느 것인가?

① 앵커쇄클   ② 현수애자
③ 소켓아이   ④ 데드엔드클램프

해설 경완금에 전선을 전선설치(가선) 작업시 필요한 자재

현수애자, 소켓아이, 데드엔드클램프 등

정답 33 ② 34 ② 35 ① 36 ③ 37 ①

38 동기전동기의 전기자 권선을 단절권으로 하는 이유는?

① 역률을 좋게 한다.
② 절연을 좋게 한다.
③ 고조파를 제거한다.
④ 기전력의 크기가 높아진다.

해설 전기자 권선법 중 단절권 사용이유
- 동량과 철량이 감소
- 기계길이가 축소
- 고조파 제거 → 파형 개선
- 단절권 계수 $K_p = \sin\dfrac{\beta\pi}{2}$

39 자기용량 10[kVA]의 단권변압기를 이용해서 배전전압 3,000[V]를 3,300[V]로 승압하고 있다. 부하역률이 80[%]일 때 공급할 수 있는 부하용량은 몇 [kW]인가? (단, 단권변압기의 손실은 무시한다.)

① 58
② 68
③ 78
④ 88

해설 단권 변압기

$$\dfrac{\text{자기용량}}{\text{부하용량}} = \dfrac{V_h - V_l}{V_h} = \dfrac{3,300 - 3,000}{3,300}$$

$$= \dfrac{300}{3,300}$$

$$\therefore \text{부하용량} = \dfrac{3,300}{300} \times 10 \times 0.8(\text{역률})$$

$$= 88[\text{kW}]$$

40 400[V] 미만인 저압용의 계기용 변성기에 있어서 그 철심외함에 적당한 접지공사는?
 [KEC 규정에 따른 부적합 문제]

① 제1종 접지공사
② 제2종 접지공사
③ 제3종 접지공사
④ 특별 제3종 접지공사

해설 계기용 변성기의 접지공사
400[V] 미만시 제3종 접지공사를 한다.

41 동기전동기 12극, 60[Hz] 회전자계의 속도는 몇 [m/s]인가? (단, 회전자계의 극간격은 1[m]이다.)

① 60
② 90
③ 120
④ 180

해설 회전자계의 속도 v

- 동기속도 $N_s = \dfrac{120f}{P} = \dfrac{120 \times 60}{12} = 600[\text{rpm}]$

$$= \dfrac{600}{60} = 10[\text{rps}]$$

- 속도 $v = 10[\text{rps}] \times \underline{12극 \times 1[\text{m}]}$
$= 120[\text{m/s}]$ 회전자 둘레

42 송전선로에 코로나가 발생하였을 때 장점은?

① 송전선로의 전력손실을 감소시킨다.
② 전력선 반송통신설비에 잡음을 감소시킨다.
③ 송전선로에서의 이상전압 진행파를 감소시킨다.
④ 중성점 직접접지 방식의 송전선로 부근의 통신선에 유도장해를 감소시킨다.

해설 코로나 현상
- 공기 중 부분적으로 절연파괴로 빛을 내는 현상
- 장점 : 이상전압 진행파의 파고값 감소
- 단점 : 코로나 잡음 발생, 코로나 손실 발생, 통신선에 유도장해 발생, 전선에 부식 발생

43 변압기의 누설 리액턴스를 감소시키는 데 가장 효과적인 방법은?

① 권선을 동심배치시킨다.
② 권선을 분할하여 조립한다.
③ 코일의 단면적을 크게 한다.
④ 철심의 단면적을 크게 한다.

해설 변압기의 누설 리액턴스를 감소시키기 위해 권선을 분할하여 조립한다.

정답 38 ③ 39 ④ 40 ③ 41 ③ 42 ③ 43 ②

44 그림과 같은 전기회로에서 단자 a-b에서 본 합성저항은 몇 $[\Omega]$인가? (단, 저항 R은 3 $[\Omega]$이다.)

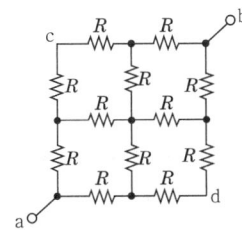

① 1.0　② 1.5
③ 3.0　④ 4.5

해설 전체 저항 R_{ab}

$R_{ab} = \frac{3}{2}R = \frac{3}{2} \times 3 = 4.5[\Omega]$

45 콘덴서 인가전압이 20[V]일 때 콘덴서에 800[μC]이 축적되었다면 이때 축적되는 에너지는 몇 [J]인가?

① 0.008　② 0.016
③ 0.08　④ 0.16

해설 축적에너지 W_C

$W_C = \frac{1}{2}CV^2 = \frac{1}{2}\frac{Q^2}{C} = \frac{1}{2}QV$

$= \frac{1}{2} \times 800 \times 10^{-6} \times 20 = 0.008[J]$

46 동기발전기에서 발생하는 자기여자 현상을 방지하는 방법이 아닌 것은?

① 단락비를 감소시킨다.
② 발전기를 2대 이상 병렬로 모선에 접속시킨다.
③ 송전선로의 수전단에 변압기를 접속시킨다.
④ 수전단에 부족여자를 갖는 동기조상기를 접속시킨다.

해설 자기여자 방지대책
- 단락비 증가
- 부족여자(L)를 갖는 동기조상기 사용
- 발전기를 2대 이상 병렬운전
- 수전단에 유도리액턴스가 큰 변압기 사용

47 아래 논리회로에서 출력 F로 나올 수 없는 것은?

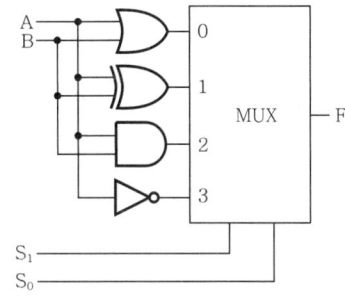

① AB　② $A+B$
③ $AB + \overline{A}\,\overline{B}$　④ $\overline{A}B + A\overline{B}$

해설 MUX의 출력 F
$F = (A+B)$, $A+B = A\overline{B} + \overline{A}B$, AB, $\overline{A}$

48 전기회로에서 전류에 의해 만들어지는 자기장이 자기력선 방향을 나타내는 법칙은?

① 앙페르의 오른나사법칙
② 플레밍의 왼손법칙
③ 가우스의 법칙
④ 렌츠의 법칙

해설 앙페르의 오른나사법칙
전류에 의한 자기력선은 엄지손가락 방향으로 발생한다.

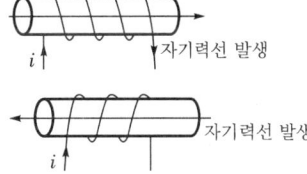

정답 44 ④　45 ①　46 ①　47 ③　48 ①

49 RC 직렬회로에서 $t=0$일 때 직류전압 10[V]를 인가하면 $t=0.1[\text{sec}]$일 때 전류는 약 몇 [mA]인가? (단, $R=1,000[\Omega]$, $C=50[\mu F]$이고, 초기 정전용량은 0이다.)

① 2.25 ② 1.85
③ 1.55 ④ 1.35

해설 RC 직렬회로의 전류 i

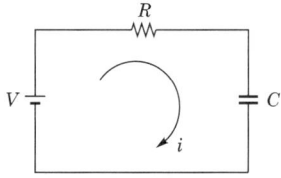

|회로도|

$i = \dfrac{V}{R} e^{-\frac{1}{CR}t}$

$= \dfrac{10}{1,000} e^{-\frac{1}{50\times 10^{-6}\times 10^{3}}\times 0.1}$

$= \dfrac{1}{100} e^{-2} \fallingdotseq 1.35[\text{mA}]$

50 어떤 정현파 전압의 평균값이 220[V]이면 최댓값은 약 몇 [V]인가?

① 282 ② 315
③ 345 ④ 445

해설 평균값 $= \dfrac{2}{\pi} \times$ 최댓값

최댓값 $= \dfrac{\pi}{2} \times$ 평균값 $= \dfrac{\pi}{2} \times 220 \fallingdotseq 345[\text{V}]$

51 345[kV]의 가공송전선을 사람이 쉽게 들어갈 수 없는 산지에 시설하는 경우 가공송전선의 지표상 높이는 최소 몇 [m]인가?

① 5.28 ② 6.28
③ 7.28 ④ 8.28

해설 특고압 가공전선로
시가지 외 산지일 때 높이는
$h = 5 + (34.5 - 16) \times 0.12 = 7.22[\text{m}]$
∴ 최소 높이 7.28[m]가 된다.

52 전기공사시 정부나 공공기관에서 발주하는 물량을 산출할 경우 전기재료의 할증률 중 옥외 케이블은 일반적으로 몇 [%] 이내로 하여야 하는가?

① 1 ② 3
③ 5 ④ 10

해설 공공기관에서 발주하는 물량 산출시 할증률
- 옥외전선 : 5[%]
- 옥내전선 : 10[%]
- 옥외 케이블 : 3[%]
- 옥내 케이블 : 5[%]

53 전력변환장치에서 턴온(turn on) 및 턴오프(turn off) 제어가 모두 가능한 반도체 스위칭 소자가 아닌 것은?

① GTO ② SCR
③ IGBT ④ MOSFET

해설
- SCR : 단방향성 소자로서 Turn-off 제어만 가능
- IGBT(Insulated Gate Bipolar TR) : MOSFET와 TR이 결합된 소자

54 3상 유도전동기의 1차 접속을 △ 결선에서 Y결선으로 바꾸면 기동시의 1차 전류는?

① $\dfrac{1}{3}$로 감소한다.

② $\dfrac{1}{\sqrt{3}}$로 감소한다.

③ 3배로 증가한다.

④ $\sqrt{3}$로 증가한다.

해설 Y-△ 변환
- $I_\triangle = 3 I_Y$
- $I_Y = \dfrac{1}{3} I_\triangle$

∴ △결선에서 Y결선으로 변환하면 전류는 $\dfrac{1}{3}$로 감소한다.

정답 49 ④ 50 ③ 51 ③ 52 ② 53 ② 54 ①

55 표준시간을 내경법으로 구하는 수식으로 맞는 것은?

① 표준시간=정미시간+여유시간
② 표준시간=정미시간×(1+여유율)
③ 표준시간=정미시간×$\left(\dfrac{1}{1-여유율}\right)$
④ 표준시간=정미시간×$\left(\dfrac{1}{1+여유율}\right)$

해설 표준시간
- 내경법
  표준시간 = 정미시간×$\left(\dfrac{1}{1-여유율}\right)$
- 외경법
  표준시간 = 정미시간×(1+여유율)

56 다음 데이터로부터 통계량을 계산한 것 중 틀린 것은?

21.5, 23.7, 24.3, 27.2, 29.1

① 범위(R)=7.6
② 제곱합(S)=7.59
③ 중앙값(Me)=24.3
④ 시료분산(s^2)=8.988

해설 통계량
- 범위(R)=29.1−21.5=7.6
- 중앙값(Me)=24.3
- 제곱합(S)=$\Sigma(Y-\overline{Y})^2$
  $\overline{Y}=\dfrac{(21.5+23.7+24.3+27.2+29.1)}{5}$
  $=25.16$
  ∴ $S=(21.5-25.16)^2+(23.7-25.16)^2+(24.3-25.16)^2+(27.2-25.16)^2+(29.1-25.16)^2=35.952$
- 시료분산(s^2)=$\dfrac{1}{n-1}\Sigma(Y-\overline{Y})^2$
  $=\dfrac{1}{5-1}\times 35.952$
  $=8.988$

57 품질특성에서 x관리도로 관리하기에 가장 거리가 먼 것은?

① 볼펜의 길이
② 알코올 농도
③ 1일 전력소비량
④ 나사길이의 부적합품수

해설 관리도
- 계량형 관리도
  - 데이터의 길이
  - 무게
  - 강도등
  - 종류 : x관리도, R관리도, $\overline{x}-R$관리도, $\overline{x}-\sigma$관리도
- 계수형 관리도
  - 결점수
  - 불량률(나사길이의 부적합품수)
  - 종류 : p관리도(불량률), np관리도(불량계수), c관리도(결점수), u관리도(단위당 결점수)

58 검사특성곡선(OC curve)에 관한 설명으로 틀린 것은? (단, N : 로트의 크기, n : 시료의 크기, c : 합격판정개수이다.)

① N, n이 일정할 때 c가 커지면 나쁜 로트의 합격률은 높아진다.
② N, c가 일정할 때 n이 커지면 좋은 로트의 합격률은 낮아진다.
③ $N/n/c$의 비율이 일정하게 증가하거나 감소하는 퍼센트 샘플링 검사시 좋은 로트의 합격률은 영향이 없다.
④ 일반적으로 로트의 크기 N이 시료 n에 비해 10배 이상 크다면, 로트의 크기를 증가시켜도 나쁜 로트의 합격률은 크게 변화하지 않는다.

해설 검사특성곡선(OC curve)
- 샘플크기(n) 변화(N, c 일정) : n이 증가 → 소비자 위험↓, 생산자 위험↑
- 로트크기(N) 변화(n, c 일정) : N이 증가 → 소비자 위험↑, 생산자 위험↑

정답 55 ③ 56 ② 57 ④ 58 ③

- 허용불량개수(c) 변화(N, n 일정) : c가 증가 → 소비자 위험↑, 생산자 위험↓

59 다음 그림의 AOA(Activity-On-Arc) 네트워크에서 E작업을 시작하려면 어떤 작업들이 완료되어야 하는가?

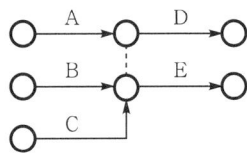

① B
② A, B
③ B, C
④ A, B, C

해설 AOA 네트워크
그림에서 E작업을 시작하기 위해서는 A, B, C 작업들이 사전에 완료되어야 한다.

60 브레인스토밍(brainstorming)과 가장 관계가 깊은 것은?

① 특성요인도
② 파레토도
③ 히스토그램
④ 회귀분석

해설 특성요인도
- 특성요인도 : 어떤 요인이 어떤 특성에 대해서 어떻게 영향을 미치는지를 원인규명을 하여 쉽게 파악할 수 있도록 하는 기법을 말한다.
- 품질의 어떤 요인을 파악하고자 할 때는 한 사람보다는 관련된 여러 사람이 브레인스토밍을 이용하여 특성요인도를 작성하면 중요한 요인들을 미리 파악할 수 있다.

정답 59 ④ 60 ①

제63회 2018년 3월 31일 출제문제

01 전계 내의 임의의 한 점에 단위전하 +1[C]을 놓았을 때 이에 작용하는 힘을 무엇이라 하는가?

① 전위 ② 전위차
③ 전속밀도 ④ 전계의 세기

해설 전계의 세기(E)
- $E = \dfrac{1}{4\pi\varepsilon_0} \cdot \dfrac{Q}{r^2}$
- 전계 내의 임의의 한 점에 단위 정전하를 놓았을 때 작용하는 힘을 뜻한다.

02 카르노도에서 간략화된 논리함수를 구하면?

	$\overline{A}\overline{B}$	$\overline{A}B$	AB	$A\overline{B}$
$\overline{C}\overline{D}$	1	1	1	1
$\overline{C}D$	1	1	1	1
CD	1	1		
$C\overline{D}$	1	1		1

① $\overline{A} + \overline{C} + \overline{B}\overline{D}$ ② $A + C + \overline{B}\overline{D}$
③ $\overline{B} + \overline{D} + AC$ ④ $\overline{B} + D + \overline{A}\,\overline{C}$

해설 카르노도

	$\overline{A}\overline{B}$	$\overline{A}B$	AB	$A\overline{B}$
$\overline{C}\overline{D}$	1	1	1	1	→ $\overline{C}$
$\overline{C}D$	1	1	1	1
CD	1	1		
$C\overline{D}$	1	1		1

$\overline{A}$ ↓ ↓ $\overline{B}\overline{D}$

∴ 논리함수 $f = \overline{A} + \overline{C} + \overline{B}\overline{D}$

03 다음 그림에서 코일에 인가되는 전압의 크기 V_L은 몇 [V]인가?

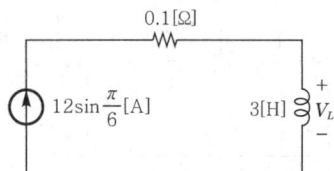

① $2\pi \sin\dfrac{\pi}{6}t$ ② $4\pi \cos\dfrac{\pi}{6}t$
③ $6\pi \cos\dfrac{\pi}{6}t$ ④ $12\pi \sin\dfrac{\pi}{6}t$

해설 $V_L = L\dfrac{d}{dt}i(t) = 3\dfrac{d}{dt}(12\sin\dfrac{\pi}{6}t)$
$= 3 \times 12 \times \dfrac{\pi}{6}\cos\dfrac{\pi}{6}t = 6\pi\cos\dfrac{\pi}{6}t$ [V]

04 그림의 회로에서 5[Ω]의 저항에 흐르는 전류 [A]는? (단, 각각의 전원은 이상적인 것으로 본다.)

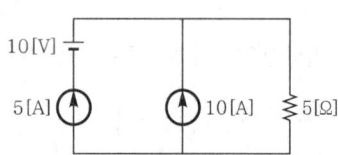

① 10 ② 15
③ 20 ④ 25

해설 중첩의 정리
- 10[V]에 의한 회로를 적용하여 흐르는 전류 $I_1 = 0$
- 5[A]에 의한 회로를 적용하여 흐르는 전류 $I_2 = 5$[A]
- 10[A]에 의한 회로를 적용하여 흐르는 전류 $I_3 = 10$[A]

∴ 5[Ω]에 흐르는 전체 전류
$I = I_1 + I_2 + I_3 = 15$[A]

정답 01 ④ 02 ① 03 ③ 04 ②

05 $C_1=1[\mu F]$, $C_2=2[\mu F]$, $C_3=3[\mu F]$인 3개의 콘덴서를 직렬로 접속하여 500[V]의 전압을 가할 때 C_1 양단에 걸리는 전압은 약 몇 [V]인가?

① 91 　　② 136
③ 272 　　④ 327

해설

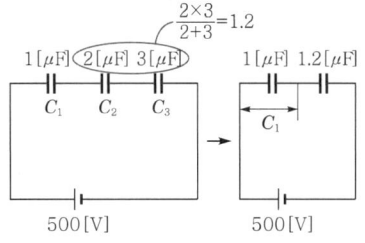

∴ C_1 양단전압 $V_{C_1} = \dfrac{1.2}{1+1.2} \times 500 \fallingdotseq 272[V]$

06 자기 인덕턴스가 50[mH]인 코일에 흐르는 전류가 0.01초 사이에 5[A]에서 3[A]로 감소하였다. 이 코일에 유기되는 기전력은 몇 [V]인가?

① 10 　　② 15
③ 20 　　④ 25

해설 $e_L = -L\dfrac{di}{dt} = -50\times 10^{-3}\dfrac{(3-5)}{0.01} = 10[V]$

07 이상 변압기를 포함하는 그림과 같은 회로의 4단자 정수 $\begin{bmatrix} A & B \\ C & D \end{bmatrix}$는?

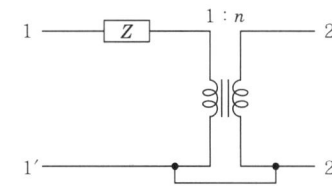

① $\begin{bmatrix} n & 0 \\ Z & \dfrac{1}{n} \end{bmatrix}$　　② $\begin{bmatrix} 0 & \dfrac{1}{n} \\ nZ & 1 \end{bmatrix}$

③ $\begin{bmatrix} \dfrac{1}{n} & nZ \\ 0 & n \end{bmatrix}$　　④ $\begin{bmatrix} n & 0 \\ \dfrac{Z}{n} & Z \end{bmatrix}$

해설 4단자 정수

변압기의 4단자 정수는 $\begin{bmatrix} \dfrac{1}{n} & 0 \\ 0 & n \end{bmatrix}$

∴ 전체 4단자 정수는

$\begin{bmatrix} 1 & Z \\ 0 & 1 \end{bmatrix}\begin{bmatrix} \dfrac{1}{n} & 0 \\ 0 & n \end{bmatrix} = \begin{bmatrix} \dfrac{1}{n} & nZ \\ 0 & n \end{bmatrix}$

08 101101에 대한 2의 보수는?

① 010001 　　② 010011
③ 101110 　　④ 010010

해설 보수

- 2의 보수=1의 보수+1
- 1의 보수는 '0' → '1', '1' → '0'으로 변환
- 101101의 1의 보수는 010010이므로

　2의 보수는 $\dfrac{\begin{array}{r}010010\\+\qquad 1\end{array}}{010011}$

09 유도성 부하에 단상 100[V]의 전압을 가하면 30[A]의 전류가 흐르고 1.8[kW]의 전력을 소비한다고 한다. 이 유도성 부하와 병렬로 콘덴서를 접속하여 회로의 합성 역률을 100[%]로 하기 위한 용량성 리액턴스는 약 몇 [Ω]이면 되는가?

① 2.32 　　② 3.24
③ 4.17 　　④ 5.28

해설 용량성 리액턴스

- 역률 $\cos\theta = \dfrac{P}{VI} = \dfrac{1.8\times 10^3}{100\times 30} = 0.6$
- 역률 개선용 콘덴서 용량(Q_c)

$Q_c = P(\tan\theta_1 - \tan\theta_2)$
$\quad = P\left(\dfrac{\sin\theta_1}{\cos\theta_1} - \dfrac{\sin\theta_2}{\cos\theta_2}\right)$
$\quad = 1,800\left(\dfrac{0.8}{0.6} - \dfrac{0}{1}\right) = 2,400[VA]$

∴ 용량성 리액턴스 $X_c = \dfrac{V^2}{Q_c} = \dfrac{100^2}{2,400}$
$\qquad\qquad\qquad\qquad \fallingdotseq 4.17[\Omega]$

10 그림과 같은 병렬회로에서 저항 $r=3[\Omega]$, 유도 리액턴스 $X=4[\Omega]$이다. 이 회로 a−b 간의 역률은?

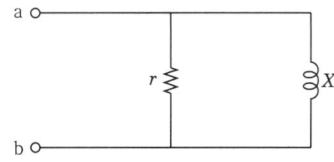

① 0.8   ② 0.6
③ 0.5   ④ 0.4

해설 병렬회로의 역률($\cos\theta$)

$$\cos\theta = \frac{X}{\sqrt{r^2+X^2}} = \frac{4}{\sqrt{3^2+4^2}} = 0.8$$

11 많은 입력선 중의 필요한 데이터를 선택하여 단일 출력선으로 연결시켜 주는 회로는?

① 인코드
② 디코드
③ 멀티플렉서
④ 디멀티플렉서

해설 멀티플렉서

다수의 입력 중에서 필요한 데이터를 선택하여 단일 출력이 되는 회로를 뜻한다.

12 그림과 같은 $v = 100\sin\omega t[V]$인 정현파 교류전압의 반파 정류파에서 사선부분의 평균값은 약 몇 [V]인가?

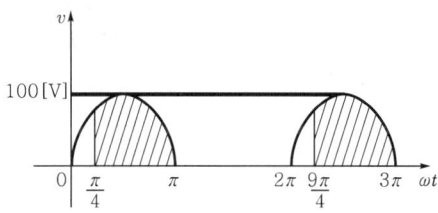

① 51.69   ② 37.25
③ 27.17   ④ 16.23

해설 평균값

$$V_{ar} = \frac{1}{2\pi}\int_{\frac{\pi}{4}}^{\pi} 100\sin\omega t$$

$$= \frac{100}{2\pi}[-\cos\omega t]_{\frac{\pi}{4}}^{\pi}$$

$$\fallingdotseq 27.17$$

13 순서회로 설계의 기본인 JK-FF 진리표에서 현재 상태의 출력 Q_n이 "0"이고, 다음 상태의 출력 Q_{n+1}이 "1"일 때 필요 입력 J 및 K의 값은? (단, x는 "0" 또는 "1"이다.)

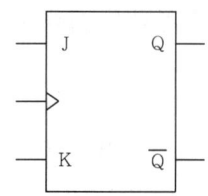

① J=0, K=0   ② J=0, K=1
③ J=0, K=x ④ J=1, K=x

해설 J-K 플립플롭의 진리표

J	K	$Q_{n+1}(t)$ ← 현재상태
0	0	Q_n (전상태)
0	1	0
1	0	1
1	1	$\overline{Q_n}$

$\therefore \left(\begin{array}{l} Q_n=1\text{이면 } \overline{Q_n}=0 \\ Q_n=0\text{이면 } \overline{Q_n}=1 \end{array}\right)$ 이므로

$\overline{Q_n}=x$가 된다.

$Q_n=0$, $\overline{Q_n}=1$이 되기 위해서는 J=1, K=1이어야 하나 주어진 조건을 찾으면 J=1, K=x이면 된다.
($\because x$는 "0" 또는 "1"이기 때문)

정답 10 ①   11 ③   12 ③   13 ④

14 그림과 같은 $R-L-C$ 병렬공진회로에 관한 설명 중 옳지 않은 것은? (단, Q는 전류확대율이다.)

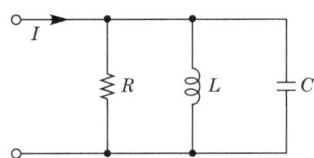

① R이 작을수록 Q가 커진다.
② 공진시 입력 어드미턴스는 매우 작아진다.
③ 공진 주파수 이하에서의 입력전류는 전압보다 위상이 뒤진다.
④ 공진시 L 또는 C를 흐르는 전류는 입력전류 크기의 Q배가 된다.

해설 $R-L-C$ 병렬공진회로
전류확대율 $Q = R\sqrt{\dfrac{C}{L}}$ 이므로
$R\downarrow \rightarrow Q\downarrow$ 이 된다.

15 콘덴서 용량이 C_1, C_2인 2개를 병렬로 연결했을 때 합성용량은?
① $C_1 + C_2$
② $C_1 C_2$
③ $\dfrac{C_1 C_2}{C_1 + C_2}$
④ $\dfrac{C_1 + C_2}{C_1 C_2}$

해설 콘덴서의 합성 정전용량
• 직렬연결시 $C_S = \dfrac{C_1 \cdot C_2}{C_1 + C_2}$
• 병렬연결시 $C_P = C_1 + C_2$

16 유도기전력에 관한 렌츠의 법칙을 맞게 설명한 것은?
① 유도기전력의 크기는 자기장의 방향과 전류의 방향에 의하여 결정된다.
② 유도기전력은 자속의 변화를 방해하려는 방향으로 발생한다.
③ 유도기전력의 크기는 코일을 지나는 자속의 매초 변화량과 코일의 권수에 비례한다.
④ 유도기전력은 자속의 변화를 방해하려는 역방향으로 발생한다.

해설 렌츠의 법칙
유도기전력은 자속의 변화를 방해하려는 방향으로 기전력이 발생한다.

17 회로에 접속된 콘덴서(C)와 코일(L)에서 실제적으로 급격하게 변할 수 없는 것은?
① 코일(L) : 전압, 콘덴서(C) : 전류
② 코일(L) : 전류, 콘덴서(C) : 전압
③ 코일(L), 콘덴서(C) : 전류
④ 코일(L), 콘덴서(C) : 전압

해설
• $V_L = L\dfrac{di}{dt}$ 에서 i가 급격히 변화하면 $V_L = \infty$
• $i_c = C\dfrac{dv}{dt}$ 에서 v가 급격히 변화하면 $i_c = \infty$
∴ 코일(L)에서의 전류, 콘덴서(C)에서의 전압은 급격히 변화할 수 없다.

18 환상 솔레노이드의 원환 중심선의 반지름 $a = 50$[mm], 권수 $N = 1,000$회이고, 여기에 20[mA]의 전류가 흐를 때, 중심선의 자계의 세기는 약 몇 [AT/m]인가?
① 52.2 ② 63.7
③ 72.5 ④ 85.6

해설 환상 솔레노이드 중심 자장의 세기(H)
$H = \dfrac{NI}{l} = \dfrac{NI}{2\pi r} = \dfrac{1,000 \times 20 \times 10^{-3}}{2\pi \times 50 \times 10^{-3}}$
$= 63.67 \fallingdotseq 63.7$[AT/m]

정답 14 ① 15 ① 16 ② 17 ② 18 ②

19 다음 그림의 3상 인버터 회로에서 온(on)되어 있는 스위치들이 S_1, S_6, S_2, 오프(off)되어 있는 스위치들이 S_3, S_5, S_4라면 전원의 중성점 g와 부하의 중성점 N이 연결되어 있는 경우 부하의 각 상에 공급되는 전압은?

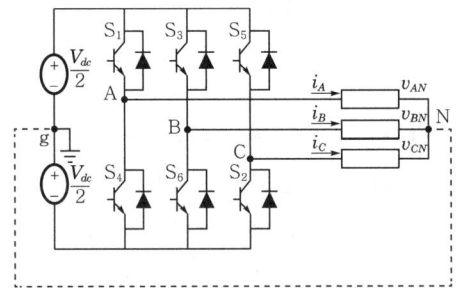

① $v_{AN} = -\dfrac{V_{dc}}{2}$, $v_{BN} = \dfrac{V_{dc}}{2}$, $v_{CN} = \dfrac{V_{dc}}{2}$

② $v_{AN} = \dfrac{3V_{dc}}{2}$, $v_{BN} = \dfrac{3V_{dc}}{2}$, $v_{CN} = -\dfrac{3V_{dc}}{2}$

③ $v_{AN} = \dfrac{V_{dc}}{2}$, $v_{BN} = -\dfrac{V_{dc}}{2}$, $v_{CN} = -\dfrac{V_{dc}}{2}$

④ $v_{AN} = \dfrac{2V_{dc}}{3}$, $v_{BN} = -\dfrac{2V_{dc}}{3}$, $v_{CN} = \dfrac{2V_{dc}}{3}$

해설 3상 인버터 회로
- ON 스위치 S_1, S_6, S_2를 적용
- 전원의 중성점 g, 부하의 중성점 N이 연결하여 적용
- 위 두 조건을 활용하여 회로를 그리면 다음과 같다.

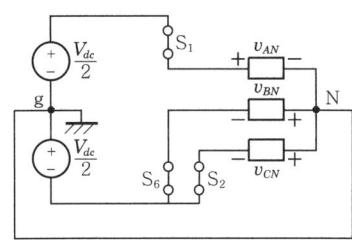

∴ $v_{AN} = \dfrac{V_{dc}}{2}$, $v_{BN} = v_{CN} = -\dfrac{V_{dc}}{2}$

20 150[kVA]의 전부하 동손이 2[kW], 철손이 1[kW]일 때 이 변압기의 최대 효율은 전부하의 몇 [%]일 때인가?

① 50
② 63
③ 70.7
④ 141.4

해설 변압기 최대 효율은 $P_i = \left(\dfrac{1}{m}\right)^2 P_c$

∴ $\dfrac{1}{m} = \sqrt{\dfrac{P_i}{P_c}} = \sqrt{\dfrac{1}{2}} = 0.707 = 70.7[\%]$

21 동기발전기를 병렬운전할 때 동기검정기(synchro scope)를 사용하여 측정이 가능한 것은?

① 기전력의 크기 ② 기전력의 파형
③ 기전력의 진폭 ④ 기전력의 위상

해설 동기검정기를 사용하여 기전력의 위상을 측정한다.

22 다음 그림과 같은 반파 다이오드 정류기의 상용 입력전압이 $v_s = V_m \sin\theta$라면 다이오드에 걸리는 최대 역전압(peak inverse voltage)은 얼마인가?

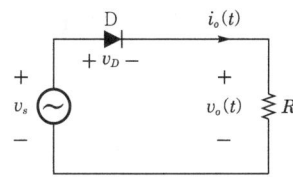

① $\dfrac{V_m}{\pi}$ ② V_m

③ $\dfrac{V_m}{2}$ ④ $\dfrac{V_m}{\sqrt{2}}$

해설 최대 역전압 PIV
- 반파 정류회로의 PIV = V_m (V_m : 최댓값)
- 전파 정류회로의 PIV = $2V_m$ (V_m : 최댓값)

정답 19 ③ 20 ③ 21 ④ 22 ②

23 전압 스너버(snubber) 회로에 관한 설명으로 틀린 것은?

① 저항(R)과 커패시터(C)로 구성된다.
② 전력용 반도체 소자와 병렬로 접속된다.
③ 전력용 반도체 소자의 보호회로로 사용된다.
④ 전력용 반도체 소자의 전류상승률 $\left(\dfrac{di}{dt}\right)$을 저감하기 위한 것이다.

해설 전압 스너버 회로
- R과 C, D로 구성된다.
- 반도체 소자와 병렬로 연결
- 과도한 $\dfrac{di}{dt}$, $\dfrac{dv}{dt}$에 대한 반도체 소자를 보호하기 위해 사용

24 동일 정격의 다이오드를 병렬로 연결하여 사용하면?

① 역전압을 크게 할 수 있다.
② 순방향 전류를 증가시킬 수 있다.
③ 절연효과를 향상시킬 수 있다.
④ 필터회로가 불필요하게 된다.

해설 다이오드를 병렬연결시 전류가 분산되므로 순방향 전류를 증가시킬 수 있다.

25 서보(servo) 전동기에 대한 설명으로 틀린 것은?

① 회전자의 직경이 크다.
② 교류용과 직류용이 있다.
③ 속응성이 높다.
④ 기동·정지 및 정회전·역회전을 자주 반복할 수 있다.

해설 서보 전동기
- 기동 토크가 클 것
- 직류, 교류용
- 급가속, 감속, 정역운전이 가능하여야 한다.
- 관성모멘트가 작을 것(회전자가 얇고, 길어야 한다.)

26 직류 복권전동기 중에서 무부하 속도와 전부하 속도가 같도록 만들어진 것은?

① 과복권
② 부족복권
③ 평복권
④ 차동복권

해설 평복권은 무부하 속도와 전부하 속도가 같다.

27 벅-부스트 컨버터(Buck-Boost Converter)에 대한 설명으로 옳지 않은 것은?

① 벅-부스트 컨버터의 출력전압은 입력전압보다 높을 수도 있고, 낮을 수도 있다.
② 스위칭 주기(T)에 대한 스위치의 온(on) 시간(t_{on})의 비인 듀티비 D가 0.5보다 클 때 벅 컨버터와 같이 출력전압이 입력전압에 비해 낮아진다.
③ 출력전압의 극성은 입력전압을 기준으로 했을 때 반대 극성으로 나타난다.
④ 벅-부스트 컨버터의 입출력 전압비의 관계에 따르면 스위칭 주기(T)에 대한 스위치 온(on) 시간(t_{on})의 비인 듀티비 D가 0.5인 경우는 입력전압과 출력전압의 크기가 같게 된다.

해설 벅-부스트 컨버터
- 출력전압은 듀티비 D에 따라서 클 수도 있고, 작을 수도 있다.
- $D > 0.5 : V_o > V_s$
- $D < 0.5 : V_o < V_s$
- $D = 0.5 : V_o = V_s$

28 출력 3[kW], 회전수 1,500[rpm]인 전동기의 토크는 약 몇 [kg·m]인가?

① 2
② 3
③ 5
④ 15

정답 23 ④ 24 ② 25 ① 26 ③ 27 ② 28 ①

해설 토크(T)

$$T = 0.975\frac{P}{N} = 0.975\frac{3\times 10^3}{1,500} \fallingdotseq 2[\text{kg}\cdot\text{m}]$$

29 기동 토크가 큰 특성을 가지는 전동기는?

① 직류 분권전동기
② 직류 직권전동기
③ 3상 농형 유도전동기
④ 3상 동기전동기

해설 직류 직권전동기
- 부하에 따라 속도가 크게 변한다.
- 기동 토크(T)가 매우 크다($T \propto I^2$).
- 변속도 전동기이다.

30 정격출력 $P[\text{kW}]$, 역률 0.8, 효율 0.82로 운전하는 3상 유도전동기에 V결선 변압기로 전원을 공급할 때 변압기 1대의 최소 용량은 몇 [kVA]인가?

① $\dfrac{2P}{0.8\times 0.82\times\sqrt{3}}$

② $\dfrac{P}{0.8\times 0.82\times 3}$

③ $\dfrac{\sqrt{3}\,P}{0.8\times 0.82\times 2}$

④ $\dfrac{P}{0.8\times 0.82\times\sqrt{3}}$

해설 변압기 용량(P_1)
- V결선 시 출력 $P_r = \sqrt{3}\,P_1$
- 전동기 용량 $P_a = \dfrac{P}{\cos\theta\cdot\eta}$

$\therefore \sqrt{3}\,P_1 = \dfrac{P}{\cos\theta\cdot\eta}$에서

$P_1 = \dfrac{P}{\sqrt{3}\cos\theta\cdot\eta}$

$= \dfrac{P}{\sqrt{3}\times 0.8\times 0.82}$

31 n차 고조파에 대하여 동기발전기의 단절계수는? (단, 단절권의 권선피치와 자극 간격과의 비를 β라 한다.)

① $\sin\dfrac{n\beta\pi}{2}$ ② $\cos\dfrac{n\beta\pi}{2}$

③ $\sin\dfrac{n\beta\pi}{3}$ ④ $\cos\dfrac{n\beta\pi}{3}$

해설
- n고조파 제거시의 단절권 계수(K_p)

$$K_p = \sin\frac{n\beta\pi}{2}$$

- 분포권 계수(K_d)

$$K_d = \frac{\sin\dfrac{n\pi}{2m}}{q\sin\dfrac{n\pi}{2mq}}$$

32 3상 발전기의 전기자 권선에 Y결선을 채택하는 이유로 볼 수 없는 것은?

① 상전압이 낮기 때문에 코로나, 열화 등이 적다.
② 권선의 불균형 및 제3고조파 등에 의한 순환전류가 흐르지 않는다.
③ 중성점 접지에 의한 이상전압 방지의 대책이 쉽다.
④ 발전기 출력을 더욱 증대할 수 있다.

해설 3상 발전기의 전기자 Y결선 채택 이유
- 중성점 접지에 의한 이상전압 대책이 용이하다.
- 코로나, 열화 등이 적다.
- 상전류와 선전류가 동위상이므로 제3고조파 전류가 흐르지 않는다.

33 변류기의 오차를 경감시키는 방법은?

① 암페어 턴을 감소시킨다.
② 철심의 단면적을 크게 한다.
③ 도자율이 작은 철심을 사용한다.
④ 평균 자로의 길이를 길게 한다.

정답 29 ② 30 ④ 31 ① 32 ④ 33 ②

해설 변류기의 오차를 경감시키기 위해서는 철심의 단면적을 크게 하거나 권수의 횟수를 증가한다.

34 포화하고 있지 않은 직류 발전기의 회전수가 $\frac{1}{2}$로 감소되었을 때 기전력을 전과 같은 값으로 하자면 여자를 속도 변화 전에 비하여 몇 배로 하여야 하는가?

① 1.5배 ② 2배
③ 3배   ④ 4배

해설 기전력(E)

$$E = \frac{Z}{a}P\phi\frac{N}{\sigma_o} = K\phi N[\text{V}]$$

$$E' = K\phi'\left(\frac{1}{2}N\right)에서\ E = E'\ 되려면$$

$\phi' = 2\phi$이므로 2배가 되면 된다.

35 변압기의 등가회로 작성에 필요 없는 것은?
① 단락시험
② 반환부하법
③ 무부하시험
④ 저항측정시험

해설 등가회로 작성에 필요한 시험
• 권선저항측정시험
• 단락시험 : 동손, 임피던스 전압
• 무부하시험 : 철손, 여자전류

36 60[Hz]의 전원에 접속된 4극, 3상 유도전동기의 슬립이 0.05일 때의 회전속도[rpm]는?
① 90   ② 1,710
③ 1,890   ④ 36,000

해설 회전속도(N)
• $N = (1-S)N_S$ (여기서, N_S : 동기속도)
• $N_S = \frac{120f}{P} = \frac{120 \times 60}{4} = 1,800[\text{rpm}]$
∴ $N = (1-0.05) \times 1,800 = 1,710[\text{rpm}]$

37 2종 가요전선관을 구부리는 경우 노출장소 또는 점검 가능한 은폐장소에서 관을 시설하고 제거하는 것이 부자유하거나 또는 점검이 불가능할 경우는 곡률 반지름을 2종 가요전선관 안지름의 몇 배 이상으로 하여야 하는가?

① 3배   ② 6배
③ 8배   ④ 12배

해설 2종 가요전선관
• 관을 구부리는 경우 시설하고 제거하는 것이 부자유할 때 : 곡률 반지름을 가요전선관 안지름의 6배 이상
• 관을 구부리는 경우 시설하고 제거하는 것이 자유로울 때 : 곡률 반지름을 가요전선관 안지름의 3배 이상

38 송전선로에서 소호환(arcing ring)을 설치하는 이유는?
① 전력 손실 감소
② 송전전력 증대
③ 누설전류에 의한 편열 방지
④ 애자에 걸리는 전압 분담을 균일

해설 소호환 설치
• 애자련 보호
• 애자에 걸리는 전압 분담을 균일하게 하기 위하여

39 과전류 차단기로 시설하는 퓨즈 중 고압전로에 사용하는 포장 퓨즈는 정격전류의 몇 배의 전류에 견디어야 하는가? (단, 전기설비기술기준의 판단기준에 의한다.)

① 1.1배   ② 1.3배
③ 1.5배   ④ 2.0배

해설 fuse
• 포장 fuse : 정격전류의 1.3배에 견디어야 한다.
• 비포장 fuse : 정격전류의 1.25배에 견디어야 한다.

정답 34 ② 35 ② 36 ② 37 ② 38 ④ 39 ②

40 전력원선도에서 알 수 없는 것은?
① 조상 용량
② 선로 손실
③ 과도안정 극한전력
④ 송수전단 전압 간의 상차각

해설 전력원선도
- 구할 수 없는 것
  - 코로나 손실
  - 과도안정 극한전력
- 가로축 : 유효전력
- 세로축 : 무효전력

41 저압, 고압 및 특고압 수전의 3상 3선식 또는 3상 4선식에서 불평형부하의 한도는 단상 접속부하로 계산하여 설비불평형률을 30[%] 이하로 하는 것을 원칙으로 한다. 다음 중 이 제한에 따르지 않아도 되는 경우가 아닌 것은?
① 저압 수전에서 전용 변압기 등으로 수전하는 경우
② 고압 및 특고압 수전에서 100[kVA] 이하의 단상부하인 경우
③ 특고압 수전에서 100[kVA] 이하의 단상 변압기 3대로 △결선하는 경우
④ 고압 및 특고압 수전에서 단상부하용량의 최대와 최소의 차가 100[kVA] 이하인 경우

해설 설비불평형률의 30[%] 이하 원칙을 따르지 않아도 되는 경우
- 저압 수전에서 전용 변압기 등으로 수전하는 경우
- 고압 및 특고압 수전에서 100[kVA] 이하의 단상부하인 경우
- 특고압 수전에서 100[kVA] 이하의 단상변압기 2대로 V결선시
- 고압 및 특고압 수전에서 단상부하용량의 최대와 최소의 차가 100[kVA] 이하인 경우

42 전기설비가 고장이 나지 않은 상태에서 대지 또는 회로의 노출 도전성 부분에 흐르는 전류는?
① 접촉전류   ② 누설전류
③ 스트레스전류 ④ 계통 외 도전성 전류

해설 누설전류
전로 이외로 흐르는 전류로서 전기설비가 고장나지 않은 상태에서 대지로 흐르는 전류를 말한다.

43 애자사용 공사에 의한 고압 옥내배선의 시설에 있어서 적당하지 않은 것은?
① 전선 상호간의 간격은 8[cm] 이상일 것
② 전선의 지지점 간의 거리는 6[m] 이하일 것
③ 전선과 조영재와의 이격거리는 4[cm] 이상일 것
④ 전선이 조영재를 관통할 때에는 난연성 및 내수성이 있는 절연관에 넣을 것

해설 고압 옥내배선의 애자사용 공사
- 전선의 지지점 간의 거리는 6[m] 이하
- 전선 상호간의 간격은 8[cm] 이상
- 전선과 조영재와의 이격거리는 5[cm] 이상

44 평균 구면광도 200[cd]의 전구 10개를 지름 10[m]인 원형의 방에 점등할 때 방의 평균 조도는 약 몇 [lx]인가? (단, 조명률은 0.5, 감광보상률은 1.5이다.)
① 26.7   ② 53.3
③ 80.1   ④ 106.7

해설 $FUN = EAD$에서
$$E = \frac{FUN}{AD}$$
$$= \frac{(4\pi \times 200) \times 0.5 \times 10}{(\pi \times 5^2) \times 1.5} ≒ 106.7[\text{lx}]$$
여기서, 구광원시의 $F = 4\pi I = 4\pi \times 200$
면적시 $A = \pi r^2 = \pi \times 5^2$

정답 40 ③ 41 ③ 42 ② 43 ③ 44 ④

45 동기조상기에 유입되는 여자전류를 정격보다 적게 공급시켜 운전했을 때의 현상으로 옳은 것은?

① 콘덴서로 작용한다.
② 저항부하로 작용한다.
③ 부하의 앞선 전류를 보상한다.
④ 부하의 뒤진 전류를 보상한다.

46 소도체 두 개로 된 복도체 방식 3상 3선식 송전선로가 있다. 소도체의 지름이 2[cm], 소도체 간격 16[cm], 등가 선간거리 200[cm]인 경우 1상당 작용 정전용량은 약 몇 [μF/km]인가?

① 0.004
② 0.014
③ 0.065
④ 0.092

해설 1상당 작용 정전용량(C_s)

$$C_s = \frac{0.02413}{\log\frac{D}{\sqrt{rS}}} = \frac{0.02413}{\log\frac{200}{\sqrt{1\times16}}} = 0.014$$

47 다음은 풍압하중과 관련된 내용이다. ㉠, ㉡의 알맞은 내용으로 옳은 것은?

> 빙설이 많은 지방 이외의 지방에서는 고온 계절에는 (㉠) 풍압하중, 저온 계절에는 (㉡) 풍압하중을 적용한다.

① ㉠ 갑종, ㉡ 갑종
② ㉠ 갑종, ㉡ 을종
③ ㉠ 갑종, ㉡ 병종
④ ㉠ 을종, ㉡ 병종

해설 빙설이 많은 지방 이외의 지방에서는 고온 계절에는 갑종, 저온 계절에는 병종 풍압하중을 적용한다.

48 가요전선관과 금속관을 접속하는 데 사용하는 것은?

① 플렉시블 커플링
② 앵글 박스 커넥터
③ 콤비네이션 커플링
④ 스트렛 박스 커넥터

해설
• 콤비네이션 커플링 : 가요전선관과 금속관 접속 시 사용
• 앵글 박스 커넥터 : 가요전선관과 박스 접속 시 사용

49 송전선로의 코로나 임계전압이 높아지는 것은?

① 기압이 낮아지는 경우
② 온도가 높아지는 경우
③ 전선의 지름이 큰 경우
④ 상대공기밀도가 작은 경우

해설 코로나 임계전압(E_0)

$$E_0 = 24.3\,m_0 m_1 \delta d \log\frac{D}{r}$$

여기서, m_0 : 표면계수
m_1 : 천후계수
δ : 상대공기밀도
d : 전선의 지름
r : 전선의 반지름
D : 등가 선간거리

50 가공 송전선로에서 단도체보다 복도체를 많이 사용하는 이유는?

① 인덕턴스의 증가
② 정전용량의 감소
③ 코로나 손실 감소
④ 선로 계통의 안정도 감소

해설 복도체를 사용하는 이유
• 코로나 방지
• 코로나 임계전압 상승
• 인덕턴스 감소(정전용량 증가)
• 안정도 증가

51 저압 이웃연결(연접)인입선의 시설에 대한 기준으로 틀린 것은?

① 옥내를 통과하지 아니할 것
② 폭 5[m]를 초과하는 도로를 횡단하지 아니할 것
③ 인입선에서 분기하는 점으로부터 100[m]를 초과하는 지역에 미치지 아니할 것
④ 철도 또는 궤도를 횡단하는 경우에는 노면상 5[m]를 초과하지 아니할 것

해설 이웃연결(연접)인입선
- 옥내 관통 금지
- 폭 5[m] 초과 도로 횡단금지
- 분기점으로부터 100[m] 이하일 것
- 저압만 이용

52 저압의 전로 중 절연부분의 전선과 대지 사이 및 전선의 심선 상호간의 절연저항은 사용전압에 대한 누설전류가 최대 공급전류의 얼마를 넘지 않도록 하여야 하는가? (단, 전기설비기술기준에 따른다.)

① $\dfrac{1}{500}$ ② $\dfrac{1}{1,000}$
③ $\dfrac{1}{2,000}$ ④ $\dfrac{1}{4,000}$

해설 절연저항
- 절연저항 ≥ $\dfrac{전압}{누설전류}$
- 누설전류 ≤ 최대 공급전류 × $\dfrac{1}{2,000}$

53 가공전선로의 지지물에 시설하는 지지선(지선)의 시설기준이 아닌 것은?

① 소선 3가닥 이상의 연선일 것
② 지지선(지선)의 안전율은 2.5 이상일 것
③ 소선의 지름이 2.6[mm] 이상의 금속선을 사용할 것
④ 도로를 횡단하여 시설하는 지지선(지선)의 높이는 지표상 5.5[m] 이상으로 할 것

해설 지지선(지선)의 시설기준
- 안전율은 2.5 이상
- 소선 3가닥 이상의 연선
- 소선의 지름 2.6[mm] 이상의 금속선 사용
- 도로 횡단시 지선의 높이는 지표상 5[m] 이상

54 소도체 2개로 된 복도체 방식 3상 3선식 송전선로가 있다. 소도체의 지름 2[cm], 간격 36[cm], 등가 선간거리가 120[cm]인 경우에 복도체 1[km]의 인덕턴스는 약 몇 [mH/km]인가?

① 1.536 ② 1.215
③ 0.957 ④ 0.624

해설 인덕턴스 $L = \dfrac{0.05}{n} + 0.4605 \log \dfrac{D}{r_e}$

$\therefore L = \dfrac{0.05}{2} + 0.4605 \log \dfrac{D}{\sqrt{rS}}$

$= 0.025 + 0.4605 \log \dfrac{120}{\sqrt{1 \times 36}} \fallingdotseq 0.624$

55 다음 데이터의 제곱합(sum of squares)은 약 얼마인가?

18.8	19.1	18.8	18.2	18.4
18.3	19.0	18.6	19.2	

① 0.129 ② 0.338
③ 0.359 ④ 1.029

해설 제곱의 합 = Σ(평균값과의 차)^2 (평균=18.7)

$\therefore$ 제곱의 합 $S = (18.7-18.8)^2 + (18.7-19.1)^2$
$+ (18.7-18.8)^2 + (18.7-18.4)^2$
$+ (18.7-18.3)^2 + (18.7-19.0)^2$
$+ (18.7-18.6)^2 + (18.7-19.2)^2$
$\fallingdotseq 1.029$

56 직물, 금속, 유리 등의 일정 단위 중 나타나는 흠의 수, 핀홀 수 등 부적합수에 관한 관리도를 작성하려면 가장 적합한 관리도는?

① c 관리도 ② np 관리도
③ p 관리도 ④ $\overline{X} - R$ 관리도

정답 51 ④ 52 ③ 53 ④ 54 ④ 55 ④ 56 ①

해설 관리도의 종류
- np 관리도 : 합격 여부의 판정만을 내릴 때 사용
- c 관리도 : 직물, 유리 등의 면적 중의 흠의 수 등의 관리도 작성시 사용
- p 관리도 : 비율을 계산하여 공정을 관리할 때 사용

57 전수검사와 샘플링검사에 관한 설명으로 맞는 것은?

① 파괴검사의 경우에는 전수검사를 적용한다.
② 검사항목이 많을 경우 전수검사보다 샘플링검사가 유리하다.
③ 샘플링검사는 부적합품이 섞여 들어가서는 안 되는 경우에 적용한다.
④ 생산자에게 품질 향상의 자극을 주고 싶을 경우 전수검사가 샘플링검사보다 더 효과적이다.

해설 전수검사는 부적합품이 1개라도 들어가서는 안 되는 경우에 적용하며, 샘플링검사는 부적합품이 적당히 섞여도 괜찮은 경우이며, 검사항목이 많을 경우 전수검사보다 샘플링검사가 유리하다.

58 어떤 회사의 매출액이 80,000원, 고정비 15,000원, 변동비가 40,000원일 때 손익분기점 매출액은 얼마인가?

① 25,000원　② 30,000원
③ 40,000원　④ 55,000원

해설
$$\text{손익분기점 매출액} = \frac{\text{고정비}}{1 - \frac{\text{변동비}}{\text{매출액}}}$$
$$= \frac{15,000}{1 - \frac{40,000}{80,000}} = 30,000원$$

59 Ralph M. Barnes 교수가 제시한 동작경제의 원칙 중 작업장 배치에 관한 원칙(Arrangement of the workplace)에 해당되지 않는 것은?

① 가급적이면 낙하식 운반방법을 이용한다.
② 모든 공구나 재료는 지정된 위치에 있도록 한다.
③ 적절한 조명을 하여 작업자가 잘 보면서 작업할 수 있도록 한다.
④ 가급적 용이하고 자연스런 리듬을 타고 일할 수 있도록 작업을 구성하여야 한다.

해설 작업장 배치에 관한 원칙
- 모든 공구나 재료는 지정된 위치에 있어야 한다.
- 가급적이면 낙하식 운반방법을 이용한다.
- 적절한 조명이 있어야 한다.
- 작업면이 작업자가 잘 볼 수 있도록 적당한 높이여야 한다.

60 국제 표준화의 의의를 지적한 설명 중 직접적인 효과로 보기 어려운 것은?

① 국제 간 규격 통일로 상호 이익 도모
② KS 표시품 수출시 상대국에서 품질인증
③ 개발도상국에 대한 기술개발의 촉진을 유도
④ 국가 간의 규격 상이로 인한 무역장벽의 제거

해설 국제 표준화
- 국제 간의 규격 통일에 의한 상호 이익 도모
- 기술개발의 촉진을 유도
- 국가 간의 서로 다른 규격에 따른 무역장벽의 제거가 용이하다.

정답 57 ② 58 ② 59 ④ 60 ②

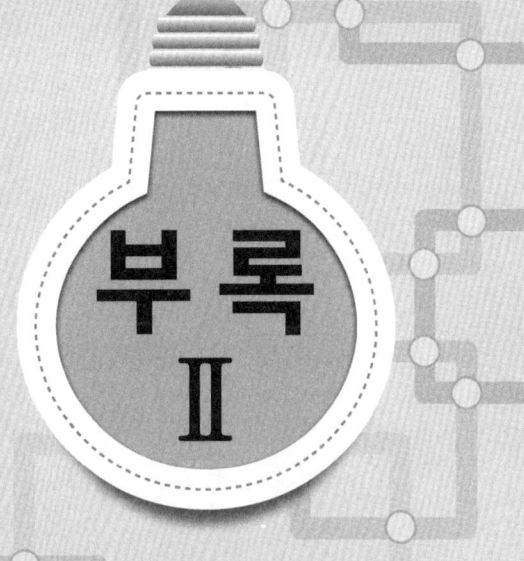

CBT 기출복원문제

- 2018년 CBT 기출복원문제
- 2019년 CBT 기출복원문제
- 2020년 CBT 기출복원문제
- 2021년 CBT 기출복원문제
- 2022년 CBT 기출복원문제
- 2023년 CBT 기출복원문제
- 2024년 CBT 기출복원문제
- 2025년 CBT 기출복원문제

2018년 CBT 기출복원문제

01 5[Ω]의 저항 10개를 직렬접속하면 병렬접속 시의 몇 배가 되는가?

① 20　　② 50
③ 100　④ 250

해설
- 5[Ω] 저항 10개 직렬접속
  $R_1 = 10 \times 5 = 50[\Omega]$
- 5[Ω] 저항 10개 병렬접속
  $R_2 = \dfrac{5}{10} = 0.5[\Omega]$

∴ $\dfrac{R_1}{R_2} = \dfrac{50}{0.5} = 100$배가 된다.

02 최대 눈금 150[V], 내부저항 20[kΩ]인 직류 전압계가 있다. 이 전압계의 측정범위를 600[V]로 확대하기 위하여 외부에 접속하는 직렬저항은 얼마로 하면 되는가?

① 20[kΩ]　② 40[kΩ]
③ 50[kΩ]　④ 60[kΩ]

해설 배율기(R_m)
$R_m = (m-1)r_v$
(여기서, m: 배율, r_v: 전압계 내부저항)
∴ $R_m = \left(\dfrac{600}{150} - 1\right) 20 \times 10^3 = 60[k\Omega]$

03 어떤 가정에서 220[V], 100[W]의 전구 2개를 매일 8시간, 220[V], 1[kW]의 전열기 1대를 매일 2시간씩 사용한다고 한다. 이 집의 한 달 동안의 소비전력량은 몇 [kWh]인가? (단, 한 달은 30일로 한다.)

① 432　② 324
③ 216　④ 108

해설
- 전력(P) = $VI = I^2 \cdot R = \dfrac{V^2}{R}$[W]
- 전력량(W) : 전기에너지의 일을 나타내는 것으로 어느 일정시간 동안의 전기에너지 총량을 말하며
  $W = I^2 \cdot Rt = P \cdot t[W \cdot s] = P \cdot t[J]$
  실용 단위로 [Wh], [kWh]가 주로 쓰인다.
- 전구 2개의 전력량(W_1)
  $W_1 = 100[W] \times 2개 \times 8시간 \times 30일[Wh]$
  $= 48[kWh]$
- 전열기 1개의 전력량(W_2)
  $W_2 = 1[kW] \times 1개 \times 2시간 \times 30일[kWh]$
  $= 60[kWh]$
∴ 1달 동안 총 소비전력량(W)
  $W = W_1 + W_2 = 48 + 60 = 108[kWh]$

04 100[V]용 30[W]의 전구와 60[W]의 전구가 있다. 이것을 직렬로 접속하여 100[V]의 전압을 인가하였을 때 두 전구의 상태는 어떠한가?

① 30[W]의 전구가 더 밝다.
② 60[W]의 전구가 더 밝다.
③ 두 전구의 밝기가 모두 같다.
④ 두 전구 모두 켜지지 않는다.

해설 I는 일정, $P = \dfrac{V^2}{R}$에서

```
   I   전구    전구    I
───→   A  ──   B   ───→
      30[W]  60[W]
      └─── 100[V] ───┘
```

- 30[W] 전구의 저항(R_1) = $\dfrac{100^2}{30} ≒ 333[\Omega]$에서
  $P_1 = I^2 \cdot R_1 = I^2 \cdot 333[W]$
- 60[W] 전구의 저항(R_2) = $\dfrac{100^2}{60} ≒ 167[\Omega]$에서
  $P_2 = I^2 \cdot R_2 = I^2 \cdot 167[W]$
A, B 전구에 흐르는 전류 I는 일정하므로
∴ $P_1 > P_2$가 되어 30[W]의 전구가 더 밝다.

정답 01 ③　02 ④　03 ④　04 ①

05 어떤 정현파 전압의 평균값이 200[V]이면 최댓값은 약 몇 [V]인가?

① 282 ② 314
③ 346 ④ 487

해설 평균값 $= \dfrac{2}{\pi}$ 최댓값에서

최댓값 $= \dfrac{\pi}{2} \times$ 평균값

$= \dfrac{3.14}{2} \times 200 \fallingdotseq 314[V]$

06 저항 10[Ω], 유도 리액턴스 10[Ω]인 직렬회로에 교류전압을 인가할 때 전압과 이 회로에 흐르는 전류와의 위상차는 몇 도인가?

① 60° ② 45°
③ 30° ④ 0°

해설 $R-L$ 직렬회로에서

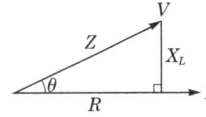

전압 $\dot{V}$는 전류 $\dot{I}$보다 θ만큼 앞서며,

위상차 $\theta = \tan^{-1}\dfrac{V_L}{V_R} = \tan^{-1}\dfrac{\omega L}{R}$

$= \tan^{-1}\dfrac{10}{10} = 45°$

07 평균 반지름이 1[cm]이고, 권수가 500회인 환상 솔레노이드 내부의 자계가 200[AT/m]가 되도록 하기 위해서는 코일에 흐르는 전류를 약 몇 [A]로 하여야 하는가?

① 0.015 ② 0.025
③ 0.035 ④ 0.045

해설 환상 솔레노이드에 의한 자장의 세기(H)

$H = \dfrac{NI}{2\pi r}$ [AT/m]에서 전류 I를 구하면

$I = \dfrac{2\pi r H}{N} = \dfrac{2\pi \times 0.01 \times 200}{500} = 0.025$ [A]

(단, r : 반지름[m]을 의미)

08 $R = 10[\Omega]$, $X_L = 8[\Omega]$, $X_C = 20[\Omega]$이 병렬로 접속된 회로에서 80[V]의 교류전압을 가하면 전원에 흐르는 전류는 몇 [A]인가?

① 5[A] ② 10[A]
③ 15[A] ④ 20[A]

해설 · $R-L-C$ 직렬회로의 전류(I)는

$I = \dfrac{V}{Z} = \dfrac{V}{\sqrt{R^2 + (X_L - X_C)^2}}$

· $R-L-C$ 병렬회로의 전류(I)는

$\dot{I} = \dot{I}_R + \dot{I}_L + \dot{I}_C = \dfrac{V}{R} + \dfrac{V}{jX_L} - \dfrac{V}{jX_C}$

$= I_R - jI_L + jI_C = I_R + j(I_C - I_L)$

$\therefore I = \sqrt{I_R^2 + (I_C - I_L)^2}$

$= \sqrt{\left(\dfrac{80}{10}\right)^2 + \left(\dfrac{80}{20} - \dfrac{80}{8}\right)^2}$

$= \sqrt{8^2 + 6^2} = 10[A]$

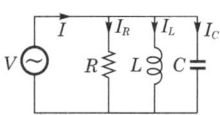

09 2개의 전력계를 사용하여 평형부하의 3상회로의 역률을 측정하고자 한다. 전력계의 지시가 각각 1[kW] 및 3[kW]라 할 때 이 회로의 역률은 약 몇 [%]인가?

① 58.8 ② 63.3
③ 75.6 ④ 86.6

해설 2전력계법

· 유효전력(P) $= P_1 + P_2$[W]

 여기서, P_1, P_2 : 전력계 지시값

· 무효전력(P_r) $= \sqrt{3}(P_1 - P_2)$[Var]

· 피상전력(P_a) $= 2\sqrt{P_1^2 + P_2^2 - P_1 P_2}$ [VA]

· 역률($\cos\theta$) $= \dfrac{P}{P_a} = \dfrac{P_1 + P_2}{2\sqrt{P_1^2 + P_2^2 - P_1 P_2}}$

$= \dfrac{1+3}{2\sqrt{1^2 + 3^2 - 1 \times 3}} \fallingdotseq 0.7559$

$\therefore \cos\theta \fallingdotseq 75.6[\%]$

정답 05 ② 06 ② 07 ② 08 ② 09 ③

10 어떤 $R-L-C$ 병렬회로가 병렬공진되었을 때 합성전류에 대한 설명으로 옳은 것은?

① 전류는 무한대가 된다.
② 전류는 최대가 된다.
③ 전류는 흐르지 않는다.
④ 전류는 최소가 된다.

해설 공진의 의미는 전압과 전류는 동위상이며 다음과 같다.
- 직렬공진 : I=최대, Z=최소
$$Q=\frac{f_o}{B}=\frac{\omega L}{R}=\frac{1}{\omega CR}$$
$$=\frac{1}{R}\sqrt{\frac{L}{C}}\left(=\frac{V_L}{V}=\frac{V_C}{V}\right), \text{전압 확대비}$$
- 병렬공진 : I=최소, Z=최대
$$Q=\frac{f_o}{B}=\frac{R}{\omega L}=\omega CR$$
$$=R\sqrt{\frac{C}{L}}\left(=\frac{I_L}{I}=\frac{I_C}{I}\right), \text{전류 확대비}$$

11 그림과 같은 회로에서 10[Ω]에 흐르는 전류는?

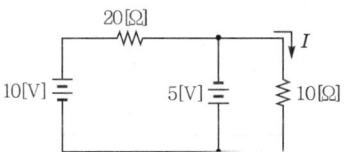

① 0.2[A]   ② 0.5[A]
③ 1[A]   ④ 1.5[A]

해설 중첩의 정리를 이용해서 해석
- 전압원 10[V] 기준

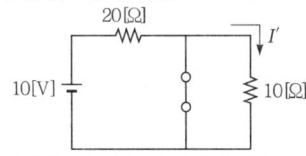

전압원 5[V]가 단락되어 $I'=0$이 된다.
(단락된 쪽으로 전류가 모두 흐르므로)
- 전압원 5[V] 기준

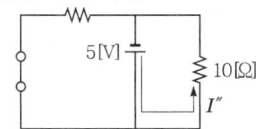

전압원 10[V]가 단락되며, 10[Ω] 양단 전압이 5[V]가 되므로 $I''=\frac{5}{10}=0.5[A]$
$\therefore I=I'+I''=0.5[A]$

12 16진수 D28A를 2진수로 옳게 나타낸 것은?

① 1101001010001010
② 0101000101001011
③ 1101011010011010
④ 1111011000000110

해설 16진수를 2진수 변환할 때는 16진수의 1자리 숫자를 4bit 2진수로 표현한다.

D   2   8   A
↓   ↓   ↓   ↓
1101   0010   1000   1010

$\therefore (D28A)_{16}=(1101001010001010)_2$

16진수	10진수	2진수	16진수	10진수	2진수
0	0	0	8	8	1000
1	1	1	9	9	1001
2	2	10	A	10	1010
3	3	11	B	11	1011
4	4	100	C	12	1100
5	5	101	D	13	1101
6	6	110	E	14	1110
7	7	111	F	15	1111

13 다음 논리식 중 옳은 표현은?

① $\overline{A+B}=\overline{A}\cdot\overline{B}$
② $\overline{A+B}=\overline{A}+\overline{B}$
③ $\overline{A\cdot B}=\overline{A}\cdot\overline{B}$
④ $\overline{A+B}=\overline{A\cdot B}$

해설 드 모르간의 법칙(De Morgan's law)
- $\overline{A+B}=\overline{A}\cdot\overline{B}$
- $\overline{A\cdot B}=\overline{A}+\overline{B}$
- $A\cdot B=\overline{\overline{A}+\overline{B}}$
- $A+B=\overline{\overline{A}\cdot\overline{B}}$

정답 10 ④ 11 ② 12 ① 13 ①

14 다음 논리회로와 등가인 논리함수는?

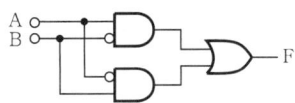

① $(\overline{A}+\overline{B})(A+B)$
② $(A+\overline{B})(\overline{A}+B)$
③ $(\overline{A}+\overline{B})(\overline{A}+\overline{B})$
④ $(\overline{A}+\overline{B})(\overline{A}+B)$

해설 논리회로의 출력 F는 $F = A\overline{B} + \overline{A}B$이며, E-OR 회로의 출력과 같다.
① $(\overline{A}+\overline{B})(A+B)$
　$= \overline{A}A + \overline{A}B + A\overline{B} + \overline{B}B$
　$= \overline{A}B + A\overline{B}$
② $(A+\overline{B})(\overline{A}+B)$
　$= A\overline{A} + AB + \overline{A}\overline{B} + \overline{B}B$
　$= AB + \overline{A}\overline{B}$
③ $(\overline{A}+\overline{B})(\overline{A}+\overline{B}) = \overline{A}+\overline{B}$
④ $(\overline{A}+\overline{B})(\overline{A}+B)$
　$= \overline{A}\overline{A} + \overline{A}B + \overline{A}\overline{B} + \overline{B}B$
　$= \overline{A} + \overline{A}B + \overline{A}\overline{B}$
　$= \overline{A}(1+B+\overline{B}) = \overline{A}$

15 반가산기회로에서 입력을 A, B라 하고 합을 S로 표시할 때 S는 어떻게 되는가?

① $A \cdot B$　　② $A+B$
③ $\overline{A}B + A\overline{B}$　　④ $\overline{A+B}$

해설 반가산기의 합(S), 자리올림수(C)
- $S = A \oplus B = \overline{A}B + A\overline{B}$
- $C_0 = A \cdot B$

16 전가산기(full adder)회로의 기본적인 구성은?

① 입력 2개, 출력 2개로 구성
② 입력 2개, 출력 3개로 구성
③ 입력 3개, 출력 2개로 구성
④ 입력 3개, 출력 3개로 구성

해설 전가산기는 반가산기 2개와 OR회로 1개로 구성되며, 입력 3단자와 출력 2단자로 이루어진 회로이다.

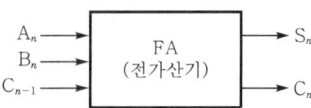

17 JK 플립플롭에서 J입력과 K입력에 모두 1을 가하면 출력은 어떻게 되는가?

① 반전된다.
② 불확정상태가 된다.
③ 이전 상태가 유지된다.
④ 이전 상태에 상관없이 1이 된다.

해설 J-K FF의 진리표

입력		출력
J	K	$Q_{n+1}(t)$
0	0	Q_n (불변)
0	1	0
1	0	1
1	1	$\overline{Q_n}$ (반전)

18 어떤 시스템 프로그램에 있어서 특정한 부호와 신호에 대해서만 응답하는 일종의 장치 해독기로서 다른 신호에 대해서는 응답하지 않는 것을 무엇이라 하는가?

① 디코더(decoder)
② 산술연산기(ALU)
③ 인코더(encoder)
④ 멀티플렉서(multiplexer)

해설
- 인코더 : 10진수의 입력을 2진수로 변환하는 회로이다.
- 멀티플렉서 : 여러 개의 입력 중에 1개를 선택하는 회로이며, $2^n \times 1$로 표시한다.

정답 14 ① 15 ③ 16 ③ 17 ① 18 ①

19 지름이 d[m], 선간거리가 D[m]인 선로 한 가닥의 작용 인덕턴스[mH/km]는? (단, 선로의 비투자율은 1이라 한다.)

① $0.05 + 0.4605 \log_{10} \dfrac{D}{d}$

② $0.5 + 0.4605 \log_{10} \dfrac{D}{d}$

③ $0.5 + 0.4605 \log_{10} \dfrac{2D}{d}$

④ $0.05 + 0.4605 \log_{10} \dfrac{2D}{d}$

해설 $L = 0.05 + 0.4605 \log_{10} \dfrac{D}{r}$
$= 0.05 + 0.4605 \log_{10} \dfrac{2D}{d}$
(여기서, r : 반지름, d : 지름)

20 소도체 2개로 된 복도체 방식 3상 3선식 송전선로가 있다. 소도체의 지름 2[cm], 소도체 간격 36[cm], 등가 선간거리 120[cm]인 경우에 복도체 1[km]의 인덕턴스[mH]는? (단, $\log_{10} 2 = 0.3010$이다.)

① 1.236 ② 0.757
③ 0.624 ④ 0.565

해설 $L_n = \dfrac{0.05}{n} + 0.4605 \log_{10} \dfrac{D}{\sqrt{r \cdot s}}$
$= \dfrac{0.05}{2} + 0.4605 \log_{10} \dfrac{120}{\sqrt{\dfrac{2}{2} \times 36}}$
$= 0.624$ [mH]

21 22,000[V], 60[Hz], 1회선의 3상 지중송전선의 무부하 충전용량[kVar]은? (단, 송전선의 길이는 50[km]라 하고 1선 1[km]당 정전용량은 0.1[μF]이라 한다.)

① 780 ② 912
③ 995 ④ 1,025

해설 $Q_c = 2\pi f C V^2$
$= 2\pi \times 60 \times 5 \times 10^{-6} \times 22,000^2 \times 10^{-3}$
$= 912$ [kVar]

22 3상 3선식 송전선로를 연가하는 목적은?
① 미관상
② 송전선을 절약하기 위하여
③ 전압강하를 방지하기 위하여
④ 선로정수를 평형시키기 위하여

해설 연가
선로정수를 평형시키기 위해 송전단에서 수전단까지 전체 선로 구간을 3의 배수로 등분하여 전선의 위치를 바꾸어 주는 것

23 송전단전압이 6,600[V], 수전단전압이 6,100[V]였다. 수전단의 부하를 끊은 경우 수전단전압이 6,300[V]라면 이 회로의 전압강하율과 전압변동률은 각각 몇 [%]인가?

① 6.8, 4.1 ② 8.2, 3.28
③ 4.14, 6.8 ④ 43.28, 8.2

해설
• 전압강하율 $\varepsilon = \dfrac{6,600 - 6,100}{6,100} \times 100$[%]
$= 8.19$[%]

• 전압변동률 $\delta = \dfrac{6,300 - 6,100}{6,100} \times 100$[%]
$= 3.278$[%]

24 3상 3선식 송전선로에서 송전전력 P[kW], 송전전압 V[kV], 전선의 단면적 A[mm²], 송전거리 l[km], 전선의 고유저항 ρ[Ω-mm²/m], 역률 $\cos\theta$일 때 선로손실 P_l[kW]은?

① $\dfrac{\rho l P^2}{A V^2 \cos^2\theta}$ ② $\dfrac{\rho l P^2}{A V^2 \cos\theta}$

③ $\dfrac{\rho l P^2 \times 10^3}{A V^2 \cos^2\theta}$ ④ $\dfrac{\rho l P^2}{A^2 V \cos^2\theta}$

해설 손실 $P_l = 3I^2 R$
$= 3 \times \left(\dfrac{P}{\sqrt{3} V \cos\theta}\right)^2 \times \rho \times 10^{-6}$
$\times \dfrac{l \times 10^3}{A \times 10^{-6}} \times 10^{-3}$
$= \dfrac{\rho l P^2}{A V^2 \cos^2\theta}$ [kW]

정답 19 ④ 20 ③ 21 ② 22 ④ 23 ② 24 ①

25 부하전력 및 역률이 같을 때 전압을 n배 승압하면 전압강하와 전력 손실은 어떻게 되는가?

	전압강하	전력 손실
①	$\dfrac{1}{n}$	$\dfrac{1}{n^2}$
②	$\dfrac{1}{n^2}$	$\dfrac{1}{n^2}$
③	$\dfrac{1}{n}$	$\dfrac{1}{n}$
④	$\dfrac{1}{n^2}$	$\dfrac{1}{n}$

해설
- $e = I(R\cos\theta + \sin\theta)$
$= \dfrac{P}{V}(R + X\tan\theta)$ 에서
$e \propto \dfrac{1}{V}$ ∴ $e \propto \dfrac{1}{n}$
- $P_l = 3I^2R = \dfrac{P^2R}{V^2\cos^2\theta}$ 에서
$P_l \propto \dfrac{1}{V^2}$ ∴ $P_l \propto \dfrac{1}{n^2}$

26 송전단전압, 전류를 각각 E_s, I_s, 수전단의 전압, 전류를 각각 E_R, I_R이라 하고 4단자 정수를 A, B, C, D라 할 때 다음 중 옳은 식은?

① $\begin{cases} E_s = AE_R + BI_R \\ I_s = CE_R + DI_R \end{cases}$

② $\begin{cases} E_s = CE_R + DI_R \\ I_s = AE_R + BI_R \end{cases}$

③ $\begin{cases} E_s = BE_R + AI_R \\ I_s = DE_R + CI_R \end{cases}$

④ $\begin{cases} E_s = DE_R + CI_R \\ I_s = BE_R + AI_R \end{cases}$

해설 일반적으로
- $V_1 = AV_2 + BI_2$
- $I_1 = CV_2 + DI_2$
여기서, V_1: 송전단전압(E_s), I_1: 송전단전류(I_s)
V_2: 수전단전압(E_R), I_2: 수전단전류(I_R)

27 전력용 콘덴서에 직렬로 콘덴서 용량의 5[%] 정도의 유도 리액턴스를 삽입하는 목적은?

① 제3고조파 전류의 억제
② 제5고조파 전류의 억제
③ 이상전압 발생 방지
④ 정전용량의 억제

해설 직렬 리액터는 제5고조파를 제거하여 파형을 개선하며 이론상 4[%], 실제는 5~6[%]이다.

28 가공전선로에 사용하는 전선의 구비조건으로 바람직하지 못한 것은?

① 비중(밀도)이 클 것
② 도전율이 높을 것
③ 기계적인 강도가 클 것
④ 내구성이 있을 것

해설 전선의 구비조건
- 가요성이 클 것
- 내구성이 있을 것
- 도전율이 클 것
- 기계적 강도가 클 것
- 비중이 작을 것
- 가격이 저렴할 것

29 지지물 간 거리(경간) 200[m]의 가공전선로가 있다. 전선 1[m]당 하중은 2.0[kg], 풍압하중은 없는 것으로 하면 인장하중 4,000[kg]의 전선을 사용할 때 처짐정도(이도) 및 전선의 실제 길이는 각각 몇 [m]인가? (단, 안전율은 2.0으로 한다.)

① 이도: 5, 길이: 200.33
② 이도: 5.5, 길이: 200.3
③ 이도: 7.5, 길이: 222.3
④ 이도: 10, 길이: 201.33

해설 $D = \dfrac{WS^2}{8T} = \dfrac{2 \times 200^2}{8 \times \dfrac{4,000}{2}} = 5[\text{m}]$

$L = S + \dfrac{8D^2}{3S} = 200 + \dfrac{8 \times 5^2}{3 \times 200} = 200.33[\text{m}]$

정답 25 ① 26 ① 27 ② 28 ① 29 ①

30 반도체 전력변환기기에서 인버터의 역할은?

① 직류 → 직류변환
② 직류 → 교류변환
③ 교류 → 교류변환
④ 교류 → 직류변환

해설
- 인버터 : DC → AC로 변환
- 컨버터 : AC → DC로 변환

31 단상 센터탭형 전파정류회로에서 전원전압이 100[V]라면 직류전압은 약 몇 [V]인가?

① 90   ② 100
③ 110 ④ 140

해설 센터탭형은 중간탭형을 의미하며 중간탭형 전파정류회로는 다음과 같다.

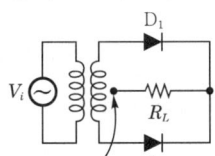

중간 Tap이라 한다.

전파정류회로의 직류전압(=평균전압)
$= \dfrac{2}{\pi} V_m = \dfrac{2}{\pi} \sqrt{2}\, V$
(단, V_m : 최댓값, V : 실효값)
$= \dfrac{2}{\pi}(\sqrt{2} \cdot 100) ≒ 90[\text{V}]$

32 다음 중 저항부하 시 맥동률이 가장 작은 정류방식은?

① 단상 반파식   ② 단상 전파식
③ 3상 반파식   ④ 3상 전파식

해설
- 맥동률(ripple rate) : 직류성분 속에 포함되어 있는 교류성분의 실효값과의 비를 나타낸다.
- 맥동률(γ)

$\gamma = \dfrac{\Delta I}{I_{dc}} = \dfrac{\sqrt{I_{rms}^2 - I_{dc}^2}}{I_{dc}} = \sqrt{\left(\dfrac{I_{rms}}{I_{dc}}\right)^2 - 1}$

구 분	맥동률	맥동주파수[Hz]
단상 반파	1.21	60
단상 전파	0.482	120
3상 반파	0.183	180
3상 전파	0.042	360

33 MOSFET의 드레인 전류는 무엇으로 제어하는가?

① 게이트 전압   ② 게이트 전류
③ 소스전류   ④ 소스전압

해설 FET(Field-Effect TR)
- 특징
  - 다수 캐리어에 의해 전류가 흐른다.
  - 입력저항이 매우 크다.
  - 저잡음이다.
  - 5극 진공관 특성과 비슷하다.
  - 이득(G)×대역폭(B)이 작다.
  - J-FET와 MOS-FET가 있다.
  - V_{GS}(Gate-Source 사이의 전압)로 드레인 전류를 제어한다.
- 종류
  - J-FET(접합 FET)

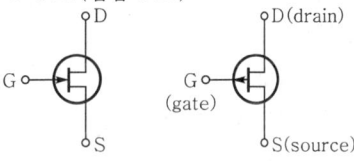

(a) N-channel FET (b) P-channel FET

  - MOS-FET(절연게이트형 FET)

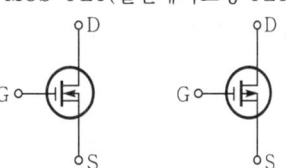

(a) N-channel FET (b) P-channel FET

- FET의 3정수
  - $g_m = \dfrac{\Delta I_D}{\Delta V_{GS}}$ (순방향 상호전달 컨덕턴스)
  - $r_d = \dfrac{\Delta V_{DS}}{\Delta I_D}$ (드레인-소스저항)
  - $\mu = \dfrac{\Delta V_{DS}}{\Delta V_{GS}}$ (전압증폭률)
  - $\mu = g_m \cdot r_d$

정답 30 ②　31 ①　32 ④　33 ①

34 SCR의 전압공급방법(turn-on) 중 가장 타당한 것은?

① 애노드에 (−)전압, 캐소드에 (+)전압, 게이트에 (+)전압을 공급한다.
② 애노드에 (−)전압, 캐소드에 (+)전압, 게이트에 (−)전압을 공급한다.
③ 애노드에 (+)전압, 캐소드에 (−)전압, 게이트에 (+)전압을 공급한다.
④ 애노드에 (+)전압, 캐소드에 (−)전압, 게이트에 (−)전압을 공급한다.

해설 SCR 동작원리는

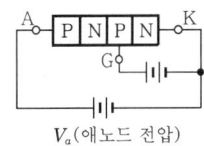

그러므로 애노드 단자에 (+), 캐소드 단자에 (−), 게이트 단자에 (+)전압을 인가한다.

35 직류기에 주로 사용하는 권선법으로 다음 중 옳은 것은?

① 개로권, 환상권, 2층권
② 개로권, 고상권, 2층권
③ 폐로권, 고상권, 2층권
④ 폐로권, 환상권, 2층권

해설 직류기의 전기자 권선법
- 전기자 권선
  - 환상권(×)
  - 고상권(○) ─ 개로권(×)
  - 폐로권(○) ─ 단층권(×)
  - 2층권(○) ─ 중권(○)
  - 파권(○)

- 중권과 파권의 특성 비교

구 분	전류, 전압	병렬회로수 (a)	브러시수 (b)
파권	소전류, 고전압	$a=2$	$b=2$ 또는 P
중권	대전류, 저전압	$a=P$	$b=P$

(여기서, P : 자극의 극수)

36 4극 직류 발전기가 전기자도체수 600, 매극당 유효자속 0.035[Wb], 회전수가 1,200[rpm]일 때 유기되는 기전력은 몇 [V]인가? (단, 권선은 단중중권이다.)

① 120 ② 220
③ 320 ④ 420

해설 $E = \dfrac{z}{a} P\phi \dfrac{N}{60}$ [V]
$= \dfrac{600}{4} \times 4 \times 0.035 \times \dfrac{1,200}{60} = 420$[V]

37 직류 직권 전동기에서 토크 T와 회전수 N과의 관계는 어떻게 되는가?

① $T \propto N$ ② $T \propto N^2$
③ $T \propto \dfrac{1}{N}$ ④ $T \propto \dfrac{1}{N^2}$

해설 직권 전동기
- 속도변동이 매우 크다. $N \propto \dfrac{1}{I_a}$
- 기동토크가 매우 크다. $T \propto I_a^2$
- ∴ $T \propto \dfrac{1}{N^2}$ 이 된다.

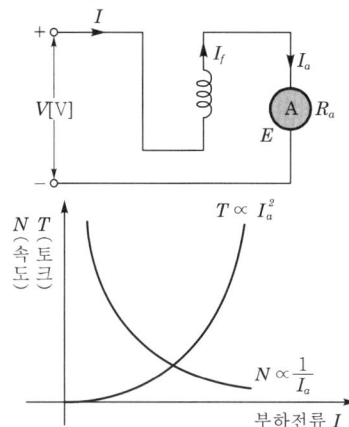

38 4극 1,500[rpm]의 동기발전기와 병렬운전하는 24극 동기발전기의 회전수[rpm]는?

① 50[rpm]   ② 250[rpm]
③ 1,500[rpm]   ④ 3,600[rpm]

정답 34 ③ 35 ③ 36 ④ 37 ④ 38 ②

해설
- 4극 발전기의 주파수(f_4)
$$f_4 = \frac{P \cdot N_s}{120} = \frac{4 \times 1,500}{120} = 50[\text{Hz}]$$
- 24극 발전기의 회전수(N_s)
$$N_s = \frac{120f}{P} = \frac{120 \times 50}{24} = 250[\text{rpm}]$$

39 3상 발전기의 전기자권선에서 Y결선을 채택하는 이유로 볼 수 없는 것은?

① 중성점을 이용할 수 있다.
② 같은 상전압이면 △결선보다 높은 선간전압을 얻을 수 있다.
③ 같은 상전압이면 △결선보다 상절연이 쉽다.
④ 발전기단자에서 높은 출력을 얻을 수 있다.

해설 **Y결선의 장점**
- 선간전압이 상전압보다 $\sqrt{3}$ 배 증가한다.
- 각 상의 제3고조파 전압이 선간에는 나타나지 않는다.
- 이상전압 발생이 적다.
- 절연이 용이하다.
- 중성점을 이용할 수 있다.
- 코로나, 열화 등이 적다.

40 동기 발전기를 병렬운전하고자 하는 경우 같지 않아도 되는 것은?

① 기전력의 임피던스
② 기전력의 위상
③ 기전력의 파형
④ 기전력의 주파수

해설 **동기 발전기의 병렬운전조건**
- 기전력의 크기가 같을 것
- 기전력의 위상이 같을 것
- 기전력의 주파수가 같을 것
- 기전력의 파형이 같을 것
- 기전력의 상회전방향이 같을 것

41 3상 동기 발전기의 단락비를 산출하는 데 필요한 시험은?

① 외부특성시험과 3상 단락시험
② 돌발단락시험과 부하시험
③ 무부하 포화시험과 3상 단락시험
④ 대칭분의 리액턴스측정시험

해설 **단락비(K_s)**
- $K_s = \dfrac{\text{무부하 정격전압을 유기하는 데 필요한 계자전류}}{\text{3상 단락 정격전류를 흘리는 데 필요한 계자전류}}$
$= \dfrac{I_s}{I_n} = \dfrac{1}{Z_s'}$
(여기서, Z_s' : % 동기임피던스)
- 단락비 산출시 필요한 시험
 - 무부하시험
 - 3상 단락시험

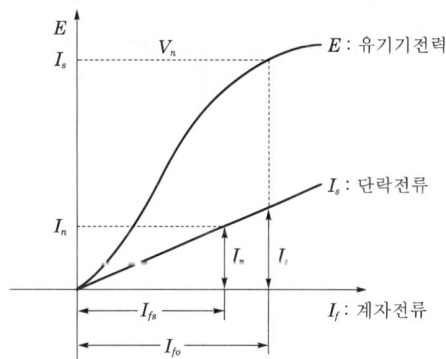

┃무부하 특성곡선과 3상 단락곡선┃

42 부하를 일정하게 유지하고 역률 1로 운전 중인 동기 전동기의 계자전류를 증가시키면?

① 아무 변동이 없다.
② 리액터로 작용한다.
③ 뒤진 역률의 전기자전류가 증가한다.
④ 앞선 역률의 전기자전류가 증가한다.

해설 동기 전동기의 여자전류를 조정하여 부족여자로 하면 뒤진 전류가 흘러 리액터 작용, 과여자로 하면 앞선 전류가 흘러 콘덴서 작용을 한다.

정답 39 ④ 40 ① 41 ③ 42 ④

43 정격 150[kVA], 철손 1[kW], 전부하 동손이 4[kW]인 단상 변압기의 최대 효율은?

① 약 96.8[%] ② 약 97.4[%]
③ 약 98.0[%] ④ 약 98.6[%]

해설 $\eta_{\frac{1}{m}} = \dfrac{\frac{1}{m}VI\cos\theta}{\frac{1}{m}VI\cos\theta + P_i + \left(\frac{1}{m}\right)^2 P_c} \times 100[\%]$

에서

$P_i = m^2 P_c \to m = \sqrt{\dfrac{P_i}{P_c}} = \sqrt{\dfrac{1}{4}} = \dfrac{1}{2}$ 이므로

$\therefore \eta_{\frac{1}{m}} = \dfrac{\frac{1}{2} \times 150 \times 10^3}{\frac{1}{2} \times 150 \times 10^3 + 1 \times 10^3 + \left(\frac{1}{2}\right)^2 \times 4 \times 10^3} \times 100[\%]$

$= 97.4[\%]$

44 용량 10[kVA]의 단권 변압기에서 전압 3,000[V]를 3,300[V]로 승압시켜 부하에 공급할 때 부하용량[kVA]은?

① 1.1[kVA]
② 11[kVA]
③ 110[kVA]
④ 990[kVA]

해설 $\dfrac{\text{자기용량}}{\text{부하용량}} = \dfrac{V_2 - V_1}{V_2}$ 에서

부하용량 $= \text{자기용량}\left(\dfrac{V_2}{V_2 - V_1}\right)$

$= 10 \times 10^3 \left(\dfrac{3,300}{3,300 - 3,000}\right)$

$= 110 \times 10^3 = 110[\text{kVA}]$

45 유도 전동기의 2차 입력, 2차 동손 및 슬립을 각각 P_2, P_{C_2}, s라 하면 이들 관계식은?

① $s = P_2 \cdot P_{C_2}$ ② $s = P_{C_2} + P_2$
③ $s = \dfrac{P_2}{P_{C_2}}$ ④ $s = \dfrac{P_{C_2}}{P_2}$

해설 P_{C_2}(2차 동손), P_2(2차 입력)

$P_{C_2} : P_2 = 1 : \dfrac{1}{s}$ 이므로 $P_2 = \dfrac{1}{s} P_{C_2}$

$\therefore s = \dfrac{P_{C_2}}{P_2}$

46 고압선로의 1선 지락전류가 20[A]인 경우에 이에 결합된 변압기 저압측의 제2종 접지 저항값은 몇 [Ω]인가? (단, 이 선로는 고·저압 혼촉시에 저압선로의 대지전압이 150[V]를 넘는 경우로서 1초를 넘고 2초 이내에 고압전로를 자동차단하는 장치가 되어 있다.)
[KEC 규정에 따른 부적합 문제]

① 7.5   ② 10
③ 15   ④ 30

해설 접지공사 : 제2종 접지공사의 경우

- $\dfrac{150}{I}$: 변압기의 고압측 또는 특고압측 전로의 1선 지락전류의 암페어수로 150을 나눈 값과 같은 [Ω]

- $\dfrac{300}{I}$: 1초를 넘고 2초 이내에 차단하는 장치설시치

- $\dfrac{600}{I}$: 1초 이내에 차단하는 장치설치시

$\therefore$ 제2종 접지저항 $R = \dfrac{300}{20} = 15[\Omega]$

(여기서, I : 1선의 지락전류)

47 다음 중 전선접속에 관한 설명으로 옳지 않은 것은?

① 전선의 강도는 60[%] 이상 유지해야 한다.
② 접속부분의 전기저항을 증가시켜서는 안 된다.
③ 접속부분의 절연은 전선의 절연물과 동등 이상의 절연효력이 있는 테이프로 충분히 피복한다.
④ 접속슬리브, 전선접속기를 사용하여 접속한다.

정답 43 ② 44 ③ 45 ④ 46 ③ 47 ①

해설 전선의 접속법
- 전기저항 증가금지
- 접속부위 반드시 절연
- 접속부위 접속기구 사용
- 전선의 세기(인장하중) 20[%] 이상 감소금지
- 전기적 부식방지
- 충분히 절연피복을 할 것

48 학교, 사무실, 은행의 옥내배선설계에 있어서 간선의 굵기를 선정할 때 전등 및 소형 전기기계·기구의 용량합계가 10[kVA]를 초과하는 것은 그 초과량에 대하여 수용률을 몇 [%]로 적용할 수 있도록 규정하고 있는가?

① 20[%] ② 30[%]
③ 50[%] ④ 70[%]

해설 간선의 수용률
전등 및 소형 전기기계·기구의 용량합계가 10[kVA]를 초과하는 것은 그 초과용량에 대하여 다음과 같은 수용률을 적용할 수 있다.

간선의 수용률		표준부하	
건축물의 종류	수용률 [%]	건축물의 종류	표준부하 [VA/m²]
주택, 기숙사, 여관, 호텔, 병원, 창고	50	공장, 공회당, 사원, 교회, 극장, 영화관 등	10
학교, 사무실, 은행	70	기숙사, 여관, 호텔, 병원, 학교, 다방 등	20
-	-	은행, 이발소, 미용원 등	30
-	-	주택, 아파트	40

49 가공전선로의 지지물로부터 다른 지지물을 거치지 아니하고 수용장소의 붙임점에 이르는 가공전선을 무엇이라 하는가?

① 연접인입선   ② 가공인입선
③ 전선로   ④ 옥측 배선

해설
- 가공인입선 : 가공전선로의 지지물로부터 다른 지지물을 거치지 아니하고 수용장소의 붙임점에 이르는 가공전선
- 연접인입선 : 수용장소의 인입선에서 분기하여 지지물을 거치지 아니하고 다른 수용장소의 인입구에 이르는 부분의 전선

50 저압의 지중전선이 지중약전류전선 등과 접근하거나 교차하는 경우 상호간의 간격(이격거리)가 몇 [cm] 이하인 때에는 지중전선과 지중약전류전선 등 사이에 견고한 내화성의 격벽을 설치하는가?

① 15[cm] ② 30[cm]
③ 60[cm] ④ 100[cm]

해설 지중전선과 지중약전류전선 등 또는 관과의 접근 또는 교차
- 상호간의 이격거리가 저압 또는 고압의 지중전선은 30[cm] 이하, 특고압 지중전선은 60[cm] 이하인 때에는 지중전선과 지중약전류전선 등 사이에 견고한 내화성의 격벽 설치
- 특고압 지중전선이 가연성이나 유독성의 유체를 내포하는 관과 접근하거나 교차하는 경우에는 상호간의 이격거리가 1[m] 이하

51 전주 사이의 지지물 간 거리(경간)가 50[m]인 가공전선로에서 전선 1[m]의 하중이 0.37[kg], 전선의 딥이 0.8[m]라면 전선의 수평장력은 약 몇 [kg]인가?

① 80   ② 120
③ 145 ④ 165

해설 전선의 처짐정도[이도(dip)]와 실제 길이
- 실제 길이 $(L) = S + \dfrac{8D^2}{3S}$ (여기서, S : 경간)
- 지표상 평균높이 $(h) = H - \dfrac{2}{3}D$
- 이도 $(D) = \dfrac{WS^2}{8T}$
 (여기서, T : 장력, W : 전선의 무게)
$\therefore T = \dfrac{WS^2}{8D} = \dfrac{0.37 \times 50^2}{8 \times 0.8} ≒ 145[kg]$

52 송전단전압 66[kV], 수전단전압 61[kV]인 송전선로에서 수전단의 부하를 끊은 경우의 수전단전압이 63[kV]이면 전압변동률은?

① 약 2.8[%]   ② 약 3.3[%]
③ 약 4.8[%]   ④ 약 8.2[%]

정답 48 ④ 49 ② 50 ② 51 ③ 52 ②

해설 전압변동률

$$= \frac{\text{무부하시 수전단전압} - \text{(전)부하시 수전단전압}}{\text{(전)부하시 수전단전압}} \times 100[\%]$$

$$= \frac{63 \times 10^3 - 61 \times 10^3}{61 \times 10^3} \times 100 ≒ 3.3[\%]$$

53 역률 80[%], 300[kW]의 전동기를 95[%]의 역률로 개선하는 데 필요한 콘덴서의 용량은 약 몇 [kVA]가 필요한가?

① 32　　② 63
③ 87　　④ 126

해설
$$Q_c = P\left(\frac{\sqrt{1-\cos^2\theta_1}}{\cos\theta_1} - \frac{\sqrt{1-\cos^2\theta_2}}{\cos\theta_2}\right)$$
$$= 300 \times 10^3 \left(\frac{\sqrt{1-0.8^2}}{0.8} - \frac{\sqrt{1-0.95^2}}{0.95}\right)$$
$$≒ 126[kVA]$$

54 양수량 10[m³/min], 총양정 20[m]의 펌프용 전동기의 용량[kW]은? (단, 여유계수 1.1, 펌프효율은 75[%]이다.)

① 36　　② 48
③ 72　　④ 144

해설 전동기의 용량(P)
$$P = \frac{9.8QH}{\eta}K = \frac{9.8 \times \frac{10}{60} \times 20}{0.75} \times 1.1$$
$$= 47.91 ≒ 48[kW]$$

55 M 타입의 자동차 또는 LCD TV를 조립, 완성한 후 부적합수(결점수)를 점검한 데이터에는 어떤 관리도를 사용하는가?

① p 관리도
② np 관리도
③ c 관리도
④ $(\overline{x} - R)$ 관리도

해설 c 관리도
- 푸아송 분포에 근거를 두고 있다.
- 자동차, LCD-TV 조립, 일정 길이의 직물에 나타난 결점수, 일정 면적의 스테인리스 철판에서 발견된 흠집수 등의 공정관리에 이용한다.
- c 관리도의 적합한 용도
  - 결점수에 대한 Sampling 검사과정을 할 때
  - 공정관리시
  - 품질변동에 대한 단기간의 조사연구시

56 다음 검사의 종류 중 검사공정에 의한 분류에 해당되지 않는 것은?

① 수입검사　　② 출하검사
③ 출장검사　　④ 공정검사

해설 공정에 의한 분류

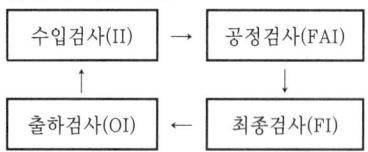

57 로트의 크기 30, 부적합품률이 10[%]인 로트에서 시료의 크기를 5로 하여 랜덤 샘플링할 때, 시료 중 부적합품수가 1개 이상일 확률은 약 얼마인가? (단, 초기하분포를 이용하여 계산한다.)

① 0.3695　　② 0.4335
③ 0.5665　　④ 0.6305

해설 부적합품 개수 = 로트의 수 × 부적합률(P)
$$= 30 \times \frac{1}{10} = 3$$
(단, 시료의 크기는 5, 부적합품수는 1개 이상)
∴ 부적합률(P)
$$= \frac{{}_3C_1 \times {}_{27}C_4 + {}_3C_2 \times {}_{27}C_3 + {}_3C_3 \times {}_{27}C_2}{{}_{30}C_5}$$
$$≒ 0.43349$$
또한, ${}_nC_x = \dfrac{n!}{x!(n-x)!}$

정답　53 ④　54 ②　55 ③　56 ③　57 ②

58 정상 소요기간이 5일이고, 이때의 비용이 20,000원이며 특급 소요기간이 3일이고, 이때의 비용이 30,000원이라면 비용구배는 얼마인가?

① 4,000[원/일] ② 5,000[원/일]
③ 7,000[원/일] ④ 10,000[원/일]

해설 비용구배(cost slope)
1일당 작업단축에 필요한 비용의 증가를 뜻한다.
비용구배
$= \dfrac{\text{특급작업 소요비용} - \text{정상작업 소요비용}}{\text{정상작업일} - \text{특급작업일}}$
$= \dfrac{30,000 - 20,000}{5 - 3} = 5,000$[원/일]

59 작업방법 개선의 기본 4원칙을 표현한 것은?

① 층별 – 랜덤 – 재배열 – 표준화
② 배제 – 결합 – 랜덤 – 표준화
③ 층별 – 랜덤 – 표준화 – 단순화
④ 배제 – 결합 – 재배열 – 단순화

해설 작업방법 개선의 기본 4원칙
• 배제
• 결합
• 재배열
• 단순화

60 준비작업시간 100분, 개당 정미작업시간 15분, 로트 크기 20일 때 1개당 소요작업시간은 얼마인가? (단, 여유시간은 없다고 가정한다.)

① 15분   ② 20분
③ 35분   ④ 45분

해설 표준시간 = 정상시간 × (1 + 여유율)
$= 15분 \times \left(1 + \dfrac{100}{15 \times 20}\right) \fallingdotseq 19.999$

정답 58 ② 59 ④ 60 ②

2019년 CBT 기출복원문제(Ⅰ)

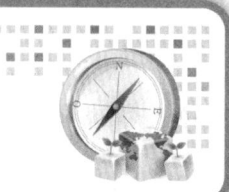

01 5[Ω]의 저항 10개를 직렬접속하면 병렬접속 시의 몇 배가 되는가?

① 20 ② 50
③ 100 ④ 250

해설
- 5[Ω] 저항 10개 직렬접속
  $R_1 = 10 \times 5 = 50[\Omega]$
- 5[Ω] 저항 10개 병렬접속
  $R_2 = \dfrac{5}{10} = 0.5[\Omega]$

$\therefore \dfrac{R_1}{R_2} = \dfrac{50}{0.5} = 100$배가 된다.

02 그림과 같은 회로에서 a, b 간에 100[V]의 직류전압을 가했을 때 10[Ω]의 저항에 4[A]의 전류가 흘렀다. 이때 저항 r_1에 흐르는 전류와 저항 r_2에 흐르는 전류의 비가 1 : 4라고 하면 r_1 및 r_2의 저항값은 각각 얼마인가?

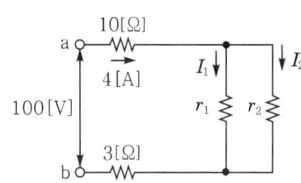

① $r_1 = 12$, $r_2 = 3$
② $r_1 = 36$, $r_2 = 9$
③ $r_1 = 60$, $r_2 = 15$
④ $r_1 = 40$, $r_2 = 10$

해설 전류와 저항은 반비례하므로
$I_1 : I_2 = r_2 : r_1$
$1 : 4 = r_2 : r_1$
$\therefore r_1 = 4r_2$ ················ ㉠
회로에서 전체 저항은 12[Ω]이 된다.

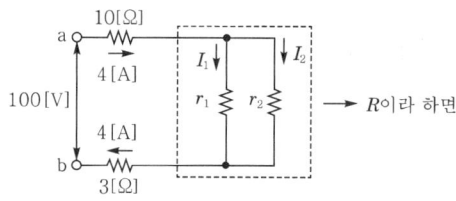

$100 = 4(10 + 3 + R)$
$\therefore R = \dfrac{r_1 \times r_2}{r_1 + r_2} = 12$ ················ ㉡

그러므로 ㉠을 ㉡식에 대입하면
$12 = \dfrac{4r_2 \times r_2}{4r_2 + r_2}$ 에서 $r_2 = 15[\Omega]$ ········· ㉢

$\therefore$ ㉢식을 ㉠식에 대입하면 $r_1 = 60[\Omega]$이 된다.

03 두 종류의 금속을 접속하여 두 접합부분을 다른 온도로 유지하면 열기전력을 일으켜 열전류가 흐른다. 이 현상을 지칭하는 것은?

① 제벡효과 ② 제3금속의 법칙
③ 펠티에효과 ④ 패러데이의 법칙

해설
- 제벡효과(Seebeck effect) : 2개의 다른 금속 A, B를 한 쌍으로 접속하고, 두 금속을 서로 다른 온도로 유지하면 두 접촉면의 온도차에 의해서 생긴 열기전력에 의해 일정방향으로 전류가 흐르는 현상을 말한다.
- 펠티에효과(Peltier effect) : 서로 다른 두 종류의 금속을 접속하여 전류를 흘리면 그 접합면에서 열이 발생 또는 흡수하는 현상을 말한다.

04 정격전압에서 소비전력이 600[W]인 저항에 정격전압의 90[%]의 전압을 가할 때 소비되는 전력은?

① 480[W] ② 486[W]
③ 540[W] ④ 545[W]

정답 01 ③ 02 ③ 03 ① 04 ②

해설 소비전력$(P) = 600[W] = \dfrac{V^2}{R}$ 이므로
정격전압의 90[%]시의 전력(P')
$= \dfrac{(0.9V)^2}{R} = 0.81 \times \dfrac{V^2}{R} = 0.81 \times 600$
$= 486[W]$이다.

05 어떤 정현파 전압의 평균값이 191[V]이면 최댓값은 약 몇 [V]인가?

① 240　② 270
③ 300　④ 330

해설 평균값 $= \dfrac{2}{\pi} \times$ 최댓값에서

최댓값 $= \dfrac{\pi}{2} \times$ 평균값 $= \dfrac{3.14}{2} \times 191 \fallingdotseq 300[V]$

06 전류 순시값 $i = 30\sin\omega t + 40\sin(3\omega t + 60°)$[A]의 실효값은 약 몇 [A]인가?

① $25\sqrt{2}$　② $30\sqrt{2}$
③ $40\sqrt{2}$　④ $50\sqrt{2}$

해설 비정현파 실효값

$I = \sqrt{\left(\dfrac{30}{\sqrt{2}}\right)^2 + \left(\dfrac{40}{\sqrt{2}}\right)^2} = \sqrt{\dfrac{2,500}{2}}$
$= \dfrac{50}{\sqrt{2}} = 25\sqrt{2}$

07 $R = 10[\Omega]$, $X_L = 8[\Omega]$, $X_C = 20[\Omega]$이 병렬로 접속된 회로에서 80[V]의 교류전압을 가하면 전원에 흐르는 전류는 몇 [A]인가?

① 5[A]　② 10[A]
③ 15[A]　④ 20[A]

해설 • $R-L-C$ 직렬회로의 전류(I)
$I = \dfrac{V}{Z} = \dfrac{V}{\sqrt{R^2 + (X_L - X_C)^2}}$
• $R-L-C$ 병렬회로의 전류(I)
$\dot{I} = \dot{I}_R + \dot{I}_L + \dot{I}_C = \dfrac{V}{R} + \dfrac{V}{jX_L} - \dfrac{V}{jX_C}$
$= I_R - jI_L + jI_C = I_R + j(I_C - I_L)$

$\therefore I = \sqrt{I_R^2 + (I_C - I_L)^2}$
$= \sqrt{\left(\dfrac{80}{10}\right)^2 + \left(\dfrac{80}{20} - \dfrac{80}{8}\right)^2}$
$= \sqrt{8^2 + 6^2} = 10[A]$

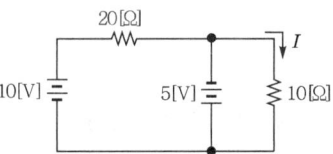

08 $R = 40[\Omega]$, $L = 80[mH]$의 코일이 있다. 이 코일에 100[V], 60[Hz]의 전압을 가할 때에 소비되는 전력은 몇 [W]인가?

① 100　② 120
③ 160　④ 200

해설 $R-L$ 회로
• $Z = \sqrt{R^2 + X_L^2} = \sqrt{R^2 + (2\pi fL)^2}$
$= \sqrt{40^2 + (2 \times 3.14 \times 60 \times 80 \times 10^{-3})^2}$
$\fallingdotseq 50[\Omega]$
• $I = \dfrac{V}{Z} = \dfrac{100}{50} = 2[A]$
$\therefore$ 소비전력$(P) = I^2 \cdot R = 2^2 \times 40 = 160[W]$

09 그림과 같은 회로에서 10[Ω]에 흐르는 전류는?

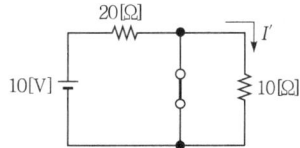

① 0.2[A]　② 0.5[A]
③ 1[A]　④ 1.5[A]

해설 중첩의 정리를 이용해서 해석
• 전압원 10[V] 기준

전압원 5[V]가 단락되어 $I' = 0$이 된다.
(단락된 쪽으로 전류가 모두 흐르므로)

정답 05 ③　06 ①　07 ②　08 ③　09 ②

- 전압원 5[V] 기준

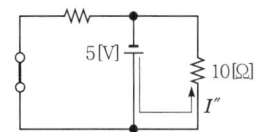

전압원 10[V]가 단락되며, 10[Ω] 양단 전압이 5[V]가 되므로 $I'' = \dfrac{5}{10} = 0.5[A]$

∴ $I = I' + I'' = 0.5[A]$

10 무한히 긴 직선도체에 전류 $I[A]$를 흘릴 때 이 전류로부터 $r[m]$ 떨어진 점의 자속밀도는 몇 $[Wb/m^2]$인가?

① $\dfrac{\mu_0 I}{4\pi r}$ ② $\dfrac{I}{2\pi \mu_0 r}$

③ $\dfrac{I}{2\pi r}$ ④ $\dfrac{\mu_0 I}{2\pi r}$

해설
- 무한히 긴 직선도체의 자장의 세기 $H = \dfrac{I}{2\pi r}$
- 자속밀도 $B = \dfrac{\phi}{A} = \dfrac{\mu NI}{l} = \mu H [Wb/m^2]$

∴ $B = \mu H = \dfrac{\mu I}{2\pi r}$ 이며, $B = \dfrac{\mu_0 I}{2\pi r}$

(단, $\mu = \mu_0 \cdot \mu_s$이며, 진공 중에서 $\mu_s = 1$, 공기 중에서 $\mu_s \fallingdotseq 1$)

11 10진수 $(14.625)_{10}$를 2진수로 변환한 값은?

① $(1101.110)_2$ ② $(1101.101)_2$
③ $(1110.101)_2$ ④ $(1110.110)_2$

해설 10진수를 2진수로 변환
- 정수부분

```
2 ) 14
2 )  7 … 0
2 )  3 … 1
     1 … 1
```

∴ $(14)_{10} = (1110)_2$

- 소수부분

0.625 → 0.25 → 0.5
× 2   × 2   × 2
1.250   0.5   1.0
↓   ↓   ↓
1   0   1

∴ $(0.625)_{10} = (0.101)_2$

그러므로 $(14.625)_{10} = (1110.101)_2$

12 논리식 'A · (A+B)'를 간단히 하면?

① A ② B
③ A · B ④ A+B

해설 $A \cdot (A+B) = A \cdot A + AB$
$= A + A \cdot B$
$= A(1+B)$
$= A (\because 1+B = 1)$

13 그림과 같은 유접점회로가 의미하는 논리식은?

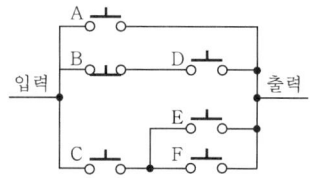

① $A + \overline{B}D + C(E+F)$
② $A + \overline{B}C + D(E+F)$
③ $A + B\overline{C} + D(E+F)$
④ $A + \overline{B}\,\overline{C} + D(E+F)$

해설 접점회로의 응용
출력 $Y = A + \overline{B}D + C(E+F)$가 된다.
[참고]

입력 ─A─ B─ C─ 출력(Y)
        └D┘   = A · B(C+D)

14 다음 그림은 어떤 논리회로인가?

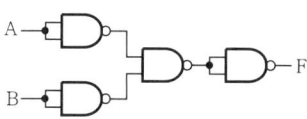

① NAND
② NOR
③ E-OR
④ E-NOR

해설 논리회로의 출력 $F = \overline{\overline{\overline{AB}}} = \overline{\overline{A} \cdot \overline{B}} = \overline{A+B}$
이며 NOR회로의 출력과 같다.

정답 10 ④ 11 ③ 12 ① 13 ① 14 ②

15 반가산기의 진리표에 대한 출력함수는?

입력		출력	
A	B	S	C_0
0	0	0	0
0	1	1	0
1	0	1	0
1	1	0	1

① $S = \overline{A}\overline{B} + AB$, $C_0 = \overline{A}\overline{B}$
② $S = \overline{A}B + A\overline{B}$, $C_0 = AB$
③ $S = \overline{A}\overline{B} + AB$, $C_0 = AB$
④ $S = \overline{A}B + A\overline{B}$, $C_0 = \overline{A}\overline{B}$

해설 진리표에서 S, C_0값을 구하면
$\begin{cases} S = A \oplus B = \overline{A}B + A\overline{B} \\ C_0 = AB \end{cases}$

즉, 반가산기의 합(S), 자리올림수(C_0)를 나타내며, 2진수의 1자 숫자 2개를 덧셈하는 회로이다.

16 복도체 선로가 있다. 소도체의 지름 8[mm], 소도체 사이의 간격 40[cm]일 때, 등가반지름[cm]은?

① 1.8 ② 3.4
③ 4.0 ④ 5.7

해설 $r' = \sqrt{r \cdot s} = \sqrt{\dfrac{0.8}{2} \cdot 40} = 4[\text{cm}]$

17 선간거리 $2D$[m]이고 선로도선의 지름이 d[m]인 선로의 단위길이당 정전용량[μF/km]은?

① $C = \dfrac{0.02413}{\log_{10} \dfrac{4D}{d}}$

② $C = \dfrac{0.2413}{\log_{10} \dfrac{4D}{d}}$

③ $C = \dfrac{0.02413}{\log_{10} \dfrac{D}{d}}$

④ $C = \dfrac{0.02413}{\log_{10} \dfrac{2D}{d}}$

해설 $\log_{10} \dfrac{2D}{r} = \log_{10} \dfrac{2D}{\dfrac{d}{2}} = \log_{10} \dfrac{4D}{d}$

$\therefore C = \dfrac{0.02413}{\log_{10} \dfrac{4D}{d}}$

18 22,000[V], 60[Hz], 1회선의 3상 지중송전선의 무부하 충전용량[kVar]은? (단, 송전선의 길이는 50[km]라 하고 1선 1[km]당 정전용량은 $0.1[\mu F]$라 한다.)

① 780 ② 912
③ 995 ④ 1,025

해설 $Q_c = 2\pi f C V^2$
$= 2\pi \times 60 \times 5 \times 10^{-6} \times 22{,}000^2 \times 10^{-3}$
$= 912[\text{kVar}]$

19 송전단전압이 6,600[V], 수전단전압이 6,100[V]였다. 수전단의 부하를 끊은 경우 수전단전압이 6,300[V]라면 이 회로의 전압강하율과 전압변동률은 각각 몇 [%]인가?

① 6.8, 4.1 ② 8.2, 3.28
③ 4.14, 6.8 ④ 43.28, 8.2

해설
• 전압강하율 $\varepsilon = \dfrac{6{,}600 - 6{,}100}{6{,}100} \times 100[\%]$
$= 8.19[\%]$

• 전압변동률 $\delta = \dfrac{6{,}300 - 6{,}100}{6{,}100} \times 100[\%]$
$= 3.278[\%]$

20 송전전력, 송전거리, 전선의 비중 및 전선손실률이 일정하다고 하면 전선의 단면적 A는 다음 중 어느 것에 비례하는가? (단, V는 송전전압이다.)

① V^2 ② V
③ $\dfrac{1}{V^2}$ ④ $\dfrac{1}{V}$

해설 단면적 $A = \dfrac{\rho l P^2}{P_l \cdot V^2 \cdot \cos^2\theta}$

정답 15 ② 16 ③ 17 ① 18 ② 19 ② 20 ③

21 그림 중 4단자 정수 A, B, C, D는? (단, E_S, I_S는 송전단전압 및 전류 그리고 E_R, I_R는 수전단전압 및 전류이고, Y는 병렬 어드미턴스이다.)

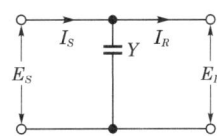

① 1, 0, Y, 1 ② 1, Y, 0, 1
③ 1, Y, 1, 0 ④ 1, 0, 0, 1

해설 $\begin{bmatrix} A & B \\ C & D \end{bmatrix} = \begin{bmatrix} 1 & 0 \\ \frac{1}{Z} & 1 \end{bmatrix}$ 또는 $\begin{bmatrix} 1 & 0 \\ Y & 1 \end{bmatrix}$

22 반도체 전력변환기기에서 인버터의 역할은?

① 직류 → 직류변환
② 직류 → 교류변환
③ 교류 → 교류변환
④ 교류 → 직류변환

해설
- 인버터 : DC → AC로 변환
- 컨버터 : AC → DC로 변환

23 단상 센터탭형 전파정류회로에서 전원전압이 100[V]라면 직류전압은 약 몇 [V]인가?

① 90   ② 100
③ 110   ④ 140

해설 센터탭형은 중간탭형을 의미하며 중간탭형 전파정류회로는 다음과 같다.

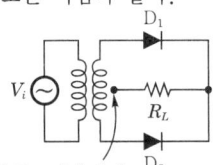

중간 Tap이라 한다.

전파정류회로의 직류전압(=평균전압)
$= \frac{2}{\pi} V_m = \frac{2}{\pi} \sqrt{2} V$
(여기서, V_m : 최댓값, V : 실효값)
$= \frac{2}{\pi} (\sqrt{2} \cdot 100) ≒ 90[V]$

24 단상 브리지 제어정류회로에서 저항부하인 경우 출력전압은? (단, a는 트리거 위상각이다.)

① $E_d = 0.225E(1+\cos\alpha)$
② $E_d = \frac{2\sqrt{2}}{\pi} E \left(\frac{1+\cos\alpha}{2} \right)$
③ $E_d = 2\frac{\sqrt{2}}{\pi} E\cos\alpha$
④ $E_d = 1.17E\cos\alpha$

해설 브리지 제어정류회로는 전파이므로
출력전압$(E_d) = \frac{\sqrt{2}}{\pi} E(1+\cos\alpha)$
$= \frac{2\sqrt{2}}{\pi} E \left(\frac{1+\cos\alpha}{2} \right)$

25 전력용 반도체 소자 중 양방향으로 전류를 흘릴 수 있는 것은?

① GTO   ② TRIAC
③ DIODE ④ SCR

해설 SCR(Silicon Controlled Rectifier)
- 실리콘제어 정류소자이다.
- PNPN구조를 갖고 있다.
- 도통상태에서 애노드 전압극성을 반대로 하면 차단된다.
- 부성저항 특성을 갖는다.
- 2개의 SCR을 병렬로 연결하면 TRIAC이 된다.

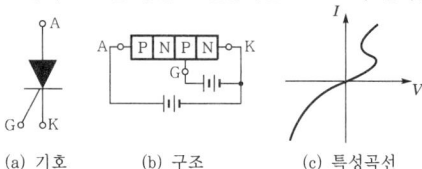

(a) 기호   (b) 구조   (c) 특성곡선

26 다음 중 SCR에 대한 설명으로 가장 옳은 것은?

① 게이트 전류로 애노드 전류를 연속적으로 제어할 수 있다.
② 쌍방향성 사이리스터이다.
③ 게이트 전류를 차단하면 애노드 전류가 차단된다.
④ 단락상태에서 애노드 전압을 0 또는 부(−)로 하면 차단상태로 튼다.

정답 21 ① 22 ② 23 ① 24 ② 25 ② 26 ④

해설 SCR(Silicon Controlled Rectifier)
- 실리콘제어 정류소자이다.
- PNPN의 4층 구조로 이루어져 있다.
- 순방향일 때 부성저항 특성을 갖는다.
- 일단 도통된 후의 전류를 제어하기 위해서는 애노드 전압을 '0' 또는 부(−)상태로 극성을 바꾸어주면 된다.

27 사이리스터가 아닌 것은?
① SCR ② Diode
③ TRIAC ④ SUS

해설 사이리스터(thyristor)
- On상태와 Off상태를 갖는 2개 또는 3개 이상의 PN접합으로 이루어진 반도체를 의미한다.
- 순방향 전압강하 측정은 온도가 정상상태에 도달한 후에 측정한다.

28 직류기에 주로 사용하는 권선법으로 다음 중 옳은 것은?
① 개로권, 환상권, 2층권
② 개로권, 고상권, 2층권
③ 폐로권, 고상권, 2층권
④ 폐로권, 환상권, 2층권

해설 직류기의 전기자 권선법
- 전기자 권선
  - 환상권(×)
  - 고상권(○) ─ 개로권(×)
              폐로권(○) ─ 단층권(×)
                          2층권(○) ─ 중권(○)
                                      파권(○)
- 중권과 파권의 특성 비교

구 분	전류, 전압	병렬회로수(a)	브러시수(b)
파권	소전류, 고전압	$a=2$	$b=2$ 또는 P
중권	대전류, 저전압	$a=P$	$b=P$

(여기서, P : 자극의 극수)

29 직류 발전기의 기전력을 E, 자속을 ϕ, 회전속도를 N이라 할 때 이들 사이의 관계로 옳은 것은?

① $E \propto \phi N$ ② $E \propto \dfrac{\phi}{N}$
③ $E \propto \phi N^2$ ④ $E \propto \phi^2 N$

해설 유기기전력(E)
$$E = \frac{z}{a} \cdot e = \frac{z}{a} P\phi n$$
$$= \frac{z}{a} P\phi \frac{N}{60} = \frac{zp}{60a} \phi N [\text{V}]$$
$$= K'\phi N \left(\text{여기서, } K' = \frac{zP}{60a} \text{이다.}\right)$$
$$\therefore E \propto \phi N$$
유기기전력 E는 ϕN에 비례함을 알 수 있다.

30 정격속도로 회전하고 있는 분권 발전기가 있다. 단자전압 100[V], 권선의 저항은 50[Ω], 계자전류 2[A], 부하전류 50[A], 전기자 저항 0.1[Ω]이다. 이때 발전기의 유기기전력은 약 몇 [V]인가? (단, 전기자 반작용은 무시한다.)
① 100 ② 105
③ 128 ④ 141

해설 분권 발전기
- 유기기전력 $E = \dfrac{Z}{a} P\phi \dfrac{N}{60}$[V]
- 단자전압 $V = E - I_a R_a$에서
  (여기서, $I_a = I_f + I$)
  $E = V + I_a R_a$
  $= 100 + (2+50) \times 0.1$
  $\fallingdotseq 105$[V]

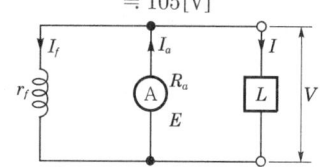

31 직류 분권 전동기의 부하로 가장 적당한 것은?
① 크레인 ② 권상기
③ 전동차 ④ 공작기계

해설 전동차용 전동기는 저속도에서 큰 토크가 발생하고, 속도가 상승하면 토크가 작아지는 직류 직권 전동기를 사용한다.

정답 27 ② 28 ③ 29 ① 30 ② 31 ④

• 분권 전동기는 공급전압 증가시 계자전류가 전압에 비례하여 증가하고, 또한 자속이 비례하여 증가하므로 회전속도는 거의 일정하며 선박의 펌프, 공작기계 등에 이용된다.

32 일정전압으로 운전하는 직류 발전기의 손실이 $x + yI^2$으로 된다고 한다. 어떤 전류에서 효율이 최대로 되는가? (단, x, y는 정수이다.)

① $\dfrac{y}{x}$ ② $\dfrac{x}{y}$

③ $\sqrt{\dfrac{y}{x}}$ ④ $\sqrt{\dfrac{x}{y}}$

해설 • 규약효율(η)

$$\eta = \frac{출력}{출력+손실} \times 100[\%]$$

$$= \frac{입력-손실}{입력} \times 100[\%]$$

[참고] 최대 효율조건

$$\eta = \frac{VI}{VI+P_i+I^2R} = \frac{V}{V+\dfrac{P_i}{I}+IR}$$

$$\frac{d\eta}{dI} = \frac{-\dfrac{P_i}{I^2}+R}{\left(V+\dfrac{P_i}{I}+IR\right)^2} = 0 \text{에서 } \frac{P_i}{I^2} = R$$

이므로 최대 효율조건은 $P_i = I^2R$
⇒ 무부하손(고정손)=부하손(가변손)

• 직류 발전기 손실(P_l)
P_l = 무부하손+부하손 = $x + yI^2$에서
$x = yI^2$이므로
$$\therefore I = \sqrt{\dfrac{x}{y}}$$

33 직류기에 보극을 설치하는 목적이 아닌 것은?

① 정류자의 불꽃방지
② 브러시의 이동방지
③ 정류기 전력의 발생
④ 난조의 방지

해설 각 주자극의 중간에 보극을 설치하고 보극전선을 전기자 권선과 직렬로 접속하면 보극에 의한 자속은 전기자 전류에 비례하여 변화하기 때문에 정류로 발생되는 리액턴스 전압을 효과적으로 상쇄시킬 수 있으므로 불꽃이 없는 정류를 할 수 있고 보극 부근의 전기자 반작용도 상쇄되어 전기적 중성축의 이동을 방지할 수 있다.

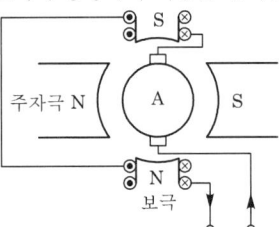

34 동기 주파수 변환기를 사용하여 4극의 동기 전동기에 60[Hz]를 공급하면, 8극의 동기 발전기에는 몇 [Hz]의 주파수를 얻을 수 있는가?

① 15 ② 120
③ 180 ④ 240

해설 회전속도(N_s)

$$N_s = \frac{120 \cdot f}{P} = \frac{120 \times 60}{4} = 1,800[\text{rpm}]$$

∴ 8극 전동기 주파수 f'

$$f' = \frac{PN_s}{120} = \frac{8 \times 1,800}{120} = 120[\text{Hz}]$$

35 회전수 1,800[rpm]를 만족하는 동기기의 극수 (㉠)와 주파수 (㉡)는?

① ㉠ 4극, ㉡ 50[Hz]
② ㉠ 6극, ㉡ 50[Hz]
③ ㉠ 4극, ㉡ 60[Hz]
④ ㉠ 6극, ㉡ 60[Hz]

해설 동기속도(N_s)

$N_s = \dfrac{120f}{P}$에서 $1,800 = \dfrac{1,200f}{P}$이 된다.

∴ $P = \dfrac{1}{15}f$의 관계식이므로

$\begin{array}{l} \text{4극에서 } f = 60[\text{Hz}] \\ \text{6극에서 } f = 90[\text{Hz}] \end{array}$

정답 32 ④ 33 ④ 34 ② 35 ③

36 동기 발전기를 병렬운전하고자 하는 경우 같지 않아도 되는 것은?

① 기전력의 임피던스
② 기전력의 위상
③ 기전력의 파형
④ 기전력의 주파수

해설 동기 발전기의 병렬운전조건
- 기전력의 크기가 같을 것
- 기전력의 위상이 같을 것
- 기전력의 주파수가 같을 것
- 기전력의 파형이 같을 것
- 기전력의 상회전방향이 같을 것

37 3상 동기 발전기의 단락비를 산출하는 데 필요한 시험은?

① 외부특성시험과 3상 단락시험
② 돌발단락시험과 부하시험
③ 무부하 포화시험과 3상 단락시험
④ 대칭분의 리액턴스 측정시험

해설 단락비(K_s)

- $K_s = \dfrac{\text{무부하 정격전압을 유기하는 데 필요한 계자전류}}{\text{3상 단락정격전류를 흘리는 데 필요한 계자전류}}$

$= \dfrac{I_s}{I_n} = \dfrac{1}{Z_s'}$ (여기서, Z_s' : % 동기 임피던스)

- 단락비 산출시 필요한 시험
  - 무부하시험
  - 3상 단락시험

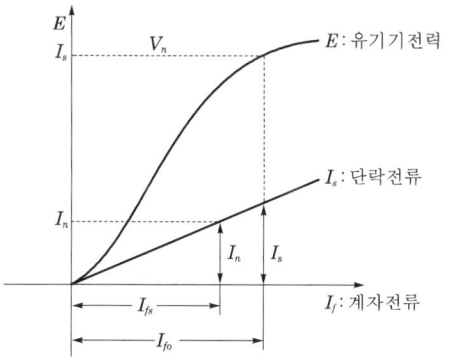

▮ 무부하 특성곡선과 3상 단락곡선 ▮

38 % 동기 임피던스가 130[%]인 3상 동기 발전기의 단락비는 약 얼마인가?

① 0.7   ② 0.77
③ 0.8   ④ 0.88

해설 % 동기 임피던스 $= \dfrac{1}{\text{단락비}}$ 에서

단락비 $= \dfrac{1}{130} \times 100 ≒ 0.769$

39 변압기의 효율이 최고일 조건은?

① 철손 $= \dfrac{1}{2}$ 동손

② 동손 $= \dfrac{1}{2}$ 철손

③ 철손 = 동손

④ 철손 = (동손)^2

해설 최대 효율은 무부하손(여기서, 고정손·철손) = 부하손(여기서, 가변손·동손)일 때이다.
여기서, P_i : 철손, P_c : 동손이며 부하가 m 배이면 η_m는 $P_i = m^2 P_c$이다.

40 변압기에 콘서베이터(conservator)를 설치하는 목적은?

① 절연유의 열화 방지
② 누설 리액턴스 감소
③ 코로나 현상 방지
④ 냉각효과 증진을 위한 강제통풍

해설 콘서베이터의 목적
변압기 부하의 변화에 따르는 호흡작용에 의한 변압기 기름의 팽창, 수축이 콘서베이터의 상부에서 행하여지게 되므로 높은 온도의 기름이 직접 공기와 접촉하는 것을 방지하여 기름의 열화를 방지하는 것이다.

41 20[kVA] 3,300/210[V] 변압기의 1차 환산 등가 임피던스가 6.2+7[Ω]일 때 백분율 리액턴스 강하는?

① 약 1.29[%]   ② 약 1.75[%]
③ 약 8.29[%]   ④ 약 9.35[%]

정답 36 ① 37 ③ 38 ② 39 ③ 40 ① 41 ①

해설 % 리액턴스 강하(q)

$$q = \frac{I_1 x}{V_1} \times 100[\%]$$

$$\left(I_1 = \frac{P_a}{V_1} = \frac{20 \times 10^3}{3,300} \fallingdotseq 6.06[A]\right)$$

$$= \frac{7 \times 6.06}{3,300} \times 100[\%]$$

$$\fallingdotseq 1.285[\%]$$

42 변압기에서 부하전류 및 전압은 일정하고, 주파수만 낮아지면 변압기는 어떻게 되는가?

① 철손이 증가한다.
② 철손이 감소한다.
③ 동손이 증가한다.
④ 동손이 감소한다.

해설 히스테리시스손(P_h)

$P_h = \sigma_h f B_m^{1.6}$에서 전압이 일정하면

$P_h = \sigma h f \left(\frac{K_h}{f}\right)^{1.6} = \sigma_h f^{-0.6} \cdot K_h^{1.6} = K f^{-0.6}$

즉, 공급전압이 일정하면 철손(P_i)은 주파수에 반비례한다.

43 다음 중 '무효전력을 조정하는 전기기계·기구'로 용어 정의되는 것은?

① 배류코일
② 변성기
③ 조상설비
④ 리액터

해설 조상설비

무효전력을 조정하여 전송효율을 증가시키고, 계통의 안정도를 증진시키기 위한 전기기계·기구

44 양수량이 매분 10[m³]이고, 총 양정이 10[m]인 펌프용 전동기의 용량은? (단, 펌프효율은 70[%]이고, 여유계수는 1.2라고 한다.)

① 5[kW]   ② 20[kW]
③ 28[kW] ④ 280[kW]

해설 $P = \frac{9.8 QH}{\eta} K$

$= \frac{9.8 \times \frac{10}{60} \times 10}{0.7} \times 1.2$

$\fallingdotseq 27.99[kW]$

45 접지극은 지하 몇 [cm] 이상의 깊이에 매설하는가?

① 55[cm] ② 65[cm]
③ 75[cm] ④ 85[cm]

해설 접지선 시설

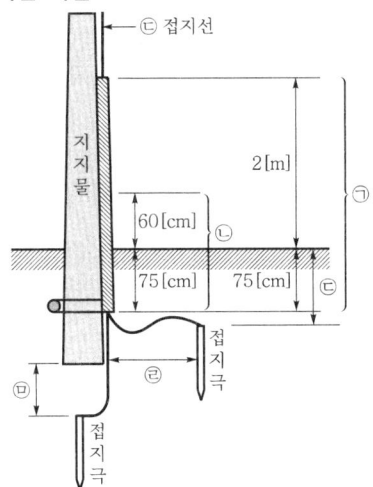

㉠ 두께 2[mm] 이상의 합성수지관 또는 몰드
㉡ 접지선은 절연전선, 케이블 사용(단, ㉡은 금속체 이외의 경우)
㉢ 접지극은 지하 75[cm] 이상
㉣ 접지극은 지중에서 수평으로 1[m] 이상
㉤ 접지극은 지지물의 밑면으로부터 수직으로 30[cm] 이상

정답 42 ① 43 ③ 44 ③ 45 ③

46 가공전선로에 사용하는 원형 철근 콘크리트주의 수직투영면적 1[m²]에 대한 갑종 풍압하중은?

① 333[Pa]   ② 588[Pa]
③ 745[Pa]   ④ 882[Pa]

해설 풍압하중의 종별과 적용
- 갑종 풍압하중 : 구성재의 수직투영면적 1[m²]에 대한 풍압을 기초로 하여 계산

풍압을 받는 구분			구성재의 수직투영면적 1[m²]에 대한 풍압
목주			588[Pa]
지지물	철주	원형의 것	588[Pa]
		삼각형 또는 마름모형의 것	1,412[Pa]
		강관에 의하여 구성되는 4각형의 것	1,117[Pa]
		기타의 것	복제가 전·후면에 겹치는 경우에 1,627[Pa], 기타의 경우에는 1,784[Pa]
	철근 콘크리트주	원형의 것	588[Pa]
		기타의 것	882[Pa]
	철탑	단주 (완철류는 제외함)	원형의 것 588[Pa]
			기타의 것 1,117[Pa]
		강관으로 구성되는 것(단주는 제외함)	1,255[Pa]
		기타의 것	2,157[Pa]
전선 기타 가섭선	다도체(구성하는 전선이 2가닥마다 수평으로 배열되고 또한 그 전선 상호간의 거리가 전선의 바깥지름의 20배 이하인 것)를 구성하는 전선		666[Pa]
	기타의 것		745[Pa]
애자장치(특고압 전선용의 것)			1,039[Pa]
목주·철주(원형의 것) 및 철근 콘크리트주의 완금류(특고압 전선로용의 것)			단일재로서 사용하는 경우에는 1,196[Pa], 기타의 경우에는 1,627[Pa]

- 을종 풍압하중 : 갑종 풍압의 $\frac{1}{2}$을 기초로 계산
- 병종 풍압하중 : 갑종 풍압의 $\frac{1}{2}$을 기초로 계산

47 패란티현상을 방지하기 위해 설치하는 것은?

① 방전코일   ② 한류리액터
③ 직렬리액터 ④ 분로리액터

해설 패란티현상
정전용량(C)에 의해서 송전단 전압보다 수전단 전압이 높아지는 현상으로 이를 방지하기 위해 분로리액터를 설치한다.

48 저압 이웃연결(연접)인입선은 인입선에서 분기하는 점으로부터 100[m]를 넘지 않는 지역에 시설하고 폭 몇 [m]를 초과하는 도로를 횡단하지 않아야 하는가?

① 4   ② 5
③ 6   ④ 6.5

해설 저압 이웃연결(연접)인입선의 시설
저압 인입선의 규정에 준하여 시설하고, 다음에 의해서 설치한다.
- 옥내 통과 금지
- 폭 5[m]를 넘는 도로횡단 금지
- 인입선에서 분기하는 점으로부터 100[m]를 넘는 지역에 미치지 아니할 것

49 사용전압이 220[V]인 경우에 애자사용 공사에서 전선과 조영재와의 간격(이격거리)은 최소 몇 [cm] 이상이어야 하는가?

① 2.5   ② 4.5
③ 6.0   ④ 8.0

해설 저압의 애자사용 공사
- 전선 상호 간격은 6[cm] 이상
- 전선과 조영재와의 이격거리
  - 400[V] 미만 : 2.5[cm] 이상
  - 400[V] 이상 : 4.5[cm] 이상
- 애자는 절연성, 난연성, 내수성일 것

정답 46 ② 47 ④ 48 ② 49 ①

50 조명용 전등에 일반적으로 타임스위치를 시설하는 곳은?

① 병원   ② 은행
③ 아파트 현관   ④ 공장

해설 점멸장치와 타임스위치 등의 시설
조명용 백열전등의 타임스위치 시설
- 일반주택, 아파트 각 호실의 현관등(3분 이내 소등)
- 관광진흥법과 공중위생법에 의한 관광숙박업 또는 숙박업에 이용되는 객실입구등(1분 이내 소등)

51 합성수지몰드 공사에 사용하는 몰드 홈의 폭과 깊이는 몇 [cm] 이하가 되어야 하는가?

① 1.5   ② 2.5
③ 3.5   ④ 4.5

해설 합성수지몰드 공사
- 전선은 절연전선(옥외용 비닐절연전선 제외)
- 몰드 내에서 접속점을 설치하지 말 것
- 홈의 폭 및 깊이는 3.5[cm] 이하(단, 사람이 쉽게 접촉할 위험이 없도록 시설할 경우 폭은 5[cm] 이하)

52 단상 3선식 선로에 그림과 같이 부하가 접속되어 있을 경우 설비불평형률은 약 몇 [%]인가?

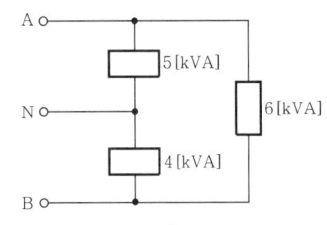

① 13.33   ② 14.33
③ 15.33   ④ 16.33

해설 설비불평형률 $= \dfrac{5-4}{(5+4+6) \times \dfrac{1}{2}} \times 100$
$\fallingdotseq 13.33$

53 다음 중 엔트런스캡의 주된 사용장소는?

① 부스덕트의 끝부분의 마감재
② 저압인입선 공사시 전선관 공사로 넘어갈 때 전선관의 끝부분
③ 케이블트레이의 끝부분 마감재
④ 케이블헤드를 시공할 때 케이블헤드의 끝부분

해설 엔트런스캡
저압인입선 공사시 전선관 공사로 넘어갈 때 전선관의 끝부분에 연결하여 물 등이 들어오지 못하도록 한다.

54 역률개선용 콘덴서에서 고조파 영향을 억제하기 위하여 사용하는 것은?

① 직렬저항   ② 병렬저항
③ 직렬리액터   ④ 병렬리액터

해설 전력용 콘덴서
- 배전선로의 역률개선용으로 사용시에는 콘덴서를 전선로와 병렬로 접속하고, 1차 변전소에 설치하는 경우에는 송전계통의 전압조정을 목적으로 한다.
- 역률개선
 $-\cos\theta_1$의 부하역률을 $\cos\theta_2$로 개선하기 위해 설치하는 콘덴서 용량 Q[kVA]일 때, $Q = P(\tan\theta_1 - \tan\theta_2)$[kVA]
 $-$콘덴서에 의한 제5고조파를 제거하기 위해 직렬리액터 필요
 $-$잔류전압을 방전시키기 위해 방전장치가 필요

55 다음 중 계수치 관리도가 아닌 것은?

① c 관리도   ② p 관리도
③ u 관리도   ④ x 관리도

해설 계수형 관리도의 종류
- p 관리도 : 불량률 관리도
- pn 관리도 : 불량개수 관리도
- c 관리도 : 결점수 관리도
- u 관리도 : 단위당 결점수 관리도

정답 50 ③   51 ③   52 ①   53 ②   54 ③   55 ④

56 로트에서 랜덤하게 시료를 추출하여 검사한 후 그 결과에 따라 로트의 합격, 불합격을 판정하는 검사방법을 무엇이라 하는가?

① 자주검사 ② 간접검사
③ 전수검사 ④ 샘플링검사

해설 샘플링(sampling)검사
로트로부터 Sampling하여 조사하고 그 결과를 판정기준과 비교하여 합격, 불합격을 판정하는 검사방식
- 검사항목이 많거나 검사가 복잡할 때
- 검사비용이 적게 소요
- 치명적인 결함이 있는 것은 부적합
- 로트의 크기가 클 때

57 품질관리기능의 사이클을 표현한 것으로 옳은 것은?

① 품질개선 – 품질설계 – 품질보증 – 공정관리
② 품질설계 – 공정관리 – 품질보증 – 품질개선
③ 품질개선 – 품질보증 – 품질설계 – 공정관리
④ 품질설계 – 품질개선 – 공정관리 – 품질보증

해설 품질관리기능의 사이클

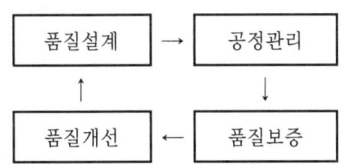

58 다음 중 관리의 사이클을 가장 올바르게 표시한 것은? (단, A : 조치, C : 검토, D : 실행, P : 계획)

① P → C → A → D
② P → A → C → D
③ A → D → C → P
④ P → D → C → A

해설 관리 사이클
계획(P) → 실행(D) → 검토(C) → 조치(A)

59 제품공정도를 작성할 때 사용되는 요소(명칭)가 아닌 것은?

① 가공 ② 검사
③ 정체 ④ 여유

해설 공정분석기호
- ○ : 작업(가공)
- □ : 검사
- ⇒ : 이동
- D : 대기(정체)
- ▽ : 저장

60 준비작업시간 100분, 개당 정미작업시간 15분, 로트 크기 20일 때 1개당 소요작업시간은 얼마인가? (단, 여유시간은 없다고 가정한다.)

① 15분 ② 20분
③ 35분 ④ 45분

해설 표준시간 = 정상시간 × (1 + 여유율)
$$= 15분 \times \left(1 + \frac{100}{15 \times 20}\right) ≒ 19.999$$

정답 56 ④ 57 ② 58 ④ 59 ④ 60 ②

2019년 CBT 기출복원문제(Ⅱ)

01 저항 20[Ω]인 전열기로 21.6[kcal]의 열량을 발생시키려면 5[A]의 전류를 약 몇 분간 흘려주면 되는가?

① 3분
② 5.7분
③ 7.2분
④ 18분

해설 줄의 법칙(Joule's law)을 이용하면
$H = 0.24I^2Rt$[cal]에서
21.6×10^3[cal] $= 0.24 \times 5^2 \times 20 \times t$
(여기서, t : [sec])
$t = \dfrac{21.6 \times 10^3}{0.24 \times 5^2 \times 20} = 180$초 $= 3$분

02 최대 눈금 150[V], 내부저항 20[kΩ]인 직류 전압계가 있다. 이 전압계의 측정범위를 600[V]로 확대하기 위하여 외부에 접속하는 직렬저항은 얼마로 하면 되는가?

① 20[kΩ]
② 40[kΩ]
③ 50[kΩ]
④ 60[kΩ]

해설 배율기(R_m)
$R_m = (m-1)r_v$
여기서, m : 배율
r_v : 전압계 내부저항
∴ $R_m = \left(\dfrac{600}{150} - 1\right) 20 \times 10^3 = 60$[kΩ]

03 그림과 같은 회로에서 단자 a, b에서 본 합성저항[Ω]은?

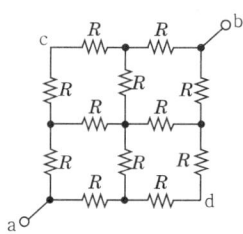

① $\dfrac{1}{2}R$
② $\dfrac{1}{3}R$
③ $\dfrac{3}{2}R$
④ $2R$

해설 회로가 복잡해 보이나 각각 병렬로 연결된 회로이다.
$V_{ab} = \dfrac{1}{2}IR + \dfrac{1}{4}IR + \dfrac{1}{4}IR + \dfrac{1}{2}IR$
$= R\left(\dfrac{1}{2} + \dfrac{1}{4} + \dfrac{1}{4} + \dfrac{1}{2}\right)I$
∴ 전체 저항(R_{ab}) $= \dfrac{V_{ab}}{I} = \dfrac{3}{2}R$[Ω]

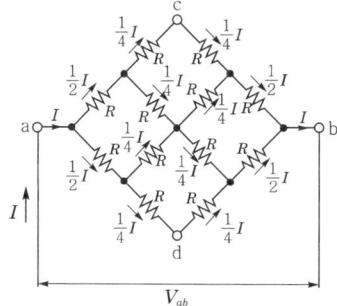

04 정현파에서 파고율이란?

① $\dfrac{최댓값}{실효값}$
② $\dfrac{평균값}{실효값}$
③ $\dfrac{실효값}{평균값}$
④ $\dfrac{최댓값}{평균값}$

정답 01 ① 02 ④ 03 ③ 04 ①

해설
- 파형률 = 실효값/평균값
- 파고율 = 최댓값/실효값
- 정현파의 파고율 = 최댓값/실효값 = $\dfrac{V_m}{\frac{V_m}{\sqrt{2}}} = \sqrt{2}$

여기서, V_m : 최댓값

05 어떤 회로소자에 $e = 250\sin 377t$[V]의 전압을 인가하였더니 전류 $i = 50\sin 377t$[A]가 흘렀다. 이 회로의 소자는?
① 용량 리액턴스 ② 유도 리액턴스
③ 순저항   ④ 다이오드

해설 R만의 회로

전류 $i = \dfrac{V_m}{R}\sin\omega t = I_m \sin\omega t$[A]

저항(R)만의 회로에서는 서로 동위상이 된다.

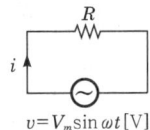

06 53[mH]의 코일에 $10\sqrt{2}\sin 377t$[A]의 전류를 흘리려면 인가해야 할 전압은?
① 약 60[V]   ② 약 200[V]
③ 약 530[V]   ④ 약 $530\sqrt{2}$[V]

해설 $i = I_m \sin\omega t = 10\sqrt{2}\sin 377t$[A]에서

$\omega = 377$, I(실효값) $= \dfrac{10\sqrt{2}}{\sqrt{2}} = 10$

$\therefore V = I \cdot X_L = I \cdot \omega L$
$= 10 \times 377 \times 53 \times 10^{-3}$
$= 199.81 ≒ 200$[V]

07 어떤 $R-L-C$ 병렬회로가 병렬공진되었을 때 합성전류에 대한 설명으로 옳은 것은?
① 전류는 무한대가 된다.
② 전류는 최대가 된다.
③ 전류는 흐르지 않는다.
④ 전류는 최소가 된다.

해설 공진의 의미는 전압과 전류는 동위상이며 다음과 같다.
- 직렬공진 : I=최대, Z=최소

$Q = \dfrac{f_o}{B} = \dfrac{\omega L}{R} = \dfrac{1}{\omega CR}$
$= \dfrac{1}{R}\sqrt{\dfrac{L}{C}}\left(= \dfrac{V_L}{V} = \dfrac{V_C}{V}\right)$, 전압 확대비

- 병렬공진 : I=최소, Z=최대

$Q = \dfrac{f_o}{B} = \dfrac{R}{\omega L} = \omega CR$
$= R\sqrt{\dfrac{C}{L}}\left(= \dfrac{I_L}{I} = \dfrac{I_C}{I}\right)$, 전류 확대비

08 2개의 전력계를 사용하여 평형부하의 3상 회로의 역률을 측정하고자 한다. 전력계의 지시가 각각 1[kW] 및 3[kW]라 할 때 이 회로의 역률은 약 몇 [%]인가?
① 58.8   ② 63.3
③ 75.6   ④ 86.6

해설 2전력계법
- 유효전력$(P) = P_1 + P_2$[W]
  (여기서, P_1, P_2 : 전력계 지시값)
- 무효전력$(P_r) = \sqrt{3}(P_1 - P_2)$[Var]
- 피상전력$(P_a) = 2\sqrt{P_1^2 + P_2^2 - P_1 P_2}$[VA]
- 역률$(\cos\theta) = \dfrac{P}{P_a} = \dfrac{P_1 + P_2}{2\sqrt{P_1^2 + P_2^2 - P_1 P_2}}$
$= \dfrac{1 + 3}{2\sqrt{1^2 + 3^2 - 1 \times 3}}$
$≒ 0.7559$

$\therefore \cos\theta ≒ 75.6$[%]

09 공기 중에서 어느 일정한 거리를 두고 있는 두 점전하 사이에 작용하는 힘이 16[N]이었는데, 두 전하 사이에 유리를 채웠더니 작용하는 힘이 4[N]으로 감소하였다. 이 유리의 비유전율은?
① 2   ② 4
③ 8   ④ 12

정답 05 ③ 06 ② 07 ④ 08 ③ 09 ②

해설 쿨롱의 법칙(Coulomb's law)

$$F = 9 \times 10^9 \frac{Q_1 Q_2}{r^2} = 16[N]$$

(여기서, 진공, 공기 중일 때)

$$F' = 9 \times 10^9 \frac{Q_1 Q_2}{\varepsilon_s r^2} = 4[N]$$

(여기서, 유전체 중일 때)

$$F' = \frac{1}{\varepsilon_s} \cdot F$$

$$\therefore 4 = \frac{1}{\varepsilon_s} \cdot 16 이므로 \ \varepsilon_s = 4(비유전율)$$

10 다음 중 전계의 세기를 구하는 법칙은?

① 비오 – 사바르의 법칙
② 가우스의 법칙
③ 플레밍의 왼손법칙
④ 암페어의 법칙

해설
- 가우스의 법칙(Gauss's law)
  - 내부전하 $Q[C]$에서 임의의 폐곡면을 통하여 밖으로 나가는 전기력선 수

    $$N = \frac{Q}{\varepsilon_0} (여기서, 진공, 공기 중일 때)$$

  - 양의 점전하 $+Q[C]$에서 반경 $r[m]$의 전장의 세기(E)

    $$E = \frac{1}{4\pi\varepsilon} \cdot \frac{Q}{r^2} = \frac{1}{4\pi\varepsilon_0} \cdot \frac{Q}{\varepsilon_s r^2}$$
    $$= \frac{1}{4\pi\varepsilon_0} \cdot \frac{Q}{r^2}$$

    여기서, 진공, 공기 중일 때 $\varepsilon_s = 1$

- 플레밍의 왼손법칙(Fleming's left-handed rule) : 자장 내 도체에 전류가 흐르면 그 전류의 방향에 의해서 지장과 전류 사이에 작용하는 힘(전자력)의 방향을 알 수 있다.

11 전계 중에 단위 점전하를 놓았을 때, 그 단위 점전하에 작용하는 힘을 그 점에 대한 무엇이라고 하는가?

① 전위   ② 전위차
③ 전계의 세기   ④ 변위전류

해설 전계의 세기는 전하에서 작용하는 힘으로 전계 내의 점에 단위 점전하를 놓았을 때 이 전하에 작용하는 힘의 크기를 나타내며, 전계의 세기 $E = 9 \times 10^9 \frac{Q}{\varepsilon_s r^2}$이다.

12 비투자율 1,500인 자로의 평균 길이 50[cm], 단면적 30[cm²]인 철심에 감긴 권수 425회의 코일에 0.5[A]의 전류가 흐를 때 저축된 전자(電磁)에너지는 몇 [J]인가?

① 0.25   ② 2.73
③ 4.96   ④ 15.3

해설 전자에너지$(W) = \frac{1}{2}LI^2$이므로

- $\mu = \mu_0 \cdot \mu_s = 4\pi \times 10^{-7} \times 1,500$
  $= 1.884 \times 10^{-3}$
- $L = \frac{\mu A N^2}{l}$
  $= 1.884 \times 10^{-3} \cdot \frac{0.3 \times 10^{-4} \times 425^2}{0.5}$
  $\fallingdotseq 2[H]$
- $W = \frac{1}{2}LI^2 = \frac{1}{2} \times 2 \times 0.5^2 = 0.25[J]$

13 비투자율 $\mu_s = 800$, 단면적 $S = 10[cm^2]$, 평균 자로 길이 $l = 30[cm]$의 환상철심에 $N = 600$회의 권선을 감은 무단 솔레노이드가 있다. 이것에 $I = 1[A]$의 전류를 흘릴 때 솔레노이드 내부의 자속은 약 몇 [Wb]인가?

① 1.10×10^{-3} ② 1.10×10^{-4}
③ 2.01×10^{-3} ④ 2.01×10^{-4}

해설 자속밀도 $B = \frac{\phi}{S}[Wb/m^2]$

여기서, ϕ : 자속, S : 단면적[m²]

자속 $\phi = B \cdot S = \mu \cdot H \cdot S[Wb]$
$(B = \mu H = \mu_0 \mu_s H)$
$= \mu_0 \mu_s H S \left(여기서, H = \frac{NI}{l}[AT/m]\right)$
$= \mu_0 \cdot \mu_s \cdot \frac{NI}{l} \cdot S$
$= 4\pi \times 10^{-7} \times 800 \times \frac{600 \times 1}{0.3} \times 10 \times 10^{-4}$
$\fallingdotseq 2.01 \times 10^{-3}[Wb]$

정답 10 ②   11 ③   12 ①   13 ③

14 단면적이 50[cm²]인 환상철심에 500[AT/m]의 자장을 가할 때 전자속은 몇 [Wb]인가? (단, 진공 중의 투자율은 $4\pi \times 10^{-7}$[H/m]이고, 철심의 비투자율은 800이다.)

① $16\pi \times 10^{-2}$ ② $8\pi \times 10^{-4}$
③ $4\pi \times 10^{-4}$ ④ $2\pi \times 10^{-2}$

해설 $\phi = \mu HS = \mu_s \mu_0 HS$
$= 4\pi \times 10^{-7} \times 800 \times 500 \times 50 \times 10^{-4}$
$= 8\pi \times 10^{-4}$

15 2진수 $(1001)_2$를 그레이 코드(gray code)로 변환한 값은?

① $(1110)_G$ ② $(1101)_G$
③ $(1111)_G$ ④ $(1100)_G$

해설 2진수에서 그레이 코드 변환은 다음과 같다.

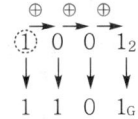

∴ $(1001)_2 = (1101)_G$
예 그레이 코드를 2진수로 변환

∴ $(1101)_G = (1001)_2$

16 2진수 10011의 2의 보수 표현으로 옳은 것은?

① 01101   ② 10010
③ 01100   ④ 01010

해설 2의 보수를 구하면 다음과 같다.
10011_2
↓ ← 1의 보수
01100
+ 1
─────
01101 ← 2의 보수

17 카르노도의 상태가 그림과 같을 때 간략화 된 논리식은?

C\BA	00	01	11	10
0	1	0	0	1
1	1	0	0	1

① $\overline{A}\overline{B}\overline{C} + \overline{A}B\overline{C} + \overline{A}BC + \overline{A}\overline{B}C$
② $A\overline{B} + \overline{A}B$
③ A
④ $\overline{A}$

해설

C\BA	00	01	11	10
0	1			1
1	1			1

→ 4개가 1개로 묶인다.

위와 같이 불대수보다는 카르노도를 이용하여 2, 4, 8, 16개씩 묶고 변한 문자는 생략되어 논리식을 간략화하면 $Y = \overline{A}$이다.
∴ 간략화된 논리식 $Y = \overline{A}$

18 다음의 진리표를 만족하는 논리회로는? (단, A, B는 입력이고, 출력 S : Sum, C_0 : Carry이다.)

입력		출력	
A	B	S	C_0
0	0	0	0
0	1	1	0
1	0	1	0
1	1	0	1

① EX-OR회로   ② 비교회로
③ 반가산기회로   ④ Latch회로

해설 반가산기를 나타내는 진리값을 의미하며, 합(S)과 자리올림수(C_0)로 구성되어 있다.

19 그림의 논리회로와 그 기능이 같은 것은?

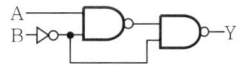

① A─┐
    B─┘ (AND)
② A─┐
    B─┘ (OR)
③ A─○┐
    B──┘ (OR)
④ A─┐
    B─┘ (OR, with feedback)

정답 14 ② 15 ② 16 ① 17 ④ 18 ③ 19 ②

해설 드 모르간 법칙과 불대수를 이용하면 다음과 같다.
$$Y = \overline{\overline{A\overline{B}} \cdot \overline{B}} = \overline{\overline{A\overline{B}}} + B = A\overline{B} + B$$
$$= A\overline{B} + B(1+A) = A\overline{B} + B + AB$$
$$= A(\overline{B} + B) + B = A + B$$
이므로 OR회로의 출력을 나타낸다.

20 다음 그림과 같은 회로는?

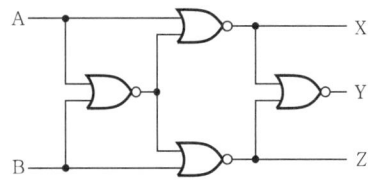

① 비교회로 ② 반일치회로
③ 가산회로 ④ 감산회로

해설 2진 비교기는 2진수 A, B를 비교하여 A = B, A > B, A < B인 경우를 판단한다.
$$X = \overline{A + \overline{A + B}}$$
$$= \overline{A} \cdot (\overline{\overline{A+B}})$$
$$= \overline{A}(A+B)$$
$$= \overline{A}B \; (A < B)$$
$$Z = \overline{B + \overline{A + B}}$$
$$= \overline{B} \cdot (\overline{\overline{A+B}})$$
$$= \overline{B}(A+B)$$
$$= A\overline{B} \; (A > B)$$
$$Y = \overline{A\overline{B} + \overline{A}B} = \overline{A \oplus B} \; (A = B)$$

21 소도체 2개로 된 복도체 방식 3상 3선식 송전선로가 있다. 소도체의 지름 2[cm], 소도체 간격 36[cm], 등가선간거리 120[cm]인 경우에 복도체 1[km]의 인덕턴스[mH]는? (단, $\log_{10} 2 = 0.3010$이다.)

① 1.236 ② 0.757
③ 0.624 ④ 0.565

해설 $L_n = \dfrac{0.05}{n} + 0.4605 \log_{10} \dfrac{D}{\sqrt{r \cdot s}}$
$$= \dfrac{0.05}{2} + 0.4605 \log_{10} \dfrac{120}{\sqrt{\dfrac{2}{2} \times 36}}$$
$$= 0.624 [\text{mH}]$$

22 3선식 송전선에서 바깥지름 20[mm]의 경동연선을 그림과 같이 일직선 수평배치로 연가를 했을 때, 1[km]마다의 인덕턴스는 약 몇 [mH/km]인가?

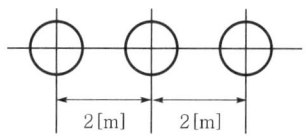

① 1.16 ② 1.42
③ 1.48 ④ 1.84

해설 $D = \sqrt[3]{D_1 D_2 D_3} = 2 \cdot \sqrt[3]{2} \, [\text{m}]$
$$L = 0.05 + 0.4605 \log_{10} \dfrac{D}{r}$$
$$= 0.05 + 0.4605 \log_{10} \dfrac{2 \cdot \sqrt[3]{2}}{10 \times 10^{-3}}$$
$$= 1.16 [\text{mH/km}]$$

23 송전전력, 송전거리, 전선의 비중 및 전선손실률이 일정하다고 하면 전선의 단면적 A는 다음 중 어느 것에 비례하는가? (단, V는 송전전압이다.)

① V^2 ② V
③ $\dfrac{1}{V^2}$ ④ $\dfrac{1}{V}$

해설 단면적 $A = \dfrac{\rho l P^2}{P_l \cdot V^2 \cdot \cos^2 \theta}$

24 그림과 같은 회로에서 송전단의 전압 및 역률 E_1, $\cos\theta_1$, 수전단의 전압 및 역률 E_2, $\cos\theta_2$일 때 전류 I는?

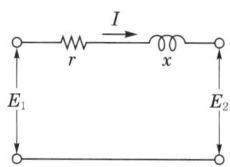

① $(E_1 \cos\theta_1 + E_2 \sin\theta_2)/r$
② $(E_1 \cos\theta_1 - E_2 \cos\theta_2)/r$
③ $(E_1 \cos\theta_1 - E_2 \cos\theta_2)/\sqrt{r^2 + x^2}$
④ $(E_1 \sin\theta_1 + E_2 \cos\theta_2)/\sqrt{r^2 + x^2}$

정답 20 ① 21 ③ 22 ① 23 ③ 24 ②

해설 $P_s = E_1 I\cos\theta_1$, $P_r = E_2 I\cos\theta_2$ 이므로
$I(E_1\cos\theta_1 - E_2\cos\theta_2) = I^2 r$
$\therefore I = (E_1\cos\theta_1 - E_2\cos\theta_2)/r$ 이다.

25 송전단전압, 전류를 각각 E_S, I_S, 수전단의 전압, 전류를 각각 E_R, I_R이라 하고 4단자 정수를 A, B, C, D라 할 때 다음 중 옳은 식은?

① $\begin{cases} E_S = AE_R + BI_R \\ I_S = CE_R + DI_R \end{cases}$

② $\begin{cases} E_S = CE_R + DI_R \\ I_S = AE_R + BI_R \end{cases}$

③ $\begin{cases} E_S = BE_R + AI_R \\ I_S = DE_R + CI_R \end{cases}$

④ $\begin{cases} E_S = DE_R + CI_R \\ I_S = BE_R + AI_R \end{cases}$

26 선로의 특성 임피던스에 대한 설명으로 옳은 것은?

① 선로의 길이보다는 부하전력에 따라 값이 변한다.
② 선로의 길이가 길어질수록 값이 작아진다.
③ 선로의 길이가 길어질수록 값이 커진다.
④ 선로의 길이에 관계없이 일정하다.

해설 특성 임피던스는 선로의 길이에 무관하다.
$$Z_0 = \sqrt{\frac{Z}{Y}} = \sqrt{\frac{R+j\omega L}{G+j\omega C}}$$

27 송전단전압 161[kV], 수전단전압 154[kV], 상차각 60°, 리액턴스 65[Ω]일 때 선로손실을 무시하면 전력은 약 몇 [MW]인가?

① 330   ② 322
③ 279   ④ 161

해설 $P = \dfrac{V_S \cdot V_R}{X} \cdot \sin\delta$
$= \dfrac{161 \times 154}{65} \times \sin 60° = 330[\text{MW}]$

28 다음 중 저항부하 시 맥동률이 가장 작은 정류방식은?

① 단상 반파식   ② 단상 전파식
③ 3상 반파식   ④ 3상 전파식

해설
• 맥동률(ripple rate) : 직류성분 속에 포함되어 있는 교류성분의 실효값과의 비를 나타낸다.
• 맥동률$(\gamma) = \dfrac{\Delta I}{I_{dc}} = \dfrac{\sqrt{I_{rms}^2 - I_{dc}^2}}{I_{dc}}$
$= \sqrt{\left(\dfrac{I_{rms}}{I_{dc}}\right)^2 - 1}$

구 분	맥동률	맥동주파수[Hz]
단상 반파	1.21	60
단상 전파	0.482	120
3상 반파	0.183	180
3상 전파	0.042	360

29 다음 그림기호와 같은 반도체 소자의 명칭은?

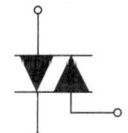

① SCR   ② UJT
③ TRIAC ④ FET

해설

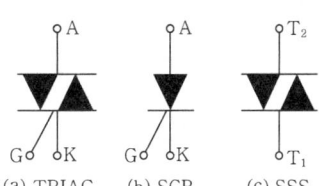
(a) TRIAC   (b) SCR   (c) SSS

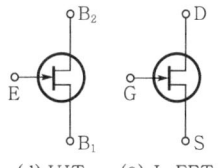
(d) UJT   (e) J-FET

정답 25 ① 26 ④ 27 ① 28 ④ 29 ③

30 SCR의 전압공급방법(turn-on) 중 가장 타당한 것은?

① 애노드에 (−)전압, 캐소드에 (+)전압, 게이트에 (+)전압을 공급한다.
② 애노드에 (−)전압, 캐소드에 (+)전압, 게이트에 (−)전압을 공급한다.
③ 애노드에 (+)전압, 캐소드에 (−)전압, 게이트에 (+)전압을 공급한다.
④ 애노드에 (+)전압, 캐소드에 (−)전압, 게이트에 (−)전압을 공급한다.

해설 SCR 동작원리

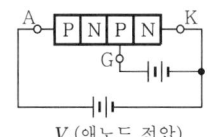

그러므로 애노드 단자에 (+), 캐소드 단자에 (−), 게이트 단자에 (+)전압을 인가한다.

31 MOSFET의 드레인 전류는 무엇으로 제어하는가?

① 게이트 전압 ② 게이트 전류
③ 소스전류   ④ 소스전압

해설 FET(Field-Effect TR)

- 특징
  - 다수 캐리어에 의해 전류가 흐른다.
  - 입력저항이 매우 크다.
  - 저잡음이다.
  - 5극 진공관 특성과 비슷하다.
  - 이득(G)×대역폭(B)이 작다.
  - J-FET와 MOS-FET가 있다.
  - V_{GS}(Gate-Source 사이의 전압)로 드레인 전류를 제어한다.
- 종류
  - J-FET(접합 FET)

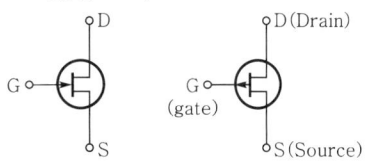

(a) N-channel FET (b) P-channel FET

- MOS-FET(절연 게이트형 FET)

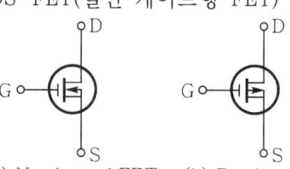

(a) N-channel FET (b) P-channel FET

- FET의 3정수
  - $g_m = \dfrac{\Delta I_D}{\Delta V_{GS}}$ (순방향 상호전달 컨덕턴스)
  - $r_d = \dfrac{\Delta V_{DS}}{\Delta I_D}$ (드레인-소스저항)
  - $\mu = \dfrac{\Delta V_{DS}}{\Delta V_{GS}}$ (전압증폭률)
  - $\mu = g_m \cdot r_d$

32 사이클로 컨버터에 대한 설명으로 옳은 것은?

① 교류전력의 주파수를 변환하는 장치이다.
② 직류전력을 교류전력으로 변환하는 장치이다.
③ 교류전력을 직류전력으로 변환하는 장치이다.
④ 직류전력 및 교류전력을 변성하는 장치이다.

해설 사이클로 컨버터(cyclo converter)
교류전력의 주파수 변환장치이며, 교류전동기의 속도제어용으로 이용된다.

33 전기자 도체의 총수 500, 10극, 단중파권으로 매극의 자속수가 0.2[Wb]인 직류 발전기가 600[rpm]으로 회전할 때의 유기기전력은 몇 [V]인가?

① 25,000
② 5,000
③ 10,000
④ 15,000

정답 30 ③ 31 ① 32 ① 33 ②

해설 유기기전력(E)

$E = \dfrac{z}{a} \cdot e = \dfrac{z}{a} P \phi n = \dfrac{z}{a} P \phi \dfrac{N}{60}$ [V]

여기서, z : 전기자 도체의 총수[개]
a : 병렬회로수
(중권 : $a = P$, 파권 : $a = 2$)
P : 자극의 수[극]
ϕ : 매극당 자속[Wb]
N : 분당 회전수

∴ $E = \dfrac{z}{a} P \phi \dfrac{N}{60} = \dfrac{500}{2} \times 10 \times 0.2 \times \dfrac{600}{60}$
= 5,000[V]

34 어느 분권 발전기의 전압변동률이 6[%]이다. 이 발전기의 무부하전압이 120[V]이면 정격 전부하전압은 약 몇 [V]인가?

① 96
② 100
③ 113
④ 125

해설 전압변동률(ε[%])

전부하에서 무부하로 전환시 전압의 차를 백분율[%]로 나타낸 것

$\varepsilon = \dfrac{V_0 - V_n}{V_n} \times 100$[%]

여기서, V_0 : 무부하전압
V_n : 전부하(정격)전압

$\varepsilon = \dfrac{120 - V_n}{V_n} \times 100$

∴ $V_n ≒ 113$[V]

35 부하전류에 따라 속도변동이 가장 심한 전동기는?

① 타여자 전동기
② 분권 전동기
③ 직권 전동기
④ 차동 복권 전동기

해설 속도 특성 곡선

공급전압(V), 계자저항(r_f), 일정 상태에서 부하전류(I)와 회전속도(N)의 관계곡선이며, 직권 전동기 > 가동 복권 전동기 > 분권 전동기 > 차동 복권 전동기 순이다.

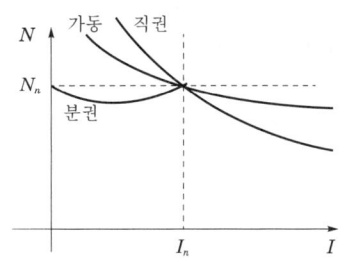

│속도 특성 곡선│

36 동기 발전기에서 전기자 권선을 단절권으로 하는 이유는?

① 절연을 좋게 하기 위해
② 기전력을 높게 한다.
③ 역률을 좋게 한다.
④ 고조파를 제거한다.

해설 단절권의 특징
- 고조파가 제거되어 기전력의 파형개선
- 동량의 감소, 기계적 치수 경감
- 코일 간격이 극간격보다 짧은 경우 사용
- 기전력 감소

37 동기 발전기에서 전기자 전류가 무부하 유도기전력보다 만큼 뒤진 경우의 전기자 반작용은?

① 교차자화작용
② 자화작용
③ 감자작용
④ 편자작용

해설 전기자 반작용
전기자 전류에 의한 자속이 계자자속에 영향을 미치는 현상
- 횡축 반작용
  - 계자자속 왜형파로 약간 감소
  - 전기자 전류(I_a)와 유기기전력(E)이 동상일 때($\cos\theta = 1$)
- 직축 반작용
  - 감자작용 : 계자자속 감소, I_a가 E보다 위상이 90° 뒤질 때
  - 증자작용 : 계자자속 증가, I_a가 E보다 위상이 90° 앞설 때

정답 34 ③ 35 ③ 36 ④ 37 ③

38 극수 16, 회전수 450[rpm], 1상의 코일수 83, 1극의 유효자속 0.3[Wb]의 3상 동기 발전기가 있다. 권선계수가 0.96이고, 전기자 권선을 성형결선으로 하면 무부하 단자전압은 약 몇 [V]인가?

① 8,000[V] ② 9,000[V]
③ 10,000[V] ④ 11,000[V]

해설 무부하 단자전압(E)

- $f = \dfrac{PN}{120} = \dfrac{16 \times 450}{120} = 60[\mathrm{Hz}]$
- $E = 4.44 k_w f n \phi$
  $= 4.44 \times 0.96 \times 60 \times 83 \times 0.3$
  $\fallingdotseq 6,368.02$

성형결선(Y결선)으로 전압(선전압)을 구하면
$E_l = \sqrt{3}\, E = \sqrt{3} \times 6,368 \fallingdotseq 11,030[\mathrm{V}]$

39 동기 전동기의 여자전류를 증가하면 어떤 현상이 생기는가?

① 앞선 무효전류가 흐르고 유도기전력은 높아진다.
② 토크가 증가한다.
③ 난조가 생긴다.
④ 전기자 전류의 위상이 앞선다.

해설 동기 전동기의 위상특성곡선(V곡선)

공급전압과 출력이 일정한 상태에서 계자전류(I_f)의 조정에 따른 전기자 전류(I)의 크기와 위상(여기서, θ : 역률각)의 관계곡선
- 부족여자 : 전기자 전류가 공급전압보다 위상이 뒤지므로 리액터 작용
- 과여자 : 전기자 전류가 공급전압보다 위상이 앞서므로 콘덴서 작용

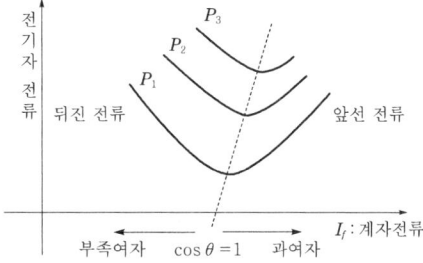

40 다음 중 변압기의 효율(η)을 나타낸 것으로 가장 알맞은 것은?

① $\eta = \dfrac{출력}{입력+손실} \times 100[\%]$
② $\eta = \dfrac{입력}{출력+손실} \times 100[\%]$
③ $\eta = \dfrac{입력}{입력+손실} \times 100[\%]$
④ $\eta = \dfrac{출력}{출력+손실} \times 100[\%]$

해설 효율(η)

$\eta = \dfrac{출력}{입력} \times 100[\%] = \dfrac{출력}{출력+손실} \times 100[\%]$

- 전부하효율
$\eta = \dfrac{VI\cos\theta}{VI\cos\theta + P_i + P_c(I^2 r)} \times 100[\%]$

- $\dfrac{1}{m}$ 부하시 효율
$\eta = \dfrac{\dfrac{1}{m}VI\cos\theta}{\dfrac{1}{m}VI\cos\theta + P_i + \left(\dfrac{1}{m}\right)^2 P_c} \times 100[\%]$

- 전일효율(1일 동안의 효율)
$\eta_d = \dfrac{\Sigma h VI\cos\theta}{\Sigma h \cdot VI\cos\theta + 24P_i + \Sigma h I^2 \cdot r} \times 100[\%]$

여기서, Σh : 1일 동안 총 부하시간

41 3상 변압기의 병렬운전이 불가능한 결선은?

① △-Y와 Y-Y
② Y-△와 Y-△
③ △-Y와 Y-△
④ △-△와 Y-Y

해설 3상 변압기의 병렬운전시에는 각 변위가 같아야 하며 홀수(△, Y)는 각 변위가 다르므로 병렬운전이 불가능하다.

[참고] 변압기군의 병렬운전조합

병렬운전이 가능한 경우	병렬운전이 불가능한 경우
Y-Y와 Y-Y	△-Y와 Y-Y
△-△와 △-△	△-△와 △-Y
△-Y와 △-Y	
Y-△와 Y-△	
△-△와 Y-Y	
△-Y와 Y-△	

정답 38 ④ 39 ④ 40 ④ 41 ①

42 권수비 30인 단상변압기가 전부하에서 2차 전압이 115[V], 전압변동률이 2[%]라 한다. 1차 단자전압은?

① 3,381[V] ② 3,450[V]
③ 3,519[V] ④ 3,588[V]

해설 1차측 단자전압 V_{10}

$$V_{10} = V_{1n}\left(1 + \frac{\varepsilon}{100}\right) = aV_{2n}\left(1 + \frac{\varepsilon}{100}\right)$$
$$= 30 \times 115\left(1 + \frac{2}{100}\right) = 3,519[V]$$

43 66[kV]의 가공송전선에 있어 전선의 인장하중이 220[kgf]로 되어 있다. 지지물과 지지물 사이에 이 전선을 접속할 경우 이 전선 접속부분의 전선의 세기는 최소 몇 [kgf] 이상이어야 하는가?

① 85[kgf] ② 176[kgf]
③ 185[kgf] ④ 192[kgf]

해설 전선의 세기(인장하중)는 20[%] 이상 감소를 금지한다. 즉, 80[%] 이상 유지하여야 하므로
∴ 인장하중=220×0.8=176[kgf]

44 전선의 접속원칙이 아닌 것은?
① 전선의 허용전류에 의하여 접속부분의 온도상승값이 접속부 이외의 온도상승값을 넘지 않도록 한다.
② 접속부분은 접속관, 기타의 기구를 사용한다.
③ 전선의 강도를 30[%] 이상 감소시키지 않는다.
④ 구리와 알루미늄 등 다른 종류의 금속 상호간을 접속할 때에는 접속부에 전기적 부식이 생기지 않도록 한다.

해설 전선의 접속법
- 전기저항 증가금지
- 접속부위 반드시 절연
- 접속부위 접속기구 사용
- 전선의 세기(인장하중) 20[%] 이상 감소금지
- 전기적 부식방지
- 충분히 절연피복을 할 것

45 고압 및 특고압의 전로에서 절연내력시험을 할 때 규정에 정한 시험전압을 전로와 대지 사이에 몇 분간 가하여 견디어야 하는가?

① 1분 ② 5분
③ 10분 ④ 20분

해설 절연내력시험
- 고압 및 특고압전로는 시험전압을 전로와 대지 사이에 계속하여 10분간을 가하여 절연내력을 시험하는 경우 이에 견디어야 한다.
- 다만, Cable을 사용하는 교류전로는 시험전압이 직류이면 표에 정한 시험전압의 2배의 직류전압으로 한다.

전로의 종류(최대 사용전압)	시험전압
7[kV] 이하	최대 사용전압의 1.5배의 전압
7[kV] 초과 25[kV] 이하인 중성점 접지식 전로(중성선을 가지는 것으로서 그 중성선을 다중접지하는 것에 한함)	최대 사용전압의 0.92배의 전압
7[kV] 초과 60[kV] 이하인 전로	최대 사용전압의 1.25배의 전압 (최저 시험전압 10,500[V])
60[kV] 초과 중성점 비접지식 전로	최대 사용전압의 1.25배의 전압
60[kV] 초과 중성점 접지식 전로	최대 사용전압의 1.1배의 전압 (최저 시험전압 75[kV])
60[kV] 초과 중성점 직접 접지식 전로	최대 사용전압의 0.72배의 전압
170[kV] 초과 중성점 직접 접지되어 있는 발전소 또는 변전소 혹은 이에 준하는 장소에 시설하는 것	최대 사용전압의 0.64배의 전압
최대 사용전압이 60[kV]를 초과하는 정류기에 접속되고 있는 전로	교류측 및 직류 고전압측에 접속되고 있는 전로는 교류측의 최대 사용전압의 1.1배의 직류전압 직류측 중성선 또는 귀선이 되는 전로(이하 "직류저압측 전로"라 함)는 규정하는 계산식에 의하여 구한 값

46 22,900/220[V]의 15[kVA] 변압기로 공급되는 저압 가공전선로의 절연부분의 전선에서 대지로 누설하는 전류의 최고 한도는?

① 약 34[mA] ② 약 45[mA]
③ 약 68[mA] ④ 약 75[mA]

정답 42 ③ 43 ② 44 ③ 45 ③ 46 ①

해설 누설전류(I_g)

$I_g \leq I_m \times \dfrac{1}{2,000}$ (여기서, I_m : 최대 공급전류)

$I_m = \dfrac{P}{V} = \dfrac{15 \times 10^3}{220} ≒ 68.18[A]$

∴ $I_g \leq 68.18 \times \dfrac{1}{2,000} ≒ 0.034[A] = 34[mA]$

47 저압 이웃연결(연접)인입선의 시설에 대한 설명으로 잘못된 것은?

① 인입선에서 분기되는 점에서 100[m]를 넘지 않아야 한다.
② 폭 5[m]를 넘는 도로를 횡단하지 않아야 한다.
③ 옥내를 통과하지 않아야 한다.
④ 도로를 횡단하는 경우 높이는 노면상 5[m]를 넘지 않아야 한다.

해설 저압 이웃연결(연접)인입선의 시설기준
- 도로횡단시 노면상 높이는 5[m] 이상
- 인입선에서 분기되는 점으로부터 100[m]를 초과하지 말 것
- 폭 5[m] 도로를 횡단하지 말 것
- 옥내 통과 금지

48 지중에 매설되어 있고 대지와의 전기저항값이 최대 몇 [Ω] 이하의 값을 유지하고 있는 금속제 수도관로는 이를 각종 접지공사의 접지극으로 사용할 수 있는가?

① 0.3[Ω] ② 3[Ω]
③ 30[Ω] ④ 300[Ω]

해설 수도관 접지극
- 지중에 매설된 금속제 수도관은 그 접지저항값이 3[Ω] 이하의 값을 유지하고 있는 금속제 수도관을 제1종, 제2종, 제3종, 특별 제3종 기타 접지공사의 접지극으로 사용 가능
- 접지선과 금속제 수도관로와의 접속은 내경 75[mm] 이상인 금속제 수도관의 부분 또는 이로부터 분기한 내경 75[mm] 미만인 금속제 수도관의 분기점으로부터 5[m] 이하의 부분에서 할 것

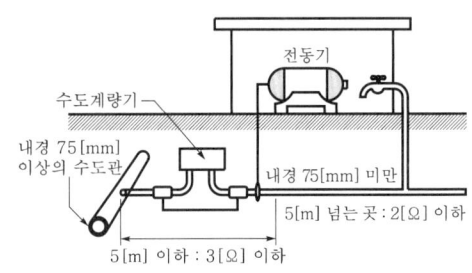

| 수도관 접지의 예 |

49 지중전선로를 직접 매설식에 의하여 시설하는 경우 차량 기타 중량물의 압력을 받을 우려가 있는 장소에는 매설깊이를 몇 [m] 이상으로 해야 하는가?

① 0.6[m] ② 1.0[m]
③ 1.8[m] ④ 2.0[m]

해설 지중전선로의 시설
- 지중전선로는 전선에 케이블을 사용하고 또한 관로식, 암거식, 직접 매설식에 의하여 시설하여야 한다.
- 지중전선로를 직접 매설식에 의하여 시설하는 경우에는 매설깊이를 차량 기타 중량물의 압력을 받을 우려가 있는 장소에는 1.0[m] 이상, 기타 장소에는 60[cm] 이상으로 하고 또한 지중전선을 견고한 트라프 기타 방호물에 넣어 시설하여야 한다.

50 유니언커플링의 사용목적으로 옳은 것은?

① 금속관 상호의 나사를 연결하는 접속
② 금속관의 박스와 접속
③ 안지름이 다른 금속관 상호의 접속
④ 돌려 끼울 수 없는 금속관 상호의 접속

해설
- 커플링(coupling)에는 TS 커플링, 콤비네이션 커플링, 유니언커플링이 있다.
- 유니언커플링(union-coupling)
 - 돌려 끼울 수 없는 금속관 상호 접속
 - 양쪽의 관 단면을 관 두께의 $\dfrac{1}{3}$ 정도 남을 때까지 깎아낸다.
 - 커플링의 안지름 및 관 접속부 바깥지름에 접착제를 엷게 고루 바른다.

정답 47 ④ 48 ② 49 ② 50 ④

51 실지수가 높을수록 조명률이 높아진다. 방의 크기가 가로 9[m], 세로 6[m]이고, 광원의 높이는 작업면에서 3[m]인 경우 이 방의 실지수(방지수)는?

① 0.2 ② 1.2
③ 18   ④ 27

해설 방지수(실지수) K는 방의 형태에 대한 계수이며 다음과 같다.
$$K = \frac{X \cdot Y}{H(X+Y)} = \frac{9 \times 6}{3(9+6)} = 1.2$$
(여기서, X : 방의 폭(m), Y : 방의 길이(m), H : 작업면에서 광원까지의 높이(m))

52 ACSR 약호의 명칭은?

① 경동연선
② 중공연선
③ 알루미늄선
④ 강심 알루미늄 연선

해설 **강심 알루미늄 연선(ACSR)과 경동선(H)의 비교**

비교	직경	비중	기계적 강도	도전율
경동선	1	1	1	97[%]
ACSR	1.4~1.6	0.8	1.5~2.0	61[%]

53 3상 배전선로의 말단에 늦은 역률 80[%], 150[kW]의 평형 3상 부하가 있다. 부하점에 부하와 병렬로 전력용 콘덴서를 접속하여 선로손실을 최소화하려고 한다. 이 경우 필요한 콘덴서의 용량은? (단, 부하단 전압은 변하지 않는 것으로 한다.)

① 105.5[kVA] ② 112.5[kVA]
③ 135.5[kVA] ④ 150.5[kVA]

해설 $Q_c = P\left(\dfrac{\sqrt{1-\cos^2\theta_1}}{\cos\theta_1} - \dfrac{\sqrt{1-\cos^2\theta_2}}{\cos\theta_2}\right)$
$= 150 \times 10^3 \times \left(\dfrac{\sqrt{1-0.8^2}}{0.8} - 0\right)$
$\fallingdotseq 112.5[\text{kVA}]$

54 빌딩의 부하설비용량이 2,000[kW], 부하역률 90[%], 수용률이 75[%]일 때 수전설비용량은 약 몇 [kVA]인가?

① 1,554[kVA] ② 1,666[kVA]
③ 1,800[kVA] ④ 2,400[kVA]

해설 변압기용량, 공급설비용량, 수·변전설비용량(P)
$$P = \frac{\sum(\text{설비용량}[\text{kW}] \times \text{수용률})}{\text{부등률} \times \text{부하역률}}$$
(단, 부등률이 주어지지 않을 시에는 1로 계산)
$= \dfrac{2,000 \times 0.75}{0.9} \fallingdotseq 1,666.66 \fallingdotseq 1,666[\text{kVA}]$

55 u 관리도의 관리한계선을 구하는 식으로 옳은 것은?

① $\bar{u} \pm \sqrt{\bar{u}}$ ② $\bar{u} \pm 3\sqrt{\bar{u}}$
③ $\bar{u} \pm 3\sqrt{n\bar{u}}$ ④ $\bar{u} \pm 3\sqrt{\dfrac{\bar{u}}{n}}$

해설 u 관리도
- 중심선 $CL = \bar{u} = \dfrac{\sum c}{\sum n}$
- 상한선 $CL = \bar{u} + 3\sqrt{\dfrac{\bar{u}}{n}}$
- 하한선 $CL = \bar{u} - 3\sqrt{\dfrac{\bar{u}}{n}}$

56 다음 중 계량값 관리도만으로 짝지어진 것은?

① c 관리도, u 관리도
② $x - R_s$ 관리도, p 관리도
③ $\bar{x} - R$ 관리도, np 관리도
④ $Me - R$ 관리도, $\bar{x} - R$ 관리도

해설 **계량형 관리도**
- x 관리도
- $Md(Me)$ 관리도
- $\bar{x} - R$ 관리도
- R 관리도
- $\bar{x} - \sigma$ 관리도
- $Me - R$ 관리도

정답 51 ② 52 ④ 53 ② 54 ② 55 ④ 56 ④

57 관리도에서 측정한 값을 차례로 타점했을 때 점이 순차적으로 상승하거나 하강하는 것을 무엇이라 하는가?
① 런(run)
② 주기(cycle)
③ 경향(trend)
④ 산포(dispersion)

해설
- 런(run) : 중심선의 한쪽으로 연속해서 나타난 점의 배열
- 경향(trend) : 점이 점점 올라가거나 또는 내려가는 상태
- 산포(dispersion) : 측정값의 크기가 고르지 않을 때이며 표준편차를 이용하여 표시

58 200개 들이 상자가 15개 있다. 각 상자로부터 제품을 랜덤하게 10개씩 샘플링 할 경우, 이러한 샘플링 방법을 무엇이라 하는가?
① 계통 샘플링
② 취락 샘플링
③ 층별 샘플링
④ 2단계 샘플링

해설 층별 샘플링은 전체 공정을 몇 개의 층으로 구분하고, 다시 구분된 각 층에서 임의로 샘플링(sampling)하는 방식을 말한다.

59 관리사이클의 순서를 가장 적절하게 표시한 것은? (단, A는 조치(Act), C는 체크(Check), D는 실시(Do), P는 계획(Plan)이다.)
① P → D → C → A
② A → D → C → P
③ P → A → C → D
④ P → C → A → D

해설 관리사이클
P(Plan) → D(Do) → C(Check) → A(Act)

60 어떤 공장에서 작업을 하는 데 있어서 소요되는 기간과 비용이 다음 표와 같을 때 비용구배는 얼마인가? (단, 활동시간의 단위는 일(日)로 계산한다.)

정상작업		특급작업	
기간	비용	기간	비용
15일	150만원	10일	200만원

① 50,000원　② 100,000원
③ 200,000원　④ 300,000원

해설 비용구배 $= \dfrac{200만 - 150만}{15 - 10}$
$= 100,000$[원/일]

정답 57 ③　58 ③　59 ①　60 ②

2020년 CBT 기출복원문제(Ⅰ)

01 회로에서 단자 A, B 간의 합성저항은 몇 [Ω]인가?

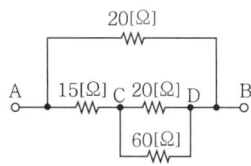

① 10 ② 12
③ 15 ④ 30

해설 합성저항을 구하기 위해 회로 내의 병렬저항을 먼저 구한다.

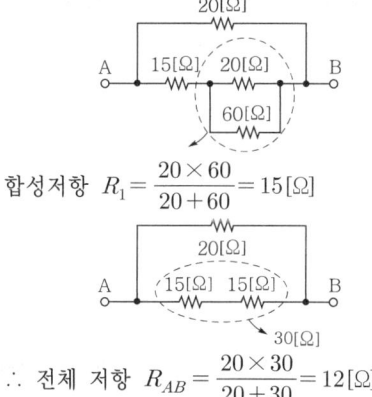

합성저항 $R_1 = \dfrac{20 \times 60}{20 + 60} = 15[\Omega]$

∴ 전체 저항 $R_{AB} = \dfrac{20 \times 30}{20 + 30} = 12[\Omega]$

02 그림과 같은 회로에서 a, b 간에 100[V]의 직류전압을 가했을 때 10[Ω]의 저항에 4[A]의 전류가 흘렀다. 이때 저항 r_1에 흐르는 전류와 저항 r_2에 흐르는 전류의 비가 1 : 4라고 하면 r_1 및 r_2의 저항값은 각각 얼마인가?

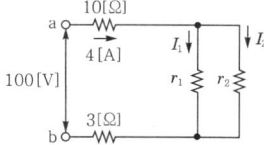

① $r_1 = 12$, $r_2 = 3$
② $r_1 = 36$, $r_2 = 9$
③ $r_1 = 60$, $r_2 = 15$
④ $r_1 = 40$, $r_2 = 10$

해설 전류와 저항은 반비례하므로
$I_1 : I_2 = r_2 : r_1$
$1 : 4 = r_2 : r_1$
∴ $r_1 = 4r_2$ ⋯ ㉠
회로에서 전체 저항은 12[Ω]이 된다.

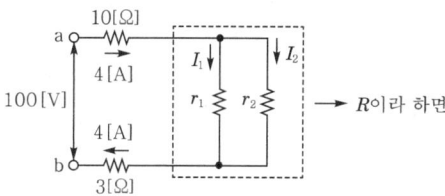

$100 = 4(10 + 3 + R)$
∴ $R = \dfrac{r_1 \times r_2}{r_1 + r_2} = 12$ ⋯ ㉡

그러므로 ㉠을 ㉡식에 대입하면
$12 = \dfrac{4r_2 \times r_2}{4r_2 + r_2}$ 에서 $r_2 = 15[\Omega]$ ⋯ ㉢

∴ ㉢식을 ㉠식에 대입하면 $r_1 = 60[\Omega]$이 된다.

03 어떤 가정에서 220[V], 100[W]의 전구 2개를 매일 8시간, 220[V], 1[kW]의 전열기 1대를 매일 2시간씩 사용한다고 한다. 이 집의 한 달 동안의 소비전력량은 몇 [kWh]인가? (단, 한 달은 30일로 한다.)

① 432
② 324
③ 216
④ 108

정답 01 ② 02 ③ 03 ④

해설
- 전력$(P) = VI = I^2 \cdot R = \dfrac{V^2}{R}$[W]
- 전력량(W) : 전기에너지의 일을 나타내는 것으로 어느 일정시간 동안의 전기에너지 총량을 말하며
  $W = I^2 \cdot Rt = P \cdot t$[W·s] $= P \cdot t$[J]
  실용 단위로 [Wh], [kWh]가 주로 쓰인다.
- 전구 2개의 전력량(W_1)
  $W_1 = 100$[W]$\times 2$개$\times 8$시간$\times 30$일[Wh]
  $= 48$[kWh]
- 전열기 1개의 전력량(W_2)
  $W_2 = 1$[kW]$\times 1$개$\times 2$시간$\times 30$일[kWh]
  $= 60$[kWh]
- $\therefore$ 1달 동안 총 소비전력량(W)
  $= W_1 + W_2 = 108$[kWh]

04 어떤 정현파 전압의 평균값이 200[V]이면 최댓값은 약 몇 [V]인가?

① 282 ② 314
③ 346 ④ 487

해설 평균값 $= \dfrac{2}{\pi}$ 최댓값에서
최댓값 $= \dfrac{\pi}{2} \times$ 평균값 $= \dfrac{3.14}{2} \times 200 ≒ 314$[V]

05 길이 50[cm]인 직선상의 도체봉을 자속밀도 0.1[Wb/m²]의 평등자계 중에 자계와 수직으로 놓고 이것을 50[m/s]의 속도로 자계와 60°의 각으로 움직였을 때 유도기전력은 몇 [V]가 되는가?

① 1.08 ② 1.25
③ 2.17 ④ 2.51

해설 유도전압(e)은
$e = Blv\sin\theta = 0.1 \times 0.5 \times 50 \times \sin 60°$
$≒ 2.17$

06 비투자율 $\mu_s = 800$, 단면적 $S = 10$[cm²], 평균 자로 길이 $l = 30$[cm]의 환상철심에 $N = 600$회의 권선을 감은 무단 솔레노이드가 있다. 이것에 $I = 1$[A]의 전류를 흘릴 때 솔레노이드 내부의 자속은 약 몇 [Wb]인가?

① 1.10×10^{-3} ② 1.10×10^{-4}
③ 2.01×10^{-3} ④ 2.01×10^{-4}

해설 자속밀도 $B = \dfrac{\phi}{S}$[Wb/m²]에서 (단, ϕ : 자속, S : 단면적[m²]을 의미)
자속 $\phi = B \cdot S = \mu \cdot H \cdot S$[Wb]
$(B = \mu H = \mu_0 \mu_s H)$
$= \mu_0 \mu_s HS (H = \dfrac{NI}{l}$[AT/m]이며)
$= \mu_0 \cdot \mu_s \dfrac{NI}{l} \cdot S$
$= 4\pi \times 10^{-7} \times 800 \times \dfrac{600 \times 1}{0.3} \times 10 \times 10^{-4}$
$≒ 2.01 \times 10^{-3}$[Wb]

07 평균 반지름이 1[cm]이고, 권수가 500회인 환상 솔레노이드 내부의 자계가 200[AT/m]가 되도록 하기 위해서는 코일에 흐르는 전류를 약 몇 [A]로 하여야 하는가?

① 0.015 ② 0.025
③ 0.035 ④ 0.045

해설 환상 솔레노이드에 의한 자장의 세기(H)
$H = \dfrac{NI}{2\pi r}$[AT/m]에서 전류 I를 구하면
$I = \dfrac{2\pi r H}{N} = \dfrac{2\pi \times 0.01 \times 200}{500} = 0.025$[A]
(단, r : 반지름[m]을 의미)

08 10진수 $(14.625)_{10}$를 2진수로 변환한 값은?

① $(1101.110)_2$
② $(1101.101)_2$
③ $(1110.101)_2$
④ $(1110.110)_2$

해설 10진수를 2진수로 변환
- 정수부분

  2) 14
  2) 7 … 0
  2) 3 … 1
        1 … 1

  $\therefore (14)_{10} = (1110)_2$

정답 04 ② 05 ③ 06 ③ 07 ② 08 ③

• 소수부분

```
  0.625      0.25       0.5
 ×   2     ×   2      ×   2
 ①.250     ⓪.5       ①.0
   1         0          1
```

∴ $(0.625)_{10} = (0.101)_2$

그러므로 $(14.625)_{10} = (1110.101)_2$

09 논리식 $F = \overline{A}\overline{B}C + \overline{A}B\overline{C} + A\overline{B}C + AB\overline{C}$ 를 간소화한 것은?

① $F = \overline{A}C + A\overline{C}$
② $F = \overline{B}C + B\overline{C}$
③ $F = \overline{A}B + A\overline{B}$
④ $F = \overline{A}B + B\overline{C}$

해설 카르노맵을 이용하면 다음과 같다.

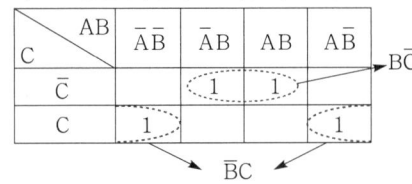

∴ $F = \overline{B}C + B\overline{C}$

10 다음 논리회로를 무엇이라 하는가?

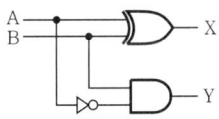

① 반가산기   ② 반감산기
③ 전가산기   ④ 전감산기

해설
$\begin{cases} X = A\overline{B} + \overline{A}B = A \oplus B \\ Y = \overline{A}B \end{cases}$

위 회로는 반감산기를 뜻한다.

11 순서회로 설계의 기본인 J-K FF 여기표에서 현재 상태의 출력 Q_n이 00이고, 다음 상태의 출력 Q_{n+1}이 1일 때 필요 입력 J 및 K의 값은? (단, x는 0 또는 1임)

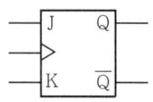

① J=1, K=0   ② J=0, K=1
③ J=x, K=1   ④ J=1, K=x

해설 Don't-care 조건 : $x = 0$ or $x = 1$에 어떤 입력이 들어오더라도 출력에는 변함이 없다.
㉠ $Q_n = 0$, $Q_{n+1} = 1$의 의미는 반전상태를 의미한다. 즉, 반전이 되기 위해서는 J=1, K=1이면 된다.
㉡ $Q_{n+1} = 1$이 되기 위해서는 J=1, K=0이면 된다.
그러므로 ㉠, ㉡ 조건에서 J=1, K=x일 때 $Q_{n+1} = 1$이 될 수 있다.

12 JK 플립플롭에서 J입력과 K입력에 모두 1을 가하면 출력은 어떻게 되는가?

① 반전된다.
② 불확정상태가 된다.
③ 이전 상태가 유지된다.
④ 이전 상태에 상관없이 1이 된다.

해설 J-K FF의 진리표

입력		출력
J	K	$Q_{n+1}(t)$
0	0	Q_n (불변)
0	1	0
1	0	1
1	1	$\overline{Q_n}$ (반전)

13 반가산기의 동작을 옳게 나타낸 것은?

① 2의 자리의 2진수 가산을 하는 동작을 한다.
② 1의 자리의 2진수 가산을 하는 동작을 한다.
③ 3의 자리의 2진수 가산을 하는 동작을 한다.
④ 1의 자리 Carry를 덧셈과 같이 가산하는 동작을 한다.

정답 09 ② 10 ② 11 ④ 12 ① 13 ②

해설 반가산기는 1의 자리의 2진수 2개를 덧셈하는 회로이며, 합(S)과 자리올림수(C)로 표시할 수 있다.

14 반가산기의 진리표에 대한 출력함수는?

입력		출력	
A	B	S	C_0
0	0	0	0
0	1	1	0
1	0	1	0
1	1	0	1

① $S = \overline{A}B + AB$, $C_0 = \overline{A}B$
② $S = \overline{A}B + A\overline{B}$, $C_0 = AB$
③ $S = \overline{A}B + AB$, $C_0 = AB$
④ $S = \overline{A}B + A\overline{B}$, $C_0 = \overline{A}B$

해설 진리표에서 S, C_0값을 구하면
$\begin{cases} S = A \oplus B = \overline{A}B + A\overline{B} \\ C_0 = AB \end{cases}$

즉, 반가산기의 합(S), 자리올림수(C_0)를 나타내며, 2진수의 1자 숫자 2개를 덧셈하는 회로이다.

15 2진수 $(1001)_2$를 그레이 코드(gray code)로 변환한 값은?

① $(1110)_G$ ② $(1101)_G$
③ $(1111)_G$ ④ $(1100)_G$

해설 2진수에서 그레이 코드 변환은 다음과 같다.

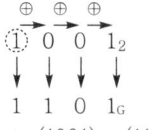

∴ $(1001)_2 = (1101)_G$

예) 그레이 코드를 2진수로 변환
① 1 0 1 $_G$
  1 0 0 1 $_2$
∴ $(1101)_G = (1001)_2$

16 다음 논리회로와 등가인 논리함수는?

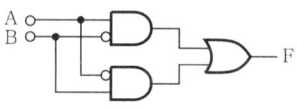

① $(\overline{A} + \overline{B})(A + B)$
② $(A + \overline{B})(\overline{A} + B)$
③ $(\overline{A} + \overline{B})(\overline{A} + \overline{B})$
④ $(\overline{A} + \overline{B})(\overline{A} + B)$

해설 논리회로의 출력 F는
$F = A\overline{B} + \overline{A}B$이며, E-OR회로의 출력과 같다.
① $(\overline{A}+\overline{B})(A+B) = \overline{A}A + \overline{A}B + A\overline{B} + \overline{B}B$
 $= \overline{A}B + A\overline{B}$
② $(A+\overline{B})(\overline{A}+B) = A\overline{A} + AB + \overline{A}\overline{B} + \overline{B}B$
 $= AB + \overline{A}\overline{B}$
③ $(\overline{A}+\overline{B})(\overline{A}+\overline{B}) = \overline{A}+\overline{B}$
④ $(\overline{A}+\overline{B})(\overline{A}+B) = \overline{A}\overline{A} + \overline{A}B + \overline{A}\overline{B} + \overline{B}B$
 $= \overline{A} + \overline{A}B + \overline{A}\overline{B}$
 $= \overline{A}(1+B+\overline{B}) = \overline{A}$

17 T형 플립플롭을 3단으로 직렬접속하고 초단에 1[kHz]의 구형파를 가하면 출력주파수는 몇 [kHz]인가?

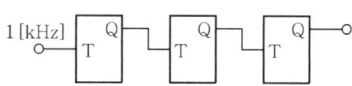

① 1 ② 125
③ 250 ④ 500

해설
• T에 입력신호가 가해지면 전 상태의 반전(toggle)상태를 유지한다.
• 입력신호 주파수의 $\frac{1}{2}$의 주파수가 출력으로 나온다.

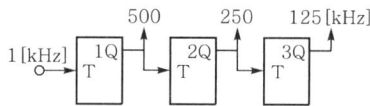

18 지름이 d[m], 선간거리가 D[m]인 선로 한 가닥의 작용 인덕턴스[mH/km]는? (단, 선로의 비투자율은 1이라 한다.)

① $0.05 + 0.4605 \log_{10} \dfrac{D}{d}$

② $0.5 + 0.4605 \log_{10} \dfrac{D}{d}$

③ $0.5 + 0.4605 \log_{10} \dfrac{2D}{d}$

④ $0.05 + 0.4605 \log_{10} \dfrac{2D}{d}$

해설 $L = 0.05 + 0.4605 \log_{10} \dfrac{D}{r}$
$= 0.05 + 0.4605 \log_{10} \dfrac{2D}{d}$
(여기서, r : 반지름, d : 지름)

19 3상 3선식에서 선간거리가 각각 50[cm], 60[cm], 70[cm]인 경우 기하 선간거리는 몇 [cm]인가?

① 60.4 ② 64.0
③ 62.0 ④ 59.4

해설 $D_0 = \sqrt[3]{50 \times 60 \times 70} = 59.4$[cm]

20 22,000[V], 60[Hz], 1회선의 3상 지중송전선의 무부하 충전용량[kVar]은? (단, 송전선의 길이는 50[km]라 하고 1선 1[km]당 정전용량은 0.1[μF]라 한다.)

① 780 ② 912
③ 995 ④ 1,025

해설 $Q_c = 2\pi f C V^2$
$= 2\pi \times 60 \times 5 \times 10^{-6} \times 22{,}000^2 \times 10^{-3}$
$= 912$[kVar]

21 3상 3선식 송전선로를 연가하는 목적은?
① 미관상
② 송전선을 절약하기 위하여
③ 전압강하를 방지하기 위하여
④ 선로정수를 평형시키기 위하여

해설 연가
선로정수를 평형시키기 위해 송전단에서 수전단까지 전체 선로 구간을 3의 배수로 등분하여 전선의 위치를 바꾸어 주는 것

22 1선의 저항이 10[Ω], 리액턴스 15[Ω]인 3상 송전선이 있다. 수전단전압 60[kV], 부하 역률 0.8[lag], 전류 100[A]라고 한다. 이때의 송전단전압[V]은?

① 62,940 ② 63,800
③ 64,500 ④ 65,950

해설 $E_s = 60 \times 10^3 + \sqrt{3} \times 100 \times (10 \times 0.8 + 15 \times 0.6)$
$= 62{,}944$[V]

23 송전단전압이 6,600[V], 수전단전압이 6,100[V]였다. 수전단의 부하를 끊은 경우 수전단전압이 6,300[V]라면 이 회로의 전압강하율과 전압변동률은 각각 몇 [%]인가?

① 6.8, 4.1
② 8.2, 3.28
③ 4.14, 6.8
④ 43.28, 8.2

해설 • 전압강하율 $\varepsilon = \dfrac{6{,}600 - 6{,}100}{6{,}100} \times 100$[%]
$= 8.19$[%]

• 전압변동률 $\delta = \dfrac{6{,}300 - 6{,}100}{6{,}100} \times 100$[%]
$= 3.278$[%]

24 3상 3선식 송전선로에서 송전전력 P[kW], 송전전압 V[kV], 전선의 단면적 A[mm²], 송전거리 l[km], 전선의 고유저항 ρ[Ω-mm²/m], 역률 $\cos\theta$일 때 선로손실 P_l[kW]은?

① $\dfrac{\rho l P^2}{A V^2 \cos^2\theta}$ ② $\dfrac{\rho l P^2}{A V^2 \cos\theta}$

③ $\dfrac{\rho l P^2 \times 10^3}{A V^2 \cos^2\theta}$ ④ $\dfrac{\rho l P^2}{A^2 V \cos^2\theta}$

정답 18 ④ 19 ④ 20 ② 21 ④ 22 ① 23 ② 24 ①

해설 손실 $P_l = 3I^2R$
$= 3 \times \left(\dfrac{P}{\sqrt{3}\,V\cos\theta}\right)^2 \times \rho \times 10^{-6} \times \dfrac{l \times 10^3}{A \times 10^{-6}}$
$\quad \times 10^{-3}$
$= \dfrac{\rho l P^2}{A V^2 \cos^2\theta}$ [kW]

25 송전전력, 송전거리, 전선의 비중 및 전선손실률이 일정하다고 하면 전선의 단면적 A는 다음 중 어느 것에 비례하는가? (단, V는 송전전압이다.)

① V^2 ② V
③ $\dfrac{1}{V^2}$ ④ $\dfrac{1}{V}$

해설 단면적 $A = \dfrac{\rho l P^2}{P_l \cdot V^2 \cdot \cos^2\theta}$

26 그림 중 4단자 정수 A, B, C, D는? (단, E_s, I_s는 송전단전압 및 전류 그리고 E_R, I_R는 수전단전압 및 전류이고, Y는 병렬 어드미턴스이다.)

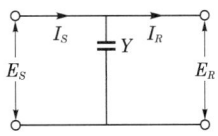

① 1, 0, Y, 1 ② 1, Y, 0, 1
③ 1, Y, 1, 0 ④ 1, 0, 0, 1

해설 $\begin{bmatrix} A & B \\ C & D \end{bmatrix} = \begin{bmatrix} 1 & 0 \\ \dfrac{1}{Z} & 1 \end{bmatrix}$ 또는 $\begin{bmatrix} 1 & 0 \\ Y & 1 \end{bmatrix}$

27 일반회로정수가 같은 평행 2회선에서 $\dot{A}, \dot{B}, \dot{C}, \dot{D}$는 각각 1회선의 경우의 몇 배로 되는가?

① 1, $\dfrac{1}{2}$, 2, 2 ② 1, 2, $\dfrac{1}{2}$, 1
③ 1, $\dfrac{1}{2}$, 2, 1 ④ 2, 2, $\dfrac{2}{1}$, 1

해설
- A와 D는 변동이 없음
- B(직렬요소, 임피던스)는 병렬회로이므로 1/2배로 감소
- C(병렬요소, 어드미턴스)는 병렬회로이므로 2배

28 수전단을 단락한 경우 송전단에서 본 임피던스가 300[Ω]이고, 수전단을 개방한 경우 송전단에서 본 어드미턴스가 1.875×10^{-3}[℧]일 때 송전선의 특성 임피던스[Ω]는?

① 500 ② 300
③ 400 ④ 200

해설 $Z_0 = \sqrt{\dfrac{Z}{Y}}$ [Ω]이므로
$Z = \sqrt{\dfrac{300}{1.875 \times 10^{-3}}} = 400$ [Ω]

29 다음 표는 리액터의 종류와 그 목적을 나타낸 것이다. 바르게 짝지어진 것은?

종류	목적
㉠ 병렬 리액터	ⓐ 지락 아크의 소멸
㉡ 한류 리액터	ⓑ 송전손실 경감
㉢ 직렬 리액터	ⓒ 차단기의 용량 경감
㉣ 소호 리액터	ⓓ 제5고조파 제거

① ㉠ - ⓑ ② ㉡ - ⓐ
③ ㉢ - ⓓ ④ ㉣ - ⓒ

해설
- 분로 리액터 : 페란티현상 방지
- 한류 리액터 : 단락전류 제한
- 소호 리액터 : 지락전류 제한
- 직렬 리액터 : 제5고조파 제거

30 가공전선로에 사용하는 전선의 구비조건으로 바람직하지 못한 것은?

① 비중(밀도)이 클 것
② 도전율이 높을 것
③ 기계적인 강도가 클 것
④ 내구성이 있을 것

정답 25 ③ 26 ① 27 ③ 28 ③ 29 ③ 30 ①

해설 **전선의 구비조건**
- 가요성이 클 것
- 내구성이 있을 것
- 도전율이 클 것
- 기계적 강도가 클 것
- 비중이 작을 것
- 가격이 저렴할 것

31 지지물 간 거리(경간) 200[m]의 가공전선로가 있다. 전선 1[m]당 하중은 2.0[kg], 풍압 하중은 없는 것으로 하면 인장하중 4,000[kg]의 전선을 사용할 때 처짐정도(이도) 및 전선의 실제 길이는 각각 몇 [m]인가? (단, 안전율은 2.0으로 한다.)

① 이도 : 5, 길이 : 200.33
② 이도 : 5.5, 길이 : 200.3
③ 이도 : 7.5, 길이 : 222.3
④ 이도 : 10, 길이 : 201.33

해설 $D = \dfrac{WS^2}{8T} = \dfrac{2 \times 200^2}{8 \times \dfrac{4,000}{2}} = 5[\text{m}]$

$L = S + \dfrac{8D^2}{3S} = 200 + \dfrac{8 \times 5^2}{3 \times 200} = 200.33[\text{m}]$

32 직류를 교류로 변환하는 장치를 무엇이라 하는가?

① 버퍼   ② 정류기
③ 인버터   ④ 정전압장치

해설
- 정류기 : 교류신호를 직류신호로 변환하는 소자이다.
- 정전압장치 : 제너 다이오드(Z_D)를 이용하여 일정전압을 유지하는 장치를 말한다.
- 인버터 : 직류를 교류로 변환하는 장치를 말한다.

33 상전압 300[V]의 3상 반파정류회로의 직류 전압은 몇 [V]인가?

① 117   ② 200
③ 283   ④ 351

해설
- 단상 반파정류회로 평균값 $E_d = 0.45 E_a$
- 단상 전파정류회로 평균값 $E_d = 0.9 E_a$
- 3상 반파정류회로 평균값 $E_d = 1.17 E_a = 1.17 \times 300 ≒ 351[\text{V}]$
- 3상 전파정류회로 평균값 $E_d = 1.35 E_a$

34 단상 220[V], 60[Hz]의 정현파 교류전압을 점호각 60°로 반파 위상제어정류하여 직류로 변환하고자 한다. 순저항부하시 평균 출력전압은 약 몇 [V]인가?

① 74[V]   ② 84[V]
③ 92[V]   ④ 110[V]

해설 **반파 위상제어회로**
(단, 저항부하인 경우)

출력전압 $= \dfrac{\sqrt{2}}{2\pi} E(1 + \cos \alpha)$

$= \dfrac{\sqrt{2}}{2\pi} \times 220(1 + \cos 60°)i ≒ 74.31$

[참고] 전파 위상제어회로(저항부하인 경우)

출력전압 $= \dfrac{\sqrt{2}}{\pi} E(1 + \cos \alpha)$

35 다음 중 저항부하 시 맥동률이 가장 작은 정류방식은?

① 단상 반파식
② 단상 전파식
③ 3상 반파식
④ 3상 전파식

해설
- 맥동률(ripple rate) : 직류성분 속에 포함되어 있는 교류성분의 실효값과의 비를 나타낸다.
- 맥동률$(\gamma) = \dfrac{\Delta I}{I_{dc}} = \dfrac{\sqrt{I_{r\,ms}^2 - I_{dc}^2}}{I_{dc}}$

$= \sqrt{\left(\dfrac{I_{r\,ms}}{I_{dc}}\right)^2 - 1}$

구 분	맥동률	맥동주파수[Hz]
단상 반파	1.21	60
단상 전파	0.482	120
3상 반파	0.183	180
3상 전파	0.042	360

정답 31 ① 32 ③ 33 ④ 34 ① 35 ④

36 다음 중 배리스터(varistor)의 주된 용도는?

① 전압증폭용
② 서지전압에 대한 회로보호용
③ 출력전류의 조정용
④ 과전류 방지 보호용

해설 서지전압에 대한 회로보호용이며, 일반적인 $V-I$특성은 $I=KV^n$(단, $n:2\sim5$)

37 다음 중 2방향성 3단자 사이리스터는 어느 것인가?

① SCS ② TRIAC
③ SSS ④ SCR

해설
- 트라이액(TRIAC)
  - 게이트를 갖는 대칭형 스위치이다.
  - 2개의 SCR을 병렬로 연결하면 된다.
  - 3단자 소자이며, 쌍방향성이다.
  - 정(+), 부(-)의 게이트 Pulse를 이용한다.

기호

  - SSS와 같이 5층의 PN접합을 구성한다.
- SSS(Silicon Symmetrical Switch)
  - 2단자 소자이며, 쌍방향성이다.
  - 다이액(DIAC)과 같이 게이트 전극이 없다.
  - SCR을 역병렬로 2개 접속한 것과 같다.

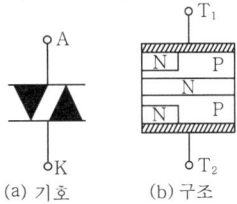
(a) 기호   (b) 구조

38 SCR의 전압공급방법(turn-on) 중 가장 타당한 것은?

① 애노드에 (-)전압, 캐소드에 (+)전압, 게이트에 (+)전압을 공급한다.
② 애노드에 (-)전압, 캐소드에 (+)전압, 게이트에 (-)전압을 공급한다.
③ 애노드에 (+)전압, 캐소드에 (-)전압, 게이트에 (+)전압을 공급한다.
④ 애노드에 (+)전압, 캐소드에 (-)전압, 게이트에 (-)전압을 공급한다.

해설 SCR 동작원리는

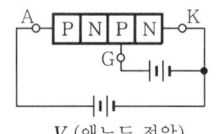
V_a(애노드 전압)

그러므로 애노드 단자에 (+), 캐소드 단자에 (-), 게이트 단자에 (+) 전압을 인가한다.

39 MOSFET의 드레인(drain) 전류제어는?

① 소스(source)단자의 전류로 제어
② 드레인(drain)과 소스(source)간 전압으로 제어
③ 게이트(gate)와 소스(source)간 전류로 제어
④ 게이트(gate)와 소스(source)간 전압으로 제어

해설 FET(Field-Effect TR)
- 특징
  - 다수 캐리어에 의해 전류가 흐른다.
  - 입력저항이 매우 크다.
  - 저잡음이다.
  - 5극 진공관 특성과 비슷하다.
  - 이득(G)×대역폭(B)이 작다.
  - J-FET와 MOS-FET가 있다.
  - V_{GS}(Gate-Source 사이의 전압)로 드레인 전류를 제어한다.
- 종류
  - J-FET(접합 FET)

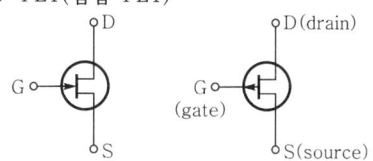
(a) N-channel FET   (b) P-channel FET

정답 36 ② 37 ② 38 ③ 39 ④

- MOS-FET(절연게이트형 FET)

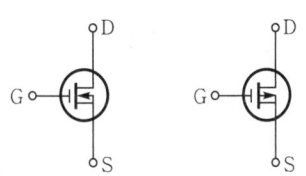

(a) N-channel FET (b) P-channel FET

- FET의 3정수
  - $g_m = \dfrac{\Delta I_D}{\Delta V_{GS}}$ (순방향 상호전달 컨덕턴스)
  - $r_d = \dfrac{\Delta V_{DS}}{\Delta I_D}$ (드레인-소스저항)
  - $\mu = \dfrac{\Delta V_{DS}}{\Delta V_{GS}}$ (전압증폭률)
  - $\mu = g_m \cdot r_d$

40 PN접합 다이오드의 순방향 특성에서 실리콘 다이오드의 브레이크 포인터는 약 몇 [V]인가?

① 0.2
② 0.5
③ 0.7
④ 0.9

해설 PN접합 다이오드
- P형 반도체와 N형 반도체를 접합시키면 P형의 다수반송자인 정공은 N형 쪽으로, N형의 다수 반송자인 전자는 P형 쪽으로 이동한다.
- 정류작용을 한다.
- 순방향 bias

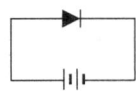

- 전장이 약해진다.
- 공핍층의 폭이 좁아지며, 전위장벽이 낮아진다.
- 역방향 bias

- 전장이 가해진다.
- 공핍층이 넓어지며, 전위장벽이 높아진다.
- 특성곡선

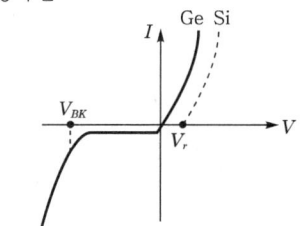

여기서, V_{BK} : 항복전압(Break Down)
V_r : Cut-in전압, Break-point전압,
Threshold전압(Si : 0.6~0.7[V],
Ge : 0.2~0.3[V])

41 다음 중 UPS의 기능으로서 옳은 것은 어느 것인가?

① 3상 전파정류방식
② 가변주파수 공급가능
③ 무정전 전원공급장치
④ 고조파방지 및 정류평활

해설 UPS(Uninterrupt Power Supply)
- 정전상태에 대비해서 안정적 전원을 공급하기 위한 장치이다.
- 무정전 전원공급장치이다.

42 직류기에 주로 사용하는 권선법으로 다음 중 옳은 것은?

① 개로권, 환상권, 2층권
② 개로권, 고상권, 2층권
③ 폐로권, 고상권, 2층권
④ 폐로권, 환상권, 2층권

해설 직류기의 전기자 권선법
- 전기자 권선
  - 환상권(×)
  - 고상권(○) ┬ 개로권(×)
              └ 폐로권(○) ┬ 단층권(×)
                          └ 2층권(○) ┬ 중권(○)
                                     └ 파권(○)

정답 40 ③ 41 ③ 42 ③

• 중권과 파권의 특성 비교

구 분	전류, 전압	병렬회로수 (a)	브러시수 (b)
파권	소전류, 고전압	$a=2$	$b=2$ 또는 P
중권	대전류, 저전압	$a=P$	$b=P$

(여기서, P : 자극의 극수)

43 직류 발전기의 기전력을 E, 자속을 ϕ, 회전속도를 N이라 할 때 이들 사이의 관계로 옳은 것은?

① $E \propto \phi N$
② $E \propto \dfrac{\phi}{N}$
③ $E \propto \phi N^2$
④ $E \propto \phi^2 N$

해설 유기기전력(E)

$E = \dfrac{z}{a} \cdot e = \dfrac{z}{a} P\phi n = \dfrac{z}{a} P\phi \dfrac{N}{60} = \dfrac{zp}{60a} \phi N \text{[V]}$

$= K'\phi N$ (여기서, $K' = \dfrac{zP}{60a}$ 이다.)

$\therefore E \propto \phi N$

유기기전력 E는 ϕN에 비례함을 알 수 있다.

44 어느 분권 발전기의 전압변동률이 6[%]이다. 이 발전기의 무부하전압이 120[V]이면 정격 전부하전압은 약 몇 [V]인가?

① 96
② 100
③ 113
④ 125

해설 전압변동률(ε[%])

전부하에서 무부하로 전환시 전압의 차를 백분율[%]로 나타낸 것

$\varepsilon = \dfrac{V_0 - V_n}{V_n} \times 100 \text{[\%]}$ (여기서, V_0 : 무부하전압, V_n : 전부하(정격)전압)

$\varepsilon = \dfrac{120 - V_n}{V_n} \times 100$

$\therefore V_n \fallingdotseq 113\text{[V]}$

45 직류 직권 전동기의 토크를 τ라 할 때 회전수를 $\dfrac{1}{2}$로 줄이면 토크는?

① $\dfrac{1}{2}\tau$
② $\dfrac{1}{4}\tau$
③ 2τ
④ 4τ

해설 직류 직권 전동기의 토크(T, τ)와 회전수(N)의 관계

$\tau = \dfrac{1}{N^2}$ 에서 $\tau' = \dfrac{1}{\left(\dfrac{1}{2}N\right)^2} = 4\dfrac{1}{N^2} = 4\tau$

46 동기 발전기에서 전기자전류가 무부하 유도기전력보다 $\dfrac{\pi}{2}$ 만큼 뒤진 경우의 전기자 반작용은?

① 교차자화작용
② 자화작용
③ 감자작용
④ 편자작용

해설 전기자 반작용

전기자전류에 의한 자속이 계자자속에 영향을 미치는 현상
• 횡축 반작용
 – 계자자속 왜형파로 약간 감소
 – 전기자전류(I_a)와 유기기전력(E)이 동상일 때($\cos\theta = 1$)
• 직축 반작용
 – 감자작용 : 계자자속 감속, I_a가 E보다 위상이 90° 뒤질 때
 – 증자작용 : 계자자속 증가, I_a가 E보다 위상이 90° 앞설 때

47 3상 발전기의 전기자권선에서 Y결선을 채택하는 이유로 볼 수 없는 것은?

① 중성점을 이용할 수 있다.
② 같은 상전압이면 △결선보다 높은 선간전압을 얻을 수 있다.
③ 같은 상전압이면 △결선보다 상절연이 쉽다.
④ 발전기단자에서 높은 출력을 얻을 수 있다.

정답 43 ① 44 ③ 45 ④ 46 ③ 47 ④

해설 **Y결선의 장점**
- 선간전압이 상전압보다 $\sqrt{3}$ 배 증가한다.
- 각 상의 제3고조파 전압이 선간에는 나타나지 않는다.
- 이상전압 발생이 적다.
- 절연이 용이하다.
- 중성점을 이용할 수 있다.
- 코로나, 열화 등이 적다.

48 동기 발전기를 병렬운전하고자 하는 경우 같지 않아도 되는 것은?
① 기전력의 임피던스
② 기전력의 위상
③ 기전력의 파형
④ 기전력의 주파수

해설 **동기 발전기의 병렬운전조건**
- 기전력의 크기가 같을 것
- 기전력의 위상이 같을 것
- 기전력의 주파수가 같을 것
- 기전력의 파형이 같을 것
- 기전력의 상회전방향이 같을 것

49 3상 동기 발전기의 단락비를 산출하는 데 필요한 시험은?
① 외부특성시험과 3상 단락시험
② 돌발단락시험과 부하시험
③ 무부하 포화시험과 3상 단락시험
④ 대칭분의 리액턴스측정시험

해설 **단락비(K_s)**
- $K_s = \dfrac{\text{무부하 정격전압을 유기하는 데 필요한 계자전류}}{\text{3상 단락 정격전류를 흘리는 데 필요한 계자전류}}$
$= \dfrac{I_s}{I_n} = \dfrac{1}{Z_s'}$
(여기서, Z_s' : % 동기임피던스)
- 단락비 산출시 필요한 시험
  - 무부하시험
  - 3상 단락시험

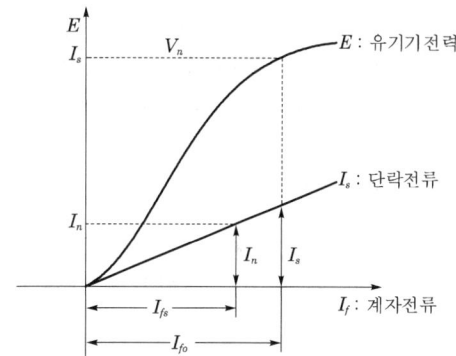

┃무부하 특성곡선과 3상 단락곡선┃

50 변압기의 시험 중에서 철손을 구하는 시험은?
① 극성시험
② 단락시험
③ 무부하시험
④ 부하시험

해설 • 변압기 등가회로

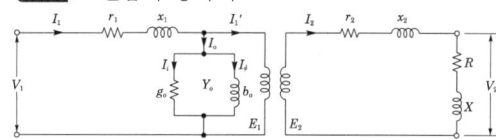

- 변압기의 등가회로 작성시 필요한 시험
  - 무부하시험 : I_0(여자전류), Y_0(여자 어드미턴스), P_i(철손)
  - 단락시험 : I_s, V_s, P_c(동손)
  - 권선저항 측정 : r_1, r_2

51 특고압은 몇 [V]를 초과하는 전압을 말하는가?
① 3,300
② 6,600
③ 7,000
④ 9,000

해설 **전압의 종별**
- 저압 : 직류 1,500[V] 이하, 교류 1,000[V] 이하인 것
- 고압 : 직류 1,500[V], 교류 1,000[V]를 초과하고 7[kV] 이하인 것
- 특고압 : 7[kV] 초과한 것

정답 48 ① 49 ③ 50 ③ 51 ③

52 과전류차단기로 시설하는 퓨즈 중 고압전로에 사용하는 포장퓨즈는 정격전류의 몇 배의 전류에 견디어야 하는가?

① 1.3배　② 1.5배
③ 2.0배　④ 2.5배

해설 고압 및 특고압전로 중의 과전류차단기의 시설
- 포장퓨즈는 정격전류의 1.3배에 견디고, 또한 2배의 전류로 120분 안에 용단되어야 한다.
- 비포장퓨즈는 정격전류의 1.25배에 견디고, 또한 2배의 전류로 2분 안에 용단되어야 한다.

53 접지극은 지하 몇 [cm] 이상의 깊이에 매설하는가?

① 55[cm]　② 65[cm]
③ 75[cm]　④ 85[cm]

해설 접지선 시설

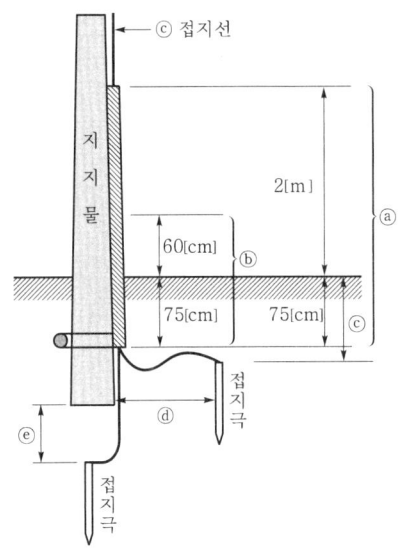

ⓐ 두께 2[mm] 이상의 합성수지관 또는 몰드
ⓑ 접지선은 절연전선, 케이블 사용(단, ⓑ는 금속체 이외의 경우)
ⓒ 접지극은 지하 75[cm] 이상
ⓓ 접지극은 지중에서 수평으로 1[m] 이상
ⓔ 접지극은 지지물의 밑면으로부터 수직으로 30[cm] 이상

54 지중전선로를 직접 매설식에 의하여 시설하는 경우 차량 기타 중량물의 압력을 받을 우려가 있는 장소에는 매설깊이를 몇 [m] 이상으로 해야 하는가?

① 0.6[m]
② 1.0[m]
③ 1.8[m]
④ 2.0[m]

해설 지중전선로의 시설
- 지중전선로는 전선에 케이블을 사용하고 또한 관로식, 암거식, 직접 매설식에 의하여 시설하여야 한다.
- 지중전선로를 직접 매설식에 의하여 시설하는 경우에는 매설깊이를 차량 기타 중량물의 압력을 받을 우려가 있는 장소에는 1.0[m] 이상, 기타 장소에는 60[cm] 이상으로 하고 또한 지중전선을 견고한 트라프 기타 방호물에 넣어 시설하여야 한다.

55 기숙사, 여관, 병원의 표준부하는 몇 [VA/m²]로 상정하는가?

① 10　② 20
③ 30　④ 40

해설 표준부하
- 공장, 사원, 연회장, 극장 : 10[VA/m²]
- 기숙사, 여관, 병원, 학교 : 20[VA/m²]
- 사무실, 은행 : 30[VA/m²]
- 아파트, 주택 : 40[VA/m²]

56 다음 중 계수치 관리도가 아닌 것은?

① c 관리도
② p 관리도
③ u 관리도
④ x 관리도

해설 계수형 관리도의 종류
- p 관리도(불량률 관리도)
- pn 관리도(불량개수 관리도)
- c 관리도(결점수 관리도)
- u 관리도(단위당 결점수 관리도)

정답 52 ①　53 ③　54 ②　55 ②　56 ④

57 로트에서 랜덤하게 시료를 추출하여 검사한 후 그 결과에 따라 로트의 합격, 불합격을 판정하는 검사방법을 무엇이라 하는가?

① 자주검사   ② 간접검사
③ 전수검사   ④ 샘플링검사

해설 Sampling 검사

로트로부터 Sampling하여 조사하고 그 결과를 판정기준과 비교하여 합격, 불합격을 판정하는 검사방식
- 검사항목이 많거나 검사가 복잡할 때
- 검사비용이 적게 소요
- 치명적인 결함이 있는 것은 부적합
- 로트의 크기가 클 때

58 다음 중 관리의 사이클을 가장 올바르게 표시한 것은? (단, A : 조치, C : 검토, D : 실행, P : 계획)

① P→C→A→D
② P→A→C→D
③ A→D→C→P
④ P→D→C→A

해설 관리 사이클

계획 → 실행 → 검토 → 조치

59 제품공정도를 작성할 때 사용되는 요소(명칭)가 아닌 것은?

① 가공   ② 검사
③ 정체   ④ 여유

해설 공정분석기호
- ○ : 작업(가공)
- □ : 검사
- ⇒ : 이동
- D : 대기(정체)
- ▽ : 저장

60 예방보전(preventive maintenance)의 효과가 아닌 것은?

① 기계의 수리비용이 감소한다.
② 생산 시스템의 신뢰도가 향상된다.
③ 고장으로 인한 중단시간이 감소한다.
④ 잦은 정비로 인해 제조원가 단위가 증가한다.

해설 예방보전의 효과
- 기계의 수리비용 감소
- 생산 시스템의 신뢰도 향상
- 고장으로 인한 중단시간 감소
- 제조원가단위가 감소
- 예비기계 보유 필요성 감소

정답 57 ④ 58 ④ 59 ④ 60 ④

2020년 CBT 기출복원문제(Ⅱ)

01 5[Ω]의 저항 10개를 직렬접속하면 병렬접속 시의 몇 배가 되는가?

① 20 ② 50
③ 100 ④ 250

해설
- 5[Ω] 저항 10개 직렬접속
  $R_1 = 10 \times 5 = 50[\Omega]$
- 5[Ω] 저항 10개 병렬접속
  $R_2 = \dfrac{5}{10} = 0.5[\Omega]$
  $\therefore \dfrac{R_1}{R_2} = \dfrac{50}{0.5} = 100$배가 된다.

02 최대 눈금 150[V], 내부저항 20[kΩ]인 직류 전압계가 있다. 이 전압계의 측정범위를 600[V]로 확대하기 위하여 외부에 접속하는 직렬저항은 얼마로 하면 되는가?

① 20[kΩ] ② 40[kΩ]
③ 50[kΩ] ④ 60[kΩ]

해설 배율기(R_m)
$R_m = (m-1)r_v$ (여기서, m : 배율, r_v : 전압계 내부저항)
$\therefore R_m = \left(\dfrac{600}{150} - 1\right)20 \times 10^3 = 60[\text{k}\Omega]$

03 두 종류의 금속을 접속하여 두 접합부분을 다른 온도로 유지하면 열기전력을 일으켜 열전류가 흐른다. 이 현상을 지칭하는 것은?

① 제벡효과
② 제3금속의 법칙
③ 펠티에효과
④ 패러데이의 법칙

해설
- 제벡효과(Seebeck effect) : 2개의 다른 금속 A, B를 한 쌍으로 접속하고, 두 금속을 서로 다른 온도로 유지하면 두 접촉면의 온도차에 의해서 생긴 열기전력에 의해 일정 방향으로 전류가 흐르는 현상을 말한다.
- 펠티에효과(Peltier effect) : 서로 다른 두 종류의 금속을 접속하여 전류를 흘리면 그 접합면에서 열이 발생 또는 흡수하는 현상을 말한다.

04 그림과 같은 회로에서 a, b 간에 전압을 가하니 전류계는 2.5[A]를 지시했다. 다음에 스위치 S를 닫으니 전류계 및 전압계는 각각 2.55[A] 및 100[V]를 지시했다. 저항 R의 값은 약 몇 [Ω]인가? (단, 전류계 내부저항 $r_a = 0.2[\Omega]$이고, a, b 사이에 가한 전압은 S에 관계없이 일정하다고 한다.)

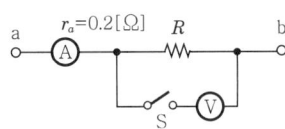

① 30 ② 40
③ 50 ④ 60

해설
- S=off일 때

$I_1 = 2.5[\text{A}]$
$\therefore V_{ab} = I_1(0.2 + R) = 2.5(0.2 + R)$ … ㉠

정답 01 ③ 02 ④ 03 ① 04 ②

- S=on일 때

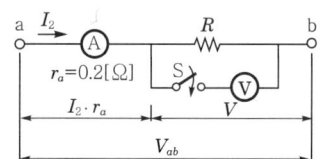

$I_2 = 2.55[A]$, $V = 100[V]$

∴ $V_{ab} = I_2 \cdot r_a + V = 2.55 \times 0.2 + 100$
$= 100.51$ ··· ㉡

㉠, ㉡에서 R을 구하면
$100.51 = 2.5(0.2 + R)$에서 $R = 40.004 ≒ 40$

05 어떤 교류회로에 전압을 가하니 90°만큼 위상이 앞선 전류가 흘렀다. 이 회로는?

① 유도성 ② 무유도성
③ 용량성 ④ 저항성분

해설 커패시턴스(C)만의 회로

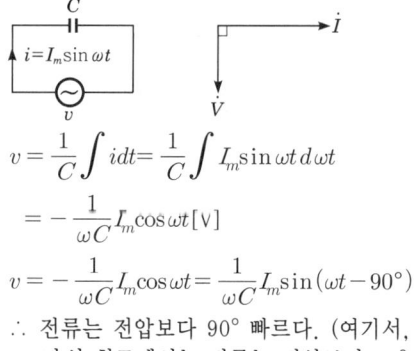

$v = \dfrac{1}{C}\int i\,dt = \dfrac{1}{C}\int I_m \sin\omega t\,d\omega t$

$= -\dfrac{1}{\omega C}I_m \cos\omega t$ [V]

$v = -\dfrac{1}{\omega C}I_m \cos\omega t = \dfrac{1}{\omega C}I_m \sin(\omega t - 90°)$

∴ 전류는 전압보다 90° 빠르다. (여기서, L만의 회로에서는 전류는 전압보다 90° 느리다.)

06 53[mH]의 코일에 $10\sqrt{2}\sin 377t$[A]의 전류를 흘리려면 인가해야 할 전압은?

① 약 60[V]
② 약 200[V]
③ 약 530[V]
④ 약 $530\sqrt{2}$ [V]

해설 $i = I_m \sin\omega t = 10\sqrt{2}\sin 377t$[A]에서
$\omega = 377$, $I(\text{실효값}) = \dfrac{10\sqrt{2}}{\sqrt{2}} = 10$

∴ $V = I \cdot X_L = I \cdot \omega L = 10 \times 377 \times 53 \times 10^{-3}$
$= 199.81 ≒ 200[V]$

07 $R = 10[\Omega]$, $X_L = 8[\Omega]$, $X_C = 20[\Omega]$이 병렬로 접속된 회로에서 80[V]의 교류전압을 가하면 전원에 흐르는 전류는 몇 [A]인가?

① 5[A]   ② 10[A]
③ 15[A] ④ 20[A]

해설 · $R-L-C$ 직렬회로의 전류(I)는
$I = \dfrac{V}{Z} = \dfrac{V}{\sqrt{R^2 + (X_L - X_C)^2}}$

· $R-L-C$ 병렬회로의 전류(I)는
$\dot{I} = \dot{I}_R + \dot{I}_L + \dot{I}_C = \dfrac{V}{R} + \dfrac{V}{jX_L} - \dfrac{V}{jX_C}$
$= I_R - jI_L + jI_C = I_R + j(I_C - I_L)$

∴ $I = \sqrt{I_R^2 + (I_C - I_L)^2}$
$= \sqrt{\left(\dfrac{80}{10}\right)^2 + \left(\dfrac{80}{20} - \dfrac{80}{8}\right)^2}$
$= \sqrt{8^2 + 6^2} = 10$[A]

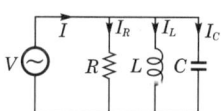

08 어떤 $R-L-C$ 병렬회로가 병렬공진되었을 때 합성전류에 대한 설명으로 옳은 것은?

① 전류는 무한대가 된다.
② 전류는 최대가 된다.
③ 전류는 흐르지 않는다.
④ 전류는 최소가 된다.

해설 공진의 의미는 전압과 전류는 동위상이며 다음과 같다.

· 직렬공진 : I=최대, Z=최소

$Q = \dfrac{f_o}{B} = \dfrac{\omega L}{R} = \dfrac{1}{\omega CR}$
$= \dfrac{1}{R}\sqrt{\dfrac{L}{C}}\left(= \dfrac{V_L}{V} = \dfrac{V_C}{V}\right)$, 전압 확대비

정답 05 ③ 06 ② 07 ② 08 ④

• 병렬공진 : I=최소, Z=최대

$$Q = \frac{f_o}{B} = \frac{R}{\omega L} = \omega CR$$
$$= R\sqrt{\frac{C}{L}} \left(= \frac{I_L}{I} = \frac{I_C}{I} \right), \text{ 전류 확대비}$$

09 10진수 249를 16진수 값으로 변환한 것은?

① 189　　② 9F
③ FC　　④ F9

해설 **10진수를 16진수로 변환**

16) 249₁₀
　　─────
　　　15 … 9 ↑

∴ $(249)_{10} = (F9)_{16}$

10진수	0	1	2	3	4	5	6	7	8	9	10	11	12	13	14	15
16진수	0	1	2	3	4	5	6	7	8	9	A	B	C	D	E	F

10 2진수 $(01100110)_2$의 2의 보수는?

① 01100110　　② 01100111
③ 10011001　　④ 10011010

해설 2의 보수는 다음과 같이 구할 수 있다.

01100110₂
　↓　← 1의 보수
10011001
＋　　 1
──────
10011010 ← 2의 보수

11 카르노도의 상태가 그림과 같을 때 간략화된 논리식은?

C\BA	00	01	11	10
0	1	0	0	1
1	1	0	0	1

① $\overline{A}\overline{B}\overline{C} + \overline{A}\overline{B}C + \overline{A}B\overline{C} + \overline{A}BC$
② $A\overline{B} + \overline{A}B$
③ A
④ $\overline{A}$

해설

C\BA	00	01	11	10
0	1			1
1	1			1

→ 4개가 1개로 묶인다.

위와 같이 불대수보다는 카르노도를 이용하여 2, 4, 8, 16개씩 묶고 변한 문자는 생략되어 논리식을 간략화하면 $Y = \overline{A}$이다.

∴ 간략화된 논리식 $Y = \overline{A}$

12 전가산기(full adder)회로의 기본적인 구성은?

① 입력 2개, 출력 2개로 구성
② 입력 2개, 출력 3개로 구성
③ 입력 3개, 출력 2개로 구성
④ 입력 3개, 출력 3개로 구성

해설 전가산기는 반가산기 2개와 OR회로 1개로 구성되며, 입력 3단자와 출력 2단자로 이루어진 회로이다.

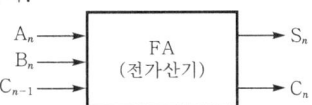

13 진리표와 같은 출력의 논리식을 간략화한 것은?

입력			출력
A	B	C	X
0	0	0	0
0	0	1	1
0	1	0	0
0	1	1	1
1	0	0	0
1	0	1	0
1	1	0	1
1	1	1	1

① $\overline{A}B + \overline{B}C$
② $\overline{A}\overline{B} + B\overline{C}$
③ $AC + \overline{B}\overline{C}$
④ $AB + \overline{A}C$

정답 09 ④　10 ④　11 ④　12 ③　13 ④

해설 출력 X에서 '1'이 되는 부분만 논리식으로 나타내면 다음과 같다.
$$X = \overline{A}\overline{B}C + \overline{A}BC + AB\overline{C} + ABC$$
$$= \overline{A}C(\overline{B}+B) + AB(\overline{C}+C)$$
$$= \overline{A}C + AB \; (\because \overline{B}+B=1, \; \overline{C}+C=1)$$

14 반가산기의 진리표에 대한 출력함수는?

입력		출력	
A	B	S	C_0
0	0	0	0
0	1	1	0
1	0	1	0
1	1	0	1

① $S = \overline{A}\overline{B} + AB$, $C_0 = \overline{A}\overline{B}$
② $S = \overline{A}B + A\overline{B}$, $C_0 = AB$
③ $S = \overline{A}\overline{B} + AB$, $C_0 = AB$
④ $S = \overline{A}B + A\overline{B}$, $C_0 = \overline{A}\overline{B}$

해설 진리표에서 S, C_0값을 구하면
$$\begin{cases} S = A \oplus B = \overline{A}B + A\overline{B} \\ C_0 = AB \end{cases}$$
즉, 반가산기의 합(S), 자리올림수(C_0)를 나타내며, 2진수의 1자 숫자 2개를 덧셈하는 회로이다.

15 그림과 같은 유접점회로가 의미하는 논리식은?

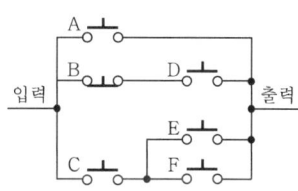

① $A + \overline{B}D + C(E+F)$
② $A + \overline{B}C + D(E+F)$
③ $A + B\overline{C} + D(E+F)$
④ $A + \overline{B}\overline{C} + D(E+F)$

해설 접점회로의 응용
출력 $Y = A + \overline{B}D + C(E+F)$가 된다.
[참고]

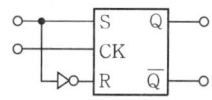

16 다음 진리표에 해당하는 논리회로는?

입력		출력
A	B	X
0	0	0
0	1	1
1	0	1
1	1	0

① AND회로   ② EX-NOR회로
③ NAND회로 ④ EX-OR회로

해설 진리표는 $X = A\overline{B} + \overline{A}B$를 의미하므로 E-OR, X-OR, EX-OR이라고도 한다.

17 다음 그림의 회로 명칭은?

① D 플립플롭
② T 플립플롭
③ J-K 플립플롭
④ R-S 플립플롭

해설 D(Delay) FF
• 자연형의 플립플롭을 의미
• 진리표

입력	출력
D	Q_{n+1}
0	0
1	1

• R-S FF를 이용한 D FF 변환회로

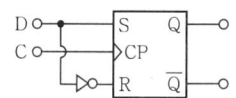

정답 14 ② 15 ① 16 ④ 17 ①

18 전선에서 전류의 밀도가 도선의 중심으로 들어갈수록 작아지는 현상은?

① 근접효과
② 접지효과
③ 표피효과
④ 페란티효과

해설 교류는 전선 중심부일수록 자력선 쇄교가 많아서 유도 리액턴스가 크게 되기 때문에 중심부에는 전류가 통하기 어렵게 되고, 전선표면에 가까울수록 통하기 쉬워진다.

19 3선식 송전선에서 바깥지름 20[mm]의 경동연선을 그림과 같이 일직선 수평배치로 연가를 했을 때, 1[km]마다의 인덕턴스는 약 몇 [mH/km]인가?

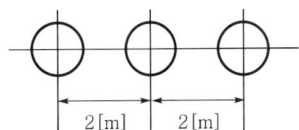

① 1.16
② 1.42
③ 1.48
④ 1.84

해설 $D = \sqrt[3]{D_1 D_2 D_3} = 2 \cdot \sqrt[3]{2}$ [m]

$L = 0.05 + 0.4605 \log_{10} \dfrac{D}{r}$

$= 0.05 + 0.4605 \log_{10} \dfrac{2 \cdot \sqrt[3]{2}}{10 \times 10^{-3}}$

$= 1.16$ [mH/km]

20 현수애자 4개를 1련으로 한 66[kV] 송전선로가 있다. 현수애자 1개의 절연저항이 1,500[MΩ]이라면 표준 지지물 간 거리(경간)를 200[m]로 할 때, 1[km]당 누설 컨덕턴스[℧]는?

① 0.83×10^{-9}
② 0.83×10^{-4}
③ 0.83×10^{-2}
④ 0.83×10

해설 $G = \dfrac{1}{R} = \dfrac{1}{\dfrac{1,500 \times 4}{5} \times 10^6}$

$= \dfrac{1}{\dfrac{6}{5} \times 10^9}$

$= \dfrac{5}{6} \times 10^{-9}$

$= 0.83 \times 10^{-9}$ [℧]

21 복도체나 다도체를 사용하는 주된 목적은 다음 중 어느 것인가?

① 진동방지
② 건설비의 절감
③ 뇌해의 방지
④ 코로나(corona) 방지

해설 복도체를 사용하면 작용 인덕턴스 감소, 작용 정전용량이 증가하지만 가장 주된 이유는 코로나의 임계전압을 높게 하여 송전용량을 증가시키기 위함이다.

22 3상 3선식 송전선에서 한 선의 저항이 10[Ω], 리액턴스가 20[Ω]이고, 수전단의 선간전압은 60[kV], 부하역률이 0.8인 경우, 전압강하율을 10[%]라 하면 이 송전선로는 몇 [kW]까지 수전할 수 있는가?

① 16,000
② 14,400
③ 12,400
④ 10,500

해설 전압강하 $e = V_r \cdot \varepsilon$

$= 60 \times 10^3 \times 0.1$
$= 6,000$ [V]

전류 $I = \dfrac{e}{\sqrt{3}(R\cos\theta + X\sin\theta)}$

$= \dfrac{6,000}{\sqrt{3}(10 \times 0.8 + 20 \times 0.6)}$

$= 173.2$ [A]

∴ $P = \sqrt{3} \times 60 \times 173.2 \times 0.8$
$= 14,400$ [kW]

정답 18 ③　19 ①　20 ①　21 ④　22 ②

23 부하전력 및 역률이 같을 때 전압을 n배 승압하면 전압강하와 전력손실은 어떻게 되는가?

	전압강하	전력손실
①	$\dfrac{1}{n}$	$\dfrac{1}{n^2}$
②	$\dfrac{1}{n^2}$	$\dfrac{1}{n^2}$
③	$\dfrac{1}{n}$	$\dfrac{1}{n}$
④	$\dfrac{1}{n^2}$	$\dfrac{1}{n}$

해설
- $e = I(R\cos\theta + \sin\theta) = \dfrac{P}{V}(R + X\tan\theta)$에서
  $e \propto \dfrac{1}{V}$ ∴ $e \propto \dfrac{1}{n}$
- $P_l = 3I^2R = \dfrac{P^2R}{V^2\cos^2\theta}$에서
  $P_l \propto \dfrac{1}{V^2}$ ∴ $P_l \propto \dfrac{1}{n^2}$

24 전압과 역률이 일정할 때 전력손실을 2배로 하면 전력은 몇 [%] 증가시킬 수 있는가?
① 약 41 ② 약 60
③ 약 75 ④ 약 82

해설 전압손실 $P_c = 3I^2R = 3\left(\dfrac{P}{\sqrt{3}\,V\cos\theta}\right)^2 \cdot R$
$= \dfrac{P^2R}{V^2\cos^2\theta}$에서
전력 $P^2 \propto P_c$ 즉 $P \propto \sqrt{P_c}$이므로 전력손실 P_c를 2배로 하면 $P' = \sqrt{2P_c}$이다.
∴ $P' = 1.41\sqrt{P_c}$

25 다음 그림에서 송전선로의 건설비와 전압과의 관계를 옳게 나타낸 것은?

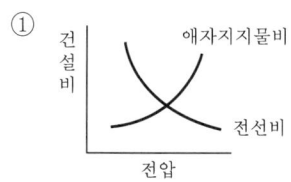

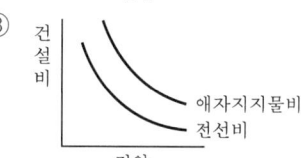

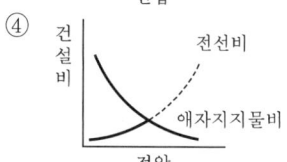

해설 전압이 높아질수록 전선비는 절감되고, 지지물비는 증가된다.

26 중거리 송전선로의 T형 회로에서 송전단전류 I_s는? (단, Z, Y는 선로의 직렬 임피던스와 병렬 어드미턴스이고 E_r는 수전단전압, I_r는 수전단전류이다.)

① $I_r\left(1 + \dfrac{ZY}{2}\right) + E_rY$

② $I_r\left(1 + \dfrac{ZY}{2}\right) + E_rY\left(1 + \dfrac{ZY}{4}\right)$

③ $E_r\left(1 + \dfrac{ZY}{2}\right) + ZI_r$

④ $E_r\left(1 + \dfrac{ZY}{2}\right) + ZI_r\left(1 + \dfrac{ZY}{4}\right)$

해설 $\begin{bmatrix} A & B \\ C & D \end{bmatrix} = \begin{bmatrix} 1 + \dfrac{ZY}{2} & Z\left(1 + \dfrac{ZY}{4}\right) \\ Y & 1 + \dfrac{ZY}{2} \end{bmatrix}$

27 송전선로의 일반회로정수가 $A = 0.7$, $B = j190$, $D = 0.9$라 하면 C의 값은?
① $j1.95 \times 10^{-4}$
② $j1.95 \times 10^{-3}$
③ $-j1.95 \times 10^{-4}$
④ $-j1.95 \times 10^{-3}$

정답 23 ① 24 ① 25 ① 26 ① 27 ②

해설 $AD-BC=1$에서
$$C = \frac{AD-1}{B} = \frac{0.7 \times 0.9 - 1}{j90}$$
$$= j0.00195 = j1.95 \times 10^{-3}$$

28 선로의 특성 임피던스에 대한 설명으로 옳은 것은?

① 선로의 길이보다는 부하전력에 따라 값이 변한다.
② 선로의 길이가 길어질수록 값이 작아진다.
③ 선로의 길이가 길어질수록 값이 커진다.
④ 선로의 길이에 관계없이 일정하다.

해설 $Z_0 = \sqrt{\dfrac{Z}{Y}} = \sqrt{\dfrac{R+j\omega L}{G+j\omega C}}$

특성 임피던스는 선로의 길이에 무관하다.

29 송전단 전압 161[kV], 수전단 전압 154[kV], 상차각 60°, 리액턴스 65[Ω]일 때 선로손실을 무시하면 전력은 약 몇 [MW]인가?

① 330 ② 322
③ 279 ④ 161

해설 $P = \dfrac{V_S \cdot V_R}{X} \cdot \sin\delta$
$= \dfrac{161 \times 154}{65} \times \sin 60° = 330 [MW]$

30 다음 식은 무엇을 결정할 때 쓰이는 식인가? (단, l은 송전거리[km], P는 송전전력[kW]이다.)

$$5.5\sqrt{0.6l + \frac{P}{100}}$$

① 송전전압을 결정할 때
② 송전선의 굵기를 결정할 때
③ 역률개선 시 콘덴서의 용량을 결정할 때
④ 발전소의 발전전압을 결정할 때

해설 스틸(Still)식이라 하며 경제적인 송전전압 결정 시에 이용된다.

31 그림과 같이 지지점 A, B, C에는 고저차가 없으며, 지지물 간 거리(경간) AB와 BC 사이에 전선이 설치(가설)되어 그 처짐정도(이도)가 12[cm]이었다고 한다. 지금 지지점 B에서 전선이 떨어져 전선의 처짐정도(이도)가 D로 되었다면 D는 몇 [cm]가 되겠는가?

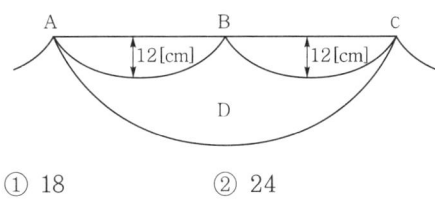

① 18 ② 24
③ 30 ④ 36

해설 $D_2 = 2D_1 = 2 \times 12 = 24[cm]$

32 반도체 전력변환기기에서 인버터의 역할은?

① 직류 → 직류변환
② 직류 → 교류변환
③ 교류 → 교류변환
④ 교류 → 직류변환

해설
- 인버터 : DC → AC로 변환
- 컨버터 : AC → DC로 변환

33 220[V]의 교류전압을 배전압정류할 때 최대 정류전압은?

① 약 440[V] ② 약 566[V]
③ 약 622[V] ④ 약 880[V]

해설 반파배전압회로 : 입력전압 최대치 2배의 전압이 출력에 나오는 회로
(단, $V_i : V_m \sin\omega t [V]$)

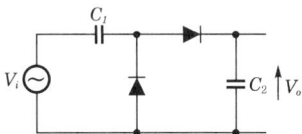

즉, $V_o = 2V_m = 2\sqrt{2}\,V$가 되며
$V_o = 2\sqrt{2} \cdot 220 = 622[V]$

회로에서 V_m은 최댓값이며, 최댓값 = $\sqrt{2}$ 는 실효값이다.

정답 28 ④ 29 ① 30 ① 31 ② 32 ② 33 ③

[참고] 브리지 배전압 정류회로

$V_i = V_m \sin\omega t$
$\therefore V_o = 2V_m$

34 입력전원전압이 $v_s = V_m \sin\theta$인 경우, 아래 그림의 전파 다이오드 정류기의 출력전압($v_0(t)$)에 대한 평균치와 실효치를 각각 옳게 나타낸 것은?

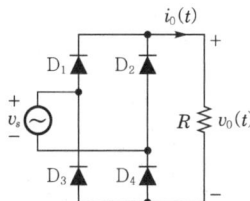

① 평균치 : $\dfrac{V_m}{\pi}$, 실효치 : $\dfrac{V_m}{2}$

② 평균치 : $\dfrac{V_m}{2}$, 실효치 : $\dfrac{V_m}{\pi}$

③ 평균치 : $\dfrac{V_m}{2\pi}$, 실효치 : $\dfrac{V_m}{\sqrt{2}}$

④ 평균치 : $\dfrac{2V_m}{\pi}$, 실효치 : $\dfrac{V_m}{\sqrt{2}}$

해설 브리지 전파정류회로
- 평균치 $= \dfrac{2}{\pi}V_m$
- 실효치 $= \dfrac{V_m}{\sqrt{2}}$

[참고] 변형된 브리지 정류회로

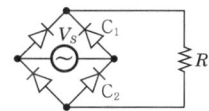

35 단상 브리지 제어정류회로에서 저항부하인 경우 출력전압은? (단, α는 트리거 위상각이다.)

① $E_d = 0.225E(1+\cos\alpha)$

② $E_d = \dfrac{2\sqrt{2}}{\pi}E\left(\dfrac{1+\cos\alpha}{2}\right)$

③ $E_d = 2\dfrac{\sqrt{2}}{\pi}E\cos\alpha$

④ $E_d = 1.17E\cos\alpha$

해설 브리지 제어정류회로는 전파이므로

출력전압(E_d) $= \dfrac{\sqrt{2}}{\pi}E(1+\cos\alpha)$
$= \dfrac{2\sqrt{2}}{\pi}E\left(\dfrac{1+\cos\alpha}{2}\right)$

36 특정전압 이상이 되면 On되는 반도체인 배리스터의 주된 용도는?

① 온도보상
② 전압의 증폭
③ 출력전류의 조절
④ 서지전압에 대한 회로보호

해설 배리스터의 특징
- 낮은 전압에서는 큰 저항, 높은 전압에서는 낮은 저항을 갖는다.
- 비직선 용량특성을 이용한다.
- 이상전압(surge-voltage)에 대한 회로보호용으로 이용한다.
- 통신선로의 피뢰침으로 이용된다.
- 자동전압 조정회로 소자이다.
- Variable capacitor이다.

37 전력용 반도체 소자 중 양방향으로 전류를 흘릴 수 있는 것은?

① GTO
② TRIAC
③ DIODE
④ SCR

해설 SCR(Silicon-Controlled Rectifier)
- 실리콘제어 정류소자
- PNPN구조를 갖고 있다.
- 도통상태에서 애노드 전압극성을 반대로 하면 차단된다.
- 부성저항 특성을 갖는다.
- 2개의 SCR을 병렬로 연결하면 TRIAC이 된다.

정답 34 ④ 35 ② 36 ④ 37 ②

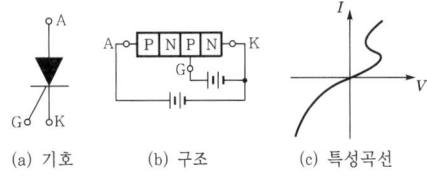

(a) 기호   (b) 구조   (c) 특성곡선

38 다음 중 SCR에 대한 설명으로 가장 옳은 것은?

① 게이트 전류로 애노드 전류를 연속적으로 제어할 수 있다.
② 쌍방향성 사이리스터이다.
③ 게이트 전류를 차단하면 애노드 전류가 차단된다.
④ 단락상태에서 애노드 전압을 0 또는 부 (−)로 하면 차단상태로 뜬다.

해설 SCR(Silicon Controlled Rectifier)
- 실리콘제어 정류소자
- PNPN의 4층 구조로 이루어져 있다.
- 순방향일 때 부성저항 특성을 갖는다.
- 일단 도통된 후의 전류를 제어하기 위해서는 애노드 전압을 '0' 또는 (−)상태로 극성을 바꾸어주면 된다.

39 MOSFET의 드레인 전류는 무엇으로 제어하는가?

① 게이트 전압   ② 게이트 전류
③ 소스전류   ④ 소스전압

해설 FET(Field-Effect TR)
- 특징
  - 다수 캐리어에 의해 전류가 흐른다.
  - 입력저항이 매우 크다.
  - 저잡음이다.
  - 5극 진공관 특성과 비슷하다.
  - 이득(G)×대역폭(B)이 작다.
  - J-FET와 MOS-FET가 있다.
  - V_{GS}(Gate-Source 사이의 전압)로 드레인 전류를 제어한다.

- 종류
  - J-FET(접합 FET)

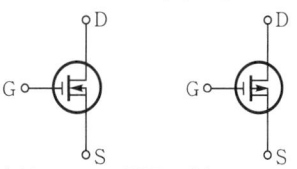

(a) N-channel FET   (b) P-channel FET

  - MOS-FET(절연게이트형 FET)

(a) N-channel FET   (b) P-channel FET

- FET의 3정수
  - $g_m = \dfrac{\Delta I_D}{\Delta V_{GS}}$ (순방향 상호전달 컨덕턴스)
  - $r_d = \dfrac{\Delta V_{DS}}{\Delta I_D}$ (드레인-소스저항)
  - $\mu = \dfrac{\Delta V_{DS}}{\Delta V_{GS}}$ (전압증폭률)
  - $\mu = g_m \cdot r_d$

40 달링턴(Darlington)형 바이폴러 트랜지스터의 전류증폭률은?

① 1~3
② 10~30
③ 30~100
④ 100~1,000

해설 달링턴 접속회로(Darlington connection circuit)
- NPN-TR 2개가 접속되어 있다.
- 전류증폭도가 매우 크다.(100~1,000배 정도)
- 회로도

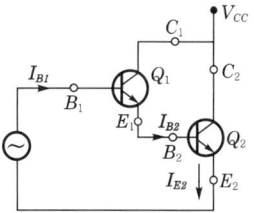

정답 38 ④ 39 ① 40 ④

전류이득$(A_i) = \dfrac{I_{E2}}{I_{B1}}$
$= (1 + hfe_1)(1 + hfe_2)$
$\fallingdotseq hfe_1 \cdot hfe_2$
$(\because hfe_1 : hfe_2 \gg 1)$

∴ 2개의 TR을 연결함으로써 TR의 구동에 필요한 구동전류를 감소시키는 효과를 얻을 수 있다.

41 사이클로 컨버터에 대한 설명으로 옳은 것은?
① 교류전력의 주파수를 변환하는 장치이다.
② 직류전력을 교류전력으로 변환하는 장치이다.
③ 교류전력을 직류전력으로 변환하는 장치이다.
④ 직류전력 및 교류전력을 변성하는 장치이다.

해설 사이클로 컨버터(cyclo converter)
교류전력의 주파수 변환장치이며, 교류전동기의 속도제어용으로 이용된다.

42 전기자 도체의 총수 500, 10극, 단중파권으로 매극의 자속수가 0.2[Wb]인 직류발전기가 600[rpm]으로 회전할 때의 유기기전력은 몇 [V]인가?
① 25,000   ② 5,000
③ 10,000   ④ 15,000

해설 유기기전력(E)
$E = \dfrac{z}{a} \cdot e = \dfrac{z}{a} P \phi n = \dfrac{z}{a} P \phi \dfrac{N}{60}$ [V]
여기서, z : 전기자 도체의 총수[개]
a : 병렬회로수(중권 : $a = P$, 파권 : $a = 2$)
P : 자극의 수[극]
ϕ : 매극당 자속[Wb]
N : 분당 회전수

∴ $E = \dfrac{z}{a} P \phi \dfrac{N}{60}$
$= \dfrac{500}{2} \times 10 \times 0.2 \times \dfrac{600}{60}$
$= 5,000$ [V]

43 직류기의 전기자철심을 규소강판으로 성층하는 가장 큰 이유는?
① 기계손을 줄이기 위해서
② 철손을 줄이기 위해서
③ 제작이 간편하기 때문에
④ 가격이 싸기 때문에

해설 철심
얇은 규소강판을 성층철심하면 히스테리시스손을 감소시킬 수 있다.
• 규소함유량 : 1~1.4[%]
• 강판두께 : 0.35~0.5[mm]

44 무부하에서 자기여자로 전압을 확립하지 못하는 직류 발전기는?
① 직권 발전기   ② 분권 발전기
③ 복권 발전기   ④ 타여자 발전기

해설 직권 발전기
무부하 시에는 자기여자로 전압을 확립하지 못하며, 선로의 전압강하를 보상하는 목적으로 장거리 급전선에 직렬로 연결하여 승압기로 사용된다.

45 직류 분권 전동기의 부하로 가장 적당한 것은?
① 크레인   ② 권상기
③ 전동차   ④ 공작기계

해설
• 전동차용 전동기는 저속도에서 큰 토크가 발생하고, 속도가 상승하면 토크가 작아지는 직류 직권 전동기를 사용한다.
• 분권 전동기는 공급전압 증가시 계자전류가 전압에 비례하여 증가하고, 또한 자속이 비례하여 증가하므로 회전속도는 거의 일정하며 선박의 펌프, 공작기계 등에 이용된다.

정답 41 ① 42 ② 43 ② 44 ① 45 ④

46 워드 레오나드(Ward Leonard) 방식은 직류기의 무엇을 목적으로 하는 것인가?

① 정류개선
② 속도제어
③ 계자자속조정
④ 병렬운전

해설 속도를 제어하기 위한 방식으로 계자제어, 저항제어, 전압제어(워드 레오나드, 일그너), 직·병렬제어방식이 있다.

47 동기 발전기에서 전기자권선을 단절권으로 하는 이유는?

① 절연을 좋게 하기 위해
② 기전력을 높게 한다.
③ 역률을 좋게 한다.
④ 고조파를 제거한다.

해설 단절권의 특징
- 고조파가 제거되어 기전력의 파형개선
- 동량의 감소, 기계적 치수 경감
- 코일 간격이 극간격보다 짧은 경우 사용
- 기전력 감소

48 회전수 1,800[rpm]를 만족하는 동기기의 극수 (㉠)와 주파수 (㉡)는?

① ㉠ 4극, ㉡ 50[Hz]
② ㉠ 6극, ㉡ 50[Hz]
③ ㉠ 4극, ㉡ 60[Hz]
④ ㉠ 6극, ㉡ 60[Hz]

해설 동기속도(N_s)
$N_s = \dfrac{120f}{P}$ 에서 $1,800 = \dfrac{1,200f}{P}$ 이 된다.
∴ $P = \dfrac{1}{15}f$ 의 관계식이므로
- 4극에서 $f = 60[Hz]$
- 6극에서 $f = 90[Hz]$

49 동기 전동기의 여자전류를 증가하면 어떤 현상이 생기는가?

① 앞선 무효전류가 흐르고 유도기전력은 높아진다.
② 토크가 증가한다.
③ 난조가 생긴다.
④ 전기자 전류의 위상이 앞선다.

해설 동기 전동기의 위상특성곡선(V곡선)
공급전압과 출력이 일정한 상태에서 계자전류(I_f)의 조정에 따른 전기자전류(I)의 크기와 위상(역률각 : θ)의 관계곡선
- 부족 여자 : 전기자 전류가 공급 전압보다 위상이 뒤지므로 리액터 작용
- 과여자 : 전기자 전류가 공급 전압보다 위상이 앞서므로 콘덴서 작용

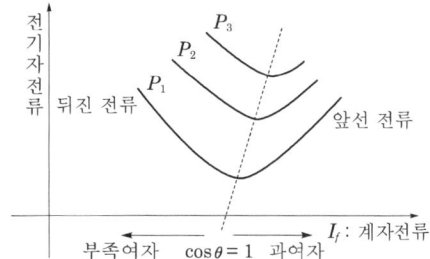

50 변압기의 효율이 최고일 조건은?

① 철손 = $\dfrac{1}{2}$ 동손
② 동손 = $\dfrac{1}{2}$ 철손
③ 철손 = 동손
④ 철손 = (동손)^2

해설 최대 효율은 무부하손(여기서, 고정손, 철손) = 부하손(여기서, 가변동, 동손)일 때이다.
여기서, P_i : 철손, P_c : 동손이며 부하가 m 배이면 η_m는 $P_i = m^2 P_c$ 이다.

정답 46 ② 47 ④ 48 ③ 49 ④ 50 ③

51 전선의 접속법에 대한 설명으로 잘못된 것은?

① 접속부분은 접속슬리브, 전선접속기를 사용하여 접속한다.
② 접속부는 전선의 강도(인장하중)를 20[%] 이상 유지한다.
③ 접속부분은 절연전선의 절연물과 동등 이상의 절연효력이 있는 것으로 충분히 피복한다.
④ 전기화학적 성질이 다른 도체를 접속하는 경우에는 접속부분에 전기적 부식이 생기지 않도록 하여야 한다.

해설 전선의 접속법
- 전기저항 증가금지
- 접속부위 반드시 절연
- 접속부위 접속기구 사용
- 전선의 세기(인장하중) 20[%] 이상 감소금지
- 전기적 부식방지
- 충분히 절연피복을 할 것

52 고압 및 특고압의 전로에서 절연내력시험을 할 때 규정에 정한 시험전압을 전로와 대지 사이에 몇 분간 가하여 견디어야 하는가?

① 1분   ② 5분
③ 10분   ④ 20분

해설 절연내력시험
- 고압 및 특고압전로는 시험전압을 전로와 대지 사이에 계속하여 10분간 가하여 절연내력을 시험하는 경우 이에 견디어야 한다.
- 다만, Cable을 사용하는 교류전류는 시험전압이 직류이면 표에 정한 시험전압의 2배의 직류전압으로 한다.

전로의 종류 (최대 사용전압)	시험전압
1. 7[kV] 이하	최대사용전압의 1.5배의 전압
2. 7[kV] 초과 25[kV] 이하인 중성점 접지식 전로(중성선을 가지는 것으로서 그 중성선을 다중접지하는 것에 한함)	최대사용전압의 0.92배의 전압
3. 7[kV] 초과 60[kV] 이하인 전로	최대사용전압의 1.25배의 전압(최저 시험전압 10,500[V])
4. 60[kV] 초과 중성점 비접지식 전로	최대사용전압의 1.25배의 전압
5. 60[kV] 초과 중성점 접지식 전로	최대사용전압의 1.1배의 전압(최저시험전압 75[kV])
6. 60[kV] 초과 중성점 직접 접지식 전로	최대사용전압의 0.72배의 전압
7. 170[kV] 초과 중성점 직접 접지되어 있는 발전소 또는 변전소 혹은 이에 준하는 장소에 시설하는 것	최대사용전압의 0.64배의 전압
8. 최대사용전압이 60[kV]를 초과하는 정류기에 접속되고 있는 전로	교류측 및 직류 고전압측에 접속되고 있는 전로는 교류측의 최대사용전압의 1.1배의 직류전압
	직류측 중성선 또는 귀선이 되는 전로(이하 "직류저압측 전로"라 함)는 규정하는 계산식에 의하여 구한 값

53 가공전선로에 사용하는 원형 철근 콘크리트 주의 수직투영면적 1[m²]에 대한 갑종 풍압하중은?

① 333[Pa]
② 588[Pa]
③ 745[Pa]
④ 882[Pa]

해설 풍압하중의 종별과 적용
- 갑종 풍압하중 : 구성재의 수직투영면적 1[m²]에 대한 풍압을 기초로 하여 계산

풍압을 받는 구분	구성재의 수직투영면적 1[m²]에 대한 풍압
목주	588[Pa]

풍압을 받는 구분			구성재의 수직투영면적 1[m²]에 대한 풍압
지지물	철주	원형의 것	588[Pa]
		삼각형 또는 마름모형의 것	1,412[Pa]
		강관에 의하여 구성되는 4각형의 것	1,117[Pa]
		기타의 것	복제가 전·후면에 겹치는 경우에 1,627[Pa], 기타의 경우에는 1,784[Pa]
	철근 콘크리트주	원형의 것	588[Pa]
		기타의 것	882[Pa]
	철탑	단주 (완철류는 제외함) 원형의 것	588[Pa]
		단주 (완철류는 제외함) 기타의 것	1,117[Pa]
		강관으로 구성되는 것(단주는 제외함)	1,255[Pa]
		기타의 것	2,157[Pa]
전선 기타 가섭선	다도체(구성하는 전선이 2가닥마다 수평으로 배열되고 또한 그 전선 상호간의 거리가 전선의 바깥지름의 20배 이하인 것)를 구성하는 전선		666[Pa]
	기타의 것		745[Pa]
애자장치(특고압 전선용의 것)			1,039[Pa]
목주·철주(원형의 것) 및 철근 콘크리트주의 완금류(특고압 전선로용의 것)			단일재로서 사용하는 경우에는 1,196[Pa], 기타의 경우에는 1,627[Pa]

• 을종 풍압하중 : 갑종 풍압의 $\frac{1}{2}$을 기초로 계산

• 병종 풍압하중 : 갑종 풍압의 $\frac{1}{2}$을 기초로 계산

54 다음 중 '무효전력을 조정하는 전기기계·기구'로 용어 정의되는 것은?

① 배류코일 ② 변성기
③ 조상설비 ④ 리액터

해설 조상설비
무효전력을 조정하여 전송효율을 증가시키고, 계통의 안정도를 증진시키기 위한 전기기계·기구

55 고압 또는 특고압 가공전선로에서 공급을 받는 수용장소의 인입구 또는 이와 근접한 곳에는 무엇을 시설하여야 하는가?

① 동기조상기
② 직렬 리액터
③ 정류기
④ 피뢰기

해설 피뢰기의 시설
• 피뢰기의 시설장소
 - 가공전선로와 지중전선로가 접속되는 곳
 - 고압 및 특고압 가공전선로에서 공급을 받는 수용장소의 인입구
 - 발전소·변전소 혹은 이것에 준하는 장소의 가공전선의 인입구 및 인출구
 - 가공전선로에 접속하는 배전용 변압기의 고압측 및 특고압측
• 피뢰기 시설을 하지 않을 수 있는 곳
 - 직접 접속하는 전선이 짧을 경우
 - 적은 지역으로서 방출보호통 등 피뢰기에 갈음하는 장치를 한 경우
 - 지중전선로의 말단부분

56 u 관리도의 관리한계선을 구하는 식으로 옳은 것은?

① $\bar{u} \pm \sqrt{u}$
② $\bar{u} \pm 3\sqrt{u}$
③ $\bar{u} \pm 3\sqrt{nu}$
④ $\bar{u} \pm 3\sqrt{\dfrac{u}{n}}$

정답 54 ③ 55 ④ 56 ④

해설 u 관리도

- 중심선 $CL = \bar{u} = \dfrac{\sum c}{\sum n}$
- 상한선 $CL = \bar{u} + 3\sqrt{\dfrac{\bar{u}}{n}}$
- 하한선 $CL = \bar{u} - 3\sqrt{\dfrac{\bar{u}}{n}}$

57 '무결점 운동'으로 불리는 것으로 미국의 항공사인 마틴사에서 시작된 품질개선을 위한 동기부여 프로그램은 무엇인가?

① ZD　　　② 6 시그마
③ TPM　　④ ISO 9001

해설 무결점 운동(ZD-program)
- 1962년 미국 마틴 항공사에서 품질개선을 위해 시작된 운동이다.
- 품질개선을 위한 정확성, 서비스 향상, 신뢰성, 원가절감 등의 에러를 '0'으로 한다는 목표로 전개된 운동이다.
- ZD-program의 중요관점요인
  - 불량발생률을 '0'으로 한다.
  - 동기유발
  - 인적 요인과 중심역할
  - 작업의욕과 기능중심

58 다음 중 신제품에 대한 수요예측방법으로 가장 적절한 것은?

① 시장조사법　② 이동평균법
③ 지수평활법　④ 최소자승법

해설 수요예측방법
- 과거의 자료가 없거나 신제품의 경우
  - 시장조사법
  - 델파이법
  - 전문가 패널에 의한 방법
- 과거의 자료가 있을 때
  - 이동평균법
  - 지수평활법

59 작업자가 장소를 이동하면서 작업을 수행하는 경우에 그 과정을 가공, 검사, 운반, 저장 등의 기호를 사용하여 분석하는 것을 무엇이라 하는가?

① 작업자 연합작업분석
② 작업자 동작분석
③ 작업자 미세분석
④ 작업자 공정분석

해설 작업자 공정분석
작업자가 장소를 이동하면서 작업을 수행하는 경우 그 과정을 가공, 검사, 운반 등의 기호를 사용하여 분석하는 것을 말한다.
- ○ : 작업
- □ : 검사
- ⇒ : 이동
- D : 대기
- ▽ : 저장

60 다음 중 브레인스토밍(brainstorming)과 가장 관계가 깊은 것은?

① 파레토도　② 히스토그램
③ 회귀분석　④ 특성요인도

해설 브레인스토밍이나 특성요인도법은 다수의 여러 요인과 아이디어 등을 참고하여 발생한 원인을 분석하고자 한다.

정답 57 ①　58 ①　59 ④　60 ④

2021년 CBT 기출복원문제(Ⅰ)

01 그림과 같은 회로에 전압 200[V]를 가할 때 20[Ω]의 저항에 흐르는 전류는 몇 [A] 인가?

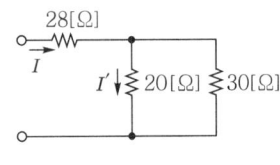

① 2 ② 3
③ 5 ④ 8

해설 전체 저항을 먼저 구하면
$$R = 28 + \frac{20 \times 30}{20 + 30} = 40[\Omega]$$
전체 전류(I)
$$I = \frac{200}{40} = 5[A]$$
∴ 분류법칙을 이용하여 20[Ω]에 흐르는 전류 (I')를 구하면
$$I' = \frac{30}{20 + 30} \times 5 = 3[A]$$

02 분류기를 사용하여 전류를 측정하는 경우 전류계의 내부저항 0.12[Ω] 분류기의 저항이 0.04[Ω]이면 그 배율은?

① 2배 ② 3배
③ 4배 ④ 5배

해설 분류기(R_s) $= \dfrac{r_a}{m-1}$ (여기서, m : 배율, r_a : 전류계 내부저항)에서 $0.04 = \dfrac{0.12}{m-1}$

∴ $0.04 = \dfrac{\cancel{0.12}^{\,3}}{m-1}$
   $\ \ \ \ \ \ 1$

그러므로 배율 m은 4배가 된다.

03 전기분해에 관한 패러데이의 법칙에서 전기분해시 전기량이 일정하면 전극에서 석출되는 물질의 양은? [49회 11.4.]

① 원자가에 비례한다.
② 전류에 반비례한다.
③ 시간에 반비례한다.
④ 화학당량에 비례한다.

해설 **패러데이의 법칙(Faraday's law)**
• 전기분해에 의해서 음과 양의 두 전극으로부터 석출되는 물질의 양은 전해액 속에 통한 전기량에 비례한다.
  $W = KQ = KIt[g]$(여기서, K : 전기 화학당량)
• 같은 전기량에 의해 여러 가지 화합물이 전해될 때 석출되는 물질의 양은 그 물질의 화학당량에 비례한다.
  화학당량 $= \dfrac{\text{원자량}}{\text{원자가}}$

04 전지의 기전력이나 열전대의 기전력을 정밀하게 측정하기 위하여 사용하는 것은?

① 켈빈 더블 브리지
② 캠벨 브리지
③ 직류 전위차계
④ 메거

해설
• 전위차계 : 표준으로 사용할 전지의 기전력을 측정할 때 전류를 흘리면 성극작용으로 단자전압이 변하여 정밀측정이 되지 않으므로 전위차계를 사용하여 영위법으로 전압을 측정한다.
• 캠벨 브리지 : 상호 인덕턴스(M), 가청주파수 측정에 이용된다.
• 켈빈 더블 브리지 : 저저항 측정에 이용된다.

정답 01 ② 02 ③ 03 ④ 04 ③

05 정현파에서 파고율이란?

① $\dfrac{최댓값}{실효값}$ ② $\dfrac{평균값}{실효값}$

③ $\dfrac{실효값}{평균값}$ ④ $\dfrac{최댓값}{평균값}$

해설
- 파형률 = $\dfrac{실효값}{평균값}$
- 파고율 = $\dfrac{최댓값}{실효값}$
- 정현파의 파고율 = $\dfrac{최댓값}{실효값} = \dfrac{V_m}{\frac{V_m}{\sqrt{2}}} = \sqrt{2}$

(여기서, V_m : 최댓값을 의미)

06 어떤 회로소자에 $e = 250\sin 377t$ [V]의 전압을 인가하였더니 전류 $i = 50\sin 377t$ [A]가 흘렀다. 이 회로의 소자는?

① 용량 리액턴스 ② 유도 리액턴스
③ 순저항   ④ 다이오드

해설 R만의 회로

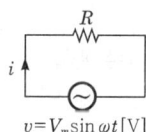

전류 $i = \dfrac{V_m}{R}\sin\omega t = I_m \sin\omega t$ [A]

저항(R)만의 회로에서는 서로 동위상이 된다.

07 다음 설명 중 옳은 것은?

① 인덕턴스를 직렬 연결하면 리액턴스가 커진다.
② 저항을 병렬 연결하면 합성저항은 커진다.
③ 콘덴서를 직렬 연결하면 용량이 커진다.
④ 유도 리액턴스는 주파수에 반비례한다.

해설
- 저항은 직렬로 연결할수록 합성저항값은 커진다.
- 저항은 병렬로 연결할수록 합성저항값은 작아진다.
- 인덕턴스(L)는 직렬로 연결할수록 합성 L값이 커지므로 유도 리액턴스(X_L)값도 커진다.
- 커패시턴스(C)는 직렬로 연결할수록 합성 C값은 작아진다.
- 유도 리액턴스(X_L)는 ($X_L = \omega L = 2\pi f L$) 주파수($f$)에 비례한다.

08 2진수 $(110010.111)_2$를 8진수로 변환한 값은?

① $(62.7)_8$ ② $(32.7)_8$
③ $(62.6)_8$ ④ $(32.6)_8$

해설 2진수를 8진수로 변환하기 위해서는 소수점을 기준으로 3bit씩 묶어서 읽으면 된다.
$(/110/010./111/)_2$
   6   2   7
∴ $(110010.111)_2 = (62.7)_8$

09 2진수 10011의 2의 보수 표현으로 옳은 것은?

① 01101 ② 10010
③ 01100 ④ 01010

해설 2의 보수를 구하면 다음과 같다.
10011_2
↓ ← 1의 보수
01100
+   1
─────
01101 ← 2의 보수

10 논리식 'A + AB'를 간단히 계산한 결과는?

① A
② $\overline{A}$ + B
③ A + $\overline{B}$
④ A + B

해설 불대수

$\begin{cases} A+A=A,\ A\times A=A,\ A+\overline{A}=1 \\ A\times\overline{A}=0,\ 1+A=1,\ 1\times A=A \\ \overline{\overline{A}}=A \end{cases}$

∴ $A + AB = A(1+B) = A$

정답 05 ① 06 ③ 07 ① 08 ① 09 ① 10 ①

11 논리식 $F = \overline{A}\overline{B}C + \overline{A}B\overline{C} + A\overline{B}C + AB\overline{C}$를 간소화한 것은?

① $F = \overline{A}C + A\overline{C}$
② $F = \overline{B}C + B\overline{C}$
③ $F = \overline{A}B + A\overline{B}$
④ $F = \overline{A}B + B\overline{C}$

해설 카르노맵을 이용하면 다음과 같다.

C \ AB	$\overline{A}\overline{B}$	$\overline{A}B$	AB	$A\overline{B}$
$\overline{C}$		1	1	
C	1			1

∴ $F = \overline{B}C + B\overline{C}$

12 그림과 같은 타임차트의 기능을 갖는 논리게이트는?

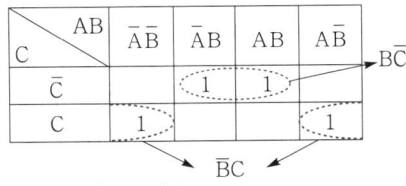

① A B ⊐ X (OR)
② A B ⊐ X (AND)
③ A B ⊐o X (NOR)
④ A B ⊐o X (NAND)

해설 입력 $\begin{cases} A : 0\ 1\ 1\ 0\ 0 \\ B : 0\ 0\ 1\ 1\ 0 \end{cases}$ ← AND회로
출력 $X : 0\ 0\ 1\ 0\ 0$

입력 $\begin{cases} A : 0\ 1\ 1\ 0\ 0 \\ B : 0\ 0\ 1\ 1\ 0 \end{cases}$ ← OR회로
출력 $X : 0\ 1\ 1\ 1\ 0$

13 진리표와 같은 출력의 논리식을 간략화한 것은?

입력			출력
A	B	C	X
0	0	0	0
0	0	1	1
0	1	0	0
0	1	1	1
1	0	0	0
1	0	1	0
1	1	0	1
1	1	1	1

① $\overline{A}B + \overline{B}C$
② $\overline{A}B + B\overline{C}$
③ $AC + \overline{B}\overline{C}$
④ $AB + \overline{A}C$

해설 출력 X에서 '1'이 되는 부분만 논리식으로 나타내면 다음과 같다.
$X = \overline{A}\overline{B}C + \overline{A}BC + AB\overline{C} + ABC$
$= \overline{A}C(\overline{B}+B) + AB(\overline{C}+C)$
$= \overline{A}C + AB \ (\because \overline{B}+B=1, \overline{C}+C=1)$

14 반가산기회로에서 입력을 A, B라 하고 합을 S로 표시할 때 S는 어떻게 되는가?

① $A \cdot B$
② $A + B$
③ $\overline{A}B + A\overline{B}$
④ $\overline{A+B}$

해설 반가산기의 합(S), 자리올림수(C)
$\begin{cases} S = A \oplus B = \overline{A}B + A\overline{B} \\ C_0 = A \cdot B \end{cases}$

15 그림과 같은 회로의 기능은?

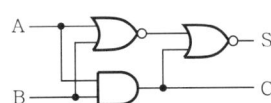

① 반가산기
② 감산기
③ 반일치회로
④ 부호기

정답 11 ② 12 ① 13 ④ 14 ③ 15 ①

해설

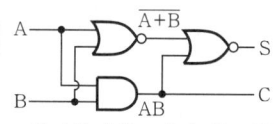

- 반가산기회로이며 S, C를 표시하면 다음과 같다.

$$C = A \cdot B$$
$$S = \overline{\overline{A+B} + A \cdot B} = \overline{\overline{A+B}} \cdot \overline{A \cdot B}$$
$$= (A+B)(\overline{A \cdot B}) = (A+B)(\overline{A}+\overline{B})$$
$$= A\overline{B} + \overline{A}B = A \oplus B$$

- 반가산기는 입력 2단자, 출력 2단자로 이루어져 있다.
- 진리표

입력		출력	
A	B	S	C
0	0	0	0
0	1	1	0
1	0	1	0
1	1	0	1

16 전가산기(full adder)회로의 기본적인 구성은?

① 입력 2개, 출력 2개로 구성
② 입력 2개, 출력 3개로 구성
③ 입력 3개, 출력 2개로 구성
④ 입력 3개, 출력 3개로 구성

해설 전가산기는 반가산기 2개와 OR회로 1개로 구성되며, 입력 3단자와 출력 2단자로 이루어진 회로이다.

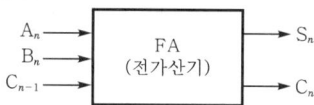

17 J-K FF에서 현재 상태의 출력 Q_n을 1로 하고, J입력에 0, K입력에 0을 클록펄스 C.P에 Rising edge의 신호를 가하게 되면 다음 상태의 출력 Q_{n+1}은?

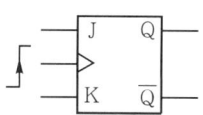

① 1　　　　② 0
③ X　　　　④ $\overline{Q_n}$

해설 J-K FF에서 진리표를 이용해서 구해보면 다음과 같다.

입력		출력
J	K	$Q_{n+1}(t)$
0	0	Q_n (불변)
0	1	0
1	0	1
1	1	$\overline{Q_n}$ (반전)

J=K=0일 때 불변상태이므로 $Q_{n+1} = Q_n$이 된다.
∴ $Q_n = Q_{n+1}$ = '1'상태이다.

18 송전선로의 저항을 R, 리액턴스를 X라 하면 다음의 어느 식이 성립되는가?

① $R > X$
② $R < X$
③ $R \leq X$
④ $R = X$

해설 송전선로의 도체는 굵기 때문에 저항은 매우 적고 특히 리액턴스와 비교하면 무시할 정도이다.

19 소도체 2개로 된 복도체 방식 3상 3선식 송전선로가 있다. 소도체의 지름 2[cm], 소도체 간격 36[cm], 등가 선간거리 120[cm]인 경우에 복도체 1[km]의 인덕턴스[mH]는? (단, $\log_{10} 2 = 0.3010$이다.)

① 1.236　　② 0.757
③ 0.624　　④ 0.565

해설 $L_n = \dfrac{0.05}{n} + 0.4605 \log_{10} \dfrac{D}{\sqrt{r \cdot s}}$

$= \dfrac{0.05}{2} + 0.4605 \log_{10} \dfrac{120}{\sqrt{\dfrac{2}{2} \times 36}}$

$= 0.624 [\text{mH}]$

정답　16 ③　17 ①　18 ②　19 ③

20 송배전선로의 작용 정전용량은 무엇을 계산하는 데 사용되는가?

① 인접 통신선의 정전유도 전압계산
② 정상 운전 시 선로의 충전 전류계산
③ 선간단락 고장 시 고장전류계산
④ 비접지계통의 1선 지락고장 시 지락고장 전류계산

해설
- 대지 정전용량(C_s) : 1선 지락 전류계산
- 상호 정전용량(C_n) : 정전유도 전압계산
- 작용 정전용량(C_0) : 정상 운전 시 충전 전류 계산

21 코로나의 임계전압에 직접 관계가 없는 것은?

① 선간거리
② 기상조건
③ 애자의 강도
④ 전선의 굵기

해설 $E_0 = 24.3 m_0 m_1 \delta d \log_{10}\dfrac{D}{r}$ [kV/cm]

22 송전전력, 송전거리, 전선의 비중 및 전선손실률이 일정하다고 하면 전선의 단면적 A는 다음 중 어느 것에 비례하는가? (단, V는 송전전압이다.)

① V^2 ② V
③ $\dfrac{1}{V^2}$ ④ $\dfrac{1}{V}$

해설 단면적 $A = \dfrac{\rho l P^2}{P_l \cdot V^2 \cdot \cos^2\theta}$

23 늦은 역률의 부하를 갖는 단거리 송전선로의 전압강하의 근사식은? (단, P는 3상 부하전력[kW], E는 선간전압[kV], R은 선로저항[Ω], X는 리액턴스[Ω], θ는 부하의 늦은 역률각이다.)

① $\dfrac{P}{\sqrt{3}E}(R \cdot \cos\theta + X \cdot \sin\theta)$
② $\dfrac{P}{\sqrt{3}E}(R + X \cdot \tan\theta)$
③ $\dfrac{P}{E}(R + X \cdot \tan\theta)$
④ $\dfrac{\sqrt{3}P}{E}(R + X \cdot \tan\theta)$

해설
$$\begin{aligned} e &= \sqrt{3}I(R\cos\theta + X\sin\theta) \\ &= \sqrt{3} \cdot \left(\frac{P}{\sqrt{3}E\cos\theta}\right) \cdot (R\cos\theta + X\sin\theta) \\ &= \frac{P}{E\cos\theta} \cdot (R\cos\theta + X\sin\theta) \\ &= \frac{P}{E}\left(R + \frac{X\sin\theta}{\cos\theta}\right) \\ &= \frac{P}{E}(R + X\tan\theta) \end{aligned}$$

24 그림과 같이 회로정수 A, B, C, D인 송전선로에 변압기 임피던스 Z_r를 수전단에 접속했을 때 변압기 임피던스 Z_r를 포함한 새로운 회로정수 D_0는? (단, 그림에서 E_s, I_s는 송전단전압, 전류이고, E_r, I_r는 수전단전압, 전류이다.)

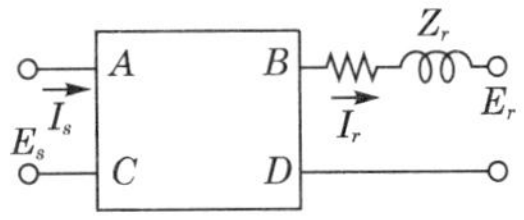

① $B + CZ_r$ ② $B + AZ_r$
③ $D + AZ_r$ ④ $D + CZ_r$

해설 $\begin{bmatrix} A_0 & B_0 \\ C_0 & D_0 \end{bmatrix} = \begin{bmatrix} A & B \\ C & D \end{bmatrix}\begin{bmatrix} 1 & Z_r \\ 0 & 1 \end{bmatrix} = \begin{bmatrix} A & AZ_r + B \\ C & CZ_r + D \end{bmatrix}$

$\therefore D_0 = D + CZ_r$

25 송전선로의 일반회로정수가 $A = 0.7$, $B = j190$, $D = 0.9$라 하면 C의 값은?

① $j1.95 \times 10^{-4}$
② $j1.95 \times 10^{-3}$
③ $-j1.95 \times 10^{-4}$
④ $-j1.95 \times 10^{-3}$

정답 20 ② 21 ③ 22 ③ 23 ③ 24 ④ 25 ②

해설 $AD-BC=1$에서
$$C = \frac{AD-1}{B}$$
$$= \frac{0.7 \times 0.9 - 1}{j90}$$
$$= j0.00195$$
$$= j1.95 \times 10^{-3}$$

26 송전선의 특성 임피던스는 저항과 누설 컨덕턴스를 무시하면 어떻게 표시되는가? (단, L은 선로의 인덕턴스, C는 선로의 정전용량이다.)

① $\sqrt{\dfrac{L}{C}}$ ② $\sqrt{\dfrac{C}{L}}$

③ $\dfrac{L}{C}$ ④ $\dfrac{C}{L}$

해설 $Z_0 = \sqrt{\dfrac{Z}{Y}} = \sqrt{\dfrac{R+j\omega L}{G+j\omega C}} = \sqrt{\dfrac{L}{C}}$

27 장거리 송전선로의 특성은 무슨 회로로 다루어야 하는가?

① 분산부하회로
② 집중정수회로
③ 분포정수회로
④ 특성 임피던스회로

해설 • 단거리 선로 : 집중정수회로
• 중거리 선로 : 4단자 정수
• 장거리 선로 : 분포정수회로

28 송전선로의 송전용량 결정에 관계가 먼 것은?

① 송·수전단 전압의 파일럿
② 조상기 용량
③ 송전효율
④ 송전선의 충전전류

해설 송전용량은 송전거리, 송·수전단 전압, 송·수전단 전압의 위상차, 선로의 리액턴스, 송전효율, 조상기 용량 등에 따라 결정된다.

29 전력용 콘덴서의 방전 코일의 역할은?

① 잔류전하의 방전
② 고조파의 억제
③ 역률의 개선
④ 콘덴서의 수명연장

해설 **방전 코일**
잔류전하를 방전하여 인체 감전사고 방지

30 다음 표는 리액터의 종류와 그 목적을 나타낸 것이다. 바르게 짝지어진 것은?

종류	목적
㉠ 병렬 리액터	ⓐ 지락 아크의 소멸
㉡ 한류 리액터	ⓑ 송전손실 경감
㉢ 직렬 리액터	ⓒ 차단기의 용량 경감
㉣ 소호 리액터	ⓓ 제5고조파 제거

① ㉠ - ⓑ ② ㉡ - ⓐ
③ ㉢ - ⓓ ④ ㉣ - ⓒ

해설 • 분로 리액터 : 페란티현상 방지
• 한류 리액터 : 단락전류 제한
• 소호 리액터 : 지락전류 제한
• 직렬 리액터 : 제5고조파 제거

31 다음 중 켈빈(Kelvin)의 법칙이 적용되는 것은?

① 경제적인 송전전압을 결정하고자 할 때
② 일정한 부하에 대한 계통손실을 최소화하고자 할 때
③ 경제적 송전선의 전선의 굵기를 결정하고자 할 때
④ 화력발전소군의 총연료비가 최소가 되도록 각 발전기의 경제부하배분을 하고자 할 때

해설 **켈빈의 법칙**
경제적인 전선의 굵기 선정
$\sigma = \sqrt{\dfrac{WMP}{\rho N}} = \sqrt{\dfrac{8.89 \times 55 MP}{N}}$ [A/mm²]

정답 26 ① 27 ③ 28 ④ 29 ① 30 ③ 31 ③

여기서, σ : 경제적인 전류밀도[A/mm^2]
W : 전선중량 8.89×10^{-3}[kg/mm$^2 \cdot$m]
M : 전선가격[원/kg]
P : 전선비에 대한 연경비 비율
ρ : 저항률 1/55[Ω/mm$^2 \cdot$m]
N : 전력량의 가격[원/kW/년]

32 DC를 AC로 변환시키는 변환장치는?

① 초퍼
② 인버터
③ 정류기
④ 사이클로 컨버터

해설 직류초퍼는 DC(직류)를 크기가 다른 DC로 변환하는 장치이다.

33 그림과 같은 회로에서 AB 간의 전압의 실효값을 200[V]라고 할 때 R_L 양단에서 전압의 평균값은 약 몇 [V]인가? (단, 다이오드는 이상적인 다이오드이다.)

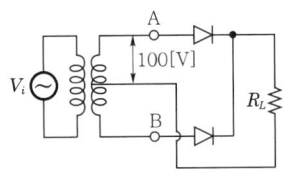

① 64　　② 90
③ 141　　④ 282

해설 전파정류회로

• 실효값 = $\dfrac{\text{최댓값}}{\sqrt{2}}$

• 평균값 = $\dfrac{2}{\pi}$ 최댓값 = $\dfrac{2}{\pi}(\sqrt{2}$ 실효값$)$

$= \dfrac{2\sqrt{2}}{\pi} \times 100 ≒ 90.07$[V]

[참고] 문제에서의 200[V]와 그림에서의 100[V]를 잘 확인해야 함

34 맥동전압주파수가 전원주파수의 6배가 되는 정류방식은?

① 단상 전파정류　② 단상 브리지정류
③ 3상 반파정류　　④ 3상 전파정류

해설

분류	단상 반파회로	단상 전파회로	3상 반파회로	3상 전파회로
맥동 주파수	60[Hz]	120[Hz]	180[Hz]	360[Hz]

35 낮은 전압에서 큰 저항을 나타내며, 높은 전압에서는 작은 저항을 갖는 소자는?

① 서미스터　　② 버랙터
③ 배리스터　　④ 사이리스터

해설 배리스터의 특징

• 낮은 전압에서는 큰 저항, 높은 전압에서는 낮은 저항을 갖는다.
• 비직선 용량특성을 이용한다.
• 이상전압(surge-voltage)에 대한 회로보호용으로 이용한다.
• 통신선로의 피뢰침으로 이용된다.
• 자동전압 조정회로 소자이다.
• Variable capacitor이다.

36 트라이액에 대한 설명 중 틀린 것은?

① 3단자 소자이다.
② 항상 정(+)의 게이트 펄스를 이용한다.
③ 두 개의 SCR을 역병렬로 연결한 것이다.
④ 게이트를 갖는 대칭형 스위치이다.

해설
• TRIAC은 정(+), 부(−)의 게이트 펄스를 이용한다.
• 양방향성, 3단자 소자이다.

37 반도체 트리거 소자로서 자기회복 능력이 있는 것은?

① GTO　　② SSS
③ SCS　　④ SCR

해설 GTO(Gate Turn-Off) : 자기회복 능력을 지니고 있다.

38 SCR의 단자명칭과 거리가 먼 것은?

① Gate　　② Base
③ Anode　　④ Cathode

정답 32 ② 33 ② 34 ④ 35 ③ 36 ② 37 ① 38 ②

해설 SCR을 Transistor 등가회로로 변환

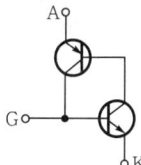

NPN형 TR과 PNP형 TR로 구성된다.

39 발광소자와 수광소자를 하나의 용기에 넣어 외부의 빛을 차단한 구조로 출력측의 전기적인 조건이 입력측에 전혀 영향을 끼치지 않는 소자는?

① 포토 다이오드 ② 포토 트랜지스터
③ 서미스터   ④ 포토 커플러

해설
• 포토 커플러(광결합기) : 발광소자와 수광소자를 하나의 케이스에 넣어서 외부의 빛을 차단하는 구조이다.
• 포토 다이오드 : 역bias된 PN접합 다이오드가 큰 저항을 나타내는 성질(암전류가 적은)을 이용하여 광감도를 증가시킨다. 또한 주위온도에 변화가 크다.
• 발광 다이오드(LED) : 순bias된 PN접합 다이오드에서 전자와 정공이 재결합시 빛과 열을 방출하는 발광현상을 이용한다.(단, GaP : 초록색, GaAs : 적외선, GaAsP : 황색)
• 태양전지(solar battery)
 - 현재 사용하고 있는 태양전지는 실리콘(si)으로 되어 있는 PN접합을 이용
 - 연속적으로 사용하기 위해 축전장치가 필요
 - 태양전지의 재료 : Si, GaAs, InP, CdS 등
 - 인공위성의 전원, 초단파무인중계국, 조도계 등에 이용

40 과도한 전류변화$\left(\dfrac{di}{dt}\right)$나 전압변화$\left(\dfrac{dv}{dt}\right)$에 의한 전력용 반도체스위치의 소손을 막기 위해 사용하는 회로는?

① 스너버회로
② 게이트회로
③ 필터회로
④ 스위치 제어회로

해설 과도한 전압이나 전류에 의해 사이리스터(전력용 반도체)의 소손을 방지하기 위해 사용하는 회로를 스너버회로라고 한다.

41 직류 발전기의 종류 중 부하의 변동에 따라 단자전압이 심하게 변화하는 어려움이 있지만 선로의 전압강하를 보상하는 목적으로 장거리 급전선에 직렬로 연결해서 승압기로 사용되는 것은?

① 직권 발전기
② 타여자 발전기
③ 분권 발전기
④ 복권 발전기

해설
• 직권 발전기

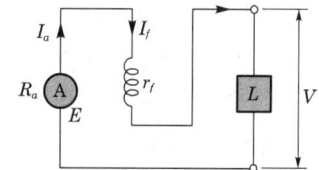

• 직류발전기의 무부하 특성곡선 : 무부하 상태 ($I=0$)에서 계자전류(I_f)와 유기기전력(E) 관계곡선

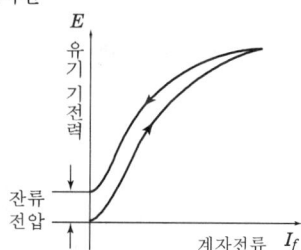

42 직류 직권 전동기에서 토크 T와 회전수 N과의 관계는 어떻게 되는가?

① $T \propto N$ ② $T \propto N^2$
③ $T \propto \dfrac{1}{N}$ ④ $T \propto \dfrac{1}{N^2}$

해설 직권 전동기
• 속도변동이 매우 크다. $N \propto \dfrac{1}{I_a}$

정답 39 ④ 40 ① 41 ① 42 ④

- 기동토크가 매우 크다. $T \propto I_a^2$

  $\therefore T \propto \dfrac{1}{N^2}$ 이 된다.

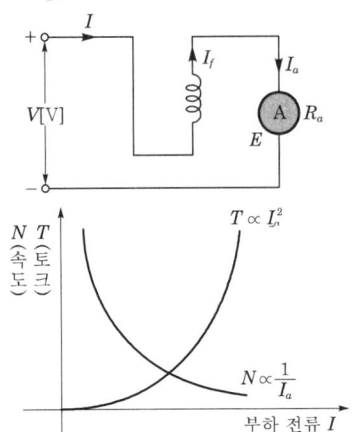

43 직류 전동기에서 전기자에 가해 주는 전원전압을 낮추어서 전동기의 유도기전력을 전원전압보다 높게 하여 제동하는 방법은?

① 맴돌이전류제동
② 발전제동
③ 역전제동
④ 회생제동

해설 직류 전동기의 운전법
- 시동(기동)법
- 속도제어
- 제동법
  - 발전제동 : 전기적 에너지를 저항에서 열로 소비하여 제동하는 방법
  - 회생제동 : 전동기의 역기전력을 공급전압보다 높게 하여 전기적 에너지를 전원측에 환원하여 제동하는 방법
  - 역상제동(plugging) : 전기자의 결선을 바꾸어 역회전력에 의해 급제동하는 방법

44 직류기에 보극을 설치하는 목적이 아닌 것은?

① 정류자의 불꽃방지
② 브러시의 이동방지
③ 정류기전력의 발생
④ 난조의 방지

해설 각 주자극의 중간에 보극을 설치하고 보극전선을 전기자권선과 직렬로 접속하면 보극에 의한 자속은 전기자전류에 비례하여 변화하기 때문에 정류로 발생되는 리액턴스전압을 효과적으로 상쇄시킬 수 있으므로 불꽃이 없는 정류를 할 수 있고 보극 부근의 전기자반작용도 상쇄되어 전기적 중성축의 이동을 방지할 수 있다.

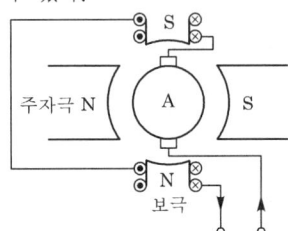

45 3상 동기 발전기의 각 상의 유기기전력 중에서 제5고조파를 제거하려면 코일 간격/극 간격을 어떻게 하면 되는가?

① 0.5
② 0.6
③ 0.7
④ 0.8

해설 단절계수(K_d)

$$K_{d_n} = \sin\dfrac{n\beta\pi}{2} \left(\beta = \dfrac{코일간격}{극간격} < 1\right)$$

제5고조파를 제거하려면 $K_{d_5} = \sin\dfrac{5\beta\pi}{2} = 0$ 이면 된다.

$\dfrac{5\beta\pi}{2} = 0, \pi, 2\pi$ 이므로

$\therefore \beta = 0, 0.4, 0.8$

46 극수 16, 회전수 450[rpm], 1상의 코일수 83, 1극의 유효자속 0.3[Wb]의 3상 동기발전기가 있다. 권선계수가 0.96이고, 전기자권선을 성형결선으로 하면 무부하 단자전압은 약 몇 [V]인가?

① 8,000[V]
② 9,000[V]
③ 10,000[V]
④ 11,000[V]

정답 43 ④ 44 ④ 45 ④ 46 ④

해설 무부하 단자전압(E)
- $f = \dfrac{PN}{120} = \dfrac{160 \times 450}{120} = 60[\text{Hz}]$
- $E = 4.44 k_w f n \phi$
  $= 4.44 \times 0.96 \times 60 \times 83 \times 0.3 ≒ 6,368.02$

성형결선(Y결선)으로 전압(선전압)을 구하면
$E_l = \sqrt{3} E = \sqrt{3} \times 6,368 ≒ 11,030[\text{V}]$

47 22,900/220[V]의 15[kVA] 변압기로 공급되는 저압 가공전선로의 절연부분의 전선에서 대지로 누설하는 전류의 최고 한도는?
① 약 34[mA] ② 약 45[mA]
③ 약 68[mA] ④ 약 75[mA]

해설 누설전류(I_g)

$I_g \leq I_m \times \dfrac{1}{2,000}$ (여기서, I_m : 최대 공급전류)

$I_m = \dfrac{P}{V} = \dfrac{15 \times 10^3}{220} ≒ 68.18[\text{A}]$

$\therefore I_g \leq 68.18 \times \dfrac{1}{2,000} ≒ 0.034[\text{A}] = 34[\text{mA}]$

48 저압 이웃연결(연접)인입선은 인입선에서 분기하는 점으로부터 100[m]를 넘지 않는 지역에 시설하고 폭 몇 [m]를 초과하는 도로를 횡단하지 않아야 하는가?
① 4   ② 5
③ 6   ④ 6.5

해설 저압 이웃연결(연접)인입선의 시설
저압 인입선의 규정에 준하여 시설하고, 다음에 의해서 설치한다.
- 옥내 통과 금지
- 폭 5[m]를 넘는 도로횡단 금지
- 인입선에서 분기하는 점으로부터 100[m]를 넘는 지역에 미치지 아니할 것

49 가공전선로의 지지물로부터 다른 지지물을 거치지 아니하고 수용장소의 붙임점에 이르는 가공전선을 무엇이라 하는가?
① 이웃연결(연접)인입선
② 가공인입선
③ 전선로
④ 옥측 배선

해설
- 가공인입선 : 가공전선로의 지지물로부터 다른 지지물을 거치지 아니하고 수용장소의 붙임점에 이르는 가공전선
- 연접인입선 : 수용장소의 인입선에서 분기하여 지지물을 거치지 아니하고 다른 수용장소의 인입구에 이르는 부분의 전선

50 조명용 전등에 일반적으로 타임스위치를 시설하는 곳은?
① 병원   ② 은행
③ 아파트 현관 ④ 공장

해설 점멸장치와 타임스위치 등의 시설 : 조명용 백열전등의 타임스위치 시설
- 일반주택, 아파트 각 호실의 현관등(3분 이내 소등)
- 관광진흥법과 공중위생법에 의한 관광숙박업 또는 숙박업에 이용되는 객실입구등(1분 이내 소등)

51 소맥분·전분·유황 등 가연성 분진에 전기설비가 발화원이 되어 폭발할 우려가 있는 곳에 시설하는 저압 옥내배선의 공사방법으로 옳지 않은 것은?
① 가요전선관 공사
② 금속관 공사
③ 합성수지관 공사
④ 케이블 공사

해설 폭연성 및 가연성 분진
- 폭연성 분진의 저압 옥내배선 : 금속관 공사, 케이블 공사(캡타이어 케이블 제외)
- 가연성 분진의 저압 옥내배선 : 금속관 공사, 케이블 공사, 합성수지관 공사

52 M 타입의 자동차 또는 LCD TV를 조립, 완성한 후 부적합수(결점수)를 점검한 데이터에는 어떤 관리도를 사용하는가?
① p 관리도   ② np 관리도
③ c 관리도   ④ $(\bar{x} - R)$ 관리도

정답 47 ① 48 ② 49 ② 50 ③ 51 ① 52 ③

해설 c 관리도
- 포아송 분포에 근거를 두고 있다.
- 자동차, LCD-TV 조립, 일정 길이의 직물에 나타난 결점수, 일정 면적의 스테인리스 철판에서 발견된 흠집수 등의 공정관리에 이용한다.
- c 관리도의 적합한 용도
  - 결점수에 대한 Sampling 검사과정을 할 때
  - 공정관리시
  - 품질변동에 대한 단기간의 조사연구시

53 다음 중 샘플링 검사보다 전수검사를 실시하는 것이 유리한 경우는?

① 검사항목이 많은 경우
② 파괴검사를 해야 하는 경우
③ 품질특성치가 치명적인 결점을 포함하는 경우
④ 다수다량의 것으로 어느 정도 부적합품이 섞여도 괜찮을 경우

해설 전수검사
- 검사항목이 적고 간단히 검사할 수 있을 때
- 전체 검사를 쉽게 할 수 있을 때
- 로트의 크기가 작을 때
- 불량품이 조금이라도 있으면 안 될 때
- 치명적인 결함을 포함하고 있을 때
- 검사비용이 많이 소요될 때

54 다음 표는 A 자동차 영업소의 월별 판매실적을 나타낸 것이다. 5개월 이동평균법으로 6월의 수요를 예측하면 몇 대인가?

월	1	2	3	4	5
판매량	100	110	120	130	140

① 120   ② 130
③ 140   ④ 150

해설 단순이동평균법
$$F_t = \frac{1}{n}\sum K_t$$
$$= \frac{1}{5}(100+110+120+130+140)$$
$$= 120$$

55 그림과 같은 계획공정도(network)에서 주공정으로 옳은 것은? (단, 화살표 밑의 숫자는 활동시간[주]을 나타낸다.)

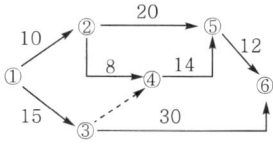

① 1-2-5-6   ② 1-2-4-5-6
③ 1-3-4-5-6   ④ 1-3-6

해설 주공정(critical path)
시작단계에서 마지막 단계까지 작업이 종료되는 과정 중 가장 오래 걸리는 경로가 있으며, 이 경로를 주공정이라 한다. 이 공정을 관찰함으로써 모든 경로를 파악하고 기한 내 사업완료가 가능해진다.
∴ 제일 긴 공정을 계산하면 ① → ③ → ⑥ 즉, 45주가 된다.

56 일반적으로 품질 코스트 가운데 가장 큰 비율을 차지하는 코스트는?

① 평가 코스트   ② 실패 코스트
③ 예방 코스트   ④ 검사 코스트

해설 품질 코스트는 실패 코스트(약 50[%] 정도), 평가 코스트(약 25[%] 정도), 예방 코스트(약 10[%] 정도)로 나뉘어지며, 실패 코스트 비율이 가장 많이 차지한다.

57 KEC규정에서 정한 직류에서 고압의 범위로 옳은 것은?

① 1[kV]를 초과하고 7,000[V] 이하인 것
② 1.5[kV]를 초과하고 7,000[V] 이하인 것
③ 1[kV]를 초과하고 7,500[V] 이하인 것
④ 1.5[kV]를 초과하고 7,500[V] 이하인 것

해설 전압의 구분
- 저압 : 교류는 1[kV] 이하, 직류는 1.5[kV] 이하인 것
- 고압 : 교류는 1[kV]를, 직류는 1.5[kV]를 초과하고, 7[kV] 이하인 것
- 특고압 : 7[kV]를 초과하는 것

정답 53 ③ 54 ① 55 ④ 56 ② 57 ②

58 PELV를 사용하는 전선과 대지 사이의 절연저항[MΩ]과 시험전압[V]으로 옳은 것은?

① 0.1, 250   ② 0.5, 250
③ 1.0, 500   ④ 2.0, 1,000

해설 전로의 절연저항

전로의 사용전압	DC 시험전압 [V]	절연저항 [MΩ]
SELV, PELV	250	0.5
FELV, 500[V] 이하	500	1.0
500[V] 초과	1,000	

59 최대사용전압이 22.9[KV]인 중성점 다중접지식 전로에서 절연내력 시험전압은 몇 [V]인가?

① 1,5440   ② 1,9250
③ 21,068   ④ 24,345

해설 전로의 종류 및 시험전압
22,900×0.92=21,068[V]가 된다.

전로의 종류	시험전압
1. 최대사용전압 7[kV] 이하인 전로	최대사용전압의 1.5배의 전압
2. 최대사용전압 7[kV] 초과 25[kV] 이하인 중성점 접지식 전로(중성선을 가지는 것으로서 그 중성선을 다중접지하는 것에 한함)	최대사용전압의 0.92배의 전압
3. 최대사용전압 7[kV] 초과 60[kV] 이하인 전로(2란의 것을 제외함)	최대사용전압의 1.25배의 전압(10.5[kV] 미만으로 되는 경우는 10.5[kV])

60 다음에서 설명하는 것은 무엇인가?

> 가공전선로의 지지물로부터 다른 지지물을 거치지 아니하고 수용장소의 붙임점에 이르는 가공전선을 말한다.

① 연접인입선   ② 가공인입선
③ 가섭선   ④ 가섭선(架涉線)

해설
- "가섭선(架涉線)"이란 지지물에 가설되는 모든 선류를 말한다.
- "가공인입선"이란 가공전선로의 지지물로부터 다른 지지물을 거치지 아니하고 수용장소의 붙임점에 이르는 가공전선을 말한다.

정답 58 ② 59 ③ 60 ②

2021년 CBT 기출복원문제(Ⅱ)

01 은전량계에 1시간 동안 전류를 통과시켜 8.054[g]의 은이 석출되었다면, 이때 흐른 전류의 세기는 약 얼마인가? (단, 은의 전기적 화학당량은 0.001118[g/C]이다.)

① 2[A] ② 9[A]
③ 32[A] ④ 120[A]

해설 패러데이(Faraday's law)의 법칙에서
$W = KQ = KIt$[g]에서
$8.054 = 0.001118 \times I \times 3,600$이므로
$I = \dfrac{8.054}{0.001118 \times 3,600} = 2.001 \fallingdotseq 2$[A]

02 정격전압에서 소비전력이 600[W]인 저항에 정격전압의 90[%]의 전압을 가할 때 소비되는 전력은?

① 480[W] ② 486[W]
③ 540[W] ④ 545[W]

해설 소비전력$(P) = 600$[W] $= \dfrac{V^2}{R}$이므로
정격전압의 90[%]시의 전력$(P') = \dfrac{(0.9V)^2}{R}$
$= 0.81 \times \dfrac{V^2}{R} = 0.81 \times 600 = 486$[W]이다.

03 어떤 교류전압의 실효값이 314[V]일 때 평균값은 약 몇 [V]인가?

① 122 ② 141
③ 253 ④ 283

해설 실효값 $= \dfrac{\text{최댓값}}{\sqrt{2}}$
평균값 $= \dfrac{2}{\pi}$최댓값 $= \dfrac{2}{\pi}(\sqrt{2} \times \text{실효값})$
$= \dfrac{2}{3.14} \times \sqrt{2} \times 314 \fallingdotseq 283$[V]

04 어떤 회로소자에 $e = 250\sin 377t$[V]의 전압을 인가하였더니 전류 $i = 50\sin 377t$[A]가 흘렀다. 이 회로의 소자는?

① 용량 리액턴스 ② 유도 리액턴스
③ 순저항 ④ 다이오드

해설 R만의 회로

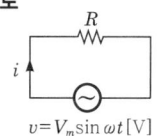

전류 $i = \dfrac{V_m}{R}\sin\omega t = I_m\sin\omega t$[A]
저항(R)만의 회로에서는 서로 동위상이 된다.

05 어떤 회로에 $V = 100\underline{/\dfrac{\pi}{3}}$[V]의 전압을 가하니 $I = 10\sqrt{3} + j10$[A]의 전류가 흘렀다. 이 회로의 무효전력[Var]은?

① 0 ② 1,000
③ 1,732 ④ 2,000

해설 복소전력(S)을 표시하면
$S = \overline{V} \cdot I = P - jP_r$
(여기서, P : 유효전력, P_r : 무효전력)
$V = 100\underline{/\dfrac{\pi}{3}} = 100\left(\cos\dfrac{\pi}{3} + j\sin\dfrac{\pi}{3}\right)$
$\quad = 100\left(\dfrac{1}{2} + j\dfrac{\sqrt{3}}{2}\right)$
$I = 10\sqrt{3} + j10$
$\therefore S(= P_a) = 100\left(\dfrac{1}{2} - j\dfrac{\sqrt{3}}{2}\right)$
$(10\sqrt{3} + j10) = 1,731 - j1,000 = P - jP_r$이므로
유효전력$(P) = 1,731$[W]
무효전력$(P_r) = 1,000$[Var]

정답 01 ① 02 ② 03 ④ 04 ③ 05 ②

06 10[μF]의 콘덴서를 1[kV]로 충전하면 에너지는 몇 [J]인가?

① 5   ② 10
③ 15 ④ 20

해설 충전에너지(W_C)

$$W_C = \frac{1}{2}CV^2 = \frac{1}{2}Q \cdot V = \frac{1}{2}\frac{Q^2}{C}$$
$$= \frac{1}{2} \times 10 \times 10^{-6} \times (1 \times 10^3)^2 = 5[J]$$

07 무한히 긴 직선도체에 전류 I[A]를 흘릴 때 이 전류로부터 r[m] 떨어진 점의 자속밀도는 몇 [Wb/m²]인가?

① $\dfrac{\mu_0 I}{4\pi r}$

② $\dfrac{I}{2\pi\mu_0 r}$

③ $\dfrac{I}{2\pi r}$

④ $\dfrac{\mu_0 I}{2\pi r}$

해설
- 무한히 긴 직선도체의 자장의 세기 $H = \dfrac{I}{2\pi r}$
- 자속밀도 $B = \dfrac{\phi}{A} = \dfrac{\mu NI}{l} = \mu H$[Wb/m²]

∴ $B = \mu H = \dfrac{\mu I}{2\pi r}$ 이며, $B = \dfrac{\mu_0 I}{2\pi r}$

(단, $\mu = \mu_0 \cdot \mu_s$ 이며, 진공 중에서 $\mu_s = 1$, 공기 중에서 $\mu_s \fallingdotseq 1$)

08 101101에 대한 2의 보수(補數)는?

① 101110
② 010010
③ 010001
④ 010011

해설 2의 보수는 1의 보수를 구해서 맨 하위 비트에 1을 더하면 된다. 1의 보수는 0→1, 1→0으로 변환하면 쉽게 구할 수 있다.

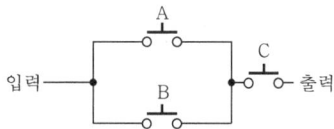

09 다음 그림의 스위칭회로에서 논리식은?

① $(A+B)C$
② $AB+C$
③ $AC+B$
④ $A+BC$

해설 출력 $Y=(A+B)C$이다.

10 다음 진리표에 해당하는 논리회로는?

입 력		출 력
A	B	X
0	0	0
0	1	1
1	0	1
1	1	0

① AND회로   ② EX-NOR회로
③ NAND회로 ④ EX-OR회로

해설 진리표는 $X = A\overline{B} + \overline{A}B$를 의미하므로 E-OR, X-OR, EX-OR이라고도 한다.

11 그림과 같은 회로는 어떤 논리동작을 하는가?

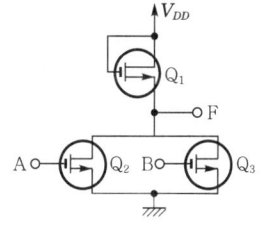

① NAND   ② NOR
③ AND   ④ OR

해설 출력 $F = \overline{A+B}$는 NOR회로와 같다.

[참고]

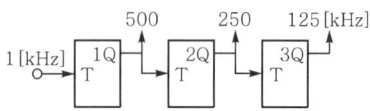

12 다음의 진리표를 만족하는 논리회로는? (단, A, B는 입력이고, 출력 S : Sum, C_0 : Carry임)

입력		출력	
A	B	S	C_0
0	0	0	0
0	1	1	0
1	0	1	0
1	1	0	1

① EX-OR회로 ② 비교회로
③ 반가산기회로 ④ Latch회로

해설 반가산기를 나타내는 진리값을 의미하며, 합 (S)과 자리올림수(C_0)로 구성되어 있다.

13 T형 플립플롭을 3단으로 직렬접속하고 초단에 1[kHz]의 구형파를 가하면 출력주파수는 몇 [kHz]인가?

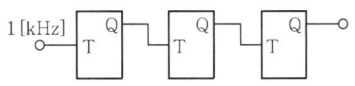

① 1 ② 125
③ 250 ④ 500

해설
- T에 입력신호가 가해지면 전 상태의 반전 (toggle)상태를 유지한다.
- 입력신호 주파수의 $\frac{1}{2}$의 주파수가 출력으로 나온다.

500 250 125[kHz]
1[kHz] → 1Q T → 2Q T → 3Q T

14 어떤 시스템 프로그램에 있어서 특정한 부호와 신호에 대해서만 응답하는 일종의 장치 해독기로서 다른 신호에 대해서는 응답하지 않는 것을 무엇이라 하는가?

① 디코더(decoder)
② 산술연산기(ALU)
③ 인코더(encoder)
④ 멀티플렉서(multiplexer)

해설
- 인코더 : 10진수의 입력을 2진수로 변환하는 회로이다.
- 멀티플렉서 : 여러 개의 입력 중에 1개를 선택하는 회로이며, $2^n \times 1$로 표시한다.

15 그림과 같은 다이오드 매트릭스회로에서 A_1, A_0에 가해진 Data가 1, 0이면, B_3, B_2, B_1, B_0에 출력되는 Data는?

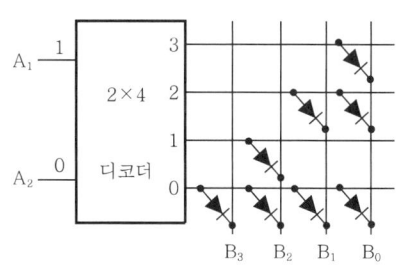

① 1111 ② 1010
③ 1011 ④ 0100

해설 2×4 디코더(decoder)

입력		출력			
A	B	B_0	B_1	B_2	B_3
0	0	1	0	0	0
0	1	0	1	0	0
1	0	0	0	1	0
1	1	0	0	0	1

정답 12 ③ 13 ② 14 ① 15 ④

16 진리표와 같은 입력조합으로 출력이 결정되는 회로는?

입력		출력			
A	B	X_0	X_1	X_2	X_3
0	0	1	0	0	0
0	1	0	1	0	0
1	0	0	0	1	0
1	1	0	0	0	1

① 인코더
② 디코더
③ 멀티플렉서
④ 디멀티플렉서

해설 **Decoder(해독기, 복호기)**
- 2진수 입력을 10진수로 해독이 가능하다.
- 다수입력과 다수출력으로 구성되어 있다.
- 예) 2×4 디코더의 진리표

입력		출력			
A	B	X_0	X_1	X_2	X_3
0	0	1	0	0	0
0	1	0	1	0	0
1	0	0	0	1	0
1	1	0	0	0	1

- $n\,\text{bit}$의 2진 코드 입력일 때 2^n개의 출력이 나온다.

17 3선식 송전선에서 바깥지름 20[mm]의 경동연선을 그림과 같이 일직선 수평배치로 연가를 했을 때, 1[km]마다의 인덕턴스는 약 몇 [mH/km]인가?

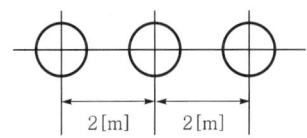

① 1.16
② 1.42
③ 1.48
④ 1.84

해설 $D = \sqrt[3]{D_1 D_2 D_3}$
$= 2 \cdot \sqrt[3]{2}\,[\text{m}]$

$L = 0.05 + 0.4605 \log_{10} \dfrac{D}{r}$
$= 0.05 + 0.4605 \log_{10} \dfrac{2 \cdot \sqrt[3]{2}}{10 \times 10^{-3}}$
$= 1.16\,[\text{mH/km}]$

18 3상 전원에 접속된 △ 결선의 콘덴서를 Y결선으로 바꾸면 진상용량은 몇 배로 되는가?

① $\sqrt{3}$
② $\dfrac{1}{3}$
③ 3
④ $\dfrac{1}{\sqrt{3}}$

해설 △결선과 Y결선의 관계에서 저항과 임피던스는 △결선이 Y결선의 3배가 되고, 정전용량은 Y결선이 △결선의 3배가 된다.

19 3상 3선식 송전선로에서 코로나의 임계전압 $E_0\,[\text{kV}]$의 계산식은? (단, $d = 2r$ = 전선의 지름[cm], D = 전선(3선)의 평균 선간거리[cm]이다.)

① $E_0 = 24.3\, m_0 m_1 d\, \delta \log_{10} \dfrac{D}{r}$
② $E_0 = 24.3\, d \log_{10} \dfrac{r}{D}$
③ $E_0 = \dfrac{24.3}{d \log_{10} \dfrac{D}{r}}$
④ $E_0 = \dfrac{24.3}{d \log_{10} \dfrac{r}{D}}$

해설 $E_0 = 24.3\, m_0 m_1\, \delta\, d \log_{10} \dfrac{D}{r}\,[\text{kV}]$

정답 16 ② 17 ① 18 ② 19 ①

20 부하전력 및 역률이 같을 때 전압을 n배 승압하면 전압강하와 전력 손실은 어떻게 되는가?

	전압강하	전력 손실
①	$\dfrac{1}{n}$	$\dfrac{1}{n^2}$
②	$\dfrac{1}{n^2}$	$\dfrac{1}{n^2}$
③	$\dfrac{1}{n}$	$\dfrac{1}{n}$
④	$\dfrac{1}{n^2}$	$\dfrac{1}{n}$

해설
- $e = I(R\cos\theta + \sin\theta) = \dfrac{P}{V}(R + X\tan\theta)$ 에서
  $e \propto \dfrac{1}{V}$ ∴ $e \propto \dfrac{1}{n}$
- $P_l = 3I^2R = \dfrac{P^2R}{V^2\cos^2\theta}$ 에서
  $P_l \propto \dfrac{1}{V^2}$ ∴ $P_l \propto \dfrac{1}{n^2}$

21 중거리 송전선로의 T형 회로에서 송전단전류 I_s는? (단, Z, Y는 선로의 직렬 임피던스와 병렬 어드미턴스이고 E_r는 수전단전압, I_r는 수전단전류이다.)

① $I_r\left(1 + \dfrac{ZY}{2}\right) + E_r Y$

② $I_r\left(1 + \dfrac{ZY}{2}\right) + E_r Y\left(1 + \dfrac{ZY}{4}\right)$

③ $E_r\left(1 + \dfrac{ZY}{2}\right) + ZI_r$

④ $E_r\left(1 + \dfrac{ZY}{2}\right) + ZI_r\left(1 + \dfrac{ZY}{4}\right)$

해설 $\begin{bmatrix} A & B \\ C & D \end{bmatrix} = \begin{bmatrix} 1 + \dfrac{ZY}{2} & Z\left(1 + \dfrac{ZY}{4}\right) \\ Y & 1 + \dfrac{ZY}{2} \end{bmatrix}$

22 선로의 특성 임피던스에 대한 설명으로 옳은 것은?

① 선로의 길이보다는 부하전력에 따라 값이 변한다.
② 선로의 길이가 길어질수록 값이 작아진다.
③ 선로의 길이가 길어질수록 값이 커진다.
④ 선로의 길이에 관계없이 일정하다.

해설 $Z_0 = \sqrt{\dfrac{Z}{Y}} = \sqrt{\dfrac{R + j\omega L}{G + j\omega C}}$ 특성 임피던스는 선로의 길이에 무관하다.

23 62,000[kW]의 전력을 60[km] 떨어진 지점에 송전하려면 전압은 몇 [kV]로 하면 좋은가?

① 66 ② 110
③ 140 ④ 154

해설 $V_s = 5.5\sqrt{0.6l + \dfrac{P}{100}}$
$= 5.5\sqrt{0.6 \times 60 + \dfrac{62,000}{100}}$
$= 140[kV]$

24 전주 사이의 지지물 간 거리(경간)가 80[m]인 가공전선로에서 전선 1[m]의 하중이 0.37[kg], 전선의 처짐정도(이도)가 0.8[m]라면 전선의 수평장력[kg]은?

① 330 ② 350
③ 370 ④ 390

해설 $T = \dfrac{WS^2}{8D} = \dfrac{0.37 \times 80^2}{8 \times 0.8} = 370[kg]$

25 가공전선로에 사용하는 현수 애자련이 10개라고 할 때 전압 분담이 최소인 것은?

① 전선에서 여덟 번째 애자
② 전선에서 여섯 번째 애자
③ 전선에서 세 번째 애자
④ 전선에서 첫 번째 애자

정답 20 ① 21 ① 22 ④ 23 ③ 24 ③ 25 ①

해설 현수애자의 전압 분담은 철탑 쪽에서 1/3 지점의 애자의 전압 분담이 가장 적고, 전선 쪽에서 제일 가까운 애자가 가장 크다.

26 그림과 같이 지지선(지선)을 전선 설치(가설)하여 전주에 가해진 수평장력 800[kg]을 지지하고자 한다. 지선으로써 4[mm] 철선을 사용한다고 하면 몇 가닥을 사용해야 하는가? (단, 4[mm] 철선 1가닥의 인장하중은 440[kg]으로 하고 안전율은 2.5이다.)

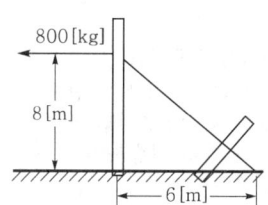

① 6 ② 8
③ 10 ④ 12

해설 $T_0 = \dfrac{T}{\cos\theta} = \dfrac{800}{\dfrac{6}{\sqrt{8^2+6^2}}} = \dfrac{440 \times n}{2.5}$

∴ $n = \dfrac{2.5 \times 1,333}{440} = 7.57 ≒ 8$ 가닥

27 그림과 같은 회로에서 AB 간의 전압의 실효값을 200[V]라고 할 때 R_L 양단에서 전압의 평균값은 약 몇 [V]인가? (단, 다이오드는 이상적인 다이오드이다.)

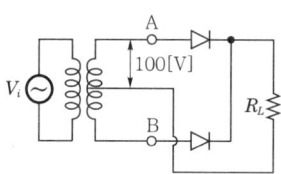

① 64 ② 90
③ 141 ④ 282

해설 전파정류회로
• 실효값 = $\dfrac{최댓값}{\sqrt{2}}$

• 평균값 = $\dfrac{2}{\pi}$ 최댓값 = $\dfrac{2}{\pi}(\sqrt{2}$ 실효값$)$
  = $\dfrac{2\sqrt{2}}{\pi} \times 100 = 90.07 ≒ 90$[V]

[참고] 문제에서의 200[V]와 그림에서의 100[V]를 잘 확인해야 함

28 전력용 반도체 소자 중 양방향으로 전류를 흘릴 수 있는 것은?
① GTO ② TRIAC
③ DIODE ④ SCR

해설 SCR(Silicon-Controlled Rectifier)
• 실리콘제어 정류소자
• PNPN구조를 갖고 있다.
• 도통상태에서 애노드 전압극성을 반대로 하면 차단된다.
• 부성저항 특성을 갖는다.
• 2개의 SCR을 병렬로 연결하면 TRIAC이 된다.

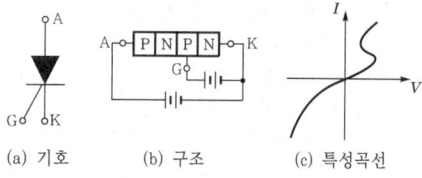

(a) 기호   (b) 구조   (c) 특성곡선

29 다음 중 SCR에 대한 설명으로 가장 옳은 것은?
① 게이트 전류로 애노드 전류를 연속적으로 제어할 수 있다.
② 쌍방향성 사이리스터이다.
③ 게이트 전류를 차단하면 애노드 전류가 차단된다.
④ 단락상태에서 애노드 전압을 0 또는 부(−)로 하면 차단상태로 뜬다.

해설 SCR(Silicon Controlled Rectifier)
• 실리콘제어 정류소자
• PNPN의 4층 구조로 이루어져 있다.
• 순방향일 때 부성저항 특성을 갖는다.
• 일단 도통된 후의 전류를 제어하기 위해서는 애노드 전압을 '0' 또는 (−)상태로 극성을 바꾸어주면 된다.

30 사이리스터 턴오프(turn off) 조건은?

① 게이트에 역방향 전류를 흘린다.
② 게이트에 역방향 전압을 가한다.
③ 게이트에 순방향 전류를 0으로 한다.
④ 애노드 전류를 유지전류 이하로 한다.

해설 Gate를 개방한 상태에서 도통상태를 유지하기 위한 최소 전류를 유지전류라 하며, 애노드 전류를 유지전류 이하로 하면 Turn-off 할 수 있다.

31 MOSFET의 드레인 전류는 무엇으로 제어하는가?

① 게이트 전압 ② 게이트 전류
③ 소스전류   ④ 소스전압

해설 FET(Field-Effect TR)
- 특징
  - 다수 캐리어에 의해 전류가 흐른다.
  - 입력저항이 매우 크다.
  - 저잡음이다.
  - 5극 진공관 특성과 비슷하다.
  - 이득(G)×대역폭(B)이 작다.
  - J-FET와 MOS-FET가 있다.
  - V_{GS}(Gate-Source 사이의 전압)로 드레인 전류를 제어한다.
- 종류
  - J-FET(접합 FET)

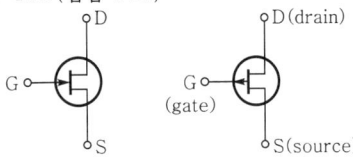

(a) N-channel FET (b) P-channel FET

  - MOS-FET(절연게이트형 FET)

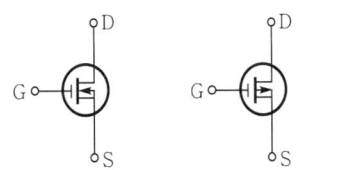

(a) N-channel FET (b) P-channel FET

- FET의 3정수
  - $g_m = \dfrac{\Delta I_D}{\Delta V_{GS}}$ (순방향 상호전달 컨덕턴스)

  - $r_d = \dfrac{\Delta V_{DS}}{\Delta I_D}$ (드레인-소스저항)

  - $\mu = \dfrac{\Delta V_{DS}}{\Delta V_{GS}}$ (전압증폭률)

  - $\mu = g_m \cdot r_d$

32 PN접합 다이오드의 순방향 특성에서 실리콘 다이오드의 브레이크 포인터는 약 몇 [V]인가?

① 0.2   ② 0.5
③ 0.7   ④ 0.9

해설 PN접합 다이오드
- P형 반도체와 N형 반도체를 접합시키면 P형의 다수반송자인 정공은 N형 쪽으로, N형의 다수 반송자인 전자는 P형 쪽으로 이동한다.
- 정류작용을 한다.
- 순방향 bias

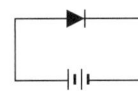

  - 전장이 약해진다.
  - 공핍층의 폭이 좁아지며, 전위장벽이 낮아진다.
- 역방향 bias

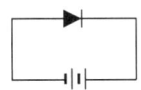

  - 전장이 가해진다.
  - 공핍층이 넓어지며, 전위장벽이 높아진다.
- 특성곡선

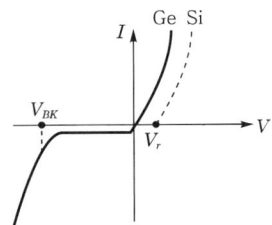

여기서, V_{BK} : 항복전압(Break Down)
V_r : Cut-in전압, Break-point전압, Threshold전압(Si : 0.6~0.7[V], Ge : 0.2~0.3[V])

33 사이클로 컨버터에 대한 설명으로 옳은 것은?

① 교류전력의 주파수를 변환하는 장치이다.
② 직류전력을 교류전력으로 변환하는 장치이다.
③ 교류전력을 직류전력으로 변환하는 장치이다.
④ 직류전력 및 교류전력을 변성하는 장치이다.

해설 사이클로 컨버터(cyclo converter)
교류전력의 주파수 변환장치이며, 교류전동기의 속도제어용으로 이용된다.

34 다이오드의 애벌란시(avalanche) 현상이 발생되는 것을 옳게 설명한 것은?

① 역방향 전압이 클 때 발생한다.
② 순방향 전압이 클 때 발생한다.
③ 역방향 전압이 작을 때 발생한다.
④ 순방향 전압이 작을 때 발생한다.

해설 Break down(항복)현상
• 애벌란시 항복현상(전자눈사태 현상)
 - 높은 역방향 전압에서 발생
 - 역방향 전압을 가하여 점점 증가하다가 어떤 임계점에서 전류가 갑자기 흐르는 현상
• 제너 항복전압, 낮은 역방향 전압에서 발생

35 4극 직류 발전기가 전기자도체수 600, 매극당 유효자속 0.035[Wb], 회전수가 1,200[rpm]일 때 유기되는 기전력은 몇 [V]인가? (단, 권선은 단중중권이다.)

① 120 ② 220
③ 320 ④ 420

해설 $E = \dfrac{z}{a} P \phi \dfrac{N}{60}$ [V]
$= \dfrac{600}{4} \times 4 \times 0.035 \times \dfrac{1,200}{60}$
$= 420$ [V]

36 정격속도로 회전하고 있는 분권 발전기가 있다. 단자전압 100[V], 권선의 저항은 50[Ω], 계자전류 2[A], 부하전류 50[A], 전기자 저항 0.1[Ω]이다. 이때 발전기의 유기기전력은 약 몇 [V]인가? (단, 전기자 반작용은 무시한다.)

① 100 ② 105
③ 128 ④ 141

해설 분권 발전기

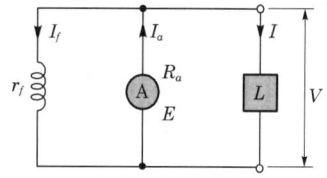

• 유기기전력 $E = \dfrac{Z}{a} P \phi \dfrac{N}{60}$ [V]
• 단자전압 $V = E - I_a R_a$에서
 (여기서, $I_a = I_f + I$)
 $E = V + I_a R_a = 100 + (2+50) \times 0.1$
 $≒ 105$ [V]

37 부하전류에 따라 속도변동이 가장 심한 전동기는?

① 타여자 전동기 ② 분권 전동기
③ 직권 전동기   ④ 차동 복권 전동기

해설 속도 특성 곡선
공급전압(V), 계자저항(r_f), 일정 상태에서 부하전류(I)와 회전속도(N)의 관계곡선이며, 직권 전동기 > 가동 복권 전동기 > 분권 전동기 > 차동 복권 전동기 순이다.

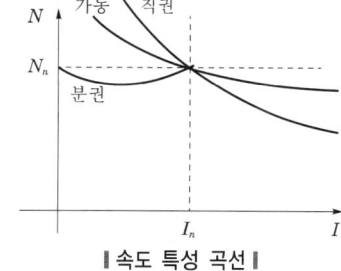

┃속도 특성 곡선┃

정답 33 ① 34 ① 35 ④ 36 ② 37 ③

38 일정전압으로 운전하는 직류 발전기의 손실이 $x+yI^2$으로 된다고 한다. 어떤 전류에서 효율이 최대로 되는가? (단, x, y는 정수이다.)

① $\dfrac{y}{x}$ ② $\dfrac{x}{y}$
③ $\sqrt{\dfrac{y}{x}}$ ④ $\sqrt{\dfrac{x}{y}}$

해설 • 규약효율(η)

$$\eta = \dfrac{출력}{출력+손실} \times 100[\%]$$
$$= \dfrac{입력-손실}{입력} \times 100[\%]$$

[참고] 최대 효율조건

$$\eta = \dfrac{VI}{VI+P_i+I^2R} = \dfrac{V}{V+\dfrac{P_i}{I}+IR}$$

$$\dfrac{d\eta}{dI} = \dfrac{-\dfrac{P_i}{I^2}+R}{\left(V+\dfrac{P_i}{I}+IR\right)^2}=0 에서\ \dfrac{P_i}{I^2}=R$$

최대 효율조건은 $P_i=I^2R$ ⇒ 무부하손(고정손)=부하손(가변손)

• 직류 발전기손실(P_l)
 P_l=무부하손+부하손=$x+yI^2$ 에서
 $x=yI^2$ 이므로
 ∴ $I=\sqrt{\dfrac{x}{y}}$

39 직류 전동기의 출력을 나타내는 것은? (단, V는 단자전압, E는 역기전력, I는 전기자 전류이다.)

① VI ② EI
③ V^2I ④ E^2I

해설 직류 전동기

• 역기전력 $E=\dfrac{Z}{a}P\phi\dfrac{N}{60}$
  $=K'\phi N = V-I_aR_a$

• 회전속도 $N=\dfrac{E}{K'\phi}$
• 회전력(토크) $\tau = 0.975\dfrac{P}{N}[\mathrm{kg\cdot m}]$
• 출력 $P=E\cdot I_a (I_a=I$: 전기자 전류)

40 동기기의 전기자 권선법이 아닌 것은?
① 분포권   ② 2층권
③ 중권   ④ 전절권

해설 전기자 권선법
• 중권(○), 파권(×), 쇄권(×)
• 2층권(○), 단층권(×)
• 분포권(○), 집중권(×)
• 단절권(○), 전절권(×)

41 동기 주파수 변환기를 사용하여 4극의 동기 전동기에 60[Hz]를 공급하면, 8극의 동기 발전기에는 몇 [Hz]의 주파수를 얻을 수 있는가?

① 15[Hz]   ② 120[Hz]
③ 180[Hz]   ④ 240[Hz]

해설 회전속도(N_s)

$$N_s = \dfrac{120\cdot f}{P} = \dfrac{120\times 60}{4} = 1,800[\mathrm{rpm}]$$

∴ 8극 전동기주파수 f'

$$f' = \dfrac{PN_s}{120} = \dfrac{8\times 1,800}{120} = 120[\mathrm{Hz}]$$

42 동기기의 전기자도체에 유기되는 기전력의 크기는 그 주파수를 2배로 했을 경우 어떻게 되는가?

① 2배로 증가   ② 2배로 감소
③ 4배로 증가   ④ 4배로 감소

해설 동기 발전기의 유기기전력(E)
$E = 4.44k_w fn\phi[\mathrm{V}] = K'f$
(여기서, n : 1상의 권수, ϕ : 극당평균자속, k_w : 권선계수)
그러므로 유기기전력과 주파수는 비례한다.

정답 38 ④ 39 ② 40 ④ 41 ② 42 ①

43 동기 전동기에서 제동권선의 사용 목적으로 가장 옳은 것은?

① 난조방지
② 정지시간의 단축
③ 운전토크의 증가
④ 과부하내량의 증가

해설 난조(hunting)
부하급변 시 부하각과 동기속도가 진동하는 현상
- 원인
  - 조속기감도가 너무 예민한 경우
  - 토크에 고조파가 포함된 경우
  - 회로저항이 너무 큰 경우
- 방지책 : 제동권선을 설치

44 동기 무효전력보상장치(조상기)를 과여자로 해서 운전하였을 때 나타나는 현상이 아닌 것은?

① 리액터로 작용한다.
② 전압강하를 감소시킨다.
③ 진상전류를 취한다.
④ 콘덴서로 작용한다.

해설 동기 무효전력보상장치(조상기)
동기 전동기를 무부하로 하여 계자전류를 조정함에 따라 진상 또는 지상전류를 공급하여 송전계통의 전압 조정과 역률을 개선하는 동기 전동기이다.
- 부족여자 : 지상전류, 리액터 동작
- 과여자 : 진상전류, 콘덴서 동작

45 전선의 접속원칙이 아닌 것은?

① 전선의 허용전류에 의하여 접속부분의 온도상승값이 접속부 이외의 온도상승값을 넘지 않도록 한다.
② 접속부분은 접속관, 기타의 기구를 사용한다.
③ 전선의 강도를 30[%] 이상 감소시키지 않는다.
④ 구리와 알루미늄 등 다른 종류의 금속 상호간을 접속할 때에는 접속부에 전기적 부식이 생기지 않도록 한다.

해설 전선의 접속법
- 전기저항 증가금지
- 접속부위 반드시 절연
- 접속부위 접속기구 사용
- 전선의 세기(인장하중) 20[%] 이상 감소금지
- 전기적 부식방지
- 충분히 절연피복을 할 것

46 최대 사용전압 3,300[V]인 고압전동기가 있다. 이 전동기의 절연내력시험전압은 몇 [V]인가?

① 3,630[V]   ② 4,125[V]
③ 4,950[V]   ④ 10,500[V]

해설 절연내력시험전압
7[kV] 이하일 때는 최대 사용전압의 1.5배의 전압이므로
∴ 3,300×1.5=4,950[V]이다.

47 전로의 절연저항 및 절연내력 측정에 있어 사용전압이 저압인 전로에서 정전이 어려운 경우 등 절연저항 측정이 곤란한 경우에는 누설전류를 몇 [mA] 이하로 유지해야 하는가?

① 1[mA]   ② 2[mA]
③ 3[mA]   ④ 4[mA]

해설 전로의 절연저항 및 누설전류
- 저압인 전로에서 정전이 어려운 경우 등 절연저항 측정이 곤란한 경우 누설전류를 1[mA] 이하로 유지한다.
- 저압전선로의 절연부분의 전선과 대지 간의 절연저항은 사용전압에 대한 누설전류가 최대 공급전류의 $\frac{1}{2,000}$을 넘지 않도록 유지하여야 한다.

48 저압 이웃연결(연접)인입선의 시설에 대한 설명으로 잘못된 것은?

① 인입선에서 분기되는 점에서 100[m]를 넘지 않아야 한다.
② 폭 5[m]를 넘는 도로를 횡단하지 않아야 한다.
③ 옥내를 통과하지 않아야 한다.
④ 도로를 횡단하는 경우 높이는 노면상 5[m]를 넘지 않아야 한다.

정답 43 ① 44 ① 45 ③ 46 ③ 47 ① 48 ④

해설 저압 이웃연결(연접)인입선의 시설기준
- 도로횡단시 노면상 높이는 5[m] 이상
- 인입선에서 분기되는 점으로부터 100[m]를 초과하지 말 것
- 폭 5[m] 도로를 횡단하지 말 것
- 옥내 통과 금지

49 지중에 매설되어 있고 대지와의 전기저항값이 최대 몇 [Ω] 이하의 값을 유지하고 있는 금속제 수도관로는 이를 각종 접지공사의 접지극으로 사용할 수 있는가?

① 0.3[Ω] ② 3[Ω]
③ 30[Ω] ④ 300[Ω]

해설 수도관 접지극
- 지중에 매설된 금속제 수도관은 그 접지저항값이 3[Ω] 이하의 값을 유지하고 있는 금속제 수도관을 접지공사의 접지극으로 사용 가능
- 접지선과 금속제 수도관로와의 접속은 내경 75[mm] 이상인 금속제 수도관의 부분 또는 이로부터 분기한 내경 75[mm] 미만인 금속제 수도관의 분기점으로부터 5[m] 이하의 부분에서 할 것

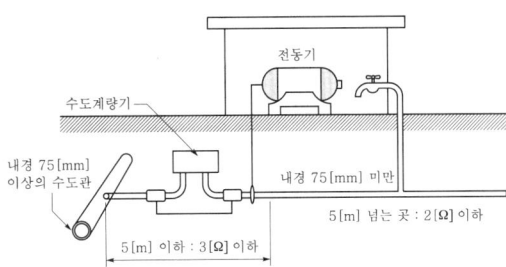

∥ 수도관 접지의 예 ∥

50 폭연성 먼지(분진)가 있는 곳의 금속관 공사이다. 박스 기타의 부속품 및 풀박스 등이 쉽게 마모, 부식, 기타 손상을 일으킬 우려가 없도록 하기 위해 쓰이는 재료는?

① 새들 ② 커플링
③ 노멀벤드 ④ 패킹

해설 폭연성 먼지(분진)가 있는 금속관 공사
- 박강 전선관 이상의 강도를 가지는 것
- 마모·부식·기타의 손상을 일으킬 우려가 없는 패킹 사용
- 전기기계·기구와의 접속은 5턱 이상의 나사조임 사용

51 다음 중 계량값 관리도에 해당되는 것은?

① c 관리도 ② np 관리도
③ R 관리도 ④ u 관리도

해설 계량형 관리도의 종류
- x 관리도(개별측정치 관리도)
- Md 관리도(중앙치와 범위의 관리도)
- $\overline{x} - R$ 관리도(평균치와 범위의 관리도)
- $\overline{x} - \sigma$ 관리도(평균치와 표준편차의 관리도)
- R 관리도(범위의 관리도)

52 축의 완성지름, 철사의 인장강도, 아스피린 순도와 같은 데이터를 관리하는 가장 대표적인 관리도는?

① c 관리도 ② np 관리도
③ u 관리도 ④ $(\overline{x} - R)$ 관리도

해설 $\overline{x} - R$ 관리도(평균치와 범위의 관리도)
- 다량의 정보를 얻을 수 있다.
- 철사의 인장강도, 아스피린 순도와 같은 데이터 관리에 용이하다.
- 순도, 인장강도, 무게, 길이 등 측정시 용이하다.

53 품질관리기능의 사이클을 표현한 것으로 옳은 것은?

① 품질개선 - 품질설계 - 품질보증 - 공정관리
② 품질설계 - 공정관리 - 품질보증 - 품질개선
③ 품질개선 - 품질보증 - 품질설계 - 공정관리
④ 품질설계 - 품질개선 - 공정관리 - 품질보증

정답 49 ② 50 ④ 51 ③ 52 ④ 53 ②

해설 품질관리기능의 사이클

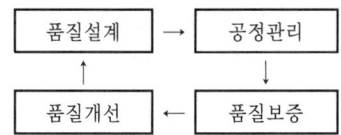

54 다음 중 품질관리 시스템에 있어서 4M에 해당하지 않는 것은?

① Man
② Machine
③ Material
④ Money

해설 품질관리 시스템의 4M
- 재료(material)
- 설비(machine)
- 작업자(man)
- 가공방법(method)

55 관리 사이클의 순서를 가장 적절하게 표시한 것은? (단, A는 조치(Act), C는 체크(Check), D는 실시(Do), P는 계획(Plan)이다.)

① P→D→C→A
② A→D→C→P
③ P→A→C→D
④ P→C→A→D

해설 관리 사이클
 Plan → Do → Check → Act

56 교류회로에서 중성선 겸용 보호도체를 나타내는 것은?

① PEL 도체
② PEM 도체
③ PEN 도체
④ PENM 도체

해설 보호도체
- "PEN 도체(protective earthing conductor and neutral conductor)"란 교류회로에서 중성선 겸용 보호도체를 말한다.
- "PEM 도체(protective earthing conductor and a mid-point conductor)"란 직류회로에서 중간선 겸용 보호도체를 말한다.
- "PEL 도체(protective earthing conductor and a line conductor)"란 직류회로에서 선도체 겸용 보호도체를 말한다.

57 KEC규정에서 구분하는 접지시스템과 무관한 것은?

① 계통접지
② 보호접지
③ 단독접지
④ 피뢰시스템 접지

해설 접지시스템의 구분
 접지시스템은 계통접지, 보호접지, 피뢰시스템 접지 등으로 구분한다.

58 보호도체의 재질이 선도체와 같은 경우 보호도체의 최소 단면적[mm²]은? (단, 선도체의 단면적은 60[mm²] 이라 한다.)

① 10
② 20
③ 30
④ 40

해설 보호도체의 최소 단면적[mm²]

선도체의 단면적 S([mm²], 구리)	보호도체의 최소 단면적 ([mm²], 구리)	
	보호도체의 재질	
	선도체와 같은 경우	선도체와 다른 경우
$S \leq 16$	S	$\left(\dfrac{k_1}{k_2}\right) \times S$
$16 < S \leq 35$	16	$\left(\dfrac{k_1}{k_2}\right) \times 16$
$S > 35$	$\dfrac{S}{2}$	$\left(\dfrac{k_1}{k_2}\right) \times \left(\dfrac{S}{2}\right)$

재질이 선도체와 같은 경우이며, 단면적은 60[mm²]이므로 보호도체의 최소 단면적은 $S/2 = 60/2 = 30$[mm²]가 된다.

정답 54 ④ 55 ① 56 ③ 57 ③ 58 ③

59 KEC규정에서 정한 교류에서 저압의 범위로 옳은 것은?

① 1[kV]를 초과하고 7,000[V] 이하인 것
② 1.5[kV]를 초과하고 7,000[V] 이하인 것
③ 1.5[kV] 이하인 것
④ 1.0[kV] 이하인 것

해설 전압의 구분
- 저압 : 교류는 1[kV] 이하, 직류는 1.5[kV] 이하인 것
- 고압 : 교류는 1[kV]를, 직류는 1.5[kV]를 초과하고, 7[kV] 이하인 것
- 특고압 : 7[kV]를 초과하는 것

60 변압기의 고압·특고압측 전로 또는 사용전압이 35[kV] 이하의 특고압전로가 저압측 전로와 혼촉하고 저압전로의 대지전압이 150[V]를 초과하는 경우 저항값 $R[\Omega]$의 값으로 옳은 것은? (단, I는 1선 지락전류, 1초 이내에 고압·특고압 전로를 자동으로 차단하는 장치를 설치할 때이다.)

① $\dfrac{100}{I}$
② $\dfrac{150}{I}$
③ $\dfrac{300}{I}$
④ $\dfrac{600}{I}$

해설 변압기 중성점 접지
- 일반적으로 변압기의 고압·특고압측 전로 1선 지락전류로 150을 나눈 값과 같은 저항값 이하 : $R = \dfrac{150}{I}$
- 변압기의 고압·특고압측 전로 또는 사용전압이 35[kV] 이하의 특고압전로가 저압측 전로와 혼촉하고 저압전로의 대지전압이 150[V]를 초과하는 경우 저항값은 다음에 의한다.
  - 1초 초과 2초 이내에 고압·특고압 전로를 자동으로 차단하는 장치를 설치할 때는 300을 나눈 값 이하 : $R = \dfrac{300}{I}$
  - 1초 이내에 고압·특고압 전로를 자동으로 차단하는 장치를 설치할 때는 600을 나눈 값 이하 : $R = \dfrac{600}{I}$

정답 59 ④ 60 ④

2022년 CBT 기출복원문제(Ⅰ)

01 다음 중 어떤 교류전압의 실효값이 314[V]일 때 평균값은 약 몇 [V]인가?

① 122 ② 141
③ 253 ④ 283

해설 실효값 = $\dfrac{\text{최댓값}}{\sqrt{2}}$

평균값 = $\dfrac{2}{\pi}$ 최댓값

$= \dfrac{2}{\pi}(\sqrt{2} \times \text{실효값})$

$= \dfrac{2}{3.14} \times \sqrt{2} \times 314 ≒ 283[V]$

02 $R=10[\Omega]$, $L=10[mH]$, $C=1[\mu F]$인 직렬회로에 100[V] 전압을 가했을 때 공진의 첨예도 Q는 얼마인가?

① 1 ② 10
③ 100 ④ 1,000

해설 • 직렬공진회로의 선택도(첨예도)

$Q = \dfrac{\omega L}{R} = \dfrac{1}{\omega CR} = \dfrac{1}{R}\sqrt{\dfrac{L}{C}}$

• 병렬공진회로의 선택도(첨예도)

$Q = \dfrac{R}{\omega L} = \omega CR = R\sqrt{\dfrac{C}{L}}$

∴ $Q = \dfrac{1}{R}\sqrt{\dfrac{L}{C}}$

$= \dfrac{1}{10}\sqrt{\dfrac{10 \times 10^{-3}}{1 \times 10^{-6}}}$

$= 10$

03 다음 그림과 같은 회로에서 a, b 간에 100[V]의 직류전압을 가했을 때 10[Ω]의 저항에 4[A]의 전류가 흘렀다. 이때 저항 r_1에 흐르는 전류와 저항 r_2에 흐르는 전류의 비가 1 : 4라고 하면 r_1 및 r_2의 저항값은 각각 얼마인가?

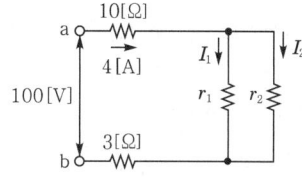

① $r_1 = 12$, $r_2 = 3$
② $r_1 = 36$, $r_2 = 9$
③ $r_1 = 60$, $r_2 = 15$
④ $r_1 = 70$, $r_2 = 20$

해설 전류와 저항은 반비례하므로

$I_1 : I_2 = r_2 : r_1$

$1 : 4 = r_2 : r_1$

∴ $r_1 = 4r_2$ ㉠

회로에서 전체 저항은 12[Ω]이 된다.

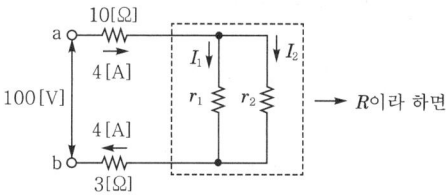

$100 = 4(10+3+R)$

∴ $R = \dfrac{r_1 \times r_2}{r_1 + r_2} = 12$ … ㉡

그러므로 ㉠을 ㉡식에 대입하면

$12 = \dfrac{4r_2 \times r_2}{4r_2 + r_2}$ 에서 $r_2 = 15[\Omega]$ … ㉢

∴ ㉢식을 ㉠식에 대입하면 $r_1 = 60[\Omega]$이 된다.

정답 01 ④ 02 ② 03 ③

04 각 상의 임피던스가 $Z = 6 + j8[\Omega]$인 평형 Y결선부하에 선간전압 220[V]의 대칭 3상 전압을 인가하였을 때 흐르는 선전류는 약 몇 [A]인가?

① 8.7　　② 10.5
③ 12.7　　④ 17.5

해설 Y결선부하에서

- $I_l = I_P$, $Z = \dfrac{V_P}{I_P}$

 (여기서, V_l : 선간전압, I_l : 선간전류, V_P : 상전압, I_P : 상전류)

- $V_l = \sqrt{3}\, V_P$

$$\therefore I_l(=I_P) = \dfrac{V_P}{Z} = \dfrac{\dfrac{220}{\sqrt{3}}}{\sqrt{6^2+8^2}} = 12.716$$

$$\doteqdot 12.7$$

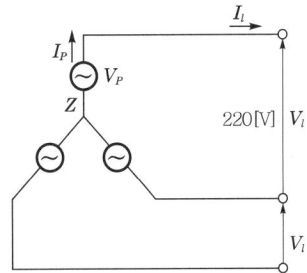

05 그림과 같은 회로에서 소비되는 전력은?

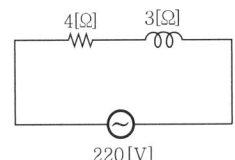

① 5,806[W]　　② 7,744[W]
③ 9,680[W]　　④ 12,102[W]

해설 · 유효전력$(P) = I^2 \cdot R = \left(\dfrac{V}{Z}\right)^2 \cdot R$

$$= \left(\dfrac{220}{\sqrt{4^2+3^2}}\right)^2 \cdot 4$$

$$= 7,744[\text{W}]$$

· 무효전력$(P_r) = I^2 \cdot X = \left(\dfrac{V}{Z}\right)^2 \cdot X$

$$= \left(\dfrac{220}{\sqrt{4^2+3^2}}\right)^2 \cdot 3$$

$$= 5,808[\text{Var}]$$

· 피상전력$(P_a) = I^2 \cdot Z = \left(\dfrac{V}{Z}\right)^2 \cdot Z$

$$= \left(\dfrac{220}{\sqrt{4^2+3^2}}\right)^2 \cdot 5$$

$$= 9,680[\text{VA}]$$

또한, 소비전력, 평균전력은 유효전력과 같다.

06 다음 그림과 같은 회로에서 10[Ω]에 흐르는 전류는?

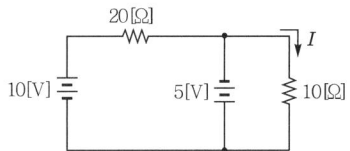

① 0.2[A]　　② −0.5[A]
③ 1[A]　　④ −1.5[A]

해설 중첩의 정리를 이용해서 해석

· 전압원 10[V] 기준

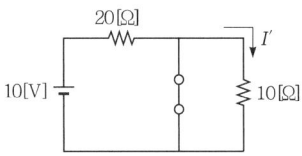

전압원 5[V]가 단락되어 $I' = 0$이 된다. (단락된 쪽으로 전류가 모두 흐르므로)

· 전압원 5[V] 기준

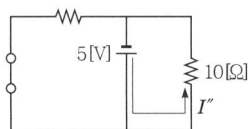

전압원 10[V]가 단락되며, 10[Ω] 양단 전압이 5[V]가 되므로 $I'' = \dfrac{5}{10} = 0.5[\text{A}]$

$\therefore I = I' + I'' = 0.5[\text{A}]$가 되며 회로의 전류 방향과 반대가 되므로 −0.5[A]가 된다.

정답 04 ③　05 ②　06 ②

07 같은 철심 위에 동일한 권수로 자체 인덕턴스 $L[H]$의 코일 두 개를 접근해서 감고 이것을 같은 방향으로 직렬연결할 때 합성 인덕턴스[H]는? (단, 두 코일의 결합계수는 0.5이다.)

① L　　② $2L$
③ $3L$　　④ $4L$

해설
- 코일을 같은 방향으로 연결하였으므로 이것을 가동접속이라 한다.
- 합성 인덕턴스(L')=L_1+L_2+2M이며,
$$K=\frac{M}{\sqrt{L_1L_2}}=\frac{M}{\sqrt{L^2}}$$
∴ $M=KL=\frac{1}{2}L$이므로
$$L'=2L+2\frac{1}{2}L=3L[H]$$

08 100[V]용 30[W]의 전구와 60[W]의 전구가 있다. 이것을 직렬로 접속하여 100[V]의 전압을 인가하였을 때 두 전구의 상태는 어떠한가?

① 30[W]의 전구가 더 밝다.
② 60[W]의 전구가 더 밝다.
③ 두 전구 모두 켜지지 않는다.
④ 두 전구의 밝기가 모두 같다.

해설 I는 일정, $P=\dfrac{V^2}{R}$에서

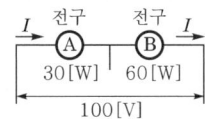

- 30[W] 전구의 저항(R_1)=$\dfrac{100^2}{30}\fallingdotseq 333[\Omega]$
  에서 $P_1=I^2\cdot R_1=I^2\cdot 333[W]$
- 60[W] 전구의 저항(R_2)=$\dfrac{100^2}{60}\fallingdotseq 167[\Omega]$
  에서 $P_2=I^2\cdot R_2=I^2\cdot 167[W]$

A, B 전구에 흐르는 전류 I는 일정하므로
∴ $P_1>P_2$가 되어 30[W]의 전구가 더 밝다.

09 그림의 회로에서 5[Ω]의 저항에 흐르는 전류 [A]는? (단, 각각의 전원은 이상적인 것으로 본다.)

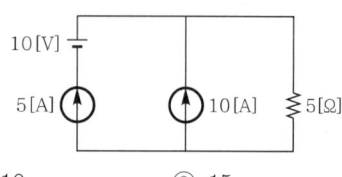

① 10　　② 15
③ 20　　④ 25

해설 중첩의 정리
- 10[V]에 의한 회로를 적용하여 흐르는 전류 $I_1=0$
- 5[A]에 의한 회로를 적용하여 흐르는 전류 $I_2=5[A]$
- 10[A]에 의한 회로를 적용하여 흐르는 전류 $I_3=10[A]$
∴ 5[Ω]에 흐르는 전체 전류
$I=I_1+I_2+I_3=15[A]$

10 저항 10[Ω], 유도 리액턴스 10[Ω]인 직렬회로에 교류전압을 인가할 때 전압과 이 회로에 흐르는 전류와의 위상차는 몇 도인가?

① 60°
② 45°
③ 30°
④ 0°

해설 $R-L$ 직렬회로에서

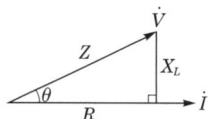

전압 $\dot{V}$는 전류 $\dot{I}$보다 θ만큼 앞서며,
위상차 $\theta=\tan^{-1}\dfrac{V_L}{V_R}$
$=\tan^{-1}\dfrac{\omega L}{R}$
$=\tan^{-1}\dfrac{10}{10}=45°$

정답 07 ③　08 ①　09 ②　10 ②

11 자극수 6, 전기자 총 도체수 400, 단중파권을 한 직류 발전기가 있다. 각 자극의 자속이 0.01[Wb]이고, 회전 속도가 600[rpm]이면 무부하로 운전하고 있을 때의 기전력은 몇 [V]인가?

① 110 ② 115
③ 120 ④ 150

해설 $E = \frac{z}{a} P\phi \frac{N}{60}$ [V]
$= \frac{400}{2} \times 6 \times 0.01 \times \frac{600}{60}$
$= 120$ [V]

12 단상 변압기를 병렬운전하는 경우 부하전류의 분담이 어떻게 되는가?

① 임피던스에 비례
② 리액턴스에 비례
③ 임피던스에 반비례
④ 리액턴스에 반비례

해설 부하분담비
- $\frac{I_a}{I_b} = \frac{\%Z_b}{\%Z_a} \cdot \frac{P_A}{P_B}$
- 부하분담비는 누설 임피던스에 반비례하고, 용량에는 비례한다.

13 200[kVA] 단상 변압기가 있다. 철손은 1.6[kW], 전부하 동손은 2.4[kW]이다. 역률이 0.8일 때 전부하에서의 효율은 약 몇 [%]인가?

① 91.9 ② 94.7
③ 97.6 ④ 99.1

해설 효율(η)
- 실측효율(η) = $\frac{출력}{입력} \times 100$ [%]
- 규약효율(η) = $\frac{출력}{출력+손실} \times 100$ [%]
  $= \frac{입력-손실}{입력} \times 100$ [%]

- 출력 $P = VI\cos\theta = P_a\cos\theta$
  $= 200 \times 10^3 \times 0.8$
  $= 160 \times 10^3$ [W]
- 손실 $P_l = P_i(철손) + P_c(동손)$
  $= 1.6 \times 10^3 + 2.4 \times 10^3$
  $= 4 \times 10^3$ [W]
$\therefore \eta = \frac{160 \times 10^3}{160 \times 10^3 + 4 \times 10^3} \times 100$
$\fallingdotseq 97.56$ [%]

14 220[V]인 3상 유도 전동기의 전부하슬립이 3[%]이다. 공급전압이 200[V]가 되면 전부하 슬립은 약 몇 [%]가 되는가?

① 3.6 ② 4.5
③ 4.9 ④ 5.5

해설 슬립과 공급전압의 관계식
$\frac{s'}{s} = \left(\frac{V_1}{V_1'}\right)^2$ 이므로
$s' = s\left(\frac{V_1}{V_1'}\right)^2 = 0.03\left(\frac{220}{200}\right)^2 \fallingdotseq 3.6$ [%]

15 전동기가 매분 1,200회 회전하여 9.42[kW]의 출력이 나올 때 토크는 약 몇 [kg·m]인가?

① 6.65 ② 6.90
③ 7.65 ④ 7.90

해설 전동기의 토크(τ)
$\tau = 0.975 \frac{E \cdot I_a}{N} = 0.975 \frac{P}{N}$
$= 0.975 \frac{9.42 \times 10^3}{1,200} \fallingdotseq 7.653$

16 다음 중 저항부하 시 맥동률이 가장 작은 정류방식은?

① 단상 반파식 ② 단상 전파식
③ 3상 반파식   ④ 3상 전파식

해설
- 맥동률(ripple rate) : 직류성분 속에 포함되어 있는 교류성분의 실효값과의 비를 나타낸다.

정답 11 ③ 12 ④ 13 ③ 14 ① 15 ③ 16 ④

- 맥동률$(\gamma) = \dfrac{\Delta I}{I_{dc}} = \dfrac{\sqrt{I_{r\,ms}^{2} - I_{dc}^{2}}}{I_{dc}}$

  $= \sqrt{\left(\dfrac{I_{r\,ms}}{I_{dc}}\right)^{2} - 1}$

구 분	맥동률	맥동주파수[Hz]
단상 반파	1.21	60
단상 전파	0.482	120
3상 반파	0.183	180
3상 전파	0.042	360

17 워드 레오나드(Ward Leonard) 방식은 직류기의 무엇을 목적으로 하는 것인가?

① 병렬운전 ② 속도제어
③ 계자자속조정 ④ 정류개선

해설 속도를 제어하기 위한 방식으로 계자제어, 저항제어, 전압제어(워드 레오나드, 일그너), 직·병렬제어방식이 있다.

18 동기 무효전력보상장치(조상기)를 과여자로 해서 운전하였을 때 나타나는 현상이 아닌 것은?

① 리액터로 작용한다.
② 전압강하를 감소시킨다.
③ 콘덴서로 작용한다.
④ 진상전류를 취한다.

해설 동기 무효전력보상장치(조상기)
동기 전동기를 무부하로 하여 계자전류를 조정함에 따라 진상 또는 지상전류를 보내는 동기 전동기이다.
- 부족 여자 : 지상전류, 리액터 동작
- 과여자 : 진상전류, 콘덴서 동작

19 변압기의 철손이 P_i[kW], 전부하동손이 P_c[kW]일 때 정격출력의 $\dfrac{1}{2}$인 부하를 걸었다면 전손실은?

① $\dfrac{1}{4}(P_i + P_c)$ ② $4(P_i + P_c)$
③ $P_i + \dfrac{1}{4}P_c$ ④ $\dfrac{1}{4}P_i + P_c$

해설 $\dfrac{1}{m}$ 부하에서의 효율$\left(\eta_{\frac{1}{m}}\right)$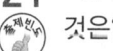

$\eta_{\frac{1}{m}} = \dfrac{\dfrac{1}{m}VI\cos\theta}{\dfrac{1}{m}VI\cos\theta + P_i + \left(\dfrac{1}{m}\right)^{2}P_c} \times 100[\%]$

에서

전손실$(P_l) = P_i + \left(\dfrac{1}{m}\right)^{2}P_c$

$= P_i + \left(\dfrac{1}{2}\right)^{2}P_c = P_i + \dfrac{1}{4}P_c$

20 4극 1,500[rpm]의 동기발전기와 병렬운전하는 24극 동기발전기의 회전수[rpm]는?

① 50[rpm] ② 250[rpm]
③ 1,500[rpm] ④ 3,000[rpm]

해설
- 4극 발전기의 주파수(f_4)

  $f_4 = \dfrac{P \cdot N_s}{120} = \dfrac{4 \times 1,500}{120} = 50[\text{Hz}]$

- 24극 발전기의 회전수(N_s)

  $N_s = \dfrac{120f}{P} = \dfrac{120 \times 50}{24} = 250[\text{rpm}]$

21 2진수 10011의 2의 보수 표현으로 옳은 것은?

① 01101 ② 10010
③ 01100 ④ 01010

해설 2의 보수를 구하면 다음과 같다.

```
  10011₂
     ↓  ← 1의 보수
  01100
 +    1
  ─────
  01101  ← 2의 보수
```

22 논리식 'A·(A+B)'를 간단히 하면?

① A ② B
③ A·B ④ A+B

해설 A·(A+B) = A·A + AB = A + A·B
= A(1+B)
= A (∵ 1+B = 1)

정답 17 ② 18 ① 19 ③ 20 ② 21 ① 22 ①

23 다음 그림은 어떤 논리회로인가?

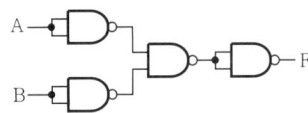

① NAND ② NOR
③ E-OR ④ E-NOR

해설 논리회로의 출력 $F = \overline{\overline{AB} = \overline{A} \cdot \overline{B}} = \overline{A+B}$
이며 NOR회로의 출력과 같다.

24 다음 그림과 같은 논리회로의 간략화된 논리함수는?

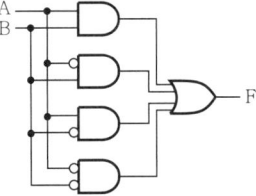

① 0
② 1
③ B
④ A

해설 논리회로의 출력식
$$\therefore Y = AB + \overline{A}B + A\overline{B} + \overline{A}\,\overline{B}$$
$$= B(A+\overline{A}) + \overline{B}(A+\overline{A})$$
$$= B + \overline{B} = 1$$

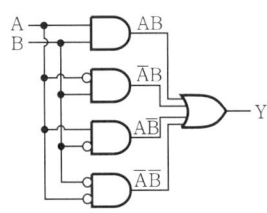

25 다음 그림과 같은 회로의 기능은?

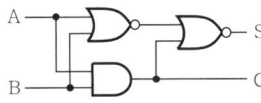

① 반가산기 ② 감산기
③ 반일치회로 ④ 부호기

해설 • 반가산기회로이며 S, C를 표시하면 다음과 같다.
$C = A \cdot B$

$S = \overline{\overline{A+B} + \overline{A \cdot B}} = \overline{\overline{A+B}} \cdot \overline{\overline{A \cdot B}}$
$= (A+B)(\overline{A \cdot B}) = (A+B)(\overline{A}+\overline{B})$
$= A\overline{B} + \overline{A}B = A \oplus B$

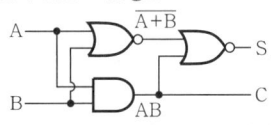

• 반가산기는 입력 2단자, 출력 2단자로 이루어져 있다.
• 진리표

입 력		출 력	
A	B	S	C
0	0	0	0
0	1	1	0
1	0	1	0
1	1	0	1

26 T형 플립플롭을 3단으로 직렬접속하고 초단에 1[kHz]의 구형파를 가하면 출력주파수는 몇 [kHz]인가?

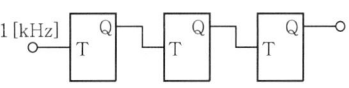

① 12 ② 125
③ 250 ④ 500

해설 • T에 입력신호가 가해지면 전 상태의 반전(toggle)상태를 유지한다.
• 입력신호 주파수의 $\frac{1}{2}$의 주파수가 출력으로 나온다.

27 배리스터(varistor)의 주된 용도는?

① 전압증폭용
② 서지전압에 대한 회로보호용
③ 출력전류의 조정용
④ 과전류 방지 보호용

해설 서지전압에 대한 회로보호용이며, 일반적인 $V-I$특성은 $I = KV^n$(단, $n : 2\sim5$)

정답 23 ② 24 ② 25 ① 26 ② 27 ②

28 SCR의 전압공급방법(turn-on) 중 가장 타당한 것은?

① 애노드에 (-)전압, 캐소드에 (+)전압, 게이트에 (+)전압을 공급한다.
② 애노드에 (-)전압, 캐소드에 (+)전압, 게이트에 (-)전압을 공급한다.
③ 애노드에 (+)전압, 캐소드에 (-)전압, 게이트에 (+)전압을 공급한다.
④ 애노드에 (+)전압, 캐소드에 (-)전압, 게이트에 (-)전압을 공급한다.

해설 SCR 동작원리는

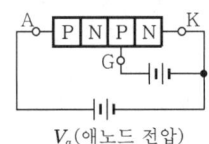

V_a(애노드 전압)

그러므로 애노드 단자에 (+), 캐소드 단자에 (-), 게이트 단자에 (+) 전압을 인가한다.

29 다음 전력변환방식 중 직류를 크기가 다른 직류로 변환하는 것은?

① 인버터
② 컨버터
③ 반파정류
④ 직류초퍼

해설 • 반파정류 : 교류를 직류로 변환하는 회로
• 직류초퍼(DC chopper) : 크기가 다른 직류로 변환하는 장치

30 전파제어 정류회로에 사용하는 쌍방향성 반도체 소자는?

① SCR   ② SSS
③ UJT   ④ PUT

해설 **SSS(Silicon Symmetrical Switch)**
• DIAC과 같이 2단자 사이리스터이며, 게이트 전극은 없다.

• Break-over전압 이상의 전압이 인가되어야 도통한다.
• 정류회로, 과전압 보호용, 조광장치 등에 이용된다.

31 인버터제어라고도 하며 유도 전동기에 인가되는 전압과 주파수를 변환시켜 제어하는 방식은?

① VVVF제어 방식
② 궤환제어 방식
③ 1단 속도제어 방식
④ 워드 레오나드 제어 방식

해설 VVVF(Variable Voltage Variable Frequency)는 전압과 주파수를 변환시켜서 제어하는 방식이다.

32 SCR의 턴온시 10[A]의 전류가 흐를 때 게이트 전류를 $\frac{1}{2}$로 줄이면 SCR의 전류는?

① 5[A]
② 10[A]
③ 20[A]
④ 30[A]

해설 SCR은 일단 도통이 된 후에는 게이트 전압, 전류와는 무관하다. 즉, 게이트 전압이 상승, 감소 또는 게이트 전류가 상승, 감소하여도 변동이 없다.

33 다음 중 기숙사, 여관, 병원의 표준부하는 몇 [VA/m²]로 상정하는가?

① 10   ② 20
③ 30   ④ 40

해설 **표준부하**
• 공장, 사원, 연회장, 극장 : 10[VA/m²]
• 기숙사, 여관, 병원, 학교 : 20[VA/m²]
• 사무실, 은행 : 30[VA/m²]
• 아파트, 주택 : 40[VA/m²]

정답 28 ③ 29 ④ 30 ② 31 ① 32 ② 33 ②

34 지중전선로에 사용하는 지중함을 시설할 때 고려할 사항으로 잘못된 것은?
① 차량 기타 중량물의 압력에 견디는 튼튼한 구조로 할 것
② 물기가 스며들지 않으며, 또 고인 물은 제거할 수 있는 구조일 것
③ 지중함 뚜껑은 보통사람이 열 수 없도록 하여 시설자만 점검하도록 할 것
④ 폭발성 가스가 침입할 우려가 있는 곳에 시설하는 최소 0.5[m³] 이상의 지중함에는 통풍장치를 할 것

해설 지중함의 시설
- 지중함은 견고하고, 차량 기타 중량물의 압력에 견디는 구조
- 지중함은 그 안의 고인 물을 제거할 수 있는 구조
- 폭발성 또는 연소성의 가스가 침입할 우려가 있는 곳에 시설하는 지중함으로서 그 크기가 1[m³] 이상인 것에는 통풍장치, 기타 가스를 방산시키기 위한 적당한 장치를 시설

35 전선의 접속원칙이 아닌 것은?
① 접속부분은 접속관, 기타의 기구를 사용한다.
② 전선의 허용전류에 의하여 접속부분의 온도상승값이 접속부 이외의 온도상승값을 넘지 않도록 한다.
③ 전선의 강도를 30[%] 이상 감소시키지 않는다.
④ 구리와 알루미늄 등 다른 종류의 금속 상호간을 접속할 때에는 접속부에 전기적 부식이 생기지 않도록 한다.

해설 전선의 접속법
- 전기저항 증가 금지
- 접속부위 반드시 절연
- 접속부위 접속기구 사용
- 전선의 세기(인장하중) 20[%] 이상 감소 금지
- 전기적 부식 방지
- 충분히 절연피복을 할 것

36 저압 이웃연결(연접)인입선의 시설기준으로 옳지 않은 것은?
① 폭 5[m]를 초과하는 도로를 횡단하지 말 것
② 인입선에서 분기하는 점으로부터 100[m]를 초과하지 말 것
③ 옥내를 통과하지 말 것
④ 지름은 최소 4.0[mm] 이상의 경동선을 사용할 것

해설 저압 이웃연결(연접)인입선의 시설기준
- 도로횡단시 노면상 높이는 5[m] 이상
- 인입선에서 분기되는 점으로부터 100[m]를 초과하지 말 것
- 폭 5[m] 도로를 횡단하지 말 것
- 옥내 통과 금지

37 보호선과 전압선의 기능을 겸한 전선은?
① PEM선
② PEL선
③ PEN선
④ DV선

해설 용어
- 충전부 : 중성선을 포함하여 정상동작시에 활성화되는 전선 또는 도전성 부위로, 규정상 PEN선이나 PEM선 또는 PEL선은 포함하지 않는다.
- PEN선 : 보호선과 중성선의 기능을 겸한 전선을 말한다.
- PEM선 : 보호선과 중간선의 기능을 겸한 전선을 말한다.
- PEL선 : 보호선과 전압선의 기능을 겸한 전선을 말한다.

38 전선에 대한 약호 중에서 HIV는 무엇인가?
① 인입용 비닐절연전선
② 내열용 비닐절연전선
③ 형광방전등용 비닐전선
④ 옥외용 비닐절연전선

정답 34 ④ 35 ③ 36 ④ 37 ② 38 ②

해설 전선의 약호
- DV : 인입용 비닐절연전선
- FL : 형광방전등용 비닐전선
- OW : 옥외용 비닐절연전선
- HIV : 600[V] 2종 비닐절연전선

39 어느 물체의 표면으로부터 발산하는 광속은 무엇인가?

① 광도　　　② 조도
③ 광속발산도　④ 휘도

해설
- 광속발산도(luminous radiance) : 어느 물체의 표면으로부터 발산되는 광속밀도를 말하며, 단위로는 [rlx], [asb]이다.
  $1[rlx]=1[asb]=1[lm/m^2]$
- 휘도(brightness) : 광원의 빛나는 정도를 말한다.
- 조도(illumination) : 단위면적당 광속밀도 또는 입사광속을 말한다. 단위는 [lx]이다.

40 금속관 공사 시 관의 두께는 콘크리트에 매설하는 경우 몇 [mm] 이상 되어야 하는가?

① 0.6　　　② 0.8
③ 1.2　　　④ 1.4

해설 금속관 공사
- 관의 두께는 콘크리트에 매설하는 경우 1.2[mm] 이상, 기타 1[mm] 이상으로 한다.
- 이음매가 없는 길이 4[m] 이하인 것은 건조하고 전개된 곳에 시설하는 경우에는 0.5[mm]까지 감할 수 있다.
- 조영재에 따라 시설하는 경우 최대 간격은 2[m] 이하이다.

41 철근 콘크리트주로서 그 전체의 길이가 16[m] 초과 20[m] 이하이고, 설계하중이 6.8[kN] 이하인 것을 지반이 튼튼한 곳에 시설하려고 한다. 지지물의 기초 안전율을 고려하지 않기 위해서 묻히는 깊이는 몇 [m] 이상으로 하여야 하는가?

① 2.5[m] 이상　② 2.8[m] 이상
③ 3.0[m] 이상　④ 3.2[m] 이상

해설 가공전선로 지지물의 기초 안전율
- 강관을 주체로 하는 철주 및 철근 콘크리트주로 전체 길이가 16[m] 이하, 하중 6.8[kN]인 것 또는 목주
  - 전체 길이가 15[m] 이하인 것의 매설깊이는 전체 길이의 $\frac{1}{6}$ 이상
  - 전체 길이가 15[m] 초과하는 경우 2.5[m] 이상
- 철근 콘크리트주로서 전장이 16[m] 넘고 20[m] 이하, 설계하중이 6.8[kN] 이하인 경우 매설깊이 2.8[m] 이상

42 교통신호등의 시설기준으로 틀린 것은?

① 전선을 매다는 금속선에는 지지점 또는 이에 근접하는 곳에 애자를 삽입한다.
② 교통신호등 회로의 사용전압은 300[V] 이하이어야 한다.
③ 교통신호등 제어장치의 전원측에는 전용 개폐기 및 과전류차단기를 각 극에 시설한다.
④ 신호등 회로 인하선의 전선은 지표상 3.5[m] 이상이 되도록 한다.

해설 교통신호등의 시설
- 사용전압은 300[V] 이하
- 조가용 금속선에는 지지점 또는 이에 근접한 곳에 애자삽입
- 금속제 외함에는 접지공사를 한다.
- 교통신호등 회로의 인하선은 지표상 2.5[m] 이상
- 전원측에는 전용 개폐기 및 과전류차단기 시설

43 22,900/220[V]의 15[kVA] 변압기로 공급되는 저압 가공전선로의 절연부분의 전선에서 대지로 누설하는 전류의 최고 한도는?

① 약 34[mA]　② 약 45[mA]
③ 약 68[mA]　④ 약 75[mA]

정답 39 ③　40 ③　41 ②　42 ④　43 ①

해설 누설전류(I_g)

$I_g \leq I_m \times \dfrac{1}{2,000}$ (여기서, I_m : 최대 공급전류)

$I_m = \dfrac{P}{V} = \dfrac{15 \times 10^3}{220} \fallingdotseq 68.18\text{[A]}$

$\therefore\ I_g \leq 68.18 \times \dfrac{1}{2,000} \fallingdotseq 0.034\text{[A]} = 34\text{[mA]}$

44 피뢰기를 시설하지 않아도 되는 것은?
① 발전소·변전소의 가공전선 인입구 및 인출구
② 지중전선로의 말단부분
③ 가공전선로와 지중전선로가 접속되는 곳
④ 가공전선로에 접속한 1차측 전압이 35[kV] 이하, 2차측 전압이 저압 또는 고압인 배전용 변압기의 고압측 및 특고압측

해설 피뢰기의 시설
- 피뢰기의 시설장소
  - 가공전선로와 지중전선로가 접속되는 곳
  - 고압 및 특고압 가공전선로에서 공급을 받는 수용장소의 인입구
  - 발전소·변전소 혹은 이것에 준하는 장소의 가공전선의 인입구 및 인출구
  - 가공전선로에 접속하는 배전용 변압기의 고압측 및 특고압측
- 피뢰기 시설을 하지 않을 수 있는 곳
  - 직접 접속하는 전선이 짧을 경우
  - 적은 지역으로서 방출보호통 등 피뢰기에 갈음하는 장치를 한 경우
  - 지중전선로의 말단부분

45 실지수가 높을수록 조명률이 높아진다. 방의 크기가 가로 9[m], 세로 6[m]이고, 광원의 높이는 작업면에서 3[m]인 경우 이 방의 실지수(방지수)는?
① 0.2   ② 1.2
③ 18   ④ 27

해설 방지수(실지수) K는 방의 형태에 대한 계수이며 다음과 같다.

$K = \dfrac{X \cdot Y}{H(X+Y)} = \dfrac{9 \times 6}{3(9+6)} = 1.2$

(여기서, X : 방의 폭[m], Y : 방의 길이[m], H : 작업면에서 광원까지의 높이[m])

46 전등회로 절연전선을 동일한 셀룰러덕트에 넣을 경우 그 크기는 전선의 피복을 포함한 단면적의 합계가 셀룰러덕트 단면적의 몇 [%] 이하가 되도록 선정하여야 하는가?
① 20   ② 32
③ 40   ④ 50

해설 셀룰러덕트 배선
- 배선은 절연전선을 사용하며 단면적 10[mm²] (Al 전선은 단면적 16[mm²])을 초과하는 것은 연선이어야 한다.
- 사용전압은 400[V] 미만이어야 한다.
- 덕트의 끝부분은 막아야 한다.
- 절연전선을 동일한 셀룰러덕트 내에 넣을 경우 셀룰러덕트의 크기는 전선의 피복절연물을 포함한 단면적의 총합계가 셀룰러덕트 단면적의 20[%](전광표시장치, 출퇴표시등 및 기타 이와 유사한 장치 또는 제어회로 등의 배선만을 넣는 경우는 50[%]) 이하가 되도록 선정하여야 한다.

47 특고압용 변압기의 냉각방식이 타냉식인 경우 냉각장치의 고장으로 인하여 변압기의 온도가 상승하는 것을 대비하기 위하여 시설하는 장치는?
① 방진장치   ② 공기정화장치
③ 경보장치   ④ 회로차단장치

해설 특고압용 변압기의 보호장치

뱅크용량의 구분	동작조건	장치의 종류
5,000[kVA] 이상 10,000[kVA] 미만	변압기 내부고장	자동차단장치 또는 경보장치
10,000[kVA] 이상	변압기 내부고장	자동차단장치
타냉식 변압기(변압기의 권선 및 철심을 직접 냉각시키기 위하여 봉입한 냉매를 강제 순환시키는 냉각방식을 말한다.)	냉각장치에 고장이 생긴 경우 또는 변압기의 온도가 현저히 상승한 경우	경보장치

정답 44 ② 45 ② 46 ① 47 ③

48 '무효전력을 조정하는 전기기계·기구'로 용어 정의되는 것은?

① 변성기　② 배류코일
③ 조상설비　④ 리액터

해설 조상설비
무효전력을 조정하여 전송효율을 증가시키고, 계통의 안정도를 증진시키기 위한 전기기계·기구

49 배전선로에 사용하는 원형 철근콘크리트주의 수직투영면적 $1[m^2]$에 대한 풍압을 기초로 하여 계산한 갑종풍압하중은 얼마인가?

① 372[Pa]
② 588[Pa]
③ 882[Pa]
④ 1,255[Pa]

해설 풍압하중
- 목주 588[Pa]
- 원형 철근콘크리트주 588[Pa]
- 원형 철주 588[Pa]

50 송배전 계통에 사용되는 보호계전기의 반한시 특성이란?

① 동작전류가 커질수록 동작시간이 길어진다.
② 동작전류가 작을수록 동작시간이 짧다.
③ 동작전류에 관계없이 동작시간은 일정하다.
④ 동작전류가 커질수록 동작시간은 짧아진다.

해설 보호계전기
- 순한시계전기 : 고장이 생기면 즉시 동작
- 정한시계전기 : 일정 전류 이상이 되면 크기에 관계 없이 일정시간 후 동작
- 반한시계전기 : 전류가 크면 동작시간이 짧고, 전류가 작으면 동작시간이 길어지는 동작

51 소도체 2개로 된 복도체 방식 3상 3선식 송전선로가 있다. 소도체의 지름 2[cm], 간격 36[cm], 등가 선간거리가 120[cm]인 경우에 복도체 1[km]의 인덕턴스는 약 몇 [mH/km]인가?

① 1.536　② 1.215
③ 0.957　④ 0.624

해설 인덕턴스 $L = \dfrac{0.05}{n} + 0.4605 \log \dfrac{D}{r_e}$

$\therefore L = \dfrac{0.05}{2} + 0.4605 \log \dfrac{D}{\sqrt{rS}}$

$= 0.025 + 0.4605 \log \dfrac{120}{\sqrt{1 \times 36}} ≒ 0.624$

52 송전단전압이 6,600[V], 수전단전압이 6,100[V]였다. 수전단의 부하를 끊은 경우 수전단전압이 6,300[V]라면 이 회로의 전압강하율과 전압변동률은 각각 몇 [%]인가?

① 6.8, 4.1　② 8.2, 3.28
③ 4.14, 6.8　④ 43.28, 8.2

해설
- 전압강하율 $\varepsilon = \dfrac{6,600 - 6,100}{6,100} \times 100[\%]$
  $= 8.19[\%]$
- 전압변동률 $\delta = \dfrac{6,300 - 6,100}{6,100} \times 100[\%]$
  $= 3.278[\%]$

53 부하전력 및 역률이 같을 때 전압을 n배 승압하면 전압강하와 전력 손실은 어떻게 되는가?

	전압강하	전력 손실
①	$\dfrac{1}{n}$	$\dfrac{1}{n^2}$
②	$\dfrac{1}{n^2}$	$\dfrac{1}{n^2}$
③	$\dfrac{1}{n}$	$\dfrac{1}{n}$
④	$\dfrac{1}{n^2}$	$\dfrac{1}{n}$

정답 48 ③　49 ②　50 ④　51 ④　52 ②　53 ①

해설
- $e = I(R\cos\theta + \sin\theta)$
  $= \dfrac{P}{V}(R + X\tan\theta)$ 에서
  $e \propto \dfrac{1}{V}$ $\therefore e \propto \dfrac{1}{n}$
- $P_l = 3I^2R = \dfrac{P^2R}{V^2\cos^2\theta}$ 에서
  $P_l \propto \dfrac{1}{V^2}$ $\therefore P_l \propto \dfrac{1}{n^2}$

54 복도체 선로가 있다. 소도체의 지름 8[mm], 소도체 사이의 간격 40[cm]일 때, 등가반지름[cm]은?

① 1.8 ② 3.4
③ 4.0 ④ 5.7

해설 $r' = \sqrt{r \cdot s} = \sqrt{\dfrac{0.8}{2} \cdot 40} = 4[\text{cm}]$

55 관리의 사이클을 가장 올바르게 표시한 것은? (단, A : 조치, C : 검토, D : 실행, P : 계획)

① P → C → A → D
② P → A → C → D
③ A → D → C → P
④ P → D → C → A

해설 관리 사이클
계획 → 실행 → 검토 → 조치

56 일반적으로 품질 코스트 가운데 가장 큰 비율을 차지하는 코스트는?

① 평가 코스트
② 실패 코스트
③ 예방 코스트
④ 검사 코스트

해설 품질 코스트는 실패 코스트(약 50[%] 정도), 평가 코스트(약 25[%] 정도), 예방 코스트(약 10[%] 정도)로 나뉘어지며, 실패 코스트 비율이 가장 많이 차지한다.

57 다음 검사의 종류 중 검사공정에 의한 분류에 해당되지 않는 것은?

① 출하검사
② 수입검사
③ 출장검사
④ 공정검사

해설 공정에 의한 분류

수입검사(II) → 공정검사(FAI)
↑   ↓
출하검사(OI) ← 최종검사(FI)

58 관리도에서 점이 관리 한계 내에 있으나 중심선 한쪽에 연속해서 나타나는 점의 배열현상을 무엇이라 하는가?

① 런(run) ② 경향
③ 산포   ④ 주기

해설 점의 배열
- 런 : 중심선의 한쪽으로 연속해서 나타난 점의 배열이다.
- 경향 : 점이 점점 올라가거나 내려가는 상태이다.
- 주기 : 점이 주기적으로 위, 아래로 변동하는 경우 주기성이 있다고 한다.
- 산포 : 측정값의 크기가 고르지 않을 때이다.

59 여유시간이 5분, 정미시간이 40분일 경우 내경법으로 여유율을 구하면 약 몇 [%]인가?

① 6.33[%]
② 9.05[%]
③ 11.11[%]
④ 12.50[%]

해설
- 표준시간 = 정상시간 × (1 + 여유율) : 외경법
- 표준시간 = 정상시간 × $\dfrac{1}{1 - 여유율}$: 내경법

$\therefore (40분 + 5분) = 40분 \times \dfrac{1}{1 - 여유율}$ 에서

여유율 $= 1 - \dfrac{40}{45} ≒ 0.11111$ (약 11.11[%])

정답 54 ③ 55 ④ 56 ② 57 ③ 58 ① 59 ③

60 샘플링 검사보다 전수검사를 실시하는 것이 유리한 경우는?

① 다수다량의 것으로 어느 정도 부적합품이 섞여도 괜찮을 경우
② 파괴검사를 해야 하는 경우
③ 품질특성치가 치명적인 결점을 포함하는 경우
④ 검사항목이 많은 경우

해설 **전수검사**
- 검사항목이 적고 간단히 검사할 수 있을 때
- 전체 검사를 쉽게 할 수 있을 때
- 로트의 크기가 작을 때
- 불량품이 조금이라도 있으면 안 될 때
- 치명적인 결함을 포함하고 있을 때
- 검사비용이 많이 소요될 때

정답 60 ③

2022년 CBT 기출복원문제(Ⅱ)

01 전류 순시값 $i = 30\sin\omega t + 40\sin(3\omega t + 60°)$[A]의 실효값은 약 몇 [A]인가?

① $25\sqrt{2}$ ② $30\sqrt{2}$
③ $40\sqrt{2}$ ④ $50\sqrt{2}$

해설 비정현파 실효값

$$I = \sqrt{\left(\frac{30}{\sqrt{2}}\right)^2 + \left(\frac{40}{\sqrt{2}}\right)^2}$$
$$= \sqrt{\frac{2,500}{2}} = \frac{50}{\sqrt{2}} = 25\sqrt{2}$$

02 자속밀도 1[Wb/m²]인 평등자계의 방향과 수직으로 놓인 50[cm]인 도선을 자계와 30°의 방향으로 40[m/s]의 속도로 움직일 때 도선에 유기되는 기전력은 몇 [V]인가?

① 5   ② 10
③ 20   ④ 40

해설 유도전압(e)
$e = Blv\sin\theta = 1 \times 0.5 \times 40 \times \sin 30°$
$= 10$[V]

03 비투자율 $\mu_s = 800$, 단면적 $S = 10[\text{cm}^2]$, 평균 자로 길이 $l = 30$[cm]의 환상철심에 $N = 600$회의 권선을 감은 무단 솔레노이드가 있다. 이것에 $I = 1$[A]의 전류를 흘릴 때 솔레노이드 내부의 자속은 약 몇 [Wb]인가?

① 1.10×10^{-3} ② 1.10×10^{-4}
③ 2.01×10^{-3} ④ 2.01×10^{-4}

해설 자속밀도 $B = \dfrac{\phi}{S}$[Wb/m²]에서(단, ϕ : 자속, S : 단면적[m²]을 의미)

자속 $\phi = B \cdot S = \mu \cdot H \cdot S$[Wb]
$(B = \mu H = \mu_0 \mu_s H)$
$= \mu_0 \mu_s H S (H = \dfrac{NI}{l}$[AT/m]이며)
$= \mu_0 \cdot \mu_s \dfrac{NI}{l} \cdot S$
$= 4\pi \times 10^{-7} \times 800 \times \dfrac{600 \times 1}{0.3} \times 10 \times 10^{-4}$
$\fallingdotseq 2.01 \times 10^{-3}$[Wb]

04 $R = 5[\Omega]$, $L = 20$[mH] 및 가변 콘덴서 C로 구성된 $R-L-C$ 직렬회로에 주파수 1,000[Hz]인 교류를 가한 다음 C를 가변시켜 직렬공진시킬 때 C의 값은 약 몇 [μF]인가?

① 1.27   ② 2.54
③ 3.52   ④ 4.99

해설 $R-L-C$ 회로의 직렬공진 조건은
$\omega L - \dfrac{1}{\omega C} = 0$에서 $\omega^2 LC = 1$이므로
$C = \dfrac{1}{\omega^2 L}$
$= \dfrac{1}{(2\pi f)^2 L} = \dfrac{1}{4\pi^2 \times 1,000^2 \times 20 \times 10^{-3}}$
$\fallingdotseq 1.27$[μF]

05 인덕턴스 $L = 20$[mH]인 코일에 실효값 $V = 50$[V], 주파수 $f = 60$[Hz]인 정현파 전압을 인가했을 때 코일에 축적되는 평균 자기에너지 W[J]는 약 얼마인가?

① 6.3   ② 4.4
③ 0.63   ④ 0.44

정답 01 ①   02 ②   03 ③   04 ①   05 ④

해설 $W_L = \frac{1}{2}LI^2[J]$에서

$$I = \frac{V}{X_L} = \frac{V}{WL} = \frac{V}{2\pi fL}$$
$$= \frac{50}{2\pi \times 60 \times 20 \times 10^{-3}} \fallingdotseq 6.7[A]$$
$$\therefore W_L = \frac{1}{2} \times 20 \times 10^{-3} \times 6.7^2 \fallingdotseq 0.44[J]$$

06 다음 중 5[Ω]의 저항 10개를 직렬접속하면 병렬접속시의 몇 배가 되는가?

① 20 　　② 50
③ 100 　　④ 250

해설
- 5[Ω] 저항 10개 직렬접속
  $R_1 = 10 \times 5 = 50[Ω]$
- 5[Ω] 저항 10개 병렬접속
  $R_2 = \frac{5}{10} = 0.5[Ω]$

$\therefore \frac{R_1}{R_2} = \frac{50}{0.5} = 100$배가 된다.

07 $R=10[Ω]$, $X_L = 8[Ω]$, $X_C = 20[Ω]$이 병렬로 접속된 회로에서 80[V]의 교류전압을 가하면 전원에 흐르는 전류는 몇 [A]인가?

① 5[A] 　　② 10[A]
③ 15[A] 　　④ 20[A]

해설
- $R-L-C$ 직렬회로의 전류(I)는
  $$I = \frac{V}{Z} = \frac{V}{\sqrt{R^2 + (X_L - X_C)^2}}$$
- $R-L-C$ 병렬회로의 전류(I)는
  $$\dot{I} = \dot{I}_R + \dot{I}_L + \dot{I}_C = \frac{V}{R} + \frac{V}{jX_L} - \frac{V}{jX_C}$$
  $$= I_R - jI_L + jI_C = I_R + j(I_C - I_L)$$
  $$\therefore I = \sqrt{I_R^2 + (I_C - I_L)^2}$$
  $$= \sqrt{\left(\frac{80}{10}\right)^2 + \left(\frac{80}{20} - \frac{80}{8}\right)^2}$$
  $$= \sqrt{8^2 + 6^2} = 10[A]$$

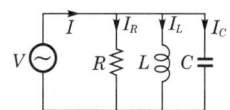

08 다음 그림에서 코일에 인가되는 전압의 크기 V_L은 몇 [V]인가?

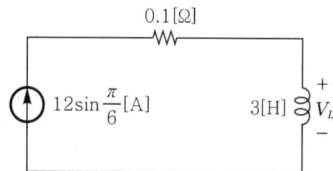

① $2\pi \sin \frac{\pi}{6} t$ 　　② $4\pi \cos \frac{\pi}{6} t$
③ $6\pi \cos \frac{\pi}{6} t$ 　　④ $12\pi \sin \frac{\pi}{6} t$

해설 $V_L = L\frac{d}{dt}i(t) = 3\frac{d}{dt}(12\sin\frac{\pi}{6}t)$
$$= 3 \times 12 \times \frac{\pi}{6} \cos\frac{\pi}{6}t = 6\pi\cos\frac{\pi}{6}t[V]$$

09 어떤 정현파 전압의 평균값이 191[V]이면 최댓값은 약 몇 [V]인가?

① 240
② 270
③ 300
④ 330

해설 평균값 $= \frac{2}{\pi} \times$ 최댓값에서

최댓값 $= \frac{\pi}{2} \times$ 평균값 $= \frac{3.14}{2} \times 191 \fallingdotseq 300[V]$

10 어떤 $R-L-C$ 병렬회로가 병렬공진되었을 때 합성전류에 대한 설명으로 옳은 것은?

① 전류는 무한대가 된다.
② 전류는 최대가 된다.
③ 전류는 흐르지 않는다.
④ 전류는 최소가 된다.

해설 공진의 의미는 전압과 전류는 동위상이며 다음과 같다.
- 직렬공진 : $I=$최대, $Z=$최소

$$Q = \frac{f_o}{B} = \frac{\omega L}{R} = \frac{1}{\omega CR}$$
$$= \frac{1}{R}\sqrt{\frac{L}{C}}\left(=\frac{V_L}{V} = \frac{V_C}{V}\right), 전압 확대비$$

정답 06 ③　07 ②　08 ③　09 ③　10 ④

- 병렬공진 : I=최소, Z=최대

$$Q = \frac{f_o}{B} = \frac{R}{\omega L} = \omega CR$$
$$= R\sqrt{\frac{C}{L}}\left(=\frac{I_L}{I}=\frac{I_C}{I}\right), \text{ 전류 확대비}$$

11 % 저항강하가 1.3[%], % 리액턴스강하가 2[%]인 변압기가 있다. 전부하역률 80[%](뒤짐)에서의 전압변동률은 약 몇 [%]인가?

① 1.35 ② 1.86
③ 2.18 ④ 2.24

해설 · 전압변동률(ε)

$$\varepsilon = \frac{V_{20} - V_{2n}}{V_{2n}} \times 100[\%]$$

(여기서, V_{20} : 2차 무부하전압, V_{2n} : 2차 전부하전압)

- 백분율 강하의 전압변동률(ε)
$\varepsilon = p\cos\theta \pm q\sin\theta[\%]$
(여기서, + : 지역률, − : 진역률, P : % 저항강하, q : % 리액턴스강하)
∴ $\varepsilon = 1.3 \times 0.8 + 2 \times 0.6 = 2.24[\%]$

12 동기 전동기에서 제동권선의 사용 목적으로 가장 옳은 것은?

① 난조방지
② 정지시간의 단축
③ 운전토크의 증가
④ 과부하내량의 증가

해설 난조(hunting)
부하급변 시 부하각과 동기속도가 진동하는 현상
- 원인
 - 조속기감도가 너무 예민한 경우
 - 토크에 고조파가 포함된 경우
 - 회로저항이 너무 큰 경우
- 방지책 : 제동권선을 설치

13 동기기의 전기자 권선법이 아닌 것은?

① 2층권 ② 분포권
③ 중권 ④ 전절권

해설 · 동기 발전기의 전기자 권선법
 − 중권(○), 파권(×), 쇄권(×)
 − 2층권(○), 단층권(×)
 − 분포권(○), 집중권(×)
 − 단절권(○), 전절권(×)
- 분포권의 장점
 − 누설 리액턴스 감소
 − 기전력의 파형개선
 − 과열방지

14 % 동기 임피던스가 130[%]인 3상 동기 발전기의 단락비는 약 얼마인가?

① 0.7 ② 0.77
③ 0.8 ④ 0.88

해설 % 동기 임피던스 $= \frac{1}{\text{단락비}}$에서

단락비 $= \frac{1}{130} \times 100 = 0.769$

15 60[Hz], 12극의 동기 전동기 회전자계의 주변속도는 몇 [m/s]인가? (단, 회전자계의 극 간격은 1[m]이다.)

① 60 ② 90
③ 120 ④ 180

해설 동기 전동기의 회전속도 $N_s = \frac{120f}{P}$, 회전자계속도 $v = \frac{\pi D N_s}{60}$ 이므로,

$N_s = \frac{60 \times 120}{12} = 600[\text{rpm}]$

∴ $v = \frac{12 \times 600}{60} = 120[\text{m/s}]$

16 동기발전기의 병렬운전조건으로 옳지 않은 것은?

① 유기기전력의 역률이 같을 것
② 유기기전력의 위상이 같을 것
③ 유기기전력의 파형이 같을 것
④ 유기기전력의 주파수가 같을 것

해설 동기 발전기의 병렬운전조건
- 기전력의 크기가 같을 것

정답 11 ④ 12 ① 13 ④ 14 ② 15 ③ 16 ①

- 기전력의 위상이 같을 것
- 기전력의 주파수가 같을 것
- 기전력의 파형이 같을 것
- 기전력의 상회전방향이 같을 것

17 3상 동기 발전기의 단락비를 산출하는 데 필요한 시험은?

① 외부특성시험과 3상 단락시험
② 동기화시험과 부하포화시험
③ 돌발단락시험과 부하시험
④ 무부하포화시험과 3상 단락시험

해설 단락비(K_s)

- $K_s = \dfrac{\text{무부하 정격전압을 유기하는 데 필요한 계자전류}}{\text{3상 단락 정격전류를 흘리는 데 필요한 계자전류}}$

$= \dfrac{I_s}{I_n} = \dfrac{1}{Z_s'}$ (여기서, Z_s' : % 동기임피던스)

- 단락비 산출시 필요한 시험
  - 무부하시험
  - 3상 단락시험

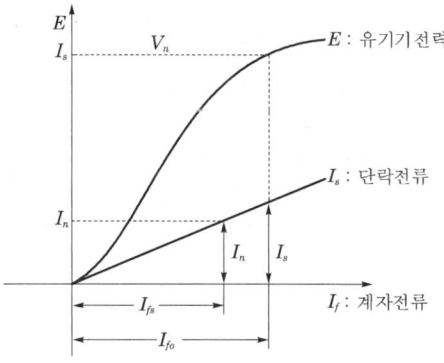

| 무부하 특성곡선과 3상 단락곡선 |

18 3상 변압기의 병렬운전이 불가능한 결선은?

① △-Y와 Y-Y ② △-△와 Y-Y
③ △-Y와 Y-△ ④ Y-△와 Y-△

해설 3상 변압기의 병렬운전시에는 각 변위가 같아야 하며 홀수(△, Y)는 각 변위가 다르므로 병렬운전이 불가능하다.

[참고] 변압기군의 병렬운전조합

병렬운전이 가능한 경우	병렬운전이 불가능한 경우
Y-Y와 Y-Y	△-Y와 Y-Y
△-△와 △-△	△-△와 △-Y
△-Y와 △-Y	
Y-△와 Y-△	
△-△와 Y-Y	
△-Y와 Y-△	

19 유도 전동기의 제동방법 중 슬립의 범위를 1~2 사이로 하여 3선 중 2선의 접속을 바꾸어 제동하는 방법은?

① 발전제동 ② 회생제동
③ 직류제동 ④ 역상제동

해설 전기적 제동법

- 단상제동 : 단상전원을 공급하고 2차 저항 증가, 부토크에 의해 제동
- 직류제동 : 직류전원공급, 발전제동
- 회생제동 : 전기에너지전원측에 환원하여 제동(과속억제)
- 역상제동 : 3선 중 2선의 결선을 바꾸어 역회전력에 의해 급제동

```
   s < 0      0 ≤ s < 1     s > 1
 ─────────┼─────────────┼─────────
  발전기   0   전동기    1   제동기
```

20 단상 유도 전동기의 기동방법 중 기동토크가 가장 큰 것은?

① 분상 기동형 ② 셰이딩 코일형
③ 반발 기동형 ④ 콘덴서 기동형

해설 단상 유도 전동기의 기동 토크가 큰 순서로 배열

- 반발 기동형(반발 유도형)
- 콘덴서 기동형(콘덴서형)
- 분상 기동형
- 셰이딩 코일형

21 2진수 $(1011)_2$를 그레이 코드(gray code)로 변환한 값은?

① $(1111)_G$ ② $(1101)_G$
③ $(1110)_G$ ④ $(1100)_G$

정답 17 ④ 18 ① 19 ④ 20 ③ 21 ③

해설 2진수에서 그레이 코드 변환은 다음과 같다.

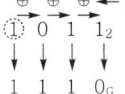

∴ $(1011)_2 = (1110)_G$

22 그림은 어떤 플립플롭의 타임차트이다. (A), (B)에 해당되는 것은?

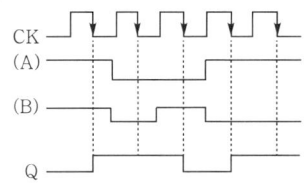

① (A) : S, (B) : R ② (A) : R, (B) : S
③ (A) : J, (B) : K ④ (A) : K, (B) : J

해설 Clock pulse가 하강상태에서 동작을 하며 J = K = 0일 때 Q는 전상태(불변), J = K = 1일 때 Q는 반전(toggle)상태가 된다.

23 다음 논리함수를 간략화하면 어떻게 되는가?

$$Y = \overline{ABCD} + \overline{AB}C\overline{D} + A\overline{B}\,\overline{C}D + A\overline{BCD}$$

	$\overline{A}\overline{B}$	$\overline{A}B$	AB	$A\overline{B}$
$\overline{C}\overline{D}$	1			1
$\overline{C}D$				
CD				
$C\overline{D}$	1			1

① $\overline{B}\,\overline{D}$ ② BD
③ $\overline{B}D$ ④ $B\overline{D}$

해설 카르노맵을 이용하여 논리식을 간략화하면

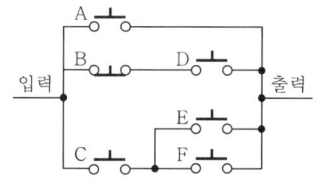

1의 4개 항을 하나로 묶을 수 있으므로 변환되는 문자를 생략하면
∴ $Y = \overline{B}\,\overline{D}$가 된다.

24 그림과 같은 유접점회로가 의미하는 논리식은?

① $A + \overline{B}D + C(E + F)$
② $A + \overline{B}C + D(E + F)$
③ $A + \overline{B}\,\overline{C} + D(E + F)$
④ $A + B\overline{C} + D(E + F)$

해설 접점회로의 응용
출력 $Y = A + \overline{B}D + C(E + F)$가 된다.
[참고]
출력(Y) = A · B(C + D)

25 다음 진리표와 같은 출력의 논리식을 간략화 한 것은?

입 력			출 력
A	B	C	X
0	0	0	0
0	0	1	1
0	1	0	0
0	1	1	1
1	0	0	0
1	0	1	0
1	1	0	1
1	1	1	1

① $\overline{A}B + \overline{B}C$ ② $\overline{A}\,\overline{B} + BC$
③ $AC + \overline{B}\,\overline{C}$ ④ $AB + \overline{A}C$

해설 출력 X에서 '1'이 되는 부분만 논리식으로 나타내면 다음과 같다.

정답 22 ③   23 ①   24 ①   25 ④

$$X = \overline{A}\overline{B}C + \overline{A}BC + AB\overline{C} + ABC$$
$$= \overline{A}C(\overline{B}+B) + AB(\overline{C}+C)$$
$$= \overline{A}C + AB \ (\because \overline{B}+B=1, \ \overline{C}+C=1)$$

26 그림과 같은 연산증폭기에서 입력에 구형파 전압을 가했을 때 출력파형은?

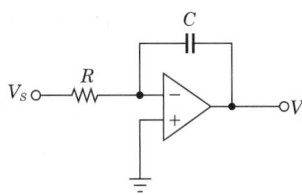

① 구형파　② 삼각파
③ 정현파　④ 톱니파

해설 연산기

적분연산기이므로 구형파 입력이면 삼각파 출력파형이 나온다.

$$V_0 = -\frac{1}{RC}\int V_1 dt$$

27 그림과 같은 회로에서 AB 간의 전압의 실효 값을 200[V]라고 할 때 R_L 양단에서 전압의 평균값은 약 몇 [V]인가? (단, 다이오드는 이상적인 다이오드이다.)

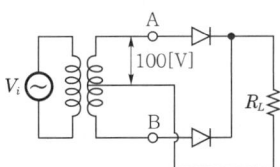

① 64　② 90
③ 141　④ 282

해설 전파정류회로

- 실효값 = $\dfrac{\text{최댓값}}{\sqrt{2}}$
- 평균값 = $\dfrac{2}{\pi}$ 최댓값 = $\dfrac{2}{\pi}(\sqrt{2}\,\text{실효값})$
  $= \dfrac{2\sqrt{2}}{\pi} \times 100 ≒ 90.07[\text{V}]$

[참고] 문제에서의 200[V]와 그림에서의 100[V]를 잘 확인해야 함

28 MOS-FET의 드레인 전류는 무엇으로 제어하는가?

① 게이트 전압　② 게이트 전류
③ 소스 전류　　④ 소스 전압

해설 FET(Field-Effect TR)

- 특징
  - 다수 캐리어에 의해 전류가 흐른다.
  - 입력저항이 매우 크다.
  - 저잡음이다.
  - 5극 진공관 특성과 비슷하다.
  - 이득(G)×대역폭(B)이 작다.
  - J-FET와 MOS-FET가 있다.
  - V_{GS}(Gate-Source 사이의 전압)로 드레인 전류를 제어한다.

- 종류
  - J-FET(접합 FET)

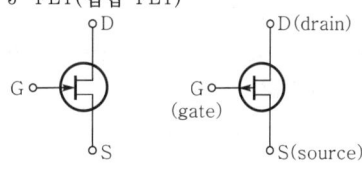

  (a) N-channel FET　(b) P-channel FET
  - MOS-FET(절연 게이트형 FET)

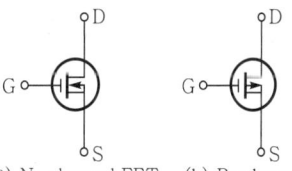

  (a) N-channel FET　(b) P-channel FET

- FET의 3정수
  - $g_m = \dfrac{\Delta I_D}{\Delta V_{GS}}$ (순방향 상호전달 컨덕턴스)
  - $r_d = \dfrac{\Delta V_{DS}}{\Delta I_D}$ (드레인-소스저항)
  - $\mu = \dfrac{\Delta V_{DS}}{\Delta V_{GS}}$ (전압증폭률)
  - $\mu = g_m \cdot r_d$

29 온도에 따라 저항값이 부(-)의 방향으로 변화하는 특수 반도체는?

① 서미스터　② 배리스터
③ PUT　　　④ SCR

정답　26 ②　27 ②　28 ①　29 ①

해설
- 서미스터(thermistor)는 온도에 따라 저항이 변하는 소자로 부($-$)의 온도계수를 갖는다.
- 서미스터 저항은 $R = R_0 e^{B\left(\frac{1}{T} - \frac{1}{T_0}\right)}$ (단, B : 물질의 재료에 따라 결정되는 상수이다.)

30 220[V]의 교류전압을 배전압정류할 때 최대 정류전압은?
① 약 440[V] ② 약 566[V]
③ 약 622[V] ④ 약 880[V]

해설 반파배전압회로
입력전압 최대치 2배의 전압이 출력에 나오는 회로
(단, $V_i : V_m \sin \omega t$[V])
즉, $V_o = 2V_m = 2\sqrt{2}\, V$가 되며
$V_o = 2\sqrt{2} \cdot 220 = 622$[V]
회로에서 V_m은 최댓값이며, 최댓값 = $\sqrt{2}$ 실효값

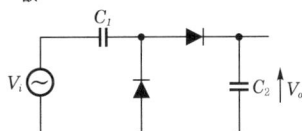

[참고] 브리지 배전압 정류회로

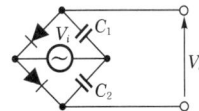

$V_i = V_m \sin \omega t$
∴ $V_o = 2V_m$

31 단상 브리지 제어정류회로에서 저항부하인 경우 출력전압은? (단, a는 트리거 위상각이다.)
① $E_d = 0.225 E(1 + \cos \alpha)$
② $E_d = \dfrac{2\sqrt{2}}{\pi} E \left(\dfrac{1 + \cos \alpha}{2} \right)$
③ $E_d = 1.17 E \cos \alpha$
④ $E_d = 2\dfrac{\sqrt{2}}{\pi} E \cos \alpha$

해설 브리지 제어정류회로는 전파이므로
출력전압(E_d) = $\dfrac{\sqrt{2}}{\pi} E(1 + \cos \alpha)$
　　　　　　= $\dfrac{2\sqrt{2}}{\pi} E \left(\dfrac{1 + \cos \alpha}{2} \right)$

32 PN접합 다이오드의 순방향 특성에서 실리콘 다이오드의 브레이크 포인터는 약 몇 [V]인가?
① 0.2 ② 0.5
③ 0.7 ④ 0.9

해설 **PN접합 다이오드**
- P형 반도체와 N형 반도체를 접합시키면 P형의 다수반송자인 정공은 N형 쪽으로, N형의 다수 반송자인 전자는 P형 쪽으로 이동한다.
- 정류작용을 한다.
- 순방향 bias

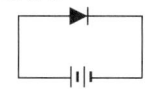

  - 전장이 약해진다.
  - 공핍층의 폭이 좁아지며, 전위장벽이 낮아진다.
- 역방향 bias

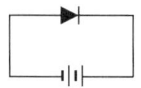

  - 전장이 가해진다.
  - 공핍층이 넓어지며, 전위장벽이 높아진다.
- 특성곡선

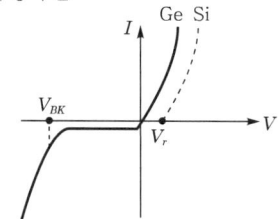

단, V_{BK} : 항복전압(Break Down)
V_r : Cut-in전압, Break-point전압, Threshold전압(Si : 0.6~0.7[V], Ge : 0.2~0.3[V])

정답 30 ③　31 ②　32 ③

33 조명용 전등에 일반적으로 타임스위치를 시설하는 곳은?

① 병원   ② 공장
③ 아파트 현관   ④ 은행

해설 점멸장치와 타임스위치 등의 시설

조명용 백열전등의 타임스위치 시설
- 일반주택, 아파트 각 호실의 현관등(3분 이내 소등)
- 관광진흥법과 공중위생법에 의한 관광숙박업 또는 숙박업에 이용되는 객실입구등(1분 이내 소등)

34 3상 배전선로의 말단에 늦은 역률 80[%], 80[kW]의 평형 3상 부하가 있다. 부하점에 부하와 병렬로 전력용 콘덴서를 접속하여 선로손실을 최소화하려고 할 때에 필요한 콘덴서 용량은 몇 [kVA]인가?

① 20   ② 60
③ 80   ④ 100

해설 역률개선용 콘덴서 용량(Q_c)

$Q_c = P(\tan\theta_1 - \tan\theta_2)$
$= P\left(\dfrac{\sin\theta_1}{\cos\theta_1} - \dfrac{\sin\theta_2}{\cos\theta_2}\right)$

단, 역률 80[%]는 $\cos\theta = 0.8$을 의미하므로 $\sin\theta = 0.6$이 된다.

$\therefore Q_c = 80 \times 10^3 \left(\dfrac{0.6}{0.8} - 0\right) = 60\,[\text{kVA}]$

35 셀룰로이드, 성냥, 석유류 등 기타 가연성 위험물질을 제조 또는 저장하는 장소의 배선에서 사용할 수 없는 공사방법은?

① 금속관 공사   ② 케이블 공사
③ 애자사용 공사   ④ 합성수지관 공사

해설 위험물 등이 있는 곳에서의 저압의 시설

- 셀룰로이드, 성냥, 석유류 등 타기 쉬운 위험한 물질을 제조하고 또한 저장하는 경우에 시설하는 것은 위험물에 착화할 위험이 없도록 시설해야 한다.
- 저압 옥내배선은 금속관 공사, 케이블 공사, 합성수지관 공사에 의한다.

36 부흐홀츠 계전기로 보호되는 기기는?

① 변압기   ② 회전변류기
③ 동기전동기   ④ 발전기

해설 부흐홀츠 계전기

- 변압기의 주탱크와 콘서베이터(conservator)를 연결하는 관의 도중에 설치한다.
- 동작은 변압기의 내부고장에 의해 열분해된 절연물의 증기나 가스를 상승시켜 동작한다.

37 누전화재경보기의 시설방법에서 경보기의 조작 전원은 전용회로를 두고 또한 이에 설치하는 개폐기로 배선용 차단기를 사용할 때 몇 [A] 이하의 것을 사용하는가?

① 20[A]   ② 30[A]
③ 40[A]   ④ 50[A]

해설 누전화재경보기 시설방법

- 경보기는 경계전로의 정격전류 이상의 전류값을 가지는 것이어야 한다.
- 변류기는 건축물에 전기를 공급하는 옥외의 전로 또는 접지선에 점검하기 쉬운 위치에 견고하게 시설하여야 한다.
- 경보기의 조작 전원은 전용회로로 하고 또한 이에 설치하는 개폐기(16[A]의 퓨즈를 장치한 것 또는 20[A] 이하의 배선용 차단기를 사용한 것)는 "누전화재경보기용"이라고 적색으로 표시하여야 한다.

38 특고압은 몇 [V]를 초과하는 전압인가?

① 3,300   ② 6,600
③ 7,000   ④ 9,000

해설 전압의 종별

- 저압 : 직류 1,500[V] 이하, 교류 1,000[V] 이하인 것
- 고압 : 직류 1,500[V], 교류 1,000[V]를 초과하고 7[kV] 이하인 것
- 특고압 : 7[kV] 초과한 것

정답 33 ③ 34 ② 35 ③ 36 ① 37 ① 38 ③

39 과전류차단기로 시설하는 퓨즈 중 고압전로에 사용하는 포장퓨즈는 정격전류의 몇 배의 전류에 견디어야 하는가?

① 1.3배　② 1.5배
③ 2.0배　④ 2.5배

해설 고압 및 특고압전로 중의 과전류차단기의 시설
- 포장퓨즈는 정격전류의 1.3배에 견디고, 또한 2배의 전류로 120분 안에 용단되어야 한다.
- 비포장퓨즈는 정격전류의 1.25배에 견디고, 또한 2배의 전류로 2분 안에 용단되어야 한다.

40 접지극은 지하 몇 [cm] 이상의 깊이에 매설하는가?

① 55[cm]　② 65[cm]
③ 75[cm]　④ 85[cm]

해설 접지선 시설

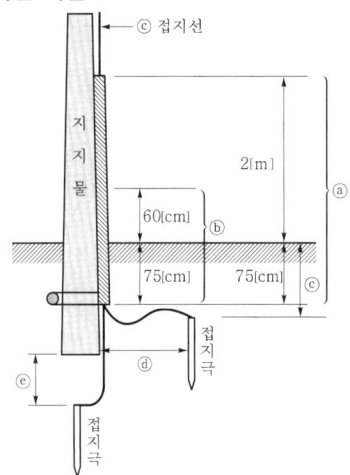

ⓐ 두께 2[m] 이상의 합성수지관 또는 몰드
ⓑ 접지선은 절연전선, 케이블 사용(단, ⓑ는 금속체 인외의 경우)
ⓒ 접지극은 지하 75[cm] 이상
ⓓ 접지극은 지중에서 수평으로 1[m] 이상
ⓔ 접지극은 지지물의 밑면으로부터 수직으로 30[cm] 이상

41 양수량이 매분 10[m³]이고, 총 양정이 10[m]인 펌프용 전동기의 용량은? (단, 펌프효율은 70[%]이고, 여유계수는 1.2라고 한다.)

① 5[kW]　② 20[kW]
③ 28[kW]　④ 280[kW]

해설 $P = \dfrac{9.8QH}{\eta}K = \dfrac{9.8 \times \dfrac{10}{60} \times 10}{0.9} \times 1.2$
$= 27.99 \fallingdotseq 28[\text{kW}]$

42 지중에 매설되어 있고 대지와의 전기저항값이 최대 몇 [Ω] 이하의 값을 유지하고 있는 금속제 수도관로는 이를 각종 접지공사의 접지극으로 사용할 수 있는가?

① 0.3[Ω]　② 3[Ω]
③ 30[Ω]　④ 300[Ω]

해설 수도관 접지극
- 지중에 매설된 금속제 수도관은 그 접지저항값이 3[Ω] 이하의 값을 유지하고 있는 금속제 수도관을 접지공사의 접지극으로 사용 가능
- 접지선과 금속제 수도관로와의 접속은 내경 75[mm] 이상인 금속제 수도관의 부분 또는 이로부터 분기한 내경 75[mm] 미만인 금속제 수도관의 분기점으로부터 5[m] 이하의 부분에서 할 것

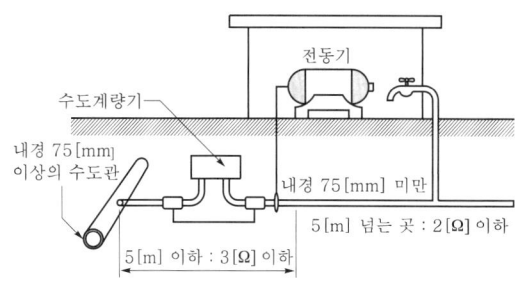

| 수도관 접지의 예 |

43 폭 20[m] 도로의 양쪽에 간격 10[m]를 두고 대칭배열(맞보기배열)로 가로등이 점등되어 있다. 한 등당 전광속이 4,000[lm], 조명률이 45[%]일 때 도로의 평균조도는?

① 9[lx]　② 17[lx]
③ 18[lx]　④ 19[lx]

정답 39 ①　40 ③　41 ③　42 ②　43 ③

해설 도로의 광속(F)

$F = \dfrac{EBSD}{NU}$ 에서 도로의 조도(E) = $\dfrac{FUN}{BSD}$

(여기서, B: 도로의 폭, S: 등기구의 간격, D: 감광보상률, F: 총광속 U: 조명률, N: 광원의 열수)

$\therefore E = \dfrac{4,000 \times 0.45 \times 1}{20 \times 10 \times \dfrac{1}{2}} = 18[\text{lx}]$

44 단상 3선식 전원에 한 (A)상과 중성선(N) 간에 각각 1[kVA], 0.8[kVA], 0.5[kVA]의 부하가 병렬접속되고 다른 한 (B)상과 중성선(N)에 0.5[kVA] 및 0.8[kVA]의 부하가 병렬 접속된 회로의 양단 (A)상 및 (B)상에 5[kVA]의 부하가 접속되었을 경우 설비 불평형률[%]은 약 얼마인가?

① 11 ② 23
③ 42 ④ 56

해설 설비불평형률

$= \dfrac{\text{중성선과 각 전압측 선간에 접속되는 부하설비 용량의 차}}{\text{총 부하설비 용량의 } \dfrac{1}{2}} \times 100[\%]$

$= \dfrac{(1 + 0.8 + 0.5) - (0.5 + 0.8)}{(2.3 + 1.3 + 5) \times \dfrac{1}{2}} \times 100$

$= 23.25 ≒ 23[\%]$

45 배전반 또는 분전반의 배관을 변경하거나 이미 설치된 캐비닛에 구멍을 뚫을 때 사용하며 수동식과 유압식이 있다. 이 공구는 무엇인가?

① 커터 ② 클릭볼
③ 클리퍼 ④ 녹아웃펀치

해설 녹아웃펀치
배전반 또는 분전반의 배관을 변경하거나 이미 설치된 캐비닛에 구멍을 뚫을 때 사용하며 수동식과 유압식이 있다.

46 가요전선관 공사에 의한 저압 옥내배선을 다음과 같이 시행하였을 때 옳은 것은?

① 제2종 금속제 가요전선관을 사용하였다.
② 접지공사를 하지 않는다.
③ 단면적 25[mm^2]의 단선을 사용하였다.
④ 옥외용 비닐절연전선을 사용하였다.

해설 가요전선관 공사
• 제2종 가요전선관이 기계적 강도가 우수(제1종은 두께 0.8[mm] 이상)
• 전선은 절연전선(옥외용 비닐절연전선 제외)
• 단면적 10[mm^2] 이하의 동선 또는 16[mm^2] 이하인 알루미늄선을 단선으로 사용
• 가요전선관 상호간에 접속되는 연결구로 스플릿커플링을 사용
• 곡률 반지름을 가요전선관 안지름의 3배 : 관을 제거하고 시설하는 데 자유로운 경우
• 곡률 반지름을 가요전선관 안지름의 6배 : 관을 제거하고 시설하는 데 부자유하거나 점검이 불가능한 경우

47 지중전선로를 직접 매설식에 의하여 시설하는 경우 차량 기타 중량물의 압력을 받을 우려가 있는 장소에는 매설깊이를 몇 [m] 이상으로 해야 하는가?

① 0.6[m]
② 1.0[m]
③ 1.8[m]
④ 2.0[m]

해설 지중전선로의 시설
• 지중전선로는 전선에 케이블을 사용하고 또한 관로식, 암거식, 직접 매설식에 의하여 시설하여야 한다.
• 지중전선로를 직접 매설식에 의하여 시설하는 경우에는 매설 깊이를 차량 기타 중량물의 압력을 받을 우려가 있는 장소에는 1.0[m] 이상, 기타 장소에는 60[cm] 이상으로 하고 또한 지중전선을 견고한 트라프 기타 방호물에 넣어 시설하여야 한다.

정답 44 ② 45 ④ 46 ① 47 ②

48 코로나 방지대책으로 적당하지 않은 것은?
① 가선금구를 개량한다.
② 복도체방식을 채용한다.
③ 선간거리를 증가시킨다.
④ 전선의 외경을 증가시킨다.

해설 코로나 방지대책
- 가선금구를 개량한다.
- 복도체(다도체)방식을 채용한다.
- 선간거리를 감소시킨다.
- 전선의 외경을 증가시킨다. (중공연선 등 사용)

49 전력원선도에서 구할 수 없는 것은?
① 조상용량
② 과도안정 극한전력
③ 송전손실
④ 정태안정 극한전력

해설 전력원선도에서 구할 수 있는 것
- 조상기 용량
- 송전손실
- 정태안정 극한전력

50 현수애자 4개를 1련으로 한 66[kV] 송전선로가 있다. 현수애자 1개의 절연저항이 2,000[MΩ]이라면 표준 지지물 간 거리(경간)를 200[m]로 할 때 1[km]당의 누설 컨덕턴스는 약 몇 [℧]인가?
① 0.58×10^{-9}
② 0.63×10^{-9}
③ 0.73×10^{-9}
④ 0.83×10^{-9}

해설 현수애자 1련의 저항 $r = 2,000 \times 10^6 \times 4$
$= 8 \times 10^9 [\Omega]$
표준경간이 200[m]이므로 1[km]에는 5련의 현수애자 설치
그러므로 전체 저항 $R = \dfrac{8 \times 10^9}{5}$
$= 1.6 \times 10^9 [\Omega]$
따라서, 누설 컨덕턴스 $G = \dfrac{1}{R} = \dfrac{1}{1.6 \times 10^9}$
$= 0.63 \times 10^{-9} [℧]$

51 표준상태에서 공기의 절연이 파괴되는 전위경도는 교류(실효값)로 약 몇 [kV/cm]인가?
① 10 ② 21
③ 30 ④ 42

해설 파열극한 전위경도
- 공기절연이 부분적으로 파괴되는 전위경도를 뜻한다.
- 교류 : 21[kV/cm]
- 직류 : 30[kV/cm]

52 송전선로에서 소호환(arcing ring)을 설치하는 이유는?
① 전력 손실 감소
② 송전전력 증대
③ 누설전류에 의한 편열 방지
④ 애자에 걸리는 전압 분담을 균일

해설 소호환 설치
- 애자련 보호
- 애자에 걸리는 전압 분담을 균일하게 하기 위하여

53 소도체 두 개로 된 복도체 방식 3상 3선식 송전선로가 있다. 소도체의 지름이 2[cm], 소도체 간격 16[cm], 등가 선간거리 200[cm]인 경우 1상당 작용 정전용량은 약 몇 [μF/km]인가?
① 0.004
② 0.014
③ 0.065
④ 0.092

해설 1상당 작용 정전용량(C_S)
$C_S = \dfrac{0.02413}{\log \dfrac{D}{\sqrt{rS}}} = \dfrac{0.02413}{\log \dfrac{200}{\sqrt{1 \times 16}}} = 0.014$

54 지지물 간 거리(경간) 200[m]의 가공전선로가 있다. 전선 1[m]당 하중은 2.0[kg], 풍압하중은 없는 것으로 하면 인장하중 4,000[kg]의 전선을 사용할 때 처짐정도(이도) 및 전선의 실제 길이는 각각 몇 [m]인가? (단, 안전율은 2.0으로 한다.)

① 이도 : 5, 길이 : 200.33
② 이도 : 5.5, 길이 : 200.3
③ 이도 : 7.5, 길이 : 222.3
④ 이도 : 10, 길이 : 201.33

해설 $D = \dfrac{WS^2}{8T} = \dfrac{2 \times 200^2}{8 \times \dfrac{4,000}{2}} = 5[m]$

$L = S + \dfrac{8D^2}{3S} = 200 + \dfrac{8 \times 5^2}{3 \times 200} = 200.33[m]$

55 '무결점 운동'이라고 불리는 것으로 품질개선을 위한 동기부여 프로그램은?

① TQC
② ZD
③ MIL-STD
④ ISO

해설 무결점 운동(ZD-program)
- 1962년 미국 마틴 항공사에서 품질개선을 위해 시작된 운동이다.
- 품질개선을 위한 정확성, 서비스 향상, 신뢰성, 원가절감 등의 에러를 '0'으로 한다는 목표로 전개된 운동이다.
- ZD-program의 중요관점요인
  - 불량발생률을 '0'으로 한다.
  - 동기유발
  - 인적 요인과 중심역할
  - 작업의욕과 기능중심

56 품질특성을 나타내는 데이터 중 계수값 데이터에 속하는 것은?

① 무게
② 길이
③ 인장강도
④ 부적합품의 수

해설 품질특성을 나타내는 데이터
- 계량값 데이터 : 무게, 길이, 인장강도, 순도, 전압 등
- 계수값 데이터 : 부적합품의 수, 불량개수 등

57 다음 그림과 같은 계획공정도(network)에서 주공정으로 옳은 것은? (단, 화살표 밑의 숫자는 활동시간[주]을 나타낸다.)

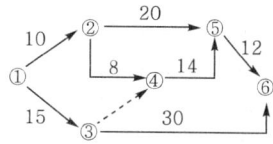

① 1-2-5-6
② 1-2-4-5-6
③ 1-3-4-5-6
④ 1-3-6

해설 주공정(critical path)
시작단계에서 마지막 단계까지 작업이 종료되는 과정 중 가장 오래 걸리는 경로가 있으며, 이 경로를 주공정이라 한다. 이 공정을 관찰함으로써 모든 경로를 파악하고 기한 내 사업완료가 가능해진다.
∴ 제일 긴 공정을 계산하면 ① → ③ → ⑥ 즉, 45주가 된다.

58 정상 소요기간이 5일이고, 이때의 비용이 20,000원이며 특급 소요기간이 3일이고, 이때의 비용이 30,000원이라면 비용구배는 얼마인가?

① 4,000[원/일]
② 5,000[원/일]
③ 6,000[원/일]
④ 7,000[원/일]

해설 비용구배(cost slope)
1일당 작업단축에 필요한 비용의 증가를 뜻한다.
비용구배 $= \dfrac{\text{특급작업 소요비용} - \text{정상작업 소요비용}}{\text{정상작업시간} - \text{특급작업시간}}$
$= \dfrac{30,000 - 20,000}{5 - 3} = 5,000[원/일]$

정답 54 ① 55 ② 56 ④ 57 ④ 58 ②

59 다음은 관리도의 사용절차를 나타낸 것이다. 관리도의 사용절차를 순서대로 나열한 것은?

> ㉠ 관리하여야 할 항목의 선정
> ㉡ 관리도의 선정
> ㉢ 관리하려는 제품이나 종류선정
> ㉣ 시료를 채취하고 측정하여 관리도를 작성

① ㉠→㉡→㉢→㉣
② ㉠→㉢→㉣→㉡
③ ㉢→㉠→㉡→㉣
④ ㉢→㉣→㉠→㉡

해설 관리도의 사용절차
- 관리하려는 제품 및 종류 선정
- 항목선정
- 관리도 선정
- 시료채취 및 측정하여 관리도 작성

60 3σ법의 $\bar{X}$관리도에서 공정이 관리상태에 있는 데도 불구하고 관리상태가 아니라고 판정하는 제1종 과오는 약 몇 [%]인가?

① 0.27   ② 0.54
③ 1.0   ④ 1.2

해설 제1종과오는 일부 공정에서 어쩔 수 없이 발생하는 과오로서 약 0.27[%] 정도이며 제2종 과오는 공정이 관리상태에 있다고 잘못 판단하는 것을 의미한다.

정답 59 ③ 60 ①

2023년 제73회 CBT 기출복원문제

01 회로에서 단자 A, B 간의 합성저항은 몇 [Ω]인가?
① 10
② 12
③ 15
④ 30

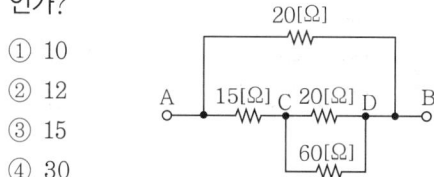

해설 합성저항을 구하기 위해 회로 내의 병렬저항을 먼저 구한다.

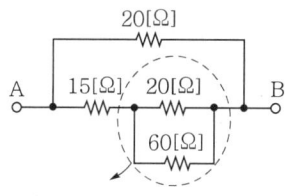

합성저항 $R_1 = \dfrac{20 \times 60}{20 + 60} = 15[\Omega]$

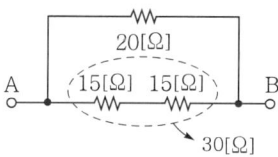

∴ 전체 저항 $R_{AB} = \dfrac{20 \times 30}{20 + 30} = 12[\Omega]$

02 분류기를 사용하여 전류를 측정하는 경우 전류계의 내부저항이 0.12[Ω], 분류기의 저항이 0.03[Ω]이면 그 배율은?
① 4
② 5
③ 15
④ 36

해설 분류기 저항(R_s)

$R_s = \dfrac{r_a}{m-1}$ 에서 $0.03 = \dfrac{0.12}{m-1}$

그러므로 배율 m은 5배가 된다.

03 $R=10[\Omega]$, $X_L=8[\Omega]$, $X_C=20[\Omega]$이 병렬로 접속된 회로에서 80[V]의 교류전압을 가하면 전원에 흐르는 전류는 몇 [A]인가?
① 5[A]
② 10[A]
③ 15[A]
④ 20[A]

해설
• $R-L-C$ 직렬회로의 전류(I)는
$$I = \dfrac{V}{Z} = \dfrac{V}{\sqrt{R^2+(X_L-X_C)^2}}$$

• $R-L-C$ 병렬회로의 전류(I)는
$$\dot{I} = \dot{I}_R + \dot{I}_L + \dot{I}_C = \dfrac{V}{R} + \dfrac{V}{jX_L} - \dfrac{V}{jX_C}$$
$$= I_R - jI_L + jI_C = I_R + j(I_C - I_L)$$
$$\therefore I = \sqrt{I_R^2 + (I_C - I_L)^2}$$
$$= \sqrt{\left(\dfrac{80}{10}\right)^2 + \left(\dfrac{80}{20} - \dfrac{80}{8}\right)^2}$$
$$= \sqrt{8^2 + 6^2} = 10[A]$$

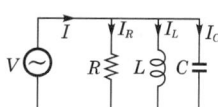

04 공기 중에서 어느 일정한 거리를 두고 있는 두 점전하 사이에 작용하는 힘이 16[N]이었는데, 두 전하 사이에 유리를 채웠더니 작용하는 힘이 4[N]으로 감소하였다. 이 유리의 비유전율은?
① 2
② 4
③ 8
④ 12

정답 01 ② 02 ② 03 ② 04 ②

해설 쿨롱의 법칙(Coulomb's law)

$$F = 9 \times 10^9 \frac{Q_1 Q_2}{r^2} = 16[N]$$

(여기서, 진공, 공기 중일 때)

$$F' = 9 \times 10^9 \frac{Q_1 Q_2}{\varepsilon_s r^2} = 4[N]$$

(여기서, 유전체 중일 때)

$$F' = \frac{1}{\varepsilon_s} \cdot F$$

$\therefore \ 4 = \frac{1}{\varepsilon_s} \cdot 16$ 이므로 $\varepsilon_s = 4$ (비유전율)

05 그림과 같은 회로에서 대칭 3상 전압(선간전압) 173[V]를 $Z = 12 + j16[\Omega]$인 성형결선 부하에 인가하였다. 이 경우의 선전류는 몇 [A]인가?

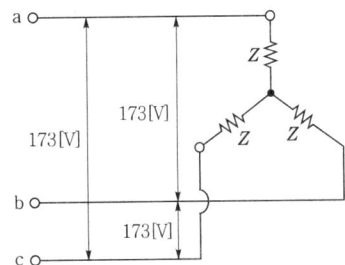

① 5.0[A] ② 8.3[A]
③ 10.0[A] ④ 15.0[A]

해설 $I_l (= I_P) = \frac{V_P}{Z} = \frac{\frac{V_l}{\sqrt{3}}}{Z}$

$$= \frac{\frac{173}{\sqrt{3}}}{\sqrt{12^2 + 16^2}} \fallingdotseq 5[A]$$

06 평균 자로의 길이가 80[cm]인 환상철심에 500회의 코일을 감고 여기에 4[A]의 전류를 흘렸을 때 자기장의 세기는 몇 [AT/m]인가?

① 2,500 ② 3,500
③ 4,000 ④ 4,500

해설 • 자속밀도

$$B = \frac{\phi}{A} = \frac{\mu NI}{l}[\text{Wb/m}^2]$$

• 자장의 세기

$$H = \frac{NI}{l} = \frac{500 \times 4}{0.8} = 2,500[\text{AT/m}]$$

07 2개의 전력계를 사용하여 평형부하의 3상 회로의 역률을 측정하고자 한다. 전력계의 지시가 각각 1[kW] 및 3[kW]라 할 때 이 회로의 역률은 약 몇 [%]인가?

① 58.8 ② 63.3
③ 75.6 ④ 86.6

해설 2전력계법

• 유효전력$(P) = P_1 + P_2 [W]$
  여기서, P_1, P_2 : 전력계 지시값
• 무효전력$(P_r) = \sqrt{3}(P_1 - P_2)[\text{Var}]$
• 피상전력$(P_a) = 2\sqrt{P_1^2 + P_2^2 - P_1 P_2}[\text{VA}]$
• 역률$(\cos\theta) = \frac{P}{P_a} = \frac{P_1 + P_2}{2\sqrt{P_1^2 + P_2^2 - P_1 P_2}}$

$$= \frac{1+3}{2\sqrt{1^2 + 3^2 - 1\times 3}} \fallingdotseq 0.7559$$

$\therefore \ \cos\theta \fallingdotseq 75.6[\%]$

08 어떤 회로소자에 $e = 250\sin 377t[V]$의 전압을 인가하였더니 전류 $i = 50\sin 377t[A]$가 흘렀다. 이 회로의 소자는?

① 용량 리액턴스 ② 유도 리액턴스
③ 순저항 ④ 다이오드

해설 R만의 회로

전류 $i = \frac{V_m}{R}\sin\omega t = I_m \sin\omega t[A]$

저항(R)만의 회로에서는 서로 동위상이 된다.

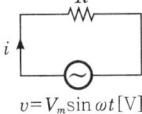

정답 05 ① 06 ① 07 ③ 08 ③

09 5[Ω]의 저항 10개를 직렬접속하면 병렬접속 시의 몇 배가 되는가?

① 20　　② 50
③ 100　　④ 250

해설
- 5[Ω] 저항 10개 직렬접속
  $R_1 = 10 \times 5 = 50[\Omega]$
- 5[Ω] 저항 10개 병렬접속
  $R_2 = \dfrac{5}{10} = 0.5[\Omega]$

∴ $\dfrac{R_1}{R_2} = \dfrac{50}{0.5} = 100$배가 된다.

10 어떤 회로에 $V = 100\angle\dfrac{\pi}{3}$[V]의 전압을 가하니 $I = 10\sqrt{3} + j10$[A]의 전류가 흘렀다. 이 회로의 무효전력[Var]은?

① 0　　② 1,000
③ 1,732　　④ 2,000

해설 복소전력(S)을 표시하면
$S = \overline{V} \cdot I = P - jP_r$
(여기서, P : 유효전력, P_r : 무효전력)

$\begin{cases} V = 100\angle\dfrac{\pi}{3} = 100\left(\cos\dfrac{\pi}{3} + j\sin\dfrac{\pi}{3}\right) \\ \quad = 100\left(\dfrac{1}{2} + j\dfrac{\sqrt{3}}{2}\right) \\ I = 10\sqrt{3} + j10 \end{cases}$

∴ $S(= P_a) = 100\left(\dfrac{1}{2} - j\dfrac{\sqrt{3}}{2}\right)$
$(10\sqrt{3} + j10) = 1,731 - j1,000 = P - jP_r$ 이므로
유효전력(P) = 1,731[W]
무효전력(P_r) = 1,000[Var]

11 10진수 $(14.625)_{10}$를 2진수로 변환한 값은?

① $(1101.110)_2$
② $(1101.101)_2$
③ $(1110.101)_2$
④ $(1110.110)_2$

해설 10진수를 2진수로 변환
- 정수부분

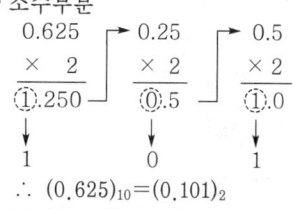

∴ $(14)_{10} = (1110)_2$

- 소수부분

0.625	0.25	0.5
× 2	× 2	× 2
①.250	⓪.5	①.0
1	0	1

∴ $(0.625)_{10} = (0.101)_2$
그러므로 $(14.625)_{10} = (1110.101)_2$

12 다음 논리식 중 옳은 표현은?

① $\overline{A+B} = \overline{A} \cdot \overline{B}$
② $\overline{A+B} = \overline{A} + \overline{B}$
③ $\overline{A \cdot B} = \overline{A} \cdot \overline{B}$
④ $\overline{A+B} = \overline{A} \cdot B$

해설 드 모르간의 법칙(De Morgan's law)
- $\overline{A+B} = \overline{A} \cdot \overline{B}$　　• $\overline{A \cdot B} = \overline{A} + \overline{B}$
- $A \cdot B = \overline{\overline{A+B}}$　　• $A+B = \overline{\overline{A} \cdot \overline{B}}$

13 논리식 $F = \overline{A}\,\overline{B}C + \overline{A}B\overline{C} + A\overline{B}C + AB\overline{C}$를 간소화한 것은?

① $F = \overline{A}C + A\overline{C}$
② $F = \overline{B}C + B\overline{C}$
③ $F = \overline{A}B + A\overline{B}$
④ $F = \overline{A}B + B\overline{C}$

해설 카르노맵을 이용하면 다음과 같다.

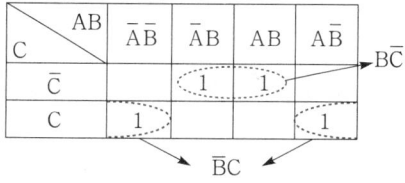

∴ $F = \overline{B}C + B\overline{C}$

정답　09 ③　10 ②　11 ③　12 ①　13 ②

14 다음 그림과 같은 논리회로의 논리식은?

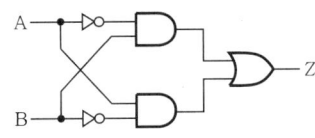

① $Z = \overline{A+B}$
② $Z = A \oplus B$
③ $Z = AB + \overline{AB}$
④ $Z = \overline{A} \oplus \overline{B}$

해설 논리회로의 논리식 Z는
$Z = \overline{A}B + A\overline{B} = A \oplus B$
심벌은 ![] —— $Y = A \oplus B$

15 반가산기의 진리표에 대한 출력함수는?

입력		출력	
A	B	S	C_0
0	0	0	0
0	1	1	0
1	0	1	0
1	1	0	1

① $S = \overline{A}B + AB$, $C_0 = \overline{A}B$
② $S = \overline{A}B + A\overline{B}$, $C_0 = AB$
③ $S = \overline{A}B + AB$, $C_0 = AB$
④ $S = \overline{A}B + A\overline{B}$, $C_0 = \overline{A}B$

해설 진리표에서 S, C_0값을 구하면
$\begin{cases} S = A \oplus B = \overline{A}B + A\overline{B} \\ C_0 = AB \end{cases}$

즉, 반가산기의 합(S), 자리올림수(C_0)를 나타내며, 2진수의 1자 숫자 2개를 덧셈하는 회로이다.

16 다음 중 플립플롭회로에 대한 설명으로 잘못된 것은?
① 두 가지 안정상태를 갖는다.
② 쌍안정 멀티바이브레이터이다.
③ 반도체 메모리소자로 이용된다.
④ 트리거펄스 1개마다 1개의 출력펄스를 얻는다.

해설 순서논리회로
• 조합논리와는 달리 입력의 변수뿐만이 아니라, 회로의 내부상태에 따라 출력이 달라진다.
• 대표적 회로에는 플립플롭, 쌍안정 멀티바이브레이터, 레지스터, 카운터 등이 있다.
• 반도체 기억소자로도 쓰인다.
• 2개의 안정상태를 갖고, 트리거펄스 1개마다 2개의 출력펄스를 얻는다.

17 JK 플립플롭에서 J입력과 K입력에 모두 1을 가하면 출력은 어떻게 되는가?
① 반전된다.
② 불확정상태가 된다.
③ 이전 상태가 유지된다.
④ 이전 상태에 상관없이 1이 된다.

해설 J–K FF의 진리표

입력		출력
J	K	$Q_{n+1}(t)$
0	0	Q_n (불변)
0	1	0
1	0	1
1	1	$\overline{Q_n}$ (반전)

18 101101에 대한 2의 보수(補數)는?
① 101110
② 010010
③ 010001
④ 010011

해설 2의 보수는 1의 보수를 구해서 맨 하위 비트에 1을 더하면 된다. 1의 보수는 0 → 1, 1 → 0으로 변환하면 쉽게 구할 수 있다.

101101_2
↓ ← 1의 보수
010010
+   1
─────
010011 ← 2의 보수

정답 14 ② 15 ② 16 ④ 17 ① 18 ④

19 그림과 같은 다이오드 논리회로의 출력식은?

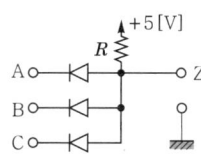

① $Z = A + BC$ ② $Z = AB + C$
③ $Z = ABC$ ④ $Z = A + B + C$

해설 AND회로로 동작하므로 출력 $Z = ABC$이다.

20 그림과 같은 타임차트의 기능을 갖는 논리게이트는?

```
A  0 1 1 0 0
B  0 0 1 1 0
X  0 0 1 0 0
```

① A, B → OR → X   ② A, B → AND → X
③ A, B → XOR → X   ④ A, B → NAND → X

해설
입력 $\begin{pmatrix} A : 0\,1\,1\,0\,0 \\ B : 0\,0\,1\,1\,0 \end{pmatrix}$ ← AND회로
출력 $X : 0\,0\,1\,0\,0$

입력 $\begin{pmatrix} A : 0\,1\,1\,0\,0 \\ B : 0\,0\,1\,1\,0 \end{pmatrix}$ ← OR회로
출력 $X : 0\,1\,1\,1\,0$

21 직류기에 주로 사용하는 권선법으로 다음 중 옳은 것은?

① 개로권, 환상권, 2층권
② 개로권, 고상권, 2층권
③ 폐로권, 고상권, 2층권
④ 폐로권, 환상권, 2층권

해설 직류기의 전기자 권선법
• 전기자 권선
  ┌ 환상권(×)
  └ 고상권(○) ┌ 개로권(×)
              └ 폐로권(○) ┌ 단층권(×)
                          └ 2층권(○) ┌ 중권(○)
                                     └ 파권(○)

• 중권과 파권의 특성 비교

구 분	전류, 전압	병렬회로수(a)	브러시수(b)
파권	소전류, 고전압	$a = 2$	$b = 2$ 또는 P
중권	대전류, 저전압	$a = P$	$b = P$

(여기서, P : 자극의 극수)

22 어느 분권 발전기의 전압변동률이 6[%]이다. 이 발전기의 무부하전압이 120[V]이면 정격 전부하전압은 약 몇 [V]인가?

① 96
② 100
③ 113
④ 125

해설 전압변동률(ε[%])
전부하에서 무부하로 전환시 전압의 차를 백분율[%]로 나타낸 것
$\varepsilon = \dfrac{V_0 - V_n}{V_n} \times 100[\%]$ (여기서, V_0 : 무부하전압, V_n : 전부하(정격)전압)

$\varepsilon = \dfrac{120 - V_n}{V_n} \times 100$

$\therefore V_n \fallingdotseq 113[V]$

23 동기 주파수 변환기를 사용하여 4극의 동기전동기에 60[Hz]를 공급하면, 8극의 동기 발전기에는 몇 [Hz]의 주파수를 얻을 수 있는가?

① 15[Hz]
② 120[Hz]
③ 180[Hz]
④ 240[Hz]

해설 회전속도(N_s)
$N_s = \dfrac{120 \cdot f}{P} = \dfrac{120 \times 60}{4} = 1,800[rpm]$
$\therefore$ 8극 전동기주파수 f'
$f' = \dfrac{PN_s}{120} = \dfrac{8 \times 1,800}{120} = 120[Hz]$

정답 19 ③ 20 ① 21 ③ 22 ③ 23 ②

부록 II

24 4극 1,500[rpm]의 동기발전기와 병렬운전 하는 24극 동기발전기의 회전수[rpm]는?

① 50[rpm]　② 250[rpm]
③ 1,500[rpm]　④ 3,600[rpm]

해설
- 4극 발전기의 주파수(f_4)

$$f_4 = \frac{P \cdot N_s}{120} = \frac{4 \times 1,500}{120} = 50[Hz]$$

- 24극 발전기의 회전수(N_s)

$$N_s = \frac{120f}{P} = \frac{120 \times 50}{24} = 250[rpm]$$

25 동기 발전기를 병렬운전하고자 하는 경우 같지 않아도 되는 것은?

① 기전력의 임피던스
② 기전력의 위상
③ 기전력의 파형
④ 기전력의 주파수

해설 동기 발전기의 병렬운전조건
- 기전력의 크기가 같을 것
- 기전력의 위상이 같을 것
- 기전력의 주파수가 같을 것
- 기전력의 파형이 같을 것
- 기전력의 상회전방향이 같을 것

26 동기 전동기의 여자전류를 증가하면 어떤 현상이 생기는가?

① 앞선 무효전류가 흐르고 유도기전력은 높아진다.
② 토크가 증가한다.
③ 난조가 생긴다.
④ 전기자 전류의 위상이 앞선다.

해설 동기 전동기의 위상특성곡선(V곡선)
공급전압과 출력이 일정한 상태에서 계자전류(I_f)의 조정에 따른 전기자전류(I)의 크기와 위상(역률각 : θ)의 관계곡선
- 부족여자 : 전기자전류가 공급전압보다 위상이 뒤지므로 리액터 작용
- 과여자 : 전기자전류가 공급전압보다 위상이 앞서므로 콘덴서 작용

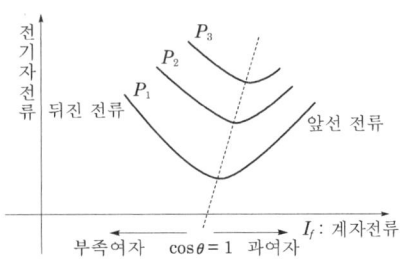

27 % 동기 임피던스가 130[%]인 3상 동기 발전기의 단락비는 약 얼마인가?

① 0.7　② 0.77
③ 0.8　④ 0.88

해설 % 동기 임피던스 $= \frac{1}{단락비}$에서

$$단락비 = \frac{1}{130} \times 100 \fallingdotseq 0.769$$

28 용량 10[kVA]의 단권 변압기에서 전압 3,000[V]를 3,300[V]로 승압시켜 부하에 공급할 때 부하용량[kVA]은?

① 1.1[kVA]　② 11[kVA]
③ 110[kVA]　④ 990[kVA]

해설 $\frac{자기용량}{부하용량} = \frac{V_2 - V_1}{V_2}$에서

$$부하용량 = 자기용량\left(\frac{V_2}{V_2 - V_1}\right)$$
$$= 10 \times 10^3\left(\frac{3,300}{3,300 - 3,000}\right)$$
$$= 110 \times 10^3 = 110[kVA]$$

29 정격출력 5[kW], 회전수 1,800[rpm]인 3상 유도 전동기의 토크는 약 몇 [N · m]인가?

① 2.7　② 26.5
③ 79.5　④ 259.7

해설 유도 전동기의 토크(torque : 회전력)

$$T = \frac{P}{\omega} = \frac{P}{2\pi\frac{N}{60}} = \frac{60P}{2\pi N}$$

$$= \frac{60 \times 5 \times 10^3}{2 \times 3.14 \times 1,800} \fallingdotseq 26.539[N \cdot m]$$

정답 24 ②　25 ①　26 ④　27 ②　28 ③　29 ②

30 단상 유도 전동기의 기동방법 중 기동토크가 가장 큰 것은?

① 분상 기동형 ② 콘덴서 기동형
③ 반발 기동형 ④ 셰이딩 코일형

해설 단상 유도 전동기의 기동 토크가 큰 순서로 배열
- 반발 기동형(반발 유도형)
- 콘덴서 기동형(콘덴서형)
- 분상 기동형
- 셰이딩 코일형

31 지름이 d[m], 선간거리가 D[m]인 선로 한 가닥의 작용 인덕턴스[mH/km]는? (단, 선로의 비투자율은 1이라 한다.)

① $0.05 + 0.4605\log_{10}\dfrac{D}{d}$

② $0.5 + 0.4605\log_{10}\dfrac{D}{d}$

③ $0.5 + 0.4605\log_{10}\dfrac{2D}{d}$

④ $0.05 + 0.4605\log_{10}\dfrac{2D}{d}$

해설 $L = 0.05 + 0.4605\log_{10}\dfrac{D}{r}$
$= 0.05 + 0.4605\log_{10}\dfrac{2D}{d}$
(여기서, r : 반지름, d : 지름)

32 3선식 송전선에서 바깥지름 20[mm]의 경동 연선을 그림과 같이 일직선 수평배치로 연가를 했을 때, 1[km]마다의 인덕턴스는 약 몇 [mH/km]인가?

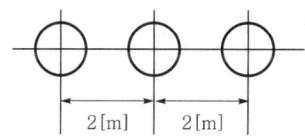

① 1.16 ② 1.42
③ 1.48 ④ 1.84

해설 $D = \sqrt[3]{D_1 D_2 D_3} = 2 \cdot \sqrt[3]{2}$ [m]

$L = 0.05 + 0.4605\log_{10}\dfrac{D}{r}$
$= 0.05 + 0.4605\log_{10}\dfrac{2 \cdot \sqrt[3]{2}}{10 \times 10^{-3}}$
$= 1.16$ [mH/km]

33 현수애자 4개를 1련으로 한 66[kV] 송전선로가 있다. 현수애자 1개의 절연저항이 1,500[MΩ]이라면 표준 지지물 간 거리(경간)를 200[m]로 할 때, 1[km]당 누설 컨덕턴스[℧]는?

① 0.83×10^{-9} ② 0.83×10^{-4}
③ 0.83×10^{-2} ④ 0.83×10

해설 $G = \dfrac{1}{R} = \dfrac{1}{\dfrac{1,500 \times 4}{5} \times 10^6}$
$= \dfrac{1}{\dfrac{6}{5} \times 10^9} = \dfrac{5}{6} \times 10^{-9}$
$= 0.83 \times 10^{-9}$ [℧]

34 복도체나 다도체를 사용하는 주된 목적은?

① 진동방지
② 건설비의 절감
③ 뇌해의 방지
④ 코로나(corona) 방지

해설 복도체를 사용하면 작용 인덕턴스 감소, 작용 정전용량이 증가하지만 가장 주된 이유는 코로나의 임계전압을 높게 하여 송전용량을 증가시키기 위함이다.

35 3상 3선식 송전선로에서 송전전력 P[kW], 송전전압 V[kV], 전선의 단면적 A[mm²], 송전거리 l[km], 전선의 고유저항 ρ[Ω-mm²/m], 역률 $\cos\theta$일 때 선로손실 P_l[kW]은?

① $\dfrac{\rho l P^2}{A V^2 \cos^2\theta}$ ② $\dfrac{\rho l P^2}{A V^2 \cos\theta}$

③ $\dfrac{\rho l P^2 \times 10^3}{A V^2 \cos^2\theta}$ ④ $\dfrac{\rho l P^2}{A^2 V \cos^2\theta}$

정답 30 ③ 31 ④ 32 ① 33 ① 34 ④ 35 ①

해설 손실 $P_l = 3I^2 R$
$$= 3 \times \left(\frac{P}{\sqrt{3}\, V\cos\theta}\right)^2 \times \rho \times 10^{-6}$$
$$\times \frac{l \times 10^3}{A \times 10^{-6}} \times 10^{-3}$$
$$= \frac{\rho l P^2}{A V^2 \cos^2\theta}\,[\text{kW}]$$

36 중거리 송전선로의 T형 회로에서 송전단전류 I_s는? (단, Z, Y는 선로의 직렬 임피던스와 병렬 어드미턴스이고 E_r는 수전단전압, I_r는 수전단전류이다.)

① $I_r\left(1+\dfrac{ZY}{2}\right)+E_r Y$

② $I_r\left(1+\dfrac{ZY}{2}\right)+E_r Y\left(1+\dfrac{ZY}{4}\right)$

③ $E_r\left(1+\dfrac{ZY}{2}\right)+Z I_r$

④ $E_r\left(1+\dfrac{ZY}{2}\right)+Z I_r\left(1+\dfrac{ZY}{4}\right)$

해설 $\begin{bmatrix} A & B \\ C & D \end{bmatrix} = \begin{bmatrix} 1+\dfrac{ZY}{2} & Z\left(1+\dfrac{ZY}{4}\right) \\ Y & 1+\dfrac{ZY}{2} \end{bmatrix}$

37 송전단 전압 161[kV], 수전단 전압 154[kV], 상차각 60°, 리액턴스 65[Ω]일 때 선로손실을 무시하면 전력은 약 몇 [MW]인가?

① 330 ② 322
③ 279 ④ 161

해설 $P = \dfrac{V_S \cdot V_R}{X} \cdot \sin\delta = \dfrac{161 \times 154}{65} \times \sin 60°$
$= 330\,[\text{MW}]$

38 62,000[kW]의 전력을 60[km] 떨어진 지점에 송전하려면 전압은 몇 [kV]로 하면 좋은가?

① 66   ② 110
③ 140 ④ 154

해설 $V_s = 5.5\sqrt{0.6l + \dfrac{P}{100}}$
$= 5.5\sqrt{0.6 \times 60 + \dfrac{62{,}000}{100}} = 140\,[\text{kV}]$

39 그림과 같이 지지점 A, B, C에는 고저차가 없으며, 지지물 간 거리(경간) AB와 BC 사이에 전선이 가설되어 그 처짐정도(이도)가 12[cm]이었다고 한다. 지금 지지점 B에서 전선이 떨어져 전선의 처짐정도(이도)가 D로 되었다면 D는 몇 [cm]가 되겠는가?

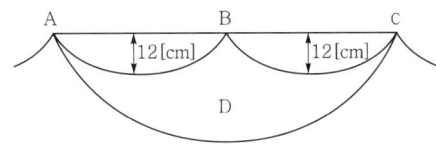

① 18   ② 24
③ 30   ④ 36

해설 $D_2 = 2D_1 = 2 \times 12 = 24\,[\text{cm}]$

40 차단기와 소호 매질의 관계를 설명한 내용 중 틀린 것은?

① 진공차단기 – 진공
② 가스차단기 – 육불화유황가스
③ 자기차단기 – 전자력
④ 기중차단기 – 압축공기

해설
• 진공차단기 – 진공
• 가스차단기 – 육불화유황가스
• 자기차단기 – 전자력
• 기중차단기 – 대기상태 공기
• 공기차단기 – 압축공기

41 반도체 전력변환기기에서 인버터의 역할은?

① 직류 → 직류변환
② 직류 → 교류변환
③ 교류 → 교류변환
④ 교류 → 직류변환

해설
• 인버터 : DC → AC로 변환
• 컨버터 : AC → DC로 변환

정답 36 ① 37 ① 38 ③ 39 ② 40 ④ 41 ②

42 220[V]의 교류전압을 배전압정류할 때 최대 정류전압은?

① 약 440[V] ② 약 566[V]
③ 약 622[V] ④ 약 880[V]

해설 반파배전압회로 : 입력전압 최대치 2배의 전압이 출력에 나오는 회로
(단, $V_i : V_m \sin\omega t$ [V])
즉, $V_o = 2V_m = 2\sqrt{2}\,V$가 되며
$V_o = 2\sqrt{2} \cdot 220 = 622$[V]

회로에서 V_m은 최대값이며, 최대값 ÷ $\sqrt{2}$는 실효값이다.

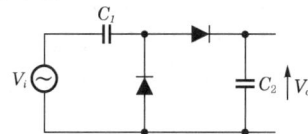

[참고] 브리지 배전압 정류회로

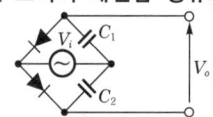

$V_i = V_m \sin\omega t$
∴ $V_o = 2V_m$

43 다음 중 저항부하 시 맥동률이 가장 작은 정류방식은?

① 단상 반파식 ② 단상 전파식
③ 3상 반파식 ④ 3상 전파식

해설
• 맥동률(ripple rate) : 직류성분 속에 포함되어 있는 교류성분의 실효값과의 비를 나타낸다.
• 맥동률(γ) = $\dfrac{\Delta I}{I_{dc}} = \dfrac{\sqrt{I_{rms}^2 - I_{dc}^2}}{I_{dc}}$
  = $\sqrt{\left(\dfrac{I_{rms}}{I_{dc}}\right)^2 - 1}$

구 분	맥동률	맥동주파수[Hz]
단상 반파	1.21	60
단상 전파	0.482	120
3상 반파	0.183	180
3상 전파	0.042	360

44 다음 중 2방향성 3단자 사이리스터는 어느 것인가?

① SCS
② TRIAC
③ SSS
④ SCR

해설
• 트라이액(TRIAC)
 – 게이트를 갖는 대칭형 스위치이다.
 – 2개의 SCR을 병렬로 연결하면 된다.
 – 3단자 소자이며, 쌍방향성이다.
 – 정(+), 부(−)의 게이트 Pulse를 이용한다.

기호

 – SSS와 같이 5층의 PN접합을 구성한다.
• SSS(Silicon Symmetrical Switch)
 – 2단자 소자이며, 쌍방향성이다.
 – 다이액(DIAC)과 같이 게이트 전극이 없다.
 – SCR을 역병렬로 2개 접속한 것과 같다.

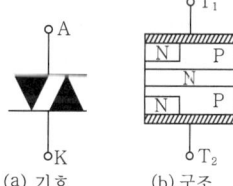

(a) 기호   (b) 구조

45 SCR의 전압공급방법(turn-on) 중 가장 타당한 것은?

① 애노드에 (−)전압, 캐소드에 (+)전압, 게이트에 (+)전압을 공급한다.
② 애노드에 (−)전압, 캐소드에 (+)전압, 게이트에 (−)전압을 공급한다.
③ 애노드에 (+)전압, 캐소드에 (−)전압, 게이트에 (+)전압을 공급한다.
④ 애노드에 (+)전압, 캐소드에 (−)전압, 게이트에 (−)전압을 공급한다.

정답 42 ③ 43 ④ 44 ② 45 ③

해설 SCR 동작원리는

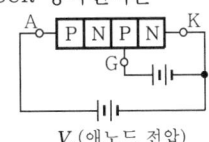

그러므로 애노드 단자에 (+), 캐소드 단자에 (−), 게이트 단자에 (+) 전압을 인가한다.

46 PN접합 다이오드의 순방향 특성에서 실리콘 다이오드의 브레이크 포인터는 약 몇 [V]인가?

① 0.2 ② 0.5
③ 0.7 ④ 0.9

해설 **PN접합 다이오드**
- P형 반도체와 N형 반도체를 접합시키면 P형의 다수반송자인 정공은 N형 쪽으로, N형의 다수 반송자인 전자는 P형 쪽으로 이동한다.
- 정류작용을 한다.
- 순방향 bias

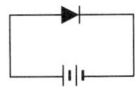

 - 전장이 약해진다.
 - 공핍층의 폭이 좁아지며, 전위장벽이 낮아진다.
- 역방향 bias

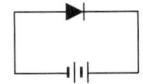

 - 전장이 가해진다.
 - 공핍층이 넓어지며, 전위장벽이 높아진다.
- 특성곡선

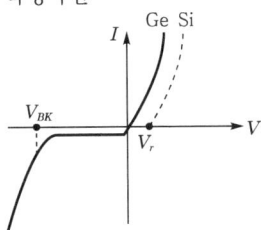

여기서, V_{BK} : 항복전압(Break Down)
V_r : Cut-in전압, Break-point전압, Threshold전압(Si : 0.6~0.7[V], Ge : 0.2~0.3[V])

47 특고압은 몇 [V]를 초과하는 전압을 말하는가?

① 3,300 ② 6,600
③ 7,000 ④ 9,000

해설 **전압의 종별**
- 저압 : 직류 1,500[V] 이하, 교류 1,000[V] 이하인 것
- 고압 : 직류 1,500[V], 교류 1,000[V]를 초과하고 7[kV] 이하인 것
- 특고압 : 7[kV] 초과한 것

48 특고압용 변압기의 냉각방식이 타냉식인 경우 냉각장치의 고장으로 인하여 변압기의 온도가 상승하는 것을 대비하기 위하여 시설하는 장치는?

① 방진장치 ② 회로차단장치
③ 경보장치 ④ 공기정화장치

해설 **특고압용 변압기의 보호장치**

뱅크용량의 구분	동작조건	장치의 종류
5,000[kVA] 이상 10,000[kVA] 미만	변압기 내부고장	자동차단장치 또는 경보장치
10,000[kVA] 이상	변압기 내부고장	자동차단장치
타냉식 변압기(변압기의 권선 및 철심을 직접 냉각시키기 위하여 봉입한 냉매를 강제 순환시키는 냉각방식을 말한다.)	냉각장치에 고장이 생긴 경우 또는 변압기의 온도가 현저히 상승한 경우	경보장치

49 고압 또는 특고압 가공전선로에서 공급을 받는 수용장소의 인입구 또는 이와 근접한 곳에는 무엇을 시설하여야 하는가?

① 동기조상기
② 직렬 리액터
③ 정류기
④ 피뢰기

해설 피뢰기의 시설
- 피뢰기의 시설장소
  - 가공전선로와 지중전선로가 접속되는 곳
  - 고압 및 특고압 가공전선로에서 공급을 받는 수용장소의 인입구
  - 발전소·변전소 혹은 이것에 준하는 장소의 가공전선의 인입구 및 인출구
  - 가공전선로에 접속하는 배전용 변압기의 고압측 및 특고압측
- 피뢰기 시설을 하지 않을 수 있는 곳
  - 직접 접속하는 전선이 짧을 경우
  - 적은 지역으로서 방출보호통 등 피뢰기에 갈음하는 장치를 한 경우
  - 지중전선로의 말단부분

50 지중에 매설되어 있고 대지와의 전기저항값이 최대 몇 [Ω] 이하의 값을 유지하고 있는 금속제 수도관로를 접지공사의 접지극으로 사용할 수 있는가?

① 0.3[Ω]
② 3[Ω]
③ 30[Ω]
④ 300[Ω]

해설 수도관 접지극
- 지중에 매설된 금속제 수도관은 그 접지저항값이 3[Ω] 이하의 값을 유지하고 있는 금속제 수도관을 접지공사의 접지극으로 사용 가능
- 접지선과 금속제 수도관로와의 접속은 내경 75[mm] 이상인 금속제 수도관의 부분 또는 이로부터 분기한 내경 75[mm] 미만인 금속제 수도관의 분기점으로부터 5[m] 이하의 부분에서 할 것

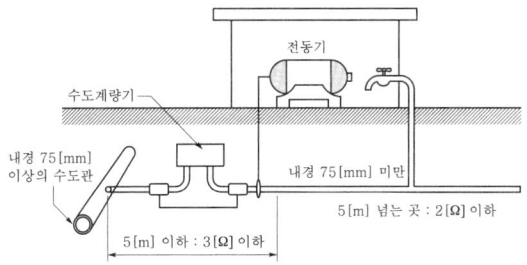

∥ 수도관 접지의 예 ∥

51 소맥분·전분·유황 등 가연성 분진에 전기설비가 발화원이 되어 폭발할 우려가 있는 곳에 시설하는 저압 옥내배선의 공사방법으로 옳지 않은 것은?

① 가요전선관 공사
② 금속관 공사
③ 합성수지관 공사
④ 케이블 공사

해설 폭연성 및 가연성 분진
- 폭연성 분진의 저압 옥내배선 : 금속관 공사, 케이블 공사(캡타이어 케이블 제외)
- 가연성 분진의 저압 옥내배선 : 금속관 공사, 케이블 공사, 합성수지관 공사

52 기숙사, 여관, 병원의 표준부하는 몇 [VA/m²]로 상정하는가?

① 10
② 20
③ 30
④ 40

해설 표준부하
- 공장, 사원, 연회장, 극장 : 10[VA/m²]
- 기숙사, 여관, 병원, 학교 : 20[VA/m²]
- 사무실, 은행 : 30[VA/m²]
- 아파트, 주택 : 40[VA/m²]

53 양수량 10[m³/min], 총양정 20[m]의 펌프용 전동기의 용량[kW]은? (단, 여유계수 1.1, 펌프효율은 75[%]이다.)

① 36
② 48
③ 72
④ 144

해설 전동기의 용량(P)

$$P = \frac{9.8QH}{\eta}K$$

$$= \frac{9.8 \times \frac{10}{60} \times 20}{0.75} \times 1.1 = 47.91$$

$$\fallingdotseq 48[kW]$$

정답 50 ② 51 ① 52 ② 53 ②

54 다음 중 계량값 관리도에 해당되는 것은?

① c 관리도
② np 관리도
③ R 관리도
④ u 관리도

해설 계량형 관리도의 종류
- x 관리도(개별측정치 관리도)
- Md 관리도(중앙치와 범위의 관리도)
- $\bar{x}-R$ 관리도(평균치와 범위의 관리도)
- $\bar{x}-\sigma$ 관리도(평균치와 표준편차의 관리도)
- R 관리도(범위의 관리도)

55 다음 중 샘플링 검사보다 전수검사를 실시하는 것이 유리한 경우는?

① 검사항목이 많은 경우
② 파괴검사를 해야 하는 경우
③ 품질특성치가 치명적인 결점을 포함하는 경우
④ 다수다량의 것으로 어느 정도 부적합품이 섞여도 괜찮을 경우

해설 전수검사
- 검사항목이 적고 간단히 검사할 수 있을 때
- 전체 검사를 쉽게 할 수 있을 때
- 로트의 크기가 작을 때
- 불량품이 조금이라도 있으면 안 될 때
- 치명적인 결함을 포함하고 있을 때
- 검사비용이 많이 소요될 때

56 품질관리기능의 사이클을 표현한 것으로 옳은 것은?

① 품질개선 - 품질설계 - 품질보증 - 공정관리
② 품질설계 - 공정관리 - 품질보증 - 품질개선
③ 품질개선 - 품질보증 - 품질설계 - 공정관리
④ 품질설계 - 품질개선 - 공정관리 - 품질보증

해설 품질관리기능의 사이클

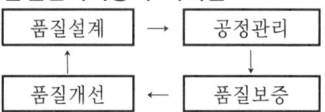

57 다음 표는 A 자동차 영업소의 월별 판매실적을 나타낸 것이다. 5개월 이동평균법으로 6월의 수요를 예측하면 몇 대인가?

월	1	2	3	4	5
판매량	100	110	120	130	140

① 120
② 130
③ 140
④ 150

해설 단순이동평균법

$$F_t = \frac{1}{n}\Sigma K_t$$
$$= \frac{1}{5}(100+110+120+130+140)$$
$$= 120$$

58 그림과 같은 계획공정도(network)에서 주공정으로 옳은 것은? (단, 화살표 밑의 숫자는 활동시간[주]을 나타낸다.)

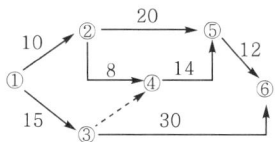

① 1-2-5-6
② 1-2-4-5-6
③ 1-3-4-5-6
④ 1-3-6

해설 주공정(critical path)
시작단계에서 마지막 단계까지 작업이 종료되는 과정 중 가장 오래 걸리는 경로가 있으며, 이 경로를 주공정이라 한다. 이 공정을 관찰함으로써 모든 경로를 파악하고 기한 내 사업완료가 가능해진다.
∴ 제일 긴 공정을 계산하면 ① → ③ → ⑥ 즉, 45주가 된다.

정답 54 ③ 55 ③ 56 ② 57 ① 58 ④

59 교류 380[V]를 사용하는 공장의 전선과 대지 사이의 절연저항은 몇 [MΩ] 이상이어야 하는가?

① 0.1
② 0.5
③ 1.0
④ 2.0

해설 전로의 절연저항

전로의 사용전압	DC 시험전압 [V]	절연저항 [MΩ]
SELV, PELV	250	0.5
FELV, 500[V] 이하	500	1.0
500[V] 초과	1,000	

60 변압기의 고압·특고압측 전로 또는 사용전압이 35[kV] 이하의 특고압전로가 저압측 전로와 혼촉하고 저압전로의 대지전압이 150[V]를 초과하는 경우 저항값 $R[\Omega]$의 값으로 옳은 것은? (단, I는 1선 지락전류, 1초 이내에 고압·특고압 전로를 자동으로 차단하는 장치를 설치할 때)

① $\dfrac{100}{I}$
② $\dfrac{150}{I}$
③ $\dfrac{300}{I}$
④ $\dfrac{600}{I}$

해설 변압기 중성점 접지

- 일반적으로 변압기의 고압·특고압측 전로 1선 지락전류로 150을 나눈 값과 같은 저항값 이하

  : $R = \dfrac{150}{I}$

- 변압기의 고압·특고압측 전로 또는 사용전압이 35[kV] 이하의 특고압전로가 저압측 전로와 혼촉하고 저압전로의 대지전압이 150[V]를 초과하는 경우 저항값은 다음에 의한다.
  - 1초 초과 2초 이내에 고압·특고압전로를 자동으로 차단하는 장치를 설치할 때는 300을 나눈 값 이하

    : $R = \dfrac{300}{I}$

  - 1초 이내에 고압·특고압전로를 자동으로 차단하는 장치를 설치할 때는 600을 나눈 값 이하

    : $R = \dfrac{600}{I}$

정답 59 ③ 60 ④

2023년 제74회 CBT 기출복원문제

01 그림과 같은 회로에서 a, b 간에 100[V]의 직류전압을 가했을 때 10[Ω]의 저항에 4[A]의 전류가 흘렀다. 이때 저항 r_1에 흐르는 전류와 저항 r_2에 흐르는 전류의 비가 1 : 4라고 하면 r_1 및 r_2의 저항값은 각각 얼마인가?

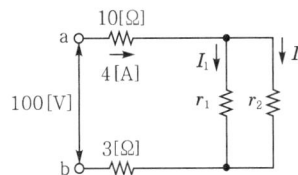

① $r_1 = 12$, $r_2 = 3$
② $r_1 = 36$, $r_2 = 9$
③ $r_1 = 60$, $r_2 = 15$
④ $r_1 = 40$, $r_2 = 10$

해설 전류와 저항은 반비례하므로
$I_1 : I_2 = r_2 : r_1$
$1 : 4 = r_2 : r_1$
$\therefore r_1 = 4r_2 \cdots \text{㉠}$
회로에서 전체 저항은 12[Ω]이 된다.

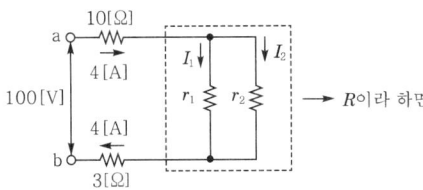

$100 = 4(10 + 3 + R)$
$\therefore R = \dfrac{r_1 \times r_2}{r_1 + r_2} = 12 \cdots \text{㉡}$
그러므로 ㉠을 ㉡식에 대입하면
$12 = \dfrac{4r_2 \times r_2}{4r_2 + r_2}$에서 $r_2 = 15[\Omega] \cdots \text{㉢}$
$\therefore$ ㉢식을 ㉠식에 대입하면 $r_1 = 60[\Omega]$이 된다.

02 두 종류의 금속을 접속하여 두 접합부분을 다른 온도로 유지하면 열기전력을 일으켜 열전류가 흐른다. 이 현상을 지칭하는 것은?

① 제벡효과 ② 제3금속의 법칙
③ 펠티에효과 ④ 패러데이의 법칙

해설
• 제벡효과(Seebeck effect) : 2개의 다른 금속 A, B를 한 쌍으로 접속하고, 두 금속을 서로 다른 온도로 유지하면 두 접촉면의 온도차에 의해서 생긴 열기전력에 의해 일정 방향으로 전류가 흐르는 현상을 말한다.
• 펠티에효과(Peltier effect) : 서로 다른 두 종류의 금속을 접속하여 전류를 흘리면 그 접합면에서 열이 발생 또는 흡수하는 현상을 말한다.

03 그림과 같은 회로에서 소비되는 전력은?

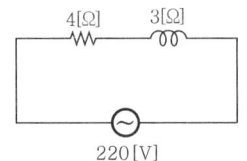

① 5,808[W] ② 7,744[W]
③ 9,680[W] ④ 12,100[W]

해설
• 유효전력$(P) = I^2 \cdot R = \left(\dfrac{V}{Z}\right)^2 \cdot R$
$= \left(\dfrac{220}{\sqrt{4^2 + 3^2}}\right)^2 \cdot 4$
$= 7,744[W]$

• 무효전력$(P_r) = I^2 \cdot X = \left(\dfrac{V}{Z}\right)^2 \cdot X$
$= \left(\dfrac{220}{\sqrt{4^2 + 3^2}}\right)^2 \cdot 3$
$= 5,808[Var]$

정답 01 ③ 02 ① 03 ②

- 피상전력 $(P_a) = I^2 \cdot Z = \left(\dfrac{V}{Z}\right)^2 \cdot Z$
  $= \left(\dfrac{220}{\sqrt{4^2+3^2}}\right)^2 \cdot 5$
  $= 9,680 [VA]$

  또한, 소비전력, 평균전력은 유효전력과 같다.

04 그림과 같은 회로에서 10[Ω]에 흐르는 전류는?

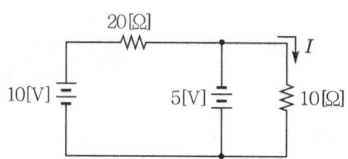

① 0.2[A] ② 0.5[A]
③ 1[A]   ④ 1.5[A]

해설 중첩의 정리를 이용해서 해석

- 전압원 10[V] 기준

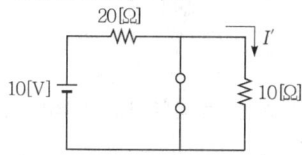

전압원 5[V]가 단락되어 $I'=0$이 된다. (단락된 쪽으로 전류가 모두 흐르므로)

- 전압원 5[V] 기준

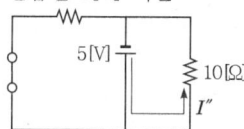

전압원 10[V]가 단락되며, 10[Ω] 양단 전압이 5[V]가 되므로 $I'' = \dfrac{5}{10} = 0.5[A]$

∴ $I = I' + I'' = 0.5[A]$

05 길이 50[cm]인 직선상의 도체봉을 자속밀도 0.1[Wb/m²]의 평등자계 중에 자계와 수직으로 놓고 이것을 50[m/s]의 속도로 자계와 60°의 각으로 움직였을 때 유도기전력은 몇 [V]가 되는가?

① 1.08 ② 1.25
③ 2.17 ④ 2.51

해설 유도전압(e)은
$e = Blv\sin\theta = 0.1 \times 0.5 \times 50 \times \sin 60°$
$\fallingdotseq 2.17$

06 평균 반지름이 1[cm]이고, 권수가 500회인 환상 솔레노이드 내부의 자계가 200[AT/m]가 되도록 하기 위해서는 코일에 흐르는 전류를 약 몇 [A]로 하여야 하는가?

① 0.015 ② 0.025
③ 0.035 ④ 0.045

해설 환상 솔레노이드에 의한 자장의 세기(H)
$H = \dfrac{NI}{2\pi r}$ [AT/m]에서 전류 I를 구하면
$I = \dfrac{2\pi r H}{N} = \dfrac{2\pi \times 0.01 \times 200}{500} = 0.025[A]$
(단, r : 반지름[m]을 의미)

07 어떤 정현파 전압의 평균값이 191[V]이면 최댓값은 약 몇 [V]인가?

① 240 ② 270
③ 300 ④ 330

해설 평균값 $= \dfrac{2}{\pi} \times$ 최댓값에서
최댓값 $= \dfrac{\pi}{2} \times$ 평균값 $= \dfrac{3.14}{2} \times 191 \fallingdotseq 300[V]$

08 53[mH]의 코일에 $10\sqrt{2}\sin 377t$[A]의 전류를 흘리려면 인가해야 할 전압은?

① 약 60[V]
② 약 200[V]
③ 약 530[V]
④ 약 $530\sqrt{2}$ [V]

해설 $i = I_m \sin\omega t = 10\sqrt{2}\sin 377t$[A]에서
$\omega = 377$, I(실효값) $= \dfrac{10\sqrt{2}}{\sqrt{2}} = 10$
∴ $V = I \cdot X_L = I \cdot \omega L$
$= 10 \times 377 \times 53 \times 10^{-3}$
$= 199.81 \fallingdotseq 200[V]$

정답 04 ② 05 ③ 06 ② 07 ③ 08 ②

09 전기분해에 관한 패러데이의 법칙에서 전기분해시 전기량이 일정하면 전극에서 석출되는 물질의 양은?

① 원자가에 비례한다.
② 전류에 반비례한다.
③ 시간에 반비례한다.
④ 화학당량에 비례한다.

해설 패러데이의 법칙(Faraday's law)
- 전기분해에 의해서 음과 양의 두 전극으로부터 석출되는 물질의 양은 전해액 속에 통한 전기량에 비례한다.
  $W = KQ = KIt$ [g](여기서, K : 전기 화학당량)
- 같은 전기량에 의해 여러 가지 화합물이 전해될 때 석출되는 물질의 양은 그 물질의 화학당량에 비례한다.

  화학당량 = $\dfrac{원자량}{원자가}$

10 10[μF]의 콘덴서를 1[kV]로 충전하면 에너지는 몇 [J]인가?

① 5   ② 10
③ 15 ④ 20

해설 충전에너지(W_C)

$$W_C = \dfrac{1}{2}CV^2$$
$$= \dfrac{1}{2}Q \cdot V = \dfrac{1}{2}\dfrac{Q^2}{C}$$
$$= \dfrac{1}{2} \times 10 \times 10^{-6} \times (1 \times 10^3)^2 = 5 [J]$$

11 2진수 $(1001)_2$를 그레이 코드(gray code)로 변환한 값은?

① $(1110)_G$
② $(1101)_G$
③ $(1111)_G$
④ $(1100)_G$

해설 2진수에서 그레이 코드 변환은 다음과 같다.

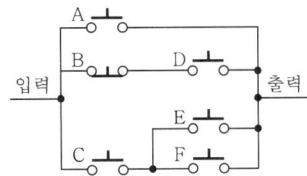

∴ $(1001)_2 = (1101)_G$

[예] 그레이 코드를 2진수로 변환

∴ $(1101)_G = (1001)_2$

12 논리식 'A · (A + B)'를 간단히 하면?

① A
② B
③ A · B
④ A + B

해설 A · (A + B) = A · A + AB
   = A + A · B
   = A(1 + B)
   = A (∵ 1 + B = 1)

13 그림과 같은 유접점회로가 의미하는 논리식은?

① A + $\overline{B}$D + C(E + F)
② A + $\overline{B}$C + D(E + F)
③ A + B$\overline{C}$ + D(E + F)
④ A + $\overline{B}\,\overline{C}$ + D(E + F)

해설 접점회로의 응용
출력 Y = A + $\overline{B}$D + C(E + F)가 된다.
[참고]

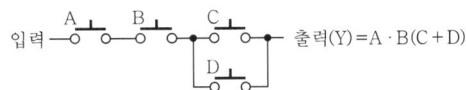

출력(Y) = A · B(C + D)

정답 09 ④ 10 ① 11 ② 12 ① 13 ①

14 다음 진리표에 해당하는 논리회로는?

입력		출력
A	B	X
0	0	0
0	1	1
1	0	1
1	1	0

① AND회로 ② EX-NOR회로
③ NAND회로 ④ EX-OR회로

 해설 진리표는 $X = A\overline{B} + \overline{A}B$를 의미하므로 E-OR, X-OR, EX-OR이라고도 한다.

15 그림과 같은 회로의 기능은?

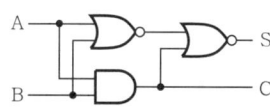

① 반가산기 ② 감산기
③ 반일치회로 ④ 부호기

해설 • 반가산기회로이며 S, C를 표시하면 다음과 같다.

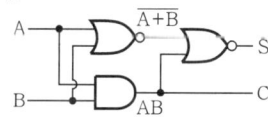

$C = A \cdot B$
$S = \overline{\overline{A+B} + \overline{A \cdot B}}$
$= \overline{\overline{A+B}} \cdot \overline{\overline{A \cdot B}}$
$= (A+B)(\overline{A \cdot B})$
$= (A+B)(\overline{A}+\overline{B})$
$= A\overline{B} + \overline{A}B = A \oplus B$

• 반가산기는 입력 2단자, 출력 2단자로 이루어져 있다.
• 진리표

입력		출력	
A	B	S	C
0	0	0	0
0	1	1	0
1	0	1	0
1	1	0	1

16 T형 플립플롭을 3단으로 직렬접속하고 초단에 1[kHz]의 구형파를 가하면 출력주파수는 몇 [kHz]인가?

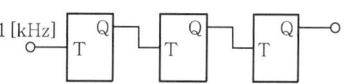

① 1 ② 125
③ 250 ④ 500

해설 • T에 입력신호가 가해지면 전 상태의 반전(toggle)상태를 유지한다.
• 입력신호 주파수의 $\frac{1}{2}$의 주파수가 출력으로 나온다.

17 2^n의 입력선과 n개의 출력선을 가지고 있으며, 출력은 입력값에 대한 2진 코드 혹은 BCD 코드를 발생하는 장치는?

① 디코더
② 인코더
③ 멀티플렉서
④ 매트릭스

해설 **Encoder(부호기, 암호기)**
• 다수입력과 다수출력($2^n \times n$)으로 구성
• 10진수 입력을 2진수로 변환
• 부호기(암호기) 기능을 갖고 있으며, 보통 OR회로로 구성

18 다음 그림은 어떤 논리회로인가?

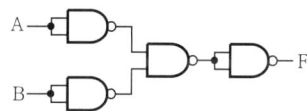

① NAND ② NOR
③ E-OR ④ E-NOR

해설 논리회로의 출력 $F = \overline{\overline{\overline{AB}}} = \overline{\overline{A} \cdot \overline{B}} = \overline{A+B}$
이며 NOR회로의 출력과 같다.

정답 14 ④ 15 ① 16 ② 17 ② 18 ②

19 그림과 같은 회로는 어떤 논리동작을 하는가?

① NAND
② NOR
③ AND
④ OR

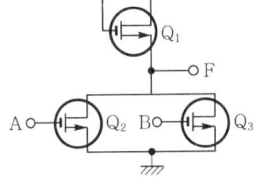

해설 출력 $F = \overline{A+B}$ 는 NOR회로와 같다.

[참고]

$F = \overline{A \cdot B}$ (NAND회로 의미)

20 다음 논리함수를 간략화하면 어떻게 되는가?

$$Y = \overline{A}\overline{B}\overline{C}\overline{D} + \overline{A}B\overline{C}\overline{D} + A\overline{B}\overline{C}\overline{D} + AB\overline{C}\overline{D}$$

	$\overline{A}\overline{B}$	$\overline{A}B$	AB	$A\overline{B}$
$\overline{C}\overline{D}$	1			1
$\overline{C}D$				
CD				
$C\overline{D}$	1			1

① $\overline{B}\overline{D}$ ② $B\overline{D}$
③ $\overline{B}D$ ④ BD

해설 카르노맵을 이용하여 논리식을 간략화하면

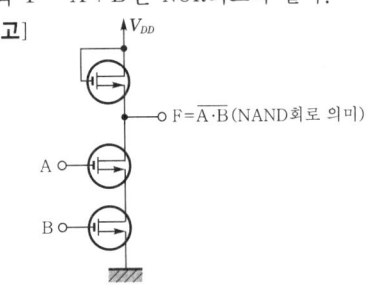

1의 4개 항을 하나로 묶을 수 있으므로 변환되는 문자를 생략하면
∴ $Y = \overline{B}\overline{D}$ 가 된다.

21 전기자 도체의 총수 500, 10극, 단중파권으로 매극의 자속수가 0.2[Wb]인 직류발전기가 600[rpm]으로 회전할 때의 유기기전력은 몇 [V]인가?

① 25,000 ② 5,000
③ 10,000 ④ 15,000

해설 유기기전력(E)

$$E = \frac{z}{a} \cdot e = \frac{z}{a}P\phi n = \frac{z}{a}P\phi\frac{N}{60}[\text{V}]$$

여기서, z : 전기자 도체의 총수[개]
a : 병렬회로수(중권 : $a = P$, 파권 : $a = 2$)
P : 자극의 수[극]
ϕ : 매극당 자속[Wb]
N : 분당 회전수

$$\therefore E = \frac{z}{a}P\phi\frac{N}{60} = \frac{500}{2} \times 10 \times 0.2 \times \frac{600}{60}$$
$$= 5,000[\text{V}]$$

22 정격속도로 회전하고 있는 분권 발전기가 있다. 단자전압 100[V], 권선의 저항은 50[Ω], 계자전류 2[A], 부하전류 50[A], 전기자 저항 0.1[Ω]이다. 이때 발전기의 유기기전력은 약 몇 [V]인가? (단, 전기자 반작용은 무시한다.)

① 100 ② 105
③ 128 ④ 141

해설 분권 발전기

• 유기기전력 $E = \frac{Z}{a}P\phi\frac{N}{60}[\text{V}]$

• 단자전압 $V = E - I_a R_a$에서
(여기서, $I_a = I_f + I$)
$E = V + I_a R_a = 100 + (2+50) \times 0.1$
$\approx 105[\text{V}]$

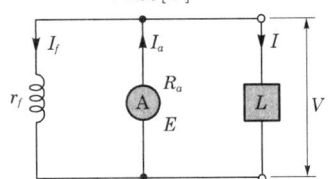

23 동기 발전기에서 전기자권선을 단절권으로 하는 이유는?

① 절연을 좋게 하기 위해
② 기전력을 높게 한다.
③ 역률을 좋게 한다.
④ 고조파를 제거한다.

해설 단절권의 특징
- 고조파가 제거되어 기전력의 파형개선
- 동량의 감소, 기계적 치수 경감
- 코일 간격이 극간격보다 짧은 경우 사용
- 기전력 감소

24 동기 전동기에서 제동권선의 사용 목적으로 가장 옳은 것은?

① 난조방지
② 정지시간의 단축
③ 운전토크의 증가
④ 과부하내량의 증가

해설 난조(hunting)
부하급변 시 부하각과 동기속도가 진동하는 현상
- 원인
  - 조속기감도가 너무 예민한 경우
  - 토크에 고조파가 포함된 경우
  - 회로저항이 너무 큰 경우
- 방지책 : 제동권선을 설치

25 3상 동기 발전기의 단락비를 산출하는 데 필요한 시험은?

① 외부특성시험과 3상 단락시험
② 돌발단락시험과 부하시험
③ 무부하포화시험과 3상 단락시험
④ 대칭분의 리액턴스측정시험

해설 단락비(K_s)
- $K_s = \dfrac{\text{무부하 정격전압을 유기하는 데 필요한 계자전류}}{\text{3상 단락 정격전류를 흘리는 데 필요한 계자전류}}$
  $= \dfrac{I_s}{I_n} = \dfrac{1}{Z_s'}$ (여기서, Z_s' : % 동기임피던스)

- 단락비 산출시 필요한 시험
  - 무부하시험
  - 3상 단락시험

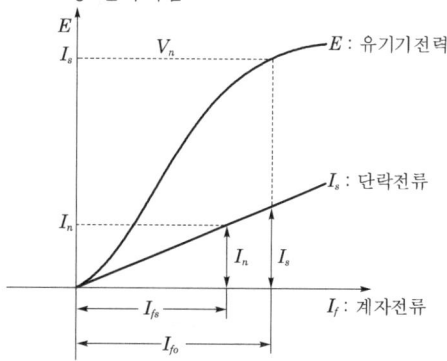

∥무부하 특성곡선과 3상 단락곡선∥

26 동기 전동기를 무부하로 하였을 때, 계자전류를 조정하면 동기기는 L, C 소자로 작동하고, 계자전류를 어떤 일정값 이하의 범위에서 가감하면 가변 리액턴스가 되고 어떤 일정값 이상에서 가감하면 가변 커패시턴스로 작동한다. 이와 같은 목적으로 사용되는 것은?

① 변압기
② 동기 조상기
③ 균압환
④ 제동권선

해설 동기 조상기
- 지상전류일 때 리액터로 동작
- 진상전류일 때 콘덴서로 동작

27 다음 중 변압기의 효율(η)을 나타낸 것으로 가장 알맞은 것은?

① $\eta = \dfrac{출력}{입력 + 손실} \times 100[\%]$
② $\eta = \dfrac{입력}{출력 + 손실} \times 100[\%]$
③ $\eta = \dfrac{입력}{입력 + 손실} \times 100[\%]$
④ $\eta = \dfrac{출력}{출력 + 손실} \times 100[\%]$

정답 23 ④ 24 ① 25 ③ 26 ② 27 ④

해설 효율(η)

$$\eta = \frac{출력}{입력} \times 100[\%] = \frac{출력}{출력+손실} \times 100[\%]$$

- 전부하효율

$$\eta = \frac{VI\cos\theta}{VI\cos\theta + P_i + P_c(I^2r)} \times 100[\%]$$

- $\frac{1}{m}$ 부하시 효율

$$\eta = \frac{\frac{1}{m}VI\cos\theta}{\frac{1}{m}VI\cos\theta + P_i + \left(\frac{1}{m}\right)^2 P_c} \times 100[\%]$$

- 전일효율(1일 동안의 효율)

$$\eta_d = \frac{\sum h\, VI\cos\theta}{\sum h \cdot VI\cos\theta + 24P_i + \sum h I^2 \cdot r} \times 100[\%]$$

(여기서, $\sum h$: 1일 동안 총 부하시간)

28 60[Hz]의 전원에 접속된 4극, 3상 유도전동기의 슬립이 0.05일 때의 회전속도는?

① 90[rpm]
② 1,710[rpm]
③ 1,890[rpm]
④ 36,000[rpm]

해설 회전속도(N)

$$N = N_s(1-s) = \frac{120f}{P}(1-s)[\text{rpm}]$$
$$= \frac{120 \times 60}{4}(1-0.05) = 1,710[\text{rpm}]$$

29 3상 유도전동기의 2차 동손, 2차 입력, 슬립을 각각 P_c, P_2, s라 하면 관계식은?

① $P_c = sP_2$
② $P_c = \frac{P_2}{s}$
③ $P_c = \frac{s}{P_2}$
④ $P_c = \frac{1}{sP_2}$

해설 2차 입력, 2차 동손, 슬립의 관계식

- 2차 입력(P_2) = $I_2^2 \frac{r_2}{s}$
- 2차 동손(P_c) = $I_2^2 \cdot r_2$

$$\therefore P_c : P_2 = I_2^2 \cdot r_2 : I_2^2 \cdot \frac{r_2}{s} = 1 : \frac{1}{s}$$

$P_2 = \frac{1}{s}P_c$ 이므로 $P_c = sP_2$

30 반파정류회로에서 직류전압 200[V]를 얻는 데 필요한 변압기 2차 상전압은 약 몇 [V]인가? (단, 부하는 순저항, 변압기 내 전압강하를 무시하면 정류기 내의 전압강하는 50[V]로 한다.)

① 68
② 113
③ 333
④ 555

해설 단상 반파정류회로

직류전압 $E_d = \frac{\sqrt{2}}{\pi}E_a - e[\text{V}]$

(여기서, e : 전압강하)

$\therefore 200 = \frac{\sqrt{2}}{\pi}E_a - 50$ 에서

상전압 $E_a \fallingdotseq 555.16$

31 소도체 2개로 된 복도체 방식 3상 3선식 송전선로가 있다. 소도체의 지름 2[cm], 소도체 간격 36[cm], 등가 선간거리 120[cm]인 경우에 복도체 1[km]의 인덕턴스[mH]는? (단, $\log_{10} 2 = 0.3010$ 이다.)

① 1.236
② 0.757
③ 0.624
④ 0.565

해설

$$L_n = \frac{0.05}{n} + 0.4605\log_{10}\frac{D}{\sqrt{r \cdot s}}$$
$$= \frac{0.05}{2} + 0.4605\log_{10}\frac{120}{\sqrt{\frac{2}{2} \times 36}}$$
$$= 0.624[\text{mH}]$$

32 정전용량 0.01[μF/km], 길이 173.2[km], 선간전압 60,000[V], 주파수 60[Hz]인 송전선로의 충전전류[A]는 얼마인가?

① 6.3
② 18.5
③ 22.6
④ 47.2

해설 $I_c = \dfrac{E}{X_c} = \omega CE = 2\pi fCE$
$= 2\pi \times 60 \times 0.01 \times 10^{-6} \times 173.2 \times \dfrac{60,000}{\sqrt{3}}$
$= 22.6[A]$

33 3상 3선식 송전선로를 연가하는 목적은?
① 미관상
② 송전선을 절약하기 위하여
③ 전압강하를 방지하기 위하여
④ 선로정수를 평형시키기 위하여

해설 연가
선로정수를 평형시키기 위해 송전단에서 수전단까지 전체 선로 구간을 3의 배수로 등분하여 전선의 위치를 바꾸어 주는 것

34 송전단전압이 6,600[V], 수전단전압이 6,100[V]였다. 수전단의 부하를 끊은 경우 수전단전압이 6,300[V]라면 이 회로의 전압강하율과 전압변동률은 각각 몇 [%]인가?
① 6.8, 4.1
② 8.2, 3.28
③ 4.14, 6.8
④ 43.28, 8.2

해설 • 전압강하율 $\varepsilon = \dfrac{6,600-6,100}{6,100} \times 100[\%]$
$= 8.19[\%]$
• 전압변동률 $\delta = \dfrac{6,300-6,100}{6,100} \times 100[\%]$
$= 3.278[\%]$

35 부하전력 및 역률이 같을 때 전압을 n배 승압하면 전압강하와 전력 손실은 어떻게 되는가?

	전압강하	전력 손실
①	$\dfrac{1}{n}$	$\dfrac{1}{n^2}$
②	$\dfrac{1}{n^2}$	$\dfrac{1}{n^2}$
③	$\dfrac{1}{n}$	$\dfrac{1}{n}$
④	$\dfrac{1}{n^2}$	$\dfrac{1}{n}$

해설 • $e = I(R\cos\theta + \sin\theta) = \dfrac{P}{V}(R + X\tan\theta)$에서
$e \propto \dfrac{1}{V}$
$\therefore e \propto \dfrac{1}{n}$
• $P_l = 3I^2R = \dfrac{P^2R}{V^2\cos^2\theta}$에서
$P_l \propto \dfrac{1}{V^2}$
$\therefore P_l \propto \dfrac{1}{n^2}$

36 그림과 같이 회로정수 A, B, C, D 인 송전선로에 변압기 임피던스 Z_r를 수전단에 접속했을 때 변압기 임피던스 Z_r를 포함한 새로운 회로정수 D_0는? (단, 그림에서 E_s, I_s는 송전단전압, 전류이고, E_r, I_r는 수전단전압, 전류이다.)

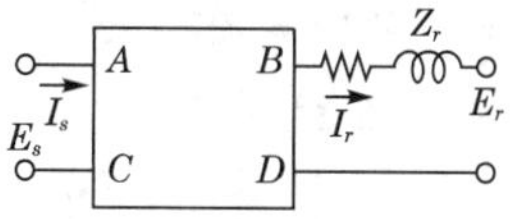

① $B + CZ_r$
② $B + AZ_r$
③ $D + AZ_r$
④ $D + CZ_r$

해설 $\begin{bmatrix} A_0 & B_0 \\ C_0 & D_0 \end{bmatrix} = \begin{bmatrix} A & B \\ C & D \end{bmatrix} \begin{bmatrix} 1 & Z_r \\ 0 & 1 \end{bmatrix} = \begin{bmatrix} A & AZ_r+B \\ C & CZ_r+D \end{bmatrix}$
$\therefore D_0 = D + CZ_r$

37 전력용 콘덴서에 직렬로 콘덴서 용량의 5[%] 정도의 유도 리액턴스를 삽입하는 목적은?
① 제3고조파 전류의 억제
② 제5고조파 전류의 억제
③ 이상전압 발생 방지
④ 정전용량의 억제

해설 직렬 리액터는 제5고조파를 제거하여 파형을 개선하며 이론상 4[%], 실제는 5~6[%]이다.

정답 33 ④ 34 ② 35 ① 36 ④ 37 ②

38 가공전선로에 사용하는 전선의 구비조건으로 바람직하지 못한 것은?

① 비중(밀도)이 클 것
② 도전율이 높을 것
③ 기계적인 강도가 클 것
④ 내구성이 있을 것

해설 전선의 구비조건
- 가요성이 클 것
- 내구성이 있을 것
- 도전율이 클 것
- 기계적 강도가 클 것
- 비중이 작을 것
- 가격이 저렴할 것

39 지지물 간 거리(경간) 200[m]의 가공전선로가 있다. 전선 1[m]당 하중은 2.0[kg], 풍압하중은 없는 것으로 하면 인장하중 4,000[kg]의 전선을 사용할 때 처짐정도(이도) 및 전선의 실제 길이는 각각 몇 [m]인가? (단, 안전율은 2.0으로 한다.)

① 이도 : 5, 길이 : 200.33
② 이도 : 5.5, 길이 : 200.3
③ 이도 : 7.5, 길이 : 222.3
④ 이도 : 10, 길이 : 201.33

해설 $D = \dfrac{WS^2}{8T} = \dfrac{2 \times 200^2}{8 \times \dfrac{4,000}{2}} = 5[m]$

$L = S + \dfrac{8D^2}{3S} = 200 + \dfrac{8 \times 5^2}{3 \times 200} = 200.33[m]$

40 다음의 보호계전기 중 일정 전압 이하가 되면 동작을 하는 계전기를 나타내는 것은?

① OVR   ② OCR
③ RDF   ④ UVR

해설
- 과전압계전기(OVR) : 일정 전압 이상이 되면 동작을 하는 계전기이다.
- 부족전압계전기(UVR) : 일정 전압 이하가 되면 동작을 하는 계전기이다.
- 과전류계전기(OCR) : 일정 전류 이상이 되면 동작을 하는 계전기이다.
- 지락과전류계전기(OCGR) : 지락사고 시 일정 전류 이상이 되면 동작을 하는 계전기이다.
- 차동계전기(RDF) : 1차와 2차측의 전류가 어떤 값 이상의 차이를 가지면 동작을 하는 계전기이다.

41 단상 센터탭형 전파정류회로에서 전원전압이 100[V]라면 직류전압은 약 몇 [V]인가?

① 90   ② 100
③ 110   ④ 140

해설 센터탭형은 중간탭형을 의미하며 중간탭형 전파정류회로는 다음과 같다.

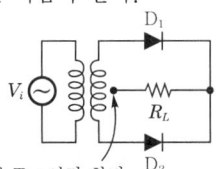
중간 Tap이라 한다.

전파정류회로의 직류전압(=평균전압)
$= \dfrac{2}{\pi}V_m = \dfrac{2}{\pi}\sqrt{2}\,V$
(단, V_m : 최대값, V : 실효값)
$= \dfrac{2}{\pi}(\sqrt{2} \cdot 100) \fallingdotseq 90[V]$

42 단상 220[V], 60[Hz]의 정현파 교류전압을 점호각 60°로 반파 위상제어정류하여 직류로 변환하고자 한다. 순저항부하시 평균 출력 전압은 약 몇 [V]인가?

① 74[V]   ② 84[V]
③ 92[V]   ④ 110[V]

해설 반파 위상제어회로
(단, 저항부하인 경우)

출력전압 $= \dfrac{\sqrt{2}}{2\pi}E(1+\cos\alpha)$

$= \dfrac{\sqrt{2}}{2\pi} \times 220(1+\cos 60°)$

$\fallingdotseq 74.31$

[참고] 전파 위상제어회로(저항부하인 경우)
출력전압 $= \dfrac{\sqrt{2}}{\pi}E(1+\cos\alpha)$

정답 38 ① 39 ① 40 ④ 41 ① 42 ①

43 특정전압 이상이 되면 On되는 반도체인 배리스터의 주된 용도는?

① 온도보상
② 전압의 증폭
③ 출력전류의 조절
④ 서지전압에 대한 회로보호

해설 배리스터의 특징
- 낮은 전압에서는 큰 저항, 높은 전압에서는 낮은 저항을 갖는다.
- 비직선 용량특성을 이용한다.
- 이상전압(surge-voltage)에 대한 회로보호용으로 이용한다.
- 통신선로의 피뢰침으로 이용된다.
- 자동전압 조정회로 소자이다.
- Variable capacitor이다.

44 다음 그림기호와 같은 반도체 소자의 명칭은?

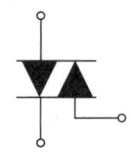

① SCR
② UJT
③ TRIAC
④ FET

해설

  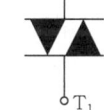
(a) TRIAC (b) SCR (c) SSS

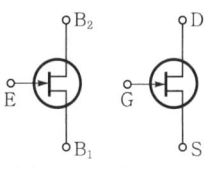
(d) UJT (e) J-FET

45 MOSFET의 드레인(drain) 전류제어는?

① 소스(source)단자의 전류로 제어
② 드레인(drain)과 소스(source)간 전압으로 제어
③ 게이트(gate)와 소스(source)간 전류로 제어
④ 게이트(gate)와 소스(source)간 전압으로 제어

해설 FET(Field-Effect TR)
- 특징
  - 다수 캐리어에 의해 전류가 흐른다.
  - 입력저항이 매우 크다.
  - 저잡음이다.
  - 5극 진공관 특성과 비슷하다.
  - 이득(G)×대역폭(B)이 작다.
  - J-FET와 MOS-FET가 있다.
  - V_{GS}(Gate-Source 사이의 전압)로 드레인 전류를 제어한다.
- 종류
  - J-FET(접합 FET)

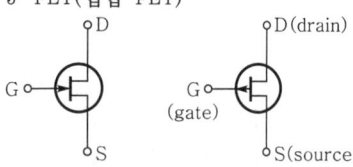
(a) N-channel FET (b) P-channel FET

  - MOS-FET(절연게이트형 FET)

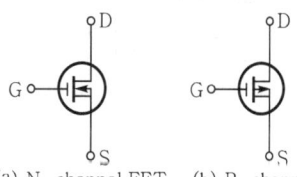
(a) N-channel FET (b) P-channel FET

- FET의 3정수
  - $g_m = \dfrac{\Delta I_D}{\Delta V_{GS}}$ (순방향 상호전달 컨덕턴스)
  - $r_d = \dfrac{\Delta V_{DS}}{\Delta I_D}$ (드레인-소스저항)
  - $\mu = \dfrac{\Delta V_{DS}}{\Delta V_{GS}}$ (전압증폭률)
  - $\mu = g_m \cdot r_d$

46 다음 중 UPS의 기능으로서 옳은 것은 어느 것인가?

① 3상 전파정류방식
② 가변주파수 공급가능
③ 무정전 전원공급장치
④ 고조파방지 및 정류평활

정답 43 ④ 44 ③ 45 ④ 46 ③

해설 UPS(Uninterrupt Power Supply)
- 정전상태에 대비해서 안정적 전원을 공급하기 위한 장치이다.
- 무정전 전원공급장치이다.

47 접지극은 지하 몇 [cm] 이상의 깊이에 매설하는가?
① 55[cm] ② 65[cm]
③ 75[cm] ④ 85[cm]

해설 접지선 시설

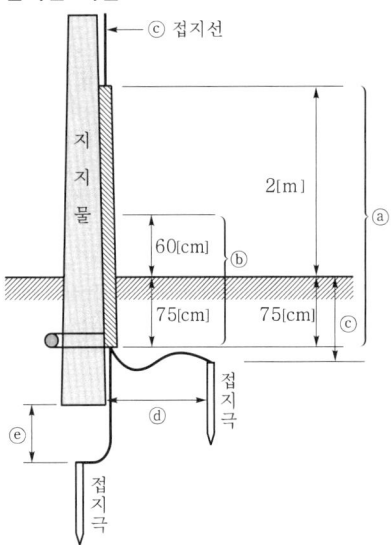

ⓐ 두께 2[mm] 이상의 합성수지관 또는 몰드
ⓑ 접지선은 절연전선, 케이블 사용 (단, ⓑ는 금속체 이외의 경우)
ⓒ 접지극은 지하 75[cm] 이상
ⓓ 접지극은 지중에서 수평으로 1[m] 이상
ⓔ 접지극은 지지물의 밑면으로부터 수직으로 30[cm] 이상

48 가공전선로에 사용하는 원형 철근 콘크리트주의 수직투영면적 1[m²]에 대한 갑종풍압하중은?
① 333[Pa] ② 588[Pa]
③ 745[Pa] ④ 882[Pa]

해설 풍압하중의 종별과 적용
- 갑종 풍압하중 : 구성재의 수직투영면적 1[m²]에 대한 풍압을 기초로 하여 계산

풍압을 받는 구분			구성재의 수직투영면적 1[m²]에 대한 풍압
목주			588[Pa]
지지물	철주	원형의 것	588[Pa]
		삼각형 또는 마름모형의 것	1,412[Pa]
		강관에 의하여 구성되는 4각형의 것	1,117[Pa]
		기타의 것	복제가 전·후면에 겹치는 경우에 1,627[Pa], 기타의 경우에는 1,784[Pa]
	철근 콘크리트주	원형의 것	588[Pa]
		기타의 것	882[Pa]
	철탑	단주 (완철류는 제외함) 원형의 것	588[Pa]
		단주 기타의 것	1,117[Pa]
		강관으로 구성되는 것(단주는 제외함)	1,255[Pa]
		기타의 것	2,157[Pa]
전선 기타 가섭선	다도체(구성하는 전선이 2가닥마다 수평으로 배열되고 또한 그 전선 상호 간의 거리가 전선의 바깥지름의 20배 이하인 것)를 구성하는 전선		666[Pa]
	기타의 것		745[Pa]
애자장치(특고압 전선용의 것)			1,039[Pa]
목주·철주(원형의 것) 및 철근 콘크리트주의 완금류(특고압 전선용의 것)			단일재로서 사용하는 경우에는 1,196[Pa], 기타의 경우에는 1,627[Pa]

- 을종 풍압하중 : 갑종 풍압의 $\frac{1}{2}$을 기초로 계산
- 병종 풍압하중 : 갑종 풍압의 $\frac{1}{2}$을 기초로 계산

정답 47 ③ 48 ②

49 저압 이웃연결(연접)인입선은 인입선에서 분기하는 점으로부터 100[m]를 넘지 않는 지역에 시설하고 폭 몇 [m]를 초과하는 도로를 횡단하지 않아야 하는가?

① 4
② 5
③ 6
④ 6.5

해설 저압 이웃연결(연접)인입선의 시설
저압 인입선의 규정에 준하여 시설하고, 다음에 의해서 설치한다.
- 옥내 통과 금지
- 폭 5[m]를 넘는 도로횡단 금지
- 인입선에서 분기하는 점으로부터 100[m]를 넘는 지역에 미치지 아니할 것

50 지중전선로를 직접 매설식에 의하여 시설하는 경우 차량 기타 중량물의 압력을 받을 우려가 있는 장소에는 매설깊이를 몇 [m] 이상으로 해야 하는가?

① 0.6[m]
② 1.0[m]
③ 1.8[m]
④ 2.0[m]

해설 지중전선로의 시설
- 지중전선로는 전선에 케이블을 사용하고 또한 관로식, 암거식, 직접 매설식에 의하여 시설하여야 한다.
- 지중전선로를 직접 매설식에 의하여 시설하는 경우에는 매설깊이를 차량 기타 중량물의 압력을 받을 우려가 있는 장소에는 1.0[m] 이상, 기타 장소에는 60[cm] 이상으로 하고 또한 지중전선을 견고한 트라프 기타 방호물에 넣어 시설하여야 한다.

51 전기온돌 등에 발열선을 시설할 경우 대지전압은 몇 [V] 이하로 해야 되는가?

① 200
② 300
③ 400
④ 500

해설
- 전기온돌 : 대지전압 300[V] 이하일 것
- 전기온상
  - 대지전압 300[V] 이하일 것
  - 발열선 온도 80[℃]를 넘지 않을 것
  - 접지공사를 할 것

52 전원공급점에서 각각 30[m]의 지점에 60[A], 40[m]의 지점에 50[A], 50[m]의 지점에 30[A]의 부하가 걸려 있는 경우 부하 중심까지의 거리는?

① 20.4[m]
② 37.9[m]
③ 44.2[m]
④ 122.3[m]

해설 부하 중심까지의 거리(L)

$$L = \frac{\sum Il}{\sum I} = \frac{60 \times 30 + 50 \times 40 + 30 \times 50}{60 + 50 + 30}$$
$$\approx 37.9[m]$$

53 평균 구면광도 100[cd]의 전구 5개를 지름 10[m]인 원형의 방에 점등할 때, 방의 평균 조도[lx]는? (단, 조명률 0.5, 감광보상률 1.5이다.)

① 약 26.7[lx]
② 약 35.5[lx]
③ 약 48.8[lx]
④ 약 59.4[lx]

해설 설계하고자 하는 방의 평균조도를 E, 총광속을 F라 할 때

$$F = \frac{ESD}{N} [lm]$$
$$= 4\pi I = 4 \times 3.14 \times 100 = 1,256[lm]$$

(여기서, S : 방의 면적[m^2], D : 감광보상률, U : 조명률, N : 등의 개수)

∴ 평균조도(E)

$$E = \frac{FUN}{SD} = \frac{1,256 \times 0.5 \times 5}{78.5 \times 1.5}$$
$$= 26.66 \approx 26.7[lx]$$

($\because$ 원형의 방이므로 $A = \left(\frac{10}{2}\right)^2 \times 3.14$
$= 78.5[m^2]$)

54 u 관리도의 관리한계선을 구하는 식으로 옳은 것은?

① $\bar{u} \pm \sqrt{u}$
② $\bar{u} \pm 3\sqrt{u}$
③ $\bar{u} \pm 3\sqrt{n\bar{u}}$
④ $\bar{u} \pm 3\sqrt{\frac{u}{n}}$

정답 49 ② 50 ② 51 ② 52 ② 53 ① 54 ④

해설 u 관리도

- 중심선 $CL = \bar{u} = \dfrac{\sum c}{\sum n}$
- 상한선 $CL = \bar{u} + 3\sqrt{\dfrac{\bar{u}}{n}}$
- 하한선 $CL = \bar{u} - 3\sqrt{\dfrac{\bar{u}}{n}}$

55 관리도에서 점이 관리 한계 내에 있으나 중심선 한쪽에 연속해서 나타나는 점의 배열현상을 무엇이라 하는가?

① 런(run)   ② 경향
③ 산포   ④ 주기

해설 점의 배열
- 런 : 중심선의 한쪽으로 연속해서 나타난 점의 배열이다.
- 경향 : 점이 점점 올라가거나 내려가는 상태이다.
- 주기 : 점이 주기적으로 위, 아래로 변동하는 경우 주기성이 있다고 한다.
- 산포 : 측정값의 크기가 고르지 않을 때이다.

56 다음 중 품질관리 시스템에 있어서 4M에 해당하지 않는 것은?

① Man   ② Machine
③ Material   ④ Money

해설 품질관리 시스템의 4M
- 재료(material)
- 설비(machine)
- 작업자(man)
- 가공방법(method)

57 작업자가 장소를 이동하면서 작업을 수행하는 경우에 그 과정을 가공, 검사, 운반, 저장 등의 기호를 사용하여 분석하는 것을 무엇이라 하는가?

① 작업자 연합작업분석
② 작업자 동작분석
③ 작업자 미세분석
④ 작업자 공정분석

해설 작업자 공정분석

작업자가 장소를 이동하면서 작업을 수행하는 경우 그 과정을 가공, 검사, 운반 등의 기호를 사용하여 분석하는 것을 말한다.
- ○ : 작업
- □ : 검사
- ⇨ : 이동
- D : 대기
- ▽ : 저장

58 여유시간이 5분, 정미시간이 40분일 경우 내경법으로 여유율을 구하면 약 몇 [%]인가?

① 6.33[%]   ② 9.05[%]
③ 11.11[%]   ④ 12.50[%]

해설
- 표준시간 = 정상시간 × (1 + 여유율) : 외경법
- 표준시간 = 정상시간 × $\dfrac{1}{1-\text{여유율}}$: 내경법

∴ (40분 + 5분) = 40분 × $\dfrac{1}{1-\text{여유율}}$ 에서

여유율 = $1 - \dfrac{40}{45} ≒ 0.11111$ (약 11.11[%])

59 교류회로에서 중성선 겸용 보호도체를 나타내는 것은?

① PEL 도체
② PEM 도체
③ PEN 도체
④ PENM 도체

해설 보호도체
- PEN 도체(protective earthing conductor and neutral conductor) : 교류회로에서 중성선 겸용 보호도체를 말한다.
- PEM 도체(protective earthing conductor and a mid-point conductor) : 직류회로에서 중간선 겸용 보호도체를 말한다.
- PEL 도체(protective earthing conductor and a line conductor) : 직류회로에서 선도체 겸용 보호도체를 말한다.

정답 55 ①   56 ④   57 ④   58 ③   59 ③

60 도체와 과부하 보호장치 사이에서는 협조가 이루어져야 하며 과부하에 대해 케이블(전선)을 보호하는 장치의 동작특성에 대한 관계식으로 옳은 것은? (단, I_B : 회로의 설계전류, I_Z : 케이블의 허용전류, I_n : 보호장치의 정격전류이다.)

① $I_B \leq I_n \leq I_Z$ ② $I_B < I_n \leq I_Z$
③ $I_B \leq I_n < I_Z$ ④ $I_B > I_n > I_Z$

해설 도체와 과부하 보호장치 사이의 협조
$I_B \leq I_n \leq I_Z$, $I_2 \leq 1.45 \times I_Z$
여기서, I_B : 회로의 설계전류
I_Z : 케이블의 허용전류
I_n : 보호장치의 정격전류
I_2 : 보호장치가 규약시간 이내에 유효하게 동작하는 것을 보장하는 전류

정답 60 ①

2024년 제75회 CBT 기출복원문제

01 다음 그림과 같은 회로에서 a, b 간에 100[V]의 직류전압을 가했을 때 10[Ω]의 저항에 4[A]의 전류가 흘렀다. 이때 저항 r_1에 흐르는 전류와 저항 r_2에 흐르는 전류의 비가 1 : 4라고 하면 r_1 및 r_2의 저항값은 각각 얼마인가?

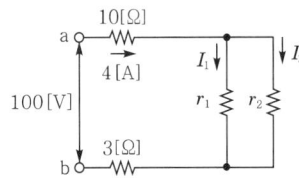

① $r_1 = 12$, $r_2 = 3$
② $r_1 = 36$, $r_2 = 9$
③ $r_1 = 60$, $r_2 = 15$
④ $r_1 = 70$, $r_2 = 20$

해설 전류와 저항은 반비례하므로
$I_1 : I_2 = r_2 : r_1$
$1 : 4 = r_2 : r_1$
$\therefore r_1 = 4r_2 \cdots \text{㉠}$
회로에서 전체 저항은 12[Ω]이 된다.

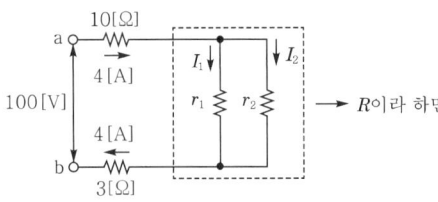

$100 = 4(10 + 3 + R)$
$\therefore R = \dfrac{r_1 \times r_2}{r_1 + r_2} = 12 \cdots \text{㉡}$
그러므로 ㉠을 ㉡식에 대입하면
$12 = \dfrac{4r_2 \times r_2}{4r_2 + r_2}$ 에서 $r_2 = 15[Ω] \cdots \text{㉢}$
$\therefore$ ㉢식을 ㉠식에 대입하면 $r_1 = 60[Ω]$이 된다.

02 히스테리시스 곡선의 횡축과 종축을 나타내는 것은?

① 자속밀도 – 투자율
② 자장의 세기 – 자속밀도
③ 자계의 세기 – 자화
④ 자화 – 자속밀도

해설 히스테리시스 곡선

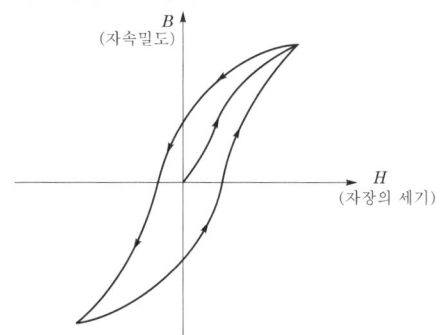

03 0.1[H]인 코일의 리액턴스가 377[Ω]일 때 주파수는 약 몇 [Hz]인가?

① 60   ② 120
③ 360   ④ 600

해설 $R-L-C$를 임피던스로 표시하면
$Z = R + j\omega L + \dfrac{1}{j\omega C}$
$= R + j\omega L - j\dfrac{1}{\omega C}$
$= R + jX_L - jX_C$
X_L(유도성 리액턴스) $= \omega L = 2\pi f L [Ω]$
X_C(용량성 리액턴스) $= \dfrac{1}{\omega C} = \dfrac{1}{2\pi f C}[Ω]$
$\therefore 377 = 2\pi f \times 0.1$이 되며
$f = \dfrac{377}{2\pi \times 0.1} \fallingdotseq 600[Hz]$

정답 01 ③   02 ②   03 ④

04 공기 중에서 어느 일정한 거리를 두고 있는 두 점전하 사이에 작용하는 힘이 0.5[N]이었고 두 전하 사이에 종이를 채웠더니 작용하는 힘이 0.2[N]으로 감소하였다. 이 종이의 비유전율은?

① 0.1
② 0.4
③ 2.5
④ 5

해설 $0.2 = \dfrac{1}{\varepsilon_s} 0.5$

비유전율(ε_s) $= \dfrac{0.5}{0.2} = 2.5$

05 길이 50[cm]인 직선상의 도체봉을 자속밀도 $0.1[\text{Wb/m}^2]$의 평등자계 중에 자계와 수직으로 놓고 이것을 50[m/s]의 속도로 자계와 60°의 각으로 움직였을 때 유도기전력은 몇 [V]가 되는가?

① 1.08
② 1.25
③ 2.17
④ 2.51

해설 유도전압(e)은
$e = Blv\sin\theta = 0.1 \times 0.5 \times 50 \times \sin 60°$
$\fallingdotseq 2.17[\text{V}]$

06 콘덴서에 비유전율 ε_r인 유전제가 채워져 있을 때의 정전용량 C와 공기로 채워져 있을 때의 정전용량 C_0와의 비 $\left(\dfrac{C}{C_0}\right)$는?

① ε_r
② $\dfrac{1}{\sqrt{\varepsilon_r}}$
③ $\sqrt{\varepsilon_r}$
④ $\dfrac{1}{\varepsilon_r}$

해설 $C = \dfrac{\varepsilon \cdot S}{d} = \dfrac{\varepsilon_0 \cdot \varepsilon_r S}{d}$
(여기서, S: 단면적, d: 거리, 간격)
$C_0 = \dfrac{\varepsilon_0 \cdot S}{d}$

$\therefore \dfrac{C}{C_0} = \dfrac{\dfrac{\varepsilon_0 \cdot \varepsilon_r S}{d}}{\dfrac{\varepsilon_0 \cdot S}{d}} = \varepsilon_r$ (비유전율)

07 평행판 콘덴서에 100[V]의 전압이 걸려 있다. 이 전원을 가한 상태로 평행판 간격을 처음의 2배로 증가시키면?

① 용량과 저장되는 에너지는 각각 2배가 된다.
② 용량은 2배가 되고, 저장되는 에너지는 반으로 줄어든다.
③ 용량과 저장되는 에너지는 각각 반으로 줄어든다.
④ 용량은 반으로 줄고, 저장되는 에너지는 2배가 된다.

해설 평행판 콘덴서

- 정전용량(C) $= \dfrac{\varepsilon \cdot S}{d}$ 이므로 간격(d)을 2배로 하면 $C' = \dfrac{\varepsilon \cdot S}{2d}$는 원래 C의 $\dfrac{1}{2}$로 감소한다.
- 정전에너지(W) $= \dfrac{1}{2}C'V^2$하면 에너지도 $\dfrac{1}{2}$로 감소한다.

08 그림에서 1차 코일의 자기 인덕턴스 L_1, 2차 코일의 자기 인덕턴스 L_2, 상호 인덕턴스를 M이라 할 때 L_A의 값으로 옳은 것은?

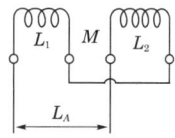

① $L_1 + L_2 + 2M$
② $L_1 - L_2 + 2M$
③ $L_1 + L_2 - 2M$
④ $L_1 - L_2 - 2M$

해설 차동접속을 의미하므로 $L = L_1 + L_2 - 2M$이 된다.

정답 04 ③ 05 ③ 06 ① 07 ③ 08 ③

09 저항 10[Ω], 유도 리액턴스 10[Ω]인 직렬회로에 교류전압을 인가할 때 전압과 이 회로에 흐르는 전류와의 위상차는 몇 도인가?

① 60°
② 45°
③ 30°
④ 0°

해설 $R-L$ 직렬회로에서

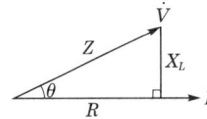

전압 $\dot{V}$는 전류 $\dot{I}$보다 θ만큼 앞서며,

위상차 $\theta = \tan^{-1}\dfrac{V_L}{V_R} = \tan^{-1}\dfrac{\omega L}{R}$

$= \tan^{-1}\dfrac{10}{10} = 45°$

10 $\phi = \phi_m \sin\omega t\,[\mathrm{Wb}]$인 정현파로 변화하는 자속이 권수 N인 코일과 쇄교할 때의 유기기전력의 위상은 자속에 비해 어떠한가?

① $\dfrac{\pi}{2}$만큼 빠르다.
② $\dfrac{\pi}{2}$만큼 느리다.
③ π만큼 빠르다.
④ 동위상이다.

해설 유기기전력(e)

$e = -N\dfrac{d\phi}{dt} = -N\dfrac{d}{dt}(\phi_m \sin\omega t)$
$= -N\omega\phi_m \cos\omega t$
$= -N\omega\phi_m \sin\left(\omega t + \dfrac{\pi}{2}\right)$
$= N\omega\phi_m \sin\left(\omega t - \dfrac{\pi}{2}\right)$

∴ 유기기전력의 위상은 자속에 비해 $\dfrac{\pi}{2}$만큼 느리다.

11 2진수 $(110010.111)_2$를 8진수로 변환한 값은?

① $(62.7)_8$
② $(32.6)_8$
③ $(62.6)_8$
④ $(32.7)_8$

해설 2진수를 8진수로 변환하기 위해서는 소수점을 기준으로 3bit씩 묶어서 읽으면 된다.
$(/110/010./111/)_2$
  6 2 7
∴ $(110010.111)_2 = (62.7)_8$

12 그림의 논리회로와 그 기능이 같은 것은?

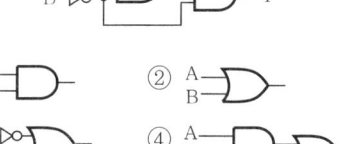

① A,B AND
② A,B OR
③ A,B NOR
④ A,B 복합

해설 드 모르간 법칙과 불대수를 이용하면 다음과 같다.
$Y = \overline{\overline{A\overline{B}} \cdot \overline{B}} = \overline{\overline{A\overline{B}}} + \overline{\overline{B}} = A\overline{B} + B$
$= A\overline{B} + B(1+A) = A\overline{B} + B + AB$
$= A(\overline{B} + B) + B = A + B$이므로
OR회로의 출력을 나타낸다.

13 그림과 같은 다이오드 논리회로의 출력식은?

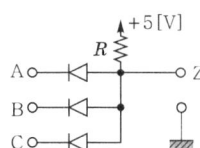

① $Z = AB + C$
② $Z = A + BC$
③ $Z = ABC$
④ $Z = A + B + C$

해설 AND회로로 동작하므로 출력 $Z = ABC$이다.

정답 09 ② 10 ② 11 ① 12 ② 13 ③

14 다음 그림과 같은 논리회로의 논리식은?

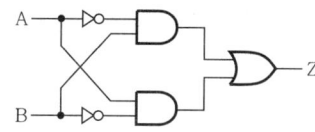

① $Z = \overline{A+B}$ ② $Z = A \oplus B$
③ $Z = AB + \overline{AB}$ ④ $Z = \overline{A} \oplus \overline{B}$

해설 논리회로의 논리식 Z는
$Z = \overline{A}B + A\overline{B} = A \oplus B$
심벌은 — $Y = A \oplus B$

15 2진수 10011의 2의 보수 표현으로 옳은 것은?

① 01101 ② 10010
③ 01100 ④ 01010

해설 2의 보수를 구하면 다음과 같다.
10011_2
↓ ← 1의 보수
01100
+   1
―――――
01101 ← 2의 보수

16 16진수 D28A를 2진수로 옳게 나타낸 것은?

① 1101001010001010
② 0101000101001011
③ 1111011000000110
④ 1101011010011010

해설 16진수를 2진수 변환할 때는 16진수의 1자리 숫자를 4bit 2진수로 표현한다.

D   2   8   A
↓   ↓   ↓   ↓
1101 0010 1000 1010

∴ $(D28A)_{16} = (1101001010001010)_2$

2진수	10진수	16진수
0	0	0
1	1	1
10	2	2
11	3	3

2진수	10진수	16진수
100	4	4
101	5	5
110	6	6
111	7	7
1000	8	8
1001	9	9
1010	10	A
1011	11	B
1100	12	C
1101	13	D
1110	14	E
1111	15	F

17 T형 플립플롭을 3단으로 직렬접속하고 초단에 1[kHz]의 구형파를 가하면 출력주파수는 몇 [kHz]인가?

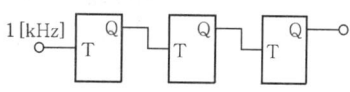

① 12 ② 125
③ 250 ④ 500

해설 • T에 입력신호가 가해지면 전 상태의 반전(toggle)상태를 유지한다.
• 입력신호 주파수의 $\frac{1}{2}$의 주파수가 출력으로 나온다.

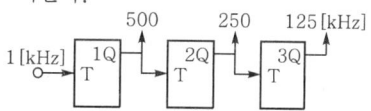

18 논리식 $Z = \overline{(\overline{A}+C) \cdot (B+\overline{D})}$를 간소화하면?

① $A\overline{C}$ ② $\overline{B}D$
③ $A\overline{C} + \overline{B}D$ ④ $\overline{A}\overline{C} + \overline{B}\overline{D}$

해설 $Z = \overline{(\overline{A}+C) \cdot (B+\overline{D})}$ (드 모르간 정리 이용)
$= \overline{\overline{A}+C} + \overline{B+\overline{D}}$
$= A\overline{C} + \overline{B}D$

[참고] 드 모르간 정리
$\overline{A+B} = \overline{A} \cdot \overline{B}$
$\overline{A \cdot B} = \overline{A} + \overline{B}$

정답 14 ② 15 ① 16 ① 17 ② 18 ③

19 자극수 6, 전기자 총 도체수 400, 단중파권을 한 직류 발전기가 있다. 각 자극의 자속이 0.01[Wb]이고, 회전 속도가 600[rpm]이면 무부하로 운전하고 있을 때의 기전력은 몇 [V]인가?

① 110　　② 115
③ 120　　④ 150

해설 $E = \dfrac{z}{a}P\phi\dfrac{N}{60}$ [V]
$= \dfrac{400}{2} \times 6 \times 0.01 \times \dfrac{600}{60} = 120$ [V]

20 % 저항강하가 1.3[%], % 리액턴스강하가 2[%]인 변압기가 있다. 전부하역률 80[%](뒤짐)에서의 전압변동률은 약 몇 [%]인가?

① 1.35　　② 1.86
③ 2.18　　④ 2.24

해설 • 전압변동률(ε)
$\varepsilon = \dfrac{V_{20} - V_{2n}}{V_{2n}} \times 100$ [%]
(여기서, V_{20} : 2차 무부하전압, V_{2n} : 2차 전부하전압)
• 백분율 강하의 전압변동률(ε)
$\varepsilon = p\cos\theta \pm q\sin\theta$ [%]
(여기서, + : 지역률, − : 진역률, P : % 저항강하, q : % 리액턴스강하)
$\therefore \varepsilon = 1.3 \times 0.8 + 2 \times 0.6 = 2.24$ [%]

21 양수량 30[m³/min]이고 총양정이 15[m]인 양수펌프용 전동기의 용량은 약 몇 [kW]인가? (단, 펌프효율은 85[%], 설계여유계수는 1.2로 계산한다.)

① 103.8　　② 124.4
③ 382.5　　④ 459.1

해설 양수기 출력(P) : 펌프용 전동기의 용량
$P = \dfrac{9.8QH}{\eta}K = \dfrac{9.8 \times \dfrac{30}{60} \times 15}{0.85} \times 1.2$
$\fallingdotseq 103.8$ [kW]

22 유도 전동기의 2차 입력, 2차 동손 및 슬립을 각각 P_2, P_{C_2}, s라 하면 이들 관계식은?

① $s = P_2 \cdot P_{C_2}$　　② $s = P_{C_2} + P_2$
③ $s = \dfrac{P_2}{P_{C_2}}$　　④ $s = \dfrac{P_{C_2}}{P_2}$

해설 P_{C_2}(2차 동손), P_2(2차 입력)
$P_{C_2} : P_2 = 1 : \dfrac{1}{s}$ 이므로 $P_2 = \dfrac{1}{s}P_{C_2}$
$\therefore s = \dfrac{P_{C_2}}{P_2}$

23 변압기의 철손과 동손을 측정할 수 있는 시험은?

① 철손 : 무부하시험, 동손 : 단락시험
② 철손 : 무부하시험, 동손 : 절연내력시험
③ 철손 : 단락시험, 동손 : 극성시험
④ 철손 : 부하시험, 동손 : 유도시험

해설 무부하시험에서 철손(P_i), 단락시험에서 동손(P_c)을 구한다.

24 저항부하 시 맥동률이 가장 작은 정류방식은?

① 단상 반파식　　② 단상 전파식
③ 3상 반파식　　④ 3상 전파식

해설 **맥동률(ripple rate)**
직류성분 속에 포함되어 있는 교류성분의 실효값과의 비를 나타낸다.
맥동률(γ) $= \dfrac{\Delta I}{I_{dc}} = \dfrac{\sqrt{I_{r\,ms}^2 - I_{dc}^2}}{I_{dc}}$
$= \sqrt{\left(\dfrac{I_{r\,ms}}{I_{dc}}\right)^2 - 1}$

구 분	맥동률	맥동주파수[Hz]
단상 반파	1.21	60
단상 전파	0.482	120
3상 반파	0.183	180
3상 전파	0.042	360

정답 19 ③　20 ④　21 ①　22 ④　23 ①　24 ④

25 역률 80[%], 300[kW]의 전동기를 95[%]의 역률로 개선하는 데 필요한 콘덴서의 용량은 약 몇 [kVA]가 필요한가?

① 32 ② 63
③ 87 ④ 126

해설 $Q_c = P\left(\dfrac{\sqrt{1-\cos^2\theta_1}}{\cos\theta_1} - \dfrac{\sqrt{1-\cos^2\theta_2}}{\cos\theta_2}\right)$
$= 300 \times 10^3 \left(\dfrac{\sqrt{1-0.8^2}}{0.8} - \dfrac{\sqrt{1-0.95^2}}{0.95}\right)$
$\fallingdotseq 126[kVA]$

26 3상 변압기의 병렬운전이 불가능한 결선은?

① △-Y와 Y-Y
② △-△와 Y-Y
③ △-Y와 Y-△
④ Y-△와 Y-△

해설 3상 변압기의 병렬운전 시에는 각 변위가 같아야 하며 홀수(△, Y)는 각 변위가 다르므로 병렬운전이 불가능하다.

[참고] 변압기군의 병렬운전조합

병렬운전이 가능한 경우	병렬운전이 불가능한 경우
Y-Y와 Y-Y	△-Y와 Y-Y
△-△와 △-△	△-△와 △-Y
△-Y와 △-Y	
Y-△와 Y-△	
△-△와 Y-Y	
△-Y와 Y-△	

27 SCR의 전압공급방법(turn-on) 중 가장 타당한 것은?

① 애노드에 (−)전압, 캐소드에 (+)전압, 게이트에 (−)전압을 공급한다.
② 애노드에 (−)전압, 캐소드에 (+)전압, 게이트에 (+)전압을 공급한다.
③ 애노드에 (+)전압, 캐소드에 (−)전압, 게이트에 (+)전압을 공급한다.
④ 애노드에 (+)전압, 캐소드에 (−)전압, 게이트에 (−)전압을 공급한다.

해설 SCR 동작원리는

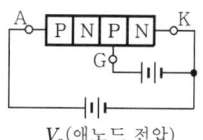
V_a(애노드 전압)

그러므로 애노드 단자에 (+), 캐소드 단자에 (−), 게이트 단자에 (+)전압을 인가한다.

28 동기 전동기의 특성에 대한 설명으로 잘못된 것은?

① 난조가 일어나기 쉽다.
② 여자기가 필요하다.
③ 기동토크가 작다.
④ 역률을 조정할 수 없다.

해설 동기 전동기

장 점	• 속도가 일정하다. • 항상 역률 1로 운전할 수 있다.(역률조정이 가능) • 일반적으로 유도 전동기에 비해 효율이 좋다. • 지상, 진상전류를 흘릴 수 있다.
단 점	• 기동토크가 작다. • 난조를 일으킬 염려가 있다. • 구조가 복잡하다. • 직류전원을 필요로 한다. • 속도제어가 곤란하다.

29 소도체 2개로 된 복도체 방식 3상 3선식 송전선로가 있다. 소도체의 지름 2[cm], 소도체 간격 36[cm], 등가 선간거리 120[cm]인 경우에 복도체 1[km]의 인덕턴스[mH]는? (단, $\log_{10}2 = 0.3010$이다.)

① 1.236 ② 0.757
③ 0.624 ④ 0.565

해설 $L_n = \dfrac{0.05}{n} + 0.4605\log_{10}\dfrac{D}{\sqrt{r \cdot s}}$
$= \dfrac{0.05}{2} + 0.4605\log_{10}\dfrac{120}{\sqrt{\dfrac{2}{2} \times 36}}$
$= 0.624[mH]$

정답 25 ④ 26 ① 27 ③ 28 ④ 29 ③

30 3상 3선식 송전선로를 연가하는 목적은?

① 미관상
② 송전선을 절약하기 위하여
③ 전압강하를 방지하기 위하여
④ 선로정수를 평형시키기 위하여

해설 연가
선로정수를 평형시키기 위해 송전단에서 수전단까지 전체 선로 구간을 3의 배수로 등분하여 전선의 위치를 바꾸어 주는 것

31 송전단전압이 6,600[V], 수전단전압이 6,100[V]였다. 수전단의 부하를 끊은 경우 수전단전압이 6,300[V]라면 이 회로의 전압강하율과 전압변동률은 각각 몇 [%]인가?

① 6.8, 4.1
② 8.2, 3.28
③ 4.14, 6.8
④ 43.28, 8.2

해설
- 전압강하율 $\varepsilon = \dfrac{6,600 - 6,100}{6,100} \times 100[\%]$
  $= 8.19[\%]$
- 전압변동률 $\delta = \dfrac{6,300 - 6,100}{6,100} \times 100[\%]$
  $= 3.278[\%]$

32 22,000[V], 60[Hz], 1회선의 3상 지중송전선의 무부하 충전용량[kVar]은? (단, 송전선의 길이는 50[km]라 하고 1선 1[km]당 정전용량은 0.1[μF]라 한다.)

① 780
② 912
③ 995
④ 1,025

해설 $Q_c = 2\pi f C V^2$
$= 2\pi \times 60 \times 5 \times 10^{-6} \times 22,000^2 \times 10^{-3}$
$= 912[\text{kVar}]$

33 송전단전압 161[kV], 수전단전압 154[kV], 상차각 60°, 리액턴스 65[Ω]일 때 선로손실을 무시하면 전력은 약 몇 [MW]인가?

① 330
② 322
③ 279
④ 161

해설 $P = \dfrac{V_S \cdot V_R}{X} \cdot \sin\delta$
$= \dfrac{161 \times 154}{65} \times \sin 60° = 330[\text{MW}]$

34 수전단을 단락한 경우 송전단에서 본 임피던스가 300[Ω]이고, 수전단을 개방한 경우 송전단에서 본 어드미턴스가 1.875×10^{-3}[℧]일 때 송전선의 특성 임피던스[Ω]는?

① 500
② 300
③ 400
④ 200

해설 $Z_0 = \sqrt{\dfrac{Z}{Y}}$ [Ω]이므로
$Z = \sqrt{\dfrac{300}{1.875 \times 10^{-3}}} = 400[\Omega]$

35 현수애자 4개를 1련으로 한 66[kV] 송전선로가 있다. 현수애자 1개의 절연저항이 1,500[MΩ]이라면 표준경간을 200[m]로 할 때, 1[km]당 누설 컨덕턴스[℧]는?

① 0.83×10^{-9}
② 0.83×10^{-4}
③ 0.83×10^{-2}
④ 0.83×10

해설 $G = \dfrac{1}{R} = \dfrac{1}{\dfrac{1,500 \times 4}{5} \times 10^6}$
$= \dfrac{1}{\dfrac{6}{5} \times 10^9}$
$= \dfrac{5}{6} \times 10^{-9}$
$= 0.83 \times 10^{-9}[\text{℧}]$

정답 30 ④ 31 ② 32 ② 33 ① 34 ③ 35 ①

36 그림과 같이 지지점 A, B, C에는 고저차가 없으며, 지지물 간 거리(경간) AB와 BC 사이에 전선이 가설되어 그 처짐정도(이도)가 12[cm]이었다고 한다. 지금 지지점 B에서 전선이 떨어져 전선의 처짐정도(이도)가 D로 되었다면 D는 몇 [cm]가 되겠는가?

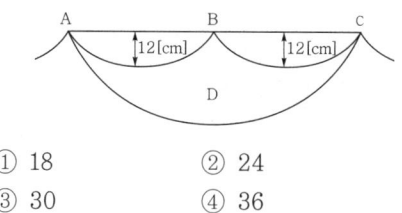

① 18　　② 24
③ 30　　④ 36

해설 $D_2 = 2D_1 = 2 \times 12 = 24$ [cm]

37 코로나의 임계전압에 직접 관계가 없는 것은?
① 선간거리　② 기상조건
③ 애자의 강도　④ 전선의 굵기

해설 $E_0 = 24.3 m_0 m_1 \delta d \log_{10} \dfrac{D}{r}$ [kV/cm]

38 가공전선로에 사용하는 현수 애자련이 10개라고 할 때 전압 분담이 최소인 것은?
① 전선에서 여덟 번째 애자
② 전선에서 여섯 번째 애자
③ 전선에서 세 번째 애자
④ 전선에서 첫 번째 애자

해설 현수애자의 전압 분담은 철탑 쪽에서 1/3 지점의 애자의 전압 분담이 가장 적고, 전선 쪽에서 제일 가까운 애자가 가장 크다.

39 단상 3선식 선로에 그림과 같이 부하가 접속되어 있을 경우 설비불평형률은 약 몇 [%]인가?

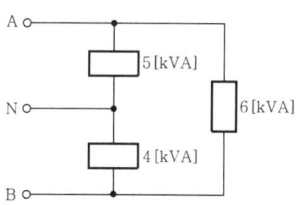

① 13.33　　② 14.33
③ 15.33　　④ 16.33

해설 설비불평형률
$= \dfrac{5-4}{(5+4+6) \times \dfrac{1}{2}} \times 100 ≒ 13.33$ [%]

40 3상에서 2상으로 변환할 수 없는 변압기 결선 방식은?
① 포크결선　② 메이어결선
③ 스코트결선　④ 우드브리지결선

해설
• 3상에서 2상으로 변환 : 대용량 단상 부하 전원공급 시
　- 스코트(Scott)결선(T결선)
　- 메이어(Meger)결선
　- 우드브리지(Wood Bridge)결선
• 3상에서 6상으로 변환 : 정류기 전원공급 시
　- 2중 Y결선, △결선
　- 환상결선
　- 대각결선
　- 포크(fork)결선

41 서지보호장치(SPD)의 기능에 따라 분류할 경우 해당되지 않는 것은?
① 전류스위치형 SPD
② 전압스위치형 SPD
③ 복합형 SPD
④ 전압제한형 SPD

해설 서지보호장치(SPD)의 기능에 따른 분류
• 전압스위치형 SPD : 서지가 인가되지 않는 경우는 높은 임피던스 상태에 있으며 전압서지에 응답하여 급격하게 낮은 임피던스값으로 변화하는 기능을 갖는 SPD
• 전압제한형 SPD : 서지가 인가되지 않는 경우는 높은 임피던스 상태에 있으며 전압서지에 응답한 경우는 임피던스가 연속적으로 낮아지는 기능을 갖는 SPD
• 복합형 SPD : 전압스위치형 소자 및 전압제한형 소자의 모든 기능을 갖는 SPD

정답 36 ②　37 ③　38 ①　39 ①　40 ①　41 ①

42 사이리스터의 유지전류(holding current)에 관한 설명으로 옳은 것은?

① 사이리스터가 턴온(turn on)하기 시작하는 순전류
② 게이트를 개방한 상태에서 사이리스터가 도통상태를 유지하기 위한 최소의 순전류
③ 게이트 전압을 인가한 후에 급히 제거한 상태에서 도통상태가 유지되는 최소의 순전류
④ 사이리스터의 게이트를 개방한 상태에서 전압이 상승하면 급히 증가하게 되는 순전류

43 온도에 따라 저항값이 부(-)의 방향으로 변화하는 특수 반도체는?

① 서미스터   ② 배리스터
③ PUT   ④ SCR

해설 • 서미스터(thermistor)는 온도에 따라 저항이 변하는 소자로 부(-)의 온도계수를 갖는다.
• 서미스터 저항은 $R = R_0 e^{B\left(\frac{1}{T} - \frac{1}{T_0}\right)}$ (단, B : 물질의 재료에 따라 결정되는 상수이다.)

44 220[V]의 교류전압을 배전압정류할 때 최대 정류전압은?

① 약 440[V]   ② 약 566[V]
③ 약 622[V]   ④ 약 880[V]

해설 반파배전압회로
입력전압 최대치 2배의 전압이 출력에 나오는 회로
(단, $V_i : V_m \sin \omega t[V]$)
즉, $V_o = 2V_m = 2\sqrt{2} \, V$가 되며
$V_o = 2\sqrt{2} \cdot 220 = 622[V]$
회로에서 V_m은 최댓값이며, 최댓값 = $\sqrt{2}$ 실효값

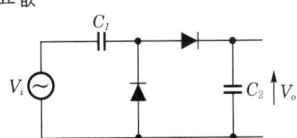

[참고] 브리지 배전압 정류회로

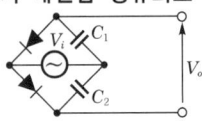

$V_i = V_m \sin \omega t$
∴ $V_o = 2V_m$

45 전원측 전로에 시설한 배선용 차단기의 정격 전류가 몇 [A] 이하의 것이면 이 전로에 접속하는 단상전동기에는 과부하 보호장치를 생략할 수 있는가?

① 16[A]   ② 20[A]
③ 30[A]   ④ 50[A]

해설 전동기의 과부하 보호장치 시설 생략
• 전동기 운전 중 상시 취급자가 감시할 수 있는 위치에 시설할 경우
• 전동기의 구조상 전동기의 권선에 전동기를 소손할 위험이 있는 과전류가 일어날 위험이 없는 경우
• 전동기가 단상인 것에 있어서 그 전원측 전로에 시설하는 과전류차단기의 정격전류가 16[A](배선용 차단기는 20[A]) 이하인 경우

46 전로의 절연저항 및 절연내력 측정에 있어 사용전압이 저압인 전로에서 정전이 어려운 경우 등 절연저항 측정이 곤란한 경우에는 누설전류를 몇 [mA] 이하로 유지해야 하는가?

① 1[mA]   ② 2[mA]
③ 3[mA]   ④ 4[mA]

해설 전로의 절연저항 및 누설전류
• 저압인 전로에서 정전이 어려운 경우 등 절연저항 측정이 곤란한 경우 누설전류를 1[mA] 이하로 유지한다.
• 저압전선로의 절연부분의 전선과 대지 간의 절연저항은 사용전압에 대한 누설전류가 최대 공급전류의 $\frac{1}{2,000}$ 을 넘지 않도록 유지하여야 한다.

정답 42 ② 43 ① 44 ③ 45 ② 46 ①

47 피뢰기를 반드시 시설하여야 하는 곳은?

① 고압 전선로에 접속되는 단권 변압기의 고압측
② 발·변전소의 가공전선 인입구 및 인출구
③ 가공전선로
④ 수전용 변압기의 2차측

해설 피뢰기의 시설
- 피뢰기의 시설장소
  - 가공전선로와 지중전선로가 접속되는 곳
  - 고압 및 특고압 가공전선로에서 공급을 받는 수용장소의 인입구
  - 발전소·변전소 혹은 이것에 준하는 장소의 가공전선의 인입구 및 인출구
  - 가공전선로에 접속하는 배전용 변압기의 고압측 및 특고압측
- 피뢰기 시설을 하지 않을 수 있는 곳
  - 직접 접속하는 전선이 짧을 경우
  - 적은 지역으로서 방출보호통 등 피뢰기에 갈음하는 장치를 한 경우
  - 지중전선로의 말단부분

48 지중전선로는 케이블을 사용하고 직접 매설식의 경우 매설 깊이는 차량 및 기타 중량물의 압력을 받는 곳에서는 지하 몇 [m] 이상이어야 하는가?

① 0.8   ② 0.6
③ 1.0   ④ 1.4

해설
- 압력이 있는 경우 : 1.0[m]
- 압력이 없는 경우 : 0.6[m]

49 가공전선로에 사용하는 원형 철근 콘크리트주의 수직투영면적 1[m²]에 대한 갑종 풍압하중은?

① 333[Pa]
② 588[Pa]
③ 745[Pa]
④ 882[Pa]

해설 풍압하중의 종별과 적용
- 갑종 풍압하중 : 구성재의 수직투영면적 1[m²]에 대한 풍압을 기초로 하여 계산

풍압을 받는 구분			구성재의 수직투영면적 1[m²]에 대한 풍압
목주			588[Pa]
지지물	철주	원형의 것	588[Pa]
		삼각형 또는 마름모형의 것	1,412[Pa]
		강관에 의하여 구성되는 4각형의 것	1,117[Pa]
		기타의 것	복제가 전·후면에 겹치는 경우에 1,627[Pa], 기타의 경우에는 1,784[Pa]
	철근 콘크리트주	원형의 것	588[Pa]
		기타의 것	882[Pa]
	철탑	단주(완철류는 제외함) 원형의 것	588[Pa]
		단주 기타의 것	1,117[Pa]
		강관으로 구성되는 것(단주는 제외함)	1,255[Pa]
		기타의 것	2,157[Pa]
전선 기타 가섭선		도체(구성하는 전선이 2가닥마다 수평으로 배열되고 또한 그 전선 상호간의 거리가 전선의 바깥지름의 20배 이하인 것)를 구성하는 전선	666[Pa]
		기타의 것	745[Pa]
애자장치(특고압 전선용의 것)			1,039[Pa]
목주·철주(원형의 것) 및 철근 콘크리트주의 완금류(특고압 전선로용의 것)			단일재로서 사용하는 경우에는 1,196[Pa], 기타의 경우에는 1,627[Pa]

- 을종 풍압하중 : 갑종 풍압의 $\frac{1}{2}$ 을 기초로 계산
- 병종 풍압하중 : 갑종 풍압의 $\frac{1}{2}$ 을 기초로 계산

정답 47 ② 48 ③ 49 ②

50 합성수지관 공사에 의한 저압 옥내배선의 시설기준으로 옳지 않은 것은?

① 전선은 옥외용 비닐절연전선을 사용할 것
② 관의 지지점 간의 거리는 1.5[m] 이하로 할 것
③ 전선은 합성수지관 안에서 접속점이 없도록 할 것
④ 습기가 많은 장소에 시설하는 경우 방습장치를 할 것

해설 합성수지관 공사
- 합성수지관 내에서 전선에 접속점이 없도록 할 것
- 관의 지지점 간의 거리는 1.5[m] 이하로 할 것
- 전선은 절연전선(옥외용 비닐절연전선 제외)

51 N-EV는 네온관용 전선기호이다. 여기서 V는 무엇을 의미하는가?

① 네온전선 ② 폴리에틸렌
③ 비닐시스 ④ 클로로프렌

해설 NEV(폴리에틸렌 절연비닐시스 네온전선)
- N : 네온전선
- R : 고무
- E : 폴리에틸렌
- C : 클로로프렌
- V : 비닐시스

52 셀룰로이드, 성냥, 석유류 등 기타 가연성 위험물질을 제조 또는 저장하는 장소의 배선에서 사용할 수 없는 공사방법은?

① 금속관 공사 ② 케이블 공사
③ 애자사용 공사 ④ 합성수지관 공사

해설 위험물 등이 있는 곳에서의 저압의 시설
- 셀룰로이드, 성냥, 석유류 등 타기 쉬운 위험한 물질을 제조하고 또한 저장하는 경우에 시설하는 것은 위험물에 착화할 위험이 없도록 시설해야 한다.
- 저압 옥내배선은 금속관 공사, 케이블 공사, 합성수지관 공사에 의한다.

53 금속관 공사 시 관의 두께는 콘크리트에 매설하는 경우 몇 [mm] 이상 되어야 하는가?

① 0.6 ② 0.8
③ 1.2 ④ 1.4

해설 금속관 공사
- 관의 두께는 콘크리트에 매설하는 경우 1.2[mm] 이상, 기타 1[mm] 이상으로 한다.
- 이음매가 없는 길이 4[m] 이하인 것은 건조하고 전개된 곳에 시설하는 경우에는 0.5[mm]까지 감할 수 있다.
- 조영재에 따라 시설하는 경우 최대 간격은 2[m] 이하이다.

54 금속전선관의 굵기[mm]를 부르는 것으로 옳은 것은?

① 후강전선관은 바깥지름에 가까운 홀수로 정한다.
② 후강전선관은 안지름에 가까운 짝수로 정한다.
③ 박강전선관은 안지름에 가까운 홀수로 정한다.
④ 박강전선관은 바깥지름에 가까운 짝수로 정한다.

해설 금속전선관의 굵기표시
- 후강전선관(안지름에 가까운 짝수) : 16, 22, 28, 36, 42, 54, 70, 82, 92, 104[mm]
- 박강전선관(바깥지름에 가까운 홀수) : 19, 25, 31, 39, 51, 63, 75[mm]

55 평균 구면광도 100[cd]의 전구 5개를 지름 10[m]인 원형의 방에 점등할 때, 방의 평균 조도[lx]는? (단, 조명률 0.5, 감광보상률 1.5이다)

① 약 26.7[lx]
② 약 35.5[lx]
③ 약 48.8[lx]
④ 약 59.4[lx]

정답 50 ① 51 ③ 52 ③ 53 ③ 54 ② 55 ①

해설 설계하고자 하는 방의 평균 조도를 E, 총광속을 F라 할 때

$$F = \frac{EAD}{UN}[\text{lm}] = 4\pi I = 4 \times 3.14 \times 100$$
$$= 1,256[\text{lm}]$$

(여기서, A : 방의 면적[m²], D : 감광보상률, U : 조명률, N : 등의 개수)

∴ 평균 조도(E)

$$= \frac{FUN}{AD} = \frac{1,256 \times 0.5 \times 5}{78.5 \times 1.5}$$
$$= 26.66 ≒ 26.7[\text{lx}]$$

(원형의 방이므로 $A = \left(\frac{10}{2}\right)^2 \times 3.14 = 78.5[\text{m}^2]$)

56 관리의 사이클을 가장 올바르게 표시한 것은? (단, A : 조치, C : 검토, D : 실행, P : 계획)

① P → C → A → D
② P → A → C → D
③ A → D → C → P
④ P → D → C → A

해설 관리 사이클
계획 → 실행 → 검토 → 조치

57 '무결점 운동'이라고 불리는 것으로 품질개선을 위한 동기부여 프로그램은?

① TQC   ② ZD
③ MIL-STD   ④ ISO

해설 무결점 운동(ZD-program)
- 1962년 미국 마틴 항공사에서 품질개선을 위해 시작된 운동이다.
- 품질개선을 위한 정확성, 서비스 향상, 신뢰성, 원가절감 등의 에러를 '0'으로 한다는 목표로 전개된 운동이다.
- ZD-program의 중요관점요인
 - 불량발생률을 '0'으로 한다.
 - 동기유발
 - 인적 요인과 중심역할
 - 작업의욕과 기능중심

58 품질관리 시스템에 있어서 4M에 해당하지 않는 것은?

① Man   ② Machine
③ Material   ④ Money

해설 품질관리 시스템의 4M
- 재료(material)
- 설비(machine)
- 작업자(man)
- 가공방법(method)

59 다음 표는 A 자동차 영업소의 월별 판매실적을 나타낸 것으로 5개월 이동평균법으로 6월의 수요를 예측하면 몇 대인가?

월	1	2	3	4	5
판매량	100	110	120	130	140

① 120   ② 140
③ 160   ④ 170

해설 단순이동평균법

$$F_t = \frac{1}{n}\sum K_t$$
$$= \frac{1}{5}(100 + 110 + 120 + 130 + 140)$$
$$= 120$$

60 정상 소요기간이 5일이고, 이때의 비용이 20,000원이며 특급 소요기간이 3일이고, 이때의 비용이 30,000원이라면 비용구배는 얼마인가?

① 4,000[원/일]   ② 5,000[원/일]
③ 6,000[원/일]   ④ 7,000[원/일]

해설 비용구배(cost slope)
1일당 작업단축에 필요한 비용의 증가를 뜻한다.
비용구배

$$= \frac{\text{특급작업 소요비용} - \text{정상작업 소요비용}}{\text{정상작업시간} - \text{특급작업시간}}$$
$$= \frac{30,000 - 20,000}{5 - 3} = 5,000[\text{원/일}]$$

정답 56 ④ 57 ② 58 ④ 59 ① 60 ②

2024년 제76회 CBT 기출복원문제

01 어느 가정에서 220[V], 100[W]의 전구 2개를 매일 8시간, 220[V], 1[kW]의 전열기 1대를 매일 2시간씩 사용한다고 한다. 이 집의 한 달 동안의 소비전력량은 몇 [kWh]인가? (단, 한 달은 30일로 한다.)

① 432　　② 324
③ 216　　④ 108

해설
- 전력$(P) = VI = I^2 \cdot R = \dfrac{V^2}{R}$[W]
- 전력량(W): 전기에너지의 일을 나타내는 것으로 어느 일정시간 동안의 전기에너지 총량을 말하며
  $W = I^2 \cdot Rt = P \cdot t [W \cdot s] = P \cdot t [J]$
  실용 단위로 [Wh], [kWh]가 주로 쓰인다.
- 전구 2개의 전력량(W_1)
  $W_1 = 100[W] \times 2개 \times 8시간 \times 30일$[Wh]
  $= 48$[kWh]
- 전열기 1개의 전력량(W_2)
  $W_2 = 1[kW] \times 1개 \times 2시간 \times 30일$[kWh]
  $= 60$[kWh]
- ∴ 1달 동안 총 소비전력량(W)
  $= W_1 + W_2 = 108$[kWh]

02 어떤 $R-L-C$ 병렬회로가 병렬공진되었을 때 합성전류에 대한 설명으로 옳은 것은?

① 전류는 최대가 된다.
② 전류는 무한대가 된다.
③ 전류는 흐르지 않는다.
④ 전류는 최소가 된다.

해설 공진의 의미는 전압과 전류는 동위상이며 다음과 같다.
- 직렬공진: I=최대, Z=최소
  $Q = \dfrac{f_o}{B} = \dfrac{\omega L}{R} = \dfrac{1}{\omega CR}$
  $= \dfrac{1}{R}\sqrt{\dfrac{L}{C}}\left(=\dfrac{V_L}{V}=\dfrac{V_C}{V}\right)$, 전압 확대비
- 병렬공진: I=최소, Z=최대
  $Q = \dfrac{f_o}{B} = \dfrac{R}{\omega L} = \omega CR$
  $= R\sqrt{\dfrac{C}{L}}\left(=\dfrac{I_L}{I}=\dfrac{I_C}{I}\right)$, 전류 확대비

03 전류 순시값 $i = 30\sin\omega t + 40\sin(3\omega t + 60°)$[A]의 실효값은 약 몇 [A]인가?

① $25\sqrt{2}$　　② $30\sqrt{2}$
③ $40\sqrt{2}$　　④ $50\sqrt{2}$

해설 비정현파 실효값
$I = \sqrt{\left(\dfrac{30}{\sqrt{2}}\right)^2 + \left(\dfrac{40}{\sqrt{2}}\right)^2}$
$= \sqrt{\dfrac{2,500}{2}}$
$= \dfrac{50}{\sqrt{2}} = 25\sqrt{2}$ [A]

04 $R = 5[\Omega]$, $L = 20$[mH] 및 가변 콘덴서 C로 구성된 $R-L-C$ 직렬회로에 주파수 1,000[Hz]인 교류를 가한 다음 C를 가변시켜 직렬공진시킬 때 C의 값은 약 몇 [μF]인가?

① 1.27　　② 2.54
③ 3.52　　④ 4.99

해설 $R-L-C$ 회로의 직렬공진 조건은
$\omega L - \dfrac{1}{\omega C} = 0$에서 $\omega^2 LC = 1$이므로
$C = \dfrac{1}{\omega^2 L}$
$= \dfrac{1}{(2\pi f)^2 L} = \dfrac{1}{4\pi^2 \times 1,000^2 \times 20 \times 10^{-3}}$
$\fallingdotseq 1.27$[μF]

정답 01 ④　02 ④　03 ①　04 ①

05 회로에서 단자 A, B 간의 합성저항은 몇 [Ω]인가?

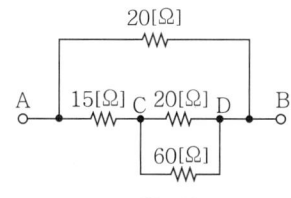

① 10
② 12
③ 15
④ 30

해설 합성저항을 구하기 위해 회로 내의 병렬저항을 먼저 구한다.

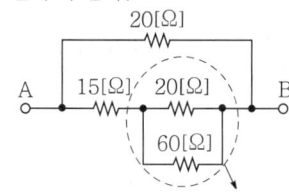

합성저항 $R_1 = \dfrac{20 \times 60}{20 + 60} = 15[\Omega]$

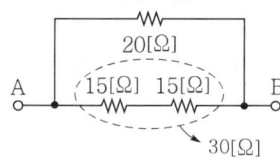

∴ 전체 저항 $R_{AB} = \dfrac{20 \times 30}{20 + 30} = 12[\Omega]$

06 △결선 변압기의 1대가 고장으로 제거되어 V결선으로 할 때 공급가능한 전력은 고장 전의 약 몇 [%]인가?

① 57.7
② 66.6
③ 75
④ 86.6

해설 V결선의 특징
- 2대의 단상 변압기로 3상 부하에 전원공급
- 이용률 = $\dfrac{\sqrt{3} P_1}{2P_1} = \dfrac{\sqrt{3}}{2} = 86.6[\%]$
- 출력비 = $\dfrac{P_V}{P_\triangle} = \dfrac{\sqrt{3} P_1}{3P_1} = \dfrac{1}{\sqrt{3}} = 57.7[\%]$

07 저항 20[Ω]인 전열기로 21.6[kcal]의 열량을 발생시키려면 5[A]의 전류를 약 몇 분간 흘려주면 되는가?

① 3분
② 5.7분
③ 7.2분
④ 18분

해설 줄의 법칙(Joule's law)을 이용하면
$H = 0.24 I^2 R t$[cal]에서
21.6×10^3[cal] $= 0.24 \times 5^2 \times 20 \times t$(여기서, t[sec] 의미)
∴ $t = \dfrac{21.6 \times 10^3}{0.24 \times 5^2 \times 20} = 180$초
$= 3$분

08 $R = 10[\Omega]$, $X_L = 8[\Omega]$, $X_C = 20[\Omega]$이 병렬로 접속된 회로에서 80[V]의 교류전압을 가하면 전원에 흐르는 전류는 몇 [A]인가?

① 5[A]
② 10[A]
③ 15[A]
④ 20[A]

해설
- $R-L-C$ 직렬회로의 전류(I)는
$I = \dfrac{V}{Z} = \dfrac{V}{\sqrt{R^2 + (X_L - X_C)^2}}$
- $R-L-C$ 병렬회로의 전류(I)는
$\dot{I} = \dot{I}_R + \dot{I}_L + \dot{I}_C = \dfrac{V}{R} + \dfrac{V}{jX_L} - \dfrac{V}{jX_C}$
$= I_R - jI_L + jI_C = I_R + j(I_C - I_L)$
∴ $I = \sqrt{I_R^2 + (I_C - I_L)^2}$
$= \sqrt{\left(\dfrac{80}{10}\right)^2 + \left(\dfrac{80}{20} - \dfrac{80}{8}\right)^2}$
$= \sqrt{8^2 + 6^2} = 10$[A]

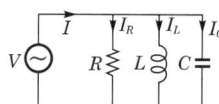

09 다음 그림과 같은 회로에서 소비되는 전력은?

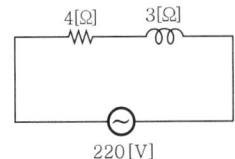

① 5,808[W]　② 7,744[W]
③ 9,680[W]　④ 12,100[W]

해설
- 유효전력$(P) = I^2 \cdot R = \left(\dfrac{V}{Z}\right)^2 \cdot R$
  $= \left(\dfrac{220}{\sqrt{4^2+3^2}}\right)^2 \cdot 4$
  $= 7,744[W]$
- 무효전력$(P_r) = I^2 \cdot X = \left(\dfrac{V}{Z}\right)^2 \cdot X$
  $= \left(\dfrac{220}{\sqrt{4^2+3^2}}\right)^2 \cdot 3$
  $= 5,808[Var]$
- 피상전력$(P_a) = I^2 \cdot Z = \left(\dfrac{V}{Z}\right)^2 \cdot Z$
  $= \left(\dfrac{220}{\sqrt{4^2+3^2}}\right)^2 \cdot 5$
  $= 9,680[VA]$

소비전력, 평균전력은 유효전력과 같다.

10 기전력 1[V], 내부저항 0.08[Ω]인 전지로, 2[Ω]의 저항에 10[A]의 전류를 흘리려고 한다. 전지 몇 개를 직렬접속시켜야 하는가?

① 88　② 94
③ 100　④ 108

해설 전지
$I = \dfrac{nE}{nr+R}$ (여기서, n : 전지의 직렬개수)
$10 = \dfrac{n \times 1}{n \times 0.08 + 2}$ 이므로
$0.8n + 20 = n$
$0.2n = 20$ 이므로
$n = 100$개

11 다음 논리식 중 옳은 표현은?
① $\overline{A+B} = \overline{A} \cdot \overline{B}$
② $\overline{A+B} = \overline{A} + \overline{B}$
③ $\overline{A+B} = \overline{A} \cdot B$
④ $\overline{A \cdot B} = \overline{A} \cdot \overline{B}$

해설 드 모르간의 법칙(De Morgan's law)
- $\overline{A+B} = \overline{A} \cdot \overline{B}$
- $\overline{A \cdot B} = \overline{A} + \overline{B}$
- $A \cdot B = \overline{\overline{A+B}}$
- $A + B = \overline{\overline{A} \cdot \overline{B}}$

12 전가산기의 입력변수가 x, y, z이고 출력함수가 S, C일 때 출력의 논리식으로 옳은 것은?
① $S = x \oplus y \oplus z$,　$C = xyz$
② $S = x \oplus y \oplus z$,　$C = xy + xz + yz$
③ $S = x \oplus y \oplus z$,　$C = (x \oplus y)z$
④ $S = x \oplus y \oplus z$,　$C = xy + (x \oplus y)z$

해설 전가산기(full adder)의 특징
- 회로도

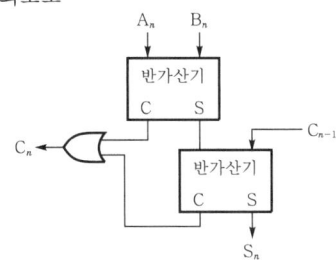

- 진리표

입력			출력	
A_n	B_n	C_{n-1}	S_n	C_n
0	0	0	0	0
0	0	1	1	0
0	1	0	1	0
0	1	1	0	1
1	0	0	1	0
1	0	1	0	1
1	1	0	0	1
1	1	1	1	1

- $\begin{cases} S = A_n \oplus B_n \oplus C_{n-1} \\ C = A_n B_n + (A_n \oplus B_n) C_{n-1} \end{cases}$

정답 09 ②　10 ③　11 ①　12 ④

13 논리식 $F = \overline{A}\overline{B}C + \overline{A}B\overline{C} + A\overline{B}C + AB\overline{C}$를 간소화한 것은?

① $F = \overline{A}C + A\overline{C}$
② $F = \overline{B}C + B\overline{C}$
③ $F = \overline{A}B + A\overline{B}$
④ $F = \overline{A}B + B\overline{C}$

해설 카르노맵을 이용하면 다음과 같다.

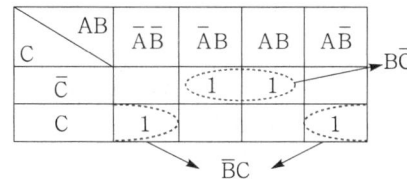

$\therefore F = \overline{B}C + B\overline{C}$

14 논리식 'A + AB'를 간단히 계산한 결과는?

① A
② $A + B$
③ $A + \overline{B}$
④ $\overline{A} + B$

해설 불대수

$\begin{cases} A + A = A, \ A \times A = A, \ A + \overline{A} = 1 \\ A \times \overline{A} = 0, \ 1 + A = 1, \ 1 \times A = A \\ \overline{\overline{A}} = A \end{cases}$

$\therefore A + AB = A(1+B) = A$

15 2진수 $(1011)_2$를 그레이 코드(gray code)로 변환한 값은?

① $(1111)_G$ ② $(1101)_G$
③ $(1110)_G$ ④ $(1100)_G$

해설 2진수에서 그레이 코드 변환은 다음과 같다.

⊕ ⊕ ⊕ ← E-OR의 의미
① 0 1 1₂
↓ ↓ ↓ ↓
1 1 1 0_G

$\therefore (1011)_2 = (1110)_G$

16 그림과 같은 유접점회로가 의미하는 논리식은?

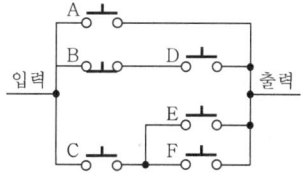

① $A + \overline{B}D + C(E + F)$
② $A + \overline{B}C + D(E + F)$
③ $A + \overline{B}\overline{C} + D(E + F)$
④ $A + B\overline{C} + D(E + F)$

해설 접점회로의 응용

출력 $Y = A + \overline{B}D + C(E+F)$가 된다.

[참고]
입력 —A—B—C— 출력(Y)=A·B(C+D)
        └D─┘

17 다음 중 반가산기의 진리표에 대한 출력함수는?

입력		출력	
A	B	S	C_0
0	0	0	0
0	1	1	0
1	0	1	0
1	1	0	1

① $S = \overline{A}B + AB, \ C_0 = \overline{A}\overline{B}$
② $S = \overline{A}B + A\overline{B}, \ C_0 = AB$
③ $S = \overline{A}B + A\overline{B}, \ C_0 = \overline{A}\overline{B}$
④ $S = \overline{A}\overline{B} + AB, \ C_0 = AB$

해설 진리표에서 S, C_0값을 구하면

$\begin{cases} S = A \oplus B = \overline{A}B + A\overline{B} \\ C_0 = AB \end{cases}$

즉, 반가산기의 합(S), 자리올림수(C_0)를 나타내며, 2진수의 1자 숫자 2개를 덧셈하는 회로이다.

정답 13 ② 14 ① 15 ③ 16 ① 17 ②

18 다음 논리함수를 간략화하면 어떻게 되는가?

$$Y = \overline{A}\overline{B}\overline{C}\overline{D} + \overline{A}B\overline{C}\overline{D} + A\overline{B}\overline{C}\overline{D} + ABCD$$

	$\overline{A}\overline{B}$	$\overline{A}B$	AB	$A\overline{B}$
$\overline{C}\overline{D}$	1			1
$\overline{C}D$				
CD				
$C\overline{D}$	1			1

① $\overline{B}\overline{D}$ ② $B\overline{D}$
③ $\overline{B}D$ ④ BD

해설 카르노맵

→		$\overline{B}$	→	
	$\overline{A}\overline{B}$	$\overline{A}B$	AB	$A\overline{B}$
↓ $\overline{C}\overline{D}$	①			①
$\overline{D}$ $\overline{C}D$				
CD				
↓ $C\overline{D}$	①			①

4개를 1묶음으로 묶어서 변하는 문자를 생략하면
∴ 출력 $Y = \overline{B}\overline{D}$

19 직류기의 전기자철심을 규소강판으로 성층하는 가장 큰 이유는?

① 기계손을 줄이기 위해서
② 철손을 줄이기 위해서
③ 제작이 간편하기 때문에
④ 가격이 싸기 때문에

해설 철심
얇은 규소강판을 성층철심하면 히스테리시스손을 감소시킬 수 있다.
• 규소함유량 : 1~1.4[%]
• 강판두께 : 0.35~0.5[mm]

20 동기 전동기에서 제동권선의 사용 목적으로 가장 옳은 것은?

① 난조방지
② 정지시간의 단축
③ 운전토크의 증가
④ 과부하내량의 증가

해설 난조(hunting)
부하급변 시 부하각과 동기속도가 진동하는 현상
• 원인
 - 조속기감도가 너무 예민한 경우
 - 토크에 고조파가 포함된 경우
 - 회로저항이 너무 큰 경우
• 방지책 : 제동권선을 설치

21 권수비 30인 단상변압기가 전부하에서 2차 전압이 115[V], 전압변동률이 2[%]라 한다. 1차 단자전압은?

① 3,381[V] ② 3,450[V]
③ 3,519[V] ④ 3,588[V]

해설 1차측 단자전압 V_{10}

$$V_{10} = V_{1n}\left(1 + \frac{\varepsilon}{100}\right) = aV_{2n}\left(1 + \frac{\varepsilon}{100}\right)$$
$$= 30 \times 115\left(1 + \frac{2}{100}\right) = 3,519[V]$$

22 1,200[rpm]의 회전수를 만족하는 동기기의 극수 p와 주파수 f[Hz]에 해당하는 것은?

① $p = 6$, $f = 50$
② $p = 8$, $f = 50$
③ $p = 6$, $f = 60$
④ $p = 8$, $f = 60$

해설 $P = \frac{120 \cdot f}{N_s}$ 이므로 $P = \frac{120}{1,200}f = \frac{1}{10}f$ 가 되며 극수(P)와 회전수(N) 관계식에서 6극이면 60[Hz]가 된다.

정답 18 ① 19 ② 20 ① 21 ③ 22 ③

23 동기발전기의 병렬운전조건으로 옳지 않은 것은?

① 유기기전력의 역률이 같을 것
② 유기기전력의 위상이 같을 것
③ 유기기전력의 파형이 같을 것
④ 유기기전력의 주파수가 같을 것

해설 동기 발전기의 병렬운전조건
- 기전력의 크기가 같을 것
- 기전력의 위상이 같을 것
- 기전력의 주파수가 같을 것
- 기전력의 파형이 같을 것
- 기전력의 상회전방향이 같을 것

24 다음 중 2방향성 3단자 사이리스터는?

① SCS   ② TRIAC
③ SSS   ④ SCR

해설
- 트라이액(TRIAC)
  - 게이트를 갖는 대칭형 스위치이다.
  - 2개의 SCR을 병렬로 연결하면 된다.
  - 3단자 소자이며, 쌍방향성이다.
  - 정(+), 부(-)의 게이트 Pulse를 이용한다.

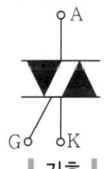
| 기호 |

  - SSS와 같이 5층의 PN접합을 구성한다.
- SSS(Silicon Symmetrical Switch)
  - 2단자 소자이며, 쌍방향성이다.
  - 다이액(DIAC)과 같이 게이트 전극이 없다.
  - SCR을 역병렬로 2개 접속한 것과 같다.

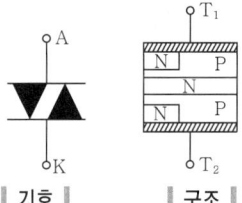
| 기호 |　　| 구조 |

25 단상 센터탭형 전파정류회로에서 전원전압이 100[V]라면 직류전압은 약 몇 [V]인가?

① 90
② 100
③ 110
④ 140

해설 센터탭형은 중간탭형을 의미하며 중간탭형 전파정류회로는 다음과 같다.

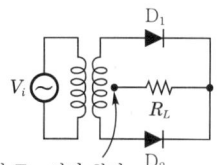
중간 Tap이라 한다.

전파정류회로의 직류전압(=평균전압)
$= \dfrac{2}{\pi} V_m$
$= \dfrac{2}{\pi} \sqrt{2}\, V$
(단, V_m : 최댓값, V : 실효값)
$= \dfrac{2}{\pi} (\sqrt{2} \cdot 100)$
$\fallingdotseq 90[V]$

26 500[kVA]의 단상 변압기 4대를 사용하여 과부하가 되지 않게 사용할 수 있는 3상 전력의 최댓값은?

① 약 866[kVA]
② 약 1,500[kVA]
③ 약 1,732[kVA]
④ 약 3,000[kVA]

해설 V결선 2뱅크를 연결하고 V결선 시 출력 P_V에서 2배의 출력이 나오게 하면 된다.
∴ 최대출력 $= 2\sqrt{3}\, P$
$= 2\sqrt{3} \times 500[kVA]$
$\fallingdotseq 1,732[kVA]$

정답 23 ① 24 ② 25 ① 26 ③

27 입력전원전압이 $v_s = V_m \sin\theta$인 경우, 아래 그림의 전파 다이오드 정류기의 출력전압 ($v_0(t)$)에 대한 평균치와 실효치를 각각 옳게 나타낸 것은?

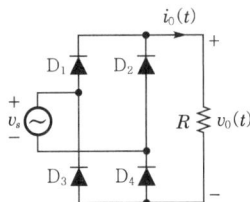

① 평균치 : $\dfrac{V_m}{2\pi}$, 실효치 : $\dfrac{V_m}{\sqrt{2}}$

② 평균치 : $\dfrac{V_m}{2}$, 실효치 : $\dfrac{V_m}{\pi}$

③ 평균치 : $\dfrac{V_m}{\pi}$, 실효치 : $\dfrac{V_m}{2}$

④ 평균치 : $\dfrac{2V_m}{\pi}$, 실효치 : $\dfrac{V_m}{\sqrt{2}}$

해설 브리지 전파정류회로

• 평균치 $= \dfrac{2}{\pi}V_m$ • 실효치 $= \dfrac{V_m}{\sqrt{2}}$

[참고] 변형된 브리지 정류회로

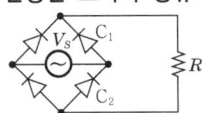

28 4극 1,500[rpm]의 동기발전기와 병렬운전하는 24극 동기발전기의 회전수[rpm]는?

① 50[rpm]   ② 250[rpm]
③ 1,500[rpm]   ④ 3,000[rpm]

해설 • 4극 발전기의 주파수(f_4)

$$f_4 = \dfrac{P \cdot N_s}{120} = \dfrac{4 \times 1{,}500}{120} = 50[\text{Hz}]$$

• 24극 발전기의 회전수(N_s)

$$N_s = \dfrac{120f}{P} = \dfrac{120 \times 50}{24} = 250[\text{rpm}]$$

29 22,000[V], 60[Hz], 1회선의 3상 지중송전선의 무부하 충전용량[kVar]은? (단, 송전선의 길이는 50[km]라 하고 1선 1[km]당 정전용량은 $0.1[\mu F]$이라 한다.)

① 780   ② 912
③ 995   ④ 1,025

해설 $Q_c = 2\pi f C V^2$
$= 2\pi \times 60 \times 5 \times 10^{-6} \times 22{,}000^2 \times 10^{-3}$
$= 912[\text{kVar}]$

30 부하전력 및 역률이 같을 때 전압을 n배 승압하면 전압강하와 전력 손실은 어떻게 되는가?

	전압강하	전력 손실
①	$\dfrac{1}{n}$	$\dfrac{1}{n^2}$
②	$\dfrac{1}{n^2}$	$\dfrac{1}{n^2}$
③	$\dfrac{1}{n}$	$\dfrac{1}{n}$
④	$\dfrac{1}{n^2}$	$\dfrac{1}{n}$

해설 • $e = I(R\cos\theta + \sin\theta)$
$= \dfrac{P}{V}(R + X\tan\theta)$에서

$e \propto \dfrac{1}{V}$ $\therefore e \propto \dfrac{1}{n}$

• $P_l = 3I^2 R = \dfrac{P^2 R}{V^2 \cos^2\theta}$에서

$P_l \propto \dfrac{1}{V^2}$ $\therefore P_l \propto \dfrac{1}{n^2}$

31 복도체 선로가 있다. 소도체의 지름 8[mm], 소도체 사이의 간격 40[cm]일 때, 등가반지름[cm]은?

① 1.8   ② 3.4
③ 4.0   ④ 5.7

해설 $r' = \sqrt{r \cdot s} = \sqrt{\dfrac{0.8}{2} \cdot 40} = 4[\text{cm}]$

32 선로의 특성 임피던스에 대한 설명으로 옳은 것은?

① 선로의 길이보다는 부하전력에 따라 값이 변한다.
② 선로의 길이가 길어질수록 값이 작아진다.
③ 선로의 길이가 길어질수록 값이 커진다.
④ 선로의 길이에 관계없이 일정하다.

해설 특성 임피던스는 선로의 길이에 무관하다.
$$Z_0 = \sqrt{\frac{Z}{Y}} = \sqrt{\frac{R+j\omega L}{G+j\omega C}}$$

33 송전전력, 송전거리, 전선의 비중 및 전선손실률이 일정하다고 하면 전선의 단면적 A는 다음 중 어느 것에 비례하는가? (단, V는 송전전압이다.)

① V^2
② V
③ $\dfrac{1}{V^2}$
④ $\dfrac{1}{V}$

해설 단면적 $A = \dfrac{\rho l P^2}{P_l \cdot V^2 \cdot \cos^2\theta}$

34 지지물 간 거리(경간) 200[m]의 가공전선로가 있다. 전선 1[m]당 하중은 2.0[kg], 풍압하중은 없는 것으로 하면 인장하중 4,000[kg]의 전선을 사용할 때 처짐정도(이도) 및 전선의 실제 길이는 각각 몇 [m]인가? (단, 안전율은 2.0으로 한다.)

① 이도 : 5, 길이 : 200.33
② 이도 : 5.5, 길이 : 200.3
③ 이도 : 7.5, 길이 : 222.3
④ 이도 : 10, 길이 : 201.33

해설 $D = \dfrac{WS^2}{8T} = \dfrac{2 \times 200^2}{8 \times \dfrac{4,000}{2}} = 5[\text{m}]$

$L = S + \dfrac{8D^2}{3S} = 200 + \dfrac{8 \times 5^2}{3 \times 200} = 200.33[\text{m}]$

35 복도체나 다도체를 사용하는 주된 목적은 다음 중 어느 것인가?

① 진동방지
② 건설비의 절감
③ 뇌해의 방지
④ 코로나(corona) 방지

해설 복도체를 사용하면 작용 인덕턴스 감소, 작용 정전용량이 증가하지만 가장 주된 이유는 코로나의 임계전압을 높게 하여 송전용량을 증가시키기 위함이다.

36 다음 식은 무엇을 결정할 때 쓰이는 식인가? (단, l은 송전거리[km], P는 송전전력[kW]이다.)

$$5.5\sqrt{0.6l + \frac{P}{100}}$$

① 송진진압을 결정할 때
② 송전선의 굵기를 결정할 때
③ 역률개선 시 콘덴서의 용량을 결정할 때
④ 발전소의 발전전압을 결정할 때

해설 스틸(Still)식이라 하며 경제적인 송전전압 결정 시에 이용된다.

37 전력용 콘덴서의 방전 코일의 역할은?

① 잔류전하의 방전
② 고조파의 억제
③ 역률의 개선
④ 콘덴서의 수명연장

해설 방전 코일
잔류전하를 방전하여 인체 감전사고 방지

정답 32 ④ 33 ③ 34 ① 35 ④ 36 ① 37 ①

38 그림과 같이 지지선(지선)을 가설하여 전주에 가해진 수평장력 800[kg]을 지지하고자 한다. 지지선(지선)으로써 4[mm] 철선을 사용한다고 하면 몇 가닥을 사용해야 하는가? (단, 4[mm] 철선 1가닥의 인장하중은 440[kg]으로 하고 안전율은 2.5이다.)

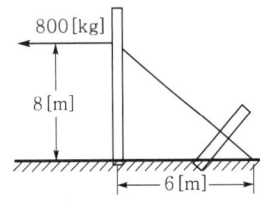

① 6 ② 8
③ 10 ④ 12

해설 $T_0 = \dfrac{T}{\cos\theta} = \dfrac{800}{\dfrac{6}{\sqrt{8^2+6^2}}} = \dfrac{440 \times n}{2.5}$

$\therefore n = \dfrac{2.5 \times 1,333}{440} = 7.57 = 8$ 가닥

39 상전압 300[V]의 3상 반파정류회로의 직류전압은 몇 [V]인가?

① 117 ② 200
③ 283 ④ 351

해설 3상 반파정류회로

직류전압 $E_d = \dfrac{1}{\dfrac{2}{3}\pi} \int_{\frac{\pi}{6}}^{\frac{5\pi}{6}} V_m \sin\theta \, d\theta$

$= \dfrac{3V_m}{2\pi} [\cos\theta]_{\frac{\pi}{6}}^{\frac{5\pi}{6}}$

$≒ 1.17 E_a = 1.17 \times 300$

$≒ 351[V]$

40 전력용 반도체 소자 중 양방향으로 전류를 흘릴 수 있는 것은?

① GTO ② TRIAC
③ DIODE ④ SCR

해설 SCR(Silicon-Controlled Rectifier)
- 실리콘제어 정류소자
- PNPN구조를 갖고 있다.
- 도통상태에서 애노드 전압극성을 반대로 하면 차단된다.
- 부성저항 특성을 갖는다.
- 2개의 SCR을 병렬로 연결하면 TRIAC이 된다.

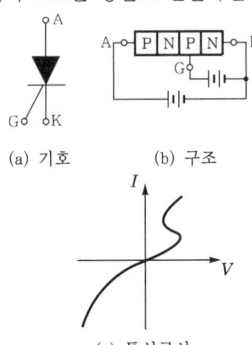

(a) 기호 (b) 구조

(c) 특성곡선

41 MOS-FET의 드레인 전류는 무엇으로 제어하는가?

① 게이트 전압
② 게이트 전류
③ 소스 전류
④ 소스 전압

해설 FET(Field-Effect TR)
- 특징
  - 다수 캐리어에 의해 전류가 흐른다.
  - 입력저항이 매우 크다.
  - 저잡음이다.
  - 5극 진공관 특성과 비슷하다.
  - 이득(G)×대역폭(B)이 작다.
  - J-FET와 MOS-FET가 있다.
  - V_{GS}(Gate-Source 사이의 전압)로 드레인 전류를 제어한다.
- 종류
  - J-FET(접합 FET)

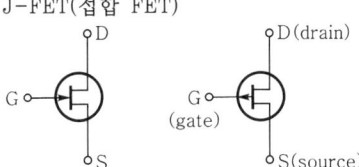

(a) N-channel FET (b) P-channel FET

- MOS-FET(절연 게이트형 FET)

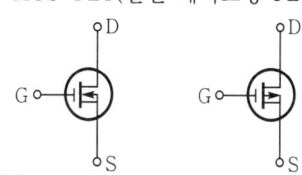

(a) N-channel FET (b) P-channel FET

• FET의 3정수
- $g_m = \dfrac{\Delta I_D}{\Delta V_{GS}}$ (순방향 상호전달 컨덕턴스)
- $r_d = \dfrac{\Delta V_{DS}}{\Delta I_D}$ (드레인-소스저항)
- $\mu = \dfrac{\Delta V_{DS}}{\Delta V_{GS}}$ (전압증폭률)
- $\mu = g_m \cdot r_d$

42 배리스터(varistor)의 주된 용도는?

① 전압증폭용
② 서지전압에 대한 회로보호용
③ 과전류 방지 보호용
④ 출력전류의 조정용

해설 서지전압에 대한 회로보호용이며, 일반적인 $V-I$특성은 $I = KV^n$(단, $n:2\sim5$)

43 인버터제어라고도 하며 유도 전동기에 인가되는 전압과 주파수를 변환시켜 제어하는 방식은?

① VVVF제어 방식
② 궤환제어 방식
③ 1단 속도제어 방식
④ 워드레오나드 제어 방식

해설 VVVF(Variable Voltage Variable Frequency)는 전압과 주파수를 변환시켜서 제어하는 방식이다.

44 다음 중 하나 이상의 부하를 한 전원에서 다른 전원으로 자동절환할 수 있는 장치는?

① ASS
② ACB
③ LBS
④ ATS

해설 자동절환 스위치(ATS ; Automatic Transfer Switch)
하나 이상의 부하를 한 전원에서 다른 전원으로 자동절환하는 스위치이다.

45 과전류차단기로 시설하는 퓨즈 중 고압전로에 사용하는 포장퓨즈는 정격전류의 몇 배의 전류에 견디어야 하는가?

① 1.3배
② 1.5배
③ 2.0배
④ 2.5배

해설 고압 및 특고압전로 중의 과전류차단기의 시설
• 포장퓨즈는 정격전류의 1.3배에 견디고, 또한 2배의 전류로 120분 안에 용단되어야 한다.
• 비포장퓨즈는 정격전류의 1.25배에 견디고, 또한 2배의 전류로 2분 안에 용단되어야 한다.

46 22,900/220[V]의 15[kVA] 변압기로 공급되는 저압 가공전선로의 절연부분의 전선에서 대지로 누설하는 전류의 최고 한도는?

① 약 34[mA]
② 약 45[mA]
③ 약 68[mA]
④ 약 75[mA]

해설 누설전류(I_g)

$I_g \leq I_m \times \dfrac{1}{2,000}$ (여기서, I_m : 최대 공급전류)

$I_m = \dfrac{P}{V} = \dfrac{15 \times 10^3}{220} \fallingdotseq 68.18[\text{A}]$

$\therefore I_g \leq 68.18 \times \dfrac{1}{2,000}$
$\fallingdotseq 0.034[\text{A}] = 34[\text{mA}]$

47 최대 사용전압 3,300[V]인 고압전동기가 있다. 이 전동기의 절연내력시험전압은 몇 [V]인가?

① 3,630[V]
② 4,125[V]
③ 4,950[V]
④ 10,500[V]

해설 절연내력시험전압
7[kV] 이하일 때는 최대 사용전압의 1.5배의 전압이므로
$\therefore 3,300 \times 1.5 = 4,950[\text{V}]$이다.

정답 42 ② 43 ① 44 ④ 45 ① 46 ① 47 ③

48 사용전압이 220[V]인 경우에 애자사용 공사에서 전선과 조영재와의 이격거리는 최소 몇 [cm] 이상이어야 하는가?

① 2.5 ② 4.5
③ 6.0 ④ 8.0

해설 저압의 애자사용 공사
- 전선 상호 간격은 6[cm] 이상
- 전선과 조영재와의 이격거리
  $\begin{cases} 400[V] \text{ 미만} : 2.5[cm] \text{ 이상} \\ 400[V] \text{ 이상} : 4.5[cm] \text{ 이상} \end{cases}$
- 애자는 절연성, 난연성, 내수성일 것

49 소맥분·전분·유황 등 가연성 분진에 전기설비가 발화원이 되어 폭발할 우려가 있는 곳에 시설하는 저압 옥내배선의 공사방법으로 옳지 않은 것은?

① 가요전선관 공사
② 케이블 공사
③ 합성수지관 공사
④ 금속관 공사

해설 폭연성 및 가연성 분진
- 폭연성 분진의 저압 옥내 배선 : 금속관 공사, 케이블 공사(캡타이어 케이블 제외)
- 가연성 분진의 저압 옥내 배선 : 금속관 공사, 케이블 공사, 합성수지관 공사

50 조상기의 내부고장이 생긴 경우 자동적으로 전로를 차단하는 장치를 설치하여야 하는 용량의 기준은?

① 15,000[kVA] 이상
② 20,000[kVA] 이상
③ 30,000[kVA] 이상
④ 50,000[kVA] 이상

해설 조상기 내부고장 시 차단장치 용량은 15,000[kVA] 이상이어야 한다.

51 전선의 접속원칙이 아닌 것은?

① 접속부분은 접속관, 기타의 기구를 사용한다.
② 전선의 허용전류에 의하여 접속부분의 온도상승값이 접속부 이외의 온도상승값을 넘지 않도록 한다.
③ 전선의 강도를 30[%] 이상 감소시키지 않는다.
④ 구리와 알루미늄 등 다른 종류의 금속 상호간을 접속할 때에는 접속부에 전기적 부식이 생기지 않도록 한다.

해설 전선의 접속법
- 전기저항 증가 금지
- 접속부위 반드시 절연
- 접속부위 접속기구 사용
- 전선의 세기(인장하중) 20[%] 이상 감소 금지
- 전기적 부식 방지
- 충분히 절연피복을 할 것

52 공사원가는 공사시공 과정에서 발생한 항목의 합계액을 말하는데 여기에 포함되지 않는 것은?

① 경비
② 재료비
③ 노무비
④ 일반관리비

해설 공사비
공사비=일반관리비+공사원가(경비, 재료비, 노무비)

53 교통신호등의 시설기준으로 틀린 것은?

① 전선을 매다는 금속선에는 지지점 또는 이에 근접하는 곳에 애자를 삽입한다.
② 교통신호등 회로의 시용전압은 300[V] 이하이어야 한다.
③ 교통신호등 제어장치의 전원측에는 전용 개폐기 및 과전류차단기를 각 극에 시설한다.
④ 신호등 회로 인하선의 전선은 지표상 3.5[m] 이상이 되도록 한다.

정답 48 ① 49 ① 50 ① 51 ③ 52 ④ 53 ④

해설 **교통신호등의 시설**
- 사용전압은 300[V] 이하
- 조가용 금속선에는 지지점 또는 이에 근접한 곳에 애자삽입
- 금속제 외함에는 접지공사를 한다.
- 교통신호등 회로의 인하선은 지표상 2.5[m] 이상
- 전원측에는 전용 개폐기 및 과전류차단기 시설

54 정부나 공공기관에서 발주하는 전기공사의 물량산출 시 전기재료의 할증률 중 옥내 케이블은 일반적으로 몇 [%]값 이내로 하여야 하는가?

① 1[%]   ② 3[%]
③ 5[%]   ④ 7[%]

해설 옥외 케이블은 3[%]이고, 옥내 케이블은 5[%]이다.

55 저압 인입선의 인입용으로 수직배관 시 비의 침입을 막는 금속관 공사의 재료는 다음 중 어느 것인가?

① 유니버설 캡
② 와이어 캡
③ 엔트런스 캡
④ 유니온 캡

해설 **엔트런스 캡**
저압 인입선의 인입용으로 수직배관 시 비의 침입을 막는 금속관 공사의 재료이다.

56 그림과 같은 계획공정도(network)에서 주공정으로 옳은 것은? (단, 화살표 밑의 숫자는 활동시간[주]을 나타낸다.)

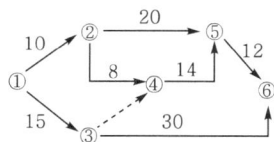

① 1-2-5-6   ② 1-2-4-5-6
③ 1-3-4-5-6   ④ 1-3-6

해설 **주공정(critical path)**
시작단계에서 마지막 단계까지 작업이 종료되는 과정 중 가장 오래 걸리는 경로가 있으며, 이 경로를 주공정이라 한다. 이 공정을 관찰함으로써 모든 경로를 파악하고 기한 내 사업완료가 가능해진다.
∴ 제일 긴 공정을 계산하면 ① → ③ → ⑥ 즉, 45주가 된다.

57 데이터를 그 내용이나 원인 등 분류 항목별로 나누어 크기의 순서대로 나열하여 나타낸 그림을 무엇이라 하는가?

① 히스토그램(histogram)
② 파레토도(pareto diagram)
③ 특성요인도(causes and effects diagram)
④ 체크시트(check sheet)

해설 **파레토도(pareto diagram)**
데이터를 그 내용이나 원인 등 분류 항목별로 나누어 크기의 순서대로 나열하여 나타낸 그림이다.

58 샘플링 검사보나 선수검사를 실시하는 것이 유리한 경우는?

① 다수다량의 것으로 어느 정도 부적합품이 섞여도 괜찮을 경우
② 파괴검사를 해야 하는 경우
③ 품질특성치가 치명적인 결점을 포함하는 경우
④ 검사항목이 많은 경우

해설 **전수검사**
- 검사항목이 적고 간단히 검사할 수 있을 때
- 전체 검사를 쉽게 할 수 있을 때
- 로트의 크기가 작을 때
- 불량품이 조금이라도 있으면 안 될 때
- 치명적인 결함을 포함하고 있을 때
- 검사비용이 많이 소요될 때

정답 54 ③ 55 ③ 56 ④ 57 ② 58 ③

59 단계여유(slack)의 표시로 옳은 것은? (단, TE는 가장 이른 예정일, TL은 가장 늦은 예정일, TF는 총 여유시간, FF는 자유 여유시간이다.)

① FF – TF
② TL – TE
③ TE – TL
④ TE – TF

해설 단계여유(Slack)=TL(가장 늦은 예정일) – TE(가장 빠른 예정일)

60 근래 인간공학이 여러 분야에서 크게 기여하고 있다. 다음 중 어느 단계에서 인간공학적 지식이 고려됨으로써 기업에 가장 큰 이익을 줄 수 있는가?

① 제품의 개발단계
② 제품의 구매단계
③ 제품의 사용단계
④ 작업자의 채용단계

해설 인간공학적 지식의 고려는 제품의 개발단계에서부터 적용함으로써 기업의 이윤을 극대화할 수 있다.

정답 59 ② 60 ①

2025년 제77회 CBT 기출복원문제

01 회로에서 단자 A, B 간의 합성저항은 몇 [Ω]인가?

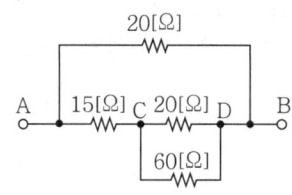

① 10 ② 12
③ 15 ④ 30

해설 합성저항을 구하기 위해 회로 내의 병렬저항을 먼저 구한다.

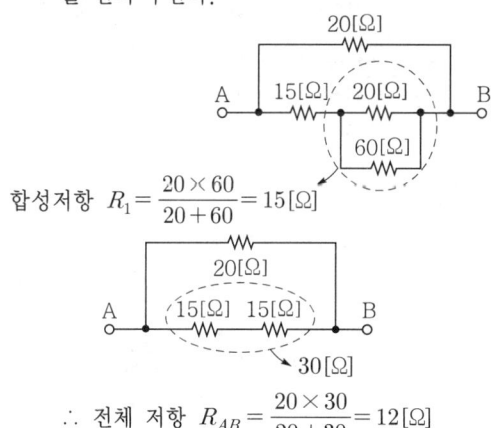

합성저항 $R_1 = \dfrac{20 \times 60}{20+60} = 15[\Omega]$

∴ 전체 저항 $R_{AB} = \dfrac{20 \times 30}{20+30} = 12[\Omega]$

02 그림과 같은 회로에 전압 200[V]를 가할 때 20[Ω]의 저항에 흐르는 전류는 몇 [A]인가?

① 2
② 3
③ 5
④ 8

해설 전체 저항을 먼저 구하면
$R = 28 + \dfrac{20 \times 30}{20+30} = 40[\Omega]$

전체 전류(I)
$I = \dfrac{200}{40} = 5[A]$

∴ 분류법칙을 이용하여 20[Ω]에 흐르는 전류(I')를 구하면
$I' = \dfrac{30}{20+30} \times 5 = 3[A]$

03 두 종류의 금속을 접속하여 두 접합부분을 다른 온도로 유지하면 열기전력을 일으켜 열전류가 흐른다. 이 현상을 지칭하는 것은?

① 제벡효과 ② 제3금속의 법칙
③ 펠티에효과 ④ 패러데이의 법칙

해설
- 제벡효과(Seebeck effect) : 2개의 다른 금속 A, B를 한 쌍으로 접속하고, 두 금속을 서로 다른 온도로 유지하면 두 접촉면의 온도차에 의해서 생긴 열기전력에 의해 일정 방향으로 전류가 흐르는 현상을 말한다.
- 펠티에효과(Peltier effect) : 서로 다른 두 종류의 금속을 접속하여 전류를 흘리면 그 접합면에서 열이 발생 또는 흡수하는 현상을 말한다.

04 어떤 정현파 전압의 평균값이 191[V]이면 최대값은 약 몇 [V]인가?

① 240 ② 270
③ 300 ④ 330

해설 평균값 $= \dfrac{2}{\pi} \times$ 최대값에서
최대값 $= \dfrac{\pi}{2} \times$ 평균값 $= \dfrac{3.14}{2} \times 191 \fallingdotseq 300[V]$

정답 01 ② 02 ② 03 ① 04 ③

05 그림과 같은 회로에서 단자 a, b에서 본 합성 저항[Ω]은?

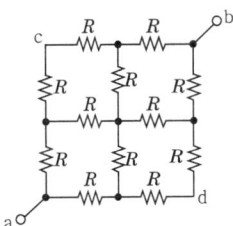

① $\dfrac{1}{2}R$ ② $\dfrac{1}{3}R$

③ $\dfrac{3}{2}R$ ④ $2R$

해설 회로가 복잡해 보이나 각각 병렬로 연결된 회로이므로

$$V_{ab} = \dfrac{1}{2}IR + \dfrac{1}{4}IR + \dfrac{1}{4}IR + \dfrac{1}{2}IR$$
$$= R\left(\dfrac{1}{2} + \dfrac{1}{4} + \dfrac{1}{4} + \dfrac{1}{2}\right)I$$

∴ 전체저항$(R_{ab}) = \dfrac{V_{ab}}{I} = \dfrac{3}{2}R[Ω]$

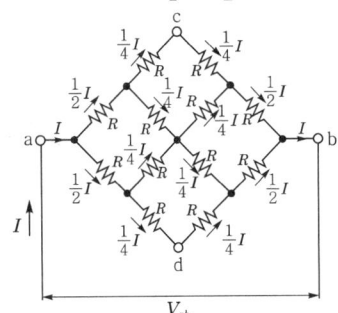

06 그림과 같은 회로의 합성 임피던스는 몇 [Ω] 인가?

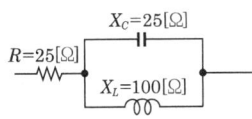

① $25 + j20$ ② $25 - j20$

③ $25 + j\dfrac{100}{3}$ ④ $25 - j\dfrac{100}{3}$

해설 전체 임피던스

$$Z = R + \dfrac{jX_L(-jX_C)}{jX_L - jX_C}$$
$$= 25 + \dfrac{j100(-j25)}{j100 - j25} = 25 + \dfrac{2{,}500}{j75}$$
$$(\because j^2 = -1 \text{이므로})$$
$$\therefore Z = 25 - j\dfrac{100}{3}$$

07 그림과 같은 $R-L-C$ 병렬공진회로에 관한 설명 중 옳지 않은 것은?

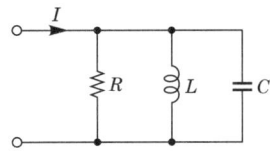

① R이 작을수록 Q가 높다.
② 공진시 L 또는 C에 흐르는 전류는 입력전류 크기의 Q배가 된다.
③ 공진주파수 이하에서의 입력전류는 전압보다 위상이 뒤진다.
④ 공진시 입력 어드미턴스는 매우 작아진다.

해설
- $Q = \dfrac{R}{\omega L} = \omega CR = R\sqrt{\dfrac{C}{L}}$ 이므로 R이 작을수록 Q는 작아진다.
- 병렬공진시 어드미턴스 $Y = \dfrac{CR}{L}$[℧]이 된다.

08 길이 50[cm]인 직선상의 도체봉을 자속밀도 0.1[Wb/m²]의 평등자계 중에 자계와 수직으로 놓고 이것을 50[m/s]의 속도로 자계와 60°의 각으로 움직였을 때 유도기전력은 몇 [V]가 되는가?

① 1.08   ② 1.25
③ 2.17   ④ 2.51

해설 유도전압(e)은
$e = Blv\sin\theta$
$= 0.1 \times 0.5 \times 50 \times \sin 60° ≒ 2.17[\text{V}]$

정답 05 ③ 06 ④ 07 ① 08 ③

09 각 상의 임피던스가 $Z=6+j8[\Omega]$인 평형 Y결선부하에 선간전압 220[V]의 대칭 3상 전압을 인가하였을 때 흐르는 선전류는 약 몇 [A]인가?

① 8.7 ② 10.5
③ 12.7 ④ 17.5

해설 Y결선부하에서

- $I_l = I_P$, $Z = \dfrac{V_P}{I_P}$

(여기서, V_l : 선간전압, I_l : 선간전류, V_P : 상전압, I_P : 상전류)

- $V_l = \sqrt{3}\,V_P$

$\therefore I_l(=I_P) = \dfrac{V_P}{Z} = \dfrac{\frac{220}{\sqrt{3}}}{\sqrt{6^2+8^2}}$
$= 12.716 \fallingdotseq 12.7[A]$

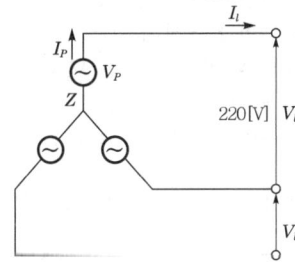

10 비투자율 1,500인 자로의 평균 길이 50[cm], 단면적 30[cm²]인 철심에 감긴 권수 425회의 코일에 0.5[A]의 전류가 흐를 때 저축된 전자(電磁)에너지는 몇 [J]인가?

① 0.25 ② 2.73
③ 4.96 ④ 15.3

해설 전자에너지$(W) = \dfrac{1}{2}LI^2$이므로

- $\mu = \mu_0 \cdot \mu_s$
$= 4\pi \times 10^{-7} \times 1,500$
$= 1.884 \times 10^{-3}$

- $L = \dfrac{\mu A N^2}{l}$
$= 1.884 \times 10^{-3} \cdot \dfrac{0.3 \times 10^{-4} \times 425^2}{0.5}$
$\fallingdotseq 2[H]$

- $W = \dfrac{1}{2}LI^2 = \dfrac{1}{2} \times 2 \times 0.5^2 = 0.25[J]$

11 2진수 $(1011)_2$를 그레이 코드(gray code)로 변환한 값은?

① $(1111)_G$ ② $(1101)_G$
③ $(1110)_G$ ④ $(1100)_G$

해설 2진수에서 그레이 코드 변환은 다음과 같다.

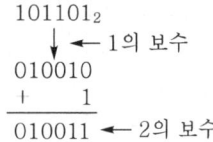

$\therefore (1011)_2 = (1110)_G$

12 101101에 대한 2의 보수(補數)는?

① 101110 ② 010010
③ 010001 ④ 010011

해설 2의 보수는 1의 보수를 구해서 맨 하위 비트에 1을 더하면 된다. 1의 보수는 $0 \to 1$, $1 \to 0$으로 변환하면 쉽게 구할 수 있다.

101101_2
↓ ← 1의 보수
010010
$+\quad\quad 1$
$\overline{010011}$ ← 2의 보수

13 A=01100, B=00111인 두 2진수의 연산결과가 주어진 식과 같다면 연산의 종류는?

① 덧셈
② 뺄셈 $\quad\quad 01100$
③ 곱셈 $\quad +\ 11001$
④ 나눗셈 $\quad\ \overline{\ \ 00101}$

해설 문제에서

$\quad\quad 01100$
$+\ 11001$
$①\overline{\ \ 00101}$

자리올림 5의 의미이다.
$A=(01100)_2 = 12_{10}$, $B=(00111)_2 = 7_{10}$
그러므로 5가 되기 위해서는 A−B하면 된다.

정답 09 ③ 10 ① 11 ③ 12 ④ 13 ②

14 논리식 'A · (A + B)'를 간단히 하면?

① A
② B
③ A · B
④ A + B

해설 A · (A+B) = A · A + AB
= A + A · B
= A(1+B)
= A(∵ 1+B = 1)

15 논리식 $F = \overline{A}\overline{B}C + \overline{A}B\overline{C} + A\overline{B}C + AB\overline{C}$를 간소화한 것은?

① $F = \overline{A}C + A\overline{C}$
② $F = \overline{B}C + B\overline{C}$
③ $F = \overline{A}B + A\overline{B}$
④ $F = \overline{A}B + B\overline{C}$

해설 카르노맵을 이용하면 다음과 같다.

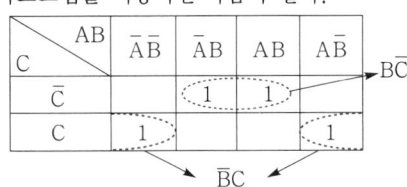

∴ $F = \overline{B}C + B\overline{C}$

16 그림과 같은 논리회로를 1개의 게이트로 표현하면?

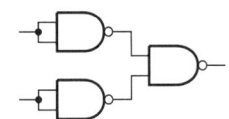

① AND
② NOR
③ NOT
④ OR

해설
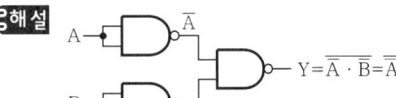
∴ OR회로의 결과식과 같다.

17 다음 진리표와 같은 출력의 논리식을 간략화한 것은?

입력			출력
A	B	C	X
0	0	0	0
0	0	1	1
0	1	0	0
0	1	1	1
1	0	0	0
1	0	1	0
1	1	0	1
1	1	1	1

① $\overline{A}B + \overline{B}C$
② $\overline{A}\overline{B} + B\overline{C}$
③ $AC + \overline{B}\overline{C}$
④ $AB + \overline{A}C$

해설 출력 X에서 '1'이 되는 부분만 논리식으로 나타내면 다음과 같다.
$X = \overline{A}\overline{B}C + \overline{A}BC + AB\overline{C} + ABC$
$= \overline{A}C(\overline{B}+B) + AB(\overline{C}+C)$
$= \overline{A}C + AB(∵ \overline{B}+B = 1, \overline{C}+C = 1)$

18 그림과 같은 회로의 기능은?

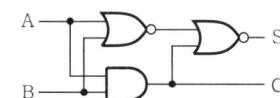

① 반가산기
② 감산기
③ 반일치회로
④ 부호기

해설 • 반가산기회로이며 S, C를 표시하면 다음과 같다.

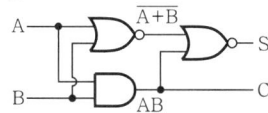

$C = A \cdot B$
$S = \overline{\overline{A+B} + A \cdot B} = \overline{\overline{A+B}} \cdot \overline{A \cdot B}$
$= (A+B)(\overline{A \cdot B}) = (A+B)(\overline{A}+\overline{B})$
$= A\overline{B} + \overline{A}B = A \oplus B$

• 반가산기는 입력 2단자, 출력 2단자로 이루어져 있다.

• 진리표

입력		출력	
A	B	S	C
0	0	0	0
0	1	1	0
1	0	1	0
1	1	0	1

19 그림과 같은 유접점회로가 의미하는 논리식은?

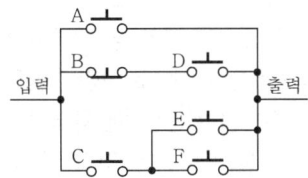

① $A + \overline{B}D + C(E+F)$
② $A + \overline{B}C + D(E+F)$
③ $A + B\overline{C} + D(E+F)$
④ $A + \overline{B}\overline{C} + D(E+F)$

해설 접점회로의 응용

출력 $Y = A + \overline{B}D + C(E+F)$ 가 된다.
[참고]

입력 —A— B— C— 출력(Y) = A · B(C+D)
              └─D─┘

20 3선식 송전선에서 바깥지름 20[mm]의 경동연선을 그림과 같이 일직선 수평배치로 연가를 했을 때, 1[km]마다의 인덕턴스는 약 몇 [mH/km]인가?

① 1.16
② 1.42
③ 1.48
④ 1.84

해설 $D = \sqrt[3]{D_1 D_2 D_3} = 2 \cdot \sqrt[3]{2}$ [m]

$L = 0.05 + 0.4605 \log_{10} \dfrac{D}{r}$

$= 0.05 + 0.4605 \log_{10} \dfrac{2 \cdot \sqrt[3]{2}}{10 \times 10^{-3}}$

$= 1.16 \, [\text{mH/km}]$

21 전선에서 전류의 밀도가 도선의 중심으로 들어갈수록 작아지는 현상은?

① 근접효과 ② 접지효과
③ 표피효과 ④ 페란티효과

해설 표피효과

교류는 전선 중심부일수록 자력선 쇄교가 많아서 유도 리액턴스가 크게 되기 때문에 중심부에는 전류가 통하기 어렵게 되고, 전선표면에 가까울수록 통하기 쉬워진다.

22 현수애자 4개를 1련으로 한 66[kV] 송전선로가 있다. 현수애자 1개의 절연저항이 1,500[MΩ]이라면 표준경간을 200[m]로 할 때, 1[km]당 누설 컨덕턴스[℧]는?

① 0.83×10^{-9} ② 0.83×10^{-4}
③ 0.83×10^{-2} ④ 0.83×10

해설 $G = \dfrac{1}{R} = \dfrac{1}{\dfrac{1,500 \times 4}{5} \times 10^6} = \dfrac{1}{\dfrac{6}{5} \times 10^9}$

$= \dfrac{5}{6} \times 10^{-9} = 0.83 \times 10^{-9} [℧]$

23 3상 3선식 송전선로에서 송전전력 P[kW], 송전전압 V[kV], 전선의 단면적 A [mm²], 송전거리 l [km], 전선의 고유저항 ρ [Ω-mm²/m], 역률 $\cos\theta$ 일 때 선로손실 P_l[kW]은?

① $\dfrac{\rho l P^2}{A V^2 \cos^2\theta}$ ② $\dfrac{\rho l P^2}{A V^2 \cos\theta}$

③ $\dfrac{\rho l P^2 \times 10^3}{A V^2 \cos^2\theta}$ ④ $\dfrac{\rho l P^2}{A^2 V \cos^2\theta}$

해설 손실

$P_l = 3I^2 R$

$= 3 \times \left(\dfrac{P}{\sqrt{3} \, V\cos\theta}\right)^2 \times \rho \times 10^{-6}$

$\times \dfrac{l \times 10^3}{A \times 10^{-6}} \times 10^{-3}$

$= \dfrac{\rho l P^2}{A V^2 \cos^2\theta}$ [kW]

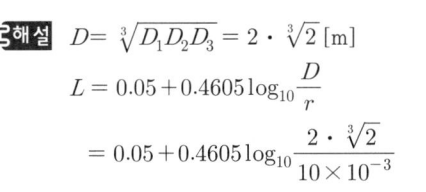

24 그림과 같이 회로정수 A, B, C, D인 송전선로에 변압기 임피던스 Z_r를 수전단에 접속했을 때 변압기 임피던스 Z_r를 포함한 새로운 회로정수 D_0는? (단, 그림에서 E_s, I_s는 송전단전압, 전류이고, E_r, I_r는 수전단전압, 전류이다.)

① $B + CZ_r$
② $B + AZ_r$
③ $D + AZ_r$
④ $D + CZ_r$

해설
$$\begin{bmatrix} A_0 & B_0 \\ C_0 & D_0 \end{bmatrix} = \begin{bmatrix} A & B \\ C & D \end{bmatrix}\begin{bmatrix} 1 & Z_r \\ 0 & 1 \end{bmatrix}$$
$$= \begin{bmatrix} A & AZ_r + B \\ C & CZ_r + D \end{bmatrix}$$
$$\therefore D_0 = D + CZ_r$$

25 수전단을 단락한 경우 송전단에서 본 임피던스가 $300[\Omega]$이고, 수전단을 개방한 경우 송전단에서 본 어드미턴스가 $1.875 \times 10^{-3}[\mho]$일 때 송전선의 특성 임피던스$[\Omega]$는?

① 500
② 300
③ 400
④ 200

해설 $Z_0 = \sqrt{\dfrac{Z}{Y}}[\Omega]$이므로
$$Z = \sqrt{\dfrac{300}{1.875 \times 10^{-3}}} = 400[\Omega]$$

26 $62,000[kW]$의 전력을 $60[km]$ 떨어진 지점에 송전하려면 전압은 몇 $[kV]$로 하면 좋은가?

① 66
② 110
③ 140
④ 154

해설 $V_s = 5.5\sqrt{0.6l + \dfrac{P}{100}}$
$$= 5.5\sqrt{0.6 \times 60 + \dfrac{62,000}{100}}$$
$$= 140[kV]$$

27 지지물 간 거리(경간) $200[m]$의 가공전선로가 있다. 전선 $1[m]$당 하중은 $2.0[kg]$, 풍압하중은 없는 것으로 하면 인장하중 $4,000[kg]$의 전선을 사용할 때 처짐정도(이도) 및 전선의 실제 길이는 각각 몇 $[m]$인가? (단, 안전율은 2.0으로 한다.)

① 이도 : 5, 길이 : 200.33
② 이도 : 5.5, 길이 : 200.3
③ 이도 : 7.5, 길이 : 222.3
④ 이도 : 10, 길이 : 201.33

해설 $D = \dfrac{WS^2}{8T}$
$$= \dfrac{2 \times 200^2}{8 \times \dfrac{4,000}{2}} = 5[m]$$
$$L = S + \dfrac{8D^2}{3S}$$
$$= 200 + \dfrac{8 \times 5^2}{3 \times 200} = 200.33[m]$$

28 차단기와 소호 매질의 관계를 설명한 내용 중 틀린 것은?

① 진공차단기 – 진공
② 가스차단기 – 육불화유황가스
③ 자기차단기 – 전자력
④ 기중차단기 – 압축공기

해설
- 진공차단기 – 진공
- 가스차단기 – 육불화유황가스
- 자기차단기 – 전자력
- 기중차단기 – 대기상태 공기
- 공기차단기 – 압축공기

정답 24 ④ 25 ③ 26 ③ 27 ① 28 ④

29 인버터(inverter)의 전력변환관계에 대한 설명으로 옳은 것은?

① 직류를 교류로 변환시키기 위한 전력변환기이다.
② 교류를 직류로 변환시키기 위한 전력변환기이다.
③ 하나의 다른 크기를 갖는 직류를 또 다른 크기의 직류값으로 변환하기 위한 전력변환기이다.
④ 다른 크기(amplitude)나 주파수(frequency)를 갖는 교류를 또 하나의 다른 크기나 주파수를 갖는 교류값으로 변환하기 위한 전력변환기이다.

해설 인버터(inverter)는 반도체를 사용해서 직류를 교류로 변환하는 장치이며, 컨버터(converter)는 이와 반대로 교류를 직류전력으로 변환하는 장치이다.

30 입력전원전압이 $v_s = V_m \sin\theta$인 경우, 아래 그림의 전파 다이오드 정류기의 출력전압($v_0(t)$)에 대한 평균치와 실효치를 각각 옳게 나타낸 것은?

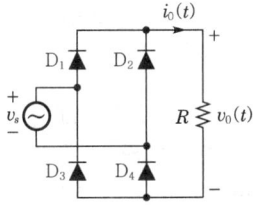

① 평균치 : $\dfrac{V_m}{\pi}$, 실효치 : $\dfrac{V_m}{2}$
② 평균치 : $\dfrac{V_m}{2}$, 실효치 : $\dfrac{V_m}{\pi}$
③ 평균치 : $\dfrac{V_m}{2\pi}$, 실효치 : $\dfrac{V_m}{\sqrt{2}}$
④ 평균치 : $\dfrac{2V_m}{\pi}$, 실효치 : $\dfrac{V_m}{\sqrt{2}}$

해설 브리지 전파정류회로

평균치 $= \dfrac{2}{\pi} V_m$, 실효치 $= \dfrac{V_m}{\sqrt{2}}$

[참고] 변형된 브리지 정류회로

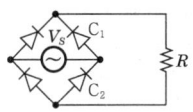

31 다음 중 2방향성 3단자 사이리스터는?
① SCS   ② TRIAC
③ SSS   ④ SCR

해설
- 트라이액(TRIAC)
  - 게이트를 갖는 대칭형 스위치이다.
  - 2개의 SCR을 병렬로 연결하면 된다.
  - 3단자 소자이며, 쌍방향성이다.
  - 정(+), 부(−)의 게이트 Pulse를 이용한다.

  - SSS와 같이 5층의 PN접합을 구성한다.
- SSS(Silicon Symmetrical Switch)
  - 2단자 소자이며, 쌍방향성이다.
  - 다이액(DIAC)과 같이 게이트 선극이 없다.
  - SCR을 역병렬로 2개 접속한 것과 같다.

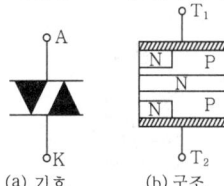

(a) 기호   (b) 구조

32 SCR에 대한 설명으로 가장 옳은 것은?
① 게이트 전류로 애노드 전류를 연속적으로 제어할 수 있다.
② 쌍방향성 사이리스터이다.
③ 게이트 전류를 차단하면 애노드 전류가 차단된다.
④ 단락상태에서 애노드 전압을 0 또는 부(−)로 하면 차단상태로 든다.

정답 29 ① 30 ④ 31 ② 32 ④

해설 SCR(Silicon Controlled Rectifier)
- 실리콘제어 정류소자
- PNPN의 4층 구조로 이루어져 있다.
- 순방향일 때 부성저항 특성을 갖는다.
- 일단 도통된 후의 전류를 제어하기 위해서는 애노드 전압을 '0' 또는 (−)상태로 극성을 바꾸어주면 된다.

33 MOSFET의 드레인(drain) 전류제어는?

① 소스(source)단자의 전류로 제어
② 드레인(drain)과 소스(source)간 전압으로 제어
③ 게이트(gate)와 소스(source)간 전류로 제어
④ 게이트(gate)와 소스(source)간 전압으로 제어

해설 FET(Field-Effect TR)
- 특징
  - 다수 캐리어에 의해 전류가 흐른다.
  - 입력저항이 매우 크다.
  - 저잡음이다.
  - 5극 진공관 특성과 비슷하다.
  - 이득(G)×대역폭(B)이 작다.
  - J-FET와 MOS-FET가 있다.
  - V_{GS}(Gate-Source 사이의 전압)로 드레인 전류를 제어한다.
- 종류
  - J-FET(접합 FET)

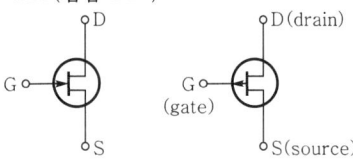

(a) N-channel FET   (b) P-channel FET

  - MOS-FET(절연게이트형 FET)

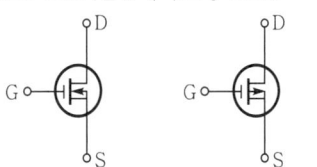

(a) N-channel FET   (b) P-channel FET

- FET의 3정수
  - $g_m = \dfrac{\Delta I_D}{\Delta V_{GS}}$ (순방향 상호전달 컨덕턴스)
  - $r_d = \dfrac{\Delta V_{DS}}{\Delta I_D}$ (드레인-소스저항)
  - $\mu = \dfrac{\Delta V_{DS}}{\Delta V_{GS}}$ (전압증폭률)
  - $\mu = g_m \cdot r_d$

34 SCR의 전압공급방법(turn-on) 중 가장 타당한 것은?

① 애노드에 (−)전압, 캐소드에 (+)전압, 게이트에 (+)전압을 공급한다.
② 애노드에 (−)전압, 캐소드에 (+)전압, 게이트에 (−)전압을 공급한다.
③ 애노드에 (+)전압, 캐소드에 (−)전압, 게이트에 (+)전압을 공급한다.
④ 애노드에 (+)전압, 캐소드에 (−)전압, 게이트에 (−)전압을 공급한다.

해설 SCR 동작원리는

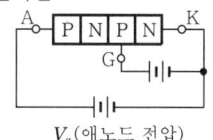

V_a(애노드 전압)

그러므로 애노드 단자에 (+), 캐소드 단자에 (−), 게이트 단자에 (+)전압을 인가한다.

35 전기자 도체의 총수 500, 10극, 단중파권으로 매극의 자속수가 0.2[Wb]인 직류발전기가 600[rpm]으로 회전할 때의 유기기전력은 몇 [V]인가?

① 25,000
② 5,000
③ 10,000
④ 15,000

해설 유기기전력(E)
$$E = \dfrac{z}{a} \cdot e = \dfrac{z}{a} P\phi n = \dfrac{z}{a} P\phi \dfrac{N}{60} \text{[V]}$$

정답 33 ④ 34 ③ 35 ②

여기서, z : 전기자 도체의 총수[개]
a : 병렬회로수(중권 : $a = P$, 파권 : $a = 2$)
P : 자극의 수[극]
ϕ : 매극당 자속[Wb]
N : 분당 회전수

$$\therefore E = \frac{z}{a}P\phi\frac{N}{60}$$
$$= \frac{500}{2} \times 10 \times 0.2 \times \frac{600}{60} = 5,000[V]$$

36 직류기의 전기자철심을 규소강판으로 성층하는 가장 큰 이유는?

① 기계손을 줄이기 위해서
② 철손을 줄이기 위해서
③ 제작이 간편하기 때문에
④ 가격이 싸기 때문에

해설 철심
얇은 규소강판을 성층철심하면 히스테리시스손을 감소시킬 수 있다.
- 규소함유량 : 1~1.4[%]
- 강판두께 : 0.35~0.5[mm]

37 직류 직권 전동기의 토크를 τ라 할 때 회전수를 $\frac{1}{2}$로 줄이면 토크는?

① $\frac{1}{2}\tau$ ② $\frac{1}{4}\tau$
③ 2τ ④ 4τ

해설 직류 직권 전동기의 토크(T, τ)와 회전수(N)의 관계
$\tau = \frac{1}{N^2}$에서 $\tau' = \frac{1}{\left(\frac{1}{2}N\right)^2} = 4\frac{1}{N^2} = 4\tau$

38 200[kVA] 단상 변압기가 있다. 철손은 1.6[kW], 전부하 동손은 2.4[kW]이다. 역률이 0.8일 때 전부하에서의 효율은 약 몇 [%]인가?

① 91.9 ② 94.7
③ 97.6 ④ 99.1

해설 효율(η)
- 실측효율(η) = $\frac{출력}{입력} \times 100[\%]$
- 규약효율(η) = $\frac{출력}{출력+손실} \times 100[\%]$
  $= \frac{입력-손실}{입력} \times 100[\%]$
  - 출력 $P = VI\cos\theta = P_a\cos\theta$
    $= 200 \times 10^3 \times 0.8$
    $= 160 \times 10^3[W]$
  - 손실 $P_l = P_i(철손) + P_c(동손)$
    $= 1.6 \times 10^3 + 2.4 \times 10^3$
    $= 4 \times 10^3[W]$

$\therefore \eta = \frac{160 \times 10^3}{160 \times 10^3 + 4 \times 10^3} \times 100$
$\fallingdotseq 97.56 = 97.6[\%]$

39 동기 발전기에서 전기자전류가 무부하 유도기전력보다 $\frac{\pi}{2}$ 만큼 뒤진 경우의 전기자 반작용은?

① 교차자화작용 ② 자화작용
③ 감자작용 ④ 편자작용

해설 전기자 반작용
전기자전류에 의한 자속이 계자자속에 영향을 미치는 현상
- 횡축 반작용
  - 계자자속 왜형파로 약간 감소
  - 전기자전류(I_a)와 유기기전력(E)이 동상일 때($\cos\theta = 1$)
- 직축 반작용
  - 감자작용 : 계자자속 감속, I_a가 E보다 위상이 90° 뒤질 때
  - 증자작용 : 계자자속 증가, I_a가 E보다 위상이 90° 앞설 때

40 4극 1,500[rpm]의 동기발전기와 병렬운전하는 24극 동기발전기의 회전수[rpm]는?

① 50[rpm] ② 250[rpm]
③ 1,500[rpm] ④ 3,600[rpm]

정답 36 ② 37 ④ 38 ③ 39 ③ 40 ②

해설
- 4극 발전기의 주파수(f_4)
$$f_4 = \frac{P \cdot N_s}{120} = \frac{4 \times 1,500}{120} = 50[\text{Hz}]$$
- 24극 발전기의 회전수(N_s)
$$N_s = \frac{120f}{P} = \frac{120 \times 50}{24} = 250[\text{rpm}]$$

41 % 동기 임피던스가 130[%]인 3상 동기 발전기의 단락비는 약 얼마인가?
① 0.7   ② 0.77
③ 0.8   ④ 0.88

해설 % 동기 임피던스 $= \frac{1}{\text{단락비}}$ 에서
$$\text{단락비} = \frac{1}{130} \times 100 ≒ 0.769 ≒ 0.77$$

42 정격 150[kVA], 철손 1[kW], 전부하 동손이 4[kW]인 단상 변압기의 최대 효율은?
① 약 96.8[%]   ② 약 97.4[%]
③ 약 98.0[%]   ④ 약 98.6[%]

해설
$$\eta_{\frac{1}{m}} = \frac{\frac{1}{m}VI\cos\theta}{\frac{1}{m}VI\cos\theta + P_i + \left(\frac{1}{m}\right)^2 P_c} \times 100[\%]$$
에서 $P_i = m^2 P_c \rightarrow m = \sqrt{\frac{P_i}{P_c}} = \sqrt{\frac{1}{4}} = \frac{1}{2}$
이므로
$$\therefore \eta_{\frac{1}{m}} = \frac{\frac{1}{2} \times 150 \times 10^3}{\frac{1}{2} \times 150 \times 10^3 + 1 \times 10^3 + \left(\frac{1}{2}\right)^2 \times 4 \times 10^3} \times 100[\%] = 97.4[\%]$$

43 60[Hz]의 전원에 접속된 4극, 3상 유도전동기의 슬립이 0.05일 때의 회전속도는?
① 90[rpm]
② 1,710[rpm]
③ 1,890[rpm]
④ 36,000[rpm]

해설 회전속도(N)
$$N = N_s(1-s) = \frac{120f}{P}(1-s)[\text{rpm}]$$
$$= \frac{120 \times 60}{4}(1-0.05)$$
$$= 1,710[\text{rpm}]$$

44 기숙사, 여관, 병원의 표준부하는 몇 [VA/m²]로 상정하는가?
① 10   ② 20
③ 30   ④ 40

해설 표준부하
- 공장, 사원, 연회장, 극장 : 10[VA/m²]
- 기숙사, 여관, 병원, 학교 : 20[VA/m²]
- 사무실, 은행 : 30[VA/m²]
- 아파트, 주택 : 40[VA/m²]

45 지상역률 80[%]인 1,000[kVA]의 부하를 100[%]의 역률로 개선하는 데 필요한 전력용 콘덴서의 용량은 몇 [kVA]인가?
① 200   ② 400
③ 600   ④ 800

해설 역률개선용 콘덴서 용량(Q_c)
$$Q_c = P(\tan\theta_1 - \tan\theta_2)$$
$$= P\left(\frac{\sqrt{1-\cos^2\theta_1}}{\cos\theta_1} - \frac{\sqrt{1-\cos^2\theta_2}}{\cos\theta_2}\right)[\text{kVA}]$$
단, $P = VI\cos\theta = 1,000 \times 0.8 = 800[\text{kW}]$, $\cos\theta_2 = 1$ 이므로
$$\therefore Q_c = 800 \times 10^3 \times \left(\frac{\sqrt{1-0.8^2}}{0.8} - 0\right) = 600[\text{kVA}]$$

46 발전기, 변압기, 선로 등의 단락보호용으로 사용되는 것으로 보호할 회로의 전류가 적정치보다 커질 때 동작하는 계전기는?
① O.C.R   ② S.G.R
③ O.V.R   ④ U.C.R

정답 41 ② 42 ② 43 ② 44 ② 45 ③ 46 ①

해설 계전기의 용도에 의한 분류
- 과전류계전기(OCR ; Over Current Relay)
  : 과부하, 단락보호용
- 과전압계전기(OVR ; Over Voltage Relay)
  : 접지고장 검출용
- 부족전류계전기(UCR ; Under Current Relay)
  : 계자보호용
- 부족전압계전기(UVR ; Under Voltage Relay)
  : 단락고장의 검출용

47 권상하중 25[t]인 기중기의 권상용 전동기의 출력이 25[kW]인 경우 권상속도는? (단, 권상장치의 효율은 0.7이다.)

① 약 0.7[m/min]
② 약 1[m/min]
③ 약 4.28[m/min]
④ 약 6.12[m/min]

해설 기중기 권상용 전동기의 출력(P)

$P = \dfrac{9.8QH}{\eta}K$ 에서

$P' = \dfrac{9.8W\dfrac{1}{60}v}{\eta}K$

(여기서, $K=1$로 놓고 풀이)

$v = \dfrac{\eta \times P' \times 60}{9.8 \times W}$

$\therefore v = \dfrac{0.7 \times 25 \times 60}{9.8 \times 25} \fallingdotseq 4.28 [\text{m/min}]$

48 행거밴드라 함은?

① 전주에 COS 또는 LA를 고정시키기 위한 밴드
② 전주 자체에 변압기를 고정시키기 위한 밴드
③ 완금을 전주에 설치하는 데 필요한 밴드
④ 완금에 암타이를 고정시키기 위한 밴드

해설 행거밴드
전주 자체에 변압기를 고정시키기 위한 band이다.

49 폭 20[m] 도로의 양쪽에 간격 10[m]를 두고 대칭배열(맞보기배열)로 가로등이 점등되어 있다. 한 등당 전광속이 4,000[lm], 조명률이 45[%]일 때 도로의 평균조도는?

① 9[lx]
② 17[lx]
③ 18[lx]
④ 19[lx]

해설 도로의 광속(F)

$F = \dfrac{EBSD}{NU}$ 에서 도로의 조도(E)$= \dfrac{FUN}{BSD}$

여기서, B : 도로의 폭
S : 등기구의 간격
D : 감광보상률
F : 총광속
U : 조명률
N : 광원의 열수

$E = \dfrac{4,000 \times 0.45 \times 1}{20 \times 10 \times \dfrac{1}{2}} = 18[\text{lx}]$

50 부적합수 관리도를 작성하기 위해 $\sum c = 559$, $\sum n = 222$를 구하였다. 시료의 크기가 부분군마다 일정하지 않기 때문에 u 관리도를 사용하기로 하였다. $n=10$일 경우 u 관리도의 UCL값은 약 얼마인가?

① 4.023
② 2.518
③ 0.502
④ 0.252

해설 u 관리도(단위당 결점수 관리도)
- 관리상한선 $UCL = \bar{u} + 3\sqrt{\dfrac{\bar{u}}{n}}$
- 여러 개 샘플의 단위당 평균결점수

$\bar{u} = \dfrac{\sum c}{\sum n} = \dfrac{559}{222} \fallingdotseq 2.518$

$\therefore UCL = 2.518 + 3\sqrt{\dfrac{2.518}{10}} \fallingdotseq 4.023$

정답 47 ③ 48 ② 49 ③ 50 ①

51 관리도에서 점이 관리 한계 내에 있으나 중심선 한쪽에 연속해서 나타나는 점의 배열현상을 무엇이라 하는가?
① 런(run) ② 경향
③ 산포 ④ 주기

해설 점의 배열
- 런 : 중심선의 한쪽으로 연속해서 나타난 점의 배열이다.
- 경향 : 점이 점점 올라가거나 내려가는 상태이다.
- 주기 : 점이 주기적으로 위, 아래로 변동하는 경우 주기성이 있다고 한다.
- 산포 : 측정값의 크기가 고르지 않을 때이다.

52 관리 사이클의 순서를 가장 적절하게 표시한 것은? (단, A는 조치(Act), C는 체크(Check), D는 실시(Do), P는 계획(Plan)이다.)
① P → D → C → A
② A → D → C → P
③ P → A → C → D
④ P → C → A → D

해설 관리 사이클
  Plan → Do → Check → Act

53 작업자가 장소를 이동하면서 작업을 수행하는 경우에 그 과정을 가공, 검사, 운반, 저장 등의 기호를 사용하여 분석하는 것을 무엇이라 하는가?
① 작업자 연합작업분석
② 작업자 동작분석
③ 작업자 미세분석
④ 작업자 공정분석

해설 작업자 공정분석
작업자가 장소를 이동하면서 작업을 수행하는 경우 그 과정을 가공, 검사, 운반 등의 기호를 사용하여 분석하는 것을 말한다.
- ○ : 작업
- □ : 검사
- ⇨ : 이동
- D : 대기
- ▽ : 저장

54 품질특성을 나타내는 데이터 중 계수값 데이터에 속하는 것은?
① 무게 ② 길이
③ 인장강도 ④ 부적합품의 수

해설 품질특성을 나타내는 데이터
- 계량값 데이터 : 무게, 길이, 인장강도, 순도, 전압 등
- 계수값 데이터 : 부적합품의 수, 불량개수 등

55 교류 380[V]를 사용하는 공장의 전선과 대지 사이의 절연저항은 몇 [MΩ] 이상이어야 하는가?

① 0.1 ② 0.5
③ 1.0 ④ 2.0

해설 전로의 절연저항

전로의 사용전압	DC시험전압 [V]	절연저항 [MΩ]
SELV, PELV	250	0.5
FELV, 500[V] 이하	500	1.0
500[V] 초과	1,000	

56 리플프리(ripple-free) 직류란 직류의 맥동 성분이 몇 [%] 이하일 때를 나타내는가?
① 5[%] ② 10[%]
③ 15[%] ④ 20[%]

해설 리플프리(ripple-free)
교류를 직류로 변환할 때 리플성분의 실효값이 10[%] 이하일 때를 말한다.

57 교류회로에서 중성선 겸용 보호도체를 나타내는 것은?
① PEL 도체
② PEM 도체
③ PEN 도체
④ PENM 도체

정답 51 ① 52 ① 53 ④ 54 ④ 55 ③ 56 ② 57 ③

해설 보호도체
- PEN 도체(protective earthing conductor and neutral conductor) : 교류회로에서 중성선 겸용 보호도체를 말한다.
- PEM 도체(protective earthing conductor and a mid-point conductor) : 직류회로에서 중간선 겸용 보호도체를 말한다.
- PEL 도체(protective earthing conductor and a line conductor) : 직류회로에서 선도체 겸용 보호도체를 말한다.

58 KEC규정에서 구분하는 접지시스템의 시설과 무관한 것은?
① 단독접지   ② 공통접지
③ 공용접지   ④ 통합접지

해설 접지시스템 시설의 구분
단독접지, 공통접지, 통합접지가 있다.

59 고압계통에서 지락고장시간(초)이 5초 이하일 때 저압설비 허용 상용주파 과전압[V]을 구하는 수식으로 옳은 것은? (단, U_0는 선간전압을 말한다.)
① $U_0 + 1,200$ ② $U_0 + 1,000$
③ $U_0 + 500$ ④ $U_0 + 250$

해설 저압설비 허용 상용주파 과전압

고압계통에서 지락고장시간 [초]	저압설비 허용 상용주파 과전압[V]	비 고
$t > 5$	$U_0 + 250$	중성선 도체가 없는 계통에서 U_0는 선간전압을 말한다.
$t \leq 5$	$U_0 + 1,200$	

60 지지선(지선)에 대한 설명이다. 이 중 틀린 것은?
① 철탑은 지선을 사용하여 그 강도를 분담시켜서는 안 된다.
② 지선의 안전율은 2.5 이상이어야 한다.
③ 허용인장하중의 최저는 4.31[kN]으로 한다.
④ 소선의 지름이 2.5[mm] 이상의 금속선을 사용한 것이어야 한다.

해설 지지선(지선)
- 철탑은 지선을 사용하여 그 강도를 분담시켜서는 안 된다.
- 지선의 안전율은 2.5 이상일 것
- 허용인장하중의 최저는 4.31[kN]으로 한다.
- 소선의 지름이 2.6[mm] 이상의 금속선을 사용한 것이어야 한다.
- 소선(素線) 3가닥 이상의 연선이어야 한다.
- 지중부분 및 지표상 0.3[m]까지의 부분에는 내식성이 있는 것 또는 아연도금을 한 철봉을 사용하고 쉽게 부식되지 않는 근가에 견고하게 붙여야 한다.
- 도로를 횡단하여 시설하는 지선의 높이는 지표상 5[m] 이상으로 하여야 한다.

정답 58 ③   59 ①   60 ④

2025년 제78회 CBT 기출복원문제

01 저항 20[Ω]인 전열기로 21.6[kcal]의 열량을 발생시키려면 5[A]의 전류를 약 몇 분간 흘려주면 되는가?

① 3분
② 5.7분
③ 7.2분
④ 18분

해설 줄의 법칙(Joule's law)을 이용하면
$H = 0.24I^2Rt$[cal]에서
21.6×10^3[cal] $= 0.24 \times 5^2 \times 20 \times t$
(여기서, t[sec] 의미)
$t = \dfrac{21.6 \times 10^3}{0.24 \times 5^2 \times 20} = 180$초 $= 3$분

02 최대 눈금 150[V], 내부저항 20[kΩ]인 직류 전압계가 있다. 이 전압계의 측정범위를 600[V]로 확대하기 위하여 외부에 접속하는 직렬저항은 얼마로 하면 되는가?

① 20[kΩ] ② 40[kΩ]
③ 50[kΩ] ④ 60[kΩ]

해설 배율기(R_m)
$R_m = (m-1)r_v$
(여기서, m : 배율, r_v : 전압계 내부저항)
$\therefore R_m = \left(\dfrac{600}{150} - 1\right) 20 \times 10^3 = 60$[kΩ]

03 정격전압에서 소비전력이 600[W]인 저항에 정격전압의 90[%]의 전압을 가할 때 소비되는 전력은?

① 480[W] ② 486[W]
③ 540[W] ④ 545[W]

해설 소비전력(P) $= 600$[W] $= \dfrac{V^2}{R}$ 이므로
정격전압의 90[%]시의 전력(P') $= \dfrac{(0.9V)^2}{R}$
$= 0.81 \times \dfrac{V^2}{R} = 0.81 \times 600 = 486$[W]이다.

04 전기회로에 100[V]라는 표시가 있다. 여기서 100[V]는 무엇을 나타내는가?

① 최대값 ② 실효값
③ 평균값 ④ 파고율

해설 일반적인 전압은 실효값을 말한다.

- 실효값 $= \dfrac{\text{최대값}}{\sqrt{2}}$
- 평균값 $= \dfrac{2}{\pi}$ 최대값
- 파고율 $= \dfrac{\text{최대값}}{\text{실효값}}$
- 파형률 $= \dfrac{\text{실효값}}{\text{평균값}}$

05 파형률과 파고율이 같고 그 값이 1인 파형은?

① 사인파
② 구형파
③ 삼각파
④ 고조파

해설 파형률과 파고율이 모두 '1'인 파형은 구형파이다.

종 류	평균값	실효값(여기서, V_m : 최대값 의미)
정현파, 전파	$\dfrac{2}{\pi}V_m$	$\dfrac{V_m}{\sqrt{2}}$
반파	$\dfrac{1}{\pi}V_m$	$\dfrac{V_m}{2}$
맥류파	$\dfrac{1}{2}V_m$	$\dfrac{V_m}{\sqrt{2}}$
구형파	V_m	V_m
삼각파, 톱니파	$\dfrac{1}{2}V_m$	$\dfrac{V_m}{\sqrt{3}}$

정답 01 ① 02 ④ 03 ② 04 ② 05 ②

06 $R=10[\Omega]$, $X_L=8[\Omega]$, $X_C=20[\Omega]$이 병렬로 접속된 회로에서 80[V]의 교류전압을 가하면 전원에 흐르는 전류는 몇 [A]인가?

① 5[A] ② 10[A]
③ 15[A] ④ 20[A]

해설
- $R-L-C$ 직렬회로의 전류(I)는
$$I=\frac{V}{Z}=\frac{V}{\sqrt{R^2+(X_L-X_C)^2}}$$

- $R-L-C$ 병렬회로의 전류(I)는
$$\dot{I}=\dot{I}_R+\dot{I}_L+\dot{I}_C=\frac{V}{R}+\frac{V}{jX_L}-\frac{V}{jX_C}$$
$$=I_R-jI_L+jI_C=I_R+j(I_C-I_L)$$
$$\therefore I=\sqrt{I_R^2+(I_C-I_L)^2}$$
$$=\sqrt{\left(\frac{80}{10}\right)^2+\left(\frac{80}{20}-\frac{80}{8}\right)^2}$$
$$=\sqrt{8^2+6^2}=10[A]$$

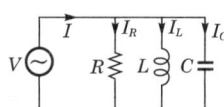

07 그림과 같은 회로에서 소비되는 전력은?

① 5,808[W]
② 7,744[W]
③ 9,680[W]
④ 12,100[W]

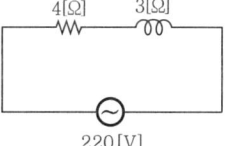

해설
- 유효전력(P)$=I^2 \cdot R=\left(\frac{V}{Z}\right)^2 \cdot R$
$$=\left(\frac{220}{\sqrt{4^2+3^2}}\right)^2 \cdot 4$$
$$=7,744[W]$$

- 무효전력(P_r)$=I^2 \cdot X=\left(\frac{V}{Z}\right)^2 \cdot X$
$$=\left(\frac{220}{\sqrt{4^2+3^2}}\right)^2 \cdot 3$$
$$=5,808[Var]$$

- 피상전력(P_a)$=I^2 \cdot Z=\left(\frac{V}{Z}\right)^2 \cdot Z$
$$=\left(\frac{220}{\sqrt{4^2+3^2}}\right)^2 \cdot 5$$
$$=9,680[VA]$$

또한, 소비전력, 평균전력은 유효전력과 같다.

08 그림과 같은 회로에서 대칭 3상 전압(선간전압) 173[V]를 $Z=12+j16[\Omega]$인 성형결선 부하에 인가하였다. 이 경우의 선전류는 몇 [A]인가?

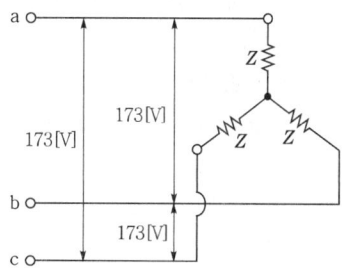

① 5.0[A] ② 8.3[A]
③ 10.0[A] ④ 15.0[A]

해설 $I_l(=I_P)=\frac{V_P}{Z}=\frac{\frac{V_l}{\sqrt{3}}}{Z}$
$$=\frac{\frac{173}{\sqrt{3}}}{\sqrt{12^2+16^2}}\fallingdotseq 5[A]$$

09 평균 반지름이 1[cm]이고, 권수가 500회인 환상 솔레노이드 내부의 자계가 200[AT/m]가 되도록 하기 위해서는 코일에 흐르는 전류를 약 몇 [A]로 하여야 하는가?

① 0.015 ② 0.025
③ 0.035 ④ 0.045

해설 환상 솔레노이드에 의한 자장의 세기(H)
$H=\frac{NI}{2\pi r}$ [AT/m]에서 전류 I를 구하면
$I=\frac{2\pi rH}{N}=\frac{2\pi \times 0.01 \times 200}{500}=0.025[A]$
(단, r : 반지름[m]을 의미)

정답 06 ② 07 ② 08 ① 09 ②

10 평행판 콘덴서에 100[V]의 전압이 걸려 있다. 이 전원을 가한 상태로 평행판 간격을 처음의 2배로 증가시키면?

① 용량은 반으로 줄고, 저장되는 에너지는 2배가 된다.
② 용량은 2배가 되고, 저장되는 에너지는 반으로 줄어든다.
③ 용량과 저장되는 에너지는 각각 반으로 줄어든다.
④ 용량과 저장되는 에너지는 각각 2배가 된다.

해설 평행판 콘덴서

- 정전용량 $(C) = \dfrac{\varepsilon \cdot S}{d}$ 이므로 간격(d)을 2배로 하면 $C' = \dfrac{\varepsilon \cdot S}{2d}$ 는 원래 C의 $\dfrac{1}{2}$로 감소한다.
- 정전에너지 $(W) = \dfrac{1}{2} C' V^2$ 이므로 간격(d)을 2배로 하면 에너지도 $\dfrac{1}{2}$로 감소한다.

11 10진수 249를 16진수 값으로 변환한 것은?

① 189
② 9F
③ FC
④ F9

해설 10진수를 16진수로 변환

16) 249₁₀
    15 … 9 ↑

∴ $(249)_{10} = (F9)_{16}$

10진수	0	1	2	3	4	5	6	7	8	9	10	11	12	13	14	15
16진수	0	1	2	3	4	5	6	7	8	9	A	B	C	D	E	F

12 2진수 $(1001)_2$를 그레이 코드(gray code)로 변환한 값은?

① $(1110)_G$
② $(1101)_G$
③ $(1111)_G$
④ $(1100)_G$

해설 2진수에서 그레이 코드 변환은 다음과 같다.

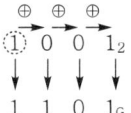

∴ $(1001)_2 = (1101)_G$

예 그레이 코드를 2진수로 변환

∴ $(1101)_G = (1001)_2$

13 논리식 'A + AB'를 간단히 계산한 결과는?

① A
② $\overline{A}$ + B
③ A + $\overline{B}$
④ A + B

해설 불대수

$\begin{cases} A+A=A, \ A\times A=A, \ A+\overline{A}=1 \\ A\times \overline{A}=0, \ 1+A=1, \ 1\times A=A \\ \overline{\overline{A}}=A \end{cases}$

∴ A + AB = A(1+B) = A

14 카르노도의 상태가 그림과 같을 때 간략화된 논리식은?

C\BA	00	01	11	10
0	1	0	0	1
1	1	0	0	1

① $\overline{A}\,\overline{B}\,\overline{C} + \overline{A}\,\overline{B}\,C + \overline{A}\,B\,\overline{C} + \overline{A}\,B\,C$
② $A\overline{B} + \overline{A}B$
③ A
④ $\overline{A}$

해설

C\BA	00	01	11	10
0	1			1
1	1			1

→ 4개가 1개로 묶인다.

위와 같이 불대수보다는 카르노도를 이용하여 2, 4, 8, 16개씩 묶고 변한 문자는 생략되어 논리식을 간략화하면 $Y = \overline{A}$이다.

∴ 간략화된 논리식 $Y = \overline{A}$

정답 10 ③ 11 ④ 12 ② 13 ① 14 ④

15 그림과 같은 스위치회로의 논리식은?

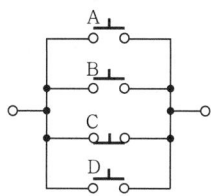

① $A \cdot B \cdot \overline{C} \cdot D$
② $A + B + \overline{C} + D$
③ $\overline{A} \cdot \overline{B} \cdot C \cdot \overline{D}$
④ $\overline{A} + \overline{B} + C + \overline{D}$

해설 AND, OR회로를 접점회로로 표시하면 다음과 같다.
• AND회로

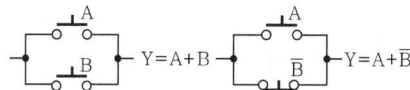

• OR회로

∴ 출력 $Y = A + B + \overline{C} + D$ 가 된다.

16 그림이 논리회로와 그 기능이 같은 것은?

① ② ③ ④

해설 드 모르간 법칙과 불대수를 이용하면 다음과 같다.
$Y = \overline{\overline{A\overline{B}} \cdot \overline{B}} = \overline{A\overline{B}} + B = A\overline{B} + B$
$= A\overline{B} + B(1+A) = A\overline{B} + B + AB$
$= A(\overline{B} + B) + B = A + B$

이므로 OR회로의 출력을 나타낸다.

17 반가산기의 진리표에 대한 출력함수는?

입력		출력	
A	B	S	C_0
0	0	0	0
0	1	1	0
1	0	1	0
1	1	0	1

① $S = \overline{A}\overline{B} + AB$, $C_0 = \overline{A}\overline{B}$
② $S = \overline{A}B + A\overline{B}$, $C_0 = AB$
③ $S = \overline{A}B + AB$, $C_0 = AB$
④ $S = \overline{A}B + A\overline{B}$, $C_0 = \overline{A}\overline{B}$

해설 진리표에서 S, C_0값을 구하면
$\begin{cases} S = A \oplus B = \overline{A}B + A\overline{B} \\ C_0 = AB \end{cases}$

즉, 반가산기의 합(S), 자리올림수(C_0)를 나타내며, 2진수의 1자 숫자 2개를 덧셈하는 회로이다.

18 JK 플립플롭에서 J입력과 K입력에 모두 1을 가하면 출력은 어떻게 되는가?

① 반전된다.
② 불확정상태가 된다.
③ 이전 상태가 유지된다.
④ 이전 상태에 상관없이 1이 된다.

해설 J-K FF의 진리표

입력		출력
J	K	$Q_{n+1}(t)$
0	0	Q_n (불변)
0	1	0
1	0	1
1	1	$\overline{Q_n}$ (반전)

19 다음 논리회로와 등가인 논리함수는?

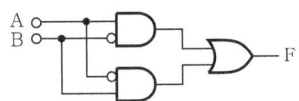

① $(\overline{A}+\overline{B})(A+B)$
② $(A+\overline{B})(\overline{A}+B)$
③ $(\overline{A}+\overline{B})(\overline{A}+\overline{B})$
④ $(\overline{A}+\overline{B})(\overline{A}+B)$

해설 논리회로의 출력 F는 $F = A\overline{B}+\overline{A}B$이며, E-OR회로의 출력과 같다.
① $(\overline{A}+\overline{B})(A+B)$
　$= \overline{A}A + \overline{A}B + A\overline{B} + \overline{B}B$
　$= \overline{A}B + A\overline{B}$
② $(A+\overline{B})(\overline{A}+B)$
　$= A\overline{A} + AB + \overline{A}\overline{B} + \overline{B}B$
　$= AB + \overline{A}\overline{B}$
③ $(\overline{A}+\overline{B})(\overline{A}+\overline{B}) = \overline{A}+\overline{B}$
④ $(\overline{A}+\overline{B})(\overline{A}+B)$
　$= \overline{A}\overline{A} + \overline{A}B + \overline{A}\overline{B} + \overline{B}B$
　$= \overline{A} + \overline{A}B + \overline{A}\overline{B}$
　$= \overline{A}(1+B+\overline{B}) = \overline{A}$

20 복도체 선로가 있다. 소도체의 지름 8[mm], 소도체 사이의 간격 40[cm]일 때, 등가반지름[cm]은?

① 1.8
② 3.4
③ 4.0
④ 5.7

해설 $r' = \sqrt{r \cdot s} = \sqrt{\dfrac{0.8}{2} \cdot 40} = 4[\text{cm}]$

21 정전용량 $0.01[\mu F/km]$, 길이 173.2[km], 선간전압 60,000[V], 주파수 60[Hz]인 송전선로의 충전전류[A]는 얼마인가?

① 6.3
② 18.5
③ 22.6
④ 47.2

해설 $I_c = \dfrac{E}{X_c} = \omega CE = 2\pi f CE$
　$= 2\pi \times 60 \times 0.01 \times 10^{-6} \times 173.2 \times \dfrac{60,000}{\sqrt{3}}$
　$= 22.6[\text{A}]$

22 송전단전압 6,600[V], 수전단전압 6,100[V]였다. 수전단의 부하를 끊은 경우 수전단전압이 6,300[V]라면 이 회로의 전압강하율과 전압변동률은 각각 몇 [%]인가?

① 6.8, 4.1
② 8.2, 3.28
③ 4.14, 6.8
④ 43.28, 8.2

해설
・전압강하율 $\varepsilon = \dfrac{6,600-6,100}{6,100} \times 100[\%]$
　$= 8.19[\%]$
・전압변동률 $\delta = \dfrac{6,300-6,100}{6,100} \times 100[\%]$
　$= 3.278[\%]$

23 송전전력, 송전거리, 전선의 비중 및 전선손실률이 일정하다고 하면 전선의 단면적 A는 다음 중 어느 것에 비례하는가? (단, V는 송전전압이다.)

① V^2
② V
③ $\dfrac{1}{V^2}$
④ $\dfrac{1}{V}$

해설 단면적 $A = \dfrac{\rho l P^2}{P_l \cdot V^2 \cdot \cos^2\theta}$

24 송전단전압 161[kV], 수전단전압 154[kV], 상차각 60°, 리액턴스 65[Ω]일 때 선로손실을 무시하면 전력은 약 몇 [MW]인가?

① 330
② 322
③ 279
④ 161

해설 $P = \dfrac{V_S \cdot V_R}{X} \cdot \sin\delta$
　$= \dfrac{161 \times 154}{65} \times \sin 60° = 330[\text{MW}]$

정답　19 ①　20 ③　21 ③　22 ②　23 ③　24 ①

25 송전선로의 일반회로정수가 $A = 0.7$, $B = j190$, $D = 0.9$라 하면 C의 값은?

① $j1.95 \times 10^{-4}$
② $j1.95 \times 10^{-3}$
③ $-j1.95 \times 10^{-4}$
④ $-j1.95 \times 10^{-3}$

해설 $AD - BC = 1$에서
$$C = \frac{AD-1}{B} = \frac{0.7 \times 0.9 - 1}{j190}$$
$$= j0.00195 = j1.95 \times 10^{-3}$$

26 가공전선로에 사용하는 전선의 구비조건으로 바람직하지 못한 것은?

① 비중(밀도)이 클 것
② 도전율이 높을 것
③ 기계적인 강도가 클 것
④ 내구성이 있을 것

해설 전선의 구비조건
- 가요성이 클 것
- 내구성이 있을 것
- 도전율이 클 것
- 기계적 강도가 클 것
- 비중이 작을 것
- 가격이 저렴할 것

27 변압기 보호를 위해 주탱크와 콘서베이터 사이에 설치하며 유증기 속에 포함된 수소가스 검출을 위해 사용되는 계전기는?

① 부흐홀츠 계전기
② 거리계전기
③ 과전류계전기
④ 과전압계전기

해설 부흐홀츠 계전기
변압기 보호를 위해 주탱크와 콘서베이터 사이에 설치하며 유증기 속에 포함된 수소(H_2) 가스 검출을 위해 사용된다.

28 그림과 같이 지지점 A, B, C에는 고저차가 없으며, 지지물 간 거리(경간) AB와 BC 사이에 전선이 가설되어 그 처짐정도(이도)가 12[cm]이었다고 한다. 지금 지지점 B에서 전선이 떨어져 전선의 처짐정도(이도)가 D로 되었다면 D는 몇 [cm]가 되겠는가?

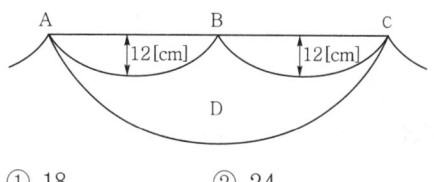

① 18 ② 24
③ 30 ④ 36

해설 $D_2 = 2D_1 = 2 \times 12 = 24$[cm]

29 그림과 같은 회로에서 AB 간의 전압의 실효값을 200[V]라고 할 때 R_L 양단에서 전압의 평균값은 약 몇 [V]인가? (단, 다이오드는 이상적인 다이오드이다.)

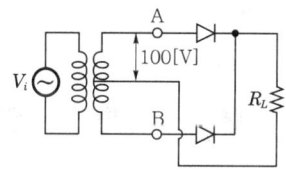

① 64 ② 90
③ 141 ④ 282

해설 전파정류회로
- 실효값 $= \dfrac{최대값}{\sqrt{2}}$
- 평균값 $= \dfrac{2}{\pi}$ 최대값
  $= \dfrac{2}{\pi}(\sqrt{2}\ 실효값)$
  $= \dfrac{2\sqrt{2}}{\pi} \times 100 ≒ 90.07$[V]

[참고] 문제에서의 200[V]와 그림에서의 100[V]를 잘 확인해야 함

30 단상 브리지 제어정류회로에서 저항부하인 경우 출력전압은? (단, a는 트리거 위상각이다.)

① $E_d = 0.225E(1+\cos\alpha)$
② $E_d = \dfrac{2\sqrt{2}}{\pi}E\left(\dfrac{1+\cos\alpha}{2}\right)$
③ $E_d = 2\dfrac{\sqrt{2}}{\pi}E\cos\alpha$
④ $E_d = 1.17E\cos\alpha$

해설 브리지 제어정류회로는 전파이므로
출력전압$(E_d) = \dfrac{\sqrt{2}}{\pi}E(1+\cos\alpha)$
$= \dfrac{2\sqrt{2}}{\pi}E\left(\dfrac{1+\cos\alpha}{2}\right)$

31 다음 그림기호와 같은 반도체 소자의 명칭은?

① SCR
② UJT
③ TRIAC
④ FET

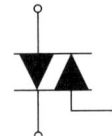

해설

(a) TRIAC (b) SCR (c) SSS

(d) UJT   (e) J-FET

32 다음 중 UPS의 기능으로서 옳은 것은 어느 것인가?

① 3상 전파정류방식
② 가변주파수 공급가능
③ 무정전 전원공급장치
④ 고조파방지 및 정류평활

해설 UPS(Uninterrupt Power Supply)
- 정전상태에 대비해서 안정적 전원을 공급하기 위한 장치이다.
- 무정전 전원공급장치이다.

33 MOSFET의 드레인 전류는 무엇으로 제어하는가?

① 게이트 전압   ② 게이트 전류
③ 소스전류   ④ 소스전압

해설 특징
- 다수 캐리어에 의해 전류가 흐른다.
- 입력저항이 매우 크다.
- 저잡음이다.
- 5극 진공관 특성과 비슷하다.
- 이득$(G)\times$대역폭(B)이 작다.
- J-FET와 MOS-FET가 있다.
- V_{GS}(Gate-Source 사이의 전압)로 드레인 전류를 제어한다.

34 PN접합 다이오드의 순방향 특성에서 실리콘 다이오드의 브레이크 포인터는 약 몇 [V]인가?

① 0.2   ② 0.5
③ 0.7   ④ 0.9

해설 PN접합 다이오드
- P형 반도체와 N형 반도체를 접합시키면 P형의 다수반송자인 정공은 N형 쪽으로, N형의 다수 반송자인 전자는 P형 쪽으로 이동한다.
- 정류작용을 한다.
- 순방향 bias

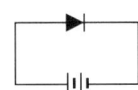

 - 전장이 약해진다.
 - 공핍층의 폭이 좁아지며, 전위장벽이 낮아진다.
- 역방향 bias

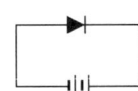

 - 전장이 가해진다.
 - 공핍층이 넓어지며, 전위장벽이 높아진다.

정답 30 ② 31 ③ 32 ③ 33 ① 34 ③

- 특성곡선

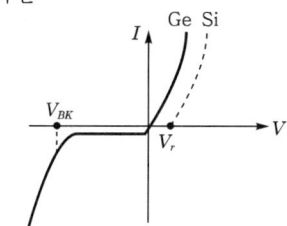

여기서, V_{BK} : 항복전압(Break Down)
V_r : Cut-in전압,
Break-point전압,
Threshold전압(Si : 0.6~0.7[V], Ge : 0.2~0.3[V])

35 어느 분권 발전기의 전압변동률이 6[%]이다. 이 발전기의 무부하전압이 120[V]이면 정격 전부하전압은 약 몇 [V]인가?

① 96 ② 100
③ 113 ④ 125

해설 전압변동률(ε[%])

전부하에서 무부하로 전환시 전압의 차를 백분율[%]로 나타낸 것

$\varepsilon = \dfrac{V_0 - V_n}{V_n} \times 100[\%]$ (여기서, V_0 : 무부하전압, V_n : 전부하(정격)전압)

$\varepsilon = \dfrac{120 - V_n}{V_n} \times 100$

∴ $V_n \fallingdotseq 113[V]$

36 무부하에서 자기여자로 전압을 확립하지 못하는 직류 발전기는?

① 직권 발전기
② 분권 발전기
③ 복권 발전기
④ 타여자 발전기

해설 직권 발전기

무부하시에는 자기여자로 전압을 확립하지 못하며, 선로의 전압강하를 보상하는 목적으로 장거리 급전선에 직렬로 연결하여 승압기로 사용된다.

37 전동기가 매분 1,200회 회전하여 9.42[kW]의 출력이 나올 때 토크는 약 몇 [kg·m]인가?

① 6.65
② 6.90
③ 7.65
④ 7.90

해설 전동기의 토크(τ)

$\tau = 0.975 \dfrac{E \cdot I_a}{N}$

$= 0.975 \dfrac{P}{N}$

$= 0.975 \dfrac{9.42 \times 10^3}{1,200}$

$\fallingdotseq 7.653[\text{kg} \cdot \text{m}]$

38 워드 레오나드(Ward Leonard) 방식은 직류기의 무엇을 목적으로 하는 것인가?

① 정류개선
② 속도제어
③ 계자자속조정
④ 병렬운전

해설 속도를 제어하기 위한 방식으로서 계자제어, 저항제어, 전압제어(워드 레오나드, 일그너), 직·병렬제어방식이 있다.

39 동기 발전기에서 전기자권선을 단절권으로 하는 이유는?

① 절연을 좋게 하기 위해
② 기전력을 높게 한다.
③ 역률을 좋게 한다.
④ 고조파를 제거한다.

해설 단절권의 특징
- 고조파가 제거되어 기전력의 파형개선
- 동량의 감소, 기계적 치수 경감
- 코일 간격이 극간격보다 짧은 경우 사용
- 기전력 감소

정답 35 ③ 36 ① 37 ③ 38 ② 39 ④

40 동기 전동기에서 제동권선의 사용 목적으로 가장 옳은 것은?

① 난조방지
② 정지시간의 단축
③ 운전토크의 증가
④ 과부하내량의 증가

해설 난조(hunting)
부하급변시 부하각과 동기속도가 진동하는 현상
• 원인
 – 조속기감도가 너무 예민한 경우
 – 토크에 고조파가 포함된 경우
 – 회로저항이 너무 큰 경우
• 방지책 : 제동권선을 설치

41 동기 무효전력보상장치(조상기)를 과여자로 해서 운전하였을 때 나타나는 현상이 아닌 것은?

① 리액터로 작용한다.
② 전압강하를 감소시킨다.
③ 진상전류를 취한다.
④ 콘덴서로 작용한다.

해설 동기 무효전력보상장치(조상기)
동기 전동기를 무부하로 하여 계자전류를 조정함에 따라 진상 또는 지상전류를 공급하여 송전계통의 전압 조정과 역률을 개선하는 동기 전동기이다.
• 부족 여자 : 지상전류, 리액터 동작
• 과여자 : 진상전류, 콘덴서 동작

42 3상 변압기의 병렬운전이 불가능한 결선은?

① △-Y와 Y-Y
② Y-△와 Y-△
③ △-Y와 Y-△
④ △-△와 Y-△

해설 3상 변압기의 병렬운전시에는 각 변위가 같아야 하며 홀수(△, Y)는 각 변위가 다르므로 병렬운전이 불가능하다.

[참고] 변압기군의 병렬운전조합

병렬운전이 가능한 경우	병렬운전이 불가능한 경우
Y-Y와 Y-Y	△-Y와 Y-Y
△-△와 △-△	△-△와 △-Y
△-Y와 △-Y	
Y-△와 Y-△	
△-△와 Y-Y	
△-Y와 Y-△	

43 유도 전동기의 2차 입력, 2차 동손 및 슬립을 각각 P_2, P_{C_2}, s라 하면 이들 관계식은?

① $s = P_2 \cdot P_{C_2}$
② $s = P_{C_2} + P_2$
③ $s = \dfrac{P_2}{P_{C_2}}$
④ $s = \dfrac{P_{C_2}}{P_2}$

해설 P_{C_2}(2차 동손), P_2(2차 입력)

$P_{C_2} : P_2 = 1 : \dfrac{1}{s}$ 이므로 $P_2 = \dfrac{1}{s} P_{C_2}$

$\therefore s = \dfrac{P_{C_2}}{P_2}$

44 전선의 재료로서 구비할 조건이 아닌 것은?

① 비중이 작을 것
② 경제성이 있을 것
③ 인장강도가 작을 것
④ 가요성이 풍부할 것

해설 전선의 구비조건
• 도전율은 클 것
• 기계적 강도가 클 것
• 가요성과 내구성이 클 것
• 저항률은 작을 것
• 비중은 작을 것
• 가격은 저렴할 것

45 전원공급점에서 각각 30[m]의 지점에 60[A], 40[m]의 지점에 50[A], 50[m]의 지점에 30[A]의 부하가 걸려 있는 경우 부하중심까지의 거리는?

① 20.4[m]
② 37.9[m]
③ 44.2[m]
④ 122.3[m]

정답 40 ① 41 ① 42 ① 43 ④ 44 ③ 45 ②

■해설 부하 중심까지의 거리(L)

$$L = \frac{\sum ll}{\sum I} = \frac{60 \times 30 + 50 \times 40 + 30 \times 50}{60 + 50 + 30}$$
$$\fallingdotseq 37.9 [m]$$

46 양수량 30[m³/min]이고 총양정이 15[m]인 양수펌프용 전동기의 용량은 약 몇 [kW]인가? (단, 펌프효율은 85[%], 설계여유계수는 1.2로 계산한다.)

① 103.8　② 124.4
③ 382.5　④ 459.1

■해설 양수기 출력(P, 펌프용 전동기의 용량)

$$P = \frac{9.8QH}{\eta}K$$
$$= \frac{9.8 \times \frac{30}{60} \times 15}{0.85} \times 1.2 \fallingdotseq 103.8[kW]$$

47 지중 케이블의 고장점을 찾아내는 방법은 머레이루프, 발레이루프 시험법이 있는데 이들 시험방법은 어떤 브리지 원리를 이용하는가?

① 휘트스톤 브리지(Wheatston bridge)
② 셰링 브리지(Schering's bridge)
③ 오웬 브리지(Owen's bridge)
④ 임피던스 브리지(impedance bridge)

■해설 휘트스톤 브리지법
평형조건을 이용하여 고장지점까지의 거리를 측정하는 방식이다.

48 단상 3선식 전원에 한 (A)상과 중성선(N) 간에 각각 1[kVA], 0.8[kVA], 0.5[kVA]의 부하가 병렬접속되고 다른 한 (B)상과 중성선(N)에 0.5[kVA] 및 0.8[kVA]의 부하가 병렬접속된 회로의 양단 (A)상 및 (B)상에 5[kVA]의 부하가 접속되었을 경우 설비불평형률[%]은 약 얼마인가?

① 11　② 23
③ 42　④ 56

■해설 설비불평형률

$$= \frac{\text{중성선과 각 전압측 선간에 접속되는 부하설비 용량의 차}}{\text{총 부하설비 용량의 } \frac{1}{2}} \times 100[\%]$$

$$= \frac{(1+0.8+0.5)-(0.5+0.8)}{(2.3+1.3+5) \times \frac{1}{2}} \times 100$$

$$= 23.25 \fallingdotseq 23[\%]$$

49 가로 9[m], 세로 6[m], 방바닥에서 천장까지의 높이가 3.85[m]인 방에서 조명기구를 천장에 직접 부착하고자 한다. 이 방의 실지수는? (단, 작업면은 방바닥에서 0.85[m]이다.)

① 1.2
② 2.49
③ 9.8
④ 16.5

■해설 실지수 $K = \dfrac{X \cdot Y}{H(X+Y)}$

$$K = \frac{9 \times 6}{(3.85-0.85)(9+6)} = 1.2$$

50 다음 중 샘플링 검사보다 전수검사를 실시하는 것이 유리한 경우는?

① 검사항목이 많은 경우
② 파괴검사를 해야 하는 경우
③ 품질특성치가 치명적인 결점을 포함하는 경우
④ 다수다량의 것으로 어느 정도 부적합품이 섞여도 괜찮을 경우

■해설 전수검사
• 검사항목이 적고 간단히 검사할 수 있을 때
• 전체 검사를 쉽게 할 수 있을 때
• 로트의 크기가 작을 때
• 불량품이 조금이라도 있으면 안 될 때
• 치명적인 결함을 포함하고 있을 때
• 검사비용이 많이 소요될 때

정답　46 ①　47 ①　48 ②　49 ①　50 ③

51 품질관리기능의 사이클을 표현한 것으로 옳은 것은?

① 품질개선 - 품질설계 - 품질보증 - 공정관리
② 품질설계 - 공정관리 - 품질보증 - 품질개선
③ 품질개선 - 품질보증 - 품질설계 - 공정관리
④ 품질설계 - 품질개선 - 공정관리 - 품질보증

해설 품질관리기능의 사이클

```
품질설계 → 공정관리
   ↑         ↓
품질개선 ← 품질보증
```

52 다음 표는 A 자동차 영업소의 월별 판매실적을 나타낸 것이다. 5개월 이동평균법으로 6월의 수요를 예측하면 몇 대인가?

월	1	2	3	4	5
판매량	100	110	120	130	140

① 120   ② 130
③ 140   ④ 150

해설 단순이동평균법

$$F_t = \frac{1}{n}\sum K_t$$
$$= \frac{1}{5}(100+110+120+130+140)$$
$$= 120$$

53 정상 소요기간이 5일이고, 이때의 비용이 20,000원이며 특급 소요기간이 3일이고, 이때의 비용이 30,000원이라면 비용구배는 얼마인가?

① 4,000[원/일]   ② 5,000[원/일]
③ 7,000[원/일]   ④ 10,000[원/일]

해설 비용구배(cost slope)
1일당 작업단축에 필요한 비용의 증가를 뜻한다.

비용구배
$$= \frac{특급작업\ 소요비용-정상작업\ 소요비용}{정상작업일-특급작업일}$$
$$= \frac{30,000-20,000}{5-3}$$
$$= 5,000[원/일]$$

54 % 오차가 2[%]인 전압계로 측정한 전압이 153[V]라면 그 참값은?

① 122.4[V]
② 133.7[V]
③ 150[V]
④ 156[V]

해설 측정오차
- 측정오차 $\varepsilon = M - T$
  (여기서, M: 측정값, T: 참값)
- 보정 $\alpha = T - M = -\varepsilon$
- 백분율 오차 $= \frac{\varepsilon}{T} \times 100[\%]$
  $= \frac{M-T}{T} \times 100[\%]$

∴ $2 = \frac{153-T}{T} \times 100$ 에서 $T = 150[V]$

55 KEC규정에서 정한 교류에서 저압의 범위로 옳은 것은?

① 1.5[kV] 이하인 것
② 1.0[kV] 이하인 것
③ 1[kV]를 초과하고 7,000[V] 이하인 것
④ 1.5[kV]를 초과하고 7,000[V] 이하인 것

해설 전압의 구분
- 저압: 교류는 1[kV] 이하, 직류는 1.5[kV] 이하인 것
- 고압: 교류는 1[kV]를, 직류는 1.5[kV]를 초과하고, 7[kV] 이하인 것
- 특고압: 7[kV]를 초과하는 것

정답 51 ② 52 ① 53 ② 54 ③ 55 ②

56 다음에서 설명하는 전선은 무엇인가?

> 가공전선로의 지지물로부터 다른 지지물을 거치지 아니하고 수용장소의 붙임점에 이르는 가공전선을 말한다.

① 이웃연결(연접)인입선
② 가공인입선
③ 가섭선
④ 가섭선(架渉線)

해설
- 가섭선(架渉線) : 지지물에 가설되는 모든 선류를 말한다.
- 가공인입선 : 가공전선로의 지지물로부터 다른 지지물을 거치지 아니하고 수용장소의 붙임점에 이르는 가공전선을 말한다.

57 보호도체의 재질이 선도체와 같은 경우 보호도체의 최소 단면적[mm²]은? (단, 선도체의 단면적은 60[mm²]라 한다.)

① 10   ② 20
③ 30   ④ 40

해설 보호도체의 최소 단면적[mm²]

선도체의 단면적 S ([mm²], 구리)	보호도체의 최소 단면적([mm²], 구리)	
	보호도체의 재질	
	선도체와 같은 경우	선도체와 다른 경우
$S \leq 16$	S	$\left(\dfrac{k_1}{k_2}\right) \times S$
$16 < S \leq 35$	16	$\left(\dfrac{k_1}{k_2}\right) \times 16$
$S > 35$	$\dfrac{S}{2}$	$\left(\dfrac{k_1}{k_2}\right) \times \left(\dfrac{S}{2}\right)$

재질이 선도체와 같은 경우이며, 단면적은 60[mm²]이므로 보호도체의 최소 단면적은 $\dfrac{S}{2} = \dfrac{60}{2} = 30[\text{mm}^2]$가 된다.

58 산업용으로 사용하는 정격전류가 100[A]일 때 정격전류의 1.3배의 동작전류가 흐를 때 배선차단기의 동작시간으로 옳은 것은?

① 30분   ② 60분
③ 120분 ④ 180분

해설 산업용 배선차단기

정격전류의 구분	시 간	정격전류의 배수 (모든 극에 통전)	
		부동작 전류	동작전류
63[A] 이하	60분	1.05배	1.3배
63[A] 초과	120분	1.05배	1.3배

59 발전소 등 울타리·담 등의 시설에 대한 설명이다. 이 중 틀린 것은?

① 울타리·담 등의 높이는 2[m] 이상으로 한다.
② 지표면과 울타리·담 등의 하단 사이의 간격은 0.3[m] 이하로 한다.
③ 출입구에는 출입금지의 표시를 한다.
④ 사용전압이 33[kV]일 때 울타리·담 등의 높이와 울타리·담 등으로부터 충전부분까지의 거리의 합계는 5[m]이다.

해설 발전소 등 울타리·담 등의 시설
- 울타리·담 등의 높이는 2[m] 이상으로 한다.
- 지표면과 울타리·담 등의 하단 사이의 간격은 0.15[m] 이하로 하여야 한다.
- 출입구에는 출입금지의 표시를 하여야 한다.

발전소 등의 울타리·담 등의 시설시 이격거리

사용전압의 구분	울타리·담 등의 높이와 울타리·담 등으로부터 충전부분까지의 거리의 합계
35[kV] 이하	5[m]
35[kV] 초과 160[kV] 이하	6[m]
160[kV] 초과	6[m]에 160[kV]를 초과하는 10[kV] 또는 그 단수마다 0.12[m]를 더한 값

정답 56 ② 57 ③ 58 ③ 59 ②

60 변압기의 고압·특고압측 전로 또는 사용전압이 35[kV] 이하의 특고압전로가 저압측 전로와 혼촉하고 저압전로의 대지전압이 150[V]를 초과하는 경우 저항값 $R[\Omega]$의 값으로 옳은 것은? (단, I는 1선지락전류, 1초 이내에 고압·특고압 전로를 자동으로 차단하는 장치를 설치할 때)

① $\dfrac{100}{I}$ ② $\dfrac{150}{I}$

③ $\dfrac{300}{I}$ ④ $\dfrac{600}{I}$

해설 변압기 중성점 접지
- 일반적으로 변압기의 고압·특고압측 전로 1선 지락전류로 150을 나눈 값과 같은 저항값 이하 : $R = \dfrac{150}{I}$
- 변압기의 고압·특고압측 전로 또는 사용전압이 35[kV] 이하의 특고압전로가 저압측 전로와 혼촉하고 저압전로의 대지전압이 150[V]를 초과하는 경우는 저항값은 다음에 의한다.
  - 1초 초과 2초 이내에 고압·특고압 전로를 자동으로 차단하는 장치를 설치할 때는 300을 나눈 값 이하 : $R = \dfrac{300}{I}$
  - 1초 이내에 고압·특고압 전로를 자동으로 차단하는 장치를 설치할 때는 600을 나눈 값 이하 : $R = \dfrac{600}{I}$

정답 60 ④

★전기실무시리즈★

당신의 꿈을 실현시키는
최고의 맞춤 교육!!

생생 전기현장 실무
김대성 지음 / 4·6배판 / 360쪽 / 30,000원

전기에 처음 입문하는 조공, 아직 체계가 덜 잡힌 준전기공의 현장 지침서!

전기현장에 나가게 되면 이론으로는 이해가 안 되는 부분이 실무에서 종종 발생하곤 한다. 이러한 문제점을 가지고 있는 전기 초보자나 준전기공들을 위해서 이 교재는 철저히 현장 위주로 집필되었다.
이 책은 지금도 전기현장을 지키고 있는 저자가 현장에서 보고, 듣고, 느낀 내용을 직접 찍은 사진과 함께 수록하여 이론만으로 이해가 부족한 내용을 자세하고 생생하게 설명하였다.

생생 수배전설비 실무 기초
김대성 지음 / 4·6배판 / 452쪽 / 39,000원

아파트나 빌딩 전기실의 수배전설비에 대한 기초를 쉽게 이해할 수 있는 생생한 현장실무 교재!

이 책은 자격증 취득 후 일을 시작하는 과정에서 생기는 실무적인 어려움을 해소하기 위해 수배전 단선계통도를 중심으로 한전 인입부터 저압에 이르기까지 수전설비들의 기초부분을 풍부한 현장사진을 덧붙여 설명하였다. 그 외 수배전과 관련하여 반드시 숙지하고 있어야 할 수배전 일반기기들의 동작계통을 다루었다. 또한, 교재의 처음부터 끝까지 동영상강의를 통해 자세하게 설명하여 학습효과를 극대화하였다.

생생 전기기능사 실기
김대성 지음 / 4·6배판 / 272쪽 / 33,000원

일반 온·오프라인 학원에서 취급하지 않는 실기교재의 새로운 분야 개척!

기존의 전기기능사 실기교재와는 확연한 차별을 두고 있는 이 책은 동영상을 보는 것처럼 실습과정을 사진으로 수록하여 그대로 따라할 수 있도록 구성하였다. 또한 결선과정을 생생하게 컬러사진으로 수록하여 완벽한 이해를 도왔다.

생생 자동제어 기초
김대성 지음 / 4·6배판 / 360쪽 / 38,000원

자동제어회로의 기초 이론과 실습을 위한 지침서!

이 책은 자동제어회로에 필요한 기초 이론을 습득하고 이와 관련한 기초 실습을 한 다음, 실전 실습을 할 수 있도록 엮었다.
또한, 매 결선과제마다 제어회로를 결선해 나가는 과정을 순서대로 컬러사진과 회로도를 수록하여 독자들이 완벽하게 이해할 수 있도록 하였다.

생생 소방전기(시설) 기초
김대성 지음 / 4·6배판 / 304쪽 / 37,000원

소방전기(시설)의 현장감을 느끼며 실무의 기본을 배우기 위한 지침서!

소방전기(시설) 기초는 소방전기(시설)의 현장감을 느끼며 실무의 기본을 탄탄하게 배우기 위해서 꼭 필요한 책이다.
이 책은 소방전기(시설)에 필요한 기초 이론을 알고 이와 관련한 결선 모습을 이해하기 쉽도록 컬러사진을 수록하여 완벽하게 학습할 수 있도록 하였다.

생생 가정생활전기
김대성 지음 / 4·6배판 / 248쪽 / 25,000원

가정에 꼭 필요한 전기 매뉴얼 북!

가정에서 흔히 발생할 수 있는 전기 문제에 대해 집중적으로 다룸으로써 간단한 것은 전문가의 도움 없이도 손쉽게 해결할 수 있도록 하였다. 특히 가정생활전기와 관련하여 가장 궁금한 질문을 저자의 생생한 경험을 통해 해결하였다. 책의 내용을 생생한 컬러사진을 통해 접함으로써 전기설비에 대한 기본지식과 원리를 효과적으로 이해할 수 있도록 하였다.

쇼핑몰 QR코드 ▶ 다양한 전문서적을 빠르고 신속하게 만나실 수 있습니다.

경기도 파주시 문발로 112번지 파주 출판 문화도시(제작 및 물류)   TEL. 031) 950-6300   FAX. 031) 955-0510
서울시 마포구 양화로 127 첨단빌딩 3층(출판기획 R&D센터)   TEL. 02) 3142-0036

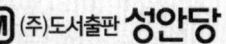

전기기능장 필기

2016. 3. 24. 초 판 1쇄 발행
2026. 1. 7. 10차 개정증보 10판 1쇄 발행

지은이 | 김영복
펴낸이 | 이종춘
펴낸곳 |  (주)도서출판 성안당

주소 | 04032 서울시 마포구 양화로 127 첨단빌딩 3층(출판기획 R&D 센터)
    | 10881 경기도 파주시 문발로 112 파주 출판 문화도시(제작 및 물류)
전화 | 02) 3142-0036
    | 031) 950-6300
팩스 | 031) 955-0510
등록 | 1973. 2. 1. 제406-2005-000046호
출판사 홈페이지 | www.cyber.co.kr
ISBN | 978-89-315-1443-8 (13560)
정가 | 39,000원

이 책을 만든 사람들

기획 | 최옥현
진행 | 박경희
교정·교열 | 김혜린
전산편집 | 이다혜
표지 디자인 | 박현정
홍보 | 김계향, 임진성, 김주승, 최정민, 이해솜
국제부 | 이선민, 조혜란
마케팅 | 구본철, 차정욱, 오영일, 나진호, 강호묵
마케팅 지원 | 장상범
제작 | 김유석

이 책의 어느 부분도 저작권자나 (주)도서출판 성안당 발행인의 승인 문서 없이 일부 또는 전부를 사진 복사나 디스크 복사 및 기타 정보 재생 시스템을 비롯하여 현재 알려지거나 향후 발명될 어떤 전기적, 기계적 또는 다른 수단을 통해 복사하거나 재생하거나 이용할 수 없음.

※ 잘못된 책은 바꾸어 드립니다.